최신판 | PROFESSIONAL ENGINEER AIR-CONDITIONING REFRIGERATING MACHINERY

공조냉동기계 기술사

[illegible]엽 저

이 책의 특징

- 기본 개념을 확립할 수 있도록 구성
- 폭넓고 깊이 있는 내용과 자세한 해설
- 실제 답안 작성에 적용 가능한 체계적 서술

예문사

공조냉동기술은 산업과 문화가 발달할수록 더욱더 필수적인 기술로서 인간에게 쾌적한 환경을 제공하고 다양한 산업현장에 필요한 환경을 조성하기 위해 냉난방, 제빙, 식품저장, 가공 분야뿐만 아니라 경공업, 중화학공업, 의료업, 축산업, 원자력공업 등 광범위한 분야에 응용되고 있다. 공조냉동기술은 단독으로 또는 다른 기술과 병합하여 활용 범위가 매우 넓고 다양해서 이를 전문적으로 다룰 기술인력이 요구되고 있다.

공조냉동기술사는 이러한 분야의 공학적인 이론을 바탕으로 산업현장에서 요구되는 공정, 기계 및 기술과 관련된 직무를 수행할 수 있는 지식과 실무경력을 갖춘 전문기술인을 말한다. 그래서 흔히 기술사를 기술 자격증의 꽃이라고 부르기도 한다.

필자가 처음 기술사에 관심을 가지고 시험 준비를 하였을 때 교재 선택에 많은 어려움이 있었던 것으로 기억한다. 시중에 나와 있는 수험서가 많지도 않을뿐더러 대부분 저자의 서브 노트 형식으로 되어 있어서 처음 시험을 준비하는 입장에서는 큰 도움이 되지 않았고 저자의 주관적 요소가 들어 있는 요약식 교재는 오히려 혼란만 줄 뿐이었다. 그래서 기술사 시험을 준비하면서 처음 공부를 시작하는 수험생들을 위한 체계적인 기본교재의 필요성을 절실히 느꼈다.

이 책은 기술사 시험공부를 처음 시작하는 분들뿐만 아니라 공부를 어느 정도 해온 분들도 공조냉동기계 분야에 대한 기본 개념을 확립할 수 있도록 구성하였다. 또 수험생들이 실제 시험장에서 답안지를 작성하는 데 아무 부족함이 없도록 자세한 내용을 담으려고 노력하였다.

이 책 한 권이 기술사 시험을 준비하기에 완벽하다고 생각하지는 않는다. 이 책뿐만 아니라 대학에서 공부했던 열유체 및 공조냉동 관련 분야의 기본교재와 다른 수험서도 같이 공부하는 것을 추천한다. 다만, 시험 준비를 하는 수험생들이 공조냉동기계기술사에 대한 기본 개념을 확립하는 데 있어서만큼은 이 책이 많은 도움을 줄 수 있을 것이라고 생각한다. 이 책을 기본서로 하여 완벽하게 공부한 다음에 다른 수험서와 대학 기본서, 각종 기술 학회지 및 기술 관련 신문 등을 꾸준히 학습하다 보면 시험장에서 폭넓고 깊이 있는 내용들을 답안지에 기술할 수 있을 것이다.

기술사 시험은 기사 자격증 시험처럼 짧은 기간에 끝낼 수 있는 것은 아니다. 대부분의 수험생이 직장에 근무하면서 시험을 준비하는데, 직장생활과 가정생활을 병행하면서 시험을 준비하는 것이 결코 쉽지 않기 때문이다. 그래서 기술사 시험은 자신과의 싸움이라고 한다. 공부하는 과정에서 여러 가지 변수들이 공부를 중단하게 할 수 있지만, 여러 어려움을 극복하고 꾸준히 공부하다 보면 어느 순간 합격의 영광을 누릴 수 있을 것이다. 그러니 수험생 여러분들은 절대 포기하지 말고 끝까지 노력하여서 기술사 합격의 영광을 느껴보시길 기원하는 바이다.

기술사는 기술 직종에 종사하는 엔지니어들에게 있어서 누구나 한 번쯤 꿈꿔볼 수 있는 자격증이다. 하지만 꿈을 가진다고 누구에게나 합격의 영광이 주어지는 것은 아니다. 체계적으로 장기 계획을 세워서 중간에 포기하지 않고 한 걸음 한 걸음 나아가다 보면 어느새 합격하는 순간이 다가올 것이다.

부디 수험생 여러분들 모두에게 좋은 결과가 있기를 바라며, 이 책이 출판되기까지 여러모로 도움을 주신 예문사 담당자분들에게 진심으로 감사하는 바이다.

저자 **양경엽**

수험정보

공조냉동기계기술사

공조냉동기술은 인간의 편리하고 쾌적한 생활환경을 위한 필수적 기술로서 단독으로 혹은 다른 기술과 병합되어 다양한 분야에서 활용되며, 생활수준의 향상과 더불어 그 활용범위가 계속 확대됨. 이처럼 공조냉동기술의 중요성이 더해짐에 따라 공조냉동분야 공학이론을 바탕으로 공정, 기계 및 기술과 관련된 직무를 수행할 수 있는 지식과 실무경력을 겸비한 풍부한 기술인 양성이 필요하게 됨

공조냉동기계기술사 자격시험 안내

- 자격명 : 공조냉동기계기술사
- 영문명 : Professional Engineer Air-conditioning Refrigerating Machinery
- 관련부처 : 국토교통부
- 시행기관 : 한국산업인력공단

▶ 시험수수료

- 필기 : 67,800원
- 실기 : 87,100원

▶ 출제경향

공조냉동기계와 관련된 전문지식 및 응용능력－기술사로서의 지도감리 · 경영관리능력, 자질 및 품위

▶ 취득방법

① 시행처 : 한국산업인력공단
② 관련학과 : 대학의 냉동공조공학, 기계공학 등 관련학과
③ 시험과목 : 냉난방장치, 냉동기, 공기조화장치 및 기타 냉난방 및 냉동기계에 관한 사항
④ 검정방법
- 필기 : 단답형 및 주관식 논술형(매교시당 100분, 총 400분)
- 면접 : 구술형 면접(30분 정도)

⑤ 합격기준 : 100점을 만점으로 하여 60점 이상

▶ 검정현황

연도	필기			실기		
	응시	합격	합격률(%)	응시	합격	합격률(%)
2023	399	17	4.3%	36	15	41.7%
2022	265	31	11.7%	65	34	52.3%
2021	315	34	10.8%	64	25	39.1%
2020	295	13	4.4%	36	16	44.4%
2019	294	21	7.1%	59	21	35.6%
2018	226	21	9.3%	56	24	42.9%
2017	194	16	8.2%	66	25	37.9%
2016	229	47	20.5%	52	23	44.2%
2015	209	17	8.1%	29	17	58.6%
2014	207	25	12.1%	49	27	55.1%
2013	186	30	16.1%	57	27	47.4%
2012	204	24	11.8%	42	22	52.4%
2011	214	14	6.5%	41	19	46.3%
2010	210	33	15.7%	64	28	43.8%
2009	220	42	19.1%	85	39	45.9%
2008	238	19	8%	48	22	45.8%
2007	204	27	13.2%	51	23	45.1%
2006	212	12	5.7%	37	14	37.8%
2005	220	32	14.5%	83	38	45.8%
2004	214	29	13.6%	115	53	46.1%
2003	259	81	31.3%	101	37	36.6%
2002	244	22	9%	54	31	57.4%
2001	249	36	14.5%	59	26	44.1%
1977~2000	2,685	460	17.1%	647	458	70.8%
소 계	8,192	1,103	13.5%	1,996	1,064	53.3%

공조냉동기계기술사 출제기준

▶ 필기시험

직무분야	기계	중직무분야	기계장비 설비 · 설치	자격종목	공조냉동기계기술사	적용기간	2023.1.1.~2026.12.31.

직무내용 : 공조냉동기계(공기조화 및 냉동장치) 및 응용분야에 관한 고도의 전문지식과 실무경험에 입각한 계획, 연구, 설계, 분석, 시험, 운영, 시공, 평가 또는 이에 관한 지도, 감리 등의 직무

검정방법	단답형/주관식 논문형	시험시간	400분(1교시당 100분)

필기 과목명	주요항목	세부항목
냉난방장치, 냉동기, 공기조화장치, 그 밖에 냉난방 및 냉동기계에 관한 사항	1. 설비공학 이해	1. 단위 및 물리상수 2. 열공학 기초 3. 유체역학 및 유체기계 4. 열원 및 공조설비의 제어 5. 실내환경 및 쾌적성 6. 설비 관련 시뮬레이션 7. 공조냉동 설비 재료
	2. 공기조화	1. 공기조화의 개념 2. 공기조화 계획 3. 공기조화 방식 4. 공조부하 및 계산 5. 습공기 및 공기선도
	3. 공조기기 및 응용	1. 열원기기 2. 공조기 3. 순환계통의 기기 4. 덕트 계통 및 설계 5. 수배관 계통 및 설계 6. 증기 및 기타 배관 7. 가습기 및 필터 8. 공조 소음 및 진동
	4. 환기 및 공기청정	1. 환기의 목적 2. 환기 방식의 분류 3. 제연 4. 환기 계통 및 설계 5. 클린룸 6. 공기청정장치 7. 실내공기질 관리

필기 과목명	주요항목	세부항목
	5. 냉동이론	1. 냉동사이클 2. 증기압축식 냉동 3. 흡수식 냉동 4. 기타 냉동 방식(흡착식, 전자식 등) 5. 냉매 및 브라인
	6. 냉동기기	1. 압축기 2. 응축기 3. 증발기 4. 팽창밸브 5. 냉각탑 6. 기타 냉동장치 및 기기
	7. 냉동응용	1. 냉동부하 계산 2. 냉동 · 냉장창고 3. 열펌프 4. 냉온수기 5. 운송 및 특수냉동 설비
	8. 에너지 · 환경	1. 신 · 재생에너지 2. 에너지 절감안 도출 3. 에너지계획 수립 4. 친환경에너지계획 수립 5. 녹색건축물 인증계획 수립 6. 온실가스 감축 7. 에너지 사용 측정 및 검증
	9. 시공, 유지 보수 및 관리	1. 시공계획 수립 2. 건설사업관리 3. 설치검사 4. 빌딩 커미셔닝 5. TAB 6. 유지보수계획 및 관리
	10. 공조 · 냉동 관련 규정, 제도, 기타	1. 에너지 평가 2. 신기술 인증 관련 3. 경제성 평가(VE) 4. 에너지관리 5. 설비 관련 법령의 이해

▶ 면접시험

직무 분야	기계	중직무 분야	기계장비 설비 · 설치	자격 종목	공조냉동기계기술사	적용 기간	2023.1.1.~2026.12.31.

직무내용 : 공조냉동기계(공기조화 및 냉동장치) 및 응용분야에 관한 고도의 전문지식과 실무경험에 입각한 계획, 연구, 설계, 분석, 시험, 운영, 시공, 평가 또는 이에 관한 지도, 감리 등의 직무

검정방법	구술형 면접	시험시간	15~30분 내외

면접항목	주요항목	세부항목
냉난방장치, 냉동기, 공기조화장치, 그 밖에 냉난방 및 냉동기계에 관한 전문지식/기술	1. 설비공학 이해	1. 단위 및 물리상수 2. 열공학 기초 3. 유체역학 및 유체기계 4. 열원 및 공조설비의 제어 5. 실내환경 및 쾌적성 6. 설비 관련 시뮬레이션 7. 공조냉동 설비 재료
	2. 공기조화	1. 공기조화의 개념 2. 공기조화 계획 3. 공기조화 방식 4. 공조부하 및 계산 5. 습공기 및 공기선도
	3. 공조기기 및 응용	1. 열원기기 2. 공조기 3. 순환계통의 기기 4. 덕트 계통 및 설계 5. 수배관 계통 및 설계 6. 증기 및 기타 배관 7. 가습기 및 필터 8. 공조 소음 및 진동
	4. 환기 및 공기청정	1. 환기의 목적 2. 환기 방식의 분류 3. 제연 4. 환기 계통 및 설계 5. 클린룸 6. 공기청정장치 7. 실내공기질 관리

면접항목	주요항목	세부항목
	5. 냉동이론	1. 냉동사이클 2. 증기압축식 냉동 3. 흡수식 냉동 4. 기타 냉동 방식(흡착식, 전자식 등) 5. 냉매 및 브라인
	6. 냉동기기	1. 압축기 2. 응축기 3. 증발기 4. 팽창밸브 5. 냉각탑 6. 기타 냉동장치 및 기기
	7. 냉동응용	1. 냉동부하 계산 2. 냉동 · 냉장창고 3. 열펌프 4. 냉온수기 5. 운송 및 특수냉동 설비
	8. 에너지 · 환경	1. 신 · 재생에너지 2. 에너지 절감안 도출 3. 에너지계획 수립 4. 친환경에너지계획 수립 5. 녹색건축물 인증계획 수립 6. 온실가스 감축 7. 에너지 사용 측정 및 검증
	9. 시공, 유지 보수 및 관리	1. 시공계획 수립 2. 건설사업관리 3. 설치검사 4. 빌딩 커미셔닝 5. TAB 6. 유지보수계획 및 관리
	10. 공조 · 냉동 관련 규정, 제도, 기타	1. 에너지 평가 2. 신기술 인증 관련 3. 경제성 평가(VE) 4. 에너지관리 5. 설비 관련 법령의 이해
품위 및 자질	11. 기술사로서 품위 및 자질	1. 기술사가 갖추어야 할 주된 자질, 사명감, 인성 2. 기술사 자기 개발 과제

차례

CHAPTER 01 기초역학

CHAPTER 02 공기조화

CHAPTER 03 공기 선도

CHAPTER 04 공조부하

차례

CHAPTER 07 축열 방식

CHAPTER 08 태양열 이용설비

CHAPTER 09 공기조화기

CHAPTER 10 열교환기

CHAPTER 11 덕트설비

CHAPTER 12 송풍기

CHAPTER 13 환기설비

차례

CHAPTER 14 펌프

CHAPTER 15 건물별 공조 방식

CHAPTER 16 난방 방식

CHAPTER 17 배관 부속장치

CHAPTER 18 부식

차례

CHAPTER 19 냉동 기초

CHAPTER 20 냉매

CHAPTER 21 압축기

CHAPTER 22 응축기

CHAPTER 23 팽창밸브

CHAPTER 24 증발기

차례

CHAPTER 25 부속기기

CHAPTER 26 안전장치

CHAPTER 27 안전관리

CHAPTER 28 2단 압축과 다효 압축

CHAPTER 29 신 · 재생에너지

차례

CHAPTER 30 단열, 방습, 결로

CHAPTER 31 자동제어

CHAPTER

01 기초역학

SECTION 01 온도

1) 섭씨온도(Centigrade Temperature, Celsius Temperature, ℃)

표준 대기압하에서 순수한 물의 어는점(빙점)을 0℃, 끓는점(비등점)을 100℃로 하고, 이것을 100등분하여 하나의 눈금을 1℃로 규정한 온도

2) 화씨온도(Fahrenheit Temperature, ℉)

표준 대기압하에서 순수한 물의 어는점(빙점)을 32℉, 끓는점(비등점)을 212℉로 하고, 이것을 180등분하여 하나의 눈금을 1℉로 규정한 온도

> **TIP** 섭씨온도와 화씨온도의 관계
>
> $℃ = \frac{5}{9}(℉ - 32)$ $℉ = \frac{9}{5} \times ℃ + 32$

3) 절대온도(Absolute Temperature)

분자운동이 정지하는 온도. 즉, 자연계에서 가장 낮은 온도(절대 0°=0°K, −273.15℃)를 0으로 기준한 온도

① 캘빈온도(섭씨온도에 대응하는 절대온도) : °K = ℃ + 273

② 랭킨온도(화씨온도에 대응하는 절대온도) : °R = ℉ + 460

③ 캘빈온도와 랭킨온도의 관계식 : °R = 1.8×°K

4) 열역학적 절대온도

(1) 섭씨절대온도 "K"

① 물의 삼중점(Triple Point)인 0.01℃를 273.16K으로 하고 섭씨눈금과 같은 간격으로 눈금을 정한 온도

② 단위는 K(Kelvin)이며 0℃가 273.15K에 해당한다.

③ °K = ℃ + 273

(2) 화씨절대온도 "R"

① 물의 삼중점(Triple Point)을 491.69°R으로 정한 온도
② 화씨 눈금과 같은 간격으로 눈금을 정한다.
③ °R = °F + 460

SECTION 02 압력

압력(壓力, Pressure)은 단위면적(cm^2)당 수직으로 작용하는 힘(kg)으로 정의한다.

1) 압력의 단위

kg/cm^2, lb/in^2(psi), N/m^2(Pa), cmHg, mmHg, mH_2O(mAq), mmH_2O(mmAq), mbar(milli bar)

2) 표준 대기압(Atmospheric Pressure)

표준 대기압(1atm) = 760mmHg ≒ 1,013mbar = 1.013bar
≒ 10.33mH_2O(mAq) = 10,332mmAq
≒ 10,332kg/m^2 ≒ 1.0332kg/cm^2 ≒ 14.7lb/in^2
≒ 101,325Pa ≒ 101kPa ≒ 0.1MPa

$P = \gamma(Hg) \times H = 1{,}000 \times S(Hg) \times H$

여기서, P : 압력(kg/m^2), γ : 액체의 비중량(kg/m^3), H : 액체의 높이(m)

$= 1{,}000 \times 13.596 \times 0.76$
$= 10{,}332 kg/m^2$
$= 1.033 kg/cm^2$

3) 공학기압(at)

압력 계산을 보다 쉽게 하기 위하여 표준 대기압 1.033kg/cm^2의 소수 이하를 제거한 1kg/cm^2를 기준으로 한 압력

1at = 1kg/cm^2 = 735.6mmHg = 10mH_2O = 10,000mmH_2O
= 980mbar = 0.98bar
= 10,000kg/m^2 = 14.2lb/in^2(psi) = 98.088Pa

4) 절대압력

① 완전진공을 0으로 기준하여 측정한 압력

② 선도나 표에서 사용하고, kg/cm^2 abs, lb/in^2 a(psia)로 표시

5) 게이지 압력(Gauge Pressure)

① 표준 대기압을 0으로 기준하여 측정한 압력

② 압력계에서 나타내는 압력으로 kg/cmG, lb/in^2G로 표시

6) 진공압력(Vacuum Pressure)

① 표준 대기압 이하의 압력으로 부압(負壓)이라 한다.

② 진공의 정도(대기압 이하)를 진공도라 하고, cmHgV, inHgV로 표시

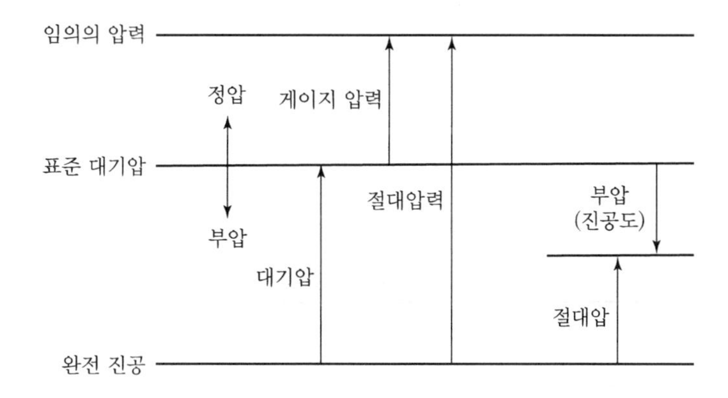

SECTION 03 비중, 밀도, 비중량 및 비체적

1) 비중(比重, Specific Gravity)

측정하고자 하는 액체의 비중량(밀도, 무게)과 4℃ 순수한 물의 비중량(밀도, 무게)의 비, 즉 표준물질에 대한 어떤 물질의 밀도의 비(상대밀도라고도 함)

$$\text{비중}(S) = \frac{\text{측정하고자 하는 액체의 비중량}(\gamma)}{4℃\ \text{순수한 물의 비중량}(\gamma = 1{,}000)}$$

2) 밀도(密度, Density)

단위체적당 유체의 질량

$$밀도(\rho)=\frac{질량(kg)}{체적(m^3)}$$

$$\rho=\frac{m}{V}(kg/m^3)$$

여기서, m : 질량(kg), V : 체적(m^3)
SI단위 kg/m^3, 공학 단위 $kgf \cdot s^2/m^4$, 차원은 ML^{-3}

3) 비중량(比重量, Specific Weight)

단위체적(m^3)당 유체의 중량(kgf)

$$비중량(\gamma)=\frac{중량(kgf)}{체적(m^3)}=밀도(\rho)\times중력가속도(g)$$

$$\gamma=\frac{W}{V}(kgf/m^3)$$

여기서, W : 중량(kgf), V : 체적(m^3)

4) 비체적(比體積, Specific Volume)

단위중량(kgf)당 유체가 차지하는 체적으로 비중량의 역수

$$비체적(v)=\frac{체적(m^3)}{중량(kgf)}$$

즉 비체적은 밀도의 역수가 된다.

$$비체적=\frac{1}{밀도}(m^3/kg)$$

SECTION 04 일과 동력

1) 일(Work)

어떤 물체에 힘을 가했을 때 움직인 거리(W, kg · m)

일 = 힘(kg)×움직인 거리(m)

일과 열은 에너지의 한 형태로 427kg · m = 1kcal의 관계가 있다.

2) 동력(Power)

단위시간당 한 일(kg · m/sec), 즉 일을 시간으로 나눈 것(일률, 공률)

$$동력=\frac{일(kg\cdot m)}{시간(sec)}=\frac{힘(kg)\times 거리(m)}{시간(sec)}$$

$=$힘(kg)×속도(m/sec)$=$유량(kg/sec)×거리(m)

동력의 구분

- 1PS(미터마력)=75kg · m/sec=75×(1/427)×3,600=632kcal/h
- 1HP(영국 마력)=76kg · m/sec=76×(1/427)×3,600=641kcal/h
- 1kW(전기력)=102kg · m/sec=102×(1/427)×3,600=860kcal/h

SECTION 05 열(Heat)

1) 열과 열량

열은 물질의 분자운동에너지의 한 형태로서 열의 출입에 따라 온도 및 상태변화를 일으키게 되며, 어떤 물질이 가지고 있는 열의 많고 적음을 나타낸 것을 열량이라고 한다.

2) 열량의 단위

① 1cal : 표준 대기압하에서 순수한 물 1g을 1℃ 올리는 데 필요한 열량(CGS 단위)
② 1kcal : 표준 대기압하에서 순수한 물 1kg을 1℃ 올리는 데 필요한 열량(MKS 단위)
③ 1BTU : 표준 대기압하에서 순수한 물 1lb를 1°F 올리는 데 필요한 열량(FPS 단위)
④ 1CHU : 표준 대기압하에서 순수한 물 1lb를 1℃ 올리는 데 필요한 열량
⑤ 1Therm : 100,000BTU

1kcal=3.968BTU=2.205CHU

1BTU=(1/3.968)kcal=0.252kcal

1kcal=4.2kJ=4,186Joule

1Joule=(1/4.2)cal=0.24cal

▼ 각 열량의 환산비교

	kcal	BTU	CHU	kJ
kcal	1	3.968	2.205	4.186
BTU	0.252	1	0.555	1.06
CHU	0.4536	1.8	1	1.89
kJ	0.238	0.9478	0.526	1

SECTION 06 비열(Specific Heat)

어떤 물질 1kg의 온도를 1℃ 올리는 데 필요한 열량(C, kcal/kg · ℃, BTU/lb · °F)

1) 정압비열(C_p)

압력을 일정하게 한 상태에서 측정한 비열, 즉 사용된 열량이 내부에너지의 증가뿐만 아니라 체적의 증가에도 기여한다. 따라서 같은 온도로 상승시킬 경우 정적비열보다 열량의 소모가 많다.

2) 정적비열(C_v)

체적(부피)을 일정하게 한 상태에서 측정한 비열, 즉 체적의 변화가 없으므로 사용된 열량이 모두 내부에너지의 증가에만 기여한다. 따라서 같은 온도로 상승시킬 경우 정압비열보다 적은 열량으로 온도를 증가시킬 수 있다(일(체적증가)을 하여야 할 열량이 일(체적증가)을 하지 못하고, 고스란히 온도를 증가시키는 데 사용되므로 정압비열보다 열량이 적게 든다.)

3) 각 물질의 정압비열

① 물=4.186kJ/kg · K(1kcal/kg · ℃)
② 얼음=2.1kJ/kg · K(0.5kcal/kg · ℃)
③ 증기=1.85kJ/kg · K(0.441kcal/kg · ℃)

4) 비열비(k)

① 정압비열과 정적비열과의 비로서 $C_p > C_v$ 이므로 항상 1보다 크다.

즉, 비열비 $k = \dfrac{C_p}{C_v} > 1$로 단위는 없다.

② 액체와 고체의 경우에는 비열비가 거의 1에 가깝다. 왜냐하면 액체나 고체는 온도 상승에 대한 체적증가가 기체에 비해 상대적으로 미미하므로 정압비열과 정적비열의 차가 거의 없다(무시해도 좋을 정도이다).

SECTION 07 열용량(Heat Content)

어떤 물질의 온도를 1℃ 변화시키는 데 필요한 열량(kcal/℃, J/℃)

SECTION 08 현열과 잠열

1) 현열, 감열(顯熱, 感熱, Sensible Heat)

물질의 상태변화 없이 온도변화에만 필요한 열

$$Q_s = G \times C \times \Delta t$$

여기서, Q_s : 현열량(kcal), G : 질량(kg), C : 비열(kcal/kg · ℃), Δt : 온도차(℃)

2) 잠열(潛熱, Latent Heat)

물질의 온도변화 없이 상태변화에만 필요한 열

$$Q_L = G \times \gamma$$

여기서, Q_L : 잠열량(kcal), G : 질량(kg), γ : 고유잠열(kcal/kg)

SECTION 09 엔탈피 : H(kcal)

어떤 상태에서 그 물질이 보유하고 있는 에너지의 양으로 유체가 가지는 열에너지로서 내부에너지와 유동에너지의 합으로 나타내며, 어떤 물질 1kg(단위중량)이 가지고 있는 열량의 총합(전열량, 총열량)으로 정의한다.

① 엔탈피(h)=내부에너지+외부에너지

$$h = u + pv \text{(kJ/kg)}$$

- 정압과정 : $\Delta h = Q$
- 단열과정 : $\Delta h = W$
- 교축과정 : $\Delta h = 0$

② 유체가 유동하는 데 필요한 에너지를 유동에너지(Flow Energy)라 한다. 유동에너지는 압력을 P(kg/m^2), 체적을 V(m^3)라 하면 APV(kcal)로 표시되고, 유동에너지와 내부에너지의 합을 엔탈피(Entalpy)라 한다.

③ 모든 냉매의 0℃ 포화액의 엔탈피는 100kcal/kg을 기준한다.

④ 0℃ 건조공기의 엔탈피는 0kcal/kg을 기준한다.

⑤ 열의 출입이 없는 단열변화(단열팽창)에서는 엔탈피의 변화가 없다. 즉, 단열팽창과정은 등엔탈피선을 따라 팽창한다.

SECTION 10 엔트로피 : S(kcal/K)

일정 온도하에서 어떤 물질 1kg이 가지고 있는 열량(엔탈피)을 그 때의 절대온도로 나눈 것

$$\Delta S = \frac{\Delta Q}{T} \text{(kcal/kg}\cdot\text{K)}$$

즉, 어떤 절대온도 T에서 δQ의 열량을 가역적으로 수수할 때

$$S_1 - S_2 = \int_1^2 \left(\frac{\delta Q}{T}\right)_{rev} \qquad \therefore\ ds = \left(\frac{\delta Q}{T}\right)_{rev}$$

1865년 Clausius가 $\oint \left(\frac{\delta Q}{T}\right)_{rev} = 0$임을 발견하고 이 성질을 엔트로피라 정의하였다.

① 열역학 제2법칙을 양적으로 표현하기 위해 필요한 개념으로 열에너지를 이용하여 기계적 일을 하는 불완전도이다. 즉, 과정의 비가역을 표시하는 것이 엔트로피이고 엔트로피는 열에너지의 변화과정에 관계되는 양으로서 자연현상에서는 반드시 엔트로피의 증가를 수반한다.

② 계의 에너지가 열역학 제1법칙과 관계가 있다면, 엔트로피는 제2법칙과 관계가 있으며 진행과정을 결정한다.(정미 엔트로피가 증가하는 방향으로만 과정이 진행됨)

③ 분자의 무질서 척도이며, 에너지와 함께 혼입하는 열량의 이용가치를 나타내는 양이다.

④ 열의 출입이 없는 단열변화(단열압축)에서는 엔트로피의 변화가 없다. 즉, 단열압축과정은 등엔트로피선을 따라 압축한다.

⑤ 비가역과정은 가역 사이클보다 항상 엔트로피가 증가한다.

⑥ 모든 냉매의 0℃ 포화액의 엔트로피는 1kcal/kg · K를 기준으로 한다.

SECTION 11 열역학 법칙

1) 열역학 제0법칙(열평형의 법칙)

① 온도가 다른 각각의 물체를 접촉시키면 열이 이동되어 두 물질의 온도가 같아져 열평형을 이루게 되며 이는 온도계 온도측정의 원리가 된다.

② "물체 A와 B가 열평형에 있고 B와 C가 열평형에 있으면 A와 C도 열평형에 있다"라는 법칙이 성립한다. 이 법칙은 열역학의 체계가 만들어진 후에 J. C. 맥스웰이 기본법칙의 하나로 정했기 때문에 열역학 제0법칙이라고 한다.

③ 열역학 제0법칙에 의해 경험적 온도를 생각할 수 있게 되어 온도계의 사용이 가능해졌다. 즉, 물체

B를 물체 A와 열평형 상태로 한 후에 물체 C와 접촉시켰을 때 B에 어떤 변화도 인정되지 않는 경우 A와 C는 같은 온도에 있다고 한다. 이때 B는 온도계의 역할을 하게 되며, 변화의 유무는 수은주의 높이 등으로 측정한다.

2) 열역학 제1법칙(에너지 보존의 법칙)

(1) 일과 열의 환산관계

일(W)과 열(Q)의 전환관계에서는 각각의 에너지 총량의 변화는 없다. 즉, 일과 열은 서로 일정한 전환관계가 성립된다.($Q \leftrightarrow W$)

$$Q = A \times W$$

여기서, Q : 열량(kcal), W : 일량(kg · m), A : 일의 열당량(427kg · m/kcal)
J : 열의 일당량{(1/427)kcal/kg · m}

$$W = J \times Q$$

(2) 제1종 영구기관

① 일정량의 에너지로 영구히 일을 할 수 있는 기관으로 실제 존재하지 않는다.
② 열기관에 가해진 열에너지는 외부에 기계적 일을 발생시키면서 에너지를 소비한다.
③ 열역학 제1법칙을 "제1종 영구기관은 불가능하다"라고 표현할 수 있다.

3) 열역학 제2법칙(열이동 · 열흐름의 법칙, 엔트로피 증가의 법칙)

① 열은 고온에서 저온으로 이동한다. 저온의 물체로부터 고온의 물체로 열을 이동시키려면 에너지를 공급하여야 한다.(냉동기나 열펌프의 원리) 즉, 저열원 스스로 고열원으로 이동할 수 없다.
② 열을 일로 바꾸려면 반드시 그보다 낮은 저온의 물체로 열의 일부를 버려야만 한다.(자동차나 비행기 같은 열기관의 원리)
③ 사이클 과정에서 열이 모두 일로 변할 순 없다.
④ 비가역 과정을 한다.
⑤ 열역학 제1법칙에서 일과 열은 서로 교환이 가능하다고 하였지만, 실제 일이 열로 교환 시에는 100% 교환이 가능하지만 열을 일로 교환하는 데 있어서는 열손실이 발생하므로 100% 교환이 불가능하다.
⑥ 과정의 방향성에 있어서 아무 방향이나 진행되지 않는다.
⑦ 열역학 제1법칙이나 제2법칙이 모두 성립되어야만 Cycle이 형성된다.
⑧ Clausius의 서술
- 열을 소비하지 않고 열을 저온에서 이동시키는 것은 불가능하다.
- 일의 소비 없이 열이동은 불가능하며 성적계수는 항상 유한 값이다.($COP < \infty$)
- 열은 다른 물체에 아무런 변화도 주지 않으면서 저온에서 고온으로 이동하지 못한다.
- 자연계의 어떤 변화를 남기지 않고서 저온의 물체로부터 고온의 물체로 이동하는 기계(열펌프)를

만드는 것은 불가능하다.

⑨ Kelvin－Planck의 서술
- 단일열원과 열교환을 하는 사이클에서 일을 얻는 것은 불가능하다.
- 자연계에 어떠한 변화를 남기지 않고 일정 온도의 어느 열원의 열을 계속하여 일로 변화시키는 기계(열기관)를 만드는 것은 불가능하다.
- 즉, 열기관이 동작유체에 의해 일을 발생시키려면 공급열원보다 더 낮은 열원이 필요하다.
- 1개의 열원을 이용하여 그 열원으로부터 열을 흡수하고 그것을 모두 일로 변화할 수 있는 열기관은 존재하지 않는다.(∴ 제2종 영구기관 또는 효율 100%)
- 열기관이 동작유체로부터 일을 발생시키려면 공급열원보다 더 낮은 열원이 필요하다.(2개의 온도 레벨이 있어야만 일을 발생)

⑩ 제2종 영구기관
- 열역학 제2법칙을 위배하여 입력이 출력과 같게 되어 영구 운동을 하는 기관
- 하나의 열원으로만 운전하는 열기관(방열이 없음)
- 외부에서 일의 공급 없이 저열원에서 고열원으로 열을 이동시키는 열기관
- 열에너지의 전부를 일에너지로 100% 전환할 수 있는 기관으로 실제 존재하지 않는다.

4) 열역학 제3법칙(절대 0도의 법칙)

① 자연계에서는 어떠한 방법으로도 절대온도 0도(－273.15℃, 0K) 이하의 온도를 얻을 수 없다.
② 일반적으로 물체가 지닌 엔트로피는 온도가 0K(－273.15℃)에 가까워지면 0이 된다.
③ W. H. 네른스트는 기체·액체 등의 열적 성질을 상세히 연구하여 1906년에 발표한 논문에서, 절대 0도에 가까워지면 어떠한 변화에서의 엔트로피 변화도 0과 같아진다고 하였다.
④ 열역학 제3법칙은 네른스트의 정리를 M. K. E. L. 플랑크가 정밀화한 것으로, “네른스트의 열정리” 또는 “네른스트－플랑크의 열정리”라고도 한다.

SECTION 12 가역과정과 비가역과정

① 가역과정(可逆過程, Reversible Process)이란 역학적, 열적 평형을 유지하면서 이루어지는 과정으로, 계(system)나 주위(surrounding)의 변화를 일으키지 않고 이루어지며, 역과정(Reversed Process)에 의해서도 원래상태로 되돌아 갈 수 있는 과정으로 정의된다.
② 비가역과정(非可逆過程, Irreversible Process)은 역과정이 불가능한 과정을 말한다.
③ 과정이 비가역으로 되는 주요 원인
- 마찰(friction)

- 유한한 온도차를 통한 열전달
- 자유팽창(free expansion) 혹은 유한한 압력차를 통한 팽창
- 혼합(mixing)
- 비탄성 변형(inelastic deformation)
- 저항을 통한 전류
- 연소반응

SECTION 13 사이클, 열효율, 성적계수

1) 사이클(Cycle)

어느 일정량의 작동물질(Working Substance)이 한 상태에서 출발하여 몇 개의 일정한 상태변화를 거쳐서 다시 처음의 상태로 되돌아올 때 이것을 사이클(Cycle)이라고 한다.

(1) 작동유체(Working Fluids)

사이클을 이루는 물질(substance)을 말한다.

(2) 가역 사이클(Reversible Cycle)

사이클을 구성하고 있는 모든 변화가 가역변화이면 가역 사이클이 된다.

(3) 비가역 사이클(Irreversible Cycle)

사이클의 변화 중 하나라도 비가역변화가 있으면 비가역 사이클이라 한다. 실제 사이클은 엄밀히 말해서 모두 비가역 사이클이다.

(4) 사이클(Cycle)의 해석

아래 그림에서 폐곡선 13241이 하나의 가역 사이클을 나타내고 있다. 만약 이 사이클을 2개의 과정인 $1 \rightarrow 3 \rightarrow 2$와 $2 \rightarrow 4 \rightarrow 1$로 나누어서 생각한다면 변화경로 $1 \rightarrow 3 \rightarrow 2$ 사이에 작동유체가 외부에 하는 일(work) W는 다음과 같이 나타낼 수 있다.

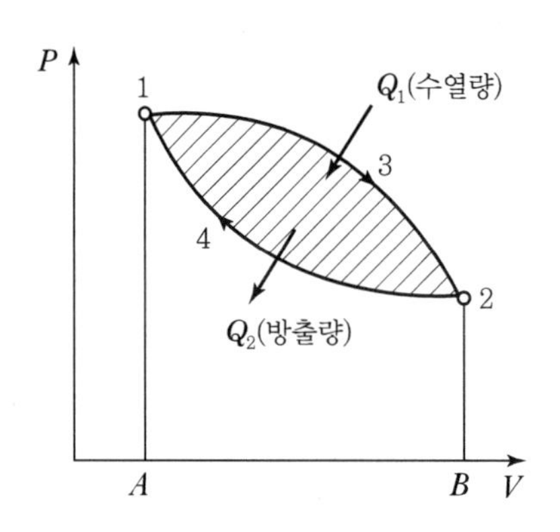

W_1 = 면적 132BA1(작동유체가 1 → 3 → 2 동안에 하는 일)

W_2 = 면적 241AB2(작동유체가 2 → 4 → 1 동안에 하는 일)

2) 열기관(熱機關)과 열효율(熱效率)

(1) 열기관(Heat Engine)

① 열기관 : 열을 일로 변환시키는 원동기를 말한다.

② 열기관 사이클 : $P-V$ 선도에서 시계 방향으로 사이클을 행하였을 때 1사이클마다 외부에 대한 일(W)를 하기 때문에 작동유체가 1사이클을 하는 동안 열량 Q_1을 받아서 Q_2를 방출하며, $Q_1 - Q_2$인 열(열에너지)을 기계적 에너지 W로 전환하므로 이것을 열기관 사이클(Heat Engine Cycle)이라 한다.

(2) 열기관의 열효율(η)

$$\eta = \frac{AW(\text{혹은 } W)}{Q_1} = \frac{Q_1 - Q_2}{Q_1} = 1 - \frac{Q_2}{Q_1}$$

여기서, AW : 열공급에서 생기는 열상당량(熱相當量)

Q_1 : 열기관에서 공급열량

Q_2 : 저열원 혹은 방출열량

3) 성적계수(成績係數)

(1) 냉동기의 성적계수(ε_r)

냉동기(refrigerator)의 경우는 상온의 물(water)이나 공기(air) 등을 고열원으로 하고, 여기에 열량 Q_1을 주어서 상온보다 저온인 냉장고 또는 제빙기 등을 저열원으로 취해서 열량 Q_2를 흡수하도록 하므로 이 두 에너지의 비(ratio)를 냉동기의 성적계수(Coefficient of Performance)라고 한다. 성적계수 ε_r는 되도록이면 큰 값을 가져야 경제적이다.

$$\varepsilon_r = \frac{Q_2}{W} = \frac{Q_2}{Q_1 - Q_2}$$

혹은 $\varepsilon_r = \dfrac{Q_2}{W} = \dfrac{T_2}{T_1 - T_2}$

(2) 열펌프의 성적계수(ε_h)

냉동기 및 열펌프의 성능을 표시하는 무차원 수로서 소비에너지와 출력(냉/난방열량)의 비이며 차원(단위)을 갖는 경우는 EER(Energy Efficiency Ratio)이고, 난방 시의 성적계수 COP_H가 냉방 시 성적계수 COP_C 보다 항상 1정도 크다.

① 관계식

$$COP_C = \frac{Q_2}{W} = \frac{Q_2}{Q_1 - Q_2} = \frac{T_2}{T_1 - T_2}$$

$$COP_H = \frac{Q_1}{W} = \frac{Q_1}{Q_1 - Q_2} = \frac{T_1}{T_1 - T_2} = \frac{T_1 - T_2 + T_2}{T_1 - T_2} = 1 + COP_C$$

② 열펌프의 경우는 상온의 물이나 공기 등을 저열원으로 하고, 열량 Q_2를 흡수하여 상온보다 고온인 고열원에 열량 Q_H를 주어서 난방과 같은 목적에 이용할 때에 그 비는 다음과 같다.

$$\varepsilon_h = \frac{Q_H}{AW(\text{혹은 } W)} = \frac{Q_1}{Q_1 - Q_2}$$

③ 성적계수(혹은 성능계수)는 언제나 절대치를 취하며 그 수치는 통상 1보다 큰 값을 갖는다. 주어진 사이클에서는 두 성적계수 사이에 다음과 같은 관계가 있다.

$$\varepsilon_h - \varepsilon_r = 1$$

SECTION 14 카르노 사이클

- 이론적으로 가장 높은 열효율을 나타내는 열기관의 이상적인 사이클은 카르노 사이클(Carnot Cycle)이다.
- 2개의 등온변화와 2개의 가역단열변화로 구성되어 있으며, 역카르노 사이클(Reverse Carnot Cycle)은 냉동기나 열펌프의 이상적인 사이클이 된다.
- 카르노 사이클은 열기관 사이클 중 이론적으로 효율이 가장 좋은 가상적인 사이클이지만, 우리가 만들 수 있는 열기관 중에 가장 효율이 좋은 기관(engine)이다.

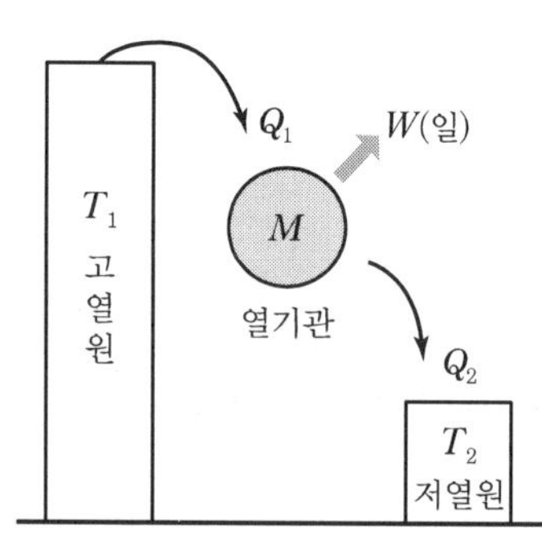

| 열기관의 고열원과 저열원 |

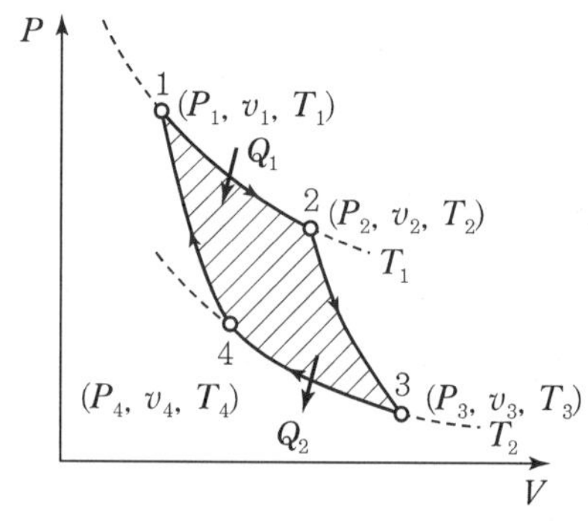

| Carnot 사이클 |

1) 카르노 사이클의 구성

임의의 작동유체를 이용하여 고열원과 저열원 사이에 작용하는 열기관의 이상적인 사이클인 카르노 사이클은 두 개의 등온변화와 두 개의 단열변화로 되어 있다. 우선, 열기관인 고열원의 온도를 T_1, 저열원의 온도를 T_2라고 하며, 이상기체를 작동유체로 하여 피스톤(piston)이 있는 실린더(cylinder) 속에서 카르노 사이클을 이룬다면 다음과 같다.

① 과정 1 → 2 : 등온팽창(Reversible Isothermal Expansion)

② 과정 2 → 3 : 단열팽창(Reversible Adiabatic Expansion)

③ 과정 3 → 4 : 등온압축(Reversible Isothermal Compression)

④ 과정 4 → 1 : 단열압축(Reversible Adiabatic Compression)

2) 카르노 사이클의 열효율(Thermal Efficiency)

$$\eta_c = \frac{W(\text{혹은 } AW)}{Q_1} = \frac{Q_1 - Q_2}{Q_1} = 1 - \frac{Q_2}{Q_1} = 1 - \frac{T_2}{T_1}$$

이상기체를 작동유체로 한 카르노 사이클의 열효율은 고열원과 저열원의 온도만에 의하여 결정되며, 고열원의 온도가 높고, 저열원의 온도가 낮은 쪽이 크게 된다.

3) 역카르노 사이클(Reverse Carnot Cycle)

역카르노 사이클을 이루는 냉동기 및 열펌프의 성적계수는 다음 식으로 나타낸다.

$$\varepsilon_r = \frac{Q_2}{Q_1 - Q_2} = \frac{T_2}{T_1 - T_2}$$

$$\varepsilon_h = \frac{Q_1}{Q_1 - Q_2} = \frac{T_1}{T_1 - T_2}$$

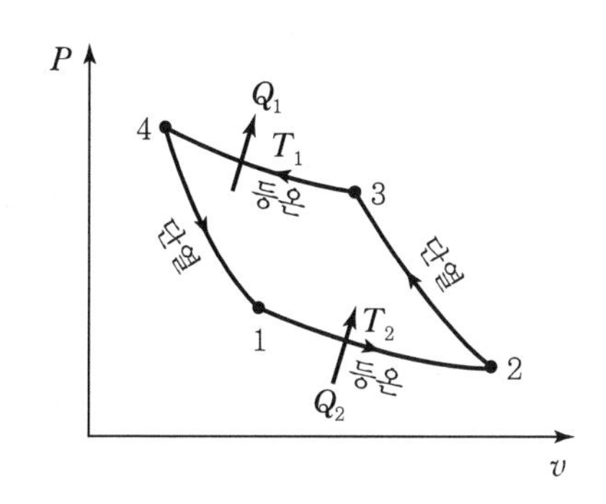

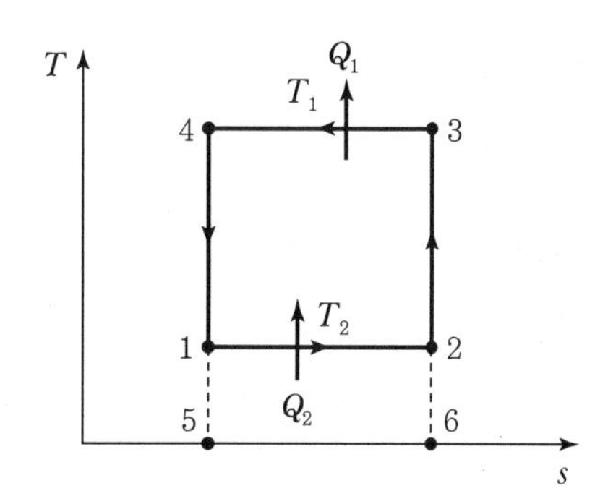

(1) 냉동기 성적계수(E_R)

$$\varepsilon_r = \frac{Q_2}{AW} = \frac{T_2}{T_1 - T_2}$$

(2) 열펌프 성적계수(E_H)

$$\varepsilon_h = \frac{Q_1}{AW} == \frac{T_1}{T_1 - T_2}$$

$$\therefore\ \varepsilon_h = \varepsilon_r + 1$$

(3) 역카르노 사이클의 특징

① 동일 열저장소(고온과 저온) 사이에서 작동하는 냉동사이클 중 가장 성적계수가 큰 사이클이다.

② 동작유체에 관계없이 성적계수는 온도만의 함수이다.

③ 고열원과 저열원의 온도차가 작을수록 성적계수는 증가한다.

④ 온도차가 일정할 때는 온도수준이 높을수록 성적계수가 증가한다.

SECTION 15 이상기체

기체 분자의 부피(또는 밀도) 및 분자 간의 인력을 무시할 수 있고 그 상태를 나타내는 온도, 압력, 부피의 양 사이에서 "보일－샤를의 법칙"이 완전히 적용될 수 있다고 가정된 기체를 말한다.

1) 이상기체의 5가지 가정

(1) 완전 탄성체

충돌에 의한 에너지의 변화가 없는 완전 탄성체이다.

(2) 인력과 반발력 무시

기체 분자 사이에 분자력(인력과 반발력)이 없다.

(3) 크기 무시

기체 분자가 차지하는 크기(부피, 용적)가 없다.

(4) 불규칙한 직선운동

기체 분자는 불규칙한 직선운동을 한다.

(5) 운동에너지가 절대온도에 비례

기체 분자들의 평균 운동에너지는 절대온도(켈빈 온도)에 비례한다.

2) 이상기체의 조건

온도가 높고 압력이 낮을수록 완전가스에 가까워진다.

① Joule의 법칙을 만족할 것

② 온도변화에도 일정한 법칙을 가질 것

③ 보일-샤를의 법칙을 만족할 것

3) 상태방정식

(1) Boyle-Charles의 법칙의 또 다른 표현

$$Pv = nRT$$

여기서, P : 압력(N/m²), V : 체적(m³), n : 몰수(입자수, 6.02×10^{23})
R : 기체상수(8.31J/mol · K), T : 절대온도(K)

(2) 상태방정식의 해설

① 보일의 법칙과 샤를의 법칙, 아보가드로의 법칙을 종합해서 나온 식이다.

- 보일의 법칙 : 온도가 일정할 때 기체의 압력과 부피는 절대온도에 비례한다는 법칙 ($PV=\text{const}$)
- 샤를의 법칙 : 압력이 일정할 때 기체가 차지하는 부피는 절대온도에 비례한다는 법칙 ($\dfrac{V}{T}=\text{const}$)
- 보일-샤를의 법칙 : 보일의 법칙과 샤를의 법칙을 종합하면 온도, 압력, 부피의 상관관계를 얻을 수 있다.($\dfrac{P_1V_1}{T_1}=\dfrac{P_2V_2}{T_2}=\text{const}$)

② 아보가드로의 법칙에 의하면 0℃(절대온도 273K), 1기압 표준상태에서 기체 1몰의 부피는 그 종

류에 관계없이 22.4L이므로 이를 대입하면 기체상수 R은 0.082가 된다.

$$\left(R = 1기압 \times \frac{22.4\,\mathrm{L}}{273\,\mathrm{K}} = 0.082\,\mathrm{atm} \cdot \mathrm{L/mol} \cdot \mathrm{K} = 8.31\,\mathrm{J/mol} \cdot \mathrm{K}\right)$$

기체의 부피는 몰수에 비례하므로 결국 식은 $\frac{P \cdot V}{T} = n \cdot R$

4) 실제에서의 이상기체

① 일반적으로 기체의 압력이 임계압력보다 대단히 낮은 과열증기이거나 온도가 임계온도보다 훨씬 높으면 이상기체와 거의 같아진다.(온도가 높고 압력이 낮을수록 완전가스에 가까워짐)

② 가벼운 기체일수록(산소, 수소, 헬륨) 이상기체에 가까운 성질을 가진다.

③ 실질적인 관심영역에서 공기, 질소, 산소, 수소, 헬륨, 아르곤, 네온, 크립톤과 같은 보통의 기체와 이산화탄소와 같이 보다 무거운 기체까지도 이상기체로 취급할 수 있다.(오차는 1% 이내로 무시)

④ 보일러나 발전설비 등에서의 (고압)수증기나 냉동기 내의 기상냉매 등과 같은 고밀도의 기체는 이상기체로 취급할 수 없다.(대신 이러한 물질은 상당량표가 사용됨)

⑤ 공기 중에 함유된 수증기, 즉 공기조화 문제에서는 수증기 압력이 매우 낮기 때문에 근본적인 오차 없이 이상기체로 취급이 가능하다.

5) 이상기체와 실제기체의 차이점

(1) 이상기체

① 질량과 에너지를 갖고 있다.

② 자체의 부피를 갖지 않는다.

③ 분자 간 상호작용이 존재하지 않는 가상적인 기체이다.

④ 뉴턴의 운동법칙에 따라 완전 탄성충돌을 하므로 에너지 손실이 없다.

⑤ 분자 간의 인력이 없다.

⑥ 온도와 압력을 변화시켜도 고체나 액체 상태로 변하지 않고 기체로 남는다.

⑦ 절대온도 "0"에서 부피가 완전이 "0"이 된다.

⑧ 이상기체의 성질을 갖는 기체는 존재하지 않는다.

(2) 실제기체

① 부피를 갖는다.

② 분자 간 상호작용이 있다.

③ 분자량이 작은 기체일수록 이상기체와 가까운 상태를 보인다.

④ 충돌 시 에너지 손실이 일어날 수 있다.

⑤ 온도와 압력에 따라 상태변화를 일으킨다.

⑥ 부피가 "0"이 되는 일이 없다.

SECTION 16 열전달

1) 열의 이동(전열)

열역학 제2법칙에 의하여 열은 고온에서 저온으로 이동하는데 이를 전열이라 하며, 전열의 방법에는 전도, 대류, 복사가 있다.

(1) 전도(傳導, Conduction)

고체와 고체 사이에서의 열이동으로 고체 내부에서 온도차가 존재할 때 고온에서 저온 쪽으로 분자의 열진동 에너지가 이동하는 현상

$$Q = \frac{\lambda \times A \times \Delta t}{l}$$

여기서, Q : 열전도 열량(W, kcal/h), λ : 열전도율(W/m · K, kcal/m · h · ℃)
A : 전열면적(m^2), Δt : 온도차(K), l : 길이(m)

① 열전도율(λ, W/m · K, kcal/m · h · ℃) : 고체와 고체 사이에서 열의 이동속도
② 열전도열량은 열전도율, 전열면적, 온도차에 비례하고 고체의 두께와는 반비례한다.

(2) 대류(對流, Convection)

유체(액체, 기체)와 유체 사이의 열이동 현상으로 유체의 상부와 하부 사이의 온도차에 의한 밀도차이에 의해 유체가 순환되면서 열이 이동하는 현상

$$Q = \alpha \times A \times \Delta t$$

여기서, Q : 열전달 열량(W, kcal/h), α : 열전달률(W/m^2 · K, kcal/m^2 · h · ℃)
A : 전열면적(m^2), Δt : 온도차(K)

① 열전달률, 경막계수(α, W/m^2 · K, kcal/m^2 · h · K) : 유체에서 열 이동속도
② 열전달량은 열전달률, 전열면적, 온도차에 비례한다.
③ 대류의 분류

- 자연대류(Natural Convection) : 유체의 비중량(밀도, 무게) 차에 의한 열의 이동

$$Nu = \frac{\alpha \cdot L}{\lambda} = f(Gr \cdot Pr)$$

- 강제대류(Forced Convection)
  - 송풍기(Fan, Blower) : 기체를 강제 대류시킴
  - 교반기(Agitator) : 액체를 강제 대류시킴

$$Nu = \frac{\alpha \cdot L}{\lambda} = f(Re \cdot Pr)$$

$$Gr = \frac{g \cdot \beta \cdot d^3 \cdot \Delta t}{\nu^2},\ Pr = \frac{\mu \cdot C_p}{\lambda},\ Re = \frac{v \cdot d}{\nu}$$

여기서, β : 체적팽창계수(℃$^{-1}$), Gr : 자연대류 상태를 나타냄

Re : 강제대류 상태를 나타냄(층류와 난류를 구분 : $\frac{\text{관성력}}{\text{점성력}}$)

ν : 동점성계수, v : 유체의 속도, d : 관의 안지름

μ : 점성계수, C_p : 정압비열, α : 열전달률(kcal/m^2 · h · ℃)

L : 열전달길이, λ : 열전도율(kcal/m · h · ℃)

(3) 복사, 방사(輻射, 放射, Radiation)

① 태양이나 난로 주위에서 발생되는 복사열은 중간 매체 없이 열이 이동하는데 이와 같이 적외선(열선)에 의한 전열을 복사, 일사, 방사라고 한다.

② 전자기파 형태인 열복사선은 진공을 매질로 하여 고온도인 고체 표면에서 저온도인 고체 표면으로 열이 이동한다.

③ 에너지가 중간물질에 관계없이 적외선이나 가시광선을 포함한 전자파인 열선의 형태를 갖고 전달하는 전열형식으로 다른 물체에 도달하여 흡수되면 열로 변하는 현상이다.

- 방사에너지 $E = \varepsilon \times \sigma \times T^4$[kcal/m^2 · h]
- Stefan－Boltzmann의 법칙

$$E = \sigma\left(\frac{T}{100}\right)^4$$

여기서, E : 절대온도 T인 흑체의 단위면적당 방사하는 Energy양

σ : Stefan－Boltzmann 상수(4.88kcal/m^2 · h · (100K)^4 = 5.67×10^{-8}W/m^2 · K^4)

T : 절대온도

- $Q = 4.88A\varepsilon\left[\left(\frac{T_1}{100}\right)^4 - \left(\frac{T_2}{100}\right)^4\right]$

여기서, Q : 복사열량(kcal/h), A : 면적(m^2), ε : 복사율

T_1 : 고온체 온도(K), T_2 : 저온체 온도(K)

(4) 열통과, 열관류

전도, 대류 등 2가지 이상 복합하여 일어나는 열의 이동으로 고체 벽을 사이에 두고 양 유체 사이에 온도차가 존재할 때 열이 이동하는 현상으로 열전달 → 열전도 → 열전달이 한꺼번에 존재하는 실제 전열 현상이다.

$$Q = K \times A \times \Delta t$$

여기서, Q : 열통과 열량(W, kcal/h), K : 열통과율(W/m^2 · K, kcal/m^2 · h · ℃)

A : 전열면적(m^2), Δt : 온도차(K)

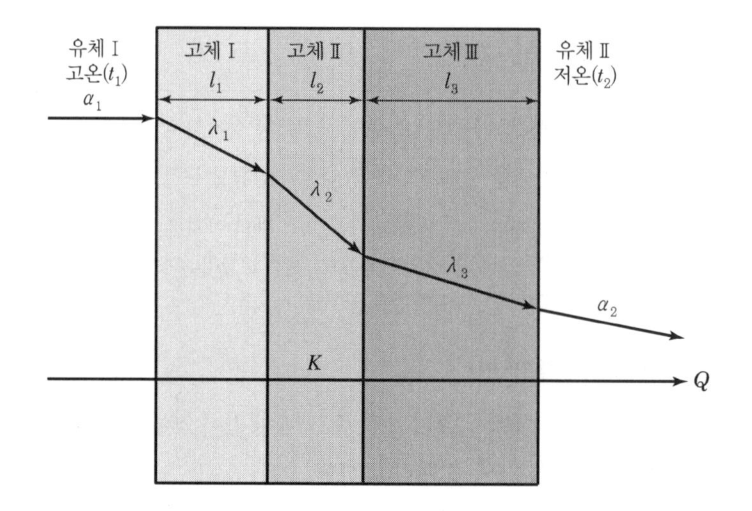

① 열통과율, 열관류율, 전열계수(K, W/m² · K, kcal/m² · h · K) : 고체와 유체 사이에서 전체적인 열의 이동속도

$$K=\frac{1}{R}=\frac{1}{\dfrac{1}{\alpha_1}+\dfrac{l_1}{\lambda_1}+\dfrac{l_2}{\lambda_2}+\dfrac{l_3}{\lambda_3}+\dfrac{1}{\alpha_2}}$$

여기서, R : 열저항, 오염계수(m² · h · ℃/kcal), α : 열전달률(W/m² · K, kcal/m² · h · ℃)
λ : 열전도율(W/m · K, kcal/m · h · ℃), l : 고체의 두께(m)

열저항, 오염계수 $R(f)=\dfrac{l}{\lambda}=\text{m/(kcal/m}\cdot\text{h}\cdot{}^\circ\text{C)}=\text{m}^2\cdot\text{h}\cdot{}^\circ\text{C/kcal}$

② 열통과 열량은 열통과율, 전열면적, 온도차에 비례한다.

③ 열관류율(k)을 줄이는 방법
- 내표면의 열전달을 적게 한다.
- 외표면의 열전달을 적게 한다.
- 벽체의 두께를 두껍게 한다.
- 열전도율이 작은 단열재를 사용한다.
- 밀폐된 공기층을 두어 전달저항을 증가시킨다.

(5) 열전달

유체와 고체 표면 사이에 온도차가 존재하여 열에너지가 이동하는 현상으로 뉴턴의 냉각법칙에 의한 열전달량은 다음과 같다.

$$Q=\alpha\times A\times\Delta t$$

여기서, Q : 열전달 열량, A : 열류방향과 직각방향의 단면적(m²)
α : 열전달률(kcal/m² · h · ℃), Δt : 유체와 고체 표면의 온도차(℃)

(6) 벽체의 열통과율(Overall Heat Transfer Coefficient)

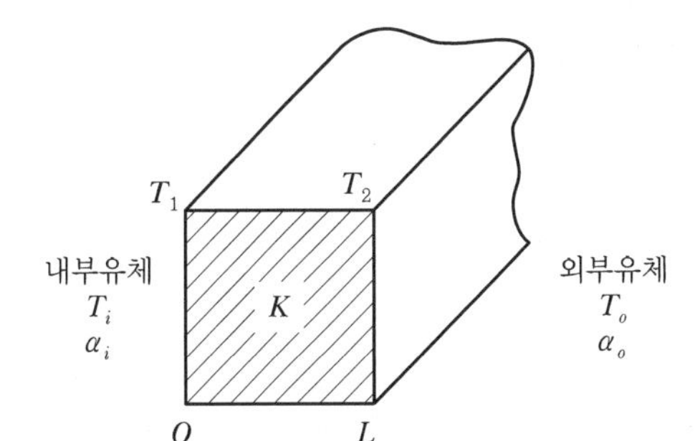

여기서, K : 열전도율
α_i : 내부유체의 대류 열전달률
α_o : 외부유체의 대류 열전달률
T_i : 내부유체의 온도
T_o : 외부유체의 온도

실내에서 벽면으로의 전달열

$$q_1 = \alpha_i \cdot A \cdot (T_i - T_1) \quad \cdots\cdots \text{ⓐ}$$

벽체 내부에서의 전도율

$$q_2 = \frac{K}{l} \cdot A \cdot (T_1 - T_2) \quad \cdots\cdots \text{ⓑ}$$

벽체에서 외기로의 전달열

$$q_3 = \alpha_o \cdot A \cdot (T_2 - T_o) \quad \cdots\cdots \text{ⓒ}$$

그런데 $q_1 = q_2 = q_3$이므로

ⓐ+ⓑ+ⓒ 하면

$$\frac{1}{\alpha_i} + \frac{l}{K} + \frac{1}{\alpha_o} = \frac{A}{q}(T_i - T_o)$$

$$q = \frac{1}{\frac{1}{\alpha_i} + \frac{l}{K} + \frac{1}{\alpha_o}} \cdot A \cdot (T_i - T_o)$$

$$\therefore \text{ 열통과율 } k = \frac{1}{\frac{1}{\alpha_i} + \frac{l}{K} + \frac{1}{\alpha_o}}$$

2) 비등 열전달

비등 열전달은 과열도에 따라 핵비등, 천이비등, 막비등으로 구분한다.

(1) 핵비등(Nucleate Boiling)

포화액보다 약간 높은 온도에서 기포가 독립적으로 발생한다.

(2) 막비등(Film Boiling)

면 모양의 증기거품으로 발생하는 것으로 전열면의 과열도가 클 때 발생한다.

(3) 천이비등(Transition Boiling)

핵비등과 막비등 사이에 존재하는 불안정 상태의 비등이다.

(4) 개선방법

① 비등 열전달에서는 기포발생점이 액체에 완전히 묻히면 증발이 잘 이루어지지 않을 수 있으므로 주의가 필요하다.

② Grooved Tube 등을 적용하여 액을 교란시켜 증발능력을 개선시킬 수 있다.

3) 막상 응축과 적상 응축

열교환기의 응축과정에서 응축기 표면 혹은 내면에 생기는 일종의 이슬에 의한 결로 현상이다.

(1) 막상 응축(Film Condensation)

① 응축성 증기와 접하고 있는 수직 평면의 온도가 증기의 포화 온도보다 낮으면 표면에서 증기의 응축이 일어나고, 응축된 액체는 중력 작용에 의해 평판상으로 흘러 떨어지게 된다. 이때 액체가 평판 표면을 적시게 되면 응축된 액체는 매끈한 액막을 형성하며, 평판을 따라 흘러내리게 되는 것을 막상 응축이라 한다.

② 액막 두께가 평판 밑으로 내려갈수록 증가하는데, 이 액막 내에는 온도의 구배가 존재하므로 그 액막은 전열저항이 된다.

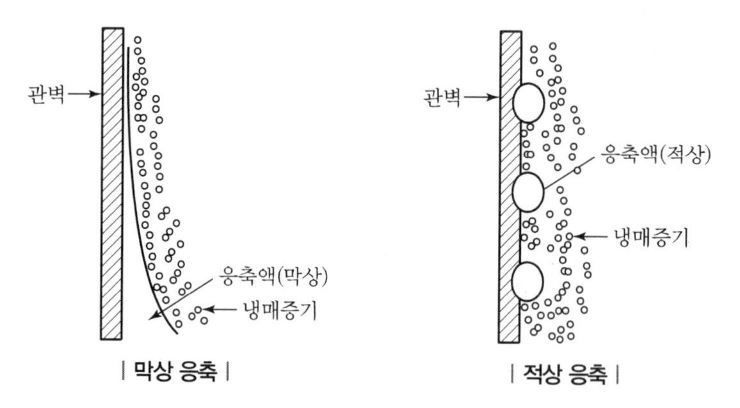

| 막상 응축 |　　| 적상 응축 |

(2) 적상 응축(Dropwise Condensation, 액적 응축)

① 액체가 평판 표면을 적시기 어려운 경우에 응축된 액체는 평판 표면에 액적 형태로 부착되며, 각각의 액적은 불규칙하게 떨어지는데 이를 적상 응축이라고 한다.(액적이 굴러 떨어지면 또 다른 냉각면이 생김)

② 액적 응축의 경우에는 평판상 대부분 증기와 접하고 있으며, 증기에서 평판으로의 전열에 대한

액막의 열저항은 존재하지 않으므로 높은 전열량을 얻을 수 있는데, 실제의 경우에는 전열량이 막상 응축에 비해 약 7배 정도이다.

③ 액적이 굴러 떨어지듯이 아래로 흐르는 현상으로 열교환 측면에서는 적상 응축이 더 유리하다.

(3) 응축 열전달의 개선방안

① 적상 응축을 장시간 유지하기 위하여 고체 표면에 코팅 처리를 하거나 증기에 대한 첨가제를 사용하는 방법이 있다.

② 응축(열전달)이 불량한 쪽에 Fin을 부착한다.

③ Fin을 가늘고 뾰족하게 만들어 열전달을 촉진시킨다.

(4) 막상 응축과 적상 응축

① 막상 응축은 적상 응축 대비 응축효율이 떨어지지만, 실제의 응축은 막상 응축에 가까우므로 막상 응축을 기준으로 System을 설계하는 것이 바람직하다.

② 열전달 관점에서는 적상 응축이 바람직하나, 대부분의 고체 표면은 응축성 증기에 노출되면 젖기 쉬우며, 적상 응축을 장시간 유지하는 것이 곤란하다. 따라서 적상 응축을 장시간 유지하기 위하여 고체 표면에 코팅 처리를 하거나 증기에 대한 첨가제를 사용하고 있으나 그다지 효과는 없다.

SECTION 17 브레이턴 사이클과 역브레이턴 사이클

1) 브레이턴 사이클(Brayton Cycle)

- 가스터빈의 이상적인 사이클
- 단열압축 – 연소 – 단열팽창(터빈) – 배기

(1) 선도

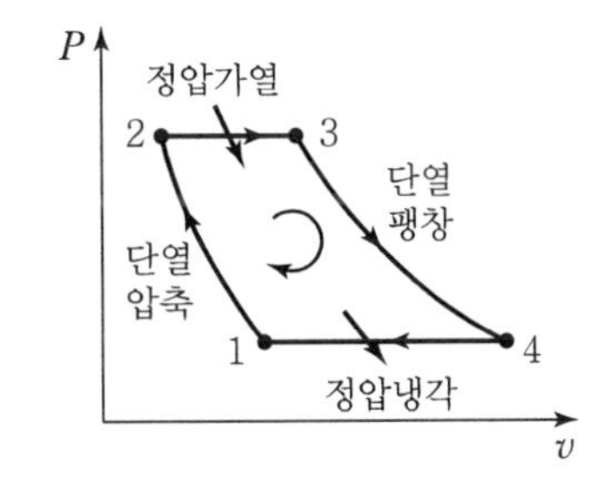

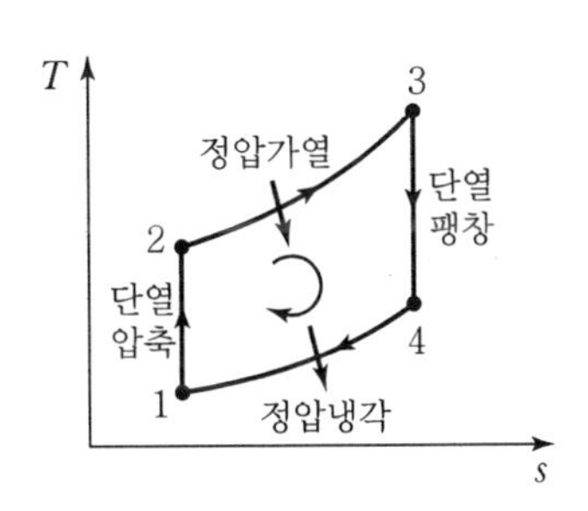

※ 선도 설명

1 → 2 : 단열압축(압축기)

2 → 3 : 정압가열(연소 과정)

3 → 4 : 단열팽창(터빈, 동력 생산)

4 → 1 : 정압냉각(배기)

(2) 열효율

$$COP = 1 - \frac{T_4 - T_1}{T_3 - T_2}$$

2) 역브레이턴 사이클(Counter Brayton Cycle)

- LNG, LPG 가스의 액화용 냉동기의 기본 사이클
- 단열팽창 – 정압가열 – 단열압축 – 정압냉각

(1) 선도

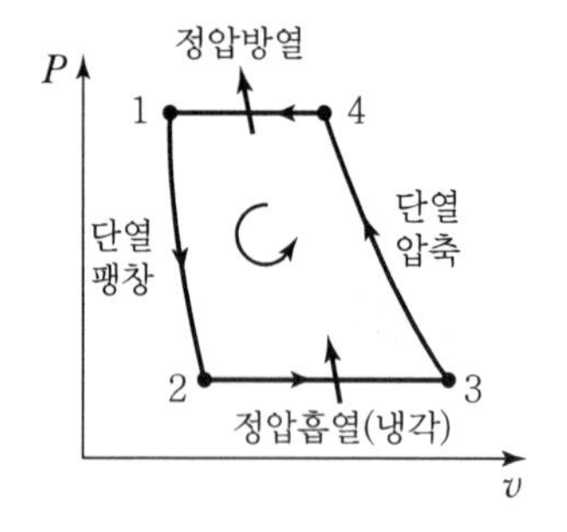

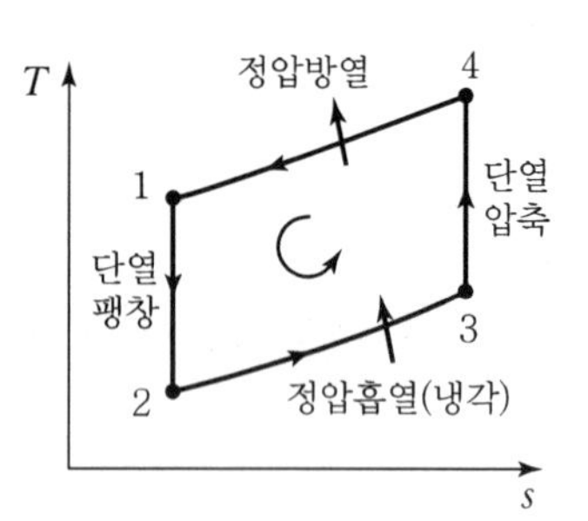

※ 선도 설명 : Brayton Cycle과 반대로 작용함

1 → 2 : 단열팽창

2 → 3 : 정압흡열

3 → 4 : 단열압축

4 → 1 : 정압방열

(2) 성적계수

$$COP = \frac{T_2}{T_1 - T_2}$$

SECTION 18 베르누이 방정식

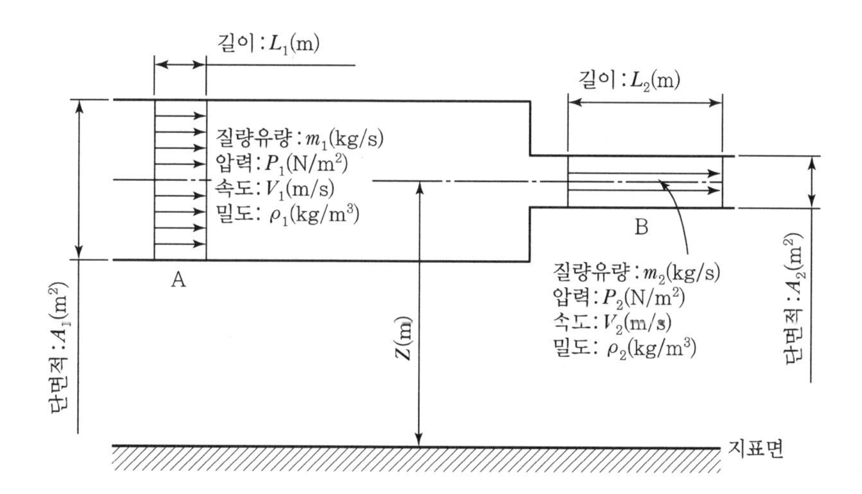

1) 에너지 보존의 법칙

압력에너지 + 운동에너지 + 위치에너지 = 일정

$$\frac{P}{\gamma}+\frac{V^2}{2g}+Z=\text{일정}$$

또는

압력에너지(A) + 운동에너지(A) + 위치에너지(A) = 압력에너지(B) + 운동에너지(B) + 위치에너지(B)

$$\frac{P_1}{\gamma}+\frac{{V_1}^2}{2g}+Z_1=\frac{P_2}{\gamma}+\frac{{V_2}^2}{2g}+Z_2$$

$$P_1+\frac{\rho {V_1}^2}{2}+\gamma Z_1=P_2+\frac{\rho {V_2}^2}{2}+\gamma Z_2$$

$$\frac{P_1}{\rho}+\frac{{V_1}^2}{2}+gZ_1=\frac{P_2}{\rho}+\frac{{V_2}^2}{2}+gZ_2$$

2) 가정

① 유선을 따르는 비점성 흐름

② 정상 상태의 흐름

③ 마찰이 없는 흐름

④ 비압축성 유체의 흐름(밀도가 일정)

3) 연속방정식

A 지점을 통과하는 유체의 질량과 B 지점을 통과하는 유체의 질량은 같다. 즉, 질량유량은 A 지점과 B 지점에서 같다.

A 지점 : $A_1 \times V_1 \times \rho_1$

여기서, A_1 : 단면적(m^2), V_1 : 속도(m/s), ρ_1 : 밀도(kg/m^3)

B 지점 : $A_2 \times V_2 \times \rho_2$

여기서, A_2 : 단면적(m^2), V_2 : 속도(m/s), ρ_2 : 밀도(kg/m^3)

$$A_1 \times V_1 \times \rho_1 = A_2 \times V_2 \times \rho_2$$

4) 배관마찰손실

① 직관에서 임의의 지점 A와 B를 정하고 이를 각각 상류와 하류의 지점(또는 입구와 출구)이라고 할 때 이 두 지점에서의 압력차가 바로 A와 B지점 사이의 압력손실이 된다. 이 압력손실 값을 유체에 관한 베르누이 정리(Bernoulli's Theorem)를 들어 설명하면,

$$\frac{P_1}{\gamma_1} + \frac{V_1^{\ 2}}{2g} + Z_1 = \frac{P_2}{\gamma_2} + \frac{V_2^{\ 2}}{2g} + Z_2 + h_l \text{ (수정 베르누이 방정식)}$$

여기서, P : 압력(kgf/m^2 또는 N/m^2), V : 유속(m/sec)
g : 중력가속도($9.8m/sec^2$), Z : 고도(기준면으로부터의 높이, m)
γ : 유체의 비중량(kgf/m^3 또는 N/m^3), (물에서는 보통 $\gamma_1 = \gamma_2$)
1, 2 : 상류 및 하류의 측정위치(배관 입 · 출구 또는 임의의 2지점)
h_l : 손실수두(m)

위 식에서 A와 B지점의 압력이 각각 P_1, P_2이고, 배관이 수평이며, 직경이 같다면

$$Z_1 = Z_2, \ V_1 = V_2$$

$$\therefore \ \frac{P_1 - P_2}{\gamma} = h_l$$

② 손실수두(h_l)는 배관의 크기(직경), 내부 표면상태(조도), 배관의 계통 및 연결 상태 등 여러 가지 요인에 의하여 결정되는 값이며, 마찰손실수두(h_f)와 부차적 손실수두(h_b)를 합한 종합손실수두이다.

$$h_l = h_f + h_b$$

• 마찰손실수두(h_f)는 관 내부에서 유동마찰에 의한 손실수두를 말하며 다음 식으로 산출할 수 있다.

$$h_f = \sum\left(f \times \frac{L}{d} \times \frac{V_2}{2g}\right)$$

여기서, f : 관마찰손실계수(도표 또는 경험식으로 구함)

L : 관 길이(m), g : 중력가속도(9.8m/sec^2)
V : 해당 관 내의 평균유속(m/sec), d : 관 내경(m)

- 부차적 손실수두(h_b)는 관 입구의 형상, 배관 부품의 종류와 이음매 등 관의 연결상태에 의하여 부차적으로 발생하는 저항손실수두이다.

$$h_b = \sum\left(k \times \frac{V^2}{2g}\right)$$

여기서, k : 부차적 저항손실계수

- 관마찰손실계수(f)는 경험식에 의해 산출하기도 하고 도표(Moody 선도)에서 구할 수도 있으나, 어떤 경우에도 레이놀즈 수($N_{re} = Vd/\nu$)와 배관 내면의 상대조도(e/d = 표면거칠기/관내경)를 알아야 한다. 즉, 배관 내의 상 · 하류 압력차에 따라 유속이 변하고, 그 유속에 의하여 발생하는 손실수두(h_l)가 상 · 하류 압력수두차와 일치하게 된다.

SECTION 19 제1종 및 제2종 영구기관

1) 제1종 영구기관

① 외부에서 에너지의 공급 없이 계속해서 일을 할 수 있다고 생각되는 가상적인 기관으로 실현 불가능한 기관
② 기계는 동력을 외부로 발생함과 동시에 반드시 다른 형태의 에너지 소비가 필요하다.
③ 에너지 소비 없이 계속하여 일을 할 수 있는 기계는 없다.
④ 열역학 제1법칙을 "제1종 영구기관은 불가능하다"라고 표현할 수 있다.

2) 제2종 영구기관

① 저열원에서 열을 얻어 움직이는 기관 또는 공급받은 열을 모두 일로 바꾸는(열효율100%) 가상적인 기관
② 한 열원으로부터 에너지를 공급 받아 아무 변화도 남기지 않고 계속해서 이 에너지를 일로 바꿀 수 있는 기관
③ 열에너지를 일에너지로 전부 변환시키는 기관(열효율 100%)
④ 열역학 제2법칙에 위배된다.
⑤ 외부로부터 에너지 공급원이 없이 영구적인 일을 얻는다는 것은 불가능하다.
⑥ Kelvin의 표현
외부에 어떠한 영향을 남기지 않고 사이클 동안에 계가 열원으로부터 받은 열을 모두 일로 바꾸는 것

은 불가능하다.

⑦ Ostwald의 표현

자연계에서 아무런 변화를 남기지 않고 어느 열원에서 열을 계속해서 일로 바꾸는 기관은 존재하지 않는다.

※ 제2종 영구기관은 제작이 불가능하다.

SECTION 20 엑서지

계가 보유하고 있는 에너지 중 일로써 얻어낼 수 있는 최대 에너지의 몫

1) 유용일(Useful Work)

① 실제의 일과 주변의 일과의 차이

② 임의의 질량을 가진 추가 올려진 실린더에서 정압팽창 시의 일을 고려할 때(압력은 절대압력)

실제의 일 : PdV

주위일 : $P_{atm}dV$

∴ 유용일 $= PdV - P_{atm}dV$

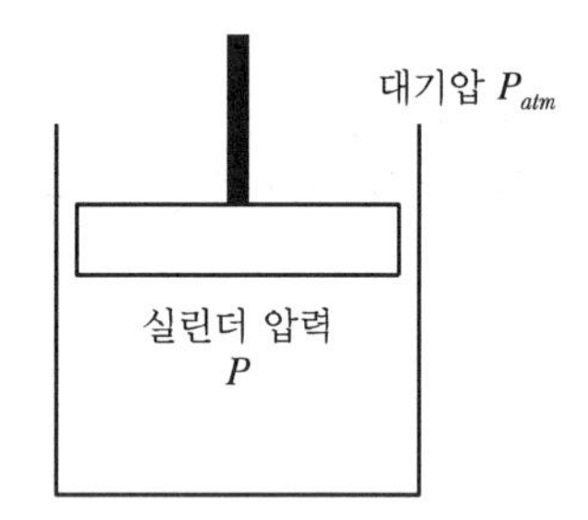

2) 가용에너지(Available Energy)

① 동력발생기관이 고온의 열원으로부터 열전달을 받아 대기와 열교환을 행하여 발생할 수 있는 최대의 기계적 또는 전기적 변환이 가능한 일

② 냉동시스템에서는 소요되는 최소일로 생각할 수 있다.

③ 열역학 제2법칙은 엔트로피와 연관할 때 어떠한 이상적 과정을 통하여서도 모든 열이 일로 바뀔 수 없다.

④ 열역학적으로 열의 가용성은 일에 비하여 낮다.

⑤ 가용에너지에 의한 해석은 지구상의 자연상태를 기반으로 한 것이다.

⑥ 특별히 명시하지 않는 한 압력 $P=1$bar, 온도 $T=298.15$K으로 한다.

⑦ 주어진 두 상태(초기 · 최종상태) 사이에서 과정을 진행할 때 얻을 수 있는 최대 유용일에 해당한다.

⑧ 최종상태가 환경상태(바닥상태)이면 가역일은 Exergy가 된다.

⑨ 엑서지의 반대되는 의미로 Anergy가 있다.

SECTION 21 무차원 수

- 차원이 없는 수
- 현상 인자를 적당히 조합하면 차원이 상쇄되어 무차원 수치항이 얻어진다. 이를테면 물리적으로 관측되는 양은 반드시 차원을 가지고 있다. 그러나 이러한 양을 더하거나 나눌 때 무차원의 단순한 수가 얻어지는 경우가 있다. 이것을 무차원 수라고 한다.
- 만일 두 직사각형의 가로 · 세로 비가 같다면 그 두 직사각형은 닮음인 것과 마찬가지로, 레이놀즈 수가 같다면 서로 닮음인 것이 증명된다. 레이놀즈 수를 같게 하면 모형을 사용하여 실물 비행기의 성능을 조사할 수가 있게 된다. 이러한 무차원 수는 닮음의 개념과 결부되어 있으며, 2가지 계열의 것이 기하학적 또는 역학적으로 닮음이 되기 위한 조건을 부여하는 것이다.

1) 자연대류 및 강제대류와 관계되는 무차원 수

(1) 대류 열전달과 무차원 수

① 고체와 유체 간의 대류 전열량은 $Q=\alpha \cdot A \cdot (t_W - t_\infty)$이다. 이때 α를 열전달계수(열전달률, 경막계수)라 하며 α는 유체의 종류, 속도, 온도차 또는 유로의 형상, 흐름의 상태 등에 따라 달라진다. 따라서 α는 물질에 따라 결정되는 상수가 아니고 이것이 대류열전달의 해석을 복잡하게 한다.

② α는 이론적 또는 실험적으로 구하고 있으나 상사(相似)법칙을 써서 무차원으로 표시하는 경우가 많으며, 대표적인 것으로는 Nu(Nusselt 수), Pr(Prandtl 수), Re(Reynolds 수), Gr(Grashof 수)가 있다.

(2) 대류전열에 관계되는 무차원 수

① $Nu = \dfrac{\alpha L}{\lambda}$

② $Pr = \dfrac{\nu}{\alpha}$

③ $Re = \dfrac{vD}{\nu} = \dfrac{\rho v D}{\mu}$

④ $Gr = \dfrac{g\beta(t_W - t_\infty) \cdot D^3}{\nu^2}$

여기서, α : 열전달률(kcal/m^2 · h · ℃), λ : 유체의 열전도율(kcal/m · h · ℃)
L : 대표길이(m, 원관에서는 직경), v : 유체속도(m/s)
a : 열확산 계수(온도전도율$=\dfrac{\lambda}{\rho C}$, m^2/s)
ν : 유체의 동점성 계수$\left(\dfrac{\mu}{\rho}\text{, m}^2\text{/s}\right)$, g : 중력가속도(m/s^2)
t_W : 물체의 온도(℃), t_∞ : 유체의 중심온도(℃)

2) 레이놀즈 수(Reynolds Number, Re)

① 물체를 지나는 유체의 흐름 또는 유로(流路) 속에서 유체흐름의 관성력(관성저항)과 점성력의 크기의 비를 알아보는 데 있어서 지표가 되는 무차원 수

② 흐름 속에 있는 물체의 대표적 길이(원통 속의 흐름의 경우에는 원통의 지름, 흐름 속에 구가 있는 경우에는 그 구의 반지름), 유속, 유체밀도, 점성률의 관계식으로 정의된다(여기서는 운동 점성계수).

③ 흐름 상태는 레이놀즈 수에 의해 크게 달라지므로, 레이놀즈 수는 흐름의 특징을 정하는 데 가장 중요한 조건이 된다.

④ 레이놀즈 수가 작은 동안에 정류(整流)상태이었던 흐름도, 레이놀즈 수가 임계값(임계레이놀즈 수라 한다)을 넘게 되면 불규칙적으로 변동하는 난류(亂流)로 변하게 된다. 레이놀즈 수는 유체가 흐르는 형태를 판별하는 기준이 되는 수이다.

⑤ 층류와 난류를 판별하는 척도로서 임계레이놀즈 수를 정하여 그 수 이하인 경우를 층류라 하고, 이상인 경우를 난류라고 칭한다.

- $Re < 2{,}100$: 층류
- $2{,}100 < Re < 4{,}000$: 천이구역
- $4{,}000 > Re$: 난류

$$Re = \frac{\text{확산의 시간에 대한 척도}}{\text{대류의 시간에 대한 척도}} = \frac{\text{관성력}}{\text{점성력}} = \frac{VL}{\nu} = \frac{\rho v D}{\mu}$$

여기서, L : 거리, V : 속도, ν : 동점성계수(kgf · m^2/sec)
v : 유체속도(m/s), ρ : 밀도(kgf/sec^2 · m^4), D : 관의 내경(m)

⑥ 경계층에서 천이가 어느 정도의 위치에서 시작하는지의 척도가 된다.

⑦ 단면형상별 임계레이놀즈 수

- 원통형 : 2,100
- 정사각형 : 2,200～4,300
- 직사각형 : 2,500～7,000
- 평행벽 사이의 유동 : 2,800
- 계수로 : 2,200～2,400
- 넓은 계수로 : 500
- 구 : 1

3) 넛셀 수(Nusselt Number, Nu)

① 강제대류의 무차원 수

$$Nu = \frac{\text{열전달률}}{\text{열전도}} = \frac{\alpha L}{\lambda}$$

여기서, α : 열전달률(kcal/m^2 · h · ℃), L : 대표길이(m), λ : 열전도율(kcal/m · h · ℃)

② 표면에서 일어나는 대류의 열전달의 척도

③ 온도구배의 무차원 수

④ 열흐름은 온도구배에 비례하므로 Nu가 크면 열전달량이 크다.

⑤ 대류 열전달에서의 Nu는 운동방정식과 에너지 방정식에 의해 Re, Pr에 관계한다.

⑥ Nusselt 수는 열전달을 나타내는 대표적인 무차원 수로서 물체의 표면에서의 온도구배를 나타낸다. 즉, Nusselt 수는 표면에서의 전도 열전달과 대류 열전달의 비를 나타내는 무차원 상수이다.

⑦ 열전달 표면에서, 전도에 비해 대류가 얼마나 잘 일어나고 있느냐를 판단할 수 있는 지표이다.

4) 프란틀 수(Prandtle Number, Pr)

① $Pr = \dfrac{\text{운동량 확산 계수}}{\text{열확산 계수}} = \dfrac{\eta \cdot C_p}{\lambda} = \dfrac{V}{\alpha}$

여기서, η : 점도, C_p : 정압비열, λ : 유체 열전도율, α : 열확산율

② 속도경계층과 열경계층 각각에서의 확산에 의한 운동량 전달과 에너지 전달의 유효성의 상이적인 척도를 나타낸다.

5) 비오트 수(Biot number, Bi)

① $Bi = \dfrac{\text{열전달}}{\text{고체의 열전도}} = \dfrac{\alpha L}{\lambda_B}$

여기서, α : 대류열전달계수, L : 대표길이, λ_B : 물체의 열전도율

② 표면과 유체 사이의 온도차이와 관계 있는 Biot 수에 의하여 고체 내부에서의 온도강하 정도가 추정될 수 있다.

6) 그라쇼프 수(Grashof Number, Gr)

① 유체 중 자연대류에 수반되는 전열을 취급할 때 사용하는 무차원 수

$$Gr = \frac{\text{부력}}{\text{점성력}} = \frac{g\beta(t_W - t_\infty) \cdot D^3}{\nu^2}$$

여기서, β : 체적팽창계수, ν : 동점성계수, g : 중력가속도(9.8m/s²)

② 속도경계층 내에서 점성력에 대한 부력의 비

③ 유체의 열팽창에 의한 부력과 점성력의 비에 의해 만들어지는 무차원 수

SECTION 22 기체의 상태변화

1) 보일의 법칙(Boyle's Law)

어떤 기체의 온도가 일정(T=const)할 때 압력과 부피는 반비례한다.

$$P_1v_1 = P_2v_2$$

여기서, P_1 : 변화 전 절대압, v_1 : 변화 전 부피, P_2 : 변화 후 절대압, v_2 : 변화 후 부피

2) 샤를의 법칙(Charle's Law)

어떤 기체의 압력이 일정(P=const)할 때 부피는 절대온도에 비례한다.

$$\frac{v_1}{T_1} = \frac{v_2}{T_2}$$

여기서, v_1 : 변화 전 부피, T_1 : 변화 전 절대온도, v_2 : 변화 후 부피, T_2 : 변화 후 절대온도

3) 보일-샤를의 법칙

일정량의 기체의 부피는 압력에 반비례(보일의 법칙)하고, 절대온도에 비례(샤를의 법칙)한다.

$$\frac{P_1v_1}{T_1} = \frac{P_2v_2}{T_2}$$

4) 이상기체 상태방정식

$$PV = nRT = \left(\frac{W}{M}\right) \times R \times T = G \times R' \times T$$

여기서, P : 압력(kg/m²), V : 부피 (m³), T : 절대온도(K)
W : 가스의 무게(kg), M : 가스의 분자량(kg)
R : 기체상수(kg · m/kmol · K), R' : 기체상수(kg · m/kg · K)

일반기체상수(R)
0.082atm · L/mol · K, 848kg · m/kmol · K, 8.314J/mol · K

5) 기체의 상태변화

(1) 등온변화

일정한 온도를 유지하면서 부피와 압력을 변화시키는 과정으로 내부에너지는 변화하지 않으므로 주어진 열량은 모두 일이 된다.

$PV^n = $일정 $\quad n=1$

(2) 등압변화

일정한 압력을 유지하면서 계의 온도나 부피 따위를 변화시키는 과정으로 냉동장치에서 응축기나 증발 등에 적용된다.

$PV^n = $일정 $\quad n=0$

(3) 정적변화

체적이 일정한 상태에서의 변화로 가해진 열량은 모두 내부에너지 증가로 나타난다.

$PV^n = $일정 $\quad n=\infty$

(4) 단열변화

가스를 압축 또는 팽창시킬 때 외부로부터 열의 출입이 없는 상태에서의 변화로 실제 불가능하며, 일량 및 온도 상승이 가장 크다.

$PV^n = $일정 $\quad n=k$(단열지수, 비열비)$=\dfrac{C_p}{C_v}$

(5) 폴리트로픽 변화

단열변화와 등온변화의 중간 과정으로 가스를 압축 또는 팽창시킬 때 일부 열량은 외부로 방출되고 또 일부는 가스에 공급되는 실제적인 변화이다.

$PV^n = $일정 $\quad n=$폴리트로픽 지수$(k>n>1)$

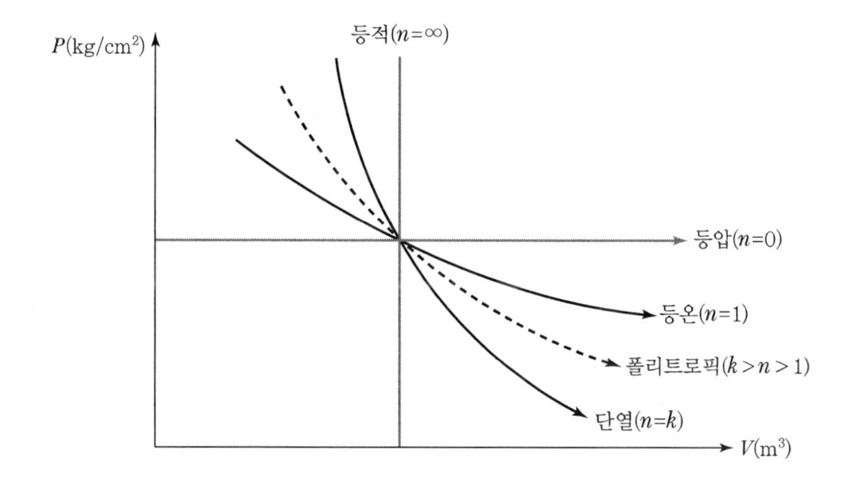

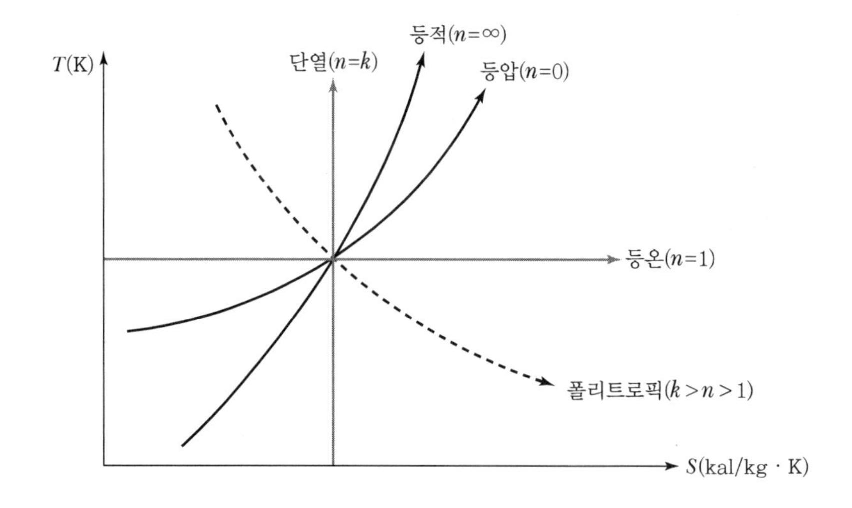

▼ **가스 압축 시 비교**

구분	압력과 비체적의 관계식	압축일량	가스 온도
단열압축	PV^n = 일정($k = C_p / C_v$)	크다	높다
폴리트로픽 압축	PV^n = 일정($k > n > 1$)	중간	중간
등온압축	PV^n = 일정	작다	낮다

- 가스 압축 시 소비되는 일량, 온도 상승의 크기 : 단열압축 > 폴리트로픽 압축 > 등온압축
- 압축기에서는 폴리트로픽 변화이나 복잡하므로 이론 계산 시 단열변화로 간주하여 계산한다.

SECTION 23 줄－톰슨 효과와 교축작용

유체가 밸브 등 기타 저항이 크며 크기가 작은 구멍을 통과할 때 마찰이나 흐름의 흐트러짐으로 인하여 흐름방향으로 압력이 강하되는 현상을 교축이라고 한다. 이는 팽창밸브의 원리가 되고 냉동장치에서 저온을 얻기 위해 증발기 입구에 팽창밸브를 설치하여 단열팽창시켜 압력과 온도를 강하시키며 이때 엔탈피 변화는 없다.

압축된 유체가 넓은 관을 타고 흐르다 갑자기 단면적이 좁은 관을 만날 경우 유속이 급격히 증가하며, 압력은 낮아진다.(베르누이 방정식) 이렇게 압력이 떨어지면 몇몇 기체들은 쉽게 증발(R－22의 경우 2기압에서 －25℃, 1기압에서 －42℃ 정도에서 증발하기 시작한다)하는데, 증발하면서 주위의 열을 빼앗아 가므로 온도는 낮아진다.

1) 줄-톰슨 효과(Joule-Thomson Effect)

① 압축된 기체를 교축 등에 의하여 급격히 팽창시키면 온도가 하강하는 현상

② 기체를 단열팽창하면 온도와 압력이 내려간다.

③ 이 조작을 반복하면 액상의 산소나 질소가 얻어진다.

④ 수소와 헬륨은 역전온도가 상온보다 낮기 때문에 상온에서는 온도가 상승한다.

2) 줄-톰슨계수(μ)

① 유체의 교축과정에서 압력변화에 대한 온도변화의 기울기 값을 말한다.

② 교축과정 동안의 유체의 온도변화를 측정하는 데 사용한다.

③ 유체는 교축과정에서 온도가 내려갈 수도, 올라갈 수도 혹은 변하지 않을 수도 있다.

④ 일명 "Throttling 현상"이라고 한다.

⑤ 교축과정 중(등엔탈피) 단위 압력변화에 대한 온도변화를 나타내는 척도가 된다.

⑥ 이상기체의 엔탈피는 온도만의 함수이므로 교축 전후에 온도는 변하지 않는다.

⑦ $h = u + Pv = \text{const}$이므로 교축작용 중 유동에너지 Pv가 증가하는 영역에서는 온도가 감소하고, 유동에너지 Pv가 감소하는 영역에서는 온도가 증가한다.

⑧ 최대 역전온도 이상의 교축과정에서는 냉동효과를 얻을 수 없다.(수소나 헬륨 등의 최대 역전온도는 상승온도보다 낮으므로, 상온에서 아무리 교축하여도 온도가 오히려 상승함)

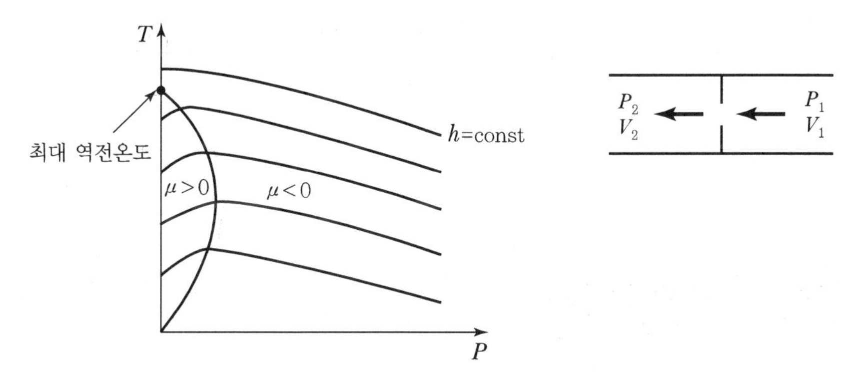

$$\mu = \frac{\Delta T}{\Delta P} (℃ \cdot m^2/kgf)$$

여기서, $\mu > 0$: 교축과정(압력 하강) 중 온도가 내려감

$\mu = 0$: 역전온도 혹은 이상기체

$\mu < 0$: 교축과정(압력 하강) 중 온도가 올라감

⑨ 줄-톰슨계수는 $T-P$ 선도에서 등엔트로피선의 기울기로 나타난다.

- 교축과정은 압력의 강하를 나타내므로 $T-P$ 선도에서 오른쪽으로부터 왼쪽으로 진행된다.
- 역전온도선에서는 기울기가 "0"이다.
- 교축과정이 역전온도선의 왼쪽에서 시작된다면 교축은 주로 기체온도의 감소를 가져온다.

3) 냉각과정의 응용

① 이상기체는 단열팽창(체적이 커지고 압력이 떨어짐)이 온도가 일정한 상태에서 이루어진다.
② 수증기 등 일반기체는 단열팽창 시 온도의 감소를 동반한다.
③ 온도 및 압력이 동시에 낮아지고 비체적은 증가한다.

SECTION 24 임계점

① 저온상에서 고온상으로 상이 변화할 때, 저온상이 존재할 수 있는 한계온도 · 압력을 말한다.
② 밀폐용기에 물을 넣고 온도를 높였을 때 물은 팽창하여 밀도가 작아지고 포화수증기는 압력이 증가하여 밀도가 커지므로, 물과 수증기의 밀도차는 점점 작아진다. 374.2℃에 이르러서는 결국 물과 수증기의 밀도차가 없어지기 때문에 물과 수증기를 구별할 수 없게 된다. 한계점 이상의 고온 · 고압에서는 물질의 밀도가 연속적으로 변화하기 때문에 기체의 액화가 일어나지 않는다.
③ 액체와 기체의 두 상태를 서로 분간할 수 없게 되는 임계상태에서의 온도와 증기압을 나타내는 임계점까지만 액체가 존재할 수 있다.
④ 보통 각 물질의 임계압력 · 임계밀도에 의하여 임계점이 결정되는데, 물질의 임계온도로 나타낸다. 이러한 현상이 나타나는 물질의 상태를 임계상태라고 한다.
⑤ 임계점 이상의 고온 · 고압상태에서는 물질 사이의 밀도변화가 연속적이므로 기체가 액화하지 않는다.

SECTION 25 층류와 난류

1) 층류와 난류

① 유체의 흐름이 곧고 바르게 규칙적으로 잘 나아가는 것을 층류(Laminar Flow)라고 한다.
② 난류(Turbulent Flow)는 층류의 반대, 즉 유체의 흐름이 불규칙한 것이다.

2) 층류와 난류의 구분

① 보통 층류와 난류는 레이놀즈 수(관성력에 의한 힘과 점성력과의 비)로 구분한다.
원형관을 통과하는 유체의 흐름에서
- $Re < 2{,}100$: 층류

- $2,100 < Re < 4,000$: 천이구역(층류와 난류의 중간구역)
- $Re > 4,000$: 난류

② 가는 파이프에 물을 흘리면서 잉크를 넣어 흐름의 상태를 관측하면 유속에 따라 레이놀즈 수가 작을 때는 잉크의 흐름이 직선으로 나타나고 물의 각 부분이 파이프 벽에 평행으로 움직이며 서로 섞이지 않는다. 이 흐름이 층류이다. 유체 속도가 빨라지면 유체의 입자가 서로 교차하면서 유선이 흩어지는데 일반적으로 레이놀즈 수가 증가해서 일정 한계를 넘게 되면 층류로부터 난류로 옮아가게 된다.

SECTION 26 마노미터

용기 속에 밀폐된 물의 수압을 측정하기 위해 가느다란 관의 한쪽 끝을 용기 속과 연결하고 다른 끝을 개방하면, 물은 용기 내 압력과 대응하기까지 관 내를 상승하다가 멈춘다. 이와 같이 관을 연결하고 그 수면의 높이로부터 수압이나 수압의 차를 알 수 있는데 이것을 마노미터라 한다. 대기의 압력 측정에 사용되는 것을 기압계라 하고, 수압의 측정 혹은 토압의 측정에 사용되는 압력계를 각각 수압계 혹은 토압계라 한다.

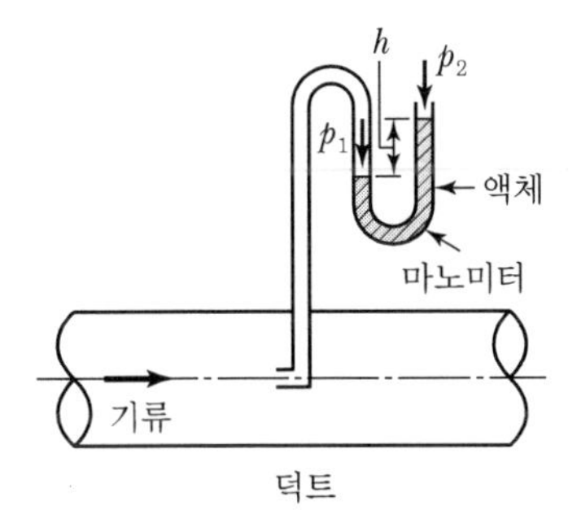

$p_1 = p_2 + \gamma h$

압력차$(p_1 - p_2) = \gamma h$

여기서, h : 액체의 수직높이(m), γ : 유체의 밀도(kg/m^3)

1) 특징

① 유체(공기와 물 계통)의 압력을 간단하고 정확하게 측정한다.

② 일반적으로 U자 형태의 Tube에 액체를 넣어서 사용한다.

③ 측정대상 유체의 밀도와 마노미터에 채워지는 액체의 밀도차가 작을수록 정밀한 측정이 가능하다.

2) 종류

① U−tube형 : 25mmAq 이상의 압력 측정용
② 경사형 : 25mmAq 이하의 압력 측정용
③ 전자식 : 매우 낮은 공기압력차 측정용
④ 기타
- 공기 계통 측정 시 : U−tube 내에 Tinted Water나 특수오일이 채워진 것을 사용
- 물 계통 측정 시 : U−tube 내에 수은이 채워진 것을 사용

3) 측정방법

① U자관 한쪽 끝에 측정하려고 하는 부분의 압력을 검지하고 다른 쪽 끝을 대기압에 개방해서 대기압과의 차를 측정하거나 다른 부분의 압력을 검지해서 차압을 측정한다.
② Pitot Tube 또는 Static Probe와 조합해서 전압, 정압 및 동압을 측정한다.
③ 공기와 같이 차압이 작은 경우 측정부분의 마노미터 관을 경사지게 하여 미세한 압력변화도 읽을 수 있게 한다.

4) 측정 시 주의사항

① 수평을 유지한다.
② 수은 봉입 시 누설에 주의한다.
③ 안정된 유체흐름에서 사용해야 한다.(맥동이 있거나 유동이 정상이 아닌 경우 사용 불가)

SECTION 27 피토관

관 내에 흐르는 유체의 속도를 측정하는 기구로서 그림과 같이 작은 구멍에 흐름의 정압이 작용하고 피토관을 흐름과 정반대 방향으로 위치시켜 전압을 작용하게 하여 이 두 개의 압력을 U자관에 연결하여 차압을 측정함으로써 유체의 동압을 측정한다.

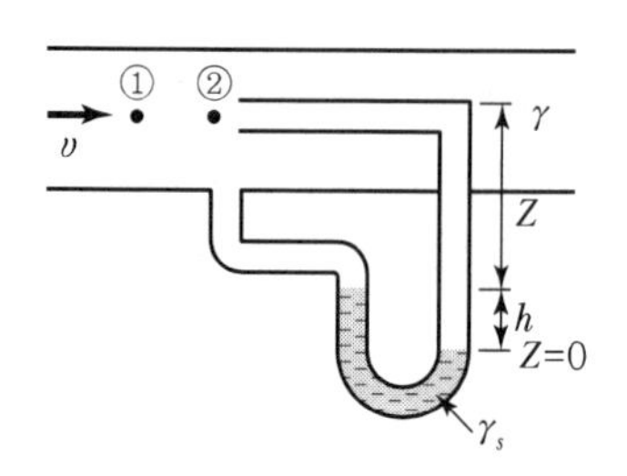

유선 ①, ② 사이에 Bernoulli 방정식을 적용하면

$$\frac{P_1}{\gamma}+\frac{{v_1}^2}{2g}+Z_1=\frac{P_2}{\gamma}+\frac{{v_2}^2}{2g}+Z_2$$

여기서, $v_2=0$, $Z_1=Z_2$이므로

$$\frac{P_1}{\gamma}+\frac{{v_1}^2}{2g}=\frac{P_2}{\gamma}$$

$$\therefore\ \frac{{v_1}^2}{2g}=\frac{P_2-P_1}{\gamma}=h$$

$$\therefore\ V=\sqrt{2gh}$$

또한 $P_1+\gamma Z+\gamma_s h=P_2+\gamma(Z+h)$

$$P_2-P_1=(\gamma_s-\gamma)h$$

$$\frac{P_2-P_1}{\gamma}=\left(\frac{\gamma_s}{\gamma}-1\right)h$$

$$\therefore\ \frac{{v_1}^2}{2g}=\left(\frac{\gamma_s}{\gamma}-1\right)h$$

$$\therefore\ V=\sqrt{2gh\left(\frac{\gamma_s}{\gamma}-1\right)}$$

SECTION 28 물질의 3태

1) 물질의 상태변화

고체, 액체, 기체를 물질의 3태라 하며 얼음이 물이나 수증기로 되거나 또는 반대로 상태변화가 될 때에는 각각의 고유잠열이 필요하다.

① 융해잠열 : 고체에서 액체로 변하는 데 필요한 열

② 응고잠열 : 액체에서 고체로 변하는 데 필요한 열

③ 증발잠열 : 액체에서 기체로 변하는 데 필요한 열(기화잠열)

④ 응축잠열 : 기체에서 액체로 변하는 데 필요한 열(액화잠열)

⑤ 승화잠열 : 고체에서 기체로, 기체에서 고체로 변하는 데 필요한 열

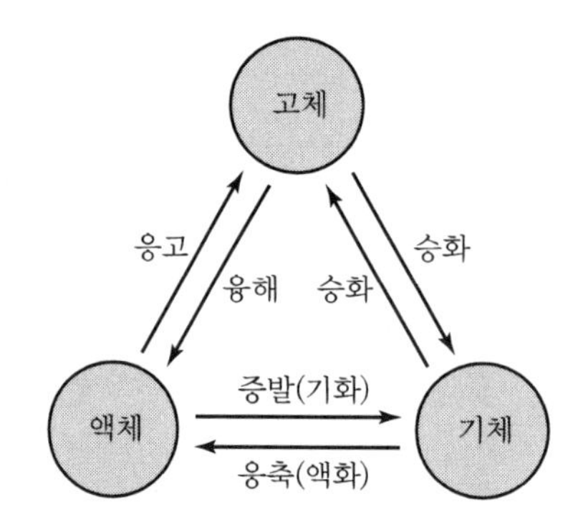

- 물의 응고잠열(얼음의 융해잠열)=79.68kcal/kg(약 80kcal/kg)
- 물의 증발잠열(증기의 응축잠열)=539kcal/kg

2) 상태변화에 따른 열량의 변화

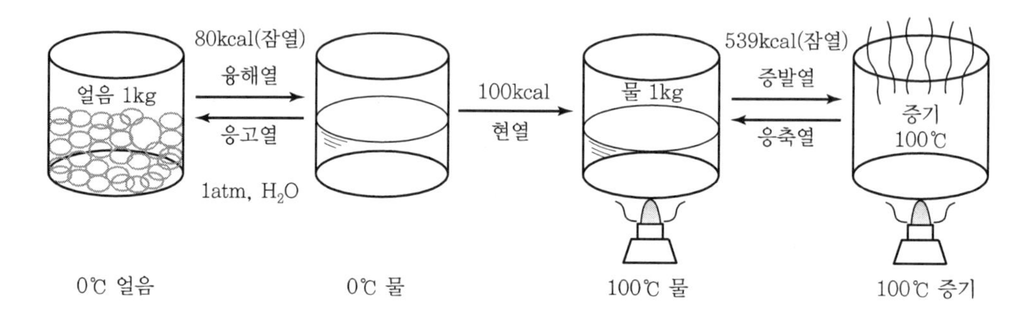

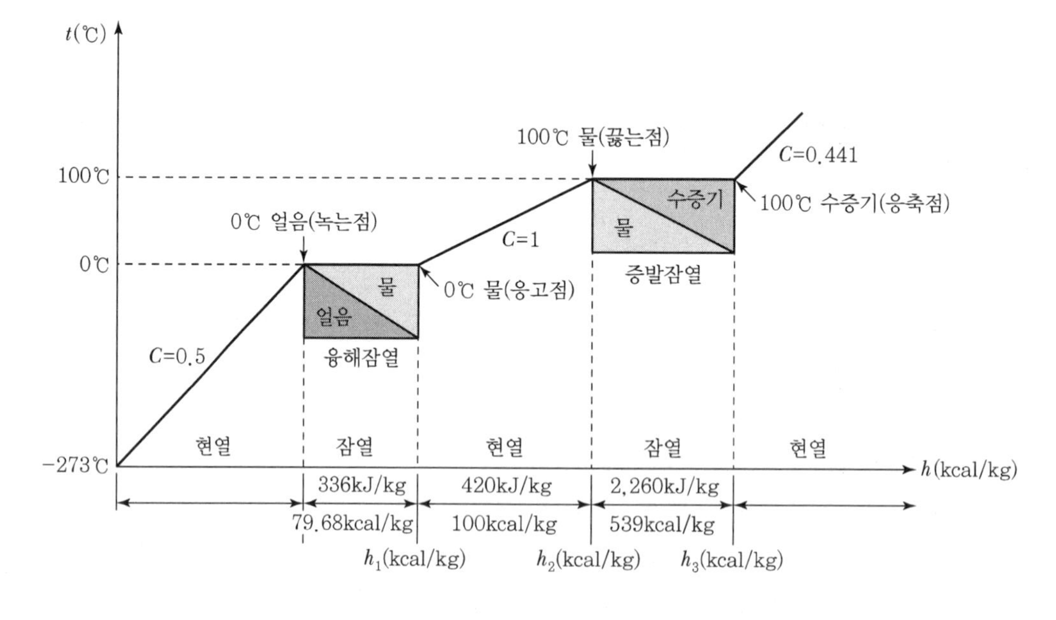

SECTION 29 증기의 성질

1) 포화온도와 포화압력

① 포화온도 : 어떤 압력하에서 액체가 증발하기 시작하는 온도
② 포화압력 : 포화온도에 대응하는, 액체가 증발하기 시작할 때의 압력

2) 포화액, 습포화증기, 건조포화증기

① 포화액 : 포화온도에 도달한 액. 열을 가하면 온도 상승 없이 증발하기 시작하는 액
② 습포화증기 : 포화액과 포화증기가 공존하는 상태. 냉각하면 포화액, 가열하면 건조포화증기가 됨 (건조도가 존재)
③ 건조포화증기 : 습포화증기 상태에서 액이 모두 증발하여 완전한 증기 상태의 기체

3) 과냉각액, 과열증기

① 과냉각액 : 포화온도에 도달하기 전의 액(증발하기 전의 액)
과냉각도 = 포화온도 − 과냉각액의 온도
② 과열증기 : 건조포화증기에 열을 가하여 압력변화 없이 포화온도 이상으로 상승한 증기
과열도 = 과열증기온도 − 포화온도

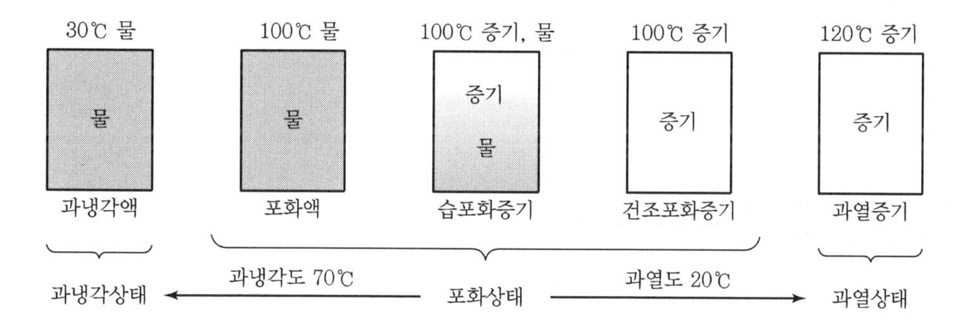

4) 임계점(임계온도, 임계압력)

포화액선과 건조포화증기선이 만나는 점으로 이 상태에서는 압력을 아무리 높여도 기체를 액체로 바꿀 수 없는 한계점을 임계점이라 하고, 이때의 온도와 압력을 각각 임계온도, 임계압력이라고 한다.

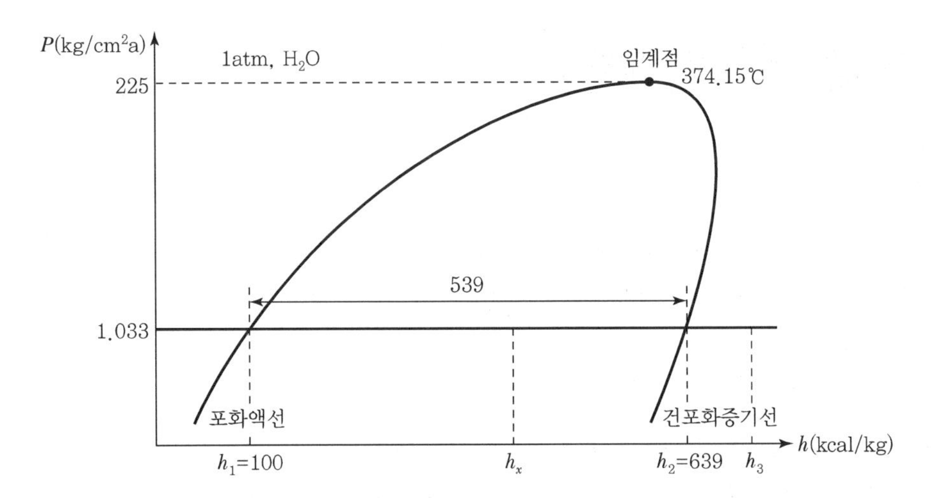

① 습증기의 엔탈피＝포화액의 엔탈피＋증발잠열×건조도

$$h_x = h_1 + \gamma \times x = h_1 + (h_2 - h_1) \times x$$

건조도 $x = \dfrac{h_x - h_1}{h_2 - h_1}$

② 건조포화증기 엔탈피

$$h_2 = h_1 + \gamma = h_1 + (h_2 - h_1)$$

③ 과열증기 엔탈피

$$h_3 = h_2 + c \times \Delta t = h_1 + \gamma + c \times \Delta t$$

SECTION 30 증기 사이클

- 기체 사이클은 작동유체가 항상 기체상태인데 반해, 증기 사이클은 작동유체가 응축(Condencing)과 증발(Evaporating)을 반복해서 일어난다.
- 작동유체가 정압에서 포화상태로 있으면, 그 온도 또한 일정하기에 열교환기에서 유체의 응축 또는 증발은 카르노 사이클의 등온 전달과정과 매우 흡사하다. 이 때문에 증기 사이클은 기체 사이클에 비하여 카르노 사이클에 가깝고, 일반적으로 기체 사이클보다 효율이 높다.

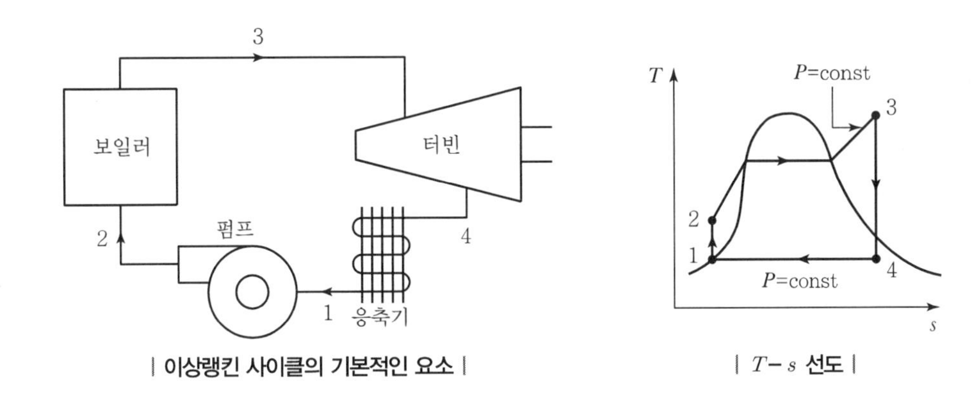

| 이상랭킨 사이클의 기본적인 요소 |　　　| $T-s$ 선도 |

1) 랭킨 사이클(Ideal Rankine Cycle) : 증기 사이클

랭킨 사이클은 증기발전의 모델이며 그림에 개략적으로 나타낸 것처럼 기본적으로 펌프(pump), 보일러(boiler), 터빈(turbine), 응축기(condenser)의 4가지 요소로 구성되어 있다. 랭킨 사이클의 일반적인 작동유체는 물(water)이다. 물은 상태 1에서 액상으로 펌프에 들어간 후, 상태 2에서 고압으로 압축된다.

① 1 → 2 과정

내부적으로 가역단열반응, 등엔트로피 과정이며 $T-s$ 선도상에서 상하 수직으로 표시된다. 물이 액상일지라도 압력의 변화가 크므로 비체적은 약간 변화하고 온도는 입구온도보다 높은 온도인 상태 2에서 펌프로부터 배출된다. 실제로 $T-s$ 선도에서 1과 2 사이의 거리는 매우 짧다.

② 2 → 3 과정

압축된 액상으로 보일러 내의 연소가스에 의해 고온으로 가열되어 과열증기로 배출된다. 이상 사이클에서 내부적으로 가역적이고 정압인 것으로 가정한다.

③ 3 → 4 과정

고온 · 고압의 증기가 터빈으로 들어가 팽창하여 발전기 축을 회전시켜 일을 한다. 터빈에서의 팽창과정은 내부적으로 가역단열과정이라고 가정하면 등엔트로피 과정이고 $T-s$ 선도에서는 상하의 수직선으로 표시된다.

④ 4 → 1 과정

터빈을 나온 증기는 응축기 내로 들어가면서 열을 방출하게 된다. 이 과정은 내부적으로 가역정압과정이라 가정한다. 보통 들어가는 물은 수증기와 액적의 혼합물이다. 이 혼합물은 출구 상태가 응축기의 운전압력에서 포화상태에 가까울 정도로 압축된다. 응축기에서의 압력이 일정하다고 가정하고 응축기에서의 물이 완전한 포화상태로 남아있다면 이 또한 등온과정으로 가정할 수 있다. 액상의 물은 상태 1로 응축기를 나와 펌프로 다시 들어가면서 사이클을 이룬다.

⑤ 랭킨 사이클에서 펌핑과정은 단열이고, 내부적으로 가역이기 때문에 펌프에 적용된 단위질량의 에너지 보존방정식은 다음과 같다.

$$W_{12} = h_1 - h_2$$

여기서, h : 엔탈피

⑥ 랭킨 사이클에서 터빈 역시 내부적으로 가역단열이므로 터빈에 의한 단위질량당 일은 다음과 같다.

$$W_{34} = h_3 - h_4$$

⑦ 보일러와 응축기는 상호작용하는 일이 없으므로 보일러에서 단위질량당 열전달량은 다음과 같다.

$$q_{23} = h_3 - h_2$$

⑧ 응축기에서 단위질량당 열전달은 다음과 같다.

$$q_{41} = h_1 - h_4$$

⑨ 사이클의 열효율은 보일러에서 물로 전달된 열에 대한 생성된 유효일의 비이다.

$$\eta_{th} = \frac{W_{34} - W_{12}}{q_{23}}$$

⑩ 작동유체의 엔탈피 항은 다음과 같이 나타낼 수 있다.

$$\eta_{th} = \frac{(h_3 - h_4) + (h_1 - h_2)}{h_3 - h_2}$$

SECTION 31 열확산계수(Thermal Diffusitive)

열확산계수(α)는 열확산의 정도를 표시하는데, 열이 반대편으로 완전히 전달될 때 최종온도의 1/2이 되는 온도까지 걸린 시간에 대한 두께의 제곱으로 단위는 m^2/s를 사용한다.

1) 물리적 의미

시간에 따라 온도가 변하는 동안 매체 내로 열이 전달되는 것과 관련되며, 열확산계수가 크면 클수록 열은 물질 내로 더 빨리 전파된다.

2) 적용

열확산계수(α)는 열전도율(λ)을 구하기 위한 계수로서, 강제대류의 무차원 수인 Pr(프란틀 수)를 구할 수 있다.

$$Pr = \frac{\text{운동량 확산계수}}{\text{열확산계수}}$$

3) 관계식

$$\text{열확산계수}(\alpha) = \frac{\lambda}{\sigma C_p}$$

여기서, λ : 열전도율(kcal/m · h · ℃)
σ : 밀도(kg/m^3)
C_p : 비열(kcal/kg · ℃)

CHAPTER

02 공기조화

SECTION 01 공기조화의 정의

실내 또는 특정 장소에서 공기의 온도, 습도, 기류속도, 청정도(분진, 박테리아, 취기) 등의 조건을 실내의 사람 또는 물품 등에 대하여 가장 적합한 상태로 유지하는 것으로 보건용 공조와 산업용 공조가 있다.

1) 보건용 공조

① 실내 거주자를 대상으로, 인간이 활동하기 위한 쾌적한 환경을 조성한다.

② 쾌적한 환경을 유지하여 인체의 건강, 위생 및 근무환경 향상을 목적으로 한다.

예 주택, 사무실, 오피스텔, 백화점, 병원, 호텔, 극장 등

③ 현재 사용되고 있는 일반적인 공조 시의 실내조건을 들면 다음과 같다.

실내환경	설계조건	비고(건축기준법)
온도	여름 25~27℃ 겨울 20~22℃	17~28℃ 외기와 실내의 온도차 7℃ 이상
상대습도	여름 50~60% 겨울 40~50%	40~70%
기류속도	0.1~0.2m/s	0.5m/s 이하
부유분진	–	0.15mg/m^3
CO 농도	–	0.01% 이하(10ppm 이하)
CO_2 농도	–	0.1% 이하(1,000ppm 이하)

2) 산업용 공조

① 주로 물품을 대상으로, 사용 목적에 따라 생산공정, 제품 저장, 측정실, 실험설비 등에 최적의 공기 환경을 조성한다.

② 산업제품의 생산 및 보관을 위해 가장 적당한 실내조건을 유지하여 제품의 품질 향상, 공정속도의 증가로 생산성 향상, 불량률 감소, 제조 원가 절감 등을 목적으로 한다.

③ 산업용 공조는 실내 노동에 종사하는 사람의 작업환경 개선과 능률 향상을 위해 작업용 공기조화도 포함해 고려해야 한다.

예 제약공장, 섬유공장, 반도체 공장, 연구소, 창고, 전산실 등

SECTION 02 공기조화의 4대 요소

1) 온도(Temperature)

▼ 공조부하 계산용 표준 실내 온습도 기준

구분	일반조건		에너지절약조건	
	건구온도(℃)	상대습도(%)	건구온도(℃)	상대습도(%)
냉방(여름)	26~28	50	28	55
난방(겨울)	20~22	50	18	35

(1) 효과(작용)온도(OT : Operative Temperature)

① 건구온도, 기류, 주위 벽의 복사열 영향을 조합시킨 지표로서, 습도의 영향이 고려되어 있지 않다.
② 실내온도와 평균복사온도를 조합시킨 온도이다.
③ 실내기후의 더위 및 추위를 종합적으로 나타낸 온도이다.
④ 실내 벽면(천장, 바닥 포함)의 평균복사온도와 실온의 평균으로 나타낸다.
⑤ 인체가 느끼지 못할 정도의 미풍(0.18m/s)일 때의 글로브 온도와 일치한다.
⑥ 인체의 쾌적감을 좌우하는 실제 지표이다.
⑦ 간이계산에서는 흑구온도와 건구온도의 산술평균치로 표시한다.

(2) 유효온도, 감각온도(ET : Effective Temperature)

① 실내의 어떤 온도, 습도 상태에서 느끼는 쾌감과 동일한 쾌감을 얻을 수 있는 조건으로 건구온도, 상대습도, 기류의 3요소를 조합하여 설정한 체감온도이다.
② 인체가 느끼는 쾌적온도의 지표로서 온도, 습도, 기류를 조합하여 기류는 0.5m/sec, 습도는 100%를 기준으로 하며 야글루(Yaglou) 선도에 의해 알 수 있다.
③ 유효온도의 단점은 습도의 영향이 저온역에서는 과대, 고온역에서는 과소, 복사열이 고려되지 않는 것을 들 수 있다.
④ 감각온도, 실효온도라고도 한다.
⑤ 사람이 느끼는 추위와 더위의 감각을 온도, 습도, 기류의 세 요소의 조합에 의해 나타낸 것이며 단일척도로 표시한 것으로 인체의 체감을 피실험자의 실험에 의해 나타낸 최초의 열쾌적 지표이다.
⑥ 1922년 미국의 C. P. 야글로가 창안하였으며, 그가 다수의 인체 실험값에서 작성하여 일반적으로 사용되는데, 옷을 입은 정도에 따라 기초도표(옷을 벗은 상태)와 정상도표(옷을 입은 상태)가 있다. 그는 사람이 쾌적하게 느끼는 온도상태를 쾌감대라고 했는데, 보통 17~22℃가 이에 해당한다.
⑦ 유효온도에 의한 쾌적 범위는 평상복 차림의 경작업일 때 동계는 ET 17~21℃(상대습도 40~

60%), 하계는 ET 20～24℃(상대습도 45～65%)이다.

⑧ 유효온도를 표시하는 표는 실내의 작업 상태 착의상태에 따라 다르게 작성하며 건구온도, 습구온도의 교점과 실내기류속도에 의해 결정된 선에 따라 유효온도를 알아낼 수 있다.

⑨ 가장 보편적인 환경지수이며, 넓은 응용범위를 갖고 있고 냉난방부하 계산에 이용 시 에너지 절감에 기여할 수 있다.

⑩ 저온에서 습도의 영향이 실제보다 크게 평가되며 복사열 및 개인차가 고려되고 있지 않다.

(3) 수정유효온도(CET : Corrected Effective Temperature)

① 건구온도 대신 글로브 온도를 사용하여 복사열을 고려한 쾌적지표이다. 즉, 유효온도의 건구온도 대신 흑구 내에 온도계를 삽입한 글로브 온도계로 측정된 온도로 효과온도와 함께 복사의 영향이 있을 때 사용된다.

② 1934년 영국의 T. Bedford와 C. G. Warner가 제안한 것으로 유효온도의 단점인 복사열의 영향이 고려되지 않은 것을 보완하였다.

③ 유효온도의 기온을 글로브 온도로 대신하여 복사열을 고려하고 상대습도, 기류속도를 조합하여 수정유효온도로 하였다.

④ 유효온도가 주 벽면으로부터 복사열을 고려하지 않기 때문에 이를 보안하기 위해 복사의 영향을 알 수 있는 CET를 이용한다.

⑤ 복사열 영향이 있을 때는 CET 또는 작용온도(OT)가 이용된다.

(4) 신유효온도(ET : New Effective Temperature)

① 유효온도의 습도에 대한 과대평가를 보완하여 상대습도를 100% 대신 50% 선과 건구온도의 교차로 표시한 것이다.

② 1923년 Houghten과 Yaglou가 제안한 유효온도(ET)는 습도의 영향이 저온영역에서 과대평가되고, 반대로 고온영역에서 과소평가되는 것으로 지적되어 이러한 단점을 보완한 것이다.

③ 1972년 ASHRAE에서 정의하였으며, 착의량 0.6clo, 작업량 1.0met인 조건에서 4가지 열 환경요소(기온, 습도, 풍속, 복사열)를 고려한 단일 지표이다.

④ 온도, 습도, 기류에 의해 인체의 온열감에 미치는 영향을 평가하며, 실내온도 25℃, 상대습도 50%, 풍속 0.15m/s를 기준(생리적인 중립점과 유사)으로 나타낸다.

⑤ 평균복사온도＝건구온도(복사 영향 무시)인 실내에서 가벼운 착의와 경작업 시에 적용한다.(풍속이 0.2m/sec 이하인 실내)

(5) 표준유효온도(SET : Standard Effective Temperature)

① 신유효온도를 발전시킨 최신의 쾌적지표로서 ASHRAE에서 채택하여 세계적으로 널리 사용되고 있다.

② 상대습도 50%, 풍속 0.125m/sec, 활동량 1met, 착의량 0.6clo의 동일한 표준환경 조건에서 환경변수들을 조합한 쾌적지표이다.

③ 활동량, 착의량 및 환경조건에 따라 달라지는 온열감, 불쾌적 및 생리적 영향을 비교할 때 매우 유용하다.

- 유효온도의 3요소 : 온도, 습도, 기류
- 수정유효온도 4요소 : 온도, 습도, 기류, 복사열
- 실내온도의 측정 : 바닥에서 1.5m 높이인 호흡선에서 측정

(6) 평균복사온도(MRT : Mean Radiant Temperature)

① 복사난방의 설계 시 방을 구성하는 각 벽체의 표면온도를 평균하여 복사난방의 쾌감 기준으로 하는 온도이다.

② 실내의 어떤 점에 대해 주위 벽에서 방사하는 열량과 똑같은 열량을 방사하는 흑체의 표면온도를 복사열에 대한 쾌감의 지표로 한다.

③ 일반적으로 17~21℃ 정도로 정하고(특히 복사난방의 평가에 흔히 사용) 주변 벽 각부의 표면온도를 평균한 것을 사용한다.

※ 패널면을 포함한 실내표면의 평균온도(MRT)

$$MRT = \frac{\Sigma(t_s A + t_p A_p)}{\Sigma(A + A_p)} = \frac{\Sigma(A_i \cdot T_i)}{\Sigma(A_i)}$$

여기서, A_i : 공간을 둘러싸고 있는 각 표면의 면적
T_i : 각 표면의 온도
t_s : 실내 비가열면의 표면온도
t_p : 실내 가열면의 표면온도(패널면의 온도)
A : 실내 비가열면의 표면적(m^2)
A_p : 실내 가열면의 표면적(패널 표면적)

※ 비가열면의 평균복사온도(UMRT)

$$UMRT = \frac{\Sigma(t_s A)}{\Sigma(A)}$$

여기서, t_s : 실내 비가열면의 표면온도
A : 실내 비가열면의 표면적(m^2)

2) 습도(Humidity)

공기의 습한 정도는 일반적으로 상대습도로 나타내며 경우에 따라 습구온도 및 절대습도로도 나타낸다. 일반적으로 미생물의 활동을 방지하기 위하여 50%가 적당하다.

3) 기류속도(Air Movement)

실내에서의 적당한 공기의 유동을 위하여 일반적으로 난방 시 0.13~0.18m/s, 냉방 시 0.1~0.25m/s의 범위가 좋다.

4) 청정도(Cleanness)

정밀측정 실험실이나 전자산업 등 부유분진을 대상으로 하는 산업용 클린룸과 부유물질, 세균, 미생물 등을 제한시킨 바이오 클린룸 등이 있다(병원 수술실, 제약공장, 반도체 공장 등).

SECTION 03 PMV(예상평균온열감)와 PPD(예상불만족률)

1) PMV(Predicted Mean Vote, 예상평균온열감)

① 실내의 열적 환경을 공기의 온도만의 지표로 평가하는 것은 충분하지 않으므로 거주지역의 적당한 몇 지점에서 실내온도, 기류속도, 착의상태, 작업강도 등 복잡한 함수에 의한 열적 환경지표로 평가한다.
② 인간의 환경에 대한 감각을 정형화한 것이다.
③ 작업강도, 착의상태, 실내온도, 기류속도의 4가지 변수로서 각각의 상태에 따른 많은 사람들의 반응 정도를 표현한 평균수치로서 7가지의 PMV Scale을 만들어 표현한다.

▼ PMV Scale

-3	-2	-1	0	+1	+2	+3
춥다	서늘	조금 서늘	쾌적	조금 더움	더움	무더움

※ PMV가 -1, 0, +1 범위에서는 대략 쾌적상태로 본다.

2) PPD(Predicted Percentage of Dissatisfied, 예상불만족률)

① 동일한 의복을 입고 동일한 활동을 하는 상태라도 모든 사람이 다른 만족도를 나타내는 것을 표현한다.
② PPD는 PMV 값에 따른 예상 불만족자의 비율을 %로 나타내고 있으며, PMV가 0일 경우에도 인간심리의 다양성으로 인해 불만족자 비율이 5%에 달하고 있다.
③ ASHREA 표준쾌적 Zone에서도 90% 쾌적, 10% 불쾌적으로 나타난다. 불만족률을 10% 이하로 제한하기 위해서는 PMV를 -0.5에서 +0.5 사이로 유지해야 하며 이 정도를 일반적으로 쾌적범위로 잡고 있다. 이것은 $-0.5 < PMV < +0.5$에서는 $PPD < 10\%$가 되어야 한다는 것을 의미한다.

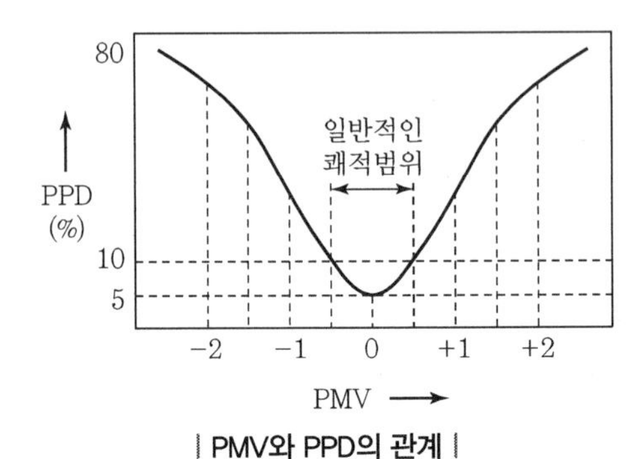

| PMV와 PPD의 관계 |

3) 불쾌지수(DI : Discomfort Index, UI : Uncomfort Index)

① 주로 여름철 열환경에 의한 영향을 고려한 것으로 건구온도와 습구온도에 의한 쾌감정도를 수치화한 것으로 온윤지수라고도 한다.

② 온도와 습도의 조합으로 더운 날씨에 개개인이 느끼는 불쾌감의 정도를 측정하는 기준이다.

$$UI = 0.72(D_b + W_b) + 40.6$$

여기서, D_b : 건구온도(℃), W_b : 습구온도(℃)

③ 불쾌지수(UI) 쾌감상태

- 86 이상 : 매우 견디기 어려운 무더위
- 80 이상 : 대부분 불쾌감을 느낌
- 75 이상 : 반 이상 불쾌감을 느낌
- 70 이상 : 일부 불쾌감을 느낌(불쾌감을 느끼기 시작)
- 70 미만 : 쾌적함을 느낌

예 건구온도 32℃, 습구온도 10℃라면 불쾌지수는 0.72(32+10)+40.6=71이다.

④ 한국에서는 7~8월에 불쾌지수가 가장 높이 올라가는데 일반적으로 80을 전후한 수치를 나타내며, 특히 장마철에는 83~84 정도를 나타낸다.

SECTION 04 인체의 열평형식

1) 인체의 열생산과 열방산

인체는 음식물로 에너지를 공급받고, 노동에 의해 에너지를 소비하는데 이를 에너지 대사(Metabolism)라 한다. 에너지 대사량은 인간의 활동 정도에 따라 다르며, 인체로부터 생산된 열은 주로 복사, 대류, 수분증발, 전도 등의 경로를 통하여 방산하게 된다.

(1) 인체의 열평형식

$$M = \pm R \pm C + E \pm S$$

여기서, M : Metabolism : 에너지대사량(kcal/h)
R : Radiation : 복사에 의한 열방산(kcal/h)
C : Convection & Conduction : 전도대류에 의한 열방산(kcal/h)
E : Evaporation : 수분증발량에 의한 열방산(kcal/h)
S : 인체에 축적된 열(kcal/h)

① $S=0$일 때

인체의 열생산량과 열방산량이 평형을 이룰 때 열적 중성점(Thermal Neutral Point)이라 하며,

이 상태에서는 더위와 추위에 대한 느낌을 갖지 않게 된다.

② $S>0$ 일 때

인체에 열이 쌓이게 되어 더위를 느끼게 된다.

③ $S<0$ 일 때

인체에 열이 부족하여 추위를 느끼게 된다.

(2) 인체의 열적 작용에 영향을 미치는 환경의 요소

건구온도, 습도, 주위 벽면의 복사온도, 기류속도 등이 있으며, 인체로부터 열방산은 복사가 약 40%, 대류가 약 40%, 수분 증발이 약 20%, 전도가 극소량을 차지한다.

2) 쾌적영역(쾌적조건)

쾌적기준은 기후, 계절 및 환경조건, 시대에 따라 다르므로 쾌적온도 범위는 여러 가지 환경변수를 고려해야 한다. 기온과 평균복사온도, 습도, 기류 간의 관계를 조합하여 다수의 성인이 쾌적하다고 느끼는 환경의 범위를 쾌적영역이라 하며, 쾌적영역은 개인차, 생리적, 심리적 특성 및 활동상태에 따라 변한다.

3) 활동량(대사량 met)과 인체의 대사작용(Metabolism)

인간이 열적으로 쾌적한 상태에서 안정을 취하고 있을 때의 방열량(대사량)으로서 음식물의 소화와 근육운동으로 이루어지는 인체의 열생산을 말하며 단위는 met를 사용한다.

(1) 1met

조용히 앉아 있는 성인 남자의 신체 표면적 $1m^2$에서 주위 공기로 열이 발산되는 정도를 나타낸 것을 평균한 열량이다.

$$1met = 58.2W/m^2 = 50kcal/m^2 \cdot h$$

① 인체의 열발산량은 개인에 따라 다르고 나이가 많을수록 감소한다.

② 성인 남자의 기초대사량 ≒ $35kcal/m^2 \cdot h$

③ 30세 몸무게 70kg의 성인 남자의 경우 몸의 표면적 ≒ $1.8m^2$, 기초대사율 ≒ 84W = 72kcal/h(성인 여자의 경우 남자의 약 85% 정도)

(2) 인간 활동 상태에 따른 met 수

① 수면 시 : 0.8($40kcal/m^2 \cdot h$)

② 휴식 시 : 1.0($50kcal/m^2 \cdot h$)

③ 사무직 : 2.0($100kcal/m^2 \cdot h$)

※ 인간의 정좌 상태 시 신진대사량 ≒ 100kcal/h

④ 노동 시 : 4.0($200kcal/m^2 \cdot h$)

4) 착의량(Clothing)

- 의복은 인체의 단열재료로 피부의 일정 온도 유지에 기여한다.
- 착의량에 따라 피부로부터의 복사, 대류 및 전도에 의한 열손실량이 크게 변화함으로써 열평형을 이루는 외부온도가 달라진다.
- 착의한 의복의 열절연성(열저항)을 나타내는 단위로서 의복의 단열 값은 clo 단위를 사용한다.

(1) 1clo

옷의 속과 겉면의 온도차가 0.18℃일 때, 1m²를 통해 1시간에 1kcal의 열을 통하는 정도의 단열성을 말한다.

$$1\text{clo} = 0.155\text{m}^2 \cdot ℃/\text{W} = 0.18\text{m}^2 \cdot ℃ \cdot \text{h/kcal}$$

① 여름철 하복 : 0.6clo
② 겨울철 두꺼운 신사복 : 1.0clo
③ clo 값이 크면 단열성이 좋다는 뜻이다.
④ 기온 21℃, 상대습도 50%, 기류 0.05m/s 이하의 실내에서 인체표면 방열량이 1met의 활동량과 평형이 되는 착의상태에서 피부표면으로부터 착의 표면까지의 열저항값을 1clo라 한다.

SECTION 05 유효드래프트 온도와 공기확산 성능계수

1) 유효드래프트 온도(EDT : Effective Draft Temperature)

ASHRAE에서 거주지역 내의 인체에 대한 쾌적상태를, 바닥 위 75cm, 기류 0.15m/s일 때 공기온도 24℃를 기준으로 나타낸 식으로 실내의 쾌적성을 온도 및 기류분포로 나타내는 값이다.

(1) 관계식

$$\text{EDT} = (t_i - t_m) - 0.039(200v_i - 30)$$

여기서, t_i : 실내 어떤 장소의 온도(℃)
t_m : 실내의 평균온도(℃)
v_i : 실내 어떤 장소의 풍속(m/sec)

(2) 거주자 쾌적조건(앉아서 일할 때)

① EDT가 $-1.5 \sim +1$℃의 범위 내
② 실내 기류의 풍속이 0.35m/sec 이하

2) 공기확산 성능계수(ADPI : Air Diffusion Performance Index)

실내의 각 점에 대한 EDT를 구하고, 전체 점수에 대한 쾌적한 점수의 비율로서 실내의 여러 위치에서 EDT를 측정하여 쾌적감을 느끼는 위치를 백분율로 표시한 것이다.

① 공기용 취출구의 성능을 표시할 때 사용하며, ADPI가 높으면 실내의 공기분포가 균일하며 쾌적한 상태라는 의미이다.
② 취출구의 종류, 실의 열부하, 취출구의 위치(도달거리, 실의 크기) 등에 따라 다르다.
③ ADPI는 냉방 시 실내의 유효드래프트 온도와 기류속도를 계산하여 전체 측정점수에 대하여 쾌적감을 느끼는 비율을 말한다.

SECTION 06 공기의 성질

공기는 질소, 산소를 주성분으로 하고 기타 아르곤, 이산화탄소, 헬륨 등의 기체로 구성되어 있다.

1) 공기의 종류

(1) 건조공기(Dry Air)

수증기를 전혀 포함하지 않은 건조한 공기로 자연적으로는 존재하지 않는다.
① 평균분자량 : 약 29g/mol(29kg/kmol)
② 비중량(γ) : 1.293kg/m^3(20℃, 1.2kg/m^3)
③ 비체적(v) : 0.7733m^3/kg(20℃, 0.83m^3/kg)
④ 가스정수(R) : 29.27kg · m/kg · K(0.287kJ/kg · K)

(2) 습공기(Moist Air)

수증기가 포함된 공기로 지구(대기) 내에 있는 모든 공기는 습공기이다.

(3) 포화공기(Saturated Air)

건조공기 중에 포함되는 수증기량은 공기의 압력과 온도에 따라 최대 한계가 있는데, 어떤 압력과 온도에 따른 최대 한도의 수증기를 포함한 공기를 포화공기라 한다. 즉, 건조공기에 더 이상 수증기가 함유될 수 없는 공기이다.

(4) 무입공기(霧入空氣, Fogged Air)

포화공기에 수증기를 가해 주면 그 여분의 수증기가 온도가 내려가 수증기를 응축하여 미세한 물방울이나 안개상태로 공중에 떠돌아다니는 안개 낀 공기이다.

2) 공기의 상태치

(1) 건구온도(乾球溫度, Dry Bulb Temperature : DB, t, ℃)

기온을 측정할 때 열을 감지하는 감열부가 건조한 상태에서 측정하는 보통의 온도

(2) 습구온도(濕球溫度, Wet Bulb Temperature : WB, t', ℃)

온도계의 감열부를 천으로 감싼 다음 모세관 현상에 의하여 물을 흡수하여 감열부가 젖은 상태에서 측정한 온도

(3) 노점온도(露點溫度, Dew Point Temperature : DP, t'', ℃)

공기의 온도가 낮아지면 습공기 중의 수증기가 공기로부터 분리되어 이슬이 맺히(응축)기 시작할 때의 온도로 이때 절대습도는 감소한다.

(4) 절대습도(絶對濕度, Specific Humidity : SH, x, kg/kg′)

공기 중의 수증기량을 알기 위한 것으로 습공기 중에 함유되어 있는 수증기의 중량을 건조공기의 중량으로 나눈 것, 즉 건조공기 1kg′에 대한 수증기의 중량이다. 예를 들면 온도 26℃, 상대습도 50%인 습공기 중에 10.5g의 수증기가 포함되어 있다면 이는 10.5g/kg′(g/kg DA) 또는 0.0105kg/kg′(kg/kg DA)라고 쓴다.

$$x = 0.622 \times \frac{P_v}{P - P_v}$$

$$= 0.622 \times \frac{\phi \cdot P_s}{P - \phi \cdot P_s}$$

여기서, P : 대기압($P_v + P_a$), P_v : 수증기 분압, P_s : 포화수증기 분압, ϕ : 상대습도

(5) 수증기 분압(P_v, mmHg)

습공기(건조공기 + 수증기) 중에서 수증기가 차지하는 부분압력을 말하며, 포화공기의 수증기 분압은 P_s로 나타낸다.

① $P_v = P_s$: 포화공기

② $P_v < P_s$: 불포화공기

③ $P_v = 0$: 건조공기

(6) 상대습도(相對濕度, Relative Humidity : RH, ϕ, %)

습공기 수증기 분압(P_v)과 그 온도의 포화공기 수증기 분압(P_s)의 비를 백분율로 나타낸 것이며, 또한 $1m^3$의 습공기 중에 함유된 수분 중량(γ_v)과 그 온도에서 $1m^3$의 포화습공기에 함유되어 있는 수분 중량(γ_s)의 비를 나타낸다. 상대습도가 0%이면 건조공기이며 100%이면 포화공기이다.

$$\phi = \frac{P_v}{P_s}$$
$$= \frac{\gamma_v}{\gamma_s}$$

여기서, P_v : 습공기의 수증기 분압
P_s : P_v 값에 해당하는 온도와 동일한 온도에서의 포화수증기압
γ_v : 습공기의 $1m^3$ 중에 함유된 수분의 중량
γ_s : γ_v 값에 해당하는 온도와 동일한 온도에서의 포화공기 $1m^3$ 중에 함유된 수분의 중량

(7) 비교습도(比較濕度, 포화도, Saturation Degree : SD, ϕ_s, %)

습공기에서의 절대습도(x)와 동일온도 포화습공기에서의 절대습도(x_s)와의 비

$$\phi_s = \frac{x}{x_s}$$

여기서, x : 습공기의 절대습도
x_s : x에 해당하는 온도와 동일한 온도의 포화습증기에서의 절대습도

(8) 비체적(比體積, Specific Volume, v, m^3/kg')

건조공기 1kg′ 속에 포함되어 있는 습공기의 체적

(9) 엔탈피(Enthalpy, h, kcal/kg)

단위중량의 습공기가 갖는 열량의 총합을 말하며 건구온도 0℃, 절대습도 0kg/kg′ 상태에서의 공기의 엔탈피는 0(kcal/kg)이다.

습공기의 엔탈피 = 건조공기 엔탈피(현열) + 수증기 엔탈피(현열 + 잠열)
$$h = (C_p \times t) + (\gamma + C_{pw} \times t) \times x$$
$$= (0.24 \times t) + (597.5 + 0.441 \times t) \times x$$

여기서, C_p : 건조공기의 정압비열(0.24kcal/kg)
C_{pw} : 수증기의 정압비열(0.441kcal/kg)
x : 습공기의 절대습도(kg/kg′)
γ : 0℃에서 물의 증발잠열(597.5kcal/kg)

(10) 현열비, 감열비(Sensible Heat Factor : SHF)

습공기 전열량(q_T)에 대한 현열량(q_s)의 비로서 실내로 취출되는 공기의 상태변화를 알 수 있다.

$$\text{SHF} = \frac{\text{현열}}{\text{전열}} = \frac{\text{현열}}{\text{현열} + \text{잠열}} = \frac{q_s}{q_s + q_L}$$

현열 $q_s = G \times C_p \times \Delta t = G \times 0.24 \times \Delta t = 1.2 \times Q \times 0.24 \times \Delta t ≒ 0.29 \times Q \times \Delta t$

잠열 $q_L = G \times \gamma \times \Delta x = G \times 597 \times \Delta x = 1.2 \times Q \times 597 \times \Delta x ≒ 717 \times Q \times \Delta x$

전열 q_T = 현열 + 잠열 = $0.29 \times Q \times \Delta t + 717 \times Q \times \Delta x$

여기서, G : 송풍량(kg/h), Q : 송풍량(m^3/h)

C : 습공기 정압비열(kcal/kg · ℃), γ : 0℃ 물의 증발잠열(kcal/kg)

Δt : 온도차(℃), Δx : 절대습도차(kg/kg′)

(11) 열수분비(熱水分比, Moisture Ratio, u)

공기 중의 수분량(절대습도)의 변화량에 따른 엔탈피 변화량

$$u = \frac{\text{엔탈피 차}}{\text{절대습도 차}} = \frac{h_2 - h_1}{x_2 - x_1}$$

SECTION 07 엔탈피

1) 이상기체 엔탈피

이상기체 1kg이 가지고 있는 전열량인 엔탈피(kcal/kg)는 다음과 같이 나타낸다. 어떤 기체에 에너지를 가하면 내부에너지가 증가하거나 압력 또는 체적, 온도가 상승하고 반대로 에너지를 감하면 이들이 감소된다. 즉, 이상기체 1kg이 가지고 있는 Enthalpy h(kcal/kg)는

$$h = u + A \cdot P \cdot V = C_p \cdot t$$

여기서, u : 내부에너지($= C_v \cdot t$ kcal/kg)

A : 일의 열당량($= \frac{1}{427}$ kcal/kg · m), P : 압력(kg/m^2)

V : 이상기체의 비체적(m^3/kg)

C_p : 이상기체의 정압비열(kcal/kg · ℃)

t : 온도(℃)

2) 건공기의 엔탈피(h_a)

$$h_a = C_p \cdot t = 0.24 \times t \text{(kcal/kg)}$$

여기서, C_p : 건공기의 정압비열(≒0.24kcal/kg · ℃)

t : 건공기의 온도(℃)

3) 수증기의 엔탈피(h_v)

$$h_v = \gamma + C_{vp} \cdot t = 597.5 + (0.441 \times t) \text{(kcal/kg)}$$

여기서, γ : 0℃에서의 포화수 증발잠열(≒597.5kcal/kg)

t : 수증기의 온도(℃)

C_{vp} : 수증기의 정압비열(≒0.441kcal/kg · ℃)

4) 습공기의 엔탈피(h_w)

습공기는 건공기에 수증기가 포함된 상태이므로 습공기의 엔탈피는 건공기의 엔탈피와 수증기의 엔탈피 합으로 나타낸다.

$$h_w = h_a + x \cdot h_v = C_p \cdot t + x(\gamma + C_{vp} \cdot t) = 0.24t + x(597.5 + 0.441t)$$

여기서, h_a : 건조공기의 엔탈피(kcal/kg)
x : 습공기의 절대습도(kg/kg′)

SECTION 08 상대습도

1) 상대습도(Relative Humidity)

습공기가 함유하고 있는 습도의 정도를 나타내는 지표로서 상대습도를 사용한다. 수증기의 분압과 그 온도에 있어서의 포화공기의 수증기 분압의 비율로 표시한다. 습공기 선도상에서 P상태인 습공기의 상대습도 ϕ는 다음 그림 및 식과 같이 표현된다.

$$\phi = \frac{\gamma_v}{\gamma_s} \times 100 = \frac{p_v}{p_s} \times 100$$

여기서, ϕ : 상대습도(%)
γ_v : 공기 중 수증기의 비중량
γ_s : 포화공기 중 수증기의 비중량
p_v : 공기 중 수증기의 분압(ata)
p_s : 포화공기 중 수증기의 분압(ata)

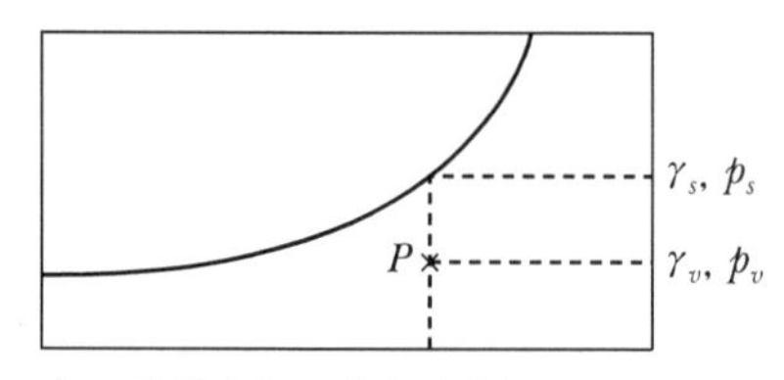

| P 상태인 습공기의 상대습도 ϕ 구하기 |

2) 습공기의 상태변화

① 공기를 가열하면 상대습도 저하 → 가습요인 발생
② 공기를 냉각하면 상대습도 증가 → 제습요인 발생

SECTION 09 절대습도

1) 절대습도(Absolute Humidity)

어떤 습공기에서 건공기 1kg 중에 포함된 수증기의 중량 x(kg)를 말한다. 즉, 습공기 $(1+x)$(kg) 중 수증기 x(kg)를 뜻한다.

2) 보일의 법칙

일정 온도하에서 일정량인 기체의 체적은 압력에 반비례한다.

$$PV = \text{const}$$

여기서, P : 압력(kg/m²), V : 비체적(m³/kg)

3) 샤를의 법칙

일정 압력하에서 일정량인 기체의 체적은 절대온도에 비례한다.

$$\frac{V}{T} = \text{const}$$

여기서, T : 절대온도(K)

4) 보일-샤를의 법칙

일정량인 기체의 체적과 압력의 곱은 기체의 절대온도에 비례한다.

$$\frac{P \cdot V}{T} = \text{const}$$

여기서, const : 일반적으로 R로 표시하며, 가스상수

$$P \cdot V = R \cdot T$$

여기서, 건공기 가스상수 R_a : 29.27(kg · m/kg · K)
수증기 가스상수 R_w : 47.06(kg · m/kg · K)

무게가 G(kg)인 기체의 체적을 V(m³)라 하면

$$P \cdot V = G \cdot R \cdot T$$: 달톤의 법칙

5) 달톤의 분압법칙

$$P = P_a + P_v$$

여기서, P : 전압(kg/m²)
P_a : 건공기 분압(kg/m²)
P_v : 수증기 분압(kg/m²)

① 건공기 : $(P - P_v) \cdot V \times 10^4 = 1 \cdot R_a \cdot T$ ··············· ⓐ

② 수증기 : $P_v \cdot V \times 10^4 = X \cdot R_w \cdot T$ ························ ⓑ

ⓐ식을 ⓑ식으로 나누면

$$\frac{(P - P_v) \cdot V \times 10^4}{P_v \cdot V \times 10^4} = \frac{R_a \cdot T}{X \cdot R_w \cdot T}$$

$$\frac{P - P_v}{P_v} = \frac{1}{X} \cdot \frac{R_a}{R_w}$$

$$\therefore X = \frac{R_a}{R_w} \cdot \frac{P_v}{P - P_v} = 0.622 \cdot \frac{P_v}{P - P_v}$$

CHAPTER

03 공기 선도

SECTION 01 습공기 선도

① 습공기의 열역학적 상태량(온도, 습도, 엔탈피, 비체적 등)을 수치화하여 공기의 상태변화와 공조계산 등을 목적으로 만들어진 선도

② 공기의 조건 중 2가지만 알면 그 교차점에서 공기의 상태를 알 수 있도록 되어 있다.

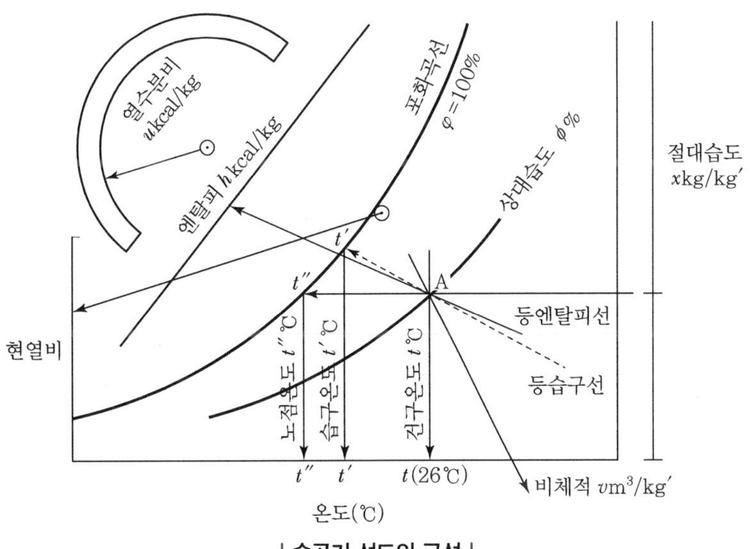

| 습공기 선도의 구성 |

SECTION 02 습공기 선도의 종류

① $h-x$ 선도 : 엔탈피와 절대습도를 기준하며 이론적인 계산에 많이 사용된다.

② $T-x$ 선도 : 건구온도와 절대습도를 기준하며 $h-x$ 선도와 비슷한 점이 많으나 실용상 편리하도록 간략하게 되어 있으며 계산에 의해 열수분비를 구해야 한다.

③ $T-h$ 선도 : 건구온도와 엔탈피를 기준하며 공기와 수증기의 변화를 동시에 나타내며 실용적인 각종 계산에 사용된다. 물과 공기의 상태가 잘 나타나 있어 물과 공기가 접촉하면서 변화하는 경우의 해석에 편리하며 공기 중에 물을 분무하는 공기세정기나 냉각탑 등의 해석에 이용된다.

SECTION 03 습공기 선도의 구성

표준 대기압 상태에서 습공기의 성질을 표시하고 건구온도, 습구온도, 노점온도, 상대습도, 절대습도, 수증기 분압, 엔탈피, 비체적, 현열비, 열수분비 등으로 구성되어 있다.

1) 습공기 선도에서의 각 상태점

구분	기호	단위	구분	기호	단위
건구온도	DB, t	℃	수증기 분압	P_v	mmHg
습구온도	WB, t'	℃	상대습도	ϕ	%
노점온도	DP, t''	℃	엔탈피	h, i	kcal/kg
절대습도	x	kg/kg′	비체적	v	m^3/kg

2) 용어 설명

(1) 절대습도(x)

어떤 습공기에서 건공기 1kg 중에 포함된 수증기 중량(kg/kg′)

(2) 상대습도(ϕ)

① 습공기가 함유하고 있는 습도의 정도

② 임의 상태에서 수증기 분압과 그 온도에 있어서 포화수증기 분압의 비율로 표시(%)

$$\phi = \frac{\gamma_v}{\gamma_s} \times 100 = \frac{p_v}{p_s}$$

여기서, γ_v : 공기 중 수증기의 비중량, γ_s : 포화공기 중 수증기의 비중량
p_v : 공기 중 수증기 분압(atm), p_s : 포화공기 중 수증기 분압(atm)

(3) 엔탈피(h)

① 이상기체의 엔탈피 : 이상기체 1kg이 가지고 있는 전열량(kcal/kg)

② 어떤 기체에 에너지를 가하면 내부에너지가 증가하거나 압력 또는 체적, 온도가 상승하고, 반대로 감하면 이들이 감소한다.

$$h = u + A \cdot P \cdot v \quad \text{또는} \quad h = C_p \cdot t$$

여기서, u : 내부에너지($= C_v \cdot t$kcal/kg), A : 일의 열당량(≒1/427kcal/kg · m)
P : 압력(kg/m^2), t : 온도(℃), v : 이상기체의 비체적(m^3/kg)
C_p : 이상기체의 정압비열(kcal/kg · ℃)

③ 건공기의 엔탈피(h_a)

$$h_a = C_p \cdot t = 0.24 \cdot t(\text{kcal/kg})$$

④ 수증기의 엔탈피(h_v)

$$h_v = \gamma + C_{vp} \cdot t = 597.5 + 0.441 \cdot t(\text{kcal/kg})$$

여기서, γ : 0℃ 포화수의 증발잠열(≒597.5kcal/kg)
C_{vp} : 수증기의 정압비열(≒0.441kcal/kg)

⑤ 습공기의 엔탈피(h_w)

$$\begin{aligned} h_w &= h_a + h_v \cdot x \\ &= (C_p \cdot t) + (\gamma + C_{vp} \cdot t) \cdot x \\ &= 0.24t + (597.5 + 0.441t) \cdot x \end{aligned}$$

(4) 열수분비(u)

① 공기의 상태가 변할 때 절대습도 증가량(Δx)에 대한 엔탈피의 증가량(Δu) 비율
② 실내 가습 시 가습 후의 실내공기 취출점을 구하는 기준 기울기가 된다.

$$U = \frac{\text{엔탈피의 변화량}(\Delta h)}{\text{절대습도의 변화량}(\Delta x)} = \frac{dh}{dx}$$

여기서, Δx : 절대습도차

(5) 현열비(SHF)

① 엔탈피 변화에 대한 현열량의 변화 비율
② 혼합 공기를 냉각하여 취출하고자 할 때 실내 현열비를 유지하기 위하여 현열비 상태선과 평행하게 실내에 냉각된 공기를 취출한다.

(6) 포화공기

① 주어진 온도에서 포함할 수 있는 최대한의 수증기를 함유한 공기
② 이슬점(노점온도) : 포화공기온도(상대습도 100%일 때의 온도)

SECTION 04 공기의 상태변화

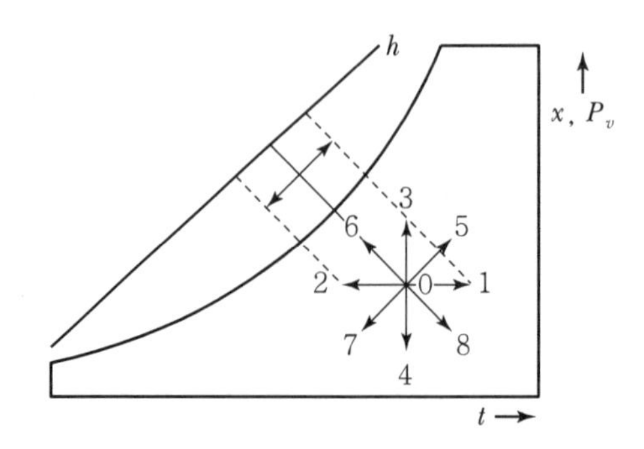

1) 습공기 선도의 이해

0 → 1 : 가열(현열)
0 → 2 : 냉각(현열)
0 → 3 : 가습(등온)
0 → 4 : 감습, 제습(등온)
0 → 5 : 가열가습
0 → 6 : 냉각가습(단열가습)
0 → 7 : 냉각감습(냉각제습)
0 → 8 : 가열감습

상태	건구온도	상대습도	절대습도	엔탈피
가열(0 → 1)	상승	감소	일정	증가
냉각(0 → 2)	감소	상승	일정	감소
등온가습(0 → 3)	일정	상승	상승	상승
등온감습(0 → 4)	일정	감소	감소	감소

SECTION 05 공기의 상태변화와 계산

1) 단열혼합

상태가 다른 공기를 혼합하여 혼합 공기의 상태값을 구하고자 할 때 바깥공기를 ①, 바깥공기 도입풍량을 Q_1, 환기공기를 ②, 실내 환기풍량을 Q_2라고 하면 혼합공기 ③의 온도, 습도 및 엔탈피는 다음과 같이 구할 수 있다.

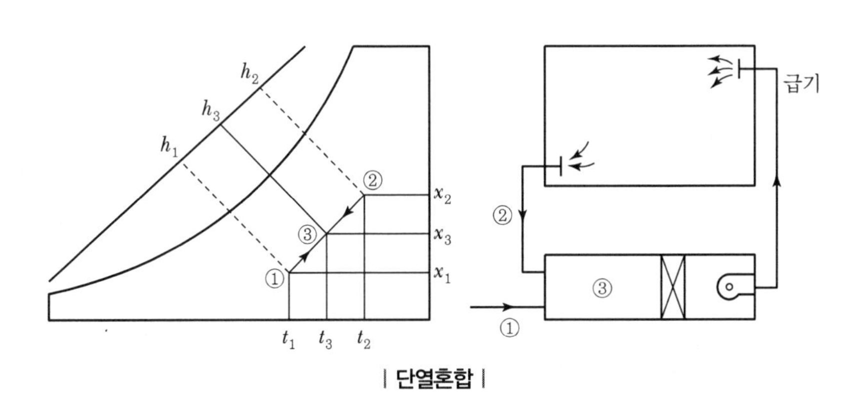

| 단열혼합 |

바깥 공기와 실내공기 혼합 시 각종 상태점

① 건구온도 $t_3 = \dfrac{Q_1 t_1 + Q_2 t_2}{Q_1 + Q_2}$

② 습구온도 $t_3' = \dfrac{Q_1 t_1' + Q_2 t_2'}{Q_1 + Q_2}$

③ 절대습도 $x_3 = \dfrac{Q_1 x_1 + Q_2 x_2}{Q_1 + Q_2}$

④ 엔탈피 $h_3 = \dfrac{Q_1 h_1 + Q_2 h_2}{Q_1 + Q_2}$

2) 가열 및 냉각(현열만의 부하)

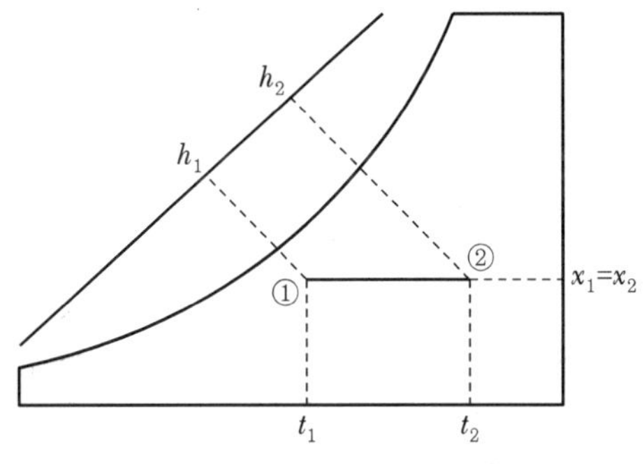

| 가열 및 냉각(현열만의 부하) |

습공기의 절대습도 변화 없이 가열 또는 냉각을 하면 온도만 변화하게 되므로 현열변화이다.

$$q = G(h_1 - h_2) = \frac{Q}{v}(h_1 - h_2)$$

$$= G \cdot C_p \cdot (t_1 - t_2) = 0.24G(t_1 - t_2) \fallingdotseq 0.29Q(t_1 - t_2)$$

여기서, q : 가열 및 냉각열량(kcal/h), $t_1,\ t_2$: 건구온도

G : 풍량(kg/h), $h_1,\ h_2$: 엔탈피

Q : 풍량(m³/h), C_p : 정압비열(≒0.24kcal/kg · ℃)

3) 가습 및 감습, 제습(잠열만의 부하)

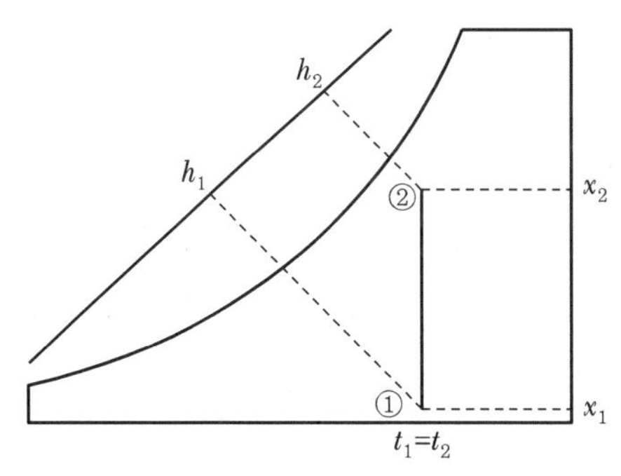

| 가습 및 감습, 제습(잠열만의 부하) |

습공기의 건구온도 변화 없이 가습 또는 감습을 하면 절대습도만 변화하게 되므로 잠열량을 이용하여 구할 수 있다.

① 가습(제습)열량(kcal/h)

$$q_L = G \times (h_2 - h_1)$$
$$\fallingdotseq 717 \times Q \times (x_2 - x_1)$$

② 가습(제습)량(kg/h)

$$L = G \times (x_2 - x_1)$$
$$= Q \times \gamma \times (x_2 - x_1)$$
$$= 1.2 \times Q \times (x_2 - x_1)$$

4) 냉각감습, 가열가습(현열＋잠열부하)

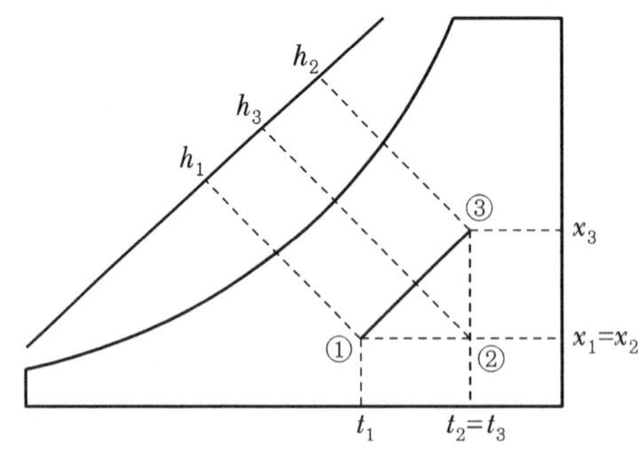

| 냉각감습, 가열가습(현열＋잠열부하) |

습공기의 건구온도 및 절대습도가 변화하게 되므로 현열량과 잠열량의 합으로 구할 수 있다.

① 열량(kcal/h)

$$\begin{aligned} q_T &= q_s + q_L \\ &= G\times(h_2 - h_1) + G\times(h_3 - h_2) \\ &= G\times(h_3 - h_1) \\ &= Q\times\gamma\times(h_3 - h_1) \\ &= 1.2\times Q\times(h_3 - h_1) \end{aligned}$$

② 가습(제습)량(kg/h)

$$L = G\times(x_3 - x_1) = Q\times\gamma\times(x_3 - x_1) = 1.2\times Q\times(x_3 - x_1)$$

5) 가습

① 가습이란 절대습도를 상승시키는 방법으로 순환수, 온수, 증기 등을 이용하는 방법 등이 있으며 각각의 가습방법에 따라 상태변화가 달라지게 된다.

- 순환수 분무가습(단열가습, 세정) : 등엔탈피선을 따라 변화
- 온수 분무가습 : 열수분비선을 따라 변화
- 증기가습 : 가습효율이 가장 좋으며 열수분비선을 따라 변화

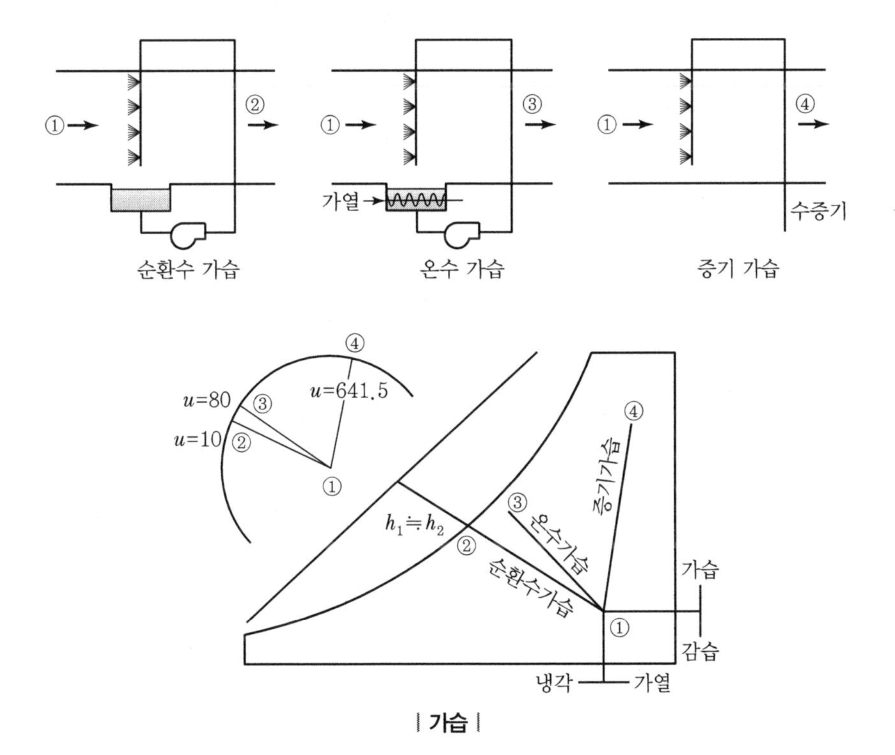

| 가습 |

② 가습에 의한 공기의 상태변화는 공기 선도상에서 열수분비로 표시한다.

③ 온수나 증기 등을 분무하여 공기를 가습 시, 공기 선도상에서 공기의 상태변화 방향을 나타낸다.

- 증기의 경우 : ① → ④

  $U = 597.3 + 0.441 t_s$

  여기서, t_s : 증기의 온도

- 온수의 경우 : ① → ③

  $U = t_w$

  여기서, t_w : 온수의 온도

④ 가습열량 계산

$q_L = G(h_2 - h_1) = 597.5\,G(x_2 - x_1) = 1.2\,Q(h_2 - h_1) = 717\,Q(x_2 - x_1)$

여기서, x_1, x_2 : 절대습도

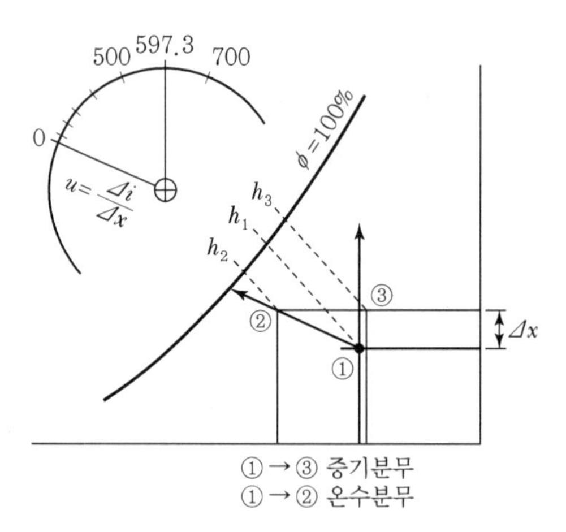

① → ③ 증기분무
① → ② 온수분무

TIP 가습과 열수분비의 관계

(1) 순환수 및 온수에 의한 가습 과정

물의 상변화가 없으므로 "열수분비(U) = t"가 된다.

① 순환수에 의한 가습 : 물을 가열하거나 냉각하지 않고 펌프로 노즐을 통하여 물을 공기 중에 분무하는 방법으로, 분무되는 물이 수증기 상태로 되기 위하여 주위 공기로부터 증발잠열을 흡수하고 이를 다시 공기에 되돌려주는 단열변화로 간주한다.

예 15℃의 순환수를 분무하면 u = 15인 ⓐ → ⓑ로 이동

$u = C \cdot t = 1 \times 15 = 15$kcal/kg($C$: 물의 비열, t : 물의 온도(℃))

② 온수에 의한 가습 : 순환수를 가열하여 분무하는 방법

예 60℃ 온수로 분무 가습한다면 습공기 선도상에서 가습방향은 열수분비 u = 60에 평행하게 ⓐ → ⓒ로 이동

$u = C \cdot t = 1 \times 60 = 60$kcal/kg

(2) 증기가습 과정

"열수분비(U) = 597.5 + 0.441t_s"가 된다.(t_s : 증기의 온도)

$$U = \frac{h}{X} = \frac{X(597.5 + 0.441 t_s)}{X}$$

예 100℃ 포화증기

$u = 597.5 + 0.441 \times 100 = 641.6$kcal/kg

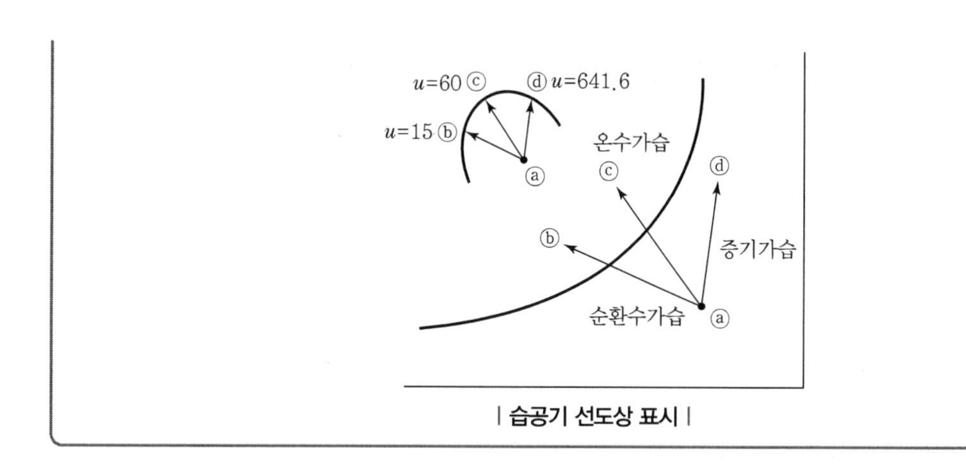

| 습공기 선도상 표시 |

6) 감습(제습)

- 절대습도를 낮게 유지하는 방법으로 일반적으로 냉각코일을 이용하여 공기 중의 수증기를 응축시켜 냉각, 제습시키는 방법을 많이 이용하고 있다.
- 화학약품인 실리카겔이나 활성알루미나 등의 고체 흡착제를 쓰는 방법과 염화리튬이나 트리에틸렌 글리콜 등의 액체 흡수제를 사용하는 방법이 있다.

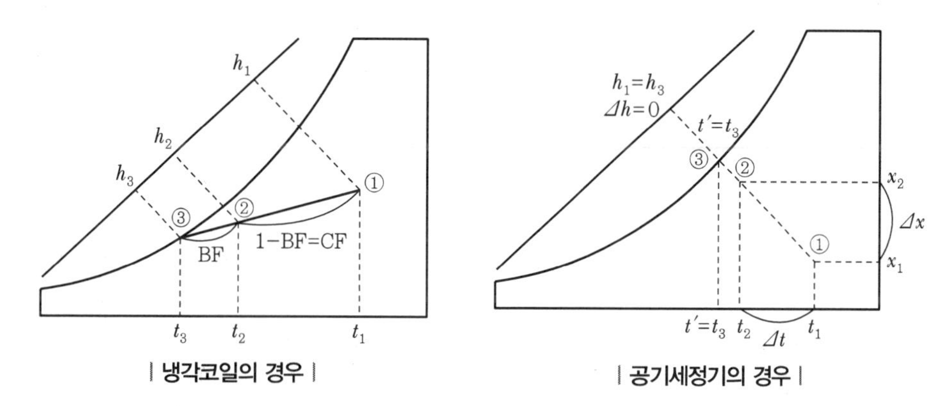

| 냉각코일의 경우 |　　| 공기세정기의 경우 |

(1) 바이패스 팩터(Bypass Factor : BF)

냉온수코일 및 공기세정기에서 공기가 통과할 때 코일에 접촉하지 않고 그대로 통과하는 공기의 비율로서 BF가 작을수록 성능이 우수하다.

$$\mathrm{BF} = \frac{t_2 - t_3}{t_1 - t_3} = \frac{h_2 - h_3}{h_1 - h_3} = \frac{x_2 - x_3}{x_1 - x_3}$$

(2) 콘택트 팩터(Contact Factor : CF)

코일에 완전히 접촉하는 공기의 비율로 CF=1−BF이다.

$$\mathrm{CF} = \frac{t_1 - t_2}{t_1 - t_3} = \frac{h_1 - h_2}{h_1 - h_3} = \frac{x_1 - x_2}{x_1 - x_3}$$

SECTION 06 장치에 따른 습공기 선도 변화

1) 혼합 → 냉각(여름철)

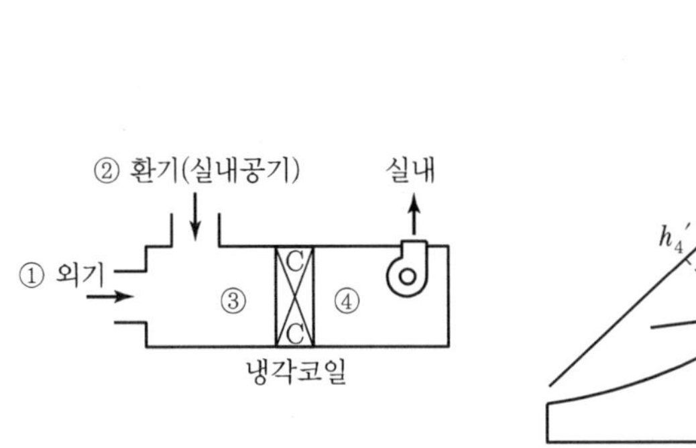

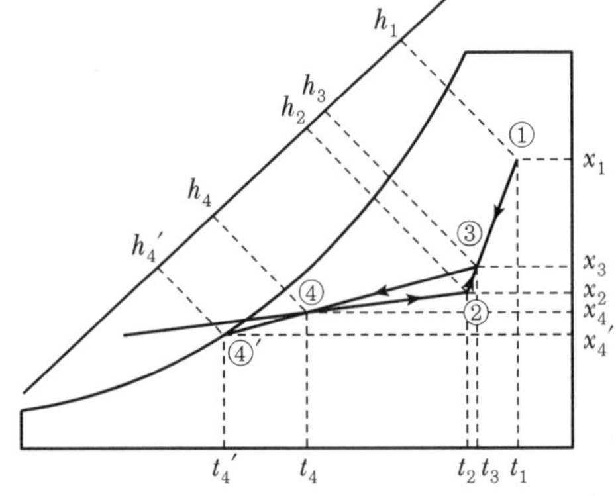

상태	건구온도	상대습도	절대습도	엔탈피
외기혼합(① → ③)	감소	감소	감소	감소
환기혼합(② → ③)	상승	상승	상승	상승
냉각(③ → ④)	감소	상승	감소	감소

2) 혼합 → 냉각 → 재열(여름철)

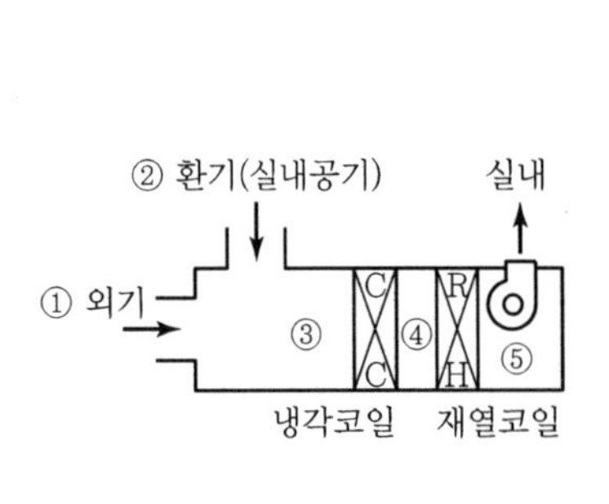

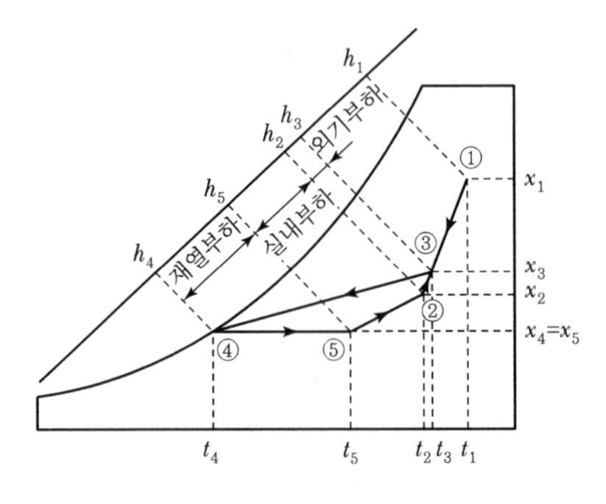

상태	건구온도	상대습도	절대습도	엔탈피
냉각(③ → ④)	감소	상승	감소	감소
재열(④ → ⑤)	상승	감소	일정	상승

3) 외기예랭 → 혼합 → 냉각제습(여름철)

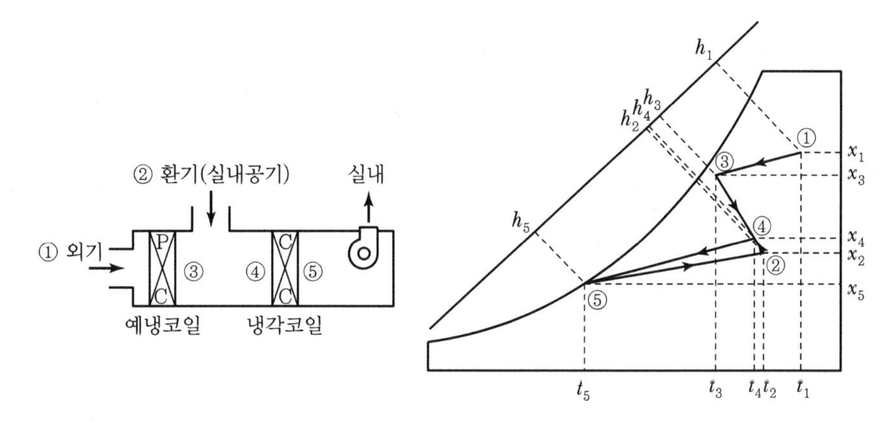

상태	건구온도	상대습도	절대습도	엔탈피
외기예랭(① → ③)	감소	증가	감소	감소
혼합(③ → ④ ← ②)	–	–	–	–
냉각(④ → ⑤)	감소	상승	감소	감소

4) 혼합 → 가열(겨울철)

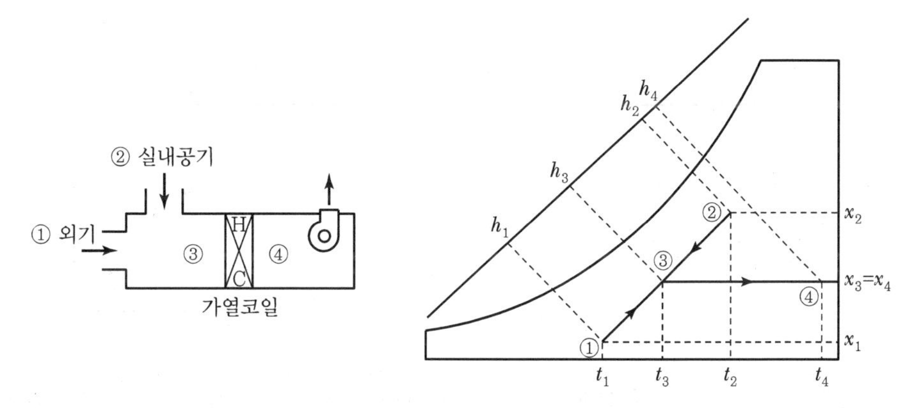

상태	건구온도	상대습도	절대습도	엔탈피
외기혼합(① → ③)	증가	–	증가	증가
환기혼합(② →③)	감소	–	감소	감소
가열(③ → ④)	증가	감소	일정	증가

5) 혼합 → 가열 → (온수분무)가습(겨울철)

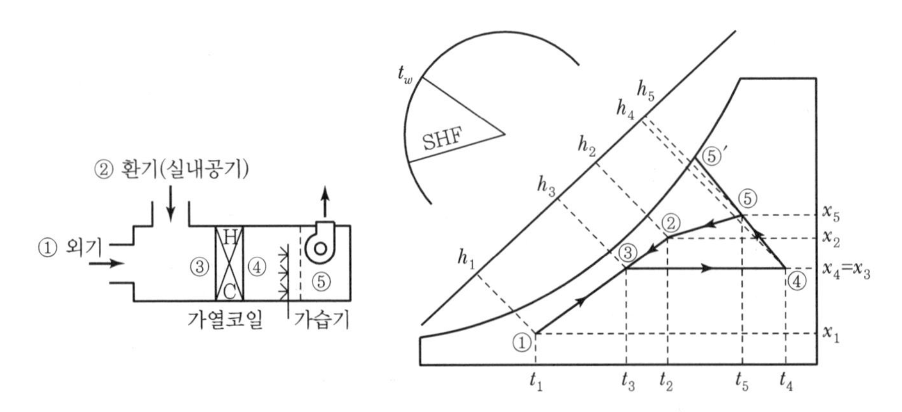

상태	건구온도	상대습도	절대습도	엔탈피
가열(③ → ④)	상승	감소	일정	상승
가습(④ → ⑤)	감소	상승	상승	상승

6) 예열 → 혼합 → 가열 → (증기)가습(겨울철)

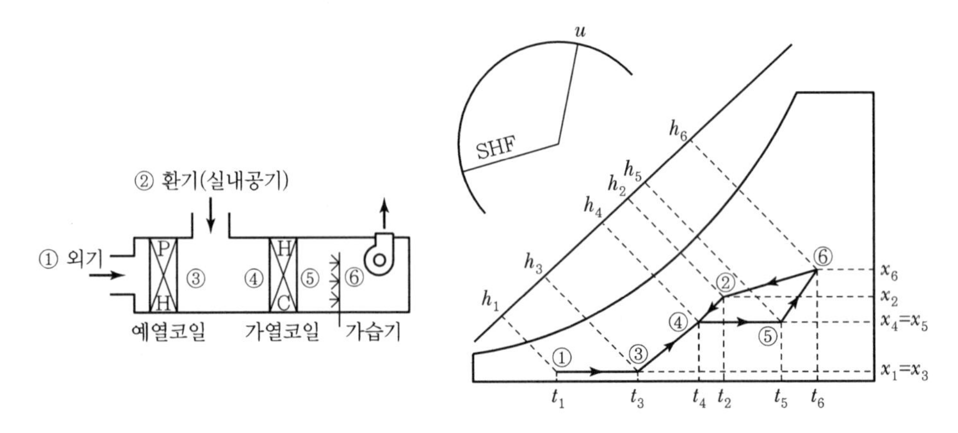

상태	건구온도	상대습도	절대습도	엔탈피
예열(① → ③)	상승	감소	일정	상승
혼합(③ → ④ ← ②)	–	–	–	–
가열(④ → ⑤)	상승	감소	일정	상승
가습(⑤ → ⑥)	상승	상승	상승	상승

SECTION 07 장치노점온도

1) 실내 장치노점온도(ADP, Apparatus Dew Point Temperature)

① 실내 상태점을 통과하는 현열비선과 포화곡선(RH 100%선)의 교점을 나타내는 온도로 취출공기가 실내잠열부하에 상당하는 수분을 제거하는 데 필요한 코일의 표면온도이다.

② 현열비가 일정할 경우 실내공기 상태를 일정하게 유지시키기 위해서는 SHF 상태선 내에 있는 공기를 실내로 송풍할 것이 요구된다.

③ 온도차가 클수록 송풍공기량이 적게 들고 그 극한점이 실내의 장치노점온도가 되며 SHF의 상태선과 포화공기선의 교점이다.

④ 취출공기가 실내의 잠열부하를 흡수해 제거하기 위한 공기 선도상의 노점온도이다.

2) 코일 장치노점온도

① 실내 상태점을 통과하는 유효현열비선과 포화곡선(RH 100%선)의 교점을 나타내는 온도로 취출공기(실내잠열부하+바이패스 팩터에 의한 잠열부하)에 상당하는 수분을 제거하는 데 필요한 코일의 표면온도이다.

② 공기가 냉각코일이나 공기세정기에 들어오면 이 공기는 코일의 표면이나 분무수에 접하여 건구온도와 습구온도가 내려간다.

③ 접촉이 완전히 행해지면 공기는 코일의 표면온도(또는 분무수적 온도)에 근사한 온도의 포화상태가 되는데, 이때의 온도를 코일의 장치노점온도라고 한다.

④ 혼합공기로부터 취출공기까지 감습하기 위해 필요한 냉각코일의 표면 온도를 의미한다.

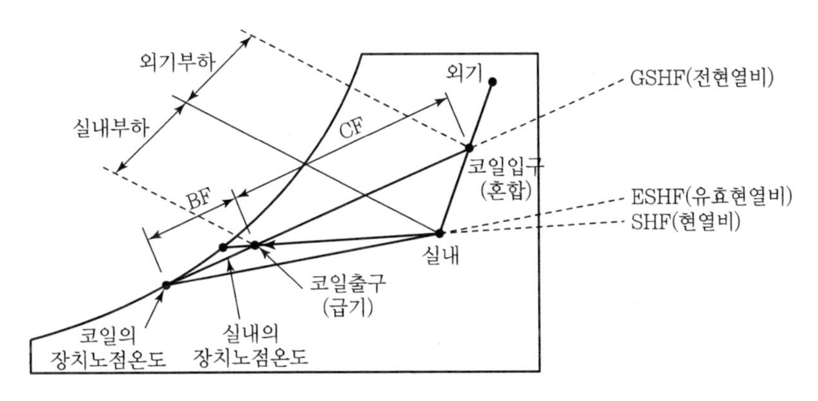

3) 외기에 의한 영향

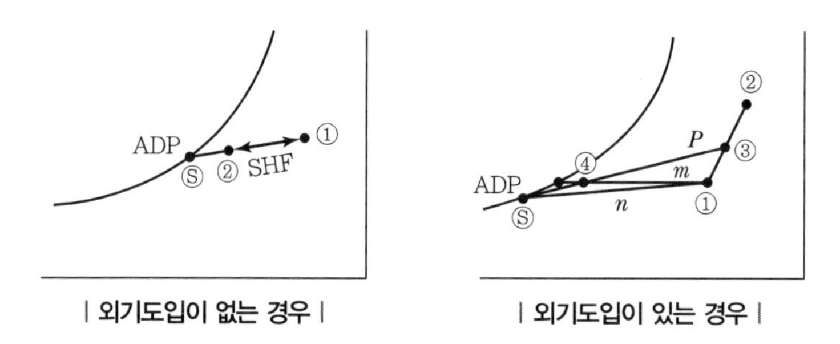

| 외기도입이 없는 경우 |　　| 외기도입이 있는 경우 |

(1) 외기도입이 없는 경우

① 실내공기 ①만을 냉각하여 취출공기 ②를 만드는데 취출공기 ①에서 실내냉방부하 SHF선상에 위치한다.

② ①에서 ②로 직선을 그었을 때 포화곡선과의 교점이 ADP이고 냉각코일의 표면 온도가 결정된다.

③ BF에 의해 입구공기 ①은 ADPT ⓢ의 공기가 되지 못하고 공기 ②가 된다.

(2) 외기도입이 있는 경우

① 외기 ②를 도입하면, 혼합공기 ③을 취출공기 ④로 만들기 위해 ③에서 ④로 직선을 그었을 때 교점 ⓢ가 장치노점온도이다.

② ADP란 그 시스템에서 취출공기를 얻기 위한 코일 표면온도이며 SHF, BF(열수, 풍속 등으로 결정) 등에 따라 값이 변화한다.

(3) 실내현열비선(m)과 유효현열비선(n)의 관계식

$$\text{실내현열비} = \frac{\text{실현열}}{\text{실현열} + \text{실잠열}}$$

$$\text{유효현열비} = \frac{\text{유효실현열}}{\text{유효실현열} + \text{유효실잠열}}$$

$$\text{전현열비} = \frac{\text{총현열}}{\text{총현열} + \text{총잠열}}$$

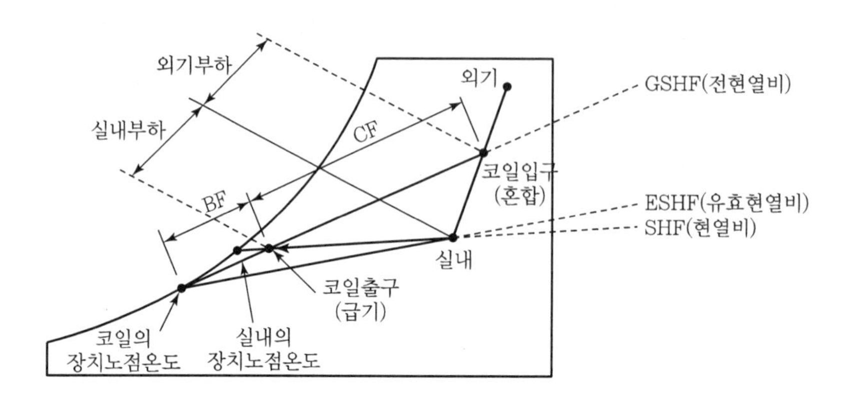

① 유효현열, 잠열

코일을 통과하는 도입외기 중에서 냉각되지 않고 통과하는 BF 만큼의 부하를 실내부하에 고려한 것

② 총현열, 잠열

코일에서 제거되는 열을 의미하며, 실내부하와 외기부하의 합

SECTION 08 현열비

1) RHF(RSHF : Room Sensible Heat Factor, 실내현열비)

실내전열부하에 대한 실내현열부하의 비로 엔탈피 변화에 대한 현열량의 변화 비율을 말한다.

$$RSHF = \frac{C_p \times \Delta t}{\Delta h} = \frac{q_S}{q_S + q_L}$$

여기서, Δh : 공기의 엔탈피 변화량, Δt : 온도의 변화량

C_p : 정압비열, q_S : 현열, q_L : 잠열

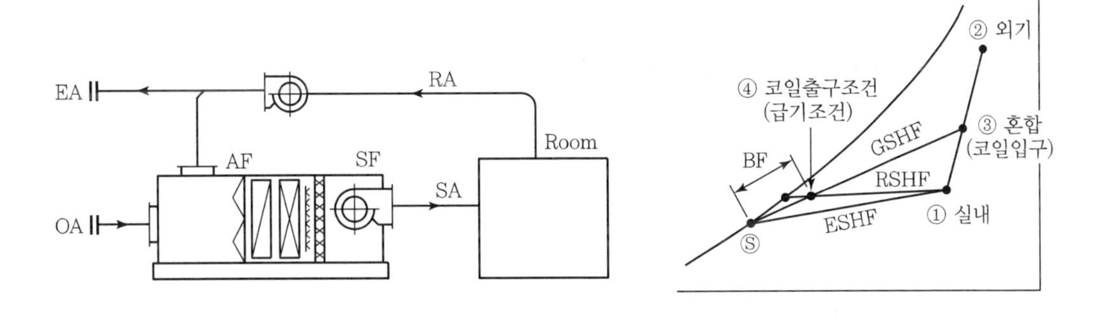

① 희망 실내 온습도를 유지하기 위하여 어떠한 상태의 공기를 실내로 보내야 하는가를 공기 선도상에 나타내는 기준이다.

② 선도상에서 설계 실내 온습도의 상태를 지나는 점을 지나면서, SHF와 같은 평행선을 그어 이 선을 상태선(Condition Line)이라고 하고, 이 직선(상태선)상에 있는 모든 점은 모두 실내에 송풍가능한 상태임을 나타낸다.

③ 이 선상에 있는 어떠한 상태의 공기를 실내에 공급해도 희망 실내 온습도를 유지할 수 있으며 상태점의 위치에 따라 송풍량이 다르다. 즉, 취출온도가 낮으면 송풍량이 적고 취출온도가 높으면 송풍량이 많아진다.

④ 이 직선의 경사는 냉각 감습이 행해질 때 일어난 현열변화량과 잠열변화량의 비율을 나타낸다.

⑤ 현열변화량이 잠열변화량보다 압도적으로 많으면 수평에 가깝고, 적으면 수직에 가까워진다.

⑥ 실제 실내에 송풍되는 공기의 상태는 송풍기나 급기 덕트 등에서의 온도 상승으로 코일출구온도보다 약 1～1.5℃ 정도 높은 것이 보통이다.

⑦ 이 상태선이 포화곡선과 만나는 점을 장치노점온도(ADP : Apparatus Dew Point Temperature)라 한다.

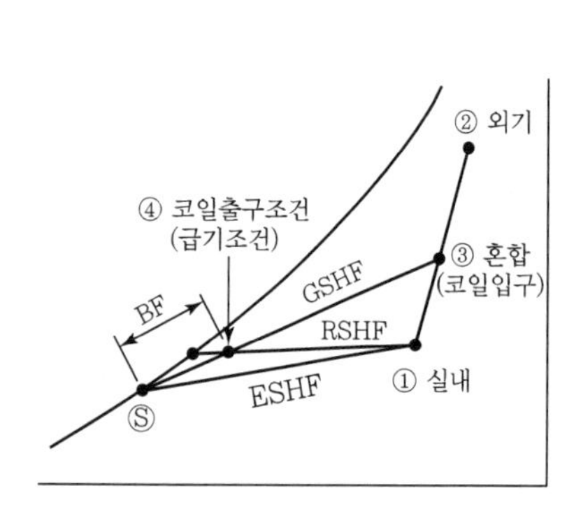

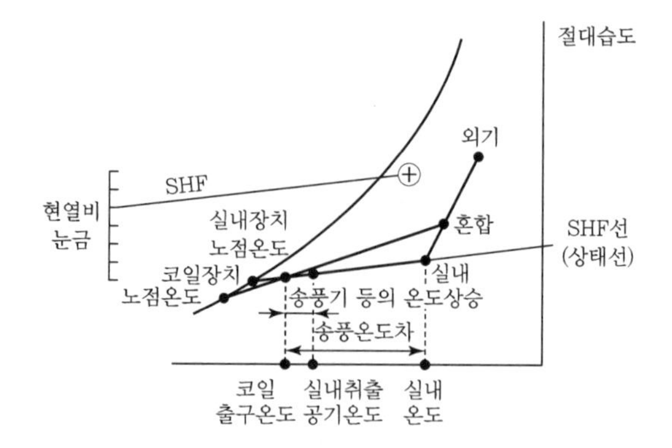

⑧ SHF 이용

- 혼합공기를 냉각하여 실내로 취출하고자 할 때 실내 현열비 유지를 위해 현열비 상태선과 평행하게 실내에 냉각된 공기를 취출하기 위하여 이용한다.
- 열부하 계산에서는 $\frac{\text{현열부하}}{\text{전열부하}}$로 이용하며 이 부하를 유지하기 위한 송풍 온도의 결정 등에 사용한다.
- 실용적으로 취출공기는 상대습도 90% 정도, 취출온도차 10～12℃이다.

2) ESHF(Effective Sensible Heat Factor, 유효현열비)

① 냉각코일에서 바이패스한 외기분을 실내부하의 일부로 간주한 것으로 현열비와 같이 유효 실내현열부하를 유효 실내전열부하로 나눈 값이다.

② 실내 상태점을 통과하는 유효현열비선과 포화곡선(상대습도 100%)이 만나는 점을 코일의 장치노점온도(ADP)라 한다.

$$ESHF = \frac{ERSH}{ERSH + ERLH}$$

$$= \frac{q_{oBS} + q_S}{q_{oBS} + q_{oBL} + q_S + q_L}$$

여기서, q_S : 실내현열, q_L : 실내잠열

q_{oBS} : 외기바이패스 공기량에 대한 현열

q_{oBL} : 외기바이패스 공기량에 대한 잠열

$$Q = \frac{q_S}{0.29(t_r - t_{adp})(1 - BF)}$$

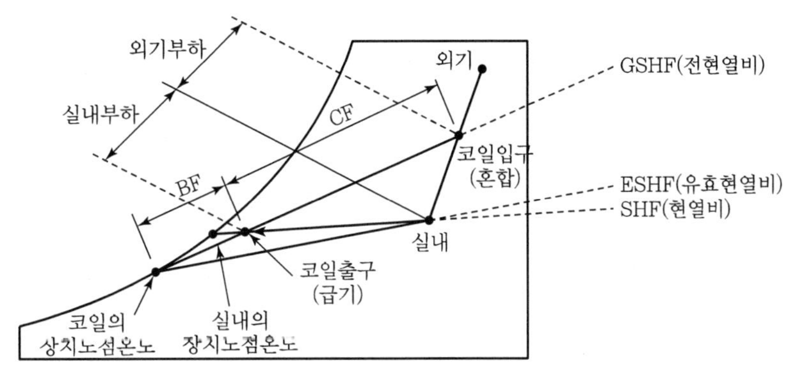

※ 전현열비는 실내부하와 외기부하를 포함한 현열비임

3) GSHF(Grand Sensible Heat Factor, 전현열비)

$$GSHF = \frac{q_{oS} + q_S}{q_{oS} + q_{oL} + q_S + q_L}$$

여기서, q_S : 실내현열, q_L : 실내잠열

q_{oS} : 외기 도입량에 대한 현열

q_{oL} : 외기 도입량에 대한 잠열

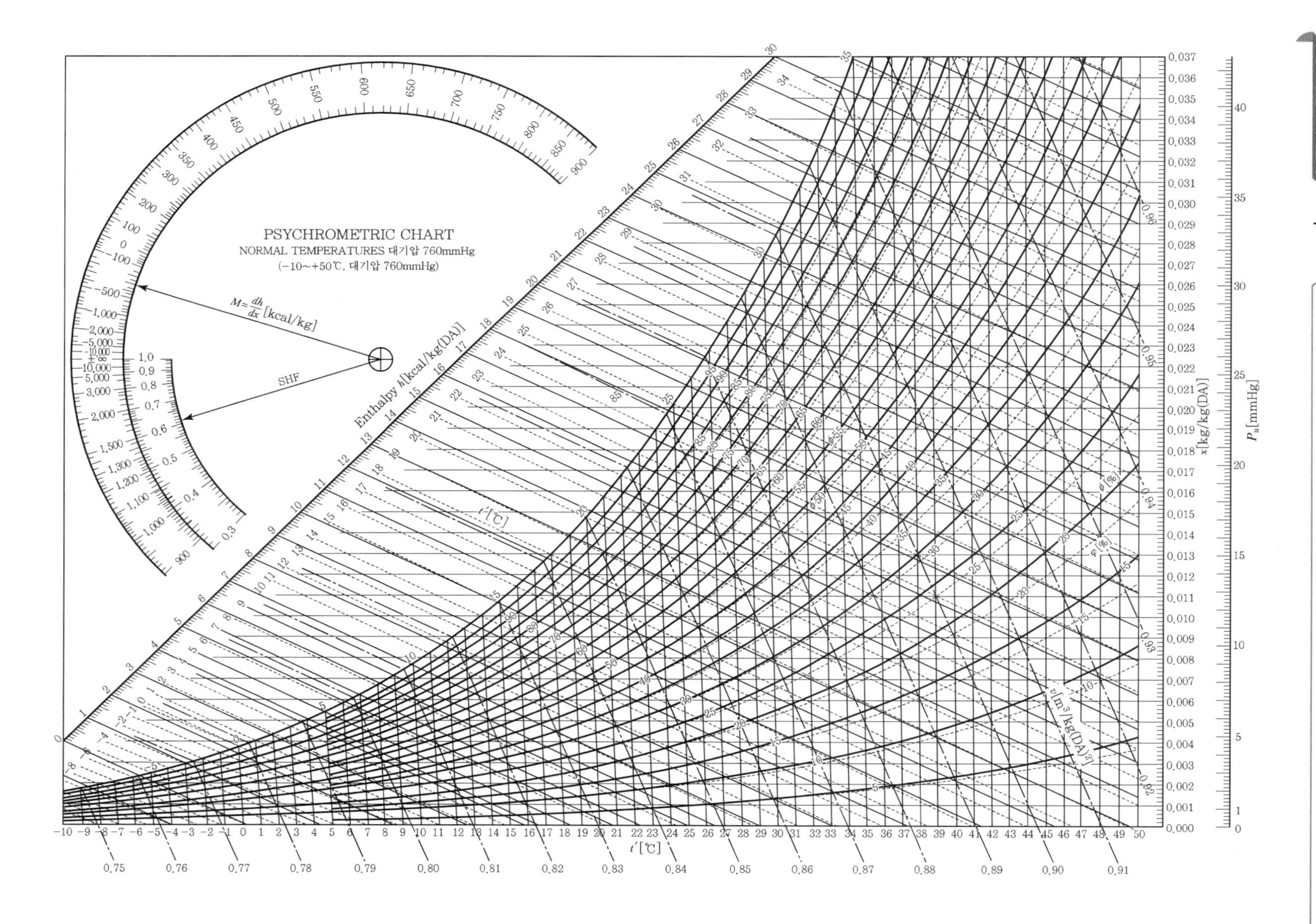
PSYCHROMETRIC CHART
NORMAL TEMPERATURES 대기압 760mmHg
(-10~+50℃, 대기압 760mmHg)
$M=\frac{dh}{dx}$ [kcal/kg]
SHF
Enthalpy h[kcal/kg(DA)]
x[kg/kg(DA)]
P_w[mmHg]
t'[℃]
t[℃]
v[m³/kg(DA)]
φ[%]

CHAPTER

04 공조부하

SECTION 01 공조부하

- 공조하고자 하는 실내를 일정한 온도 및 습도로 유지하기 위하여 냉방 시에는 외부에서 침입한 열량 및 수분을 제거하고, 난방 시에는 손실된 열량 및 수분을 공급하여야 한다.
- 냉방 시에 냉각 · 감습하는 열 및 수분의 양을 냉방부하, 난방 시에 가열 · 가습하는 열을 난방부하라 한다.

1) 부하 계산법

① 연간 각 시각에 대한 부하를 계산하는 방법이 있으며, 이것에 의하여 합리적인 공조장치의 계획을 세워 연간 운전비를 산출하는데, 이를 위해서는 방대한 계산이 필요하므로 컴퓨터 프로그램에 의하여 계산한다.

② 또 다른 방법은 공조설비에 필요한 용량을 결정하기 위한 최대 부하를 구할 목적으로 특별한 월이나 시간에 대하여 계산한다. 이것은 일반적으로 수(手)계산으로 행하며 여기에 필요한 많은 수표(數表) 또는 계산양식이 만들어져 있다.

SECTION 02 조닝

- 건물 전체를 공조하고자 하는 구역별로 몇 개로 구획 분할하여 각 구역별로 공조계통을 구분하는 것을 조닝(Zoning)이라고 한다.
- 조닝을 나누는 방식은 여러 가지가 있지만, 대별하면 다음의 두 가지로 구분된다.

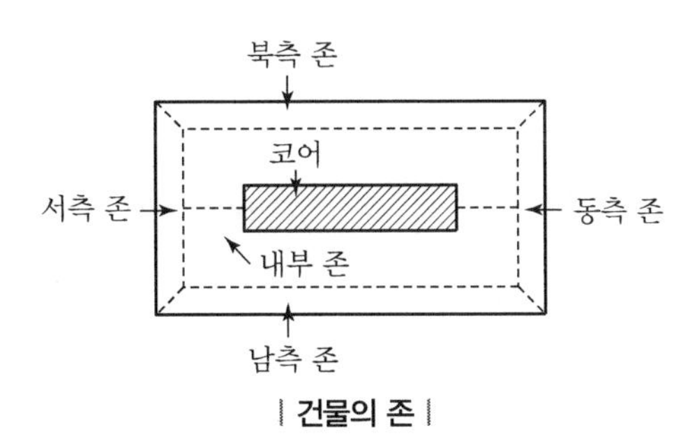

| 건물의 존 |

1) 방위별 조닝

① 계절을 고려하여 건물의 각 방위별로 조닝을 구분하는 것으로 창쪽 부분을 외부 존(Perimeter Zone or Exterior Zone)이라 하여 그림과 같이 동, 서, 남, 북의 존으로 구분할 수 있다.
② 실내 측 부분은 내부 존(Interior Zone)이라고 하며, 외부에서의 열손실이나 열 취득은 거의 없는 것으로 간주한다.

2) 사용별 조닝

실의 사용목적에 따라 조닝을 하여 공조의 계통을 구분하거나 각 실별로 독립하여 온도 제어 또는 풍량 제어를 실시한다.
① 사용시간별 조닝
빌딩 내의 사무실이나 상점, 다방, 식당과 같이 운전시간이 다르며 사용용도가 다른 경우
② 공조조건별 조닝
전자계산기실과 같이 온습도 조건이 항상 일정하게 유지되어야 할 필요성 등에 따라 계통별로 구별
③ 부하특성별 조닝
건물의 중역실 및 회의실, 식당과 같이 일반사무실에 비해 현열비가 크게 다른 경우 계통별로 구별

SECTION 03 조닝의 필요성과 방법

한 건물 내에서도 부분에 따라서 열부하 특성이 달라지고 방위별, 시간대별, 용도별로 부하가 변한다. 따라서 부하특성이 유사한 구역을 하나의 Zone으로 구별함으로써 효율적인 공조를 이루고 에너지를 절약할 수 있다.

1) 조닝의 필요성

① 에너지 절약
② 과열, 과랭 방지
③ 과가습, 과제습 방지
④ 유지관리 용이
⑤ 효율적인 운전관리

2) 조닝 시 고려사항

① 실의 용도 및 기능
② 실내 온습도 조건
③ 실의 방위
④ 실의 사용시간대
⑤ 실의 부하량 및 구성
⑥ 실내로의 열운송 경로
⑦ 실의 요구 청정도

3) 조닝의 계획

(1) 방위별 조닝

① 동서남북 방위에 따라 외주부 열부하 특성이 시간대에 따라 달라지므로 외주부와 내주부로 구분한다.

② 내주부는 외부에서 열취득이나 열손실이 없어 연중 냉방부하가 존재한다.

(2) 사용시간대별 조닝

① 실 사용시간대에 따라 구분

- 8시간 사용 : 사무실
- 24시간 사용 : 숙직실, 당직실, 전산실
- 간헐 사용 : 식당, 주방, 회의실

② 8시간 사용하는 실은 일반공조시스템을 적용하며, 24시간 사용하는 실은 개별 제어 및 단독운전이 가능한 개별 Unit을 설치하고, 간헐 사용하는 실은 용도가 같은 곳을 하나의 존으로 구성한다.

(3) 용도별 조닝

① 사무실 계통

- 실내 정숙에 유의
- 부하 패턴이 일정
- 8시간 사용

② 회의실

- 실내 정숙
- 간헐적 사용으로 개별 제어
- 담배연기 제어(환기량)
- 인원의 증감에 대비하여 공조용량 산정

③ 복리후생시설

- 쾌적한 환경 조성
- 전공기 방식
- 간헐 사용 및 연장시간 사용으로 개별 제어

④ 식당 및 주방

- 간헐 사용
- 부하 변동이 심함
- 냄새 확산 방지를 위한 (−)압력 유지
- 주방배기량 확보

⑤ Lobby

- 연돌효과 방지를 위한 (+)압력 유지
- 조명부하가 큼

⑥ 전산실

- 연중 냉방부하 발생
- OA기기 증가를 고려하여 부하증설 대비 용량 산정
- 항온항습실
- 24시간 근무 가능으로 개별 운전 및 개별 제어 고려

⑦ 기타
분진, 악취, 유해가스 발생 존은 별도의 조닝

(4) 내주부와 외주부의 구분

① 외주부 존은 열취득 및 열손실이 외기조건에 따라 다른 반면, 내주부 존은 연중 냉방부하가 발생한다.
② 실 깊이가 9m 이상인 경우 창 측의 온도와 실내의 온도분포가 불균일해져 불쾌감을 줄 수 있다.
③ 외주부의 건축 모듈에 의한 칸막이 형성 시 공조가 불확실한 경우에 대비한다.
④ 외피부하는 창호의 기밀성과 건물 외피의 단열이 개선되면서 부하가 감소되지만, OA 기기 사용의 확대와 근무 여건의 변화 등으로 실내부하는 더욱 증가될 것으로 예상된다.

(5) 공조의 융통성

실내부의 실의 용도, 근무시간, 재실인원, OA 기기의 변동에 따른 부하 변화에 대처하기 위하여 공조의 융통성(flexiblity)이 필요하다.

SECTION 04 최대부하 계산

건물의 부하는 시시각각 변화하는데, 하루 중에서 이것이 최대가 되는 시각에 대해 열량을 계산하여 공조의 각종 설계에 사용하는 경우가 있다. 이와 같이 최대부하시(Peak Hour)에 대한 계산방법을 최대부하계산(Peak Load Design)이라 한다.

SECTION 05 기간열부하 계산

1년간 또는 어떤 일정기간에 걸쳐 모든 시각의 부하를 계산하는 방법으로, 전자계산기를 이용해야 하는 방대한 작업이 요구되나 보다 정확한 연간 에너지 소비량을 계산할 수 있다. 이러한 기간열부하를 계산하기 위하여 여러 가지 방법이 연구되어 실용화되고 있으며, 대표적인 몇 가지 방법을 제시하면 다음과 같다.

① 동적열부하 계산법
② 전 부하상당시간에 의한 방법
③ 냉난방도일법
④ 확장도일법
⑤ 감도해석에 의한 효과추정법
⑥ 온도계급별 출현빈도표에 의한 방법
⑦ 축열계수법

SECTION 06 난방부하

1) 난방부하 계산

구분	부하발생요인		열의 종류
실내손실부하	외부손실열량	벽체를 통한 전도 손실열량 (외벽, 지붕, 내벽, 바닥, 유리창, 문 등)	현열
		틈새바람(극간풍)에 의한 손실열량	현열, 잠열
기기손실부하	덕트에서의 손실열량		현열
외기부하	외기 도입(환기)에 의한 손실열량		현열, 잠열

겨울철에는 실내에서 실외로 열손실이 일어나는데 실내온도를 일정한 온도 및 습도로 유지하기 위해서는 손실된 열량이나 수분을 보충하여야 한다. 이때 부하는 냉방부하에서보다 더욱 간단하다. 태양열의 일사부하나 인체부하, 조명부하, 기구부하 등은 난방부하를 경감시키는 요인들로 일반적으로 난방부하 계산에 포함시키지 않는다.

(1) 벽체 부하

① 외벽, 지붕, 유리창에서의 손실열량

$$q = K \cdot A \cdot \Delta t \cdot k \text{ (kcal/h)}$$

여기서, q : 손실열량(kcal/h), K : 열관류(열통과)율(kcal/m^2 · h · ℃)
A : 면적(m^2), Δt : 실내외 온도차(℃), k : 방위계수

② 내벽, 문, 바닥에서의 손실열량

$$q = K \cdot A \cdot \Delta t \text{ (kcal/h)}$$

여기서, q : 손실열량(kcal/h), K : 열관류(열통과)율(kcal/m^2 · h · ℃)
A : 면적(m^2), Δt : 인접 방과의 온도차(℃)

인접방과의 온도차(Δt)에서 중간에 비공조실이 있을 경우에는 실내외 온도차의 1/2로 한다.

(2) 틈새바람(극간풍) 부하

틈새바람에 의한 열손실은 난방부하 계산에 있어서 중요한 요소이며, 특히 고층건물은 건물의 굴뚝효과에 의한 틈새바람의 유입을 고려해야 하므로 간단히 취급해서는 안 된다. 그러나, 그 양은 풍속 · 풍향 · 건물의 높이 · 구조 · 창이나 출입문의 기밀성 등 많은 요소에 의한 영향을 받으므로 정확한 계산이 어렵다.

① 현열부하

$$q_S = 0.24 \times G \times (t_r - t_o) = 0.29 \times Q \times (t_r - t_o) \text{ (kcal/h)}$$

② 잠열부하

$$q_L = 597 \times G \times (x_r - x_o) = 717 \times Q \times (x_r - x_o) \text{ (kcal/h)}$$

여기서, G : 극간풍량(kg/h), Q : 극간풍량(m³/h), $t_r - t_o$: 실내외 온도차(℃)
$x_r - x_o$: 실내외 절대습도차(kg/kg′)

③ 틈새바람(극간풍)을 줄일 수 있는 방법

- 회전문 설치
- 에어커튼 설치
- 이중문 설치
- 이중문 중간 컨벡터(대류방열기) 설치

TIP 틈새바람의 양을 계산하는 세 가지 방법

① 틈새법(Crack Method)

- 창이나 문의 틈새의 길이를 산출하여 풍속과의 관계에서 틈새바람의 양을 계산하는 방법으로 가장 정확한 방법이기는 하나 계산이 번거롭다.
- 틈새의 길이는 각각의 새시(sash)에 대하여 계산하지만, 하나의 실에 있어서 3면 이상이 외기와 접하고 있을 때에는 바람맞이의 2면에 대해서만 계산하면 된다. 그러나, 그 길이는 적어도 그 방의 전 틈새길이(외기와 접하는 것)의 1/2 이상이어야 한다.

$$Q = l \cdot Q', \quad Q = \alpha \cdot l \cdot \Delta P^{2/3}$$

여기서, α : 창문의 종류, 틈새 폭, 기밀도에 의해 정해지는 비례계수
l : crack의 길이
ΔP : 건물 내외부 압력차
Q' : 극간길이 1m당의 극간풍량

② 환기횟수법(Air Change Method)

개략계산을 하거나 검토용으로 표를 기준으로 하여 구한다.

$$Q = n \times V \text{(m}^3\text{/h)}$$

여기서, Q : 틈새바람의 양(m³/h)
n : 환기횟수(회/h)
V : 실의 용적(m³)

③ 면적법

- 창이나 문의 면적에서 풍량을 구하는 방법으로, 표에 의거하여 산정한다.
- 면적법은 바람의 영향만을 고려한 것이며, 틈새법에 비하여 다소 간단한 방법이다.
- 창의 크기 및 기밀성, 바람막이 유무에 따라 극간풍이 달라진다.

$$Q = A \cdot Q''$$

여기서, Q'' : 창면적 1m²당 극간풍량(m³/m² · h)

(3) 기기손실부하

덕트에서의 손실열량은 실내 손실 현열량의 10% 정도로 한다.

(4) 외기부하

① 현열부하

$$q_S = 0.24 \times G_o \times \Delta t = 0.29 \times Q_o \times \Delta t \text{ (kcal/h)}$$

② 잠열부하

$$q_L = 597 \times G_o \times \Delta x = 717 \times Q_o \times \Delta x \text{ (kcal/h)}$$

여기서, G_o : 외기도입량(kg/h)
Q_o : 외기도입량(m^3/h)
Δt : 실내외 온도차(℃)
Δx : 실내외 절대습도차(kg/kg′)

> **TIP** 난방부하와 기기용량
> ① 실내손실부하
> ② 기기손실부하
> ③ 외기부하
> ④ 배관부하
>
> 송풍량 결정 = ①+②
> 가열코일 부하 = ①+②+③
> 보일러 용량(정격출력) = ①+②+③+④

2) 극간풍을 방지하는 방법

(1) 건축적인 대책

① 건축의 외벽, 수직샤프트 등의 기밀성을 보완한다.
② 현관에 방풍실을 설치하거나 층간을 구획한다.
③ 회전문 및 이중문을 설치한다.

(2) 설비적인 대책

① 출입문이나 승강기 상부에 Air Curtain을 설치한다.
② 실내나 전실을 가압하여 외부압력보다 압력을 높게 유지한다.
③ 이중문 중간에 강제대류 Convecter나 Fan Unit을 설치한다.

3) 바람의 방향

바람이 건물의 어떤 한 면을 향하여 불 때 그 면에서의 기압은 상승하는 반면, 반대측 면은 기압이 하강한다. 이러한 작용 압력에 의하여 바람이 창이나 문 틈새로 들어오며 이 압력은 풍속에 따라 다음 식으로 계산할 수 있다.

$$\Delta P_w = C \cdot \frac{v^2}{2g} \cdot \gamma$$

여기서, P_w : 바람에 의한 작용압(kg/m², mmAg)
(+)는 실내로 향한 압력, (−)는 실외로 향한 압력
C : 풍압계수(바람 위쪽 0.8, 바람 아래쪽 −0.4)
γ : 공기의 비중량(kg/m³)
v : 외부풍속(m/s)

4) 연돌효과(Chemney Effect)

① 건물 내 공기의 온습도의 차와 공기 밀도차로 연돌효과가 일어나 극간풍의 원인이 된다. 실내기온이 바깥의 기온보다 높은 경우 실내공기의 밀도가 외기의 밀도보다 작아 부력이 발생하며, 그로 인해 통기현상이 발생하고 건물상부에서는 실내공기가 바깥으로 유출하려 하고, 건물하부에서는 외기가 실내로 침투하려는 현상이 발생한다.(여름철에는 반대 현상이 나타남)

② 겨울 난방 시 실내공기 온도가 외기보다 높고 밀도가 작아 부력을 일으켜 건물의 위쪽은 (+)압력, 아래쪽은 (−)압력을 만든다. 이 작용압에 의해 틈새로부터 외기도입을 일으키게 된다.

③ 건물의 위쪽과 아래쪽이 서로 반대가 되어 중간의 어떤 높이에서 작용압이 "0"으로 되는 점이 있다. 이것을 중성대라 하며, 중성대는 건물의 구조, 틈새, 개구부에 따라 다르지만 보통 건물의 $\frac{H}{2}$ 위치에 있다.

작용압력=중성대와 창의 높이차×실내외 공기의 비중차

$$\Delta P_s = h(\gamma_o - \gamma_i)$$

여기서, ΔP_s : 연돌효과에 의한 작용압력
h : 창의 지상높이에서의 중성대의 지상높이를 뺀 거리
창이 중성대보다 높으면 (+), 낮으면 (−)
γ_o, γ_i : 실내외 공기 비중량(kg/m³)(난방 시는 $\gamma_i < \gamma_o$)

SECTION 07 냉방부하

1) 냉방부하의 구성요인

(1) 냉방부하의 종류

구분		부하의 발생요인	열의 종류	해당 번호
실내취득부하	외부침입열량	벽체를 통한 취득열량 (외벽, 지붕, 내벽, 바닥, 문 등)	현열	③, ④, ⑩, ⑪
		유리창을 통한 취득열량 (복사열, 전도열)	현열	①, ②
		극간풍(틈새바람)에 의한 취득열량	현열, 잠열	⑨
	실내발생부하	인체의 발생열량	현열, 잠열	⑤
		조명의 발생열량	현열	⑥
		실내기구의 발생열량	현열, 잠열	⑦, ⑧
기기(장치) 취득부하	송풍기에 의한 취득열량		현열	⑫
	덕트로부터의 취득열량		현열	⑬
재열부하	재열에 따른 취득열량		현열	⑭
외기부하	외기의 도입에 의한 취득열량		현열, 잠열	⑮

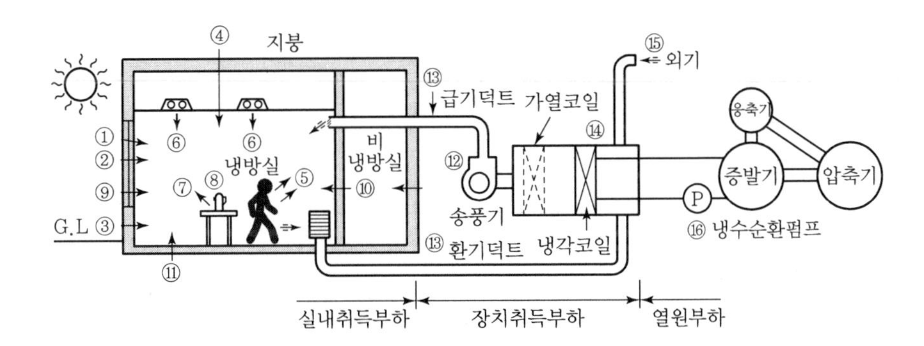

① 실내부하(Space Load)

㉮ 외부 침입열(External Load)

ⓐ 벽체 전도열

지붕, 외벽, 유리창, 바닥, 인접공간을 통하여 열관류에 의해 취득되는 열량

- 지붕, 외벽을 통한 전도열 : $q = K \cdot A \cdot \Delta t_e$
- 내벽, 바닥 등을 통한 전도열 : $q = K \cdot A \cdot \Delta t$
- 유리를 통한 전도열 : $q = K \cdot A \cdot (t_o - t_r)$

여기서, K : 벽체, 유리의 열통과율(kcal/m^2 · h · ℃)
A : 벽체의 면적(m^2)
Δt_e : 상당외기온도차(℃), Δt : 인접실과의 온도차(℃)
t_r : 실내온도(℃), t_o : 외기온도(℃)

TIP 상당외기온도차(ETD : Equivalent Temperature Difference)

- 외기에 직접 면해 있는 벽체 또는 지붕에서의 침입열은 건물 내외의 온도차에 의한 전도열과 일사에 의한 태양복사열이 있다.
- 태양복사열은 일사가 외벽에 닿아서 그 표면온도가 상승하여 이것이 온도차에 의하여 안쪽으로 열이 이동하게 되므로, 전도열과 비슷한 침입상태가 된다. 따라서 온도차와 더불어 태양복사의 열량을 더하여 열전도를 계산하여야 한다.
- 즉, 빛의 직사, 반사 또는 복사열에 의하여 벽의 외면이 열을 받으면 그 일부는 반사하고 나머지는 흡수하여 벽체의 온도를 상승시킨다. 흡수하는 양은 벽체 표면의 색채, 조밀현상, 재질 등에 따라 다르며, 흡수된 열은 구조, 두께에 따라 상이한 시간적 지연(Time Lag)을 가지고 실내로 전달된다.
- 이와 같이 벽 외부의 온도는 외기온도와는 전혀 다른 것으로서 실내온도와의 차에 따라 벽체를 통하여 열의 관류가 생긴다고 가정된 온도를 상당외기온도 또는 일사온도(Sol－Air－Temperature)라고 한다.
- 한편, 벽, 지붕에 있어서는 이 상당외기온도와 실내온도와의 차에 따라 열의 취득이 이루어지므로, 이 온도차를 상당온도차(Equivalent Temperature Difference)라 한다.
- 일사를 받는 외벽이나 지붕과 같이 열용량을 갖는 구조체를 통과하는 열량을 산출하기 위하여 외기온도나 태양의 일사량을 고려하여 정한 온도인 상당외기온도와 실내온도의 차이다.
- 불투명한 벽면 또는 지붕면에서 태양열을 받으면 외표면 온도는 차츰 상승하게 되는데, 이 상승되는 온도와 외기 온도를 고려한 온도를 말한다.

$$\Delta t_e = (t_e - t_r)$$

$$t_e = t_o + \frac{\alpha}{\alpha_o} I - \frac{\varepsilon \delta R}{\alpha_o}$$

여기서, α : 외표면의 열흡수율, α_o : 외표면의 열전달률(kcal/m² · h · ℃)
I : 일사의 세기(kcal/m² · h), t_o : 외기온도(℃), t_r : 실내온도(℃)
t_e : 상당외기온도(℃), $\frac{\varepsilon \delta R}{\alpha_o}$: 장파장계수

※ 상당외기온도의 제어방법
- 구조체 온도 증가에 대한 단열 조치
- 내단열보다는 외단열이나 중단열을 검토
- 습도에 대한 고려(방습층 설치)
- 구조체 표면온도 저하로 냉방에 기여

ⓑ 유리를 통한 일사열(q)

유리면을 통해 실내로 들어오는 직달 일사에 의해 취득되는 열량

$$q = I \cdot A \cdot K_S$$

여기서, I : 표준 일사열 취득량(SHGF : Solar Heat Gain Factor)(kcal/m² · h)
K_S : 차폐계수(SC : Shading Coefficient)

ⓒ 침입외기에 의한 취득열

창문의 틈새나 출입문을 통한 침입외기를 실내공기 상태로 냉각, 감습하는 데 제거할 열량

- 현열(kcal/h) : $q_s = 0.29 Q_I (t_o - t_r)$
- 잠열(kcal/h) : $q_L = 720 Q_I (x_o - x_r)$

여기서, Q_I : 침입외기량(m³/h)
x_r : 실내공기 절대습도(kg/kg′)
x_o : 외기 절대습도(kg/kg′)

㉯ 내부 발생열(Internal Load)

ⓐ 재실인원에 의한 발열

인체로부터 발생하는 열은 체온에 의한 현열부하와 호흡기류나 피부 등에 의한 수분의 형태인 잠열부하가 있다.

- 현열(kcal/h) : $q_s = N \cdot SHG/P$
- 잠열(kcal/h) : $q_L = N \cdot HG/P$

여기서, SHG/P : 1인당 현열발생량(kcal/h · ℃)
LHG/P : 1인당 잠열발생량(kcal/h · ℃)
N : 인원 수

ⓑ 조명으로부터의 발열

- 백열등 : $q = 0.86 \cdot w \cdot f$
- 형광등 : $q = 0.86 \cdot 1.2w \cdot f$

여기서, w : 조명기구의 와트수(W), f : 조명기구의 점등률

ⓒ 동력 사용에 의한 발열

$$q = 0.86p \cdot f_e \cdot f_q \cdot f_k$$

여기서, p : 전동기의 정격출력(W)
f_e : 전동기의 부하율=모터출력/정격출력
f_q : 전동기의 가동률
f_k : 전동기의 사용상태계수

- 전동기, 기계 모두 실내 : $f_k = \frac{1}{\eta_m}$ (η_m : 기계효율)
- 기계만 실내 : $f_k = 1$
- 전동기만 실내 : $f_k = \frac{1}{\eta_m} - 1$

② 외기부하(Ventilation Load)

실내공기의 환기를 위해서 도입되는 외기를 실내공기 상태로 냉각 · 감습하는 데 제거해야 할 열량

- 현열 : $q_s = 0.29 Q_o (t_o - t_r)$
- 잠열 : $q_L = 720 Q_o (x_o - x_r)$

여기서, Q_o : 침입외기량(m³/h)

③ 기기부하(System Load)

실내 현열부하에서 5~15%를 가산한다.

- 급기용 Fan에 의한 취득열량

송풍기에 의해 공기가 압축될 때 주어지는 에너지는 열로 바뀌어 급기온도를 높게 해주므로 현열부하로 가산한다.

- 급기덕트에서의 취득열량
  급기덕트가 냉방되지 않고 온도가 높은 장소를 통과할 때는 그 표면으로 열의 침입이 있게 된다. 또한 덕트에서의 누설이 있으면 그만큼 실내부하에 가산하여야 한다.

④ 재열부하(Reheating Load)

공조장치의 용량은 하루 동안의 최대부하에 대처할 수 있도록 산정하므로 부하가 적을 때는 과냉각되는 결과를 초래한다. 이와 같은 때에는 송풍계통의 도중이나 공조기 내에 가열기를 설치하여 이것을 자동제어함으로써 송풍공기의 온도를 올려 과랭을 방지한다. 이것을 재열이라 하고 이 가열기에 걸리는 부하를 재열부하라고 한다.

$$q = 0.29Q(t_2 - t_1)$$

여기서, Q : 송풍공기량(m³/h)

t_2 : 재열기 출구 공기온도(℃), t_1 : 재열기 입구 공기온도(℃)

(2) 냉동기 용량

냉동기 용량 Q_e(kcal/h) = 증발기의 냉동능력

$$Q_e = q_{cc} + \text{배관·펌프부하}$$
$$= q_{cc} \times (1.05 \sim 1.1)$$

여기서, q_{cc} : 냉각코일용량 = 냉방부하(kcal/h)

(3) 냉각탑 용량

냉각탑 용량 Q_c(kcal/h) = 응축기의 방열량

$$Q_c = Q_e + N''$$
$$= Q_e \times (1.2 \sim 1.3)$$

여기서, N'' : 압축기의 축동력(kcal/h)

① 송풍량 계산

$$Q = \frac{q_s}{0.29 \times \Delta t}$$

실내현열부하(q_s) = 실내취득 현열부하 + 기기 내 취득부하(송풍기, 덕트부하)

② 냉방부하와 기기용량

㉮ 실내취득부하

㉯ 기기취득부하

㉰ 재열부하

㉱ 외기부하

㉲ 냉수펌프 및 배관부하

- 송풍량 결정＝㉮＋㉯
- 냉각코일부하＝㉮＋㉯＋㉰＋㉱
- 냉동기 용량＝㉮＋㉯＋㉰＋㉱＋㉲

TIP 창유리를 통한 수열

태양 일사면에 유리창이 있으면 일부의 열은 흡수되나 그 대부분은 직접 실내로 전달된다. 또 옥외의 지면이나 다른 건물, 그 밖의 태양 일사광의 복사열 대류에 의한 열의 침입이 있으면 실의 열 취득은 증가한다. 이와 같이 외부에서 유리를 통하여 실내에 들어오는 열은 다음 그림과 같이 분류된다.

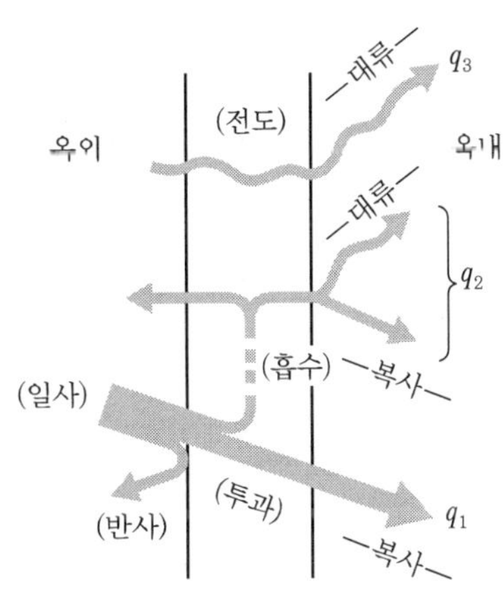

| 유리창을 통한 열 취득 |

- q_1 : 복사열 중에서 직접 유리를 투과하여 침입하는 열량
- q_2 : 복사열 중에서 일단 유리에 흡수되어 유리온도를 높인 다음 다시 대류 및 복사에 의하여 실내에 침입하는 열량
- q_3 : 유리면의 내외 온도차에 의한 열전도에 의하여 실내로 침입하는 열량. 이 중에서 $(q_1 + q_2)$를 넓은 의미에서 유리를 통과하는 태양복사열이라 하여 계산하며, q_3는 벽체, 천장, 바닥 등과 같이 단순한 전도열로서 계산한다.
- 복사에는 태양광선이 직접 닿는 직달일사와 허공에서 산란하거나 물체 표면에서 반사되어 닿는 확산일사가 있다. 따라서, 햇빛이 닿지 않는 북쪽 또는 그늘진 유리창에서도 복사에 의한 부하는 생긴다.
- 유리를 통과하는 열량은 입사각, 유리의 종류, 차폐성에 의하여 달라진다.

SECTION 08 연간 열부하계수

① 연간 열부하계수(Perimeter Annual Load Factor)는 건물외피가 얼마나 에너지 절약적으로 설계되어 있는지 여부를 나타내는 계수로서 단열성능을 평가하는 지표이다.

② 「에너지이용 합리화법」에서는 건축물의 외벽, 창을 통한 열의 손실에 관하여 연간 열부하계수로 에너지 절약기준을 나타내고 있다.

③ 건물용도에 대한 실내 주위공간의 연간 열부하를 각 층의 실내 주위 공간의 연면적 합계로 나눈 값에 규모 보정계수를 곱하여 산출된 수치 이하로 하는 것을 의무화하고 있다.
④ 에너지 절약을 위한 건물의 외벽, 창, 등을 통하여 방출되는 열손실 방출기준이다.
⑤ 건물외피의 성능과 가장 관계가 깊은 외주공간(Perimeter Zone)의 연간 열부하에 의해 정해진다.
⑥ 건축물의 에너지 절약과 관련하여 PAL은 건축적 수법, CEC는 설비적 수법이다.

$$\mathrm{PAL} = \frac{\text{외주 공간의 연간 열부하}(\mathrm{Mcal/year})}{\text{외주 공간의 바닥면적}(\mathrm{m^2})}(\mathrm{Mcal/m^2 \cdot year})$$

㉮ Perimeter Zone
최상층 지역, 중간층 외벽면에서 5m 부위에 속하는 외주부, Piloti가 있는 최하층부 등 외부부하(일사, 외벽 및 유리의 전도부하)의 영향을 받는 건물 외주부 부분을 Perimeter Zone이라 한다.
㉯ 연간 열부하 : 외피에서의 관류열, 일사열, 실내발생열
㉰ Perimeter Zone의 열부하 특성
- 계절에 따라 부하 성격이 다르다.
- 시각변동에 따라 일사부하가 크게 변한다.
- 건물외피 계획에 영향을 받는다.

SECTION 09 공조 에너지 소비계수

CEC(Coefficienet of Energy Consumption for Air Conditioning)는 공조설비가 공조부하를 처리하기 위하여 1년간 소비하는 에너지량을 1차 에너지로 환산한 것을 건물의 연간 가상공조부하로 나눈 값이다.

$$\mathrm{CEC} = \frac{\text{연간 1차 에너지 소비량}(\mathrm{Mcal/year})}{\text{연간 가상공조부하}(\mathrm{Mcal/year})}$$

① 연간 가상공조부하 : 도입외기부하＋관류열부하＋일사열부하＋내부발열부하＋기타
② CEC가 규정치를 넘을 경우 공조시스템이나 이용 에너지를 재검토한다.
③ CEC가 작을수록 공조설비 효율이 높음을 의미한다.
④ CEC는 에너지 절약형인 공조설비인지 여부를 판단하는 자료로 사용되어야 하며 공조용 에너지 소비량을 추정하기 위해 사용되어서는 안 된다.

SECTION 10 타임랙과 디크리먼트 팩터

타임랙(Time Lag)이란 열용량이 0인 벽체 내에서 발생하는 열류 피크에 대해 해당 구조체에서 일어나는 피크의 지연시간을 말한다.

① 구조체의 열전달에 대한 성질

- 저항성(Energy Resistance) : 열관류율
- 축열성(Energy Capacity) : 타임랙
- 확산성(Energy Diffusion) : 디크리먼트 팩터(Decrement Factor)

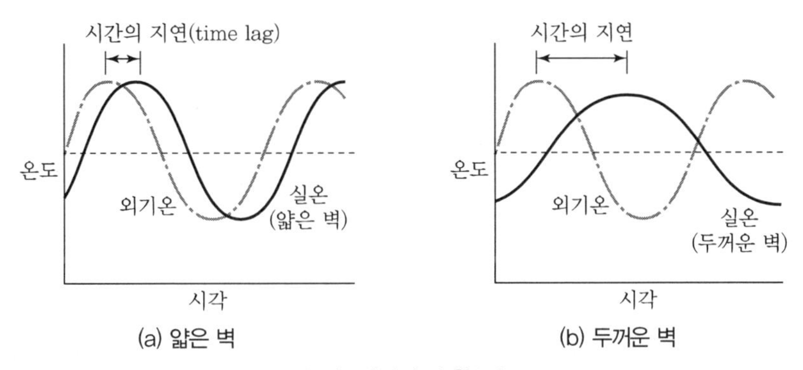

(a) 얇은 벽 (b) 두꺼운 벽

| 건물에서의 열 획득 |

② 얇은 벽 구조의 경우는 열용량이 작기 때문에 내부 실온이 외기온과 같이 변화하며 두꺼운 벽 구조의 경우는 열용량이 크기 때문에 내부 실온이 외기온보다 완만하게 변화한다.

③ 구조체에 열전달에 대한 저항성(Energy Resistance, 열관류율), 축열성(Energy Capacity, 타임랙), 확산성(Energy Diffusion, 디크리먼트 팩터)의 영향이 없다면 내벽 표면의 온도 사이클은 외벽과 같다.

④ 벽체는 주간에 외벽 표면보다 평균온도가 더 낮게 되므로 열에너지를 흡수할 것이며, 야간에는 외기온도보다 벽체의 온도가 더 높으므로 열에너지가 외부로 재방사된다. 이때 디크리먼트 팩터는 진폭을 변화시킨다.

⑤ 구조체에 있어서 저항성, 축열성, 확산성의 세 요소가 복합적으로 작용하여 타임랙은 온도 사이클의 시간 간격을 이동시키며 디크리먼트 팩터와 열관류율은 진폭을 감소시킨다. 따라서 건물 냉방부하 선정 시 peak의 지연과 열저항성을 감안하여 순간부하를 줄여 장비의 과다선정을 막기 위해 가능한 한 외단열과 열저항성의 증가를 고려한다.

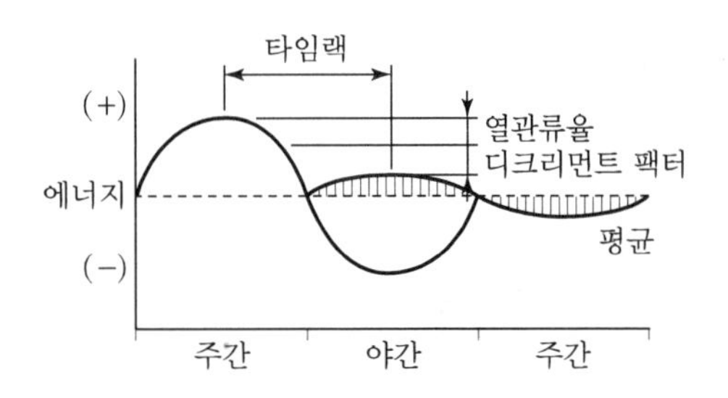

SECTION 11 TAC 온도

① TAC 온도란 ASHRAE의 기술자문 Technical Advisory Committee(TAC)에서 제안한 온도로 냉난방 설계용 외기온도 결정 시 초과확률의 개념을 도입하여 외기설정 온도 밖으로 벗어나는 비율을 %로 나타낸 것이다.

② 냉 · 난방 설계용 외기온도를 결정할 때 난방 시는 12월~2월까지 2,904시간, 냉방 시는 6월~9월까지 2,928시간 중 외기설정온도 밖으로 벗어나는 비율을 %로 나타낸다.

③ 외벽을 통한 손실열량이나 취득열은 외기온도와 실내온도의 함수이지만 일사의 영향을 포함시킨 상당외기온도를 사용하는 것이 더욱 정확하며, 이때 상당외기온도에 TAC 온도가 사용된다.

초과확률 5%의 의미

서울지방의 난방 기간인 12월~2월의 총 2,904시간 중에서 5%에 해당하는 146시간은 외기온도가 설계외기온도보다 낮은 온도로 내려갈수 있다는 의미이다. 난방기간 총시간의 5%인 146시간 동안은 난방설비용량이 부족하게 된다. 난방부하가 난방설비용량의 한도를 초과하는데, 난방설비용량이 부족하게 되는 시간(146시간)은 에너지 자원, 초기 투자비 절약을 위해 감수하는 것으로 한다.

TAC 온도를 설계조건으로 하는 이유

냉 · 난방 설계 시 열원기기 부하 계산과정에서 외기온도를 최고 또는 최저온도로 설계하면 연중 극히 적은 시간을 위해 공조장치 및 열원 기기의 용량이 과대해지게 되는데, 이러한 문제를 최소화하기 위해 초과 확률의 개념을 도입한 온도인 TAC 온도를 사용한다. 또한 열원기기의 용량이 적어져서 초기 시설투자비가 절약되고 반송기기인 펌프, 송풍기 및 공조기 코일 등의 용량을 작게 설계할 수 있고 계약전력 및 에너지 소비량이 감소된다. 그리고 연중 대다수의 시간은 부분부하 운전이므로 부분부하의 기기효율이 향상된다. TAC 온도는 각 지역별로 가상자료를 검토하여 결정되는 것으로 국토교통부에서 권장하는 기준치가 정해져 있으며 난방 및 냉방부하 계산 시에 모두 사용되고 현재 TAC 2.5%를 기준으로 하고 있다.

SECTION 12 공조시스템 설계 시 송풍량과 송풍온도 결정

1) 냉방 시의 송풍량 결정방법

① 실의 부하를 계산한다.

② 실의 취득 전열량 중 현열량으로 풍량을 구한다.

$$Q = \frac{q_s}{0.29(t_i - t_d)}$$

여기서, q_s : 현열량(kcal/h), Q : 풍량(m^3/h)

2) 난방 시의 송풍량 결정방법

$$Q = \frac{q_s}{0.29(t_i - t_d)}$$

① 냉방 시보다 Δt가 커지므로 풍량이 냉방 시보다 작아진다.

② 하기 겸용의 장치의 경우에는 냉방용 풍량 Q를 쓰고 취출온도차 Δt를 구한다.

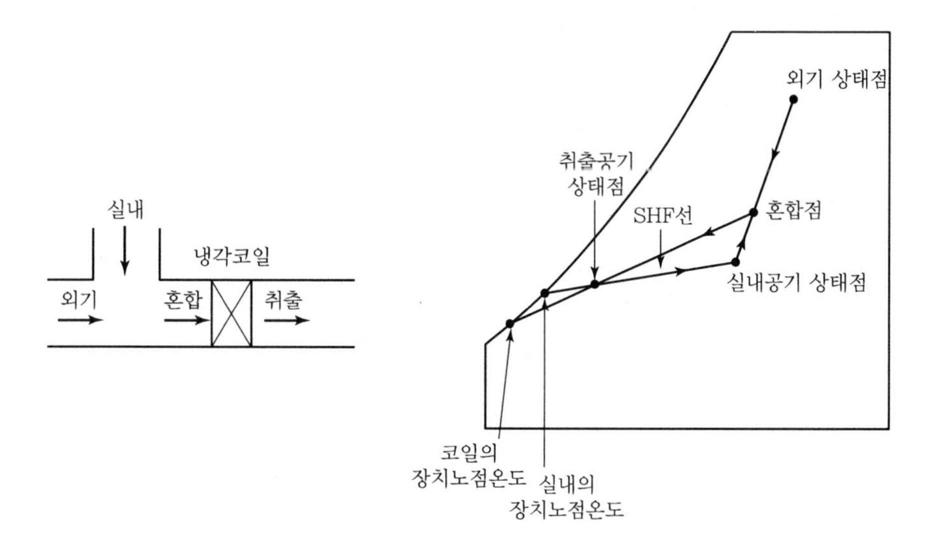

3) 송풍온도(t_d) 결정방법

① $t_d = t_i - (q_s/0.29\,Q)$로 구한다.

② $(t_i - t_d)$를 취출온도차 Δt라 하고, Δt를 크게 하면 송풍량이 적어지고 Δt를 작게 하면 송풍량이 많아진다.

③ t_d의 값은 장치노점온도(ADP) 값 이상으로 하여야 하며 실내 온도조건이나 현열비에 의해 t_d의 최소치는 자연적으로 정해진다.

4) 송풍량과 송풍온도가 실내에 미치는 영향

① $Q = q_s/0.29(t_i - t_d)$에서 취출온도차(Δt_d)가 커지면 송풍량이 적어지며, 반대로 송풍량이 적어지면 취출온도차가 커진다.

② 풍량이 너무 적어지면 취출온도차(Δt_d)가 커지므로 실내 온도분포가 불균일해지며, Δt_d가 너무 작아지면 풍량이 과대하게 되어 냉풍이나 열풍이 호흡선 이하로 하강하여 불쾌감을 형성하고 기류의 흐름에 의해 바닥먼지 등의 비산으로 실내 환경에 악영향을 끼치게 된다.

CHAPTER

05 공기조화 방식

SECTION 01 공조 방식의 종류

일반적으로 공조 방식의 종류는 중앙식과 개별식으로 분류된다.

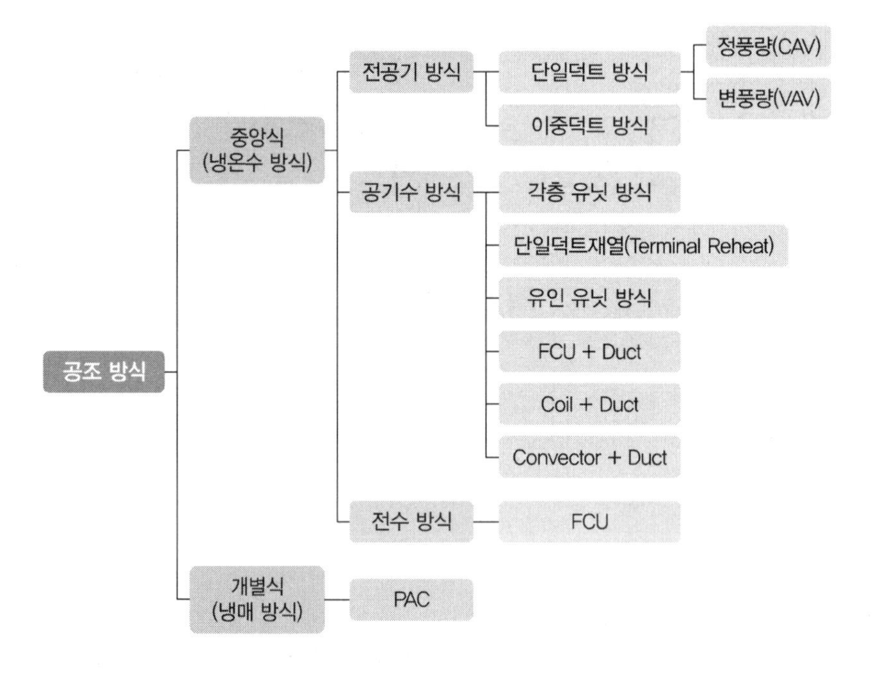

SECTION 02 설치위치에 따른 분류

1) 중앙식

중앙기계실에 보일러나 냉동기를 설치하고, 2차 측에 설치한 공조기를 통하여 각 방을 공조하는 방식으로 대형건물에 적합하다.

① 장점

- 실내 오염이 적다.
- 외기냉방이 쉽다.
- 유지관리가 쉽다.

② 단점

- 열운송 동력이 많이 든다.
- 개별 제어성이 좋지 않다.
- 기계실 및 배관, 덕트의 설치면적이 필요하다.

2) 개별식

냉동기를 내장한 패키지 유닛을 필요한 장소에 설치하여 공조하는 방식

① 장점

- 개별 제어성이 좋다.
- 증설, 이동이 용이하다.
- 덕트가 필요 없다.
- 설비비가 적게 든다.

② 단점

- 외기냉방이 어렵다.
- 소음과 진동이 발생한다.
- 대규모에는 부적합하다.
- 분산배치에 따른 유지관리가 어렵다.

SECTION 03 열매체에 의한 분류

1) 전공기(덕트) 방식

- 중앙의 공조기로 온습도를 조절하고 여름에는 냉풍, 겨울에는 온풍을 덕트를 통해 각 방으로 공급하는 것으로 모든 냉난방부하를 공기로만 처리하는 방법이다.
- 부하 변동이 적고 엄밀한 온습도를 요구하지 않는 사무소 건물이나 병원 등의 내부 존, 높은 청정도가 요구되는 병원 수술실, 극장, 스튜디오 등에 적용한다.

(1) 전공기(덕트) 방식의 장단점 및 적용

① 장점

- 송풍량이 많아서 실내 공기의 오염이 적고 실내의 기류분포가 좋다.
- 중간기에 외기냉방이 가능하다.
- 중앙집중식이므로 운전, 보수, 관리가 용이하다.
- 실내에 설치되는 기기가 없으므로 실의 유효면적이 증대된다.

- 소음이나 진동이 전달되지 않는다.
- 방에 수배관이 없어 누수의 우려가 없다.
- 온습도, 공기청정, 취기의 제어를 잘할 수 있다.
- 배열 회수가 쉽다.
- 겨울철 가습이 용이하다.

② 단점

- 덕트 치수가 커져 설치공간이 크다.
- 냉 · 온풍 운반에 따른 송풍기 반송동력이 크다.
- 대형의 공조기계실이 필요하다.
- 개별 제어가 어렵다.
- 설비비가 많이 든다.

③ 적용

- 사무소 건물
- 병원의 내부 존
- 청정도가 요구되는 병원의 수술실
- 배기풍량이 많은 연구소, 레스토랑
- 큰 풍량과 높은 정압이 요구되는 극장

(2) 전공기(덕트) 방식의 종류

① 단일덕트(Single Duct) 방식

중앙공조기에서 조화된 냉 · 온풍 공기를 1개의 덕트를 통해 실내로 공급하는 방식

㉮ 정풍량(CAV) 방식

ⓐ 실내취출구를 통하여 일정한 풍량으로 송풍온도 및 습도를 변화시켜 부하에 대응하는 방식

ⓑ 특징

- 급기량이 일정하여 실내가 쾌적하다.
- 변풍량에 비하여 에너지 소비가 크다.
- 각 방의 개별제어가 어렵다.
- 존(Zone) 수가 적은 규모에서는 타 방식에 비해 설비비가 싸다.

㉯ 변풍량(VAV) 방식

ⓐ 각 방 또는 존(Zone)마다 부하 변동에 따른 송풍온도는 일정하게 유지하고 부하 변동에 따른 취출풍량을 조절하는 변풍량(VAV : Variable Air Volume) 유닛을 설치하여 공조하는 방식

ⓑ 특징

- 개별 제어가 용이하다.
- 타 방식에 비해 에너지가 절약된다.

- 공조기 및 덕트 크기가 작아도 된다.
- 실내공기의 청정도가 떨어진다.
- 운전 및 유지관리가 어렵다.
- 설비비가 많이 든다.

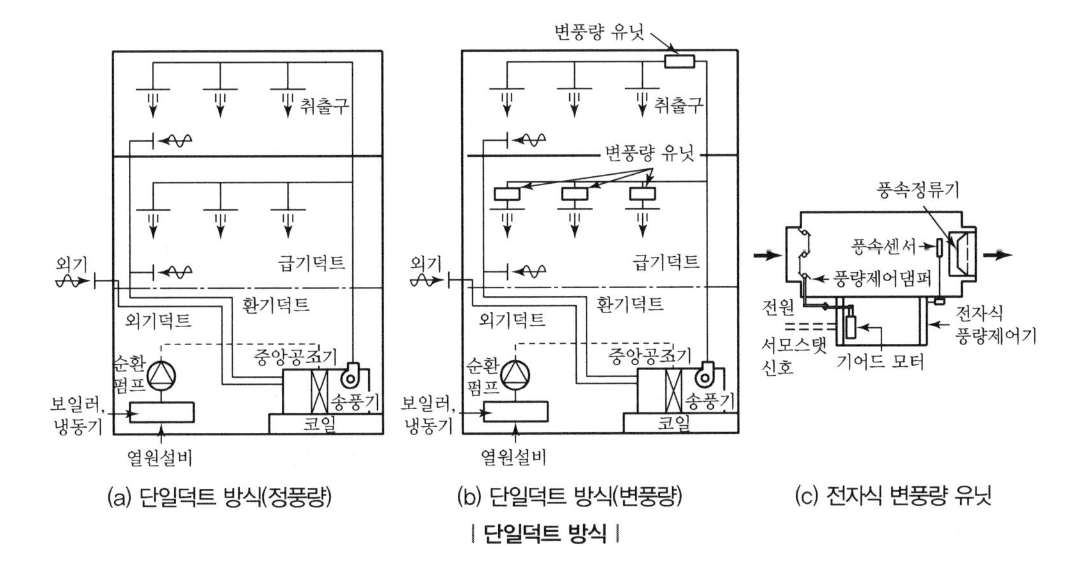

(a) 단일덕트 방식(정풍량) (b) 단일덕트 방식(변풍량) (c) 전자식 변풍량 유닛

| 단일덕트 방식 |

② 이중덕트(Double Duct) 방식

㉮ 특징

- 중앙공조기에서 냉풍과 온풍을 동시에 만들고 각각의 냉풍덕트와 온풍덕트를 통해 각 방까지 공급하여 방에 설치된 혼합체임버(혼합상자, Mixing Box)에 의해 혼합시켜 공조하는 방식이다.
- 혼합박스의 제어는 실내에 설치된 서모스탯에 의해 부하에 따라 온풍, 냉풍의 혼합비가 정해지고 취출 풍량은 유량제어댐퍼로 제어한다.
- 2중덕트 방식의 채택이 필요한 건물로는 개별 제어가 필요한 건물, 냉난방의 부하분포가 복잡한 건물, 정풍량 환기가 필요한 건물 등이 있다.

㉯ 장점

- 부하에 따른 각 방의 개별 제어가 가능하다.
- 계절별로 냉·난방 변환 운전이 필요 없다.
- 방의 설계변경이나 용도변경에 유연성이 있다.
- 부하 변동에 따라 냉·온풍의 혼합 취출로 대응이 빠르다.
- 실내에 유닛이 노출되지 않는다.

㉰ 단점

- 냉·온풍의 혼합에 따른 에너지 손실이 크다.
- 혼합상자에서 소음과 진동이 발생한다.

- 덕트 스페이스가 크고 설비비가 많이 든다.
- 여름에도 보일러를 운전할 필요가 있다.
- 실내 습도의 완전한 제어가 어렵다.

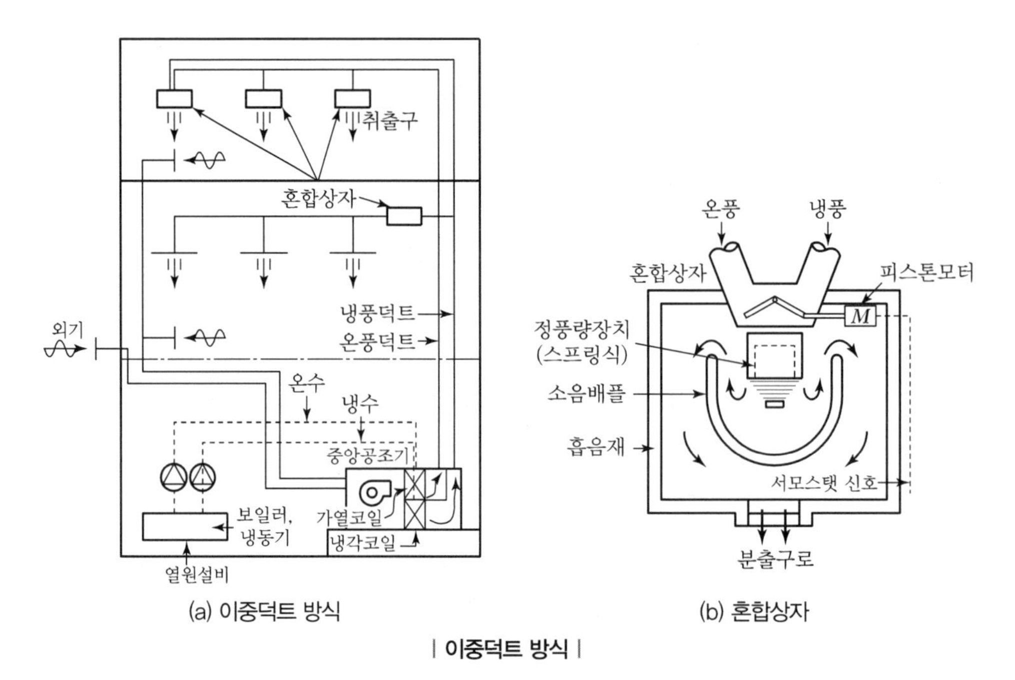

(a) 이중덕트 방식 (b) 혼합상자

| 이중덕트 방식 |

③ 멀티 존(Multi－zone) 방식

2중덕트 방식을 변형시킨 것으로 중앙공조기에서 냉풍과 온풍의 혼합공기를 존의 수만큼 만들어 각각 댐퍼로 제어하면서 하나의 덕트로 각 존에 공급하는 방식

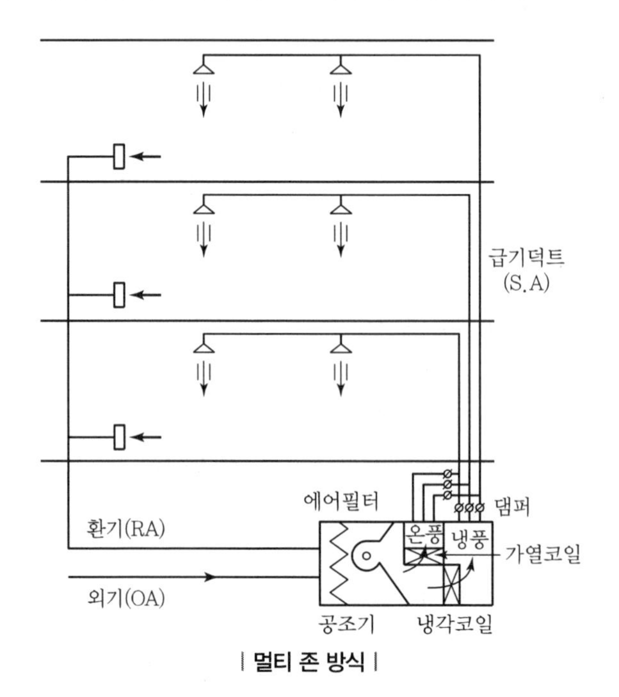

| 멀티 존 방식 |

④ 각층 유닛 방식(Step System)

각 층 또는 각 존마다 유닛을 설치하여 여기에 옥상이나 기계실의 중앙장치에서 적당한 온도로 조정한 외기(1차 공기)를 공급하고 각 유닛에서는 송풍기에 의하여 흡입한 실내공기(2차 공기)를 코일에서 냉각 · 가열한 다음 1차 공기와 혼합해서 덕트를 통해 공급하는 방식이다. 이 방식은 많은 층의 대형, 중규모 이상의 고층 건축물 등의 방송국, 백화점, 신문사, 다목적빌딩, 임대사무소 등에 많이 사용된다.

㉮ 장점

- 각 층마다 부하 변동에 대응할 수 있다.
- 각 층 및 각 존별로 부분부하운전이 가능하다.
- 기계실의 면적이 작고 송풍동력이 적게 든다.
- 환기덕트가 필요 없으므로 덕트 공간이 작게 든다.

㉯ 단점

- 각 층마다 공조기를 설치하므로 설비비가 많이 든다.
- 공조기의 분산배치로 유지관리가 어렵다.
- 각 층의 공조기 설치로 소음 및 진동이 발생한다.
- 각 층에 수배관을 하므로 누수의 우려가 있다.
- 장치가 분산되어 설비비가 많이 들고 기기관리가 곤란하다.

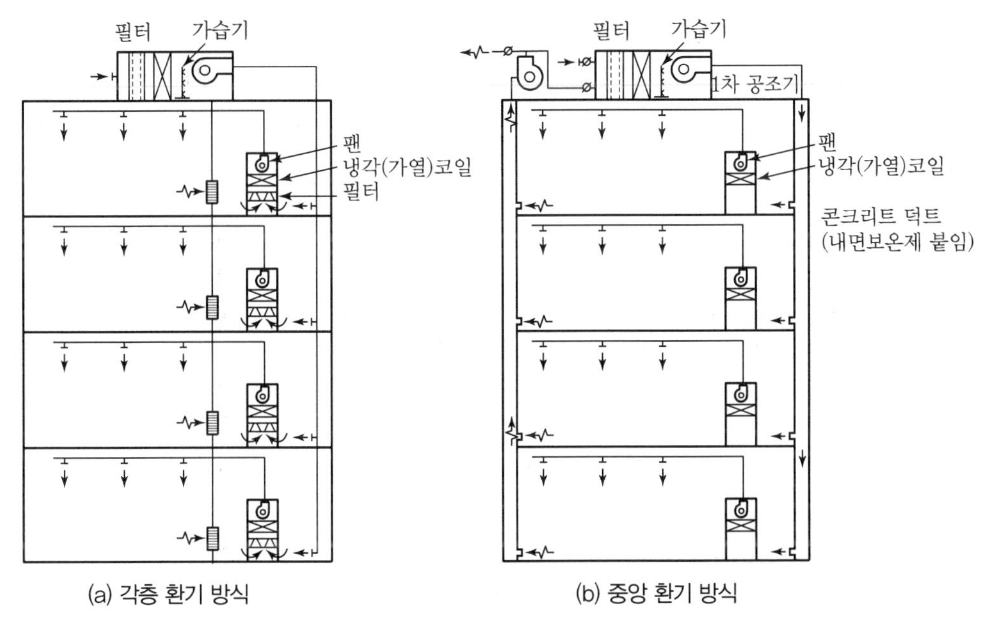

| 각층 유닛 방식 |

⑤ 덕트 병용 패키지 방식

각 층에 있는 패키지 공조기로 냉 · 온풍을 만들어 덕트를 통해 실내로 송풍하는 방식으로 패키지 내에는 직접팽창코일, 즉 증발기에 의하여 냉풍이 만들어지고 응축기는 옥상 냉각탑으로부터 공급되는 냉각수에 의해 냉각되며 가열코일은 보일러에서 온수 또는 증기가 공급되거나 전열코일에 의해 온풍이 만들어지는 것으로 중 · 소규모의 건물에 많이 이용된다.

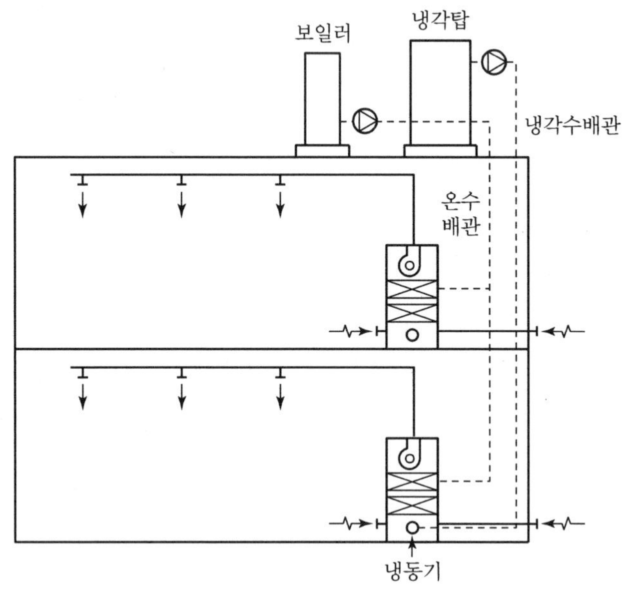

| 덕트 병용 패키지 방식 |

2) 수방식(배관방식)

- 냉 · 난방부하를 냉 · 온수의 물로만 처리하는 방식이다.
- 펌프와 배관을 이용하므로 덕트의 설치가 필요 없으며 주로 실내에 설치된 팬코일 유닛을 이용한다.
- 사무소 건물의 외주부, 여관, 주택 같은 방 인원이 적고 틈새바람이 있는 곳에 주로 사용하는 방식이다.

(1) 팬코일 유닛(FCU) 방식

냉각 · 가열코일, 송풍기, 공기여과기를 케이싱 내에 수납하여 기계실에서 냉 · 온수를 코일에 공급하여 실내공기를 팬으로 코일에 순환시켜 부하를 처리하는 방식으로 주로 외주부에 설치하여 콜드드래프트를 방지한다.

① 장점

- 덕트를 설치하지 않으므로 설비비가 싸다.
- 각 방의 개별 제어가 가능하다.
- 증설이 간단하고 에너지 소비가 적다.
- 반송동력이 적다.
- 덕트 스페이스, 공조기계실이 필요치 않다.

② 단점

- 외기도입이 어려워 실내공기의 오염우려가 있다.

- 수배관으로 누수의 우려 및 유지관리가 어렵다.
- 송풍량이 적어 고성능 필터를 사용할 수 없다.
- 외기 송풍량을 크게 할 수 없다.
- 습도, 청정도, 기류분포의 제어가 곤란하다.
- 외기냉방을 할 수 없다.

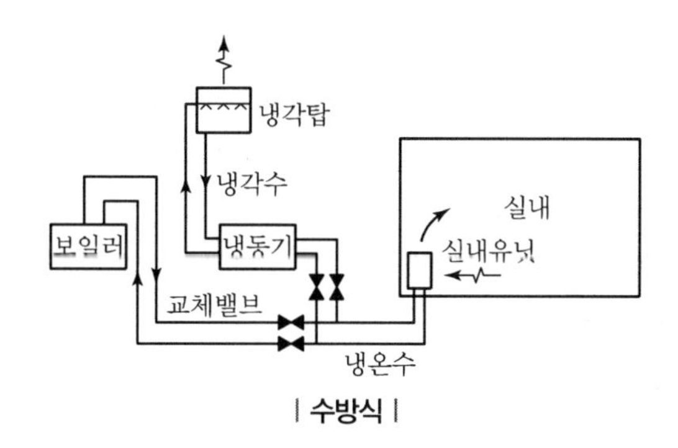

| 수방식 |

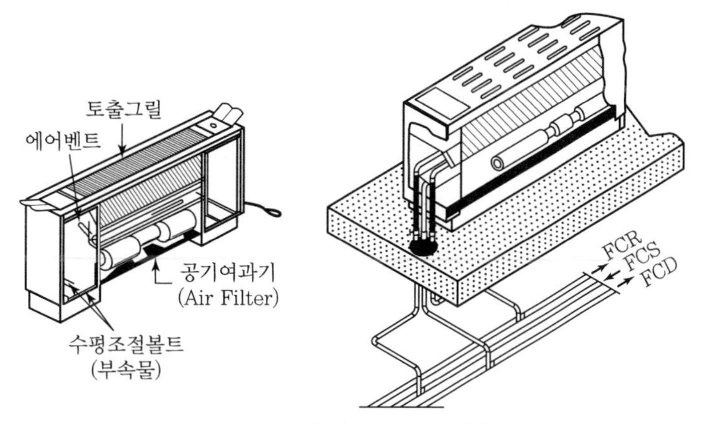

| 팬코일 유닛(Fan Coil Unit) |

3) 공기-수(水) 방식(덕트-배관 방식)

- 전공기 방식과 전수 방식의 단점을 보완한 것으로 냉난방부하를 공기와 물에 의해 처리하는 방식이다.
- 주로 사무소, 병원, 호텔 등 방이 많은 건물의 외주부 존에 적용한다.

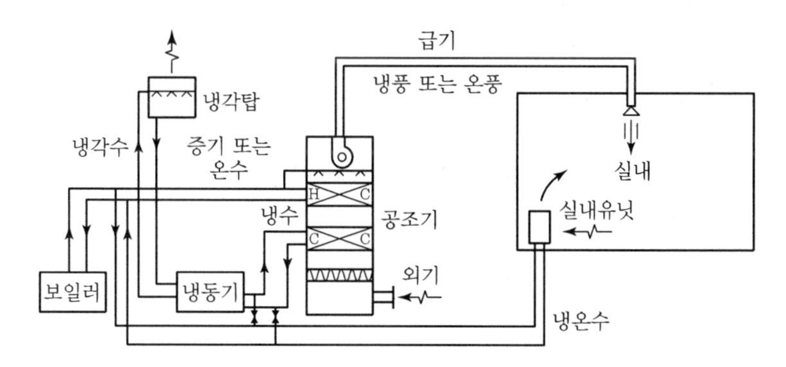

(1) 공기－수(水) 방식(덕트－배관 방식)의 장단점 및 적용

① 장점

- 유닛 제어에 의한 개별 제어가 쉽다.
- 전공기식에 비해 반송동력이 작다.
- 덕트 스페이스, 공조 스페이스가 작아도 된다.

② 단점

- 실내송풍량이 적고, 유닛에 고성능 필터를 사용할 수 없어 청정도가 낮다.
- 실내에 수배관이 필요하며 물에 의한 사고가 우려된다.
- 유닛의 보수점검에 손이 많이 간다.
- 외기냉방, 배열 회수가 어렵다.

③ 적용

사무소, 호텔 객실, 병원 병실 등 다실건축 등의 외부 존에 적용된다.

(2) 공기－수(水) 방식(덕트－배관 방식)의 종류

① 덕트병용 팬코일 유닛 방식(덕트병용 FCU 방식)

냉난방부하를 덕트와 배관의 냉온수를 이용하여 처리하는 방식으로 대규모 빌딩에 주로 이용하며 내부 존 부하는 공기방식(취출구), 외부 존은 수방식(팬코일 유닛)을 이용하여 처리한다.

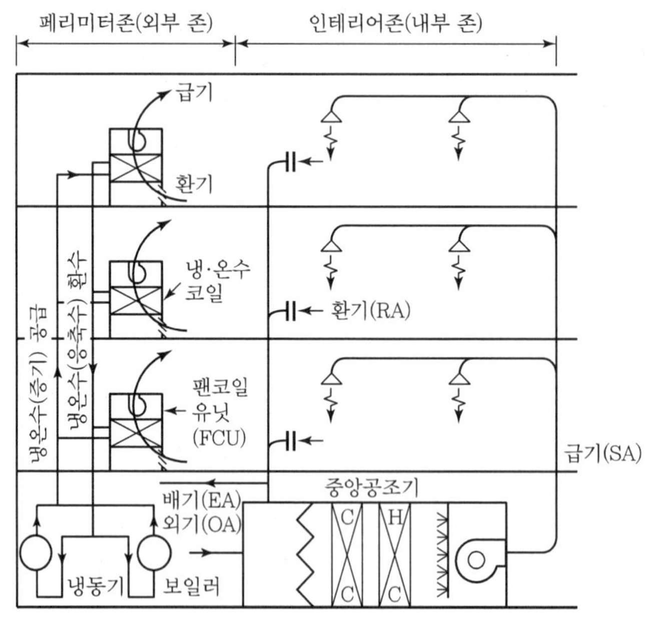

| 덕트병용 팬코일 유닛 방식 |

㉮ 장점

- 실내 유닛은 수동 제어할 수 있어 개별 제어가 가능하다.
- 유닛을 창문 아래에 설치하여 콜드 드래프트(Cold Draft)를 방지할 수 있다.
- 전공기에서 담당할 부하를 줄일 수 있으므로 덕트의 설치공간이 작아도 된다.
- 부분사용이 많은 건물에 경제적인 운전이 가능하다.

㉯ 단점

- 수배관으로 인한 누수의 우려가 있다.
- 외기량 부족으로 실내공기의 오염 우려가 있다.
- 유닛 내에 있는 팬으로부터 소음이 발생한다.

② 유인(誘引) 유닛(Induction Unit) 방식

- 실내에 유인유닛을 설치하고, 중앙 공조기로부터 공조된 1차 공기를 고속덕트를 통해 각 방의 유인유닛으로 송풍하면 1차 공기가 유닛의 노즐을 통과할 때 실내공기(2차 공기)를 유인하여 취출되는 방식이다.
- 개별 제어가 용이하여 사무실, 호텔, 병원 등의 고층 건물의 외주부에 적합하며, 실내의 유인유닛에는 냉·온수가 공급되므로 수(水) – 공기 방식에 속한다.
- 유인 유닛 방식은 1차 공기를 처리하는 중앙식 공조기, 1차 공기덕트, 유인유닛, 냉온수배관 등으로 구성된다.
- 다실건물의 외주부에 적용하는 방식으로 부하 변동에 충분히 대응해서 실온을 제어할 수 있다.
- 여름에 냉풍과 냉수를 조합한 2관식과 냉풍, 온수를 조합하여 공급하는 3관식과 4관식이 널리 쓰이고 있다.

㉮ 장점

- 각 유닛마다 제어가 가능하여 각 방의 개별 제어가 가능하다.
- 고속덕트를 사용하므로 덕트의 설치공간을 작게 할 수 있다.
- 중앙공조기는 1차 공기만 처리하므로 작게 할 수 있다.
- 풍량이 적게 들어 동력소비가 적다.

㉯ 단점

- 수배관으로 인한 누수의 우려가 있다.
- 송풍량이 적어 외기냉방 효과가 적다.
- 유닛의 설치에 따른 실내 유효공간이 감소한다.
- 유닛 내의 여과기가 막히기 쉽다.

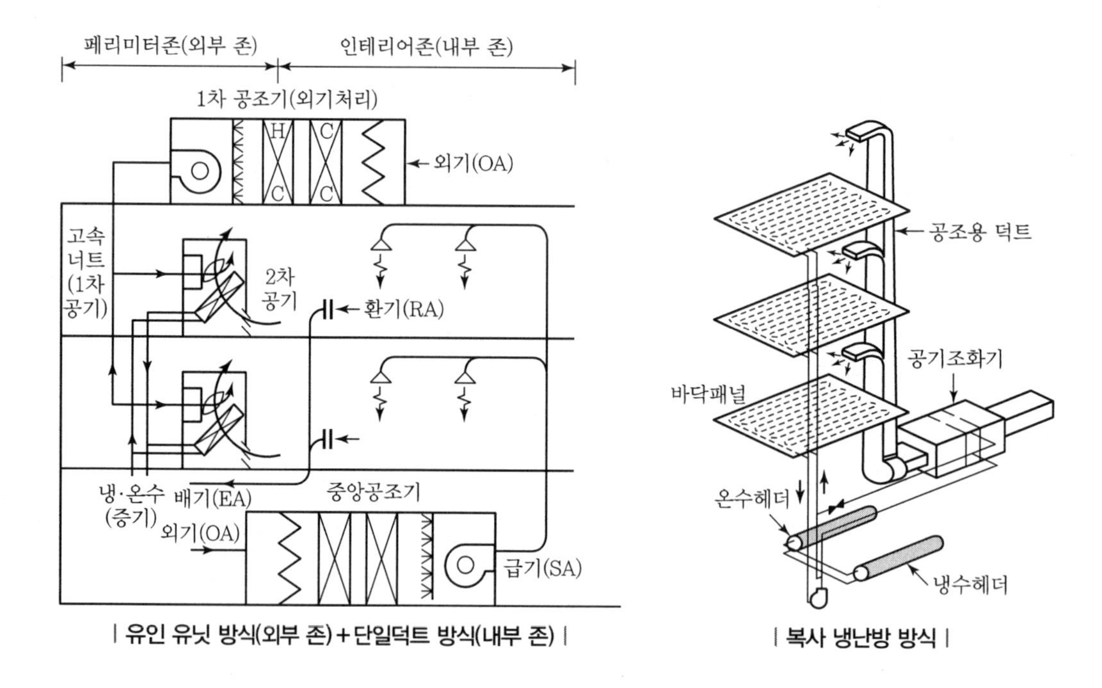

| 유인 유닛 방식(외부 존)+단일덕트 방식(내부 존) |

| 복사 냉난방 방식 |

③ 복사 냉난방 방식(Panel Air System)

- 중앙 기계실에서 온수 또는 냉수를 바닥이나 벽 패널에 공급하고 또한 덕트를 통해 냉온풍을 송풍하여 겨울에는 복사난방, 여름에는 복사냉방을 행하는 공조 방식이다.
- 바닥, 천장, 벽면에 냉온수 코일을 설치하여 실내 현열부하의 3분의 2를 담당하고 나머지 현열과 잠열부하는 덕트를 통해 냉온풍을 취출하는 공기－수방식이다.

㉮ 장점

- 복사열을 이용하므로 쾌감도가 높다.
- 덕트 공간 및 열운반 동력을 줄일 수 있다.
- 건물의 축열을 기대할 수 있다.
- 유닛을 설치하지 않으므로 실내 바닥의 이용도가 좋다.

㉯ 단점

- 냉각 패널에 이슬이 발생할 수 있으므로 잠열부하가 큰 곳에는 부적당하다.
- 열손실 방지를 위해 단열시공을 완벽히 하여야 한다.
- 수배관의 매립으로 시설비가 많이 든다.
- 실내 방의 변경 등에 대한 융통성이 없다.
- 중간기에 냉동기의 운전이 필요하다.
  - 천장이 높은 방, 조명부하가 많은 방, 겨울철 윗면이 차가워지는 방에 채택한다.
  - 운송동력이 큰 순서 : 전공기 방식 > 공기－수(水)방식 > 수(水)방식

4) 개별식(냉매 방식)

냉동사이클을 이용한 개별 방식으로 실외 측에 응축기, 실내 측에 증발기를 설치하여 냉방하고, 회로를 전환시켜 열펌프로 난방을 하는 방식이다. 또한 가열코일을 별도로 설치하여 난방할 수 있는 방식이다.

(1) 개별식(냉매 방식)의 장단점 및 적용

① 장점

- 개별 제어, 개별 운전이 가능하다.
- 반송동력이 작다.
- 덕트 스페이스, 기계실 면적이 작아도 된다.
- 운전 및 취급이 간단하다.
- 고장 시 다른 것에 영향이 없고 적용성(flexibility)이 풍부하다.

② 단점

- 습기, 청정도, 기류분포의 제어가 곤란하다.
- 외기냉방을 할 수 없다.
- 소음, 진동이 크다.
- 내구성이 비교적 낮다.

③ 적용

- 주택, 호텔 객실, 소점포 등 비교적 소규모 건물에 적용한다.
- 24시간 계통인 컴퓨터실, 수위실 등에 사용되지만, 최근에는 사무소나 일반건물에도 많이 채용되고 있다.

(2) 개별식(냉매 방식)의 종류

① 룸쿨러(Room Cooler) 방식

소형 밀폐형 압축기와 응축기, 냉각코일, 송풍기 등을 케이싱 내에 수납하여 창문에 설치하거나 받침대 위에 놓아서 작은 방을 냉방하는 방식이다.

② 패키지 유닛(Package Unit) 방식

냉동기, 냉각코일, 공기여과기, 송풍기, 자동제어기기 등을 케이싱 내에 수납하여 직접 유닛을 실내에 설치하여 공조하는 방식으로 개별 제어가 쉽고, 소규모에 적합하다.

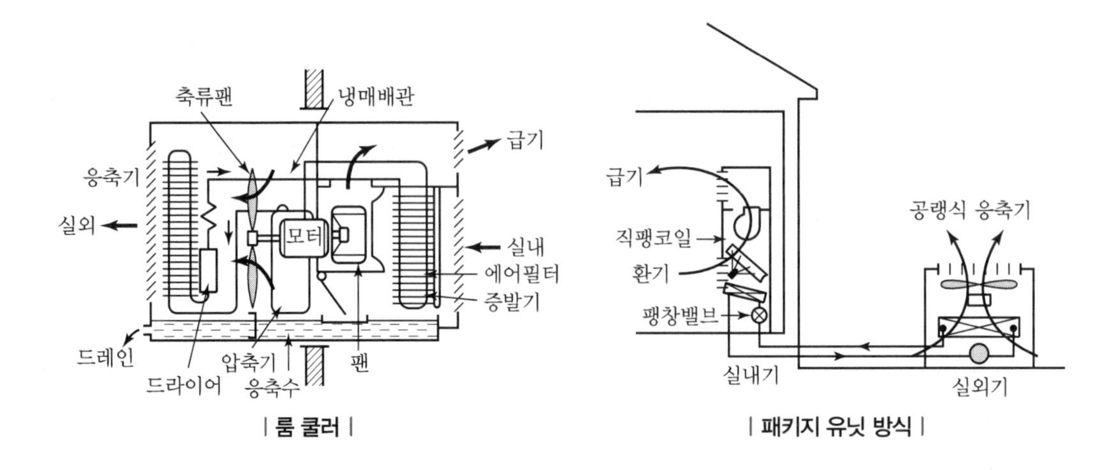

| 룸 쿨러 |　　| 패키지 유닛 방식 |

③ 멀티유닛(Multi Unit) 방식

1대의 응축기(실외기)로 여러 대의 냉각코일(실내기)을 운영하는 방식으로 실외기의 설치면적을 줄일 수 있어 최근 많이 사용하고 있다.

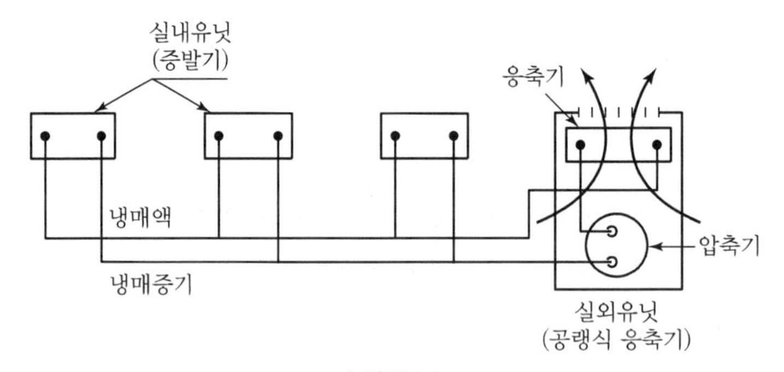

| 계통도 |

④ 밀폐식 수열원 열펌프 유닛 방식

압축기가 내장된 열(Heat) 펌프 유닛으로 냉방 운전 시에는 냉각수에 열을 방출하고 난방 운전 시에는 냉각수에서 열을 흡수하여 운전하는데, 공동의 수배관을 하나의 시스템으로 운전하여 냉방기기 운전이 많을 때에는 냉각탑에서 열이 방출되고 난방기기 운전이 많을 때에는 보조 열원을 이용하여 작동된다.

㉮ 특징

- 열회수가 이루어져서 에너지가 절약된다.
- 열회수 운전을 이용하며 대형의 보일러가 필요 없다.
- 중앙 기계실에 냉동기가 필요하지 않아 설치면적이 작아도 된다.
- 각 유닛마다 실온으로서 자동적으로 개별 제어를 할 수 있다.
- 하층이 상점가이고 상층이 아파트인 경우 열회수가 효과적이다.
- 사무소, 백화점 등에 적합하다.

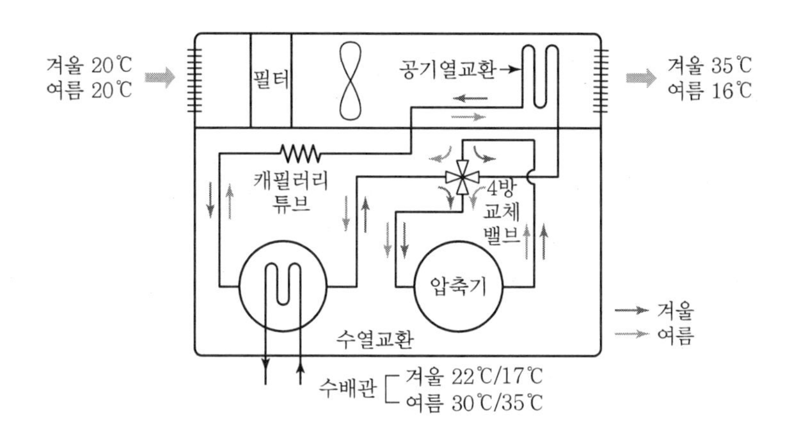

⑤ GHP

- 압축기를 구동하는 원동기로 전동모터를 사용하는 전기구동 히트펌프(Electric Heat Pump)와 달리 엔진을 사용하는 가스엔진구동 히트펌프(Gas Engine Driven Heat Pump)를 줄여 GHP 라고 한다.
- GHP는 압축기에 의해 냉매를 실내기와 실외기 사이의 냉매관으로 흐르게 하여 액화와 기화를 반복시켜 여름에는 냉방기로, 겨울에는 난방기로 이용하는 가스 냉난방시스템이다.
- 전기구동 히트펌프와 그 작동원리는 비슷하나 압축기의 구동력을 전기 대신 가스로부터 얻는 방식이다.

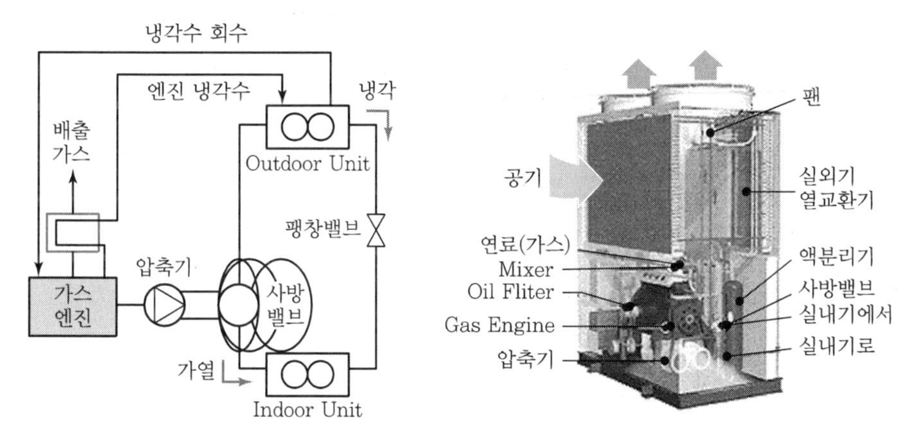

| 사이클 구조 |

㉮ 사용연료 : LPG, LNG

㉯ 사이클 구성 : 압축기 → 응축기 → 팽창기 → 증발기

사이클 외 주요구성 : 가스엔진

㉰ 냉각방식 : 공랭식(인버터식 전동팬)

㉱ GHP의 특징

- 쾌적하고 강력한 냉난방
- 경제적 운전비
- 설치, 시공의 편리성

SECTION 04 정풍량 단일덕트 방식

- 공기조화의 가장 기본적인 방식으로 항상 일정하게 송풍하면서 실내의 부하 변동에 따라 공조기 내의 냉각코일과 온수코일에서 온도를 조절하는 시스템이다.
- 공조기를 중앙기계실에 설치하는 중앙식 단일덕트 방식과 공조기를 각 층이나 존에 설치하는 분산식이 있다.
- 중앙식 정풍량 단일덕트 방식은 비교적 오래된 방식으로 외부구역에 팬코일 유닛을 병용하는 경우가 많다.
- 각층 유닛 방식은 최근에 이르러 그 채택이 현저히 증가하고 있는데, 방재상의 층간 구획 확보, 각 존에 대한 부하의 대응, 개별 운전에 대한 대응 등에 이점이 있는 반면 중앙방식에 비해 초기 투자액의 증대, 기계실 면적의 증대 등의 문제가 있다.

1) 정풍량 단일덕트 구성

필터, 코일(냉각/가열), 송풍기, 덕트, 취출구, 가습기

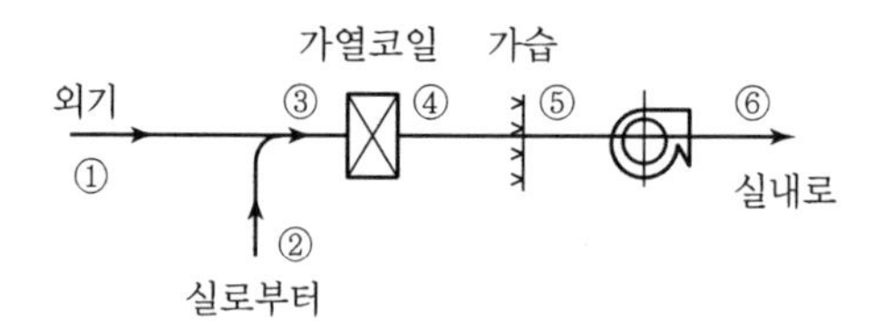

2) 송풍량 일정 시 급기온도 및 습도 변화

$$Q = \frac{q_s}{\gamma \cdot C_p \cdot \Delta t} = \frac{q_s}{0.288 \cdot \Delta t}$$

3) 정풍량 단일덕트 방식의 특징

① 장점

- 송풍량이 일정하므로 실내 공기 상태가 양호하다.
- 실내 온습도 상태 및 기류 분포가 안정된다.
- 시스템이 단순하여 유지보수가 양호하고 관리 운전이 용이하다.
- 초기 투자비가 적다.
- 대공간이어도 단일 존이거나 각 실별 부하 차이가 크지 않은 다양한 건물에 적용할 수 있다.(설계, 시공 경험 풍부)

② 단점

- 각 실별, 존별 온도 제어가 어렵다.(별도의 재열 코일 설치나 존별 덕트 계통 분리가 필요)

• 최대부하 풍량으로 운전되므로 동력비가 많이 소요된다.
• 실내부하 변동이나 칸막이 변경에 대응하기가 곤란하다.
• 최대부하 기준으로 장비를 선정하므로 기기용량이 크다.

4) 정풍량 단일덕트 방식의 조닝

(1) 단일 존 공조

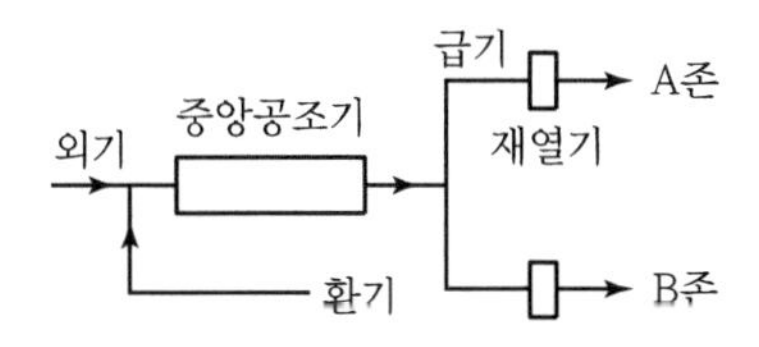

(2) 존별 재열 방식

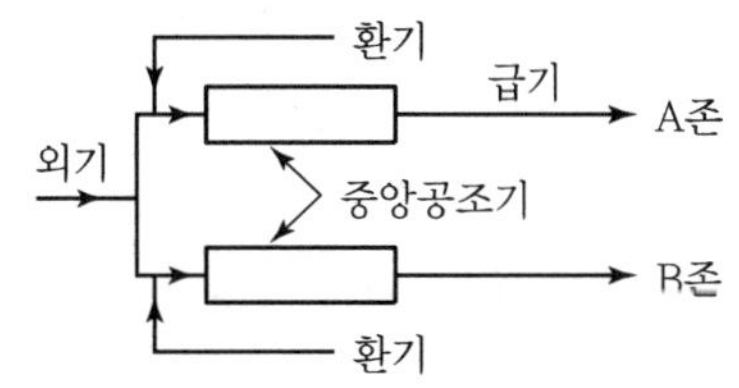

(3) 터미널 재열 방식

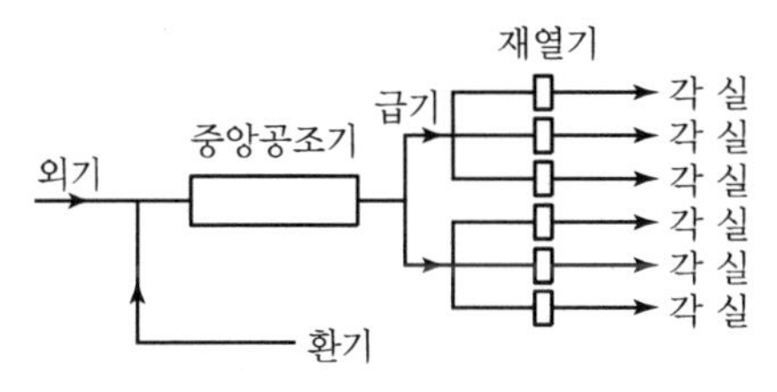

(4) 외기, 환기 혼합 방식

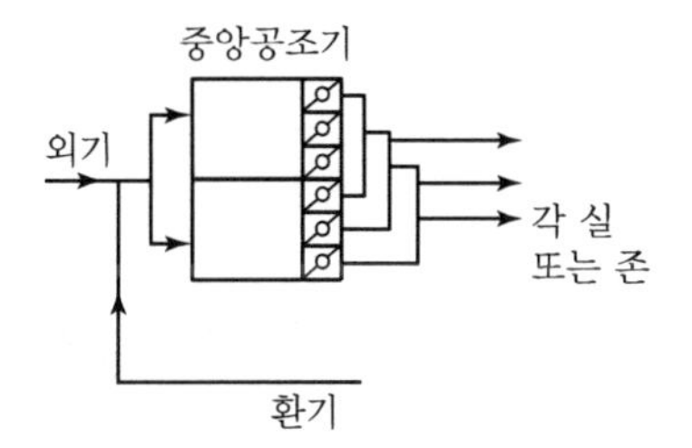

5) 급기온도 제어방법

(1) 공조기에서의 급기온도 제어

① 코일의 순환 유량 제어(2-way 또는 3-way 밸브 이용)
② 코일 전, 후단 bypass 덕트 설치(bypass 공기량 조절)
③ 외기, 환기 혼합량 조정

(2) 온도 제어를 위한 온도 센서 설치

① 공조하는 실 중 가장 중요한 실에 설치하는 방법
② 가장 넓은 공간에 설치하는 방법
③ 환기덕트 내에 설치(전체 실 부하의 평균 온도 개념)하는 방법

6) 시공 시 주의사항

① 존별, 실별 부하 차이가 크거나 특정한 부하가 필요한 실의 경우 적절한 조닝 분리나 재열기 설치 등 효율적 대응 방안을 강구한다.
② 실내 온도, 습도 제어를 위한 온습도 센서 위치는 신중히 검토하여 결정한다.
③ 냉각 코일의 열수나 통과 풍속 적정 설계로 결로수 비산을 방지한다.

④ 겨울철 외기 온도차가 너무 클 경우 가열 코일을 이중으로 설치(예열, 재열)하여 제어성을 향상시킨다.
⑤ 병원의 수술실이나 신생아실 등 청정 구역은 실내 오염 방지 차원에서 FCU나 페리미터 존의 별도 기기를 설치하지 못하는 경우 급기 덕트상에 재열코일을 설치하여 대응한다.
⑥ 예열, 예랭, 외기 냉방, 배열 회수 등으로 에너지를 절감한다.
⑦ 코일의 동절기 동파 방지 방법
- 공조기 연결 덕트 댐퍼의 기밀성 확보(에어타이트 댐퍼)
- 공조기 내 전기 히터 설치(온도감지센서 내장형)
- 혹한 시 코일 내 순환수 통과
- 장기간 운전을 중지할 경우 코일 퇴수 처리
- 동절기 냉수(전용)코일은 퇴수 처리
- 동절기 팬 가동 전 충분한 코일 예열 후 팬 가동 및 외기 유입 실시

⑧ 공조 계통의 냉방, 난방 전환이 계절적 시기에 따라 확실하게 일어나거나 재열의 필요가 없을 경우 냉난방 겸용 코일로 설계하여 공조기 크기 축소, 시공비 절감, 팬 소요동력 절감 효과를 얻는다.

SECTION 05 변풍량 단일덕트 방식

- 정풍량 방식이 일정한 풍량으로 송풍온도를 변화시켜 부하 변동에 대처하는 반면 변풍량 방식은 취출온도를 일정하게 하고 부하의 증감에 따라 송풍량을 변화시켜 실내온도를 제어하는 방식이다.
- 변풍량 방식은 최근에 만들어진 새로운 개념은 아니고 과거부터 수동으로 댐퍼를 조절하여 풍량을 변화시킨 것을 자동적으로 제어하는 것이다.
- 변풍량 단일덕트 방식을 채택할 경우 최소 풍량으로 양호한 공기분포를 얻을 수 있도록 취출구 선정에 주의하여 최대 풍량 및 최소 풍량에서도 동일한 취출 특성을 내도록 하고 최소 풍량 시에 외기량을 확보하도록 최소 풍량 설정기구를 설치한다.

1) 변풍량 단일덕트 구성

필터, 코일(냉 · 난방), 가습기, 송풍기, 덕트, 변풍량 유닛(재열코일)

2) 원리

① 풍량(Q)이 열부하(q_s)에 비례한다는 것을 이용하는 방식이다.

$$Q = \frac{q_s}{0.288 \times \Delta t}$$

여기서, Q : 부하 변동에 따라 가변, Δt : 일정

② 급기온도 일정방식과 급기온도 가변방식이 있다.
- 급기온도 일정방식 : 내주부와 같이 부하 변동 폭이 적은 곳에 사용
- 급기온도 가변방식

※ 부하 변동 폭이 큰 외주부나 특수 부하, 또는 온도 조건이 까다로운 곳에는 재열 코일을 설치하여 대응(풍량 및 온도 동시 변화)하며, 최소풍량 확보 시 과랭 방지를 위해 급기온도를 리셋한다.

3) 변풍량 방식의 특징

(1) 장점

① 각 실별, 존별 부하 변동이나 칸막이 변경에 효율적으로 대처

② 부분부하 대처로 에너지 절감
- 전폐형 유닛 사용 시 빈 방에 급기를 정지하여 송풍동력 절감
- 부분부하 시 송풍기 제어로 동력비 절감
- 부분부하 시 터미널 재열이나 2중덕트 방식과 같은 재열 혼합손실이 없음
- 실별로 필요량의 공기만 공급하므로 운전비 절약(냉동기, 송풍기)
- 동시 부하율을 고려하여 기기용량 선정이 가능하므로 설비용량을 작게 할 수 있음(대용량 시 CAV 방식 대비 80% 용량으로 가능)

③ 개별 제어가 용이하고 외기냉방 가능, 사용자 편의성 증대

④ Air Balancing이 비교적 용이

⑤ 혼합열손실이 없음

(2) 단점

① 최소 풍량 시 환기량 부족 현상 발생 가능성(실내 청정도 악화) 및 VAV Unit에서 소음 발생 우려

② 자동제어가 복잡하고, 유지보수가 어려움

③ 초기 투자비 증가

④ 실내 기류속도 변화, 풍량 변화에 따른 습도 조절 능력 변동

⑤ 설계시공 경험 부족으로 실패하기 쉬움

⑥ 재열기가 없는 경우에 최소설정 풍량으로 취출 시 실내온도가 저하됨

⑦ 정풍량 시 Cold Draft, Surging, 환기부족 발생 우려

4) 송풍량 변화 시 최소 환기량(외기량) 확보 방안

① 외기에 정풍량 댐퍼 설치로 일정량 항상 도입

② 외기용 별도 송풍기 설치

③ 재열 코일 설치나 송풍 온도차를 적게 하여 송풍량을 증대

5) 변풍량 터미널 유닛 선정 조건

① 1차 압력이 상승하더라도 2차 압력은 항상 일정한 풍량을 유지할 수 있는 정풍량 특성이 있을 것
② 처리 풍량 범위가 넓을 것
③ 최소 작동 정압이 낮고 소음이 발생되지 않을 것
④ 시공이 쉽고 고장이 적으며 유지보수가 용이할 것
⑤ 자동제어가 공조시스템과 쉽게 인터페이스 될 것

▼ 터미널 유닛의 종류

구분	구조 및 원리	특징
벤투리형	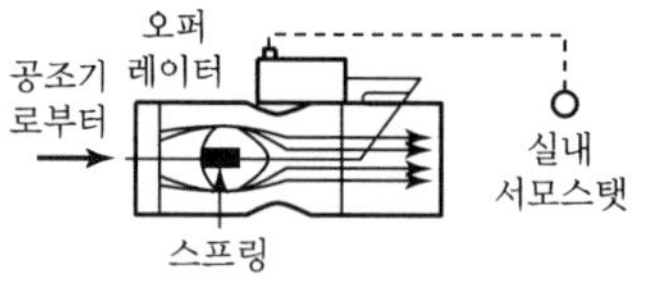 공조기 로부터 / 오퍼레이터 / 실내 서모스탯 / 스프링 실내 온도센서와 연결된 조작기가 콘의 위치를 조절해 유닛 내를 통과하는 풍량을 조절하는 방식	• 구조가 간단하고 고장률이 낮다. • 수명이 길다. • 동압 변동에 따른 압력 보상이 빠르다. • 설치 면적이 적고 가격이 저렴하다. • 송풍량 변동에 따라 송풍동력 변화로 운전비용을 절감한다. • 정압 손실이 높다.
댐퍼형	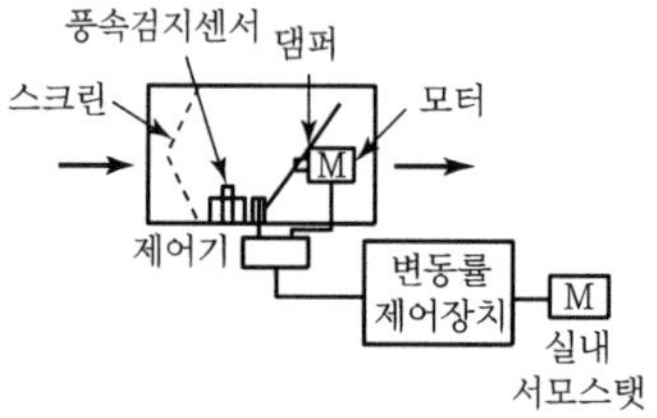 풍속검지센서 / 댐퍼 / 스크린 / 모터 / M / 제어기 / 변동률 제어장치 / M / 실내 서모스탯 댐퍼의 조작으로 통과 유량 제어, 압력 보상은 입구 측 유량센서로 댐퍼 연동 제어	• 구조가 간단하고, 정압 손실이 낮다. • 부하 변동에 따라 송풍량이 변화(운전 동력 감소)한다. • 현장 조정이 용이하다. • 동압 변동에 대한 압력 보상이 늦다. • 감지기, 조정기 등이 내장되어 있어 고장 나기 쉽고 유지보수가 어렵다.
바이패스형	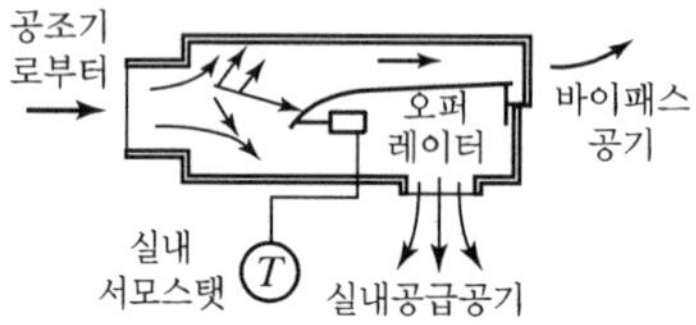 공조기 로부터 / 오퍼레이터 / 바이패스 공기 / 실내 서모스탯 / T / 실내공급공기 실내부하에 따라 조작기가 작동하여 실내 측 개구 면적을 조절해 필요한 양만 실내로 공급하고 나머지는 환기로 바이패스	• 부하가 변동하여도 덕트 내 압력이 일정하여 소음이 발생하지 않는다. • 압력 손실이 적다. • 구조가 간단하고, 제어가 단순하다. • 압력 보상장치가 없으므로 덕트 내 정압을 항상 일정하게 유지할 필요가 있다. • 풍량 변화가 없으므로 송풍기 운전 동력의 절감이 없다.
유인형	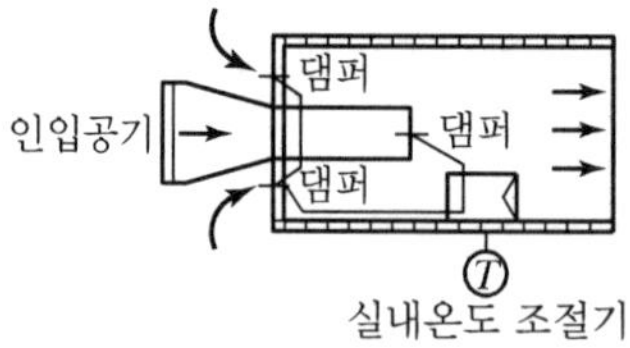 댐퍼 / 인입공기 / 댐퍼 / 댐퍼 / T / 실내온도 조절기 고압의 1차 공기를 유닛에 공급하고 온도조절기에 의해 실내 또는 천장 속의 고온 공기를 2차로 유인해 혼합 공급	• 1차 공기의 덕트 크기를 적게 할 수 있다. • 재열원으로 실내 발생열이나 조명열을 이용할 수 있다. • 저온 급기 공조에 적합하다. • 제진, 탈취 성능이 부족하다. • 송풍동력이 늘어난다.(정압 상승) • 적용 사례가 거의 없다.

구분	구조 및 원리	특징
팬 파워 유닛 (병렬)	1차 공기, 취출급기, 송풍기, 가열코일, 실내공기 (프리덤 공기)	• 직렬식에 비해 팬 동력과 용량이 작다. • 공조기의 송풍기 정압과 동력이 커야 한다. • 실내 기류 및 온도 분포에 불균형이 발생한다. • 풍량의 변화로 취출구 선정이 어렵다.
팬 파워 유닛 (직렬)	1차 공기, 송풍기, 취출급기, 가열코일, 유인공기	• 실내 기류 및 온도 분포가 양호하다. • 정풍량 공급으로 취출구 선정이 용이하다. • 공조기 송풍 정압 및 동력이 작다. • 유닛팬 용량이 크다.(소음 발생에 주의) • 공조 시 유닛팬이 항상 가동된다. • 초기 투자비가 고가이다.

6) 풍량 제어 방식

(1) 정압 제어 방식

① 덕트 내 압력변동 감지 : 주 덕트, 말단부, 체임버 등

② 실내 차압 감지

(2) 유닛 신호에 의한 방식

유닛의 가동 유무에 따른 작동 신호에 맞춰 필요한 만큼 중앙 공조기의 송풍기 풍량을 제어한다.

7) 급기온도 제어방법

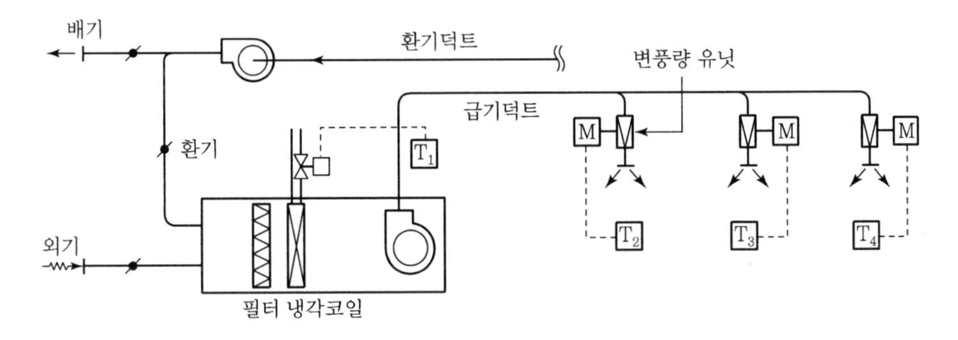

① 급기덕트에 설치된 Thermostat(T_1)에 의해 냉각코일의 자동제어밸브(V)를 제어한다.

② 실내 Thermostat($T_2 \sim T_4$)에 의해 각 변풍량 Unit를 비례제어한다.

③ 부하가 감소하여 급기량이 최소 환기량까지 감소하였는데도 계속해서 부하가 감소하게 되면 풍량이 더 이상 감소하지 않게 하기 위해(최소 풍량을 확보하기 위해) 급기온도를 Reset 한다.(급기온도를 올림)

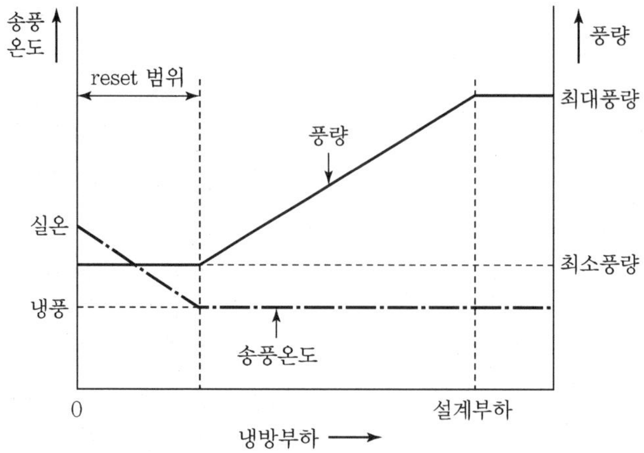

8) 종류

(1) 외주부 개별기기＋내주부 VAV 방식

① VAV System에서 가장 많이 사용한다.

② 부하 변동폭이 큰 외주부의 부하(일사, 전도)는 FCU(Fan Coil Unit), FPU(Fan Power Unit), 방열기(난방전용)가 담당하고, 부하폭이 적은 내주부는 연간 냉풍을 공급하여 VAV Unit으로 처리한다.(겨울철 내주부 냉방 시에는 외기냉방)

(2) 외주부 CAV＋내주부 VAV 방식

① 외주부에 CAV Unit을 설치하여 일사 및 전도부하를 담당한다.(에너지 절약을 위한 재순환 공기 공급)

② 내주부는 연간 냉풍을 공급하며, VAV로 처리한다.

③ 공조기를 내주부용과 외주부용으로 구분 설치하므로 다소 비경제적이다.

④ 중간기 및 동절기에는 내주부 외기냉방이 가능하다.

(3) 외주부 VAV＋내주부 VAV 방식

① 외주부의 VAV Unit은 전도부하만 담당한다.(재순환 공기 100%)

② 일사부하와 내주부하를 VAV(내주부) Unit이 담당한다.

(4) 외주부 Fan Power VAV＋내주부 VAV 방식

① FPU는 소형의 송풍기와 난방코일을 내장하고 있으며 1차 측은 VAV, 2차 측은 CAV이다.(냉방 시에는 1차 측 VAV의 풍량조절만으로 냉방부하에 대처하고, 코일은 사용하지 않음)

② 난방 시에는 외주부의 부하 변동에 따라 실내환기와 1차 측 공기를 적당히 혼합한 후 온수코일로 가열하여 공급한다.

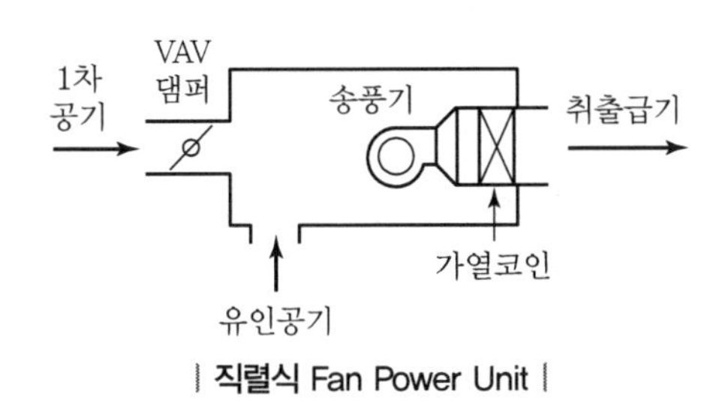

| 직렬식 Fan Power Unit |

③ 풍량의 변동이 없다.(1차+2차 → CAV로 공급)

④ 창 밑의 Cold Draft 발생을 막을 수 있다.

⑤ 내주부는 연간 냉풍공급한다.(내주부 VAV)

(5) 외주부 Fan Power VAV+내주부 Fan Power VAV 방식

① 저온 급기방식 채택 시 주로 사용(빙축열시스템에서)

② 저온 급기된 1차 공기를 FPU에서 실내공기와 혼합하여 실내로 공급함으로써 항상 CAV로 급기하는 것이 가능하다.(VAV 방식의 문제점인 취출구 문제, 실내기류 문제 해소)

9) 적용 대상

① 다수실을 가지며 개별 제어가 요구되는 일반사무실 건물

② 에너지 다소비형 인텔리전트 빌딩

③ 일사변화량이 심한 외주부

SECTION 06 변풍량 공조 방식에 있어 팬 제어

실내의 압력과 실내공기 청정유지 및 실내온도 제어를 위한 장비로서 환기팬을 제어한다.

1) 급기팬 제어

변풍량 유닛에 적절한 정압을 제공하는 것으로 급기 덕트에 설치된 정압감지기의 정압을 측정하고 미리 설정된 설정값과 비교하여 제어한다.

(1) 정압감지기의 설치위치

① Fan에서 가장 거리가 먼 ATU(Air Turminal Unit)의 3~4개 앞에 설치

② 가장 먼 ATU 사이 거리의 75% 지점

(2) 환기팬 제어의 종류

① 종속 환기팬 제어

환기 측에 어떠한 제어신호를 받지 않고 급기팬과 환기팬 사이에 일정한 비율을 설정하여 급기팬의 제어량에 비례하여 환기팬을 제어한다.

㉮ 제어 계통도

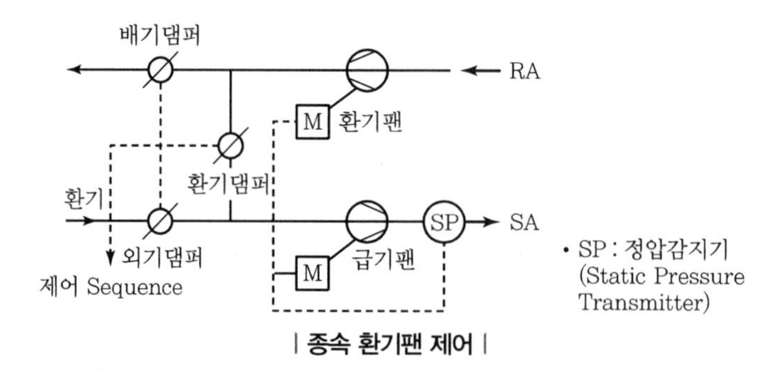

| 종속 환기팬 제어 |

㉯ 특징

- 급기팬과 환기팬이 종속되어 동작하므로 두 팬의 성능 특성이 유사하여야 한다.
- 최대, 최소 운전점 선정을 위한 정확한 밸런싱이 요구된다.
- 최소 외기량 확보나 실내 압력유지의 필요성이 적은 소형 시스템에 적용한다.
- Turndown이 50% 이내에서 적용되어야 한다.

$$\text{Turndown}(\%) = \frac{\text{최대풍량} - \text{최소풍량}}{\text{최대풍량}} \times 100$$

- 환기 측 댐퍼 제어나 국소배기량 변화 시 최소 외기량 확보 및 실내 압력 유지가 어렵다.

② 실내정압에 의한 환기팬 제어(Direct Building Control)

실내외 압력차에 의해 환기량을 제어하는 방법

㉮ 제어 계통도

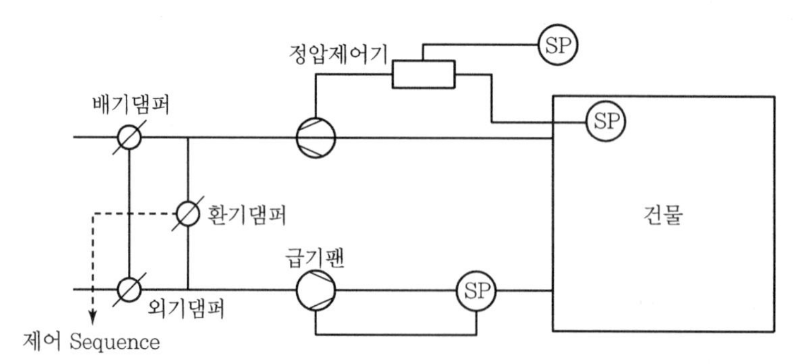

| 실내 정압에 의한 환기팬 제어 |

㉯ 특징

- 실내의 정압감지기 위치는 문, 개구부, 엘리베이터, 로비에서 가급적 멀리 설치한다.
- 외기 정압감지기는 바람의 영향을 받지 않는 곳에 설치한다.
- 아트리움 등의 개방 공간이 있는 고층 건물에는 연돌효과로 설치가 곤란하다.
- 실내 정압 측정범위(1.5~3mmAq)가 너무 낮아 기기 확보가 어렵고, 정확도가 떨어진다.
- 개방된 공조구역에서는 일정 압력 유지가 어렵다.
- 출입구의 작동이 빈번할 때는 실내 압력 변동폭이 크다.
- 국소배기량의 변화나 외기 공기의 유입 또는 실내공기의 유출 시에도 최소외기량 확보가 가능하다.

③ 측정풍량에 의한 환기팬 제어(Airflow Monitor Tracking Control)

급기덕트와 환기덕트에 설치된 풍량측정장치(FMS : Flow Measuring Station)에 의하여 환기팬을 작동하는 방법

㉮ 제어 계통도

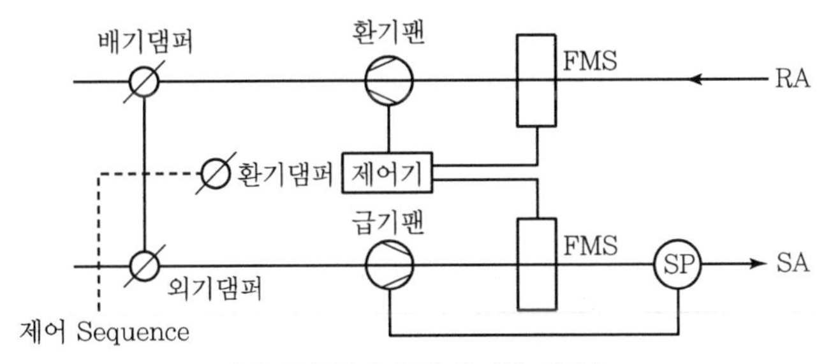

| 측정 풍량에 의한 환기팬 제어 |

㉯ 특징

- 공조기 덕트 내의 풍량 변화에 따른 압력변화에 대한 제어를 고려하지 않는다.
- 층류 흐름을 구성하기 위한 설치 공간이 부족하다.
- 급기, 환기의 온습도차에 의한 공기비중차를 고려하지 않아 풍량 측정오차가 크게 발생한다.
- 압력 제어가 고려되지 않아 Plenum에 압력불균형으로 외기량과 배기량의 비율이 맞지 않아 실내압력 유지가 어렵다.
- 투자비가 고가이다.

④ Plenum 일정 압력에 의한 환기팬 제어

외기/혼합기 Plenum과 환기/배기 Plenum에 압력감지기를 각각 설치하고 설정된 압력에 의해 환기팬과 댐퍼를 제어하고 외기댐퍼와 배기댐퍼는 외기온도(외기냉방), CO_2 농도(공기 환경제어), 혼합기 온도 신호에 의해 제어하는 방법

㉮ 제어 계통도

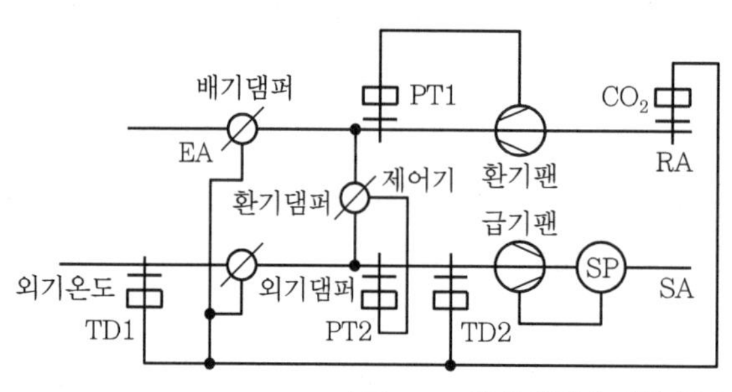

| Plenum 일정 압력에 의한 환기팬 제어 |

㉯ 특징

- 부하 변동에 따른 풍량 변화 시에도 외기량 확보가 가능하다.
- 실내압력 및 실내공기 환경을 유지할 수 있다.
- 제어성이 우수하다.
- 덕트 댐퍼의 Oversizing/Undersizing Turbulence에 영향을 받지 않는다.
- 측정풍량에 의한 환기팬 제어보다 경제적이다.
- 정확한 공기 밸런싱 자료가 요구된다.

SECTION 07 이중 덕트 방식

- 중앙 공조기에서 냉풍과 온풍을 만들어 2계통의 덕트를 통해 송풍한 후, 말단 혼합 유닛(믹싱유닛)에서 냉풍과 온풍을 혼합시켜 실온을 제어하는 방식
- 온풍덕트와 냉풍덕트를 각각 만들어 온풍과 냉풍을 송풍하고, 온도부하에 따라 제어하고자 하는 존이나 방에 설치된 혼합박스에서 냉풍과 온풍을 혼합하여 실온을 제어하는 방식
- 혼합박스의 제어는 실내에 설치된 서모스탯에 의해 부하에 따라 온풍, 냉풍의 혼합비가 정해지고 취출 풍량은 유량제어댐퍼로 제어한다.
- 2중덕트 방식의 채택이 필요한 건물로는 개별 제어가 필요한 건물, 냉난방의 부하분포가 복잡한 건물, 정풍량 환기가 필요한 건물 등이 있다.

1) 장치의 구성

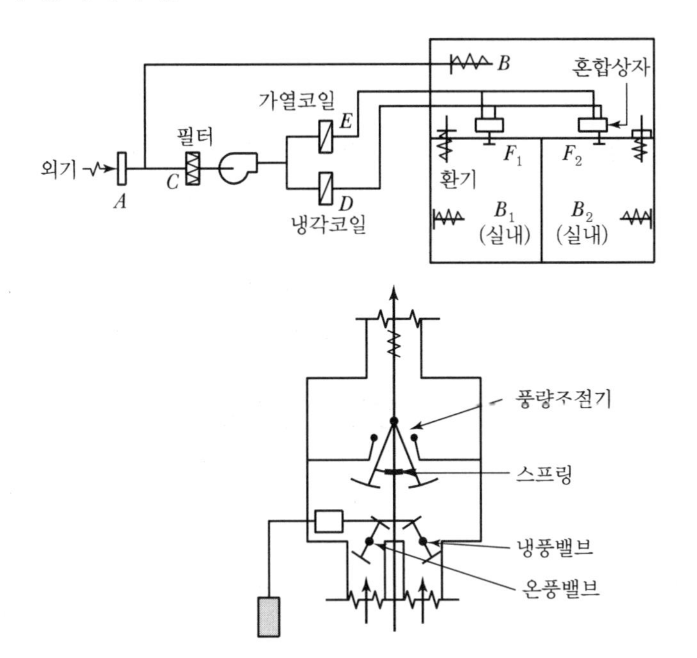

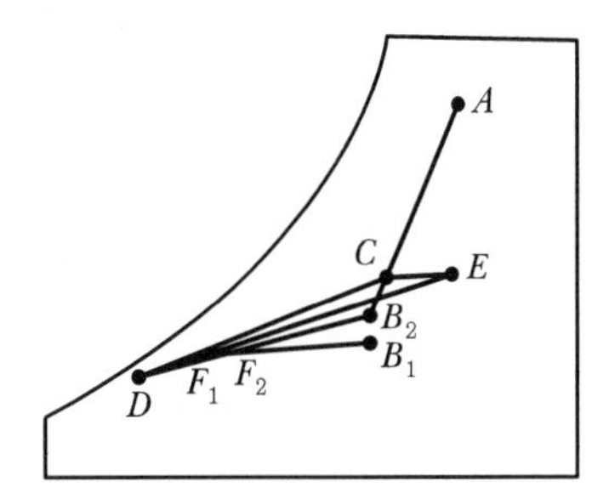

A : 외기
B : 환기
C : 공조기 입구상태(혼잡)
D : 냉각코일 출구상태
E : 가열코일 출구상태
F_1, F_2 : 토출구 공기상태

2) 특징

(1) 장점

① 한 건물에 동시 냉방, 난방이 가능하다.
② 여름, 겨울 계절 전환이 필요 없다.
③ 각 실별 개별 제어나 온도 제어가 가능하다.
④ 중간기 외기 냉방이 가능하며, 중앙 공급식으로 장비 유지관리가 용이하다.
⑤ 송풍량은 변하지 않으므로 VAV 방식처럼 외기 도입량 감소로 인한 실내공기 악화 현상이 없다.
⑥ 실내 칸막이 변화에 대처가 용이하며, 실내 수배관이 없어 동파 우려가 없다.

(2) 단점

① 냉·온풍 혼합에 의한 혼합 손실이 발생한다.
② 항상 일정한 대풍량 공급으로 송풍동력이 크다.
③ 2계통의 덕트 공사로 설치 공간을 많이 차지한다.
④ 습도 제어가 난해하다.

(3) 적용

① 냉·난방 동시 부하 발생 장소
② 방송국 스튜디오
③ 1970년대 오일 쇼크 이후에는 에너지 절약 측면에서 거의 사용하지 않는다.

3) 풍량 제어

정풍량 방식	변풍량 방식
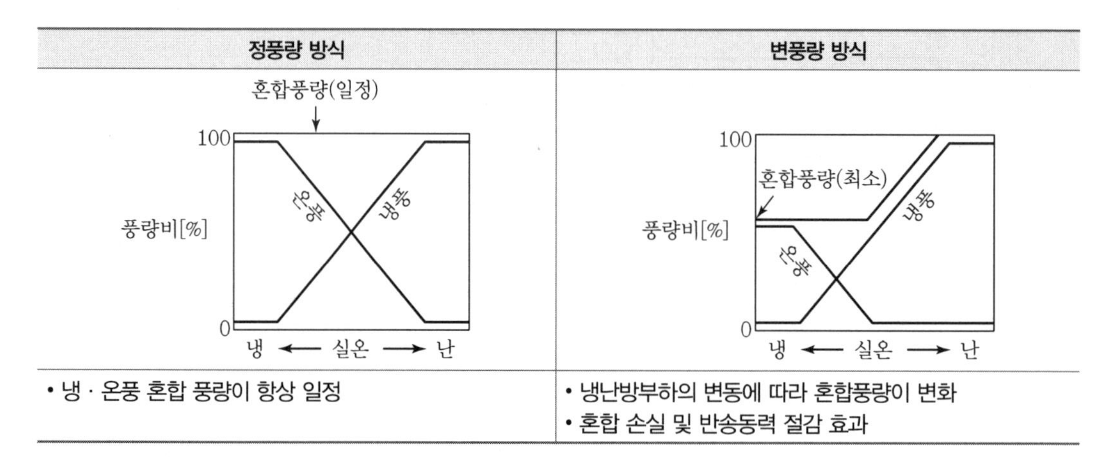	
• 냉 · 온풍 혼합 풍량이 항상 일정	• 냉난방부하의 변동에 따라 혼합풍량이 변화 • 혼합 손실 및 반송동력 절감 효과

4) 적용

이중 덕트 방식은 냉 · 난방 동시 부하 발생 시 대응이 유리하나, 에너지 손실이 막대하여 특수한 경우가 아니면 사용되지 않는다.

SECTION 08 팬코일 유닛 방식

중앙 기계실에서 냉수 또는 온수를 공급하여 각 실에 설치한 팬코일 유닛에 의해 공조를 행하는 방식

1) 설치 방식에 따른 분류

① 바닥 상치형
- 노출형
- 매립형
- 로보이형

② 천장형
- 매립형(천장카세트형)
- 노출형(천장걸이형)

③ 덕트 연결형(패키지형)

2) 배관 방식에 따른 분류

① 2관식 : 냉·온수 공급, 냉·온수 환수
② 3관식 : 냉수공급, 온수공급, 냉·온수 환수(혼합손실 있음)
③ 4관식 : 냉수공급, 온수공급, 냉수환수, 온수환수(냉수/온수 코일 분리 별도 설치)

3) 열부하 분담 방식에 따른 분류

(1) 페리미터(외부 존) 팬코일 방식

① 팬코일(외부 존)+공조기(내부 존)
② 팬코일 : 외벽 유리의 전열부하, 일사부하
③ 공조기 : 실내 발열부하, 외기부하

(2) 내부 존 터미널 방식

① 팬코일(외부 존+내부 존 일부)+공조기(내부 존)
② 팬코일 : 외부 존 부하, 실내 발열부하(또는 특수한 부하)
③ 공조기 : 외기부하

4) 팬코일 유닛의 특징

(1) 장점

① 구조가 간단, 설치 및 운전 조작이 간단
② 정숙한 운전 소음
③ 유닛 개별 제어 가능, 조닝별 배치 가능, 분할 운전 가능
④ 설치 여건이나 용도에 따른 다양한 기종(사양) 선정 가능
⑤ 확실한 온도 제어

(2) 단점

① 유닛의 실내 분산으로 보수 관리가 불편
② 수배관 누수 사고 및 동절기 동파 위험성
③ 환기, 실내 공기 청정 기능 불가

(3) 적용

① 소규모 실의 냉·난방용이나 일반 건물의 페리미터용
② 호텔 객실, 병원, 사무실, 학교, 공동주택 등에서 폭넓게 사용

5) 구조

(1) 공기 열교환기(코일)

① 알루미늄 핀이 부착된 동관을 주로 사용
② 2열 또는 3열(4배관식은 냉방, 난방 코일을 각각 설치)
③ 냉방 시 응축수 배출을 위한 드레인판 구비

(2) 송풍기

① 양흡입 다익형 송풍기를 주로 사용
② 1~3단(강~약) 속도 조절

(3) 에어필터

합성섬유 재질, 세척 후 재사용

(4) 케이싱

강판제, 결로/단열을 위한 흡음 단열재 부착

6) 팬코일 선정 시 고려사항

① 열부하 계산 : 실내 온도조건, 냉난방부하, 습도
② 냉 · 온수 조건 : 일반적으로 냉수는 5~7℃, 온수는 40~80℃
③ 송풍량 : 냉 · 난방 가열 능력(통상 냉방 시 취출 온도차 12℃에서 결정)
④ 설치위치 : 천장/바닥, 매립/노출
⑤ 배관 방식을 검토하여 적정한 팬코일 모델을 선정

7) 팬코일 제어

(1) 수량 제어

① 밸브 사양에 따른 구분 : 2방 밸브, 3방 밸브
② 제어 밸브 위치에 따른 구분 : 유닛별 개별 제어, 존별 제어
③ 유량 제어 방식에 따른 구분 : On/Off 제어, 비례 제어

(2) 풍량 제어

풍량 조절에 따른 구분 : 수동 제어, 원격 제어(비례, On/Off)

(3) 팬코일 운전 시 에너지 절감 방안

① 방위별 조닝과 제어 밸브 부착 → 부하 및 시간대별, 존별 운전

② 실내 온도센서, 외기 온도 센서와 연동한 수량 제어 실시
(실내온도 → 수량 비례 제어, 외기 온도 보상 → 순환수 공급 온도 제어)
③ 4배관 방식의 경우 냉·난방 밸브의 동시 개방 금지
④ 외부 존(난방), 내부 존(냉방)의 혼합 기류 형성에 의한 손실이 없도록 덕트 취출구와 팬코일 설치 위치 및 상호 제어 방식 조정

8) 설치 및 사용 시 주의사항

① 다수의 유닛을 존별로 배치할 경우 유량 분배에 주의(리버스리턴 배관 방식을 사용하거나, 개별 제어밸브 또는 정유량 밸브를 부착)
② 배관 내 공기 처리 : 시운전 시 공기 배출 작업, 굴곡 부위에 자동 에어벤트 설치
③ 드레인관의 구배를 확실히 할 것(특히 천장형)
④ 배관 연결 부위, 지지철물 고정 부위 등 보온 철저(결로에 의한 마감재 손상)
⑤ 겨울철 동파 우려 부위 대책 강구(열선 설치, 야간 난방수 순환 등)
⑥ 매립형의 경우 필터 청소가 용이한 구조로 외부 커버 제작(걸레받이 높이 확인)
⑦ 바닥 상치형의 경우 외부 커버와 내부 토출구 틈새가 없도록 막을 것

SECTION 09 바닥취출 공조 방식

- 전공기 방식의 일종으로, 실내의 단면이 이중바닥, 실내, 천장 3개의 공간으로 구성되어 있는 것이 일반적이며, 실내공간을 거주구역과 비거주지역으로 구분하고, 거주구역을 공조공간으로 하는 것을 전제로 하고 있다.
- 공조기에서의 공조공기가 덕트 또는 체임버(이중바닥 내 공간)에 의해 이중바닥면에 설치된 각 바닥취출구로 공급되어 실내로 취출되는 방식이다.
- 이중바닥을 OA기기 등의 케이블 배선공간 및 공조공기용 공간으로 사용하는 것이다.
- 바닥취출구를 거주자의 근처에 설치함으로써 개인의 기분이나 신체리듬에 맞게 풍량, 풍향 또는 온도를 자유롭게 조절할 수 있는 거주성 중시의 "쾌적공조시스템"이라고 말할 수 있다.
- 바닥취출 공조 방식의 종류는 급기방법, 취출구의 종류에 따른 바닥하부의 압력 상태 및 공기순환방향에 의하여 분류된다.
- 일종의 샘공조시스템으로 샘공조는 당초 작업장이나 오염물질이 많이 발생하는 대형공간의 덕트에서 취출구를 사람이 체재하는 공간까지 끌어내리어 공조된 공기를 공급하는 방식이다. 즉, 작업자가 있는 곳에 샘처럼 공기를 공급함으로써 작업자에게만 신선한 공기를 공급하여 여타 공간에 공급할 공기를 절약하는 방법이다.

1) 급기방식에 따른 분류

① 이중바닥 내에 덕트를 설치하여 급기하는 방식
② 바닥하부 전체를 급기용 또는 급환기 겸용의 체임버(플레넘)로 사용하는 방식

이중 덕트 방식은 천장의 덕트를 그대로 바닥으로 옮겨 놓은 것으로 설비 유연성의 부족과 층고가 증가하는 이유로 현재는 거의 사용되지 않고 있다.

2) 바닥하부 압력형태에 따른 분류

(1) 가압식

① 바닥하부를 항상 양압으로 유지하여 팬 없는 바닥 취출구에서 실내로 토출하는 방식이다.
② 바닥 취출구에 팬을 사용하지 않으므로 전원 공급이 필요 없고 이설이 매우 간단하나 급기길이가 제한적이며 바닥하부의 압력분포에 많은 주의를 요하게 되므로 기계실 위치에 주의하여야 한다. 또한 그에 따른 소음 대책도 마련하여야 한다.

(2) 등압식

① 바닥하부 압력을 실내와 거의 같은 수준으로 유지하여 팬 부착형 취출구에서 바닥하부의 공기를 실내로 토출하는 방식으로, 팬 취출구의 전원 연결이 필요한 단점이 있으나, 급기길이의 제한이 적으며 공조기 소음이 감소한다.
② 일본의 바닥취출 공조시스템 연구회에서 팬 부착 취출구와 팬 없는 취출구에 대하여 쾌적성 평가를 실시한 실험에서는 팬 부착 취출구가 우수한 것으로 평가되었다.

3) 급기와 환기의 순환 방식에 따른 분류

(1) 바닥취출 천장리턴 방식

천장을 환기체임버로 이용하거나 덕트를 설치하는 방식으로 바닥의 급기공간과 천장의 리턴공간을 필요로 한다.

(2) 바닥취출 바닥리턴 방식

바닥하부에 배플(칸막이)을 설치하여 한쪽은 급기용으로 다른 한쪽은 환기용으로 사용하는 방식으로, 천장의 리턴공간이 필요 없고 거주역만 공조할 수 있으므로 에너지가 절약된다.

4) 종류별 특징

(1) 덕트 방식

이중 바닥 하부에 덕트를 설치해 급기하여 열손실이 적고 Layout 변경/증설 시 덕트 수정이 필요하다.

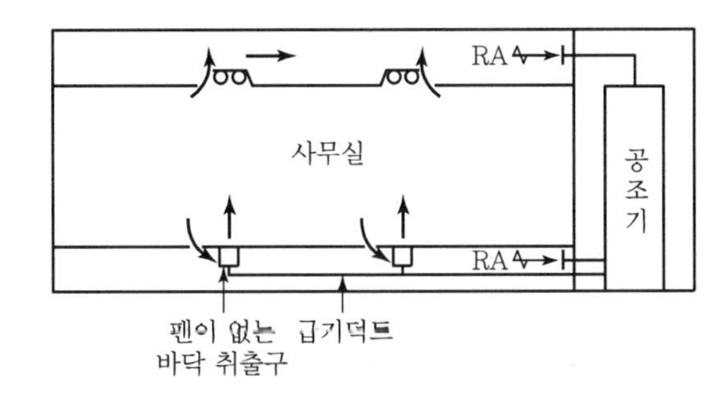

(2) 가압식(팬 없는) 체임버 방식

① 이중 바닥과 천장 체임버(덕트 없음)를 이용하여 급기, 환기가 이루어진다.

② 비용이 저렴하고 유지보수가 간단하다.

③ 열손실이 많고 풍량 밸런싱 유지가 어렵다.

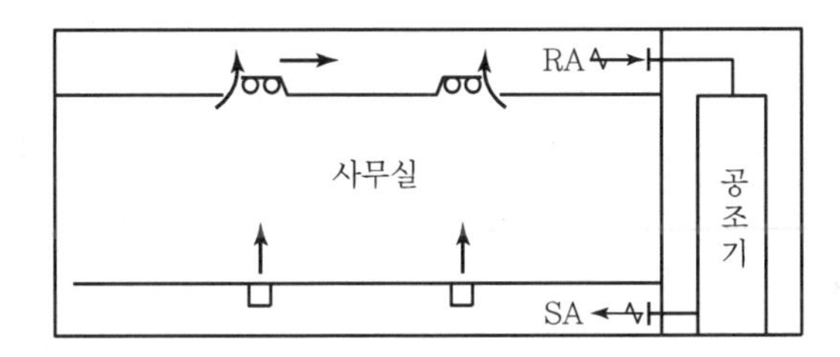

(3) 등압식(팬 있는) 체임버 방식

① 바닥 취출구에 팬을 부착하여 강제 급기를 한다.

② 바닥 체임버의 압력이 높지 않아도 실내 급기량 확보가 가능하다.

③ 취출구를 개별 제어할 수 있어 쾌적도 높은 개별공조 실현이 용이하다.

④ 체임버 내의 열손실이 많고, 바닥 취출구 전원, 제어선 공사가 별도로 필요하다.

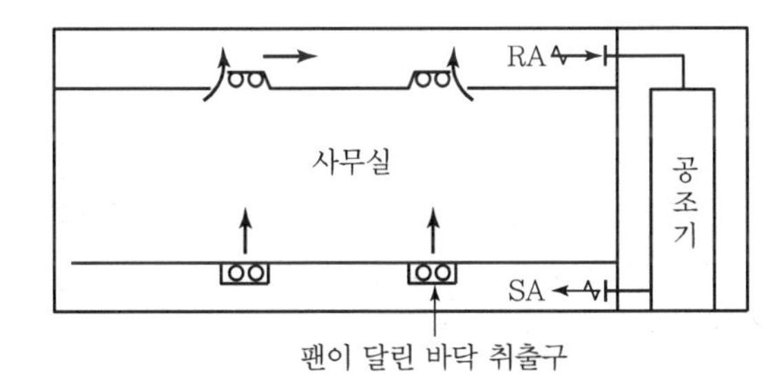

5) 바닥취출 공조시스템의 특징

(1) 실내 공간 구분

거주역(혼합기류역)	바닥에서 1,800mm 높이까지
비거주역(자연대류 구역)	1,800mm 높이에서 천장까지

(2) 바닥 취출구

① 바닥취출 공조시스템의 성능을 좌우한다.
② 실 Layout 변경, 부하 변동을 고려해 이동 및 설치가 용이해야 한다.
③ 극단적인 드래프트를 느끼지 않아야 한다.
④ 충분한 강도가 필요하며, 물건이 취출구 아래로 떨어지지 않아야 한다.

(3) 일반적인 설계 조건

구분		덕트 방식	가압체임버	등압체임버
건축계획	평면길이(급기길이)	40m 이하	약 18m 이하	약 30m 이하
	이중바닥높이	350mm 이상	약 300mm 이상	250mm 이상
	누설률	–	송풍량의 10%이라 누설이 바람직	
공조설비	급기온도	냉방 시 19℃ 이상, 난방 시 19~23℃ 이하		
	이중바닥 내 기류속도	6~8m/s(덕트 내)	0.8~1.8m/s	
	취출구	팬 없음	팬 없음	팬 부착
실내환경	상하 온도차	2℃ 이하		
	실내기류속도	0.15(겨울)~0.2m/s(여름)		
	소음	NC 40dB 이하		

(4) 공조기

① 중앙 공조기로 각 층별 다량의 공기 분배는 어렵다.
② 층별(또는 존별)로 하부 토출형 공조기를 설치한다.(정풍량, 변풍량)

(5) 장점

① Layout 변경, 부하 변화에 대처가 용이하다.
② 덕트 사용 최소화 → 건축 층고 축소
③ 거주자 근처에 취출구 설치, 유닛화 → 쾌적한 개별 공조 실현 가능
④ 실내 분진, 악취, 담배 연기 등의 제거에 효과적이다.
⑤ 덕트 삭감 → 팬 동력 축소 → 운전비 절감

(6) 단점

① 건축적 영향의 최소화가 필요하다.

- 천장고, 이중 바닥 높이, 이중 바닥 내 장애물 최소화(장애물 이중 바닥 높이의 1/4 이하로 제한)
- 바닥 구조체의 열손실(단열, 결로), 축열 성능, 누기율 사전 검토

② 공조 기계실의 위치는 거주 구역에 근접하므로 소음 대책을 강구해야 한다.

③ 부분부하, 부분운전 시 대응하기가 곤란하다.(VAV, 팬 부착 취출구로 대응 필요)

④ 취출구 선정 시 공조 성능, 강도, 마모성, 안정성에 주의한다.

⑤ 콜드 드래프트 현상이 없도록 취출 온도, 위치, 종류 검토가 이루어져야 한다.

⑥ 이중 바닥이나 실내의 퇴적 분진 관리가 필요하다.

6) 바닥취출 공조의 응용

(1) 바닥 벽제 취출 공조

① 벽체 하부에 취출구 설치 → 바닥과 수평하게 급기 실시(0.2m/s 이하)

② 바닥면을 따라 찬공기가 열원을 만나 상승하면서 천장으로 배기한다.

(2) 대공간 바닥 공조

① 대형 극장, 강의실, 공연장 등의 의자 밑에 급기 취출구를 설치한다.

② 각종 터미널, 전시장의 대공간 벽체 중간이나 하부에서 급기를 실시한다.

7) 기타

① 바닥취출 공조 방식의 성능을 좌우하는 바닥취출구는 기능성, 경제성, 보수관리성, 디자인 등을 종합적으로 검토하여 선정하는 것이 필요하다.

② 바닥취출구는 종래의 취출구와 같이 건물의 천장이나 벽에 설치하는 것이 아니고, 바닥면에 직접 설치하는 것이므로 실내환경을 양호하게 유지하기 위한 공기역학적인 성능 이외에, 보행자가 그 위에 올라가도 안전하고 동시에 극단적인 드래프트를 느끼지 않아야 한다. 또한, 가구 등이 놓여진 경우에도 충분한 강도가 있어야 하며, 개구(開口)에 의해 물건이 바닥 아래로 떨어지지 않아야 한다.

③ 바닥취출 공조 방식은 천장 공조 방식과 같이 중앙공조기를 사용하여 대량의 공기를 각 층으로 분배하기는 곤란하므로 층별 또는 존별로 공조기를 설치하여야 한다. 일반적으로 하부토출형의 정풍량 또는 변풍량 공조기를 사용하게 된다.

④ 특히 가압방식의 경우 공조기에서의 토출거리에 주의하여야 하는데 일반적으로 18m 정도로 제한을 받는다. 가압방식에서는 바닥하부의 정압분포가 전체 성능을 좌우하기 때문에 균일한 압력분포가 이루어져야 하기 때문이다.

⑤ 대규모 건물에서는 경우에 따라서 일부 급기용 덕트를 이중바닥 하부에 설치하여 존별로 댐퍼를 설치하여 급기하는 방식도 있다. 이 경우 이중바닥 하부에 설치되는 덕트는 이중바닥 설치에 어려움을 줄 수 있으며 유연성을 감소시키므로 최소한으로 설치하여야 한다.

SECTION 10 천장 공조 방식과 바닥취출 공조 방식의 비교

비교 항목		천장 공조 방식	바닥취출 공조 방식
경제성	초기 투자비	○	○
	운영비	○	◎
쾌적성	냉방	급기온도 16℃ 정도	급기온도 18℃ 정도
	난방	○ 책상, 의자 등에 의해서 바닥면 근처 공기분포가 불균일하게 되어 차가움을 느끼게 됨	◎ 바닥면 취출이므로 두한족난에 의해서 쾌적성이 좋음
	담배연기실내확산	△	◎
	오염가스실내확산	△	◎
	분진실내확산	○	○
	기류분포	○ 실 전체가 균일	○ 거주역만이 균일
	천장 부근 고온공기와 혼합	△	◎
	드래프트	○	○ 취출구 바로 근처에서 장기체류하는 경우는 제외
	퍼스널 공조	△	◎
	보행감	○	○
	소음	○	○
유연성	OA기기 집중화에 따른 열처리	△	◎
	OA기기 이동	△	◎
	파티션 변경	△	○
	책상레이아웃 변경	△	◎
	실용도 변경	△ 이중바닥의 설치곤란 사무실과 단차 생김	◎
	전기배선의 자유성	△ 노출배선으로 어느 정도 대응	◎
공간유효이용	평면	○	○
	천장고	○	○
제어성	부분부하운전대응	△	◎ 개인대응 가능
메인터넌스	작업	○	○
	청소(취출구)	○	○
시공성	갱신공사	○ 고소작업	◎ 바닥면작업
	시공실적	○	○
안정성	취출구와 보행자	○	○
	방재	○	○
	시공	△ 고소작업	◎ 저소작업

SECTION 11 저온 공조시스템

- 종래의 급기 방식보다 낮은 온도의 공기를 공급함으로써 일반 공조 방식보다 적은 양의 급기를 제공하여 실내 환경(실내온도)를 만족시키는 시스템
- 일반적인 급기온도(공조기의 급기온도)는 4~10℃로 종래의 급기 방식이 쾌적한 사무실 온도 및 결로 발생 등을 고려하여 실내 설계온도보다 10℃ 정도 낮은 온도, 즉 10~15℃ 정도로 공급하는데 저온공조(Cold－Air Distribution)를 실내에 직접 공급할 경우 실내 온도분포가 고르지 못하여 불쾌감 및 취출구에 결로가 발생하므로 공조기에서 취출구 전단의 Terminal(VAV 또는 PFU)까지만 저온으로 급기를 분배시키고 실내에는 공기 혼합장치를 통해 실내 공기와 혼합하여 급기하는 방법을 사용한다.
- 저온 급기라 함은 엄밀히 “저온 공기 분배 방식”이 정확한 용어이다. 그러므로 영문 표기도 “Cold－Air Supply System”이 아니라 “Cold－Air Distribution System”이 정확하다.
- 저온 급기 시스템은 실내 환경을 개선하는 데 있어서 저비용의 초기 장비비와 적은 에너지 소비로 운영비를 절감할 수 있다.
- 저온 급기 시스템은 새로운 기술이 아니라 기존 이론을 바탕으로 구축된 시스템으로 이것은 4℃ 정도의 급기를 제공하여 습도 제어를 위해 산업 공조 방식으로 이용되던 것을 오늘날 몇 가지 사항을 개선한 것일 뿐이다.
- 1950년대 미국의 주택 단지와 소규모 상업용 빌딩에서 공조 환경 개선을 위해 9℃ 정도의 급기온도를 89mm Duct를 통해 High－Velocity Jet Diffusers를 이용하여 Diffusers 주변의 실내 공기를 인입하여 혼합 공기를 실내에 제공하기 시작하였다.
- 1960년대 미국의 병원에서 1차 급기(Primmary Air)를 2~4℃로 공급하고 실내에 Induction Units를 설치하여 실내 공기(Secondary Air)를 유인하여 정풍량(CAV)의 혼합된 급기를 제공하였다.
- 오늘날은 13℃ 정도의 급기온도를 사용하는 전통적인 공조 방식을 개선하였으며 또한 실내 상대 습도를 50%RH~60%RH로 유지하는 데 이용되고 있다.
- 일반 공조 방식을 사용하여 현열비(Sensible Heat Ratio)가 0.8~0.9 정도인 일반 사무실에 13℃의 급기를 제공하여 실내온도 24℃, 상대습도 55~60%RH 환경을 제공하고 있는데 이러한 운전 방식은 초기 투자비와 건물 냉방비용의 증가(저온 급기 방식에 비해서)를 피할 수 없다.
- 1980년대 빙축열시스템이 개발되면서 급기온도를 낮추는 데 더욱 편리해지고 빙축열시스템은 저비용으로 1~4℃ 정도의 냉수를 생산할 수 있으므로 공조기의 급기온도를 4~9℃까지 생산할 수 있게 된 것으로 빙축열시스템의 개발로 인해 저온 공조시스템 상용화가 가능해진 것이다.

1) 저온 공조시스템(Cold－Air Distribution System)의 장단점

(1) 장점

① 초기 투자비 감소
- 순환펌프, 팬 동력 축소 가능, 덕트 및 배관 크기도 감소
- 운전비 절감(팬, 순환펌프 동력비 절감)

② 층고의 감소

③ 상대습도 개선 효과(사무환경 개선 효과)
저온에 의한 제습효과로 상대습도가 낮아지는 효과 발생

④ 기존 시스템 냉방부하 증가 시 효과적인 대응 방안으로 활용 가능

(2) 단점

① 최소 외기 도입량 이하가 되지 않도록 운전 시 주의

② 덕트 취출구에서의 결로, 콜드 드래프트에 주의

③ 덕트의 기밀성과 보온 강화

④ 팬 파워 유닛이나 혼합 유닛에서의 적정 취출 온도 유지

⑤ 간헐 운전 재가동 시 급기온도를 높게 설정 후 천천히 낮춰 갈 것

⑥ 낮은 습도에서는 결로가 잘 생기지 않음(저온 공조 정상 운전 시)

⑦ 기존 공조시스템 성능 증대를 위한 저온 공조 적용 시 덕트 및 배관 등의 단열 성능 강화(결로 방지)

⑧ 취출구의 경우 결로나 저온 취출을 위해 팬 파워 유닛이나 유인유닛으로 교체 검토

⑨ 저온 냉수의 공급 가능 여부, 냉각 코일의 냉각 능력 확인 후 필요시 보완 → 코일 추가나 교체 등

⑩ 냉각 코일에서의 결로수 비산에 주의하도록 코일 면 풍속은 1.5～2.3m/s를 유지(기존 공조 3m/s 이내)하고 코일 열수 증대(8～10열, 기존 코일 3～6열)
- 부분부하 시 급기온도 상향 조정
- 열원 장비 및 각종 기기가 최대 효율로 운전 → 운전 효율 향상
- 최소 외기 도입량 유지

2) 저온급기 방식의 급기온도의 종류

(1) 10.6℃ 급기 방식

- 공조기 코일 출구온도 9～11℃의 급기 시스템이다.
- 기존의 공조 방식으로도 사용이 가능하지만 쾌적한 급기온도 및 충분한 환기 풍량을 유지하기 위하여 FPU를 사용하는 것이 바람직하다.
- 거의 모든 건물에서 사용 가능하며 기존의 공조 방식에 비해 온도차가 크지 않으므로 저온급기의 덤핑(Dumping) 현상 및 취출구에서의 결로 현상 등의 위험성은 적지만 적정한 공기 취출 성능 지수(ADPI)의 유지를 위하여 취출구의 취출 특성 및 배치에 세심한 배려가 요구된다.

• 6.7℃ 급기 방식에 비해 에너지 절감 효과가 작지만 송풍기의 동력 감소로 인해 전체 시스템의 에너지 소비는 절감된다.

① 시스템 특성

- 열원설비 : 일반 냉동기 방식으로 적용 가능
- AHU 송풍기 : 풍량 감소에 의해 20～30% 동력비 절감
- 공조 덕트 : 풍량 감소에 의한 30% 정도 크기 감소
- 터미널 : 일반적인 VAV 터미널 적용 가능
- 덕트 보온 : 기존 방식보다 세심한 보온 필요

(2) 6.7℃ 급기 방식

- 코일 출구온도 5～5.5℃의 급기 시스템이다.
- 빙축열시스템을 열원 방식으로 사용할 경우 효율성이 뛰어나다.
- 기존 공조 방식에 비해 공급되는 온도차가 비교적 크므로 공조기 및 덕트 크기가 작아지며 동력 감소로 인한 에너지 절감효과가 크다.
- 공조기의 냉각 코일, 보온 및 공기 침입 등에 세심한 주의가 필요하며, 공조기 코일에서 과다한 제습 부하가 발생하며 1차 공기량 감소로 인해 외기 냉방(Free Cooling) 시스템의 적용 효율이 감소하게 된다.
- 1차 공기의 감소로 실내의 환기성능이 현저히 떨어지게 되는데 이를 극복하기 위한 방안으로 FPU을 도입이 필수적이다.

① 시스템 특성

- 열원설비 : 저온 냉동기, 특히 빙축열시스템이 효과적임
- AHU 송풍기 : 풍량 감소에 의해 30～40% 동력비 절감
- 공조 덕트 : 풍량 감소에 의해 30～40% 정도 크기 감소
- 터미널 : 송풍기 구동 유인형 FPU
- 덕트 보온 : 덕트 및 터미널에 보온의 보강이 필수적으로 필요하며 특히 연결부위에 세심한 주의를 기울이는 결로 방지 대책에 필요

② 빙축열 방식과 병행할 경우

- 1차 공기 온도를 7℃로 할 경우 : 냉수, 브라인 사용
- 1차 공기 온도를 4℃로 할 경우 : 에틸렌글리콜을 첨가한 브라인 사용
- 저온 공조시스템은 덕트 스페이스를 줄일 수 있고, 빙축열시스템과 병행할 경우 에너지 효율을 극대화시킬 수 있는 방식이다.

3) 급기 터미널 유닛의 종류

① 유인형 터미널 유닛
② 팬 파워 유닛 : 병렬식 팬 파워 유닛, 직렬식 팬 파워 유닛

SECTION 12 복사 냉방 방식

- 바닥, 천장, 벽면에 설치된 패널에 냉수코일을 설치하여 패널의 표면 온도를 실내온도보다 낮게 유지함으로써 실온과의 온도차에 의한 복사, 대류에 의해 실내 현열을 제거하는 방식
- 실내환경의 향상과 에너지의 효율적 이용을 위한 냉방 방식의 일환으로 천장패널 냉방시스템(Cooling System With Chilled Ceiling Panel)을 도입하여 종래의 온습도 조절이라는 공조개념에서 탈피하여 국소적인 온도차, 공조기에 의한 기류감과 공조소음 등의 문제 해결에 관심을 두고 있다.

1) 복사 냉방 종류

① 복사형
② 대류형
③ 밀폐 천장형
④ 개방 천장형

2) 천장냉방패널 제어

천장패널에 배관을 설치하여 냉수를 순환시킴으로써 냉각된 천장의 표면에 의하여 실내의 현열을 제거하여 냉방을 수행하는 냉방 방식

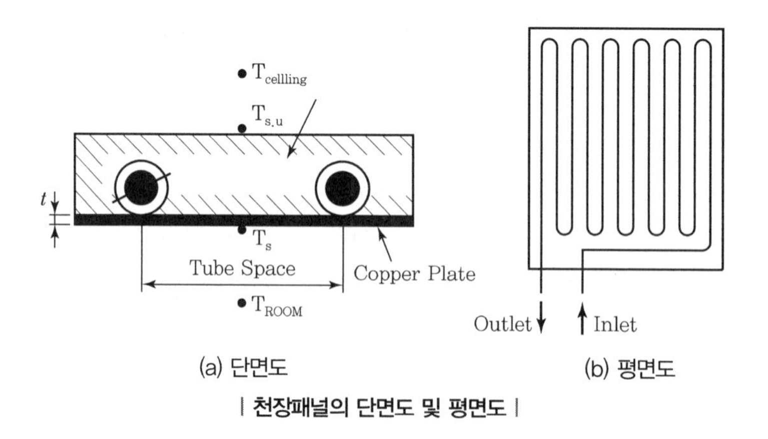

| 천장패널의 단면도 및 평면도 |

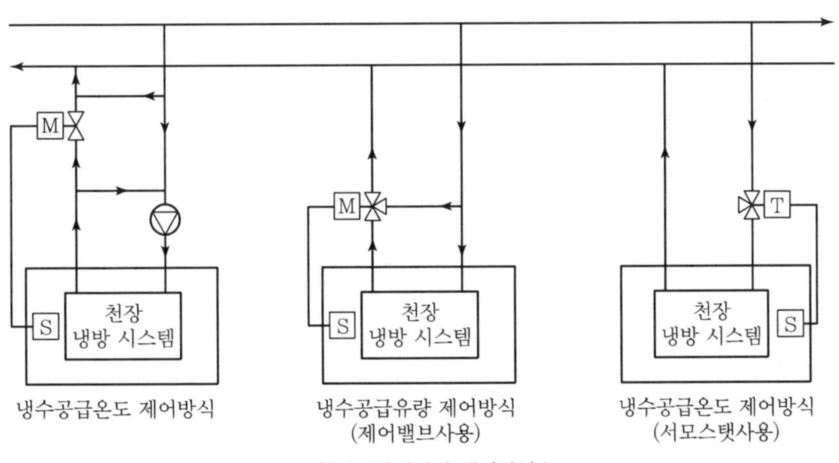

| 천장냉방패널의 제어방식 |

① 냉수 온도, 유량 제어

② 냉수 공급 온도와 냉방패널 유효 표면 온도차 : 1~2℃ 차이

③ 결로 방지

- 습도 증가로 인한 결로가 없도록 상시적 가동
- 냉수 온도가 노점 온도 이하가 되지 않도록 유의
- 급기 시스템 가동 → 실내 습기 제거 → 냉수 공급 → 냉방패널 가동
- 냉수 온도를 실내온도와 비슷한 상태에서 냉방 개시 → 천천히 냉수 온도를 하향 조정

3) 시스템의 구성요소

① 천장패널

② 냉각제(Cooling Element)

③ 천장타일(Ceiling Tile)

④ 단열제

⑤ 펌프

⑥ 연결구, 연결기구

4) 천장패널 냉방시스템의 특징

(1) 장점

① 기류의 감소로 쾌적성 증대

② 천장공간의 유효 이용

③ 덕트 및 공조기의 규모 감소

④ 덕트 및 공조기의 소음 감소

⑤ 에너지 절약효과

(2) 단점

① 패널 표면의 결로발생 가능성

② 잠열부하의 처리문제

③ 신선공기의 공급문제

5) 시스템 도입방법

① 기후 및 설비의 사용조건 검토
② 냉수입구온도 및 패널표면온도를 노점온도 이상 유지(노점감시장치 설치)
③ 냉수유량은 최소 0.017kg/s(약 60L/hr)
④ 냉수의 온도강하 2℃ 정도로 결정(16~18℃)
⑤ 냉수유동을 난류로 함으로써 열전달 효율을 향상시키고 배관 내 공기의 지연배출 유도
⑥ 압력손실은 0.5기압 이하로 유지
⑦ 패널의 표면에 결로가 발생하지 않는 한도에서 패널의 표면온도를 최대한 노점온도에 접근시킴
⑧ 실내공간 및 패널 표면의 상태에 따라 냉수의 순환회로를 적절히 제어하는 계측기, 밸브류, 제어장치 등 필요
⑨ 조명 및 실내분위기, 다른 기기들과의 조화를 이루도록 설계

6) 결론

천장패널 냉방시스템은 냉방부하에 대처가 용이하며, 전기기기들의 발열을 최소화할 수 있어 에너지 절감과 운전비의 감소 및 실내거주자의 쾌적요구 수준을 만족시킬 수 있는 냉방방식의 하나로서 실내 환경과 시스템의 사용조건을 적절히 제어한다면 매우 효과적인 냉방을 할 수 있을 것으로 판단된다.

SECTION 13 저속 치환 방식

- 신선 외기가 실내온도와 작은 온도차로 저속(0.8m/s 이하)으로 하부에서 취출하여 공기의 온도차에 의한 대류현상의 원리를 이용하는 방식
- 실내 발열과 대류현상에 의해 오염 물질을 상승시켜 윗부분의 배기구로 배출하는 방식으로 에너지 절감이나 열적 쾌감도 측면에서 우수한 공조 방식이다.

1) 저속 치환 공조 방식의 장점

① 실내 열부하 제거
② 실내 공기 청정도 유지

2) 치환 구역(Shift Zone)

① 급기의 체적과 대류현상에 의해 움직이는 공기가 성층화되어 구분되는 경계구역

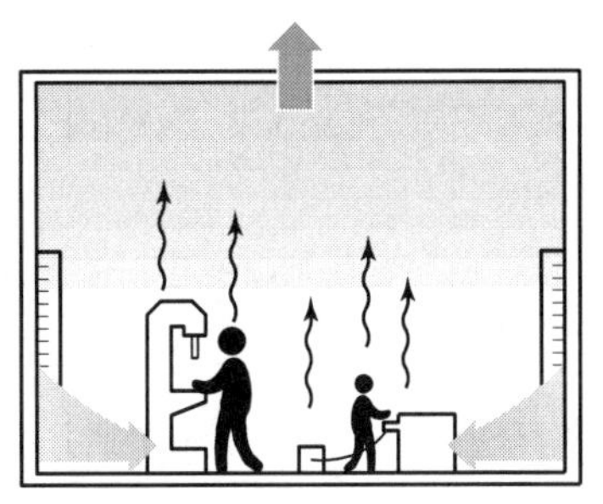

| 저속치환 공기조화 환기 방식의 개요도 |

② 미립자의 크기가 10μm 이상이거나 공기보다 무거운 가스의 완전한 배출 곤란 → 하강 후 급기와의 희석 효과 작용(배출구를 낮게 설치 필요)
③ 실내온도와 급기온도의 온도차 : ±2~5℃ 이내
④ 저속 치환 기구 전면부에 고른 공기 흐름이 유도되어야 함(구조물이나 작업 조건에 의한 공기 흐름 방해 예방 필요)
⑤ 실내 발열기기의 위치나 평면상 구조를 고려하여 전체적으로 균등한 온도 분포가 가능토록 취출구의 위치 선정에 주의

SECTION 14 공기조화의 계획

- 건물의 특정한 용도에 적합한 공기조화 방식을 정하고자 할 때, 우선 단위면적당의 설비비와 운전비를 충분히 고려해야 한다.
- 공조 계획을 진행함에 있어 기본계획 시점에서 건물 전체의 수준을 염두에 두고, 공조 설비의 수준에 대한 등급을 고려해서 설비비의 조건을 정한다.
- 공기조화의 수준을 좌우하는 주요 항목으로는 다음과 같은 것이 있다.
  - 각 방의 제어성
  - 온습도의 제어성
  - 공조장치의 제어성
  - 운전기간
  - 용도변경에 대한 신축성

1) 구역계획(Zoning)

① 조닝을 하면 운전비를 절약할 수 있고, 건물의 공조를 보다 더 정밀하게 할 수 있다.
② 사방이 유리창으로 둘러싸인 건물의 경우 유리창이 있는 바깥 구분은 외부구역(Exterior Zone)으로, 동서남북 네 구역으로 구분되어진다.

③ 외부구역은 시간과 방향에 따라 그 부하가 크게 달라진다.
④ 안쪽 부분을 내부구역(Interior Zone)이라고 하고 난방부하가 거의 없고 전등과 사람에 의해 냉방부하만 있을 뿐이다.
⑤ 동쪽 외부구역은 아침 8시에 냉방부하가 최대가 되면 서쪽 외부구역에서는 오후 4시에 최대부하가 된다.
⑥ 사용별 구역방식은 각 방의 사용시간이나 원하는 온습도에 따라 공기조화를 하는 방법이다.
⑦ 사무실 건축에서 건축의 일부에서만 야근을 할 때 그 일부분 때문에 건물 전체를 공조할 수는 없고 이런 경우 부분적인 공기조화의 방식을 채용하여야 한다.

2) 공기조화 방식의 분류

여러 가지 방법이 있지만 일반적으로 아래와 같이 중앙식과 개별식으로 나눌 수 있다.

구분	열매에 의한 분류	시스템 명칭
중앙식	전공기 방식	정풍량 단일덕트 방식
		변풍량 단일덕트 방식
		이중덕트 방식
	공기수 방식	팬코일 유닛 덕트병용 방식
		인덕션 유닛 방식
	수방식	복사 냉난방 방식
개별식	냉매 방식	팬코일 유닛 방식
		룸에어컨 방식
		패키지 유닛 방식

SECTION 15 공조설비 설계 시 고려사항

1) 건축과의 협의내용

① 건축물의 에너지 절약화(단열, 창, 방위 등)
② 기계실의 적절한 배치
③ 덕트, 파이프 샤프트의 크기와 위치
④ 덕트배관의 관통과 천장 내 스페이스(층고, 천장고)
⑤ 슬래브, 철골, 구조벽의 오프닝
⑥ 고층빌딩의 경우 로비의 외기침입 기밀유지

2) 사전조사

① 설계하고자 하는 비슷한 유형의 건물에 대한 조사를 실시하여 장단점 파악, 문제점, 유의점에 대응
② 건물에 요구되는 공조조건(실내, 온습도, 정밀도, 운전방법 등)
③ 건축주의 의견 청취 및 이해사항 협조를 구함
④ 현장조건 파악(에너지의 공급, 시수공급, 오배수 연결, 대기오염도, 소음도 등)

3) 시스템의 구상

① 협의사항에 근거한 공조시스템 설정(일반적으로 2, 3개 시스템으로 압축)
② 초기 투자비, 운전비, 용도에 근거한 쾌적성 등의 검토

4) 공조시스템의 종류별 고려사항

(1) 열원시스템

① 기기의 효율성, 가격 검토
② 에너지 가격이 합당한지
③ 환경오염을 유발하지 않는지
④ 저부하 특성이 나쁘지 않은지
⑤ 초기 투자비와 운전비와의 경제성 대비
⑥ 기기의 내용연수는 충분히 보장되는지

(2) 반송시스템

① 열매의 이용종류(증기, 온수, 냉수, 온도조건)
② 변유량 시스템의 경우 팬, 펌프의 유량 제어
③ 반송계의 발생소음, 진동 제거
④ 배관경로와 건축과의 관련
⑤ 수배관의 방식, 공기배제 계획

- 일반적으로 반송동력은 배관사이즈를 바꾸지 않고 온도차를 2배로 하면(유량을 1/2로 취한다) 1/8로 줄어든다.
- 온도차를 2배로 하면 동력은 1/2로 되고 배관경은 적어진다.
- 단위 마찰손실 일정, 온도차 2배, 동력 1/2, 배관사이즈 축소

(3) 공조시스템

① 유리창, 외벽 등(페리미터 구간)의 열부하 변동이 크지 않은지 검토(FCU+VAV 등의 방식 선정 시 고려)
② 부하 변동, 용도, 운전시간대 등에 의한 Zone 분석

③ 요구되는 온습도, 공기청정조건의 정도에 의한 Zone 분석
④ 특수한 부하(전산실, 기타 발열) 발생 여부
⑤ 분진, 냄새, 유해가스의 발생 Zone 여부
⑥ 개별제어의 필요성
⑦ 공조의 목적(보건공조, 산업공조)
⑧ 실내 기류분포, 온도분포에 대한 제약은 없는지 검토

(4) 에너지 절약 측면

① 열원시스템 측면의 에너지 절약 : 축열장치, 외기냉방의 조합
② 반송시스템에서의 에너지 절약 : 대수제어, 팬, 펌프
③ 공조시스템에서의 에너지 절약 : 공조 방식, 경제성 검토, VAV, CAV, 이중덕트 등
④ 외기부하 경감
- 외기도입량 최소화
- 배기열 회수
- 예열, 예랭 시의 외기 도입 및 배기 제한

⑤ 적절한 조닝에 의한 운전시간 제한
⑥ 코스트 스터디
- 공조설비 공사비 비율
- 시스템에 의한 공사비 비율
- 운전관리비 연간코스트의 검토

5) 각종 기계실과 샤프트 위치 및 크기

① 공조 방식에 의한 계통도 작성
② 평면상의 공조실 배치 및 크기 산정
③ 공조기의 적정위치 및 외기인입, 배기구 등의 설치가 용이한지 확인
④ 공조 방식에 의해 개략 환기량을 구하고 공조기 용량 산출
⑤ 산출된 풍량에 맞는 공조기와 공조실 면적 산출
⑥ 주기계실 배치 및 크기 산정
⑦ 기계반입, 반출구 배치 및 동선 확보(주기계실, 공조실, 팬룸)
⑧ 덕트의 레이아웃 및 에어덕트 파이프 샤프트의 적정크기 산정

6) 기본계획서 작성

① 설계방향, ② 설계기준 데이터, ③ 열원방식, ④ 공조 방식, ⑤ 위생설비, ⑥ 소화설비, ⑦ 자동제어설비, ⑧ 기타(주방, 청소설비 등), ⑨ 각종 경제성 검토서, ⑩ 시스템 다이어그램

SECTION 16 Fan Coil Unit+Duct 겸용방식과 Convector+전공기 Duct 방식

중앙장치에서 냉각 또는 가열된 물과 공기를 실내에 설치된 Terminal Unit으로 배관과 덕트를 통해 공급하여 공기조화하는 방식이다. 주로 Terminal Unit 또는 Induction Unit을 활용하여 공조하며 Fan Coil Unit 또는 복사 Panel과 중앙장치에서 처리된 환기용 공기를 송풍할 Duct가 조합된 방식도 사용한다.

1) 종류

① 각층 Unit 방식
② 단일 Duct 재열 방식
③ FCU+Duct 방식
④ Induction Unit 방식
⑤ Coil+Duct 방식

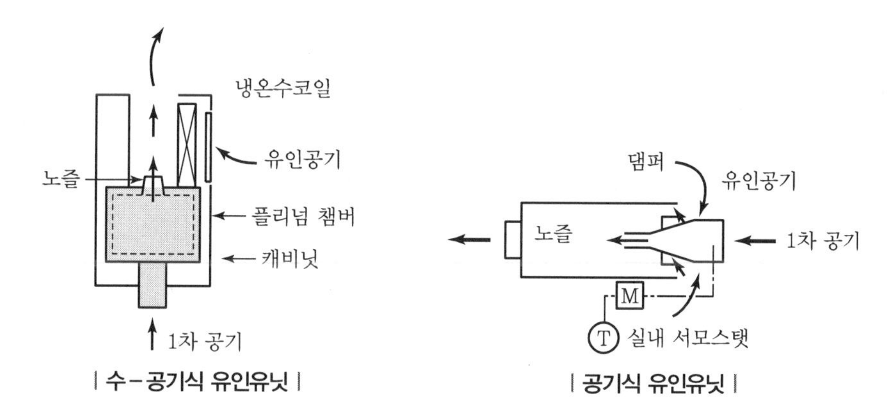

| 수-공기식 유인유닛 |　　　| 공기식 유인유닛 |

2) 장점

① 실별 제어가 용이하다.
② 경제적인 운전이 가능하다.
③ Duct Space가 작아진다.(Duct 계로는 환기용 공기만 송출하므로)
④ 중앙공조는 전공기 방식에 비해 작아진다.
⑤ 환기 및 가습이 중앙장치에서 수행된다.
⑥ 환기성이 양호하다.
⑦ 동절기 동파 방지를 위한 공조기 가동이 불필요하다.
⑧ 정전 시 전공기 방식보다 적은 전력으로 비상가동이 용이하다.
⑨ Cold Draft 방지가 가능하다.

3) 단점

① 외기냉방이 어렵다.
② Induction Unit, FCU 등은 외주부에서만 적용된다.
③ 자동제어가 복잡하다.
④ 유지보수가 어렵다.(기기가 분산 설치되므로)
⑤ 낮은 냉수 온도가 필요하다.(습도조절을 위하여)
⑥ 고도의 환기가 요구되는 곳은 적용이 불가하다.(실험실 등)

4) 적용

다수의 Zone을 가지며 현열부하의 변동이 크고, 고도의 습도제어가 불필요한 곳의 외주부
① 사무소
② 병원
③ 호텔
④ 학교
⑤ 아파트
⑥ 실험실

CHAPTER

06 열원설비

SECTION 01 냉동기

1) 공기조화용 냉동기의 종류와 용도

분류		명칭	주 용도
압축식	체적형	왕복식 냉동기	소 · 중형(120냉동톤까지)
			패키지 에어컨디셔너, 룸 에어컨디셔너
		스크루 냉동기	공기 열원 열펌프
		로터리 냉동기	룸 에어컨디셔너
	원심형	터보 냉동기	대형(80냉동톤 이상)의 칠링 유닛
흡수식		흡수냉동기	중 · 대형 칠링 유닛, 냉 · 온수 발생기

(1) 왕복식 냉동기(Reciprocating Compressor)

① 압축기, 응축기, 증발기, 팽창밸브 등으로 구성되어 있다.

② 실린더 안을 피스톤이 왕복운동을 하면서 냉매가스를 압축한다.

③ 다른 압축식 냉동기에 비하여 용량이 비교적 작고, 소 · 중 용량에 사용된다.

④ 회전수는 200～3,600rpm 정도로 비교적 낮으며, 왕복운동에 의한 진동이 큰 단점이 있다.

(2) 원심식 냉동기(터보 냉동기)

① 압축기는 임펠러의 회전에 의해서 냉매가스를 압축하는 터보(Turbo) 압축기를 사용한다.

② 원심식 냉동기는 대용량의 수랭용 냉동기로서 보통 용량이 3～120냉동톤의 범위에서는 왕복식이 사용되고, 그보다 큰 경우에는 원심식이 사용되는 경우가 많다.

③ 원심형 냉동기는 왕복식에 비하여 다음과 같은 특징을 가지고 있다.

- 용량이 88～7,000냉동톤으로서 매우 크다.
- 고속회전이므로 증속장치가 부착되어 있는 것이 많다.
- 오랜 시간의 연속 운전이 가능하다.
- 단단에서 고압축비 운전이 어렵다.

(3) 흡수식 냉동기

① 냉매는 물, 흡수액은 취화리튬 수용액을 사용한다.

② 진공 펌프 등으로 감압한 냉매를 증발기 안에서 증발시켜 냉각작용을 하는데, 이 냉매가스를 흡수기에서 흡수액에 흡수시킨다.

③ 물을 흡수하여 엷게 된 액은 재생기에 보내어 증기 등으로 가열시키므로 비등하여 수증기가 방출된다.

④ 이 수증기는 응축기에 들어가 냉각되어 액화된다.

⑤ 이 액화된 물이 증발기에 보내어져서 사이클을 이룬다.

⑥ 재생기에서 물을 방출하여 진하게 된 액은 흡수기에 보내어진다.

⑦ 흡수식 냉동기는 압축식 냉동기에 비교하여 다음과 같은 특징을 가지고 있다.

- 기계적인 압축 기구를 가지고 있지 않으므로 진동이나 소음이 적고, 건물의 어느 위치에서도 용이하게 설치할 수 있다.
- 운전 압력이 낮고, 고압가스를 사용하지 않기 때문에 전력 소비량이 적다.
- 용량 제어 특성이 좋고, 대응할 수 있는 부하의 범위도 넓다.
- 가열원으로서 증기, 온수, 직접 가열 에너지 등을 필요로 한다.
- 고온 측의 방열량이 압축식의 2배 정도이며, 냉각탑의 용량이 커져서 냉각수 온도의 제어를 필요로 하는 경우가 많다.
- 냉수 온도는 일반적으로 7℃이다.
- 냉동장치 내부의 진공도가 높아 추기(bleeding) 조작이 필요하다.

⑧ 일반 냉동장치에서 사용하고 있는 압축기 대신 흡수기, 용액펌프, 발생기(재생기)를 사용한다.

⑨ 저온상태에서는 서로 용해가 잘 되고 고온에서는 분리가 잘 되는 냉매와 흡수제를 사용한다.

⑩ 냉매의 저압 조건에서의 증발잠열을 이용한다.

⑪ 흡수제에 혼합된 냉매를 외부 열원에 의해 가열 · 분해한 후 냉각수에 의해 응축해 다시 증발기로 보내어지는 순환 사이클이다.

⑫ 흡수식 방법은 기계식 방법에 비해 효율이 낮으므로 가열원으로서 폐열을 이용하거나, 발생기와 흡수기 사이에 열교환기를 설치하여 열효율을 향상시키는 방법을 사용한다.

▼ 물 – 리튬브로마이드(LiBr) 흡수식 냉동기의 종류와 용도

명칭	용량(냉동톤)	가열원	용도
흡수식 냉동기(1중 효용)	70～1,500	증기, 중 · 고온수	일반적으로 공기조화용으로 가장 많이 사용
흡수식 냉동기(2중 효용)	100～1,500	고압증기, 고온수	공기조화용, 고온 열원이 있는 경우
직화식 냉온수기 (1중 효용)	50～100	도시가스, 등유	소형 빌딩의 일반 공기조화용
직화식 냉온수기 (2중 효용)	90～850	도시가스, 등유	일반 공기조화용
소형 흡수식 냉온수기	2～50	도시가스, 등유	중앙 냉 · 난방용이 중심

2) 흡수식 냉동기

(1) 흡수식 냉동기의 장치

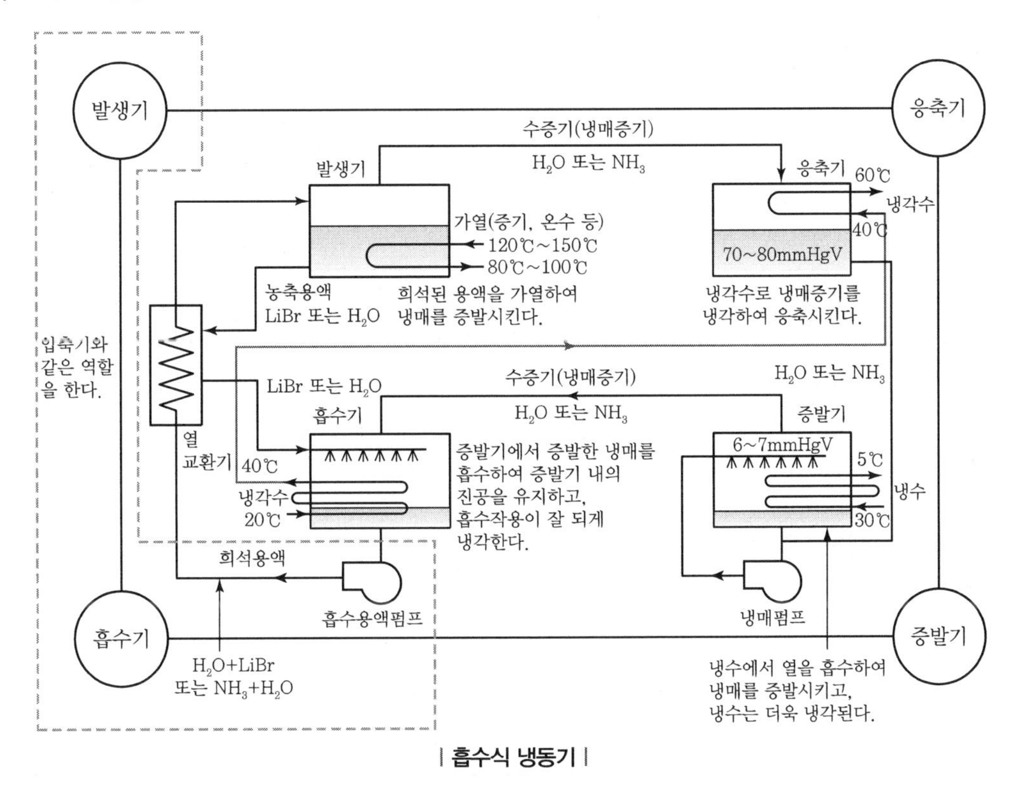

| 흡수식 냉동기 |

① 흡수기

- 증발기에서 증발한 저온의 냉매가스를 연속적으로 흡수할 수 있도록 하는 장치이다.
- 냉각수를 통수시켜 흡수액이 냉매가스를 흡수하면서 발생한 흡수열을 냉각하여 흡수제의 흡수능력을 증대시킨다.
- 냉매가스를 흡수한 희석용액(흡수제 + 냉매)은 용액펌프를 이용하여 발생기로 보낸다.

② 발생기(재생기)

용액펌프를 통해 들어온 희석용액을 열원(증기, 가스, 온수 등)에 의해 가열하여 냉매와 흡수제를 분리시켜 증발된 냉매가스는 응축기로 공급하고, 농흡수액은 열교환시켜 흡수기로 다시 공급된다.

③ 응축기

발생기에서 흡수제와 분리된 냉매가스는 냉각수와 열교환되어 응축 액화된다.

④ 증발기

- 응축기에서 공급된 냉매가 팽창되어 냉수 냉각관 상부에서 산포되어 냉수로부터 열을 흡수하여 증발, 흡수제에 흡수되며 냉각된 냉수는 냉동 목적으로 이용된다.
- 냉매인 물은 5℃ 전후의 온도에서 증발하고(진공 : 6.5mmHg) 냉수는 12℃ → 7℃ 정도까지 냉각된다.

⑤ 열교환기

흡수기에서 희석된 용액은 펌프에 의해 열교환기에 공급되고, 발생기에서 되돌아오는 고온의 농흡수액과 서로 열교환되어 열효율을 증대시킨다.

⑥ 정류기 및 애널라이저(Analizer)

- 발생기에서 송출되는 NH_3 냉매가스는 수증기를 많이 포함하고 있어 냉매가스 중에 포함된 수증기가 응축기를 거쳐 증발기로 유입되면 냉동능력을 저하시키므로 발생기로부터 송출되는 수증기를 제거하여 농도가 높은 NH_3 증기만을 보내기 위해 설치한다.
- 5대 구성요소 : 흡수기 – 용액펌프 – 발생기(재생기) – 응축기 – 증발기
- 흡수식에서 압축기의 역할을 하는 장치 : 흡수기, 용액펌프, 발생기
- 흡수식 냉온수기 : 흡수식 냉동기와 버너를 조합하여 재생기에서 발생하는 열을 이용하여 냉난방을 동시에 행하는 장치
- 2중 효용 흡수식 냉동기 : 1중 효용식에 재생기를 1개 더 추가한 것으로 2개의 재생기가 있으며 효율이 높아지고 가열량도 감소된다.

(2) 흡수식 냉동기의 특징

① 장점

- 압축기를 기동하는 전동기가 없고 열에너지를 이용하므로 소음, 진동이 없다.
- 증기를 열원으로 이용할 경우 전력소비가 적다.
- 자동제어가 용이하며 연료비가 적게 들어 운전비가 절감된다.
- 과부하 시에도 사고의 우려가 없다.
- 냉동온도가 저하되어도 냉동능력 감소가 적다.

② 단점

- 압축식에 비해 열효율이 나쁘며, 무겁고 높이가 높아 설치면적이 크다.
- 냉각탑 등의 부속설비가 압축식에 비해 2배 정도로 커져 설비비가 많이 든다.
- 냉각수온의 급랭으로 결정(結晶) 사고가 발생하기 쉽다.
- 예랭시간이 길다.

(3) 냉매와 흡수제

냉매	흡수제
암모니아	물
물	취화리튬
염화메틸	사염화에탄
톨루엔	파라핀유

① H_2O/LiBr계

- 냉매인 물의 비등점이 높아 공랭화가 어렵다.(공기 열원 히트펌프 적용이 곤란)

- 0℃ 이하의 저온을 얻을 수 없다.(냉동/냉장 시스템 적용이 곤란)
- 부식성이 강한 편이나 안정된 성질로 가장 널리 사용 중이다.
- 일부 냉동시스템에서는 용액의 결정화에 주의해야 한다.

② NH_3/H_2O계

㉮ 장점

- 프레온계(CFC계) 냉매를 사용하지 않으므로 환경 파괴가 없다.
- 냉매 가격이 싸고 구입이 쉽다.
- 고진공을 필요로 하지 않는다.

㉯ 단점

- 독성, 가연성, 폭발성이 있으므로 누설 및 취급에 주의해야 한다.
- 고압가스 안전관리법에 의한 규제 대상이다.
- 대기압 상태에서 비등하므로 밀폐 구조로 보관해야 한다.
- 취급 시 전문가의 지식이 필요하다.

㉰ 진공에 대한 부담이 적고 열적 성능이 좋아 연구 및 개발이 활발하게 진행되고 있다.

(4) 흡수식 냉동기에서의 냉동톤

① 재생기를 가열하는 열원의 1시간당 입열량 6,640kcal/h를 1냉동톤이라 한다.

② RT＝발생기를 가열하는 1시간의 입열량[kcal/h]/6,640

3) 스크루 냉동기와 로터리 냉동기

왕복식 압축기는 전동기의 회전운동을 왕복운동으로 바꾸어 냉매가스를 압축하지만 스크루(Screw) 압축기와 로터리(Rotary) 압축기는 회전 운동으로 압축일을 얻는 압축기이다.

(1) 스크루 냉동기

스크루 냉동기는 소용량 왕복식과 대용량 원심식의 중간용량에 이용된다.

① 고압축비에서 체적효율이 매우 높다.

② 송출밸브와 흡입밸브는 없고, 연속 압축식이므로 맥동이나 진동이 적다.

③ 내구성이 우수하며 장시간 연속 운전을 할 수 있다.

④ 서징(Surging)이 없어서 용량 제어범위가 넓다.

⑤ 대용량의 오일 분리기, 오일 펌프 등을 필요로 한다.

- 압축과정은 왕복식 압축기와 같으며, 흡입, 압축, 송출의 3과정으로 되어 있다.
- 로터리 치형 사이에 흡입된 냉매가스는 두 치형의 맞물림에 의해서 압축되어 송출구로부터 배출된다.

(2) 로터리 냉동기

① 룸 에어컨디셔너 등 소형 공기조화용으로 이용된다.

② 용량은 1.5kW 정도로서 소형의 것이 많다.

③ 로터리 냉동기는 왕복식 냉동기에 비하여 다음과 같은 특징을 가지고 있다.

- 부품 수는 적고 구조가 간단하나, 공작 정밀도가 고도로 요구된다.
- 소형, 경량이면서 가스 압축에 의한 맥동이 적다.
- 체적 효율이 좋다.
- 압축기의 과열 방지를 위하여 중간 냉각기를 필요로 한다.
- 액 냉매가 실린더에 흡입되지 않도록 하기 위한 액분리기가 필요하다.

4) 냉동 방식별 비교

구분	터보 냉동기	직화식 냉온수기	흡수식 냉동기
방식	전기모터로 원심식 압축기를 구동시켜 냉열원을 생산하여 부하측에 직접 전달하는 방식	냉매는 물, 흡수제는 리튬브로마이드 수용액을 사용하여 장비 내의 압력을 고진공상태로 유지시켜 물이 쉽게 증발할 수 있도록 하여 이 증발잠열을 이용하여 냉수를 만들어 냉방부하 측에 직접 공급하는 방식	냉매는 물, 흡수제는 리튬브로마이드 수용액을 사용하여 장비 내의 압력을 고진공상태로 유지시켜 물이 쉽게 증발할 수 있도록 하여 이 증발잠열을 이용하여 냉수를 만들어 냉방부하 측에 직접 공급하는 방식
에너지원	전기	가스, 오일	증기, 온수
냉매	R−123, R−134a	물+LiBr	물+LiBr
장점	• 설치 예가 많아 운전경험이 풍부하다. • 초기 투자비가 저렴하다. • 설비가 간단하다. • 수명이 길다. • 설치 면적이 적다. • 저압 냉매 사용으로 안전하다. • 대용량에 적합하다.	• 건물의 수변전 설비용량이 적다. • 초기 투자비가 적다. • 냉 · 난방이 1대로 가능하다. • 소음, 진동이 적다. • 부분부하 운전이 좋다. • 프레온 냉매를 사용하지 않아 오존층 파괴로 인한 환경문제가 없다. • 운전 경비가 적다. • 정부 혜택 대상이다.	• 건물의 수변전 설비용량이 적다. • 초기 투자비가 적다. • 소음, 진동이 적다. • 부분부하 운전이 좋다. • 프레온 냉매를 사용하지 않아 오존층 파괴로 인한 환경문제가 없다. • 운전 경비가 적다.
단점	• 건물의 수변전 용량이 크다. • 저부하 운전이 어렵다. (25% 이하는 곤란) • 계절관리(휴지 & 개시)가 번거롭다. • 연간 운전비가 가장 많이 든다. • 고압 가스법이 적용된다.	• 운전에 숙련을 요한다. • 연도 및 환기설비가 필요하다. • 결정 사고 우려가 크다. • 효율이 기계식에 비해 나쁘다. • 연도, 연돌 설치 · 구성이 필요하다. • 별도의 연료 공급 장치가 필요하다. • 냉수 출구온도 5℃ 이하에 적용할 수 없다.	• 운전에 숙련을 요한다. • 결정 사고 우려가 크다. • 효율이 기계식에 비해 나쁘다. • 냉수 출구온도 5℃ 이하에 적용할 수 없다.
냉수 공급온도	4℃ 이상	6.7℃ 이상	6.7℃ 이상

구분	터보 냉동기	직화식 냉온수기	흡수식 냉동기
냉수 온도차	5℃ 이상	5℃ 이상	5℃ 이상
효율 유지	PURGE 장치로 불응축가스 배출	진공도 저하로 효율 저하	진공도 저하로 효율 저하
성적계수	4.5~5	1.1~1.2	1.1~1.2
응축유량	1배	1.5배	1.5배
보조장치	일반냉동기보다 기능 복잡	일반냉동기보다 기능 복잡	일반냉동기보다 기능 복잡
냉매관리	부식성 강함	부식성 강함	부식성 강함
고압가스 관리법 적용	R-123 : 비대상 R-134a : 대상	비대상	비대상
유지보수		불완전 연소 시 배기가스 배관 수시점검 필요	
초기 투사비	왕복동식 냉동기<스크루 냉동기<흡수식 냉동기<냉온수기<터보 냉동기<빙축열시스템		
연간 운전비	빙축열시스템<냉온수기<흡수식 냉동기<스크루 냉동기<왕복동식 냉동기<터보 냉동기		
지원제도		세액공제, 설치자금 저리 융자	
배관공사		환기가스 및 배기가스 배관공사 시 추가비용 발생	

구분	스크루 냉동기	왕복동식 냉동기	빙축열시스템
방식	전기 모터로 스크루를 회전시켜 압축하는 방식. 회전운전에 의한 압축으로 냉열원을 생산하여 부하 측에 직접 전달하는 방식	전기 모터로 실린더 내 피스톤의 왕복운동으로 압축작용을 하여 저온의 냉열원을 생산하여 부하 측에 전달하는 방식	냉동기와 축열조를 설치하고 야간에 심야전력을 이용하여 얼음을 축열조에 저장했다가 다음날 주간에 열교환기를 통하여 저온의 냉수를 공급하는 방식
에너지원	• 전기 • R-22, R-134a • 회전운동에 의한 압축으로 소음과 진동이 적다.	• 전기 • R-22 • 설치 예가 많아 운전경험이 풍부하다. • 가격이 저렴하다.	• 전기 • BRINE, R-123, R-134a • PEAK 부하에 대응이 쉽다. • 부하 변동이 심한 경우에도 안정적인 냉방이 가능하다.
냉매	• Moving Part가 적어 유지 보수에 유리하다. • 수명이 길고 고장이 적다. • Surging 현상이 없다.	저온 사용 가능(-15~20℃)	• 연간 운전비가 저렴하다.(심야전력 요금) • 하절기 전력 평준화에 기여한다. • 심야에 값싼 요금으로 이용한다. • 정부지원 및 한전지원 대상이다.
장점	• 증발온도 및 응축온도의 범위가 크다. • SLIDE V/V에 의한 용량제어가 용이하다. • 대체냉매 적용 시 윤활유만 교체하면 된다.		
단점	• 초기 투자비가 비싸다. (대용량 : 300RT 이상) • 오일 분리기가 필요하다.	• 왕복운동으로 압축기 소음, 진동이 크다. • 부속품이 많다. • 밸브, 피스톤링 마모가 우려된다. • 오일펌프가 필요하다. • 유압 스위치가 필요하다.	• 설치 면적이 가장 넓다.(축열조) • 축열 손실이 발생한다. • 시스템 구성이 복잡하여 유지관리가 어렵다. • 초기 투자비가 타 방식에 비해 고가이다.
냉수 공급온도	-15℃ 이상	-15℃ 이상	0~7℃

구분	스크루 냉동기	왕복동식 냉동기	빙축열시스템
냉수 온도차	5℃ 이상	5℃ 이상	5℃ 이상
효율 유지			효율 저하 요인이 적다.
성적계수	4~5	4~5	3.0~4.5
응축유량	1배	1배	1배
보조장치			일반냉동기보다 기능 복잡
냉매관리			BRINE 유량 유지 필요
고압가스관리법 적용	대상	대상	대상(R-22)
유지보수	유지보수 비용이 적게 발생한다.		
지원제도			한국전력 무상지원금, 법인세 감면 또는 특별감가상각, 설치자금의 저리 융자
배관공사			브라인 배관, 축열조 배관공사 및 자동제어 공사 시 추가비용 발생

구분	터보 냉동기	흡수식 냉동기
용도	• 중대형 건물 공조 대용량(100RT 이상) 수랭식 칠러로 이용 • 지역 냉방용 • 대용량 냉동용 • 더블 번들형의 열회수 열펌프	• 중대형 건물 공조용 • 주택, 소규모 건물용의 소형 Unit
냉매	R-12, R-22, R-500, R-502, R-11, NH_3	$H_2O(NH_3)$, $LiBr(H_2O)$
구성	압축기(임펠러 내장), 응축기, 증발기, 팽창밸브 추기 회수 장치, Guide Vane	재생기, 응축기, 증발기, 흡수기, 흡수식 열교환기
종류	• 밀폐형 : 전동식 80~1,600RT(냉각은 냉매에 의해 이루어짐) • 개방형 : 증기터빈 구동형, 전동식 2,000RT 이상 대용량	• 단효용 : 저압증기 또는 80~120℃ 정도의 온수, 태양열 또는 배열을 사용(성적계수 낮음) • 2중 효용 : 고압증기(8atg), 고온수(190℃), 단효용보다 COP가 1.7 정도 높아서 고압 보일러를 사용하는 곳 • 직화식 냉온수기 : 고압재생기에서 연료를 연소시켜 흡수액을 가열, 2중 효용 냉 · 온수를 제조하여 냉난방을 하거나 동시에 냉 · 온수 제조 가능 • 전용온수 열교환기 냉각수 회로, 냉수회로
원리	• 압축기의 임펠러 회전에 의한 원심력으로 냉매가스를 압축하므로 압축비는 낮지만 대용량에 적합하다. • 압축기의 임펠러는 단단의 것이 많으며 2단도 사용된다. 임펠러는 회전수가 빨라야 하고 일반적으로 증속치차 장치에 의해 증속된다.	• 증기 또는 온수를 열원으로 사용하며 냉매로서 물을 사용하기 때문에 증발기 내를 저압으로 유지해야 하며 추기장치가 있어야 한다. • 냉매펌프 또는 흡수액 펌프는 기밀성이 높은 전동 밀폐식이 사용된다.
COP	높다.	1.2~1.3(낮다.)
부분부하 시 효율	양호	양호
제어범위	15~100%	10~100%

구분	터보 냉동기	흡수식 냉동기
소음, 진동	흡수식에 비해 크다. (고주파 소음이므로 비교적 방음 대책이 용이)	진동은 적으나 Steam Hammering이 우려
예랭시간	짧다.	길다.
부하 추종성	양호	시간과 온도에 대해 신속하게 반응
설치공간	대용량의 것은 타 기종에 비해 작다.	크다.
용량 제어	• 압축기 흡입베인 제어 : 냉수 출구온도가 일정하게 되도록 온도조절기로 베인모터를 조작하여 흡입베인의 개도를 변화시킨다. 기동 시에는 기동토크를 감소시키기 위해 흡입베인을 전폐로 놓고 기동한다. • 회전수 제어 • 바이패스 제어 : 저부하에서 제어 시 Surging • 흡입댐퍼 제어 • 디퓨저 제어	• 구동열원 입구 제어 • 증기드레인 제어 • 버너 연소량 제어 • 바이패스 제어
기타 운전상의 특징	• R-11 등의 저압냉매를 사용하는 경우가 많으며 작동압력이 낮고 증발기에는 대기압보다 낮은 부분이 생겨서 공기가 증발기 내로 유입되기 쉽다. • R-12 등의 고압냉매 사용 시 냉매가스의 비체적이 작아서 소형으로 대용량의 냉동기를 제작할 수 있고 증발기 내를 대기압 이상으로 유지할 수 있어서 공기의 침입을 방지(1,000RT 이상)한다. • 토출압력 상승에 한도가 있으며 안전밸브가 필요없다. 토출가스 내 오일의 흡입이 없고 송출압력의 맥동이 없다.	• 운전 정지 후 고농도의 용액이 결정할 염려가 있으므로 운전 정지 후에도 일정시간 동안 용액펌프를 운전하여 용액농도를 균일화시키는 희석운전이 필요하다. • 직화식에서는 연소안전을 위하여 보일러의 연소제어 또는 연료차단 밸브 등이 사용된다.
장점	• 신뢰성이 높다. • 기계가 작고 중량이 가볍다. • 수명이 길고 운전이 용이하다. • 냉수 온도를 낮게 할 수 있다. • 초기 투자비가 저렴하다. • 다수의 냉동기로 직렬 운전 시 조합이 용이하다.	• 소음, 진동이 적다. • 전력 수용량과 수전설비가 적다. • 다양한 열원(도시가스, LPG, 증기, 고온수, 폐열, 배기가스) 사용이 가능하다. • 연료비가 저렴하고 운전비가 적다. • 부분부하 조절이 용이하다. • 공장폐열이나 열병합발전에 적용하여 전체 에너지 효율을 향상시킬 수 있다.
단점	• 소음, 진동이 크다. • 수변전 용량이 크고 운전비가 크다. • 용량감소시 서징현상 발생 • 유지보수비가 비싸다.	• 설치면적, 중량이 크다. • 냉각열량이 크다.(냉각탑, 펌프) • 예랭시간이 길다. • 진공유지가 어렵고 취급이 복잡하다. • 증기열원의 경우 여름철 보일러 가동이 필요하다. • 장비가격이 비싸다.

5) 흡수식 냉동기, 터보 냉동기, 왕복동식 냉동기의 용량 제어방법

(1) 개요

① 냉방부하는 외기온도에 따라서 시시각각으로 변화하기 때문에 정격용량에서 연속적으로 운전되는 일은 거의 없다.

② 부하가 변동됨에 따라 부분부하운전을 행하는 시간이 많게 된다.

③ 냉동기의 운전효율 향상과 에너지 절약을 위하여 용량 제어를 행한다.

④ 용량 제어는 부분부하운전 또는 부하 변동 시 최적운전을 하여 에너지 절감을 기할 수 있도록 한다.

(2) 흡수식 냉동기 용량 제어

① 구동열원 입구 제어

- 증기 또는 고온수 배관에 2방변 또는 3방변을 취부하여 부하에 따라 제어한다.
- 밸브 조작은 전기식과 공압식에 의한다.

② 가열용 증기 또는 온수의 유량 제어

- 단효용 흡수식 냉동기에 적용한다.
- 증기부와 증기드레인부(응축부)의 전열면적 비율을 조정하여 제어한다.
- 부하 변동에 대한 응답성이 늦고 스팀헤머 발생 우려가 있다.

③ 버너 연소량 제어

- 직화식 흡수냉온수기에 적용한다.
- 버너의 연소량을 제어하여 부하에 따른 용량 제어가 가능하다.

④ 바이패스 제어

- 폐열을 열원으로 하는 흡수식 냉동기에 적용한다.
- 증발기, 흡수기 사이에 바이패스 밸브를 설치하고 부하에 따른 밸브 개소를 조정한다.

⑤ 재생기로 보내는 흡수액량 제어방식

재생기의 흡수액 순환량을 감소시켜 재생기 증기코일 열교환율을 감소시킴으로써 용량을 제어한다.

⑥ 기타 제어방식

- 버너 On－Off 제어
- High－Low－Off 3위치 제어
- 대수제어

(3) 원심식 냉동기의 용량 제어

① 흡입댐퍼 제어

- 압축기의 흡입구에 설치된 댐퍼를 닫아 흡입압력을 감소하여 압력수두를 증가시켜 용량을 조절하는 방법
- 댐퍼를 교축하여 서징 전까지 풍량을 감소시킬 수 있다.
- 제어 가능 범위는 전 부하의 60% 정도이다.
- 종래 많이 사용되었으나 동력소비 증가로 현재 별로 쓰지 않는다.

② 흡입베인 제어

- 가동베인을 설치하여 그 기울기를 바꿈으로써 임펠러의 가스유입 각도를 바꿔 압축기의 성능곡선을 변화시켜 용량을 조절하는 방법

- 현재 가장 널리 사용되는 제어방법

③ 속도(회전수) 제어
- 압축기의 회전수를 변화시켜 용량을 제어하는 방법
- 증기터빈 구동 압축기일 때 적용할 수 있는 최적의 제어방법
- 전 용량의 40~50%까지 제어 가능하다.

④ 디퓨저(Diffuser) 제어
- R-12 등 고압냉매를 이용하는 것에 사용되며 흡입베인 제어와 병용된다.
- 디퓨저의 통로면적을 증감시켜 용량감소에 의한 디퓨저 내의 유속을 일정하게 유지하여 와류 발생을 방지한다.
- 와류 발생 시 효율 저하, 소음 발생, 서징 등의 문제가 생긴다.

⑤ 바이패스 제어
- 응축기 내의 압축된 가스를 증발기로 일부 Bypass시켜 최소풍량을 얻는 방법
- 용량 10% 이하로 안전운전이 필요할 때 적용한다.

(4) 왕복동식 냉동기 용량 제어

① On-Off 제어

② Hot gas bypass 제어

③ Unloader 제어

다기통 압축기에 이용되는 것으로 흡입 Valve Plate를 밀어 올려서 실린더의 압축을 무부하로 하고, 이것을 몇 개의 실린더에 차례로 행하여 용량을 단계적으로 감소시킨다.

④ 회전수 제어

극수변환 모터 또는 인버터 등이 이용된다.

6) 흡수식 냉온수기

- 물(냉매)은 압력이 낮을수록 낮은 온도에서 증발한다.
- LiBr 수용액(흡수액)은 소금과 비슷하게 흡습성을 가지고 있다. 냉매를 넣은 용기와 LiBr 수용액을 넣은 용기를 연결하면 증발된 냉매는 LiBr 수용액에 흡수되어 냉매를 넣은 용기는 일정 압력으로 유지된다.

(1) 작용 단계

① 1단계 : 증발기의 증발작용

냉매(물)를 넣은 밀폐된 용기 내부에 전열관을 설치하여 냉수를 흐르게 하고 용기 내부를 6.5mmHg 정도의 진공으로 유지하면 냉매는 5℃에서 증발하고 그 증발열에 의해 전열관 내부의 냉수가 냉각된다.

② 2단계 : 흡수기의 흡수작용
- 증발기에서 증발이 계속되면 수증기 분압이 점차 높아져 증발온도가 상승한다.

- LiBr 수용액을 넣은 용기(흡수기)를 증발기와 연결하면 증발된 냉매가 LiBr 수용액에 흡수되어 증발압력 및 온도가 일정하게 유지된다.
- 냉매증기를 흡수할 때 발생하는 흡수열을 제거하기 위해 흡수기 내에 전열관을 설치하여 냉각수를 흐르게 한다.

③ 3단계 : 묽은 용액의 재생사용(고온 및 저온 재생기)

- 흡수작용을 계속하면 LiBr 수용액의 농도는 점점 묽게 되어 흡수작용을 계속할 수 없으므로 농축한다.
- 흡수기의 묽은 용액을 고온 재생기와 저온 재생기로 분할하여 보낸다.
- 고온 재생기로 보내진 묽은 용액은 버너의 가열에 의해 고온의 냉매증기를 발생하고 농축된다.
- 고온 재생기에서 발생된 고온의 냉매증기는 저온 재생기에 설치된 전열관 내부로 들어가 저온 재생기로 보내진 묽은 용액을 가열 농축한다. 즉, 저온재생기는 고온 재생기에서 발생된 고온 냉매증기의 응축기 역할을 하게 되고 고온냉매 증기의 응축 잠열에 의해 가열된다.

④ 4단계 : 증발된 냉매증기의 응축작용(응축기)

저온 재생기에서 발생된 냉매증기와 저온 재생기의 전열관 내부에서 응축된 냉매는 응축기로 들어가 응축기의 전열관 내부를 흐르는 냉각수에 의해 완전히 냉각 · 응축되어 증발기로 돌아간다. 이렇게 증발기로 돌아온 냉매액은 다시 증발하여 냉동작용을 계속한다.

(2) 냉방 사이클

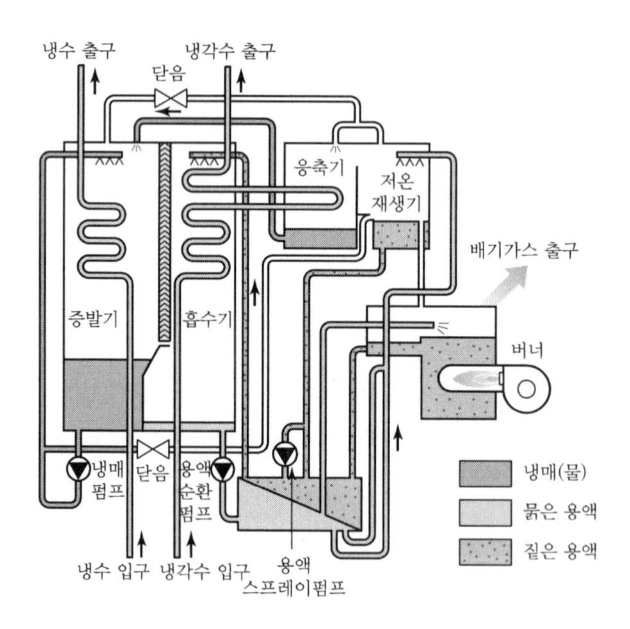

① 묽은 용액이 흡수기로부터 용액펌프를 통하여 고온 재생기와 저온 재생기로 이송된다.

② 고온 재생기에서 열원에 의해 가열되어 분리된 냉매증기는 저온 재생기로 유입되고, 농축용액은 열교환기로 돌아간다.

③ 저온 재생기로 유입된 냉매증기는 추가로 용액을 가열하고 냉매액으로 변하여 응축기로 돌아간다.

④ 응축기로 유입된 냉매증기는 냉각수에 의하여 응축되어 증발기로 돌아간다.

⑤ 증발기는 저진공(6.5mmHg) 상태이므로 특수 스프레이에 의해서 냉매액이 전열관 위에 고르게 산포되어 증발하고, 그 증발잠열에 의해 냉수가 생산된다.

⑥ 흡수기에서 저온 재생기와 고온 재생기에서 농축된 용액이 증발기에서 냉매증기를 흡수하여 묽은 용액이 된다.

(3) 난방 사이클

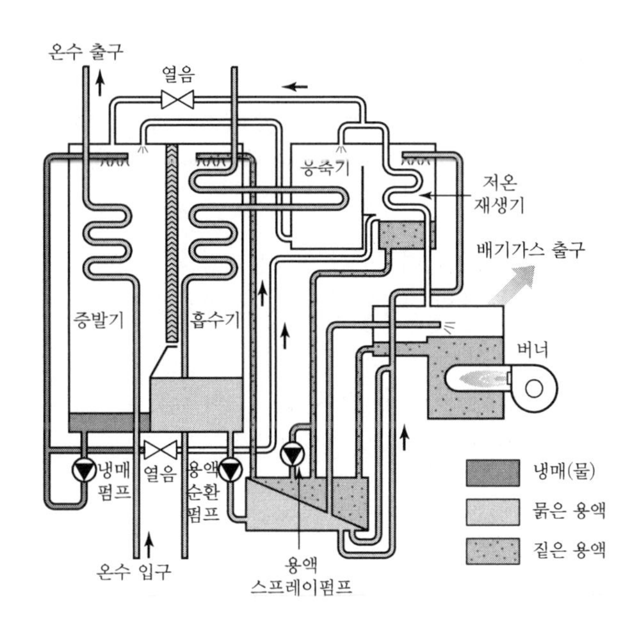

① 묽은 리튬브로마이드 용액이 고온 재생기에서 가열된 후 농축용액과 냉매증기로 분리된다.

② 더워진 냉매증기는 온수 열교환기에 열을 전달하고 응축된다.

③ 응축된 냉매액은 고온재생기로 되돌아 간다.

(4) COP

① $\mathrm{COP} = \dfrac{\text{증발기의 냉동능력(소득부분)}}{\text{발생기의 가열량(투자 부분)}} = \dfrac{Q_E}{Q_G}$

② COP의 관계

- 단중 효용 흡수식 : 0.65
- 2중 효용 흡수식 : 1.1
- 3중 효용 흡수식 : 1.3

③ COP가 높다는 것은 연료의 소비량이 적다는 것, 즉 투자 부분이 작다는 것을 의미한다.
만약 COP가 1.1에서 1.3이 되었다는 것은 1.1에 비하여 COP 차만큼이 연료가 절약되었다는 뜻이다. 즉, $\dfrac{1.3 - 1.1}{1.1} \fallingdotseq 0.18$이므로 약 18% 정도의 CO_2의 감소를 뜻한다.

(5) 구성 부품

① 증발기

냉수 전열관, 플로트 밸브, 냉매 스프레이장치, 엘리미네이터, 지지판 등 다수의 부품으로 구성된다.(냉수 생산)

② 흡수기

냉각수 전열관, 용액 스프레이장치, 지지판, 용액 공급통로 등으로 구성되며, 냉매증기를 흡수하여 증발기 내부의 압력을 일정하게 만드므로 냉동능력을 유지한다.

③ 저온 재생기

냉매증기가 흐르는 전열관, 지지판, 용액공급통로 등으로 구성되며 고온의 냉매증기로 묽은 용액을 농축시킨다.

④ 응축기

냉각수 전열관, 냉매액받이, 엘리미네이터, 알콜분리장치, 지지판 등으로 구성되며 고온의 재생기와 저온의 재생기에서 발생된 냉매증기를 응축 액화시켜 증발기로 보낸다.

⑤ 열교환기

고온 열교환기와 저온 열교환기로 나누어지며, 저온의 묽은 용액과 저온의 농축된 용액을 열교환시켜 연료 소비율을 절감하고 효율을 향상시킨다.

⑥ 고온 재생기

연소실과 외통으로 나누어진다.

⑦ 난방전용 열교환기

고온 재생기에서 지역별 기후 특성에 적합하도록 특별히 제작된 별도의 열교환기를 설치하여 난방용 온수를 직접 가열하기 때문에 간접가열방식 때의 60℃ 보다 20℃ 상승된 80℃ 이상의 난방 온수를 방열기(FCU & AHU)로 순환시켜 난방능력에서 용량부족현상을 보완한다.

⑧ 냉매펌프

냉매를 순환시키기 위하여 설치한다.

⑨ 용액펌프

용액을 순환시키기 위하여 설치한다.

⑩ 연소장치

- 고온 재생기의 묽은 용액을 가열하여 농축시키기 위한 장치이다.
- 버너, 송풍기, 차단밸브, 화염 검출기, 용량 제어밸브 등으로 구성된다.
- 냉수와 온수의 출구온도를 검출하여 냉난방 시 연료 및 연소 공기량을 조절한다.

⑪ 추기장치

고진공의 기기를 운전하기 위하여 공기 및 불응축가스를 배기하는 장치로 추기펌프, 추기탱크, 역지밸브 등이 설치되며 진공도를 확인하는 마노미터가 부착된다.

⑫ 조작반

흡수식 냉방기기를 운전 및 제어하는 장치이다.

⑬ 안전장치

연소장치가 소화되면 화염검출기에 의해서 안전 차단밸브, 파일럿 전자밸브가 차단되어 연료공급을 중지시킨다.

7) 일중 효용 방식

(1) 원리

① 증발기

- 증발기 내의 냉매(물)는 냉각관 내를 흐르는 냉수부로서 열을 빼앗아 물이 증발한다.
- 증발한 수증기는 흡수기에 흡수된다.(압력은 6.5mmHg 진공)
- 냉매인 물은 5℃ 전후의 온도에서 증발한다.(진공 6.5mmHg)
- 냉수는 12℃ 정도에서 냉각관에 들어가고 7℃ 정도까지 냉각된다.

② 흡수기

- 리튬브로마이드(LiBr)의 농축액이 증발기에 들어온 수증기를 연속적으로 흡수하여 증발기가 고도의 진공을 유지할 수 있게 해준다.
- 용액은 물로 희석되고 동시에 흡수열이 발생한다.
- 흡수열은 냉각수에 의해 냉각된다.

③ 열교환기

- 흡수기에서 희석된 용액은 용액펌프에 의해 열교환기에 보내진다.
- 발생기(재생기)에서 되돌아오는 고온의 용액과 열교환해서 가열된다.
- 발생기(재생기)로 보내진다.

④ 발생기(재생기)

- 열교환을 거쳐 재생기로 들어온 희석된 용액은 재생기 하부에 설치된 가열관(증기, 가스, 온수)에 의해 가열된다.
- 용액 중의 냉매(물)의 일부를 증발시켜 응축기로 보내고 용액 자신은 농용액이 되어 다시 흡수기로 돌아간다.
- (재생기+흡수기)가 증기 압축식에서의 압축기 역할을 한다.

⑤ 응축기

발생기에서 기화한 냉매(증기)는 냉각관 내를 통하는 냉각수에 의해 냉각 응축되어 증발기로 돌아간다.

(2) 흡수식 사이클(Absorption Cycle)

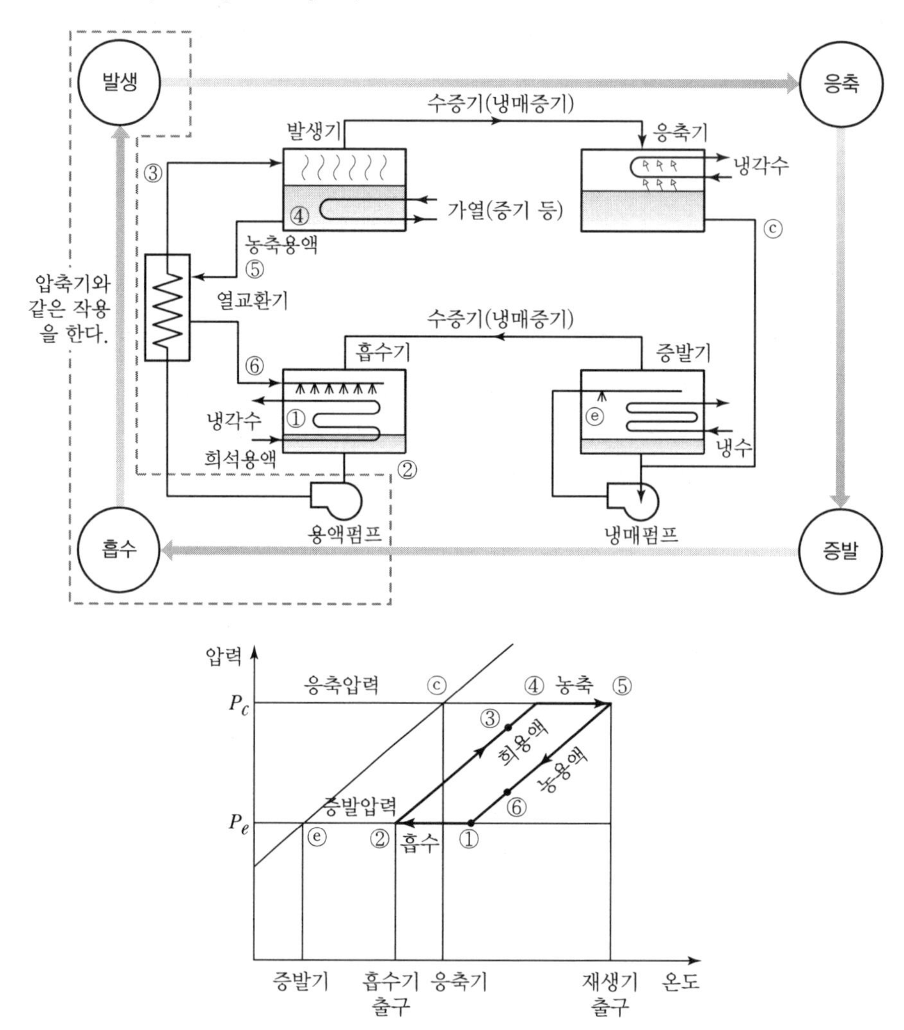

• ① → ② 과정

흡수기에서 LiBr 용액(농용액)이 증발기에서 오는 수증기를 흡수하여 희용액으로 되는 과정(이때 흡수열이 발생하며, 흡수열은 냉각수에 의해 제거됨)

• ② → ③ 과정

흡수기에서 재생기로 가는 희용액이 재생기에서 흡수기로 내려오는 고온의 농용액과 열교환하여 희용액의 온도가 상승하는 과정

• ③ → ④ 과정

재생기 내에서 희용액의 비점(Boiling Point)에 이르기까지 가열(전열)하는 과정

• ④ → ⑤ 과정

재생기 내에서 가열에 의해 수증기가 이탈하여 LiBr 용액이 농축되어 다시 농축액이 되는 과정

• ⑤ → ⑥ 과정

농용액이 흡수기에서 재생기로 가는 희용액과 열교환하여 온도가 강하되는 과정

- ⑥ → ① 과정
  농용액이 흡수기 내에 살포되면서 외부의 냉각수에 의해 온도가 강하되는 과정
- ④ → ⓒ 과정
  재생기에서 이탈된 수증기가 응축기에서 냉각되어 응축되는 과정(응축압력, P_c)
- ⓔ → ② 과정
  증발기에서 냉매(물)가 증발하여 흡수기로 증발하는 과정(증발압력, P_e)

8) 이중 효용 흡수식 냉동기

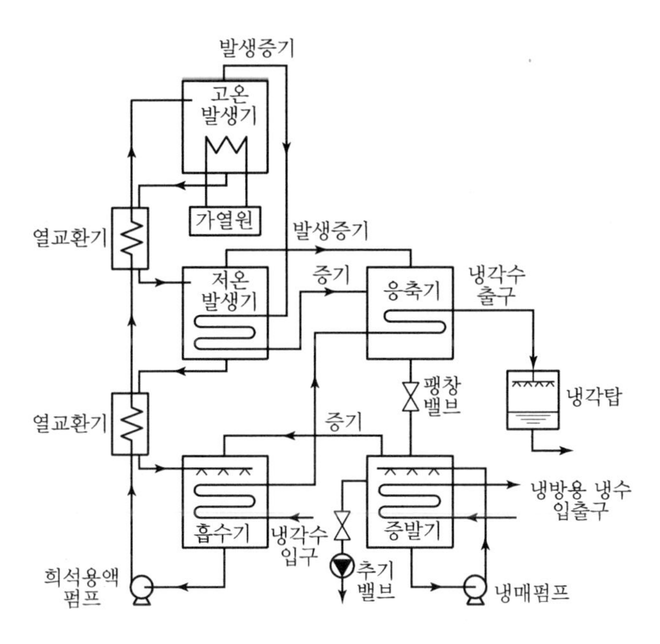

(1) 원리

① 발생기에서의 열에너지를 보다 효과적으로 활용하여 가열 열량을 감소시킴으로써 운전비의 절감을 도모하는 데 목적이 있다.

② 단효용보다 고온 발생기와 고온 열교환기를 추가하여 배관한다.

③ 일반 흡수식은 발생기에서 발생한 냉매증기가 전부 응축기에서 냉각수에 의해 열을 방출하여 냉매액이 된다.

④ 고온 발생기에서 발생한 냉매증기의 잠열을 저온 발생기 흡수 용액 가열에 이용한다.

⑤ 단효용에 비해 연료소모가 절감된다.(약 65% 정도)

⑥ 응축기에서 냉매 응축량이 감소하게 되어 냉각수의 발열을 감소시킨다.

⑦ Cooling Tower 규모가 축소된다.(약 75% 정도)

⑧ 흡수식 냉동기의 냉동능력은 증발기에서 냉수로부터 열을 빼앗아 증발하는 냉매량에 비례한다.

⑨ 냉매량은 발생기에서 흡수액을 가열하여 발생하는 냉매량에 비례한다.

⑩ 흡수식 냉동기의 운전비는 고압 발생기에서 흡수용액을 가열하는 열량에 대략 비례한다.

(2) 고압(고온) 발생기

① 연소실에서 연료를 직접 연소시켜 동체 내의 흡수용액을 가열한다.

② 흡수용액에서 발생한 냉매(물) 증기를 다음 발생기(저온 발생기)에 공급한다.

③ 재차 흡수용액을 가열하여 냉매증기를 발생시킨다.

④ 고온 발생기에서 나온 냉매증기는 흡수용액에 잠열을 방출하여 응축한다.

⑤ 냉매액이 되어 응축기로 보내진다.

(3) 열원 방식별 표준조건

① 증기식 : 7~8kg/cm^2

② 고온수식 : 180℃ 이상

(4) 단효용 대비

① 연료 소비량 : 65%

② Cooling Tower 규모 : 75%

③ $COP_C = 1.0 \sim 1.05$ (50% 이상)

(5) COP_C 유도

$$COP_C = \frac{\text{증발기 냉각열량}}{\text{발생기 공급열} + \text{펌프일}} = \frac{\text{증발기 냉각열량}}{\text{발생기 공급열}} = \frac{Q_E}{Q_G}$$

(6) COP_H 유도

흡열부 = 증발기(Q_E) + 발생기(Q_G) + 펌프(≒ 0)

발열부 = 흡수기(Q_A) + 응축기(Q_C)

$\therefore\ Q_A + Q_C \fallingdotseq Q_E + Q_G$

$$COP_H = \frac{Q_A + Q_C}{Q_G} = \frac{Q_E + Q_G}{Q_G} = 1 + COP_C$$

9) $NH_3 - H_2O$ 흡수식 냉동기

(1) 구성

① 증발기

팽창변에서 유입된 저온 저압의 NH_3액은 증발기를 지나는 동안에 열을 흡수하여 액체가 증발하여 저압증기가 되어 흡수기로 들어간다.

② 흡수기

NH_3증기를 물에 흡수시키는 용기이며 발생기로부터 반송된 농도가 낮은 용매가 모여 있으며 증

발기로부터 보내온 NH_3증기는 이용액에 접속하여 흡수된다. 이때 NH_3의 응축잠열과 융해열이 발생하므로 그 열을 제거하기 위해 수랭식 냉각관을 설치한다.

③ 열교환기

흡수기 내에서 NH_3를 흡수하여 농도가 높아진 진한 용액은 Pump에 의하여 압력이 상승된 후 발생기로 보내지지만 그 도중에 열교환기를 설치하여 발생기로부터 흡수기로 반송되는 고온 희석 용액과 열교환을 하여 진한 용액을 가열함과 동시에 묽은 용액을 냉각한다.

④ 발(재)생기

고온의 증기 등을 이용한 가열 코일로 진한 용액을 가열하여 냉매증기를 발생(재생)시킨다.

⑤ Analyzer

발생기로부터 송출되는 NH_3증기의 유동방향을 바꾸어 그 속에 포함된 수증기의 액적을 분리함과 동시에 고온 발생증기에 저온 농용액을 접촉시켜 냉각하여 증기 중에 포함된 수증기의 일부를 응축 제거한다.

⑥ 정류기

Analyzer를 지나 농도가 높아진 NH_3증기를 다시 냉각하여 수분을 제거하여 고농도의 NH_3증기로 만들며 정류기 내에서 분리된 물은 Analyzer를 지나 발생기에 반송된다.

⑦ 응축기

정류기로부터 송출되어 온 NH_3증기를 상온의 공기나 냉각수로 액화시킨다.

⑧ 팽창밸브

액화된 고압의 NH_3액이 증발기에서 쉽게 증발할 수 있도록 감압하여 저온 저압의 액으로 만든다.

(2) 냉매와 흡수제의 순환과정

① 냉매(NH_3)의 순환과정

증발기 → 흡수기 → 펌프 → 열교환기 → Analyzer → 발생기 → Analyzer → 정류기 → 응축기 → 팽창밸브 → 증발기

② 흡수용액(H_2O)의 순환과정

흡수기 → 펌프 → 열교환기 → Analyzer → 발생기 → 열교환기→ 흡수기

(3) COP_C 유도

$$COP_C = \frac{\text{증발기 냉각열량}}{\text{발생기 공급열} + \text{펌프일}} = \frac{\text{증발기 냉각열량}}{\text{발생기 공급열}} = \frac{Q_E}{Q_G}$$

TIP H_2O – LiBr를 사용하는 단효용 흡수식 냉동기

- 물 – LiBr 사용 시 LiBr는 사용압력하에서는 증발하지 않으므로 분리기와 정류기가 필요하지 않으며 H_2O의 물리적 특성으로 인해 팽창밸브가 불필요하다.
- 냉매로서 물을 사용하기 때문에 증발기 내를 저압으로 유지하기 위하여 추기장치가 필요하다.

10) 듀링 선도

LiBr 수용액의 농도와 압력, 온도의 관계를 나타낸 선도를 듀링 선도라고 한다. 이 듀링 선도상에 일중 효용과 이중 효용 방식의 흡수식 냉동기의 사이클을 표현하면 다음과 같다.

(1) 일중 효용 방식(Single Effect, 일중 효용 흡수식 냉동기와 중온수 흡수식 냉동기)

재생기에서 발생한 냉매증기가 가진 열량이 모두 응축기에서 냉각수로 방출된다.(열을 방출하고 액냉매가 됨)

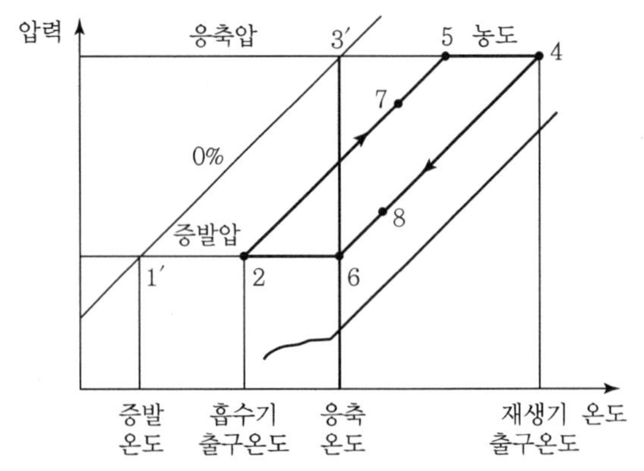

| 일중 효용 방식의 듀링 선도 |

- 6 → 2 : 흡수기에서의 흡수작용
- 2 → 7 : 재생기에서 고온 농용액과 희용액의 열교환에 의한 온도 상승
- 7 → 5 : 재생기 내에서 비등점에 이를 때까지 가열
- 5 → 4 : 재생기에서 용액 농축
- 4 → 8 : 흡수기에서 저온 희용액과 열교환에 의한 농용액의 온도 강하
- 8 → 6 : 흡수기 외부에서의 냉각에 의한 농용액의 온도 강하

(2) 이중 효용 방식(Double Effect, 냉온수 유닛과 이중 효용 흡수식 냉동기)

고온 재생기에서 발생한 냉매증기가 갖고 있는 열(잠열)을 저온 재생기에서 흡수용액의 가열에 이용한다. 고온 재생기의 연소실에서 연료를 직접 연소시켜 흡수용액을 가열하고 흡수용액에서 발생한 냉매증기를 다음 재생기에 공급하여, 다시 흡수용액을 가열함으로써 냉매증기를 발생시킨다. 냉매증기는 흡수용액에 잠열을 방출하여 자신은 응축됨으로써 냉매액이 되어 응축기에 보내지고, 재열기 가열에 소요되는 연료 소비량은 적어진다.(연료 소비량은 65% 정도가 되어 효율이 상당히 높아짐)

응축기에서 냉매의 응축량이 감소(저온 발생기에서 일부 응축하므로)하며, 냉각수로의 방열량도 적어진다. 냉각탑도 75% 정도 작아진다.

다음은 이중 효용 방식 중에서 병렬흐름 방식에 대한 설명이다.

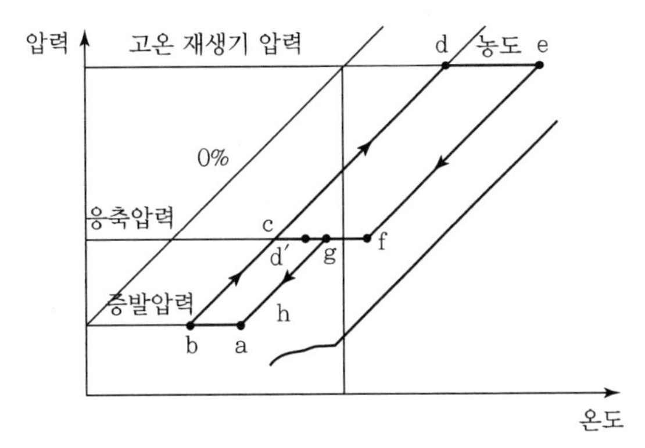

| 이중 효용 방식의 듀링 선도 |

- a → b : 흡수기 내에서 농용액이 냉매증기를 흡수하여 묽은 용액으로 되는 과정
- b → c : 묽은 용액이 저온 열교환기에 의해 온도가 상승
- c → d : 저온 열교환기를 통과한 묽은 용액(약 1/2)이 다시 고온 열교환기를 통과하며 온도 상승
- c → d′ : 저온 재생기 내에서 용액이 고온 재생기에서 발생한 냉매증기에 의해 농축되는 과정
- d → e : 고온 재생기 내에서 냉매증기가 증발하여 흡수액이 농축되는 과정
- e → f : 고온 재생기에서 농축된 용액이 고온 열교환기를 통과하면서 열교환에 의해 냉각
- d′ − g − f : 고온 열교환기를 통과한 농용액과 저온 재생기 내에서 농축된 중간 농도 용액이 열교환기 내에서 혼합
- g → h : 열교환기 내에서 중간 농도로 된 용액이 저온 열교환기를 통과하면서 냉각
- h → a : 흡수기에서 산포된 농용액이 냉각수에 의해 냉각되고 사이클이 반복

11) 흡수식 냉동기 중 물 − 암모니아, LiBr − 물 비교

흡수식 냉동장치에는 물 − 리튬브로마이드가 주류를 이루고 있으나, 이 장치는 냉매가 물이므로 냉동 · 냉장시스템이나 공기열원의 히트펌프 등에 사용하기에는 어려움이 있다. 냉매에 암모니아 − 물을 사용하는 시스템은 냉동 · 냉장설비에 적용이 가능하고 흡수제의 결정화 문제도 없어 최근에 연구개발이 활발하다.

(1) 비교

① 물 − 암모니아 사용 시

㉮ 장점

- 0℃ 이하의 저온을 얻을 수 있다.
- 관 내 응축, 증발이 가능하므로 공랭화가 가능하며 난방운전 시 공기 열원도 가능하다.
- 흡수제의 농도 폭을 크게 할 수 있으므로 사이클의 고효율화가 가능하다.
- CFC계의 냉매를 사용하지 않으므로 ODP 및 GWP가 낮아 환경파괴가 없다.
- 소음, 진동이 없어 정숙운전이 가능하다.
- 냉매 구입이 쉽고 가격이 저렴하다.

- 구동원의 선택이 광범위하다.

㉯ 단점 및 문제점

- 누설 시 자극성의 냄새와 독성 및 폭발성이 있다.
- 냉매와 흡수제의 비점차가 작으므로 냉매순도를 확보하기 위한 정류기가 필요하다.
- 밀폐구조 보관이 필요하다.
- 취급 시 전문가가 필요하다.

② LiBr－물 사용 시

㉮ 장점

- 인체에 무해하며 무취이다.
- LiBr는 증기압이 낮아 발생기에서 발생하는 증기는 수증기뿐이므로 정류장치가 불필요

㉯ 단점 및 문제점

- 증발온도를 물의 응고점인 0℃ 이하로 얻는 것이 불가능하다.
- 철강에 대한 부식성이 강해 부식에 문제점이 있다.
- 비체적이 크고 관 외 응축도 되므로 공랭화가 곤란하다.
- 정지 시 농도 증가에 따른 재결정을 방지하기 위한 희석운전이 필요하다.
- 농도 폭을 크게 할 경우 재결정 우려가 있다.
- 대기압 이하의 압력에서 작동하므로 추기장치가 필요하다.

(2) 구비조건

① 냉매의 구비조건

- 응축압력이 너무 높지 않을 것
- 증발압력이 너무 낮지 않을 것
- 증발잠열이 크고 냉매 순환량이 작을 것
- 비체적이 작을 것
- 열전도율이 높을 것
- 액상 및 기상의 점성이 작을 것
- 화학적으로 안정되고 부식성이 없을 것
- 독성 및 자극성이 없을 것
- 가연성, 폭발성이 없을 것
- 누설 시 감지가 쉬울 것
- 가격이 저렴하고 구입이 용이할 것

② 흡수제의 구비조건

- 증기압이 낮을 것(냉매와의 비점차가 클 것)
- 냉매와의 용해도차가 클 것
- 재생기와 흡수기에서의 용해도차가 클 것

- 점성이 작을 것
- 열전도율이 높을 것
- 결정(結晶)이 잘 되지 않을 것
- 화학적으로 안정되고 부식성이 없을 것
- 독성, 가연성이 아닐 것
- 가격이 저렴하고 구입이 쉬울 것

12) 흡수식 냉동기의 종류별 특징

(1) 1중 효용 흡수식 냉동기

① 구성 : 흡수기 → 재생기 → 응축기 → 증발기 및 열교환기

② 공급 열원은 증기, 또는 고온수이며 때로 폐열이나 태양열을 사용한다.

③ 열효율이 낮아서 현재는 잘 사용하지 않는다.

(2) 2중 효용 흡수식 냉동기

① 구성 : 흡수기, 고온 재생기, 저온 재생기, 응축기, 증발기, 1 · 2차 열교환기

② 1중 효용 사이클은 낮은 COP 때문에 배가스나 폐열을 무료로 사용하지 않는 경우를 제외하고는 전동 냉동 압축기와 경쟁이 안 된다.

③ 재생기를 2개 설치하여 고온 재생기에서 발생한 고온 냉매증기를 저온 재생기의 가열에 활용하는 방식이다.

④ 장단점

㉮ 장점

- 성능계수 약 50% 증가
- 증기 소비율 50% 감소
- 배기열량 30% 감소

㉯ 단점

- 고온 재생기의 용액온도 상승으로 부식 위험성 증대
- 고저의 압력차 증대
- 구조가 복잡해짐

(3) 2중 효용 흡수식 냉온수기

① 냉난방을 겸용한 냉온수기로 현재 가장 많이 채용하고 있다.

② 연료를 사용하여 직화식으로 열원(도시가스, LPG, 경유, 등유)을 공급한다.

③ 아황산 가스나 매연이 적고 질소 산화물의 배출이 적어 대기오염을 저감한다.(도시가스, LPG 사용 시)

(4) 3중 효용 흡수식 냉동기

① 최근 제안되는 냉방 사이클로 2중 효용형에 재생기를 1개 더 설치해 에너지 절약을 도모한다.
② 현재 연구 개발단계로 상용화 시 에너지 절감이 기대된다.

(5) 흡수식 열펌프

① 폐온수나 폐증기를 열원으로 하는 흡수식 냉동사이클
② 온수 흡수식 열펌프 : 50~90℃의 온수 출력(보조 열원 추가 투입)
③ 고온 흡수식 열펌프 : 1.5kg/cm^2 정도의 증기 발생 또는 온수 출력

(6) 저온수 흡수 냉동기

① 태양열이나 발전기 냉각수 등의 저온수를 열원으로 한다.
② 냉수 출구온도 : 8~10℃로 높다.
③ 냉각수 입 · 출구온도 : 입구 30~31℃, 출구 34~38℃로 낮게 설정한다.
④ 열병합발전의 보조 기기로 많이 적용된다.

(7) 배기가스 흡수 냉온수기

① 고온의 배기가스가 열원이어서 고온 재생기에 연소실이 없다.
② 직화식보다 고온 재생기의 전열 면적이 크다.
③ 배기가스에 의한 고온 재생기의 부식이나 보호 방법에 주의한다.
④ 가스엔진이나 가스터빈 등과 같은 열병합발전의 폐열(배기가스) 회수나 단순한 냉각기로도 사용한다.

(8) 흡수식 냉온수기의 난방 사이클 종류

① 재생기에 전용 온수 열교환기를 설치 : 온수와 고온 냉매가 열교환하는 방식
② 증발기 이용 : 증발기에서 고온의 냉매 증기가 전열관에서 응축되면서 전열관 내부의 온수를 가열하는 방식
③ 흡수기/응축기 이용 : 흡수기와 응축기의 냉각수 전열관에 냉각수 대신 온수를 통과시켜 온수를 가열하는 방식

13) 흡수식 냉동기의 용량 제어법

(1) 구동열원 입구 제어

2중 효용 흡수식 냉동기의 증기 또는 고온수 등 단위부하당 순환량이 적은 경우에 사용하며 열원 입구 측에 2방 밸브, 3방 밸브를 설치한다.

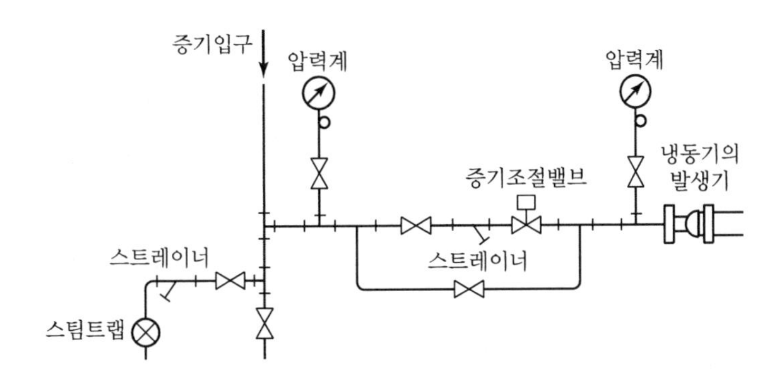

(2) 증기 드레인 제어

① 단효용 흡수 냉동기에서 구동열원으로 증기를 사용하는 경우 입구 제어를 시행하려면 증기의 비체적이 커서 밸브 사이즈를 크게 해야 하므로 출구 측의 드레인양을 제어한다.

② 부하 변동에 대한 응답속도가 느리고 스팀 해머의 우려가 있다.

③ 재생기 전열관 내에 정체하는 증기 드레인양에 의해 증기부의 전열면적과 증기 드레인부의 비율을 제어하여 가열량을 제어하는 방식이다.

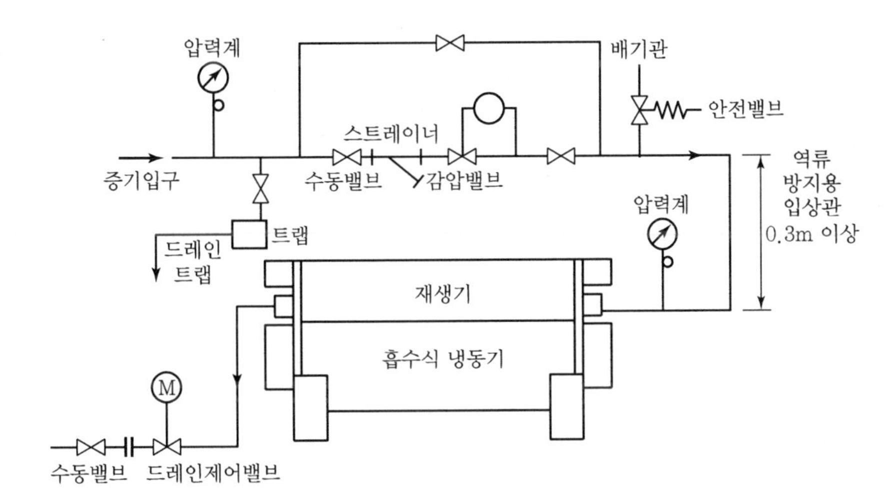

(3) 버너 연소량 제어

직화식 냉온수기에서 사용 연료제어밸브와 공기댐퍼는 링크 기구에 의하여 연결되고 캠 기구가 부착되어 있어서 부하에 따라 연료량과 공기량의 비를 일정한 범위 내에 유지하도록 조절함으로써 일정한 연료비에 의해 효율적으로 연소시킨다.

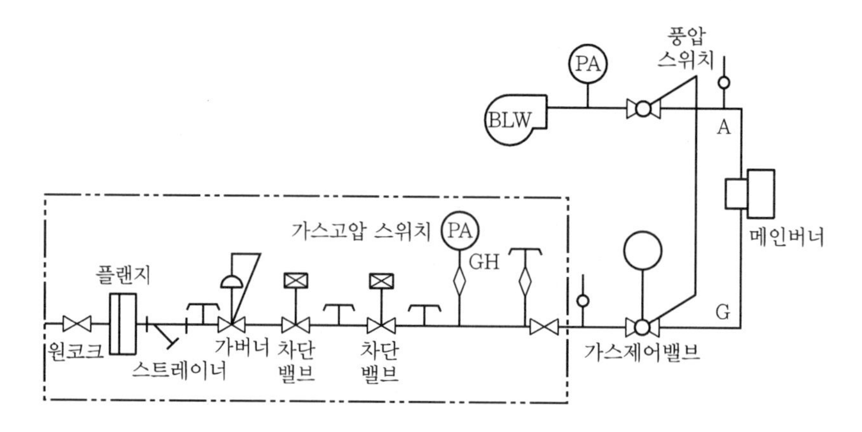

(4) 바이패스 제어

① 폐열을 열원으로 하는 흡수식 냉동기에서 사용하며 증발기와 흡수기 사이에 Bypass Valve를 설치하여 냉매액이 바로 흡수기 아래로 들어가 모두 희용액이 된다.(많은 열이 필요)

② 부하가 적어 폐열을 사용할 수 없을 경우에 대비하여 흡수 냉동기의 최대부하 시에 상응하는 방열설비로서 냉각탑 등을 설치한다.

③ 발열용 냉각탑의 중복설치를 피하기 위해 바이패스를 적용하는데, 증발기, 흡수기 사이에 바이패스 밸브를 설치하고 부하에 따른 밸브 개도 조정으로 냉수부하에 관계없이 에너지 소비량을 일정하게 유지한다.

(5) 기타

① 흡수기에서 재생기로 보내는 흡수액량 제어

② 버너 – On – Off(소형)

③ High – Low – Off(소형)

14) 흡착식 냉동기

(1) 개요

① 흡수식 냉동기와 더불어 비프레온화와 폐열 이용이라는 관점에서 주목을 받고 있는 냉동 방식이다.

② 냉동원리는 흡수식과 비슷한데, 흡수기 대신 흡착탑이 있으며, 흡수식에는 흡수용액이 냉매와 같이 순환하지만 흡착식에서는 흡착제는 고정되어 있고 냉매만 순환한다는 점이 다르다.

③ 친환경적 냉매를 사용하는 냉동기로서 각광을 받으며, 타 설비보다 자원 수급 확보 및 경제적인 운전으로 흡착탑의 열전달 속도 향상과 고효율 흡착제의 개발 및 저렴한 열교환 기술이 보완된다면 우수한 냉동 방식이라 할 수 있다.

(2) 작동원리

• 흡착기(Absorber), 응축기, 증발기, 흡착질(냉매) 용기로 구성되며, 기본 사이클은 흡착 사이클과 탈착 사이클로 나누어진다.

- 물, 메탄올, 암모니아 등의 냉매가 실리카겔, 활성탄, 활성알루미나 등의 흡착제에 흡착 · 탈착하는 현상을 이용한 냉동기이다.
- 흡착제와 냉매의 가역반응에 따른 발열 · 흡열현상을 이용하며 산업폐열 등을 가열원으로 하여 냉열을 발생시킨다.(냉동 열기관)
- 실리카겔 내의 수분을 탈착하여 응축기에서 냉각수에 의해 응축 액화한다.
- 액화된 작동유체는 감압에 의해 증발기에서 흡열하여 증발한다.
- 증발된 증기는 또 다른 흡착기 흡착제에 의해 흡착된다.(흡착에 따른 열은 외부로 방출)
- 작동시간(흡착과 탈착)은 6~7분 간격으로 시스템이 운영된다.

① 흡착 사이클
- 흡수식 냉동기에서와 같이, 저압(5~7mmHg · abs)의 증발기 내에 물(냉매)을 분사하면 물은 약 5℃에서 증발하게 되고, 이때의 증발잠열로 7℃ 정도의 냉수를 얻을 수 있으며, 이 냉수를 FCU 등에 순환시켜 냉방을 한다.
- 증발된 냉매증기는 2개의 흡착탑 중 하나(Absorber 2)에 흡착되어 증발이 계속 진행될 수 있게 해준다.
- 흡착탑에는 냉각수를 통하게 하여 흡착열을 제거함으로써 흡착이 잘 되게 해준다.
- 흡착이 계속 진행되어 평형상태가 되면(실제는 평형에 도달하기 조금 전) 흡착이 더 이상 진행되지 않으므로 흡착기 2는 재생(탈착) 사이클로 전환된다.

② 탈착(재생) 사이클
- 흡착기 2가 흡착 사이클일 때, 흡착탑(Absorber 1)에서는 탈착이 진행된다.
- 탈착(재생)은 흡착이 완료된 흡착탑을 열매체로 가열하여 냉매증기를 이탈시킴으로써 이루어지며, 가열 매체로는 LNG나 폐열 등이 이용된다.
- 탈착된 냉매증기는 응축기에서 냉각수에 의해 응축되어 다시 증발기로 공급된다.

(3) 흡착제 – 냉매 쌍의 종류

① 제올라이트(Zeolite) – 물
- 냉매로 물을 사용하기 때문에 독성, 가연성이 없다.
- 탈착온도가 약 250℃로 높은 편이므로 보통 LNG 직화식으로 가열하여 탈착(재생)한다.
- 가정 및 건물 냉난방에 적합한 시스템이다.

② 활성탄 – 메탄올

독성 및 가연성인 메탄올을 냉매로 사용하므로 누설 시 위험요소가 있으나, 증발온도를 낮게 할 수 있어 냉방뿐만 아니라 냉동시스템에도 활용이 가능하며, 탈착온도는 120℃ 정도이다.

③ 실리카겔 – 물

80℃ 정도의 열원만 있으면 탈착이 가능하므로 저온 폐열을 회수하여 사용할 수 있어 운전경비가 절약된다.

(4) 흡착식 냉동기의 장단점

① 장점

- 구동부분이 없어 소음, 진동이 적다.
- 물, 메탄올 등을 냉매로 사용하므로 CFC와 같은 오존층 파괴 문제가 없다.
- 흡수식에서와 같은 용액 결정의 우려가 없다.
- 흡수식에 비해 불응축 가스(수소 등)의 발생이 적기 때문에 진공 유지를 위한 추기조작이 필요 없다.

② 단점

- 흡착탑은 주기적으로 흡 · 탈착이 전환되므로 열팽창 · 수축에 의한 리크(leak) 발생 우려가 있다.
- 앞으로 고효율 흡착제의 개발 등으로 시스템을 콤팩트(compact)화할 필요가 있다.

(5) 냉동사이클

① 냉매가 증발기에서 증발하여 흡착탑에 부착한다.(발생하는 흡착열은 냉각수로 제거)
② 흡착탑을 가열하여 탈착(재생)한다.(탈착된 냉매는 응축기로 보내 응축)
③ 흡착탑을 냉각하여 계 내의 압력을 증발압력까지 낮추면 냉매가 증발하여 흡착한다.

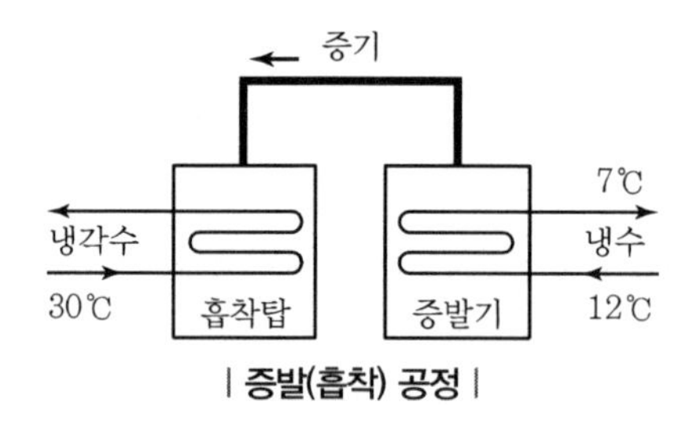

| 증발(흡착) 공정 |

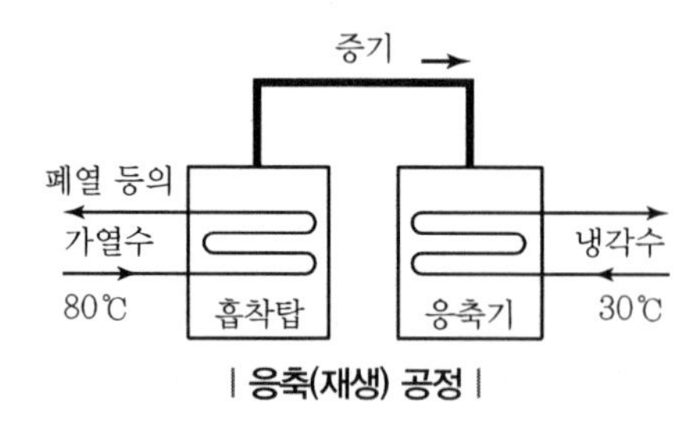

| 응축(재생) 공정 |

※ 증발 · 응축과정이 연속적으로 진행되도록 두 대의 흡착탑을 사용한다.

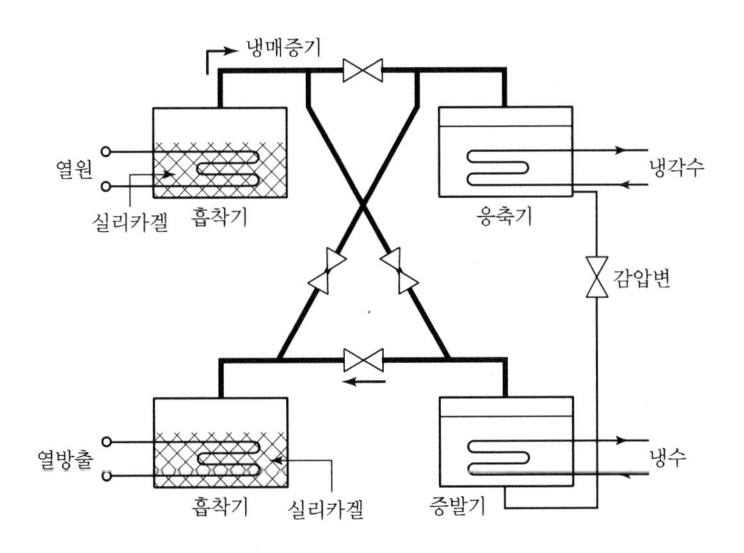

(6) 특징

① 내부에 구동장치가 없어 소음과 진동이 없다.

② 환경 친화적이며 열원온도가 60~70℃로 내려가더라도 냉열을 발생할 수 있으며, 열원의 변동이 많더라도 성능에 지장이 많지 않다.

③ 안정적인 냉동능력을 발휘한다.

④ 열원이 간헐적이거나 주기적 변동이 있는 저질 열원에도 사용 가능하다.(폐열 회수에 유리)

⑤ 내식성, 안전성이 우수하다.

⑥ 수명이 반영구적이다.

⑦ 시동시간이 매우 짧다.

⑧ 장치가 간단하여 유지 관리가 용이하고 취급자격자가 필요 없다.

⑨ 에너지 절약형이므로 상대적으로 경제적이다.

⑩ 불응축가스(수소) 발생 우려가 없으므로 추가적인 진공이 필요 없다.

⑪ 보유 냉매량이 적다.

⑫ 초기 설비비와 설치공간이 크다.

(7) 성능계수

$$COP = \frac{\text{증발기에서의 냉동부하}}{\text{흡착기재생에 필요한 가열량}} = \frac{\text{증발잠열} - \text{냉매현열}}{\text{흡착열} + \text{현열(흡착제, 냉매흡착탄)}}$$

(8) 흡수식과 흡착식의 차이점

① 흡수식

- 흡수용액이 냉매와 같이 순환
- 흡수기 보유

② 흡착식

- 흡착제는 고정 냉매만 순환
- 흡착기 보유

SECTION 02 보일러 및 부속기기

1) 보일러의 개요

밀폐되어 있는 용기 내에 열매체(물)를 넣고 고온의 화염이나 연소가스와 접촉시켜 대기압 이상의 증기나 온수를 발생하는 장치

2) 보일러의 3대 구성요소

(1) 보일러 본체

연소실의 연소열을 받아 동(드럼) 내의 물, 열매체를 가열하여 온수나 증기를 발생시키는 부분(동체, 수관군, 연관군)

(2) 연소장치

연료를 연소시키기 위한 장치로 화염 및 고온의 연소가스를 발생(연소실, 연도, 연돌, 연소장치)

(3) 부속장치

보일러를 효율적이고 안전하게 유지하기 위한 장치(급수장치, 급유장치, 통풍장치, 송기장치, 안전장치, 분출장치, 계측장치, 폐열 회수장치, 자동제어장치 등)

폐열 회수장치

배기가스의 여열을 이용하여 열효율을 높이기 위한 장치

- 과열기 : 보일러의 포화증기를 압력변화 없이 온도만 상승시키기 위한 장치
- 재열기 : 고압 증기터빈을 돌리고 난 증기를 재가열하여 적당한 온도의 과열증기로 만든 후 저압 증기터빈을 돌리는 장치
- 절탄기(이코노마이저) : 배기가스의 여열을 이용하여 급수를 예열하는 장치
- 공기예열기 : 배기가스의 여열을 이용하여 연소용 공기를 예열시키는 장치

인젝터

보일러에서 발생한 증기를 이용하여 급수하는 급수보조장치

3) 보일러의 종류

<table>
<tr><th>구분</th><th>형식</th><th colspan="2">종류</th></tr>
<tr><td rowspan="4">원통형</td><td>입형</td><td colspan="2">입형다관식, 입형연관식, 코크란 보일러</td></tr>
<tr><td rowspan="3">횡형</td><td>노통</td><td>코르니쉬, 랭커셔 보일러</td></tr>
<tr><td>연관</td><td>횡형연관, 기관차, 케와니 보일러</td></tr>
<tr><td>노통연관</td><td>스코치, 하우덴존슨, 노통연관패케이지 보일러</td></tr>
</table>

구분	형식	종류
수관식	자연순환식	바브콕, 다쿠마, 스네기치, 2동D형, 야로 보일러
	강제순환식	라몬트, 베록스 보일러
	관류식	벤숀, 슐저, 에모스, 람진, 소형관류 보일러
주철제		주철제 섹션보일러
특수보일러	특수열매체 보일러	수은, 다우섬, 카네크롤, 시큐리티, 모빌섬 보일러
	특수연료 보일러	버케스, 흑액, 소다회수, 바크 보일러
	폐열 보일러	리, 하이네 보일러
	간접가열 보일러	슈미트, 레플러 보일러

4) 보일러의 종류별 특징

(1) 노통 보일러

본체 내부에 노통(연소실)을 설치하여 물을 가열하는 보일러로서 노통이 1개인 코르니쉬 보일러와 노통이 2개인 랭커셔 보일러가 있다.

① 장점

- 관수의 보유수량이 많아 부하 변동에 큰 영향이 없다.
- 구조가 간단하여 취급이 쉽고 청소, 검사, 수리가 용이하다.
- 급수처리가 까다롭지 않고 수명이 길다.
- 수면이 넓어 기수공발이 적다.

② 단점

- 보유수량에 비해 전열면적이 작아 열효율이 낮다.
- 예열부하가 커 증기발생이 느리므로 부하에 대응하기 어렵다.
- 내분식으로 연료의 질이나 연소공간의 확보가 어렵다.
- 보유수량이 많아 폭발 시 피해가 크다.

(2) 연관 보일러

본체 내부에 연관을 통해 연소가스가 통과하여 물을 가열하는 보일러이다.

① 장점

- 전열면적이 크고 효율은 노통 보일러보다 좋다.
- 외분식으로 완전연소가 가능하다.(횡연관식)
- 같은 용량이면 노통 보일러보다 설치면적이 작다.
- 예열부하가 작아 증기 발생이 빠르다.(횡연관식)

② 단점

- 구조가 복잡하여 취급이 어렵다.
- 급수처리가 필요하다.

• 외분식인 경우 노벽의 방산손실이 있다.

(3) 노통연관 보일러

노통 보일러와 연관 보일러의 장점을 취한 내분식 보일러로서 구조가 치밀하며 콤팩트한 구조로 전열면적이 커 증기발생이 빠르고 효율이 좋아 난방용, 산업용 등에 사용되며 종류도 다양하다.

① 장점

- 내분식이므로 열손실이 적다.
- 콤팩트한 구조로 전열면적이 크고 증발능력이 좋다.
- 보유수량에 비해 전열면적이 커 열효율이 좋다.(80~85% 정도)

② 단점

- 구조상 고압, 대용량에 적합하지 않다.
- 구조가 복잡하여 청소, 수리, 급수처리가 까다롭다.
- 증발속도가 빨라 스케일의 부착이 쉽다.

(4) 수관 보일러

상하부의 드럼에 고압에 잘 견디는 다수의 수관을 연결한 외분식 보일러로서 전열면적이 크고 효율이 가장 좋은 고압 대용량으로 외형은 사각형이며 산업용으로 많이 사용된다.

① 장점

- 고온 고압의 증기 발생으로 열의 이용도가 높다.
- 외분식으로 연소상태가 좋고 효율이 가장 높다.
- 전열면적에 비해 보유수량이 적어 증기의 발생속도가 빠르다.
- 보유수량이 적어 파열 시 피해가 적다.
- 외분식으로 연료의 질에 따른 영향이 적다.

② 단점

- 구조가 복잡하여 청소, 검사, 수리가 어렵다.
- 스케일의 장애가 커 완벽한 급수처리를 하여야 한다.
- 외분식으로 외벽을 통한 열손실이 크다.
- 부하 변동에 따른 압력변화가 크다.
- 제작이 어렵고 가격이 비싸다.

(5) 관류 보일러

초임계압력하에서 증기를 얻을 수 있는 보일러로서 하나의 긴 관으로 구성되며, 드럼이 없고 보유수량이 적어 증기발생이 빠른 보일러이다. 일종의 강제 순환식으로 관 하나에서 가열, 증발, 과열이 동시에 일어나는 형식이다.

① 장점
- 순환비(급수량/증기량)가 1로서 드럼이 필요 없다.
- 무동형으로 고압이며 증기의 열량이 크다.
- 전열면적이 크고 효율이 좋으며 증기발생 시간이 짧다.

② 단점
- 완벽한 급수처리를 하여야 한다.
- 급수의 유속을 일정하게 유지해야 한다.
- 부하 변동에 대한 적응력이 적다.
- 완전한 연소제어 및 온도제어 장치를 설치해야 한다.

(6) 주철제 보일러

주물로 제작한 것으로 전열면적이 비교적 큰 형식의 저압용 보일러로서 여러 개의 섹션을 용량에 알맞게 조립하여 사용한다.

① 장점
- 주물제작으로 복잡한 구조도 제작이 가능하다.
- 섹션의 증감으로 용량조절이 용이하다.
- 조립식으로 반입 및 해체가 용이하다.
- 저압(1kg/cm^2 이하)이므로 파열 시 피해가 적다.
- 전열면적이 크고 효율이 좋다.
- 내식성 및 내열성이 좋다.

② 단점
- 내압에 대한 강도가 약하다.(인장, 충격, 열충격 등)
- 고압 및 대용량으로는 부적당하다.
- 열에 의한 부동팽창으로 균열이 생기기 쉽다.
- 구조가 복잡하여 청소, 검사, 수리가 어렵다.

5) 보일러의 용량

보일러의 용량표시는 최대 연속부하(정격부하)의 상태에서 단위시간당 증발량(kg/h, ton/h)으로 표시하며 일반적으로 상당증발량을 사용한다.

보일러의 용량 표시방법

① 정격용량 ② 정격출력 ③ 전열면적 ④ 상당증발량 ⑤ 보일러 마력

(1) 상당증발량(W_e)

① 환산증발량(기준증발량)이라고도 한다.

② 시간당 실제 보일러의 발생열량을 표준 대기압에서 100℃ 포화수가 100℃ 건조포화증기로 증발하는 능력으로 환산하여 1시간당 증발량을 표시한다.

③ 보일러의 발생증기 엔탈피는 증기의 압력, 온도에 따라 다르므로 발생증기의 압력과 온도를 함께 나타내거나 상당증발량으로 나타내는 것이 보통이다.

④ 보일러의 발생증기가 갖는 열량을 기준상태(100℃ 포화수를 100℃ 건포화증기로 증발시킬 때 증발잠열 539kcal/kg)의 증발량으로 환산한 값이다.

$$W_e = \frac{W_a(h_2 - h_1)}{539}$$

여기서, W_e : 상당증발량(kg/h), W_a : 실제증발량(kg/h)
h_1 : 급수 엔탈피(kcal/kg), h_2 : 발생증기 엔탈피(kcal/kg)

(2) 보일러 마력(BHP)

① 표준 대기압에서 100℃ 포화수 15.65kg을 1시간에 100℃ 건조포화증기로 바꿀 수 있는 능력

② 상당증발량이 15.65kg인 보일러의 능력

③ 정격출력이 8,435kcal/h인 보일러의 능력(1BHP = 15.65kg/h×539kcal/kg = 8,435kcal/h)

※ 1BHP에 해당하는 상당증발량 W_e는 $\frac{8,435\text{kcal/h}}{539\text{kcal/kg}} = 15.65\text{kg/h}$

$$\text{BHP} = \frac{W_e}{15.65} = \frac{W_a \times (h_2 - h_1)}{539 \times 15.65} = \frac{W_a \times (h_2 - h_1)}{8,435}$$

(3) 보일러 열효율(η)

보일러에서 유효하게 이용된 열(유효열)과 공급된 열(입열)의 비

$$\eta = \frac{\text{유효열}}{\text{입열}} = \frac{\text{발생증기의 보유열}}{\text{연료의 연소열}} = \frac{W_a \times (h_2 - h_1)}{G_f \times H_l} = \frac{W_e \times 539}{G_f \times H_l}$$

여기서, W_e : 상당증발량(kg/h), W_a : 실제증발량(kg/h)
h_1 : 급수 엔탈피(kcal/kg), h_2 : 발생증기 엔탈피(kcal/kg)
G_f : 연료 소비량(kg/h), H_l : 연료 저위발열량(kcal/kg)

(4) 보일러 용량(정격출력)

보일러 용량(정격출력)＝난방부하＋급탕부하＋배관부하＋예열(시동)부하

상용출력＝난방부하＋급탕부하＋배관부하

(5) 부하의 구분

구분	설명
난방부하	난방을 위한 증기나 온수의 열량으로 가열코일의 용량 또는 방열기의 용량으로 표현
급탕부하	급탕을 위해 가열해야 할 열량
배관부하	배관 내의 온수의 온도와 배관 주위 공기와의 온도차에 의한 손실 열량
예열부하	냉각된 보일러를 운전온도가 될 때까지 가열하는 데 필요한 열량으로 보일러, 배관 등 철과 장치 내 보유하고 있는 물을 가열하는 데 필요한 열량

6) 보일러에 있어서의 여러 현상

(1) 프라이밍(Priming, 비수작용)

① 보일러가 과부하로 사용될 때, 수위가 너무 높을 때, 물에 불순물이 많이 포함되어 있는 경우 드럼 내에 설치된 부품이 기계적인 결함이 있으면 보일러수가 매우 심하게 비등하여 수면으로부터 증기가 수분(물방울)을 동반하면서 끊임없이 비산하고 기실에 충만하여 수위가 불안정하게 되는 현상을 말한다.

② 자기증발에 의해 발생되는 다량의 거품과 포밍에 의하여 발생된 거품층에 딸려 들어오는 물방울 및 거품이 캐리오버되는 현상을 말한다.

③ 프라이밍에 의한 장해는 설비 전반에 걸쳐 영향을 미치지만, 특히 보일러에서는 캐리오버된 용해고형물 및 현탁 고형물이 과열기계통의 관벽에 퇴적되어 과열증기 온도를 떨어뜨려서 열효율을 저하시킬 뿐 아니라 경우에 따라서는 이 퇴적물이 과열관의 밴드(band) 부분을 메꾸어서 증기의 통과에 지장을 초래하고 관을 소손시킬 수도 있다.

④ 프라이밍의 원인
- 부하의 급격한 증대
- 규정압력 이하의 경우
- 수위가 너무 높은 경우

(2) 포밍(Forming, 거품작용)

① 보일러에서 자주 발생되는 현상이며, 캐리오버 중에서도 가장 유해한 영향을 미친다.

② 증기거품이 보일러수 표면을 이탈하는 동안에 증기거품이 보일러수의 피막으로 둘러싸이면서, 보일러수의 피막에 함유된 불순물에 의해서 다시 안정 상태가 되어 다량의 거품이 기수면을 덮는 경우에 일어난다.

③ 포밍의 발생 정도는 보일러수의 성질과 상태에 의존하는 경우가 많다.

④ 보일러수가 증류수와 같이 순수하고 수면이 아주 고요하게 유지되어 있으면 발생되기 어렵다.

⑤ 보일러수에 불순물이 많이 섞인 경우, 보일러수에 유지분이 섞인 경우 또는 알칼리분이 과한 경우에 비등과 더불어 수면 부근에 거품층이 형성되어 수위가 불안정하게 되는 현상이다.

⑥ 보일러수 중의 물질 중 포밍의 원인

- 나트륨(Na), 칼륨(K), 칼슘(Ca), 마그네슘(Mg) 등의 염류
- 포밍을 조장(助長)하는 성분으로 식생물의 유지류(유지류는 보일러수 중의 알칼리와 작용해서 비누를 생성), 유기물, 현탁 고형물 등
- 포밍을 촉진하지는 않더라도 잠재원인이 될 수 있는 것으로 수산화나트륨, 인산나트륨 등
- 거품을 파괴하는 것으로 염화나트륨

(3) 캐리오버(Carry Over, 기수공발현상)

① 보일러수 중에 용해 또는 현탁되어 있는 불순물과 수분이 증기와 함께 보일러 밖으로 운반되어 나오는 현상을 의미한다.

② 증기가 수분을 동반하면서 증발하는 현상으로 프라이밍이나 포밍 발생 시 필연적으로 발생된다.

③ 보일러수에는 급수로부터 유입되는 불순물 및 수처리를 하기 위해 첨가한 처리제 등이 함유되어 있기 때문에, 보일러수가 증발됨에 따라 이들 불순물 및 처리제가 보일러수 중에 농축 축적된다.

④ 원래 발생증기는 순수한 수증기이어야 하나 실제 분석하면 불순물 등이 미량 함유되어 있는데, 이들 불순물은 캐리오버에 의해서 증기 중에 혼입된 것이라고 할 수 있다. 또한 이들 불순물은 실리카 등과 같이 증기 중에 용해되는 성질이 있기 때문에, 발생 증기 중에 함유될 수도 있고 농축된 보일러수가 액정 또는 거품으로 되어서 증기 중에 혼입될 수도 있다.

⑤ 포화증기에 대한 용해도는 보일러수 중의 실리카 농도가 일정한 경우, 압력 상승과 더불어 지수 관계적으로 증가하고 또 압력이 일정한 경우에는 보일러수 중의 실리카 농도가 높을수록 증가한다.

⑥ 과열증기는 포화증기보다도 실리카를 잘 용해하는 성질이 있다. 실리카는 프라이밍과 포밍이 일어나지 않더라도, 보일러수 중의 고형물 중에서 선택적으로 증기에 용해되어 캐리오버에 의해 터빈날개 등에 부착되는 성질이 있다.

⑦ 장애현상

- 증기순도 저하
- 배관 내의 수분 증가로 워터 해머 발생빈도 증가
- 밸브 및 이음부분 파손 우려
- 급격한 기포 발생 시 보일러 수위 급속 저하로 저수위현상 발생
- 보일러수 요동으로 수면계 수위 확인 곤란
- TDS로 안전밸브, 압력계 등이 막힐 우려
- 주방, 식품가공 등 직접 증기 혼입 시 오염 우려
- 증기관, 수위조절장치 등에 석출물이 부착되어 운전이 양호하게 되지 않음
- 증기밸브 시트(Seat), 터빈 날개 등에 석출물이 부착되어 운전이 양호하게 되지 않음

• 과열관 내에 석출물이 부착되어 과열관을 손상 혹은 막히게 하여 열전도를 저하시킴

⑧ 대책

• 연소량을 줄여 수면계 수위가 안정되도록 함
• 보일러수 일부 또는 연속 교체
• 보일러수 수질 분석

(4) 워터 해머(Water Hammer, 수격작용)

배관 내부에 존재하고 있는 응축수가 송기 시에 밀려 배관 내부를 심하게 타격하여 소음을 발생시키는 현상으로 수격작용이 심하면 배관의 파손을 초래한다.

7) 열매체 보일러

(1) 개요

① 일반적인 보일러는 물을 가열하여 증기를 발생시키고 그 증기의 잠열과 압력을 이용함으로 인해 높은 온도를 사용하게 되므로 각종 설비의 압력에 대한 대책이나 온도변화에 따른 문제점이 있다.

② 열매체 보일러는 열매유를 사용함으로써 저압에서 350℃까지의 고온을 안전하게 얻을 수 있다.

③ 밀폐 사이클 내에서 열매유가 순환되므로 열손실이 없으며 급수시스템 및 배수가 필요 없다.

④ 열매유 탄화 및 부식이 없어 수명이 반영구적이다.

⑤ 전면부를 개폐할 수 있는 구조로 되어 있어 언제든지 청소 및 보수를 용이하게 할 수 있고 계속적인 열효율 유지와 수명 연장이 가능하다.

⑥ 구조가 간단하고 설치면적이 작으며 외형이 미려하다.

⑦ 증기나 온수 등 물을 사용하는 보일러에 비해 가연성 액체인 열매유를 사용하기 때문에 화재위험이 높다.

⑧ 물을 사용할 경우 증기압이 발생할 수 있고 100℃ 이상으로 가열할 수 없기 때문에 열매체유를 사용하고, 열매체유를 사용하면 320℃의 높은 온도 범위까지 간접가열을 통해 장시간 사용할 수 있다.

(2) 장점

① 압력이 걸리지 않는다. 즉, 증기압이 공정 내 압력에 비해 극히 낮으므로 안전하다.

② 대기압하에서 320℃까지 사용이 가능하다.

③ 열매유는 부식성이 없으므로 시스템을 보호하며, 스케일이 끼지 않는다.

④ 폐쇄회로이므로 유체의 손실이 적다.

⑤ 수명이 길기 때문에 보수비가 적고 높은 공정 효율을 낼 수 있다.

⑥ 사람이 상주할 필요가 없어 운전이 간편하다.

⑦ 겨울철에도 얼 염려가 없다.

⑧ 100psig까지는 필요시 간접적으로나마 스팀을 생산할 수 있다.

⑨ 가열표면이 많이 필요치 않다.

⑩ 설비가 콤팩트하기 때문에 보일러실을 짓는 데 비용이 적게 된다.

⑪ 제어방식이 간단하다.

⑫ 스팀에 비해 연료나 에너지가 25% 또는 그 이상 절약된다.

⑬ 대상에 대한 온도조절이 쉽다.

(3) 단점

① 장비 주변의 모든 전기설비는 방폭형으로 설치되어야 하므로 가격이 고가이다.

② 오일(탄소화합물)이므로 계속 운전하다 보면 파이프 내부에 탄화된 오일이 눌어붙는 경우가 생긴다.

③ 운전 중 열매가 누설될 경우 아주 치명적이다.

④ 열전달계수가 물보다 낮다.

⑤ 온도에 따라 점도 변화가 심하다. 따라서 낮은 온도에서의 운전은 펌프 능력 계산 시 주의 깊게 고려해야 한다.

⑥ 열매유의 가격이 물보다 비싸다.

⑦ 보통의 보일러에 비해 우수한 인력과 자재가 필요하다.

⑧ 시스템 설계치가 미리 정해져 있지 않다.

⑨ 시스템 내에 공기가 없어야 하기 때문에 대기 중으로 공기를 배출해야 하고 팽창 탱크는 차가운 상태를 유지해야 한다.

⑩ 가열 표면의 온도 강하가 있다.

(4) 열매유

① 열매유는 넓은 범위의 온도에 적합하고, 열안전성이 있는 물질로서 광물성유이거나 합성유로 되어 있다.

② 열매유를 선정할 때는 사용처에서 필요로 하는 온도, 비중, 점도, 유동점, 독성, 시스템이나 부속품과의 적합성 등을 면밀히 검토해야 한다.

③ 일반적으로 315℃까지는 유동점이 －12로 되어 있는 광물성유가 적합하다.

④ 열매체는 320℃까지 사용이 가능하며 우수한 온도, 점도 특성에 의해 고온에서 높은 열전달계수를 가지며 산화 안정성이 매우 우수하여 침전물이나 부식의 우려가 없고, 인체에 무해하며 전자파 장애가 발생하지 않는다.

(5) 사용 중 오일이 끓어 넘치는 이유와 대처방법

① 원유에는 오일을 정제하는 과정에서 완전하게 제거되지 않은 수십 ppm 정도의 수분이 포함되어 있다. 그러므로 오일의 온도를 급격하게 올리게 되면 오일 중의 수분이 100℃ 부근에서 끓게 되어 오일 전체가 끓는 것과 같은 현상이 발생되며, 오일의 양이 너무 많은 경우 탱크 밖으로 넘치게 된다.

② 오일의 온도를 올리는 과정을 서서히 단계적으로 하여 90℃ 내지 100℃ 부근에서 오일 중의 수분을 완전히 증발시킨 후 사용하면 끓어 넘치는 현상을 방지할 수 있다.

③ 시스템을 세척할 때 열매체유에 대하여 아무런 상식 없이 물을 사용하는 경우, 물이 완전히 건조되지 않은 상태에서 열매체유를 충진하여 가열하게 되면 끓어 넘치는 현상을 피할 수 없다.

8) 진공식 보일러와 무압 보일러

난방이나 급탕용 온수를 버너의 연소열로 직접 가열하지 않고 열매에 의해 가열하여 저온에서 온수를 발생하는 보일러

(1) 진공식 보일러

- 진공상태의 용기에 충전된 열매수를 가열하여 발생된 감압증기를 이용, 열교환기로 온수를 발생시키는 일종의 온수 보일러이다.
- 여러 선진국에서는 이용이 보편화되어 업무용, 난방용, 급탕용 등 여러 용도로 많이 이용되고 있다.
- 열매수 보유용기의 진공 유지에 따른 고도의 기술과 부식 문제, 제작상의 여러 가지 복합적인 문제로 인하여 국내에서 개발되기 시작한 것은 1990년대부터이며 점차 그 사용 예가 증가하고 있다.

① 구조

- 진공 히터의 기기 하부는 일반 보일러와 같이 버너가 부착된 연소실과 전열부가 있으며, 전열부의 용기 내에는 탈기된 연수인 열매수가 충전되어 있다. 하부에 설치된 연소실의 노통과 대류 전열면을 열매와 접촉시켜 이곳에서 연소실에 전달되어 증기가 발생한다.
- 발생된 증기는 자연대류에 의해 보일러 내부의 상부로 이동한다.
- 이 증기는 상부에 설치된 온수 발생을 위한 열교환기에서 열을 잃고 다시 액화되어 하부로 낙하한다. 열매수 상부의 빈 용기 공간에 온수난방 및 급탕용 열교환기가 장착되어 있는데, 이 부분이 거의 진공인 －760mmHg 상태로 되어 있다.
- 상부에 설치된 열교환기에서는 열매증기의 응축열을 흡수하여 난방용 또는 급탕용으로 사용되는 온수가 발생한다.
- 일부 보일러는 보유수 용기가 내압을 받도록 되어 있으나 진공 히터는 보유수 용기 내부가 진공상태로 유지되므로 항상 외압을 받는 용기 내에서 열교환이 이루어진다.

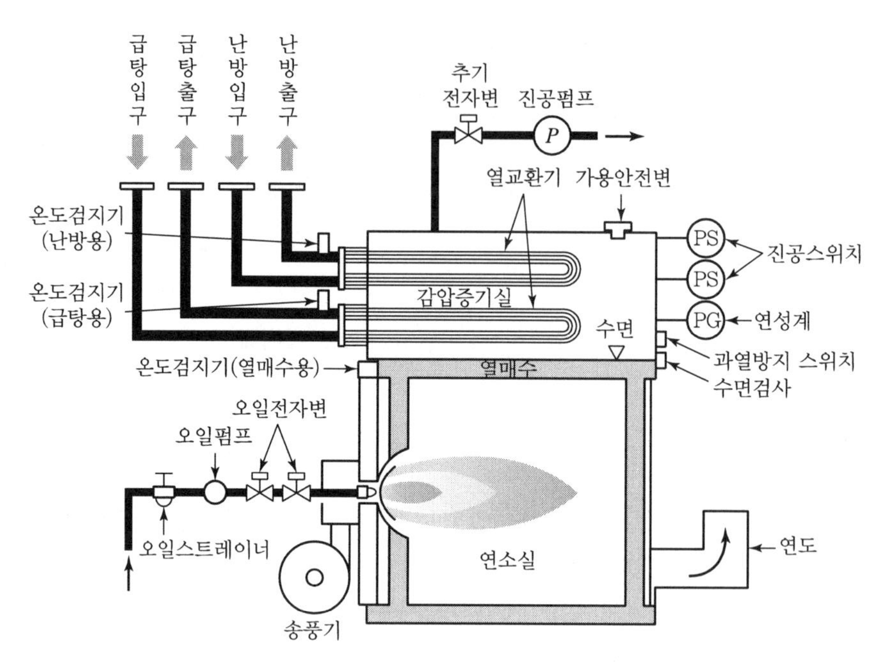

② 원리

- 버너를 점화시키면 고온의 연소가스는 화실 내부의 전열부위를 통과하면서 연소열을 열매수에 전달하고 외기로 배출된다.
- 열매수는 서서히 가열, 증발되어 감압증기가 열교환기가 장착된 진공부위에 충만하게 되며, 이 감압증기는 열교환기에 열매수의 증발잠열을 전달하여 열교환기 내의 순환수 온도를 높여주고 열을 전달시킨 감압증기는 응축되어 열매수로 회수하게 된다.
- 진공 용기 내에서 가열된 열매수가 증발하여 감압증기를 발생하고 이 감압증기가 열교환기에 의해 응축되어 다시 열매수가 되는 순환 사이클이 반복된다.
- 진공 히터의 초기 표준상태에서의 진공상태는 약 −760mmHg이고, 열매수가 계속 증발하여 최고 온도에 도달할 때의 감압증기의 진공상태는 약 −150mmHg이며 이때의 온도는 93℃ 정도이다.(이 상태에 도달하면 진공용기 내에 부착된 감압장치가 동작하여 버너의 연소가 중지)
- 다시 난방 및 급탕 등 열사용처에서 열을 사용하게 되면 순환펌프가 작동하여 열교환기에 냉각된 순환수가 유입되어 열교환이 이루어지고 감압증기의 온도저하와 응축수 회수가 이루어지게 되며 감지장치에 의해 버너가 다시 작동되어 원활한 운전이 계속된다.
- 진공 히터 용기 내부는 항상 외압(−기압)을 받으며 난방용 온수는 85℃ 정도, 급탕용 온수는 80℃ 정도로 유지 공급이 가능하게 된다.

③ 장점

- 열매의 보충이 없다.
- 보충수가 필요 없어 스케일이나 부식이 거의 발생하지 않는다.
- 수명이 길다.
- 난방과 급탕을 겸할 수 있다.

- 보일러 내부의 증기가 외부로 증발할 위험이 없어 면허소지자를 보일러의 운전관리자로 선임하지 않아도 된다.
- 보일러 및 안전용기 안전규칙에 의한 검사가 불필요하다.
- 열매의 순환 펌프가 불필요하다.
- 열매수는 거의 완전 탈기(산소, 수소가스 등 부식성 기체가 제거)된 연수를 사용하므로 부식 및 스케일이 발생되지 않아 기기 사용에 따른 열효율 저하가 발생되지 않고 진공 내부에서 열교환이 이루어지므로 열효율이 좋다.
- 진공 히터의 용기 내 압력은 항상 −760∼−150mmHg의 진공상태를 유지하므로 기기의 폭발 등으로 인한 대형사고의 위험이 없어 안전성이 우수하다.
- 용도 특성이 우수하다.(급탕과 난방을 사용목적에 따라 자유롭게 선택 가능)

④ 단점

- 보일러가 완전히 밀폐되어야 한다.
- 보일러 내부에 −760mmHg의 진공압을 형성해야 한다.
- 가격이 비싸다.

⑤ 구성요소

- 난방용 열교환기 : 출구온도는 75∼85℃
- 급탕용 열교환기 : 출구온도는 최고 80℃ 정도
- 버너 : 경유, LPG, 도시가스 등 연소용 버너
- 추기펌프 : 물속에 함유된 가스(산소, 수소, 기타 용존가스) 등이 발생되어 진공도가 떨어지면 자동으로 동작하여 비응축성 가스를 외부로 방출시켜 진공도를 계속해서 유지해준다.
- 진동 스위치 : 히터 내의 압력이 −150mmHg(93℃ 정도)로 상승하면 자동으로 감지하여 버너 운전을 정지시키는 안전장치
- 공염방지 온도 감지기 : 히터 내의 열매수 수면이 저하되어 히터 표면온도가 상승(100℃)한 경우 버너 운전을 자동적으로 정지시키는 안전장치
- 동결 방지 장치 : 열매수의 온도가 5℃ 이하가 되면 서미스터가 온도를 감지하여 운전 스위치를 내려놓은 상태에서도 전원만 들어가 있으면 자동적으로 운전 상태로 들어간다.(동절기 휴기 중에도 열매수나 열교환기 내의 물이 동결하는 것을 막아줌)
- 가용 안전밸브 : 히터 내 압력을 대기압으로부터 진공으로 할 때 사용되며 추기밸브를 겸하고 있다. 또한 히터 내부의 압력을 항상 대기압보다 낮게 유지하기 위한 안전장치의 역할도 한다. 히터 내의 온도가 100℃가 되면 가용전이 열리고 내부 증기가 외부로 방출되어 기기가 내압을 받지 않도록 한다.
- 열매수 온도 제어기 : 열매수의 온도를 검출하여 온도조절기로 전달하여 버너의 연소를 제어, 급탕 또는 순환수의 온도를 조절한다.

(2) 무압 보일러

대기압 수준의 압력이 동체에 작용하는 보일러

① 구조

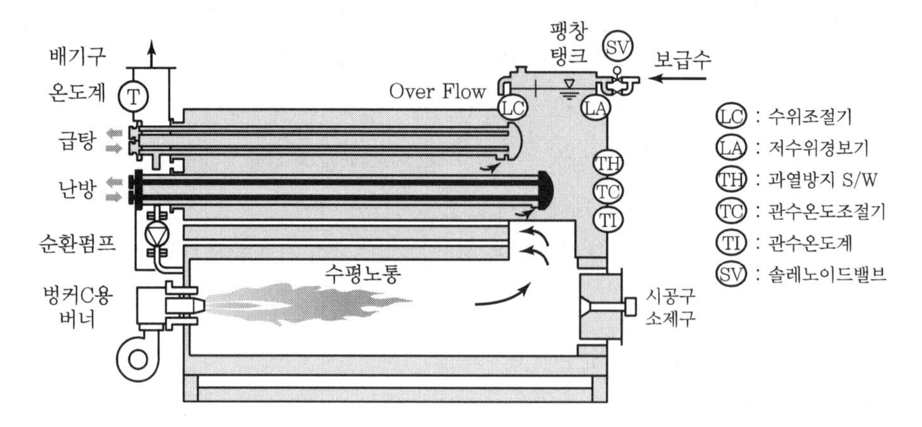

- 열교환기 외부에서 순환펌프로 물을 흡수하여 보일러 하부로 공급한다.
- 이때 열교환기 안쪽 끝에서 가열된 온수가 흡입된다.
- 열교환기에서 강제대류 열전달이 이루어진다.

② 장점

- 난방과 급탕을 겸할 수 있다.
- 면허소지자를 선임하지 않아도 된다.
- 보일러 및 압력용기 안전 규칙에 의한 검사가 불필요하다.
- 보일러 내부를 완전진공으로 할 필요가 없다.

③ 단점

- 열매 보충이 필요하다.
- 보충수가 적어 수명이 일반 보일러보다 길지만 진공식보다 짧다.
- 스케일이나 부식이 일부 발생한다.
- 열매 순환용 펌프가 필요하다.

9) 탈기

보일러 내에 잠재되어 있는 공기를 제거하는 방식이다.

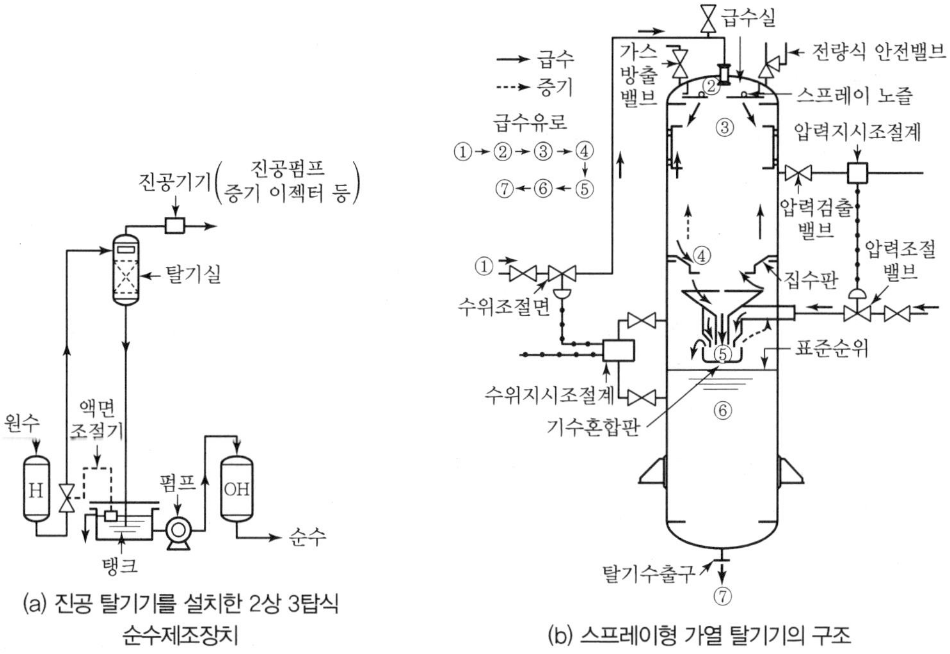

(a) 진공 탈기기를 설치한 2상 3탑식 순수제조장치

(b) 스프레이형 가열 탈기기의 구조

| 진공 탈기와 가열 탈기 |

(1) 진공 탈기

① 진공 탈기는 용존산소 제거뿐 아니라 이온교환 처리 시에 탈탄산을 겸하는 경우가 있다.

② (a) 그림은 H탑과 OH탑 사이에 진공 탈기기를 설치하여 CO_2와 O_2를 동시에 제거하는 2상 3탑식 제조장치를 나타낸 것이다.

③ 탈기효과

수온 10℃에서의 탈기효과는 잔유산소가 0.1～0.5ppm, 잔유 이산화탄소가 5～10ppm 정도로 CO_2 제거능력이 기폭방식보다 못한 경우도 있다.

(2) 가열 탈기

① 가열 탈기는 터빈의 추유(抽油) 또는 생증기로 물을 비점온도까지 가열해서 탈기하는 방식이다.

② (b) 그림은 스프레이형 가열탈기기(가압식)의 구조를 나타낸 것이다. 이 장치는 급수를 ①에서 ②의 급수실로 보내어 ③에서 분무되도록 하여 증기와 접촉 가열시켜 대부분의 용존산소가 제거되도록 한 것이다. 특히 남아 있는 용존산소를 제거시키기 위해서 ④의 집수판을 경유하여 ⑤의 기수 혼합 용기에서 새로운 증기와 다시 접촉하도록 하였다.

③ 보일러 운전을 정지하는 경우에는 탈기 내의 온도가 감소되고 기내 압력도 떨어져서 공기가 새로 들어올 위험이 있으므로, 이를 방지하기 위해서는 탈기기용 가열장치로 가열하고 증기를 밀폐시킬 필요가 있다.

④ 보일러 가동 시에는 산소 농도가 높은 복사열이 유입될 수 있고, 탈기기 내의 온도가 상승할 때까지는 충분한 탈기기능이 발휘되지 못하므로, 가동 전에 미리 탈기수조의 물을 순환하여 보조 증기로 탈기하여 두는 것을 고려할 필요가 있다.

10) 스팀트랩(Steam Trap)

(1) 스팀트랩의 개요

① 방열기나 열교환기의 환수구 또는 배관 아랫부분의 응축수가 모이는 곳에 설치하여 응축수 및 공기를 증기로부터 분리하여 증기는 통과시키지 않고 응축수만 환수관으로 배출시키는 장치이다.

② 증기가 열 사용처에서 열을 주고 난 후 물로 응축될 때 응축수(물)만 빠져 나가고 증기는 남아서 일을 계속할 수 있도록 응축수만 나가게 하는 역할을 한다.

③ 공기와 CO_2 등 비응축성 가스를 제거할 수 있어야 하며 시스템 전체의 성능을 보장하고 에너지 절약이 될 수 있도록 작동되어야 한다.

④ 증기와 응축수를 공학적 원리 및 내부구조에 의해 구별하여 자동적으로 밸브를 개폐 또는 조절함으로써 증기의 누출이 없고 응축수만을 배출하는 일종의 자동밸브이다.

⑤ 스팀트랩 직전에 응축수가 있으면 밸브가 열리고 증기가 존재하면 닫히는 기능을 갖고 있으므로 모든 응축수가 스팀트랩에 자연스럽게 유입될 수 있도록 효율적인 스팀 트래핑이 이루어져야 한다.

⑥ 설비 내의 응축수를 동작 특성 및 배출 용량에 따라 원활하게 배출해야 하므로 반드시 증기 설비의 운전 조건에 부합될 수 있는 기능을 가진 트랩을 설치하여야 한다.

⑦ 동일한 조건의 오리피스(트랩 내부)에서 응축수의 배출용량은 차압에 따라 결정되므로 배압이 과도하게 되면 설비 내에 응축수가 정체할 수 있다.

(2) 스팀트랩의 종류

① 온도 조절식 트랩(Thermostatic Type)

증기와 응축수의 온도 차이를 이용하여 응축수를 배출하는 타입으로 응축수가 냉각되어 증기 포화온도보다 낮은 온도에서 응축수를 배출하게 되므로 응축수의 현열까지 이용할 수 있다.

- Bellose Trap
- Bimetal Trap
- Diaphram Trap

② 기계식 트랩

증기와 응축수 사이의 밀도차인 부력 차이에 의해 작동하는 타입으로 응축수가 생성되는 것과 동시에 배출된다.

- Bucket Trap(상향식, 하향식)
- Float Trap

③ 열역학적 트랩(Thermo Dynamic Type)

증기와 응축수의 열적, 유체적 특성 차이에 의하여 작동하는 타입으로 증기와 응축수의 속도차인 운동 에너지의 차이에 의해 작동한다.

- Disk형
- Orifice형
- Piston형

(3) 스팀트랩의 구조 및 작동원리

① 버킷 트랩(Bucket Trap)

증기와 응축수의 밀도차에 의한 부력으로 Bucket의 부침(浮沈)이 생겨 응축수를 회수한다.

㉮ 구조 및 특징

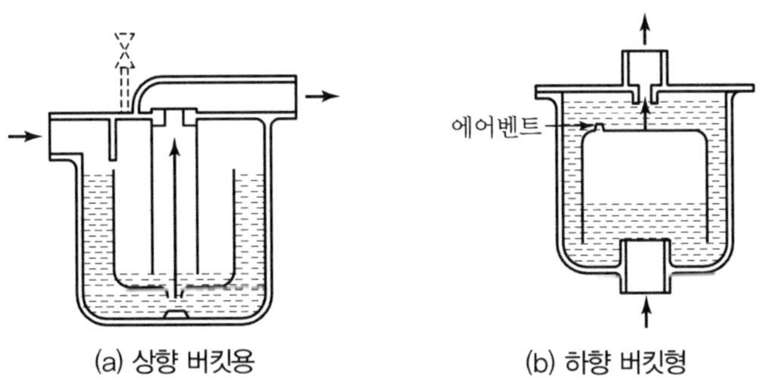

(a) 상향 버킷용　　(b) 하향 버킷형

| 버킷 트랩 |

- 상향 버킷형과 하향 버킷형이 있다.
- 부력을 이용하여 간헐적으로 응축수를 배출한다.
- 작동은 0.5kg/cm² 이상의 유효압력차가 필요하다.
- 배출 시 약간의 압력변동이 있으나, 관 내 압력차가 있으면 환수관을 트랩보다 높은 위치로 배관할 수 있다.
- 휴지 중에는 동결보호장치가 필요하다.
- 감도가 둔하고 Air Venting의 속도가 느려서 별도의 Air Vent가 필요하다.
- 견고하여 워터 해머에 잘 견디며, 유입수 입구에 Check Valve 설치 시 과열증기에도 사용가 능하다.
- 구조가 간단하여 고장이 적다.

㉯ 용도

- 고압으로 비교적 다량의 응축수를 배출하는 데 적합하다.
- 유닛히터(Unit Heater), 세탁기구, 소독기, 관말트랩

② 플로트 트랩(Float Trap)

증기와 응축수의 밀도차에 의한 부력으로 Float의 부침(浮沈)이 생겨 응축수를 배출한다.

㉮ 구조 및 특징

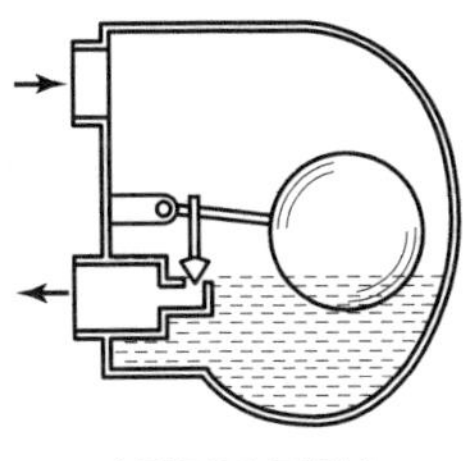

| 플로트 트랩 |

- 응축수의 배수가 연속적이고 밸브 열림이 비례제어가 가능하다.
- Valve Seat의 구경이 크므로 대량의 응축수 처리가 가능하다.
- Air Vent의 내장으로 신속한 예열이 가능하다.
- 저압용을 사용할 때는 열동형 Air Vent를 사용한다.
- 부하 변동 및 압력변화에 적응성이 양호하며 제한압력은 4kg/cm² 정도이다.
- 심한 워터 해머 예상 부분 및 동파 우려가 있는 곳에는 사용이 곤란하다.
- 15~80A 정도의 크기

㈏ 용도

- 다량의 응축수를 배출하는 장소
- 열교환기, 공조기

③ 벨로스 트랩(Bellows Trap)

증기와 응축수의 온도차에 의해 작동하며, 고온의 증기가 통과 시 벨로스 내의 유체의 팽창으로 밸브를 폐쇄한다.

㈎ 구조 및 특징

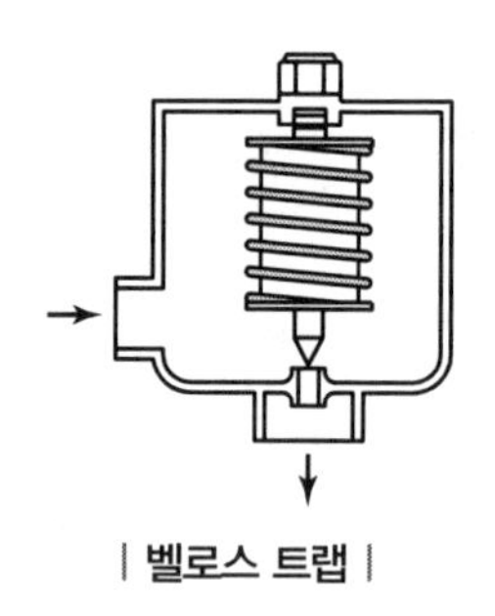

| 벨로스 트랩 |

- 간헐작동한다.
- Air Venting 능력이 양호하여 에너지 절약형이다.
- 동파의 우려가 없다.
- 반응속도가 느리고 Trap 전면에서 항상 응축수가 정체되어 배수능력이 작다.
- 구조상 역류의 위험이 있다.
- 15~50A 정도의 크기

㈏ 용도

방열기, 소형히터, 관말트랩

④ 바이메탈 트랩(Bimetal Trap)

증기와 응축수의 온도차에 의해 작동하며, 온도변화에 의한 Bimetal의 휨에 의해 밸브를 개폐한다.

㉮ 구조 및 특징

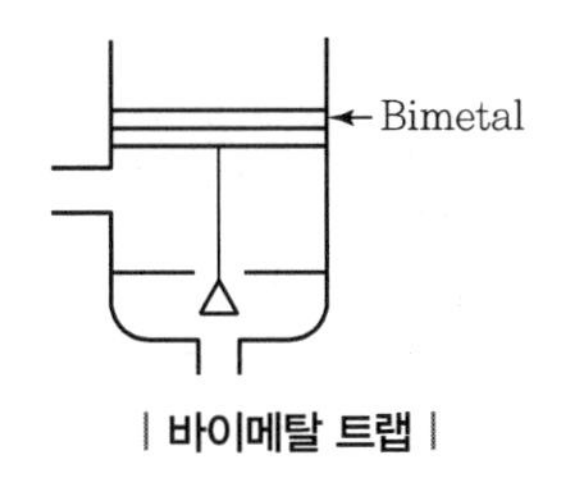

| 바이메탈 트랩 |

- 응축수 배출능력이 벨로스 타입에 비해 크다.
- 워터 해머 및 과열증기에도 강하며 동파 우려가 없다.

⑤ 오리피스형(Orifice Type)

- 몸통 내에 내장된 실린더와 오리피스로 구성되며 응축수의 재증발을 이용한다.
- 응축수의 온도가 떨어지면 실린더를 들어 올려 밸브가 열려서 응축수를 배출한다.
- 포화온도에 가깝게 되면 제어실 내의 응축수의 재증발에 따라 밸브가 닫힌다.

㉮ 구조 및 특징

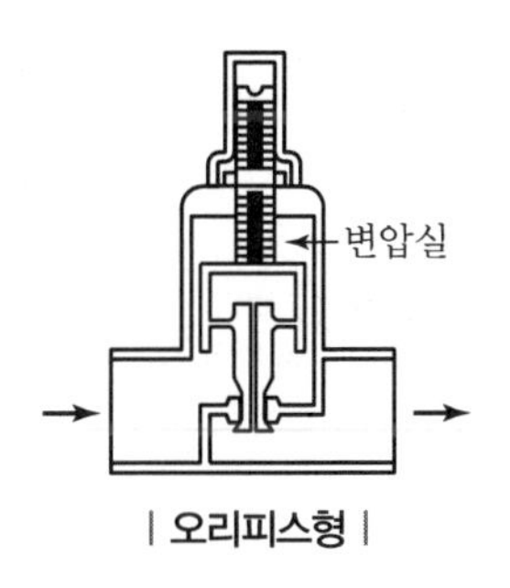

| 오리피스형 |

- 구조가 간단하고 응축수량에 비해 소형 경량이다.
- 사용조건에 맞추어 실린더를 조정해야 한다.
- 간헐작동하며 작동 시 소음이 있다.
- 동결위험이 없다.
- 고압, 과열증기 사용이 불가하다.
- 워터 해머에 강하다.
- 배압이 높을 경우 작동불량이 나타난다.
- 외기온도가 낮을 경우 작동불량이 나타난다.

㉯ 용도

관말트랩, 헤더용

⑥ 디스크형(Disk Type)

- 응축수를 감압시키면 재증발을 일으키는 현상을 밸브 개폐에 이용한다.
- 변압실에 남은 증기 온도가 냉각되어 밸브가 열린다.
- 응축수의 발생이 적은 경우에도 디스크가 열려 불필요하게 방출하기도 한다.

㉮ 구조 및 특징

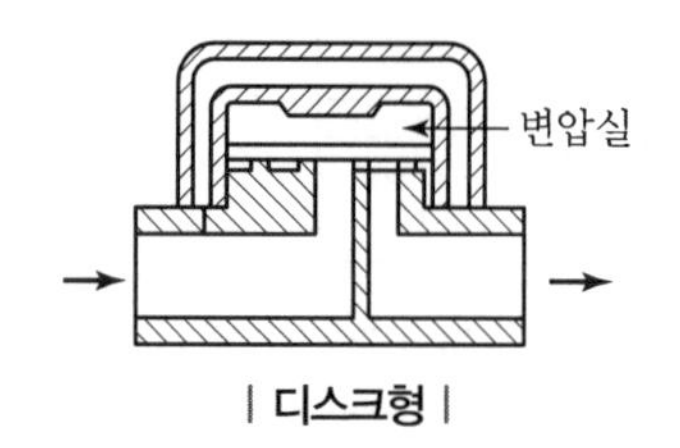

| 디스크형 |

- 설치 후의 조정이 필요 없고 소형 경량으로 작동원리가 단순하다.
- 사용압력 범위가 넓다.
- 동결위험이 적다.
- 작동 시 소음이 발생한다.
- 워터 해머에 강하다.
- 외기 온도가 낮을 때, 우기에 잦은 작동으로 증기누출이 발생할 수 있다.

㉯ 용도

관말트랩, 헤더용

SECTION 03 열펌프(Heat Pump)

- 열펌프는 저온의 열원으로부터 열을 흡수하여 보다 높은 온도를 가진 대상공간으로 열을 방출하는 시스템이다.
- 냉동사이클도 구조나 작동원리 면에서 열펌프에 해당하며, 근래에는 냉매 사이클의 흐름을 바꾸어 냉방과 난방을 겸용하는 히트펌프식 냉난방기가 널리 보급되고 있다.
- 히트펌프는 연소를 수반하지 않으므로 대기오염이 없고 냉난방 양열원을 겸하므로 보일러실이나 굴뚝 등의 공간을 절약할 수 있다.

1) 특징

① 에너지 효율이 높다.(COP가 3.0 이상)

② 연료의 연소가 수반되지 않으므로 깨끗하고 안전한 무공해 시스템이다.

③ 각종 배열 등 미활용 에너지를 이용하므로 에너지 절약형이다.

④ 1대로 냉난방을 겸용할 수 있어 설비의 이용효율이 높다.

2) 원리

증발기에서의 흡열과 압축일을 합한 만큼 응축기에서 방열하므로 증발기에서 열의 흡수(채열원)가 용이한 구조

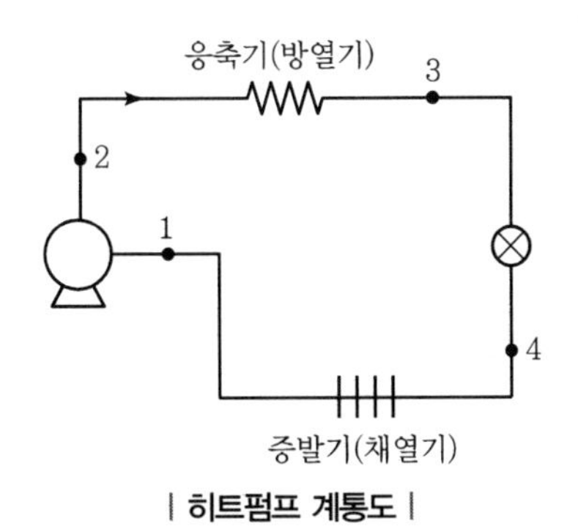

| 히트펌프 계통도 |

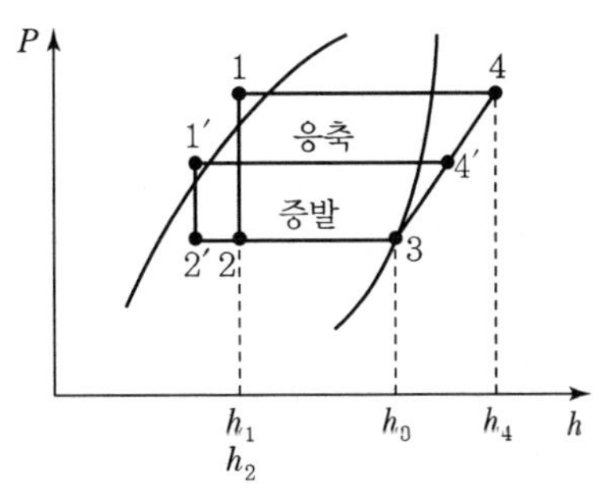

| 히트펌프 사이클의 몰리에르 선도 |

① COP(Coeffficient of Perfomamce, 성적계수, ε_h)

$$\mathrm{COP}\,(\varepsilon_h) = \frac{\text{응축열량}}{\text{압축기 일량}} = \frac{\text{방열량}}{\text{압축일}} = \frac{h_4 - h_1}{h_4 - h_3} = \frac{h_4 - h_3}{h_4 - h_3} + \frac{h_3 - h_1}{h_4 - h_3} = 1 + \varepsilon$$

여기서, h_1, h_2, h_3, h_4는 냉매의 엔탈피

② 냉동사이클 : 1′, 2′, 3, 4′

히트펌프 사이클 : 1, 2, 3, 4

③ 히트펌프 응축기에서 고온을 얻기 위해서는 응축온도(압력)가 높아야 한다. 이때는 압축기, 압력용기, 배관 등의 내압성능이나 윤활유의 고온에 의한 열화를 고려해야 한다.

④ 실용적인 성능계수는 대략 4~5 정도이며, 증발온도가 높고 응축온도가 낮을수록 COP가 증가한다. 그러므로 배열, 회수열, 태양열 등 적당한 채열원이 있으면 난방열원의 에너지를 1/2~1/5 정도로 줄일 수 있다.

⑤ 채열원은 열량이 풍부하고, 온도가 높고, 안전성이 있으며 쉽게 얻을 수 있는 것이 좋다.

3) 히트펌프의 열원

공기	• 열원의 용량이 무한하고 장비 구성도 간단하여 널리 이용된다. • 대기온도가 빙점 이하로 떨어질 경우 난방능력이 저하되고 표면에 서리가 결빙하는 문제가 발생한다.(동절기 외기온도에 따른 운전상의 어려움, 보조난방장치 또는 제상장치 필요) • 공기와 열전달계수가 작아 열교환기 용량이 커져야 한다. • 제상작업 시 난방 불가에 따른 불편함이 있다.
물	• 수원의 종류에는 상하수도, 강물, 공업폐수, 지하수, 바닷물, 호수 등이 있다. • 지하수는 연중 평균온도가 높고 온도변화가 크지 않아 가장 효과적인 열원이다. • 강물, 호수, 바닷물, 하수 등은 수질상태나 이용여건에 제약이 많고 열악한 수질로 인한 물때나 부식, 유지관리상의 어려움이 많다. • 공기열원보다 초기 설비비가 많이 소요된다. • 물의 열전달용량이 커 장비 효율이나 운전성에는 유리하다.

지열	• 신 · 재생에너지의 하나로 최근 히트펌프식 냉난방기 열원으로 이용이 증가하고 있다. • 열교환방식을 기준으로 직접팽창방식(냉매와 토양의 직접 열교환 방식)과 밀폐회로방식(물을 이용한 토양 – 물 – 냉매 간 간접 열교환 방식)으로 분류한다. • 냉매관로 형태에 따라 수직형과 수평형으로 분류한다. • 수직형의 경우 굴착에 따른 시공비의 증가와 유지보수상의 어려움이 있다. • 연간 온도가 일정하고 열원으로 우수한 성질을 가지고 있다.
태양열	• 열원의 무한성과 청정성으로 최근 다방면으로 활용 중이다. • 일조시간이 한정되어 있고 기상상태에 따라 용량의 편차가 심해 보조난방장치나 축열시설이 반드시 필요하다. • 순간적 부하 변동에 효과적으로 대처하기가 곤란하다. • 시설투자비에 비해 가동효율이 높지 않다. • 소규모 주택, 건물에 적용된다.
기타	• 건물에서 배출되는 실내 발생열 • 열병합발전이나 소각로 등 장비의 배기가스나 배열 • GHP의 경우 가스엔진의 냉각수나 배기가스의 폐열

4) 시스템의 종류

(1) 공기 대 공기 방식

① 공기열원 히트펌프 방식으로 냉매 밸브만으로 냉난방 절환이 용이하여 소용량에 주로 적용된다.

② 열원인 대기로부터 열을 흡수하고, 응축기에서 실내 공기를 가열하는 방식이다.

③ 외기가 낮아질 경우 열펌프의 성능이 저하되어 보조 열원이 필요하다.

④ 냉난방 전환 방식

- 냉매 흐름 전환 방식 : 4방밸브 조작
- 공기 흐름 전환 방식 : 덕트 관로상의 전동댐퍼 조작

⑤ 보통 4방밸브를 조작해 냉매의 흐름 방향을 바꾸어 냉난방을 겸하는 형태의 냉난방기로 널리 보급 중이다.

⑥ 덕트설치 공간이 많이 소요된다.

⑦ 고장이 적다.(공기회로 절환)

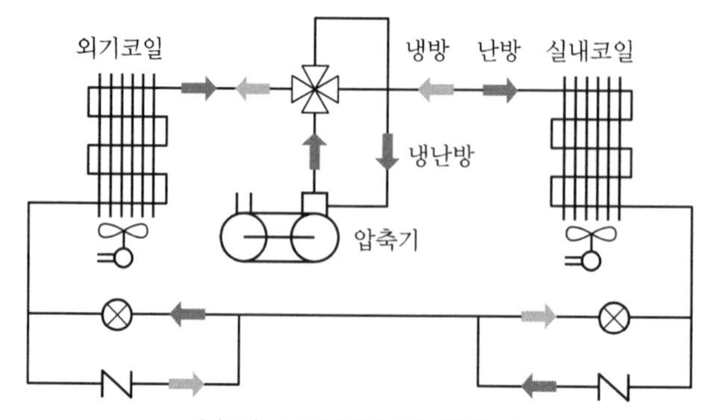

| 공기-공기 열펌프의 개략도 |

(2) 공기 대 물 방식

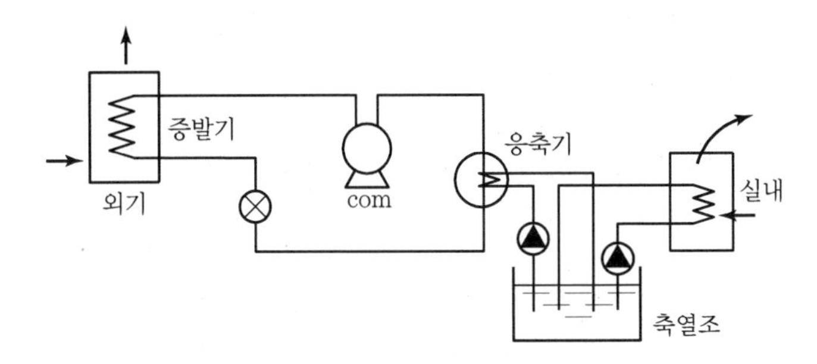

- 축열조를 이용하여 방열기에서 물을 가열하고 온수를 실내 유닛에 순환시켜 난방하는 시스템으로 고효율 운전이 가능하고 축열기능이 있다.
- 대기를 열원으로 외기 코일에서 열을 흡수(채열 측 공기)한 뒤 열펌프의 응축기에서 물을 가열(방열 측 물)하여, 온수를 이용해 난방하는 방식이다.
- 외기 온도가 낮을 경우 열펌프 성능이 떨어져 주로 저온난방에 적용된다.
- 냉매 흐름을 바꿔 냉수를 만들어, 냉온수를 이용하는 시스템 구성이 가능하다.
- 축열 및 장거리 이송이 가능하다.

① 냉매 절환 방식

- 방열 측이 물이므로 축열조를 사용하여 냉동기 용량을 작게 할 수 있다.
- 외기 온도가 높을수록 고효율의 Heat Pump가 된다.
- 대형기종은 Fan 소음에 유의해야 한다.
- 왕복식, 스크루식, 터보식 냉동기에 사용된다.

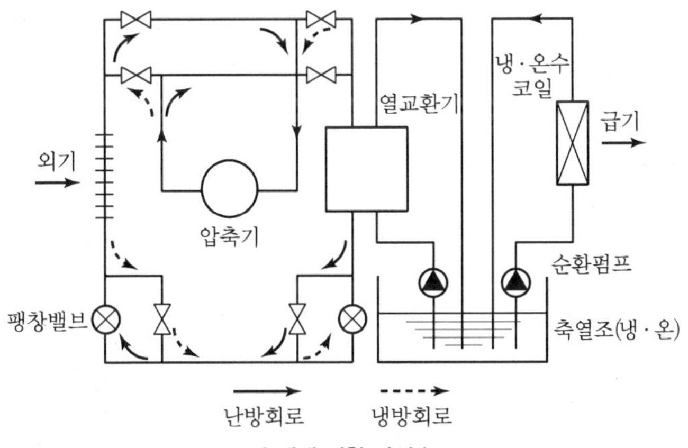

| 냉매 절환 방식 |

② 수회로 절환 방식

- 외기 0℃ 이하에서는 부동액을 사용한다.
- 부동액 농도관리가 번잡하다.
- 사용이 간단하다.
- Heating Tower가 커진다.

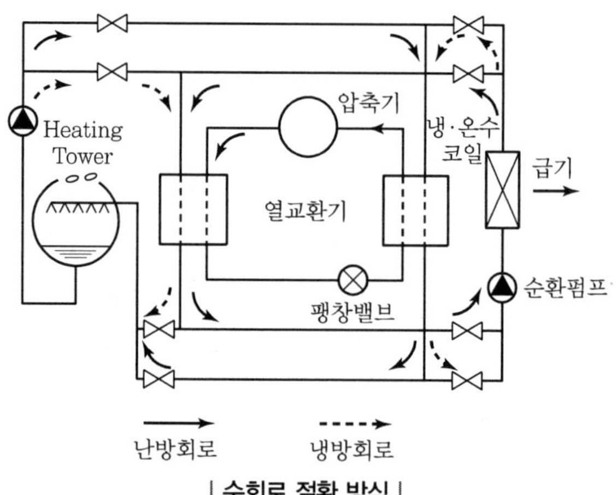

| 수회로 절환 방식 |

③ 적용성
- 어류 양식업
- 신체 부자유자를 위한 복지시설 및 실버타운의 욕실
- 사우나 및 찜질방의 온수 생산
- 냉방을 이용하는 병원의 의료기 소독
- 건축물의 페라이트 존 냉방설비와 난방설비
- 축열조를 이용한 냉방설비에 적용
- 외기를 이용한 온수 생산

(3) 물 대 공기 방식

① 물을 열원으로 하여 열을 흡수(채열 측 물)한 뒤 공기를 대상으로 열을 방출한다.
② 지표수나 지하수 등의 열원과 직접 열교환하거나 2차 유체를 통해 간접적으로 열교환하기도 한다.
③ 냉매만으로 사이클 절환이 가능하고 장치가 간단하다.
④ 수열원 히트펌프로 장치가 간단하다.
⑤ 중 · 소형에 적합하다.

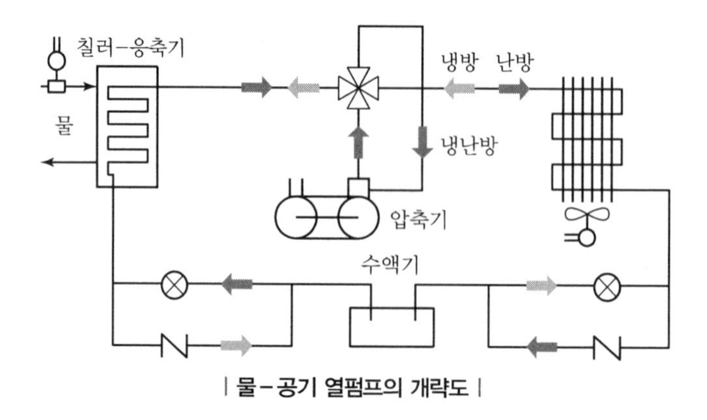

| 물-공기 열펌프의 개략도 |

(4) 물 대 물 방식

① 열원과 가열 대상이 모두 물인 방식으로, 냉난방 운전조건에 따라 냉수와 온수의 이용이 모두 가능하다.

② 4방밸브를 이용한 냉매 흐름의 변화로 냉난방을 전환하기도 하나, 열원과 가열 대상인 물의 흐름 방향을 바꾸어 냉난방 운전 전환을 한다.

③ 수열원과 수축열(빙축열)을 이용하므로 열용량이 커서 대용량에도 적용이 가능하며 기기가 콤팩트화된다.

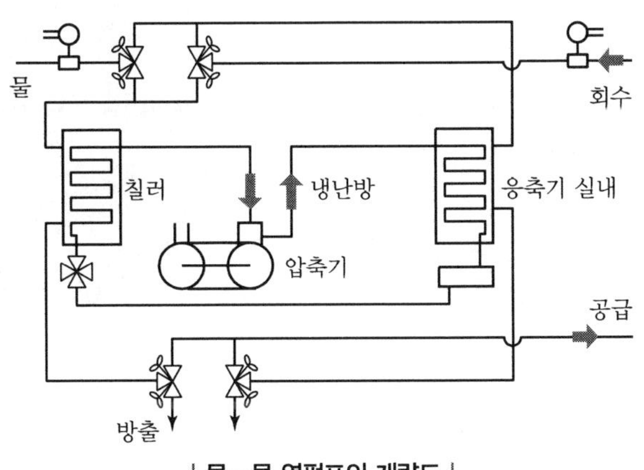

| 물－물 열펌프의 개략도 |

5) GHP(Gas Engine Heat Pump)

(1) GHP의 원리

① 압축기에 의해 냉매를 실내기와 실외기 사이의 냉매관으로 흐르게 하여 액화와 기화를 반복시켜 여름에는 냉방기로, 겨울에는 난방기로 이용하는 가스 냉난방시스템이다.

② LNG, LPG 등의 연료를 이용하는 가스엔진의 동력으로 구동되는 압축기에 의해 냉매(R－22, R－407 : 신냉매)를 압축, 응축, 팽창, 증발시켜 4방밸브를 이용하여 냉난방을 한다.

③ 전기구동 히트펌프와 작동원리는 비슷하나 압축기의 구동력을 전기 대신 가스로부터 얻는 차이가 있다.

④ 엔진의 배열을 회수하여 난방 시 증발압력을 보상한다는 점이 특징이다.

⑤ 하절기에는 사용이 적은 액화가스를 이용하여 전력 피크 부하를 줄일 수 있고, 동절기에는 엔진의 배열을 이용하여 저온난방 성능을 향상 가능하다.

⑥ EHP(Electric Heat Pump)의 경우 전기를 이용한 전동압축기를 사용하여 전력소비가 크나, GHP는 가스엔진으로 직접 압축기를 구동하므로 여름철 가스의 소비를 늘리고 전력소비를 줄임으로써 에너지 수급에 많은 기여를 할 수 있어 현재 많이 이용되고 있다.

⑦ 가스엔진의 배열 이용

외기를 열원으로 하는 히트펌프의 경우 냉방 시에는 외기 온도가 상승할수록 성적계수가 저하되고, 난방 시에는 외기 온도의 영향을 크게 받아 외기 온도가 저하될수록 효율과 난방능력이 저하되므로 GHP는 가스엔진의 배열을 회수하여 실내 증발기의 온도를 올려 난방효율을 극대화할 수 있다. 또한 제상 시 가스배열을 이용할 수 있어 별도의 제상장치가 필요 없다.

(2) 사이클 구조

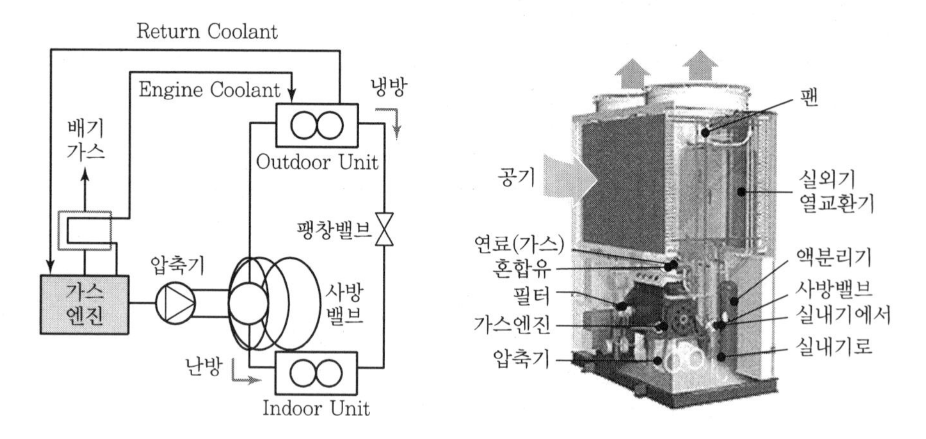

- 사용연료 : LPG, LNG
- 사이클 구성 : 압축기 → 응축기 → 팽창기 → 증발기
- 사이클 외 주요 구성 : 가스엔진
- 냉각방식 : 공랭식(인버터식 전동팬)

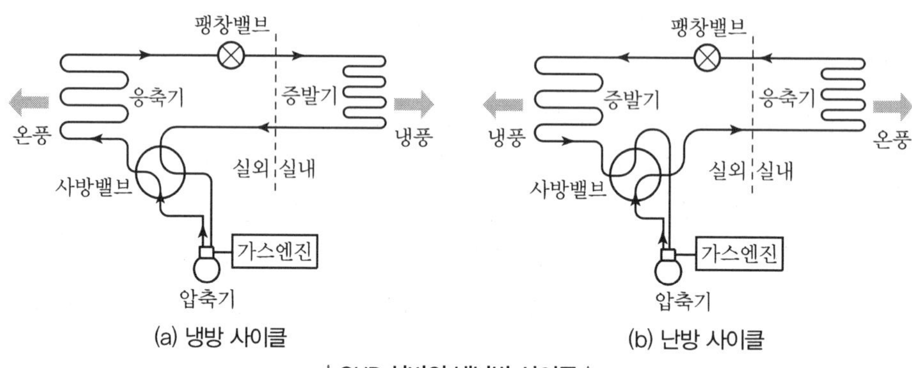

| GHP 설비의 냉난방 사이클 |

① 작동원리

- 압축기 구동 동력으로 전기에너지를 사용하지 않고 가스(도시가스)를 이용한다.
- 엔진 배열을 실외 H/EX 쪽으로 보내어 실외 열교환기의 증발력을 보상해 준다.(저온 난방 능력 개선)
- 엔진 배열을 액－가스 열교환기 방향으로 보내 저압을 보상시켜 제상 사이클로 거의 진입하지 않게 하여 난방 운전율 및 운전효율을 높여준다.

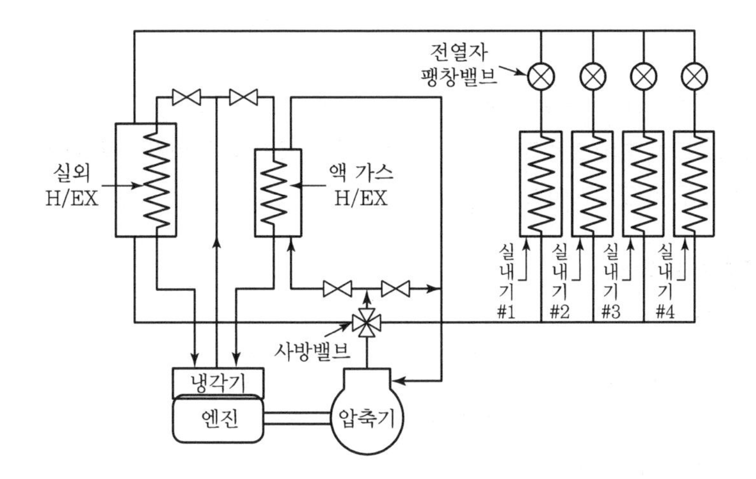

② 주요 구성품

㉮ 가스엔진

- 4행정 수랭식 엔진이 주로 사용되며 40% 이상의 고효율, 4만 시간 이상의 긴 수명이 요구된다.
- 폐열(마찰열과 배기가스)을 이용하기가 용이해야 한다.
- 열량제어가 용이하여 부분부하 효율이 우수해야 한다.

㉯ 압축기

- 주로 개방형 스크롤 압축기를 많이 사용한다.
- 엔진과 구동벨트 혹은 직결방식으로 연결한다.

㉰ 배기가스 열교환기(GCX : Exhaust Gas Coolant Heat Exchanger)

- 가스엔진에서 발생하는 마찰열과 배기가스 열을 회수하기 용이하게 한다.
- 배기 다기관과 소음기 역할을 동시에 수행한다.
- 내부식성이 우수해야 한다.
- 배열 회수효율은 엔진효율이 높을수록 좋아지므로 GHP 시스템의 성능 향상을 위해서는 엔진효율의 개선이 필요하다.
- 배열 회수는 약 70% 정도 가능하다.
- 압력강하는 약 230mmAq 정도이다.

㉱ 운전 및 제어 시스템

- 엔진 냉각수 및 엔진 룸의 온도조절
- 공연비 조절
- 회전수 조절
- 엔진의 On/Off 횟수를 최소로 유지

(3) 단점

① 일반 EHP형 System보다 초기 투자비가 많다.(기기 가격이 고가)
② 엔진 오일, 필터, 점화 플러그 등의 소모품에 대한 교체 및 관리가 불편하다.
③ 도시가스 공급이 필수적이다.

(4) GHP의 고효율화 방안

① 엔진 압축비 증대
② 공연비의 최적화
③ 균일 연소를 위한 연소실 형상의 최적화
④ 연료 흡입 계통의 최적화
⑤ 점화 타이밍의 최적화
⑥ 밸브 개폐 타이밍의 최적화
⑦ 흡입기 저항의 저감
⑧ 재질의 경량화 등을 통한 기구부의 손실 저감

(5) GHP 연료

① LNG(Liquefied Natural Gas, 액화천연가스)
- 메탄(CH_4)을 주성분으로 지하에서 취출한다.
- 저공해 연료이다.(가솔린에 비해 CO와 HC 배출량이 적음)
- CO_2 배출량이 적다.
- 취급과 조절이 용이하고 시동성이 좋다.
- 열효율이 우수하다.(옥탄가가 높아 압축비를 높일 수 있어 노킹에 유리)
- 대형엔진에 사용 가능하다.
- LPG 대비 가격과 안전성이 우수하다.
- 공기보다 가볍다.
- 발화점이 높다.
- 공기 압력
  - 저압 : 1kg/cm^2 이하
  - 중압 : 1～101kg/cm^2 이하
  - 고압 : 10kg/cm^2 이상

② LPG(Liquefied Petroleum Gas, 액화석유가스)
- 프로판, 플로필렌, 부탄, 부틸렌 등의 혼합 가스로 부산물로 생성되며 석유 정제과정에서도 부산물로 발생한다.
- 상온, 상압에서는 기체이나, 냉각 또는 가압에 의해 쉽게 액화한다.

• 공기보다 무겁다.
• 무색, 무미, 무취이며, 기화 시 체적이 250배 정도가 된다.
• 연소범위가 좁고, 발열량이 크며, 공기 소모량이 크다.

(6) GHP 특징

① 쾌적하고 강력한 냉난방
• 가스 연소에 의한 배열을 효율적으로 회수하여 재이용함으로써 에너지 손실을 최소화하여 빠르고 강력한 난방을 실현하며, 제상운전이 불필요하기 때문에 연속난방운전이 가능하다.
• 외기 온도가 −20°C인 혹한기에서도 정격능력의 변화 없이 쾌적난방을 실현한다.

② 경제적 운전비
㉮ 건축비, 설치비 10～20% 절감 및 건축기간 단축 효과
• 건물의 층고를 덕트 설치 시와 비교하여 20～30cm 낮출 수 있다.
• 냉매배관 설치만으로 간편하게 짧은 기간 내 공사를 완료한다.
㉯ 유지관리비용이 30～50% 절감
• 적은 전력요금(전기 에어컨의 1/10) 및 값싼 가스요금 적용(특히, 냉방 시)이 가능하다.
• 유지관리인력이 필요 없다.(간편하게 리모컨으로 조작 가능)
㉰ 수변전 설비 비용 절감
• 신축 및 증축 시 계약전력을 절감한다.
• 엔진의 배열을 이용한다.(저온난방에 필요한 증발력을 보상 가능)
• 운전 효율이 높다.(겨울철 난방 운전 시 액−가스 열교환기(엔진의 폐열 이용)를 이용하여 제상 사이클로 거의 진입하지 않아 난방운전율 및 운전 효율 상승)

③ 설치 및 시공의 편리성
㉮ 시스템 구성이 간단하므로 설치 및 시공이 쉽고 빠르다.
㉯ 실외기 옥상(지상) 설치 및 실내기 천장형으로 설치 시 지하 및 실내공간 활용 극대화에 기여한다.
㉰ 콤팩트하고 다양한 실내기 선택이 가능하므로 실내 인테리어를 고급스럽고 따뜻한 분위기로 연출할 수 있다.
㉱ 건물의 다양한 공간에 대응
• 병렬형 실외기에 실내기 32대까지 접속 가능
• 단독형은 최대 24대까지 접속 가능
• 냉매배관 길이 120cm까지 연결 가능

(7) 냉매의 작용

① 난방 운전 시

냉매는 가스엔진으로 구동되는 컴프레셔(Compressor)에 의해 압축되고 압축에 따라 고온 고압으로 된 냉매가스는 실내 열교환기에서 응축하고 액화된다. 액냉매는 실내 유닛의 팽창밸브에서 감압되고, 저압으로 된 액냉매는 실외 교환기에서 외부 공기로부터 흡열하고 증발 가스화된다.

② 냉방 운전 시

냉매는 가스엔진으로 구동되는 컴프레셔에 의해 압축되고 압축에 따라 고온 고압으로 된 냉매가스는 실외 열교환기에서 응축하고 액화된다. 액냉매는 실내 유닛의 팽창밸브에서 감압되고, 저압으로 된 액냉매는 실내 교환기에서 실내 공기로부터 흡열하고 증발 가스화된다. 그 증발열에 의해 실내는 냉방되며, 냉매가스는 컴프레셔에 들어가 같은 작용을 반복한다.

(8) GHP와 EHP의 특징 비교

GHP	EHP
난방능력이 외부기온에 따라 변하기 때문에 동절기 및 피크시간대에도 안정적인 난방이 가능하다.	난방능력이 외부의 기온에 직접적인 영향을 받는다. 특히 외부의 기온이 0℃ 이하인 경우에는 영향이 크다.
토출되는 열풍의 온도가 높다.	토출되는 열풍의 온도가 낮다.
제상작업 공정이 없다.	증발기의 열효율을 높이기 위해서 제상작업이 필요하다.
초기 난방의 속도가 빠르다.(30분)	초기 난방이 이루어지는 시간이 많이 걸린다.
운전소음이 적다. • 실외기 : 최대 41dB • 실내기 : 최대 45dB	운전소음이 높다. • 실외기 : 최대 46dB • 실내기 : 최대 52dB

6) 지열원 히트펌프(Ground Source Heat Pump)

- 땅속 15m 이하에 연중 일정하게 유지되는 지중온도(15℃)를 이용하여 히트펌프와 함께 냉동사이클을 구성하여 냉방 · 난방 및 급탕에 활용하는 시스템으로 에너지 비용을 획기적으로 줄이면서 경제성을 높인 친환경적 냉난방시스템이다.
- 지하 1.2～1.8m 깊이에서의 지중온도 변화는 위도나 기온에 관계없이 매우 적으며 평균온도 범위는 4～16℃이다. 지표 3m 이하에서는 온도가 비교적 안정되어 있어 충분히 이용 가능한 열원이다.

(1) 장점

① 사계절 연중 안정적 열원공급 및 냉방, 난방, 급탕을 동시에 공급 가능하다.

② 지중열을 이용한 지열시스템과 수축열시스템이 결합된 축열식 지열 히트펌프시스템이 있다.

③ 지열축열조와 수축열조의 축열조를 완충작용으로 사용하여 히트펌프 장비 효율이 높고 안정적이다.

④ 대체에너지 시스템이며 환경규제에 적극 대처 가능한 친환경적인 냉난방시스템이다.

⑤ 심야전력을 이용한 축열탱크설치로 지열공간 및 천공수 감소가 가능하다.

(2) 구조 및 특징

① 땅속에 관을 매설하여 냉매를 직접 팽창(동절기 증발기 역할)시키거나 관 내에 물이나 브라인 등을 통하게 하여 대지와 열교환한다.

② 전열이 좋은 코일을 1.2~3m 정도까지 땅에 묻어 냉난방 사이클을 위한 외부코일(Heat Source)로 사용한다.

③ 관의 길이가 길므로 직접팽창식으로 사용할 경우 압력강하로 인한 압축비 증가가 우려되고 펌프 소용동력이 증가할 수 있다.

④ 설비비가 높고 지질의 종류에 따른 열용량 예측이 어렵다.

⑤ 지중 매설공사가 어렵고 관의 부식이 우려된다.

⑥ 코일의 파손 등에 의한 고장 시 보수가 어렵다.

⑦ 관 내 Flash Gas 발생으로 인한 냉동능력 저하가 우려된다.

⑧ 지열은 친환경적이며 잠재가능성이 무한한 에너지이다.

⑨ 효율적이며, 무제상 운전이 가능하다.

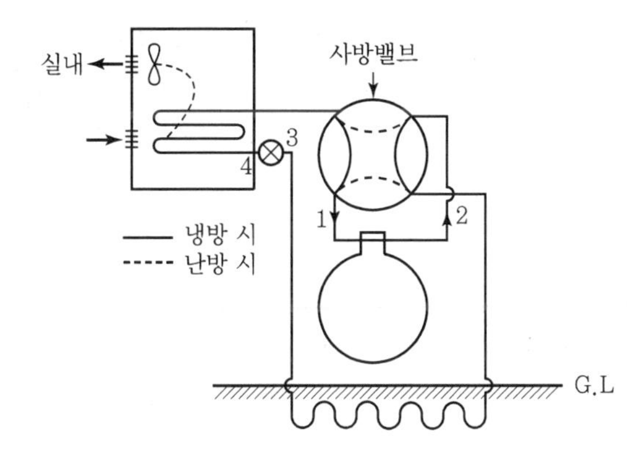

(3) 지열 루프수직방식

미국 환경보호국(EPA)에서 공인한 가장 효율적, 친환경적인 냉난방시스템이다.

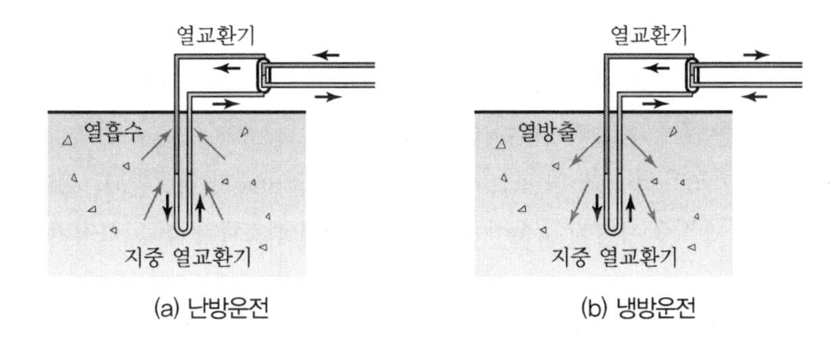

(a) 난방운전 (b) 냉방운전

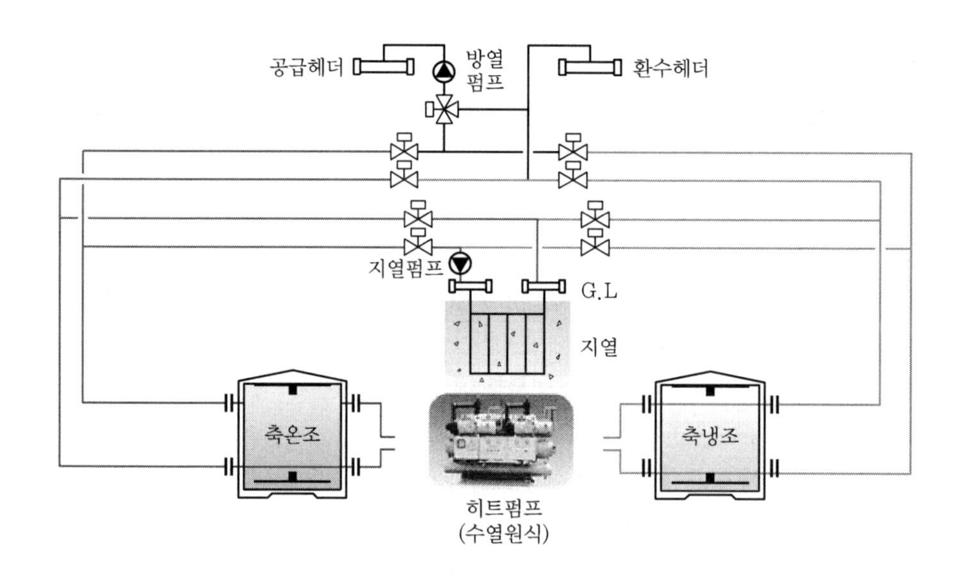

지열히트펌프		수축열 시스템		축열식 지열히트펌프
• 냉난방 수행 가능 • 효율이 가장 높음 • 환경친화적 시스템 • 안정적인 열원 확보	+	• 방랭 효율 매우 높음 • 운전비가 저렴 • 시스템이 간단 • 제어 및 조작이 용이	=	• 심야전력 이용으로 운전비용 절감 • 대체에너지 시스템 • 히트펌프 장비 및 지열 천공수 감소 • 정부 및 한전 혜택

(4) 종류

① 폐회로(Closed Loop) 방식

- 일반적으로 적용되는 폐회로는 파이프 폐회로로 구성되어 있는데 파이프 내에는 지열을 회수(열교환)하기 위한 열매가 순환되며, 파이프의 재질은 고밀도 폴리에틸렌이 주로 사용된다.
- 폐회로 시스템(폐쇄형)은 루프의 형태에 따라 수직, 수평 루프 시스템으로 구분된다.
  - 수직 시스템 : 100~150m 깊이로 묻는다.
  - 수평 시스템 : 1.2~1.8m 깊이로 묻으며, 상대적으로 냉·난방부하가 적은 곳에 쓴다.

② 개방회로(Open Loop) 방식

- 수원지, 호수, 강, 우물 등에서 공급 받은 물을 운반하는 파이프가 개방되어 있는 것으로 풍부한 수원지가 있는 곳에 주로 적용한다.
- 폐회로가 파이프 내의 열매(물 또는 부동액)와 지열 Source가 열교환되는 것에 비해 개방회로는 파이프 내로 직접 지열 Source가 회수되므로 열전달 효과가 높고, 설치비용이 저렴한 장점이 있다.
- 폐회로에 비해 열매회로 내부가 오염되기 쉽고, 보수 및 관리가 많이 필요한 단점이 있다.

③ 냉매 직접 열교환 방식

- 냉매와 대지가 직접 열교환하는 방식으로 가장 간단한 방식이다.
- 관 내의 압력 손실 증가로 인하여 압력 상승과 효율 저하를 초래할 수 있다.

7) 흡수식 히트펌프

저열원으로부터 폐열을 회수하여 흡수기와 응축기에서 방출되는 높은 온도를 이용할 목적으로 사용하는 경우를 말하며, 구동열원의 조건과 작동방법에 따라 제1종과 제2종으로 나눌 수 있다.

- 제1종 흡수식 히트펌프
  - 고온의 구동열에너지와 저온의 폐열에너지를 이용하여 중간온도의 에너지를 생산하는 시스템으로서, 고온의 열을 공급 받아서 가능해지는 시스템이다.
  - 단효용, 이중효용 흡수식 냉동기 및 직화식 냉온수기 모두 작동원리상 넓은 의미의 제1종 흡수식 열펌프에 속한다.
  - 온도가 가장 높은 고열원(증기, 고온수, 가스 등)의 열에 의해 온도가 낮은 저열원(주위 온도)의 열에너지가 증발기에 흡수되고, 비교적 높은 온도(냉각수 온도)인 고열원에 응축기와 흡수기를 통하여 열에너지가 방출된다. 이 경우 공급된 구동 열원의 열량에 비해 얻어지는 온수의 열량은 크지만, 온수의 승온 폭이 작아 온수의 온도가 낮다.
  - 건물이나 공장의 공정 중에 배출되는 폐온수의 열을 회수하여 난방, 급탕 또는 공정 중의 온수를 공급하는 데 사용할 수 있다.
- 제2종 흡수식 히트펌프
  - 중온의 폐열에너지를 구동열에너지로 사용하여 고온의 에너지와 저온의 에너지를 생산하는 시스템으로 고온의 에너지를 이용하고 저온의 에너지를 배출하는 것이 일반적이다.
  - 산업현장에서 버려지는 폐열의 온도를 제2종 히트펌프를 통하여 사용 가능한 높은 온도까지 승온시킬 수 있어 에너지를 절약할 수 있다.
  - 저급의 열을 구동에너지로 하여 고급의 열로 변환시키므로 열변환기(Heat Transformer)라고도 불리며, 일반적으로 흡수식 냉방기와 반대의 작동 사이클을 갖는다.
  - 중간 온도에서 열이 공급되면 일부는 고온으로 변환되고, 나머지는 저온으로 변환된다. 이러한 2종 흡수식은 산업폐열을 회수하는 데 매우 유용한 방식이다.

(1) 제1종 흡수식 히트펌프

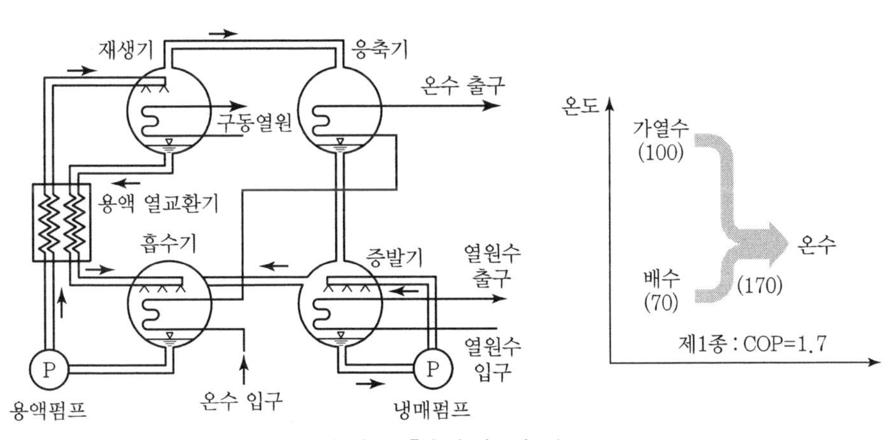

| 제1종 흡수식 히트펌프 |

① 응축압력(P_c) > 증발압력(P_e)인 경우에 해당한다.

② 재생기에 고온수나 증기 또는 고온의 폐열 등과 같은 고원열원을 필요로 한다.

③ 기존의 흡수식 냉동기처럼 저열원을 증발기에서 흡수하여 응축기 및 흡수기에서의 방열작용을 통하여 온수 등의 형태로 이용한다.

④ 냉매 사이클

- 증발기에서 폐열 등의 열원으로부터 열을 흡수하여 증발한 냉매증기는 흡수기의 용액에 흡수되면서 등압하에서 방열하여 온수 등을 가열한다.
- 펌프를 통해 재생기에 유입된 희용액은 외부로부터 증기의 고온의 열을 받아 냉매증기를 발생한다.
- 재생기에서 발생한 냉매증기는 응축기에서 등압하에 외부로 열을 방출하여 응축 액화함과 동시에 온수 등을 가열한다.
- 액화된 냉매는 다시 증발기로 되돌아가 사이클을 반복한다.
- 재생기와 흡수기 사이에 열교환기를 설치하여 재생기에서 필요한 가열량을 절감시킨다.

⑤ 흡수액 사이클

흡수기에서 냉매증기의 흡수 → 용액펌프에 의한 승압 → 가열 농축 → 감압 → 흡수기로 이동

⑥ COP(열손실량 무시)

- $\text{COP} = \dfrac{Q_A + Q_C}{Q_G} = \dfrac{Q_G + Q_E}{Q_G} = 1 + \dfrac{Q_E}{Q_G}$ (항상 1보다 크다)

  $\because\ Q_G + Q_E = Q_A + Q_C$

  여기서, Q_G : 재생기 입열량, Q_E : 증발기 입열량(폐열 이용)
  Q_A : 흡수기 발열량, Q_C : 응축기 방열량

- 일반적으로 Q_E는 Q_G의 40~45% 정도까지 가능하므로 열펌프를 사용할 때 보일러보다 약 40~50% 정도 에너지 절약이 가능하다.

⑦ 증발기에는 온도레벨이 낮은 열원수가 공급되고, 재생기에는 가스, 증기 등의 구동열원이 공급된다.

⑧ 온수는 흡수기에서의 흡수열과 응축기에서의 응축열에 의해 만들어지는데, 얻어지는 열량은 구동열원 가열량과 증발기에서 열원수로부터 받은 열량의 합과 같다. ⇒ 열증대형(熱增大型)

⑨ 고온의 열원을 이용해서 저온의 열을 중온까지 높이므로 열원수(배열)로부터 회수하는 열량이 많을수록 재생기에서의 가열량을 줄일 수 있다.

(2) 제2종 흡수식 히트펌프

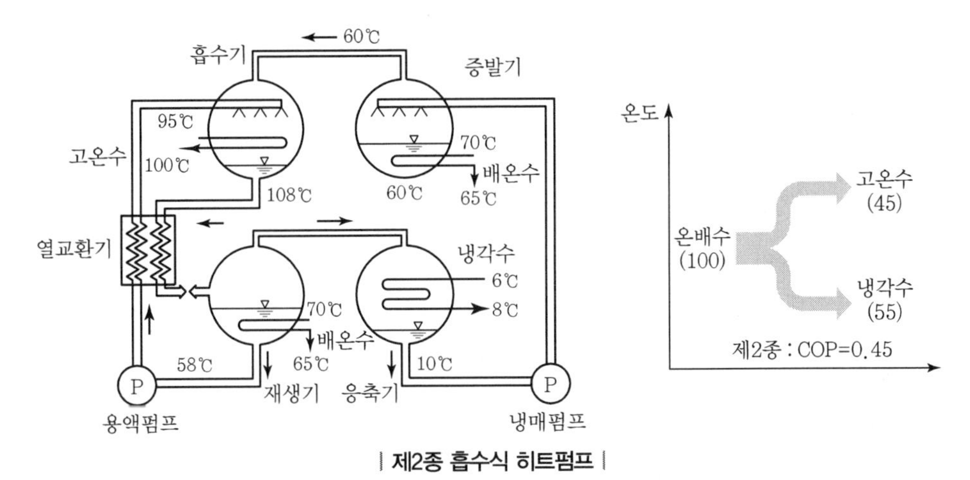

| 제2종 흡수식 히트펌프 |

① 중간온도 레벨(60~70℃)의 배수가 많이 있을 때 고온열원 없이 온배수로부터 열을 회수하여 이를 농축하여 필요 온도까지 온도를 높이는 방식이다. ⇒ 승온형(昇溫型)

② 얻어지는 열량은 배온수에서 회수한 열량보다 작다.(온도가 높음)

③ 열회수는 증발기와 재생기 양쪽에서 하며, 온수의 취출은 흡수기로부터 한다.(응축기의 냉각수는 온도가 온배수 온도보다 낮아 이용이 어려움)

④ 작동원리

- 재생기에 있는 용액이 중간온도의 폐온수에 의해 가열되어 냉매증기를 발생시킨다.
- 발생된 냉매증기는 응축기로 흐르며, 응축기에서 냉각수에 의해 응축된다. 응축된 냉매액은 냉매 펌프에 의해 증발기로 압송된다.
- 증발기에서 폐온수의 일부에 의해 냉매가 증발하고 냉매증기는 흡수기에서 흡수제에 흡수되며, 이 흡수과정 동안에 흡수열이 발생하여 흡수기를 지나는 폐온수가 고온으로 가열되어 고급의 사용 가능한 열로 변환된다.
- 흡수기에서 냉매증기를 흡수하여 고농도가 된 용액은 열교환기를 거쳐 재생기로 흐른다. 재생기에서 저농도가 된 용액은 용액펌프에 의해 흡수기로 압송된다.

⑤ 폐온수의 경로를 중심으로 한 사이클

- 일부의 폐온수는 재생기에서 냉매를 발생하는 데 사용된 후 온도가 낮아진 상태로 외부에 버려진다.
- 나머지 폐온수는 다시 둘로 나누어져 일부는 증발기로 일부는 흡수기를 통과하게 되는데, 증발기를 통과하는 폐온수 역시 온도가 낮아진 채 외부로 버려지고, 흡수기를 통과하는 폐온수의 경우 온도가 높아져 고급의 열로 변환되어 산업현장의 목적에 따라 사용된다.

(3) 흡수식 열펌프에 사용되는 흡수제와 냉매의 장단점

① 흡수제의 구비조건

- 증기압이 낮을 것(냉매와의 비점차가 클 것)

- 냉매와의 용해도 차가 클 것
- 재생기와 흡수기에서의 용해도 차가 클 것
- 점성이 작을 것
- 열전도율이 높을 것
- 결정이 잘 되지 않을 것
- 화학적으로 안정되고 부식성이 없을 것
- 독성, 가연성이 아닐 것
- 가격이 저렴하고 구입이 용이할 것

② 냉매의 구비조건

- 응축압력이 높지 않을 것
- 증발압력이 너무 낮지 않을 것
- 증발잠열이 크고 냉매 순환량이 적을 것
- 비체적이 작을 것
- 열전도율이 높을 것
- 액상 및 기상의 점성이 작을 것
- 화학적으로 안정되고 부식성이 없을 것
- 독성 및 자극성이 없을 것
- 가연성, 폭발성이 없을 것
- 누설 시 감지가 쉬울 것
- 가격이 저렴하고 구입이 용이할 것

③ 암모니아 – 물

㉮ 장점

- 0℃ 이하의 저온을 얻을 수 있다.
- 대기압 이상의 압력에서 작동할 수 있으므로 추기장치가 필요하다.
- 관 내 응축, 증발이 가능하므로 공랭화가 가능하며 난방운전 시 공기열원도 가능하다.
- 흡수제의 농도 폭을 크게 할 수 있으므로 사이클의 고효율화가 가능하다.

㉯ 단점

- 누설 시 자극성의 냄새와 독성 및 폭발성이 있다.
- 냉매와 흡수제의 비점 차가 적으므로 냉매 순도를 확보하기 위해 정류기가 필요하다.

④ 물 – 리튬브로마이드

㉮ 장점

- 인체에 해가 없으며 냄새가 없다.
- 리튬은 증기압이 낮아 발생기에서 발생하는 증기는 수증기뿐이므로 정류장치가 필요하다.

㈏ 단점

- 증발온도를 물의 응고점인 0℃ 이하로 얻는 것은 불가능하다.
- 철강에 대한 부식성이 강해 부식 대책의 향상에도 불구하고 부식 발생의 잠재적 가능성이 있다.
- 비체적이 크고 관 외 응축이 되므로 공랭화가 곤란하다.
- 정진 시 농도증가에 따른 재결정을 방지하기 위하여 희석운전이 필요하다.
- 농도 폭이 클 경우 재결정의 우려가 있다.
- 대기압 이하에서 작동하므로 추기장치가 필요하다.

(4) 제2종 흡수식 열펌프의 원리 및 사이클

- 흡수 냉동사이클을 역으로 이용한 방식으로 Heat Transformer라고 한다.
- 저급의 열(저온의 열)을 구동 에너지로 하여 고급의 열(고온의 열)로 변환시키는 것으로서 응축압력(P_c) < 증발압력(P_e)인 경우에 해당한다.
- 제1종 사이클과 달리 발생기와 응축기가 저압부로 되며, 압력은 응축기 내의 온도에 의하여 결정된다.
- 증발기와 흡수기는 고압부로서 압력은 증발기 내의 온도에 의하여 결정된다.
- 제2종 사이클은 재생기와 증발기에 들어온 폐열과 응축수의 냉각수와의 열낙차를 이용하여 흡수기에서 폐온수 또는 폐증기보다 높은 온도의 온수 및 증기를 얻는다.

① 원리

- 중간 정도의 열이 시스템에 공급되어 공급열의 일부는 고온의 열로 변환되며, 다른 일부의 열은 저온의 열로 변환되어 주위로 방출된다.
- 압력이 낮은 부분에 재생기와 응축기가 있고 높은 부분에는 흡수기와 증발기가 있다.
- 듀링 선도상에는 순환계통이 시계 반대 방향으로 흐르며 폐열 회수가 용이한 시스템이다.
- 산업현장에서 버려지는 폐열의 온도를 제2종 열펌프를 통하여 사용 가능한 높은 온도까지 승온시킬 수 있어 에너지를 절약할 수 있다.

② 사이클

㉮ 냉매 사이클

- 증발기에서 열원인 폐온수 또는 폐증기로부터 흡열하여 증발한 냉매증기는 흡수기의 용액에 흡수되며 이 과정에서 방열하여 흡수기 냉각수를 가열한다.
- 이때 생성된 온수의 온도는 흡수된 냉매증기의 포화온도보다 용액의 비점 상승분만큼 높아지게 된다.
- 교축밸브를 통해 재생기에 유입된 희용액은 관 내의 폐온수, 폐증기에 의해 가열되어 냉매증기를 발생하고 재생된 농용액은 펌프를 통해 흡수기로 재순환한다.
- 재생기에서 발생한 냉매증기는 응축기의 관 내를 흐르면서 저온의 냉각수에 의하여 응축액화하여 냉매펌프에 의해 증발기로 운반된다.

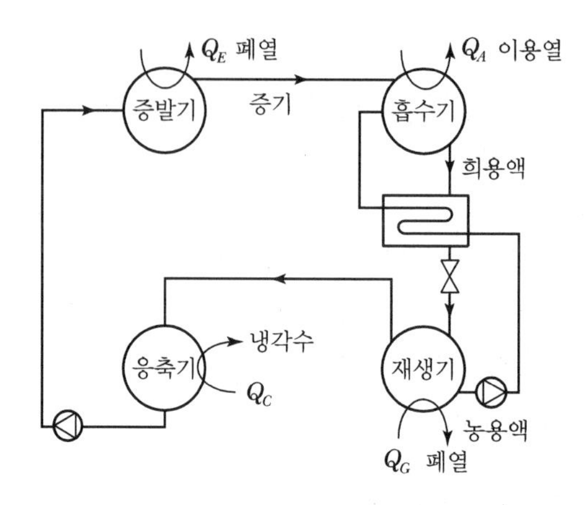

㉯ 흡수액 사이클

흡수기에서 냉매증기의 흡수 → 교축밸브를 통해 재생기로 유입 → 가열농축 → 용액펌프를 통해 충압 → 흡수기로 이동

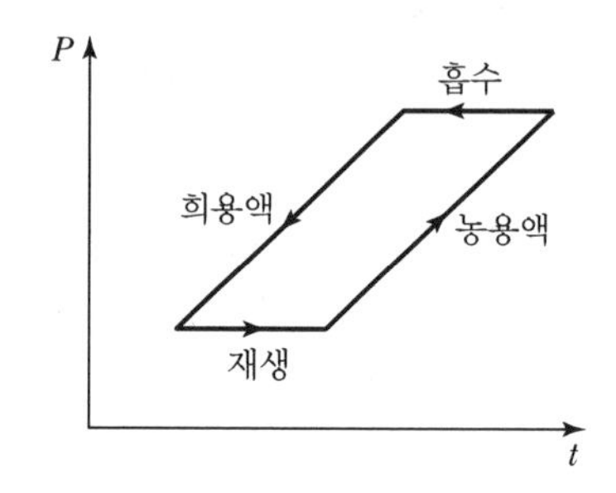

③ COP

- $\text{COP} = \dfrac{Q_A}{Q_G + Q_E} = \dfrac{Q_G + Q_E - Q_C}{Q_G + Q_E} = 1 - \dfrac{Q_C}{Q_G + Q_E}$ (항상 1보다 작다)
- 일반적으로 COP는 약 0.5 정도이다.
- 일열로서 폐온수, 폐증기 등을 사용할 수 있으므로 그 응용성은 크다.

④ 특징

- 흡수기 방열(Q_A)만 사용하므로 흡수기에서 폐열보다 높은 온수 및 증기 발생이 가능하다.
- 응축기(Q_C)는 흡수기(Q_E, 폐열)보다 낮은 출력 때문에 사용하지 않는다.
- 외부에 폐열원이 있는 경우에 주로 사용한다.
- 효율은 낮지만 고온의 증기, 고온수 발생이 가능하다.

⑤ 용매의 흐름 경로

- 재생기에 있는 용액이 중간온도의 폐온수의 일부에 의해 가열되어 냉매 증기를 발생시킨다.
- 발생된 냉매증기는 응축기로 흐르며, 응축기에서 냉각수에 의해 응축되고, 응축된 냉매액은 냉매펌프에 의하여 증발기로 압송된다.
- 증발기에서 폐온수의 일부에 의해 냉매가 증발한다.

- 냉매증기는 흡수기에서 흡수재에 흡수되며, 이 흡수과정 동안에 흡수열이 발생되어 흡수기를 지나는 폐온수가 고온으로 가열되어 고급의 사용 가능한 열로 변환된다.

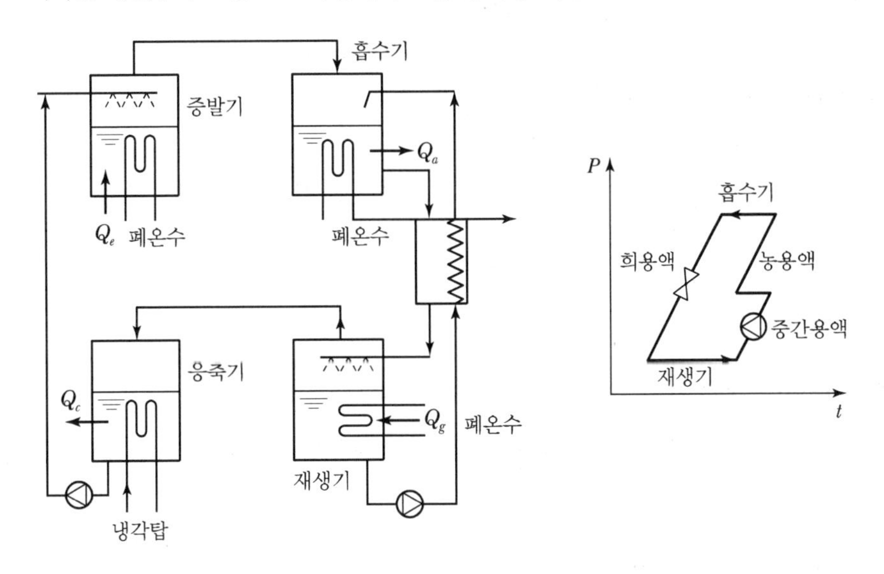

⑥ 냉매의 흐름 경로

- 흡수기에서 냉매증기를 흡수하여 묽은 농도가 된 용액은 열교환기를 거쳐 재생기로 흐른다.
- 재생기에서 고농도가 된 용액은 용액펌프에 의해 흡수기로 압송된다.

⑦ 폐온수의 흐름 경로

- 일부의 폐온수는 재생기에서 냉매를 발생하는 데 사용된 후 온도가 낮아진 상태로 외부에 버려진다.
- 나머지 폐온수는 둘로 나누어져 일부는 증발기를 통과한 후 역시 온도가 낮아진 채 외부로 버려진다.
- 흡수기를 통과하는 폐온수는 온도가 높아져 고급의 열로 변환되어 산업현장의 목적에 따라 사용된다.

SECTION 04 열병합발전

열병합 방식은 화력발전소에서 버려지는 냉각배열을 유효하게 이용할 수 있는 설비로 입력에너지의 30% 정도만을 전력으로 사용하고 나머지는 냉각수, 배기가스, 송전손실로 없어진다. 이러한 시스템의 종합효율을 높이기 위해 도입된 방법이 폐열을 이용한 열병합 발전이며 효율을 70~80%까지 올릴 수 있다.

1) 열병합 방식의 이점

① 발전과 발전 후 배열의 열이용으로 에너지 비용을 절감한다.
② 전력비의 Peak 전력요금 회피와 기본요금 삭감이 가능하다.
③ 특별고압 또는 고압수전을 피할 수 있다.
④ 상용전원의 정전과 비상 대책에 유리하다.
⑤ 비상용, 상용발전기 겸용에 의한 설비의 유효이용이 가능하다.
⑥ 에너지를 절약하고 환경오염을 방지한다.

2) 시스템 종류

(1) Total Energy System

에너지를 시점과 종점 사이에서 다목적, 단계적으로 사용하여 종합적인 에너지 효율을 향상시키는 시스템

(2) Co-generation System

발전을 동반하는 방식을 말하며 열병합발전이라고도 함

(3) Onside Energy System(OES)

매전을 하지 않고 자기 건물 내 또는 지역 내 자가발전 또는 냉동기운전을 하는 시스템

3) 열병합발전 방식의 종류별 특징

(1) Steam Turbine System

① 장점
- 연료 선택범위가 넓다.
- 냉온수의 안정적 공급이 가능하다.

② 단점
- 건설기간이 길며, Space가 넓다.
- 발전효율이 떨어진다.
- 출력당 건설비가 고가이다.

③ 입력에너지 → (연료) → 연료보일러 → 감압밸브 → (저압증기) → 난방 · 급탕부하 → 증기터빈 → 발전기 → 전력부하(고압증기) → 흡수식 냉동기 → 냉방부하

(2) Gas Turbine System

입력에너지로 가스를 사용하여 발전기를 가동해서 전력부하를 생산하고, 400~500℃의 배기가스를 이용하여 폐열 보일러를 가동한다.

① 장점

- 대기오염의 문제를 현저히 감소시킨다.
- 시스템이 간단하고, 설치 Space가 작고, 발전효율이 높다.
- 소음, 진동이 적다.

② 단점

- 연료비가 많이 들고 제어장치가 복잡하다.
- 고온의 단열재료가 필요하다.

③ 입력에너지 → (가스) → 가스터빈 → 발전기 → 전력부하 → (배기가스) → 폐열 보일러 → 난방 · 급탕부하 → 흡수식 냉동기 → 냉방부하

(3) Disel Enginc System

입력에너지로 디젤엔진을 바로 가동하여 전력부하를 생산하고 폐열로 난방 · 급탕부하에 사용한다.

① 장점

- 시스템이 간단하고, 발전효율이 높다.
- 설치면적이 작고, 자동제어가 간단하다.
- 부하 변동에 대한 추종성이 높다.

② 단점

- 냉각수 온도(90℃) 이상이어야 한다.
- NOx, SOx 배출 우려가 있다.

③ 입력에너지 → (경유) → 디젤엔진 → 발전기 → 전력부하 → 폐열 보일러 → (증기) → 난방 · 급탕부하 → 저온수 흡수식 냉동기 → 냉방부하 → 보조 보일러 → (증기) → (난방 · 급탕부하)

(4) Gas Engine System

발전방식은 디젤엔진과 동일하나 연료가 가스이므로 대기오염 방지효과가 있다.

① 장점

- 발전효율이 높다.
- 전력량과 회수열량의 비가 적당하다.
- 시스템이 간단하다.
- 자동운전이 용이하다.
- 청결한 환경을 유지할 수 있다.

② 단점

- 마력당 중량이 크다.
- 소음, 진동이 있다.

③ 입력에너지 → (가스) → 가스엔진 → 발전기 → 전력부하 → 폐열 보일러 → (증기) → 난방 · 급탕부하 → 저온수 흡수식 냉동기 → 냉방부하 → 보조 보일러 → (증기) → (난방 · 급탕부하)

(5) 연료전지 System

도시가스를 직접 전력으로 변환하여 발전하며, 종류로는 인산형, 용융탄산염형, 고온 · 고체 전해질형, 알칼리 수용액형, 메탄올형이 있다.

① 장점

- 종합효율이 80%로 높다.
- 프로세스가 화학적으로 소음, 진동이 없다.
- 대기오염에 대한 걱정이 없다.
- 구조가 간단하고 입력에너지가 가스이다.

② 단점

연구 개발단계에 있다.

③ 입력에너지 → (가스) → 연료전지 → 인버터 → 전력부하 → 난방 · 급탕부하 → 저온수 흡수식 냉동기 → 냉방부하 → 보조 보일러 → (난방 · 급탕부하)

4) 구역형 집단 에너지 사업

구역형 집단 에너지(CES : Community Energy System) 사업은 난방 위주의 지역난방사업과 달리 소형 열병합발전기를 이용해 난방뿐만 아니라 전기 및 냉방을 일괄 공급하는 방식이다.

(1) CES의 특성

① 기존의 에너지 공급방식에 비해 11～18%까지 에너지 사용 효율을 높일 수 있어 에너지 절감효과가 큰 에너지 공급 시스템이다.

② 유럽 및 일본에서는 1970년대부터 활발하게 보급되었다.

③ 국내의 경우 대규모 빌딩 지역에서의 보급 및 가동 중에 있다.

(2) 적용대상

병원, 백화점, 아파트 단지, 컨벤션 센터 등 집중적인 소규모 에너지 소비지역

(3) CES 사업의 확대 보급을 위한 방안

① 구역형 집단 에너지 사업의 전력 직판을 허용한다.

② 도시가스 요금을 사용량에 따라 차등화하여 CES 사업자의 연료비 부담을 완화한다.

③ 전력수급기본계획에 구역형 집단 에너지 사업을 분산형 사업으로 포함시켜 계획 수립 시 의무화한다.

④ CES 사업자가 비상시 수전할 경우 계약 용량 초과분에 대해 높은 요금을 적용하는 것을 완화한다.

⑤ 에너지 사용계획 협의 시 구역형 집단 에너지 사업의 도입을 적극 반영한다.

SECTION 05 냉각탑

냉동기, 열기관, 발전기 및 화학 플랜트 등으로부터 발생하는 온수를 주위의 공기와 접촉시켜 물을 냉각하는 장치로 공기와 물의 온도차에 의한 현열 냉각과 순환수의 증발에 의한 잠열 냉각으로 냉각탑의 냉각이 이루어진다.

1) 냉각탑의 종류 및 특징

개방식	대기식 냉각탑		
	자연통풍식 냉각탑		
	강제통풍식 냉각탑	공기와 물의 흐름 방향에 따라	대향류형
			직교류형
		팬의 위치에 따라	압입식
			흡출식
밀폐식	건식 밀폐형 냉각탑		
	증발식 밀폐형 냉각탑		

(1) 개방식 냉각탑

냉동기, 열기관, 발전소 등에서의 뜨거운 배수를 주위의 공기와 직접 열교환시켜 냉각하는 것으로서, 공기의 흐름 방식 및 물과 공기의 흐름 방향에 따라 구분한다.

① 대기식 냉각탑
열특성이 그다지 좋지 않고, 입지면적이 많이 필요하므로 최근에는 잘 사용하지 않는다.

② 자연통풍식 냉각탑
대기의 습구 온도가 낮은 지역에서는 설비비가 많이 들지만, 송풍기 동력이 필요 없어 운전비가 싸므로 화력이나 원자력 발전소 등에 자주 이용된다.

③ 강제통풍식 냉각탑
냉각효과가 크고 성능이 안정되어 있으며 싼 가격으로도 소형 · 경량화가 가능하므로 대용량의 공업용, 중 · 소규모의 공조용 등에 널리 사용된다.

(2) 밀폐식 냉각탑

공기와 프로세스 유체가 직접 접촉하지 않고 사용하는 방식으로 공기가 프로세스 유체에 직접 영향을 미치지 않는 장점이 있으나, 열교환기의 열저항만큼 열특성이 나빠지므로 냉각탑 본체가 대형화되는 단점이 있다.

(3) 냉각탑의 종류별 특징

① 대향류형

㉮ 장점

• 물, 공기 흐름이 반대 방향으로 열특성이 좋다.

• 소형, 경량이고 가격이 싸다.

• 토출 공기의 재순환 우려가 적다.

㉯ 단점

• 높이가 높고 비산 수량이 많다.

• 펌프, 팬 동력이 크다.

• 소음이 크고, 보수 점검이 어렵다.

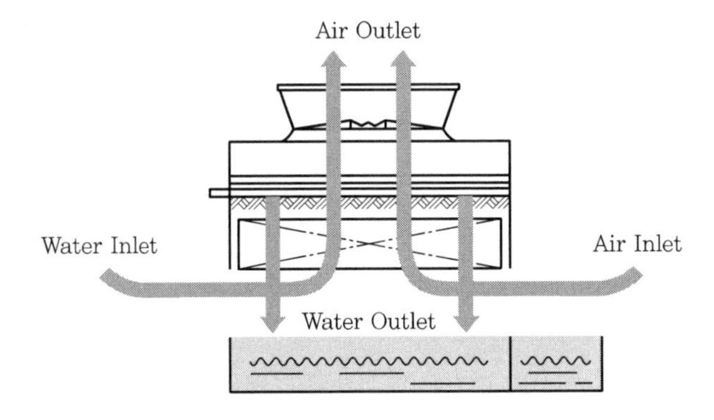

㉰ 냉각수 살수 방식

• 가압식 : 분사 노즐을 이용한다.

• 중력식 : 살수관으로부터 자유 낙하시킨다.

• 회전식 : 살수 헤더가 회전하면 분사한다.

② 직교류형

㉮ 장점

• 높이가 낮고 비산 수량이 다소 적다.

• 펌프동력 및 송풍동력이 작다.

• 보수 점검이 용이하다.

• Unit 조합으로 여러 대를 설치하기가 용이하고 공장 생산이 용이하다.

㉯ 단점

• 점유 면적이 크고 중량이 크다.

• 열특성이 대향류형보다 나쁘다.

• 토출 공기의 재순환 우려가 있다.(흡입구가 높음)

• 대향류형에 비해 가격이 다소 비싸다.

• 비산 수량이 많다.

㉰ 냉각수 살수 방식

충진재 상부 수조판에 다수의 구멍을 뚫어 자유 낙하시킨다.

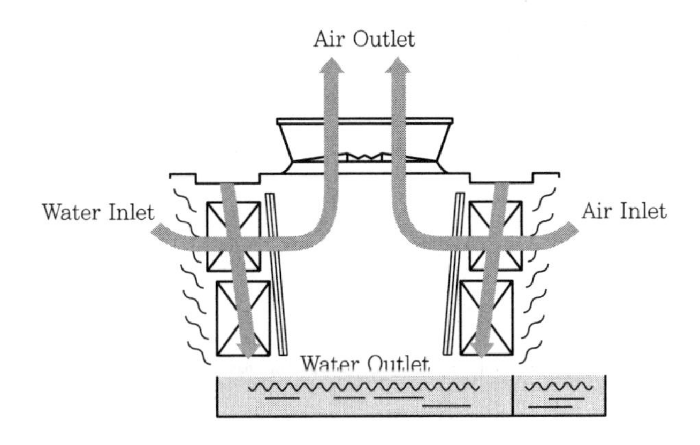

③ 밀폐식 냉각탑

㉮ 장점

- 냉각수의 대기 노출이 없어 수질 오염의 염려가 없다.
- 소음 및 비산이 적다.
- 건물 내 지하 설치 시 적합하다.

㉯ 단점

- 개방식에 비해 장비의 크기가 훨씬 커진다.
- 고가이고 구조가 복잡하다.

㉰ 냉각탑 충진재 대신에 밀폐 회로관 또는 열교환기를 설치한다.

㉱ 열교환기 종류 : 다관식, 핀관식, 평판식

㉲ 냉동공조장치 이외에 화학, 발전, 전력 설비 등의 냉각장치로도 다양하게 응용된다.(물뿐만 아니라 브라인, 기름 등 각종 유체를 사용)

㉳ 냉동기의 응축기로 사용할 경우 증발식 응축기로 분류된다.

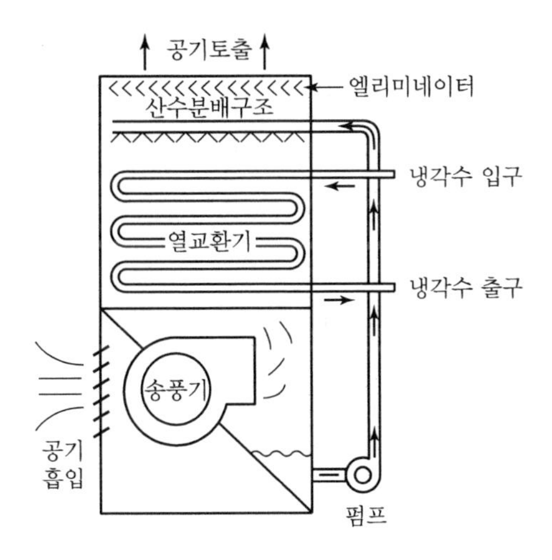

④ 대기식 냉각탑(Atmospheric Cooling Tower)

탑 내에 판자를 등간격으로 상, 하로 쌓아 물을 그 위에 뿌리고 공기는 단과 단 사이를 수평으로 자연 통풍되어 통과하는 직교류형 냉각탑이다.

㉮ 제원

- 물의 살수량 : 2～6m^2/m^2
- 풍속 : 2m/s
- 탑의 폭 : 4m
- 탑의 높이 : 12m

㉯ 특징

- 수원이 풍부하지 못하거나 냉각수를 절약하고자 할 때 사용한다.
- 공기 접촉 또는 증발잠열에 의해서도 냉각되므로 증발식 응축기와 원리가 비슷하다.
- 외기의 습구온도의 영향을 받으며 외기 습구온도는 냉각탑의 출구온도보다 항상 낮다.
- 물의 증발로 냉각수를 냉각시킬 때 2% 정도의 소모로 1℃의 수온을 낮출 수 있으며 95% 정도의 물 회수가 가능하다.
- 주로 강제통풍식을 사용하는데, 송풍기를 이용하여 공기를 유동시켜 냉각효과가 크고 성능이 안정되며 소형 경량화가 가능하기 때문이다.

2) 충진재의 종류

(1) 수막형 충진재

① 허니콤판, 파형 플라스틱판 등 공기와 물의 접촉면을 크게 한 충진제 표면에 수막을 이뤄 공기와 직접 접촉하는 형태이다.

② 각종 용량의 냉각탑 충진재로 널리 사용된다.

(2) 비산형 충진재

① 수직 평판, 목재 등 충진재 상부에서 낙하하는 물이 하부에서 충진재와 부딪쳐 다수의 수적으로 분쇄되면서 공기와 접촉한다.

② 대용량 공업용 냉각탑으로 이용되었지만 최근에는 사용이 저조하다.

3) 냉각탑의 설계

이론적으론 냉각탑 수온이 접촉하는 공기의 습구온도까지 냉각이 가능하나 실제로는 공기의 습구온도까지 냉각이 안 된다.

(1) 물-공기의 온도관계

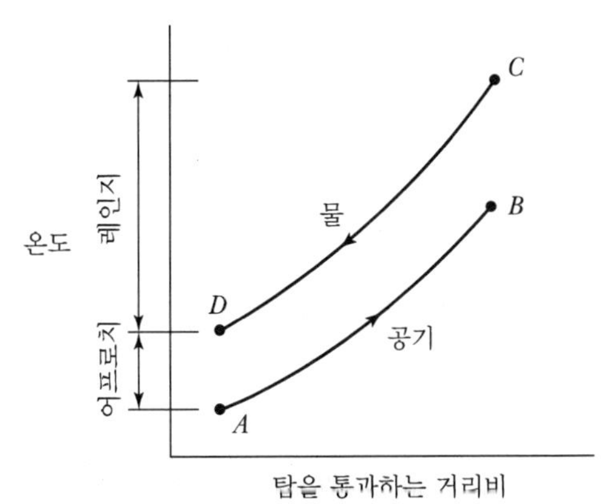

| 대향류형 냉각탑에서 물-공기의 온도관계 |

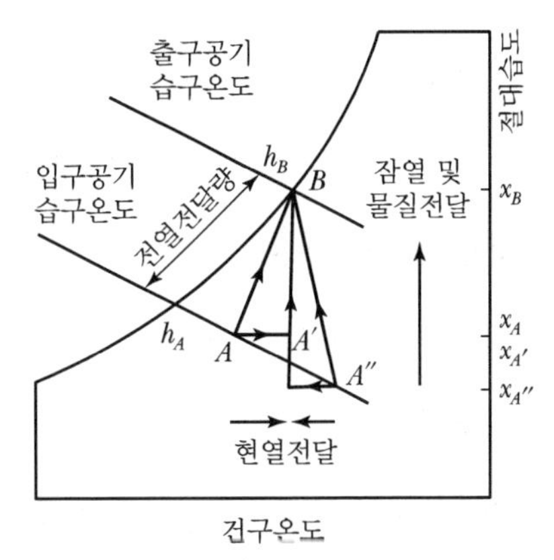

| 냉각탑을 통과하는 공기의 상태 |

① 레인지(Range)

- 레인지=C-D
- 레인지는 냉각탑의 크기나 능력에 따라 정해지는 것이 아니고, 열부하와 유량에 따라 정해진다.
- 압축식 냉동기 : 5℃ 정도
  흡수식 냉동기 : 6~9℃ 정도

② 어프로치(Approach)

- 어프로치=D-A
- 어프로치의 크기는 냉각탑 크기(용량)와 반비례한다.
- 일반적으로 공조용은 5℃

③ 습공기상의 변화

- 공기의 변화 : A → B
  A → A′ : 공기의 현열 가열(물의 현열 냉각)
  A′ → B : 공기의 잠열 가열(물의 잠열 냉각)
- 공기 입구 상태가 A″로 변하는 경우
  A″ → B : 잠열성분이 변하므로 증발량이 적어짐

(2) 냉각수 순환량

$$L = \frac{q_c}{(t_{w1} - t_{w2}) \cdot C}$$

여기서, q_c : 냉각열량(kcal/h)

t_{w1}, t_{w2} : 냉각탑 입 · 출구온도(℃)

(3) 냉각탑의 송풍량

$$G(\mathrm{kg/h})=\frac{q_c}{h_2-h_1}$$

여기서, h_1, h_2 : t_1', t_2'에서의 포화공기 엔탈피(kcal/kg)

(4) 냉각탑의 냉각열량

① 압축식 : 냉동기 부하의 1.3배

② 흡수식 : 냉동기 부하의 2.5배

(5) 냉각톤

냉각탑의 용량은 반드시 순환수량, 입출구 수온, 입구공기 습구온도로서 표시되어야 한다. 그러나 습구온도의 변화와 여러 흡수식 냉동기의 형태별 차이를 감안한 비교를 위해 상당 RT로의 변환도 필요하다. 즉, 냉각탑의 상당 RT의 의미를 표준적 조건에서 운전되는 왕복동 또는 터보 냉동기 몇 RT를 감당해내는 냉각탑 용량인가로 나타낸다. 이 상당 RT는 냉각탑 상대크기 비교를 위해 충분하며 냉각탑 1상당 RT는 다음과 같이 표시된다.

① 냉각열량 : 3,900kcal/h

② 입구수온 : 37℃

③ 출구수온 : 32℃

④ 습구온도 : 27℃

⑤ 순환수량 : 13LPM=0.78m³/h

(6) 냉각수 펌프

① 냉각수 펌프 양정

$$H=H_1+H_2+H_3+H_4$$

여기서, H_1 : 냉각탑 살수 헤드－수면의 높이차

H_2 : 전 배관의 마찰손실+배관 부속의 마찰손실

H_3 : 냉동기(응축기, 흡수기)의 압력손실수두

H_4 : 냉각탑 살수 헤드 분사압(또는 분사 시 압력손실수두)

② 냉각수 펌프 동력

$$P(\mathrm{kW})=\frac{Q\times H}{6{,}120\times\eta}\times K \quad (Q:\mathrm{kg/min},\ H:\mathrm{m})$$

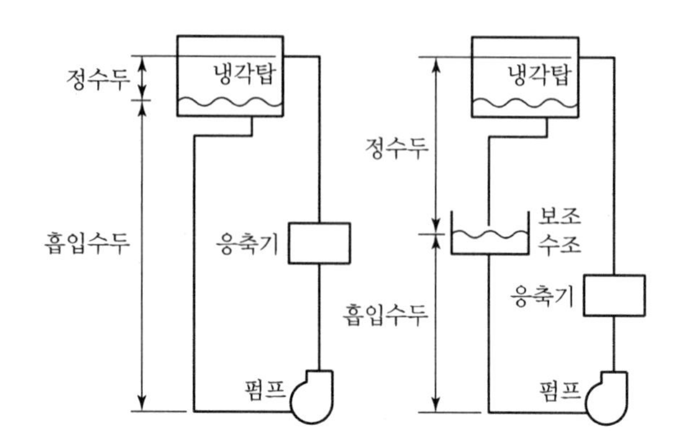

4) 향류형 냉각탑에서 물과 공기의 온도관계

냉각탑 상부에서 살수된 냉각수는 상류 기류와 접촉하여 물과 공기의 온도차에 의한 현열 열전달과 물 자신의 증발을 이용하는 물질 전달에 의한 잠열로 냉각된다.

① Cooling Range
냉각탑 입구수온(t_{w1}) − 냉각탑 출구수온(t_{w2})이며, 약 5℃ 정도이다.

② Cooling Approach
- 냉각탑 출구수온(t_{w2}) − 냉각탑 입구온도(t_1')이며, 일반적으로 3~5℃ 정도로 한다.
- Cooling Approach를 작게 하기 위해서는 물과 공기의 접촉을 보다 많이 할 수 있게 하여야 하므로 장치가 커지게 된다.

③ 냉각탑의 효율 $\eta_{CT} = \dfrac{t_{w1} - t_{w2}}{t_{w1} - t_1'} = \dfrac{\text{Cooling Range}}{\text{Cooling Range} + \text{Cooling Approach}}$

④ 동일한 공기와 수온의 조건에서는 대향류가 대수평균온도차(LMTD)가 크게 되어 냉각탑의 전열면적 및 크기를 줄일 수 있어 경제적이다.

⑤ 냉각탑의 전열량은 공기의 건구온도와는 관계가 없다.

⑥ 냉각탑의 용량은 입구공기의 습구온도를 낮게 하거나, 냉각탑 입구 수온을 높게 함으로써 증가시킬 수 있다.

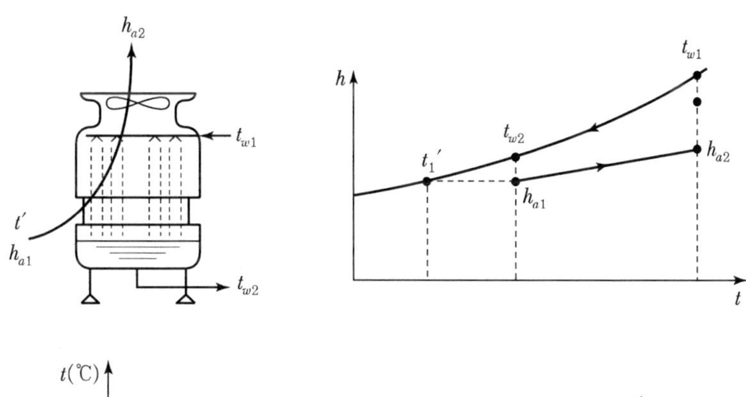

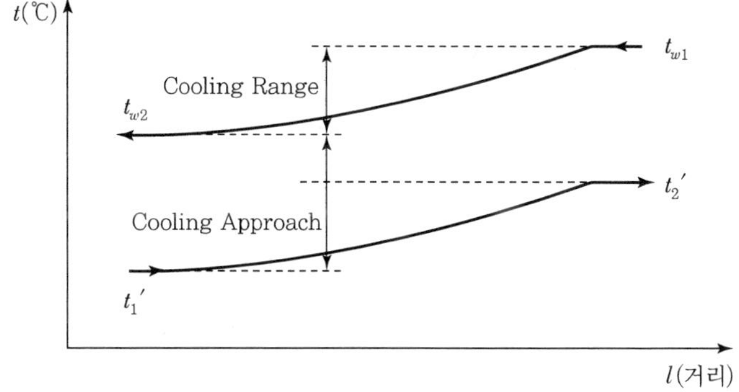

여기서, t_{w1} : 냉각탑 입구수온(℃), t_{w2} : 냉각탑 출구수온(℃)
t_1' : 입구공기 습구온도(℃), t_2' : 출구공기 습구온도(℃)
h_{a1} : 입구공기 엔탈피(kcal/kg′), h_{a2} : 출구공기 엔탈피(kcal/kg′)

5) 냉각탑의 용량 제어

(1) 냉각수량 제어

① 냉각탑에 공급되는 수량을 제어하거나 일부를 바이패스 시키는 방법을 사용한다.
② 2－way, 3－way 밸브를 사용한다.(전기식이나 공압식)
③ 송풍기 및 펌프의 동력은 대개 감소하지 않는 단점이 있다.
④ 계통이 단순하고 부하 변동이 클 경우 펌프 회전수 제어나 대수 제어도 검토 가능하다.
⑤ 밸브의 마찰손실이 밸브로부터 냉각탑 상부 살수헤더까지의 마찰손실과 낙차보다 크지 않도록 주의한다.

(2) 공기유량 제어

① 송풍기 회전수 제어, 날개 피치의 변화, 댐퍼 제어 등이 있다.
② 복잡하고 설비비가 많이 드나, 비산량 감소에는 효과적이다.
③ 송풍기의 On/Off에 의한 제어를 일반적으로 많이 사용한다.

(3) 냉각탑 분할 운전

① 다수의 냉각탑을 연결했거나, 대용량의 냉각탑을 내부 분할해 다수의 송풍기를 설치한 경우 부하에 해당하는 만큼 송풍기 대수 제어(On/Off)를 한다.
② 펌프 동력 절감은 없으나 송풍동력 절감 및 자연 냉각 효과가 있다.

6) 냉각탑의 운전 관리

(1) 소음과 진동 관리

① 냉각탑 성능상 음원부 자체의 개구부를 방음재로 막기 어렵다.
② 송풍기 소음
- 냉각탑 소음 중 가장 크다.
- 날개 바깥 지름을 크게 하고 날개의 개수를 증가시켜 회전수를 낮춘다.
- 토출구에 후드를 높게 설치해 측면으로의 소음 전파를 억제한다.
- 소음기, 소음 덕트, 플래넘 체임버의 설치도 고려한다.

③ 낙수 소음
- 냉각수가 수조 수면에 떨어질 때 낙수 소음이 발생한다.
- 직교류형은 1～2dB, 대향류형은 3～4dB의 소음이 발생한다.
- 수적이 직접 수면에 낙하하지 않도록 합성섬유 매트를 깔고 그 하부에 수적 소음판을 통해 수조로 유도한다.

④ 전동기 소음이나 베어링 마찰 소음은 비교적 작기 때문에 문제가 적다.

⑤ 전파 경로 대책

- 피해 예상 지역과 충분한 이격거리를 확보한다.
- 방음벽을 설치한다.
- 주거지역에 이중창을 설치한다.
- 냉각탑 하부에 방진재를 설치한다.(구조체 진동에 의한 소음 확대 및 전파 차단)

⑥ 진동 방지 대책

- 냉각탑 하부에 스프링마운트를 설치한다.
- 팬의 회전수를 낮춘다.
- 냉각탑 연결배관에 플렉시블 조인트를 시공한다.(진동 전달을 차단)
- 팬의 편심 설치나 냉각탑의 수평 설치 여부를 확인한 후 조치한다.
- 냉각수 배관 하부에 방진재를 설치한다.

(2) 수질 관리

① 냉각탑 운전 시 대기오염물질에 의한 냉각수 오염으로 부식, 슬라임, 스케일 등이 발생한다.

② 냉각수 순환이나 열전달을 방해하고 시스템의 수명을 단축시킬 수 있어 적극적인 수질 관리가 필요하다.

③ 수질 관리 대책

- 스케일 분산제 투입이나 스케일 방지, 제거 기구를 설치한다.
- 이온수지 교환 등으로 경수연화 처리를 한다.
- 여과기 등을 이용한 필터링을 통해 슬라임 원인 물질을 제거한다.
- 적절한 블로 다운으로 고농축도 관리를 한다.
- 주기적으로 수조를 청소한다.
- 휴지기 퇴수 조치 및 냉각탑 개구부 보호덮개 설치를 한다.

④ 블로 다운 방법

- 주기적으로 오버 플로를 실시한다.
- 별도의 블로 배관을 설치한다.(상시적으로 일정량에 대해 블로 다운 실시)
- 타이머와 전자밸브를 이용해 주기적으로 블로 다운을 실시한다.
- 기타
  - 압력스위치 연동(수질 악화에 의한 압력 상승 감지)
  - PH 센서와 연동
  - 도전율계와 연동

(3) 비산 및 냉각수 손실 방지

① 냉각수의 작은 물방울이 공기와 함께 외부로 배출되는 현상을 방지하여야 한다.

② 전체 냉각수 순환량 중 함량
- 비산량 0.85%
- 증발량 0.48%
- 블로양 2.2%

③ 냉각수 손실로 인한 영향
- 막대한 보충수 공급에 따른 경제적 손실이 발생한다.
- 비산수로 인한 레지오넬라균 확산 우려가 증대된다.
- 냉각수, 비산수에 의한 주변 건물의 오염, 변색이 발생한다.
- 심리적 불쾌감을 유발하고 결빙, 이끼류 생성 등을 초래한다.

④ 냉각수 손실 저감 대책
- 팬 적정 풍량 운전 또는 풍량 제어를 실시한다.
- 팬 토출부에 비산 방지용 엘리미네이터를 설치한다.
- 비산 방지형 냉각탑이나 백연 방지코일을 설치한다.
- 냉각탑을 적절한 위치에 설치한다.
- 적극적 수질 관리로 블로 수량을 절감한다.
- 각종 환기장치나 통행자 인도 등과 이격거리를 유지한다.

(4) 동절기 운전 대책

① 냉각탑 출구 수온을 감시한다.(4℃ 이하 시 관제실에 알람 경보)
② 노출 배관 및 수조에 열선, 히터를 설치한다.
③ 냉각탑 수조 휴지 시 배수 밸브가 자동 개폐되도록 연동한다.
④ 하부의 난방된 공간에 수조 분리형으로 설치한다.(여재, 팬, 급수관만 외기에 노출)
⑤ 부동액을 사용하고, 보조히터(열교환기)를 설치한다.

(5) 레지오넬라균 방지 대책

① 미생물 번식 환경 제어(1차적 수질 처리)
- 필터링에 의해 부유 물질, 슬라임 원인 물질을 제거한다.
- 살균처리 : 잔류염소농도를 0.2ppm 정도로 유지한다.
- 정기적으로 블로 다운 처리를 한다.
- 장시간 휴지 시 수조 퇴수 및 주기적으로 수조 청소를 실시한다.
- 수처리 자동화 설비(살균+필터링)를 구성한다.

② 확산, 전파 방지(2차적 조치)
- 비산 방지망(후드, 엘리미네이터)을 설치한다.
- 환기 급기구, 출입구, 보행 통로, 인접 건물과 이격한다.
- 주기적으로 수질 검사를 실시한다.

7) 기타 냉각탑 설치 시 주의사항

① 냉각탑의 운전하중을 고려한 건축 구조가 설계에 반영되었는지 여부를 도면 검토 시 확인한다.
② 보일러 연도, 주방 배기 등 열기 배출시설과의 인접 여부를 확인한다.
③ 주변 엘리베이터, 기계실이나 옥상 파라펫 등에 배출 열기 정체 가능성이 있는지 확인한다.
④ 충진재 열교환 성능이나 내구성, 교체 비용을 검토한다.
⑤ 냉각탑 크기는 가급적 여유 있게 선정한다.

- 기상 악화 및 수질에 의한 용량 부족 현상에 대비
- 과대 풍속에 의한 비산량 과다 예방
- 소음 과다 고려

8) 비산 방지

냉각탑 선정 시 공해요소에 대한 검토는 필수 불가결하다. 냉각탑의 공해요소로는 소음 · 진동 · 비산 · 백연이 있으며, 설치장소의 밀집화와 환경 안락화 요구에 따라 전통적인 소음 · 진동 문제뿐 아니라 비산 · 백연이 점점 문제점으로 대두되고 있다.

(1) 비산

① 물의 온도를 떨어뜨리기 위해 송풍기로 강제통풍하여, 공기를 냉각수와 직접 접촉시켜 열교환시킨 다음 배출한다. 비산은 이 과정에서 냉각수의 작은 물방울이 공기와 함께 외부로 배출되는 것을 말하며, 증발한 수증기는 포함되지 않는다. 비산을 줄이기 위해서 엘리미네이터를 설치하며, 물방울을 공기와 분리시킨다.
② 엘리미네이터는 비산 방지의 핵심이며, 비산량을 줄이면서 공기저항을 같이 줄이는 구조를 갖는 것이 과제가 된다. 또한, 바람에 의해 물방울이 날리거나 공기 입구의 루버에서 튀어나가는 낙하수도 포함되어야 한다. 비산량은 순환수에 대한 % 또는 시간당 비산수량(kg/hr)으로 표시한다.

(2) 비산에 의한 공해

① 레지오넬라균의 확산
치명적인 재향군인병을 일으키는 균으로 비산이 주 경로이며 호흡기를 통해 전염된다. 발견된 지 20년이 채 되지 않아 위험 인식과 대책이 부족한 형편으로 특별한 주의가 필요하며 심각한 공해 요소가 된다. 비산을 줄이는 것이 이 균의 확산에 대한 최대의 억지책이다.
② 변색된 냉각수를 통해 근처 건물 등을 오염시키며 변질 정도를 심화시킨다.
③ 사람에게 직접 낙하될 경우 심한 불쾌감을 유발한다.
④ 바닥에 떨어져 고여서 결빙이 되거나 이끼류가 생성되어 오염되고 낙상 위험이 커진다.

(3) 비산을 줄이는 방법

① 가장 중요한 것은 성능이 우수한 엘리미네이터를 사용하는 것이다.

② 바람에 의한 비산을 막기 위해 적합한 Wind Baffle을 설치하고 올바른 루버를 채택한다. Wind Baffle은 바람이 냉각탑을 통과하지 않도록 중간에 칸막이를 설치하는 것으로 공기 흡입구 높이만큼 하는 것이 통례이다.

③ 루버의 간격과 각도가 적당치 않으면 튀어나가는 비산이 많아지고 경사진 면에서는 공기량 조절 감소에 따라 낙하수가 튀어 비산이 더욱 많아진다.

TIP 엘리미네이터의 선정

- 비산 제거원리는 공기 진행방향을 갑자기 바꿈으로써 원심력에 의해 물방울을 분리시키고 엘리미네이터 표면에 붙어 내려오게 한다. 공기 진행방향을 여러 번 바꿀수록 비산량은 줄어드나 공기저항이 커진다.
- 비산을 무리하게 감소시키기 위해 엘리미네이터 간격을 좁히게 되면 압력손실은 반비례하여 커지게 된다. 그러므로 더 나은 형태에 의하지 않은 비산손실 감소는 공기저항의 과대로 팬 동력이 커지는 결과를 낳는다.
- 재료는 내부식성이 좋은 플라스틱(주로 PVC)이 널리 쓰이며, 이전에는 아연도 철판 또는 방부처리된 목재를 사용해 왔다. 최근에는 세포형의 엘리미네이터를 충진재 및 루버와 함께 일체화시킨 복합형을 사용하여 비산을 줄이고 있다.

9) 재향군인병(Legionaires Disease)

냉각탑에 기인하며 레지오넬라균에 의해 발병되는 재향군인병은 무서운 집단 감염성과 높은 사망률에도 불구하고 이에 대한 인식과 대책이 부족하다. 공조용 냉각탑은 생활환경과 가깝게 위치해 있으며 보수작업자의 감염위험은 인식 부족으로 직접 노출되어 있다.

(1) 발견

1976년 미국 필라델피아의 호텔에서 모임을 갖던 재향군인회원 221명에게 발병하여 34명이 사망함으로써 알려졌고, 1985년 영국 스텐포드 병원에서 101명에게 발병하여 28명이 사망해서 전 세계에 경종을 울린 세균성 질환이다.

(2) 병균

레지오넬라균(Legionella)은 냉각탑 등의 물에서 번식하다가 물분무 입자와 함께 이동하며, 사람의 호흡기를 통해 폐에 침투함으로써 감염된다. 증상은 폐렴과 유사하며 현재도 매년 미국에서만 5만~10만 명이 발병하고 치사율은 치료를 받는 경우도 15%에 달하며 치료를 받지 않거나 잘못된 치료의 경우 45%에 이른다. 특히 감염되기 쉬운 사람은 담배를 피우거나 허약한 중년 남성이다.

(3) 특성

① 레지오넬라균은 거의 모든 자연원수에 존재해 있으며, 수도관을 통하여 이동할 수 있고, 식수용의 안전한 처리방법에도 완전하게 살균되지 않는다.

② 65℃ 이상에서는 살지 못하며 37℃ 부근에서 번식력이 매우 높고(8시간에 2배로 증식) 매우 낮은 온도에서도 잠복한다. 즉, 냉각수의 일반적 온도에서 빠르게 증식되고, 농축되는 냉각탑 특성에 따라 치명적인 Sero Group I의 농축레벨이 된다.

③ 이 병의 전염은 잘못 설계되거나 보수 소홀로 인한 냉각탑에 기인하며, 이런 경우 세계 어느 곳에서나 이 병이 발생하지 않은 적이 없었다.

④ 감염경로는 냉각탑의 비산(Drift)으로부터이며 비산량 조절은 이 균의 퍼짐을 억제할 수 있는 열쇠가 된다.

⑤ 대량 감염은 공기조화기의 외부공기 흡입구를 통해 실내로 전달되어 일어날 수 있고, 바람에 의한 비산수의 이동과 보수작업자의 직접 흡입에 의해 감염될 수 있다.

⑥ 5μm를 넘지 않는 분무입자에 이 균은 반드시 이동한다. 또한 이 균은 조류, 슬러지, 슬라임 내의 죽은 박테리아를 좋은 영양물로 삼으며 산화철은 번식하는 데 도움이 된다. 염소 및 어떠한 슬라임 제어 약품 투입에도 불구하고 이 균은 멸균되지 않는다.

(4) 감염 위험을 줄이는 방안

냉각탑 제조업체에서는 여러 가지 방법으로 이 균에 대응해 왔고, 수처리 또는 특별한 여과장치 등을 사용하거나 위험을 줄이는 효과적인 방법은 다음과 같다.

① 비산 방지형 냉각탑의 설치

- 표준 Drift Eliminator를 설치한다.(비산율 0.001%)
- 바람에 의한 공기 흡입구에서의 비산을 줄일 수 있는 Wind Baffle을 설치한다.
- 토출공기 속도를 바람의 영향을 덜 받도록 빠르게 한다.(압송식 냉각탑 등은 토출공기 속도가 느리므로 바람에 의한 이송이 용이)
- 빈틈이 없는 표준 PVC 충진재를 사용한다.
- 보수점검을 쉽게 할 수 있고 운전 중 청소가 가능한 구조이어야 한다.
- 슬러지를 쉽게 모을 수 있는 Basin 구조와 쉽게 배수시킬 수 있는 바닥 드레인을 설치한다.
- FRP나 스테인리스 스틸 등 부식을 최소화시킬 수 있는 재료로 구성한다.

② 냉각탑의 위치는 사무실 환기 시스템과 떨어지게 하며 바람의 방향도 고려해야 한다.

③ 여과기, 수처리 설비의 가동과 점검 및 청소를 철저히 수행한다. 염소보다는 오존 처리가 멸균력이 더 강한것으로 나타나고 있으며, Side Stream Filter를 사용하는 것이 바람직하다. 냉각탑 작업자는 작업 시 방독면을 착용하고, 냉각수가 분무상태로 되지 않도록 주의한다.

④ 드라이쿨러를 사용하는 것이 매우 바람직하나 낮은 냉각수 온도를 얻기 어렵고 시설비와 설치공간이 더 필요하며, 소음이 더 크고 운전비용이 6배 이상 더 소요된다.

10) 냉각수계에서 발생하는 장해 현상

냉각수계에서 발생하는 장해 현상은 다음과 같이 크게 세 가지로 구분된다.

▼ 냉각수계에서 발생하는 각종 장해

부식, Scale에 의한 장해		Slime에 의한 장해	
장해의 종류	장해의 구체적인 예	Fouling의 종류	장해의 구체적인 예
공통 사항	열교환 효율의 저하	공통 사항	열교환 효율의 저하
부식 장해	• 열교환기의 누설 • 재질의 강도 저하 • 열교환기의 폐쇄	Slime 부착형	• 열교환기의 폐쇄 • 펌프압 상승, 유량 저하 • 부식의 촉진
Scale 장해	• 펌프압 상승, 유량 저하 • 부식의 촉진 • 처리 약품의 흡착, 낭비	Slime 퇴적형	• 냉각탑의 효율 저하 • 충진재의 변형, 낙하 • 처리 약품의 흡착, 낭비 • 외관 오염, 시각 공해 • Sludge의 퇴적

(1) 부식 장해

① 냉각수에 용해되어 있는 용존산소 및 염소, 황산 등의 부식 인자들에 의해 냉각수계의 열교환기 및 배관 등에 발생하는 부식 장해이다.

② 부식은 물과 용존산소의 영향에 의하여 발생하며 염소 이온과 같은 부식성 이온이나 오염물의 부착에 의하여 부식 속도가 증가하게 된다.

(2) 스케일(Scale) 장해

① 냉각수 중에 용해되어 있는 칼슘 등의 염류가 냉각수계에 농축되어 열교환기 등의 열부하가 높은 부분에서 과포화 상태를 이루고 침전물을 형성하여 침전 부착되는 장해이다.

② 수온의 상승이나 냉각수의 농축 배수가 상승하면 탄산칼슘 등의 스케일이 부착하여 열효율을 저하시킨다.

③ 경도가 높은 물은 주로 탄산염, 황산염의 스케일이 형성되며 고형물 이물질에 의하여 생성이 촉진된다.

(3) 슬라임(Slime) 장해

① 냉각탑은 조류 및 미생물이 번식하기 쉬운 환경에 놓여 있으며, 냉각수계에 유입된 미생물은 점성 물질을 내어 토사나 먼지 등이 부착되어 연니성의 오염 물질을 만들고, 이러한 연니성의 오염 물질이 열교환기 및 배관 등에 침전, 부착하여 배관의 폐쇄 및 2차 부식 등을 일으키게 된다. 이러한 장해를 슬라임 장해라고 한다.

② 부식 생성물, 스케일 이외의 오염물을 Slime이라고 하며, Slime 장해는 부식 및 Scale 장해와 함께 혼재된 형태로 발생하는 경우가 많은데 이러한 것을 Fouling이라 한다.

③ 수중에 용존하여 있는 영양원을 이용하여 세균, 사상균, 조류 등의 미생물이 증식하고, 이 미생물을 주체로 하여 여기에 토사와 같은 무기물이나 먼지 등이 섞여져 형성되는 연니성(軟泥性) 오염물의 부착이나 퇴적에 의해 일어나는 장해이다. 그 결과 열효율의 저하나 통수의 장애를 일으킬 뿐 아니라, 배관 등의 국부 부식을 일으키는 원인이 되기도 한다.

④ 슬라임 장해는 장해 현상에 따라 다음과 같이 구분할 수 있으며 장해 발생 장소는 표와 같다.

▼ 냉각수계의 Slime 장해

Slime 장해	Slime 부착형 Fouling + Sludge 퇴적형 Fouling(Biological Fouling)
Slime 부착형 Fouling	미생물이 생성한 점착성 물질의 작용으로 미생물과 토사 등의 혼합물이 고체 표면에 부착하여 발생하는 장해
Sludge 퇴적형 Fouling	수중의 현탁 물질이 저유속부에 침강하고 퇴적하여 생긴 연니성 물질에 의해 발생하는 장해

▼ Slime 장해의 발생 장소

발생 장소		Fouling의 형태
열교환기	Tube	Slime 부착형
	사절판, Tube 바깥면 Baffle Plate 등(Shell 측 통수 시)	Slime 부착형 Sludge 퇴적형
냉각탑	살수판	Slime 부착형 Sludge 퇴적형
	충진재	Slime 부착형
냉각탑 수조	저부	Sludge 퇴적형
	벽부	Slime 부착형

11) 냉각용수 수처리의 목적

(1) 에너지 절약 및 용수 절약

① 수처리를 실시함에 따라 에너지 절약, 용수 절약에 기여하는 구체적인 예는 개방순환식 냉각수계에서 볼 수 있다.

② 절수를 목적으로 냉각수의 Blow Down을 줄이면 냉동기, 열교환기에 경질의 스케일이 부착하여 냉동기의 열효율이 저하된다. 이 경우 전력의 대폭적인 소비가 일어난다. 따라서 적절한 수처리를 실시함에 따라 에너지 절약과 용수 절약의 절수에 상반되는 명제를 해결할 수 있다.

③ 냉각수계의 Blow Down을 잡용수, 조경수, 세척수 등으로 사용하는 것과 같이 한번 사용한 물을 재이용하는 것도 가능하다.

(2) 장비 및 배관 수명의 연장

냉각수 배관에 누수가 발생하는 경우 혹은 지역 냉·난방 플랜트에 있어서 지역 매설 배관에 누수가 발생하는 경우 배관 교체는 막대한 비용과 많은 어려움이 수반되며 실제로 교환 공사가 불가능한 경우도 있다. 순환용수의 수처리 실시로 냉동기, 열교환기, 냉각 코일 등의 순환 장해를 제거함으로써 각종 장비의 가동률을 향상시키며 장비 수명을 연장할 수 있다.

(3) 쾌적한 환경 조성

수처리는 용수 재활용을 극대화하여 냉각수계 밖으로의 방출을 최대한 억제함으로써 수자원 보호 및 쾌적한 환경 보존에 기여할 수 있다.

(4) 냉각용수 수처리 방법

① 여과처리

㉮ 부유 고형물(Suspended Solids)의 발생원

냉각수계로 유입된 부유 고형물은 Blow Down에 의해서 일부 배출되고 대부분은 장기간에 걸쳐 냉각수계 안에 축적되며 Fouling 발생, 유로 장해 등의 문제를 일으킨다. 냉각용수 중의 부유 고형물은 다음과 같은 발생원이 있다.

- 보충수 : 모래, 먼지, 녹, 조류, 낙엽 등 여러 종류의 이물질을 포함한다.
- Airborne Particles : 냉각탑의 팬에 의해 대기와 함께 먼지, 모래, 벌레, 꽃가루 등이 유입된다.
- 공정(Process) : 플라스틱, 금속, 녹, 스케일 등이 냉각수 사용 공정에서 배출된다.
- 미생물의 성장 : 냉각 시스템은 조류(Algae) 및 박테리아가 성장하기에 적합하다.
- 부식 : 배관, 기계 부식에 의해 녹, 산화물 등이 발생한다.

㉯ 여과처리의 종류

냉각용수 중의 부유고형물은 Blow Down에 의해 계외로 배출시키기 곤란하기 때문에 여과처리하여 오염된 것을 계외로 배출할 필요가 있다. 약품처리만으로 Slime 부착이나 Sludge 퇴적을 방지하는 것은 기술적, 경제적으로 곤란하며, 여과처리와 약품처리의 적절한 조합에 의한 처리시스템의 적용이 필요하다. 여과처리에서 순환수량 전부를 여과처리하는 방법을 전유량 여과처리라 하며, 순환수량의 일부만을 여과처리하는 방법을 부분유량 여과처리라 한다. 부분여과처리 중 순환수량 대비 처리수량비율은 공정의 특성, 순환수량, 보유수량, 요구수질 등에 따라 결정되는데, 일정한 공식으로 산출하기가 곤란하며 일반적으로 다음의 방법을 사용한다.

- 보유수량 대비 순환수량이 적은 경우 : 순환수량 전부를 여과처리하는 전유량 여과처리를 실시한다.
- 순환수량 대비 보유수량이 적은 경우 : 보유수량 전부를 1시간마다 1회 이상 여과처리하며, 여러 가지 공정에서도 가장 신뢰성 있는 결과를 얻을 수 있다.
- 보유수량과 순환수량이 큰 경우 : 석유화학, 합성섬유 플랜트 등에서는 일반적으로 다량의 냉각용수를 사용하며 보유수량과 순환수량이 매우 커서 전유량 여과처리방법을 적용하기가 곤란한 경우가 많다. 이때는 부분유량 여과처리하여 양호한 수질상태를 유지할 수 있다.

② 약품처리

냉각용수 계외로부터 부유 고형물의 유입이 적으며 보유수량 및 순환수량이 적을 경우에는 약품처리로 양호한 수처리 효과를 얻을 수 있다. 순환수량과 보유수량이 많을 경우 일정 농축배수를 유지하기 위한 약품 주입량이 크게 증가하여 경제적인 어려움이 따른다. 약품처리에는 부식 방

지를 위한 부식 방지제, Scale 생성 방지를 위한 Scale 방지제, Slime 생성 및 성장을 방해하는 Slime 방지제 및 Sludge 퇴적을 방지하는 분산제 등이 있다.

12) 연통관

- 2대 이상의 개방형 냉각탑을 병렬로 설치할 때 연통관을 설치해야 한다.
- 냉각탑을 병렬로 설치 시 냉각수의 분배 불균형으로 인하여 순환량이 차이가 나므로 한쪽에서는 냉각수 부족현상이 발생하고 다른 쪽은 넘치는 현상이 발생한다.
- 연통관을 설치하여 균형을 잡고, 병렬로 된 분기관에 밸브 등을 설치하여 양을 조절하는 기능도 부여해야 한다.

(1) 냉각탑을 2대 병렬로 설치할 경우 계통도

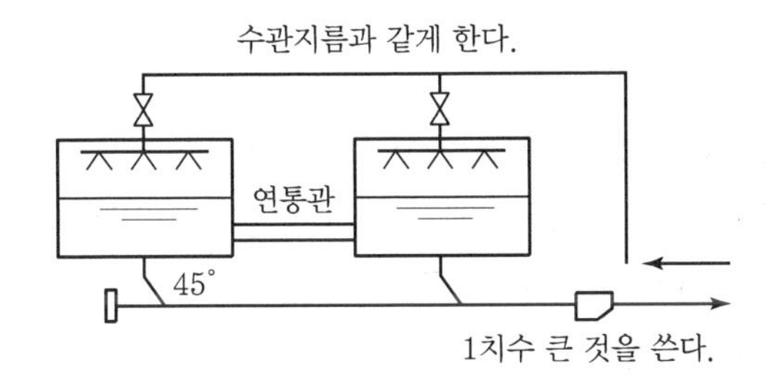

(2) 연통관 설치목적

① 냉각탑을 병렬로 설치할 경우 배관저항, 관로저항으로 인하여 차이가 발생하고 냉각탑의 냉각수 공급이 불균형해져 한쪽으로 치우쳐 흘러 냉각능력이 떨어진다.

② 흐름의 불균일로 한쪽에 냉각수 부족현상이 발생하므로 연통관 설치로 해소한다.

③ 자연통풍 이용 시(저부하 시) 냉각수 분배균등 목적(균등수위 유지목적)으로 설치한다.

13) 냉각탑의 옥내, 옥외 설치 시 주의점

냉각탑을 옥내, 옥외에 설치하는 경우에는 비산되는 물의 장해, 소음 · 진동, 부식, 수명, 수질, 작업성, 유지관리 보수성을 고려한 Space 확보 등의 면밀한 조사가 선행되어야 하며, 열교환에 중요한 요소인 통풍에 장애가 없어야 한다.

(1) 옥내 설치 시 주의점

① 부식의 염려가 없는 재질의 재료(유리섬유, 강화폴리에스테르 수지판, 경질염화비닐판 등의 내식성, 내화성 재료)를 선택한다.

② 견고하게 조립한다.

③ 하부, 내부, 상부 청소 및 점검이 용이하도록 설치한다.

④ 냉각수 낙하분포가 균일하게 설치한다.

⑤ 수평으로 균형 있게 설치한다.
⑥ 방진, 방음, 진동에 유리한 구조체 위에 설치한다.(Jack up 방진)
⑦ 스프링식 방진시공을 실시한다.
⑧ 설치위치의 기초구조 강도를 검토한다.
⑨ 실내소음 · 진동에 주의한다.
⑩ 물의 비산 또는 증발된 증기의 실내 유입이 없도록 환기를 고려한다.
⑪ 공기의 유통이 원활하도록 실내환기를 고려한다.
⑫ 급수 수질, 송풍량의 질을 확보한다.
⑬ 겨울철 동파 방지를 고려한다.
⑭ 배관재료는 내식재료를 선택한다.

(2) 옥외 설치 시 주의점

① 설치장소의 구조적 강도를 확인한다.
② 빗물(산성비), 바람 등의 영향이 없는 곳에 설치한다.
③ 인근 건물 또는 사무실 등에 소음 · 진동의 영향이 없게 설치한다.
④ 굴뚝, 오염될 수 있는 요인과 격리시킨다.
⑤ 소음 · 진동 흡수장치
- 낙숫물, 팬에 의한 바람소리의 흡음, 방음 사이렌서 설치
- 스프링식 방지기구 설치

⑥ 실내 급기구에 비산된 물, 증기 발생분의 유입 영향이 없는 곳에 설치한다.
⑦ 햇빛, 바람의 영향(노화현상)이 적은 재료를 선택한다.
⑧ 청소, 유지관리, 보수성을 고려하여 공간을 확보한다.
⑨ 통풍이 잘 되는 곳에 설치한다.
⑩ 통과공기의 유동저항이 적게 제작한다.
⑪ 점검 사다리, 볼탭 등 부속품 재질의 부식과 수명을 고려한다.
⑫ 내식재료(동, 스테인리스강)를 선택한다.
⑬ 살수펌프, 전동기는 옥외용에 견디는 것을 사용한다.

14) 냉각탑의 냉각수 온도제어 방식

흡수식 냉동기를 사용하는 경우나 연간공조를 하는 경우 또는 항온항습실의 공조, 스포츠센터 등 응축온도를 일정하게 유지할 필요가 있을 때는 냉각수 수온제어를 할 필요가 있다. 종류로는 3방밸브에 의한 수온제어, 2방밸브에 의한 수온제어, 냉각탑 팬모터의 On－Off에 의한 수온 제어 등이 있다.

(1) 3방밸브에 의한 수온제어

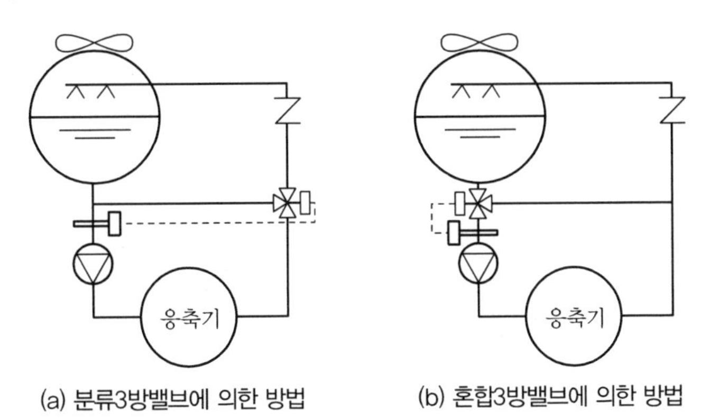

(a) 분류3방밸브에 의한 방법　　(b) 혼합3방밸브에 의한 방법

① 분류3방밸브에는 전기식과 공기식이 있다.

② 혼합3방밸브에 의한 방법은 펌프와 냉각탑의 레벨차가 작을 때는 쓰지 못한다. 이러한 장애가 있을 때는 그림 (a), (b)와 같이 토출배관 상단에 체크밸브를 설치하여 방지한다.

(2) 2방밸브에 의한 수온제어

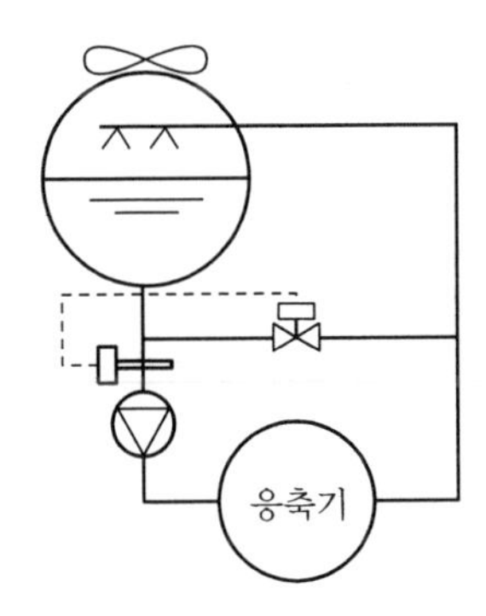

2방밸브는 응축기 가까이 설치하는 것이 제어성이 좋고, 밸브 크기는 정확하게 C_v값에 의해 결정한다.

(3) 냉각탑 Fan Motor의 On-Off에 의한 수온제어

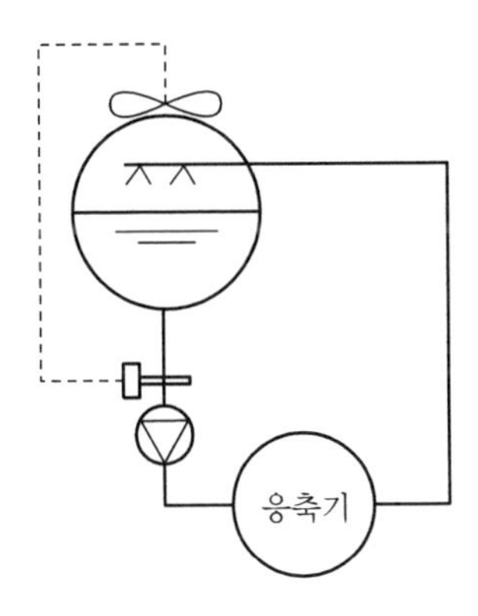

2방밸브제어보다 제어성이 나쁘며, 스포츠센터 등의 패키지를 사용할 때에 적용한다.

(4) 동파 방지

겨울철에는 동파 방지를 위해 냉각탑 수조 내에 전기히터를 설치하는 방법이 있다.

(5) 문제점 및 대책

① 3방밸브에 의한 수온제어

이 방법은 펌프와 냉각탑의 Level 차가 적을 때는 밸브 저항에 의해 냉각수가 Bypass 되는 양보다 냉각탑으로 보내지는 양이 많아져서 효과가 없다. 이때는 응축기 가까이에 3방밸브를 설치하고 토출관 상단에 체크밸브를 설치한다.

② 2방밸브에 의한 수온제어

이 방법도 3방밸브와 같은 방법으로 대응하고, 특히 밸브 크기를 정확하게 선정하여야 한다. C_v 값에 의해 결정된다.

15) 냉각탑의 설계 요령

(1) 냉각탑의 능력

Q(kcal/h) = 순환수량(L/h) × 온도차(냉각탑 입구수온 − 냉각탑 출구수온)
= 순환수량(L/h) × 쿨링레인지

① 쿨링레인지(Cooling Range)

- 쿨링레인지 = 냉각수 입구온도 − 냉각수 출구온도
- 냉각탑에서 냉각되는 온도차는 5℃ 정도이다.
- 외기 습구온도가 낮을수록 냉각이 잘된다.

② 쿨링어프로치(Cooling Approach)

냉각탑의 능력은 입구공기의 습구온도에 의해 좌우되지만 그 결과로 냉각되어 냉각탑을 나오는 출구수온의 고저에 영향을 미친다. 이 양자관계의 기준치에 Cooling Approach가 있다.

쿨링어프로치 = 냉각수 출구온도 − 입구공기 습구온도

냉각탑에 의해 냉각되는 물의 출구온도는 외기의 습구 온도에 따라 변동되고 입구공기와 습구온도가 같은 조건일 때 어프로치가 적은 냉각탑이 그만큼 많이 냉각되었다(능력이 크다)는 뜻이다. 어프로치를 작게 하기 위해서는 물과 공기의 접촉을 보다 많이 할 수 있게 설계하여야 하다.

③ 보급수량(순환수량의 1~2%)

증발 + 비산 + 블로 아웃

(2) 쿨링 타워의 냉각능력

3,900kcal/h를 1냉각톤으로 규정한다.

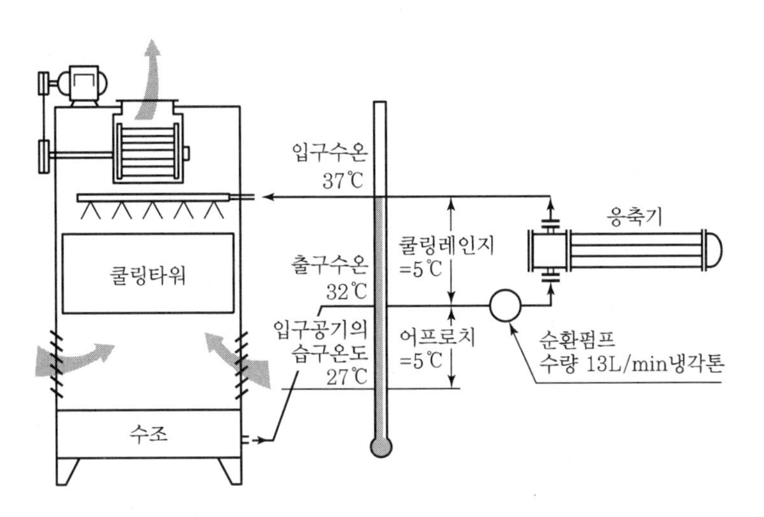

〈조건〉 입구공기 습구온도 : 27℃
냉각수 입구온도 : 37℃
냉각수 출구온도 : 32℃
냉각수 순환수량 : 13L/min냉각톤

$Q = 13 \times 60 \times (37 - 32) = 3{,}900\text{kcal/h} = 1$냉각톤

16) 백연현상

(1) 백연(Plume)

① 백연은 냉각탑으로부터 방출되는 포화습공기(수증기)가 대기의 좀 더 차가운 공기와 혼합되는 과정에서 재응축을 일으켜 생성된다.

② 백연은 순수한 수증기에 속하므로 대기오염원으로 간주하기는 어려우나, 더 낮은 대기온도로 갈수록 가시도가 높아지게 된다.

③ 여름철 우기에도 기후조건의 영향을 받아 나타날 수 있으나 가시도는 매우 낮다.

④ 동절기 이외의 계절에는 백연의 발생 정도가 매우 낮으며 가시적 효과도 적기 때문에 동절기에 사용하지 않는 냉각탑에는 백연 방지를 위한 장치를 설치하지 않는 것이 경제적이다.

(2) 백연의 효과

① 백연은 동절기 낮은 기온에서 극대화되며 여름철의 경우 백연 발생이 극히 미소하다. 즉, 백연은 포화습공기 내에 수분을 응축시킬 수 있는 낮은 주위 기온에서만 가능하다.

② 백연은 냉각탑으로부터 방출된 포화습공기와 대기의 찬공기가 물리적 작용을 일으켜 방출되는 포화습공기 내에 함유된 미세한 수분을 재응축시킴으로써 발생되며 가시도는 매우 낮게 된다.

③ 백연은 방출 포화습공기가 포화곡선을 초과하는 조건에서 발생되며 이는 자연적으로 제거할 수 없다. 백연 발생을 억제하기 위해서는 방출 포화습공기 조건을 포화곡선 아래로 끌어내려야 한다. 즉, 방출 포화습공기의 상대습도를 낮추는 기계적인 장치를 수반하여야 한다.

④ 백연은 단지 시각적인 공해일 수는 있으나 결코 유해한 환경 오염원이 아니다. 낮은 대기압 조건에서 백연은 상승효과가 저하되어 안개현상을 유발할 수도 있다.

(3) 백연의 환경적인 영향

① 가동 중인 모든 냉각탑에서 백연이 발생하는 것은 아니다. 동절기 외에도 우기 또는 이상 기후 조건 발생 시 간혹 백연이 발생하는 경우도 있지만 출현 빈도는 극히 제한적이다.

② 도시 또는 집단 주거지역에서 멀리 떨어져 있는 공업단지 또는 공장에 설치된 냉각탑으로부터의 백연 방출은 환경법에 의한 규제 또는 집단 민원이 제기되지 않는 한 문제가 되지 않을 것이다. 그러나 백연이 다음과 같은 환경에의 영향을 초래할 수 있다면 완전히 무시할 수 없으며 지역 특성과 주위 환경을 고려하여 백연 대책을 수립하여야 한다.

- 집단 주거지역 또는 밀집된 도시 내에서의 백연 방출은 시각적 판단공해, 시야 방해, 화재로 인한 연기로 오인 등의 민원문제를 유발시키며 백연이 주거집단에 근접할수록 집단 민원이 빈발한다.
- 저기압은 백연 상승효과를 저하시키어 냉각탑 주변은 물론 경계영역 밖까지 떨어지는 응축수분으로 인한 결빙 문제를 초래한다.
- 공항 주변에 설치된 냉각탑으로부터 방출되는 백연의 상승효과는 항공기의 시계에 간섭을 일으킬 수도 있다.

(4) 백연 방지

① 열원가열식

Steam, Hot Water, Electric과 같은 열원으로 Dry Section(Heating Coil)에 흡입공기를 가열하는 방식이다. 백연을 완전히 제거할 수도 있지만, 엄청난 열원에너지 비용을 발생시키므로 극히 비경제적이다. 그러나 플랜트에서의 폐온수 또는 증기 등을 이용할 수 있는 경우는 경제적이며 유효하게 적용할 수 있는 방법이다.

② 냉각수가열식

부하를 거쳐 돌아오는 냉각수(Hot Water)를 이용하여 Dry Section에 흡입공기를 가열하는 방식이다. 열원가열식에 비해 Dry Section의 규모가 훨씬 더 크고 설계조건에 따라 백연 제거의 효율범위는 약 30~80%가 되지만 추가적인 열원에너지 비용이 없기 때문에 널리 사용되고 있는 방법이다.

③ 배기혼합식

실내 설치 냉각탑으로부터 덕트를 통해 방출하는 습공기와 배기를 혼합하여 백연을 감소시키는 방식이다. 냉각탑의 방출덕트와 실내 배기덕트를 연결시켜서 낮은 습도의 배출공기를 냉각탑의 포화습공기와 적절히 혼합시켜 배출함으로써 백연감소 효과를 얻을 수 있다. 이때 배기조건이 백연감소조건과 반드시 일치되어야 하며, 덕트 설계 시 냉각탑 방출덕트와 실내 배기덕트의 밸런스, 공기의 혼합 제어, 역류 방지 등을 충분히 고려하여야 한다. 배기 조건만 충족한다면 가장 경제적인 백연 방지 시스템이 될 수 있다. 이 방식은 건물 공기조화 설계 및 덕트 Work에 적용시킴으로써 실현될 수 있다.

Heating Tower

① 냉각탑이 외부로부터 채열을 목적으로 하는 경우 이를 히팅타워라 한다.
② 크기는 냉방 시에 비해 2배 정도 커진다.
③ 외기온도 저하 시 부동액을 사용한다.
④ 구조는 쿨링타워 구조와 같다.

- 하절기 : 쿨링타워로 사용(응축기 방열)
- 동절기 : 히팅타워로 사용(증발기 재열)

※ 동절기 사용 시에는 냉각수 비산에 의한 잠열교환이 아니라 폐회로 순환에 의한 현열 열전달 방식임

백연방지 냉각탑

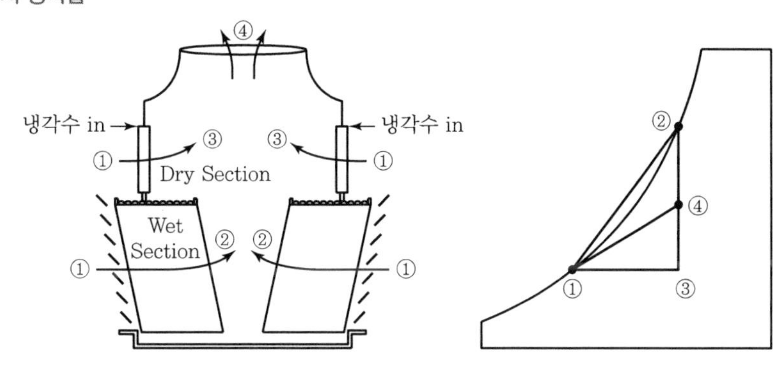

대기 ①이 Wet Section 구간을 통과하면서 현열과 잠열을 얻어 포화상태 ②가 된다.
고온다습한 ② 공기가 대기에 배출되면 응축되어 백연현상이 발생한다.
Dry Section을 통과한 대기 ①은 현열을 얻어 ③상태가 되고 ②와 ③이 혼합되어 불포화상태인 ④상태가 되어 배출되면서 백연현상이 방지된다.
배출공기는 공기선로상의 $\overline{①④}$선 내의 불포화공기이다.

CHAPTER 07 축열 방식

SECTION 01 축열시스템

열에너지를 저장했다가 필요시 사용하는 시스템으로 열원기기와 공조기를 2원화하여 열의 생산과 소비를 임의로 조절하여 에너지를 효율적으로 사용하는 방법이다.

1) 장점

(1) 경제적인 측면

① 열원장치 용량의 감소로 수변전 설비 용량 축소 등 초기 투자비가 감소한다.
② 전력공급의 Peak Cut, 전력부하가 균형을 이룬다.
③ 심야전력 이용으로 경비절감이 가능하다.
④ 열원설비 용량 및 부속설비의 축소가 가능하다.

(2) 기술적인 측면

① 부하 증가에 대한 대응이 용이하다.
② 열원기기 고장에 대한 융통성이 있다.
③ 부분부하 시 대처가 용이(기기의 고효율 운전이 가능)하다.
④ 열공급의 신뢰성이 높다.(안정된 열공급)
⑤ 축열조 내의 물은 소화용수로 사용 가능하다.
⑥ 열회수로 인한 에너지 절감 및 수요공급의 열 밸런스 조절이 가능하다.
⑦ 저온급기 및 송수방식 적용이 가능하다.

2) 단점

① 축열조 설치비용이 고가이다.
② 설비공간이 많이 필요하다.
③ 축열조의 열손실이 발생한다.(열 누설, 혼합 손실 대책이 필요)
④ 야간축열 시 인건비가 상승한다.
⑤ 온도 기능 저하로 코일 열수가 증가한다.
⑥ 수처리 비용이 증가한다.

3) 축열제의 구비조건

① 단위체적당 축열량이 클 것
② 열의 출입이 용이할 것
③ 취급이 용이할 것
④ 가격이 저렴할 것
⑤ 대량구입이 가능할 것
⑥ 화학적으로 안정될 것
⑦ 부식이 없을 것
⑧ 독성이 없을 것
⑨ 폭발성이 없을 것

4) 축열조의 구비조건

① 운전시스템에 적합한 동적 열특성을 겸비할 것
② 물 흐름이 균일하여 사수역이 없고, 정체가 없을 것
③ 조 내의 물 흐름과 연통관 부위의 유속이 적절할 것
④ 조 내에 급격한 수위차가 없을 것
⑤ 열손실이 적을 것
⑥ 누수 및 물의 넘침이 없을 것
⑦ 물의 교체나 청소가 용이할 것
⑧ 강도적으로 강하고 화학적, 열적으로 안정할 것
⑨ 구축비가 저렴할 것

5) 축열의 방법

(1) 수축열(현열) 축열 방식

① 현열이용 : 액체, 고체
② 냉수(Chiller Water)를 만들어 저장하였다가 냉수의 현열을 이용하여 냉방부하를 처리한다.
③ 축열조 용량이 증가하므로 일반적으로 비용이 증가한다.
④ 1차 측 축열매체와 2차 측 부하처리 매체가 같은 유체(물)인 시스템으로 단순하고 열손실이 작다.

(2) 빙축열(잠열) 축열 방식

① 잠열이용 : 상변화, 전이
② 얼음을 만들어 저장하여 두었다가 필요시 얼음의 융해잠열을 이용하여 냉방부하를 처리한다. (539kcal/kg · h)

6) 수축열과 빙축열의 장단점

구분	수축열	빙축열
장점	• 축열조의 설계시공이 용이 • 냉온수 축열을 병용 가능 • 축열조 내의 물을 소화용수로 활용 • 시제품 냉동기 사용 가능	• 축열조 설치공간 축소 • 부하 측 환수에 의한 유용에너지 감소가 없음 • 축열조 크기 축소로 시공비 절감 • 열손실이 적음 • 펌프, 팬 등의 반송동력비, 설비비 절감 • 부식이 적음(부하 측 순환회로가 폐회로) • 저온급기 시스템 채용 가능 • 건물의 지하 독립설치 가능 • 냉방부하 증가 시, 열원기기의 용량 증가 없이 대체 가능
단점	• 설비비가 고가(축열조가 커짐) • 지하에 2중 슬래브가 필요 • 유용에너지 감소(공조기 냉수 환수가 축열조 내의 냉수와 혼합) • 축열조 설비 이외의 정류조절장치, 방수, 단열공사 수반 • 수조의 표면적 증가로 열손실이 큼(5~10%) • 반송동력 증가 및 배관 부식이 큼(부하 측 회로가 개방회로) • 유지보수가 곤란(수조의 대형화) • 온도차가 작아 대형 열교환기가 필요	• 냉동기 성적계수 저하 • 배관 설계시공이 복잡 • 난방 시 이용이 어려움

SECTION 02 빙축열시스템의 도입배경 및 필요성

1) 국내의 전력공급 현황

① 발전소 건설에 따른 막대한 투자비 조달 문제가 있다.

② 전원입지 확보 문제와 함께 지역이기주의(NIMBY : Not In My Back Yard) 현상의 확산 등으로 공급설비 확충에 어려움이 있다.

③ 생활수준의 향상에 따른 하절기 냉방수요의 급격한 증가로 전력 수급난이 심화되고 있다.

④ 전력예비율 부족현상이 심각하다.

⑤ 국가적 차원의 종합적인 에너지 관리 대책이 필요하다.

⑥ 연중 최대전력수요가 발생하는 여름철 낮 시간대의 냉방용 전력을 심야시간대로 이전할 필요가 있다.

2) 전력수요관리(DSM)의 종류

(1) 간접부하관리(Indirect Load Control)

① 최대수요 억제(Peak Clipping)

연중 또는 하루 중 부분적으로 발생하는 최대부하를 억제하여 피크 시간대의 전력공급설비의 규모를 축소하고, 발전원가가 높은 발전설비의 가동을 감소한다.

② 최대수요 이전(Peak Shifting)

피크 시간대의 전력수요를 경부하 시간대로 이동시킴으로써 고객의 자발적인 부하분산을 유도하는 방법과 축랭식 냉방설비 등의 에너지 저장설비를 이용하여 심야시간대에 전력에너지를 직접 또는 다른 형태의 에너지로 저장하였다가 피크 시간에 활용하는 방법 등이 있다.

③ 기저부하 증대(Valley Filling)

부하수준이 상대적으로 낮은 심야시간대의 전력수요를 증대시켜 전력공급설비의 이용률을 높임으로써 전력공급원가를 낮추기 위한 수요관리 유형이다. 심야시간대의 전력요금단가를 저렴하게 책정하여 심야전력용 기기로 대체하도록 유도하는 방법이 있다.

(2) 직접부하관리(Direct Load Control)

전력부하 중에서 필요한 경우 공급을 중단하여도 손실이나 피해가 거의 없는 부하를 별도로 확보하여 두었다가 이를 활용하여 필요한 만큼의 부하를 전력공급 측에서 직접 조정하는 방법으로, 부하차단 요금제, 냉방부하 직접제어 등의 사전계약에 의하여 전력회사 측에서 고객의 부하 중 전부 또는 일부를 직접 제어하는 방법과 배전선로를 교대로 차단하는 방법 등이 있다.

(3) 전기에너지 소비절약(Energy Conservation)

고객에게 합리적인 전기사용에 대한 정보를 제공하는 방법으로, 소비자의 전기설비에 대한 무료진단 등을 통하여 보다 효율적인 설비관리기술이나 절전기술 등을 지원하거나 고효율 절전기기 개발 및 시장보급을 촉진하는 방법 등이 있다.

3) 축열식 공조시스템 보급의 필요성

(1) 국가적 측면

① 냉방용 전력수요로 인하여 주야간 최대전력의 수요 차이가 발생한다.

② 첨두부하 축소 및 심야수요를 창출할 수 있는 축랭식 냉방시스템 보급으로 신규 발전소 설비 억제 및 전력부하 평준화에 따른 고효율 운전으로 환경보호와 발전원가 저감에 기여한다.

(2) 경제적 측면

① 값싼 심야전력을 사용하여 냉방설비 운전비용을 절감한다.

② 대기온도가 낮은 심야시간에 냉동기를 연속적으로 정격용량 운전을 하여 효율 향상으로 운전비용을 절감한다.

③ 작은 용량(최대 50%까지)의 냉동기 사용이 가능하여 설비비용을 절감한다.

④ 수전 설비용량 축소 및 계약전력 감소로 비용을 절감한다.

⑤ 저온급기(Cold Air Distribution) 시스템 채택 시 건축 및 배관, 덕트공사 비용을 절감한다.

(3) 기술적 측면

① 냉동기 등의 부속기기를 정격용량에서 연속운전하여 시스템이 안정된다.
② 축열조의 완충 역할로 시스템의 신뢰성이 향상된다.
③ 냉동기 고장, 보수 시 축열조를 비상용 back-up으로 사용 가능하다.
④ 건물 증축이나 부하증가에 대처하기 용이하다.

(4) 환경적 측면

① 전력설비의 부하율 향상에 따른 에너지 절약이 가능하다.
② 작은 용량의 냉동기 사용으로 CFC의 사용을 감축하여 지구온난화 방지에 기여한다.
③ 빙축열 냉방시스템의 냉동기는 가스흡수식과 비교하여 고효율(약 3배)이므로, 기후협약에 따라 다가오는 탄소세 등에 대처할 수 있다.

SECTION 03 빙축열시스템 개요

① 전력의 여유가 있는 심야시간대에 냉열을 저장하여 놓았다가 전력이 부족할 때인 여름철 오후에 냉열을 부하에 공급하여 냉방을 한다.
② 그림과 같이 기존의 냉동기와 부하 사이에 축열조가 설치되는 간단한 구조를 갖는다.

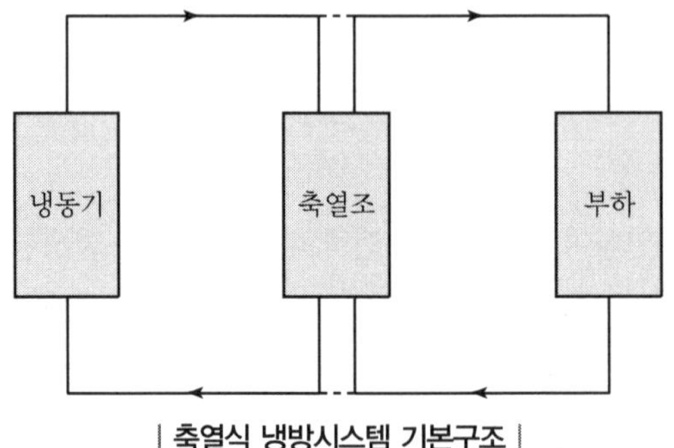

| 축열식 냉방시스템 기본구조 |

③ 축열식 냉방시스템은 하계 피크 억제와 기저부하 증대를 통한 부하율 향상을 목적으로 보급되고 있다.
④ 심야전력을 이용하여 축열조에 냉열을 저장하였다가 주간 냉방시간에 이 냉열을 사용한다.
⑤ 부분축열 방식의 경우 주간 부하의 일부를 야간에 가동하여 축랭하기 때문에 냉동기의 용량을 절반 정도로 줄일 수 있다.
⑥ 극심한 부하 변동에도 축열분으로 각 부하에 대처하는 능력이 뛰어나 쾌적한 냉방이 가능하다.
⑦ 연간 냉방시간이 길거나 냉방용량이 큰 건물의 경우에 더욱 유리하다.

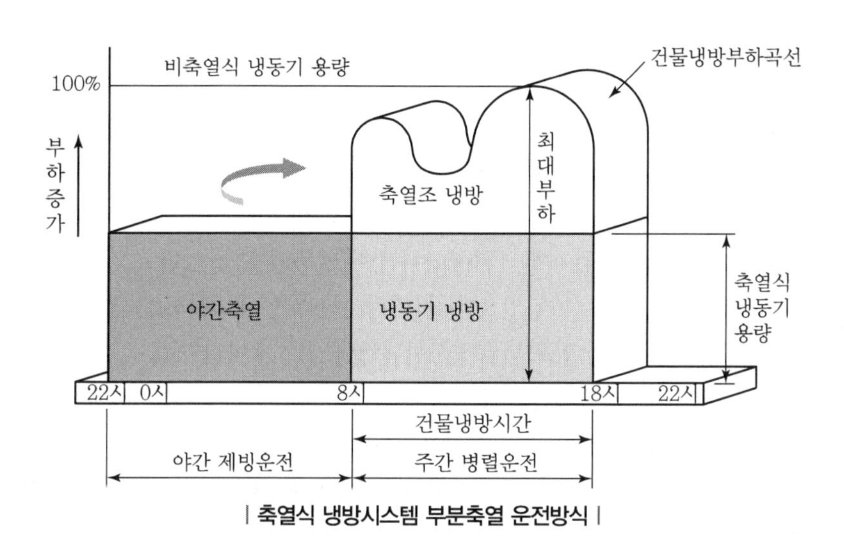

| 축열식 냉방시스템 부분축열 운전방식 |

SECTION 04 빙축열시스템의 구분

1) 축열 방식에 따른 구분

빙축열시스템의 축열 방식은 축열조가 담당하는 부하에 따라 전축열 방식과 부분축열 방식으로 나뉜다.

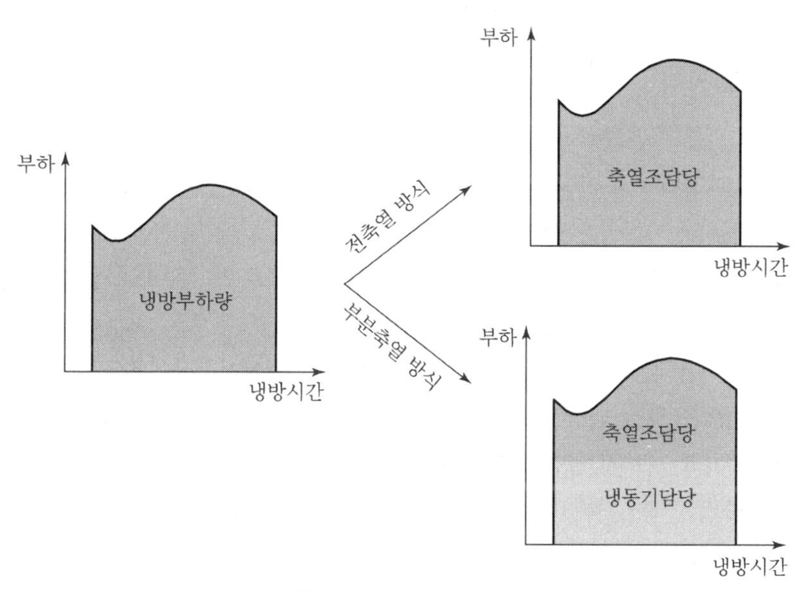

| 전축열 방식과 부분축열 방식 |

(1) 전부하 축열 방식(전축열 방식)

① 특징

- 심야전력이 적용되는 시간대에 냉동기를 가동하여 냉방부하 전체를 축열하고, 주간에는 냉동기 가동 없이 브라인 펌프만 운전하여 냉방하는 방식이다.
- 주간 냉방부하 100%를 심야에 축열하여 주간에 냉동기 가동 없이 축열량만으로 냉방부하를 처리하며, 하절기 전후(5~6월, 9~10월) 기간 동안에는 냉방부하가 작으므로 주간에 냉동기를 가동하지 않고 브라인 펌프만 운전하여 축열량으로 냉방한다.
- 심야전력(갑)이 적용되므로 동력비가 많이 절감되고 시스템 운전도 간단하나, 축열조와 냉동기의 용량이 커져 초기 투자비 및 설치공간이 늘어난다.
- 제빙 시 COP가 떨어지므로 제빙과 방열시간이 동일할 경우 일반 시스템에 비해서 냉동기 용량이 커질 수 있다.
- 대형건물의 보조냉방, 예비 열원시스템 등으로 활용하면 건물 전체 열원시스템의 신뢰도를 높일 수 있어 인텔리전트화에 부응하는 열원시스템이 된다.

② 장점

- 심야의 값싼 전력 사용으로 전력비가 감소한다.
- 부하 변동이 크고 예측하지 못한 부하에도 대비할 수 있다.

③ 단점

- 장비 용량이 증대(110~130%)한다.
- 초기 투자비 과대로 경제성이 없다.

(2) 부분부하 축열 방식

① 특징

- 심야시간에 냉동기를 가동하여 주간 부하의 일부(약 40%)를 축열하고, 주간에 냉동기와 빙축열조를 동시에 가동하는 방식이다.
- 전축열에 비해 축열조와 냉동기 용량을 줄일 수 있으므로 초기 투자비와 설치공간이 감소되나 전부하 방식에 비하여 운전비는 증가한다.
- 국내에서 사용되는 거의 대부분의 축열 방식은 시스템 설치공간이 작고 설치비가 낮은 부분부하 축열 방식으로서, 냉방부하가 최대가 되는 7월 말과 8월 초에 몇 주만 냉동기와 빙축열조가 동시운전되고, 나머지 냉방기간에서는 대부분 빙축열조만으로 냉방을 한다.
- 전부하 축열 방식에 비해 축열조의 용량을 1/2로 줄일 수 있으며, 냉동기 우선방식과 축열조 우선 방식이 있다.

② 장점

- 시스템이 단순하다.
- 전부하 방식에 비하여 초기 투자비가 적게 든다.
- 주간에 냉동기 효율이 증대된다.

• 7~8월의 하절기에 적용된다.

③ 단점

• 기기의(냉동기) 작동 시간이 길다.
• 축열조 효율이 약간 감소한다.
• 전부하 방식에 비해 동력비가 증가한다.

2) 구성장비 배열에 따른 구분

빙축열시스템은 다음 그림과 같이 냉동기와 축열조의 위치에 따라 Chiller Upstream 방식, Chiller Downstream 방식 및 병렬회로 방식으로 구분된다.

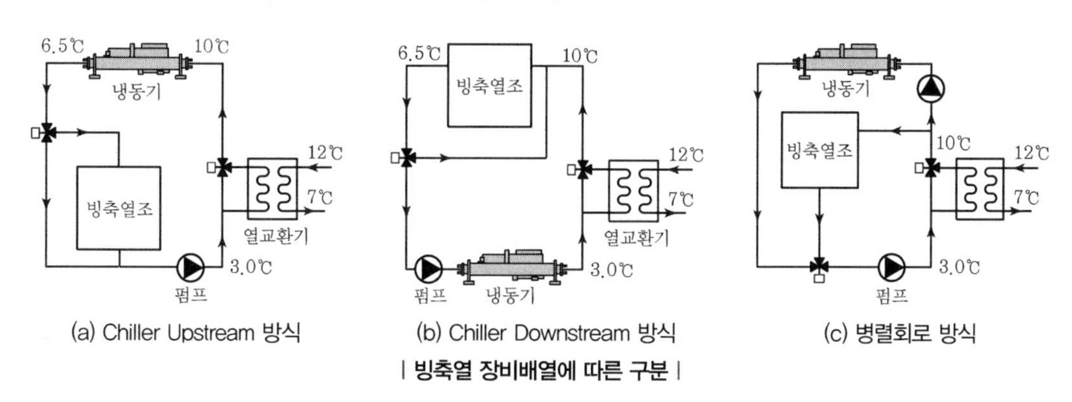

(a) Chiller Upstream 방식　(b) Chiller Downstream 방식　(c) 병렬회로 방식

| 빙축열 장비배열에 따른 구분 |

(1) Chiller Upstream 방식(냉동기 우선방식)

① 총부하 중 고정된 일정 냉방부하를 냉동기가 담당하고 나머지 변동부하를 축열조가 담당하는 방식이다.

② 냉동기를 축열조 상류 측에 배치하는 방식으로서, 열교환기를 통과한 브라인이 바로 냉동기에 유입되므로 냉동기 입구 브라인 온도가 높아 냉동기의 운전효율이 높아져 냉동기 소비전력이 줄어든다.

③ 축열조에 유입되는 브라인 온도가 낮아 축열조 방랭효율이 떨어지게 되어 축열조 용량이 커지고 공사비도 증가한다. 그러므로 이 방식은 방랭효율이 좋은 축열조가 사용될 경우에 적용된다.

④ 장점

• 브라인 유량을 줄일 수 있다.
• 펌프동력을 절감시킬 수 있다.
• 냉동기의 COP가 증가한다.
• 소용량 건물에 적합하다.

⑤ 단점

• 축열조 이용효율이 저하(Chiller Downstream 대비)된다.
• 운전 시 자동제어가 복잡하다.
• 축열량 모두를 사용하기가 곤란하다.

(2) Chiller Downstream 방식(축열조 우선방식)

① 특징

- 건축물의 총부하 중 고정된 일정 냉방부하를 축열조가 담당하고 나머지 변동부하를 냉동기가 담당하게 하는 방식이다.
- 냉동기를 축열조 하류 측에 배치하는 방식으로서, 열교환기를 통과하여 온도가 높아진 브라인이 바로 축열조로 유입되므로 축열조의 방랭효율이 높아져 축열조 용량이 줄어들지만, 냉동기 입구온도가 낮아져 냉동기 운전효율은 저하되며 소비전력이 증가한다.

② 장점

- 축열량을 모두 사용할 수 있다.
- 자동제어가 용이하다.
- 축열조 이용 효율이 증대된다.

③ 단점

- 브라인 유량이 증대된다.
- 냉동기의 COP가 감소한다.

(3) 병렬회로 방식

냉동기와 축열조를 병렬로 설치하여, 주간 냉방 시 냉동기와 축열조를 동시에 운전하여 냉방부하를 처리하는 방식으로 냉동기와 축열조의 효율을 최대한으로 이용할 수 있으나 시스템 구성이 다소 복잡하고 배관공사비가 많이 소요된다.

(4) 수요 제한 축열 방식

① 특징

주간의 일정시간의 전력부하 피크 시에는 냉동기를 가동하지 않고 축열조의 냉방만으로 부하를 처리하고, 첨두부하시간 이외에는 냉동기를 가동하여 축열조와 같이 냉방을 하는 방식이다.

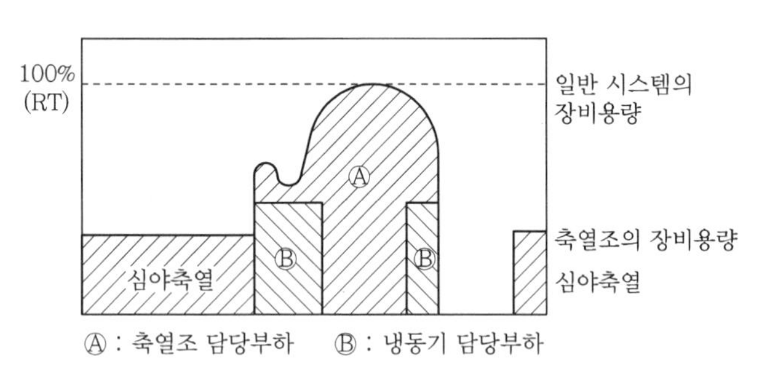

② 장점

- 피크 시간대에 냉방전력 부하를 줄일 수 있다.
- 주간 냉동기 가동시간을 줄일 수 있다.

③ 단점

- 운전방법이 까다롭다.
- 축랭시간이 길어야 한다.
- 축열조 크기가 증대된다.

SECTION 05 축열조 구조에 따른 구분

- 빙축열시스템의 종류는 축열조 구조 및 얼음의 상태에 따라 고체상태의 얼음을 비유동 상태로 사용하는 정적제빙형(Static Type)과 유동성 결정상의 얼음을 사용하는 동적제빙형(Dynamic Type)으로 나눌 수 있다.
- 정적제빙형의 대표적인 시스템으로는 관외착빙형, 관내착빙형, 캡슐형 등이 있으며, 동적제빙형으로는 하베스트형, 슬러리형 등이 있다.

1) 정적제빙형(Static Type)

동일한 장소에서 얼음의 성장과 융해가 정적으로 반복되는 방식이다.

(1) 관외착빙형

축열조 내에 동관 또는 폴리에틸렌관 코일을 설치하고 물을 채운 뒤 코일의 내부에 저온의 브라인 또는 냉매를 순환시켜 코일 주위에 얼음을 얼렸다가 방랭 시에는 축열조 내의 냉수를 공조기 측으로 순환시킴으로써 냉방을 이용하는 방식이다.

① 특징

- 착빙이 진행됨에 따라 열전달면적이 점차 커지게 되어 제빙효율이 높아지며 COP가 비교적 높다.
- 물이 얼 때 부피가 팽창하므로 축열조를 밀폐형으로 하기가 곤란하고 별도의 열교환기가 필요하며 얼음두께의 균일화를 위한 Air Pump가 필요하다.

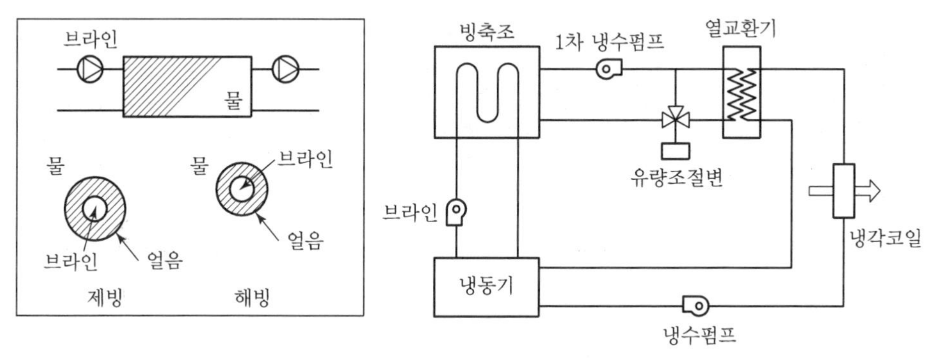

| 관외착빙형의 원리 및 구성도 |

② 완전동결형(Static Ice Builder)

- 관 내부를 흐르는 브라인이 제빙 및 해빙용 열매이며, 외부의 물은 순환하지 않고 저장된 상태로 관 내부의 브라인에 의해서 제빙 또는 해빙되는 방식이다.
- 축열조 내의 물을 거의 완전히 동결시킬 수 있어 축열조 용량을 매우 작게 하고 COP도 높일 수

있으나 해빙 시 효율이 매우 나쁘며 간접융해 방식이기 때문에 유용에너지량이 감소하는 등 단점이 많다.

③ 직접접촉식(Ice on Coil)

제빙 시에는 완전동결형과 동일하지만, 해빙 시에는 관 외부의 물이 순환하여 얼음을 녹이는 방식이다.

(2) 관내착빙형(Ice in Coil)

관 내부에는 물이 순환하고, 관 외부에는 제빙용 브라인이 순환하여 관 내부의 물이 제빙되며, 해빙 시에는 관 내부의 물이 순환하여 얼음을 녹이는 방식이다.

① 특징

- 착빙이 이루어짐에 따라 열전달면적이 감소되어 제빙효율이 낮으나 반대로 해빙효율은 높다.
- 브라인 계통을 밀폐형으로 할 수 있어 반송동력이 감소된다.

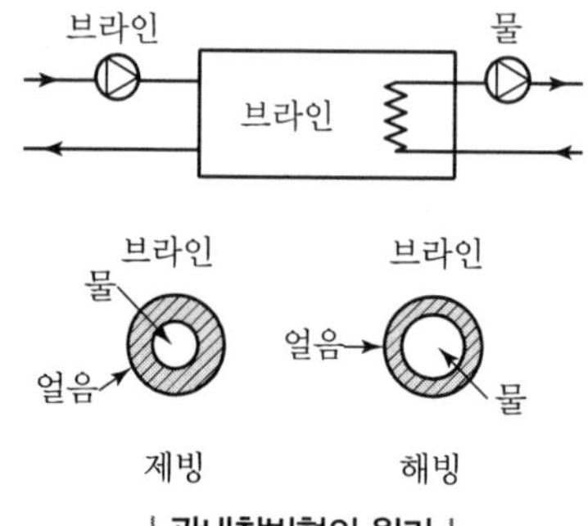

| 관내착빙형의 원리 |

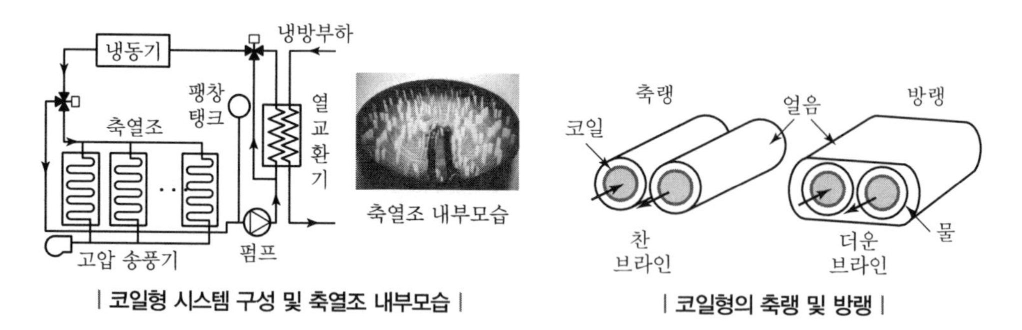

| 코일형 시스템 구성 및 축열조 내부모습 | | 코일형의 축랭 및 방랭 |

② 장점

- 빙충전율이 높다.(약 90%)
- 내융형의 경우 표준 Unit Type으로 하나의 모듈 성능이 정확하게 나와 있다.

③ 단점

- 대용량으로 갈수록 축열조의 기계실 설치면적이 타 방식에 비해 넓어진다.
- 다수의 축열조가 설치될 경우 브라인의 균등흐름이 어렵다.
- 방랭효율을 높이기 위해 Air Pump가 필요하며, 축열조 내의 수질관리가 필요하다.

④ 유지관리

- 외융형의 경우 코일의 부식에 따른 보수작업 및 수질관리가 필요하다.
- 내융형의 경우 밸브류 고장의 확률이 높으나 유닛으로 구성되어 있어 편리하다.

(3) 캡슐형(Encapsulated Ice)

축열조 안에 캡슐을 채우고 캡슐의 주위로 브라인을 흐르게 하여 캡슐 내부의 물을 얼렸다가 방랭 시에는 축열조 안의 브라인을 공기 측으로 순환시킴으로써 얼음을 녹여 냉방에 이용하는 방식이며, 아이스렌즈(Ice Lenz) 방식과 아이스볼(Ice Ball) 방식이 있다.

① 특징

- 캡슐의 내량생산이 가능하므로 용량에 관계없이 수요충족이 용이하게 된다.
- 축열조 내에 브라인 사용량이 많게 되는 반면 구조상의 제약조건이 없으므로 시공 및 관리가 매우 편리하다.

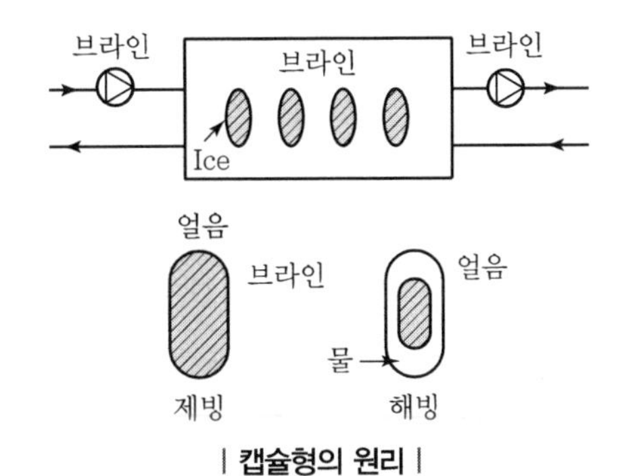

| 캡슐형의 원리 |

| 캡슐형 시스템 구성 및 축열조 내부모습 |

| 캡슐형의 축랭 및 방랭 |

② 장점

- 현장시공이 용이하다.
- 축랭 및 방랭효율이 우수하여 운전비가 저렴하다.
- 축열조의 형태가 자유로우며 개보수 건물에도 적용 가능하다.
- 축열조 설치면적이 타 방식에 비해 작다.

③ 단점

- 축열조에 브라인 사용량이 많다.

• 축열조의 균등흐름을 만들기가 어렵다.

④ 유지관리

• 축열조에 캡슐을 투입한 단순한 구조로 특별히 보수할 일은 없다.
• 1년에 한 번씩 브라인의 농도 측정만 필요하다.

2) 동적제빙형(Dynamic Type)

얼음을 간헐적, 연속적으로 제빙용 열교환기로부터 분리시키거나 연속적으로 제빙시키는 방식이다.

(1) 빙박리형(Ice Harvest Type)

① 축열조 상부에 제빙기를 설치하여 제빙판 내부에 냉매를 흐르게 하고 제빙판 외부에 물을 분사하여 얼음을 착빙시킨 후 냉매가스를 역순환시켜 착빙된 얼음을 제빙판에서 분리한다.
② 이러한 동작을 반복하여 축열조에 얼음을 저장한다.
③ 해빙 시에는 축열조 안에 물을 순환시켜 얼음과 직접 접촉케 하여 부하 측으로 공급한다.
④ 시스템의 특성에 따라서 기기배치 및 설치공간상 제약조건이 있으며 제빙 시 자체 순환펌프를 가동시켜야 한다.
⑤ 물은 부하 측으로 직접 순환시킬 수 있어 브라인을 사용하지 않아도 된다.

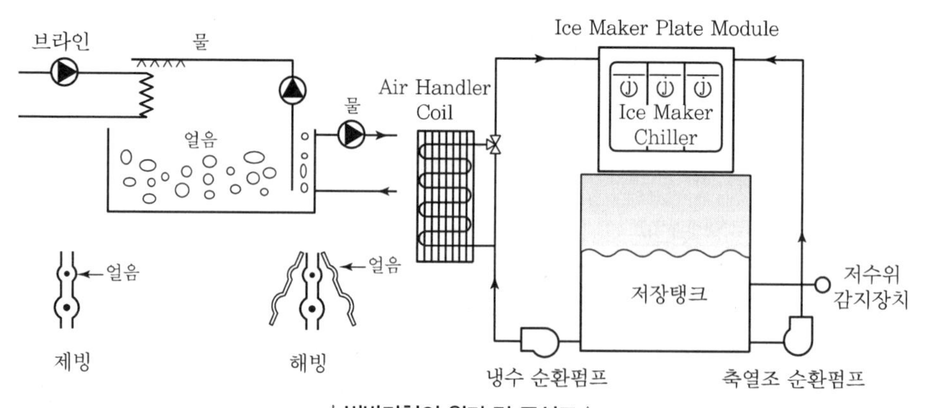

| 빙박리형의 원리 및 구성도 |

(2) 액체식 빙생성형(Slurry Type)

① 특징

• 구조상 빙박리형과 유사하나 분사되는 액체가 순수한 물이 아닌 브라인수가 되며 브라인수의 물 성분이 액체식의 얼음으로 변하여 축열조에 쌓이게 된다.
• 입자상의 얼음이 생성되기 때문에 제빙용적효율이 좋으며 열교환효율이 우수하다.
• 기기 설치상의 제약조건이 생기게 되며, 제빙 말기에 부동액의 농도가 높아지기 때문에 제빙효율이 낮게 되어 COP가 낮아진다.

② 직접식

- 리키드 아이스(Liquid Ice) 방식 : 연속적으로 제빙하는 방식으로서 브라인 등의 부동액 물질과 물을 혼합시킨 저농도의 수용액을 증발기로 통과시키면 냉각되어 수용액 중의 물은 50~150μm의 미세한 얼음으로 상변화되고 수용액의 부동액 농도는 높아지며, 부하 측에 의하여 얼음이 녹으면 농도는 다시 묽어진다.
- 과냉각아이스 방식 : 물의 과냉각 현상을 이용하여 연속적으로 제빙하는 방식으로서 물을 브라인과 열교환하여 과냉각상태로 만들어 축열조 내로 이송하여 진동이나 충격 등에 의해서 과냉각을 해제시키면 순간적으로 미세한 얼음으로 변한다.

③ 간접식

- 직팽형 직접 열교환 방식 : 제빙용 열교환기 없이 브라인 등의 부동액 물질의 수용액을 내장한 축열조 내에 프레온 등의 냉매를 직접 분출시키면 수용액 중의 물이 연속적으로 미세한 얼음으로 상변화되는 방식이다.
- 비수용성 액체 이용 직접 열교환 방식 : 저온으로 냉각시킨 비수용성 액체를 물속에 분출시켜 제빙하는 방식이다.

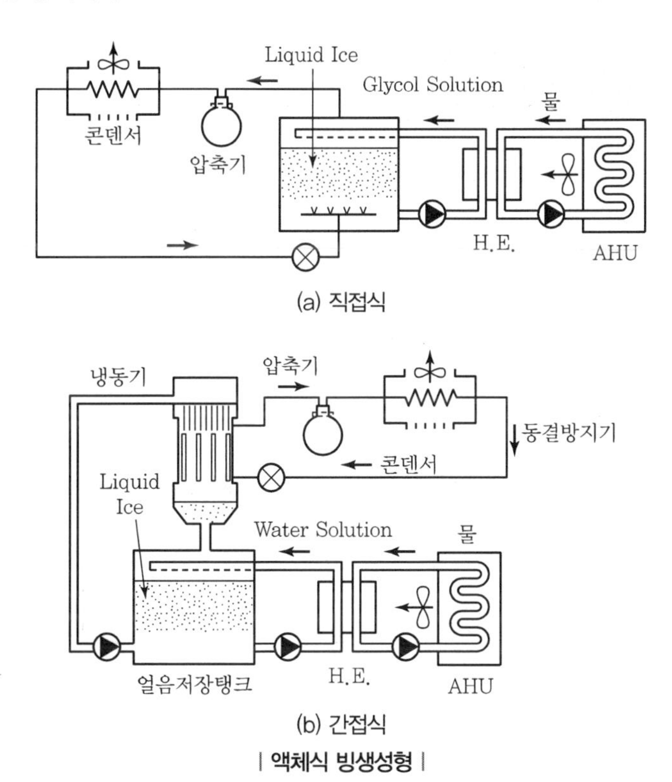

| 액체식 빙생성형 |

(3) 슬러리형(Slurry Ice)

① 특징

- 에탄올 또는 프로필렌글리콜 등이 첨가된 물을 Scrapper가 장착된 제빙기 내로 통과시키면서 슬러리를 만드는 첨가제 사용형과, 2~11℃ 정도의 과냉각수를 축열조 내로 떨어트려 기계적

충격에 의해 미세한 얼음을 생성시키는 과냉각수형으로 구분되며, 국내 중대형건물의 대부분은 첨가제 사용형을 채택하고 있다.

• 첨가제 사용형 방식은 다음 그림과 같이 콘덴싱 유닛, 제빙기, 축열조 및 열교환기 등으로 구성된다.

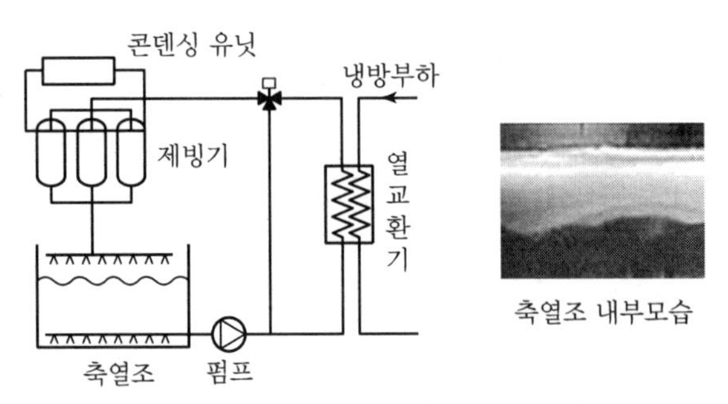

| 슬러리형 시스템 구성 및 축열조 내부모습 |

② 축랭 및 방랭원리

물이 제빙기를 통과하면서 얼음죽(Slurry)으로 바뀌어 축열조에 저장된다.

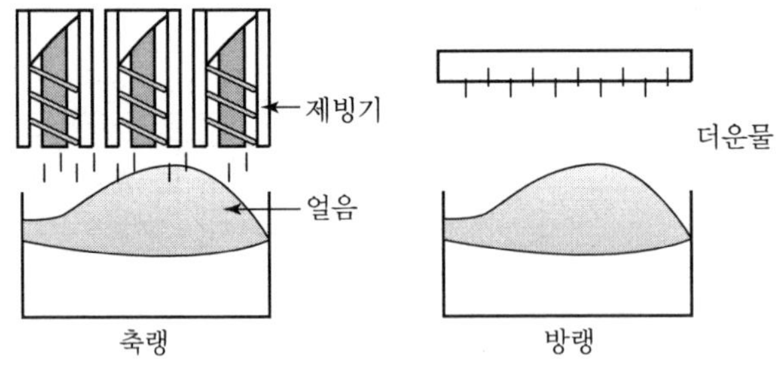

| 슬러리형의 축랭 및 방랭 |

③ 장점

• 물이 얼음과 직접 접촉하므로 해빙효율이 높다.

• 제빙기 내에서 냉매와 물(에텔렌글리콜 7% 수용액)이 직접 열교환하므로 제빙 초기에 냉동시스템의 효율이 우수하다.

④ 단점

• 여러 대의 제빙기가 필요하므로 장비구성이 복잡하다.

• 빙충전율이 낮다.(30%)

• 얼음이 서로 붙을 경우 해빙속도가 저하된다.

• 만액식으로 냉매사용량이 많다.

⑤ 유지관리

• 타 시스템에 비해 구동부 및 제어부가 많은 편으로 유지관리에 주의를 요한다.

• 브라인의 농도가 낮아질 경우 제빙기 동파가 우려되므로, 브라인의 농도관리에 주의한다.

SECTION 06 잠열축열 방식

1) 잠열축열(Phase Change Material) 방식

잠열물질(상변화온도 7℃ 내외)을 주입한 용기를 축열조 내에 설치하고 용기 주위에 저온의 냉수(7℃)를 순환시켜 잠열물질의 상변화에 따른 잠열을 이용하는 방식으로, 잠열물질의 점도가 높아 펌프의 필요양정이 매우 높으므로 아직 대형건물의 냉방시스템으로는 잘 사용되지 않으나 가정용 소형 냉방기에는 많이 사용되고 있다.

2) 잠열축열재가 갖추어야 할 조건

① 융해열이 클 것
② 과냉각이 작고 상분리를 일으키지 않을 것
③ 장기간 화학적으로 안정할 것
④ 가격이 저렴할 것

SECTION 07 제빙과정에서 브라인 방식과 냉매 직접팽창 방식

1) 브라인 방식

① 직접팽창 방식에 비해 열교환과정이 한 단계 많고 냉동기의 증발온도가 낮아져서 에너지 측면에서 다소 불리하다.
② 약간의 개조를 통하여 범용 냉동기를 사용할 수 있고 설계 · 시공기술 및 냉동기의 운전제어 등을 종래와 같은 수준으로 쉽게 행할 수 있어서 보다 실용적이다.

2) 직접팽창 방식

냉매를 직접 냉각에 사용하는 방식으로 냉매배관의 설계 · 시공기술에 일정 수준의 기술을 요하므로 시공상의 신뢰확보 및 법적 규제의 번거로움이 따른다.

SECTION 08 빙축열시스템 구성

1) Storage Upstream(직렬흐름)

축열조의 방랭효율은 최대화되지만 냉동기 입구온도는 떨어진다. 제어방법과 배관은 간단해지며, 적용 시 Δt 운전을 고려한다.

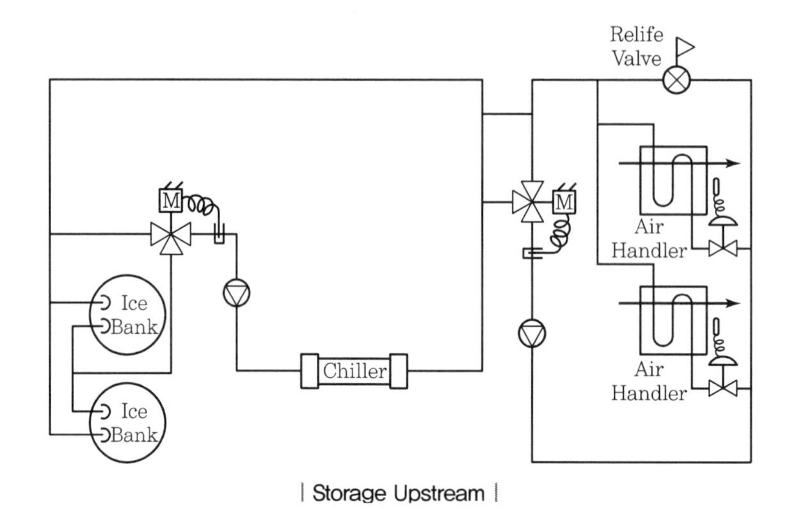

| Storage Upstream |

2) Chiller Upstream

냉동기는 매우 높은 용량과 효율에서 작동한다. 축열조의 방랭량은 약간 감소하며, 제어와 배관이 간단해진다.

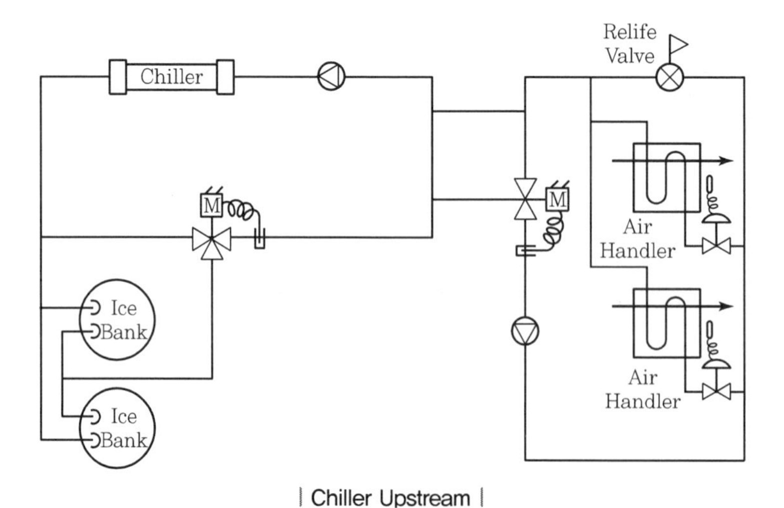

| Chiller Upstream |

3) Parallel Flow(병렬흐름)

냉동기와 축열조 모두 높은 온도에서 리턴되는 이점을 얻는다. 냉동기는 높은 용량과 효율에서 작동하고, 축열조의 방랭량은 최대화된다. 시스템 압력강하는 비록 제어와 배관이 연속 시스템보다 약간 더 복잡하지만 감소된다.

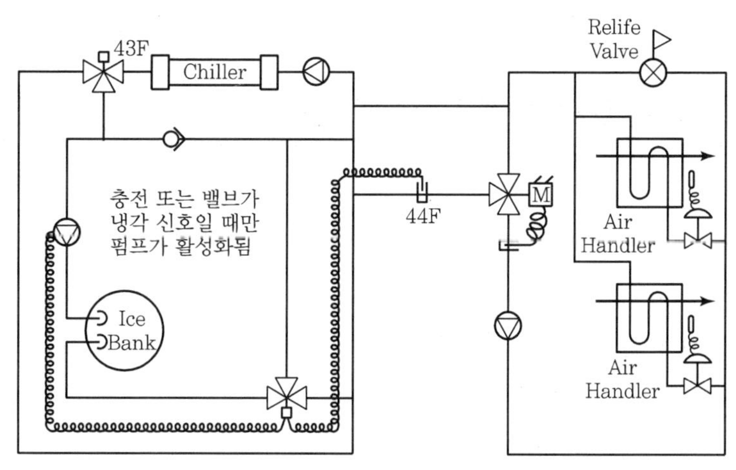

| Parallel Flow |

4) Chiller Downstream과 Chiller Upstream의 비교

구분 내용	Chiller Downstream	Chiller Upstream
개요	열교환기 기준으로 하류 측에 냉동기가 있는 방식으로 부하에 대한 1차 냉각을 축열조가 담당한다.	열교환기 기준으로 유동 상류 측에 냉동기가 있는 방식으로 부하에 대한 1차 냉각을 냉동기가 담당한다.
장점	• 축열조 이용효율이 증대된다. • 피크부하 대응능력이 좋다.(냉동기 운전) • 온도차를 크게 하여 순환펌프 동력이 감소된다. • 낮은 온도의 냉수공급이 가능하다. • 열교환기 전열면적이 감소된다. • 대형 시스템에 적합하다.	• 냉동기 운전효율이 증대된다.(COP 증대) • 시스템이 간단하고 제어가 용이하다. • 소형 시스템에 적합하다.
단점	• 주간 냉동기가 낮은 온도로 운전되어 효율이 감소된다.(COP 감소) • 운전제어 시스템의 기술이 요구된다.	• 축열조 방랭효율이 감소된다. • 열교환기 전열면적이 증가한다. • 순환펌프 동력이 증가한다.
기타	축열조에 축열량이 남을 수 있으나 입출구 Δt 운전제어에 의해 완전 방랭된다.	
적용	◎	○

5) 시스템의 펌프 동력 산정

① Chiller Downstream은 냉동기가 열교환기 전단에 위치하고 있어 주간 냉방 시 브라인 온도를 0℃까지 내릴 수 있어 Chiller Upstream보다 낮은 온도의 저냉수를 얻을 수 있는 이점이 있으나 빙축열시

스템에서의 큰 특징은 대온도차이므로 두 가지 운전에 있어서 설계 기본은 Δt를 10℃로 한다.

② Chiller Downstream과 Chiller Upstream의 조건이 같은 상태에서 주간 · 심야 겸용 브라인 펌프 설계 시와 별개의 브라인 펌프 사용 시 동력을 산정하여 보면 별개 브라인 펌프 사용 시 연중 12.5%(심야 브라인 펌프만은 25%)의 에너지 절감을 기대할 수 있다.

SECTION 09 빙축열시스템의 운전모드

1) Chiller Only

빙축열시스템을 설치했더라도 Chiller 자체가 빌딩 냉방의 가장 효과적인 수단이 되는 때는 일년 중 며칠 정도이고 하루에 몇 시간 밖에 안 된다. 이 모드로 작동 시 빙축열시스템은 저장된 축열열의 부족함이 없이 쾌적 냉방을 제공해야 한다.

2) Ice Only

On－peak 시간대의 전력수요를 최대한 줄이는 것은 빌딩 냉방부하가 저장된 얼음만으로 될 때에 생겨난다. 그런 시간대에서 냉방 에너지 소비는 공기 조절기까지로 제한되고, Glycol 펌프는 냉각코일로부터 빙축탱크까지 열을 전달하는 데 사용된다.

3) Chiller＋Ice

일반적으로 빌딩의 냉방부하가 냉동기와 빙축 탱크만으로 작동되는 때는 하루에 몇 시간 뿐이다. 이러한 방법은 냉방부하가 Chiller나 저장탱크의 용량을 초과하기 때문에 직렬배열이 요구된다. 이것은 Chiller나 축열조가 특정 시간에 있는 조건들에 맞게 확실한 경제적인 이점을 제공치 못한다는 것이기도 하다. 그러므로 작동의 선택은 운전자의 선별에 있을 수 있다. 어떤 경우에도 진짜 효과적인 빙축열시스템은 부하에 맞게 공급될 수 있어야 한다. 즉, 빙축열시스템은 가동자나 빌딩자동화시스템으로 하여금 작동이나 경제적 조건에 맞도록 냉동기나 축열조로 부하의 대부분을 저장하도록 하는 융통성을 가져야 한다.

4) Freeze Cycle

전력의 사용과 수요가 낮을 때 이 작동 모드는 빙축탱크를 재충전한다. 이렇게 하기 위해 Chiller에 의해 생긴 글리콜(20～25℉)이 탱크에 저장된 물을 얼리면서 탱크 내를 순환한다.

5) 저장과 동시냉방

빌딩 냉방부하가 있는 동안 빙축 탱크 재충전을 위해 필요하다. Off－peak의 냉방부하의 크기와 시간은 몇 개의 설계 옵션에서 사용자의 요구에 꼭 맞는 설계 기술의 하나로 결정해야 한다.

6) Off

다수의 빙축열시스템은 비냉방과 잦은 부하가 일어나지 않을 때는 소중한 에너지를 무절제하게 소비하면서 인식하지 못한다. 효과적인 시스템 설계는 탱크가 적당히 충전되고 빌딩의 냉방부하가 없으면 어느 때라도 주 Chiller와 보조 장치가 중지되도록 설치되어야 한다.

SECTION 10 IPF, 축효율, 축열효율

1) 빙충진율(IPF : Ice Packing Factor)

축열조 내 수중량에 대한 빙중량의 비율

$$\text{IPF}(\%) = \frac{\text{축열조 내의 빙중량}}{\text{축열조 내의 수중량}} \times 100\%$$

- 빙충진율이 클수록 축열용량이 크다.
- 빙충진율이 클수록 축열조 투수저항이 증가한다.(반송부하 증가)
- 수축열의 경우 빙충진율이 0이다.
- 축열량이 많아지면 냉동기 효율이 저하된다.

2) 제빙효율

제빙효율＝축열조 내의 충수율×수량 중 얼음화 비율

3) 축열률

연중 최대 냉방부하를 갖는 날을 기준으로 기타 시간(심야 22 : 00～익일 08 : 00)에 필요한 냉방열량 중에서 이용 가능한 냉열량이 차지하는 비율

$$\text{축열률}(\%) = \frac{\text{이용 가능한 냉열량}}{\text{기타 시간에 필요한 냉방열량}} \times 100\%$$

※ 이용 가능한 냉열량 : 축열조에 저장된 냉열량 중에서 열손실 등을 제외하고 실제로 냉방에 사용할 수 있는 냉열량

4) 축열효율

$$\text{축열효율}(\%) = \frac{\text{방열량}}{\text{축열량}} \times 100\% \quad \text{또는} \quad \frac{\text{실제로 축열 및 방열된 열량}}{\text{이상상태에서 축열 가능한 열량}}$$

SECTION 11 수축열 방식

1) 구성

(1) 수축열조(Chilled Water Storage Tank)

탱크 상부에는 온수, 탱크 하부에는 냉수가 저장된다.(온도에 따른 비중차에 의하여 온도 성층화가 일어나 분리됨)

(2) 냉동기(Chiller)

① 용량 : 피크냉방부하용량의 50～60% 정도
② 수축률 : 50% 정도

(3) 냉각탑(Cooling Tower)

① 냉동기에서 발생하는 응축잠열을 처리하는 곳이다.
② 직교류형, 대향류형을 사용한다.

2) 장점

① 축열조의 방랭효율이 빙축열에 비해 8배 이상 높다.
② 일반 표준냉동기를 사용하므로 높은 증발온도를 유지하여 냉동기 효율이 높다.(타 시스템과 비교하여 30% 이상 에너지 절약)
③ 시스템이 간단하고 제어 및 조작이 용이하다.
④ 냉동기 추가에 대한 CFC 사용을 억제할 수 있다.
⑤ 비축열식보다 경제성이 우수하다.
⑥ 비상시 축열조를 소방용수로 사용 가능하다.
⑦ 온수 저장이 가능하므로 겨울철 난방이 가능하다.(히트펌프식, 태양열, 지열 사용)
⑧ 친환경적이다.(별도의 저온용액(Brine) 사용 안 함)
⑨ 빙축열에 비해 제어가 간단하다.
⑩ 초기 투자비가 저렴하다.
⑪ 운전경비가 절감된다.

3) 단점

① 수축열 탱크공간이 크다.
② 수축열조의 수질관리가 필요하다.

4) 수축열시스템 원리

(1) 특징

① 물의 현열(Sensible Heat)만을 이용하여 축랭 및 방랭하는 시스템으로 값싼 심야전력(22 : 00~08 : 00)을 이용하여 냉동기로 5.0℃의 물을 만들어 수축열조의 밑부분에 저장한다.
② 수축열시스템의 핵심기술은 물의 온도에 따른 밀도차를 이용하여 낮은 온도의 물과 높은 온도의 물을 분리하여 저장하는 물분배기(Diffuser)의 설계기술이다.
③ 수축열시스템은 심야에 냉수를 생산, 저장하였다가 주간에 냉방에 사용하는 최신 냉방시스템으로서 미국, 일본 등 선진국에서는 에너지 절약 및 지구환경 보호설비로 널리 사용되고 있다.
④ 하나의 탱크 내 냉수와 환수의 온도차를 이용한 온도 성층화 수축열조를 사용하는 최신 냉방 시스템이다.

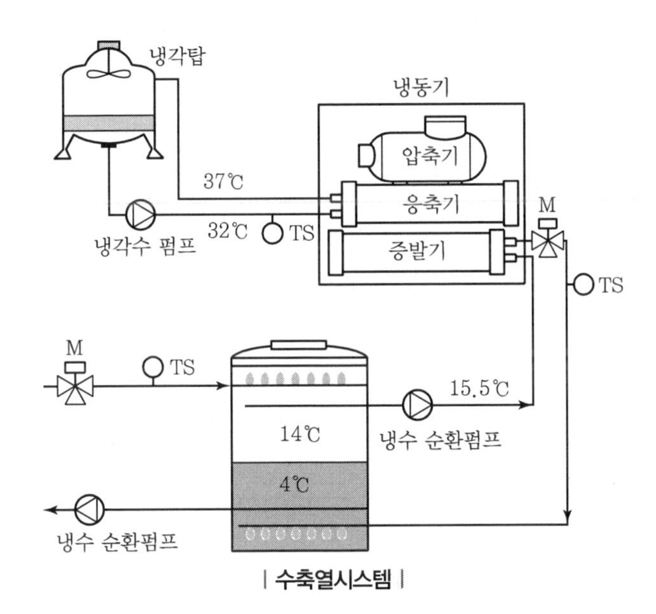

| 수축열시스템 |

(2) 장점

① 냉동기 용량 감소
야간에 축랭한 후 주간에 냉동기와 축열조 병렬 운전을 하면 비축열식에 비해 냉동기 용량이 50% 이상 감소한다.
② 시스템이 간단하고, 제어 및 조작이 용이
야간 및 주간의 운전조건이 동일하여 제어 및 조작이 간단하다.

③ 초기 투자비 및 운전 경비 절감

냉동기 용량이 작아지므로 초기 투자비가 저렴하다. 값싼 심야전력 요금이 적용된다.

④ 기존 설치된 냉동기를 사용하여 냉방용량 증대

수축열조와 제어반 등을 추가하여 냉방능력을 2배 이상 쉽게 증가시킬 수 있다.

⑤ 부하 변동에 대응이 용이

값싼 심야전력으로 냉수를 저장하여 주간에 냉수를 순환시켜 경부하 시 냉동기의 간헐 운전으로 순간전력소모 증대 및 장비의 내구성 저하를 방지함으로써 에너지 효용성이 증대된다.

⑥ 에너지 효용성 및 기기의 내구성 증가

값싼 심야전력으로 냉수를 저장하여 주간 Peak Load 시 냉동기의 부분운전과 수축열조의 해빙에 대한 고찰 없이 현열만으로도 신속한 부하 변동에 대해 대응할 수 있다.

⑦ 겨울철 난방으로 사용 가능

히트펌프, 태양열, 지열 등을 이용하여 온수를 저장하면 난방이 가능하다.

⑧ 기존의 물 탱크가 있는 경우에는 수정하여 사용이 가능하다.

⑨ 화재 시에는 소방용수로 가뭄 시에는 비상급수로 사용이 가능하다.

⑩ 브라인 용액을 사용하지 않으므로 환경친화적이다.

(3) 지원제도

① 설계장려금

- 축랭설비 설치 고객에게 지급한 지원금의 5%를 지급한다.
- 축랭설비 용량 20kW 미만의 소형 축랭설비에 대해서는 설계장려금을 지급하지 않는다.

② 세제지원

축랭식 냉방설비 설치고객에 대하여 세제지원으로 투자금액의 10% 상당액의 소득세(법인세)를 공제한다.

③ 금융지원

구분	지원비율	이자율	대출기간	지원한도액
전기대체 냉방시설	소요자금의 100% 이내	연리 5.25%	연 거치 5년 분할 상환	동일 건물당 25억 원 이내

* 해마다 정책에 따라 변동됨

5) 수축열 냉난방

야간에 값싼 심야전력을 사용하여 냉수를 저장하였다가 주간에 냉방부하설비(AHU, FCU)로 순환시켜 실내공기와 열교환을 한 후 축열조의 상부로 돌아오는 냉방시스템이다.

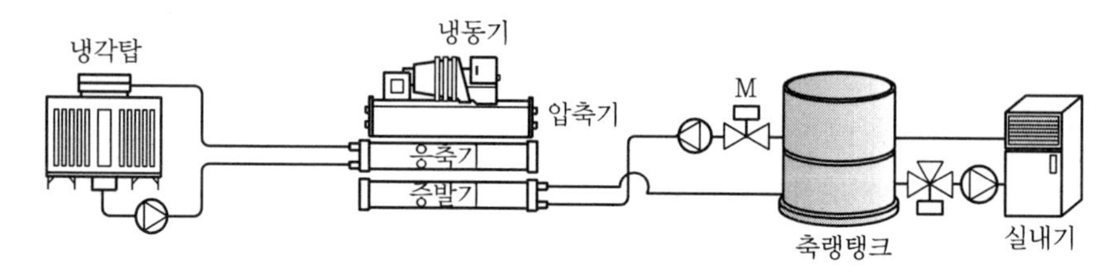

(1) 원리

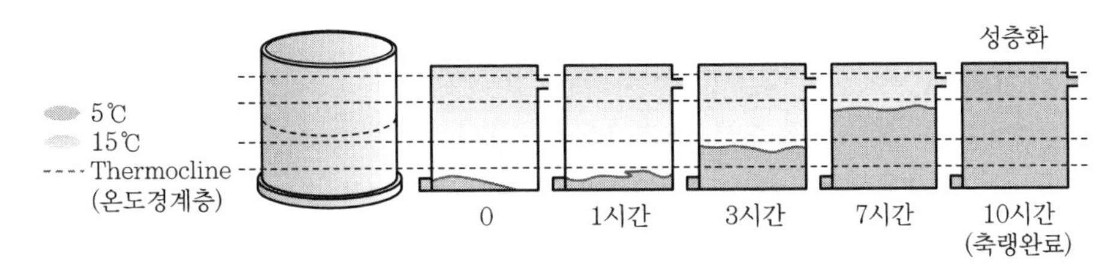

① 심야에 냉수를 생산, 저장하였다가 주간에 냉방에 사용하는 최신 냉방시스템으로서 미국, 일본 등 선진국에서는 에너지 절약 및 지구환경 보호설비로 널리 보급 사용되고 있는 시스템

② 하나의 탱크 내 냉수와 환수의 온도차를 이용한 온도 성층화 수축열조를 사용하는 최신 냉방 시스템

③ 수축열조 내의 물의 비중차를 이용하여 온도 성층화를 이루도록 하는 분배기(Diffuser)의 설계 및 제작기술과 온도제어 알고리즘 등이 핵심기술이다.

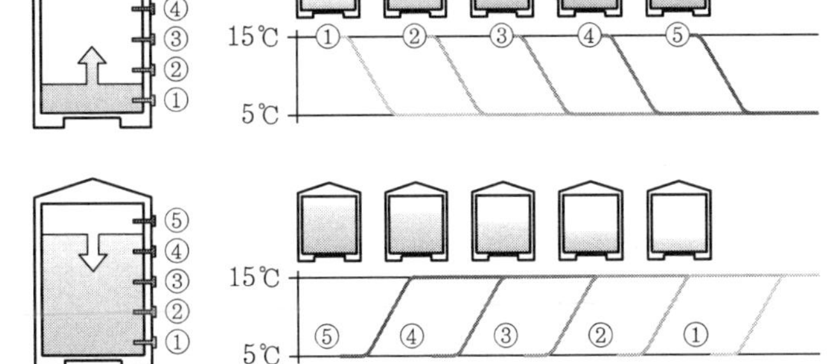

축랭 시 탱크 온도의 변화
하부 온도센서 "1"부터 온도가 변하여 성층화의 영향으로 "1" 설정 온도값 이하로 되기 전에는 "2" 온도센서의 온도가 내려가지 않는다.

방랭 시 탱크 온도의 변화
상부 온도센서 "5"부터 온도가 변하여 설정 온도값 이상 상승하기 전에는 "4" 온도센서의 온도가 올라가지 않는다.

(2) 특징

① 성층화 수축열조를 사용하는 최신 냉방시스템이다.

② 에너지 절약 및 지구 환경 보호설비로 널리 보급되고 있다.

③ 비축열식에 비해 냉동기 용량이 50% 이상 감소된다.

④ 제어 및 조작이 용이하다.

⑤ 초기 투자비 및 운전경비가 절감된다.

⑥ 기존 설치된 냉동기를 사용할 경우 수축열조를 추가하여 냉방용량을 2배 이상 증대시킬 수 있다.

⑦ 부하 변동에 대응이 용이하며 화재 시에는 소방용수로 사용이 가능하다.

(3) 지원제도

① 한전 무상지원금

한전에서는 수축열시스템을 설치하는 고객에게 여름철 피크전력 감소량에 따라 다음과 같이 설치 지원금을 지급하며, 이를 설계한 회사에는 설계 장려금(무상지원금의 5%)을 지급한다.

감소전력	처음 200kW까지	다음 201～400kW	400kW 초과
무상지원금	48만 원/kW	42만 원/kW	35만 원/kW

② 정부 지원제도

• 금융지원

정부에서는 "에너지이용합리화 시설자금" 지원정책에 의거하여 수축열시스템을 설치하는 고객에게 설치공사비의 90%를 장기 저리로 융자해준다.

융자 조건	소요자금의 90%를 3년 거치 5년 분할 상환(연리 5.5%)
지원 한도	10억 원 이내(동일건물당)

• 세금 감면

투자액의 5% 상당금액에 대해 법인세를 공제한다.

CHAPTER

08 태양열 이용설비

SECTION 01 태양열에너지

1) 태양열의 특징

① 무한성 : 태양에너지는 무한하다.

② 무공해성 : 공해가 없다.

③ 저밀도성 : 밀도가 낮다.

④ 간헐성 : 날씨에 따라 차이가 있다.

2) 태양열시스템의 구성

① 집열장치

② 축열장치

③ 보조열원장치

④ 공급장치

⑤ 제어장치

3) 태양열의 이용

① 대체에너지로 주목받고 있는 태양에너지의 이용방식으로는 태양열발전, 태양광발전(태양전지), 태양열의 다목적 이용 등의 에너지 변환 이용을 들 수 있다.

② 우리나라에서의 태양열 이용은 현재 태양광발전, 급탕 및 난방용으로 실용화가 이루어지고 있다.

SECTION 02 태양열 이용방식의 분류

1) 급탕, 난방

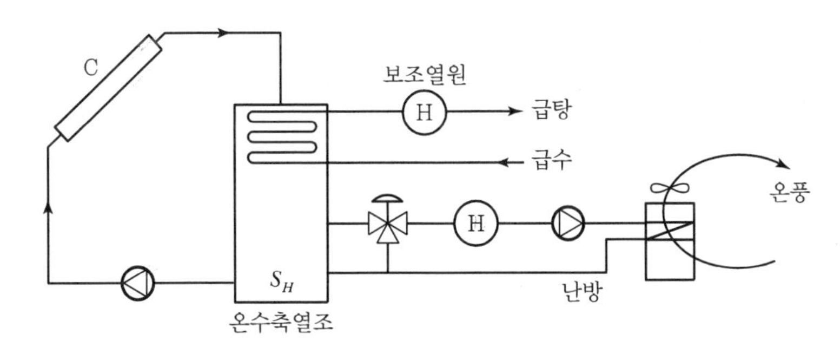

2) 급탕, 난방, 냉방(흡수식 냉동기 이용)

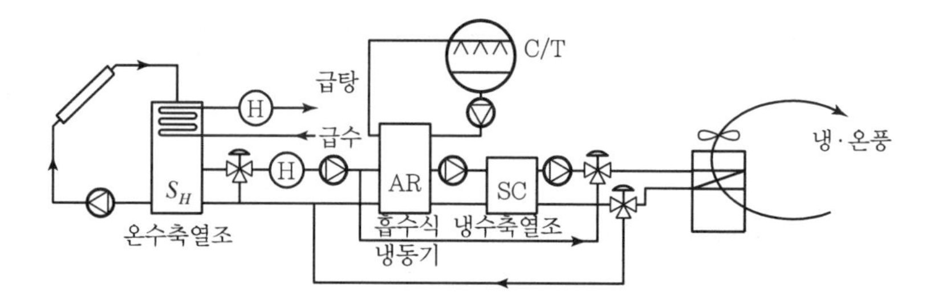

3) 급탕, 난방, 냉방(열펌프 이용)

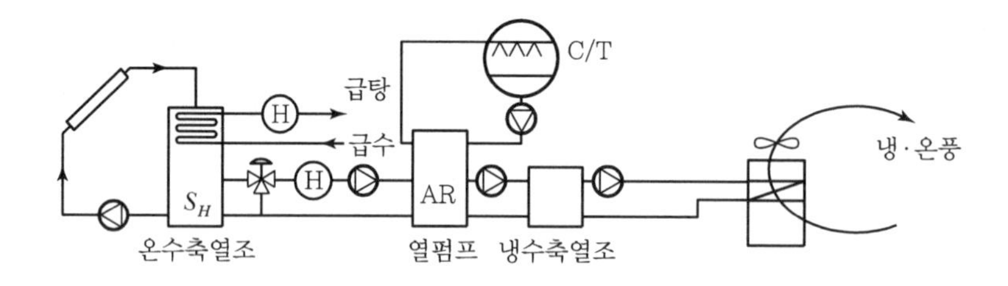

SECTION 03 태양열 이용설비의 구성

태양열 이용설비는 태양열 집열기, 축열조, 열교환기, 보조 열원기기(보일러 또는 냉동기), 냉온수 순환 펌프 및 배관, 자동제어장치 등으로 구성되어 있다.

1) 태양열 집열기

(1) 평판형 집열기

급탕, 냉난방용 집열판이 방사전열에 의하여 냉각되는 것을 방지하기 위해 유리 또는 투명 플라스틱 등의 투명판으로 덮는다.

(2) 진공 유리관형 집열기

급탕, 냉난방용 진공유리관 속에 집열판을 주입한 것으로 대류 및 전도에 의한 열손실이 감소하므로 일반 평판형보다 집열 효율이 높다.

(3) 집광형 집열기

태양열 발전용으로 사용한다.

(4) 집열판

① 액체 또는 기체의 열매체가 통하는 통로에서 열교환을 위하여 높은 열전도율을 필요로 하므로 주로 금속계의 재료로 제작된다.

② 표면은 열흡수를 좋게 하기 위하여 흑색도료 또는 특별한 화학피막을 입혀서 흡수율을 높이고 방사손실을 억제토록 선택적인 성능을 확보한다.

2) 축열조

① 소형의 것은 금속, 플라스틱제이고 대형의 것은 콘크리트 금속제이다.

② 축열 물질은 물, 자갈, 콘크리트, 화학물질 등이 있다.

3) 냉동기

① 흡수식 냉동기와 랭킨 사이클기관 구동냉동기 등이 이용된다.

② 랭킨 사이클기관 구동냉동기는 프레온 등의 작동열매체를 이용하는 증기 기관을 이용하여 냉동기를 회전시킴으로써 냉수를 만들어 내는 것으로 작동매체의 증발 가열에 태양열 고온수를 사용한다.

SECTION 04 자연형 태양열시스템

- 태양광은 실내의 온열환경에 영향을 미칠 뿐 아니라 건물의 습기 방지 등에 효과가 있다.
- 우리나라의 기후 특성상 건물을 남쪽으로 배치하면 겨울에는 태양광을 되도록 많이 이용하고 여름철에는 강한 일사를 차단할 수 있다.
- 지구온난화 등 환경 문제 때문에 자연에너지 개발 필요성 및 환경을 고려한 생태건축의 연구가 이루어지기 시작했다.

1) 자연형 태양열시스템 구성

(1) 집열부

건물 남측면에 태양에너지 집열용 남향창을 설치한다. 일반적으로 투명한 유리, 플라스틱 또는 섬유유리가 사용될 수 있다.

(2) 축열부

건물 내부의 구조체를 이용하여 태양열을 저장하며 물 또는 기타 액체 등과 함께 조적구조도 사용된다.

(3) 이용부

① 난방효과는 집열부 혹은 축열부로부터의 자연적인 열전달 방법에 의하여 이루어진다.
② 열조절을 위하여 통기구(Vent), 댐퍼(Damper), 가동단열 및 차양 장치 등을 부수적으로 사용한다.

(4) 기타

① 자연형 태양열시스템은 난방을 위해 사용되지만 여름철에 과열을 방지하고 냉방효과를 얻을 수 있는 방법이 도모되어야 한다.
② 자연냉방 방식에는 자연통풍과 구조체에 의한 냉각효과, 주 · 야간 개구부 개폐, 냉각공기의 유입, 실내공기의 야간냉각, 지중냉각 효과, 증발효과 그리고 건습재 등의 이용과 같은 방식들이 있다.

2) 자연형 태양열시스템의 장점(설비형 태양열시스템 대비)

① 설계 및 시공이 단순하다.
② 작동 및 사후관리가 쉽다.
③ 건물 자체를 시스템 요소로 이용함으로써 초기 투자비를 낮춘다.
④ 시스템의 수명이 반영구적이다.(건물 수명과 동일)
⑤ 외관미가 우수하다.
⑥ 기존 건물에 대하여 개수가 용이하다.
⑦ 열적환경이 양호하다.(환경의 쾌적성)

3) 자연형 태양열시스템 분류

(1) 직접 획득 방식(Direct Gain)

- 남향면의 집열창을 통하여 겨울철에 많은 양의 햇빛이 실내로 유입되도록 하여 얻어진 태양에너지를 바닥이나 실내벽에 열에너지로 저장하여 야간이나 흐린 날 난방에 이용할 수 있도록 한다.
- 냉방효과를 위하여 실내의 환기를 원활히 할 수 있도록 환기창을 두어야 한다.

① 장점
- 일반화되고 추가비가 거의 없다.
- 계획 및 시공이 용이하다.
- 창의 재배치로 일반 건물에 쉽게 적용할 수 있다.
- 집열창이 조망, 환기, 채광 등의 다양한 기능을 유지한다.

② 단점
- 주간에 햇빛에 의한 눈부심이 발생한다.
- 자외선에 의한 열화현상이 발생하기 쉽다.
- 실온의 변화폭이 크고 과열현상이 발생하기 쉽다.
- 유리창이 크기 때문에 프라이버시가 결핍되기 쉽다.

• 축열부가 구조적 역할을 겸하지 못하면 투자비가 증가된다.
• 효과적인 야간 단열을 하지 않으면 열손실이 크게 된다.

③ 개념도

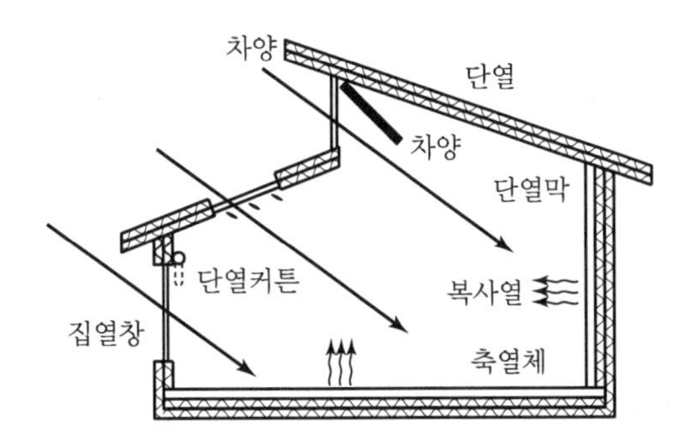

(2) 간접 획득 방식(Indirect Gain)

태양에너지를 석벽, 벽돌벽 또는 물벽 등에 집열하여 열의 전도, 복사 및 대류와 같은 자연현상에 의하여 실내 난방효과를 얻을 수 있도록 하는 것으로 태양과 실내 난방공간 사이에 집열창과 축열벽을 두어 주간에 집열된 태양이 야간이나 흐린 날 방출되도록 하는 시스템

① 축열 벽 방식(Trombe Wall)

사용되는 축열재의 재료를 기준으로 벽돌벽 방식 및 물벽형으로 구분된다.

㉮ 장점

• 거주공간의 온도변화가 적다.
• 일사가 없는 야간에 축열된 에너지의 대부분이 방출되므로 이용효율이 높다.
• 햇빛에 의한 과도한 눈부심, 자외선의 과다 도입 등의 문제가 없다.
• 우리나라와 같은 추운 기후에서 효과적이다.

㉯ 단점

• 창을 통한 조망 및 채광이 결핍되기 쉽다.
• 벽의 두께가 크고 집열창과 이중으로 구성되어 유효공간을 잠식한다.
• 집열창에 대한 야간 단열을 효과적으로 하기가 용이하지 않다.
• 건축디자인에 있어서 조화로운 해결이 용이하지 않다.

㉰ 개념도

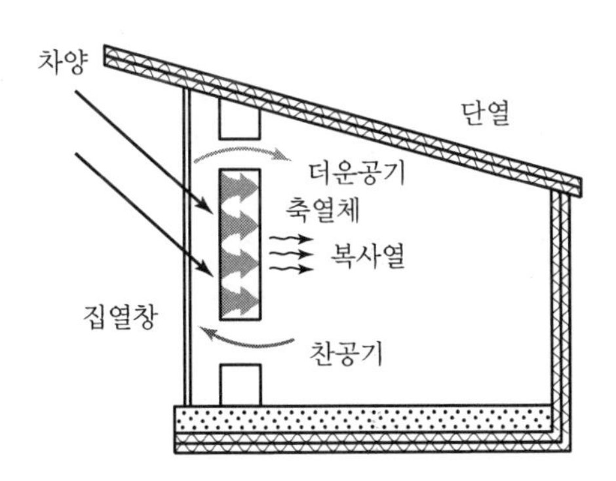

② 축열 지붕 방식(Roof Pond)

- 지붕 연못형이라고도 하며 축열체인 액체가 지붕에 설치되는 유형이다.
- 난방기간에는 주간에 단열 패널을 열어 축열체가 태양열을 받도록 하며, 야간에는 저장된 에너지가 건물의 실내로 복사되도록 한다.
- 냉방기간에는 주간에 실내의 열이 지붕 축열체에 흡수되고 강한 여름 태양빛으로부터 단열되도록 단열 패널을 닫고 야간에는 축열체가 공기 중으로 열을 복사 방출하도록 단열 패널을 열어 둔다.

㉮ 장점

- 냉난방에 모두 이용 가능하다.
- 거주공간 내의 온도 변화폭이 작다.
- 열전달효과가 완만하고 공간 전체에 균일하게 분배된다.

㉯ 단점

- 무거운 축열체를 구조적으로 처리하기가 어렵고 초기 투자비가 고가이다.
- 고위도 지방에서 난방에 적용하기 어렵다.
- 동파 방지 조치가 필요하다.
- 가동단열재의 설치 및 관리가 어렵다.

㉰ 개념도

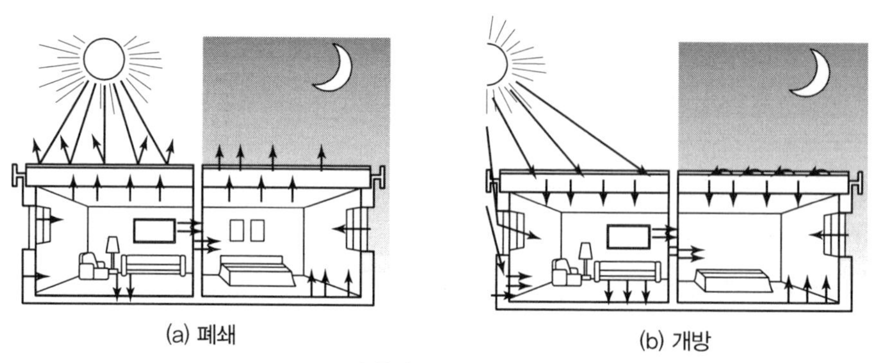

| 축열 지붕 방식 |

(3) 분리 획득 방식(Isolated Gain)

- 집열부 및 축열부와 이용부(실내 난방공간)를 격리시킨 형태이다.
- 실내와 단열되거나 떨어져 있는 부분에 태양에너지를 저장할 수 있는 집열부를 두어 실내 난방 필요 시 독립된 대류작용에 의하여 그 효과를 얻을 수 있다.

① 부착온실 방식(Attached Sun Space)

집열창과 기본적인 축열체가 주거 공간과 분리된다.

㉮ 장점

- 거주공간의 온도 변화폭이 작다.

• 휴식이나 식물재배 등 다양한 기능을 갖는 여유 공간 확보가 가능하다.
• 기존 건물에 쉽게 적용할 수 있다.
• 부착온실을 활용하면 자연을 도입한 다양한 설계가 가능하다.

㉯ 단점

• 초기 투자비가 다른 방식에 비해 비교적 높다.
• 설계에 따라 열성능에 큰 차이가 나타난다.
• 부착온실 부분이 공간 낭비가 될 수 있다.

㉰ 개념도

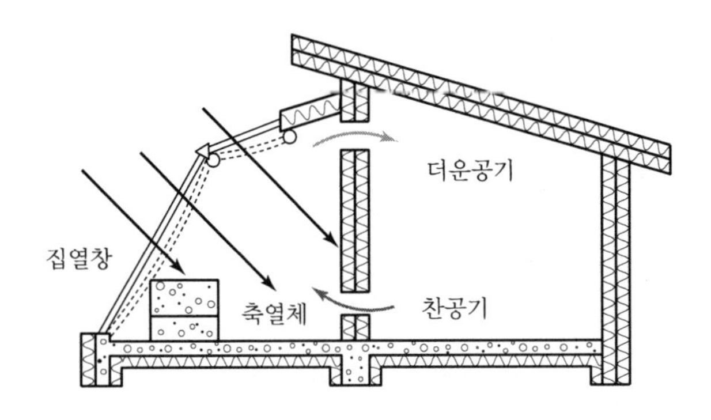

② 자연 대류 방식(Thermosyphon)

• 공기가 데워지고 차가워짐에 따라 자연적으로 일어나는 공기의 대류에 의한 유동현상을 이용한 방식이다.
• 태양이 집열판 표면을 가열함에 따라 공기가 데워져서 상승하고 동시에 축열체 밑으로부터 차가운 공기가 상승하여 자연대류가 일어난다.

㉮ 장점

• 집열창을 통한 열손실이 거의 없으므로 건물 자체의 열성능이 우수하다.
• 기존의 설계를 태양열시스템과 분리하여 자유롭게 할 수 있다.
• 온수 급탕에 적용할 수 있다.

㉯ 단점

• 집열부가 항상 건물 하부에 위치하므로 설계의 제약조건이 될 수 있다.
• 일사가 직접 축열되지 않고 대류공기가 축열되므로 효율이 떨어진다.
• 시공 및 관리가 비교적 어렵다.

㉰ 개념도

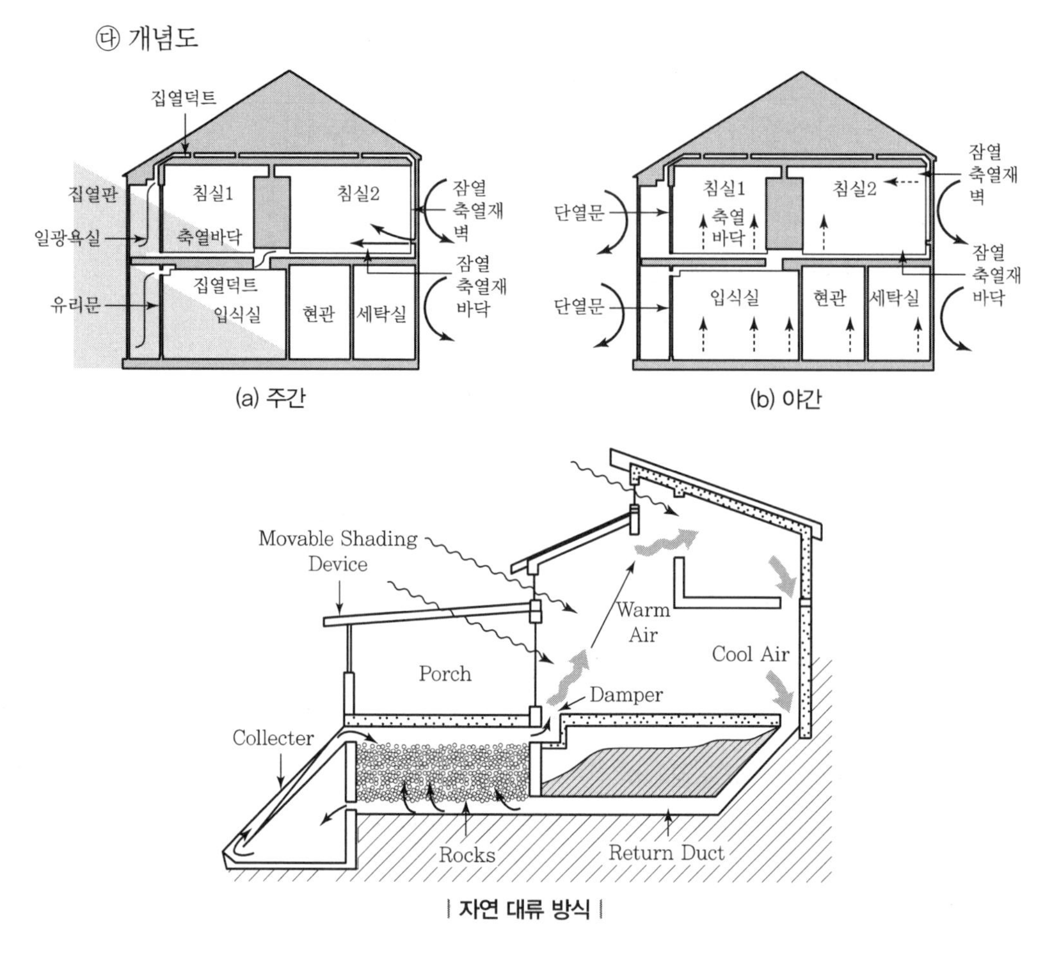

| 자연 대류 방식 |

③ 2중 외피 구조 방식(Double Envelope)

- 건물을 2중 외피로 하여 그 사이로 공기가 순환되도록 하는 형식이다.
- 주간에 부착온실(보통 남측면에 설치)에서 데워진 공기는 2중 외피 사이를 순환하며, 바닥 밑의 축열재를 가열한다.
- 야간에는 역류현상이 일어나 축열조에서 가열된 공기가 북측 벽과 지붕을 가열하여 열손실을 막는다.
- 높은 천장의 아트리움과 샤프트를 통하여 굴뚝효과를 얻고 바람에 의한 자연환기가 가능하다.
- 건물의 오른쪽은 북측을 향하고 왼쪽은 남측을 향하고 있으며, 북측을 향한 사무공간에서는 자연환기를 원활히 유도하고 교통소음을 차단하기 위하여 2중 외피 구조(Double Leaf Facades)로 구성되어 있다.
- 여름철에는 신선한 외기가 지붕을 통해 유입되고 주변의 콘크리트 구조물에 의해 차가워진 공기가 가라앉으면서 사무공간의 열을 회수하여 북측 개구부를 통하여 배기된다.
- 겨울철에는 북측의 2중 외피 구조를 통하여 외기가 유입되고 아트리움 중정의 굴뚝효과에 의해 위로 상승하면서 배기된다.

(4) 자연형 태양열시스템 검토요소

① 기후요소

건물의 자연형 태양열시스템에 영향을 미치는 기후요소는 건물이 위치한 대지의 미세기후로서 이는 지역기후는 물론 대지조건의 영향을 받기 때문에 기후 및 대지요소는 서로 분리하여 생각할 수 없다.

※ 기후요소는 기온, 습도, 바람, 일사열, 강수량으로 구분할 수 있다.

② 기후구분

- 건축설계에서는 인간의 열적 쾌적성에 근거한 분류방법이 가장 적당하다.
- 일반적으로 기본적인 기후 형태는 한랭기후, 온난기후, 고온건조기후, 고온다습기후로 구분한다.

③ 기후분석

- 건물의 에너지 소비량에 영향을 주는 요소는 건물이 위치하는 대지의 지역기후 및 미세기후, 건축되는 대지의 지형, 건물의 형태, 배치 및 외피구성, 설비, 설계 및 시공방법, 건물 내 에너지원 등을 들 수 있다.
- 건물의 에너지 소비가 일별, 월별, 계절별로 변화하는 외부 기후조건을 적절히 조화하여 쾌적한 실내 환경을 조성하기 위하여 쓰이는 에너지를 말한다고 볼 때 에너지 소비에 미치는 기후요소의 영향은 매우 크다.

④ 일조계획

- 태양에너지를 이용한 난방에너지의 절감과 자연채광에 의한 조명에너지 감소에 중요하다.
- 건물의 배치는 대지 내에서 태양에너지 활용이 가장 극대화될 수 있는 위치를 선정해야 한다.
- 건물의 향은 태양에너지를 적극 이용하면서도 여름철 냉방에 미치는 영향을 극소화할 수 있도록 설계하여야 한다.

⑤ 에너지 요소

건물에서의 에너지 소비는 크게 기후 및 대지, 건물 및 설비, 거주자 및 건물관리의 3가지 요소와 이들 상호작용에 의해 결정된다.

㉮ 건물과 설비

건물과 설비 요소는 건축가의 설계행위의 직접 대상이 되는 건조 환경으로 건물은 외부 기후조건에 대한 여과기능을 갖고, 설비는 내부 환경조건의 조절기능을 갖는다.

㉯ 거주자 및 건물관리

건물의 에너지 소비에 영향을 미치는 거주자 및 건물관리 요소는 건축 설계와 직접 연관이 없는 시공입주 후의 건물운영에 관계되는 것이지만 건축가는 설계과정에서 이에 대한 충분한 고려를 해야 한다.

⑥ 대지

5가지 기후요소는 모두 대지요소의 영향을 받으며, 대지요소에는 식생, 수원, 대지의 향과 경사도, 열용량, 주변환경 조건, 배치계획 등이 있다.

⑦ 바람의 영향
- 바람은 냉방기간 동안 긍정적인 요소로서, 난방기간 동안 부정적인 요소로서 작용하는 상반된 작용을 한다.
- 바람에 대하여 가장 효과적인 대지는 남측면으로 향한 경사지이다.
- 여기에 수목이나 인공 구조물을 조합하여 설치하면 더욱 좋은 차폐물이 된다.

⑧ 조경계획

SECTION 05 경제성 평가

① 태양에너지는 그 양이 무한하며 공급이 안정되고 공해가 없으며 안전하다.
② 기존 에너지 가격(유류가격)이 상승하면 할수록 태양에너지 시스템을 이용한 시설물의 가격은 상승한다.
③ 반영구적으로 사용할 수 있어 장기적인 안목에서 앞으로 다가올 에너지 위기에 따른 석유가 인상에 큰 영향을 받지 않는다.
④ 국가적 차원에서 기존 에너지원을 보전할 수 있다.
⑤ 집열판의 설치, 보조열원의 필요 등 초기 시설투자비가 많이 들지만 유류나 전기 난방에 필요한 연료비의 상승, 인플레이션율, 집열기의 수명, 유지비용 등을 비교해 볼 때 초기 투자비용은 대략 7~8년 이내에 상쇄된다.
⑥ 에너지양의 희박성 및 간헐성으로 집열판의 고효율화가 필요하며, 축열기능 등 부대설비가 시설투자비 상승의 원인이 된다.

SECTION 06 온수집열 태양열 난방 및 급탕

1) 온수집열 태양열 난방 방식

태양열 난방은 장시간 흐린 날씨, 장마철 등의 태양열의 강도상 불균일에 따라 보조 열원이 필요하다. 온수집열 태양열 난방은 태양열의 안정된 집열을 위한 보조 장치로서 태양열 축열조와 보조열원(보일러)의 사용위치에 따라 직접난방, 분리난방, 예열난방, 혼합난방 등으로 구분된다.

(1) 직접난방

항상 일정한 온도의 열매를 확보할 수 있게 보일러를 보조가열기 개념으로 사용한다.

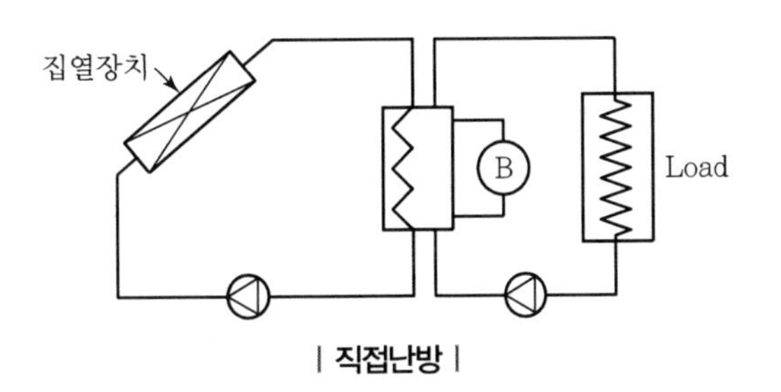

| 직접난방 |

(2) 분리난방

날씨가 화창한 날은 100%로 태양열을 사용하고, 흐린 날은 100% 보일러에 의존하여 난방 가동을 실시한다.

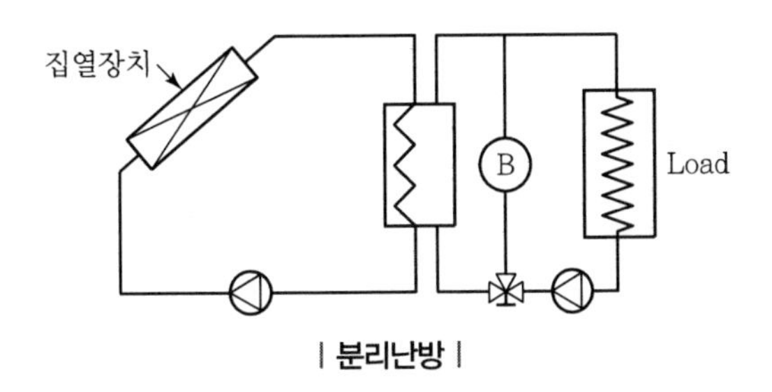

| 분리난방 |

(3) 예열난방

태양열 측 열교환기와 보일러를 직렬로 연결하여 태양열을 항상 사용할 수 있게 설치하여 가동한다.

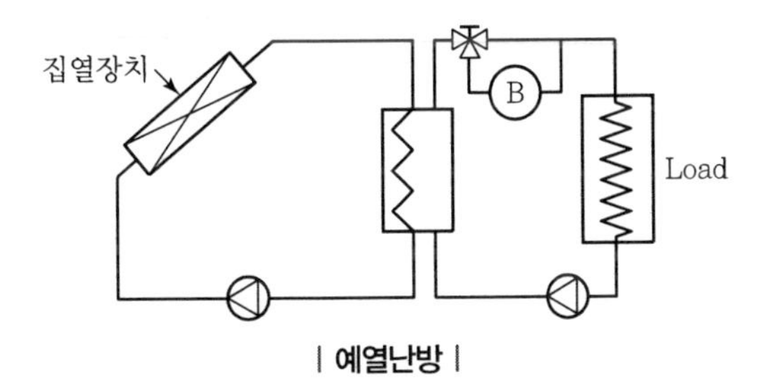

| 예열난방 |

(4) 혼합난방

태양열 측 열교환기와 보일러를 직 · 병렬로(혼합방식) 동시에 연결하여 열원에 대한 선택의 폭을 넓게 해서 가동한다.(분리식 + 예열방식)

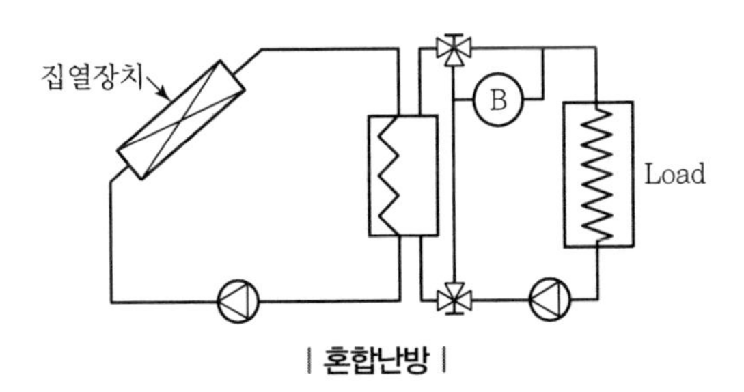

| 혼합난방 |

2) 태양열 급탕기

태양열을 축적한 후 이용하여 급탕 및 난방을 할 수 있는 장치이다.

(1) 특징

① 무한성, 무공해성, 저밀도성, 간헐성(날씨)의 특징이 있다.
② 태양열을 사용하므로 초기 투자비는 높지만 장기적으로는 경제적이다.

(2) 구성

① 집열부
② 축열부
③ 보조 열원부
- 태양열 부족 시 사용한다.
- 가정용은 20,000~30,000kcal/hr 정도가 적당하다.

④ 공급부
⑤ 제어부 등

(3) 종류

① 무동력 급탕기(자연형)
- 저유식(Batch 식) : 집열부와 축열부가 일체식이다.
- 자연대류식 : 집열부보다 위쪽에 저탕조(축열부)를 설치한다.
- 상변화식 : 상변화가 잘 되는 물질(PCM : Phase Change Materials)을 열매로 사용한다.

3) 동력 급탕기(펌프를 이용한 강제 순환 방식)

(1) 밀폐식

부동액(50%)+물(50%)로 얼지 않게 한다.

(2) 개폐식

집열기 하부의 온도 감지기에 의하여 동결온도에 도달하면 자동배수시킨다.

(3) 배수식

순환펌프 정지 시 배수를 별도의 저장조에 저장한다.

(4) 내동결 금속 사용

집열판을 스테인리스 심 용접판으로 만들어 동결량을 탄성 변형량으로 흡수한다.

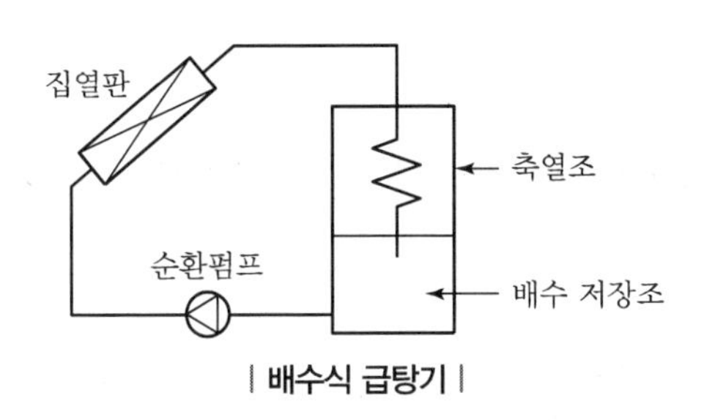

| 배수식 급탕기 |

SECTION 07 태양열시스템 기술

우리나라와 같이 동절기 혹한기가 있는 지역에서 사용되는 태양열시스템은 동파 방지 대책이 반드시 있어야 한다. 일반적으로 부동액을 집열매체로 사용하고 있지만 자동배수 방식 등 다른 여러 가지 방법도 사용될 수 있다. 우리나라에서는 거의 대부분 부동액을 열매체로 사용하고 있다.

1) 태양열 온수기

① 태양열 온수기라고 하면 일반적으로 패키지화된 하나의 제품으로 현장에서 간단한 설치로 사용할 수 있는 가정용 태양열 온수기를 의미한다. 이 제품은 국내에 약 18만 대 이상이 보급된 제품이다.

② 태양열 집열판과 축열조로 구성되어 있으며, 축열조 내부에 열교환기와 보조열원인 심야전기 히터가 내장되어 있는 것도 있다.

③ 집열판에서 가열된 집열매체가 펌프 없이 축열조와 자연순환에 의해서 축열조의 물을 가열시킨다. 즉, 집열기에서 가열된 열매체(부동액)는 밀도가 낮아져 상단부인 축열조 내부(열교환기나 2중 탱크 사이)로 올라가서 온수탱크 내부의 온수를 가열하고 다시 온도가 낮아져서 집열기 하단부로 들어가서 가열되면서 상단부로 올라가게 된다.

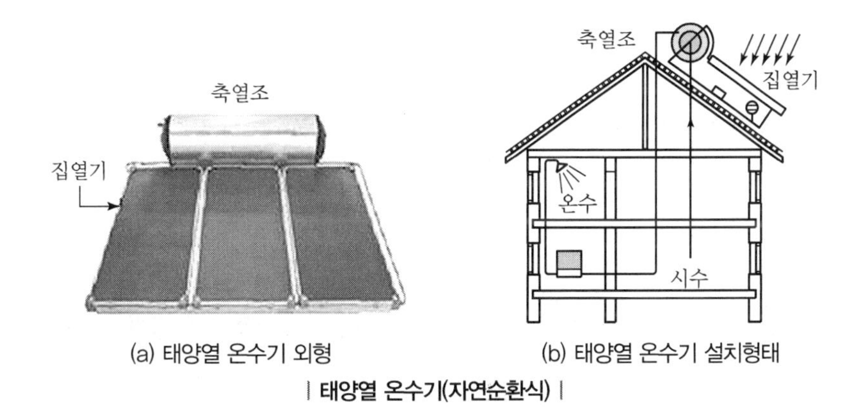

(a) 태양열 온수기 외형 (b) 태양열 온수기 설치형태

| 태양열 온수기(자연순환식) |

2) 태양열 난방시스템

태양열 난방시스템은 온수급탕시스템과 집열부는 동일하다. 단지 축열조로부터 난방부로 공급되는 것과 보조 보일러와의 연결이 약간 다르다.

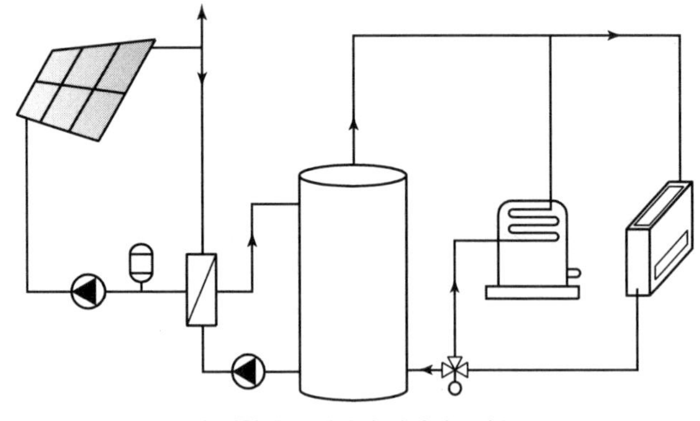

| 전형적인 태양열 난방시스템 |

3) 태양열 냉방시스템

① 태양열 냉방은 난방 및 온수부하가 적은 하절기에 일사량이 많은 태양열을 냉방에 사용할 수 있다는 측면에서 대단히 매력적인 분야이다.

② 일반적으로 태양열 냉방은 기존의 냉방시스템 중 열에 의해서 구동되는 것을 태양열로 대체한 것이므로 태양열이 높은 온도로 집열하고 축열하는 데 어려움이 있기 때문에 단지 낮은 온도로 작동될 수 있도록 개발되었다.

③ 지금까지 태양열 냉방시스템으로 개발된 시스템은 다음과 같다.

- 1중 효용 흡수식 냉동기
- 제습냉방시스템
- 흡착식 냉방시스템

4) 태양열 산업공정열

산업분야의 공정상에 필요한 열(온수 및 스팀)을 태양열로 이용하는 것으로 저온에서부터 고온까지 다양하며, 하절기에도 태양열을 효과적으로 사용할 수 있다.

5) 태양열 발전시스템

태양열로 고온의 스팀을 발생시켜 스터링 엔진과 같은 발전기를 구동시켜 전기를 생산한다.

SECTION 08 자연형(Passive) 태양열 냉난방 및 축열

1) 난방 방식

직접획득형, 간접획득형, 분리획득형이 있다.

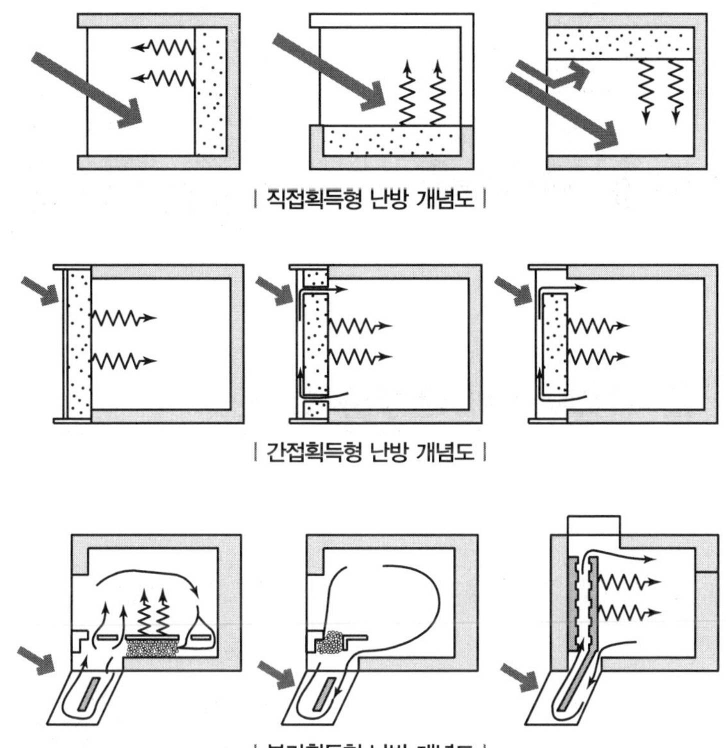

| 직접획득형 난방 개념도 |

| 간접획득형 난방 개념도 |

| 분리획득형 난방 개념도 |

① 자연형 태양열 난방시스템은 건물의 내부 열 획득보다는 외부의 기후조건이나 건물의 외부 봉합특성에 의해 건물의 공간조절 부하가 결정되므로 건물이 외피에 지배되는 경우에 유리하다.

② 자연형 태양열 난방의 적용단계에서 냉각부하의 축소, 차양, 자연통풍, 방사냉각, 증발냉각, 제습, 지면냉각 등의 사항들이 고려된다.

③ 채광 종류 : 자연형 채광(고정방식)
주광조명(Daylighting)창, 반사루버, 광선반, 프리즘 라이트

2) 태양열시스템 열전달 개략도

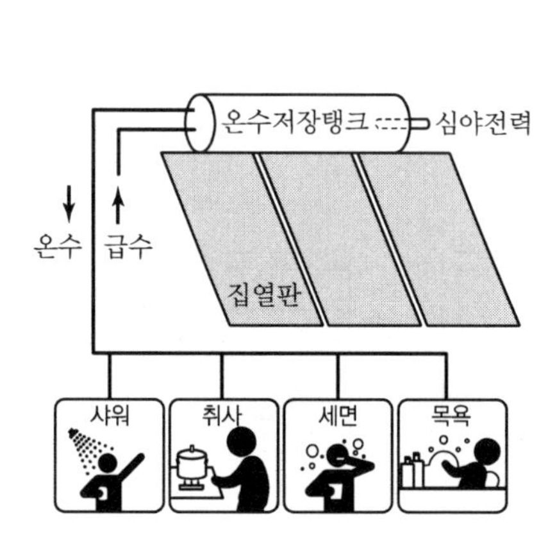

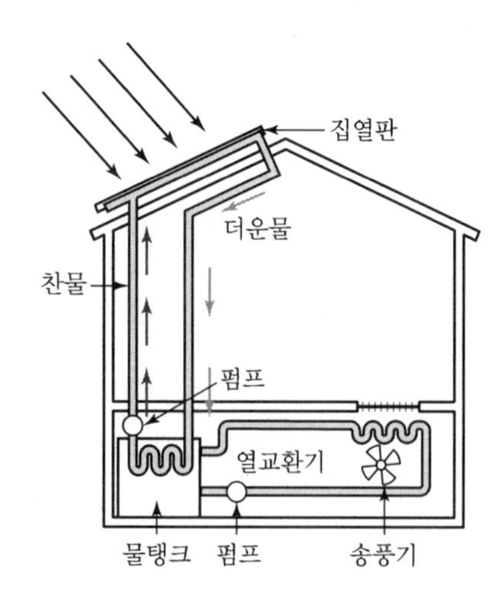

SECTION 09 설비형(Active) 태양열시스템

1) 난방 방식

가정용 온수난방, 수영장난방, 공조용 공기 예열, 공간난방을 위한 시스템이다.

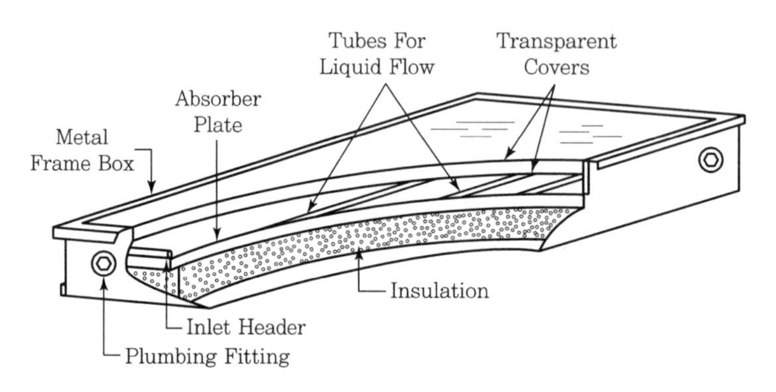

① 자연형 시스템과 에너지 보존의 전략을 충분히 고려한 이후에 건물의 설계와 적용하는 시스템을 통합시켜 고려한다.

② 시스템의 주요 요소로는 집열기, 집열기와 축열조 사이로 유체를 유동시키는 순환시스템, 저장탱크, 제어시스템, 보조열원시스템이 있다.

2) 온수급탕시스템 개요도

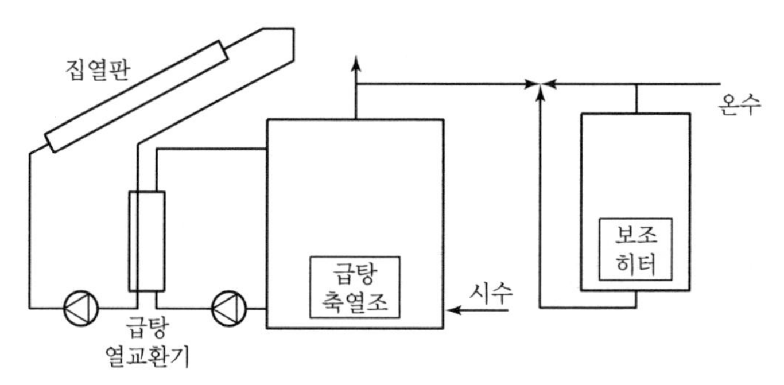

| 태양열 온수급탕시스템 개요도 |

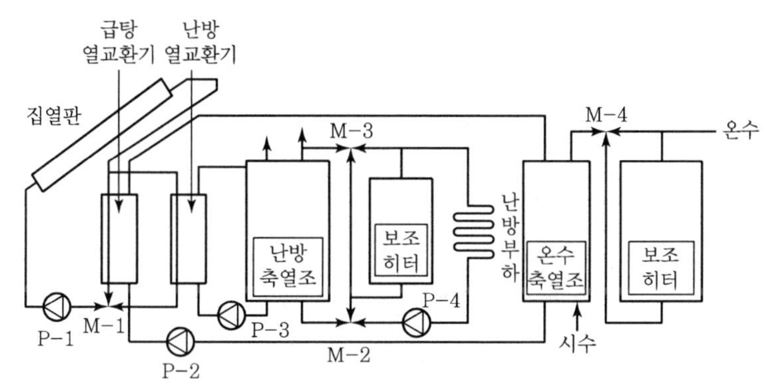

| 태양열 온수급탕/난방시스템 개요도 |

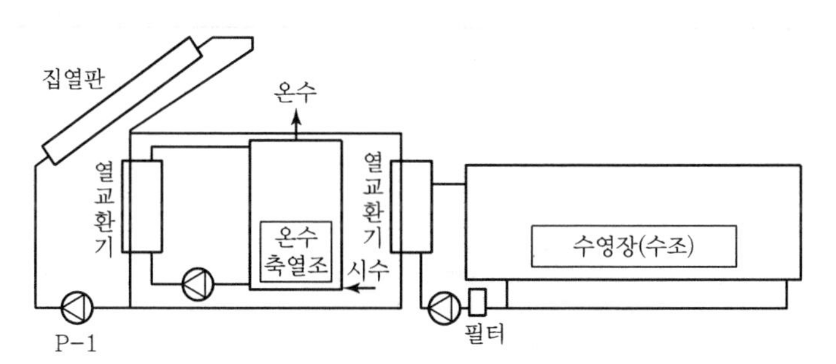

| 태양열 온수급탕시스템 개요도(수영장) |

CHAPTER

09 공기조화기

SECTION 01 공기조화설비의 구성

공조기는 케이스 내부에 공기여과기, 공기냉각기, 공기가열기, 가습기 및 송풍기를 설치하고 각각의 배관과 덕트를 연결한 것으로 설치장소의 여건에 따라 다양하게 제작할 수 있다.

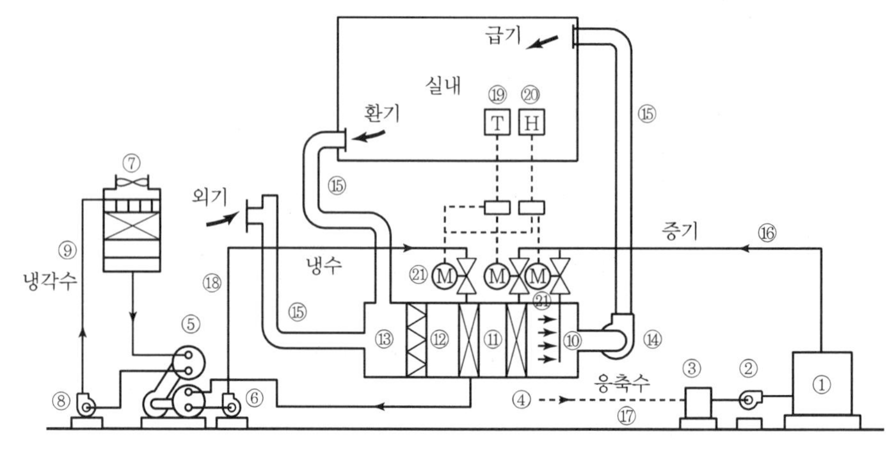

• 열원설비 : ① 보일러, ② 급수펌프, ③ 환수탱크, ④ 증기트랩, ⑤ 냉동기, ⑦ 냉각탑, ⑧ 냉각수펌프, ⑨ 냉각수배관
• 공조기설비 : ⑩ 가습기, ⑪ 가열기, ⑫ 냉각제습기, ⑬ 에어필터
• 열반송설비 : ⑥ 냉수펌프, ⑭ 송풍기, ⑮ 덕트, ⑯ 증기배관, ⑰ 환수배관, ⑱ 냉수배관
• 자동제어설비 : ⑲ 서모스탯, ⑳ 습도조절기, ㉑ 자동밸브

| 공조설비의 구성 예 |

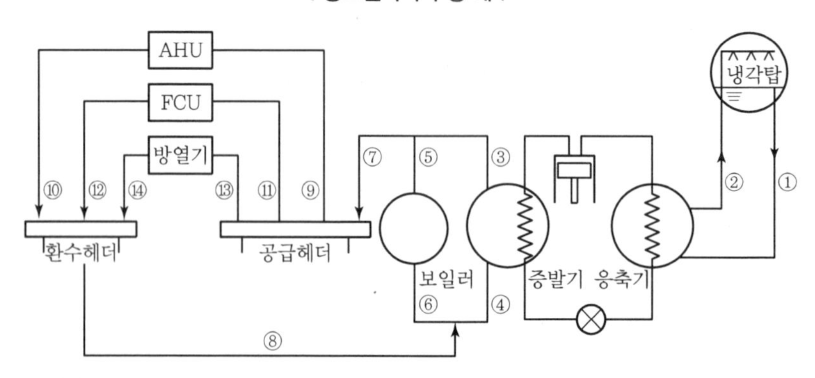

① 냉각수공급관 ② 냉각수환수관 ③ 냉수공급관 ④ 냉수환수관
⑤ 온수공급관 ⑥ 온수환수관 ⑦ 냉 · 온수공급관 ⑧ 냉 · 온수환수관
⑨ 냉 · 온수공급관 ⑩ 냉 · 온수환수관 ⑪ FCU 공급관 ⑫ FCU 환수관
⑬ 온수공급관 ⑭ 온수환수관

| 공조설비의 구조 |

항목	기기	기능
열원설비	냉동기, 보일러, 히트펌프	냉각, 가열을 위한 열매(냉수, 온수, 냉매, 증기, 온풍 등)를 만든다.
열교환설비	공기조화기, 열교환기	공조 공간에 보내는 공기의 온습도, 청정도를 조정 송풍하고, 공조 공간에 보내는 열매를 만든다.
열매운송설비	송풍기, 펌프, 덕트, 배관	공조 공간, 공조기에 열매(공기, 물)를 보낸다.
실내유닛	취출구, 흡입구, Fan Coil Unit, 유인 Unit, 패키지형 Unit, 방열기, 멀티유닛형 에어컨디셔너	공조 공간의 공기를 조화공기로 하거나 조화공기를 공급한다.
자동제어 중앙관제설비	자동제어기, 중앙제어기, 원격제어기	설비의 합리적 운전을 위해 온습도, 유량을 자동제어하고, 기기를 감시한다.

1) 열원(냉원)장치

① 공기 가열 및 냉각을 위한 열원을 만드는 장치
② 보일러, 냉동기, 냉온수기, 냉각탑 등

2) 공기조화장치(AHU : Air Handling Unit)

① 공기로부터 먼지를 여과하고 공기의 온도 및 습도를 조절하는 장치
② 공조기의 구성요소
공기여과기(A/F), 냉각코일(C/C), 가열코일(H/C), 공기세정기(가습기, A/W)

3) 열운반장치

① 중앙기계실에서 냉온수나 공기를 실내로 공급하기 위한 설비
② 송풍기, 덕트, 냉온수 펌프, 배관 등

4) 자동제어장치

실내의 온습도를 일정하게 유지하기 위하여 기기의 운전 및 정지, 냉온수의 유량 조절, 송풍량 조절을 행하는 데 있어서 경제적인 운전을 하기 위하여 각종 설비를 자동으로 작동시키기 위한 장치

SECTION 02 공기정화장치

공기정화장치(AF : Air Filter)는 공기 중의 먼지를 제거하는 것 이외에 세균 제거, 냄새 제거, 아황산가스 등의 제거 등 특수한 용도로 사용되는 것도 있다.

1) 여과기(에어필터)의 성능

통과저항, 보진용량, 여과효율 등

2) 여과효율(포집효율, 집진효율, 오염제거율)

$$여과효율\ \eta = \frac{C_1 - C_2}{C_1} = 1 - \frac{C_2}{C_1}$$

여기서, C_1 : 필터 입구 공기의 먼지농도
C_2 : 필터 출구 공기의 먼지농도

3) 여과효율 측정방법

(1) 중량법

비교적 큰 입자를 대상으로 하며 필터에서 제거되는 먼지의 중량으로 효율을 결정한다.

(2) 비색법(변색도법)

비교적 작은 입자를 대상으로 하며 공기를 여과지에 통과시켜 그 오염도를 광전관으로 측정하는 것으로 일반적으로 중성능 필터인 공조용 에어필터의 효율을 나타낼 때 사용한다.

(3) DOP법(계수법)

고성능(HEPA) 필터 효율을 측정하는 방법으로 일정한 크기의 시험입자를 사용하여 먼지의 수를 계측하여 사용한다.

4) 에어필터의 종류

(1) 유닛형

여재에 의하여 공기 중의 먼지를 여과, 포집하는 것으로 여재를 적당한 크기의 패널 형태로 하여 유닛으로 제작하며 섬유굵기, 충전밀도 등에 의해 성능이 좌우된다.

종류	설명
건식	글라스파이버, 비닐스폰지, 부직포 등의 여재 사용
점착식	알루미늄울 등의 여재에 기름을 부착한 것
고성능 필터	글라스파이버, 아스베스토스 파이버를 여재로 한 것
활성탄 필터	흡착용에 의하여 냄새 및 아황산가스 등의 유해가스를 제거

(2) 연속형(자동회전형)

제진효율은 좋지 않으나 취급이 간편하고 교환이 용이하여 일반적으로 공조용에 많이 쓰인다.

종류	설명
건식 권취형 (Roll Filter)	두루마리형으로 감긴 여재를 사용하는 것으로 필터의 효율 저하에 따라 타이머 또는 차압 스위치에 의해 롤이 회전한다.
습식 멀티패널형 (Multi Panel Filter)	회전 롤러에 부착된 다수의 망상의 패널을 하부에 설치된 기름탱크에 통과시켜 세정하면서 계속 사용한다.

(3) 전기집진기

먼지를 전리부의 전장 내에 통과, 대전시켜 집진부의 전극에 흡인, 부착시키는 것으로서 집진효율이 높고 미세한 먼지나 세균도 제거할 수 있으므로 정밀기계실, 병원, 고급빌딩이나 백화점 등에 사용한다.

종류	설명
세정식	집진부를 물로 씻어내어 먼지를 제거
응집식	집진전극에 응집하여 입자가 박리되어 먼지를 권취형 필터로 포집
유전체식	권취형 필터에 유전체인 여재를 사용하여 집진부로 한 것

(4) 고성능(HEPA) 필터

0.3μm의 입자를 99.97% 이상 제거하는 것으로 값이 비싸기 때문에 사용시간을 연장할 수 있도록 이보다 효율이 떨어지는 필터(Prefilter)와 함께 사용한다. 그리고 세균 제거에도 뛰어나 병원의 수술실, 클린룸 등에 사용한다.

※ 1클래스(1Class) : 공기 체적 1ft^3 중 0.5μm 크기 이상의 미립자 수(개수/ft^3)

SECTION 03 열교환기

- 공기의 냉각, 탈습 또는 가열용으로서 대형의 공조기, 팬코일 유닛, 인덕션 유닛, 패키지, 에어컨 등에 조립하여 사용된다.
- 코일의 관 내에는 용도에 따라 물, 증기, 냉매 등이 열매를 통하고, 외측에는 공기를 통과시켜서 열매와 공기 사이에 열교환을 시키고 있는데, 열전달이 나쁜 공기 측에는 (관의 표면에) 핀(fin)을 붙여 공기 측의 전열면적을 증가시킴으로써 공기 측의 전열효과를 향상시킨다.

1) 공기 냉각코일(Cooling Coil)

(1) 냉각코일의 종류

종류	설명
냉수코일	코일 내에 냉동기에 의해 냉각된(5~10℃) 냉수를 통과시켜 공기를 냉각시킨다.
직접팽창코일 (DX 코일)	관 내에 냉매를 직접 팽창시켜 그 냉매의 증발잠열을 이용하여 공기를 냉각시키는 것으로 냉동장치의 증발기에 해당된다.

(2) 냉수코일의 설계

① 코일 내 유속은 1m/s 전후로 한다.

② 코일의 통과풍속을 2~3m/s 정도로 한다.

③ 공기와 물의 흐름은 대향류(역류)가 되도록 한다.(코일의 소형화)

④ 물과 공기의 대수평균온도차(LMTD)를 크게 한다.

⑤ 냉수의 입구와 출구의 온도차를 5℃ 정도로 한다.

⑥ 코일의 설치는 수평으로 한다.

> **TIP** 유체의 흐름
>
> ① 평행류(병류) : 공기와 물의 흐름방향이 같은 방향
>
> ② 대향류(역류) : 공기와 물의 흐름방향이 반대 방향
>
> 대수평균온도차(LMTD : Logarithmic Meam Temperature Difference)
>
> $$\text{LMTD} = \frac{\Delta t_1 - \Delta t_2}{\ln\left(\frac{\Delta t_1}{\Delta t_2}\right)} = \frac{\Delta t_1 - \Delta t_2}{2.3\log\left(\frac{\Delta t_1}{\Delta t_2}\right)}$$
>
> 여기서, Δt_1 : 입구 쪽 공기와 물의 온도차(℃), Δt_2 : 출구 쪽 공기와 물의 온도차(℃)

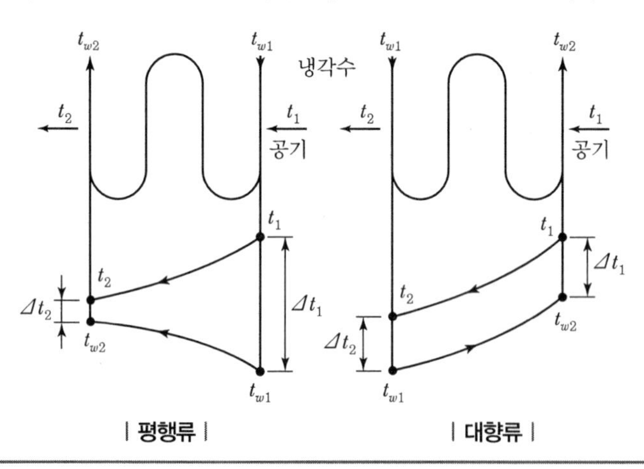

| 평행류 | | 대향류 |

(3) 냉각 코일(Cold Coil)

공기의 냉각코일에는 코일 표면온도와 통과 공기의 노점온도의 관계에 따라 공기 냉각만 되는 건코일과 냉각 감습이 되는 습코일이 있다.

① 건코일(Dry Coil)

- 코일 표면온도가 입구공기의 노점온도보다 높은 경우 현열 열교환만 한다.
- 습공기 선도($h-x$)에서 수평으로 상태변화만 한다.

② 습코일(Wet Coil)

- 코일 표면온도가 통과 공기의 노점온도보다 낮은 경우 현열과 잠열을 열교환한다.
- 습코일은 수직 또는 경사지게 설치하여 응축수의 수막으로 인한 공기저항 증가나 전열저항을

방지한다.

- 습코일 표면의 핀 등에 친수코팅을 하여 응축수가 생성 즉시 배수된다.
- 공기의 코일 통과풍속이 2.5m/s 이상이 되면 결로된 물방울이 비산하여 덕트 또는 실내로 반송될 우려가 있으므로 엘리미네이터를 설치한다.

③ 냉온수 코일의 설계 기준

- 공기와 물의 흐름은 대향류로 하여 가능한 한 대수평균온도차를 크게 한다.
- 코일 통과 기준풍속을 2.5m/s(냉수코일에선 2~3m/s, 온수코일에선 2~3.5m/s)로 유지하고 그 이상 시에는 엘리미네이터를 설치하여 비산수(Carry Over)를 방지한다.
- 관 내 수속은 1m/s(0.6~1.5m/s)를 기준으로 한다. 관 내 수속이 1.5m/s 이상일 경우 Double Circuit으로 관 내 침식을 방지한다.
- 보편적으로 코일의 열수는 4~8열을 많이 사용한다.
- 냉수 입구와 출구의 온도차는 5℃ 정도로 한다.
- 지역난방이나 초고층건물 등 배관길이가 길게 되면 펌프 동력절감을 위해 8~10℃로 한다(코일의 모양은 될 수 있는 한 정방형으로 한다).
- 습코일은 수직 또는 경사지게 설치하여 응축수 배수를 원활하게 한다.
- 크기가 과대하면 제어성이 악화되므로 적절한 용량의 것을 산정한다.
- 냉온수 겸용으로 사용 시 선정은 냉수코일을 기준으로 한다.

2) 공기 가열코일(Heating Coil)

① 가열코일의 종류

종류	설명
온수코일	40~60℃의 온수를 관 내에 통과시켜 공기를 가열하며, 냉수코일과 겸용으로 사용하며 냉 · 온수 코일이라 한다.
증기코일	관 내에 0.1~2kg/cm^{2}의 증기를 공급하여 증기의 응축잠열을 이용하여 가열하며, 온수코일보다 열수는 적다.
전열코일	코일 내에 전열선이 들어 있어 전기히터에 의해 공기를 가열하며, 소형 패키지 또는 항온항습기 등에 많이 사용된다.
냉매코일	열펌프를 사용하여 공기 측 코일을 공랭식 응축기로 하여 냉매의 응축열량을 공기에 준다.

② 온수코일의 설계

- 온수코일의 통과풍속은 2~3.5m/s로 한다.
- 유량 및 온도제어는 2방(2-way)밸브나 3방(3-way)밸브로 한다.

③ 증기코일의 설계

- 증기코일은 열수가 적으므로 코일 전면풍속을 3~5m/s로 한다.
- 사용 증기압은 0.1~2kg/cm^2 정도이다.
- 증기트랩의 용량은 최대 응축수량의 3배 이상으로 한다.
- 응축수 배출을 위한 배관은 1/50~1/100의 순기울기로 한다.

④ 코일의 동결 방지

- 외기댐퍼와 송풍기를 인터록(Interlock)시킨다(송풍기 정지 시 외기댐퍼를 닫는다).
- 외기댐퍼는 충분한 기밀을 유지한다.
- 온수코일은 야간의 운전 정지 중에도 순환펌프를 운전하여 물을 유동시킨다.
- 운전 중에는 전열교환기를 사용하여 외기온도를 1℃ 이상 예열하여 도입한다.
- 외기와 환기가 충분히 혼합되도록 한다.
- 증기코일은 0.5kg/cm²(at) 이상의 증기를 사용하고 코일 내에 응축수가 고이지 않도록 한다.

3) 코일의 용어

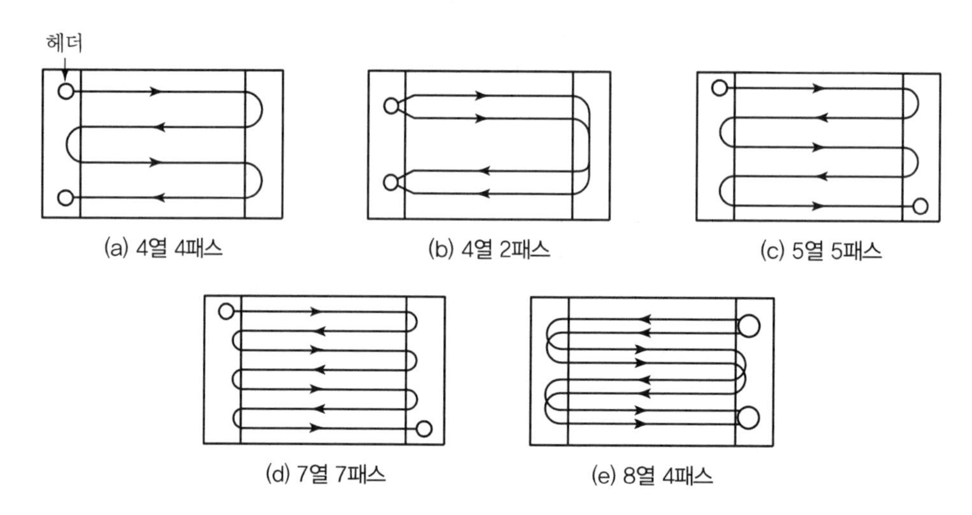

(1) 열수 : 공기의 흐름 방향으로 배열된 관의 수

(2) 단수

(3) Pass : 물의 통로수로서 한 코일에 들어간 물의 방향수

(4) Face Area : 공기가 통과하는 코일의 단면적

(5) Circuit

① Full Circuit, Single Circuit

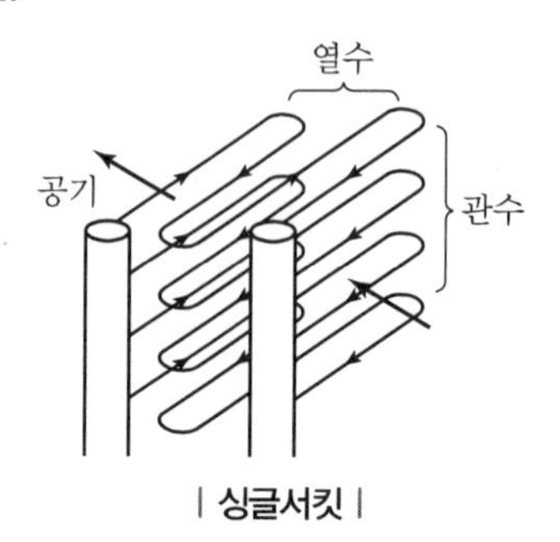

| 싱글서킷 |

② Double Circuit

수량이 클 때 수속의 증가로 관 내 침식의 우려가 있을 때 채용한다.

- 단면적 증가
- 유속 감소

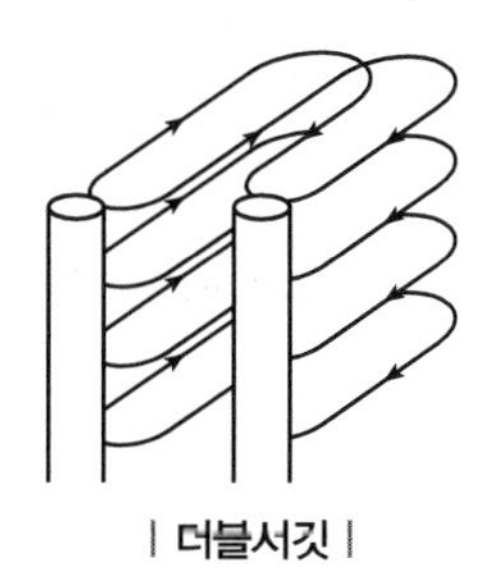

| 더블서킷 |

③ Half Circuit

수량이 작을 때 수속의 감소로 전열불량의 우려가 있을 때 채용한다.

- 단면적 감소
- 유속 증대
- 전열 증대

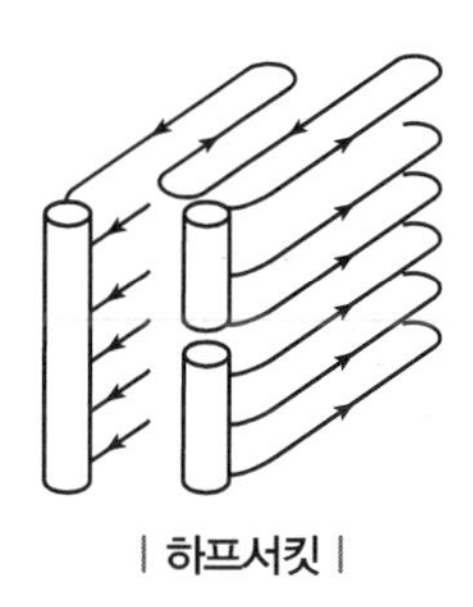

| 하프서킷 |

④ 코일의 구조

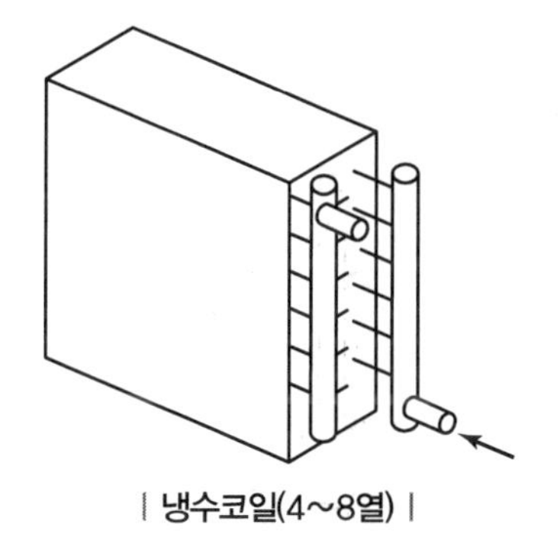

| 냉수코일(4~8열) |

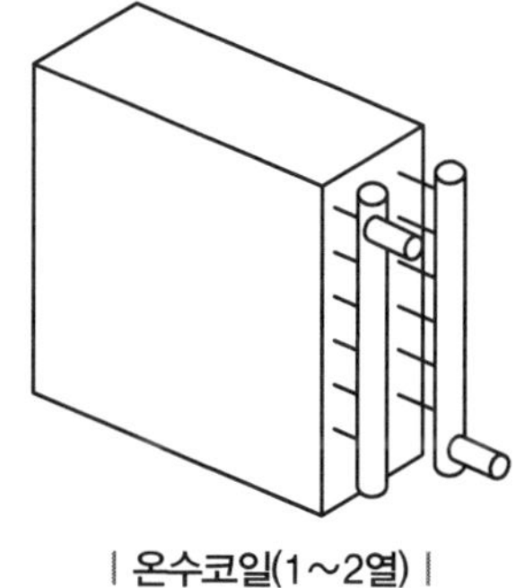

| 온수코일(1~2열) |

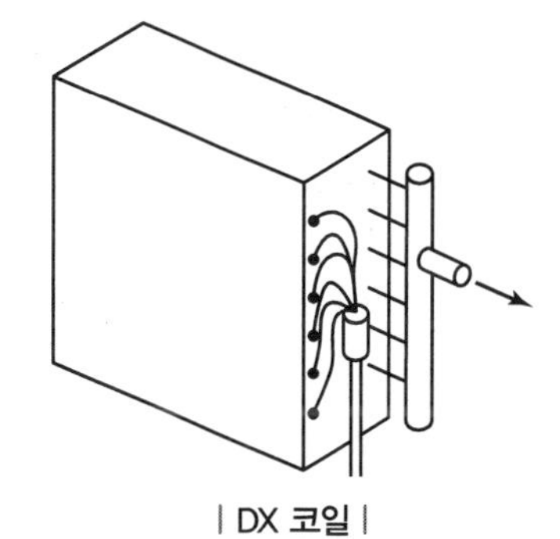

| DX 코일 |

⑤ 핀 붙이 코일

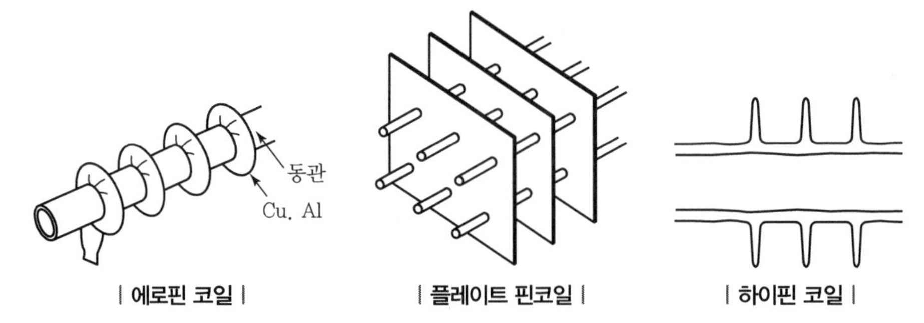

| 에로핀 코일 | | 플레이트 핀코일 | | 하이핀 코일 |

4) CF와 BF

(1) CF(Contact Factor)

코일을 통과하는 전체 공기량 중 정상적으로 열교환기와 접촉하는 공기량의 비율

(2) BF(Bypass Factor)

코일을 통과하는 전체 공기량 중 열교환기를 Bypass하여 들어오는 공기량의 비율

(3) 원인

냉각코일이 습코일이며, 코일의 롤 수가 무한히 많고 코일 통과풍속이 무한히 느리다면 통과공기는 포화공기 온도(t_S)에 도달 가능하다. 그러나 실제로 그러하지 못하므로 냉 · 난방과정에서 코일을 충분히 접촉하지 못하고 Bypass되어 들어오는 공기의 양이 존재한다. 난방용 혹은 재열용 가열 코일에서도 상황은 같다(흡입공기 온도가 가열히터의 표면온도에까지 도달하지 못한다).

(4) 관계식

CF + BF = 1

(5) 선도 해석

① 냉방 시

- $CF = \dfrac{t_1 - t_2}{t_1 - ADP}$
- $BF = \dfrac{t_2 - ADP}{t_1 - ADP}$

여기서, t_1 : 코일 입구공기의 온도
t_2 : 코일 출구공기의 온도
ADP : 장치노점온도

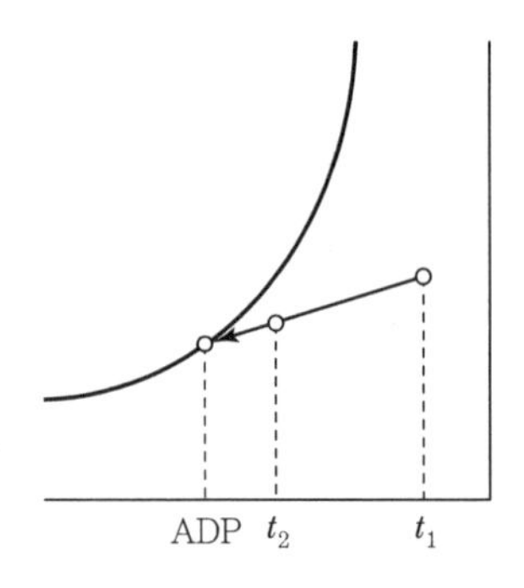

② 난방 시

- $CF = \dfrac{t_2 - t_1}{t_S - t_1}$

- $BF = \dfrac{t_S - t_2}{t_S - t_1}$

여기서, t_1 : 히터 입구공기의 온도

t_2 : 히터 출구공기의 온도

t_S : 히터의 표면온도

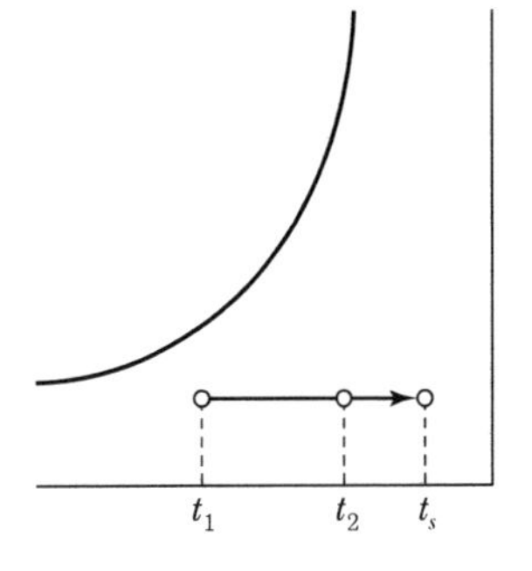

(6) BF를 줄이는 법

① 열교환기의 열 수, 전열면적, 핀 수 등을 크게 한다.

② 풍량을 늘려 공기의 열교환기와의 접촉시간을 증대시킨다.

③ 열교환기를 세관화하여 효율을 높인다.

④ 장치노점온도를 높인다.

SECTION 04 가습 및 감습장치

1) 가습기(Humidifier)

종류	설명
수분무식	물 또는 온수를 직접 공기 중에 분무하는 방식으로 가습량이 많지 않고 제어의 범위가 넓으며 장치가 간단하다.
증기분무식	공기 중에 직접 증기를 분무하는 방식으로 가습능력이 가장 좋으나 소음 발생 및 화상의 우려가 있다.
증발식(가습팬)	물탱크(수조)에 증기코일 또는 전열히터를 사용하여 물을 가열하여 증발시키는 방식으로 가습능력이 떨어져 대용량에는 적합하지 않다.

2) 공기세정기(AW : Air Washer)

공기세정기는 공기 중에 물을 분사시켜 먼지나 일부 수용성 가스도 제거하므로 공기를 세정하고 냉수나 온수와 직접 접촉하여 열교환하여 공기를 냉각, 감습 또는 가열, 가습한다. 주로 공기세정기는 가습을 목적으로 사용된다.

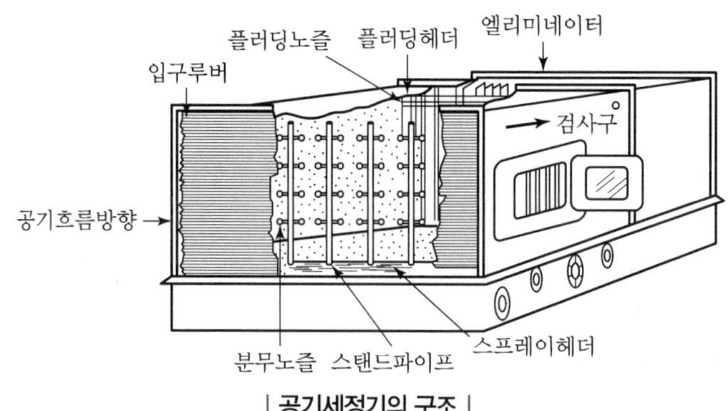

| 공기세정기의 구조 |

① 루버(Louver) : 유입되는 공기의 흐름을 일정하게 하여 물방울과의 접촉효율을 향상시킨다.
② 플러딩노즐(Flooding Nozzle) : 엘리미네이터에 부착된 먼지를 세정한다.
③ 분무노즐(Spray Nozzle) : 스탠드파이프에 부착되어 1.5～2kg/cm² 정도의 물을 미세하게 분무한다.
④ 엘리미네이터(Eliminator) : 분무된 물이 공기와 함께 비산(飛散)되는 것을 방지하는 감습, 제습장치(Dehumidifier)이다.

3) 제습기

종류	설명
냉각식	일반적으로 사용하는 방법으로 냉각코일을 이용하여 습공기를 노점 이하로 냉각하여 제습한다.
압축식	공기를 압축하여 감습시켜야 하므로 설비비와 소요동력이 커 일반적으로 사용하지 않는다.
흡수식	• 액체 제습장치 : 염화리튬, 트리에틸렌글리콜 등 • 고체(흡착식) 제습장치 : 실리카겔, 활성알루미나, 아드소울 등

SECTION 05 펌프(Pump)

1) 펌프의 분류

(1) 구조에 의한 분류

① 터보형 : 케이싱 내 임펠러를 회전시켜 액체를 이송한다.
- 원심펌프(볼류트 펌프, 터빈 펌프)
- 사류펌프
- 축류펌프
- 라인펌프

② 용적형 : 피스톤, 플랜저 또는 로터 등의 압력작용에 의해 액체를 이송한다.
- 왕복식 : 피스톤 펌프, 플런저 펌프, 다이어프램 펌프 등
- 회전식 : 기어 펌프, 나사 펌프, 베인 펌프 등

③ 특수형 : 와류 펌프, 기포 펌프, 제트 펌프, 수격 펌프, 점성 펌프 등

(2) 용도에 의한 분류

① 물펌프 : 냉각수 펌프, 냉수 펌프, 보급수 펌프, 살수용 펌프

② 기타 유체 : 브라인 펌프, 냉매 펌프, 오일 펌프(기어 펌프), 기타 용액 펌프

2) 펌프의 종류별 특성

(1) 원심펌프(Centrifugal Pump)

복류펌프라고 하며 임펠러에 흡입된 물은 축과 직각의 복류방향으로 토출된다.

① 안내날개(Guide Vane)에 의한 분류

- 볼류트 펌프 : 안내날개가 없으며 일반적으로 15~20m 이하의 저양정용이다.
- 터빈(디퓨저) 펌프 : 안내날개가 있고 일반적으로 20m 이상의 고양정용이다.

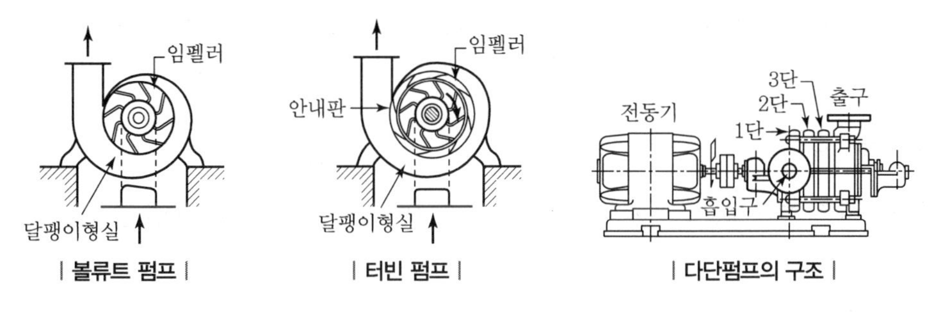

| 볼류트 펌프 | | 터빈 펌프 | | 다단펌프의 구조 |

② 흡입에 의한 분류

- 단흡입 펌프 : 회전차의 한쪽에서만 유체를 흡입하는 펌프
- 양흡입 펌프 : 회전차의 양쪽에서 유체를 흡입하는 펌프

③ 단수에 의한 분류

- 단단펌프 : 펌프 1대에 회전차 1개를 갖는 펌프
- 다단펌프 : 펌프 1대에 회전차를 여러 개의 축에 배치하여 직렬로 연결한 펌프

(2) 사류펌프

임펠러에서 나온 물의 흐름이 축에 대하여 비스듬히 나오는 펌프로 비교적 중양정에 적합하다.

(3) 축류펌프

임펠러에서 나오는 물의 흐름이 축방향으로 나오는 펌프로 비교적 저양정에 적합하다.

(4) 라인펌프

배관 라인 중에 설치하는 펌프로서 물의 순환을 위해 사용한다.

3) 펌프의 소요동력

(1) 수동력

일정량의 액체(유량)를 일정높이(전양정)까지 올리는 데 필요한 이론 동력

$$\mathrm{kW} = \frac{\gamma \times Q \times H}{102 \times 60}$$

$$\mathrm{PS} = \frac{\gamma \times Q \times H}{75 \times 60}$$

(2) 축동력

$$\mathrm{kW} = \frac{\text{수동력}}{\eta_p} = \frac{\gamma \times Q \times H}{102 \times 60 \times \eta_p}$$

여기서, η_p : 펌프효율, γ : 비중량(kg/m³), Q : 유량(m³/min), H : 전양정(mH_2O)

전양정＝흡입양정＋토출양정＋배관손실수두＋토출 측 속도수두

4) 펌프의 상사법칙

펌프의 회전수를 변화시켰을 때 회전수 변화에 따른 유량, 양정, 축동력의 변화를 나타낸다.

$$Q_2 = Q_1\left(\frac{N_2}{N_1}\right)$$ 여기서, Q : 유량, N : 회전수

$$H_2 = H_1\left(\frac{N_2}{N_1}\right)^2$$ 여기서, H : 양정

$$L_2 = L_1\left(\frac{N_2}{N_1}\right)^3$$ 여기서, L : 축동력

5) 공동(Cavitation)현상

(1) 개요

① 흡입양정이 크거나 회전수가 고속일 경우 흡입관의 마찰저항 증가에 따른 압력강하로 수중에 함유되어 있던 공기가 분리되어 작은 기포가 다수 발생하게 되는 현상으로 기포의 발생과 소멸이 반복되어 펌프에 소음 및 진동이 발생하고, 심하면 임펠러를 침식시킨다.

② 펌프가 고속으로 회전(임펠러 회전)하면 속도 증가에 따라 압력이 급격히 내려가고 포화증기압까지 내려가면 물속에 녹아있던 산소가 증발하기 시작한다. 이렇게 산소가 생성, 발달, 소멸하면서 끊임없이 임펠러에 충격을 가해 결국에는 임펠러가 깨어지게 된다.

③ 관의 길이가 길어지면 관 내벽 마찰저항으로 압력이 떨어지고, 유체의 온도가 올라가면 역시 포화증기압의 상승으로 좀 더 쉽게 산소가 증발하기 시작한다. 하지만 이것은 캐비테이션의 주요 원인은 아니고 발생을 조금 더 증가시키는 요소일 뿐이다.

④ 물이 든 컵에 젓가락이나 빨대 등으로 휘저어주면 젓가락이나 빨대 주위에서 기포가 생성되는 것을 볼 수 있다. 이 경우가 우리들이 가장 쉽게 생활 속에서 발견할 수 있는 공동현상이다.

(2) 원인

① 펌프의 설치위치가 수원보다 높을 때(흡입을 위해 압력을 많이 낮춰야 한다.)
② 흡입관경이 작고 길이가 길 때(관경이 작으면 유속이 빨라지고 압력이 떨어진다.)
③ 유속이 빠르고 흡입양정이 클 때(유속이 빠르면 압력이 떨어진다.)
④ 흡입관의 마찰저항이 클 때(마찰로 인해 손실수두가 발생하면 속도와 압력이 떨어진다.)
⑤ 흡입관에서의 공기 누입 시
⑥ 유체의 온도가 높을 때(온도가 높으면 좀 더 높은 압력에서도 쉽게 증발할 수 있다.)

(3) 방지 대책

① 흡입관경을 크게 하고 길이를 짧게 한다.
② 펌프의 설치위치를 낮추어 흡입양정을 짧게 한다.
③ 펌프의 회전차를 수중에 잠기게 한다.
④ 펌프의 회전수를 낮추에 속도를 줄인다.
⑤ 양흡입 펌프를 사용한다.

> **TIP** 펌프의 연결
> ① 유량 부족 시 : 2대 이상의 펌프를 병렬로 연결하여 유량을 증가시킨다.
> ② 양정 부족 시 : 2대 이상의 펌프를 직렬로 연결하여 양정을 증가시킨다.

SECTION 06 송풍기(Blower)

1) 송풍기의 분류

(1) 원심식

다익(多翼)형(시로코형), 터보형, 리밋로드형, 플레이트형, 애로우휠형 등

(2) 축류형

프로펠러형, 베인형 등

2) 송풍기의 특징

(1) 다익(多翼)형(Sirocco Fan)

다수의 전향날개를 설치한 형식

① 풍량이 많고 풍압은 낮다.

② 큰 동력이 필요하다.

③ 효율이 낮다.

④ 제작비가 싸다.

(2) 터보형(Turbo Fan)

후향날개를 16~24개 정도 설치한 형식

① 풍압이 높다.

② 대형이며 가격이 비싸다.

③ 효율이 좋다.

④ 고속회전으로 소음이 크다.

(3) 플레이트형(Plate Fan)

방사형 날개를 6~12개 정도 설치한 형식

① 풍량이 비교적 적다.

② 풍압이 비교적 낮다.

③ 효율이 좋다.

④ 플레이트의 교체가 쉽다.

(4) 축류형(Axial Fan)

프로펠러형으로 환기용 및 배기용으로 사용

① 풍압이 낮다.

② 풍량이 많다.

③ 효율이 좋다.

④ 소음 발생이 심하다.

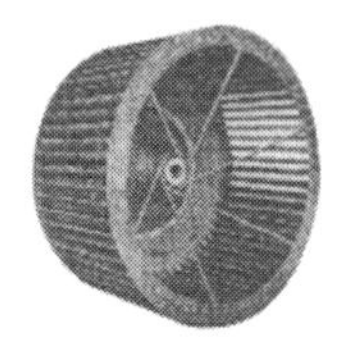

| 다익송풍기 |

| 터보형 송풍기 |

| 축류송풍기 |

3) 송풍기의 풍량 조절방법

① 송풍기의 회전수를 변화시킨다.
② 댐퍼의 넓이를 조절한다.
③ 흡입 베인을 조절한다.
④ 가변피치를 제어한다.

4) 송풍기 소요동력

(1) 공기동력

$$\text{kW} = \frac{Q \times P}{102 \times 60}$$

$$\text{PS} = \frac{Q \times P}{75 \times 60}$$

(2) 축동력

$$\text{kW} = \frac{Q \times P}{102 \times 60 \times \eta_f}$$

$$\text{PS} = \frac{Q \times P}{75 \times 60 \times \eta_f}$$

여기서, Q : 풍량(m^3/min), P : 풍압(mmH_2O, kg/m^2), η_f : 송풍기 효율

※ 송풍기의 결정 : 송풍량과 정압이 덕트설계에 의해 계산되면 선정한다.

5) 송풍기의 상사법칙

송풍기의 회전수를 변화시켰을 때 회전수 변화에 따른 풍량, 풍압, 축동력의 변화를 나타낸다.

$$Q_2 = Q_1\left(\frac{N_2}{N_1}\right)$$

여기서, Q : 풍량, N : 회전수

$$P_2 = P_1\left(\frac{N_2}{N_1}\right)^2$$

여기서, P : 풍압(전압, 정압)

$$L_2 = L_1\left(\frac{N_2}{N_1}\right)^3$$

여기서, L : 축동력

6) 송풍기 번호

(1) 원심형 송풍기

$$\text{No}(\#) = \frac{\text{임펠러 지름(mm)}}{150}$$

(2) 축류형 송풍기

$$\text{No}(\#) = \frac{\text{임펠러 지름(mm)}}{100}$$

7) 맥동(Surging) 현상

펌프나 송풍기의 운전 중에 유량과 압력이 주기적으로 변화되어 한숨을 쉬는 것과 같은 상태가 되어 펌프인 경우 입구와 출구의 연성계, 압력계, 전류계의 지침이 흔들리는 동시에 송출유량이 변화되는 현상

SECTION 07 Air Filter의 종류

공기 중의 오염물질을 제거하는 장치로 필터의 성능은 압력손실, 분진포집률, 분진포집 중량으로 나타내며, 성능 측정법에는 중량법, 비색법, 계수법의 3가지가 있다.

1) 여과식

건식 여과재(부직포, 유리섬유, 철망, 폴리우레탄폼, 비닐 스폰지셀룰로오스, 석면, 특수처리지)를 이용하여 여과매체의 밀도에 의해서 분진을 여과 포집한다.

(1) 패널형(재생형, 비재생형)

공조기 프레임에 조립하여 일정 주기로 교환한다.

(2) 자동권취형

타이머나 여과재 전후 차압을 검출하여 자동으로 여과재를 회전한다.

(3) 고성능필터(HEPA : High Efficiency Perticulate Air)

유닛 필터의 일종이며 $0.3\mu m$ 정도의 미세한 먼지 입자의 포집률이 99.97% 이상으로 산업용 클린룸(ICR : Industrial Clean Room), 바이오 클린룸(Bioclean Room), 방사선 물질을 취급하는 시설 등에서 사용된다.

① 초고성능(ULPA : Ultra Low Penetration Air) 필터
최근 반도체 제조공장에서 $0.1\mu m$의 부유 미립자를 제거할 목적으로 클래스 10 이하의 초청정 클린룸(Super Clean Room)용으로 사용한다.

② 여과식 자동세정형
여재에 분진이 포집되어 압력손실이 증대하면 진공청소기가 자동적으로 구동해서 여재 표면을

흡인노즐이 상하좌우로 움직이며 흡인하여 표면에 포집된 분진을 제거해서 재생한다. 분진 종류에 따라 장시간 사용이 가능하다.

③ 여과식 자동경신형

Role 형상의 유리섬유 또는 부직포 여재를 조금씩 풀어 내리면서 장시간 사용할 수 있도록 만든 것으로서 풀어내리는 기능은 타이머에 의한 것과 차압 스위치에 의한 것이 있다. 포집효율은 높지 않으나 보수 관리가 용이하므로 일반 공조용으로 널리 사용되고 있다.

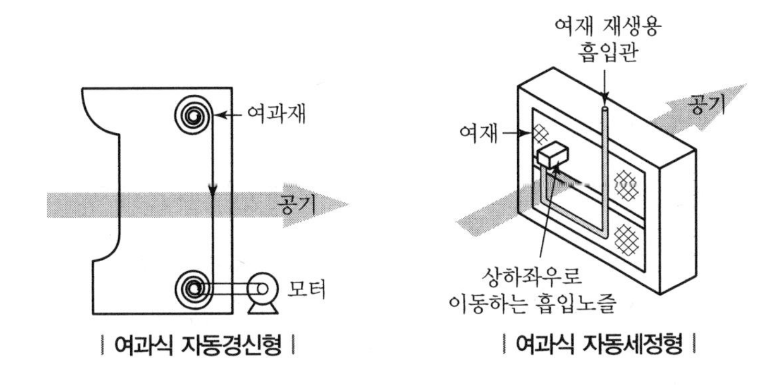

| 여과식 자동경신형 | | 여과식 자동세정형 |

2) 점착식

① 금속망, 스크린, 섬유류 순으로 구성되어 있으며 여과재를 기름으로 담가 회전시켜 세정한다.

② 유닛형도 있으나, 기름이 비산되므로 식품관계의 공조용으로는 사용하지 않는다.

③ 점착제를 바른 비교적 성긴 여과매체에 분진을 충돌시켜서 점착 제거한다.

3) 정전식(EAC : Electronic Air Cleaner)

공조기를 통과하는 부유분진에 직류 고전압을 하전시켜 분진을 제거하며, 효율이 가장 높고 미세한 먼지나 세균도 제거되므로 병원, 정밀기계공장, 고급빌딩에서 채용된다. 공조용으로 많이 사용되고 있는 정전식 공기정화 장치는 직류 고전압 방전 시 생기는 오존을 줄이기 위해 모두 양극방전을 사용한다. 2단 하전형과 1단 하전용(여재 유전형)의 2종류가 있으며, 일반적으로 방전부(이온화부)와 집진극판을 가지는 2단 하전형이 많이 쓰인다. 이온화부에 유입하는 공기 중의 분진은 대전되어 집진부나 여재의 음극판 및 양극판에 흡입된다. 분진제거 방법은 자동세정형, 정시세정형, 자동경신형이 있다.

(1) 2단 하전식(이온화형)

공기 입구 측인 제1단의 전리부에 10~12kV의 (+)전류를 방전하면 이 곳을 통과하는 먼지는 (+)로 대전된다. 제2단은 집진부로 극판에 5~6kV의 직류극판을 만들어 주면 (−)극판에 집진된다. 세척 방법에는 수세식 노즐과 오일 세정이 있다.

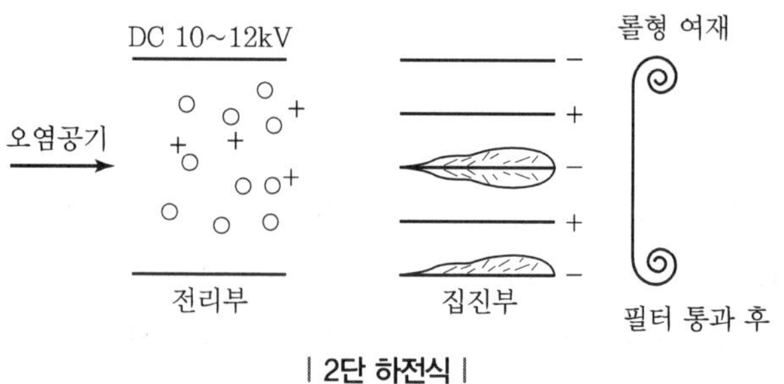

| 2단 하전식 |

(2) 여과재 유전식

집진부 대신에 정전기로 된 건식 패널필터로 되어 있다.

(3) 정전식 자동세정형

이온화부에 유입하는 공기 중의 분진은 대전되어 집진부의 회전 음극판 및 고정 양극판에 흡입되나 극판에 포집된 분진은 회전하면서 하부 유조(油槽) 중에서 제거된다.

(4) 정전식 자동경신형

하전부에서 대전된 먼지는 응집부에서 극판에 부착해서 쌓이고 분진이 많이 쌓이면 분자 간의 인력에 의해 분진의 응괴가 생기고 일정량에 달하면 공기류에 의해 이탈되어 집진부의 여재에 부착 집진된다. 응집된 분진의 크기는 10μm 이상이다.

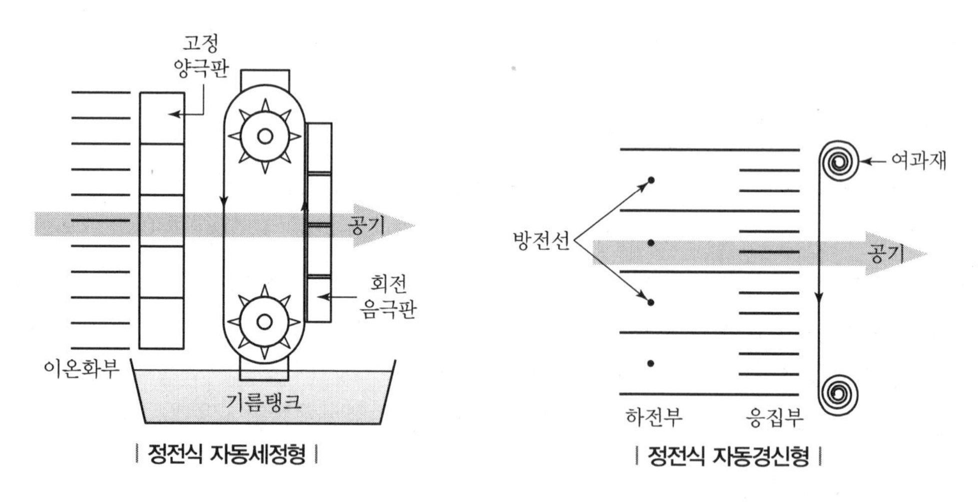

| 정전식 자동세정형 | | 정전식 자동경신형 |

4) 활성탄 필터

유해가스(SO_2), 냄새, 박테리아, 세균까지 제거한다.

SECTION 08 Air Filter의 성능 시험방법

1) 중량법(Air Filter Institute)

① Pre Filter에 적용한다.

② 적용대상 분진의 입경은 $0.1\mu m$ 이상으로 일반 공조용의 외기 및 실내공기 중의 부유분진 포집용에 적용한다.

③ 비교적 큰 입자(분진입경 $1\mu m$ 이상)가 대상이고 측정시간이 많이 소요된다.

④ 상류 측에 시험용 Filter를, 하류 측에 절대 Filter를 설치하여 분진을 공급한 다음 시험용 Filter와 절대 Filter의 중량 차이로 측정한다.

⑤ 효율

$$\upsilon(\%) = \left(1 - \frac{w_2}{w_1}\right) \times 100$$

여기서, w_1 : 공급된 분진량(g), w_2 : 절대 Filter가 포집한 분진량(g)

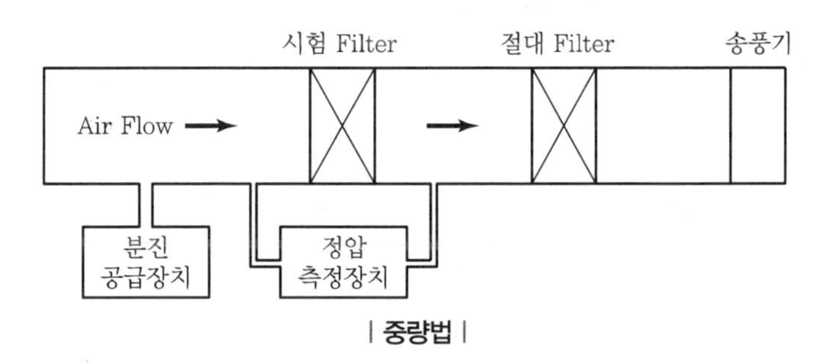

| 중량법 |

2) 비색법(National Bureau of Standard, NBS법)

① 중성능 필터에 적용한다.

② 광투과식 측정방식의 일종이다.

③ 분진입경 $0.1\mu m$ 이하가 대상(중량법에서 분진포집률이 90% 이상일 때 사용)이고 시간이 많이 소요된다.(중량법보다는 짧음)

④ 상류 측과 하류 측에 각각 여과지를 설치하고 일정시간 동안 공기를 통과시켜 2매의 여과지가 불투명도로 변하는 시간을 정하여 광투과하여 성능을 측정한다.

⑤ 효율

$$\upsilon(\%) = \left(1 - \frac{c_2}{c_1}\right) \times 100$$

여기서, c_1 : 상류 측 분진 농도 상당치, c_2 : 하류 측 분진 농도 상당치

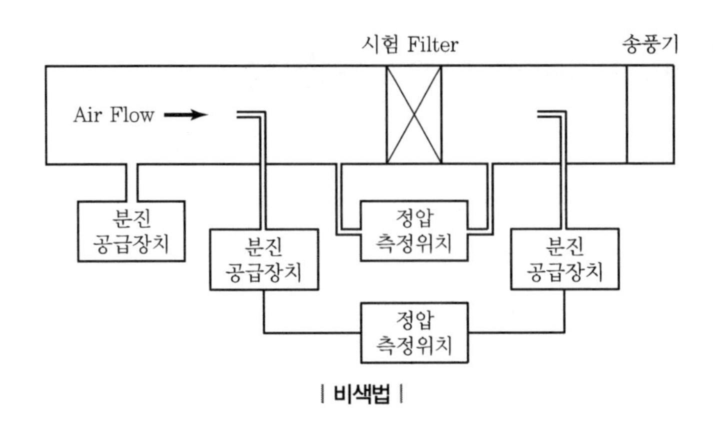

| 비색법 |

3) 계수법(Dioctyl Phtalate, DOP 단분산 계수법)

① 고성능 필터에 적용하며 광산란식 측정방법의 일종이다.

② 미립자 수에 의거하여 시험 Filter 입 · 출구 쪽 미립자 농도를 비교하는 것으로 계수법이라 부른다.

③ 고성능 필터 측정법이며 중량법, 비색법의 방법으로 분진포집률이 100%일 경우에 적용한다.

④ DOP 에어로졸(인공적으로 발생시킨 일종의 매연)의 작은 입자(0.3μm)를 주입시키고 상류 측과 하류 측에서 각각 광란식 입자 계수기에 의해 아주 미세한 입경과 개수를 계측하여 농도를 측정한다. (시험공기는 고도의 청정공기)

⑤ 효율

$$\upsilon(\%) = \left(1 - \frac{c_2}{c_1}\right) \times 100$$

여기서, c_1 : 상류 측 분진 농도 상당치, c_2 : 하류 측 분진 농도 상당치

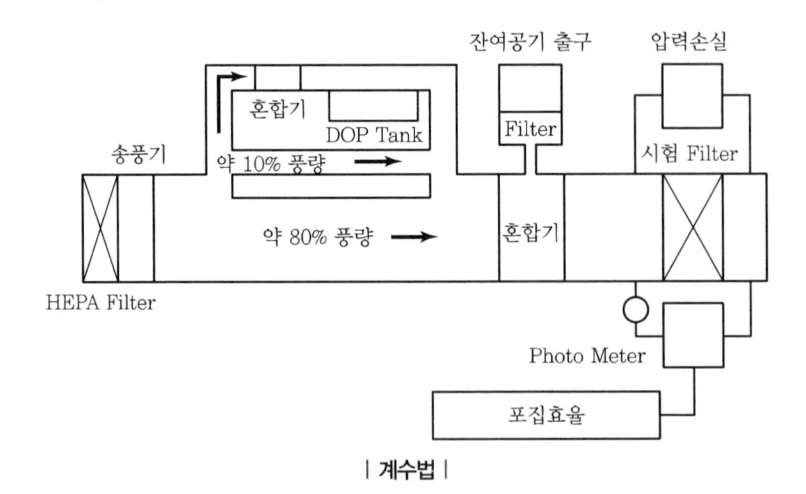

| 계수법 |

SECTION 09 공조용 가습장치

실내 공기의 습도 상태를 적정하게 유지하거나 실용도상 요구되는 습도 수준을 맞추기 위해 공조 장치의 하나로 가습 장치가 필요하다.

1) 가습기의 분류

(1) 증기식

① 무균이며 공기를 오염시키거나 공기 온도를 저하시키지 않는다.
② 세균, 불순물의 비산 우려가 없다.
③ 가습량 제어를 용이하게 할 수 있다.
④ 물속에 함유된 불순물 제거에 유의한다.
⑤ 설치장소에 관계없이 양호한 가습효과를 얻을 수 있다.
⑥ 분무장치가 간단하다.
⑦ 종류 : 전열식, 전극식, 적외선식, 과열증기식, 노즐분사식

구분	내용
전열식	• 가열팬 내의 물을 전기히터로 가열해 증기를 발생시킨다. • 증발 잔류물이 부착되는 것을 막기 위하여 가열팬을 수시로 청소해주어야 한다.
전극식	수조의 물속에 전극판을 넣어 가열한다.
적외선식	• 적외선 램프의 복사열에 의해 물을 가열한다. • 램프를 주기적으로 교체해야 한다.(약 8만 시간)
과열증기식	• 증기를 과열시켜 공기 중에 분사시킨다. • 일부 증기가 결로되므로 드레인관이 필요하다. • 소음이 발생한다.
노즐분사식	• 분무 노즐을 통해 수증기 압력을 0.5k 이하로 낮춰 분사하여 가습한다. • 확산관으로 결로수를 처리하고 감습하는 것이 특징이다.

(2) 물분무식

① 분사력 및 초음파 진동 등으로 미세한 물 입자를 공기 중에 방출한다.
② 가습으로 공기의 온도강하가 있다.(항온항습에는 부담)
③ 가습량 제어성이 나쁘다.
④ 가습기 수조의 물 오염, 균 번식, 드레인 수, 곰팡이 등 위생상 문제가 있다.(병원 등 위생시설에 부적절하며, 철저한 수질 관리가 필요)
⑤ 소요동력이 작고, 가습 흡수 거리는 긴 편이다.
⑥ 종류 : 원심식, 초음파식, 분무식

원심식	회전판을 고속회전시켜 수조의 물을 빨아올려 얇은 수막이 형성되어 안개와 같이 비산되고 공기와 혼합되어 공급한다.
초음파식	수조 아래의 진동자를 작동시켜 초음파 진동을 발생시키면 수면으로부터 아주 미세한 물안개가 발생하고 이를 팬을 이용해 공급한다.
분무식	• 물을 가압시킨 후 분사노즐을 이용해 분사하거나 고압의 공기로 물을 유인해 분사노즐로 분사하는 방식이다. • 분사량 중 일부만 증발해 급기 중에 확산되고 나머지는 수적이 되어 낙하한다. • 노즐이 자주 막히지 않도록 관리에 주의한다.

(3) 기화식

① 젖은 표면에 공기를 통과시켜 습기를 증발시키는 방식이다.

② 가습의 응답이 대단히 늦어 대용량의 가습에는 적당치 않다.

③ 증발판이나 증발 소자의 청소가 필요하다.(오염 물질 부착 → 증발 효율 저하)

④ 결로나 불순물의 비산이 적다.

⑤ 가습량을 제어하기 쉽지 않다.

⑥ 온도강하가 있다.

⑦ 습도가 높거나 풍량이 적거나 온도가 낮을 경우 가습량이 적어진다.

⑧ 가습 장치 크기가 큰 편이고 난방 시 효과가 좋다.

⑨ 종류 : 회전식, 모세관식, 적하식, 에어워셔식

회전식	회전체 일부를 물에 접촉시킨 상태에서 저속으로 공기 중에 회전시켜 자연증발시켜 가습한다.
모세관식	흡수성이 강한 가습재를 물에 적셔 모세관현상으로 물을 빨아 올려 증발시킨다.
적하식	• 가습재 상부에서 물을 급수해 가습재가 젖어 내려갈 때 공기를 통과시켜 증발 가습한다. • 급수량과 증발량의 균형을 맞추기 어렵고 드레인관이 필요하다.
에어워셔식	체임버 내에 다수의 노즐을 설치하여 다량의 물을 공기와 접촉시켜 가습한다.

2) 가습기의 특성

(1) 수분무식 : 물을 공기 중에 직접 분무하는 방식

① 원심식

전동기로 원판을 고속회전하면 물은 흡수관을 통해 흡상되어 원판의 회전에 의한 원심력으로 미세화된 무화상태가 되고 전동기에 직결된 송풍기의 송풍력에 의해 공기 중에 방출된다.

② 초음파식

- 수조 내의 물에 전기입력 120~320W의 전력을 사용하여 초음파를 가하면 수면으로부터 수μm의 작은 물방울을 발생하여 공기 중에 방출한다.
- 가격이 높고 용량은 적으나 큰 수적의 유출이 없고 저온에서도 가습이 가능하여 가정, 전산실, 소규모 사무실에 적합하다.

③ 분무식

물을 공기 중에 가압펌프로 2.7~7kg/cm^{2}의 압력으로 노즐을 통해 분무한다.

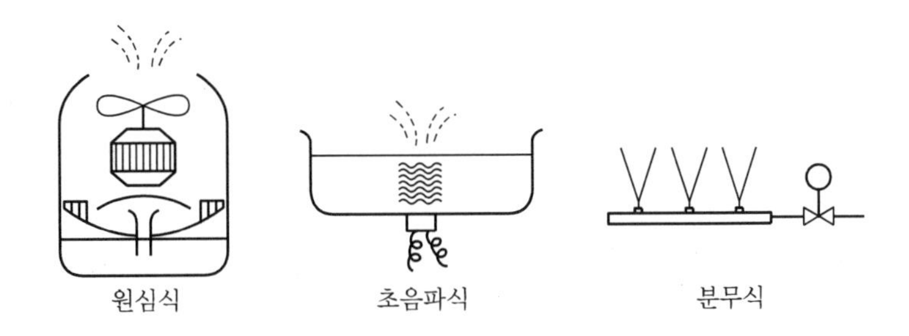

(2) 증기식

① 증기발생식 : 무균의 청정실이나 정밀한 습도제어가 요구되는 곳에 적합하다.

㉮ 전열식(가습팬)

가습팬 내에 있는 물을 증기 또는 전열기로 가열하며, 물의 증발에 의해 가습 수면의 면적이 작으므로 패키지의 소형 공조기에 사용한다.

㉯ 전극식

전열코일 대신에 전극판을 직접 수중에 넣어서 전기에너지, 열에너지로 전달되어 증기를 발생하여 가습한다.

㉰ 적외선식

물을 적외선 등으로 가열하여 증기를 발생시킨다.

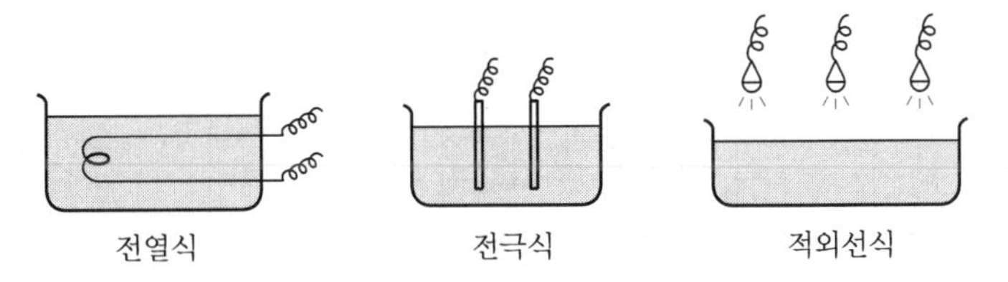

② 증기공급식 : 증기관에 작은 구멍을 뚫어 직접 공기 중에 분사 가습하는 방식으로 증기배관 및 드레인 배관이 필요하다.

㉮ 과열증기식

증기를 과열시켜 직접 공기 중에 분무하며, 가습효과율 100%이다.

㉯ 분무식

수증기를 분무노즐을 통해 0.5kg/cm^2 이하의 압력으로 분출하여 가습한다.

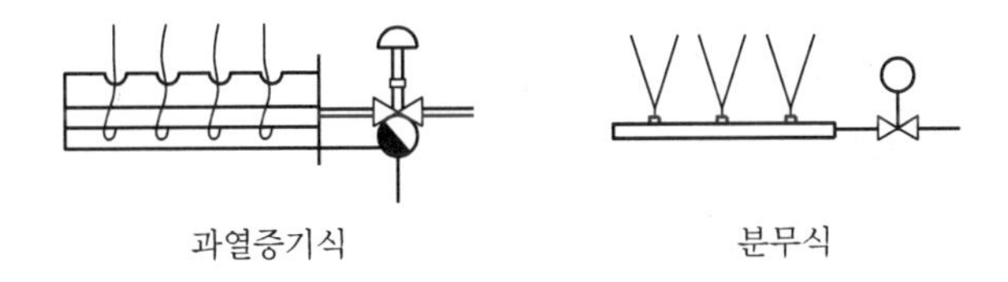

(3) 기화식(증발식) : 높은 습도를 요구하는 경우

① 회전식

회전체 일부를 물에 접촉시킨 상태에서 고속으로 회전하여 물을 비산시켜 가습한다.

② 모세관식

흡수성이 강한 섬유류를 물에 적셔서 모세관 현상으로 물을 빨아올리게 하고 공기를 통과시켜 가습한다.

③ 적하식

가습용 충진재의 상부에서 물을 뿌려 가습재를 통과하는 동안 통풍 기화시킨다.

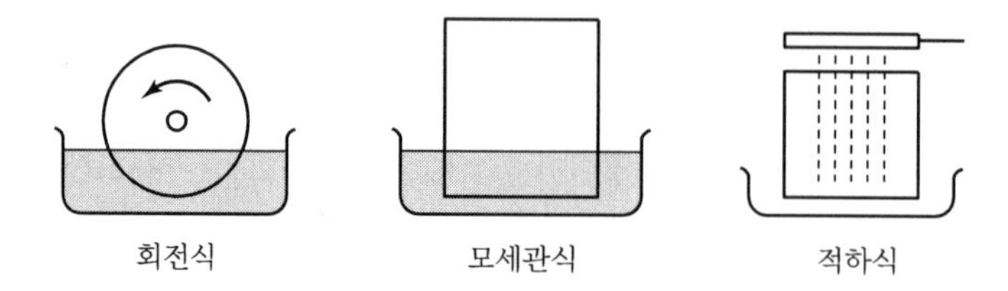

(4) 에어샤워에 의한 가습

① 체임버 내에 다수의 노즐을 설치하여 공기를 통과시켜 가습한다.

② 공기 습구온도와 물의 온도가 일치하면 단열가습이 된다.

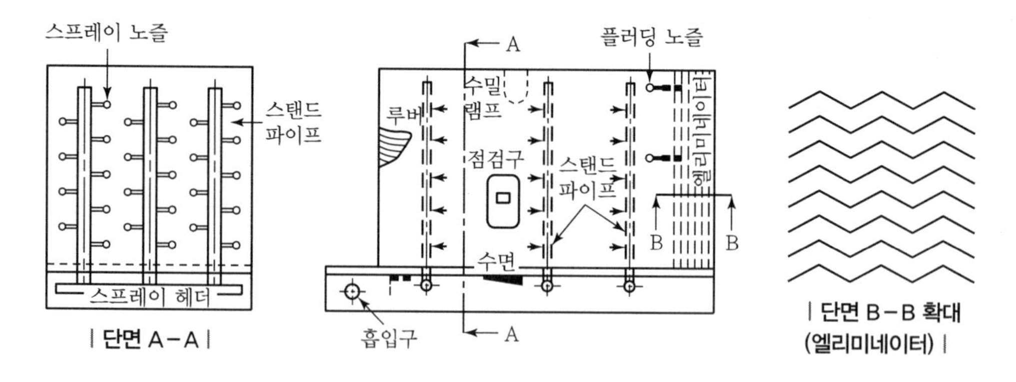

| 단면 A－A |

| 단면 B－B 확대 (엘리미네이터) |

SECTION 10 제습장치

1) 제습의 필요성

① 적절한 습도(40~70%)로 쾌적한 환경을 유지한다.

② 결로에 의한 장애를 방지한다.

③ 흡수성 제품의 품질 및 생산성 저하를 방지한다.

④ 녹을 방지한다.

⑤ 착상을 방지한다.

⑥ 건조 및 극저온 배관실의 수분을 제거한다.

⑦ 잠열 부하 제거로 에너지를 절감한다.

⑧ 우리나라 여름철 외기가 다습하여 공조 시 외기부하의 대부분이 잠열부하이므로, 제습을 통하여 잠열부하를 제거하고 신선한 외기를 항상 일정하게 공급하여 쾌적한 실내 공조를 제공한다.

2) 제습방법

(1) 냉각 감습장치

냉각코일을 이용하여 습공기를 노점온도 이하로 냉각하여 제습하는 방법 또는 공기세정기를 사용하는 방법이다.

① 특징
- 제습 외 냉각도 가능하며 출구온도 제어가 가능하다.
- 공기조화에서 일반적으로 사용한다.
- 노점온도 2℃ 이하로 사용할 경우 냉각코일 2개로 교대운전되는 저노점형 제습기로 구성한다.

② 방법
- 어떤 온도에서 습공기가 포화상태가 되어 이슬을 맺히기 시작하면, 냉각하면 냉각할수록 포함한 수분량은 적어져서 저노점의 공기가 된다.
- 제습한계는 냉각코일의 표면온도와 코일의 구조에 의해서 결정되고, Bypass Factor 또는 접촉열수에 의해 결정된다.

③ 단점
저노점으로 형성되므로 제습이 어려울 수 있다.(직팽코일, 브라인 활용 등의 방법이 필요)

(2) 압축식 제습법

① 특징
대기압상태의 공기를 압축하면 체적이 줄어 단위체적당 수증기량이 증가해서 포화수증기양이 초과하므로 응축되어 제습한다.

② 단점
공기 압축기를 사용해야 하므로 동력비가 많이 소요된다.(고효율의 압축기 채용이 필요)

(3) 흡수식 제습법

흡수성 수용액(염화리튬, 트리에틸렌글리콜)을 습한 공기와 접촉시켜 공기 중의 수분을 흡수하는 방법이다.

① 특징
- 고형 흡수제는 용기 내의 제습에 소규모로 쓰인다.
- 액상 흡수제일 경우 공기와 접촉면적 증대가 용이하므로 대규모 제습장치에 적합하며, 용액의 온도와 농도를 임의적으로 선정할 수 있으므로 재열 없이 목적하는 온습도를 얻을 수 있다.

- 액체 흡습제가 쓰이는 곳은 주로 냉각제습에서 코일 결상 문제가 일어나는 노점 4℃ 이하의 경우이다.
- 흡습제는 보통 살균성을 갖고 있으므로 소독효과가 있다.
- 처리공기의 압력손실이 적다.

② 단점

- 냉각제습에는 출구의 습도와 온도가 일정한 관계에 있어 보통 원하는 온습도를 재열 없이는 얻을 수 없지만, 그래도 극단적인 재열을 요하는 경우를 제외하고 흡수식 제습보다 냉각 제습법 쪽이 간단하고 경제적이다.
- 액체 제습제를 사용하는 제습장치에는 결정에 추출이나 분해가 있다(극도의 제습에는 고체 흡착제 쪽이 좋다).
- 흡습제 선정이 적절치 못하면 부식, 독성 등이 우려된다.
- 액체는 부식성이 강해 관리에 주의한다.
- 흡수제의 비산에 주의한다.

③ 액체 흡습제 사용 제습장치의 구조

- 염화나트륨 수용액과 트리에틸렌글리콜액 등은 대기에 노출시켜 두면 공기 중으로부터 수분을 흡수하여 서서히 희박하게 되는 성질을 이용한다.
- 제습부와 재생부로 나누어진다.
- 제습부는 흡습제와 공기 접촉면적을 증대하는 기구로 구성된다.
- 재생부는 액분배장치, 가열코일, 액상 제거부, 재생공기 송풍기로 구성된다.

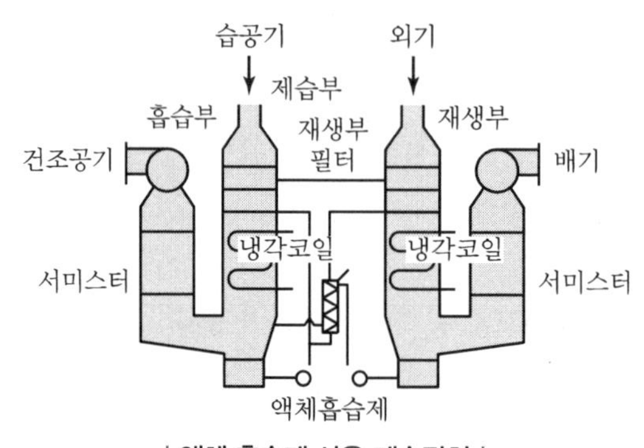

| 액체 흡습제 사용 제습장치 |

(4) 흡착식 제습법

건조제를 이용하여 습공기 중의 수분을 제거하는 방법으로 제습 시 냉각이나 압축이 불필요하다.

① 흡착제의 종류 : 실리카겔, 활성알루미나, 활성탄, 제올라이트

② 흡착현상 : 공기 중의 수분을 빨아들이는 것

③ 단점

흡착제들은 재생 온도나 사용 시간에 의해서 열화되며 원료 공기의 청정도에도 영향이 있다. 취입공기 중에는 먼지나 유분, 유화산소 등이 포함되어 있으며 열화한다.

④ 고정형 흡착식과 회전 흡착식의 비교

고정형 흡착식	• 흡착제에 공기를 통과시켜 모세관 현상으로 수분을 흡수한다. • 70℃ 정도의 저노점을 얻을 수 있다. • 흡착제 교환이 거의 불필요하다. • 8~80CMM 정도의 소풍량에 적합하다. • 구조가 간단하고 가동부분이 적어 유지보수가 용이하다. • 전환쇼크가 있고 재생온도가 높다.
회전 흡착식	• 실리카겔, 제올라이트가 합침된 허니콤 구조의 로터가 회전하면서 제습한다. • 온도 2~80℃의 범위에서 제습 가능하다. • 제습 후 공기온도가 상승한다. • 저습도의 경우 재생공기의 온도가 높다. • 전환쇼크가 없다.

3) 제습기 선정 시 고려사항

① 노점 온도와 처리 풍량

② 처리 공기의 온도

- 수영장 : 처리 공기의 온도가 높아도 무방
- 빙상장 : 처리 공기의 온도가 낮아야 유리

③ 사용 열원(냉각식 열원 불필요, 기타 방식에 따라 증기, 전기 등)

④ 설비비, 운전비, 유지관리비(흡착제 보충 · 교체비용 등)

⑤ 공조시스템과의 통합 여부(설치 공간 등)

데시칸트 공조(제습 냉방)

① 제습기와 공조기의 기능을 통합한 에너지 절약형 복합 장비

② 예랭 → 회전 흡착식 제습기 → 현열교환기 → 냉온수코일 → 실내 급기

③ 제습기 : 회전 흡착식(허니콤 로터), 3단계 구조(제습 → 재생 → 퍼지)

4) 제습기 선정 시 유의사항

① 제습공간의 사용목적

② 제습공기의 질

③ 습도조절범위 및 정도

④ 제습공기의 성분, 폭발성, 휘발성, 냄새

⑤ 제습장치의 사용시간대 : 연속, 간헐

⑥ 장치의 이동성 여부 : 고정장치, 이동장치

⑦ 초기 투자비용

⑧ 운전유지비용
⑨ 장치 및 운전이용도
⑩ 장비 및 설치공간의 크기
⑪ 관련 설비의 상호 연관성 : 냉수공급, 증기공급
⑫ 제습장비로 부하 유해물질 발생 여부
⑬ 장치의 운전 및 보수 유지성

SECTION 11 동절기 공기조화기에서 동결 방지 대책

동절기 공기조화기(AHU)에서 동파 방지 대책은 중요하다. 최근에는 연중 냉방을 요구하는 사무실이 늘어나고 에너지 절감 방안인 외기냉방으로 빙점 이하의 외기를 도입하거나 환기용 외기 도입 시 공조기(AHU) 내부의 일부 냉각코일이 동파되어 파손되는 현상이 자주 발생하므로 이에 대한 대책이 필요하다.

1) 건축설비 계획

① 해당 지역의 외기온도, 풍향, 풍속, 적설량 등 기상조건, 지반의 동결심도를 파악한다.
② 다설지역, 외기온도가 낮은 지역의 급기구, 급기용 예열코일의 위치를 파악하여 옥상 또는 외부와 노출지점에 설해 방지조치 또는 동파 방지 대책을 강구한다.
③ 급배수관 시공 시 지중매설배관은 동결심도보다 깊게 매설한다.(각 시도의 급수조례 참조)
④ 물의 동결현상이 일어나는 0℃ 이하인 곳의 동파 방지 방법을 강구한다.
- 통상 실내를 난방으로 상시 0℃ 이상 유지한다.
- 물의 온도가 0℃ 이상 되도록 유지한다.
- 물이 정체되지 않게 유동한다.
- 사용할 때 이외에 배수한다.
- 부동액(잔류냉수, 냉각수) 사용으로 동파를 방지한다.

⑤ 실제 계획설계 시에는 상기 조건 중 2가지 이상 만족하게 한다.
⑥ 주위 온도가 0℃ 이하로 강하하지 않도록 배려함이 최선이다.

2) 배관 계획

① 관의 선정 시 통과하는 실, 장소의 온도를 사전에 검토하여 저온이 되는 곳은 피한다.
② 배수장치는 관리에 편리한 위치로 선정한다.
③ 퇴수밸브, 동결방지밸브를 부착한다. 동결방지밸브는 수온에 의한 감열체의 수축, 팽창에 의해 자동적으로 밸브가 퇴수할 수 있는 구조이다.

3) 보온 및 동결 방지 대책

(1) 보온

① 방온 및 방동이 목적이다.

② 냉수배관의 경우 매립배관, 노출배관 표면에 결로 방지 및 보온으로 보온효과를 증대시킨다.

③ 석면, 규조토, Rock Well, Glass Wool, 염기성 탄산마그네슘, 탄화코르크, 우모펠트, 규산칼슘, 폼폴리스티렌, 펄라이트, 경질 우레탄폼 등을 용도에 따라 선택한다.

④ 정체상태 배관은 두께, 성능, 시공성이 우수해야 한다.

(2) 동결 방지

① 보온 두께에만 의지하지 말고, 실제적으로 배관의 위치를 고려한다. 외벽 부착 Pit Duct는 동결의 위험이 있으므로 배관에 전열선을 넣어 전기를 공급하여 보온한다.

② 급수관, 냉수관에 물이 흐르도록 냉수 등을 순환시킨다.

CHAPTER

10 열교환기

SECTION 01 열교환기의 종류 및 특성

1) 열교환기

열교환기란 유체가 포함하고 있는 열을 Tube 또는 Plate의 형태를 지닌 전열면을 통해 Cooling Water, Air, 유체 상호 간에 열전달을 일으켜 Heating, Cooling, Condensing 등의 기능을 수행하는 설비이다.

2) 사용목적에 따른 분류

① 가열기(Heater) : 유체를 가열하여 필요한 온도까지 상승시키는 목적으로 사용
② 예열기(Preheater) : 유체에 미리 열을 줌으로써 다음 단계의 효율을 양호하게 할 목적으로 사용
③ 과열기(Superheater) : 유체를 재차 가열하여 과열상태로 하기 위하여 사용
④ 증발기(Vaporizer) : 액체를 가열하여 증발시켜서 발생한 증기를 이용하고자 할 때 사용
⑤ 재비등기(Reboiler) : 장치 중에서 응축된 액체를 재차 가열, 증발시킬 목적으로 사용
⑥ 냉각기(Cooler) : 유체를 냉각하여 필요한 온도까지 낮출 목적으로 사용
⑦ 칠러(Chiller) : 빙점 이하인 저온으로 냉각시킬 목적으로 사용
⑧ 콘덴서(Condenser) : 응축성 기체를 냉각하여 액화시키는 목적에 사용. 특히 Steam을 응축시켜 물로 만드는 열교환기를 복수기라 한다.
⑨ 열교환기(Heat Exchanger) : 협의의 열교환기이며, 유체 간 열교환을 시켜서 동시에 한쪽을 가열, 다른 쪽을 냉각시키는 목적에 사용

3) 구조상의 분류

(1) Shell & Tube Type 열교환기

① Floating Type Heat Exchanger

- Tube Bundle의 Rear End Head Type에 따라 분류되는 것으로서 대형 중 · 저압유체를 Service하기에 적합한 열교환기로 비교적 유지보수가 용이하다.
- Stationary Head, Shell, Rear End Head의 조합에 따라 다양한 형식의 열교환기가 있다.
- Tube의 열팽창을 Floating Head가 늘어남으로써 흡수하며, 온도차가 큰 열교환에 주로 사용한다.

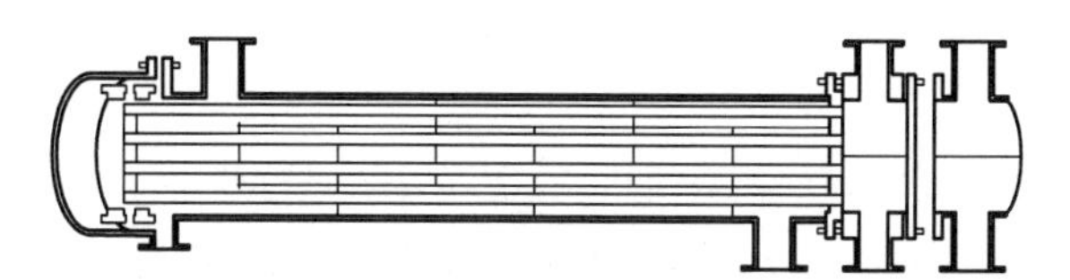

| Floating Type Heat Exchanger |

② Fixed Type Heat Exchanger

- Tube Bundle의 Floating Head 부위가 없이 Tube Sheet가 Shell에 완전히 고정 설치된 열교환기로 부식성이 적은 고압의 유체를 Service하는 데 적합하다.
- 청소와 같은 일반 정비작업은 용이하나 Shell Side의 청소, Tube의 부분교체 및 Retubing이 매우 어렵다.

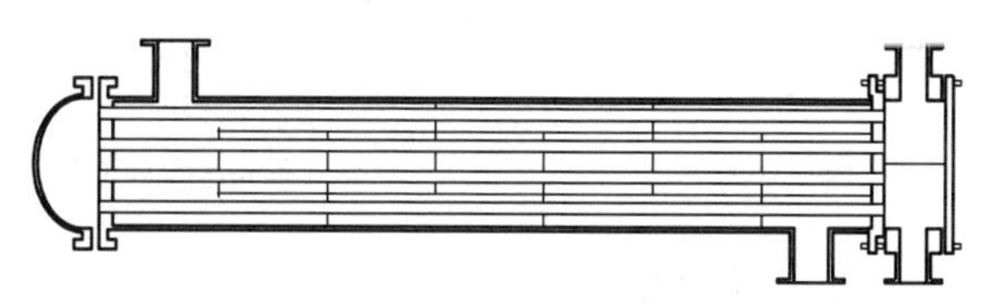

| Fixed Type Heat Exchanger |

③ U－tube Type Heat Exchanger

- Tube Bundle의 Rear End 부위가 U－bending되어 있어 Tube Side의 유체가 Stationary Tube Front End에서 In, Out Service되는 것이 특징으로 중 · 고압의 유체를 Service하는 데 적합하다.
- 분리, 조립이 어렵고 Outer Tube Layer를 제외한 Tube의 부분교체가 불가능하며, Tube Bundle Rear End의 Bending 때문에 운전 시 진동이 유발될 수 있다.

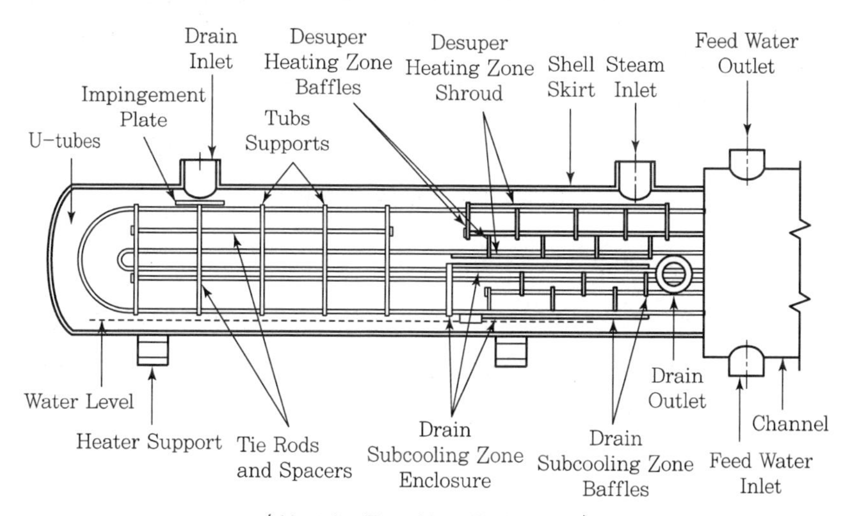

| U－tube Type Heat Exchanger |

(2) Air Fan Cooler

전열면적을 넓히기 위하여 Tube 외면에 Fin이 설치된 열교환기로서 Tube 내부에는 공정유체가 흐르며, 외부로는 Fan을 이용하여 공기를 강제통풍시켜 유체가 함유하고 있는 규정치 이상의 열을 냉각시켜서 Cooling 또는 Condensing을 목적으로 하는 열교환기이다.

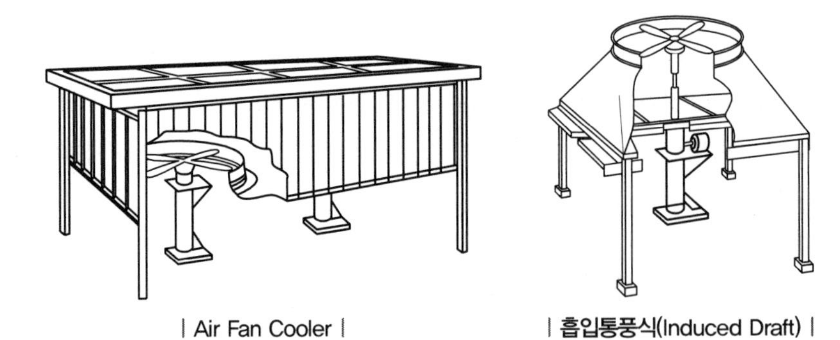

| Air Fan Cooler | | 흡입통풍식(Induced Draft) |

(3) Double Pipe Type Heat Exchanger

전열면적을 넓히기 위해 Tube 외부에 Horizontal Through Fin이 설치된 Fin Tube를 소구경의 Pipe로 된 Shell 내부에 설치한 열교환기로서, Fin Tube 내부로는 액체가 Service되고 Pipe로 된 Shell에는 기체상태의 유체가 Service되면서 기체상태의 유체가 함유하고 있는 규정치 이상의 열을 냉각시키는 열교환기이다.

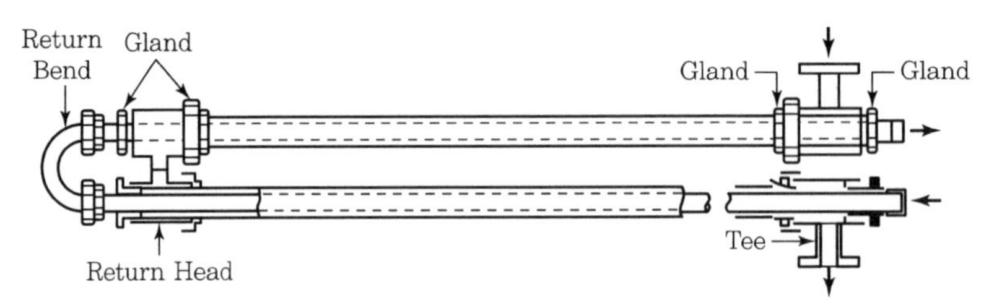

| Double Pipe Heat Exchanger |

(4) Plate Type Heat Exchanger

Tube와 Fin 대신에 얇은 판을 설치해서 판과 판 사이를 흐르는 유체의 온도차를 이용하여 열교환을 하는 열교환기로서, 열전달 효율이 매우 높고 청소, 조립작업이 용이하나 Brazed Type의 Plate Type Heat Exchanger의 경우는 수리작업이 불가능하다.

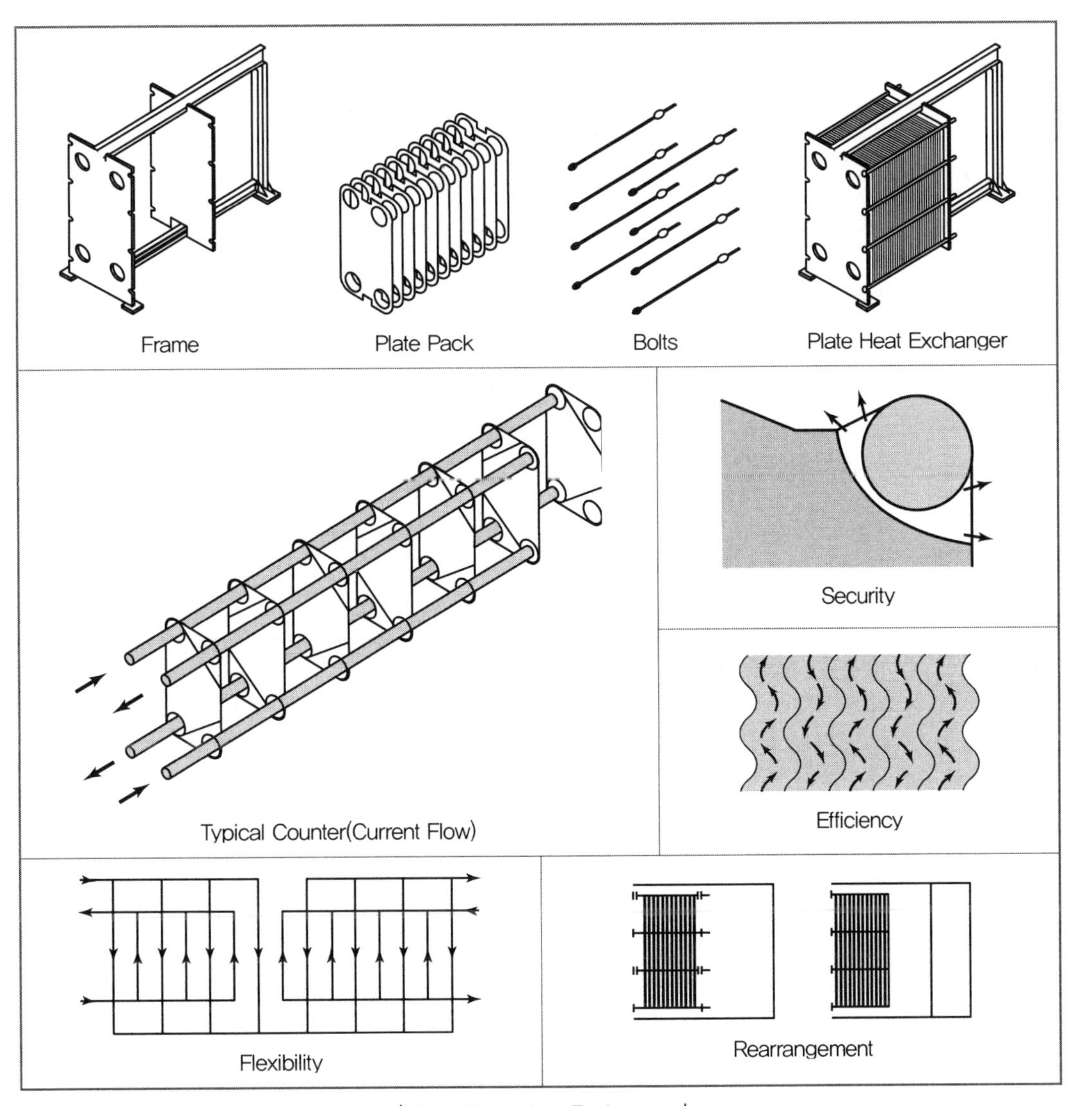

| Plate Type Heat Exchanger |

SECTION 02 열교환기의 종류별 적용 및 비교

유형	구조상 특징	적용	단점
Fixed Type	양측의 Tubesheet가 Shell에 용접되어 고정된다.	Shell 측의 유체가 고온 고압일 때 적용한다.	Shell 측 청소가 불가능하다.
Floating Head Type	양측의 Tubesheet가 열팽창의 영향을 받지 않는다.	부식이 심하지 않은 경우에 적용한다.	Floating Head의 Gasket 부분에서 누출의 위험이 있고 가격이 고가이다.
U-tube Type	1개의 Tubesheet로 되어 있으며 Tube는 U자형이다. 한쪽이 고정되지 않아 열팽창에 자유롭다.	Tube 측 고온 고압 부식성 유체에 적용한다.	Tube 측 과대유속은 Tube 내측을 손상시킬 우려가 있으며, Tube 측 청소가 곤란하고 액체 중에 유동입자가 있는 경우 좋지 않다.
Double Pipe Type	큰 외관의 가운데에 작은 내관이 위치하며, Shell 측의 유체는 환상부로 흐른다.	비교적 작은 면적을 요구할 경우 적용한다.	Pipe 수가 증가하면 비용이 커진다.
Air Cooled Type	대부분 Finned Tube를 사용하며 정방형이고 Fan을 사용하여 공기를 유동시킨다.	Condenser, Cooler에 적용하며, 초기 투자비가 증가하나 유지비가 감소한다.	최종냉각온도가 외기에 영향을 받으며, 설치면적이 크고 Fan 소음이 크다.
Plate Type	금속의 Plate를 성형하여 조립하고 그 사이로 유체가 흐른다.	액-액 열교환 방식으로 분해, 청소, 소독이 용이하며 콤팩트하다.	오염의 영향이 크다.

SECTION 03 평균온도차

1) 대수평균온도차(LMTD : Log Mean Temperature Difference)

코일이나 열교환기 등 유체로 열교환을 하는 경우 열교환과정에서 각 유체의 온도가 위치에 따라 다르므로 전체 열교환과정을 대표 물성값(총합 열전달계수 및 비열)과 평균온도로 해석하기 위해 정의한다. LMTD는 항상 산술평균값보다 작다.

(1) LMTD의 정의식

$$LMTD = \frac{\Delta T_1 - \Delta T_2}{\ln\frac{\Delta T_1}{\Delta T_2}} = \frac{\Delta T_2 - \Delta T_1}{\ln\frac{\Delta T_2}{\Delta T_1}} = \frac{\Delta T_2 - \Delta T_1}{2.3\log\frac{\Delta T_2}{\Delta T_1}} \qquad Q = UA \cdot LMTD$$

여기서, ΔT_1 : 입구 측에서 두 유체의 온도차

ΔT_2 : 출구 측에서 두 유체의 온도차

(2) 대향류와 평행류의 비교

동일한 공기온도와 수온 조건에서는 대향류의 LMTD가 크고 대향류 채택 시 열교환기의 크기를 작게 할 수 있다. LMTD가 큰 경우 코일의 전열면적 및 열수를 줄일 수 있어 경제적이며, 실제 열교환기에서는 Tube Pass와 Shell Type에 의한 보정 및 Baffie의 유무 등을 고려하고 직교류 열교환형태를 감안해야 한다.

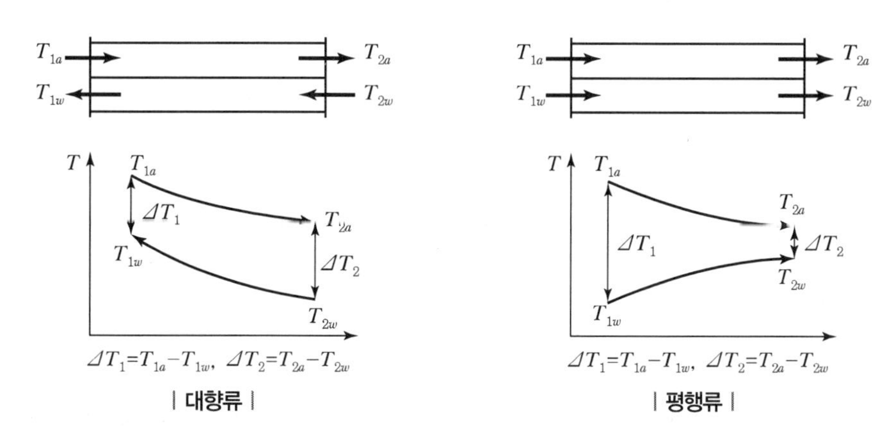

| 대향류 | | 평행류 |

(3) LMTD의 유도

① 조건

- 열교환기는 주변과 절연되어, 고온 유체와 저온 유체 사이에만 열교환한다.
- 관들을 따른 축방향의 전도는 무시한다.
- 위치에너지, 운동에너지의 변화는 무시한다.
- 유체의 비열과 총합열전달계수는 일정하다.

② 유도식

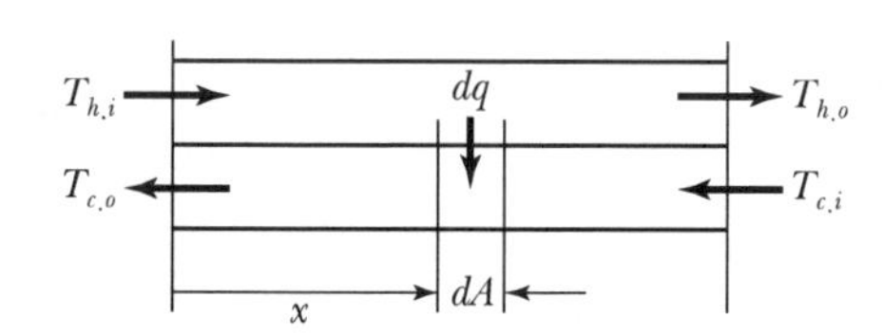

$$q = m_h C_{p.h}(T_{h.i} - T_{h.o}) = m_c C_{p.c}(T_{c.o} - T_{c.i})$$

$$dq = - m_h C_{p.h} dT_h = - m_c C_{p.c} dT_c = U(T_h - T_c)dA = U \cdot \Delta T \cdot dA$$

$$\therefore\ dT_h = \frac{-dq}{m_h C_{p.h}},\ dT_c = \frac{-dq}{m_c C_{p.c}}$$

$$d(\Delta T) = d(T_h - T_c) = dT_h - dT_c = -\left(\frac{1}{m_h C_{p.h}} - \frac{1}{m_c C_{p.c}}\right)dq$$

$$\therefore\ dq = \frac{-d(\Delta T)}{\dfrac{1}{m_h C_{p.h}} - \dfrac{1}{m_c C_{p.c}}} = U \cdot \Delta T \cdot dA$$

$$\ln\left(\frac{\Delta T_2}{\Delta T_1}\right) = -UA\left(\frac{1}{m_h C_{p.h}} - \frac{1}{m_c C_{p.c}}\right) = -UA\left(\frac{T_{h.i} - T_{h.o}}{q} - \frac{T_{c.o} - T_{c.i}}{q}\right)$$

$$= -UA\left(\frac{\Delta T_1 - \Delta T_2}{q}\right)$$

$$\therefore\ q = UA\frac{\Delta T_2 - \Delta T_1}{\ln\left(\frac{\Delta T_2}{\Delta T_1}\right)} = UA \cdot LMTD$$

$$\therefore\ LMTD = \frac{\Delta T_2 - \Delta T_1}{\ln\left(\frac{\Delta T_2}{\Delta T_1}\right)}$$

2) 산술평균온도차(AMTD : Arithmetic Mean Temperature Difference)

$$T_{am} = \frac{T_1 + T_2}{2}$$

AMTD는 냉매의 온도가 일반적으로 가열 표면에서 일정한 것으로 간주한다. 수계산으로 가능하고 사용하기 쉽다는 장점 때문에 실무에서 사용된다. 그러나 열교환기 입출입 온도가 클 경우에는 AMTD에 의한 값이 오차가 크기 때문에 LMTD를 이용해 계산해야 한다.

3) LMTD와 AMTD의 비교

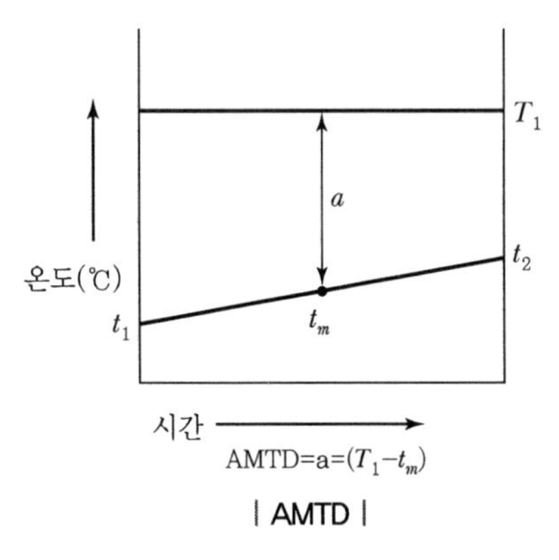

| AMTD |

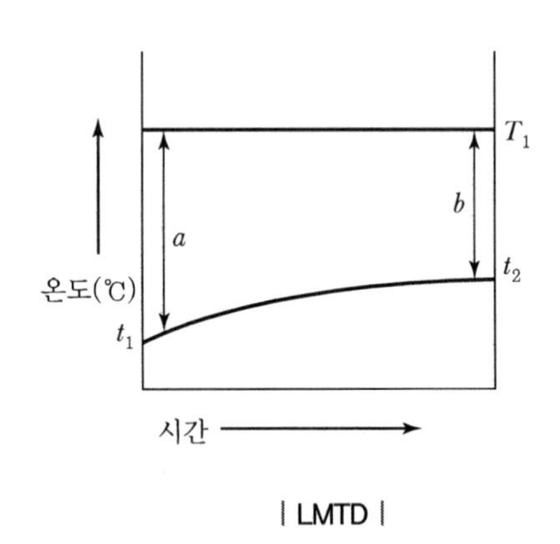

| LMTD |

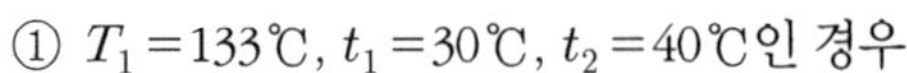
① T_1=133℃, t_1=30℃, t_2=40℃인 경우

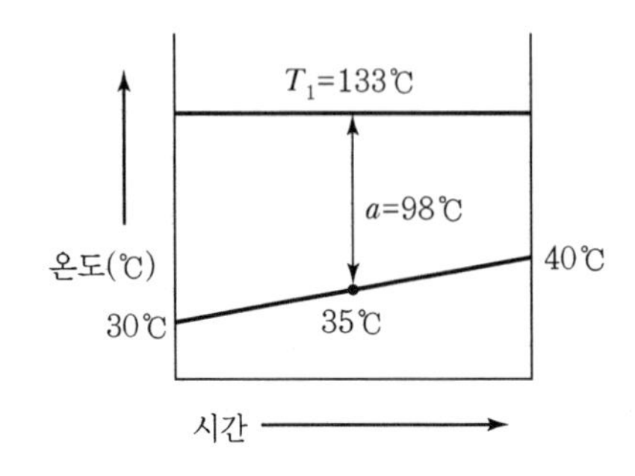

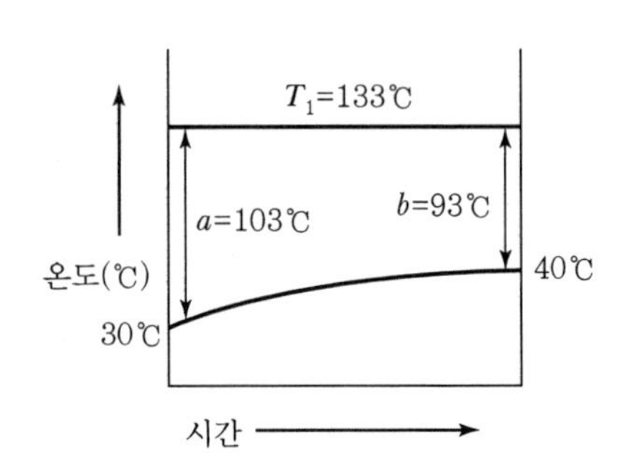

$$\text{AMTD} = \Delta T_{AM} = a = T_1 - t_m = (133 - 35)℃ = 98℃$$

$$\text{LMTD} = \Delta T_{LM} = \frac{a-b}{\ln\frac{a}{b}} = \frac{(133-30)-(133-40)}{\ln\frac{133-30}{133-40}} = 97.9℃$$

② $T_1 = 133℃$, $t_1 = 15℃$, $t_2 = 95℃$, $t_m = 55℃$인 경우

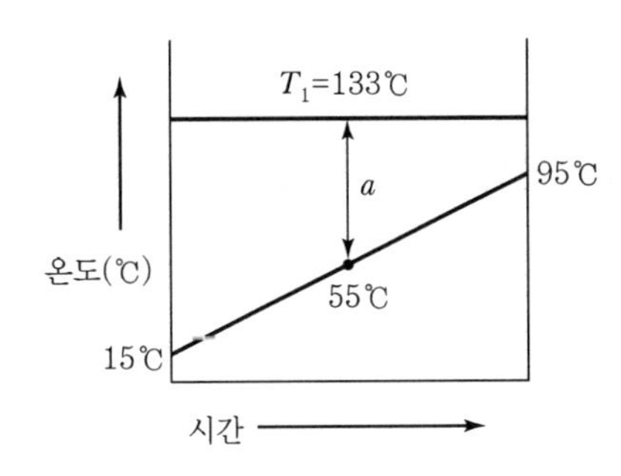

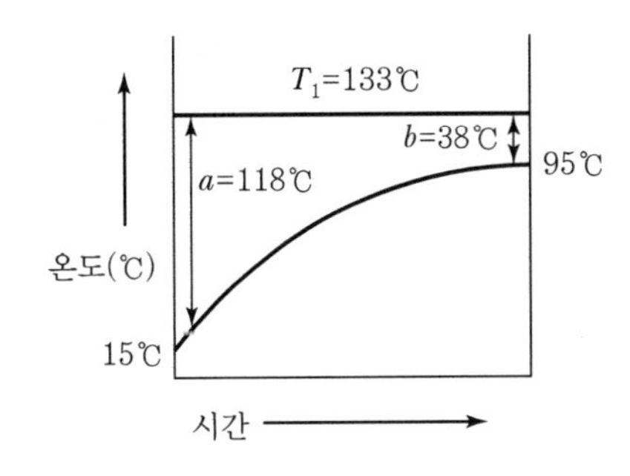

$$\text{AMTD} = \Delta T_{AM} = a = T_1 - t_m = (133 - 55)℃ = 78℃$$

$$\text{LMTD} = \Delta T_{LM} = \frac{a-b}{\ln\frac{a}{b}} = \frac{(133-15)-(133-95)}{\ln\frac{133-15}{133-95}} = 70.6℃$$

③ 입 · 출구 온도차가 크지 않을 때는 AMTD와 LMTD 값이 비슷하다. 하지만 열교환기 입 · 출구 온도차가 많이 나게 되면 AMTD와 LMTD 결과값이 많은 차이가 나는 것을 볼 수 있다. 그래서 LMTD를 사용하는 것을 권장한다. 보통 LMTD의 값은 5～10℃ 정도로 설계한다.

SECTION 04 전열교환기

- 에너지 절약 방법으로 실내에서의 배기와 환기용 외기를 열교환하여 현열과 잠열을 모두 교환하는 장치를 전열교환기라 한다.(엔탈피 교환장치)
- 설비비가 크고 기계실 면적이 증대한다.
- 외기의 최대부하 감소로 냉동기, 보일러, 코일 등의 용량을 작게 설계할 수 있으며 운전경비 절감이 가능하다.
- 실내외 온도차가 클수록 회수열량이 많아지며, 고온다습하고 한랭건조한 기후의 국내에서는 유용성이 크다.
- 일반 공조용의 열회수뿐만 아니라 보일러에 공급되는 외기에 예열용이나 쓰레기 소각장치 등에서 폐열회수용으로도 응용이 가능하다.

1) 종류

(1) 회전식

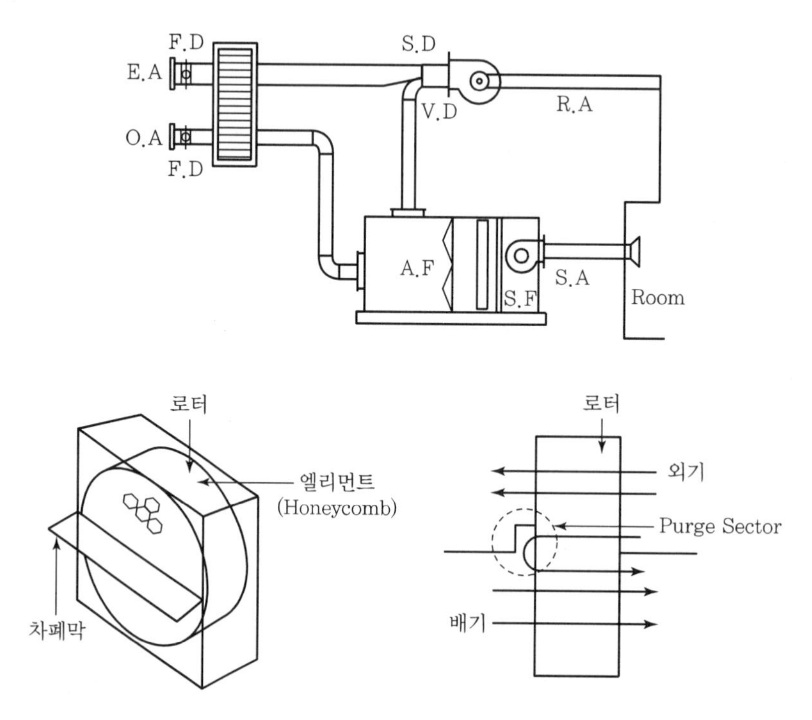

① 알루미늄 박지, 세라믹 파이버, 난연지, 석면 등으로 만든 얇은 판에 염화리튬과 같은 흡습재를 침투시켜 표면적이 최대가 되고 공기저항이 최소가 되도록 벌집형(Honeycomb)의 원통으로 제작한다.

② 흡습성이 있는 Honeycomb형의 로터를 외기의 유로와 배기의 유로에 교대로 회전시킨다.(11~13rpm)

③ 로터 상부에는 외기가 통하고 하부에는 실내배기를 통과시킨다.

④ 배기가 지닌 열과 습기를 회전자 엘리먼트에 흡착시키고 이 회전자를 저속으로 회전시켜 급기 쪽으로 옮긴다.

⑤ 현열과 동시에 잠열을 교환하는 엔탈피 교환장치이다.

⑥ 현열은 엘리먼트의 열용량에 의해, 잠열은 흡습제에 의해 축열, 재생이 반복된다.

⑦ 로터 내의 배기가 회전에 의하여 도입외기와 혼합하는 것을 방지하기 위하여 Purge Sector를 설치한다.

⑧ 설비비는 높으나 외기 피크부하를 감소시켜 열원기기 용량을 줄일 수 있으므로 초기 투자비 회수기간이 짧아진다.

⑨ 회전자 엘리먼트 구동방법에 따라 벨트구동, 체인구동이 있다.

⑩ 회전수 5rpm 이상에서는 효율이 대체로 일정하다.(실제 10rpm 전후 사용)

⑪ 효율은 전면풍속 3m/s이고, 외기량 : 배기량=1 : 1일 때 약 60~70%(최고 90%)이다.

⑫ 겨울철에는 배기의 온습도가 외기보다 높고 배기에 의하여 로터 소재의 온도와 수분 함유량이 상승하며 이것이 회전하여 외기와 접촉해서 온습도를 방출하여 외기에 주어진다. 그 결과 외기의 엔탈피는 $h_{o1} \rightarrow h_{o2}$로 상승한다.

⑬ 여름철에는 반대 현상으로 로터의 엘리먼트는 외기의 유로에서 고온습의 외기에 의하여 가열되고 흡습한다. 이 부분이 회전하여 실내에서의 배기의 유로에 들어가면 배기에 의하여 냉각 제습된다. 그 결과 외기엔탈피는 $h_{o1} \rightarrow h_{o2}$로 감소, 즉 열회수량 q(kcal)는 G를 외기량 kg/h라 하면 $q = G(h_{o1} - h_{o2})$이다.

(2) 고정식(직교류식)

① 열투과성과 투습성이 있는 재료로 격판을 만들어 그 양측을 흐르는 급배기 사이에서 외기 측 유로와 배기유로를 교대로 서로 방향을 바꾸어서 배열한다.

② Duct Cross 형식으로 엘리먼트는 고정된다.

③ 현열 및 잠열은 칸막이 판을 통하여 전달된다. 즉, 전열면 벽의 열전도와 투습성에 의하여 현열 및 잠열 이동이 이루어진다.

④ 외기 측과 배기가 혼합될 우려가 적다.

⑤ 입출구 덕트 연결이 어렵고 설치공간이 회전식에 비해 많이 차지한다.

⑥ 효율은 회전식보다 다소 떨어지나 큰 차이는 없다.(최고 효율 70%)

⑦ 직교류형과 향류형이 있다.

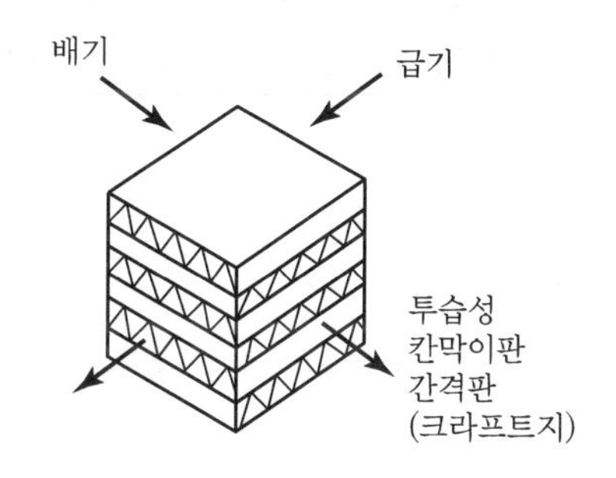

> **TIP** 전열교환기의 효율
>
> 외기를 기준으로 하여 배기풍량과 외기풍량이 같을 때 적용된다.
>
> ① 여름 $\eta = \dfrac{h_1' - h_2'}{h_2 - h_1}$ ② 겨울 $\eta = \dfrac{h_2' - h_1'}{h_1 - h_2}$
>
> 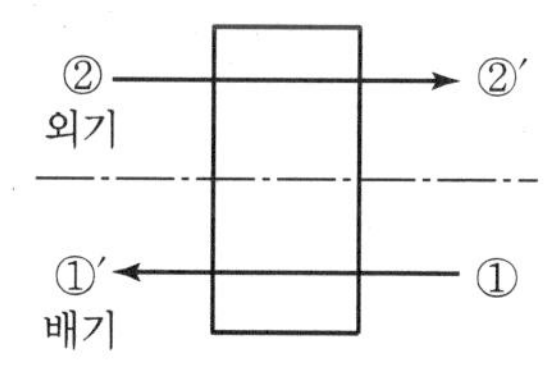
>

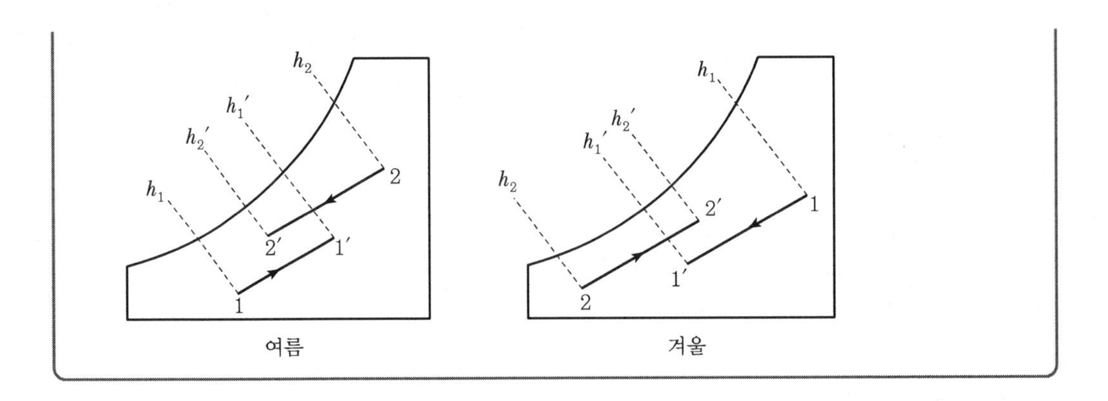

2) 전열교환기와 현열교환기

① 전열교환기는 공기 중의 기체의 열량(현열) 및 수분의 열량(잠열)을 천연 펄프지를 특수가공하여 만든 고투습 엘리먼트를 통해 70% 이상 제어하는 것을 말한다.

② 현열교환기란 공기 중의 기체의 열량(현열), 즉 온도만 금속제 또는 PE로 제작한 엘리먼트로 제어하는 것을 말한다.

③ 총 에너지 회수열량을 전열 회수량으로 계산하면 현열교환기에 비해 약 2.5배의 큰 에너지회수율을 나타내며, 이러한 차이는 금속재질의 현열교환기는 수분의 이동(잠열)에 따른 잠열 회수능력이 없기 때문이다.

④ 전열교환기는 고투습 엘리먼트를 통해 공기 중의 온도및 습도를 제어하여 재실자에게 쾌적함을 제공하고, 현열교환기는 온도만 제어하므로 실내가 건조해지는 단점이 있다.

SECTION 05 Heat Pipe

- 밀폐된 관 내에 기상과 액상으로 상호 변화하기 쉬운 작동매체를 봉입하고 그 매체의 상변화 시의 잠열을 증대하고 유동에 의해 열을 수송하는 장치이다.
- 예를 들면, 관 내부에 물이나 암모니아, 냉매(프레온) 등의 증발성 액체를 밀봉하고 관의 양단에 온도차가 있으면 그 액이 고온부에서 증발하고 저온부로 흘러가 방열해서 액화되고, 모세관 현상으로 다시 고온부로 순환하는 장치로서 작은 온도차라도 대량의 열을 이송할 수 있다.
- 배열을 회수하기 위한 일종의 열교환기이다.
- 밀봉된 용기와 Wick 구조체 및 증기공간에 의해 구성되며, 길이방향으로 증발부, 단열부 및 응축부로 구성된다.

1) 구조

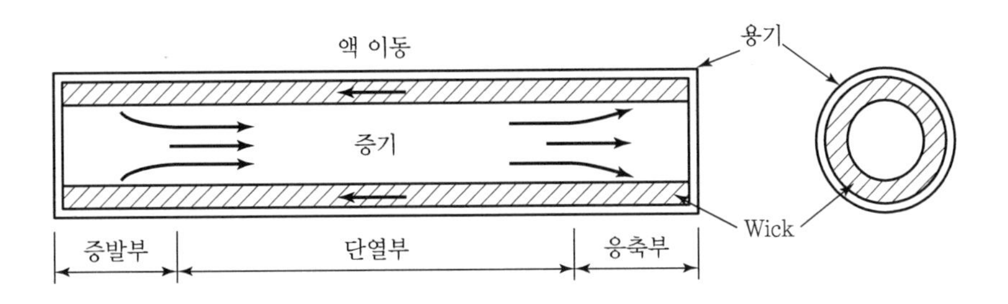

(1) 증발부

① 밀봉된 용기 바깥의 열원에서 열에너지를 용기 안에 전달하여 작동유체가 증발한다.
② 작동유체가 열원의 열에너지를 받아 증발하는 부분이다.
③ 밀봉된 용기 바깥의 열원에서 열에너지를 용기 안에 전달하여 작동유체가 증발한다.

(2) 응축부

① 열을 용기 밖으로 방출하여 작동유체인 증기를 응축시킨다.
② 작동유체인 증기를 응축시켜 열에너지(응축잠열)를 방출하는 부분이다.
③ 열을 용기 바깥으로 방출하여 작동유체인 증기를 응축시킨다.

(3) 단열부

① 열원과 흡열원이 떨어져 있는 경우 작동유체의 통로를 구성하며 외부와 단열되어 있다.
② 작동유체의 통로를 구성하여 외부와의 열교환이 없는 부분이다.
③ 열원과 흡열원이 떨어져 있는 경우 작동유체의 통로를 구성하며 외부와는 단열되어 있다.

2) 작동원리

① 외부의 열원으로 증발부를 가열하면 관벽, Wick에서 액 온도가 상승하여 증발한다.
② 증발된 증기는 보다 낮은 온도(압력)인 응축부로 이동한다.
③ 증기는 응축부에서 응축하면서 잠열을 흡열원에 방출한다.
④ 응축된 액은 모세관 작용으로 Wick를 통해 증발부로 환류됨으로써 사이클을 완성한다.

3) Wick

(1) 재질

금망, 발포제, 펠트, 섬유, 소결금속 등의 다양한 물질과 파이프 벽면에 홈을 판 것을 사용한다.

(2) 기능

① 모세관 작용에 의하여 작동액을 응축부에서 증발부로 환류한다.

② 증발부 전체에 작동액을 분배한다.
③ 액과 증기의 경계면에 세공을 만들어 모세관 작용으로 증발부의 Wick를 항상 젖어있게 한다.
④ 용기의 내면과 외부와의 열류의 통로이다.

(3) 구비조건

① 모세관 현상을 증가시키기 위하여 표면은 될 수 있는 한 세공이 작아야 한다.
② 응축부에서 증발부로 환류하는 액의 저항을 줄이기 위해 내부 세공은 커야 한다.
③ 열저항을 작게 하기 위하여 양호한 열전도가 연속되어야 한다.

4) 작동매체

① 극저온(−150℃↓) : 수소, 네온, 질소, 산소, 메탄
② 상온 : 프레온, 메탄올, 암모니아, 물
③ 고온(350℃↑) : 수은, 칼륨, 은, 나트륨

5) 장점

① 고성능이고 소경량이며 소음, 진동이 없다.
② 가동부가 없고 사용장소에 제약이 없다.
③ 반영구적이다.(유지보수비용이 거의 전무)
④ 오염이 없다.
⑤ 열응답성이 빠르다.
⑥ 무중력하에서도 작동 가능하다.
⑦ 표면의 온도분포가 균일하다.

6) 단점

① 길이에 영향을 받는다.(너무 길면 곤란)
② 대용량은 곤란하다.
③ 현열교환만 가능하다.

7) 용도 및 응용

(1) 액체금속의 히트 파이프

① 단순 열전달
② 한 방향으로 열전달이 가능하게 하는 열 다이오드(Thermal Diode) 기능
③ 히트 파이프 한 부분의 온도를 일정하게 유지시키는 가변컨덕턴스(Variable Conduction Heat Pipe) 기능

④ 열원의 온도를 과도하게 높을 때 열을 차단하는 열 스위치(Thermal Switch) 기능
⑤ 원자로, 방사선, 동위원소 냉각, 가스 화학공장의 열 회수용

(2) 상온용 히트 파이프

① 전기부문 : 전력관, 전자회로, 발전기, 변압기 등의 냉각용
② 공조부문 : 폐열 회수, 태양열, 집열장치, 지열이용장치
③ 기계부문 : 금속 절단기의 냉각용
④ 우주공학부문 : 우주선 탑재기, 우주복의 온도 제어용

(3) 극저온 히트 파이프

적외선 센서, 레이저 시스템의 냉각용, 의료기구용, 동결수술용

(4) 응용

① Variable Conduction Heat Pipe
② 열 다이오드
③ 열 사이폰

8) 전망

① 에너지 절약의 관점에서 종래의 열회수장치의 결점을 보완하는 목적으로 미국에서 처음으로 개발되어 공업용 공조기의 열교환기에 사용하였다.
② 공업로, 보일러, 건조기 등에서 폐열 회수장치의 열교환기, 복사난방의 패널 코일, 조리용, 간이 오일 쿨러, 대용량 모터의 냉각, 냉동수술, 측정기기의 온도조절, 극저온 장치의 열교환기나 태양열, 지열 등과 같은 클린 에너지의 열수송 매체로서 연구 개발되고 있다.

CHAPTER

11 덕트설비

SECTION 01 덕트의 재료

① 덕트의 일반적인 재료는 아연도금철판, 아연도금강판(KS D3506)이 가장 많이 사용되고 있으며 일반 건물의 공조설비에서 이용되는 덕트는 보통 아연도금철판이 많다.

② 주방 · 탕비실 · 욕실 등 부식의 우려가 있는 장소의 환기설비용 덕트는 SUS, 동판, 염화비닐판, 유리섬유판 등을 사용할 때도 있다.

③ 재료에 따른 구분

- 고온의 공기나 가스가 통과하는 덕트(연도, 방화댐퍼, 후드) : 열간 또는 냉간압연 박강판
- 부식성 가스 또는 다습공기가 통하는 덕트 : 동판, 알루미늄판, 스테인리스강판, 플라스틱판
- 단열 및 흡음을 겸한 덕트(글라스울 덕트) : 글라스파이버판

SECTION 02 덕트의 구분

1) 풍속에 따른 구분

① 저속덕트 : 주 덕트의 풍속이 15m/s 이하이고, 주로 각형 덕트를 사용한다.
② 고속덕트 : 주 덕트의 풍속이 15m/s 이상이고, 주로 원형 덕트를 사용한다.

2) 사용목적에 따른 구분

① 급기덕트(SA : Supply Air) : 공조기에서 나온 공기를 실내로 공급하는 덕트
② 배기덕트(EA : Exhaust Air) : 실내의 오염된 공기를 외부로 배출하는 덕트
③ 환기덕트(RA : Return Air) : 실내의 공기를 공조기로 환기하여 보내는 덕트
④ 외기덕트(OA : Out Air, Fresh Air) : 신선한 외기를 공조기로 도입하는 덕트

3) 형상에 따른 구분

① 정방형 덕트 : 정사각형 모양으로 제작
② 장방형 덕트 : 직사각형 모양으로 제작
③ 원형 덕트 : 원형으로 제작
- 스파이럴(나선형)덕트 : 원형으로 철판을 띠 모양의 나선으로 제작
- 플렉시블덕트 : 주름모양으로 신축성이 있어 덕트에서 취출구 연결 시 사용

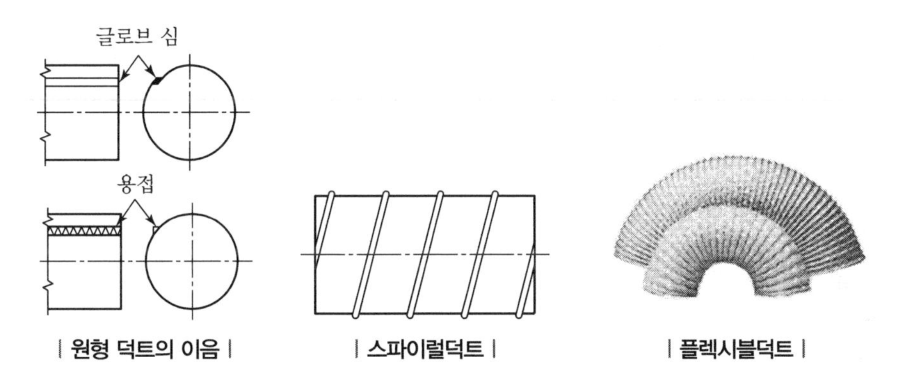

| 원형 덕트의 이음 | | 스파이럴덕트 | | 플렉시블덕트 |

SECTION 03 덕트의 각종 계산

1) 덕트 내의 풍량계산

$$Q = A\,V = \frac{\pi \times D^2 \times V}{4}$$

여기서, Q : 풍량(m³/s), A : 단면적(m²), V : 풍속(m/s), D : 덕트 안지름(m)

2) 연속의 정리

덕트 내에 연속으로 유체가 흐를 때에는 각 단면을 통과하는 유체의 질량은 변화가 없다. 즉, 유입량과 유출량은 변화가 없다.

$$Q_1 = Q_2$$
$$A_1 \times V_1 \times \gamma = A_2 \times V_2 \times \gamma$$

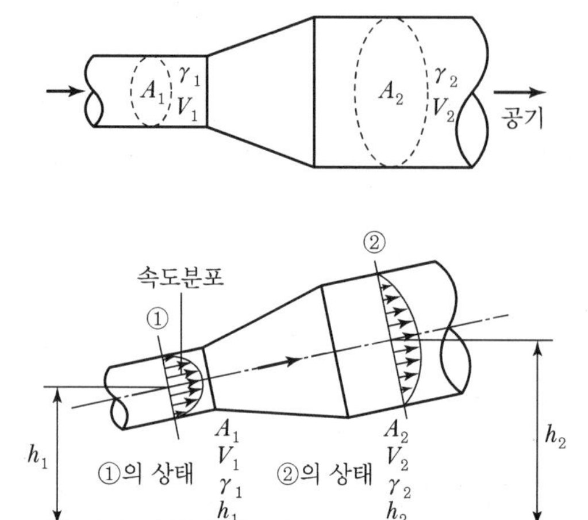

3) 베르누이 방정식

덕트 내 공기는 에너지 보존의 법칙에 의해 각 지점에서의 공기가 가지고 있는 각각의 에너지의 합에 변화가 없다.

압력에너지 + 속도에너지 + 위치에너지 = 일정

(1) 압력으로 표시

$$P_1 + \frac{\rho \times {v_1}^2}{2} + \rho \times g \times h_1 = P_2 + \frac{\rho \times {v_2}^2}{2} + \rho \times g \times h_2$$

여기서, P : 압력, v : 속도, h : 기준면과의 높이, ρ : 밀도, g : 중력가속도, γ : $\rho \times g$

(2) 수두로 표시

$$\frac{P_1}{\rho \times g} + \frac{{v_1}^2}{2 \times g} + h_1 = \frac{P_2}{\rho \times g} + \frac{{v_2}^2}{2 \times g} + h_2$$

(3) 전압, 정압, 동압

① 전압(P_t) = 정압(P_s) + 동압(P_v)

② 정압 : 유선(Streamline)의 수직 방향에서 발생하는 압력(열역학적 압력)

③ 동압 : 유체가 갖는 속도에 의해 발생하는 압력

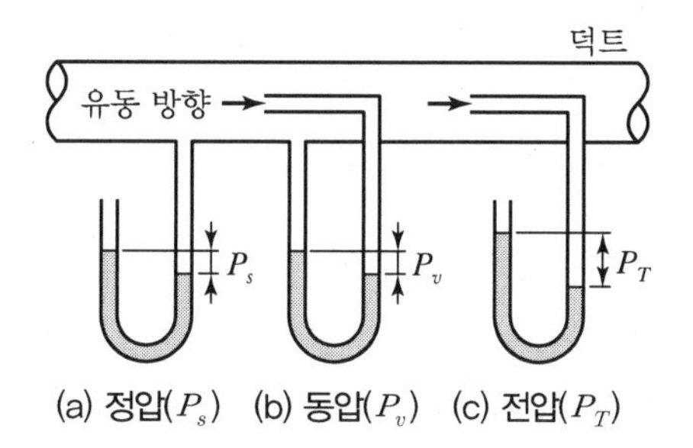

(a) 정압(P_s) (b) 동압(P_v) (c) 전압(P_T)

위 그림에서 (a)가 정압을 측정하는 Manometer이고, (b)가 Pitot Tube(피토관)이다.

(4) 직관덕트에서의 마찰손실(압력강하)

$$\Delta P = \lambda \times \frac{l}{d} \times \frac{v^2}{2g} \times \gamma$$

여기서, λ : 마찰손실계수, l : 덕트길이(m), d : 덕트내경(m), v : 풍속(m/s)
g : 중력가속도(m/s²), γ : 공기의 비중량(kg/m³)

(5) 국부저항손실(압력강하)

$$\Delta P = \zeta \times \frac{v^2}{2g} \times \gamma$$

여기서, ζ : 국부저항계수

※ 덕트 상당장 길이 : 국부저항값과 같은 마찰손실을 갖는 같은 크기의 직관덕트의 길이

SECTION 04 덕트설계

1) 설계방법

공조대상 공간의 열부하를 처리하는 데 필요한 풍량을 공급하기 위한 것으로 덕트의 설계방법은 등속법, 등마찰법, 정압재취득법, 전압법 등이 있다.

(1) 등속법(정속법)

덕트 각 부분의 풍속이 같아지도록 설계하는 방법으로 개략적인 덕트 크기를 결정하는 데 유리하다. 이 방법은 공기 속도를 가정하고 이것과 공기량(m³/min)을 이용하여 마찰저항과 덕트 크기를 구한다.

① 설계순서

- 풍량을 결정한다.
- 덕트 주관의 풍속을 임의의 값으로 결정한다.
- 주 경로 덕트의 치수를 풍량과 풍속에 의해 구한다.

$$A = \frac{Q}{v \times 3,600}$$

- 주 경로의 압력손실을 송풍기 선정용 정압으로 하고 다른 경로에 대해서는 같은 정도의 압력손실이 되도록 풍속을 수정해서 구한다.

② 특징

- 각 구간의 단위길이당 마찰손실 값이 달라지게 되어 정압손실 계산이 번거롭고 정확한 풍량분배가 어렵다.
- 일반 공기용에는 거의 쓰이지 않으며 일정 이상의 풍속을 요구하는 분체배기(紛體排氣)나 공장 환기 등에 쓰인다.
- 구간별로 마찰손실을 구해야 한다.
- 풍량 분배가 일정하지 않아 구간이 복잡하지 않은 덕트에 이용한다.
- 일정 이상의 풍속이 요구되는 분체 수송이나 공장의 환기 등에 사용한다.

(2) 등마찰손실법(정압법)

덕트의 단위길이당 마찰손실이 일정한 상태가 되도록 하는 방법으로 쾌적공조의 경우 가장 많이 사용한다. 풍량과 마찰손실에 의해 덕트의 크기를 선도에서 결정하거나 계산으로 구한다. 주 덕트는 등마찰손실법으로 하고 분기덕트가 있을 경우에는 주 덕트에서 발생하는 총 압력손실과 동일한 총 압력손실 값을 갖도록 분기덕트 1m당의 압력손실을 정하여 분기덕트의 크기를 결정한다.

① 설계순서

㉮ 공조부하에 따라 합리적인 경로를 선정하고 풍량을 결정한 다음 송풍기에서 가장 긴 덕트를 기준 덕트로 한다.

㉯ 단위길이당 마찰계수를 결정한다.

- 저속덕트 : 0.08~0.2mmAq/m
- 고속덕트 : 1mmAq/m(0.1mmAq/m 공조용으로 널리 사용)
- 덕트 내면 재질이 아연철판 이외의 것은 절대조도 값에 따라 마찰계수를 보정한다.

㉰ 풍량과 마찰계수가 정해지면 덕트의 선정 선도로부터 풍속과 덕트크기가 구해진다.

- 일반적으로 팬에 가장 가까운 부분 10~15m/s의 풍속이 결정된다.
- 원형 덕트로부터 장방형 덕트로 크기를 환산한다.(종횡비 4 이하가 바람직)
- 덕트의 곡관부분은 가능한 큰 곡률반경을 사용한다.(직경 또는 장변의 1.5배 이상)
- 덕트의 축소각은 30° 이하, 확대각은 15° 이상으로 한다.

• 급격한 구부림이나 단면적 변화가 필연적인 경우 가이드 베인을 설치한다.

㉣ 국부 마찰저항을 계산하여 기준 덕트의 총 정압손실을 계산한다.

㉤ 다른 경로는 주 경로와 전체 정압손실 값이 같아지도록 마찰손실 및 국부저항을 바꾸어 치수를 결정한다.(짧은 분기덕트에서 풍량과다현상 발생)

㉥ 송풍기에 필요한 전압 또는 정압을 계산하여 송풍기를 선정한다.

② 특징

㉮ 허용최대풍속(v_{max})을 결정하고 설계최대풍량(Q_{max})으로부터 마찰저항손실(R_d)을 구한다.(저속덕트 : 일반적으로 0.1mmAq/m)

㉯ 마찰저항손실을 알면 선도로부터 각 풍량에서 덕트의 치수(직관부)가 결정된다.($Q_1 \rightarrow d_1$, $Q_2 \rightarrow d_2$)

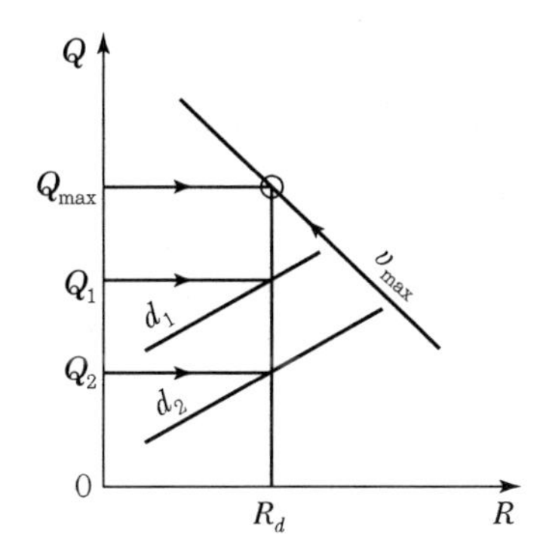

㉰ 곡관부와 분기부의 국부저항손실을 계산한다.

$$\Delta P_d = \xi \frac{v^2}{2g} \cdot \gamma$$

여기서, ΔP_d : 국부저항(mmAg), v : 풍속(m/s)

ξ : 국부저항계수, γ : 공기비중량(kg/m³)

㉱ 직관부의 상당길이를 계산한다.

• 소규모 : 1∼1.5배

• 대규모 : 0.7∼1.0배

• 소음장치가 복잡한 경우 : 1.5∼2.5배

㉲ 송풍기에서 가장 먼 취출구까지의 덕트 치수와 전저항손실을 계산한다.

전압손실 = 직관부 길이(m) × 압력손실(mmAq/m) + 국부저항손실

㉳ 각 분기덕트의 덕트 치수는 앞에서 구한 전저항손실과 분기덕트에서의 전저항손실이 동일하게 되도록 덕트 치수를 결정한다.(일반적으로 분기부에서 스플릿 댐퍼를 설치하여 풍량을 조절)

㉴ 주 경로의 전압손실로부터 송풍기의 소요전압과 소요동력을 구한다.

③ 유의사항

- 급기덕트에서는 말단에서 토출풍량이 과대해질 우려가 있다.
- 덕트길이가 짧은 덕트에 풍량이 과대해질 우려가 있으므로 분기부에 댐퍼를 설치하여 풍량의 불균형을 해소한다.
- 풍속이 허용 값을 초과하거나 댐퍼부에 소음이 발생할 수 있다.
- 환기나 배기덕트에서는 말단일수록 풍량이 적어지는 경향이 있다.
- 10,000m³/h 이상의 대풍량에서는 소음 발생이나 덕트 강도상의 문제가 발생하기 쉬우므로 등속법에 의한 설계를 한다.
- 덕트 내 풍속 변화에 따른 정압 변화를 고려하지 않으므로 각 경로에서 정압차가 크다.

(3) 정압재취득법

각 취출구 또는 분기부 직전의 정압이 균일하도록 덕트 치수를 결정하는 방법이다.
급기덕트에서는 일반적으로 주덕트에서 말단으로 갈수록 분기부를 지나면서 차츰 덕트 내 풍속은 줄어든다. 베르누이 정리에 의하여 풍속이 감소하면 그 동압의 차만큼 정압이 상승하기 때문에 이 정압 상승분을 다음 구간의 덕트 압력손실에 이용하면 덕트 각 분기부에서 정압이 거의 같아지고 토출풍량이 균형을 유지한다. 이와 같이 분기덕트 다음의 주덕트에서 정압상승분을 거기에 이어지는 덕트의 압력손실로 이용하는 방법을 정압재취득법이라고 한다.

① 설계순서

- 송풍기 출구에서 분기덕트가 있는 곳까지는 정압법에 의해 덕트 치수를 결정한다.
- 분기덕트의 치수는 각 토출구 사이의 덕트 상당길이와 구간 풍량에 의해 K 값을 구한다.

$$K = \frac{l'}{Q^{0.62}}$$

여기서, l' : 각 토출구 사이의 상당길이(m), Q : 구간 풍량(m³/h)

- 선도를 이용하여 K와 전 구간 풍속 v_1과의 교점에서 수직선을 내려 긋고 구간 풍속 v_2를 구한다.
- 덕트의 직경을 구한다.

$$A = \frac{Q}{v_2 \times 3,600}$$

여기서, A : 덕트의 단면적(m²)

- 풍속 v_2를 다음 구간의 v_1로 하여 같은 방법으로 하류 측의 풍속을 결정하고 덕트 치수를 결정한다.

② 특징

- 덕트의 각 분기부에서 정압이 거의 같아지고 토출풍량이 균형을 유지한다. 분기부의 풍속 감소에 따른 정압 상승분을 다음 구간의 덕트의 압력손실에 이용한다.

$$\Delta P_e = k\left(\frac{{v_1}^2}{2g}\cdot\gamma - \frac{{v_2}^2}{2g}\cdot\gamma\right)$$

여기서, ΔP_e : 정압 재취득량(mmAq)

k : 정압 재취득계수(실효치 0.5~0.9, 풍속분포가 일정 시 1, 직관부에서 단면에 급격한 변화가 없을 때 0.8)

- 저속덕트의 경우 이용할 수 있는 압력이 작기 때문에 정압법의 경우보다 덕트 치수의 크기를 크게 해야 한다.
- 고속덕트에 적합한 방식으로, 송풍기의 소요정압은 송풍기로부터 최초 분기부까지의 정압손실+취출구 정압손실뿐이므로 정압법보다 팬 동력이 절약되며 풍량의 조절이 쉽다.

(4) 전압법

각 토출구에서의 전압이 같아지도록 설계하는 방법으로 덕트 각 부분의 국부저항은 전압 기준에 의해 손실계수를 이용하여 구하고, 각 취출구까지의 전압력 손실이 같아지도록 덕트 단면을 결정한다. 이 경우 기준 경로의 전압력 손실을 먼저 구하고 다른 취출구에 이르는 덕트 경로는 기준 경로의 전압력 손실과 거의 같아지도록 설계한다. 기준 경로와의 전압력 손실의 차는 댐퍼, 오리피스 등에 의해 조정하며 이 경우는 덕트 각 부분의 풍속을 넘지 않도록 한다.

① 설계순서

- 정압법에 의해 기준 경로인 덕트의 개략치수를 결정한다.
- 덕트 각 부분의 마찰저항, 국부저항을 전압 기준에 의하여 구해서 송풍기 토출구에서 기준 경로의 토출구에 이르기까지 전압손실을 구한다.
- 덕트 경로는 국부저항이 적은 형상의 것을 사용하여 기준 경로의 전압손실을 최소화시켜야 한다.
- 기준경로 이외의 토출구에 이르는 덕트 경로에 대해서는 기준 경로와 거의 비슷한 전압손실이 되도록 덕트의 치수 또는 분기부, 흐름방향의 변환형식 등을 선정하고 전압손실의 차가 많을 때는 오리피스, 댐퍼 등으로 최종 경로를 정한다.

② 특징

- 정압법에서 나타나는 풍속 변화에 따른 정압의 상승, 강하 등에 의한 하류 측의 토출풍량 증가가 없다.
- 각 토출구에서의 전압이 같아진다.
- 가장 합리적인 방법이다.
- 일반적으로 정압법으로 설계한 재취득법이 불필요하다.

2) 설계순서

- 냉·난방 및 환기에 쓰이는 덕트는 일정한 정압을 가지고 송풍기로 송풍한다. 덕트 내의 풍속을 정하는 데는 설비비, 동력소비량, 설치공간의 크기, 소음 발생, 누설 등을 고려해야 한다.
- 덕트가 커지면 마찰손실이 작아져서 송풍기의 정압이 감소하므로 동력이 절약되고 소음도 작아지지만, 공간을 크게 차지하고 덕트의 재료가 많이 소요된다.

(1) Duct의 설계순서

① 부하 계산에 의한 각 Zone별 송풍량 결정

② 덕트 방식 결정

덕트의 풍속에 의한 종류(저속식, 고속식)와 배치를 결정한다.

③ 각 취출구 및 흡입구의 위치, 풍량, 종류 크기, 배치 결정

각 Zone의 부하에 따라 필요한 취출구, 흡입구의 수와 풍량을 결정한다.

④ 덕트의 경로 결정

실의 용도, 사용시간, 부하특성을 감안하여 존별로 계통화한다.

⑤ 덕트의 치수 결정

등마찰법으로 개략적인 덕트 크기를 결정한 다음 전압법으로 상세 설계한다.

⑥ 덕트계의 정압손실 계산, 송풍기 사양 결정

- 가장 정압 손실이 큰 경로를 선정하여 송풍기의 소요 정압으로 선정한다.
- 송풍량에 의하여 송풍기를 선정한다.

⑦ 덕트의 시공 사양 결정

(2) Duct 설계 시 주의사항

① 덕트 내 풍속은 허용풍속 이하로 선정하여 과도한 소음, 동력초과 등이 일어나지 않도록 한다. 풍속을 크게 하면 덕트 공간이 축소되어 건축공간 활용이 용이하고 공사비가 절감되나 소음이 발생하고 소요동력이 증가하므로 반송유체의 종류, 건물의 사용용도, 풍량과의 관계 등을 검토해야 한다.

② 덕트의 정압손실을 최소화하여 송풍기 소요동력을 작게 한다. 덕트의 재료는 아연도금철판, 알루미늄 등 마찰저항계수가 작은 것을 사용하고 덕트의 단면은 되도록 원형 또는 정방형 덕트를 사용한다.

③ 건물의 의장이나 구조에 맞게 한다.

④ 각 취출구 · 흡입구에서 풍량이 설계치대로 나오게 한다.

⑤ 소음, 진동이 적도록 소음내장 덕트, 소음엘보, 플리넘 체임버 등을 고려한다.

⑥ 덕트의 종횡비(Aspect Ratio)는 최대 8 이상이 되지 않도록 하고 가능한 한 4 이내로 한다.

⑦ 굽힘 부분은 되도록 큰 곡률반경을 취하며 곡률반경비는 1.5~2.0으로 한다.

⑧ 반경비가 1.5 이내일 때는 Guide Vane을 설치한다.

⑨ 덕트 확대 부분의 각도는 15° 이내, 축소 분분의 각도는 30° 이내로 한다.

⑩ 덕트의 분기부는 풍량조절댐퍼를 설치하여 압력평형을 유지시킨다.

⑪ 방화구획을 관통하는 부분에는 Fire Damper를 부착한다.

⑫ 극장, 방송국 Studio 등 저소음을 필요로 하는 곳에는 저속덕트로 설계한다.(풍속 15m/s 이하, 정압 50mmAq 이하)

⑬ 분체, 분진 이송 등의 경우에는 15m/s 이상의 고속덕트를 적용한다.(원형, Spiral 덕트)

SECTION 05 덕트의 재료 및 부속품

덕트는 공기를 수송하는 데 사용하고 주로 공기조화나 환기를 위해 사용하는 것으로 공조설비 중 가장 큰 비율을 차지한다.

1) 재료

① 아연도금철판, 알루미늄판
② 플랜지 및 행거와 보강용 강재
③ 일반강재
④ 프레스조인트(Press Joint)
⑤ 리벳
⑥ 볼트 및 너트
⑦ 플랜지용 패킹
⑧ 코킹재
⑨ 흡음재료

2) 부속품

① 급 · 배기루버
② 토출구
③ 흡입구
④ 풍량조절댐퍼
⑤ 방화댐퍼
⑥ 플렉시블덕트
⑦ 플렉시블조인트
⑧ 검사구 및 청소구
⑨ 배연구
⑩ 스플릿댐퍼

SECTION 06 덕트의 소음 방지

1) 덕트의 소음 방지 방법

① 덕트의 도중에 흡음재를 부착한다.
② 송풍기 출구 부근에 플리넘 체임버를 장치한다.
③ 덕트의 적당한 장소에 소음을 위한 흡음장치를 설치한다.
④ 댐퍼 취출구에 흡음재를 부착한다.

2) 덕트의 소음기

(1) 개요

소음기에는 흡음재를 덕트 내측 벽면에 설치하여 음을 흡수하는 흡음형, 단면의 급격한 팽창에 따른 음의 분산에 의해 감음하는 팽창형, 공명관의 공명을 이용한 공명형, 이외에 엘보나 단면변화 부분의 음반사를 이용하는 것이 있다. 소음기는 주로 유체의 급기경로에 사용되며 음원에서의 소음을 감소시키기 위한 것이다.

(2) 소음기의 종류

① 스플리트(Splitter)형 또는 셀(Cell)형
② 공명기형
③ 공동형
④ 흡음체임버(Chamber)
⑤ 흡음덕트(Lined Duct)

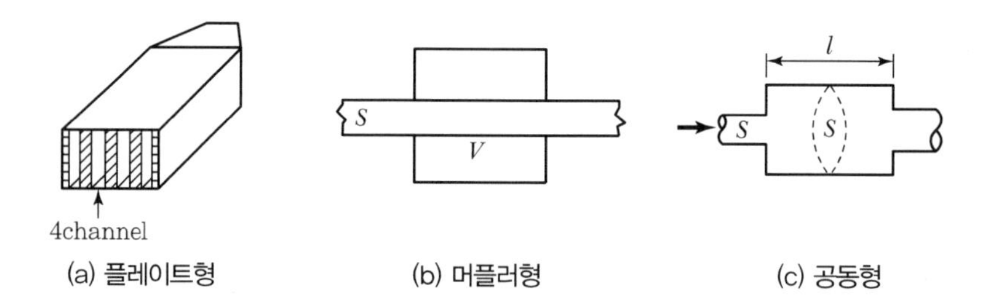

(a) 플레이트형 (b) 머플러형 (c) 공동형

(3) 소음기의 종류별 특징

① 스플리트(Splitter)형 또는 셀(Cell)형
- 덕트 내부에 흡음재의 마감판을 넣은 것
- 중고음 영역에서의 감음량이 크다.
- 공기저항이 커서 단면적을 크게 해야 한다.
- 일반공조용에 널리 적용된다.

② 공명기형
- 덕트 주변에 작은 구멍을 두어 그 배후에 공동을 설치한 것
- 최근에는 그다지 사용되지 않는다.

③ 공동형
- 덕트 내부에 팽창공동을 설치하고 그 내면에 흡음재를 내장한 것
- 비교적 소형이다.
- 일명 머플러형이라고도 하며 발전기 배기연도에 주로 사용한다.

④ 흡음체임버

송풍기의 출구 측 및 덕트의 분기점에 사용한다.

⑤ 흡음덕트

• 덕트 내부에 흡음특성을 갖는 재료를 부착하여 사용한다.
• 시공부위의 배관 형상과 제어대상의 성질에 따라 여러 형태를 가진다.

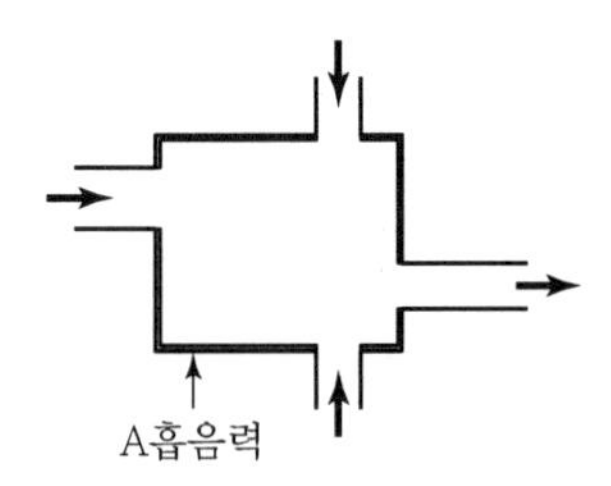

3) 흡음재료의 종류 및 특성

(1) Shell형, Plate형

① 작은 흡음(吸音)덕트를 Shell 모양 또는 한 방향으로 칸막이를 하여 조립한 것이다.
② 흡음덕트에서 단면적이 커지면 소음량이 적어지는 결점을 보완하였다.
③ 덕트 내에 칸막이가 있기 때문에 공기저항이 커진다.
④ 감음량(R)

$$R(\mathrm{dB}) = 1.05\alpha \cdot \frac{P}{A}$$

여기서, R : 감음량(dB), a : 주파수 대역별 흡음률(%)
P : 공기 통과 단면둘레길이(m), A : 공기 통과 단면적(m^2)

(2) 흡음엘보

① 엘보의 내면에 흡음재를 붙인 것으로 엘보에 의한 음의 반사에 흡음재의 음의 흡수효과가 더해지므로 큰 감음량이 얻어진다.
② 비교적 광범위한 주파수에 대해 소음효과가 크고 특히 치수가 클수록 저주파수 소음(騷音)까지 소음(消音)하므로 큰 덕트에 쓰는 것이 좋다.
③ 엘보의 흡음재는 와류나 진동에 의해 이탈되거나 비산하지 않도록 표면을 Glass Cloth나 유공판 등으로 보호하는 것이 좋다.

(3) 파형 소음기

① 덕트 단면을 분리한 유로를 파형으로 연속적으로 굴곡시킨 소음기이다.
② 흡음재에 의한 흡음효과와 유로 굴곡에 의한 반사효과를 합친 것이다.
③ 단면 치수가 커진다.

(4) 소음 Box

① 흡음 Box 입구 및 출구에서의 단면변화에 의한 음의 반사와 내측면에 부착한 흡음재의 흡음효과를 조합한 것으로 큰 감음량이 얻어진다.

② 일반적으로 고속덕트의 출입구 박스로 사용되는 경우가 많으며 덕트 도중이나 송풍기 출구에 분기 체임버를 겸해서 사용되기도 한다.

③ 감음량(R)

$$R(\text{dB}) = 10\log\frac{1}{16}\left\{\left(1+m+\frac{m}{m'}\right)+\left(1+m+\frac{1}{m'}\right)\right\}^2 + 10\log\frac{m'}{m} + R_1$$

여기서, R : 감음량(dB), m : 단면비(S_2/S_1), m' : 단면비(S_2/S_3)

S_1 : 입구 덕트의 단면적(m^2), S_2 : 박스의 단면적(m^2)

S_3 : 출구 덕트의 단면적(m^2)

R_1 : 단면 S_2, 길이 l_1의 흡음덕트에 의한 감음량(dB)

(5) 머플러형

① 덕트 벽면에 세공을 뚫어 그 둘레를 공동으로 싼 형상이다.

② 세공과 공동에 의한 음의 공명효과로서 소음한다.

③ 특정 주파수와 발생소음이 클 경우에 적합하다.

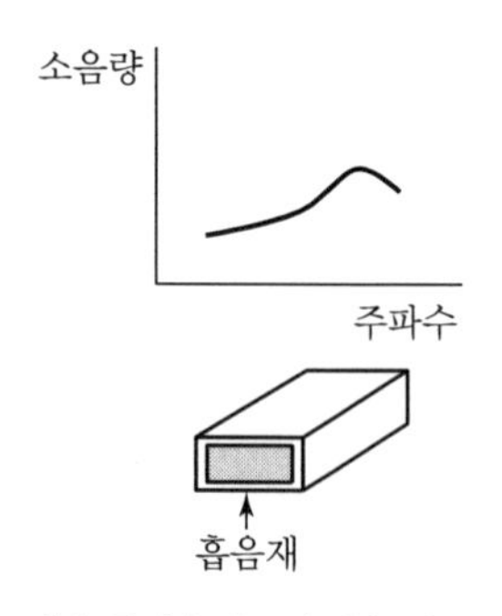

낮은 주파수의 소음량은 적고 큰 덕트에서도 효과가 적음

| 덕트내장형 |

소음량

주파수

흡음재

흡음덕트는 단면이 커지면 소음량도 적어지는 결점을 보완. 작은 흡음덕트의 조립형

| 셀형, 플레이트형 |

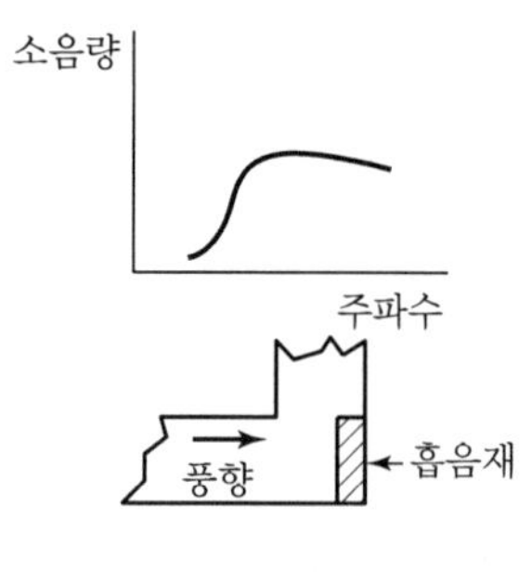

엘보의 음반사+흡음재의 음흡수. 큰 duct에 유효

| 엘보형 |

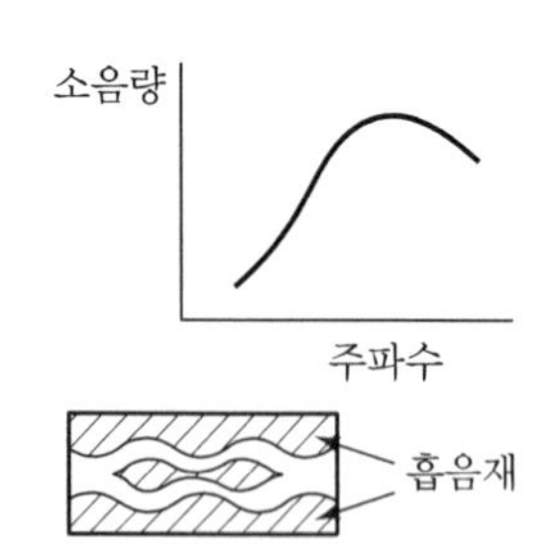

단면 치수가 커짐.
흡음재의 흡음효과+유로 굴곡에 의한 반사효과

| 웨이브형 |

소음량

주파수

개구부

흡음재

덕트 벽면에 세공을 뚫어 그 둘레를 공동으로 싼 형상. 세공과 공동에 의한 음의 공명효과로 특정 주파수 발생소음이 큰 경우에 적합

| 머플러형 |

SECTION 07 덕트의 이음

1) 덕트의 이음방법

① 심(Seam) : 길이 방향의 이음새

② 슬립(Slip) : 가로 방향의 이음새(SMACNA 공법)

> **TIP** 덕트접합방식에서 심(Seam) 종류
>
> - 피츠버그 심
> - 그루브 심
> - 글로보드 심
> - 버튼펀치 스냅심
> - 그루브드 심
> - 스텐딩 심

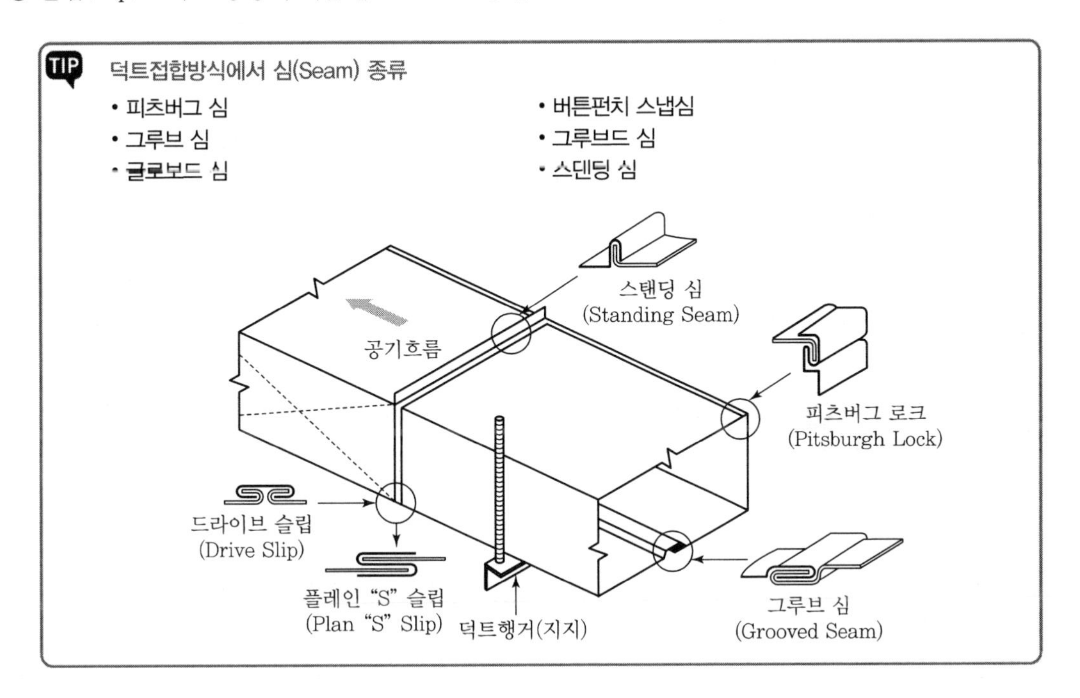

2) 덕트의 보강

① 앵글보강 : 장변 1,000mm 이상의 덕트에 사용한다.

② 다이아몬드 브레이크 : 장변 450mm 이상의 덕트에 사용한다.

③ 보강립(Rip) : 장변 450mm 이상의 덕트에 사용한다.

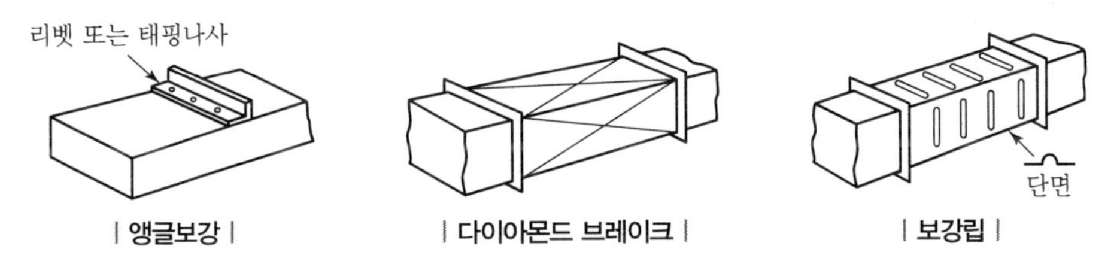

| 앵글보강 | | 다이아몬드 브레이크 | | 보강립 |

3) 덕트의 지지

① 행거에 의한 방법 : 형강(앵글)에 덕트를 올려놓고 천장슬리브 등에 환봉을 매달아 지지한다.

② 행거레일에 의한 방법 : 형강 대신 행거레일을 이용하여 지지한다.

③ 기타 : 평판 또는 철판을 D슬립, S슬립 모양으로 접은 것을 행거로 하여 이것을 덕트의 측벽에 리벳이나 태핑나사로 지지한다.

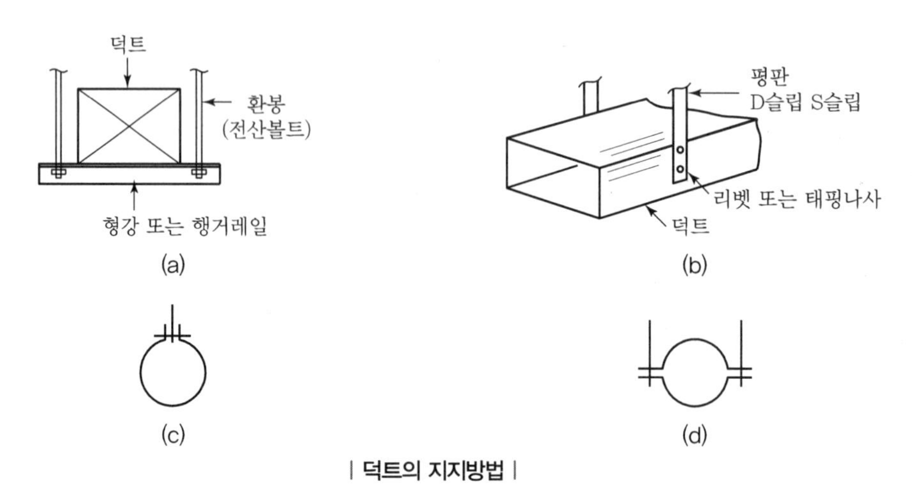

| 덕트의 지지방법 |

SECTION 08 덕트의 시공

① 덕트의 아스펙트비(종횡비, 장변/단변) : 4 이내

※ 아스펙트비(Aspect Ratio, 종횡비, 장방비) : 장방형 덕트의 장변을 단변으로 나눈 값

② 덕트 굽힘부 곡률반경(R/a)은 되도록 크게 하면 좋으나 일반적으로 1.5～2.0 정도로 한다.

③ 덕트의 확대각은 15° 이하, 축소각은 30° 이하(고속덕트에서는 확대각 8° 이하, 축소각 15° 이하)로 한다.

④ 가이드 베인(Guide Vane, Turning Vane)의 설치

- 곡률반경이 덕트 장변의 1.5배 이하일 때
- 확대 및 축소 시 : 상기 각도 이상일 때
- 곡부의 기류를 세분해서 생기는 와류를 적게 하며, 곡부의 안쪽에 설치하는 것이 적당하다.

⑤ 덕트관로에 코일 부착 시

- 확대각은 30° 이하, 축소각은 45° 이하로 한다.
- 굽힘 직후에 코일을 설치할 때에는 가이드 베인을 설치한다.(확관 금지)

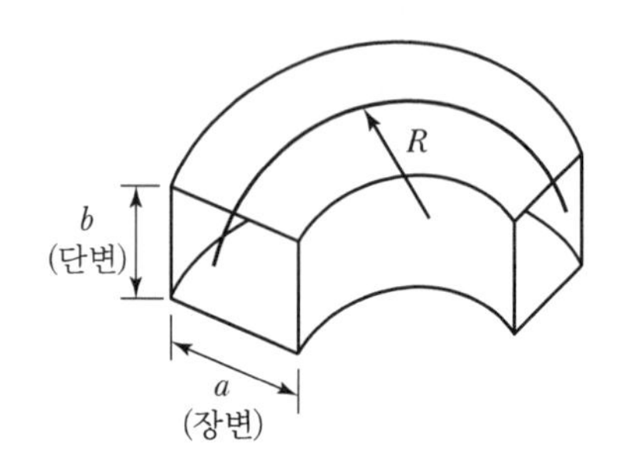

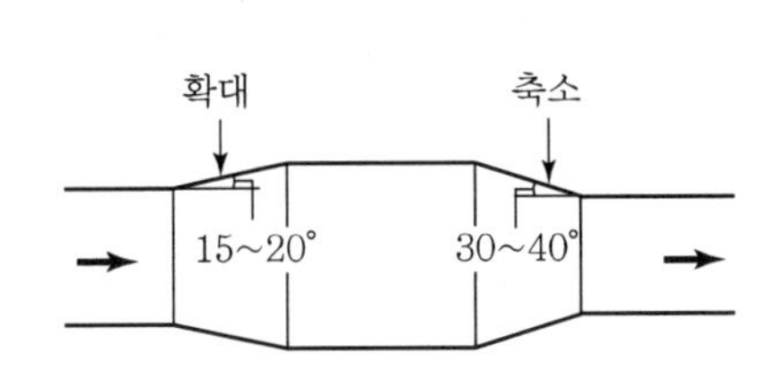

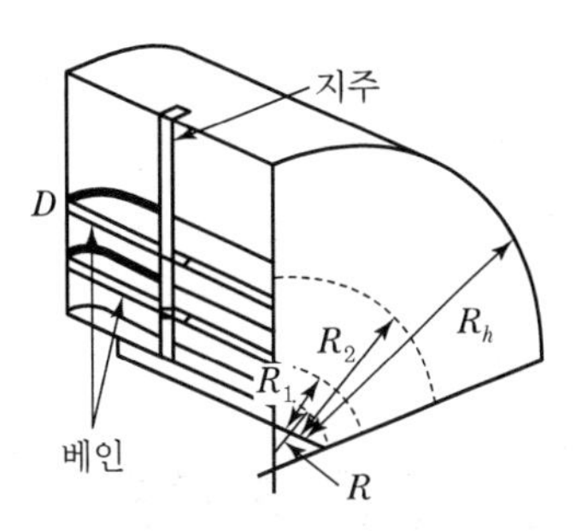

SECTION 09 송풍기와 덕트의 접속

1) 캔버스 이음(Canvas Joint)

송풍기에서 발생한 진동이 덕트에 전달되지 않도록 하는 이음

2) 덕트의 보온

(1) 보온이 필요 없는 부분

① 환기용 덕트(일반 환기)
② 외기 도입용 덕트
③ 배기용 덕트
④ 보온효과가 있는 흡음재를 내장한 덕트 및 체임버
⑤ 공조되어 있는 방 및 그 천장 속 환기덕트
⑥ 덕트 보온효과가 있는 소음기 및 소음엘보가 내장된 경우
⑦ 옥내외 노출된 배연덕트
⑧ 단독으로 방화구획된 샤프트 내의 배연덕트

(2) 결로 방지

주방 및 주차장 등 습도가 높은 곳을 지나는 덕트는 방로(防露)피복을 하여야 한다.

(3) 시공상 주의사항

① 보온재를 붙일 경우에는 붙이는 면을 깨끗이 한 후 붙인다.
② 보온재의 두께가 50mm를 넘는 경우 두 층으로 나눠서 시공하되 종횡의 이음이 한 곳에 합쳐지지 않도록 시공한다.
③ 보의 관통부 등은 보온 공사를 감안하여 슬리브를 넣어두며, 관통부에는 반드시 보온 시공하여야 한다.

④ 보관 중인 보온재는 건조된 장소에 두어 습기를 빨아들이지 않도록 주의한다.

⑤ 덕트가 햇빛을 받기 쉬운 곳에 있으면 보온 두께를 5mm 이상 증가시켜 보온력을 증대시키는 것이 좋다.

SECTION 10 송풍량 계산

각 방에서 계산된 냉 · 난방 현열부하에 의하여 송풍기의 송풍량을 다음과 같이 계산할 수 있다.

$$G(\mathrm{kg/h}) = \frac{\text{실내현열부하}}{0.24 \times \Delta t}$$

$$Q(\mathrm{m^3/h}) = \frac{\text{실내현열부하}}{0.29 \times \Delta t}$$

SECTION 11 덕트의 부속

1) 취출구(Diffuser)

조화된 공기를 실내로 공급하기 위하여 실내에 설치하는 구멍이다.

(1) 취출구의 구분

구분	설명	종류
축류형	기류의 방향이 취출구에서 변화하지 않고 축방향으로 토출된다.	노즐형, 펑커루버형, 베인격자형, 다공판형 등
복류형	기류의 방향이 취출구와 같은 방향이 아닌 수평, 방사형으로 토출된다.	팬형, 아네모스탯형 등

※ 천장설치용 취출구 : 펑커루버형, 아네모스탯형, 팬형, 라인형, 다공판형 등

(2) 취출구의 종류와 특징

① 노즐형

- 구조가 간단하고 도달거리가 길다.
- 다른 형식에 비해 소음 발생이 적다.
- 천장이 높은 경우에도 효과적이다.
- 방송국, 스튜디오, 극장, 로비, 공장 등에서 사용한다.

② 펑커루버형

- 선박의 환기용으로 제작된 것이다.
- 목이 움직이게 되어 취출기류의 방향을 바꿀 수 있다.
- 토출구에 달려 있는 댐퍼에 의해 풍량조절이 가능하다.
- 공장, 주방, 버스 등의 국소냉방에 주로 사용한다.

| 노즐형 |

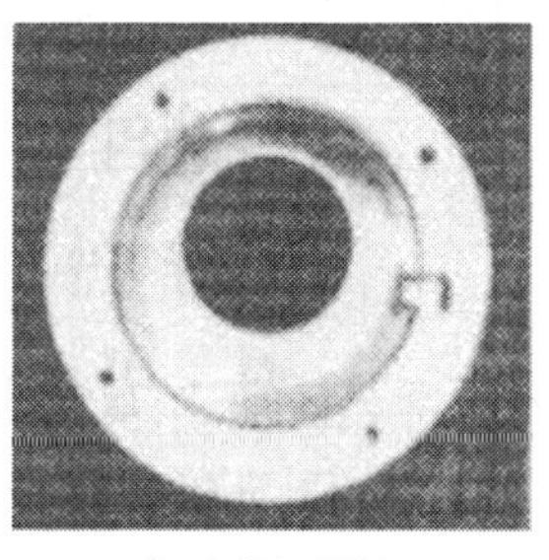

| 펑커루버형 |

③ 베인격자형

- 그릴(Grill, 고정베인형) : 날개가 고정되고 셔터가 없는 것
- 유니버설(Universal, 가동베인형) : 날개 각도를 변경할 수 있는 것
- 레지스터(Register) : 그릴 뒤에 풍량 조절을 위한 셔터가 부착된 것

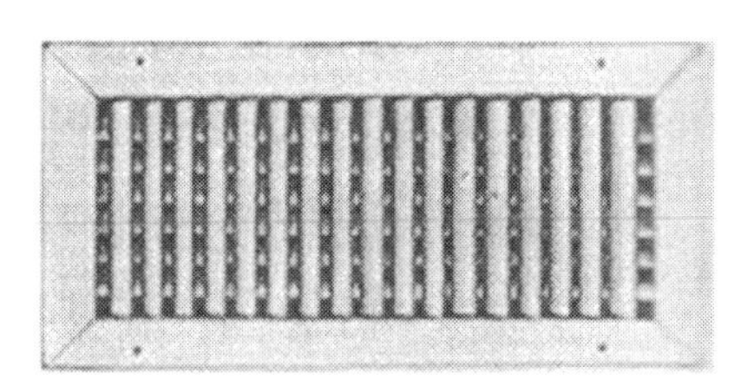

| 베인격자형 |

④ 라인형

- 선(Line)의 개념을 통해 실내 인테리어와 조화시키기 좋다.
- 외주부 천장 또는 창틀 위에 설치하여 출입구의 에어커튼 역할을 하고 외부 존의 냉난방부하를 처리한다.
- 토출구의 종횡비가 크고, 토출구를 균일하게 분포시키기 어렵다.

| 브리즈라인(Breeze Line)형 |

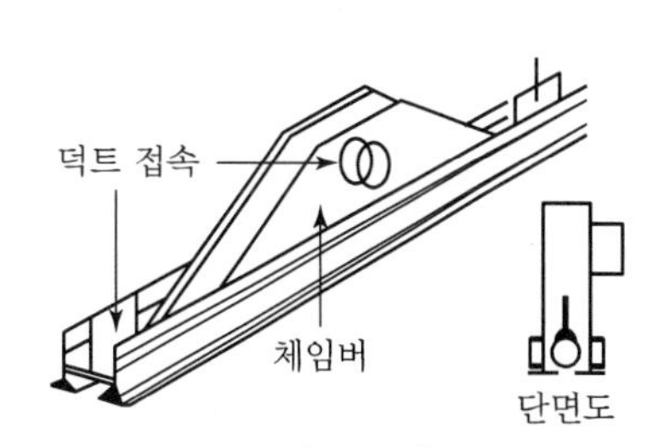

| T라인(T－line)형 |

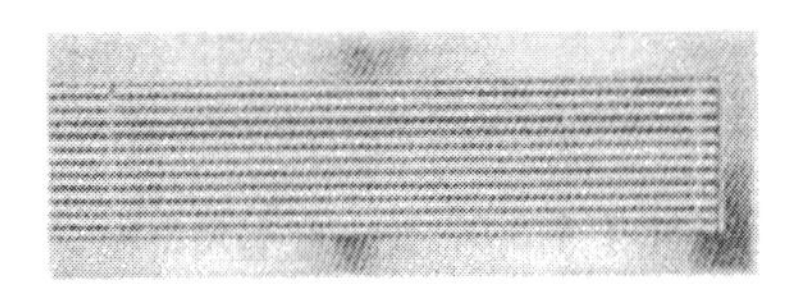

| 캄라인(Calm Line)형 |

| 슬롯(Slot)형 |

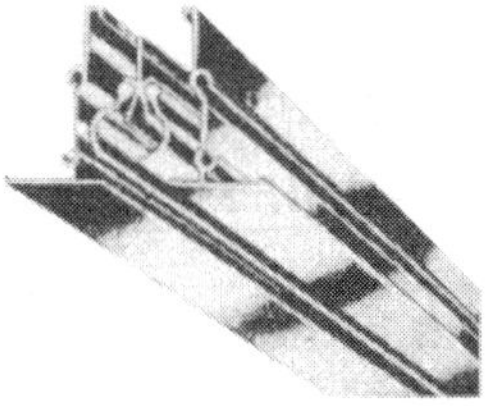

⑤ 다공판형

- 철판에 다수의 구멍을 뚫어 취출구로 한 것이다.
- 확산성능은 우수하나 소음이 크다.
- 도달거리가 짧고 드래프트가 방지된다.
- 공간 높이가 낮거나 덕트 공간이 협소할 때 적합하다.
- 항온항습실, 클린룸 등에서 사용한다.

⑥ 팬(Pan)형

- 천장의 덕트 개구단 아래쪽에 원형 또는 원추형의 판을 매달아 여기에 토출기류를 부딪치게 하여 천장면을 따라서 수평 · 방사상으로 공기를 취출한다.
- 일정한 기류형상을 얻기가 힘들다.
- 외관이 단순하고 깨끗해 복도, 홀 등 인테리어 부위에 설치한다.

| 팬형 |

⑦ 아네모스탯(Anemostat)형

- 팬형의 단점을 보완한 것으로 여러 개의 원형 또는 각형의 콘(Cone)을 덕트 개구단에 설치하고 천장 부근의 실내공기를 유인하여 취출기류를 충분하게 확산시키는 우수한 성능의 취출구이다.
- 확산반경이 크고 도달거리가 짧아 천장 취출구로 가장 많이 사용된다.

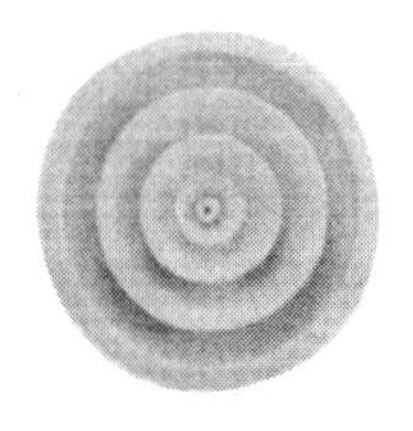

| 아네모스탯형 |

TIP 스머징(Smudging) 현상

천장 취출구에서 취출기류나 유인된 실내공기 중에 함유된 먼지 등으로 취출구 주위의 천장면이 검게 더러워지는 현상으로 취출구 주위에 안티스머징링을 설치하여 이를 방지한다.

(3) 취출구의 허용 토출풍속

취출구에서 풍속이 너무 빠르면 소음이 발생하므로 토출풍속을 제한한다.

실의 용도		허용토출풍속(m/s)
방송국		1.5~2.5
주택, 아파트, 교회, 극장, 호텔, 고급사무실		2.5~3.75
개인사무실		4.0
영화관		5.0
일반사무실		5.0~6.25
상점(백화점)	2층 이상	7.5
	1층	1.0

(4) 취출 관련 용어

① 1차 공기 : 취출구로부터 토출된 공기

② 2차 공기 : 취출공기(1차 공기)로 유인된 공기

③ 도달거리 : 취출구에서 토출기류의 풍속이 0.5m/s로 되는 위치까지의 거리

④ 확산반경 : 복류 취출구에서 도달거리에 상당하는 것

드래프트(Draft)

실내기류와 온도에 따라서 인체의 어떠한 부분에 차가움이나 과도한 뜨거움을 느끼게 되는 것으로 특히 겨울철 창문을 따라서 존재하는 냉기가 토출기류에 의해 밀려 내려와서 바닥을 따라 거주구역으로 흘러드는 콜드 드래프트(Cold Draft)가 문제가 된다.

콜드 드래프트 발생 원인

- 인체 주위의 공기온도가 너무 낮을 때
- 인체 주위의 기류속도가 클 때
- 인체 주위의 습도가 낮을 때
- 주위 벽면의 온도가 낮을 때
- 겨울철 창문의 틈새를 통한 극간풍이 많을 때

2) 흡입구

실내공기를 환기 및 배기하기 위해 설치한 구멍이다.

(1) 흡입구의 종류와 특징

① 도어그릴(Door Grill)

문 하부에 부착되는 고정식 베인격자형의 흡입구이다.

② 루버(Louver)형

큰 가로날개가 바깥쪽의 아래로 경사지게 고정되어 외부에서 비나 눈의 침입을 방지하고, 외부에서는 안이 보이지 않으며 새나 벌레, 곤충류의 침입을 방지하기 위해 철망이 붙어 있다.

| 루버형 |

③ 머시룸(Mushroom)형

극장 등의 바닥 좌석 밑에 설치하여 바닥면의 오염공기 및 먼지를 흡입하도록 한 것으로 필터나 코일을 오염시키므로 사용 시에는 먼지를 침전시킬 수 있는 구조로 하여야 한다.

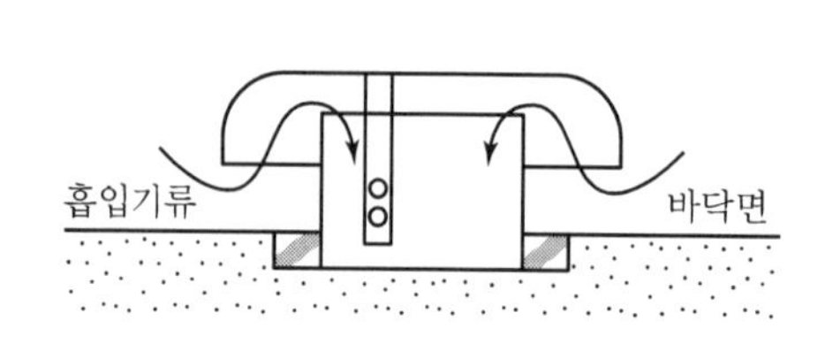

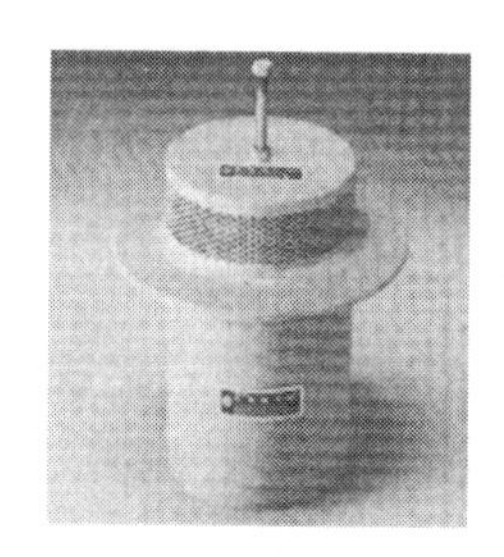

| 머시룸형 |

(2) 흡입구의 허용풍속

흡입구의 위치	허용토출풍속(m/s)
거주구역의 상부에 있을 때	4.0 이상
거주구역 내에 있고 좌석에서 멀 때	3.0~4.0
거주구역 내에 있고 좌석에서 가까울 때	2.0~3.0
도어그릴 또는 벽설치용 그릴	3.0
주택	2.0
공장	4.0 이상

3) 댐퍼(Damper)

댐퍼에는 덕트 속을 통과하는 풍량을 조절하기 위한 것과 공기의 통과를 차단하기 위한 것이 있다. 전자를 풍량조절댐퍼(Volume Damper)라 부르며, 후자에는 방화댐퍼, 배연댐퍼 등이 있다.

(1) 풍량조절댐퍼(VD : Volume Damper)

① 다익(루버)댐퍼 : 2개 이상의 날개를 갖는 것으로 대형덕트나 공조기에 사용한다.
② 단익(버터플라이)댐퍼 : 댐퍼의 날개가 1개로 되어 있으며 소형덕트에 사용한다.
③ 베인댐퍼 : 송풍기의 흡입구에 설치되어 송풍기의 흡입량을 세밀하게 조절할 수 있다.

(2) 풍량분배댐퍼, 스플릿 댐퍼(Split Damper)

덕트의 분기점에 설치하여 풍량을 조절한다.

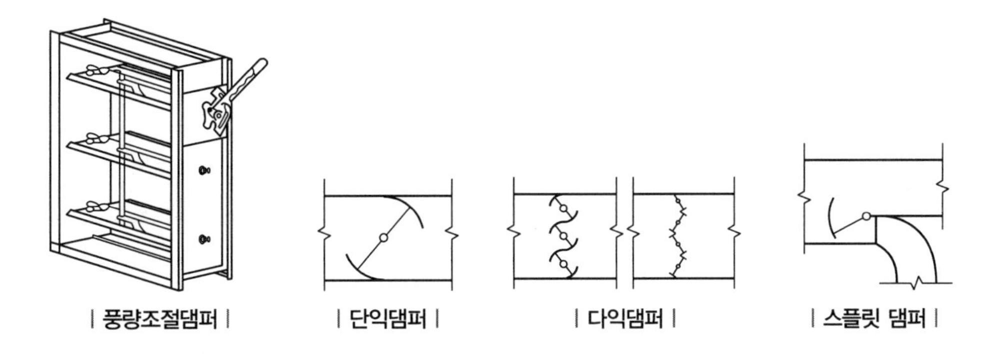

| 풍량조절댐퍼 | | 단익댐퍼 | | 다익댐퍼 | | 스플릿 댐퍼 |

(3) 방화댐퍼(FD : Fire Damper)

실내의 화재 발생으로 화염이 덕트를 통하여 다른 구역으로 확산되는 것을 방지한다.

(4) 방연댐퍼(SD : Smoke Damper)

실내에 설치된 연기감지기로서 화재 초기 시에 발생한 연기를 탐지하여 댐퍼를 폐쇄시켜 다른 구역에 연기가 침입하는 것을 방지한다.

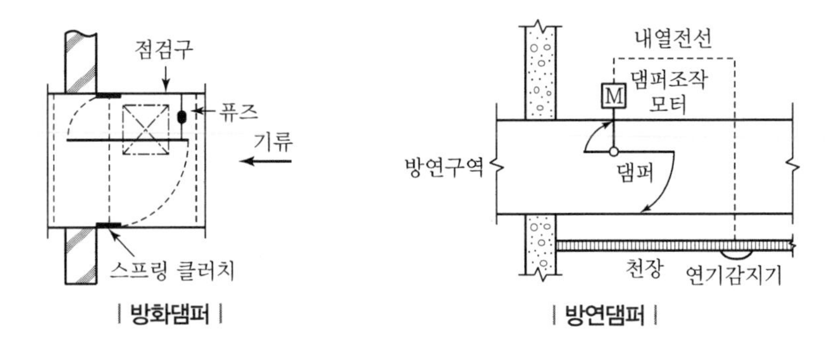

| 방화댐퍼 | | 방연댐퍼 |

4) 점검구(Access Door)

덕트 내에 설치되어 댐퍼의 점검이나 조정 및 청소 등을 위하여 설치하는 것으로 설치장소로는 방화댐퍼의 퓨즈를 교체할 수 있는 곳, 풍량조절댐퍼의 점검 및 조정이 가능한 곳, 말단 코일이 있는 곳, 덕트의 말단(먼지의 제거가 가능한 곳), 에어체임버가 있는 곳 등이며, 공조기의 주요 부분에도 설치한다.

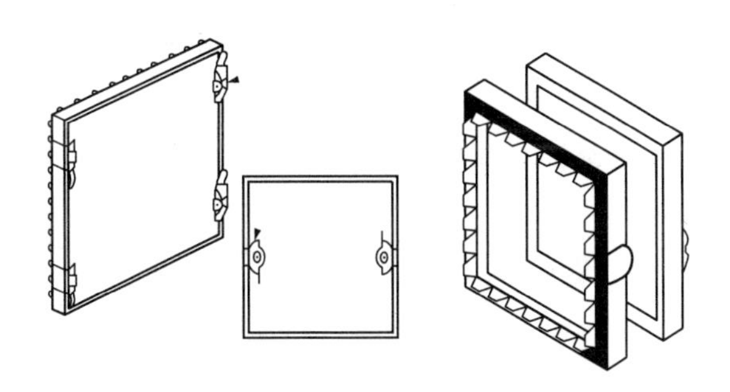

5) 측정구

① 덕트 내의 풍량, 풍속, 온도, 압력, 먼지량 등을 측정하기 위한 것이다.
② 엘보와 같은 곡관부에는 덕트 폭의 7.5배 이상 떨어진 장소에 설치한다.

SECTION 12 덕트의 표시

1) 덕트의 단면표시

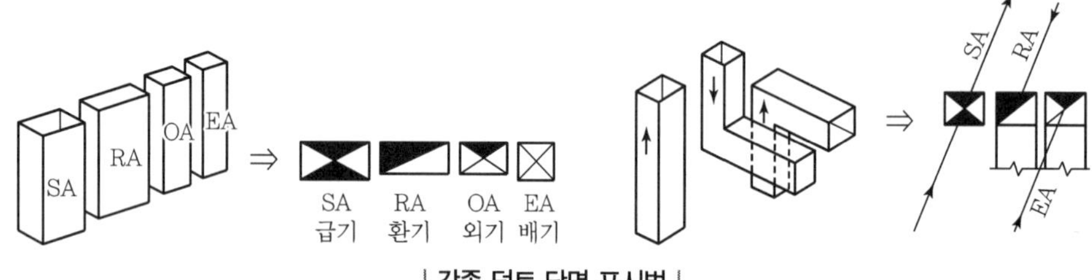

| 각종 덕트 단면 표시법 |

2) 덕트의 도시기호

기호	명칭	기호	명칭
,	급기덕트(각형, 원형)	T.V	터닝(가이드)베인
,	환기덕트(각형, 원형)		원형 디퓨저
,	배기덕트(각형, 원형)		각형 디퓨저
,	외기덕트(각형, 원형)		레지스터 및 그릴
V.D	풍량조절댐퍼		덕트소음기
F.D	방화댐퍼		에어바 및 체임버
F.V.D	풍량조절 및 방화댐퍼	M.F.V.D	전동방화댐퍼
M.V.D	전동풍량조절댐퍼	E.G	배기그릴

기호	명칭	기호	명칭
	캔버스이음	S.R	급기레지스터
	플렉시블덕트	E.R	배기레지스터
S.D	분할댐퍼		디퓨저

SECTION 13 송풍기

① 송풍기는 정압 10kPa를 경계로 하여 팬(Fan)과 블로어(Blower)로 구분된다.

② 공조용으로는 압력이 모두 10kPa 이하의 팬이 사용되고 있다.

③ 송풍기는 회전차 안의 유동 방향에 따라 원심형, 축류형 및 횡류형으로 분류된다.

④ 원심형은 회전차 안을 반지름 방향으로, 축류형은 축방향으로, 그리고 횡류형은 회전차 외주의 일부분에서 반대쪽의 외주 부분으로 공기가 흐른다.

⑤ 이 밖에 원심형과 축류형의 중간에 속하는 것으로서 회전차 안을 비스듬히 유동하는 사류형이 있다.

SECTION 14 표면효과

1) 표면효과

표면효과(Surface Effect, Coanda Effect)란, 공기의 분출이 표면에 가까운(300mm 이하) 오픈으로 이루어질 때 유인되지 않는 지역(Subatmosperic Pressure Zone)이 형성되는데 이러한 현상을 말한다. 표면효과의 결과 도달거리가 $\sqrt{2}$ 배가 된다. 공기공급온도가 실내공기온도보다 낮을 때 표면효과를 고려해야 한다.

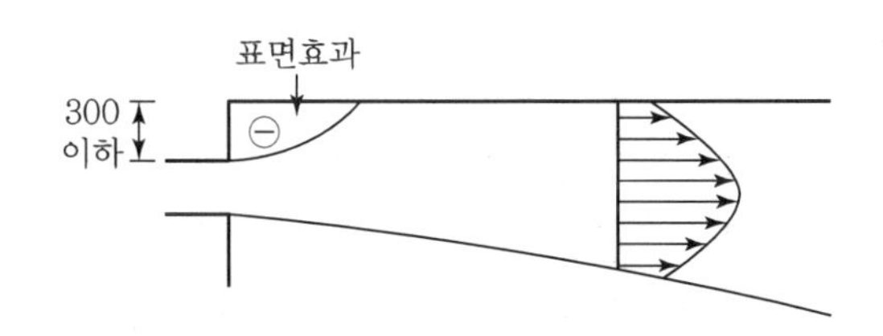

2) 표면효과의 영향

① 구조체를 통한 관류열량 및 표면결로 계산 등에 있어서 열전달률은 기류에 의하여 달라지며 기류속도가 클수록 표면 열전달률은 커진다.
② 구조체 관류열량 계산 시 기류속도가 느리면 열저항이 커지고, 기류속도가 빠르면 열저항이 작아진다.

$$R = \frac{1}{\alpha} + \Sigma \frac{d}{l} + \frac{1}{\alpha_o}$$

여기서, α : 열전달률(kcal/m² · hr · ℃)

③ 표면결로 계산 시 기류속도가 빠르면 결로가 잘 생기지 않는다.

$$t_s = t_i - \frac{K}{\alpha_i}(t_i - t_o)$$

SECTION 15 유인비

1) 유인비

① 분출구에서 분출된 취출공기(1차 공기)량에 대한 유인공기(2차 공기)량의 비를 나타낸다.

$$\text{유인비} = \frac{\text{1차 공기량} + \text{2차 공기량}}{\text{1차 공기량}}$$

② 공기 취출구 및 각종 유인유닛의 재순환 공기의 비율을 표시한다.

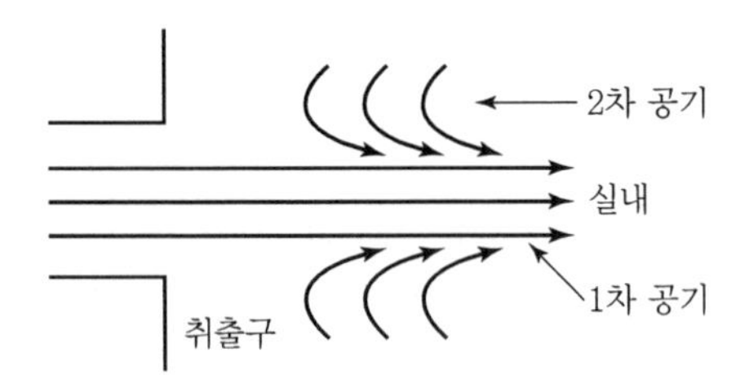

2) 취출구에서의 유인작용

① 취출 공기(1차 공기)의 취출 속도에 의해 실내공기(2차 공기)가 빨려들어 오는 현상으로 이 유인작용에 의해 기류는 원추 형상으로 퍼져나간다.
② 적절한 유인작용으로 인체에 불쾌감을 주는 냉기류인 Cold Draft를 방지할 수 있고 실내온도 및 기류 분포를 양호하게 한다.
③ 유인작용에 대하여 운동량 법칙을 적용하면 다음과 같다.

$$m_1v_1 + m_2v_2 = (m_1 + m_2)v$$

여기서, m_1, m_2 : 1차 공기량 및 2차 공기량의 질량유량

v_1, v_2, v : 1차 공기속도, 2차 공기속도, 전공기량의 속도

④ 일반적으로 수력반지름이 작은 취출구일수록 유인비가 크다. 즉, 원형 단면의 디퓨저보다 라인형의 디퓨저가 유인비가 크다.

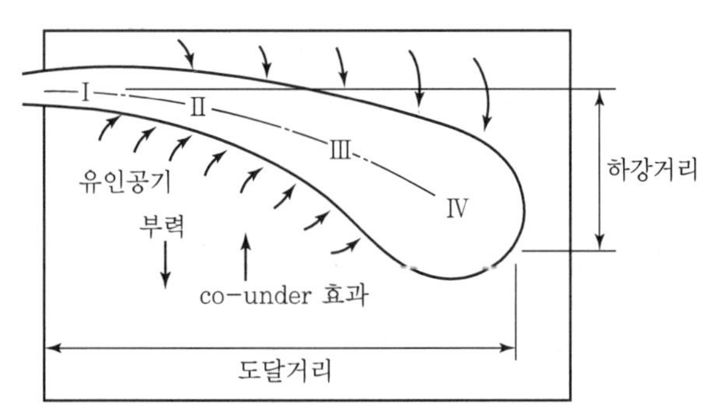

| 취출기류의 속도분포와 도달거리 |

SECTION 16 축류형 취출구의 기류속도분포 4단계 영역

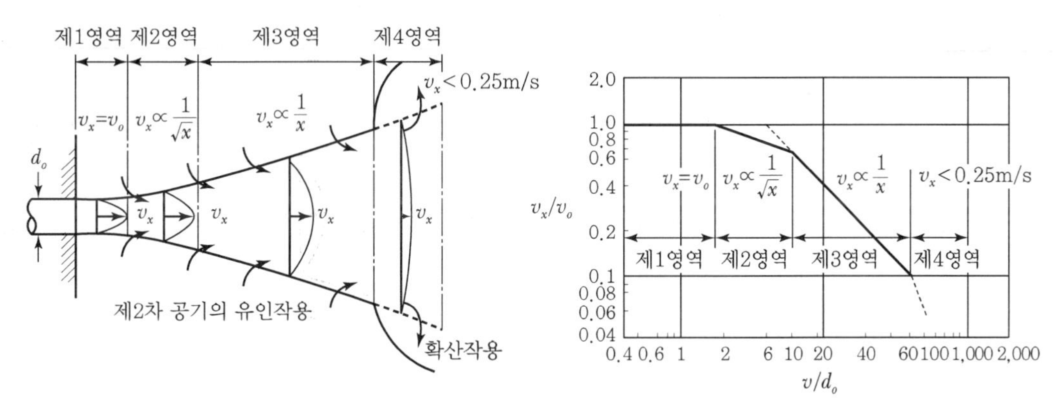

d_o : 취출구의 상당직경(m)

v_o : 취출구 풍속(m/sec)

v_x : 취출구로부터 x(m) 위치에서의 중심기류속도(m/sec)

x : 취출구로부터의 직선거리(m)

| 축류형 취출구의 기류분포 |

1) 제1영역

① 취출구 근처에서의 속도 변화가 없는 영역이다.

$$v_x = v_o$$

여기서, v_o : 취출속도, v_x : 거리 x에서의 중심기류속도

② 취출구에서의 거리가 취출구 직경의 0～2배 정도인 구역이다.

③ 중심풍속(v_x)이 취출풍속(v_o)과 같은 영역, 즉 $v_x = v_o$인 영역이다.

④ 취출 후 아주 짧은 거리에서는 속도 변화가 없는 것으로 본다.

2) 제2영역(천이구역)

① 취출구에서의 거리가 취출구 직경의 2～10배 정도인 구역이다.

② 중심풍속이 취출구에서의 거리(x)의 제곱근에 역비례한다.

③ 풍속이 취출풍속의 제곱근에 반비례, 즉 $v_x \propto \frac{1}{\sqrt{x}}$인 영역이다.

④ 장방형, 격자형과 같이 Aspect Ratio가 큰 취출구에서는 영역이 길어진다.

⑤ 와류로 천이하는 구역(천이구역)이다.

3) 제3영역

① 취출구로부터의 거리가 취출구 직경의 10～60배 떨어진 구역이다.

② 유인에 의해 주위 공기와 충분히 혼합되어 최종속도 0.25m/sec인 정지공기까지 도달한다.

③ 완전히 난류가 형성되는 영역에서의 기류속도는 취출구에서의 거리에 반비례한다.

④ 중심풍속이 취출구에서의 거리(x)에 역비례, 즉 $v_x \propto \frac{1}{x}$인 영역이다.

4) 제4영역

① 기류속도가 0.25m/sec 이하로 감소되어 유인이 이루어지지 않고 혼합공기가 주위로 확산되는 영역, 즉 v_x < 0.25m/sec(정지공기)인 영역이다.

② 취출기류속도가 급격히 감소하여 주위의 공기를 유인하는 힘이 없어 혼합된 공기까지도 주위로 확산된다.

③ 온도는 주위온도에 근접한다.

SECTION 17 고속덕트 설계 및 시공 시 고려사항

냉 · 난방 및 환기에 쓰이는 덕트는 일정한 정압을 가지고 송풍기로 송풍하며 덕트 내의 풍속을 정하는 데는 설비비, 동력소비량, 설치공간의 크기, 소음 발생, 누설 등을 고려해야 한다. 고속덕트의 경우 특히 누설 및 소음, 송풍기 동력 등을 신중히 고려해야 한다.

1) 고속덕트 설계 시 주의사항

① 덕트 내 풍속은 허용풍속 이하로 선정하여 과도한 소음, 동력초과 등이 일어나지 않도록 한다.
② 덕트의 정압손실을 최소화하여 송풍기 소요동력을 작게 한다. 덕트의 재료는 아연도금철판, 알루미늄 등 마찰저항계수가 작은 것을 사용하고 덕트의 단면은 되도록 원형 덕트를 사용한다.
③ 건물의 의장이나 구조에 맞게 한다.
④ 각 취출구 · 흡입구에서 풍량이 설계치대로 나오게 한다.
⑤ 소음, 진동이 적도록 한다.
⑥ 덕트의 종횡비(Aspect Ratio)는 최대 8 이상이 되지 않도록 하고 가능한 한 4 이내로 한다.
⑦ 굽힘 부분은 되도록 큰 곡률반경을 취하며 곡률반경비는 1.5~2.0으로 한다.
⑧ 반경비가 1.5 이내일 때는 Guide Vane을 실치한다.
⑨ 덕트 확대 부분의 각도는 15° 이내, 축소 부분의 각도는 30° 이내로 한다.
⑩ 분기부에는 Split Damper 등을 사용하여 풍량 분배가 원활하게 한다.
⑪ 방화구획을 관통하는 부분에는 Fire Damper를 부착한다.
⑫ 정압재취득법이나 전압법에 의해 덕트의 치수를 결정한다.
⑬ 말단 취출구에서 저항 및 정압의 재검토가 요망된다.

2) 고속덕트 시공 시 주의사항

① 덕트는 스파이럴덕트를 사용하고 이음은 플랜지 이음이나 플러그 이음을 사용한다.
② 소음 및 진동이 크므로 덕트의 지지물에 방진재를 설치하고 건물의 관통부에도 방진재를 삽입한다.
③ 주 덕트에는 소음장비 대책을 세운다.(흡입엘보, 흡음체임버)
④ 덕트의 곡률반경비는 1.5~2.0 정도로 하며, 1.5 이내일 경우 내측에 2~3매의 가이드 베인을 부착한다.
⑤ 곡률반경비 0일 경우(직각) Turning Vane을 설치한다.
⑥ 덕트의 분기는 Y형 이음이나 직각분기식 원추형 T를 사용한다.
⑦ 유속에 의한 마찰저항이 크므로 마찰저항계수(λ)가 작은 재료(PVC, STS)를 사용한다.
⑧ 부식성 가스가 발생하는 지역을 관통하는 덕트는 내식성 재료(PVC, STS)를 사용한다.
⑨ Volume Damper, Fire Damper, Smoke Damper를 적절히 배치하여 풍량조절 및 방재에 대비한다.
⑩ 마찰저항이 큰 재료를 사용할 경우 덕트 치수를 증가시킨다.

CHAPTER

12 송풍기

SECTION 01 배출압력에 따른 분류

날개(Blade) 회전을 통하여 기체를 이송시키는 장치를 송풍기라 한다.

송풍기		압축기
Fan	Blower	Compressor
1,000mmAq 미만 (0.1kg/cm^2 미만)	1,000～10,000mmAq (0.1～1.0kg/cm^2)	10,000mmAq 이상 (1kg/cm^2 이상)

SECTION 02 날개의 형상에 따른 분류

팬(Fan)	원심형	후곡형(터보형), 익형, 방사형(반경류형), 다익형, 관류형
	축류형	프로펠러형, 튜브형, 베인형
	사류형	
	횡류형	
블로어(Blower)	원심형	
	축류형	
	사류형	

1) 원심형

유동이 임펠러 내에 축방향으로 유입되어 반경 방향으로 진행된다.

(1) 다익형(Sirocco Fan)

날개의 끝부분이 회전방향으로 굽은 전곡형(Forward, 전곡형은 날개 출구점에서의 유체 선속도가 빠름)으로 동일 용량에 대해서 다른 형식에 비해 회전수가 상당히 적다. 동일 용량에 대해서 송풍기 크기가 작고, 특히 팬코일 유닛(FCU)에 적합하며, 저속덕트용 송풍기 및 각종 공조기 급배기용으로 적합하다.

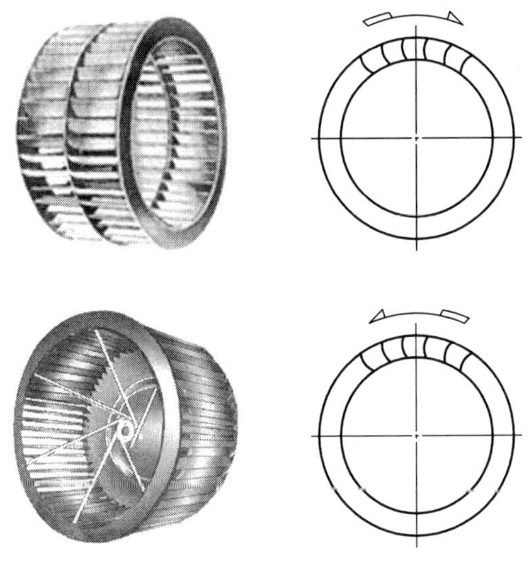

| 다익형 |

① 풍량이 증가하면 축동력이 급격히 증가하여 Overload가 발생한다.(풍량과 동력의 변화가 큼)

② 회전수가 적고 크기에 비해 풍량이 많으며, 운전이 정숙한 편이다.

③ 압력곡선에 오목부가 있다.

(2) 후곡형(Turbo Fan)

날개(Blade)의 끝부분이 회전방향의 뒤쪽으로 굽은 후곡형(Backward)으로 (a)와 같이 날개가 곡선으로 된 것과, (b)와 같이 직선으로 된 것이 있다. 후곡형은 효율이 높고 고속에서도 비교적 정숙한 운전을 할 수 있는 것으로 터보형 송풍기(Turbo Fan)에 적용된다.

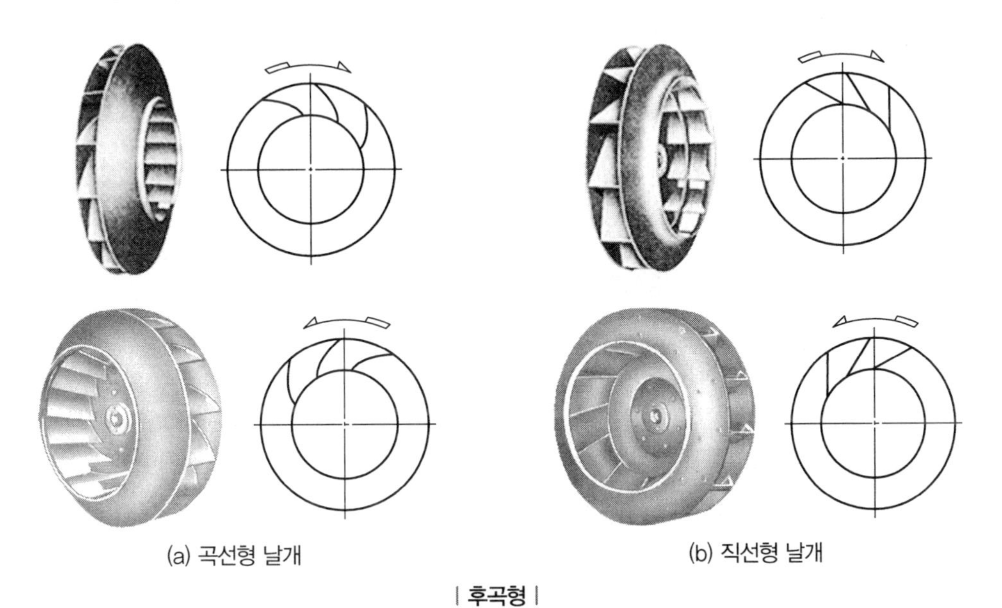

(a) 곡선형 날개 (b) 직선형 날개

| 후곡형 |

① 회전날개는 비교적 폭이 넓은 후곡형(Backward)이며 Non-overload 특성이 있다.
② 효율이 높고, 고속에서도 정숙하다.
③ 송풍 저항에 대해 풍량 및 동력 변화가 적다.
④ Surging 위험이 있다.
⑤ 다익형에 비해 대풍량, 저정압이다.

(3) 익형(Air Foil, Limit Fan)

후곡형과 다익형을 개량한 것으로, (a)는 박판을 접어서 유선 날개를 형성하여 고속회전이 가능하며 소음이 적다. (b)는 날개를 S자 모양으로 구부린 것으로 리밋로드팬(Limit Load Fan)이라 한다. 다익형은 풍량이 증가하면 축동력이 급격히 증가하여 오버로드가 되는데, 이를 보완한 것이 익형 또는 리밋로드형(터보형과 거의 동일하나 리밋로드 특성이 현저함)이다.

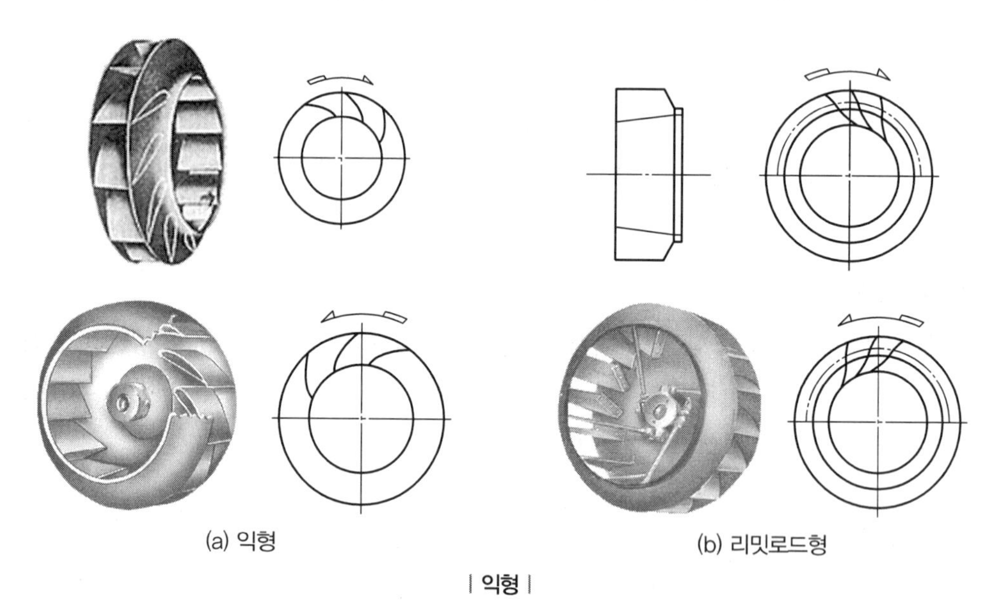

(a) 익형　　(b) 리밋로드형

| 익형 |

① 고속덕트 공조용으로 사용된다.
② 유선형 날개를 가지고 후곡형(Backward)이며 Non-overload 특성이 있다.
③ 특성은 터보형과 같고 높은 압력까지 사용할 수 있으며 소음이 더욱 적다.

(4) 방사형(Plate Fan)

방사형의 날개로서 (a)는 평판으로 (b)는 전곡(Forward)으로 되어 있다. 방사형은 자기청소(Self-cleaning)의 특성이 있다. 따라서 분진의 누적이 심하고, 이로 인해 송풍기 날개의 손상이 우려되는 공장용 송풍기에 적합하다. 그러나 효율이나 소음면에서는 다른 송풍기에 비해 좋지 못하다.

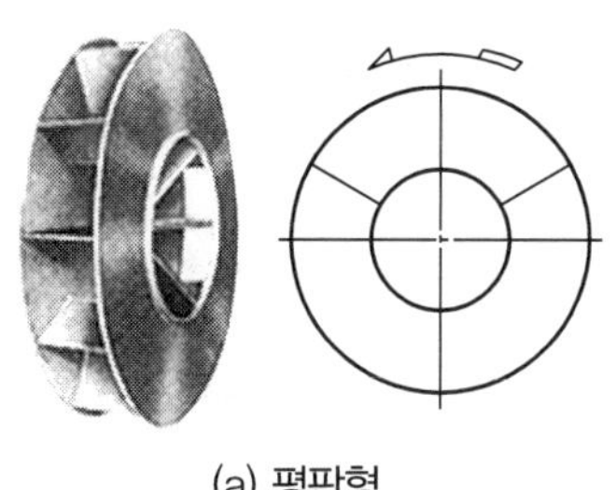

(a) 평판형

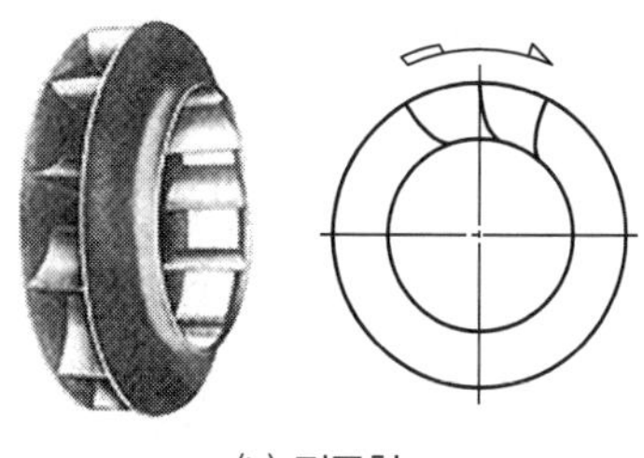

(b) 전곡형

| 방사형 |

(5) 관류형(Tubular Fan)

회전날개는 후곡형이며, 원심력으로 빠져나간 기류는 축방향으로 안내되어 나간다. 관류송풍기는 정압이 비교적 낮고 송풍량도 적은 환기팬으로 옥상에 많이 설치된다. 이를 응용한 Duct In Line Fan도 있다.

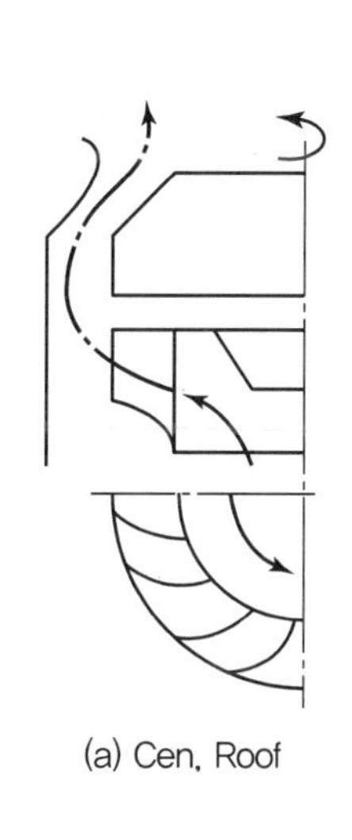

(a) Cen, Roof

(b) Roof Fan

(c) Duct In Line Fan

| 관류형 |

① 옥상 환기용으로 사용한다.

② 정압이 낮고 송풍량이 적으며 효율이 나쁘다.

2) 축류형(Axial Fan)

(1) 개요

(a)와 같이 프로펠러형의 블레이드가 기체를 축방향으로 송풍한다. 축류송풍기는 낮은 풍압일 때 많은 풍량을 송풍하는 데 적합하다. 덕트시스템이 없고 공기 기류에 대한 저항이 작은 경우인 환기팬, 소형 냉각탑에는 (b)와 같은 프로펠러 팬(Propeller Fan)이 사용된다.

(c)는 튜브 축류팬(Tube Axial Fan)으로 관 모양의 하우징(Housing) 내에 송풍기가 들어 있다. 이

형식의 송풍기는 덕트 도중에 설치하여 송풍압력을 높이거나 국소 통기 또는 대형 냉각탑에 사용된다. (d)는 축류팬의 전후에 가이드 베인(Guide Vane)을 설치한 것으로, 기류를 정류하는 역할도 갖는다. 따라서 국소통풍이나 터널의 환기에 사용된다.

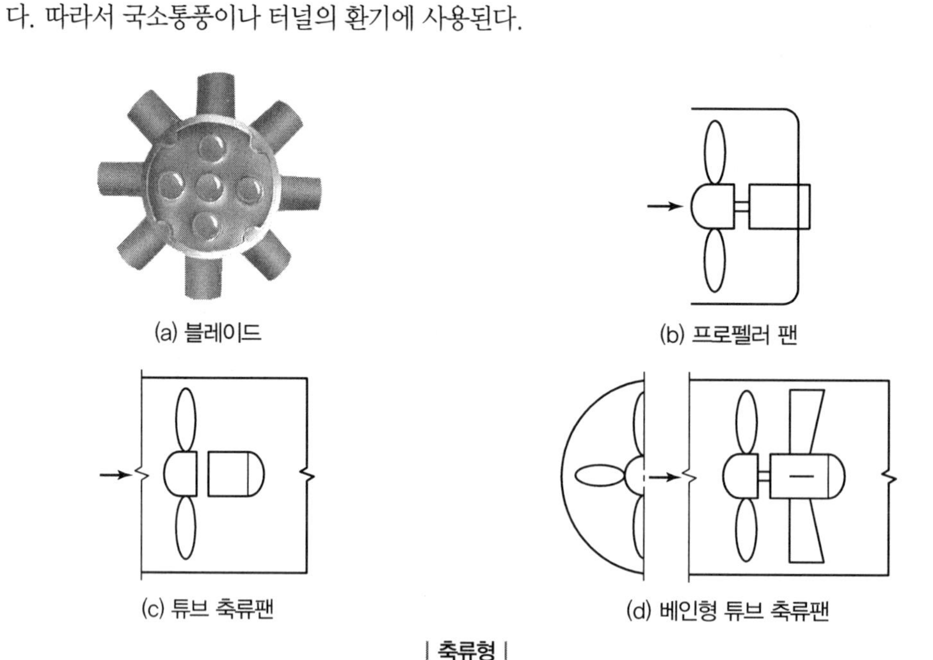

| 축류형 |

(2) 특징

① 환기 팬, 소형 냉각탑, 유닛히터 등에 사용한다.
② 프로펠러형의 날개에 의해 축방향으로 송풍한다.
③ 풍량이 "0"일 때 축동력이 최대이다.
④ 저항에 대한 풍량 및 동력 변화가 적다.
⑤ 낮은 정압의 대풍량에 적합하다.
⑥ 소음이 적다.

(3) 종류

프로펠러 송풍기	• 케이싱 및 안내깃이 없는 축류 송풍기로 구조가 가장 간단하다. • 낮은 압력하에서 다량의 공기 이송에 적합하다. • 실내 환기용이나 냉각탑 등에 사용된다.
관형 축류(튜브형) 송풍기	• 케이싱 속에 임펠러가 설치되나 안내깃이 없다. • 보통의 풍압에서 어느 정도 범위의 풍량이 가능하다. • 용량에 비해 소형, 경량이며 덕트나 팬 구조가 단순하다.
베인형 축류 송풍기	• 케이싱 속에 임펠러가 설치되며 안내깃이 있다. • 임펠러 후류의 선회유동을 방지하여 효율과 압력을 상승시킨다. • 주로 익형 단면의 날개를 가져 비교적 높은 압력도 가능하다.

3) 사류형

① 유체 유동의 흐름 방향이 원심형과 축류형의 중간에 해당한다.(혼류형)
② 축류 송풍기의 간결성과 소음이 적은 원심 송풍기의 장점을 가지고 있다.
③ 고속 회전이 가능하여 0.1MPa의 압력까지 올릴 수 있으며, 효율도 좋은 편이다.

4) 횡류형

① 공기가 임펠러를 가로 질러 이송되는 송풍기의 형태이다.
② 날개 폭을 지름에 관계없이 길게 할 수 있다.
③ 소음이 크고 성능이 우수하지 못하나 그 구조상 에어커튼이나 실내공기 순환용(에어컨, FCU 등)으로 주로 사용된다.

SECTION 03 전곡익, 후곡익, 축류 팬의 특성

1) 전곡익 송풍기(Forward Curved Fan)

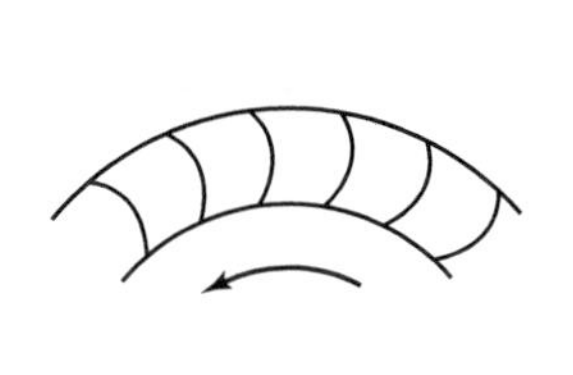

(a) 날개 단면

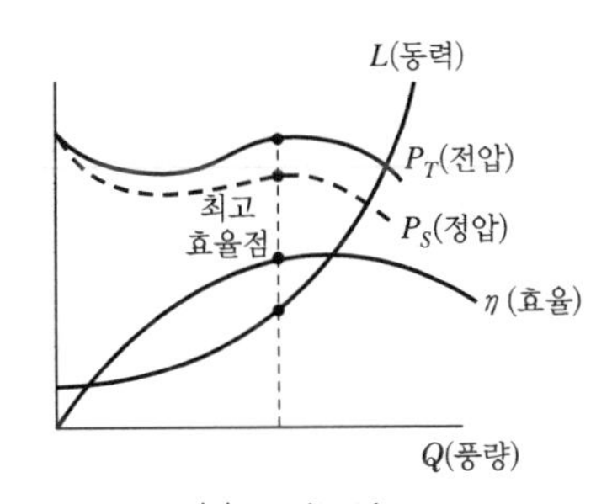

(b) 특성곡선

① 동일용량의 다른 형식의 송풍기에 비해 회전수가 상당히 적다.
② 주어진 용도에 필요한 크기가 소형으로 될 수 있다.
③ 다익 송풍기 등이 있으며, 특히 팬코일 유닛에 적합하다.
④ 후곡익에 비해 효율이 낮고, 소음이 크다.
⑤ 풍량의 변화에 따른 동력의 변화가 비교적 크다.
⑥ 압력곡선은 후곡익에 비해 완만하다. 따라서 송풍계의 압력변동에 따른 풍량 변화가 크다.

2) 후곡익 송풍기(Backward Curved Fan)

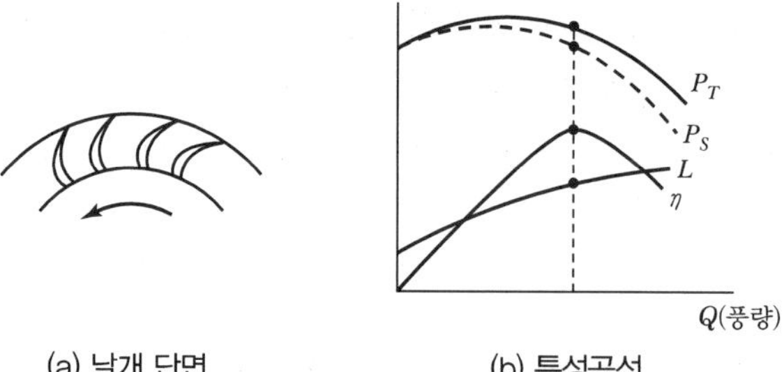

(a) 날개 단면 (b) 특성곡선

① 다른 형식에 비해 효율이 높고 소음이 작다.

② 송풍기의 동력곡선이 평탄하므로 논오버로드(Non－overload)의 특성을 가지며, 동일속도로서 0～100%의 풍량범위를 커버할 수 있게 전동기를 선정할 수 있다.

③ 압력곡선이 일반적으로 전곡익 송풍기보다 급경사이므로 송풍계의 압력변동이 커도 풍량 변화는 더 작아진다.

④ 최고 효율점이 최대 압력점보다 오른쪽에 존재하므로, 압력에 여유를 갖게 효율적인 송풍기를 선정할 수 있다.

3) 축류 송풍기(Radial Fan)

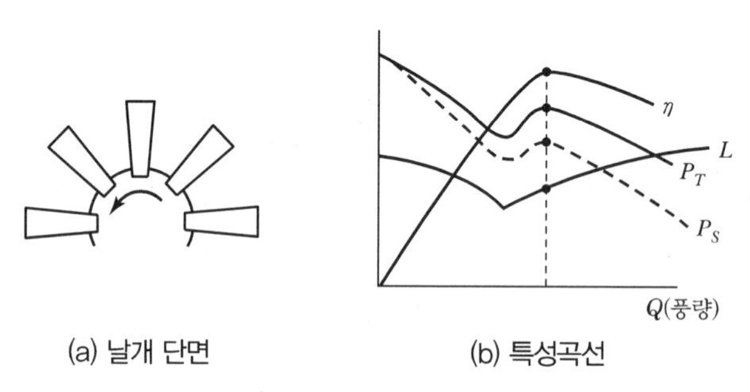

(a) 날개 단면 (b) 특성곡선

① 자기청소(Self－cleaning)의 특성이 있다.

② 구조적으로 견고하므로 고속을 낼 수 있다.

③ 압력변화에 대해 풍량과 동력의 변화가 적다.

④ 동압이 크다.

⑤ 소음이 크다.

SECTION 04 송풍기의 용어 및 단위

1) 풍량(Q)

송풍기의 풍량이란 흡입상태에서 표준상태로 환산하는 것을 말한다. 이것은 풍량이 압력, 온도에 따라 변화가 심해 어떤 일정한 기준으로 되지 않기 때문이다. 단, 압력비가 1.03 이하일 경우는 토출풍량을 흡입풍량으로 봐도 지장이 없다. 단위는 m^3/sec(CMS), m^3/min(CMM), m^3/hr(CMH), ft^3/sec(CFS), ft^3/min(CFM), ft^3/hr(CFH)를 사용한다.($1m^3/min = 3.53ft^3/min$)

2) 정압(P_s, Static Pressure)

기체의 흐름에 평행인 물체의 표면에 기체가 수직으로 미는 압력으로, 그 표면에 수직인 Hole을 통해 측정한다.

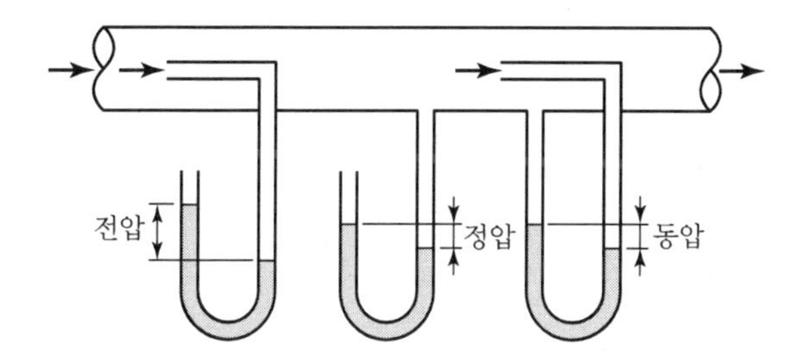

3) 동압(P_d, Dymamic Pressure, Velocity Pressure)

속도에너지를 압력에너지로 환산한 값으로, 송풍기의 동압은 50mmAq(약 30m/s)를 넘지 않는 것이 바람직하며, 전압은 정압과 동압의 절대압의 합이다.

$$P_d = \frac{V^2}{2g}\gamma$$

여기서, V : 속도(m/s), γ : 비중량(kg/m^3), g : 중력가속도(m/s^2)

4) 전압(P_t, Total Pressure)

전압은 정압과 동압의 절대압의 합이다.

$$P_t = P_s + P_d$$

단위는 mmAq, mmH_2O, mAq, kg/cm^2, kg/m^2, Pa, kPa 등을 사용한다.

※ $1kg/cm^2 = 10{,}000 \times$(mmAq, kg/m^2, mmH_2O)

$1mmAq = 1kg/m^2$, $10mAq = 1kg/cm^2$

$1Pa = 9.8mmAq$

5) 수두(Head)

송풍기의 흡입구와 배출구 사이의 압축과정에서 임펠러에 의하여 단위중량의 기체에 가하여지는 가역적 일당량(kg · m/kg)을 기체의 기둥의 높이로 나타내고 이것을 수두(H)라고 부른다.

6) 비속도 혹은 비교회전도(N_s)

비속도란 기하학적으로 닮은 송풍기를 생각해서 풍량을 1m³/min, 풍압을 Head 1m 생기게 한 경우의 가상 회전속도로, 송풍기의 크기에 관계없이 송풍기의 형식(또는 임펠러의 형식)에 의해 변하는 값이다.

$$N_S = \frac{N \times Q^{1/2}}{H^{3/4}}$$

여기서, N : 송풍기의 회전속도(rpm), Q : 풍량(m³/min), H : 수두(m)

7) 동력 계산

(1) 이론공기동력

$$L_a = \frac{Q \cdot P_t}{102 \times 60}(\text{kW}) = \frac{Q \cdot P_t}{75 \times 60}(\text{PS})$$

여기서, Q : 풍량(m³/min)
P_t : 전압(mmAq)

(2) 축동력

$$L_s = \frac{L_a}{\eta_f} = \frac{Q \cdot P_t}{102 \times 60 \times \eta_f}(\text{kW}) = \frac{Q \cdot P_t}{75 \times 60 \times \eta_f}(\text{PS})$$

여기서, η_f : 송풍기 효율

(3) 실제사용동력

$$L_d = \frac{L_s(1+\alpha)}{\eta_t}$$

여기서, α : MOTOR 안전율
- 25HP 이하 : 20%
- 25～60HP : 15%
- 60HP 이상 : 10%

η_t : 전동효율

SECTION 05 송풍기의 특성

송풍기는 개개의 기종에 따라 다른 특성을 나타낸다. 또 동일 종류 중에서도 날개 출구각의 크고 작음, 압력비 등에 의해서 그 특성이 다르다. 다음 표와 그림에 그 특성이 잘 나타나 있다.

종류		원심팬					축류팬(프로펠러)
		터보팬	에어포일팬	레이디얼팬	리밋로드팬	다전팬(시로코)	
날개							
특성		P_1 P_2 SKW Q →					
비교	크기	⑤	③	④	②	최소	①
	축동력	②	①	④	③	최소	⑤
	편음	②	①	③	최소	⑤	④
R_s(mmAq)		50~1,000	50~300	50~500	25~150	10~100	0~100
풍력(mmAq)		100	150	80	40	50	30
용도		강압송풍	일반송풍	분진송풍	일반송풍	일반송풍	일반송풍

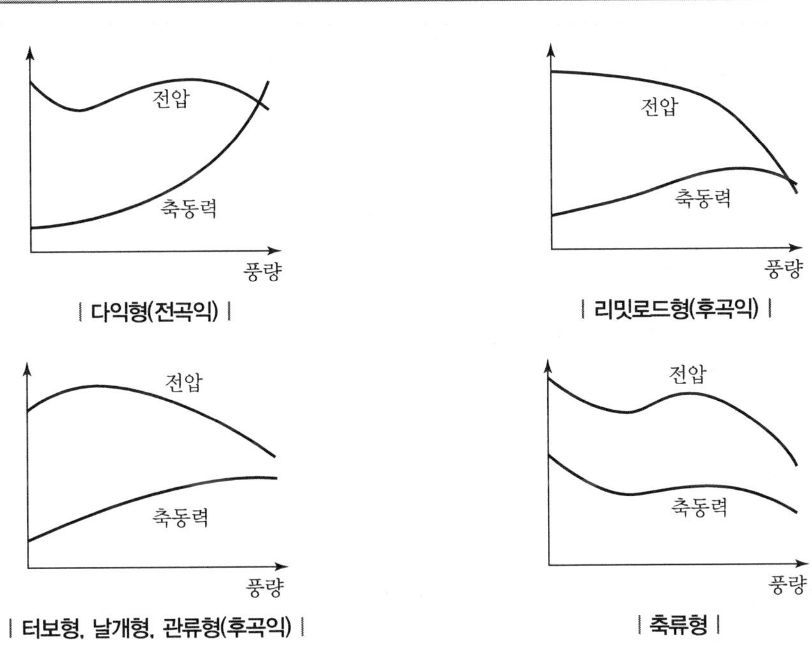

| 다익형(전곡익) |

| 리밋로드형(후곡익) |

| 터보형, 날개형, 관류형(후곡익) |

| 축류형 |

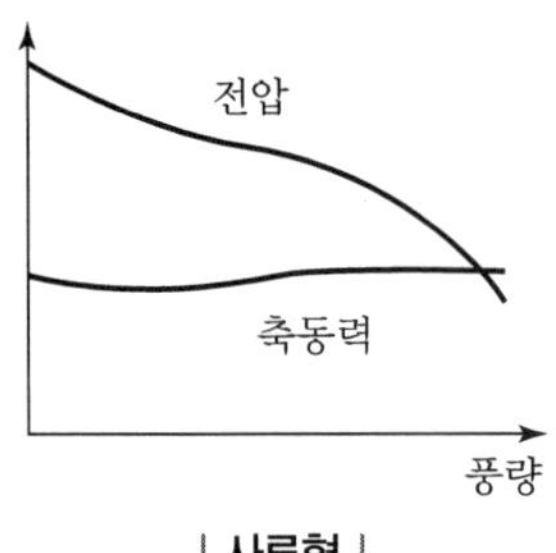

| 사류형 |

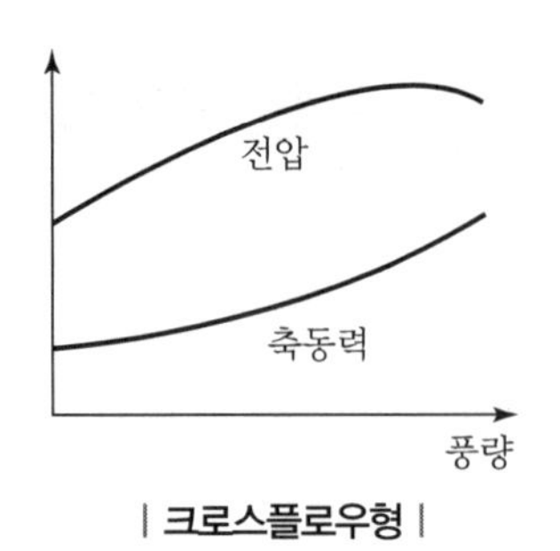

| 크로스플로우형 |

구분	특징
다익형	• 임펠러가 회전방향으로 기울어져 있다.(전곡익형) • 익현길이가 짧고 날개폭이 넓고 날개수가 많다. • 동일한 공기량과 압력에서 팬의 크기가 작고, 동일한 회전수에서 풍량이 가장 크다. • 풍량이 증가하면 축동력이 급격히 증가하여 Overload가 된다. • 효율은 45~50%로 좋지 않으나 가격이 저렴하고 설치공간이 적게 소요되어 일반 공조용이나 환기용으로 널리 사용된다. • 저압에서 다량의 공기 이송에 적합하고 소음도 적은 편이다.
터보형	• 임펠러가 회전방향과 반대이다.(후곡익형) • 다익형에 비해 외형이 크고 익현길이는 길고 날개폭은 짧다. • 정압과 효율(60~70%)이 높은 편이다. • 유체역학적으로 내구성이 좋은 구조여서 고속회전이 가능하고 정숙하며 사용범위도 넓어 과부하에 잘 걸리지 않는다. • 보일러의 공기 압입 등 산업용으로 널리 사용된다.
익형	• 박판을 접어서 유선형의 날개를 형성한다.(후곡익형) • 고속회전이 가능하고 소음도 적다. • 풍량이 설계점 이상으로 증가해도 축동력이 증가하지 않는다. • 효율이 매우 좋은 편(70~85%)이며 산업용으로 널리 사용된다.
리밋로드형	• 날개가 S자 형상이며 흡입구에 프로펠러형 안내깃이 있다. • 설계점 이상의 풍량에서도 축동력이 증가하지 않는다. • 효율이 낮고(55~65%) 정압도 낮다.
반경류형	• 플레이트팬, 방사형팬, 레이디얼팬으로도 불린다. • 날개가 임펠러의 회전축에 수직인 평판 형태이다. • 날개수는 가장 작으나 외형의 크기와 효율은 다익과 터보의 중간 정도이다. • 내열, 내마모, 자기청소(Self-cleaning)의 특성이 있다. • 공기량의 변화에 축동력이 선형적으로 변하여 제어가 용이하다. • 공조용보다는 고압에서 분진이 많은 유체나 부유성 물질의 이동에 사용된다. • 소음은 큰 편이나 서징 현상이 거의 없다.

1) 특성곡선의 구성

① 송풍기 고유의 특성을 하나의 선도로 나타낸 것을 송풍기의 특성곡선이라 한다.

② 어떠한 송풍기의 특성을 나타내기 위하여 일정한 회전수에서 횡축을 풍량 Q(m³/min), 종축을 압력(정압 P_s, 전압 P_t, mmAq), 효율(%), 소요동력 L(kW)로 놓고 풍량에 따라 이들의 변화 과정을 나타낸 것이다.

③ 그림에서 일정속도를 회전하는 송풍기의 풍량조절댐퍼를 열어서 송풍량을 증가시키면 축동력은 급상승하고, 전압과 정압은 산형을 이루면서 강하한다. 여기서 전압과 정압의 차가 동압이다.

④ 효율은 전압을 기준으로 하는 전압효율과 정압을 기준으로 하는 정압효율이 있는데 포물선 형식으로 어느 한계까지 증가 후 감소한다. 따라서, 풍량이 어느 한계 이상이 되면 축동력이 급증하고 압력과 효율이 낮아지는 오버로드 현상이 있는 영역과, 정압곡선에서 좌하향 곡선부분에 해당하는 송풍기 동작이 불안정한 서징 현상이 있는 영역에서는 운전이 좋지 않다.

⑤ 서징(Surging)의 대책

- 시방 풍력이 많고, 실사용 풍량이 적을 때 바이패스 또는 방풍한다.
- 흡입댐퍼, 토출댐퍼, RPM으로 조정한다.
- 축류식 송풍기는 동 · 정익의 각도를 조정한다.

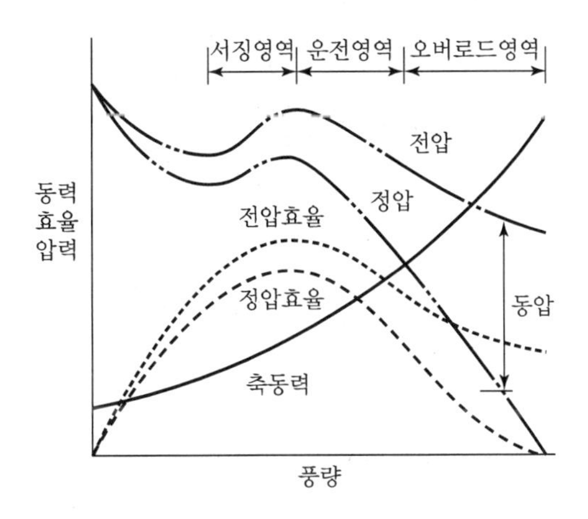

2) 각종 송풍기의 특성곡선 비교

다음 그림은 후곡형, 방사형, 다익형 송풍기의 특성곡선이다. 이 곡선은 최고 효율점에 대한 풍량, 압력 및 축동력을 백분율로 표시하여 비교한 것이다.

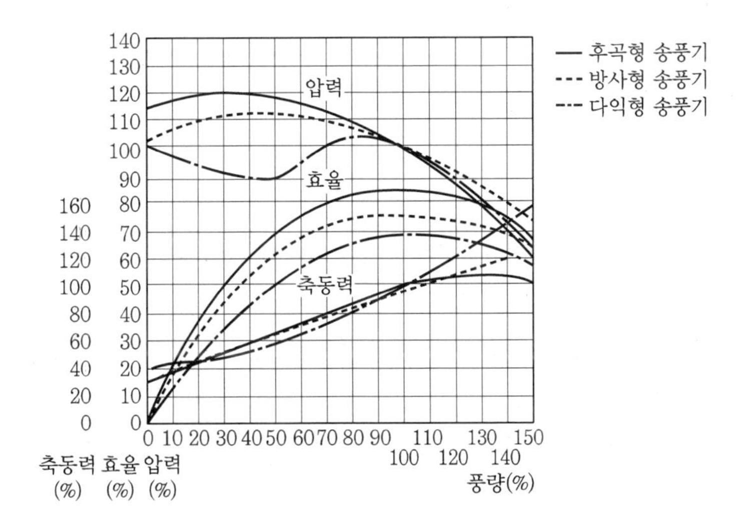

3) 직렬 운전

① 압력을 승압할 목적으로 동일 특성의 송풍기를 2대 직렬 연결하여 운전하는 경우, 그림에서 곡선 a, b, c, d와 같이 1대 운전 시의 특성을 알면, 2대 직렬 운전 후의 특성은 어떤 풍량점에서의 압력을 2배로 하여 얻어진다. 예를 들면, b_1 점은 b점 압력의 2배의 압력이 되어 a_1, b_1, c_1, d_1를 얻는다.

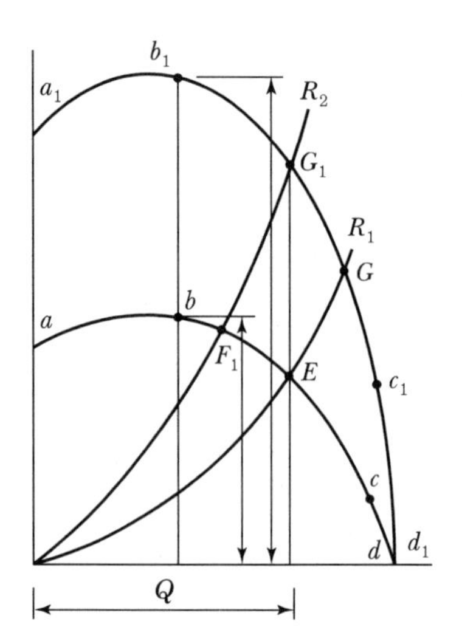

② 특성곡선은 이와 같이 2배하여 얻어지지만 단독운전의 송풍기에 1대 추가하여 직렬 운전해도 실제의 운전압력은 2배로 되지 않는다. 그것은 관로저항이 2배로 변하지 않기 때문이다. 저항곡선은 R_1이고, 1대 운전 시의 작동점(E)에 상당하는 압력이 2대 운전 시의 경우(G)에 상당하는 압력으로 되기 때문이다.

③ 2대 운전하고 있는 장치의 1대를 정지한 경우의 작동점은 저항곡선 R_2상의 G_1 점에서 F_1 점으로 이동하고, 압력은 절반 이상이 된다.

④ 압력이 높은 송풍기를 직렬로 연결한 경우, 1대째의 승압에 의해 2대째의 송풍기에 기계적 문제가 일어날 수 있으므로 주의해야 한다.

4) 병렬 운전

① 필요풍량이 부족한 경우나 대수제어운전을 행하고자 할 때 동일특성의 송풍기를 2대 이상 병렬로 연결하여 운전하는 경우는 직렬의 경우와 동일하게 a, b_1, c_1, d_1를 얻을 수 있다.

② 이 경우도 특성곡선은 풍량을 2배 하여 얻어지지만, 실제 2대 운전 후의 작동점은 G_1이기 때문에 2배의 풍량으로는 되지 않는다.

③ 병렬 운전을 행하고 있는 송풍기 중 1대를 정지하여 단독운전해도 작동점 E_1에서 F_1로 되고 풍량은 절반 이상이 된다.

④ 특성이 크게 다른 송풍기를 병렬 운전하는 것은 운전이 불가능한 경우도 있으므로 피하는 편이 좋다.

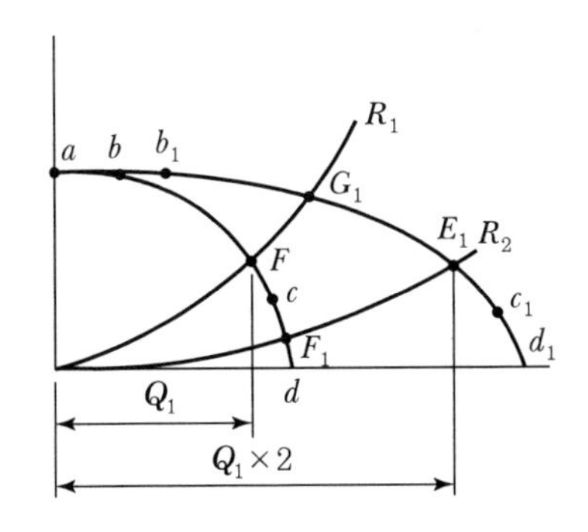

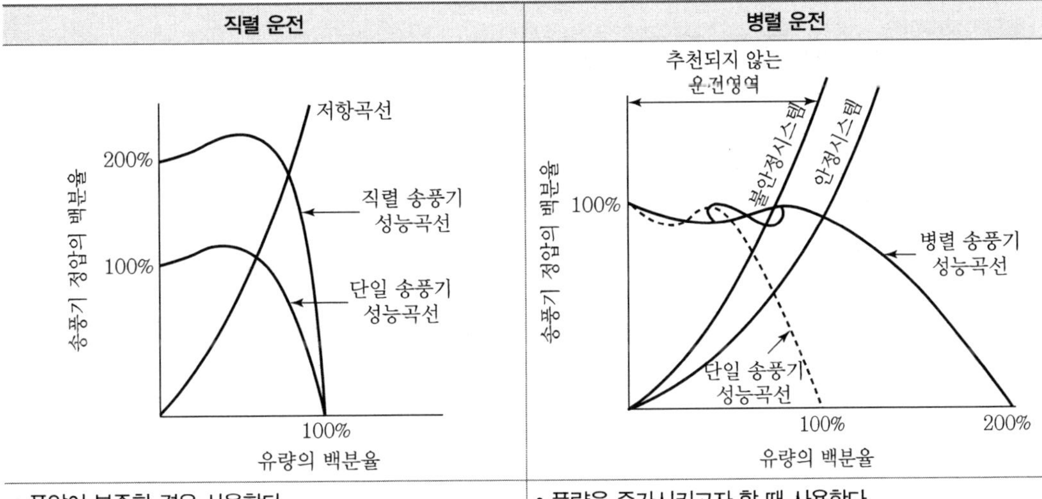

직렬 운전	병렬 운전
• 풍압이 부족한 경우 사용한다. • 2단 송풍기에서 공기밀도의 증가로 인해 공기체적이 감소된다. • 2단 입구에서 불균일 유통이 형성되어 성능에 심각한 영향을 줄 수 있다.	• 풍량을 증가시키고자 할 때 사용한다. • 유량은 20～30% 정도만 증가한다. • 저항곡선의 기울기가 클수록 유량 증가의 비율이 작아진다.

5) 장치의 공기저항

덕트 또는 장치에 공기를 보내는 경우 그 덕트 또는 장치 고유의 공기저항을 받는다. 이 저항은 동적인 것과 정적인 것의 두 가지가 있는데, 풍속의 2승에 비례하여 변화하는 것을 동적저항이라 하며 풍속에 관계없이 일정한 것을 정적저항이라 한다. 일반적인 장치저항에는 다음과 같은 것이 있다.

(1) 덕트계에 의한 것

① 마찰저항

② 곡선저항

③ 분기 · 합류저항

④ 면적 · 형상의 변화에 의한 저항

(2) 장애물에 의한 것

① 댐퍼저항
② 엘리미네이터의 저항
③ 에어필터의 저항
④ 히터 · 쿨러의 저항
⑤ 계기류의 저항

SECTION 06 송풍기 풍량 제어

1) 회전수 제어

송풍기 회전수를 변화시키면 $\frac{n_2}{n_1} = \frac{Q_2}{Q_1}$ $(n_1, n_2$: 회전수, Q_1, Q_2 : 풍량) 식이 성립되며 송풍기 특성곡선이 비슷하게 변화하므로 항상 최고 효율점 부근에서 운전이 가능하여 각종 제어방식 중 동력 절약이 가장 크다.

(1) 작동

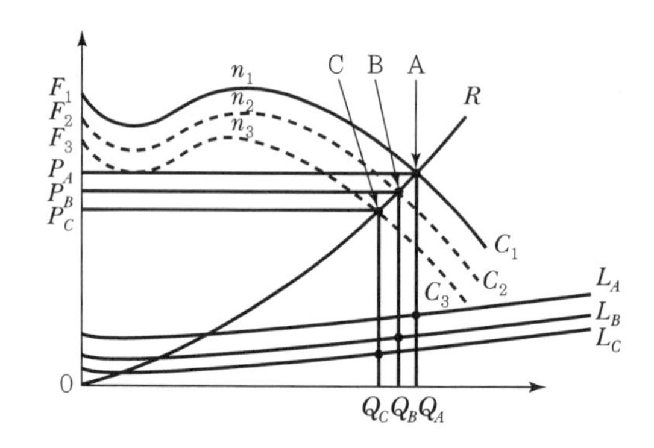

① 회전수를 $n_1 \to n_2 \to n_3$으로 감소시키면 특성곡선은 $(F_1 \sim C_1) \to (F_2 \sim C_2) \to (F_3 \sim C_3)$로 변화하며, 운전상태점은 A → B → C로 변화한다.
② 송풍량은 $Q_A \to Q_B \to Q_C$로 감소하고, 전압은 $P_A \to P_B \to P_C$로 낮아진다.

(2) 송풍기의 회전수를 변화시키는 방법

① 유도전동기의 2차 측 저항을 조절
② 정류자 전동기에 의한 조절
③ 극수변화 전동기에 의한 조절
④ 가변 풀리(Pulley)에 의한 조절

⑤ V풀리의 직경비를 변경하여 조절
⑥ VVVF(Variable Voltage Variable Frequency) : 가변전압 가변주파수 변환장치

①~③은 전동기의 회전을 변화시키는 방법이며 특히 ②는 임의의 회전이 얻어져 이상적이다. ①, ③은 풀리의 직경비를 변경하는 방법이고 ④는 대량의 것에서는 기구 조작에 난점이 있다. ⑤는 그때그때 회전을 정지하고, 미리 준비한 풀리(Pulley)로 교체한 후 V벨트를 바꿔 쓰는 경우 외에는 그다지 사용되지 않는다.

(3) 장점

① 일반 범용 전동기에 적용할 수 있다.
② 에너지 절약효과가 높고 자동화에 적합하다.
③ 소용량에서 대용량까지 적용범위가 광범위하다.
④ 송풍기 운전이 안정된다.

(4) 단점

① 설비비가 고가이다.
② 전자 Noise에 의한 장애가 있다.

2) 흡입 베인 제어

- 송풍기의 흡입구 Casing 입구에 8~12매의 가동 흡입 베인(Variable Inlet Vane)을 부착하여 베인의 기울기를 변화시킴으로써 풍량을 조절한다.
- 풍량이 큰 범위(80% 전후까지)에서는 회전수 변화 방식보다 효율이 좋고 오히려 경제적이다.
- 다익송풍기나 플레이트팬과 같은 날개를 갖는 송풍기로는 그다지 효과가 없고, Limit Load Fan이나 Turbo Fan으로는 효과를 유감없이 발휘한다.
- 흡입베인 컨트롤은 수동으로도 되나 온도, 습도에 따라서 자동적으로 할 수 있다. 흡입베인 컨트롤에 의한 Limit Load Fan의 성능은 토출댐퍼에 의한 조절보다 경제적이다.

(1) 작동

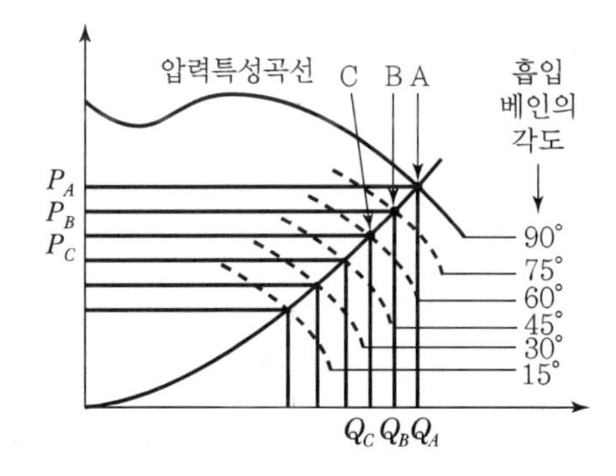

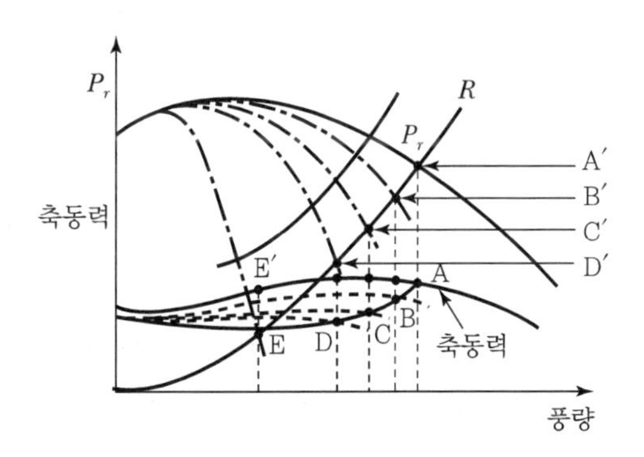

① 흡입 Vane을 완전히 열었을 때의 운전상태점은 A이다.

② Vane을 조금씩 닫으면 압력특성곡선이 점차 낮아져 운전상태점은 A → B → C로 변화한다.

③ 송풍량은 $Q_A \rightarrow Q_B \rightarrow Q_C$로 감소하고, 송풍전압은 $P_A \rightarrow P_B \rightarrow P_C$로 낮아진다.

(2) 적용

① 풍량 70% 이상에서의 풍량조절효과는 양호하다.

② Limit Load Fan, Turbo Fan 등에 사용된다.

(3) 장점

① 회전수 제어방식에 비해 설비비가 저렴하다.

② 원심식 송풍기에 광범위하게 사용된다.

③ 비교적 동력이 절약된다.

(4) 단점

① Vane의 정밀성이 요구된다.

② 보수가 조금 어렵다.

③ 설비비가 비싸다.

3) 흡입 댐퍼 제어

토출압은 흡입댐퍼의 조정에 따라 감소해가므로 흡입베인 컨트롤의 경우와 같은 성능을 나타내나 동력은 흡입압의 강화에 의해 가스 비중이 감소한 비율만큼 동력도 작아진다. 따라서 일반공조용의 송풍기와 같이 저압의 것으로는 거의 영향이 없고 토출댐퍼에 의한 경우와 변함이 없다. 예를 들면, 정압 100mmAq의 송풍기를 사용한 경우의 동력보다 1% 감소한다. 일반적으로 동력의 차이는 1% 이하이므로 고려할 필요가 거의 없다.

(1) 작동

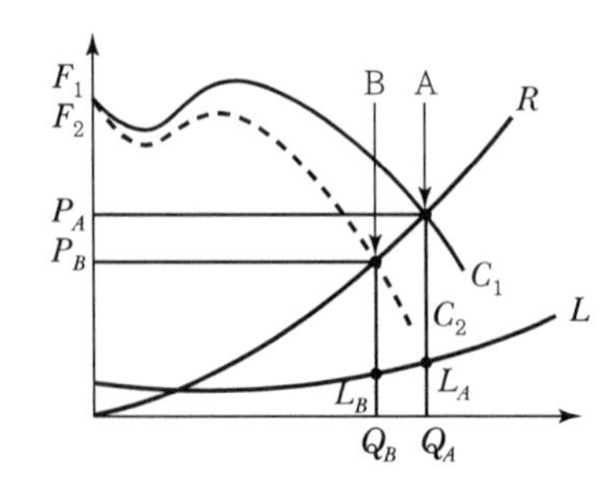

① 송풍기 흡입 측에 있는 Damper를 조이면 압력특성곡선은 낮아지며, 송풍량은 감소한다.

② 운전상태점은 B가 되며, 송풍량은 $Q_A \rightarrow Q_B$로 감소하고, 송풍전압은 $P_A \rightarrow P_B$로 낮아진다.

(2) 장점

공사비가 저렴하고, 설치가 간단하다.

(3) 단점

과도한 제어 시 Overload에 주의한다.

4) 토출 댐퍼 제어

가장 일반적이고 간단한 방법이지만 댐퍼에서의 압력강하는 바로 압력손실이 되므로 가장 효율이 나쁜 방법이다. 가격이 저렴하고, 다익송풍기나 소형 송풍기에 적절하다. 계획풍량에 얼마간의 여유를 계산해 놓고, 실제 사용 시에 댐퍼를 조정해서 소정 풍량으로 조절할 경우 사용된다.

(1) 작동

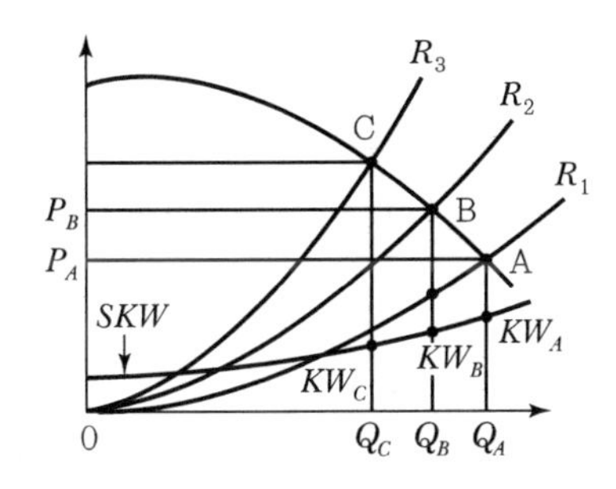

① 압력특성곡선과 장치저항곡선 $O \sim R_1$의 교점인 A상태에서 운전된다. 즉, 송풍기는 압력 P_A, 풍량 Q_A로 운전된다.

② Damper를 조이면 저항곡선은 $O \sim R_2$로 변화되어, 운전상태점은 A에서 B로 이동한다.

③ 송풍량은 $Q_A \rightarrow Q_B$로 감소하며, 송풍전압은 $P_A \rightarrow P_B$로 높아진다.

(2) 적용

가장 일반적인 방법으로 다익송풍기, 소형 송풍기에 적용된다.

(3) 장점

① 공사가 간단하고 투자비가 저렴하다.

② 소형 설비에 적당하다.

(4) 단점

① Surging의 가능성이 있다.

② 효율이 가장 나쁘다.

③ 소음이 발생한다.

5) 가변 피치(Variable Pitch) 제어

임펠러 날개 취부각도를 바꾸는 방법으로서, 원심송풍기에서는 그 구조가 복잡하고 비용이 많이 들므로 실용화되지 않고 단지 축류 송풍기에만 채용되고 있다.

(1) 작동

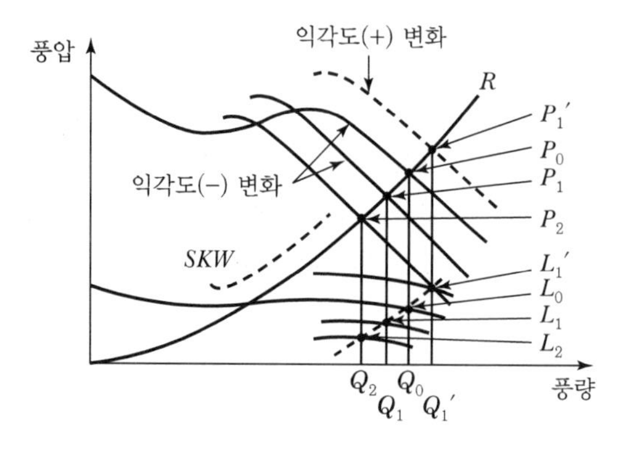

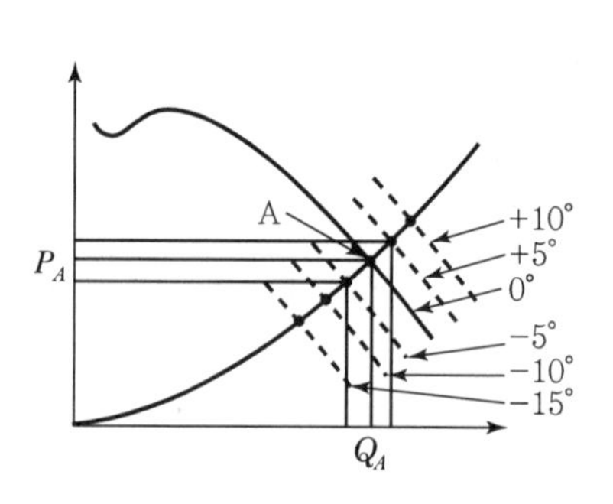

그림은 축류송풍기의 가변 피치 제어인 경우의 성능을 나타낸다. 항상 최고의 효율점에서 사용되고, 용량에 대한 최고 효율점의 변동치는 다른 용량 제어보다 항상 크며, 회전수 제어와 조합시키면 가장 경제적인 방식이 된다.

(2) 장점

① 에너지 절약이 우수하다.

② VVVF 방식에 비해 설비비가 적다.

(3) 단점

① 축류송풍기이므로 감음장치가 필요하다.

② 날개각 조정용 Actuator에 많은 Power가 필요하므로 가급적 공기식 제어 방식을 사용한다.

SECTION 07 송풍기의 법칙

① 풍량 $\frac{Q_2}{Q_1} = \left(\frac{N_2}{N_1}\right) \cdot \left(\frac{D_2}{D_1}\right)^3$

② 정압 $\frac{P_{s2}}{P_{s1}} = \left(\frac{N_2}{N_1}\right)^2 \cdot \left(\frac{D_2}{D_1}\right)^2$

③ 동력 $\frac{L_2}{L_1} = \left(\frac{N_2}{N_1}\right)^3 \cdot \left(\frac{D_2}{D_1}\right)^5$

SECTION 08 송풍기 선정절차

1) 송풍기의 형식 결정

① 풍량

- 송풍기 풍량=송풍 덕트 송풍량의 총 합계
- 덕트의 누설이나 기타 누설을 고려해 필요에 따라 5~10% 정도 여유를 둔다.

② 정압

- 전압 $P_t(\text{mAq})=(P_1+P_2+P_3)\times 1.1$

  여기서, P_1 : 흡입 측 덕트계의 전압손실(mAq)
  P_2 : 토출 측 덕트계의 전압손실(mAq)
  P_3 : 공조기류의 전압손실(mAq)

- 정압 $P_s(\text{mAq})=$전압$(P_t)-$동압(P_v)

  여기서, P_v : 송풍기 토출구에 대한 동압(mAq)
  $=\dfrac{{V_d}^2}{2g}\times\gamma=0.06\times {V_d}^2$
  V_d : 송풍기 토출 측의 풍속(m/s)

③ 비교 회전수

- 송풍기에 적당한 회전 날개의 형상은 비교 회전수(N_S)에 의해 선정한다.
- 송풍기의 종류에 따라 좋은 효율을 낼 수 있는 비속도의 범위가 다르기 때문에 비속도는 송풍기의 종류를 결정하는 데 매우 중요한 변수가 된다.
- $N_S=N\dfrac{Q^{\frac{1}{2}}}{H^{\frac{3}{4}}}$

  여기서, N : 회전수(rpm), Q : 풍량(m³/min), P : 풍압(mmAq)

④ 송풍기 풍량, 정압, 사용 목적 등을 고려하여 카탈로그나 기술자료를 통해 결정한 송풍기를 선정한다.

2) 송풍기의 No(#) 결정

① 송풍기 번호 계산

- 원심 송풍기 No(#)=회전날개의 지름(m)÷150(m)
- 축류 송풍기 No(#)=회전날개의 지름(m)÷100(m)

② 송풍기의 종류 및 날개의 모양이 결정되면, 송풍기 선정표를 통해 정압과 소요 풍량에 해당하는 회전수, 마력, 송풍기 번호(#)를 알 수 있다.

3) 송풍기의 외형 결정

① 설치위치 및 주변 덕트 계통을 고려해 송풍기의 외형을 결정한다.
② 회전 방향 : 시계 방향/반시계 방향
③ 기류방향 : 수직/수평/45°/하향

4) 전동기 선정 및 풀리(Pulley) 직경 결정

① 전동기 출력

$$P(\mathrm{kW}) = \frac{Q \times \Delta P}{102 \times 3,600 \times \eta} \times \alpha$$

여기서, Q : 풍량($\mathrm{m^3/hr}$), ΔP : 압력손실(mmAq)
η : 전동기 효율, α : 여유율(전달계수)

② 전동기와 임펠러의 회전수 변화는 풀리의 직경 변화로 알 수 있다.

$$\frac{N_f}{N_m} = \frac{D_m}{D_f}$$

여기서, N_m, N_f : 전동기와 임펠러의 회전수(rpm)
D_m, D_f : 전동기와 임펠러의 풀리 직경(mm)

③ 송풍기 및 전동기의 풀리 직경 비율은 미끄럼을 방지하기 위하여 8 : 1을 초과하지 않도록 한다.

5) 가대 형식

가대는 송풍기, 베어링 유닛 및 전동기를 함께 받치는 공통 가대와 각각을 받치는 단독 가대로 구분된다.

SECTION 09 송풍기 설치 시 고려사항

① 전동기의 위치
- 회전방향과 송풍기의 토출방향에 따라 선택한다.
- 전동기 풀리가 벨트를 잡아당기는 방향이 아래쪽이 되도록 한다.(접지저항을 증가시키기 위함)

② 송풍기 흡입 측 : 이물질 유입 방지용 철망을 설치한다.
③ 송풍기 케이싱 : 드레인 플러그와 내부 점검용 점검구를 설치한다.
④ 벨트 : 적당한 장력을 유지하고 교체 시에는 동시에 모두 교체한다.
⑤ 송풍기의 수평 잡기 : 원칙적으로 송풍기의 회전축을 기준한다.
⑥ 전동기 축과 송풍기 축 : 직결 시 편심되거나 어긋나지 않도록 한다.

⑦ 송풍기 옥외 설치 시
- 방진기는 강풍에 팬이 이탈하지 않도록 고정 장치가 있는 방진 제품으로 선정한다.
- 모터에 빗물 보호 덮개를 설치한다.
- 대기 중에 개방된 팬 흡입구나 토출구에는 빗물 유입 방지 가이드를 설치한다.

SECTION 10 서징 현상

서징(Surging) 현상이란 송풍기를 한계치 이하의 유량으로 운전하거나 토출 측 댐퍼를 과다 교축 시 심한 소음과 함께 기체의 풍량과 정압이 파동상태로 주기적으로 변동하면서 유체의 유동방향이 순과 역으로 반복하여 변하는 현상으로, 심한 경우 임펠러 및 베어링 등이 마모되고 불안정한 운전의 원인이 된다.

1) 원인

① 송풍기를 압력실과 같이 이미 압력을 가지고 있는 곳에 송풍할 때(많은 경우 팬은 덕트와 같은 일종의 압력실에 연결되므로 서징의 위험이 많음)
② 송풍 저항곡선이 팬의 특성곡선과 2 ~3개소 이상에서 교차할 때
③ 다익형 팬과 같이 깊은 골과 높은 산형 송풍 특성곡선을 가지는 팬을 병렬 운전 시 합성 특성곡선의 ∞자 영역에서 운전할 때
④ 팬의 특성곡선이 산형(볼록형)이고 그 좌측의 좌향하강 선상에서 운전할 때
⑤ 송풍기의 배출 측이나 흡입 측에 무리한 굽힘이나 막힘이 있을 때(특히 배출구 부근 주 덕트를 무리하게 구부렸을 때 발생)

2) 방지책

① 특성곡선 내에 산이 있는 경우 그 꼭짓점의 우측(많은 풍량)에서 운전한다.
② 용량 제어를 토출 측에서 하지 말고 흡입 측에서 흡입댐퍼나 흡입베인 등에 의해 행한다.
③ 특성곡선의 산형의 꼭짓점보다 적은 풍량(좌측)이 필요할 때는 서징 한계풍량과의 풍량차를 대기에 방출하여 한계풍량 이상을 확보한다.
④ 전유량 영역에서 우향하강 특성을 갖는 팬을 사용한다.(Limit Load Fan 사용)
⑤ 회전차나 안내깃의 형상치수 변경 등 팬의 운전특성을 변화시킨다.
⑥ 방풍 : 풍량을 줄이지 않고 반대로 토출 측의 댐퍼를 열어 여분의 풍량을 대기 중에 방출하여 필요한 풍량만을 목적물에 송풍하는 방법
⑦ Bypass : 방풍 댐퍼에서 방출된 공기를 송풍기의 흡입 측에 되돌려서 순환하는 방법

CHAPTER

13 환기설비

SECTION 01 환기

1) 환기

① 환기란 자연 또는 기계적인 수단에 의하여 실내공기와 외기를 바꿔주는 것을 말하며, 실내공기의 정화, 열의 제거, 산소의 공급, 수증기의 제거 등을 목적으로 한다.

② 실의 특성상 정압(+)과 부압(−)을 유지하고 실외로부터 청정한 공기를 공급하여 실내의 오염공기를 환기 또는 희석하는 것이다.

③ 일반건축물이 에너지 절감과 단열성 밀폐구조의 시공으로 실내의 환기성능이 떨어질 때에는 실내공기질(IAQ : Indoor Air Quality)이 더욱 악화되어 소위 빌딩증후군으로 두통, 메스꺼움, 만성피로감을 유발한다.

2) 환기 방식

① 자연환기 방식 : 자연의 풍향, 풍속 및 건물 내외의 온도차에 의한 공기의 밀도차를 이용한다.

② 기계환기 방식 : 송풍기 등 기계적인 힘을 이용한다.

3) 환기의 목적

① 실내공기의 열, 증기, 취기, 분진, 유해물질에 의한 오염을 방지한다.

② 산소농도 등의 감소에 의한 재실자의 불쾌감 및 위생적 위험성 증대를 방지한다.

③ 생산공정, 품질관리에 있어서 제품과 주변환경의 악화를 방지한다.

SECTION 02 환기의 분류

1) 환기 목적에 따라

① 쾌적환기(보건용 공조) : 인간을 대상으로 환기

② 공정환기(산업용 공조) : 사물을 대상으로 환기

2) 환기 방법에 따라

① 자연환기 : 바람과 온도차에 의한 환기
② 기계환기 : 1종 환기, 2종 환기, 3종 환기, 기계 장치를 통한 환기

3) 환기 부위에 따라

① 전체환기 : 실 전체를 대상으로 환기
② 국부환기 : 오염이 발생한 특정 부위를 환기(포위식, 부스식, 외부식, 레시버식)

SECTION 03 환기방법

1) 자연환기

공기의 온도에 따른 밀도차를 이용한 환기 방식으로 풍압을 이용하는 방식, 온도차를 이용하는 방식, 풍압과 온도차를 병용하는 방식이 있다.

2) 기계환기

송풍기 등의 기계적인 힘을 이용하여 강제로 환기하는 방식이다.

(1) 제1종 환기(병용식) : 급기팬+배기팬

① 정확한 환기량과 급기량 변화에 의해 실내압을 정압 또는 부압으로 유지한다.
② 일반공조, 기계실, 전기실, 보일러실, 병원 수술실 등에 사용한다.

(2) 제2종 환기(압입식) : 급기팬+배기구

① 실내를 정압(+) 상태로 유지하여 오염공기의 침입을 방지한다.
② C/R, 무균실, 무진실, 반도체 공장, 식당 등 유해가스, 분진 등이 외부로부터 유입되는 것을 방지하고자 하는 곳에 사용한다.

(3) 제3종 환기(흡출식) : 급기구+배기팬

① 실내를 부압(−) 상태로 유지하여 실내에서 발생되는 취기와 수증기 등이 다른 공간으로 유출되지 않도록 하기 위한 환기이다.
② 주방, 화장실, 수증기, 열기, 냄새 유발장소 등 유해가스, 분진 등이 외부로 유출되는 것을 방지하고자 하는 곳에 사용한다.

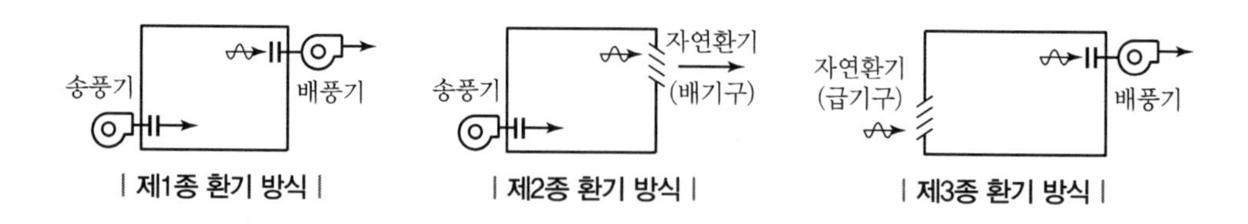

SECTION 04 환기량 계산방법

환기량(외기 도입량)은 목적, 대상 및 환기 방식에 따라 다르고, 각 경우에 적합하게 선정해야 한다.

$$Q = \frac{M}{C - C_o}$$

여기서, Q : 환기량(m^3/h), M : 오염가스 발생량(m^3/h)
C : 허용농도, 오염물질의 서한도(m^3/m^3), C_o : 외기의 CO_2 함유량(m^3/m^3)
※ 서한도 : 환기 계획 시 실내 허용 오염도의 한계

1) CO_2 제거

$$Q = \frac{K}{P_a - P_o}$$

여기서, K : 실내에서 발생한 CO_2양(m^3/h)
P_a : CO_2 허용농도(m^3/m^3) : 사람은 0.0015(m^3/m^3), 연소기구 사용 시 0.005(m^3/m^3)
P_o : 신선외기 중의 CO_2 농도 : 0.0003(m^3/m^3)

2) 방에 필요한 환기횟수로부터 환기량을 구하는 방법

환기량(m^3/h) = 방의 용적(m^3) × 매시 필요 환기횟수

$$\text{대수} = \frac{\text{환기량}(m^3/h)}{\text{환기팬 1대당 풍량}(m^3/h)}$$

3) 발생열량으로부터 환기량을 구하는 방법(기계실 등의 환기)

변압기와 모터 등 발열체가 있는 경우와 일사량의 영향을 받는 경우는 열량으로부터 환기량을 계산한다.

$$Q = \frac{H_s}{C_p \cdot \gamma \cdot (T_{in} - T_{out})} = \frac{H_s}{0.288 \cdot (T_{in} - T_{out})}$$

여기서, H_s : 발열량(현열)(kcal/h), C_p : 정압비열(kcal/kg · ℃)
γ : 공기 비중량(kg/m^3), T_{in} : 허용실내온도(℃)
T_{out} : 신선공기(외기)온도(℃)

4) 가스와 분진, 증기 등의 발생량으로부터 환기량을 구하는 방법

오염 물질이 발생하는 장소에는 허용농도 이하로 유지하기 위한 환기량이 필요하다.

$$\text{환기량}(m^3/h) = \frac{K}{P_a - P_o}$$

수증기가 발생하는 경우에는

$$\text{환기량}(m^3/h) = \frac{W}{\gamma \cdot (X_a - X_o)}$$

여기서, K : 오염물질 발생량(m^3/h), P_a : 허용실내농도(m^3/m^3)
P_o : 신선공기(외기) 중의 농도(m^3/m^3), γ : 공기 비중량($1.2kg/m^3$)
X_a : 허용실내절대습도(kg/kg'), X_o : 외기절대습도(kg/kg')
W : 수증기 발생량(kg/h)

① 신선한 공기 중의 탄산가스(CO_2) 농도 = $0.0003m^3/m^3(0.03\%) = 300ppm$
② 인체로부터의 발생물 이외에는 국소환기가 바람직하며, 여기서는 전체환기(희석환기)인 경우의 산출식을 표시했다. 외기는 실내공기보다도 청정하다고 가정한다.

5) 끽연량 제거

$$Q = \frac{M}{C_a} = \frac{M}{0.017}$$

여기서, M : 끽연량($g/h, m^3/h$)
C_a : $1m^3/h$의 환기량에 대해 자극을 한계점이하로 억제할 수 있는 허용담배연소량 $0.017(g/h, m^3/h)$

SECTION 05 공기오염 원인

1) 인체

① 호흡 : CO_2, 수증기, 냄새, 병원균, 바이러스
② 재채기, 기침, 대화 : 세균 입자
③ 피부 : 피부조각, 비듬, 암모니아, 냄새
④ 의류 : 섬유, 모래먼지, 세균, 곰팡이, 냄새
⑤ 화장품 : 각종 미량물질(취기, 냄새 등)

2) 사람의 활동

① 흡연 : 타르, 니코틴, 각종 발암물질
② 보행 등의 활동 : 섬유류, 모래먼지, 세균, 바이러스
③ 연소기기 : CO_2, CO, NOx, SOx, 탄산수소, 매연
④ 사무기기 : 암모니아, 오존(O_3), 유기용제

3) 건축자재

① 합판류, 내화재 : 폼알데하이드, 유리섬유, 석면
② 단열재 : 라돈, 접착재, 용제
③ 시공 발생물 : 곰팡이, 세균, 먼지

4) 유지관리

작업재료 : 모래먼지, 분진, 섬유세제, 용제, 곰팡이, 세균 등

SECTION 06 오염 방지 대책

1) 오염원의 발생 원인 제어

① 실내 오염원의 주된 물질 파악
② 오염 발생원의 제어
③ 오염원의 격리 또는 제거
④ 밀폐 또는 국부배기 처리
⑤ 끽연장소 선정으로 국부처리
⑥ 오염 발생원의 존별 처리

2) 환기에 의한 희석 제어

① 실내에 기류를 형성하여 오염물질 희석
② 창문이나 굴뚝 등을 통하여 배기
③ 내부에 창문 등을 통한 자연환기(Wind Effect에 의한 자연배기)
④ CO_2, CO 자동감지센서와 댐퍼 자동인터록 시스템 구성

3) 공기정화장치에 의한 제어

① 분진 제거용 공기필터를 사용한 제어
② 냄새, 취기, 가스 제거(활성탄 필터 등 이용)

4) 행정지원

① 환기시설의 강화
② 공기오염 발생원의 제어 및 대체 지원
③ 행정적인 규제 강화(실내오염방지법)
④ 환경교육의 강화(범국민적, 활동단체별)
⑤ 실내오염에 대한 연구계획

SECTION 07 지하주차장 환기

1) 지하주차장 환기 목적

① 자동차 배기가스를 제거한다.
② 습공기에 의한 결로를 방지한다.
③ 쾌적하고 위생적인 시설을 유지한다.
④ 자연공기를 순환한다.

2) 법적 근거

① 지하 주차장 내의 공기오염은 주로 자동차에서 발생하는 배기가스 중 일산화탄소(CO) 가스가 주원인이다. 그러므로 「주차장법」에서는 "주차장 이용 차량이 가장 많은 시각의 전후 8시간의 CO 가스 평균치가 50ppm 이하로 유지되어야 한다"라고 자동차의 유해한 배기가스를 배제하기 위해 환기설비를 규정하고 있다.
② 「주차장법」에 의하면 주차장은 CO 농도가 50ppm 이하로 유지되어야 하는데, 이를 만족하기 위해서는 1,500cc 차량을 기준으로 할 때 환기량이 약 185CMH 정도가 된다.

3) 주차장 환기시스템의 종류 및 특징

환기 방식에는 덕트 방식, Dirivent 방식, 무덕트 방식 등이 있다.(개발순서 : 덕트 방식 → Dirivent 방식 → 무덕트 방식)

(1) 급배기 덕트 방식

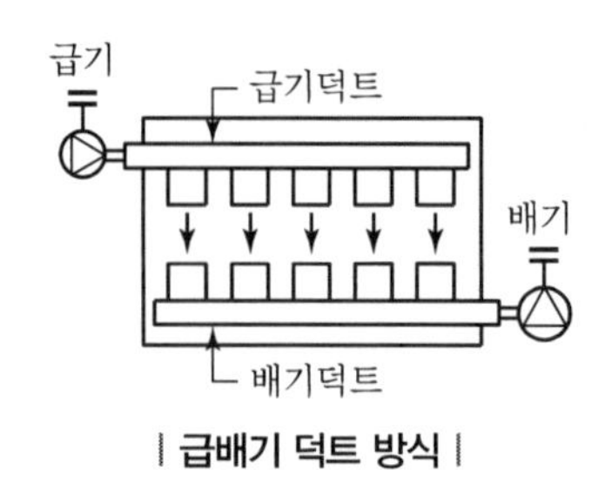

| 급배기 덕트 방식 |

① 원리

외기를 도입하는 급기팬과 급기덕트를 설치하여 급기하며, 실내 오염공기를 배출하는 배기팬과 배기덕트를 설치하여 배기하는 방식이다.

② 특징

- 부분적인 급배기 덕트 설치로 인해 기둥, 사람, 자동차 등의 장애물에 의해 기류가 도달하지 못하는 데드 스페이스(Dead Space)가 많이 발생하므로 CO 가스 및 부유분진의 정체현상을 발생시킬 수 있다.
- 덕트를 사용하므로 층고가 높고 설치가 복잡하며 설치면적이 크다.
- Line 변경 시 철거 · 신설작업이 복잡하며 공사비가 비싸다.

(2) 고속노즐 방식

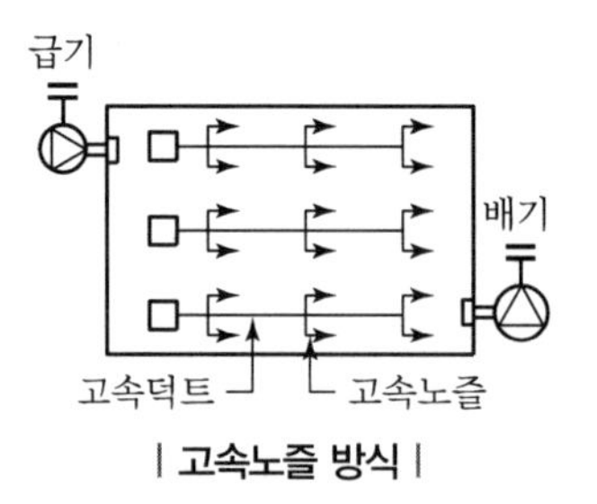

| 고속노즐 방식 |

① 원리

외기를 도입하는 급기팬과 실내 공기를 유인하여 고속취출하는 터보팬과 노즐을 이용하여 공기의 이송을 원활히 하여 배기팬을 통하여 배기하는 방식으로 고속덕트가 필요하다. 급기팬에서 토출된 공기를 Dirivent Fan으로 공급받아 덕트를 이용하여 공기를 이송한 후 고속노즐을 이용하여 실내공기를 유인하여 배기팬 쪽으로 이송한다.

② 특징

- 공기의 유인량이 많기 때문에 환기효과가 좋다.
- 노즐에 의해 실내의 전체공기를 교반 희석하여 배기 측으로 유도하므로 공기 정체 현상이 비교적 적다.
- 소구경 덕트 사용으로 층고를 줄일 수 있고 설치면적이 작다.
- 초기 투자비가 저렴하다.

- 고속기류에 의한 바닥먼지의 비산 가능성이 있다.
- 전체 제어가 가능하며 개별 제어가 어렵다.
- 자연환기와의 조합이 비교적 용이하다.
- 고압덕트에 노즐 Neck의 풍속증가로 소음이 크다.(55～65dB)
- 설치 시공이 Ductless Fan 방식에 비해 복잡하다.
- 주차장 층고가 높아진다.
- Line 변경 시 철거 · 신설작업 등 과정이 복잡하다.

(3) 무덕트 방식

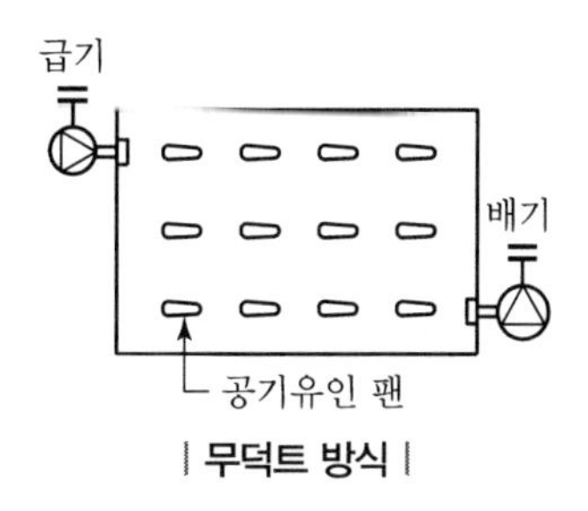

| 무덕트 방식 |

① 원리

외기를 도입하는 급기팬과 실내 공기를 유인하여 취출하는 팬을 이용하여 공기 이송을 원활히 하여 배기팬을 통하여 배기하는 방식으로 고속덕트가 불필요하다. 급기팬에서 토출된 공기를 공급받아 실내에 분산 설치된 팬으로 실내공기를 유인하여 배기팬 쪽으로 이송한다.

② 특징

- 공기의 유인량이 많기 때문에 환기효과가 좋다.
- 유인용 송풍기에 의해 실내의 정체공기를 교반, 희석하면서 배기 측으로 유도하므로 공기 정체 현상이 발생하지 않는다.
- 팬의 전체 및 개별 제어가 가능하다.
- 고장 시 개별적인 팬만 교체하므로 전체환기에 영향을 미치지 않는다.
- 소음은 40～42dB 정도이다.
- 완전 무덕트 방식으로 층고에 영향을 받지 않는다.
- 설치 및 시공이 간단하여 경비를 절감한다.
- 에너지 소비가 적어 운전비용이 적다.
- 덕트공사가 불필요하다.
- 자연환기와의 조합이 어렵다.
- Dirivent System에 비해 오염물질 배출시간이 길다.
- 공기의 흐름을 고정적으로 유지하기 위하여 주 1회 또는 정기점검이 요구된다.
- 매연, 오염물질 등이 팬 날개와 케이싱 등에 부착되어 정압의 저하를 가져온다.
- 정압 저하로 공기의 흐름이 완만하여 환기성이 급격히 저하된다.

4) 환기량 계산

(1) 환기량(Q)

$$Q(\mathrm{m^3/h}) = \frac{M}{C_r - C_o}$$

여기서, M : 가스 발생량($\mathrm{m^3/h}$)
C_r : 실내의 CO 가스농도($\mathrm{m^3/m^3}$) : 50ppm
C_o : 외기의 CO 가스농도($\mathrm{m^3/m^3}$) : 5ppm

(2) 환기횟수(N)

$$N(\text{회}/\mathrm{h}) = \frac{Q}{V}$$

여기서, V : 주차장의 실내체적($\mathrm{m^3}$)

(3) 지하주차장의 적정 환기횟수

① 아파트 : 2~3회
② 일반업무시설 : 4~5회
③ 판매 및 공공업무시설 : 7~8회

5) 지하주차장 환기설비의 문제점

① 주차장 환기설비의 운전시간 부족
환기설비를 작동시키지 않고 방치되는 사례가 있다.
② 환기설비의 용량 부족
설계단계에서부터 자동차 공회전 시의 배기량 등을 고려하지 않아 환기량이 부족한 경우가 있다.
③ 부분적인 오염정체구역 발생
주차장의 구조, 급·배기구의 위치 선정, 환기설비의 특성상 오염물질이 정체하는 구역이 있다.
④ 공기흐름의 불균일화 및 속도의 불균형
⑤ 자연환기와의 조합에 따른 시뮬레이션의 미흡
⑥ 급·배기구의 위치불량
⑦ 환기설비의 소음·진동
급·배기팬 및 고속노즐 등의 소음·진동과 이로 인해 상부 세대로 전달되는 소음·진동이 있다.

6) 공기오염 방지 대책

① 최적 환기설비의 채택
종래의 덕트 방식에서 탈피하여 지하공간의 특성에 맞는 환기설비를 채택한다.

② 환기설비의 용량 확보

환기설비의 설계단계에서 자동차 공회전 시의 오염물질 배출량을 고려하여 충분한 용량을 확보한다.

③ 정밀한 시뮬레이션에 의한 환기설비의 배치

기류의 방향이 적정하도록 하고 속도의 불균형을 해소한다.

④ CO 검지기의 적정 배치 및 자동제어 운전

오염정체구역에 CO 검지기 및 송신기를 적정 배치하여 환기설비의 자동 운전을 행한다.

⑤ 자연환기와의 조합

실내유해물질의 자연환기에 의한 배출을 고려하고 정체구역이 발생하지 않도록 한다.

⑥ 외기도입구 및 공기배출구의 적절한 배치

- 외기도입구

  공기오염이 심하지 않고 배기의 영향을 받지 않는 곳에 설치한다.

- 공기배출구

  아파트 단지 내의 인구가 적은 곳, 통풍이 잘 되는 곳 등으로 유인 배출한다.

SECTION 08 지하 공간의 환기

1) 개요

지하 공간은 경제적 이용이 가능한 범위 내에서 지표면 하부에 자연적으로 형성되었거나 인위적으로 조성한 일정 규모의 공간 자원이다. 실내 공기 환경이나 여건이 지상과는 매우 차이가 나므로 지하 공간의 용도나 특성에 적합한 환기 계획이 대단히 중요하다.

2) 지하 공간 환경인자의 특성

환경인자	특징	제어방법
열	지중의 열용량 증대, 단열 및 축열 효과	냉각, 가열, 환기
환기	자연환기 곤란, 기계환기 시 동력비 증가	환기량 제어
습도	다습, 습기에 의한 기기 및 마감재 손상 가능성	제습기
일조, 일사	영향이 없음(외피부하 없음)	
분진, 가스, 냄새	환기부족 시 실내오염 급증	배출, 희석
소음	외부소음 차단효과가 큼, 내부전화 감쇄율이 적음	조경, 격리, 방음
물	지하출수, 결로수의 자연배수 곤란	방습, 환기, 배수
바람	태풍 등 재해에 대해 안전	
채광, 조명	자연 채광이 어려움	인공조명
조망	조망 없음, 심리적 매몰감, 공포감	조명, 대공간

3) 지하 공간 환기 계획 시 주의사항

① 지중의 열환경 특성(단열, 축열, 지중열)을 고려하여 적절한 환기 계획을 한다.
② 높은 습도로 인한 기기, 마감재 손상이 없도록 환기, 제습 대책을 강구한다.
③ 밀폐 공간의 특성상 화재 시 제연 대책, 피난 대책이 중요하다.
④ 주로 전 외기 환기로 운영되므로 에너지 절감 대책을 강구한다.(폐열 회수장치, 저온의 침출수나 지열을 이용한 냉난방 등)
⑤ 공기 오염물질 확산 시 지하 공간 전체가 빠른 시간 내 오염되고 환기에 많은 동력이 소요되므로, 실별 적정 압력상태 설계와 국부환기의 적극적인 적용이 필요하다.
⑥ 지하 공간의 심리적 압박감을 경감할 수 있는 공간 설계와 설비 계획을 검토한다.(대공간, 선큰, 향공조, 녹색조경 등)

SECTION 09 지하 상가의 환기

1) 지하 상가 부하의 특성

일반적인 지하 공간의 열환경이나 부하 특성 이외에, 다음과 같은 특성이 있다.
① 부하 대부분은 내부 발열(유동 인구, 조명, 주방 발열)과 외기 도입에 따른 외기부하이다.
② 현열비가 0.6 안팎으로 매우 작으므로 제습과 재열이 필요하다.
③ 동절기에는 난방부하와 내부 발열이 거의 비슷하다.(때로는 냉방 필요)
④ 부하 변동은 이용객 수에 좌우되며, 음식점의 배치 상태가 환기 계획에 많은 영향을 준다.
⑤ 대부분 도심지에 위치하여 도입되는 외기 상태가 열악한 편이다.(도입 외기 중의 먼지, 자동차 매연 등의 필터링 장치 고려)
⑥ 점포별 영업시간이나 열부하의 편차가 심해 환기 설계 시에 부하 대응성을 고려해야 한다.

2) 지하 상가의 공조 방식

① 통로와 점포 부분은 다른 계통으로 하는 것이 좋다.
② 송풍량에 비해 덕트 설치 공간이 협소하므로 수공기 방식의 적절한 조합이나 별도의 냉난방 설비를 병행한다.
③ 음식점의 경우 풍량 밸런싱과 주방 배기열 해소 방안에 주의한다.
④ 점포 영업시간이 다르므로 점포별 온도 제어가 가능해야 한다.
⑤ 지하철이나 지하주차장, 빌딩의 지하 공간과 연결된 경우 출입구에 적절한 차단 조치(건축적, 설비적)를 강구한다.

3) 지하 상가 실내공기질 기준

환기량	• 음식점 : 45m³/m² · h • 일반점포 : 40m³/m² · h
환기횟수	• 영업용 주방 : 60회/h • 비영업용 주방 : 40회/h
실내공기질 기준	• 이산화탄소 : 1,000ppm • 일산화탄소 : 10ppm(주차장은 25ppm) • 부유분진 : 0.15mg/m² • 상대습도 : 40~70% • 기류속도 : 0.5m/s

SECTION 10 지하철의 환기

1) 지하철의 환기 대상

(1) 열부하

① 정거장 내 조명, 설비 기기의 열부하
② 승객 등 유동 인구에 의한 열부하
③ 열차 운행에 따른 열부하(터널 열부하)
- 터널 벽체를 통한 지중열 교환
- 열차 주행, 가속 또는 제동 시 발생되는 열
- 보조 전기 기기(제어회로, 전기 기기)에서 발생하는 열
- 차량 냉방장치에서 발생하는 열

④ 환기를 위해 도입되는 외기에 의한 열부하

(2) 환기부하

먼지, 오염 물질 등의 배출을 위한 환기부하

(3) 화재 시 배연 기능

연소 가스 배출 및 피난을 위한 신선 외기 도입

2) 지하철 열부하의 특성

① 열차풍의 영향으로 기류, 압력, 온도 등 공기 환경의 유동이 심하다.
② 열차풍은 직진성이 강하고 잔류기류가 발생한다.

③ 열차, 승객의 발열이 일정치 않고 시간대별 변화가 크다.
④ 현열비(SHF)가 높다.
⑤ 구역별(터널, 승강장, 대합실, 전산실 등) 열부하의 특성이 확연하다.

3) 터널의 환기 방식

(1) 터널 환기 계획 시 고려사항

야간 또는 중간기 외기 도입으로 지중열 축열을 방지하고 흡열기능을 회복한다.

① 정거장 내 열차풍의 영향을 최소화한다.
② 절대적 영향을 미치는 열차풍을 고려하여 급배기 배치를 한다.
③ 화재 시나 열차 고장으로 인한 정차 시 배연 및 환기 기능을 고려한다.(송풍기 역회전 기능 설계 등)

(2) 자연환기와 기계환기

자연환기	• 압력, 온도차에 의한 환기로 필요환기량 확보가 어렵다. • 환기구 설치 수량 증가로 도심지 위치 확보 곤란 및 공사비 증가가 문제된다. • 비상시(화재 등) 대처가 어렵다.
기계환기	• 환기 효과가 좋고 비상시 대처가 용이하다. • 환기구 수량 감소, 초기 설비비 및 송풍기 동력비 증가 문제가 있다.
복합환기	자연환기+기계환기

(3) 터널 환기 방식

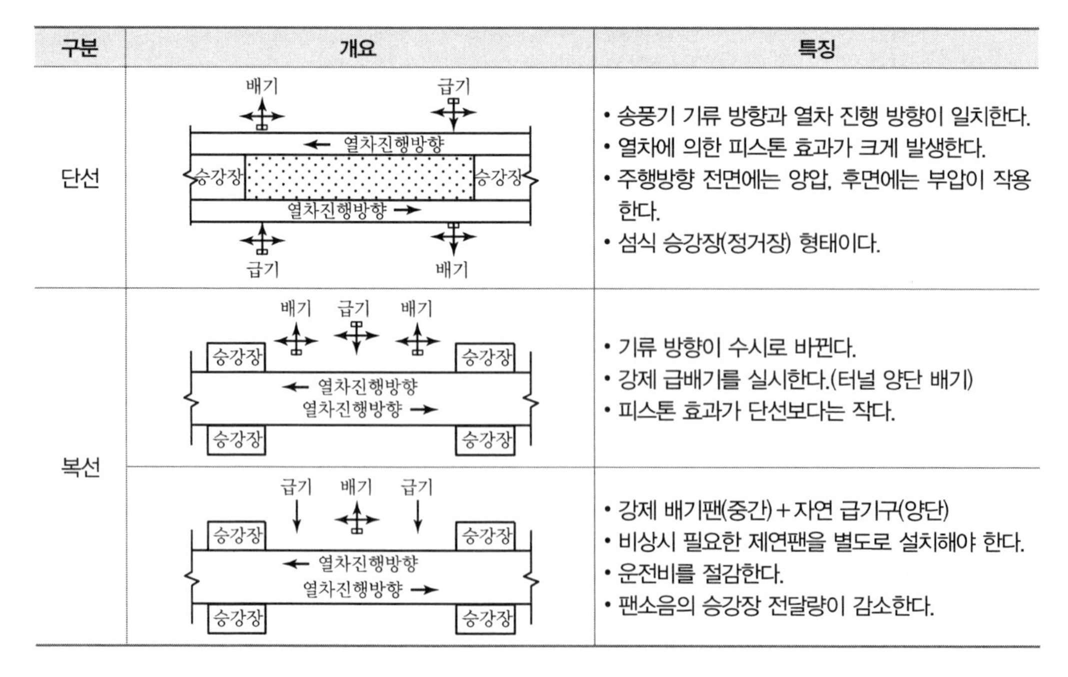

구분	개요	특징
단선	배기, 급기 / 열차진행방향 ← / 승강장, 승강장 / 열차진행방향 → / 급기, 배기	• 송풍기 기류 방향과 열차 진행 방향이 일치한다. • 열차에 의한 피스톤 효과가 크게 발생한다. • 주행방향 전면에는 양압, 후면에는 부압이 작용한다. • 섬식 승강장(정거장) 형태이다.
복선	배기, 급기, 배기 / 승강장, 승강장 / ← 열차진행방향 / 열차진행방향 → / 승강장, 승강장	• 기류 방향이 수시로 바뀐다. • 강제 급배기를 실시한다.(터널 양단 배기) • 피스톤 효과가 단선보다는 작다.
	급기, 배기, 급기 / 승강장, 승강장 / ← 열차진행방향 / 열차진행방향 → / 승강장, 승강장	• 강제 배기팬(중간)+자연 급기구(양단) • 비상시 필요한 제연팬을 별도로 설치해야 한다. • 운전비를 절감한다. • 팬소음의 승강장 전달량이 감소한다.

4) 정거장의 환기

(1) 정거장 환기 계획 시 고려사항

① 일반적인 냉난방 기준은 관련 법규 및 지하 공간 기준에 준한다.

② 실 용도별 부하 특성이 다르므로 별도 계통을 분리한다.(승강장, 대합실, 사무실(매표실), 전산실, 기계실, 물탱크실 등)

③ 제연 겸용에 따른 덕트 구성 및 팬 용량 선정이 필요하다.

(2) 대합실, 사무실

① 중앙식 정풍량 공조 방식

② 중간기 외기 냉방

③ 필요시 별도의 냉난방기를 설치한다.(전산실, 직원 사무실 등)

④ 에너지 절약을 위해 실내 공기를 재순환한다.

(3) 승강장

① 중앙식 정풍량 공조 방식

② 중간기 외기 냉방

③ 승강장 전 부하의 70~80%는 열차 부하이다.(근래에는 선로 쪽 경계에 자동 차단문을 설치하여 격리)

④ 승강장 선단 급기(에어커튼), 승강장 하부+천장 측면 배기가 일반적이다.

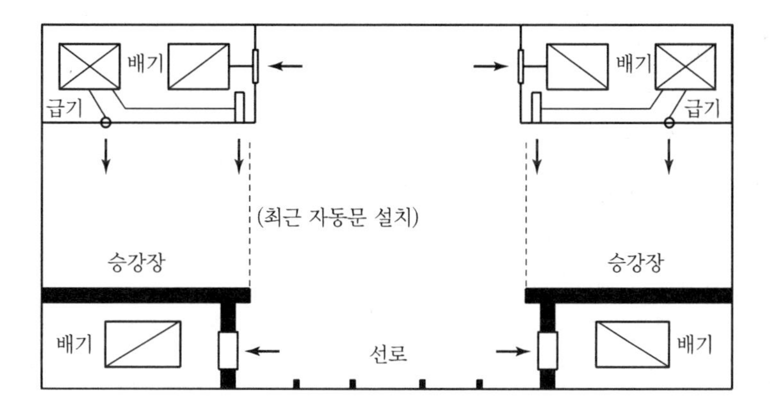

SECTION 11 도로 터널 환기

1) 개요

도로 터널의 환기는 터널 내 차량 배출가스를 배출시켜 오염 물질의 농도를 허용 수준 이하로 떨어뜨려, 운전자의 운전 환경과 유지보수를 위한 작업자의 작업 환경을 확보하는 것을 목적으로 한다.

2) 터널 환기 계획

(1) 유해 물질의 종류

① 입자상 물질

- 매연, 분진과 같이 가시거리에 영향을 미친다.
- 주로 디젤 자동차에서 발생한다.
- 매연 투과율(일본 기준)

차량속도 60km/h 이하	매연 투과율 40% 이상	100m 기준
차량속도 80km/h 이상	매연 투과율 50% 이상	

② 가스상 물질

- CO, NOx, SOx, 탄화수소(HC) 등
- CO를 환경 지표의 기준으로 사용

정체가 없는 경우	100～150ppm	설계 시 100ppm 적용
정체가 심한 경우	150～200ppm	

(2) 터널 건설 시 환기 계획

① 길이가 길고 교통량이 많은 경우 기계환기가 필수적이다.

② 환기설비 및 급 · 배기 계획은 터널 건설 계획에서 매우 중요한 요소이다.

- 터널 단면 형상, 본체 구조 결정 시 설계에 반영한다.
- 환기탑 설치 등으로 기본 계획 시 노선 결정에 영향을 미친다.
- 교통 방식, 주변 환경에의 영향, 방재, 지반 상태 등을 종합적으로 고려하여 경제적이고 효율적인 환기설비 계획을 수립한다.

(3) 터널 환기량 설계 시 고려 요소

① 차종, 차종 구성 비율

② 교통량(대/km · line)

③ 차량 속도, 가속도

④ 표고, 터널 기울기

3) 터널 환기 방식별 특징

(1) 기계환기

구분		구조	특징
종류식	제트팬식	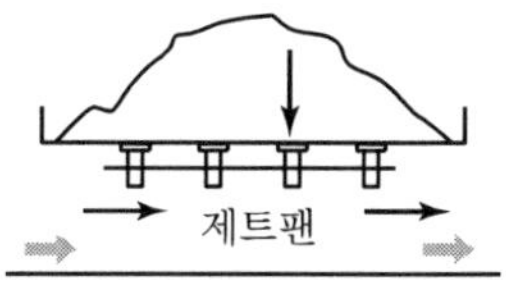 제트팬	• 별도의 덕트가 없어 시설비가 저렴하다. • 교통 환기력을 최대한 이용한다.(에너지 효율 우수) • 터널 단면을 비교적 작게 할 수 있다. • 제트팬 작동 소음이 크다. • 출구 쪽은 오염물질 농도가 높다. • 일반적으로 2km 이내의 터널에 적용한다. • 차량 방향과 공기 흐름이 반대일 경우 곤란하다.
	집중 배기식	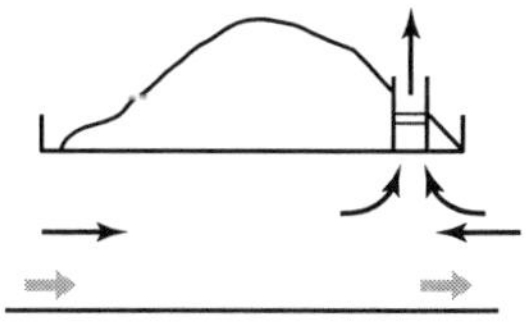	• 교통 환기력과 배기팬에 의해 환기한다. • 교통 흐름과 상반되는 곳이 일부 생긴다. • 출구 쪽 배기 대신 입구 쪽 급기 방식도 있다. • 입 · 출구 부근의 공기 환경이 양호하다.
	수직갱 급배기식	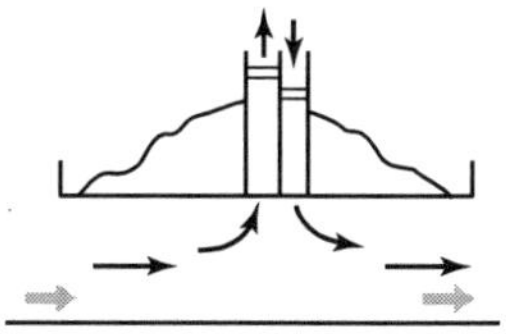	• 교통 환기력을 유효하게 이용 가능하다. • 주로 장대 터널에 적용한다. • 수직 갱도 굴착, 대형 팬 설비비가 크다. • 일방향 통행에 적합하다.
	집진기 방식	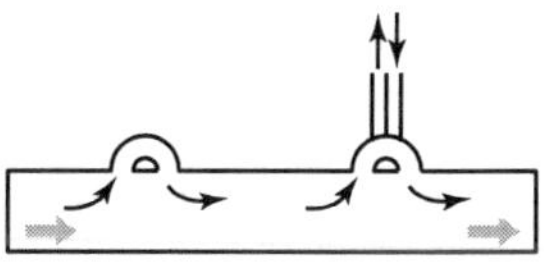	• 외부 환경오염 관리가 요구되는 도심터널에 적합하다. • 매연, CO 처리가 가능하다. • 지반고가 높은 산악 지형에서도 경제적이다. • 화재 시 적응력이 열세이다. • 수직갱 급배기식과 조합하여 사용하기도 한다.
	급기 반횡류식	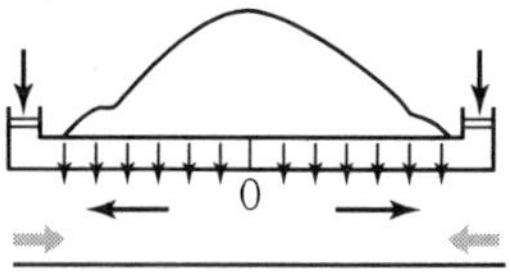 0	• 덕트 설치 공간이 필요하다.(횡류식보다는 작음) • 터널 내 기류 분포가 균일한 편이다. • 교통 환기력의 이용 효과가 미미하다. • 터널 입구 방향으로 기류가 형성된다.
	배기 반횡류식	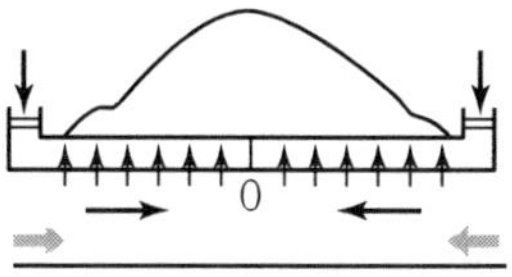 0	• 입 · 출구 부근의 오염물질 배출량이 감소한다. • 차도 내에 부분적으로 고농도 부위가 형성된다.(중성대) • 입 · 출구 쪽에서 신선 외기가 유입된다. • 양쪽 배기, 구간별 급기($\frac{1}{2}$)+배기($\frac{1}{2}$) 방식으로도 변형하여 적용한다.(터널 길이에 따라)
횡류식		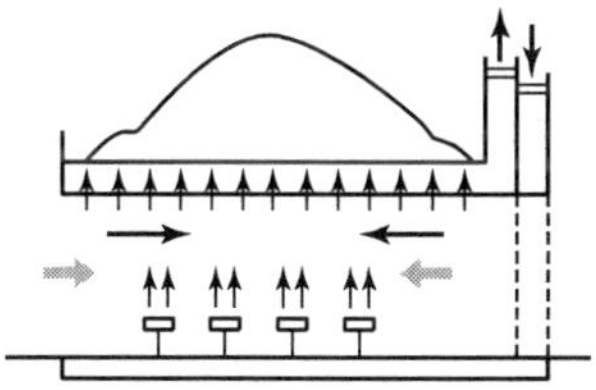	• 터널 환기 방식 중 가장 오래된 방식이다. • 시설비, 토목공사비, 유지관리비가 가장 고가이다. • 2km 이상 터널에 적용한다. • 화재 시 배연이 용이하다. • 차도부에 급기, 천장부에 배기를 실시한다. • 전체 구간에서 급 · 배기량이 균일하도록 주의한다.

(2) 자연환기

① 외기 조건에 의한 자연풍과 차량에 의한 피스톤 효과만으로 터널 내 환기가 가능한 경우 적용한다.

② 일반적으로 500m 이내의 소형 터널에 적용한다.

③ 판단 조건

$P_n + P_f < P_p$ ………………… 자연환기 가능

$P_n + P_f > P_p$ ………………… 자연환기 불가능

여기서, P_n : 자연풍에 의한 환기 저항
P_f : 터널 내 형성기류에 대한 마찰저항
P_p : 교통 환기력(차량에 의한 피스톤 효과)

SECTION 12 하이브리드 환기

1) 개요

① 하이브리드 환기는 자연환기와 기계환기 방식을 조화시켜 쾌적한 실내환경을 제공하는 환기시스템을 말한다. 즉, 자연환기 모드와 기계환기 모드를 자동적으로 전환할 수 있는 자동제어시스템을 설치하여 에너지 소모를 최소화하도록 계획된 시스템이다.

② 자연환기를 우선으로 하고 적정 환기가 불가능할 경우 기계환기로 전환하되, 기계환기에 장애가 될 우려가 있는 자연환기는 정지하도록 계획된다.

2) 특성

(1) 개념도

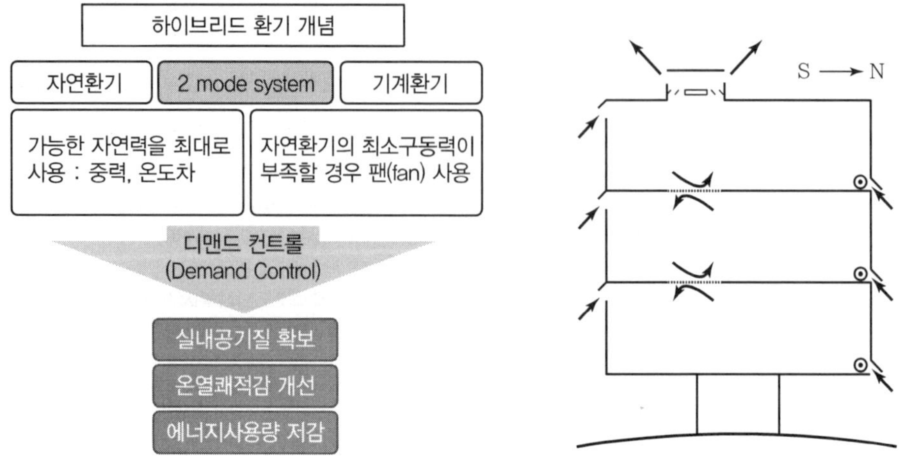

| 하이브리드 환기의 개념 |

(2) 환기시스템의 유형

① 자연 및 기계환기 병용시스템 : 자연 및 기계환기설비가 외부 환경조건에 따라 자동적으로 전환되는 가장 일반적인 하이브리드 환기시스템

② 보조팬형 환기시스템 : 급기 또는 배기용 보조팬과 자연환기설비가 연동되는 시스템으로 자연 구동력만으로 환기량이 부족할 경우 급기 또는 배기 보조팬을 활용하는 환기시스템

③ 연돌효과와 풍압을 활용하는 환기시스템 : 자연적인 구동력(연돌, 풍압)을 효과적으로 최대한 이용하는 환기시스템

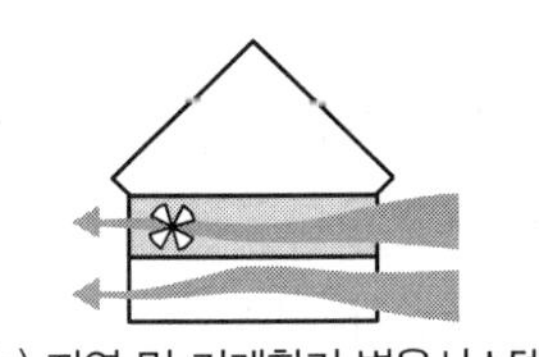
(a) 자연 및 기계환기 병용시스템

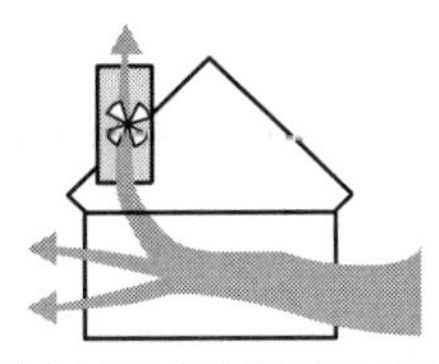
(b) 보조팬형 환기시스템

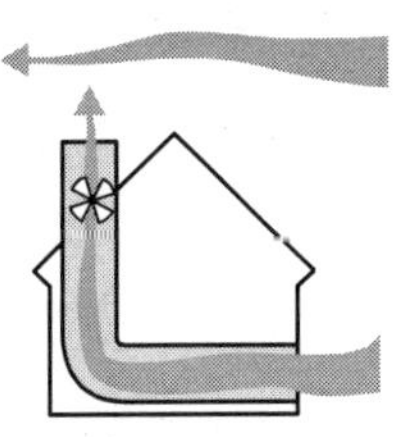
(c) 연돌효과와 풍압을 활용하는 환기시스템

| 하이브리드 환기시스템의 유형 |

(3) 하이브리드 환기의 구성요소

하이브리드 환기와 관련하여 별도의 전용설비가 존재하는 것이 아니고 자연환기와 기계환기가 통합된 시스템이기 때문에 기존의 자연환기와 기계환기에 적용되는 시스템이 동일하게 사용된다. 다만, 환기와 관련하여 실내공기질, 열쾌적성, 기류분포를 조정하기 위해서 요구되는 장치로 외벽 및 내벽에 설치되는 수동 또는 자동 개폐창, 통기구와 실온센서, CO_2 센서, 풍속센서 등의 기상계측 및 조절기능이 있는 시스템이 필요하다.

SECTION 13 IAQ

재실 인원의 건강과 쾌적을 위해 실내공기를 오염시키는 원인물질 관리, 환기, 공기 청정기를 필요로 하고 있다. IAQ(Indoor Air Quality)는 실내의 부유분진뿐만 아니라 실내온도, 습도, 냄새, 유해가스 및 기류 분포에 이르기까지 사람들이 실내공기에서 느끼는 모든 것을 말한다.

1) 설정배경

① 산업사회에서 현대인은 실외공기에서 생활하는 것보다 실내공기를 마시며 생활하는 경우가 대부분이므로, 실내공기가 건강에 미치는 영향이 크다.

② 건물관리법에 실내 분진농도에 대한 규정이 있다.

③ ASHRAE 기준에서는 실내공기의 질에 대한 불만족자율을 재실자의 20% 이하로 규정하고 있다.

2) 실내공기의 오염원인

(1) 건물 외부 발생원

① 건물 주변의 오염원
② 외부공기로부터의 오염
③ 지중으로부터 유입되는 오염원
④ 미생물이 서식할 수 있는 습기나 수분

(2) 건물 내부 발생원

① 흡연에 의한 오염물질
- 흡연에 의해서 발생된 오염물질은 크기가 매우 작아서 공기 중에 오래 부유하기 때문에 담배를 직접 피우는 흡연자뿐 아니라 주변에 있는 사람들에게도 커다란 해를 준다.
- 담배연기 속에는 니코틴, 카드뮴, 페놀 등과 같은 여러 가지 독성물질이 들어 있다.

② 연소에 의한 오염물질
- 취사용 기구나 급탕용 기구를 사용할 때 각종 오염물질이 배출된다.
- 불완전 연소에 의해 CO, NO, 분진(TSP) 등의 오염물질이 배출된다.

③ 재실자의 활동
- 개인적 활동
- 유지관리 활동
- 설비의 유지관리

④ 공기조화설비
- 덕트나 부속품에서 발생되는 먼지
- 냉각코일, 가습장치, 이슬받이판에 서식하는 미생물이나 세균
- 부적절한 살충제, 실런트, 세척제의 이용
- 연소장치나 기구의 부적절한 배기장치
- 냉매의 누출

⑤ 기타 설비
- 복사기와 같은 사무기기에서 발생되는 유기용매(VOCs)나 오존(O_3), 각종 소모품(솔벤트, 토너, 암모니아)
- 점포, 실험실, 청소작업에서 방출되는 물질
- 승강기 모터, 기타 기계류

3) 실내공기의 오염 방지 대책

(1) 오염원의 발생 제어

① 덕트나 부속품에서 발생되는 먼지 제거

② 냉각코일, 가습장치, 이슬받이판에 서식하는 미생물이나 세균 제거
③ 부적절한 살충제, 실런트, 세척제의 사용 금지
④ 연소장치나 기구의 부적절한 배기장치 교체
⑤ 오염발생원의 존별 처리

(2) 환기에 의한 희석 제어

① 국부적으로 오염원이 침제되는 것을 방지
② 실내기류를 형성하여 오염물질을 희석
③ 자연환기 및 강제환기로 제어

(3) 공기정화기에 의한 오염물질 제거

① 필터에 의한 입자 형태의 오염원 제거
② 냄새, 취기, 가스 제거(활성탄 필터 이용)

(4) 행정지원

① 환기시설의 강화
② 공기오염 발생원의 제어 및 대체 지원
③ 행정적인 규제 강화(실내오염방지법)
④ 환경교육의 강화(범국민적, 환경단체별)
⑤ 실내오염에 대한 연구 계획

4) 공기의 주요 오염물질과 특성

(1) 부유 분진

① 분진은 대기 중에 부유하거나 하강하는 미세한 고체상의 입자성 물질을 말한다.
② 실내의 먼지에 부착되어 서식하는 세균이 분진과 함께 부유하면서 인체 내부에 유입되면 각종 질병을 유발한다.

(2) 이산화탄소(CO_2)

① 미국 NASA에서는 우주선의 환경기준을 1% 이하로 규정한다.
② 세계보건기구(WHO) : 실내 CO_2 허용농도 0.5%(5,000ppm)
③ 미국 ASHRAE : 실내 CO_2 허용농도 0.1%(1,000ppm)
④ 우리나라 : 실내 CO_2 허용농도 0.1%(1,000ppm)

(3) 일산화탄소(CO)

① 일산화탄소는 무색, 무취의 기체로 각종 유류나 석탄과 같은 탄소를 포함한 물질의 불완전 연소

과정에서 발생한다.

② 실내에서는 취사, 난방 연소과정에서 발생하며 흡연에 의해서도 상당량 발생한다.

(4) 폼알데하이드(HCHO)

① 무색의 수용성 기체이다.

② 건축자재, 단열재, 가구, 가정용품 등에서 발생한다.

③ 눈, 코, 목에 가려움을 느끼고 장기간 노출 시 구토, 기침, 어지러움, 두통, 불면증, 피부질환 등을 유발한다.

(5) 석면(아스베스토스)

① 단열재나 흡음재 또는 내부 마감 재료로 많이 사용한다.

② 석면섬유는 인체 내의 침착장소에서 병을 발생시켜 세포를 잠식해간다.

③ 폐에 침착된 석면은 석면폐, 폐암, 악성 중피종을 유발한다.

④ 미국노동안전위생연구소(NIOSH)에서는 공기 $1m^3$당 $5\mu m$ 크기의 섬유 0.1개(fibers/cm^3)로 제한하고 있다.

(6) 라돈(Radon)

① 방사성 기체로서 반감기 3.6일의 방사능 물질이다.

② 미국 환경청(EPA)에서는 4pci/L, ASHRAE에서는 2pci/L로 규정하고 있다.

5) 결론

① 실내공기의 오염물질은 실내에서 발생하는 것과 외부공기로부터 유입되는 것으로 구분한다.

② 오염물질이 적절하게 제어되지 않는다면 공기조화설비를 완벽하게 설계, 시공, 유지관리하더라도 실내공기환경의 문제가 발생하게 된다.

③ 공기의 오염원에 대한 종류와 특성을 명확하게 이해하는 것이 실내환경의 적절한 유지관리에 도움이 될 것이다.

CHAPTER

14 펌프

SECTION 01 펌프의 종류

펌프는 유체 흐름에 전동기나 원동기로부터 기계적 에너지를 전달하여 유체를 이송하는 기계이다. 펌프의 종류를 형식별로 대별하면 다음과 같으나 이들은 다시 구조에 따라서 입축, 횡축, 편흡입, 양흡입, 윤절형(Ring Section Type), 수평분할형, 단단, 다단, 고정익, 가동익 등으로 나눌 수도 있다.

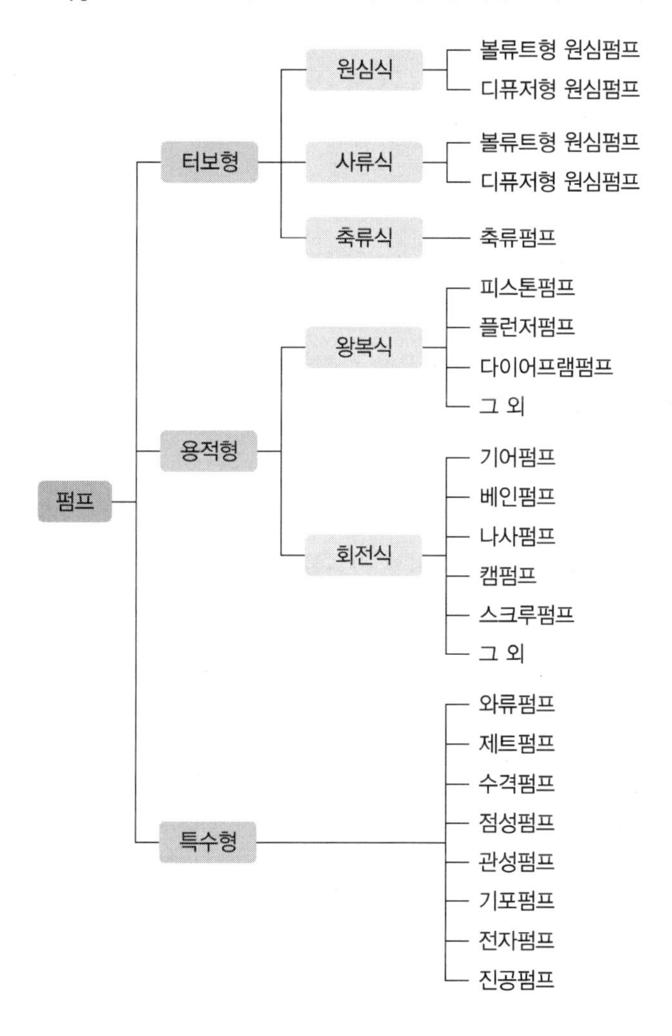

SECTION 02 비속도와 펌프의 형식

1) 비속도

① 펌프에서 임펠러의 모양을 결정하는 척도이며 주어진 양정(H) 및 회전속도(N), 유량(Q)에서 펌프의 종류를 선정하는 척도가 된다.
② 실물의 펌프와 기하학적으로 닮은꼴의 펌프를 가상하여 이 펌프로 단위유량(1m³/min)에서 단위양정(1m)으로 배출하는 데 필요한 회전수이다.
③ 펌프 회전차의 상사성 또는 펌프 특성 및 형식의 결정 등에 대하여 설명하는 경우에 이용되는 값이다.

2) 관계식

① 회전차의 형상 치수 등을 결정하는 기본요소는 펌프 전양정, 토출량, 회전수 세가지가 있으며, 비속도(N_s)는 이들 세 가지 요소로 계산된다.

$$N_s = \frac{n \times Q^{1/2}}{H^{3/4}}$$

여기서, n : 펌프의 회전수(rpm), Q : 토출량(m³/min), H : 전양정(m)

② 비속도는 "어떤 펌프의 최고 효율점에서의 수치로 계산되는 값"으로 정의된다. 양흡입 펌프인 경우 토출량의 1/2이 되는 한쪽 유량으로 계산하고, 전양정에 대하여는 다단펌프의 경우 회전차 1단당의 양정을 대입하여 계산한다.

3) 회전차의 형식

회전차의 형상은 N_s가 증대함에 따라 원심형, 사류형, 축류형으로 차례로 변화하며 그림으로 나타내면 다음과 같다.

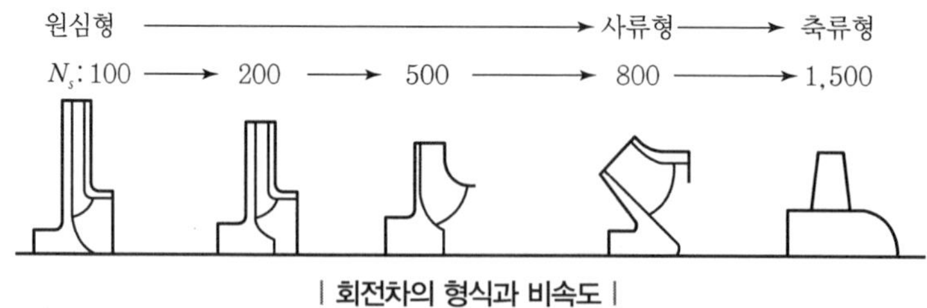

| 회전차의 형식과 비속도 |

> **TIP**
> 비교회전수 증가 순
> 터빈펌프<볼류트펌프<사류펌프<축류펌프
>
> 양정 감소 순
> 터빈펌프<볼류트펌프<사류펌프<축류펌프

SECTION 03 펌프의 성능곡선

① 펌프 성능을 표시하는 수단으로 성능곡선이 있다.

② 펌프 성능곡선은 펌프의 규정 회전수(부하 변동에 따라서 다소의 변동이 생기지만 거의 일정)에서의 토출량과 전양정, 펌프 효율, 소요동력, 필요흡입헤드 등의 관계를 나타낸다.

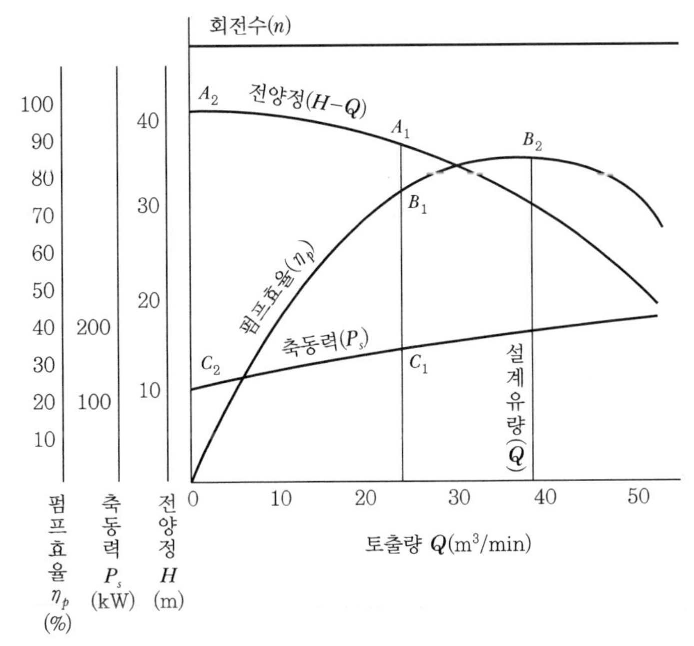

| 펌프 성능곡선의 예 |

③ 성능곡선상의 임의의 토출량에서 올려 그린 수직선이 각 성능곡선과 만나는 점이 그 토출량에서의 전양정 A_1, 펌프 효율 B_1, 소요동력 C_1을 나타낸다.

④ 토출량이 큰 범위에서 운전되면 펌프가 낼 수 있는 전양정은 감소하고, 역으로 토출량이 작은 범위에서 운전되면 펌프가 낼 수 있는 전양정은 증대한다. 토출량이 0인 체절점에서는 거의 A_2에 이르지만 펌프 효율은 0이 되며, 이때의 소요동력 C_2는 유효한 펌프일이 아니라 대부분 열로 낭비되어 버린다.

⑤ 펌프 효율은 설계유량 Q에서 최댓값을 가지므로 그 부근에서 운전하는 것이 가장 합리적이며, 터보형 펌프의 경우에는 과열현상, 과부하, 진동 및 캐비테이션 등이 없는 광범위한 범위에서 사용이 가능하다.

⑥ 여기에서 펌프 효율은 펌프 전양정이 전부 유효하게 이용되는 경우의 값이므로 밸브 조작 등에 의한 손실로 실제의 이용 효율은 성능곡선상의 값보다도 낮아진다.

SECTION 04 펌프의 선정

1) 양정(H) 결정

$$H = H_1 + H_2 + H_3$$

여기서, H_1 : 낙차=실고=흡입수두+토출수두(m)
H_2 : 배관, 밸브류, 이음쇠 등의 마찰손실수두(m)
H_3 : 기구의 최소 필요 압력 환산수두(m)

2) 양수량(Q) 결정

펌프 양수 과정에서 약간의 누수 및 사용 여건에 따른 성능 저하를 고려하여 2~15% 정도의 여유를 둔다.

$$Q = (1.02 \sim 1.15) \times Q_L$$

여기서, Q_L : 설계유량

3) 펌프의 구경(D) 선정

$$D = \sqrt{\frac{4Q}{\pi v}}$$

여기서, v : 유속(보통 1.5~3m/s)

유량에 따른 구경의 선정은 KS 기준이나 제조업체 사양서에 따라 결정하는 것이 좋다.

4) 형식 결정

① 유량과 양정이 주어지면 형식 선정도를 통하여 적합한 형식을 선정한다.
② 제조업체의 선정된 형식의 성능곡선에서 적합한 모델을 선정한다.
③ 형식 선정 시 설치 조건이나 장소, 유체의 종류나 기타 요구 사항들을 종합적으로 고려하여 적합한 형식의 펌프를 선정한다.
④ 형식 결정 시 비속도를 이용한다.

- 비속도 $N_S = N\left(\frac{Q^{\frac{1}{2}}}{H^{\frac{3}{4}}}\right)$
- 유량(Q)과 양정(H)은 어떤 펌프의 최고 효율점에서의 수치를 적용한다.

5) 원동기의 회전속도 결정

$$N = \frac{120f}{P}(1-S)$$

여기서, N : 원동기의 회전수(rpm), f : 전원의 주파수(Hz)
P : 전동기의 극수, S : 미끄럼률(보통 2~5%)

6) 소요동력 계산

$$P(\text{kW}) = \frac{Q \cdot H}{60 \times 102 \times E} \cdot K$$

여기서, Q : 유량(m^3/min), H : 양정(kg/m^2), E : 효율
K : 전달계수(전도기 1.1~1.5, 내연기관 1.2)

SECTION 05 펌프 설치 시 주의사항

① 펌프의 회전 방향과 모터의 회전 방향이 일치하는지 확인한다.

② 펌프

- 펌프의 축심이 맞았는지 시운전 전에 확인하고 조정한다.
- 펌프 주요부의 재질은 유체의 종류나 특성에 적합해야 한다.
- 펌프가 저수면보다 위쪽에 설치될 경우 수면으로부터 수직높이는 6m를 넘지 않도록 한다.(서징 예방)

③ 흡입배관

- 흡입관 끝부분에서 수면까지 1.5D 이상, 바닥까지 1~1.5D 이상, 관 중심에서 관벽까지 1.5D 이상, 흡입관 사이는 3D 이상을 유지한다.

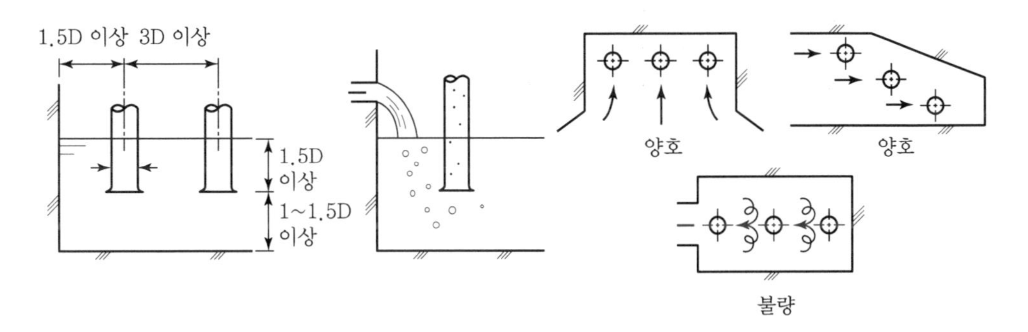

- 펌프 쪽으로 상향 구배하여 공기가 고이지 않도록 한다.
- 흡입관 연결 시 편심 리듀서(상부가 수평)를 사용한다.
- 흡입구의 형상은 물의 흐름이 자연스럽도록 한다.

④ 흡입/토출 연결 배관
- 주위 배관의 하중이 펌프에 직접 전달되지 않도록 배관 지지철물을 설치한다.
- 펌프와 흡입/토출관 연결부위에 플렉시블 조인트를 설치한다.(소음, 진동 전달 차단)
- 토출 측 유속은 3m/s를 넘지 않도록 한다.
- 스모렌스키 체크밸브, 수격 방지기 등을 설치하여 펌프 정지 시 수격현상을 방지한다.
- 흡입 측에는 흡입수두에 따라 진공계나 연성계, 토출 측에는 압력계를 설치한다.

⑤ 펌프 토출 측의 밸브는 TAB를 실시하여 설계 유량, 양정이 되도록 밸브의 개도율을 조정하여 세팅하고 개도율을 표시해 두어 추후 확인이 가능토록 한다.

SECTION 06 펌프의 선정절차와 설치 및 배관상 주의점

1) 펌프의 선정절차

(1) 펌프의 소요수량(Q)을 결정한다.

① 증발기 냉수량 ≒ RT당 10L/min

② 응축기 냉각수량 ≒ RT당 13L/min

③ 흡수식 냉동기 냉각수량 ≒ RT당 16L/min

④ 온수 보일러 온수량 ≒ $\dfrac{q}{60 \times \Delta t}$

⑤ 냉수코일 냉수량 ≒ $\dfrac{q}{60 \times \Delta t}$

⑥ 온수 방열기 온수량 ≒ 0.7 EDR

⑦ 급수설비 양수량 ≒ Q_p …… 순간 최대 사용예상 수량

⑧ 급탕설비 순환수량 ≒ $\dfrac{Q}{60 \times \Delta t}$

여기서, Q : 배관, 기기에서의 열손실

(2) 펌프의 총양정을 구한다.

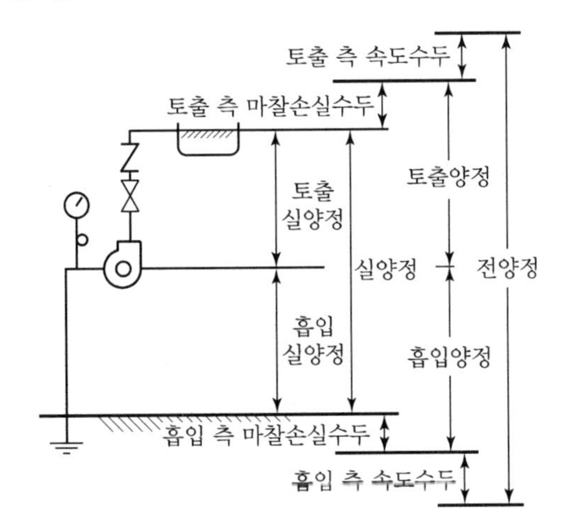

① 펌프의 양정(H)

$$H(\mathrm{m}) = h_a + H_f + H_v$$

여기서, H : 펌프의 소요양정($\mathrm{mH_2O}$)

h_a : 실양정(흡입양정+토출양정)($\mathrm{mH_2O}$)

H_f : 마찰손실수두(배관손실 및 국부손실)

H_v : 속도수두

(3) 펌프 구동기의 동력을 결정한다.

① 수동력

어떤 양의 액체(토출량)를 어떤 높이(전 양정)까지 올리는 데 필요한 이론동력(L)

$$L(\mathrm{PS}) = \frac{Q \cdot H \cdot \gamma}{75} \qquad L(\mathrm{kW}) = \frac{Q \cdot H \cdot \gamma}{102}$$

여기서, Q : 유량($\mathrm{m^3/sec}$), H : 양정($\mathrm{mH_2O}$), γ : 비중량($\mathrm{kg/m^3}$)

② 축동력

실제의 펌프에서 운전에 필요한 동력(S)

$$S(\mathrm{kW}) = \frac{L(\mathrm{kW})}{\eta_P}$$

여기서, η_P : 펌프 효율

③ 원동기 출력(P)

$$P = \frac{S(1+a)}{\eta_t}$$

$$\therefore\ P(\mathrm{kW}) = \frac{Q \cdot H \cdot \gamma(1+a)}{102 \cdot \eta_p \cdot \eta_t}$$

여기서, η_t : 전달효율, a : 여유율

(4) 주어진 유량과 총양정에 대해 회전수(N)를 예상한다.

$$N = \frac{120f}{P}(1-S)$$

여기서, N : 회전수(rpm), f : 전원의 주파수(Hz)
P : 모터의 극수, S : Slip

(5) 비속도를 계산하여 펌프 형식을 결정한다.

① 비교회전도(비속도, Specific Speed)

한 회전차를 형상과 운전 상태를 상사하게 유지하면서 그 크기를 바꾸어 단위 송출량(1m³/min)에서 단위양정(1m)으로 되게 할 때 그 회전차에 최대로 적합한 회전수를 원래의 회전차의 비교회전도라 한다.

$$N_s = N\frac{Q^{\frac{1}{2}}}{H^{\frac{3}{4}}}$$

여기서, N_s : 비속도, Q : 토출량(m^3/min), H : 양정(m), N : 회전수

(6) 펌프의 형식을 최종 결정한다.

실용적으로는 펌프 형식 선정도가 사용되고 있으며, 횡축에 유량, 종축에 총양정을 취하여 회전수에 대한 펌프의 형식을 결정한다.

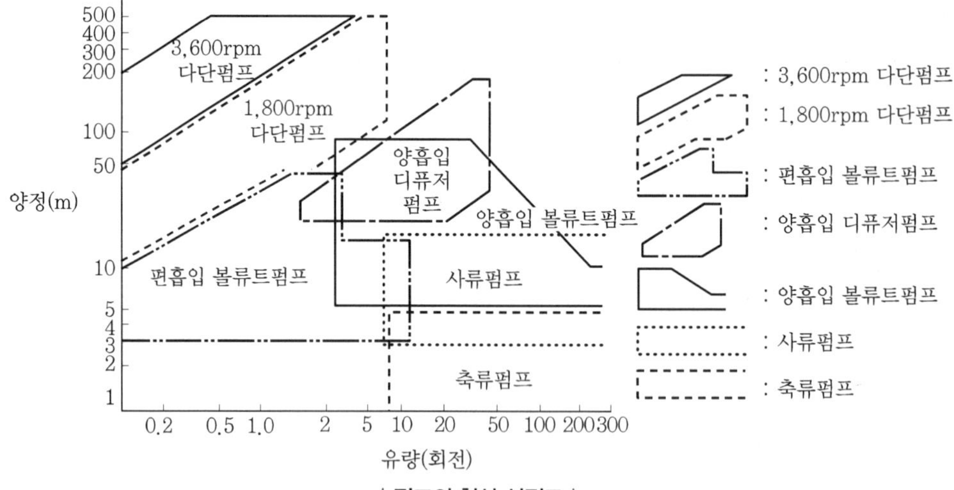

| 펌프의 형식 선정도 |

2) 설치 및 배관상의 주의점

(1) 설치 시 주의사항

① 펌프 설치위치는 가능한 한 수원에 가깝게 하고 흡입관의 길이는 짧게 한다.
② 중 · 대형 펌프에 있어서는 흡입 실양정과 흡입관 손실로부터 계산되는 유효 NPSH가 펌프의 요구 NPSH보다 작게 되지 않도록 한다.
③ 펌프의 기초는 펌프가 진동을 일으키지 않도록 견고하게 하고 고무나 스프링 등의 방진 지지를 하고 배관에는 플렉시블 이음을 한다.
④ 펌프와 모터의 회전방향을 일치시키고 축의 중심을 잘 맞춘다.

(2) 흡입배관 설치 시 주의사항

① 흡입관의 수평부는 $\frac{1}{50} \sim \frac{1}{100}$의 상향구배로 하여 공기의 정체를 방지한다.
② 관경을 바꿀 때는 편심 이음쇠를 사용한다.
③ 흡입관은 6m가 넘지 않도록 하며 굴곡부를 적게 한다.
④ 흡입관의 지름은 펌프 흡입구보다 한 치수 큰 것을 사용한다.
⑤ 장애물이 있어 배관을 구부릴 필요가 있을 때는 반드시 장애물의 아래로 통하도록 한다.
⑥ 흡입관과 수면까지의 거리는 직경의 1.5배 이상, 흡입관 사이의 거리는 직경의 3배 이상으로 한다.

(3) 토출배관 설치 시 주의사항

① 토출구에서 1m 이상 위로 올려 수평관에 접속한다.
② 체크밸브는 펌프와 게이트 밸브 사이에 설치한다.
③ 펌프의 흡입 측과 토출 측에는 압력계를 설치하며 토출 측 압력계는 게이트 밸브와 체크밸브 사이에 설치한다.

SECTION 07 펌프의 합성 운전

1) 개요

① 펌프의 직렬 운전 : 유량보다 펌프의 양정을 늘리고 싶을 때 행한다.
② 펌프의 병렬 운전 : 양정보다 펌프의 유량을 늘리고 싶을 때 행한다.
③ 동일 특성 펌프의 직 · 병렬 운전 시 유량이나 양정은 2배가 되지 않는다. 펌프의 합성 운전으로 인하여 배관의 저항도 증가하기 때문이다. 특히 펌프의 병렬 운전이나, 개별 운전상태의 회복을 위해 펌프의 회전수를 증가하는 경우 전동기의 과부하에 주의하여야 한다.

2) 펌프의 직렬 운전

(1) 동일 특성 펌프의 직렬 운전

① 펌프 직렬 합성 운전 시 특성곡선은 세로축으로 양정을 2배 더한 것과 같다.

② 직렬 운전 시 펌프 1대가 분담하는 양정은 총 양정의 1/2이다.

③ 직렬 운전 시의 양정은 1대 운전 시 양정의 2배가 되지는 않는다.

- $H_2 < 2H_1$ → 시스템의 저항곡선이 바뀌지 않기 때문
- 1대 단독 운전 시보다 양정은 저하한다.($H_1 > H_2/2$)

④ 특징

- 상류에 있는 펌프는 압입 운전이 되기 때문에 그 흡입관부는 내압에 주의해야 한다.
- 상류 측 펌프 흡입구의 밀도가 높아 체적이 작아지고 불균일한 유동이 형성되어 펌프 성능에 심각한 영향을 주기도 한다.(항상 안정적인 유량 확보가 필요)
- 저항곡선의 기울기가 작으면 압력 증가의 비율도 작아진다.
- 상류 측 펌프의 흡입유량이 항상 확보되어야 한다.
- 배관 계통에 고양정을 필요로 하거나 Booster Pump를 두어야 할 경우에 이용한다.

(2) 특성이 다른 두 펌프의 직렬 운전

① 펌프의 직렬 운전 양정(H_3)은 각각의 펌프 양정 H_1, H_2를 세로축으로 더한 것과 같다.

② 직렬 운전 시 펌프의 유량, 양정은 개별 펌프의 합보다 작다.

$Q_3 < Q_1 + Q_2$, $H_3 < H_1 + H_2$

③ 특징

- x점 이상의 유량 범위에서는 P_{I} 이 저항이 되어 유체의 흐름을 방해한다.
- 임의의 양정 H_3와 유량 Q_3가 필요할 경우 펌프를 조합해 사용한다.

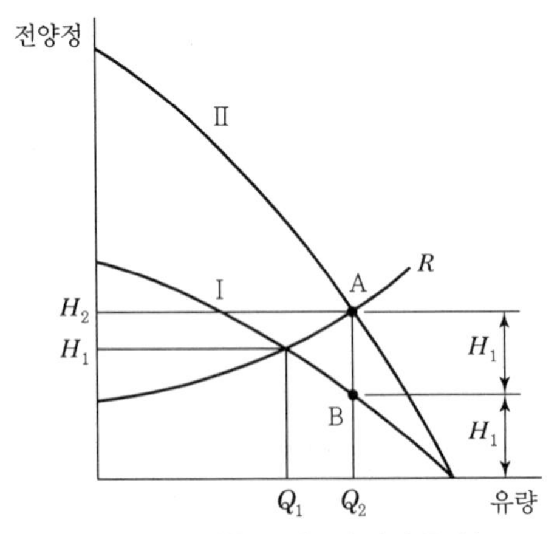

| 특성이 동일한 두 펌프의 직렬 운전 |

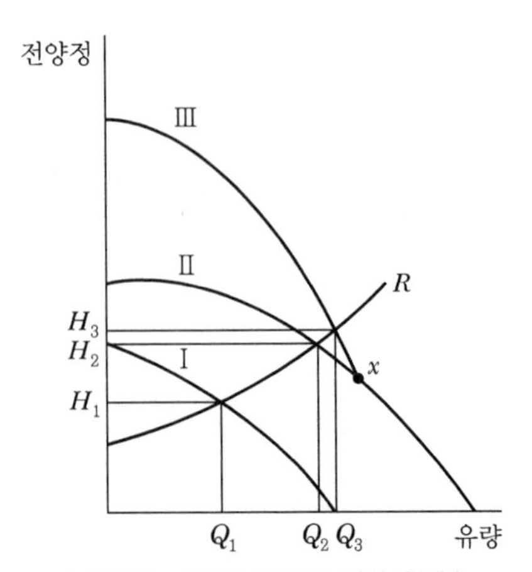

| 특성이 다른 두 펌프의 직렬 운전 |

3) 펌프의 병렬 운전

(1) 동일 특성 펌프의 병렬 운전

① 펌프 병렬 합성 운전 시 특성곡선은 가로축으로 유량을 2배 더한 것과 같다.

② 병렬 운전 시 펌프 1대가 분담하는 유량은 총 유량의 1/2이다.

③ 병렬 운전 시의 유량은 1대 운전 시 유량의 2배가 되지는 않는다.

- $Q_2 < 2Q_1$ → 시스템의 배관 저항이 증가하기 때문
- 1대가 처리하는 유량은 $\dfrac{Q_2}{2}$ 이므로, 1대를 단독으로 운전할 때보다 훨씬 적다.

④ 특징

- 다량의 유량 필요시 적합하다.
- 대수 제어로 유량 제어가 용이하다.
- 단독 운전 시 과부하가 걸리지 않는 전동기를 사용해야 한다.(병렬 운전하다가 1대는 정지하고 나머지 1대를 단독 운전할 경우 유량이 증가하게 되므로 과부하 발생 여부 체크가 필요)
- 펌프가 2대 운전되어도 유량이 2배가 되지 않는다.(배관저항 증가)
- 전체유량을 $Q=2$로 가정했을 때, 1대가 고장 시에도 $q=1.5\sim1.6$을 얻을 수가 있어 비상시에 유용한 시스템이며 대수 제어로 유량 조절이 가능하다.

(2) 특성이 다른 두 펌프의 병렬 운전

① 펌프의 병렬 운전 유량(Q_3)은 각각의 펌프 유량 Q_1, Q_2를 가로축으로 더한 것과 같다.

② 병렬 운전 시 펌프의 유량, 양정은 개별 펌프의 합보다 작다.

$Q_3 < Q_1 + Q_2$, $H_3 < H_1 + H_2$

③ 특징

- R_2점보다 낮은 유량에서 운전 시 유량이 적은 펌프는 체절 운전이 되므로 주의한다. 성능이 다른 펌프를 병렬로 하고 R_2점보다 적은 유량으로 운전 시 B펌프는 Check Valve 및 Foot Valve에 의해 체절운전 상태가 되므로 R_2점 이하일 때에는 B펌프의 운전을 중단해야 한다.
- 어떤 계통에 유량을 증가시키고자 할 때 유용하다.
- 기존 펌프를 사용할 수 있는 방법이므로 정확히 선정하면 아주 경제적일 수 있다.

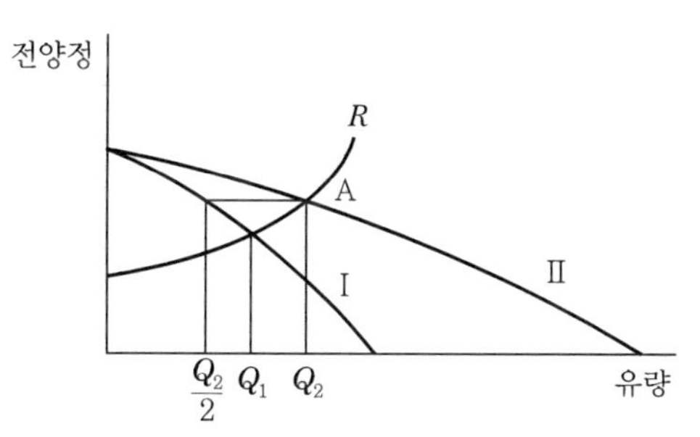

| 특성이 동일한 두 펌프의 병렬 운전 |

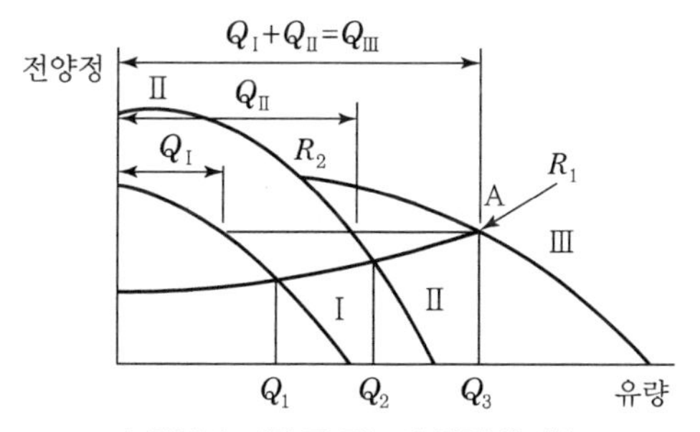

| 특성이 다른 두 펌프의 병렬 운전 |

SECTION 08 유효흡입수두

1) 유효흡입수두(NPSH : Net Positive Suction Head)

① 캐비테이션이 일어나지 않는 유효흡입양정을 수두로 표시한 것을 말하며 펌프의 설치 상태 및 유체의 온도 등에 따라 달라진다.

② 펌프 임펠러 날개 직전의 기준면에서 액체가 가진 절대압력과 그때의 온도에 해당하는 포화증기압과 차를 수두높이로 표시한 것이다.

③ 펌프 설비에서 얻어지는 유체의 NPSH(유효흡입양정)는 펌프 자체가 필요로 하는 NPSH(소요흡입양정)보다 커야만 캐비테이션이 일어나지 않는다.(약 1.3배)

④ 흡입조건과 펌프 위치에 따라 결정되며 캐비테이션의 판정에 이용된다.

2) 계산식

$$H_{av} = \frac{P_a}{\gamma} - \left(\frac{P_{VP}}{\gamma} \pm H_a + H_{fS}\right)$$

여기서, H_{av} : 이용 가능한 유효흡입양정(Available NPSH)(m)
P_a : 흡수밸브의 절대압력(kg/m²), 표준 대기압(10.332kg/m²)
H_a : 흡입양정(흡상일 경우 +, 압상일 경우 −)(m)
H_{fS} : 흡입손실수두(m)
P_{VP} : 유체의 온도에 상당하는 포화증기압력(kg/m²)
γ : 유체의 비중량(kg/m³)

$$H_{av} = H_a + H_S - H_f - H_v$$

여기서, H_{av} : 유효 NPSH(m)
H_a : 흡입면에서 작용하는 절대압력수두(m), 통상 대기압 기준 10.33m
H_S : 흡입실 양정(흡상일 경우 −, 압상일 경우 +)(m)
H_f : 흡입관 내 손실수두(m)
H_v : 액온도에 해당하는 포화증기압수두(m)

3) NPSH가 커지는 조건(캐비테이션 증가 조건)

① 포화증기압(P_v)이 커질 경우(또는 액체의 온도가 상승할 경우)

② H_s가 클 경우 : 흡입 배관이 길어지거나 수직 높이가 높을 경우

③ 마찰손실이 클 경우 : 흡입 유량이 크거나 유속이 빠를 경우

4) 필요 유효흡입수두($NPSH_{re}$)

① 임펠러 입구 부근까지 유입되는 액체는 임펠러에서 가압되기 전에 일시적인 압력강하가 발생하는데, 이에 해당하는 수두를 필요흡입수두라 한다.

② 펌프의 임펠러 회전에 의한 유체의 상대 속도차(속도수두)로 유체 내에 압력강하가 발생(즉, 진공상태)하며 그 압력강하량을 수두로 표현한 것이다.

③ 흡입구에서의 캐비테이션을 방지하기 위해서는 펌프 내부에서 어느 정도의 압력강하가 있어도 그때의 액체온도에 상당하는 포화증기압에는 도달하지 않는 정도의 여유를 갖도록 해야 한다.

④ 이 값은 실험에 의해서만 구할 수 있으며, 토마의 캐비테이션 계수(σ), 또는 흡입 비속도로 추정해 볼 수 있다.

㉮ $NPSH_{re} - \sigma \cdot h$

여기서, σ : 토마의 캐비테이션 계수

h : 펌프의 임펠러 1단에 대한 양정

㉯ $NPSH_{av} \geq 1.3 \times NPSH_{re}$

- 설계 시에는 여유값을 취하여 $H_{av} > 1.3H_{re}$ 으로 한다.
- 펌프의 최대 설치높이는 통상 6~7m 정도가 한도이다.

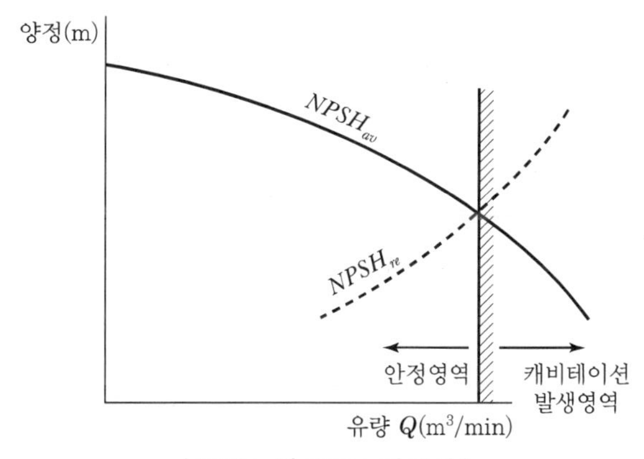

| $NPSH_{av}$와 $NPSH_{re}$의 곡선 |

SECTION 09 캐비테이션(Cavitation)

1) 개요

① 액체가 유동하고 있을 때 배관 어느 지점에서의 정압이 그때의 액체온도에 상당하는 포화증기압보다 낮아지면, 거기서 액체는 국부적 증발을 일으키고 기포가 발생한다. 이러한 현상이 생기면 펌프의 성능은 현저히 저하되고 격심한 소음과 진동을 발생한다.

② 펌프의 흡입구로 들어온 물 중에 함유되어 있던 증기의 기포는 임펠러를 거쳐 토출구 측으로 넘어가면서 갑자기 압력이 상승하고 기포는 물속으로 소멸되며 격심한 음향과 진동을 유발시키는데 이를 Cavitation이라 한다.
③ 액체와 고체벽 사이에 상대운동이 존재할 경우, 액체 내의 압력강하는 상대속도의 동압에 비례하며, 액체의 상대속도가 커서 최저 압력점의 압력이 그 액체의 온도에 대한 포화증기압 이하로 떨어지면 액체의 기화가 일어나 이것이 성장하여 공동이 발생한다.
④ 액체 속에 가스가 용해되어 있을 경우에는 액체의 기화에 선행하여 용존 가스가 먼저 분리되고, 이것을 핵으로 하여 공동이 성장하며 이러한 상태를 초생공동이라 한다.
⑤ 공동은 최저 압력점에서 발생 성장하여 고압부로 흘러 들어가면 공동이 파괴되면서 격렬한 충격작용을 수반한다. 이 충격작용(최고 300psi의 압력)은 모래알이 굴러가는 소음을 내면서 물체 벽에 손상을 입힌다.
⑥ 물체 벽과 상대운동을 하는 액체 속에서 공동이 발생과 소멸을 반복한다.
⑦ 흡입배관이 가늘거나 흡입양정이 높거나 펌프의 회전수가 빠를 때 임펠러 입구에 국부적으로 고진공 현상이 생겨 물이 증발한다.

2) 발생 조건

① 관로가 좁아지거나 곡관부이거나 유속이 빨라져 정압이 떨어지는 경우(흡입배관의 마찰손실이 커지는 경우)
② 액체의 온도가 상승하여 포화증기압 이하로 배관 압력이 떨어지는 경우
③ 액체가 휘발성인 경우(증기압이 높음)
④ 해발고도가 높은 고지역이어서 대기압이 낮아진 경우
⑤ 흡입배관의 수직 높이가 높은 경우
⑥ 펌프의 흡입양정이 크거나 임펠러 입구의 원주 속도가 고속인 경우

3) 캐비테이션이 배관계에 미치는 영향

① 소음, 진동이 발생한다.
② 배관이나 임펠러, 펌프 하우징에 심한 침식을 일으킨다.
③ 양수 불능 상태가 된다.
④ 공회전으로 인한 모터 소손, 베어링이나 실의 손상 원인이 된다.
⑤ 관의 부식을 일으킨다.
⑥ 국부 부식의 원인이 된다.

4) 펌프 설치위치에 따른 NPSH 비교

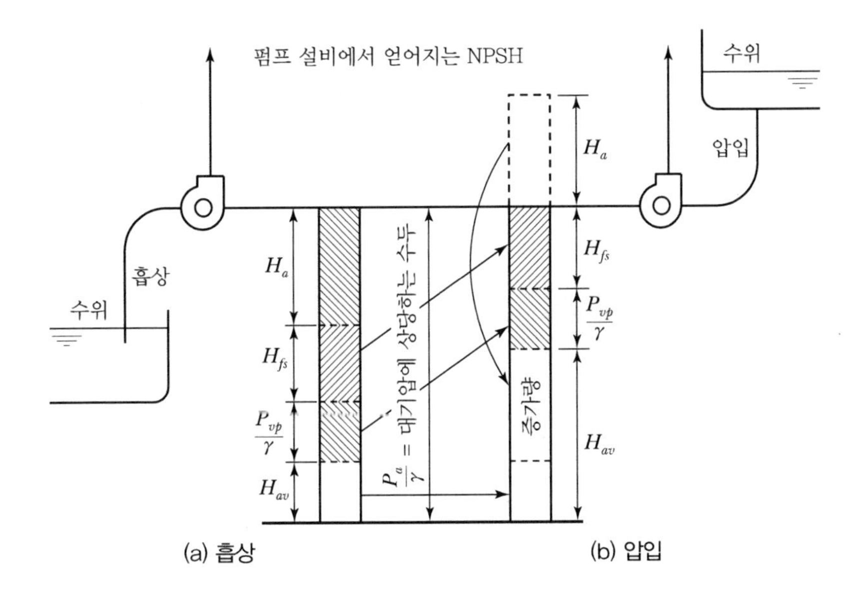

(a) 흡상 (b) 압입

5) 방지 대책

① 흡입 비교회전도를 작게 한다.(소요흡입양정을 작게 할 것)
- 관경을 확대한다.
- 펌프 사양을 편흡입에서 양흡입으로 변경한다.
- 펌프의 회전수를 적게 한다.

② 흡입 측에 공기 유입을 방지하고, 배관계 교축은 편심 리듀서를 사용하여 공기가 괴지 않도록 한다.

③ 수온 상승을 방지한다.
- 펌프 흡입 측 유체 온도를 낮게 유지한다.
  예 열교환기와 순환펌프 연결 시 열교환기를 펌프 후단에 배치한다.
- 체절운전이나 저유량 운전을 금지한다.(릴리프 밸브를 설치하여 과압 배출)

④ 흡입 수조는 설치위치를 높이고(특히 휘발성 유체), 흡입압력부분이 정압(+)이 되도록 펌프는 최대한 낮춘다.

⑤ 흡입 관로에 불필요한 굴곡이나 기기, 밸브류 설치를 자제한다.

⑥ 유효흡입양정을 소요흡입양정보다 크게 하여 펌프를 사용한다.(1.3배 이상)

$$NPSH_{av} > 1.3 \times NPSH_{re}$$

⑦ 흡입관의 지름을 크게 한다.

⑧ 온수와 같이 포화증기압이 높은 경우에는 펌프의 흡입구에서 쉽게 증발하여 Cavitation이 일어나므로 압입함으로써 압입수두를 형성하여 유효흡입양정(NPSH)을 높인다.

6) 결론

펌프 및 배관계 설치 시 흡입배관의 유속은 1m/s 이하로 하여야 하며, 가능한 한 흡수위를 정압(+) 상태로 하되 불가피한 경우 $NPSH_{av}$가 필요 유효흡입수두의 1.3배 이상이 되도록 유지한다. 또한 고온의 유체인 경우 유속이 급격히 빨라지지 않도록 하여 항상 유체의 포화증기압 이상으로 유지하여야 한다.

SECTION 10 서징(Surging)

1) 개요

① 펌프 등을 저유량 영역에서 사용하면 유량과 압력이 주기적으로 변하여 결국 안정된 운전이 불가능한 상태로 되는 현상으로 큰 압력변동과 소음, 진동이 발생하고 계속되면 기계장치나 배관의 파손이 우려된다.

② 배관의 저항특성과 유체의 압력특성이 맞지 않을 때 발생한다.(배관의 저항특성과 유체의 압력특성 사이의 주기적인 변동현상)

③ 수력학적인 일종의 자진동(自振動) 현상으로 저유량, 고양정 부근에서 많이 발생한다.

④ Surging을 일으키는 펌프의 공통점은 임펠러를 가지고 있다는 점으로 원심압축기나 원심펌프 등에서 잘 일어난다.

⑤ 펌프 및 배관계 외부에서 강제적인 힘을 가하지 않는 한 관로의 유량과 압력의 주기적인 변동이 지속된다.

2) 발생 조건

다음 그림은 펌프 압력과 수량 변화를 표시한 것이며, 펌프의 작동점은 그림 중의 폐곡선을 좌회하는 변화를 되풀이하고, 그 주파수는 대략 0.1Hz에서 10Hz 정도이다.

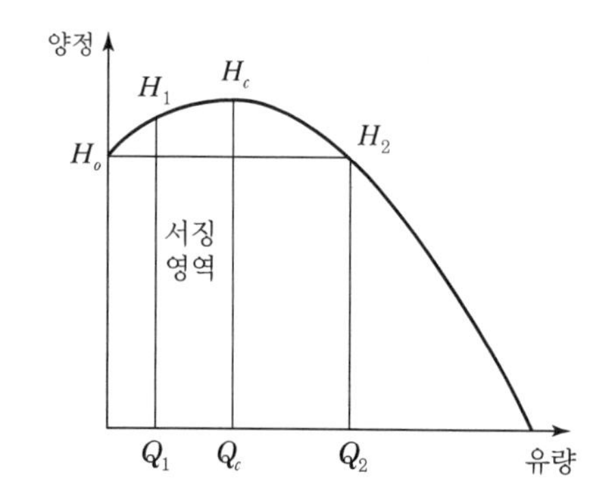

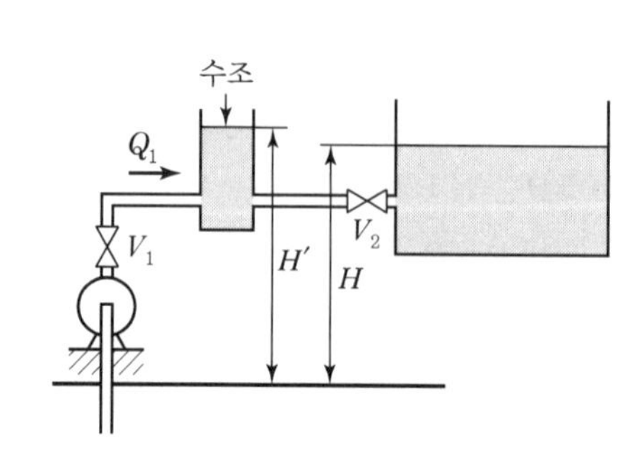

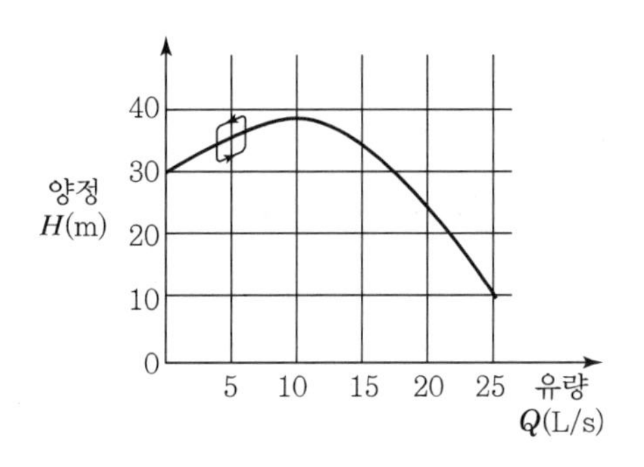

① 펌프의 특성곡선이 山형(좌향하강) 산고곡선이고, 이 곡선의 산고 상승부(산고의 왼쪽)에서 운전하는 경우

② 펌프의 하류 배관 주위에 수조나 진공실, 공기탱크 등이 있는 경우

③ 탱크 후단에 유량조절밸브가 있는 경우

④ 임펠러를 가지는 펌프 사용 시

3) 발생 원인

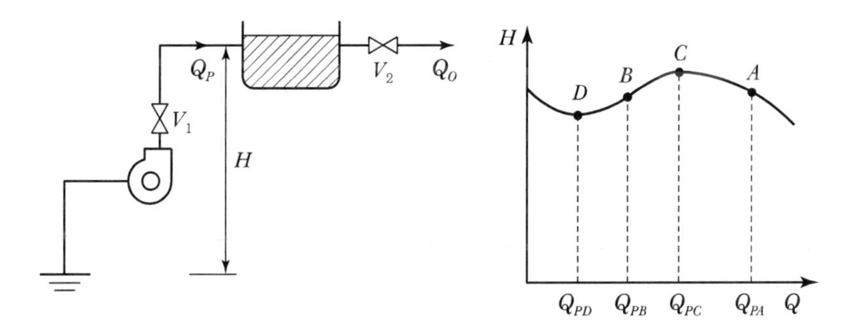

① 그림과 같이 수조에 공급되는 수량을 Q_P, 수조에서 방출되는 수량을 Q_o라고 할 때, 두 수량의 균형이 잡힌 상태에서 밸브 V_2를 조금 폐쇄하여 미소 유량 ΔQ_o만큼 급히 감소했을 경우, 펌프의 송수량 Q_P는 감소할 수 없으므로 수조 수위 H는 상승한다.

② 펌프 작동점이 A인 경우(우하향)
수위 상승에 의해 펌프의 수량 Q_P가 감소되고, 수조 수위는 낮아져 최후에는 펌프 수량이 $Q_P = Q_o$로 안정된다.

③ 펌프 작동점이 B인 경우(우상향)
수위 상승에 의해 펌프의 수량 Q_P가 증가되고, 수조 수위는 더욱 상승하다가 특성곡선의 극대점 C에 이르면 반대로 수량이 감소하기 시작하여, 수위가 하강하면서 극소점 D에 상당하는 Q_{PD}에 이른다. 이와 같이 펌프 수량은 Q_{PC}와 Q_{PD} 간을 왕복하게 되어 수조 수위는 상승과 하강을 되풀이한다.

4) Surging Cycle

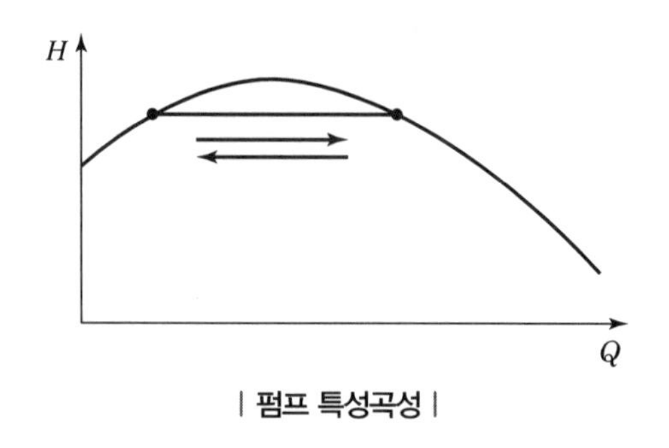

| 펌프 특성곡성 |

① Surging 현상 발생 시 펌프의 작동점은 그림 중의 상태를 좌우로 반복한다.
② 주파수는 0.1~10Hz 정도이다.

5) 개선 대책

① 전 유량영역에 있어 우하향 하강 특성을 갖는 펌프를 사용한다.
② 배관 중에 불필요한 수조나 공기 탱크가 없도록 한다.
③ 회전차나 안내깃의 형상치수를 변경하여 회전수를 증가시킨다.(특성곡선을 변화시킴)
④ 펌프 토출 측 밸브 개도율을 증가시킨다.(유량 증가, 압력 감소)
⑤ 바이패스 배관을 설치하여 과잉 유량을 해소한다.
⑥ 유량을 조절하는 밸브의 위치를 펌프 송출구 직후로 한다.
⑦ 펌프가 작동점 이하가 될 때에는 바이패스 관을 사용하여 펌프 작동점이 항시 펌프 특성곡선의 우하향 부분에 있도록 한다.
⑧ 관경을 바꾸어 유속을 변화시킨다.

SECTION 11 수격현상

수격현상(Water Hammer)은 주로 펌프가 정지하여 체크밸브가 급폐쇄됨으로써 발생하며, 모든 배관 계통에서 관의 파손원인이 되고 배관의 진동, 충격음 등으로 소음과 진동을 발생시켜 주거환경을 해치게 된다.

1) 발생 원인

① 관로 내에 충만된 물의 운동 상태를 갑자기 변화시킴에 따라 생기는 물의 급격한 압력변화 현상으로 물은 비압축성이고 관성력이 크므로 급격한 압력변화가 관 속에 바로 전달되기 때문에 진동과 충격음을 내고 심할 때는 배관계, 접속기기의 고장 원인이 된다.

② 펌프가 급정지했을 때 관 내의 물은 관성에 의해 흐름방향으로 계속 진행하므로 펌프의 토출 측에 급격한 압력변동의 파동은 배관계 내를 왕복하므로 일정한 주기를 가지고 압력상승과 하강을 되풀이 하면서 감쇠한다.
③ 밸브가 갑자기 열리면 압력이 저하하고 밸브가 갑자기 닫히면 흐르는 물의 속도에너지가 압력에너지로 변하여 밸브의 직전에서 갑자기 수압이 상승한다.
④ 수격현상에 의한 압력상승은 관 내 수속의 14배, 정수두의 2~6배 정도이다.
⑤ 배관계가 대규모화하고 초고층화되면 사용하는 펌프의 용량이 커져서 양정도 높아지므로 수격현상이 발생할 가능성이 커진다.

2) 방지 대책

① 관 내 유속을 느리게 하고 관성력을 작게 한다.
② 펌프에 Fly Wheel을 설치하여 펌프의 급변속을 방지한다.
③ 상수도 또는 공업용수 등의 대규모 설비에는 Surge Tank를 설치하여 압력변동을 방지한다.
④ 공기실을 설치하여 충격파를 흡수한다.
⑤ 공기가 물에 녹아드는 것을 방지하기 위해 벨로스형 또는 에어백형의 수격방지기를 사용한다.
⑥ 자동수압 조절밸브를 설치하여 압력상승 시 자동적으로 개방하여 물을 방출한 후 서서히 닫아서 수격을 방지하고 압력저하 시 수조에서 물을 공급하여 부압을 방지한다.
⑦ 주밸브 제어법 : 펌프에 체크밸브를 설치하지 않고 토출 측 주밸브를 2~3단으로 나누어 최초의 단시간에 대부분을 신속히 닫고 나머지는 전폐 시의 압력상승을 방지하기 위해 서서히 닫는다.
⑧ 역류법 : 체크밸브를 사용하지 않고 펌프 정지 시에 양수를 역류시키는 방법으로 체크밸브를 사용할 때보다 압력상승을 적게 할 수 있다.
⑨ 완폐형 체크밸브를 사용한다.
  - 관로에 역류가 시작되었을 때 곧바로 닫지 않고 유압에 의하여 처음에는 급속하게, 나중에는 천천히 닫도록 작동한다.
  - 밸브체(Valve Disk)가 서서히 움직여 수격현상의 주기보다 늦게 서서히 닫히도록 된 것이다.
  - 바이패스 계통에 주로 사용한다.
  - 스프링식 완충 흡수용 Smolensky Check Valve가 있다.
⑩ 급폐형 체크밸브를 사용한다.
  - 스모렌스키 체크밸브(완충흡수형)
  - 듀오 체크밸브(버터플라이형) : 역류가 커지고 난 다음에 밸브를 급격하게 닫으면 압력상승이 커지므로 역류가 일어나기 전에 스프링 등에 의하여 강제적으로 신속히 닫는 구조이다.

CHAPTER

15 건물별 공조 방식

SECTION 01 호텔

- 호텔은 숙박 기능뿐만 아니라 컨벤션 센터, 연회, 식 · 음료, 유흥, 스포츠 · 휴식 등 복합 기능으로 구성되어 있다. 또한 점차 대형화, 고급화, 고층화되어 서비스 기능의 향상으로 객실 사용자의 편의성뿐만 아니라 교통시설이나 상가 등과 밀접히 연계되어 복합건물화되는 추세이다.
- 호텔은 객실부문, 공공부문으로 구성되어 공조계통이 복잡하고 객실부문은 주로 야간 계통의 활용으로 열원계통의 분리가동이 필요하다.
- 또한 용도별 및 방위별 조닝이 필요하고 객실의 정 · 부압 제어가 필요하며 실내공기의 청정이 요구되므로 환기 및 필터의 선정에 주의해야 하며 다수 인원의 사용으로 소방방재 및 안전에 세심한 주의가 요구된다.

1) 호텔의 구성

(1) 호텔의 용도별 구성

종류	용도
레지던셜(Residential) 호텔	장기 체류
트랜지언트(Transient) 호텔	단기 체제
컨벤션(Convention) 호텔	회의장, 연회장, 오락 · 유흥 중심
리조트(Resort) 호텔	관광지 주변, 오락 · 유흥

(2) 호텔 구성과 실의 종류

종류	실의 구성
관리부문	일반사무실, 프론트, 교환실, 직원실, 린넨실, 세탁실, 주방, 창고, 기계실, 전기실 등
공공부문(Public Space)	연회장, 회의실, 스포츠 · 휴게시설, 레스토랑, 홀, 로비, 이 · 미용실 등
숙박부문	객실, 복도 및 부속실

2) 공조 계획

(1) 부하의 특성

① 연중, 24시간 영업(설비 기기 및 시스템의 내구성이나 신뢰성이 중요)

② 저부하 상태의 부분부하 운전이 많으며, 평균 부하율도 작은 편이다.

③ 냉방 기간이 길고, 초봄과 늦가을에는 냉방부하와 난방부하가 동시에 발생하는 경우도 많다. (냉 · 온열의 분리, 냉난방 동시 공급이 가능한 시스템 검토)

④ 객실 : 외주부 벽체 부하, 환기와 냄새 제거를 위한 외기 도입 부하

⑤ 연회장, 회의실 등 공공부문

- 내부 부하(조명, 인체, 내부 발열)와 외기 도입 부하가 대부분을 차지한다.
- 대연회장이나 회의실의 경우 이용객 수나 행사 내용에 따라 부하 변동의 폭이 크다.
- 로비, 연회장 등은 대공간으로 거주 영역의 공조가 불리하다.

⑥ 전망 레스토랑, 라운지

- 외주부 부하가 매우 크다.(창유리 면적이 크고 연중 블라인드를 사용하지 않는 경우가 많음)
- 주방, 레스토랑은 배기량이 크다.

(2) 열원의 구성

① 냉열원 : 호텔 규모에 따라 흡수식 냉온수기나 터보냉동기를 선택 또는 조합한다.

② 온열원 : 부하량이 크고 스팀 소요가 많아 보통 증기보일러를 선정한다.

③ 온열원 부하의 종류 : 급탕, 난방(공조, 바닥온돌), 공조 가습, 기타(주방 스팀기기, 세탁, 사우나, 수영장 용수 가열 등)

④ 빙축열 : 객실부의 야간 냉방부하가 많아, 공공부문의 주간 부하가 크지 않으면 경제성에 대한 면밀한 검토 후 적용한다.

⑤ 여름철에도 보일러가 가동되어야 하므로 장비의 운전 효율을 높이기 위해 흡수식 냉동기와 조합하기도 한다.

⑥ 주요 장비는 복수로 하거나 예비 기기를 설치한다.(고장이나 유지보수를 고려)

(3) 공조 계획 및 조닝

① 대규모 호텔에서 객실 계통과 퍼블릭 계통은 사용 시간대나 부하 특성이 다르므로 열원장치를 별도의 계통으로 하는 것이 바람직하다.

② 객실

- 전부 외기에 면하는 조건이므로 방위별로 조닝한다.
- 도심지 호텔의 경우 주위 건물에 따라 일영이 변화하므로 방위별 조닝뿐만 아니라 층별 조닝도 필요한 경우가 있다.
- 바닷가 등 관광 휴양지의 리조트 호텔은 객실 이용률이 낮은 비수기에 객실의 사용이 특정 층에 집약될 수 있도록 층별 조닝도 검토한다.
- 온습도 기준(객실의 경우)

온습도		외기 도입량 ($m^3/m^2 \cdot h$)	환기횟수 (회/h)
여름철	겨울철		
25~27℃, 50~60%	22~25℃, 40~50%	100~150	6~10

③ 음식 계통
- 냄새 확산을 고려해 다른 계통과 혼용하지 않는다.
- 주방은 60회 이상의 충분한 환기량이 필요하다.
- 중식당 등 화기 발열량이 많은 주방에는 공조 급기나 별도의 냉방기 설치를 검토한다.

(4) 공조 방식

① 객실 공조

㉮ 요구 조건
- 객실 사용자의 요구에 대응이 용이해야 한다.
- 콜드 드래프트 처리 및 냉난방 전환, 공실 제어가 편리해야 한다.

㉯ 일반적으로 FCU＋외기도입 덕트가 많이 적용된다.

ⓐ FCU
- 실의 부하 담당
- 창문의 Cold Draft 방지
- 천장 매립형의 활용으로 소음 및 바닥 유효면적 증대
- 자동 · 수동에 의한 각종 제어기능(풍량, 풍속 등)

ⓑ Duct
- 환기 담당
- 신선외기 도입
- 배기 담당

㉰ Panel Heating＋Duct 방식(한식)
- Pannel Heating은 중앙공급식으로 FCU와 별도의 온도 조건
- 대류 및 복사에 의한 난방 시설

② 배관 방식
- 고층 호텔의 경우 중간기에도 외부 창호를 열지 못하는 경우가 많다.
- 냉방과 난방의 전환이 가능한 4배관식으로 하는 경우가 많다.

③ 퍼블릭 계통
- 용도 구분에 따른 단일덕트, 정풍량 방식이 일반적이다.
- 용도에 따라 변풍량 방식이나 터미널리히팅 방식 등도 고려할 수 있다.

(5) 위생 설비

① 일반 건물에 비하여 물 사용량과 급탕 부하가 매우 크다.

② 사우나, 수영장 설치 시 별도 조닝으로 물 사용량을 검토해야 한다.

③ 주방 배수는 그리스트랩을 설치하고, 객실 욕실 배수관은 소음 저감을 위해 저소음형 배관이나 주철관 등으로 시공한다.

(6) 소음, 진동

① 공조 배관

- 증기배관은 공조기계실이나 관리부문에 한하여 사용한다.
- 증기의 유속음이 크므로 영업부문(객실 · 공공부문) 내에 배관하지 않도록 한다.(메인 덕트나 냉온수 배관도 마찬가지임)
- FCU 등 냉온수 배관의 경우에도 유속을 주관 3m/s, 가지배관 1m/s 이하로 한다.

② 방음, 방진

- 기계실이나 공조실은 콘크리트나 조적 벽체로 시공하고 흡음재를 부착한다.
- 배관 · 덕트 계통에 방진행거, 입상관 방진, 덕트 소음기 등을 적용한다.
- 공조실이나 입상 PIT는 최대한 객실과 이격한다.

③ 욕실 내 배기덕트를 공용 입상덕트로 하는 경우 크로스-토킹을 방지하기 위하여 분기덕트에서 적어도 곡관부를 두 군데 이상 설치한다.

3) 부문별 공조 계획

(1) 객실부문

① 객실 사용 후 불쾌한 냄새가 남지 않도록 충분한 환기량을 공급하고, 부속된 욕실의 배기량을 고려하여 밸런싱을 이루도록 한다.

② 2인실의 경우 탄소가스를 희석하기 위해 1실당 60CMH 이상, 체취 등의 냄새 제거에 1인당 50~60CMH의 외기 도입이 필요하다.

③ 겨울철 온도가 낮은 지역에서는 외주부의 콜드 드래프트를 처리하기 위하여 FCU 등의 개별 유닛을 창 쪽에 바닥상치형으로 하는 것이 좋다.

④ 객실의 경우 개별 온도 제어가 되어야 하고, 각 실마다 공조의 운전 정지가 이루어질 수 있어야 하므로 조작 스위치나 제어기의 위치는 가급적 침대 옆에 설치하며, 기기나 제어 시스템은 종업원들이 쉽게 취급할 수 있는 것이 바람직하다.

⑤ 도심지 호텔은 건축계획상의 제약이나 외부 소음의 침입 등의 이유로 자연환기를 도입하기 어려운 경우가 많으나, 관광지의 호텔은 건설비를 절약하기 위하여 객실의 욕실이나 공용부문 등을 자연 환기로 해결하는 경우도 있다.

⑥ 객실에 FCU 등을 천장형으로 하는 경우 필터 청소나 유지보수를 위한 점검구를 설치하고, 불가피한 경우 천장 마감 일체인 천장 카세트형으로 한다.

⑦ 객실 공조 시 고려사항

- 안전성 : 방재, 방염, 방범, 피난시설 고려
- 쾌적성 : 온습도 및 청정공간 유지, 소음 및 방음성 유지
- 편리성 : 자동화 및 기능화 강화, 활동 동간거리 향상
- 경제성 : 시설 유지관리비 감소

- 방위성 : 객실은 전망에 의하여 대부분 외기와 접하기에 방위별 조닝이 필요
- 장비 선정 : 부하 특성이 다른 부분이 많기에 부분부하 효율이 좋은 장비를 선정, 장비의 대수 제어가 필요, 열원계통의 분리 요망(주로 야간 활용으로)

(2) 공공부문

구분	세부 내용
홀, 로비	• 일반적으로 전공기 방식(보조적으로 바닥난방 고려), 냉난방부하 큼 • 외기 침입 방지(방풍실, 에어커튼, 실내 정압 유지 등) • 대공간 구조일 경우 급기의 도달거리, 상부 기류 정체, 외주부 콜드 드래프트 처리에 주의 • 샹들리에 등 조명 기구가 취출 기류에 흔들리지 않도록 배치 시 고려
음식부문	• 음식 냄새 확산 방지를 위해 실내를 부압(−)으로 유지 • 레스토랑, 일식, 중식, 한식당별로 영업시간이나 부하 변동이 다르므로 개별 제어가 가능토록 별도 독립계통으로 하는 것이 바람직 • 주방 배기로 에너지 손실이 크므로 배기량의 80~90%를 별도의 외기로 급기하여 공조 에너지 손실 절감과 연소기 발열량 해소
연회장, 기타	• AHU에 의한 전공기 방식이 일반적(환기횟수 10회/h 이상) • 인원 밀도가 높고 내부 발열도 많으므로 중간기 외기 냉방을 적용 • 각 실별로 개별 제어가 가능토록 조닝 및 제어 시스템 구성 • 부하 변동 및 공실 제어에 편리한 VAV 방식도 효율적

(3) 관리부문

① AHU에 의한 전공기 방식이나 AHU+FCU 혼용 방식을 사용한다.

② 일반적으로 지하층에 많이 배치되고 개별 구획이 많으므로, 각 실별로 쾌적한 실내환경이 유지되도록 환기량이나 풍량 밸런싱에 주의한다.

4) 에너지 절감 방안

구분	세부 내용
폐열 회수	• 보일러 배기가스의 폐열 회수(보급수나 급탕 예열) • 전열교환기에 의한 배기열 회수 • 사우나, 수영장의 배수열 회수 장치
부분부하 운전	• 열원장비 및 반송장비의 대수 운전이나 인버터 제어 • 가변풍량(VAV) 시스템 • 각 실별 개별 제어 시스템 구성
운전 제어	• 예열 및 예랭 운전, 중간기 외기 냉방, 하이브리드 환기설비 • 실내오염(CO_2)정도에 의한 외기 도입량 제어 • 객실 이용과 연동된 각 실별 공조 설비 On/Off 제어 시스템
기타	• 절수형 급수 기구 사용 및 적정 수압 유지(감압 시스템) • 대규모 복합 건물로 구성될 경우 열병합발전 시스템 검토 • 프론트의 객실 통합관리 시스템과 자동제어 시스템과의 연계

5) 설계 및 시공 시 주의사항

외벽을 통해 자연환기를 도입할 경우 빗물, 벌레의 침입, 겨울철 드래프트와 결로 방지, 소음 방지에 유의하고, 복도에서 급기를 도입할 경우 크로스－토킹과 방화 구획의 공동 처리에 유의해야 한다.

SECTION 02 초고층 건물

초고층 건물은 에너지 다소비형 건물로서 연돌효과에 의한 에너지 손실, 열원의 수송동력, 공기의 반송동력에 의한 에너지 손실을 고려해야 하며 고층에 따르는 과대한 수압에 의한 기기의 내압에도 주의해야 한다.

1) 초고층 건물의 설비적 특성

① 수직 높이에 따른 설비 계통의 내압 성능이 요구된다.
② 부하량이 많고 계통이 길고 높아 많은 반송동력이 소요된다.
③ 건물 기밀화로 인한 자연 환기의 곤란으로 냉방부하가 매우 크다.
④ 풍압과 연돌효과에 의한 외기 침입 및 압력 분포에 유의해야 한다.
⑤ 평면 배치상 설비적 배치 공간이 협소하다.
⑥ 지진이나 풍속에 의한 건물의 수직, 수평적 변위를 고려해야 한다.

2) 수직 높이 증가에 따른 설비 계획

(1) 수직 높이 증가에 따른 설비적 고려사항

① 건물 하부에서의 수압의 상승 : 장비류, 배관, 부속의 내압 성능
② 수격현상의 악화로 소음, 진동 유발
③ 급수 기구 마모에 의한 수명 단축, 보수 관리 빈도 증가
④ 순환 배관의 경우 마찰손실 및 반송동력 증가
⑤ 배수 수직배관에서의 배관 내 압력변화 증대
⑥ 수압은 10k가 넘으므로 배관재는 고압용 탄소강관을 사용

(2) 설비 계통의 조닝

① 시스템의 과도한 압력을 해소하기 위하여 적절한 조닝을 실시한다.
② 조닝(Zoning) 방식
  • 중간 탱크 방식에 의한 조닝
  • 감압밸브에 의한 조닝

- 펌프 직송방식에 의한 조닝
- 옥상 탱크와 펌프 직송방식의 겸용

③ 건물 중간층이나 옥상에 탱크 설치 시 하중에 따른 건축 구조적 검토가 필요하다.

④ 건축 구조뿐만 아니라 물탱크 자체도 물의 유동에 의해 파손되지 않도록 충분한 구조적 안정성을 확보해야 한다.

⑤ 조닝이나 배관 방식에 따라 과도한 수압이 발생하는 부위는 층별로 감압밸브를 설치한다.

(3) 배수 설비 계획

① 건물 수직 높이 증대로 수직배관에 연결되는 층별 수평배관의 개소가 증가한다.

② 층별 배수 사용 시 입상 배수관 내부의 압력변화(공기 압축, 역압 현상)가 발생한다.

- 입상관 압력변화로 봉수 파괴가 일어나거나 층별 배수에 영향을 미친다.
- 입상 배수관의 결합통기 시공 및 수직통기관 설치가 바람직하다.

③ 수직 높이가 높아지더라도 관 내벽과의 마찰저항 및 상승하는 공기의 저항으로 낙하 유속이 무한히 증가하지는 않는다.

④ 종국 유속

$$V_t(\mathrm{m/sec}) = 0.635\left(\frac{Q}{D}\right)^{\frac{2}{5}}$$

여기서, Q : 입관에 흐르는 유량(L/sec), D : 수직관의 직경(m)

⑤ 종국 길이

$$L_t(\mathrm{m}) = 0.14441 \times {V_t}^2$$

⑥ 입상관 하부가 수평 횡주배관과 접속되는 굴곡 부분이 지하가 아닌 로비(홀, 복도)나 상가 등 실내일 경우 입상관 최하부(1.5~2m 정도)를 소음 문제를 고려해 주철관 재질로 시공하는 방안을 검토한다.

⑦ 고층 건물에도 배수관은 별다른 수압이 발생하지는 않는다.(내압성능 불필요)

3) 에너지 절약 대책

(1) 에너지 절약 대책의 필요성

① 외부 풍압 및 안전상 건물의 기밀화가 불가피하여 자연환기가 곤란하다.

② 주변 장애물이 없어 일사부하가 하루 종일 발생한다.

③ 대외적으로 최첨단 미관 중시로 대부분의 외벽이 유리로 마감(커튼월)된다.

④ 집약적이고 복합적인 건물 특성상 내부 부하 발생량이 일반 건물에 비해 많다.

⑤ 풍압 및 연돌효과로 인한 외기 침입 열손실이 많다.

(2) 시스템별 에너지 절약 대책

① 열원계통
- 지역난방이나 열병합발전시스템 도입으로 열원 공급비용 절감
- 축열(빙축열, 수축열 등) 시스템 적용으로 에너지 절감
- 신 · 재생에너지(지열, 태양열, 태양광 등) 도입

② 공조시스템
- VAV 방식 선정(부분효율이 좋음, 동시 사용률을 감안한 장비 용량 축소, 반송동력(송풍량) 절약, 부분부하 대응에 유리)
- 용도별, 사용 시간별, 방위별 효율적인 조닝
- 전열교환기 사용(도입 외기의 부하 감소)
- 외기 도입 최적 제어(CO_2 농도에 따른 환기 제어)
- 외기 냉방, 나이트 퍼지 실시

③ 반송 설비
- 반송동력이 작은 수방식 채택
- 1차 온열원 증기 사용이 유리(고층건물 공급에 유리하여 반송동력 감소)
- 펌프 및 팬의 대수 제어나 회전수 제어
- 냉동기를 옥상에 설치(냉각탑까지의 반송동력 절감)
- 건물 층고 및 층별, 평면적 배치를 고려하여 중간 기계실 설치

④ 위생 설비
- 중수도, 지하수 재활용 설비
- 층별 감압밸브를 이용한 적정 수압 유지

⑤ 기타
- 사용 전력 최대 피크 부하 근접 시 주변 전력 소모 기기부터 단계적으로 가동 중지(최대 수전용량 감소로 전력단가 관리)
- 개별 전기 냉방기 사용 시 전력 요금 과다 발생 및 피크 부하로 수변전 설비의 불안정성 증가
- 외부 창호에 전동 블라인드 장치 설치(일사량과 연동하여 자동 개폐)
- 풍력 발전 적극 검토 : 고층 건물의 장점을 활용할 수 있는 신 · 재생에너지 시스템이 될 수 있음
- 각 실이나 부위별로 재실자 개별 제어장치나 원격제어 설비 설치(미사용 시 에너지 공급 차단)
- 축열조를 사용
- 급탕 탱크에 응축수 탱크의 재증발 증기를 이용

4) 풍압 및 연돌효과

(1) 바람에 의한 영향(Wind Effect)

① 높은 풍속의 바람과 접한 면은 기압이 높고, 반대 측은 기압이 낮다.

② 바람에 의한 풍압차로 창이나 출입문의 틈새로 외기가 유입된다.

③ 바람에 의한 작용압

$$\Delta P_w(\text{kg/m}^2) = C \times \frac{V^2}{2g} \times \gamma$$

여기서, γ : 공기의 비중량, V : 외기 속도(겨울철 7m/sec, 여름철 3.5m/sec)
C : 풍압계수(일반건물의 풍상 측 : 0.8, 풍하 측 : −0.4)

(2) 공기의 밀도차(온도차)에 의한 영향(Stack Effect)

① 건물 내외의 공기 온습도에 차이가 나면 밀도차에 의한 연돌효과가 발생한다.

② 겨울철 난방 시(따뜻한 공기에 의한 부력 발생)

- 상층부 : 건물 내부 → 외부 압력 형성
- 하층부 : 건물 내부 ← 외부 압력 형성

③ 여름철 냉방 시(겨울철과 반대)

- 상층부 : 건물 내부 ← 외부 압력 형성
- 하층부 : 건물 내부 → 외부 압력 형성

④ 연돌효과에 의한 작용압

$$\Delta P_s(\text{kg/m}^2) = h \times (\gamma_i - \gamma_o)$$

여기서, γ_i, γ_o : 실내, 실외 공기 비중량
h : 중성대에서 해당 위치까지 높이

(3) 틈새바람에 의한 열손실

$$H_i = C_p \times \gamma \times Q(t_i - t_o) = 0.288\,Q(t_i - t_o)$$

(4) 중성대

건물의 위쪽과 아래쪽에서는 압력의 방향이 반대로 되기 때문에 건물의 중간지점에 작용압이 0이 되는 부분이 발생한다.

(5) 방지 대책

① 건축적 대책

- 현관에 방풍실, 이중문 또는 회전문 설치
- 비상 계단문에 자동 닫힘 장치 설치
- 층간 구획 설치(승강기 전실 구획, 중간 관리층에서 상하층 구획 처리)
- 건물의 기밀시공

② 설비적 대책

- 현관 및 로비 부분 가압
- 방풍실 내에 FCU 설치

• 현관부문에 에어커튼 설치
• 적절한 조닝

5) 건물 신축 및 유동에 따른 설비 계획

(1) 배관의 유동성 확보

① 배관 연결부위 접합방식을 접착식이나 용접 등 고정적 방식보다는 유동적인 기계적 접합(고무링, 카플링) 방식을 적용한다.
② 3층마다 배관 유동을 고려하여 방진 가대를 설치하고 각 층별로 횡진 방진한다.
③ 배관의 신축 팽창을 고려하여 신축이음을 설치한다.
④ 수직관과 수평관 연결부위의 뒤틀림에 주의한다.(볼조인트 등 3차원 신축이음)

(2) 흔들림에 대비한 고정

① 일반적으로 천장에 매달리는 배관, 덕트, 소형 공조기기의 경우 행거 등 단순 매달림 형태로 많이 시공된다.
② 지진 등으로 인한 건물의 흔들림에 의하여 배관이나 덕트의 이탈 또는 파손이 없도록 일부 구간마다 고정식 지지철물을 설치한다.
③ 천장형 팬코일 등 기기는 앵글 등을 이용하여 견고히 고정하고 장비 연결부위는 플렉시블관으로 연결한다.

(3) 내진 안전장치 설치

① 내진 Stopper
② 연소 기기 진동 시 자동 연소장치
③ 방재 설비는 지진, 진동 시에도 가동상태 유지(가급적 바닥에 견고히 설치)

6) 고층 건물 설계 시 검토사항

① 건물 개보수에 상당한 어려움이 있으므로 장비・기기 사양이나 배관 재질 선정 등에 있어서 내구성을 비중 있게 고려한다.
② 공사 중 장비나 자재의 반입, 설치 여건이 매우 열악하므로 이에 대한 검토가 필요하다.(장비 소형화, 장비 현장 조립 가능성, 배관 공장제작, 일부 유닛 설비화 등)
③ 옥상의 물탱크를 관성을 이용한 지진 안전장치로 활용하는 방안도 검토한다.

7) 초고층 건물의 급수・급탕설비 설계

초고층 건물은 그 한계를 정하기 어려우나, 대략 지상 30층 이상의 건축물을 초고층 건물로 간주할 수 있다. 초고층 건물은 최상층과 최하층의 배관 내 수압차가 커서 최하층에서는 급수압의 과대로 물을 사용하기 어렵고, 수전이나 배관연결 부위의 파손으로 누수가 발생하기 쉬우며, 수격작용으로 인한 소음, 진동 등을 유발시킨다. 최근 들어 기술의 발전, 유지관리비의 상승 등으로 인하여 펌프직송 방식이 증가 추세이나 안정적으로 수압을 유지하면서 경제성이 있는 급수, 급탕을 하기 위한 설비 설계가 필요하다.

TIP 급배수 설비의 문제점
- 기구에 대한 적정 압력이 높아진다.
- Water Hammer 및 급배수 소음의 원인이 된다.
- 급수기구의 마모에 의해 수명이 단축된다.

(1) 초고층 건물의 급수설비 설계

① 수자원의 절약을 위해 시수 및 정수 사용계통을 분리하되 말단 사용처에 있어서의 급수압력이 일정값 이하가 되도록 한다.
- 아파트, 호텔, 병원 : 3～4k
- 사무소, 공장, 기타 : 4～5k

② 급수계통의 구분
- 고가수조(분리수조)에 의한 급수 조닝
- 감압밸브에 의한 급수 조닝
- 펌프 직송에 의한 급수 조닝

③ 고가수조(분리수조)에 의한 방법

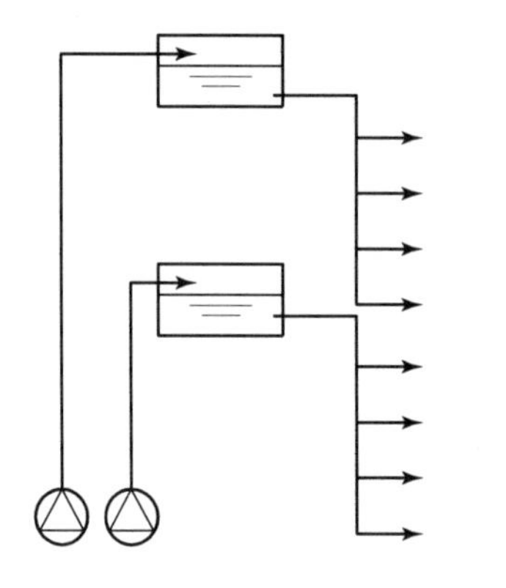
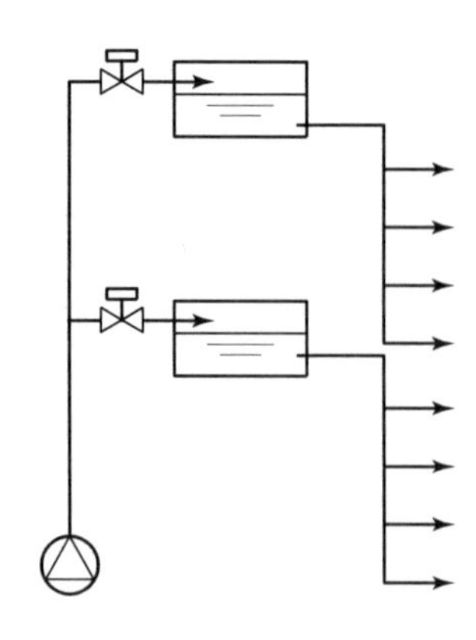

㉮ 종류
- 수조마다 양수기를 분리하는 방법
- 1대의 양수기로 여러 개의 고가수조(분리수조)에 보급하는 방법 : 소요공간이 감소하나, 저층부에서 소음 발생 우려가 있다.

㉯ 특징
- 수압이 일정하다.
- 가장 보편화되어 있는 방식이고 초고층 빌딩의 대부분이 이 방식을 채택하고 있다.
- 양수 펌프는 각 존마다 설치하는 것이 일반적이다.

- 중력식이기 때문에 수압변동이 없고, 설비비도 높지 않지만 중간 수조의 설치 공간이 필요하다.
- 최고 Zone에 대한 양수 펌프의 양정이 높아지기 때문에 펌프 정지 시 수격현상이 발생한다.

④ 감압밸브에 의한 방법

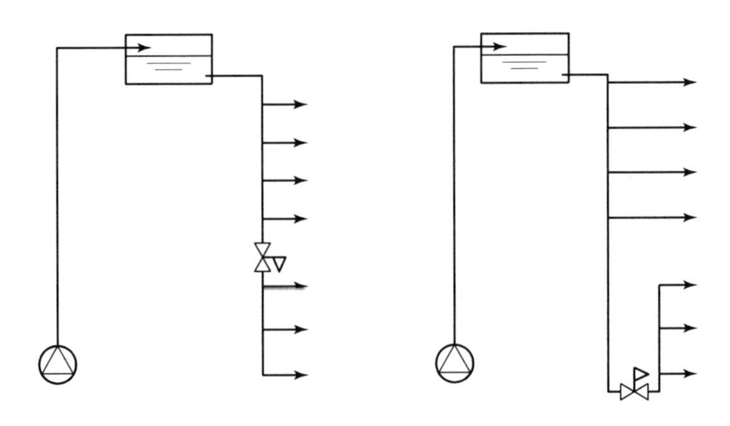

㉮ 종류

- 감압밸브 수직관 중간에 설치하는 방법
- 감압밸브 지하기계실(또는 PIT)에 설치하는 방법

㉯ 특징

- 중간수조의 수를 줄일 수 있다.
- 최상층의 수압부족에 대비하여 가압펌프를 설치하거나 수조위치를 최대한 높여야 한다.
- 건물의 상층 Zone은 감압을 하지 않고, 하층 Zone은 감압밸브에 의해 감압시킨 급수압력으로 급수한다.
- 설비비는 저렴하지만, 옥상 수조는 훨씬 크고 중량도 증가하기 때문에 건물의 구조적 강도를 고려해야 한다.
- 감압밸브는 고장을 고려하여 예비 밸브와 병렬로 설치한다.

⑤ 펌프 직송에 의한 방법

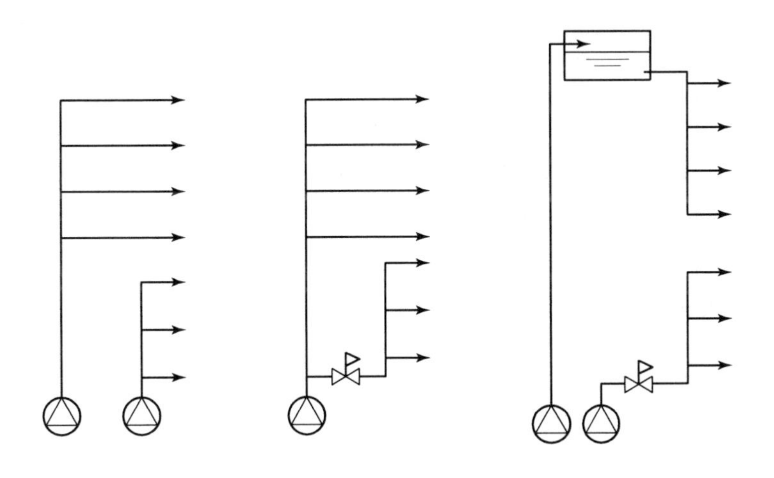

㉮ 종류

- 존별로 펌프를 분리하여 설치하는 방법
- 최상층용 양정의 급수펌프를 설치하고 존별로 감압밸브를 설치하는 방법

㉯ 특징

- 고가수조, 중간수조 설치공간이 불필요하다.
- 각 Zone에 펌프로 직송하여 급수하는 방식이다.
- 설치비가 고가이고 정전 시 급수가 중단되기 때문에 자가발전 시설이 필요하다.

⑥ 옥상 탱크와 펌프 직송에 의한 방법

- 건물의 상층 Zone은 옥상 탱크 방식으로, 하층 Zone은 펌프 직송 방식으로 급수한다.
- 옥상 탱크 용량은 상층 Zone의 사용량 정도만 공급하므로 Tank 용량을 줄일 수 있다.
- 중간 Tank의 설치공간이 불필요하다.

(2) 초고층 건물의 급탕설비 설계

급탕설비의 조닝은 일정한 급탕압력을 유지하기 위한 것으로 급수설비의 조닝과 동일하게 한다.

① 고가수조(분리수조)를 이용한 급탕 조닝

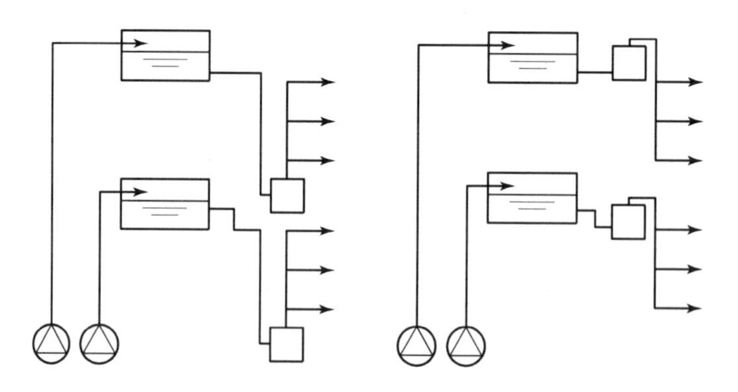

② 감압밸브에 의한 급탕 조닝

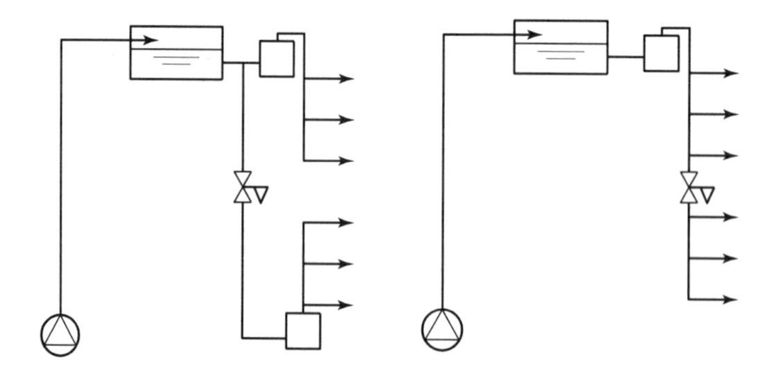

③ 펌프 직송에 의한 급탕 조닝

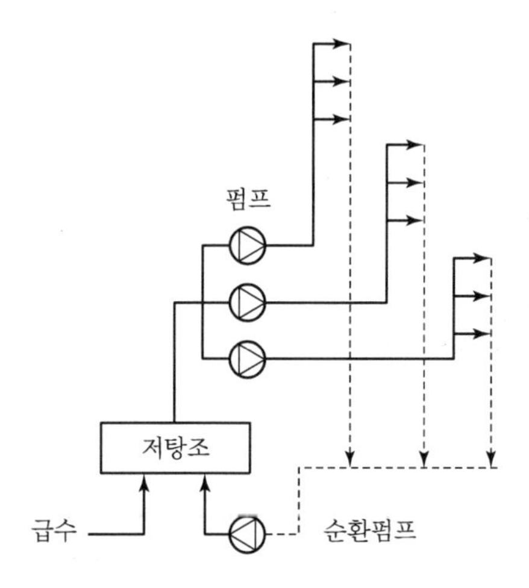

(3) 초고층 건물의 설계 시 유의사항

① 건물의 높이를 고려하여 말단 사용처에서 적정수압을 유지하면서 경제성 및 안정성을 고려한 급수 및 급탕 조닝을 한다.

② 펌프의 케이싱, 밸브류 및 배관재의 내압이 고압에 견딜 수 있어야 한다.

③ 위생설비 자재의 시공성 및 경제성을 검토하여 공법과 자재를 선정한다.

④ 배관재의 Prefab화, 위생기구의 Unit화로 공장제작 후 현장반입하여 설치토록 한다.

⑤ 절수형 위생기구를 적극 채택한다.

(4) 배관설비

① 배수 횡지관의 수가 많아 배수관 내에 기압변화가 일어나기 쉽다.

② 각 층마다 횡진 방진을 하고 입상관에는 3개층마다 방진한다.

③ 분기관은 3엘보 또는 Ball Joint를 사용한다.

④ 배수용 주철관은 입상관 접합부에 연코킹(Lead Caulking)을 사용하지 말고 Rubber Joint나 Mechanical Joint를 사용한다.

⑤ 입관에 최고층에서부터 매 5층마다 반드시 결합 통기관을 설치한다.

⑥ 1층 배수는 입관과 분리하여 단독 계통으로 한다.

(5) 배수설비

① 배수소음

- 2차 통기 방식 : 주철관 또는 합성수지관+차음커버
- Sextia 방식

② 악취

Trap 봉수깊이를 50~100mm로 하며, 배수관 내 공기압이 변화되지 않도록 한다.

③ 역류

- 관 내 공기압 상승을 작게 하기 위한 관경을 결정한다.
- 횡주관 내에 비누거품이 잔류하지 않도록 횡주관경을 충분히 하고 길이를 짧게 한다.

8) 초고층 빌딩에 대한 기술적 과제 및 대책

(1) 배관 시스템의 압력(정수두) 증가 시

구분	기술적 과제	대책
열원 공조 설비	냉동기, 보일러, 열교환기, 공조배관 등의 과대 시스템 압력 발생	• 중간기계실의, 30개층 전후로 1개소의 설비층 계획 • 열교환기에 의한 수직 조닝으로 과대 정수두 해소 • 냉각탑은 가능하면 저층부 또는 지상에 설치
급수 급탕 설비	• 고수압에 의한 배관 기기의 시스템 과대 압력 발생 • 양수배관에서의 수격현상 발생	• 적정 수직급수 조닝 • 감압밸브를 설치하여 적정 수압 유지(2~4.5kg/cm^2) • 수격 감쇄 대책
배수 통기 설비	입상수직관 내의 배수 시 관 내 공기압축 역압현상 증대	• 결합+신정통기 방식 • 특수 통기 및 섹스티어 연결구

(2) 연돌효과 방지 대책

구분	기술적 과제	대책
공용부 (승강기, 홀과 세대 간)	• 침기, 누기에 의한 공기의 유출입으로 에너지 손실 발생 • 세대 내의 주방 취기 등의 유출로 냄새 확산 • 현관문 개폐 시의 어려움 • 엘리베이터 문의 오작동 • 침기, 누기에 따른 소음 및 기류의 불쾌감	• 저층부에서 외기와 면하는 입구에는 반드시 방풍실을 설치 • 방풍실 문 상부에 고속 에어커튼 등을 설치하여 외기 유입 차단 • 각 층의 승강기, 홀에 라인형 디퓨저로 난방(공조)을 실시하며, 저층부는 양압을 형성하여 외부 및 세대로부터 공기유입을 억제
세대 내 입상덕트 (주방 급기, 화장실 배기 계통)	수직 덕트 내에서의 연돌효과에 의해 설계 풍량의 확보가 어려움	수직 덕트 내의 압력변화에 관계없이 항상 정풍량 기능을 유지할 수 있는 주방 환기 시스템을 선정

(3) 냉난방부하의 증가 시

구분	기술적 과제	대책
일사	초고층 건물의 외벽은 다양한 복사열을 흡수	냉방부하 일사량 계산서, 복사열(직달일사, 2차 열복사 등)의 지역적 특성 등을 충분히 검토
외기 침입	외기 풍속 및 풍압의 증대로 외기 침입량이 증가	부하 계산 시 외기 침입량을 충분히 반영
열관류율	풍속이 커질수록 열관류율이 증가	열관류율 계산서 반영(특히 유리)

(4) 부하 변동성 및 불균일성 증가 시

구분	기술적 과제	대책
부하 변동	• 건물의 경량화로 열용량이 작아 외부 기상변화에 민감하게 반응 • 타워형의 경우 방위별 부하의 차가 크며, 특히 중간기에 냉난방 요구가 증가	• 부하 변화에 신속한 대응이 가능한 냉난방 공조시스템을 선정 • 방위별로 운전제어 및 온도제어가 가능한 방식을 선정 • 세대별 · 실별로 부분부하 운전에 대응 가능한 방식 선정

(5) 초고층 건물의 변위현상 및 흡수 대책

<table>
<tr><th>구분</th><th>기술적 과제</th><th>대책</th></tr>
<tr><td>빌딩 쇼트닝 현상</td><td>• 콘크리트의 수직하중 및 수분감소에 의해 기둥, 코어 등의 체적 감소가 발생
187.2
• 20년간 매 층당 평균 2.5～3mm 수축하며, 70%가 초기 2년간 발생</td><td>• 입상배관 및 수평분지배관에서 흡수하지 않으면 배관의 파열, 비틀림, 유체 누설 등의 현상이 발생
• 입상배관의 신축 및 변위 흡수 방법
<table>
<tr><th>구분</th><th>신축흡수부</th><th>배관접합부</th></tr>
<tr><td>중온수, 온수 배관</td><td>Injection Multi Joint</td><td>Welding</td></tr>
<tr><td>냉 · 온수 배관</td><td>Injection Multi Joint</td><td>Welding</td></tr>
<tr><td>급탕, 환탕 배관</td><td>Injection Multi Joint</td><td>Welding</td></tr>
<tr><td>급수, 양수 배관</td><td>Grooving Joint</td><td>Welding</td></tr>
<tr><td>스프링클러 배관</td><td>Grooving Joint</td><td>Welding</td></tr>
<tr><td>옥내소화전 배관</td><td>Grooving Joint</td><td>Welding</td></tr>
<tr><td>오수, 배수 배관</td><td>Mechanical Joint</td><td>Mechanical Joint</td></tr>
<tr><td>우수 배관</td><td>Injection Multi Joint</td><td>Mechanical Joint</td></tr>
<tr><td>도시가스 배관</td><td>Loop Type Joint</td><td>Welding</td></tr>
</table></td></tr>
<tr><td>풍압에 의한 스웨이 현상</td><td>풍압에 의한 건물의 좌우 굴절 발생</td><td>• Injection Multi Joint는 Ball Joint와 Slip Joint의 기능 조합형으로 굴절과 신축을 동시에 수행
• 소화배관 등은 Grooving Joint를 적용하여 변위량을 Joint에서 흡수(신축량 3.2mm/Joint)
• 주철관은 Mechanical Joint 방식을 적용하여 신축 흡수(Joint당 고무패킹 신축량 약 4mm)</td></tr>
</table>

(6) 소음 및 진동 원인과 방지 대책

구분	기술적 과제	대책
세대 내 급수 급탕관	• 급수 압력 및 유수에 의해 소음 및 진동 발생 • 급수관 매립부에 고체음 발생	• 소음도를 기준으로 급수압력 저감을 위해 세대별로 감압밸브 설치 • 거실 침실의 벽체 매립관은 완충재로 관벽을 피복하여 매립
세대 내 실내 통과 오배수 횡주관	• 양변기 등 기구 자체에서 발생하는 소음 • 배수 시 배수물의 관로 충돌에 의한 진동음	• 배수 배관을 저소음형 2중관 또는 3중관으로 연결 • 배관에 제진 테이프와 흡음성 차음시트를 부착
실내 통과 배수 입상관	• 발코니 드레인용 배수 입상관 • 실외기실 바닥 배수관	PVC(뉴스핀) 이중관에 의해 회전배수로 하강하면서 낙하시킴

SECTION 03 대공간

- 일반적으로 대공간은 건물 내 큰 체적과 높은 천장고를 지닌 공간으로, 열적인 부력이 공기의 유동에 주목할 만한 영향을 미치거나 거주역이 전체 용적에 비해 작은 공간을 말한다.
- 대공간은 상하부의 온도 분포가 크고 균일한 기류 분포를 형성하기 어려워 불쾌감이 커질 수 있으며, 공조 계획에 따라 에너지 소비량이 크게 변화될 수 있으므로 일반 건물과는 달리 접근할 필요가 있다.
- 체육관이나 극장, 강당 등과 같이 하나의 실로 구성되며 천장 높이가 6m 이상이며 체적인 10,000m^3 이상인 것을 말한다.
- 대공간 온열환경의 설계에서 주로 고려하여야 하는 요소는 천장 높이, 실공간 용적, 실제 사용공간의 분석, 외벽 면적비이며, 이들 요소에 의한 문제점으로 상하 온도차, 냉기류에 의한 불쾌감, 구조체의 열용량과 단열성능의 약화에 따른 냉난방부하의 증가, 동절기 결로, Cold Draft 및 Cold Bridge 현상 등이 발생할 수 있으므로 냉난방 및 환기시스템에 유의하여야 한다.

1) 대공간의 종류

① 일반 건물 : 층고가 높은 로비나 홀, 아트리움, 대회의실
② 각종 체육관, 관람시설, 공연장, 극장, 전시장, 종교시설, 공항시설, 공장 등

2) 대공간의 특성

건축적 특성	공조부하 특성
층고가 높음	• 상하 온도차가 발생 • 건축 구조상 취출구의 적절한 위치 선정이 어렵고 도달거리에 주의 • 거주역 중심의 공조 계획이 필요 • 계절에 따라 연돌효과가 발생
• 외부와 접한 구조체 면적이 넓음 • 보통 외부 단열이 열악하거나 불리 • 여름철이나 겨울철 구조체 열용량(축열량)이 큼	• 일사부하나 열손실량이 큼 • 여름철 최상부의 정체 열기 해소 대책 필요(최상부 전동창이나 배기팬) • 외부구 결로, 콜드 드래프트에 주의(라인형 취출구, FCU, 방열기 등 설치)
• 이용 빈도,이용 인원, 이용 시간의 변화가 건물에 따라 편차가 큼 • 다목적으로 이용되는 경우가 많음	• 평상시와 행사시에 적합한 공조 조닝(주 이용부와 관람석/공용부 분리) • 사용용도에 적합한 공조 계획이 필요(온습도 조건뿐만 아니라 소음, 기류속도 등도 주의해서 검토)

3) 기류 특성

냉방 시에 어떤 공기분배 방식을 사용하여도 바닥면으로 기류가 하향하게 되나 난방 시에는 온풍을 바닥면까지 도달시키기 어렵다. 이는 공기의 밀도차에 의한 원리로 가열된 공기는 상승, 냉각된 공기는 하강하려는 성질이 있기 때문이다.

4) 대공간 공조 계획 시 고려사항

① 하기 냉방 시 외벽 및 지붕의 유리면을 통한 일사열부하 처리
② 동기 난방 시 외벽 및 지붕의 유리면에서 발생되는 결로 및 Cold Bridge 현상
③ 동기 난방 시 외벽 및 지붕의 유리면을 통한 열손실의 최소화
④ 유리면에서 발생되는 Cold Draft 현상
⑤ 상부 공간의 온도 상승된 공기가 주변 공조공간에 미치는 영향 최소화
⑥ 연돌효과로 인한 출입구의 침기(Infiltration) 영향 최소화
⑦ 쾌적한 환경을 제공할 수 있는 냉난방시스템 고려

5) 대공간에서의 부하 패턴

① 공장, 체육관 : 틈새바람이나 외피를 통한 열관류부하
② 음악홀 : 인체의 발열부하 및 필요신선외기량에 의한 외기부하
③ 야구장 : 태양열이나 열관류부하

6) 대공간 내의 온열환경

① 일사와 구조체 : 열관류, 건물 열용량과 축열성능
② 실내 발생열 : 재실자의 현열, 잠열부하, 기기 발생열, 조명기구 발생열
③ 투입열량 : 냉난방 열원기기의 정격출력, 효율 및 COP, 배관손실
④ 기류조건 : 실내공간의 Air Balance, 유입 · 유출구의 위치 및 분출, 흡입속도, 팬의 동력과 설치위치, 건물 구조체의 형태(재실자가 거주하는 공간의 쾌적범위를 중심으로)

7) 건축 · 설비 설계자 상호 간 협의사항

① 외피구조 계획
② 환기 계획
③ 냉난방 계획
④ 축열, 예열을 포함한 제어 계획
⑤ 취출구 배치 및 설비기기 계획

8) 설계 시 고려사항

냉기는 항상 바닥부분으로 하강하기 때문에 느린 속도로 공급하는 것이 효과적이며, 온기는 상승하므로 바닥을 직접 덥히는 Panel Radiation System을 채용하거나 난방구획에 직접 난방공기를 분출하되 다음 사항을 고려한다.

① 하기 냉방 시 일사열부하 감소를 위하여 열선 반사유리 채용 고려
② 외벽 및 지붕 유리면에 일사차단막 고려
③ 동기 난방 시 단일덕트 VAV System과 바닥 Panel Radiation System 병용 고려
④ 유리벽면의 Cold Draft 현상 방지를 위해서 실내 측 유리면에 바닥취출형 디퓨저를 설치하여 상부취출 고려
⑤ 결로 및 Cold Draft 현상 방지를 위해서 유리의 단열성능 개선 및 철골 등 금속부위의 열적 절연
⑥ 대공간 주위 사무공간의 배기를 비공조공간 내 급기로 활용하는 것을 고려
⑦ 출입구 전실에 급기 가압을 하여 외기공기의 침입을 최소화

9) 난방 불량 원인

(1) 높은 천장고로 인한 실내 상하부의 큰 온도차

일반 대류 난방의 경우 공기의 밀도차에 의한 대류현상으로 고온의 공기는 천장 부근으로 상승하고, 상부의 저온의 공기는 거주역 부근으로 하강하여 난방의 불균형을 초래한다.

(2) 유리창에 의한 Cold Draft

외벽에 부착된 유리창 면에서 생성된 차가운 기류는 유리창 면을 타고 하강하여 실내 거주역 부근에 Cold Draft를 형성한다.

(3) 굴뚝효과로 인한 외기 침입량의 과다

승강기, 계단 등의 수직 연결 통로가 로비와 연결되어 있지 않으면 로비의 출입문이나 개구부에서의 침입외기는 수직통로에서 발생하는 굴뚝효과에 의해 하층부의 부압을 형성하면서 그 양이 증가한다. 로비의 난방열량은 굴뚝효과에 의해 상층부로 치중되고, 하층부에는 난방 부족을 초래한다.

(4) 취출구 공기분배 방식

로비의 천장이나 벽에 부착되는 취출구를 일반 공조용으로 사용 시 도달거리 및 풍속의 부족으로 거주역까지 도달하지 못하고 공기의 대류현상으로 로비 상부로 재순환한다.

10) 난방 대책

(1) 건축적인 방법

① 가급적 외벽 창 면적을 줄인다.
② 유리창은 2중 구조로 하고, 공기층을 두어 기밀을 유지한다.
③ 출입문은 회전문으로 하고, 내부에 이중문을 설치하고 전실을 설치한다.
④ 로비 내를 가압하여 정압(+)을 유지한다.

(2) 설비적인 방법

① 외벽 유리창 아랫부분에 팬코일 유닛(FCU) 또는 방열기를 설치하거나 바닥 취출 방식으로 한다.
② 바닥 Panel Heating 방식을 채용한다.
③ 공기 분배방식을 대공간의 개념으로 적용한다.
- 수평 대향 노즐(가로벽면 취출 방식)
- 천장 하향 노즐의 2계통 운영
- 상향 취출 방식

11) 공조 방식

(1) 수평 대향 노즐

① 벽면에 노즐형 취출구를 설치하여 거주역 중심으로 공조하며 취출구가 거주역에 가깝게 설치되므로 적정한 기류속도로 불쾌감이 없도록 주의하고, 소음 문제도 사전 검토한다.
② 수평 면적이 그다지 크지 않은 중 · 소규모 대공간에 적합하며 냉방, 난방에 따라 취출구의 각도 조절이 필요하다.
③ 도달거리를 50~100m로 크게 할 수 있으므로 대공간을 소수 노즐로 처리할 수 있고 덕트가 적으므로 설비비 면에서 유리하다.
④ 온풍 취출 시에는 별도의 온풍 공급방식을 채택하거나 보조적 난방 장치가 필요하다.

(2) 천장 하향 노즐

① 천장고가 낮은 관람석 부위에는 확산형 취출구를 설치하여 불쾌감이 없도록 하며, 냉방 시에는 기류 분포가 양호하나 난방 시에는 상하부 온도차가 발생할 수 있다.
② 경우에 따라서는 냉방, 난방 시 취출 특성이 다른 가변 선회 디퓨저를 적용한다.
③ 극장 객석 등에 응용 예가 많으나 온풍과 냉풍의 도달거리가 상이하므로 덕트를 2계통으로 나누어 온풍 시에는 N_1개를 사용하고 냉풍 시에는 $(N_1 + N_2)$개를 사용하면 온풍의 토출속도를 빠르게 하여 도달거리를 크게 할 수 있다.

(3) 상향 취출 방식

① 좌석 하부에 노즐장치를 하여 1석당 1차 공기 25m³/h를 토출하고 2차 공기 50m³/h를 흡인해서 토출한다. 토출 온도차는 3~4℃로 하고 토출 풍속은 1~5m/s로 한다.
② 관람석 하부 취출구의 소음 및 토출 온도에 대한 고려가 필요하고 층고가 높은 대공연장 등에 많이 적용되었으며, 아이스링크 등 국부적 난방이 효과적인 경우에도 적용한다.

(4) 방열기 또는 복사난방 방식

① 외주부 콜드 드래프트를 막거나 관람석 난방을 위해 하부에 방열기나 바닥 난방을 적용한다.
② 바닥 복사난방의 경우 구조체 예열부하가 크고 난방 응답성이 낮아 수영장 데크, 로비, 홀, 아트리움 등 일상적으로 사용하는 공간에 적용한다.
③ 천장 복사 패널은 스팀이나 전기를 이용해 관람석이나 공장 등에 적용하며 관람석 의자 하부에 베이스 보드 히터, 증기파이프 히터를 설치해 난방한다.

(5) 기류 유인형 공조 방식

① 다수의 기류 유인팬을 이용하여 대공간 내에 기류 패턴을 형성하며, 덕트 등 시공비가 감소하고 기류에 의한 공조 효과가 향상된다.
② 유인팬의 각도나 풍량 조절 등으로 공조부하나 기류 패턴의 변화가 가능하며 유인팬의 적정한 배치, 작동 시 소음, 풍속에 의한 불쾌감 유발에 주의해야 한다.
③ 소음에 크게 민감하지 않고 정밀한 공조 제어가 이루어지지 않아도 되는 실내체육관, 돔형 경기장, 학교의 대강당 등에 많이 적용한다.
④ 로비나 아트리움의 상부 정체 열기를 난방에 활용하기 위해서 적용되기도 한다.

12) 에너지 절약 대책

① 일사 차폐 유리, 전동스크린 등을 설치하여 일사를 차단한다.
② 외벽체 단열 보강, 단열 이중 유리 및 단열 프레임 설치로 열손실을 절감한다.
③ 전동창 등 자연환기설비, 방풍실이나 회전문을 통해 외기를 차단한다.
④ 전동창 개방을 통해 열기를 배출한다.(상부에 온도센서를 설치하여 연동)
⑤ 여름철 지붕 표면에 살수를 통해 구조체 축열량을 해소한다.(우수 재활용 등)
⑥ 여름철 일반 공조 구역 배기를 이용하여 상부 열기를 희석한다.
⑦ 겨울철 상부에 유인팬을 설치하여 온도 상승된 공기를 실내로 재순환한다.
⑧ 인접한 공조 지역에 개방된 경우 에어커튼 형성으로 열기 확산을 차단한다.
⑨ 간헐 사용하는 대공간의 관람석은 별도 조닝하여 행사 시에만 공조를 실시한다.
⑩ 전열교환기를 통한 배기열 회수, 자연채광 등 에너지 절감 설비를 적극 채택한다.
⑪ 건물 용도에 따라 기류 유인방식 등 효율적인 방식을 적용한다.

⑫ 급기구 위치는 가급적 거주 공간에 가깝게 배치하여 반송동력을 절감한다.(도달거리를 크게 하기 위해 풍속을 크게 하면 정압이 상승)
⑬ 급기구는 유인비가 큰 성능의 것을 선택함으로써 환기 기능을 좋게 한다.
⑭ 중간기 외기냉방을 할 수 있도록 한다.
⑮ 난방 시 온풍에 의한 방법보다 바닥패널 히팅으로 하고 공기는 등온취출한다.

13) 결론

대공간의 계획은 공간의 특수성으로 인해 건축원론적인 단계에서부터 접근하되, 건축계획적인 측면에서 환기 계획, 외피구조계획이 잘 이루어져야 한다. 경계층에서의 열이동, 대류, 복사열현상을 고려하여 냉난방 방식을 선정하고, 내외부 부하의 변화조건을 충분히 고려하여야 한다.

SECTION 04 아트리움(Atrium)

아트리움은 "중앙홀"이라는 뜻으로 대공간이면서 수직으로 몇 개의 층에 걸쳐 개방되어 있는 것이 일반적이다. 높은 천장고와 외피의 취약한 단열성, 높은 일사투과성 등으로 온열환경의 제어나 에너지 절약에 어려움이 많다.

1) 공조 특성

(1) 수직 온도차가 크다.

① 여름철
- 비공조구역인 상부에 열의 정체현상이 생긴다.(40～50℃)
- 이 부분에 발코니 등이 위치할 경우 열침입 방지가 필요하다.(유리 스크린)

② 겨울철
- 바닥면 근처의 온도가 실온보다 낮다.(2～5℃ 정도)
- 바닥난방 병행이 필요하다.

(2) 복사온도의 영향이 많다.

벽, 천장이 유리로 되어 있는 경우가 많아서 생긴다.

(3) Cold Draft가 발생하기 쉽다.

벽이나 커튼을 따라 냉기가 하강하는 원인이 된다.

(4) Stack Effect(굴뚝효과, 연돌효과)의 영향이 크다.

① 여름철 : 상부 열의 정체로 배열(환기)에 도움이 된다.
② 겨울철 : 많은 극간풍 유입으로 난방부하 증가 요인이 된다.

2) 설계 시 고려사항

① 여름철 냉방 시 외벽 및 지붕의 유리면을 통한 일사부하를 처리한다.(외벽 지붕은 주로 유리로 되어 있어 이를 통한 일사부하가 많음)
② 겨울철 난방 시 외벽 및 지붕의 유리면에서 발생되는 결로 방지와 콜드 드래프트 현상 방지에 신중을 기한다.
③ 상부 공간의 열 정체로 온도가 상승된 공기가 주변 공조공간에 미치는 영향을 최소화하여야 한다.
④ 굴뚝효과로 인한 출입구에의 외기침입(Infiltration)을 최소화하는 방안을 고려한다.

3) 공조 방식

아트리움 공간은 거주공간, 비거주공간, 페리미터 공간으로 구분하며, 아트리움 대공간을 완전히 공조하는 것은 비효율적이므로 거주공간에 대해서만 공조하는 방식을 택한다. 또한 외기에 면한 천장 및 측창지역이 페리미터 공간에 해당되어 페리미터 공간을 적절히 제어함으로써 거주역에서 외부환경의 영향을 최소화한다. 일반적으로 아트리움은 2층 높이 정도만 거주역으로 공조급기에 의한 부하처리를 하고 이 이상은 비공조공간으로 인정하여 공조배기와 환기처리를 한다.

(1) Atrium 공조 방식

대공간을 공조하는 경우 가장 어려운 대상이 실내공기 분포이다. 즉, 상부의 온도는 매우 높고 거주공간 부근은 저온이 되는 공기온도 성층의 문제이다. 냉방의 경우 냉기가 비중차에 의해 거주공간에 모여 냉방효과가 크게 감소되지 않으나 난방의 경우 난방 취출기류가 인체에 도달하기 전 온풍이 상승하여 난방효과를 얻을 수 없게 된다. 따라서 전공기식에 의한 난방 방식보다 공기+복사난방 방식이 적절하며, 바닥복사 방식에 의해 재실자에게 직접 열을 전달하는 방식이 효과적이다. 취출구는 상부에서 취출하고 하부에서 흡입하도록 하여 온풍 상승이 다소 감소되도록 하는 것이 바람직하다.

① 냉방

- 냉방의 경우 냉기는 비중차에 의해 자연적으로 하강하여 바닥으로 모이므로 거주역의 공조는 쉽다.
- 2층 정도의 높이에서 벽면이나 난간을 이용하여 노즐형 취출구를 설치하여 급기하는 방식을 주로 채택한다.
- 상층부의 로비(발코니)와 아트리움 사이가 개방된 경우 열이 아트리움 상층부로 침입하는 것을 막기 위하여 상층부의 천장면에 취출구를 설치하는 경우가 있다.(Air Curtain)

- 일사부하 감소를 위해 유리는 열선 반사유리를 사용하거나 지붕 유리면에 일사차단막(Sun Screen)을 설치하여 일사량 감지신호에 따라 막(Screen)이 자동적으로 쳐지거나 각도가 자동 조절되는 장치를 한다.

② 난방

- 2층 벽면이나 난간을 이용하여 노즐형 취출구를 통하여 하부로 온풍을 공급한다.
- 공급되는 온풍은 취출영역을 활용하여 배치한다.
- 공급된 온풍은 거주구역에 도달 후 위로 상승하여 천장이나 유리벽면에서 하강하는 콜드 드래프트를 방지하는 효과를 갖는다.
- 온풍의 상승과 외기 침입에 의한 난방 감소를 피하기 위하여 바닥에 패널 히팅(전기 혹은 코일)을 하는 경우도 있다.
- 유리벽면의 콜드 드래프트를 방지하기 위하여 실내 측 유리 하면에 바닥 취출형 취출구를 설치하여 상부로 온풍을 취출하는 경우도 있다.

③ 환기

상부 공간에 배기구를 설치하여 여름철 과열현상을 막아주고 자연환기의 기능도 가능케 한다. (화재 시 배연구 역할 겸용)

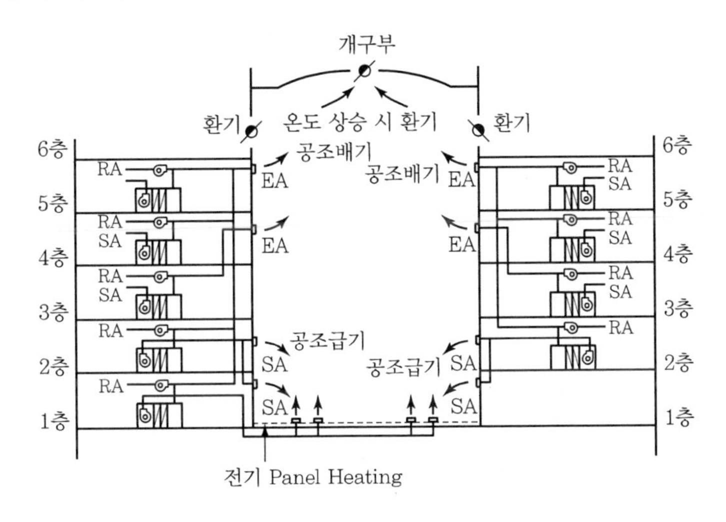

(2) 효율적인 공조 방식

① 아트리움 존의 구분

- 주거공간 : 부분적인 공조 방식 채택
- 비주거공간
- 페리미터 공간

② 착안사항

- 상부의 실내공기 온도는 매우 높고 거주공간의 공기는 저온이 되는 성층이 문제이다.
- 기류의 흐름을 이용하여 전공기식에 의한 난방 방식보다 공기+복사난방 방식이 적절하다.

③ 급기구

- 급기 기류는 실내의 공기와 혼합하여 속도와 온도를 감소시키면서 확산한다.
- 대풍량과 긴 도달거리를 갖는 노즐형 급기구를 설치한다.

④ 급기속도

- 급기 기류의 속도가 충분히 감쇄하지 않은 상태로 거주역에 도달하게 된다.
- 냉방 시 기류의 풍속에 의한 냉각작용과 온도차에 의한 냉각작용이 합쳐져서 콜드 드래프트가 발생하므로, 최대 풍속은 0.3m/sec 이하가 바람직하다.
- 난방 시 강한 기류가 인체에 닿는 경우에도 기류속도에 의한 냉각작용이 고온기류의 열감을 악화시키므로 문제가 되지 않는다.

⑤ 도달거리

- 냉방에 적절한 급기풍속으로 설계된 경우 난방 시 부력으로 인한 온풍 상승으로 거주역에 급기 도달이 안될 수 있다.
- 난방 시를 고려하여 설계된 경우 급기풍속의 증가로 콜드 드래프트가 발생할 수 있다.
- 수평방향의 노즐을 설치하여 냉방 시와 난방 시 급기 각도를 조절하여 일정한 거리에 도달할수 있도록 해야 한다.
- 노즐형 급기 디퓨저를 이용하여 수직으로 급기할 경우 난방 시 전동댐퍼를 닫아 디퓨저의 개수를 줄여 급기풍속을 크게 하여 도달거리를 맞춘다.

⑥ 자연환기 이용

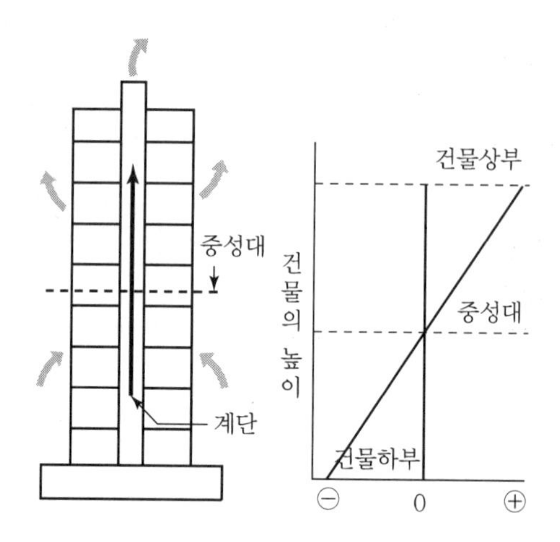

㉮ 연돌효과를 아트리움의 환기에 활용한다.

ⓐ 중성대는 중간높이에 형성되어 하부는 부압(−), 상부는 정압(+)이 된다.

ⓑ 아래층 현관홀에서 공기 유입, 상층부 개구부에서 공기 배출을 유도한다.

ⓒ 계절적인 특성에 맞는 환기 방식이 필요하다.

- 중간기

  현관홀과 상부 개구부의 자연환기를 최대한 활용하여 외기냉방을 한다.

• 여름철

–현관홀의 기밀성을 유지하고, 상부에 고온공기의 배출을 유도하여 거주구역의 냉방 효과에 안정성을 확보한다.

–상하 온도차와 일사열에 의하여 축적되는 상부의 고온공기가 시간 경과에 따라 축적 압축되어 거주공간에 밀려옴을 염두에 둔다.

• 겨울철

연돌효과가 거주공간에 외풍 침입과 난방 취출기류의 상승을 일으키므로 상부 개구부 폐쇄와 현관홀 기밀성 강화로 난방효과를 유지한다.

㉯ 상부 개구부의 우수 처리에 유의한다.

⑦ 결로 방지 방안

• 상부 페리미터 공간에서 결로 방지가 필요하다.
• 여름철 : 상부의 환기용 전동창 개방으로 결로 방지가 가능하다.
• 겨울철 : 외풍부하 절감을 위한 전동창 폐쇄로 결로가 우려되며, 콜드 드래프트 효과 방지를 위해 제습용 공조기를 설치한다.

⑧ 냉난방부하 산정

• 냉방부하 : 냉방부하는 냉방 취출구의 높이 이하 또는 거주역의 높이 약 3m 이하에서의 부하로 산정한다. 취출구를 높게 하려면 그만큼 냉방부하를 증대시켜야 한다.
• 난방부하 : 아트리움 전체 부하를 고려한다.

⑨ Down Draft 방지 방안

• Down Draft는 동절기 창 측에 창면을 통해 냉각된 대량의 공기가 하강하는 현상이다.
• 방열기는 냉기의 강하를 상쇄할 목적으로 방열면적이 작고 방열기 상부로 자연대류에 의해 방열이 이루어지도록 고안된 것을 활용한다.
• 상부의 천장 이외의 창 측에서 발생 가능하다.

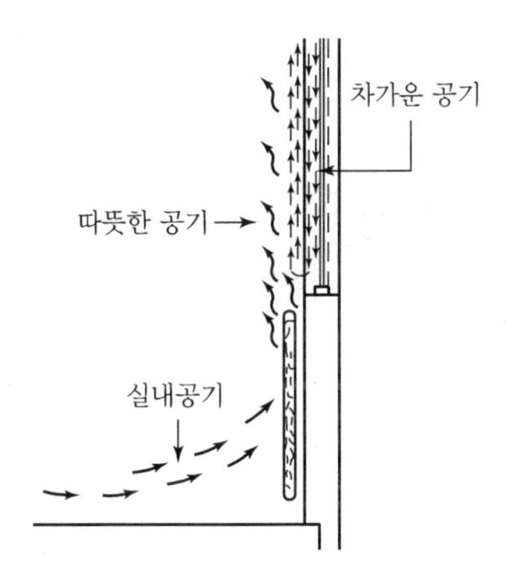

⑩ 제연계획

• 화재 시 연돌효과에 의하여 단시간에 연기 확산이 우려된다.

- 상부에 자연환기용 개구부와 배기팬을 결합하는 것이 이상적이다.
- 화재 발생 층에서 연기를 아트리움으로 배출할 수 있게 댐퍼를 개방하고 화재가 발생하지 않은 층은 급기 가압을 통해 연기의 침입을 방지한다.
- 아트리움은 상부 재연팬이 자동 연동될 수 있는 방재 시스템이 필요하다.

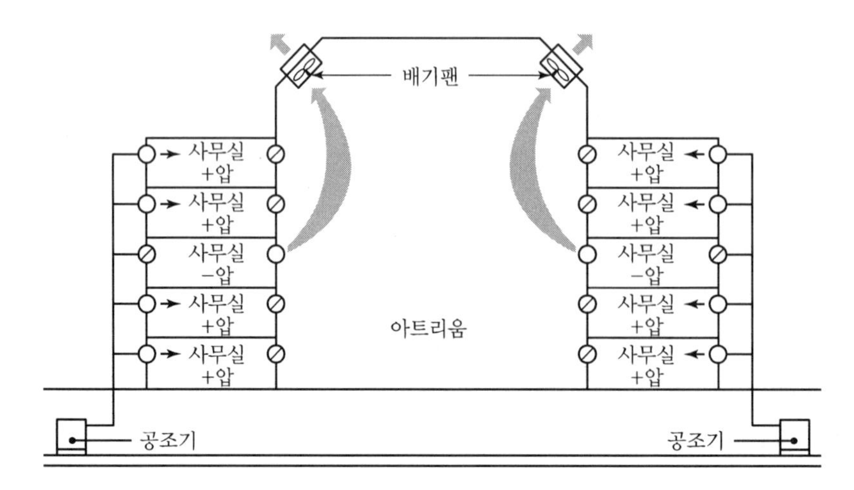

⑪ 연돌효과에 의한 외풍침입 방지

- 출입이 잦은 현관 출입구에는 기밀구조가 필요하다.
- 이중문 또는 방풍실을 설치한다.
- 현관홀에 회전문을 설치한다.
- 지하층 개구부에 기밀성을 확보한다.

⑫ 상부층 환기용 개구부 작동

- 최상부 개구부는 중앙감시반의 조작에 의하여 전동식 개폐가 가능해야 한다.
- 측온센서를 설치한다.
- 옥상층에 강우센서를 설치하여 우천 시 개구부를 폐쇄한다.

SECTION 05 체육시설, 경기장

예전의 체육시설은 교육이나 단순 운동시설로 공조에 별다른 신경을 쓰지 않았으나, 근래에는 점차 일반에게도 개방되어 각종 체육시설 이용자들의 만족도를 높일 필요가 있고 프로 경기나 생활체육의 활성화 등으로 쾌적한 공조 환경을 제공하지 않으면 안 된다. 체육시설의 공조 계획은 대공간으로서의 특성을 고려하여야 하고 종목이나 이용 용도에 적합한 공조시스템으로 검토되어야 한다.

1) 체육시설의 특성

(1) 건축적 구성

종류	실의 구성
경기부문	운동장이나 경기장
	선수대기실, 심판실, 의무실, 중계방송실, 선수탈의실 · 샤워실, 진행요원실, 안내방송실 등
관람부문	관람석, 귀빈석
관리부문	사무실, 홀 · 로비, 매점, 식당, 카페테리아, 체력단련실, 에어로빅실, 사우나 · 샤워실, 창고, 기계실, 전기실 등

(2) 공조 계획 시 고려사항

① 대공간의 일반적 특징을 가지고 있다.

② 체육 종목과 특성을 고려한 온습도 계획

종류	여름철	겨울철	기타
경기(일반)	25~28℃, 50~65%	13~18℃, 50%	
관람석	26~28℃, 50~65%	20℃ 내외, 50~65%	외기 도입량 25m³/인 · h
수영장 풀	27~31℃, 50~60%	27~31℃, 50~60%	염소가스 농도, 습도 제어 환기횟수 4~6회/h
아이스링크		13℃	습도, 결로 제어
배드민턴, 탁구	25~28℃, 50~65%	16~22℃, 50~65%	경기장 기류속도 0.15m/s 이하
관리부문	26~28℃, 50~65%	20~22℃, 50~65%	

③ 큰 공간 체적에 비하여 냉난방 필요 영역(거주역)은 작다.

④ 체육시설은 일반적으로 수익성이 없으므로 에너지 절약성을 높인다.

⑤ 일반 사용 시와 행사나 경기 시(풀부하)에 적합한 공조 운영 계획이 필요하다.

⑥ 외부와 접한 구조체의 면적이 넓어 냉난방에 미치는 영향이 크다.(특히 막 형태의 지붕일 경우)

2) 공조 계획

(1) 조닝

① 조닝 : 경기부문, 관람부문, 관리부문

② 공조가 필요한 거주 구역과 필요 없는 비거주 구역으로도 분리한다.

③ 가급적 비거주 구역의 부하가 거주 구역에 침입하지 않도록 검토한다.

(2) 열원 계획

① 냉열원 : 흡수식 냉온수기, 터보 냉동기 등(부분부하 운전시간이 많고 유지관리비 측면에서 유리한 흡수식 냉방기를 선호하는 추세)

② 온열원 : 온수 또는 스팀 보일러, 지역난방

- 평상시 냉방부하가 많지 않아 축열시스템은 비효율적이다.
- 공공기관이 발주하는 체육시설(건축면적 3,000m² 이상)에는 재생에너지 설비가 의무화(공사비의 5% 이상)되어, 태양열 급탕이나 지열 히트펌프, 태양광발전설비 등이 많이 적용되고 있다.

(3) 공조 방식

① 공조 방식의 종류는 대공간의 공조 방식과 같다.

② 취출 기류에 민감한 종목(배드맨턴, 탁구)은 취출구 위치 및 풍속에 주의한다.

③ 전공기 덕트 방식 : 체육시설의 경우 체적 공간이 커서 AHU를 이용한 전공기 방식으로 할 경우 덕트 크기가 커지고 풍속, 소음 등의 문제가 발생한다.

④ 냉난방 공조+유인팬 설비 연동 : 유인 효과에 의한 기류 분포 개선과 이로 인한 에너지 절감 효과가 있는 유인 공조시스템도 많이 적용되고 있다.

⑤ 체육시설의 다목적성에 대비 : 종종 집회나 공연 등 타 용도의 행사장으로도 많이 사용되므로 경기장 부위의 공조 방안에 대해서도 검토할 필요가 있다.

⑥ 자연환기, 전열교환기 등 에너지 절약 설비를 적극 적용한다.

⑦ 체력단련(헬스)장, 에어로빅실 등

- 평상시에도 사용 인원이나 사용 시간에 따라 부하 변동이 크다.
- 운동을 통해 땀을 충분히 흘릴 수 있도록 타 실과는 다른 냉방 온도(약간 높게) 설정이 필요하고, 땀 냄새 제거를 위해서는 충분한 환기량이 확보되어야 한다.
- 별도 시스템으로 분리하는 것이 합리적이다.(시스템 에어컨+전열환기)

(4) 위생

① 경기나 행사 시 화장실 등의 동시 사용률이 매우 높다.

② 경기장에 잔디가 설치된 경우 우수 재활용 설비나 지하수 등의 수자원 절감 설비가 필요하다.

③ 겨울철 배관의 동결이 우려되는 부분은 보온 강화 및 정온전선 설치가 필요하다.

3) 설계 및 시공 시 주의사항

① 근래에는 체육시설이 체력 단련이라는 목적 이외에 취미, 다이어트, 미용 등 다양한 목적으로 이용되며, 수익성 측면에서도 사우나, 카페테리아, 피트니스, 피부 미용 등의 부대시설이 확대되고 있으며 비중도 높아져 가고 있다.

② 전광판이 설치될 경우 에어컨 설치 필요 여부를 확인한다.

③ 수영장, 아이스링크 등의 특수 체육시설인 경우 결로, 습기, 염소가스 등에 의한 부식을 고려하여 내식성 재질을 선정한다.

SECTION 06 대공연장, 극장

대회의실이나 극장, 공연장 등의 건물은 크게 무대부문, 객석부문, 부속부문, 관리 · 기타부문으로 구성된다. 이러한 대공연장은 간헐 사용이 많으며 관객수에 의해 부하의 변동폭이 크다. 또한 층고가 높고 공간이 넓어 기류 제어와 온도 분포에 많은 주의가 필요하고, 소음과 제연 계획 등에도 세심한 검토가 요구된다.

1) 공조부하의 특성

① 인원 밀집도가 높아 인체부하(현열+잠열), 외기부하가 크다.
② 건물 특성상 무창층이 많아 구조체에 의한 열부하는 작은 편이다.
③ 대체로 실내 조명을 낮추기 때문에 조명부하는 낮다.(무대부는 조명 발열량이 많으므로 이에 대한 대책이 필요)
④ 이용 시간과 출입 인원에 따라 부하의 변동폭이 크다.
⑤ 간헐 사용에 따른 예열부하가 크다.
⑥ 냉방부하는 크고 난방부하는 작은 편이다.
⑦ 층고가 높은 대공간 구조가 많아 상하 온도차 및 기류 불균형이 발생한다.

2) 공조 계획

(1) 조닝 계획

① 수평적 조닝 : 무대부, 객석부, 부속부 및 기타부문
② 수직적 조닝 : 객석부문은 상하 온도차가 발생하므로 필요시 높이에 따라 구분하고, 2~3층으로 구성된 경우 층별로 세분화한다.
③ 부속 · 기타부문 : 용도나 사용시간에 따라 부하 특성이 다르므로 개별 제어(팬코일, VAV, 시스템 냉난방기 등)가 가능한 방식을 검토한다.
④ 사무실(일상적 사용), 기타 식당이나 카페테리아 등은 별도 조닝한다.
⑤ 무대부와 객석부 공조 조닝 시 제연 기능과 조화가 되도록 한다.
⑥ 냉난방 효율을 높이고 에너지 절감이 가능한 거주영역 중심의 공조가 바람직하다.

(2) 설계 조건

① 온습도 : 여름철 24~26℃, 겨울철 20~22℃, 습도는 50% 전후
② 소음치 : 건물 용도에 따라 다소 차이는 있으나 NC 20~30 범위, 적어도 NC 40을 초과하지 않는다.
③ 공기 청정도 : 다중이용시설의 실내공기질 관리 기준을 참조
④ 기류 풍속 : 객석에서 기류 풍속 0.3~0.5m/s 이내

(3) 부위별 세부 공조 계획

구분	세부 내용
무대부	• 취출기류로 인하여 조명이나 스크린의 흔들림이 없도록 풍량이나 위치 선정에 주의 • 외벽이 외기에 접하는 경우가 많아 단열 조치에 각별히 주의하고, 콜드 드래프트를 해소하기 위해 바닥형 라인 취출구나 팬 콘벡터를 설치 • 급배기 방식 : 상부 급배기, 측벽 급배기, 또는 이들의 혼합 방식
객석부	• 객석 뒷부분은 온도 상승된 기류가 정체하기 쉽고, 겨울철에는 난방을 중지해야 할 경우도 있으므로 별도 조닝이나 가변 풍량 방식도 검토 • 천장 급기 시 천장고가 높은 앞부분은 노즐형 취출구, 천장고가 낮아지는 뒷부분은 확산 성능이 좋은 취출구 선정 필요 • 급배기 방식 : 상부 취출+바닥 흡입, 바닥 취출+상부 흡입, 측면 취출+바닥 흡입 등의 방식 중 건물 구조를 고려해 선정 • 객석부 온도 상황을 종합적으로 판단하기 위하여 상하 위치별로 다수의 온습도 센서를 배치
부속부	• 조명실, 영사실, 음향실, 분장실, 대기실, 연습실, 소품실, 도구창고 등 • 영사실 : 겨울에도 기기 발열량 해소를 위한 환기 필요 • 분장실 : 먼지나 냄새 발생이 많으므로 충분한 환기량 필요(약 15회/h)
기타	• 홀, 로비 : 보통 단일덕트 전공기 방식으로 계획 • 식당이나 카페테리아 : 음식 냄새 확산이 없도록 부압 형성 • 층고가 높고 외벽이 유리 마감일 경우 일사부하 저감 및 드래프트 해소 대책 필요

(4) 객석부 바닥 취출구 설치 시 주의사항

① 공조기 소음이 전파되지 않도록 덕트 관로 중에 충분한 방음 조치를 실시한다.

② 기류로 인한 불쾌함이나 먼지 발생이 없도록 취출 풍속을 낮게 한다.

③ 좌석 하부 골조를 공조용 체임버로 활용하는 경우 내부 결로나 열손실이 없도록 내단열을 검토한다.

④ 골조 공사 시 바닥 취출구와 의자 다리의 간섭이 없도록 사전에 의자 사양 선정과 정확한 배치 확정이 필요하다.

3) 설계 및 시공 시 주의사항

① 제연 겸용일 경우 덕트 보온재나 플렉시블관의 재질이 적정하게 선정되도록 유의한다.

② 환기량 및 외기 도입량이 많으므로 전열교환기 설치를 검토한다.

③ 공조실은 소음 전파를 고려해 가급적 객석이나 무대부에서 멀리 떨어진 곳에 배치한다.

④ 공조 계획 수립에 어려움이 많으므로 사전에 컴퓨터 시뮬레이션(CFD)을 실시하여 기류 분포 및 특성을 분석해 보는 것이 바람직하다.

⑤ 대공연장의 천장 속 상부 공간도 일반적으로 높게 형성되므로, 덕트 및 배관의 지지 방안과 유지보수를 위한 점검 통로 위치 검토가 필요하다.

SECTION 07 박물관, 미술관, 도서관

박물관, 미술관, 도서관의 수장고의 공조는 보존용의 온습도 및 공기 청정도를 확보하기 위해 특히 중요한데, 다른 계통과 구분해서 전용 계통으로 해야 하며 전시공간은 전시품의 중요도에 따라 공조실을 구별해야 한다. 전시공간 내의 각종 자료에 영향을 미치는 주요 인자로는 상대습도, 건구온도, 공기오염물질 등이 있으며 그 중에서 실내 상대습도는 전시공간 내에 보관 또는 전시되고 있는 각종 자료에 큰 영향을 미친다.

1) 공조환경에 영향을 미치는 요소

(1) 상대습도

① 보관 또는 전시되고 있는 각종 자료에 대해 형상 및 크기의 변화, 화학반응의 촉진, 곰팡이, 곤충 등에 의한 생물적 노화 등이 영향을 미친다.
② 박물관 내 목재, 동물의 뼈, 상아, 양피지, 가죽, 섬유, 죽세공품 등은 흡수성을 가지고 있어 내부의 함수량이 주위의 상대습도에 비례하여 변화한다.
③ 상대습도가 높아져 함수량이 많아지면 팽창하고 상대습도가 낮아져 함수량이 적어지면 수축하여 찢어지거나 접착부분이 떨어져 파손된다.
④ 칠기제품은 낮은 상대습도에서 칠 내부의 목재가 수축하게 되고 이로 인해 표면의 칠이 터진다.
⑤ 목재로 만든 틀에 팽팽하게 걸어 맨 캔버스상의 유화에 있어서 상대습도의 변화로 목재 틀이 틀어져 유화 자체에 실금이 발생한다.
⑥ 목재의 화판이 그려진 유화는 보다 현저한 영향을 받는다.
⑦ 금속재료의 부식, 염료의 퇴색, 섬유의 강도저하 등을 초래한다.
⑧ 상대습도가 높으면 곰팡이나 세균이 번식하기 쉽다.

> **TIP** 상대습도에 대한 대책
> - 금속제품은 상대습도를 낮게 한다.
> - 흡수재료는 적정한 습도를 유지한다.
> - 상대습도의 급변화를 방지한다.
> - 적정 상대습도는 40~63%이다.
> - 서적 보관소의 적정 상대습도는 40~55%(저습 35%, 저온 13~18℃)이다.

(2) 건구온도

① 건구온도의 변화 및 그 정도는 상대습도보다는 자료에 커다란 영향을 미치지 않지만, 건구온도의 상승은 상대습도의 변화를 일으키게 되고 그 결과로써 영향을 미친다.
② 건구온도는 그 변동범위 및 변화속도를 적절히 조정해야 한다.

(3) 부유분진

① 자료를 더럽힌다.
② 쌓여진 분진은 공기 중의 수분이나 아황산가스를 흡수하여 산 부식의 원인이 된다.
③ 충해의 원인이 된다.

(4) 아황산가스

① 탄산칼슘을 포함한 자료에 급속하게 반응하여 침식을 일으킨다.
② 철, 청동, 동 등의 부식이 심하다.
③ 종이류, 면제품, 마섬유 등의 셀룰로오스에도 영향을 미친다.

(5) 이산화질소

① 목면, 양모에 영향을 미친다.
② 셀룰로오스나 폴리에스테르상의 아민군을 포함하는 염료를 변질시킨다.

2) 설계 조건

① 설비환경은 외부와 실내로 구별한다.
② 외기를 통한 오염 확산에 주의한다.(블라드 미술관 참조)
③ 건물 출입구 및 내외의 압력차 여부를 확인한다.
④ 24시간 공조를 유지한다.(수장품 보존 환경 유지를 위해)
⑤ 실내 온습도 조건

구분	세부 내용
실내 온습도 조건	• UNESCO 기준 : 온도 16~25℃, 상대습도 45~63% • ASHREA 기준 : 온도 18.5~22℃, 상대습도 50~55% • 고문서, 섬유류, 동물 박제 : 비교적 낮은 5~10℃ 정도
구역 구분	• 수장고 : 항온항습 필요 • 전시실 : 온습도 제어, 분진이나 유해가스 확산 방지 • 전시케이스 : 밀폐, 단열적 구조 필요 • 부대 시설 : 강의실, 시청각실, 열람실, 연구실, 훈증실 등 • 기타 운영 및 관리시설 : 사무실, 카페테리아, 식당 등

⑥ 구역 구분(Zonning)
- 수장고
- 전시케이스
- 전시실 : 상설전시실, 기획전시실
- 부대시설 : 강의실, 연수실, 아틀리에
- 운영 · 관리시설 : 사진실, 일시보관실, 도서실, 사무실
- 환경레벨로는 수장고가 가장 높고 항온항습 시스템이 크게 요구된다.

⑦ 일반적으로 저온, 저습한 상태가 자료의 보관에 유리하나, 각각의 재료적 특성을 고려하여 적정한 온습도 유지가 필요하다. 서고나 수장고 등에서 외부로 꺼낼 때 급격한 온습도변화에 의한 훼손이나 결로 발생 등을 예방하기 위하여 조절실이나 전실을 고려해야 한다.

3) 부하 특성

① 수장고는 무창으로 하고, 구조체에 단열 · 방습층을 둔다.
② 구조체 관류부하, 수장고를 정압으로 유지하기 위한 외기부하가 추가된다.
③ 온습도 유지는 24시간 운전하는 항온항습 개념으로 한다.
④ 실내의 부하 변동은 적다.
⑤ 내장재에 목재를 많이 사용하면 수장고 현열비가 줄며 잠열부하가 커진다.(수분함유가 많음)
⑥ 전시케이스는 밀폐 단열구조로 해야 한다.
⑦ 송풍량이나 토출구 흡입구 배치에 충분한 검토가 필요하다.
⑧ 도입 외기 중의 분진이나 유해가스, 각종 세균이나 곰팡이, 벌레, 내부에서 발생한 오염물질 등의 확산에 주의한다.(공기정화장치나 살균장치 설치)
⑨ 보관품의 가치를 고려하여 방화 관련 설비를 중점적으로 검토해야 한다.
⑩ 급격한 온습도의 변화는 수장 · 전시물에 변형을 일으키므로, 공조시스템의 안정성(정전 시, 장비 고장 시)이 중요하다.
⑪ 제습기를 사용한다.(목재 사용품에 실리카겔, 제올라이트 등 이용)

4) 열원 방식

(1) 열원의 종류

① 전기, 가스, 경유 등을 이용한다.(지역 냉난방도 가능)
② 환경 유지와 안정성 차원에서 전기가 용이하다.
③ 축열조를 이용한다.(야간운전은 피할 것)
④ 방화관리에 중점을 둔다.(안전시스템 가동)

(2) 열원시스템과 열부하

① 일반적으로 항온항습 개념을 도입한다.
② 천장고는 3.5～4m로 공간 용적이 크다.
③ 외피부하는 80～100kcal/m^2 · h이다.
④ 인원부하, 조명부하, 기구부하가 발생한다.
⑤ 열원시스템
- 냉열원 : 흡수식 냉온수기 또는 히트펌프시스템
- 온열원 : 일반적으로 증기보일러를 설치

- 건물의 규모나 주·야간 부하량에 따라 축열시스템도 고려
- 항온항습 계통 : 24시간 별도 시스템으로 구성
- 공조 방식 : 주로 AHU에 의한 단일덕트 방식, 부속실 등에 FCU 병용(필요에 따라 VAV 방식이나 CAV+Reheating 방식도 적용)

5) 공조 방식

All Air System으로 하되 다음 각부 공조 계획을 고려한다.

(1) 수장고

① 수장고 공조는 수장품의 종류에 따라 안 할 수도 있으나 적어도 항온은 고려되어야 한다. 특히 청정도 요구 시에는 매립형 송풍기를 설치하고 필터는 ASHRAE 기준 NBS 85% 이상의 성능이 요구된다.
② 가스 제거에는 활성탄 필터, NOx, SOx, H_2S 제거에는 과망간산칼륨 흡착필터를 사용한다.
③ 습기에 의한 문제가 발생할 수 있으므로 가습, 감습에 주의한다.
④ 특히 가습장치와 가습용 수질에 중점을 두어야 한다.(순수 이용)
⑤ 항온항습 유지, 제습장치가 필요하다.(습도변화의 연교차 5~20% 이내)
⑥ 저습(35~45%), 일반(50~65%), 고습(70~80%)으로 구분한다.
⑦ 타 시설(전시실 등)과 분리 조닝하고, 별도 열원 설치도 고려한다.
⑧ 비상시에 대비하여 복수의 열원설비 설치, 비상전원 연결 등의 공조 대책이 필요하다.
⑨ 가급적 보관품에 닿지 않도록 하고, 수납 선반이나 책꽂이 등으로 기류 조건이 불리하므로 취출구를 많이 설치하여 기류가 균일하게 형성되도록 한다.

(2) 전시케이스

① 전시케이스의 공조는 미술관, 박물관의 공조 가운데서 제일 어려운 공조에 속하는데, 그 이유는 내장품이 귀중한 품목으로 세밀한 항온항습이 요구되기 때문이다.
② 전시케이스 자체의 열성능의 차이를 고려한다.(열부하 변동폭이 큼)
③ 케이스 형태는 폭이 짧고 길이가 길기 때문에 기류분포가 방해받기 쉬우므로 각부의 온도차나 기류 정체가 없도록 취출구 위치 선정에 주의한다.
④ 케이스별, 전시품별 제어 조건 변경에 대응할 수 있는 시스템을 검토한다.
⑤ 전시케이스 각부의 온도차를 극복한다.
⑥ 유리 표면이나 주위 벽면을 통한 관류부하, 조명부하가 발생한다.
⑦ 천장 취출, 바닥 흡입 등 기류가 형성되므로 취출기류가 전시품에 직접 닿거나 흔들리지 않도록 가급적 유리면을 향하도록 설치한다.

(3) 전시실

① 온습도 제어에 중점을 둔다.
② 기획전시실과 상설전시실로 구별된다.
③ 기획전시실은 장래 예측이 어렵다.
④ 공조운전시간이 길어진다.
⑤ 에너지 절약적인 측면을 고려하여 제어 기능이 저하되지 않는 한도 내에서 보다 작게 분할해서 시스템을 구성한다.
⑥ 공조 방식은 전공기 방식을 사용한다.(보통 상부 취출 하부 리턴 방식이 많음)
⑦ 조명부하, 인체부하, 외기부하가 발생한다.(외피부하는 적은 편)
⑧ 실별 관람 인원과 전시 기간(상설/기획)에 따른 부하 변동폭이 큰 편이다.
⑨ 습도 제어를 위한 재열방식이 필요하다.
- 도입 외기 및 환기의 제진과 오염가스 제거를 실시한다.
- 각 실별 개별 제어를 위한 계통 구분과 시스템 구성을 검토한다.

(4) 열람실

① 외부 유리창이 넓고, 천창 등이 있는 경우도 많아 외피부하가 크다.
② 출입 인원에 의한 인체부하와 외기 도입 부하 변동폭도 크다.
③ 이용자가 장시간 체류하므로 쾌적한 온습도 조건과 기류분포가 되도록 한다.

(5) 기타

① 강의실, 세미나실 : 인체부하와 외기부하가 크므로 CO_2 제어에 의한 외기량 제어와 전열교환기의 설치를 검토하고 소음 발생에도 주의한다.
② 시청각실, 체험실습실 : 컴퓨터나 내부 기기의 발열이나 오염물질 처리에 주의한다.

6) 설계 및 시공 시 주의사항

(1) 재질별 특성을 고려한 공조 설정

① 목재, 동물뼈, 양피지, 가죽, 섬유, 죽세공품 : 흡습 재료, 상대습도에 주의(상대습도가 낮아지면 수축해 찢어지거나 접촉 부분이 떨어져 파손)
② 칠기 제품 : 낮은 상대습도에서 내부 쪽 목재가 수축해서 표면 칠이 떨어지므로, 60% 정도의 상대습도를 유지
③ 유화 제품 : 목재 틀이 상대습도의 변화로 틀어져 캔버스 위의 유화 표면에 미세한 갈라짐이 발생(5℃, 58% 정도의 상태에서 보존)

(2) 기타

① 폐관 이후 비공조 시에는 각 실의 출입문이나 덕트의 댐퍼 등을 차단시켜 공기의 움직임을 적게 하는 것이 바람직하다.
② 가습용 수질에 주의해야 하므로 주로 스팀을 이용한다.(물이나 온수 사용 시 순수처리 필요)
③ 수장고는 엄격한 온습도 환경 유지를 위하여 건축적 단열이 잘 되어야 한다.

7) 훈증 설비

도서관이나 박물관에서 보존, 전시, 열람하고 있는 수장품을 각종 생물(곰팡이, 곤충 등)에 의한 열화 피해로부터 보호하기 위해 훈증 설비를 한다.

(1) 박물관 등에서 발생하는 생물에 의한 피해

① 수장물의 피해
- 서적의 해충에 의한 피해
- 목재, 미술 공예품의 피해
- 화학, 서적 등 지질 문화지의 피해
- 유채화의 피해
- 합성수지의 피해
- 목조 건조물의 피해
- 도금의 녹
- 동물섬유의 충해에 의한 피해

② 시설의 피해
- 수장고 건재의 피해
- 수장고 내에 발생하는 곰팡이에 의한 피해
- 전시실의 피해
- 서고의 피해

(2) 훈증법

① 종류

㉮ 밀폐훈증
- 수장고나 서고의 전체를 훈증할 때 창문, 문, 급배수관, 환기구멍 등을 안팎으로 밀폐하여 훈증하는 방법이다.
- 인접실, 복도, 계단으로 가스가 누출될 수 있으므로 충분한 주의가 필요하다.

㉯ 감압훈증
- 밀폐도가 높은 용매(Vacuum Chamber)로 감압하여 훈증제를 투입한다.
- 약제가 수장품의 심부까지 침투하기에 용이하다.

• 서적이나 소형 문화재의 살충, 살균에 극히 유효하다.
• 감압에 따른 온도변화에 주의를 요한다.

㉰ 훈증고 훈증

100m² 정도의 콘크리트조의 실내에 30m² 전후의 완전 밀폐가 가능한 훈증고를 설치하여 이 속에 훈증대상을 반입하여 훈증하는 방법이다.

㉱ 피복훈증

건조물이나 대량의 수장물을 훈증 시 0.3mm 전후의 방수포 등으로 피복 훈증한다.

㉲ 포장훈증

• 목조 조각 1점, 회화 수점 등 비교적 소형, 소량을 훈증 설비가 없는 곳에서 대상물 포장 후 훈증 시 사용한다.
• 훈증제의 누출, 배기에 주의한다.

② 장점

• 약제가 기체이기 때문에 취약한 재질에서 구조가 복잡해도 손을 대지 않고 균일한 살균, 살충 처리가 가능하다.
• 침투성이 뛰어나기 때문에 재질의 심부에 용이하게 도달한다.
• 약제와 재질의 접촉시간이 짧다.

(3) 훈증용 약제

① 재질에 미치는 영향이 적고 살균, 살충 효과가 있는 것을 목적에 따라 선택한다.

② 약제

• 살충 : 메틸브로마이드(취화메탈)
• 살균 : 메틸브로마이드와 산화에틸렌옥사이드 혼합제
• 전시품의 생물적 열화 방지 : 폼알데하이드

(4) 훈증 설비시스템

① 훈증가스 봄베로부터 공급된 가스는 기화기를 경유하여 각 훈증실로 공급된다.

② 순환팬에 의해 기화기로 되돌려져 순환한다.

③ 훈증실은 15~20℃로 유지되면 훈증효과가 올라가므로 FCU를 설치하여 온도를 유지한다.

④ 배기가스 처리도 종래에는 거의 대기 방출을 행하였지만 공해 등으로 인해 활성탄 흡착법을 고려한다.(활성탄 탱크 전후에 가스검지기를 부착하여 경보장치의 작동에 의해 활성탄의 교환시기를 판단)

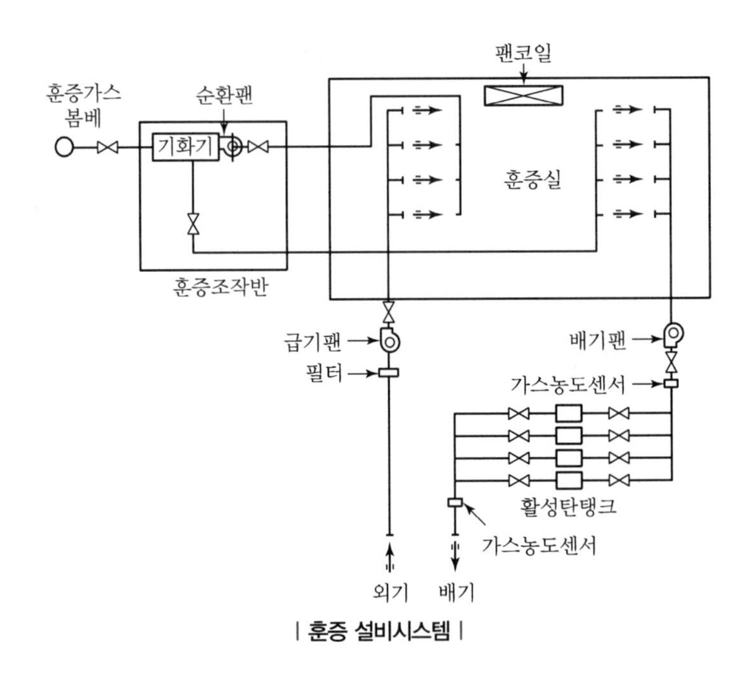

| 훈증 설비시스템 |

8) 결론

박물관, 미술관, 도서관은 제 기능에 적합한 공조 계획을 하되, 주위의 오염(도심지 또는 특정 오염지역)에 민감하므로 대기오염(CO_2, O_2, NOx, SOx)에 주의한다. 또한, 항온항습 개념에 주안점을 두고 수장품과 보관품의 환경에 맞춘 보관계획이 필요하다. 특히 우리나라는 4계절이 뚜렷하므로 그에 따른 기술과 기법에 많은 연구가 필요하며 정확한 Data가 요구된다.

SECTION 08 지하공간

지하공간은 지상건물과 달리 외기에 접하는 면이 적은 폐쇄공간이라는 점에서 심리적 압박감과 불안감이 있으므로, 일조 조도의 확보, 자연과의 접촉감 확보, 방위감의 확보, 보행의 쾌적성 확보 등에 있어서 지상층에 비해 아주 양호한 공조 환경을 조성해야 한다.

▼ 지하공간의 환경특성

환경인자	특징	제어방법
열	지중의 열용량 증대, 항온조건의 유지가 용이	냉각, 가열, 환기
환기	자연환기가 곤란, 기계환기 동력비 증가	환기량 제어
습도	다습	가습기, 제습기
일조, 일영	영향이 없음, 외피에 대한 공조부하가 적음	
분진, 가스, 냄새	환기 부족에 의한 실내공기의 오염 증대	배출, 희석

환경인자	특징	제어방법
소음	외부소음 차음효과가 큼, 내부전파 감쇄율은 지상보다 적음	조정, 격리, 방음
진동	지진, 진동의 전달 영향이 적음	
물	지하출수, 결로수, 자연배수가 곤란, 침수 대책이 필요	방수, 환기
바람	태풍 등의 재해에 대해 안전	
방사선	차폐 효과가 큼, 외부로의 장해가 적음	환기
채광, 조명	자연채광이 어려움	인공조명
조망	조망 없음, 심리적 매몰감, 공포감	조명, 대공간

1) 환경인자의 특성

(1) 열환경

① 지반의 열환경

흙 또는 암반은 우수한 단열재는 아니지만 지하공간을 형성하는 주위의 많은 흙이나 암반은 좋은 단열효과를 기대할 수 있다. 흙의 열전도율은 함수율에 따라 차이가 나는데, 수분이 많을수록 열전도율이 크다.

② 축열효과

기온이나 지표면의 온도는 열교차가 크지만, 지하심도가 깊을수록 지중온도의 변화는 급격히 감소되어 완만한 온도분포를 나타낸다. 이러한 지하공간의 실내온도는 구조체의 축열성능으로 인하여 실온의 완화작용, 지연작용, 보온작용의 특성이 있다.

③ 지중온도

우리나라의 중부지방 지표면의 지중온도 변화폭은 월평균 약 30℃인데, 지하 5m에서는 연교차 4.4℃, 지하 13m에서는 연중 14℃로 거의 일정하다. 지하공간의 실내온도는 구조체의 축열성능으로 인하여 실온의 완화작용, 지연작용, 보온작용의 특성이 있다.

④ 미이용 에너지

- Air Side : 공조 또는 환기의 배기 측 열회수(지중열 : 지하변전소, 지중선로의 폐열이 있다.)
- Water Side : 지하수, 심층열수, 건물배수, 우수, 하천수(청계천 하수 등)
- 결로 : 실내의 습도가 높으며 외기의 인입에 의한 결로 발생률이 높다.

(2) 건축적 제약

① 자연광의 부족(채광, 자외선)

② 외부조망의 결여

③ 심리적 저항감

④ 색채 감각의 마비

⑤ 지하공간의 내부조건

- 환기 부족, 고습도, 공기오염이 우려된다.

- 라돈이 발생할 수 있다.
- 주파수음이 가득 차기 쉽다.

(3) 부하의 특성

① 외벽에서의 일사 및 전도에 의한 부하는 무시해도 된다. 지중온도의 변화, 일사 등의 외부요인이 적기 때문에 실내를 항온으로 유지하기가 용이하다.

② 부하의 대부분은 내부발열(인체, 조명, 주방 열기 등)과 환기에 의한 외기부하이다. 동기에는 난방부하와 내부발열이 거의 같으며 때로는 냉방을 해야 하는 일도 있다.

③ 에너지 절약형 공조설비 채용이 가능하며 운전비가 절감된다. 지하공간의 특성상 가스 등 가연물질의 이용이 부적당하므로 열원설비 선정에 있어 지하수, 지열, 폐수 등을 이용한 히트펌프 시스템의 적용을 적극 검토할 필요가 있다.

④ 단열성, 축열성이 양호하며 에너지의 고밀도화로 효율이 증대한다. 지하공간은 항온조건의 유지가 용이하며 보온성이 좋아 공조설비 운전비가 절약된다.

⑤ 환기 부족이 되기 쉽고 공기가 오염되기 쉽다.

⑥ 실내의 습도가 높으며 외기의 인입에 의한 결로가 생긴다. 현열비가 0.55 안팎으로 매우 적다. 따라서 상대습도를 낮게 하기 위해 재열을 필요로 한다.

⑦ 실내의 온도가 지중온도보다 높은 경우 결로가 생긴다.

⑧ 외부기온에 비해 시간적, 계절적 지연(Time Lag)이 생긴다.

2) 공조설비 계획 시 특히 고려할 사항

① 실내 공기농도를 유지하기 위한 공조방법보다 실내 환기요인에 의한 적당한 환기량을 기준으로 하여 설계한다.

② 실내의 습도가 높으므로, 외기 인입 시 결로 방지에 유의하며 설정습도를 낮게 잡는다.

③ 자연환기가 곤란하므로 기계환기 방식을 채택하되 자연환기와의 조합을 고려한다.

④ 일반적으로 전공기 방식을 채택한다. 결로 방지, 청정도의 유지, 취기 제어, 외기 냉난방 및 습도 제거가 필요하다.

⑤ 외기 도입량이 많아지고 실내부하에 비해 환기부하가 크게 되므로 이를 고려한다.(공기부하는 환기부하 위주)

⑥ 환기 및 제연 대책

- 화재 시 지하공간의 제연에 중점을 두어 연기 확산을 방지한다.
- 피난통로는 가압방식에 의해 정압을 유지한다.
- 실내공기의 오염 방지를 위해 충분한 산소의 공급이 필요하다.
- 유해가스, 연기, 분진, 라돈가스 등은 국소배기하거나 희석하여 지표로 배출한다.
- 정전에 대비해서 비상전원설비를 확보한다.

⑦ 지하상가 음식점에서는 배기가 필요하므로 풍량 밸런스를 고려한 방법을 채용한다.
⑧ 겨울철 난방용 열원 에너지로 오일 가스 등 연소성이 있는 것은 부적당하다.

3) 실내 설계 조건

(1) 설계기준

실내 온습도의 선정방식으로 히트 쇼크나 콜드 쇼크의 영향을 고려해야 한다.

(2) 환기 계획

구분	하기		동기		인원밀도	조명(W/m²)
점포	24~25℃	50~60%	18~22℃	50%	0.8인/m²	80~100W/m²
음식점	25~27℃	50~60%	18~20℃	50%	1.0인/m²	600W/m²
통로	27~28℃	50~60%	16~20℃	50%	0.4인/m²	40W/m²

① 실내에서 필요한 환기량은 용도나 계절적인 변동에 따라서 상당한 차이를 보일 수 있다.(실내환경기준은 건물에 준함)
② 음식점 환기량은 45m³/m²·hr, 일반점포는 40m³/m²·hr 정도가 되며 지상에 비해 10~20% 증가한다.
③ 환기횟수는 영업용 주방이 60회/hr 이상, 비영업용 주방이 40회/hr 정도이다.

(3) 실내환경 기준값

① CO_2 : 1,000ppm
② CO : 10ppm
③ 부유분진 : 0.15mg/m³
④ 상대습도 : 40~70%
⑤ 기류속도 : 0.5m/sec

4) 환기량의 부족 원인과 환경 유지 대책

(1) 환기량 부족 원인

① 환기설비의 운전시간 부족
② 외기 댐퍼의 적정 개폐 유지
③ 과잉 인원 : 정밀한 예측이 필요(상주인원+이용객)
④ 송출구 및 환기구의 위치 불량
⑤ 환기설비 용량의 부족
⑥ 외기 흡입구의 위치 불량

(2) 환경 유지 대책

① 환기 시설의 강화 : 지하상가 특성에 맞는 시설 계획
② 공기 오염 발생원의 제거 및 대책
③ 실내 오염 방지를 위한 행정적인 규제
④ 환경 교육의 강화
⑤ 실내 공기 오염에 대한 연구 계획

5) 환기설비

일반적으로 지하공간은 지상보다 환기 부족에서 오는 실내공기의 오염(CO_2 농도 증가), 부유분진 증가, 온습도 조절기능 저하가 예상되므로, 이를 개선하여 지상과 동일한 환경을 유지하는 것이 필요하다.

(1) 환기 목적

① 지하공간 내에서 활동하는 사람에게 충분한 산소를 공급한다.
② 유독가스, 분진 등을 허용농도 이하로 희석하여 지표로 배출시킨다.
③ 사람이 생활하고 작업하기에 쾌적한 온습도를 유지한다.

(2) 환기 방식

① 기계식 환기 방식을 적용한다.
② 송풍기의 고장에 대비하여 환기량을 분산하여 대수제어 방식을 채용한다.

(3) 환기량 결정

지하공간에 필요한 환기량은 다음 세 가지 요소에 의한 산출값 중 가장 큰 것을 택하며 외기의 계절적 변동에 따라 매우 큰 차이가 있을 수 있다.

① 공간 내의 최대 체류 인원수(신선공기량)
② 유해가스 및 분진의 발생량(가스의 분진 농도)
③ 온도 및 습도(실내 발생열, 수증기)

6) 관련 기술 개발방향

① 지하수, 지중열, 지하공간의 배열을 이용한 Heat Pump System의 열원설비
② 외기 냉방 시스템, Night Purge System을 적용하여 공조부하를 절감
③ 환기설비에 의한 온도, 습도, 분진 제어
④ 지하공간을 이용한 저온저장 설비
⑤ 지하유류 저장시설

7) 기타

국내 관계 법규에 지하공간의 실내 환경기준이 없어서 문제가 되고 있다. 앞으로 세부적인 공조 방식 및 Zoning, 각 용도와 목적에 맞게 계획되어야 하며, 환기설비와 관련하여 지하공간의 제연설비 관계법과 기능이 적합하도록 검토되어야 한다. 또한 에너지 절약적인 환기 시스템을 연구 개발하여야 한다.

SECTION 09 백화점

소비수준의 향상과 쇼핑의 편리함으로 인하여 대형할인점이나 백화점과 같은 대형상가건물이 급격히 증가하고 있으며, 식당가나 문화교실뿐만 아니라 스포츠 시설, 영화관, 전시 · 공연장 등을 포함하는 대규모 복합 건물의 면모를 갖추는 경우가 많다. 따라서 공조 계획을 세우는 데 있어 각 공간의 용도나 사용조건을 면밀히 고려할 필요가 있고, 부하나 공간 배치 변화에 유연히 대처할 수 있는 설비 시스템의 구성이 중요하다. 백화점이나 대형매장은 유동 인구가 밀집된 건물이므로 에너지 절감을 위한 설비계획과 화재 시 제연 관련 설비의 중요성이 강조된다.

1) 백화점 등 대형상가의 특징

일반적/건축적 사항	설비적 고려사항
전시공간의 확보나 제품 열화방지 차원에서 무창층 구조인 경우가 대부분이다.	• 외기부하의 영향이 적다. • 일반건물보다 조명부하가 훨씬 크다. • 공조설비가 제연 겸용인 경우가 많다.
• 매장의 가시성을 높이고 평면 변경의 원활함을 위하여 내부 칸막이가 거의 없다. • 통로 부분과 매장은 별다른 구분이 없다.	• 매장 전체가 단일 공조 공간이다. • 추후 매장 평면 재배치(심지어 공사과정 중의 평면 변경)를 고려한 유연성 있는 공조설비 계획이 필요하다. • 장래 매장의 종류나 용도 변경을 고려하여 용량 선정이나 조닝을 한다.

• 막대한 유동인구, 상품이나 카트의 출입이 있다.
• 출입문에서의 외기 유입이나 먼지 발생이 많다.
	• 출입구 주변 외기 유입 대책
	  – 설비 : 에어커튼, 냉난방 급기구 보강 배치
	  – 건축 : 방풍실, 자동문, 원활한 동선 구성
	• 부하량의 변화폭이 크므로 장비나 부분부하 대응성을 고려한다.
	• 적정 실내공기질 유지를 위한 적정 환기량을 확보할 수 있고 유지보수가 용이한 필터링 시스템을 채택한다.

• 각종 상품별 매장, 부대시설, 비영업시설 등 다양한 공간 구성이 이루어진다. • 공간별 영업 시간이나 요구 사용조건이 다르다.	• 공간의 용도나 사용시간대를 고려하여 조닝을 한다. • 공간별 급수, 급탕, 배수, 가스, 개별 냉난방, 배기, 소음, 진동 등 요구사항을 꼼꼼히 파악한다. • 특히 음식 코너의 냄새 확산, 식료품 코너 냉장 쇼케이스의 냉기류 확산에 주의한다.

일반적/건축적 사항	설비적 고려사항
에스컬레이터가 매장 일부에 상층부까지 관통하는 경우가 많다.	• 층간 냄새 확산이나 상층부 열기 정체 현상의 대책을 강구한다.(에어커튼, 상층부 환기나 냉방 실시) • 제연설비나 소방 스프링클러헤드 배치 등 소방법규사항을 체크한다.
매장 분양면적 극대화를 위해 공용, 비영업 공간, 유틸리티 공간이 최소화된다.	• 공조실, 기계실, Pit 등의 적정 Size를 검토하여 배치계획을 세운다. • 장비 반입 동선과 유지보수 공간을 배려한다.
일일 매출액이 엄청나 최대한 준공을 앞당기게 되므로 공기가 매우 촉박하다.(대부분 돌관 공사)	• 장비 선정 시 제작 및 반입기간(특히 외산)을 고려하고, 시공이 용이한 공법과 자재를 선정한다. • 설계와 시공 간의 원활한 커뮤니케이션과 공종 간 업무 협조체계가 필요하다. • 전체적인 기본계획 및 각 층 평면 배치를 조속히 확정한다.
• 이용객의 건물 내 체류기간이 짧다. • 이용객들이 외기 온도에 준한 복장으로 매장을 출입한다.	• 여름철이나 겨울철 실내온도를 약간 낮게 설정한다. – 여름철 : 24~26℃, 50~55% – 겨울철 : 20~22℃, 40~45%

2) 공조시스템 계획

(1) 공조부하의 특징

① 일반적으로 냉방부하가 난방부하보다 크고(일반 업무용 건물의 2~3배), 냉방 수요기간이 길고 동절기에도 장소에 따라서는 냉방이 필요하다.

② 이용객 수나 매장별 영업시간에 따라 부하 변동폭이 크다.

(2) 열원 장비

① 냉온수 유닛, 흡수식 냉동기, 빙축열시스템 등의 경제성 및 사용조건을 고려하여 선정한다.(공조부하, 지역난방 공급 여부, 기계실 공간 등)

② 대규모 복합 건물이나 단지로 계획하는 경우 열병합발전설비를 검토한다.

③ 열원기기는 연중 운전되는 경우가 많으므로 유집수 및 고장, 부하 변동에 대한 대응성을 고려하여 2~3대로 대수 분할한다.

(3) 공조 방식 및 조닝

① 매장이 무창층인 경우 방위별 조닝이 필요 없다.

② 각 실의 용도, 사용 시간, 반송 계통 관로 여건에 따라 조닝한다.

③ 공조 풍량이 많고 제연 겸용일 경우 추가적인 입상 Pit 공간 확보가 어려워 매장의 경우 층별 공조실 설치 사례가 많다.

조닝	설비적 검토사항	환기횟수
매장 (일반)	• 내부발열, 실내공기질 관리가 필요(먼지, 오염물질) • 점포 재배치를 고려한 공조 계통 구성 • 단일덕트 정풍량 공조 방식을 많이 적용(부하 변동이 커 최근에는 VAV 시공 사례도 다수)	12~15회
매장 (음식 및 식료품)	• 외부로의 냄새 확산을 차단(전배기방식 적용) • 실내 부압 형성 • 주방의 열기 해소(충분한 배기, 별도의 냉방기 설치 고려) • 배기덕트 관로가 길 경우 결로를 고려한 재질 선정(STS)과 보온 적용 • 냉동 쇼케이스의 냉기류가 유지될 수 있도록 급기구 위치나 사양 선정 • 축산 · 수산물 냉동 · 냉장창고 방수나 건축 단열에 주의(결로, 누수 등)	40~80회
관리 사무실	• 단일덕트 CAV 또는 단일덕트 VAV • 제품창고의 경우 결로, 습기에 주의하고 필요한 경우 공조 실시 • 쓰레기 집하장의 경우 충분한 배기가 이루어지도록 하고 부압 형성 • 전산실, 통신실 등은 24시간 항온항습 실시(비상전원 공급)	10회
창고, 기계실, 기타	• 냉동 · 냉장창고 냉각장치(압축기)실이나 발전기실 발열처리를 위한 충분한 환기(필요시 공조 실시) • 기계실, 전기실 발열량 처리를 위한 환기 실시(특히 흡수식 냉동기나 보일러 설치 시 발열량 및 연소공기에 대한 면밀한 검토 필요)	• 창고 : 4~6회 • 쓰레기 집하장 : 15~20회 • ELEV. 기계실 : 8~15회
문화 공간	• 간헐 사용을 고려한 별도 조닝 • 단일덕트 CAV+FCU 또는 단일덕트 VAV • 기타 공간 특성별 적정한 공조운전을 실시	

3) 설계 및 시공 시 주의사항

① 외기 도입량이 많고 에너지 소모가 막대하므로 폐열 회수장치 등 에너지 절감장치를 적용한다.

② 옥상 보일러 연도와 냉각탑이나 기타 급기구와 적정 이격거리를 유지하고, 정화조 배기의 정체가 없도록 충분히 들어 올리거나 외부로 배출시킨다.

③ 냉각수 비산에 따른 살균장치를 설치하고(인도나 주차장, 인접 건물 등과의 이격거리 확보), 냉각탑 운전시간이 길어 비산량이 막대하므로 비산 방지 대책을 강구한다.

④ 공조실 급배기 루버가 보통 건물 한쪽 코너에 집중 설치되므로, 소음에 의한 민원이 없도록 적정 날개 면풍속(4m/s 내외)을 유지하고, 급 · 배기 간 이격거리를 확보한다.

⑤ 수산물 코너 해수 배관(PVC) 및 배수관은 별도 시공한다.

⑥ 식품 냉동 · 냉장창고, 아이스크림 판매점 등 정전 시 피해가 우려되는 장소에는 비상전원 투입을 검토한다.

⑦ 추후 리노베이션이 용이토록 덕트 하부에 여유 공간을 확보한다.(추후 소방배관, 덕트 디퓨저, 조명, 건축 우물천장 등 설치 고려)

⑧ 막대한 유동 인구에 의해 화장실 용수량이 상당하므로 지하수나 우수 재활용을 고려한다.

⑨ 공조기의 화재 시 제연 가동을 위해 공조 계통의 전원패널(MCC)뿐만 아니라 자동제어 패널에도 반드시 비상전원을 공급해야 한다.

SECTION 10 병원

일반적으로 병원은 그 기능상 외래진료부, 병동부, 부속진료부, 관리부문으로 나눌 수 있으며, 각 실의 용도와 사용 조건을 고려한 설비 계획과 실내 공기 오염 확산 예방, 청정도 유지 등을 위한 압력 계획이 중요하다.

1) 병원 건물의 기능별 분류

구분	세부 종류
외래진료부	진료실(내과, 외과, 안과, 이비인후과, 부인과, 피부과, 비뇨기과, 치과 등), 외래검사실, 외래처치실, 환자대기실/홀, 응급실, 건강검진센터
병동부	일반환자실, 중환자실, 신생아실, 전염병실, 격리병실
부속진료부	방사선과, 물리치료실, 수술실, 분만실, 마취/회복실, 약국, 일반실험실, 처치실, 암실, 세균실
관리부문	일반사무실, 회의실, 의사(교수)실, 직원갱의실, 린넨실, 매점, 주방, 외래기록 보관실

2) 병원 공조 설계 시 주의사항

(1) 원내 감염 방지를 위한 실별 압력 계획

① 청정도가 요구되는 실은 정압(+), 오염 확산이 우려되는 실은 부압(−) 형성
② 청정구역, 준청정구역, 일반구역, 오염구역 등

(2) 건물 내 실내 공기 청정도 유지

고성능 에어 필터, 신선 외기 도입

(3) 설비의 안정성과 비상시 대응성 고려

① 열원 장비의 복수화, 1차 에너지원의 이원화
② 정전 시 주요 장비와 특수 시설(수술실, 의료가스 등) 설비에 비상 전원 공급

(4) 기능과 용도에 대한 시스템의 유연성

① 업무의 동선, 의료장비나 기기의 배치를 고려한 설비 계획 수립
② 추후 병원 시설의 재배치, 용도 변경에 대비한 유연한 설비 구성

(5) 에너지 절감 방안 강구

① 공조 가동 시간이 길고 외기 도입량이 많아 막대한 에너지가 소요
② 인버터, 외기냉방 등 에너지 절약 운전방식, 폐열 회수나 신 · 재생에너지 등 에너지 절감 설비 계획

(6) 특수 시설에 대한 별도 계통 구성

① 수술실, 방사선 치료실, 바이오클린룸, 특수 약품 취급실 등
② 특수 계통 배기가 인근 급기 루버로 재유입되지 않도록 주의
③ 특수 배기는 적정한 필터링이나 중화처리 후 대기 중에 방출

3) 공조 계획

(1) 온습도 및 압력 계획

구분	세부 내용
온습도 계획	• 여름철 : 온도 23~26℃, 습도 50~60% • 겨울철 : 온도 22~26℃, 습도 40~55% • 신생아실이나 회복실, 물리치료실 등은 다른 실보다 온도 1~2℃, 습도 5~10% 정도 높게 설정 • 수술실, 분만실 등은 온도가 1~2℃ 가량 낮게 설정 • 특수실험실, 세균배양실, 수치료실 등 특수 용도의 실들은 요구 조건에 맞도록 실내 온습도 설정
압력계획	• 정압(+) : 외래진료실, 처치실, 응급실, 수술실, 소독실, 마취실, 분만실, 신생아실, 검사실, 병실 등 청정도가 요구되는 곳 • 부압(−) : 실험실, 전염병동, 격리치료실, 영안실, X선실, RI실, 감균기구실, 화장실 등 오염물질 확산이 우려되는 곳 • 밸런스(0) : 일반 사무실, 교수(의사)실, 회의실, 너스 스테이션 계통, 홀, 매점, 기타 부대시설

(2) 공조 방식

구분	적용 위치
FCU+ 단일덕트 방식	사무실, 교수(의사)실, 건강검진센터, 너스 스테이션, 병실, 기타 부대시설 등 청정도 요구 수준이 비교적 낮은 부분
전공기 단일덕트 방식	검사실, 수술실, 처치실, 실험실, 외래진료부, 산부인과 계통, RI/방사선실, 응급실, 중환자실 등
전외기 도입	수술실, 신생아실, 회복실, 격리실, 처치실, 검사실, 응급실 등

① 병원 공조에서 FCU의 경우 필터의 성능이 떨어지고 제대로 관리하지 못하면 드레인 판과 더불어 곰팡이나 세균의 번식 요인이 될 수 있어 환자가 거주하는 공간에는 가급적 사용을 자제하는 것이 바람직하다.

② 공조기의 폐열 회수장치는 배기의 재혼입 우려가 있는 전열교환기(회전식, 특수펄프 재질의 판형)보다는 열교환 효율은 다소 떨어지더라도 차폐성능이 좋은 판형(알루미늄 재질 등) 열교환기가 위생상 바람직하다.

③ 근래 다양한 실별 용도에 맞추기 위하여 VAV 방식이 적용되기도 하나, 무엇보다도 시설의 안정성이 중요한 특성상 유지보수를 위해 시스템을 다운시키거나 먼지 발생이 곤란한 상황이므로 가급적 단순하고 신뢰성 높은 설비를 선택하는 것이 바람직하다.

④ 전외기를 도입하거나 실내 온습도의 신뢰성 있는 제어가 필요한 실은 재열코일 설치를 검토한다.

(3) 공조 조닝 시 고려사항

① 실용도 및 사용 시간대
② 실의 온습도 요구 조건 및 제어 수준
③ 요구되는 공기 청정도
④ 필요 외기량
⑤ 실의 열부하 특성, 발생되는 오염 물질의 종류

4) 각 부문별 고려사항

구분	세부 내용
외래진료부	• 수술실 공조 계통 구성 시 주기적인 내부 살균, 소독작업을 고려하여 구역별(또는 수술실별) 공조 전환이 가능하도록 급배기 계통구성이 필요 • 수술실 이외에도 산부인과, 중환자실, 신생아실, 응급수술실 등 고도의 실내 청정도가 요구되는 실은 HEPA Filter를 설치 • 무균실 등 특수실 급수는 고도의 정수 살균장치를 통해 공급 • 수술실, 중환자실, 무균실 등은 정전 등 비상시에도 냉난방에 이상이 없도록 조치
병동부	• 일반 병실이나 진료 시에 FCU를 사용하는 경우 에어필터는 적어도 비색법 60% 이상의 효율을 지닌 것을 설치 • 병실의 출입문은 개방되는 일이 많으므로 병실 복도는 병실과 같은 청정도를 유지하도록 함 • 병실 등은 야간 소음에 민감하므로 덕트 취출구 선정에 신중을 기하고, 천장 상부에 소음, 진동 발생원이 없도록 조치(덕트 및 배관에 방진 행거 설치, 공조실은 잭업방진 시공 등) • 소아 및 정신과 계통은 급탕 공급온도(40℃ 이하)를 낮춰 화상 사고 예방 • 병실의 음식물, 린넨, 쓰레기 등의 이동 경로 검토, 냄새 확산 예방
부속진료부	• 건강검진센터 중 청력실 등은 흡음 플렉시블과 Neck Dia가 큰 취출구를 선정하여 소음을 최소화 • 각 실별 화학폐수, 생물학적 배수, RI 배수 등 배출 여부를 세심히 파악하고, 배수관을 통한 실내 오염이 없도록 의료기기 배수 등은 간접배수 방식을 취함
관리부문	• 덕트나 배관 관로 선정 시 천장 속에 설치되는 각종 설비(의료가스, 각종 이송설비)와 함께 천장면에 부착되는 사인물, 안내표지판의 고정 지지대와의 간섭 문제 고려 • 입상 Pit에 연결되는 각종 기계 · 전기설비들이 많으므로 상호 간섭 및 시공, 유지보수를 고려하여 가급적 전기 · 통신 Pit와 설비 Pit는 멀리 떨어트려 배치

5) 설계 및 시공 시 주의사항

① 공조기 내부 단열 또는 소음기나 소음체임버 제작 시 내부에 그라스울의 비산이 없도록 조치하거나 타 흡음 · 단열재를 권장한다.(그라스울＋비닐포장＋그라스크로스＋타공판)
② 공조기나 실내 가습은 위생상의 문제를 고려하여 스팀을 사용한다.
③ 시공 후 시운전 시 반드시 TAB 업무내용 중에 각 실별 차압 측정을 실시토록 하여 당초 설계압력 계획대로 구현되는지 확인한다.

SECTION 11 학교

교육 여건 개선을 통해 교육의 질을 높이기 위하여 근래 건설되는 대부분의 학교에는 냉난방설비와 환기설비가 적용되고 있다. 점차 다양화되어 가고 있는 학교의 운영 형태에 적합하고 실내공기질 관리 등 관련 법규에 적합한 공조 계획이 이루어져야 한다.

1) 학교 건물의 특성

(1) 교실 이용의 다양성

① 주중 이외에도 방과 후 학습, 방학 중 보충수업 등으로 다양하게 활용하다

② 커리큘럼의 변화, 학생수의 감소 등으로 교실 용도의 변화 가능성이 있다.

(2) 인원의 밀집

① 단위면적당 교육 인원의 밀집도가 높다.

② 재실 인원의 호흡, 움직임에 의한 먼지 발생 등으로 공기질 관리가 필요하다.

(3) 교육 일정에 따른 큰 부하 변동

① 수업 시간에 따라 인원의 변동, 부하의 변화가 크다.

② 쉬는 시간에 화장실의 동시 사용률이 매우 높다.

(4) 건물의 증축 또는 개축

교과과정이나 학생수의 변화에 의한 교실 증축, 급식소나 강당의 증축 등이 이루어진다.

(5) 학생들의 안전 중시

① 아동이나 학생들을 대상으로 하며, 밀집된 공간에서 다수가 이용한다.

② 시설이나 설비로 인한 안전 사고가 없도록 안정성과 신뢰성이 높아야 한다.

2) 학교 건물의 설계 조건

구분	세부 내용(「학교보건법」 시행규칙)
온도	• 여름철 : 26~28℃ • 겨울철 : 18~20℃ • 2009년부터 학교도 「에너지이용 합리화법」에 의해 냉난방 온도제한 대상건물에 포함(난방 20℃, 냉방 23℃)
습도	30~80%(통상적으로 40~50%)
소음	교실 건물 내 소음 55dB 이하
실내공기질	• 환기용 창을 수시로 개방하거나 기계식 환기설비를 수시로 가동하여 환기량이 21.6m^3/h · 인 이상이 되도록 함 • 「실내공기질 관리법」에 의한 기준을 초과한 오염물질 방출 건축자재(폼알데하이드 : 4~1.25, VOC : 4~10mg/m^2 · h 이상)의 사용을 제한 • 환기설비 설치 의무화 대상건물(「건축물의 설비기준 등에 관한 규칙」) : 연면적 3,000m^2 이상 도서관, 국공립 및 민간보육시설 430m^2 이상
기타	• 에너지 절약 설계 기준 대상 건물 : 교육연구 및 복지시설 중 연구소 바닥면적 3,000m^2 이상, 학교의 경우 중앙 냉난방 방식인 경우(에너지 절약 계획서 제출) • 공공기관 발주 공사 중 학교도 총 건축 공사비의 5% 이상을 신 · 재생에너지 설비에 투자해야 함(「신에너지 및 재생에너지 개발 · 이용 · 보급 촉진법」 시행규칙)

3) 공조 및 환기 방식

구분	세부 내용
단일덕트 정풍량 방식	• 충분한 환기로 실내 공기 청정도가 우수 • 각 교실별 부하 변동이나 부분적 사용에 대응하기 어려움 • 건축 스페이스 확보나 시공비, 운전비 등에서 불리
단일덕트 변풍량 방식	• 부하 변동이나 부분 사용에 대응이 용이 • 저부하 시 환기량이 감소되므로 실내공기질 악화에 주의 • 시공비가 많이 소요되고 운전 관리가 복잡
FCU 방식	• 각 실별 운전, 정지, 온도 제어가 용이 • 수배관을 통한 효율적인 열운반이 가능하나, 실내공기질 개선을 위해서는 별도의 환기설비가 필요 • 기기가 노출되어 안정성이나 견고성에서는 다소 불리
시스템 냉난방 +전열환기	• 각 실별로 실내기(주로 천장형)를 설치하여 부분부하나 운전에 대응이 용이하고, 조작이 간편해 근래 많이 적용되고 있음 • 실내 오염물질 배출과 환기를 위해 열교환 덕트설비와 병설되는 사례가 많음 • 시공비가 다소 비싸고, 환기 열교환기 위치 선정에 주의(소음 발생)

4) 특수교실 및 기타 부속시설의 설비

(1) 특수교실

① 시청각실, 컴퓨터실, 과학실습실, 조리실습실, 공작실, 음악실, 도서열람실 등 학교 특성에 따라 다양하게 구성한다.

② 실의 사용 시간 및 사용률은 일반 교실보다 약간 낮으며 재실 시간도 짧다.

③ 과학실습실, 조리실습실, 공작실 등은 오염물질이 발생하므로 이에 대한 고려가 필요하다.(필요할 경우 후드 등의 국소 환기설비 설치)
④ 음악실이나 시청각실, 공작실 등은 덕트 계통을 통한 소음 전파에 주의한다.

(2) 기타 부속시설

① 강당 : 사용 빈도는 낮고 불특정 시간대의 사용이 많아 별도 계통으로 분리하는 것이 바람직하다. 층고가 높고 소음에 크게 민감하지 않아 근래 제트공조기와 유인팬을 이용한 유인 공조 방식도 많이 적용되고 있다.
② 당직실, 관리인실 : 숙식을 고려한 위생 및 난방설비(바닥히팅) 계획이 필요하다.
③ 급식실 : 주방에 음식 냄새나 열기 배출을 위한 충분한 환기(40~60회/h)가 이루어져야 하고, 학생들의 신장을 고려하여 배식구의 높이를 선정한다.
④ 주방 : 후드 배기로 인한 외기 유입량의 냉난방부하를 반영한다.(주방 배기량의 80% 정도를 별도 계통으로 주방 급기하면 식당 쪽의 불필요한 냉난방부하 손실을 절감할 수 있음)
⑤ 운동장 : 잔디구장으로 계획된 경우 조경용수 절감을 위해 우수 재활용 설비나 지하수 심정을 고려하고, 적절한 개소의 음수대 설치 계획이 필요하다.
⑥ 교실이나 수업이 이루어지는 실에는 벽부형 팬이나 천장 속 인라인 팬이 설치되어서는 안 되며, 기계실이나 공조실도 최대한 이격시켜 소음으로 인한 불편이 없도록 한다.

5) 급수

① 상수도 또는 간이상수도에 의해 먹는 물을 공급하는 경우 저수조를 경유하지 않고 직접 수도꼭지에 연결하여 공급한다.
② 지하수 등에 의하여 먹는 물을 공급하는 경우에는 저수조 등의 시설을 경유한다.
③ 학생 및 교직원에게 공급하는 먹는 물은 「먹는물관리법」 제5조의 규정에 의한 수질기준에 적합한 물을 제공하되, 가급적 끓여서 제공한다.

SECTION 12 수영장

수영장은 계절과 관계없이 수질 관리 및 수온 유지를 위해 막대한 에너지가 소모되는 시설이며, 수분 증발에 의한 습기와 결로, 수중 염소가스에 의한 부식 문제 등 여타 체육시설과는 다른 공조 특성을 가지고 있다.

1) 수영장의 구성

구분	분류	세부 내용
건축적 구성	풀(Fool)	• 일반풀(경영풀, 수구용 풀, 다이빙풀), 어린이풀, 관람석 • 워터파크 시설 : 파도풀, 유수풀, 슬라이드풀, 바데풀 등
	부대시설	• 사우나, 샤워실, 탈의실, 헬스, 상품매장, 식음료 코너 등 • 경기용 시설 : 선수대기실, 의무실, 심판실, 수구용구실, 방송실, 진행요원실 등 • 워터파크 시설 : 각종 사우나, 탕, 찜질방, 오락시설 등
	관리시설	사무실, 매표소, 로비/홀, 기계실, 전기실, 주차장 등
설비적 구성	공조 설비	냉열원, 온열원, 배관, 덕트, 기타 장비
	수처리 설비	밸런싱 탱크, 집모기, 열교환기, 필터링 장치, 살균장치
	위생 설비	급배수, 사우나, 기타 특수설비

2) 수영장 공조 계획

(1) 열원설비

① 냉열원 : 전력 피크 부하 및 유지비 측면에서 유리한 흡수식을 선호한다.

② 온열원 : 난방부하가 크고 증기 사용처가 많아 일반적으로 증기보일러를 선정한다.

③ 주요 온열원 부하 : 수영장 용수 가열, 급탕, 사우나, 공조 난방, 가습, 바닥난방(수영장 데크, 탈의실), 기타(주방 등)

④ 온열원 용량 : 정상 운영 시의 난방부하와 수질 관리를 위한 주기적인 풀 용수 교체작업 시 초기 담수 가열량 중 큰 값으로 선정한다.

⑤ 수영장 용수와 실내 온도 유지를 위해 24시간 난방이 이루어져야 하므로 온열원은 반드시 2대 이상 계획한다.

(2) 실내온도 및 환기 조건

구분	세부 내용
실내온도	풀 26~29℃, 관람석 20℃ 내외
상대습도	50~60%
환기횟수	• 풀 : 결로 저감과 수분 증발량 제거를 위해 4~6회/h 수준 • 관람석 : 외기 도입량 $25m^3$/인 · h($75m^3$/h · m^2)
풀 수온	• 일반용 27~29℃, 어린이용 28~30℃, 월풀/스파 36~40℃ • 경기 시와 여름철에는 수온을 약간 낮게 조정(24~26℃)

(3) 조닝별 공조 계획

① 수영장 풀 계통

• 전공기 방식의 급배기 + 데크 부분 바닥 난방을 실시한다.

• 외주부 : 콜드 드래프트 처리를 위한 방열기나 라인 취출구를 설치한다.

- 관람석 : 필요에 따라 공조 조절이 가능하도록 가급적 풀과 계통을 분리한다.
- 덕트 재질 : PVC나 경질 우레탄폼 덕트를 사용한다.(STS 덕트도 염소 가스 농축에 의해 부식이 발생)
- 실내 압력 : 부압(−)을 형성하여 습기의 건물 내 확산을 방지한다.
- 공조 방식 : 대공간 공조 방식과 같다.

② 부대 시설, 관리 시설

- 임대 예상 부분(카페테리아, 피트니스, 매장 등)은 별도 독립 계통으로 분리하는 것이 바람직하다.(냉난방, 환기, 급배수, 가스, 전기 등)
- 수영장과는 다른 온습도 조건 설정 및 냉방이 필요하다.
- 풀과 출입문이나 창문으로 인접한 실은 정압(+)을 유지하도록 급·배기 풍량 밸런싱을 한다.

(4) 공조 계획 시 고려사항

① 수영장 내 습도가 높을 경우 결로와 염소 가스 농축에 의해 부식이 급격히 증가할 수 있으므로, 적정한 환기가 반드시 이루어져야 한다.

② 여름철에는 염소 가스 및 습기 제거를 위한 환기 운전만으로 적정 실내온도가 유지되면 냉방이 불필요한 경우가 많다.

③ 풀 상부에 별도의 천장 마감이 있는 경우, 습기로 인한 지지철물의 부식을 예방하기 위하여 천장 속 공간에 대한 환기를 실시한다.(배기보다 급기가 바람직함)

(5) 결로 및 부식 대책

① 건축 단열 성능 강화 : 콜드 브리지가 없도록 시공하고, 이중단열 유리 및 프레임을 설치한다.

② 내부 마감재 : 내식성 자재를 선정한다.(합성수지 재질 취출구, PVC 덕트 등)

③ 천장 마감재 : 이음부위 기밀 처리에 주의한다.(천장 속으로 습기 유입 방지)

④ 습기 확산 방지 : 풀 구역 출입문에 이중문을 설치하고, 풀장 내에 음압(−)을 형성한다.

⑤ 외벽이나 창호 부위 : 라인형 취출구나 방열기, 바닥 난방 등을 설치한다.

⑥ 각종 철물 시공 시 : 긁힘이 없도록 주의한다.(STS도 긁힌 부위는 부식이 발생)

⑦ 자동제어 프로그램 세팅 시 : 실내 습도(50~60%), 환기횟수(4~6회/h), 온도조건(24~28℃) 중 어느 하나라도 만족하지 않으면 공조기가 가동되도록 설정한다.

⑧ 데시칸트 공조기나 전열교환기 적용 : 유지관리비 절감으로 적극적인 환기 운전이 가능하도록 여건을 조성한다.

⑨ 상부 자연조명 창호 : 이중창이나 고정식, 또는 별도의 보양덮개를 준비한다.

⑩ 유리창호 : 하부에 결로수 처리를 위한 트렌치 등 배수 대책을 검토한다.(실제 현실에서는 막대한 유지관리비와 열악한 수익성으로 완벽한 결로 예방이 어려움)

3) 수처리시스템

(1) 수영장 용수 관리 기준(「체육시설의 설치 · 이용에 관한 법률」 시행규칙)

① 수질 기준 : 먹는 물(음용수) 기준에 적합해야 한다.

항목	세부 기준
유리잔류염소 농도	0.4~1mg/L(ppm) 단, 오존소독 등으로 사전 처리하는 경우 0.2ppm 이상
수소 이온 농도(pH)	5.8~8.6
탁도	2.8NTU 이하
과망간산칼륨 소비량	12mg/L 이하
대장균군	10mL들이 시험대상 욕수 5개 중 양성이 2개 이하

② 정화 방식 : 순환여과 방식이어야 한다.

③ 여과 횟수 : 1일 3회 이상 여과기를 통과해야 한다.(실무에서는 5~6회 적용)

(2) 수처리시스템 구성

① 수처리 과정 : 수영장 풀 ⇒ 밸런싱 탱크 ⇒ 집모기 ⇒ 순환펌프 ⇒ 약품 주입(응집제) ⇒ 여과장치 ⇒ 열교환기(가열) ⇒ 살균소독장치(오존, 염소, pH 조절제) ⇒ 풀

② 풀 용수의 순환 방식 : 일반적으로 바닥이나 벽체 공급, 오버플로 환수 방식을 사용한다.

③ 여과 방식

구분	샌드 여과기	다층 여과기	고분자계 여과기	카트리지식 여과기
여과 방식	여과재 모래로 구성된 층에 물을 통과시켜 부유물질 및 고형물이 모래에 부착되어 제거되는 여과 방식	무연탄(Anthracite)과 모래(Silica Sand), 자갈 등의 여재를 4~6층으로 충전해 부유물을 제거하는 방식	순환수에 포함된 부유물이 고분자 여재 표면에 부착되어 제거하는 방식	합성섬유 계통의 재질로 만들어진 여과 카트리지를 이용하여 부유물을 제거하는 방식
역세 방식	수류 부상 교반방식	수류 부상 교반방식	공기거품 역세방식	역세 없음
여과재 수명	• 오염부하에 비례하여 역세 부족, 여과층의 고착으로 오염이 여과층에 축적 • 여과재의 역세를 위하여 보충, 여과층 재생을 위해 1~2년마다 교체가 필요		여재의 반영구적 사용이 가능하나 석회 등에 오염될 경우 전면 교체가 필요	이용객 숫자 및 시설관리에 따라 연 3~5회의 필터 교체가 필요
장단점	• 초기 투자비가 저렴 • 초기의 여과 정도는 안정 • 역세시간이 길고 역세수와 연비가 많이 필요 • 여과재 마모와 노화가 현저 • 역세 시 여과재 유출이 있음		• 초기 투자비가 높음 • 여과층을 완전 재생 • 역세기간이 짧고 역세 수량이 적음 • 유지관리에 세심한 주의가 필요	• 설치면적이 작음 • 역세과정이 없어 수자원 절감 및 열부하가 감소 • 필터 교체주기가 짧아 유지관리가 어렵고 교체비용이 높음

- 현재 복합(다층) 여과기가 광범위하게 이용되고 있다.
- 유지관리비 중 역세수 배출로 인한 상수도 요금이 막대한 금액을 차지하므로, 여과 방식별로 역세수량이나 내부 충진재 교체 비용 등을 비교 검토하여 가장 경제적인 방식을 선정할 필요가 있다.

④ 약품 주입 장치 : 응집제, pH 조절제, 염소 약품 등 투입 장치와 계측 장치

⑤ 살균 장치 : 염소 살균은 기본으로 적용하고, 오존이나 자외선 살균 등은 선택 사항이다.

구분	고압 오존 살균방식	저압 오존 살균방식	염소 살균방식
시스템 개요	순환수 1ton/h당 0.8~1ppm의 오존을 투입하여 유기물의 산화 및 살균	순환수 1ton/h당 0.05ppm의 오존을 투입하여 유기물의 산화 및 살균처리	차아염소산소다를 물 1ton/h당 0.4~0.6ppm을 주입하여 살균처리
공급 방식	자외선 파장을 사용	Oxygen Generator 또는 Air Compressor 사용	염소 투입기에 설치된 정량펌프에 의하여 배관에 직접 공급
특징	• 필요 오존량 공급으로 수중의 유기물, 땀, 기타 성분 완전 산화 • 오존의 강력한 산화력에 의해 대장균 및 각종 바이러스 박멸 • 차아염소산소다의 소량 사용으로 염소에 의한 악취가 적음	• 오존의 소량 공급으로 수중 유기물의 완전 산화가 어려움 • 염소에 의한 악취는 염소살균과 고압살균의 중간 정도 • 시설비가 저렴하여 주로 소형의 개인 수영장, 사우나에 적용	• 차아염소산소다에 의해 세균, 대장균 제거(유기물 제거능력이 없음) • 염소약품의 과다투입으로 인체에 해로울 수 있어 주로 옥외 수영장 등에 적용

⑥ 밸런싱 탱크 : STS도 사용했었으나 부식성을 고려해 FRP, PDF패널(Polyethylene Double Frame) 등이 바람직하다.

4) 설계 및 시공 시 주의사항

① 수처리 배관은 STS관을 주로 사용하고 있으나, 사용 압력이나 온도 조건에서의 재료적 성질을 검토하여 CPVC나 PE관도 적용을 고려한다.

② 샤워실의 규모가 크므로 샤워수전 사용 시 급탕의 온도변화가 없도록 급탕배관은 헤더식 배관으로 시공한다.

③ 풀 상부 천장에 가급적 조명이나 덕트 기구를 부착하지 않는다.(유지보수가 어려움)

④ 준공 시 담수 및 시운전 시 풀 수온 상승을 1~2주간 장시간에 걸쳐 천천히 진행한다.(급격한 구조체 온도변화로 마감 타일 이탈, 구조물 크랙 급증 우려)

⑤ 수영장에는 자연채광을 위한 개구부를 설치하고, 그 면적의 합계는 수영장 바닥면적의 5분의 1 이상으로 한다.(건축물의 에너지 절약 설계기준, 국토해양부 고시)

CHAPTER

16 난방 방식

SECTION 01 난방 방식의 종류

구분		설명	예
개별난방		열원기기를 실내에 설치하여 난방	개별 보일러, 난로, 스토브
중앙난방	직접난방	실내에 방열장치를 설치하여 온수나 증기를 공급하여 난방	증기난방, 온수난방, 복사난방
	간접난방	중앙기계실에서 가열된 공기를 덕트를 통해 실내로 송풍하여 난방	공기조화, 히트펌프 난방
지역난방		대규모 지역 내에 고효율의 열원설비 및 발전설비를 설치하여 난방	

SECTION 02 난방 방식별 특징

1) 개별난방과 중앙난방

구분	개별난방	중앙난방
구성	사용처에 직접 열원장비를 설치한다.	중앙열원장비 → 배관 → 사용처
연료비	연료비가 비싸다.(가스, 전기 등 고급연료)	• 연료비가 저렴하다.(값싼 연료 사용 가능) • 대규모 설비여서 열효율이 좋다.
유지관리	• 사용개소가 적을 때에는 유지관리가 용이하나 사용개소가 많을 때에는 유지관리가 어렵다. • 열원장비가 사용처에 설치되어 있어 안전사고 발생 시 피해가 크다.	• 여러 기계설비가 집약되어 있어 관리상 유리하다. • 전문인력이 필요하다.
부하대응성	• 수시로 필요할 때 난방 가능하다. • 증설이나 변경이 용이하다. • 사용처 최대부하로 장비를 선정한다.	• 배관에 의해 어디든지 공급 가능하다. • 시공 후 기구 증설에 따른 배관 변경공사가 어렵다. • 동시 사용률을 고려하여 적정 용량 선정이 가능하다.
시설비	초기 시설비가 싸다.	시설비가 비싸다.
열손실	적다.	배관이 길어 관로 열손실이 많다.
기타	상업용 건물이나 APT 등 개별사용을 선호하고 재산상 분할, 유지관리비 분담이 필요한 곳에 설치한다.	지역난방, 도시가스 등 일부 연료의 사용에 지역적 제한이 있다.

2) 직접난방과 간접난방

(1) 직접난방

① 난방 공간에 방열기나 복사 패널 등 난방기기를 설치하고 증기, 온수 등의 열매체를 공급하여 실내를 난방한다.
② 장점 : 열손실이 적고, 열용량이 커서 부하 대응이 용이하다.
③ 단점 : 온도 조절은 가능하나 습도 조절이나 공기 청정도 유지가 곤란하다.

(2) 간접난방

① 중앙의 열원장비에서 덕트를 통해 가열된 공기로 실내를 난방한다.
② 장점 : 실내 공기 교환으로 청정도 관리, 습도 조절이 가능하다.
③ 단점 : 장거리 수송에 불리하고, 복잡한 계통 구성 및 분배가 곤란하다.

3) 직접난방시스템별 비교

구분	증기난방	온수난방	복사난방
열매온도	100~110℃	80~90℃(110~150℃)	50~60℃
예열시간	짧다.	길다.	길다.
열수송능력	크다.	중간	적다.
방열면적	소	중	대
배관경	소	중	대
시설비	소	중	대
부식(배관)	생긴다.	잘 안 생긴다.	잘 안 생긴다.
쾌감도	나쁘다.	좋다.	가장 좋다.
열손실	대	중	소
유지관리	어렵다.	양호	중간(복사패널 보수가 어렵다.)
부하대응	용이	양호	대응성이 늦고 온도조절이 어렵다.
실내온도차	상하 온도차가 크다.	적다.	균등
적용	대규모 건물, 공장	중 · 소건물, 병원, 기숙사	APT, 숙박업소, 빌딩의 홀
동파 우려	동파 위험이 적다.	동파에 주의	동파에 취약
기타	• 보일러 취급이 어렵다. • 소음이 크다. • 증기의 잠열을 이용한다.	• 보일러 취급이 용이하다. • 소음이 적다. • 고온수 사용 시 효율이 증대한다. • 고층건물에는 불리하다.	• 방열기가 필요치 않아 바닥 이용도가 좋다. • 누수 시 즉각 발견이 곤란하다. • 난방구획 변경 시 대응이 곤란하다.

SECTION 03 난방 방식 선정 시 주의사항

① 난방 대상 건물의 종류나 용도에 맞게 난방 방식을 설계한다.
② 각 실별 특성에 따라 여러 난방 방식을 적절히 조합 및 배치한다.
③ 난방뿐만 아니라 냉방 시스템 및 환기와의 연관성을 고려한다.
④ 사용 연료, 초기 투자비, 유지보수 및 관리비용을 종합적으로 고려한다.
⑤ 실 용도 변경, 구획 변경, 추후 개보수 등을 사전 검토한다.

SECTION 04 증기난방

- 증기보일러에서 발생한 증기를 배관에 의하여 각 실에 설치한 난방기기로 보내어 증기의 잠열로 난방하는 방식으로 응축수는 증기트랩에서 증기와 분리되어 환수관을 통해 보일러에 환수된다.
- 증기난방은 열수송 능력이 크고, 방열면적, 배관경을 작게 하고 유지관리비가 저렴해 대규모 빌딩, 학교, 백화점, 공장 등의 난방에 적합하다.
- 근래에 중온수난방이 도입되면서 증기난방은 장점이 있는 일부 계통과 가습, 살균 등의 용도에 주로 사용되고 있는 추세이다.

1) 증기난방의 특징

(1) 장점

① 열용량이 작아 예열시간이 짧아 난방 개시가 빠르다.
② 증기보유량이 커 열운반 능력이 크다.(열용량이 큼)
③ 방열기 면적 및 관경이 작아도 된다.
④ 온수난방에 비해 설비비와 유지비가 싸다.
⑤ 동파의 우려가 적다.
⑥ 증기의 무게가 가벼워 높이에 관계없이 쉽게 공급할 수 있다.(고층 건물에 유리)

(2) 단점

① 방열기 온도가 높아 화상의 우려가 있고 실내 상하부 온도차가 많이 나 쾌적도가 저하된다.
② 증기량 제어가 어려워 방열량 조절이 용이하지 않다.
③ 증기보일러 취급에 따른 기술이 필요하다.
④ 응축수관에서 부식과 한랭 시 동결의 우려가 있다.

⑤ 스팀 해머에 의한 소음이 심하고, 시스템 중 열손실이 많은 편이다.

⑥ 먼지 등의 상승으로 쾌감도(난방효과)가 떨어진다.

2) 증기난방 방식의 분류

구분	방식	설명
증기압력	고압식	증기의 압력 1.0kg/cm^2 이상(1~3kg/cm^2 정도)
	저압식	증기의 압력 1.0kg/cm^2 미만(0.1~0.35kg/cm^2 정도)
배관 방식	단관식	증기관과 응축수관이 동일하게 하나로 구성
	복관식	증기관과 응축수관이 별개로 구성
공급 방식	상향식	증기공급 주관을 최하층으로 배관하여 상향으로 공급
	하향식	증기공급 주관을 최상층으로 배관하여 하향으로 공급
환수배관 방식	건식	응축수 환수관이 보일러 수면보다 위에 위치
	습식	응축수 환수관이 보일러 수면보다 아래에 위치
응축수 환수 방식	중력환수식	응축수 자체의 중력에 의하여 환수(중 · 소규모)
	기계환수식	펌프에 의하여 응축수를 보일러에 급수(보일러 위치가 높을 때)
	진공환수식	진공펌프로 응축수를 환수하고 펌프로 보일러에 급수

(1) 사용 압력에 의한 분류

- 사용 압력 범위에 따라 고압식, 저압식, 증기식, 진공식 등으로 구분할 수 있으나, 압력의 고 · 저압에 대해서는 확실한 구분이 없다.
- 고압식은 배관을 가늘게 할 수 있으나 방열면 온도가 높기 때문에 취기와 불쾌감이 크다. 일반적으로 안전과 쾌감 측면에서 저압식이 주로 많이 채택되고 있다. 단, 대규모 설비에서는 보일러에서 고압증기를 발생시켜 배관 도중에 감압해서 저압식으로 하는 경우가 많다.
- 진공식은 방열기 내의 압력을 조절할 수 있는 이점이 있으나 운전 등에 어려움이 있다.

▼ 사용 증기압력에 의한 분류

분류	상용압력범위
고압식	1~3kg/cm^2 · g 정도의 증기
저압식	0.1~0.5kg/cm^2 · g 정도의 증기
증기식	진공압~0.2kg/cm^2 · g 정도의 증기(진공 펌프가 없는 경우)
진공식	진공 200mmHg~0.2kg/cm^2 · g 정도의 증기(진공 펌프가 있는 경우)

① 진공식

- 사용압력 : 진공압~20kPa(0.2kg/cm^2)
- 방열기 내의 압력을 조정하여 폭넓게 방열량 조정이 가능하다.
- 진공펌프를 필요로 하고 유지관리상 불편해 현재는 거의 사용하지 않는다.

② 저압식

- 사용압력 : 0.1～1kg/cm^2
- 주철제 증기보일러를 사용하는 5층 이하의 저층 빌딩 일부에서 사용한다.

③ 고압식

- 사용압력 : 1kg/cm^2 이상
- 고층 빌딩의 경우 강철제 보일러를 사용하여 7～8k 이상의 고압증기를 생산한 후 소요처에서 적정압으로 조정 후 사용한다.

(2) 배관 방식에 의한 분류

방열기로 연결되는 증기관 및 응축수관을 동일 또는 별개로 설치하느냐에 따라 단관식, 복관식으로 분류한다.

① 단관식

- 증기트랩을 설치하지 않고 방열기 밸브의 개폐조작에 의해 방열량을 조절한다. 이 방식은 소규모건물에 채용되나 국내에서는 거의 채택하지 않고 있다.
- 증기와 응축수가 동일한 관에 흐르게 한 것으로 증기트랩이 없다.

② 복관식

- 방열기마다 증기트랩을 설치하여 증기가 응축수관으로 유입되는 것을 방지하고 응축수만 통과시키도록 하는 방식으로 국내에서는 주로 이 방식을 채택하고 있다.
- 배관 방식으로는 입상관 내의 증기흐름 방향에 따라 상향공급식과 하향공급식으로 분류하는 경우도 있다.
- 공급관과 환수관이 분리된다.(대부분이 증기배관 방식으로 채택)
- 증기트랩을 사용하여 응축수 분리 후 별도의 환수관으로 회수한다.
- 증기 공급관의 흐름 방향에 따라 상향식, 하향식, 상하향 혼합식이 있다.

(3) 응축수 환수 방식에 의한 분류

① 중력 환수식

- 방열기로부터 배출된 응축수를 회수하는 응축수 환수관에 1/100 정도의 자연 구배를 두어 보일러로 직접 환수하거나, 보일러실에 위치한 응축수 탱크(또는 급수탱크)로 환수하는 방식이다.
- 배관 구배에 주의하며, 난방기기가 보일러보다 항상 높은 위치에 설치된다.
- 주로 저압 보일러에서 사용하였으나 급수 조절에 애로사항이 많아 지금은 거의 사용하지 않는다.
- 응축수 환수관 내 응축수 정체 여부에 따라 건식과 습식으로 분류한다.

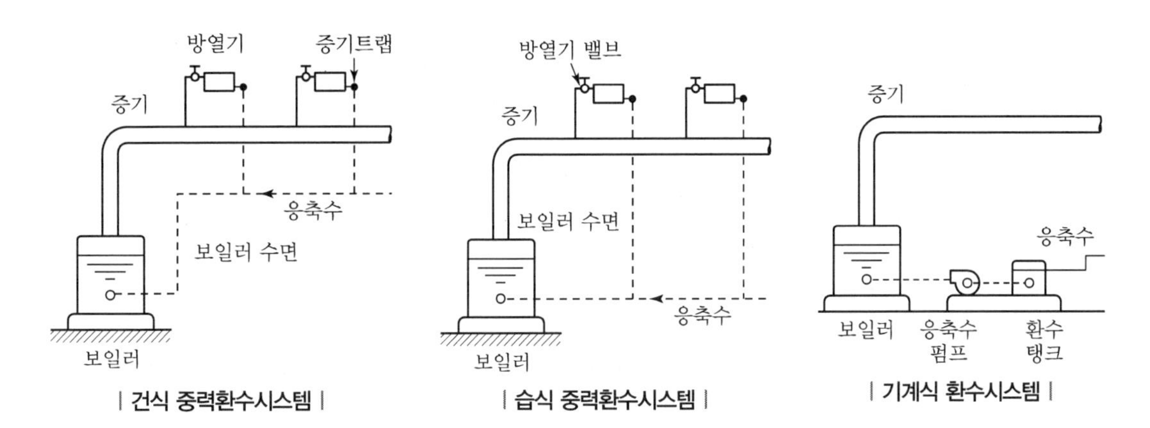

| 건식 중력환수시스템 | | 습식 중력환수시스템 | | 기계식 환수시스템 |

② 기계 환수식

- 응축수를 별도의 급수 탱크로 환수하여 저장한 뒤 펌프를 이용해 보일러에 급수하는 방식으로 대부분이 채택하고 있다.
- 보일러나 난방 기기 설치위치에 제약이 적다.
- 응축수 배관의 구성이 용이하다.
- 보일러 보급수의 공급이 용이하고 운전이 안정적이다.
- 급수펌프 양정

$$H(\mathrm{Pa}) = \rho g H + H_p + H_f$$

여기서, H : 응축수 탱크와 보일러의 높이차(m)
H_p : 보일러의 최고 사용압력(Pa)
H_f : 급수 배관에서의 마찰손실(Pa)

③ 진공 환수식

- 증기트랩 이후 환수관 내의 압력을 진공으로 만들어 응축수를 강제적으로 환수하는 방식이다.
- 환수관 구경을 작게 할 수 있으며 경사도가 작아도 되고 리프트 피팅을 사용할 수도 있다.
- 별도의 진공펌프를 설치하여야 하며, 운전 등에 어려움이 있어 갈수록 사용처가 줄고 있다.

3) 증기난방의 배관

(1) 관경, 유속, 압력

① 직관의 마찰저항

건증기 또는 증기 내에 소량의 물이 동일방향으로 흐를 경우 마찰저항은 다음의 Darcy-Weisbach의 식에 의해 계산된다.

$$R = f\frac{l}{d} \cdot \frac{\gamma v^2}{2g}$$

여기서, R : 배관 1m당 마찰저항(kg/m²)
f : 관의 마찰계수, l : 직관의 길이(m)
d : 관의 내경(m), v : 관 내 평균유속(m/s)
γ : 증기의 비중량(kg/m³), g : 중력가속도(9.8m/s²)

마찰계수는 레이놀즈 수와 관 내면 상대조도와의 함수이고, 무디(Moody)의 마찰계수 선도로부터 구할 수 있다. 관의 절대조도는 일반적으로 사용하는 강관에서는 0.05mm 정도이다.

② 국부저항

배관 중의 엘보, 티 등의 배관 이음쇠나 밸브 등의 저항을 국부저항이라 하며, 이것을 직관의 상당장으로 표현하면 편리하다.

③ 허용 압력강하와 관경 선정

증기배관의 설계에 있어서 배관계의 전 압력강하는 보일러의 초기 증기압력과 최대 상당장을 갖는 기기에 이르는 허용 압력강하를 고려하여 관경을 결정해야 하며, 설계 시 유의사항은 다음과 같다.

- 전 압력강하가 초기 증기압력을 넘지 않도록, 실용적으로는 초기 증기압력의 1/2을 넘지 않도록 하고, 1/3 정도의 값을 사용하여 설계한다.
- 과대한 증기속도가 되는 큰 압력강하 값를 선택하지 않는다.
- 중력 환수식의 경우 압력강하가 커져서 환수 주관 내의 응축수 수위가 증기주관 · 방열기 등의 높이에 달하지 않아야 한다.
  - 배관 계통에서 총 압력강하는 증기 공급압력의 1/3을 넘지 않는 범위에서 설계한다.
  - 압력강하가 너무 크지 않게 하기 위하여 증기 유속이 너무 빠르지 않게 한다.
  - 증기 유량과 압력강하량을 이용하여 증기관 지름선도에서 관 지름을 선정한다.(최소 관경 : 증기주관 32A, 응축수 주관 25A가 적당)

④ 증기의 유속

- 응축수의 양이 많고, 증기와 응축수가 동일방향으로 흐르는 경우 제한속도는 ASHRAE에 따르면 40~60m/s 정도이고 최대 75m/s 정도까지로 기술되어 있다. 그러나 증기배관의 관경을 선정하기 위한 유속 기준은 일반적으로 25~40m/s로 하고 보일러와 연결되는 배관의 경우는 캐리오버(Carry Over) 현상 방지를 위하여 15m/s 이하로 하는 것이 좋다.
- 증기와 응축수가 역방향으로 흐를 경우에 증기속도가 어떤 제한치를 초과하면 응축수의 흐름이 저해되고 워터 해머를 일으키기도 한다.

⑤ 증기 공급 압력

- 압력이 낮을수록 난방에 이용되는 잠열량이 증가해 증기 사용량을 줄이고 응축수의 현열도 적어 열손실이 적어진다.
- 보일러 정격압력으로 생산된 증기를 난방기기까지 이송한 후 난방기기 직전에 감압밸브를 이용해 압력 조정 후 사용하는 것이 효율적이다.

(2) 증기 배관 방법

- 상용압력 10kg/cm^{2}까지는 배관용 탄소강 강관을 주로 사용하고 그 이상의 경우에는 압력배관용 탄소강 강관을 사용한다.
- 환수관은 증기관보다 관 내 부식이 크므로 내식성 배관재를 사용하는 경우도 있다.

- 강관용 이음쇠는 상용압력 10kg/cm^2 이하의 관경 50mm 이하일 경우에 나사식으로 사용하기도 하나 그 외에는 주로 용접 시공한다.

① 감압밸브

- 2차 측 배관은 1차 측 배관보다 관경을 2~3단계 크게 선정한다.
- 2차 측에는 안전밸브 설치, 1차 측에는 응축수 유입 방지 장치를 한다.
- 1, 2차 측 감압비가 클 경우(1 : 10 이상) 2단 감압을 실시한다.
- 부하 변동이 심한 경우 용량이 크고 작은 2~3개의 감압밸브를 병렬로 설치하여 사용하는 것이 효율적이다.
- 감압밸브에 응축수가 유입되거나 감압비가 너무 크면 소음이 크고 밸브 침식의 원인이 된다.

② 배관의 기울기

- 증기배관과 응축수 환수관을 수평으로 설치하는 경우에는 증기와 응축수가 원할하게 흐르기 위한 적절한 구배를 주어 배관하도록 한다.
- 역구배의 증기관에서는 응축수가 증기의 흐름에 역으로 흐르고 있기 때문에 응축수를 원활하게 배출하기 위하여 구배를 크게 하거나 배관 관경을 크게 하여 증기속도를 충분하게 감소시킨다.

구분		증기관	환수관
배관 기울기	순구배	1/250 이상	1/250 이상
	역구배	1/50 이상	-

※ 증기와 응축수의 흐름 방향이 반대일 경우(역구배) 기울기를 조금 크게 한다.

③ 응축수 제거

- 증기수평주관은 30~50m마다, 팽창루프 등과 같이 상승하는 배관은 하부에, 증기주관 관말, 기타 상하굴절로 인한 정체부위에는 드레인 포켓과 증기트랩을 설치하여 응축수를 효과적으로 제거한다.
- 기둥 밑을 통과하는 경우 시간이 경과하면 응축수가 쌓여 배관으로 넘어가면서 소음과 부속류 부식의 원인이 되므로 반드시 드레인 포켓을 설치하여 응축수를 제거한다.
- 역구배 증기주관에서 주관 내 역류하는 응축수에 의해 워터 해머의 발생 가능성이 높으므로 증기의 유속을 15m/s 이하로 낮추어 설계하며, 응축수 제거를 위해 간격을 좁힌다.(약 15~20m 간격)
- 드레인 포켓에서 응축수를 효율적으로 제거하기 위해서 포켓의 구경을 배관구경과 동일한 티를 사용하며 포켓의 길이는 적어도 30~70cm 이상이 되도록 한다.
- 증기트랩을 포켓 측면에 연결하는 경우 바닥에서 약간 위에 연결하여 그 아랫부분이 오물포켓으로서 역할을 하도록 하고, 하부에는 플러그 또는 드레인 밸브를 달아 주기적으로 청소를 할 수 있도록 한다.
- 증기주관에서 증기 공급이 중단된 경우 포켓에 고인 응축수가 중력에 의해서 배출되기 위해서는 적어도 70cm 이상의 수두압이 필요하므로 간헐 운전이 되는 설비에서는 드레인 포켓의 길이를 70cm 이상으로 배관하는 것이 바람직하다.

- 증기주관의 관말에는 티를 사용하여 마감을 하며 하부에는 증기트랩, 상부에는 자동공기빼기 밸브를 설치하여 예열 시 공기를 신속하게 제거한다.
- 증기트랩에서 배출된 응축수는 자연스럽게 중력에 의하여 회수하는 것이 필수적이나 여건상 고가 배관을 통해 회수하여야 하는 경우, 증기트랩의 형식에 관계없이 트랩의 입구 측 압력과 상승되는 배관의 높이에 의한 배압과의 차이에 의해 응축수가 회수될 수 있다.
- 증기 공급이 중단된 상태에서 상승배관 내에 응축수가 정체되어 있으므로 증기 공급이 재개되면 워터 해머가 심하게 발생하며 증기사용 설비가 온도조절밸브에 의해 온도 조절되는 경우에는 정상운전 중에도 같은 문제가 발생된다. 따라서 증기트랩을 통해 배출된 응축수는 일단 중력으로 대기개방탱크에 모은 뒤 원심펌프를 통하여 환수한다. 이때 캐비테이션이 발생하므로 이런 경우에는 캐비테이션 발생 염려가 없는 대기개방 리시버가 부착된 펌핑트랩을 이용한다.
- 응축수 환수관은 트랩을 통해 배출된 응축수가 자연스럽게 응축수 탱크로 모일수 있도록 하는 것이 가장 좋으며 환수관 내에 과도한 배압이 형성되지 않도록 한다. 따라서 응축수관을 분리하여 설치하며, 특히 공조기 히팅 코일의 응축수관과 가습 장치의 응축수관은 함께 연결하지 않도록 한다.
- 응축수 환수 주관에 트랩 배출관을 연결할 때와 고가 배관의 트랩 배출관이 상승하는 경우에는 반드시 응축수 환수 주관의 상부에 연결되도록 한다.
- 응축수를 펌프로 이송하는 배관에 증기트랩의 배출관을 연결하면 워터 해머가 발생하여 배관 파손 등의 원인이 될 수 있으므로 직접 연결되지 않도록 한다.
- 관경 변경 시 편심 리듀서를 사용한다.(하부 수평)
- 증기트랩 전단에 드레인 밸브, 후단에 시험밸브 설치를 권장한다.
- 응축수 환수관이 증기트랩보다 높은 경우 또는 여러 개의 증기트랩이 인접하여 환수관에 연결될 경우 2차 측에 체크밸브를 설치한다.
- 배압이 높거나 정체된 응축수에 의해 배출이 원활하지 않거나 수격현상이 발생하는 경우에는 펌핑트랩을 설치한다.

④ 공기 배출

- 간헐 운전 시 배관이나 코일 등에 공기 자동배출밸브를 설치한다.
- 증기와 응축수의 흐름이 좋아지고 예열시간이 짧아진다.
- 설치위치 : 대용량 난방기기 2차 측, 증기주관 상부

⑤ 기타 배관 연결

- 증기주관의 지관은 반드시 증기주관의 상부에 연결하여 건증기가 증기지관에 공급될 수 있도록 한다.
- 보일러 주변은 관경을 충분히 크게 하여 유속을 낮춘다.(캐리오버 예방)
- 온도조절밸브가 설치되는 가열코일에는 진공해소장치를 설치한다.
- 냉각 레그 : 증기주관에서 생긴 응축수를 충분히 냉각하여 트랩으로 보내기 위해 트랩 전 1.5m 이상 보온하지 않는 방법

⑥ 리프트 이음(Lift Joint)

- 진공 환수식 배관에서 환수 주관보다 난방기기가 아래에 설치되어 있을 경우 : 흡상 높이 1.5m 이내
- 저압일 경우 : 흡상 높이 1.5m 이내
- 고압일 경우 : 흡상 높이 1kg/cm²에 대해 5m 정도
- 리프트 입관은 횡주관보다 한 단계 작은 관경을 사용한다.

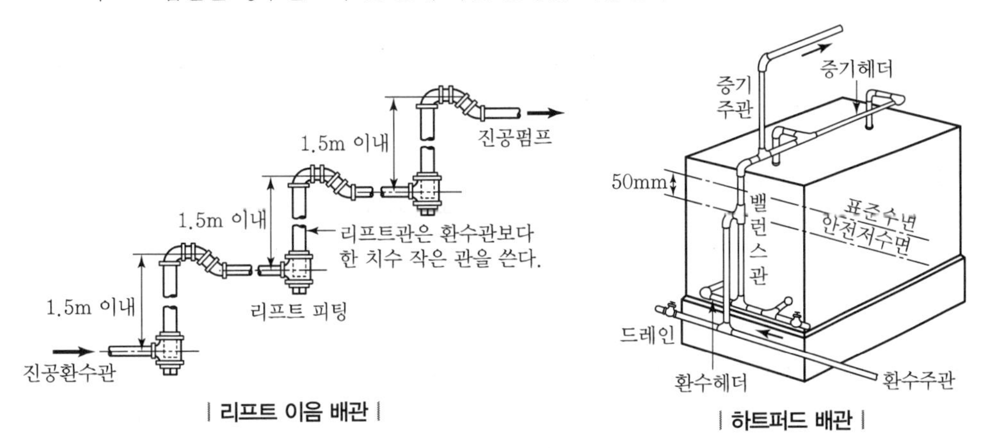

| 리프트 이음 배관 |

| 하트퍼드 배관 |

⑦ 하트퍼드(Hardford) 배관

- 저압 증기보일러의 환수 주관을 보일러에 직접 연결하지 않고 밸런스관을 설치하여 안전 수면보다 높은 위치에서 접속하는 방법
- 설치 목적
  - 보일러의 안전 수위 확보
  - 환수관 내 찌꺼기 보일러 유입 금지
  - 빈불 때기 방지

⑧ 증기배관 온도변화에 의한 신축 팽창에 주의

적절한 위치에 신축이음(Expention Joint)과 고정 앵커를 설치한다.

⑨ 배관 부식 방지를 위한 적정 재질 선정 및 수처리 장치 설치

⑩ 관의 확대 및 축소

증기관을 확대 또는 축소하는 경우에는 동심 리듀서 대신에 편심 리듀서를 사용하여 증기관 부분에 흐르는 응축수가 자연스럽게 흘러갈 수 있도록 한다.

⑪ 배관의 신축에 대한 대책

- 냉각되었던 증기 및 응축수 환수관은 증기가 공급되면 팽창하고 공급이 중단되면 수축하므로 별도의 신축이음(Expansion Joint) 또는 루프(Loop)를 설치하여 관의 신축을 흡수한다.
- 분지관, 방열기 등에서는 보통 배관 작업 시 스위블 조인트가 설치되므로 이곳에서 신축에 따른 변위를 흡수하고 있다.
- 주관에 신축이음을 설치하는 경우에는 최대 신축거리와 정상 신축거리를 잘 검토하여 설치하며 공동구 내에 설치 시에는 인근에 점검구를 두어야 한다.

4) 증기의 성질

(1) 보유열량, 열용량

증기는 온수에 비해 단위중량당 보유열량이 많다. 그러므로 동일한 열량을 공급하기 위해서는 적은 양의 증기를 공급해도 가능하며 따라서 장치의 열용량이 작고 예열에 필요한 시간도 짧다.

(2) 열방출 특성

증기는 잠열을 방출하는 동안 동일한 온도에서 방열하므로 균일한 방열이 이루어지는 데 비하여, 온수는 온도차에 의한 현열을 방출하므로 방열기 입 · 출구 부분의 방열량이 다르다.

(3) 열매의 공급

증기는 자체 압력에 의해 공급되며 공급력은 압력에 따라 달라진다.

(4) 열손실

증기는 응축수 및 재증발 증기로부터의 열손실이 많다.

5) 증기난방시스템

(1) 증기난방시스템 계획

증기 공급계통, 응축수 환수계통, 보일러 급수계통 전반의 증기배관시스템을 구성하고 공기의 배출 방법, 수처리시스템, 배관의 단열계획, 스팀트랩의 선정, 배관의 적절한 구배 등을 종합적으로 고려한다.

(2) 방열기의 선택과 배치

① 방열성능, 설치방법, 열매사용조건 등을 충분하게 검토하여 결정하여야 한다.
② 방열기는 건물 벽의 창 아래에 설치하여 실내에 차가운 공기가 유입되지 않도록 한다.

(3) 증기 공급 압력

① 증기는 압력이 낮을수록 난방에 이용되는 잠열이 많아 증기 사용량을 줄일 수 있고, 응축수의 현열도 적기 때문에 열손실을 줄일 수 있다.
② 압력이 높을 경우 응축수 재증발에 의한 열손실이 증가하므로 증기의 압력은 증기사용 설비에서 요구하는 적정 온도조건을 충족할 수 있도록 선정되어야 한다. 이때 보일러의 운전압력은 배관 손실 등을 고려한 설비요구온도를 충족할 수 있는 증기압력보다 높아야 하며, 보일러 정격압력의 고압증기를 그대로 공급하고 기기 바로 직전에서 감압하여 일정한 압력을 공급할 수 있도록 하는 것이 좋다.

(4) 공기의 제거

① 간헐 운전 시 증기의 공급을 중단했다가 재공급할 경우 배관 내에 체류한 공기는 원활한 증기의 공급을 저해하고 포화증기온도를 떨어뜨리며, 방열기 등에 공기가 정체될 경우 방열량이 현저하게 감소된다. 그러므로 신속하고 효율적인 공기의 제거방법이 고려되어야 한다.

② 공기의 제거방법으로는 증기 공급관에 온도조절식 엘리먼트가 내장된 증기용 자동 공기빼기 밸브를 설치하여 증기의 자체압으로 공기를 밀어내는 방법과 응축수 배관에 진공펌프를 사용하여 공기를 강제적으로 뽑아내는 방법이 있다.

(5) 배관의 구배

증기와 응축수가 흐름 방향이 같은 순구배 배관에서는 구배와 증기 속도가 적당하면 스팀 해머가 발생하지 않지만, 상향 수직관이나 역구배 수평주관과 같이 흐름 방향이 다른 경우 증기속도가 제한치를 넘어 응축수의 흐름을 방해하게 되면 스팀 해머가 발생한다.

(6) 방열량 표시방법

① 방열기의 방열량 표시법으로는 매시방열량을 kcal/h로 표시하는 방법과 상당방열면적(EDR)을 m^2로 표시하는 방법이 있다. 상당방열면적이란 실내온도 및 열매온도가 표준상태일 때 표준방열량을 q_o(kcal/m^2 · h), 전방열량을 q(kcal/h)라 하면 다음과 같이 나타낼 수 있다.

$$\text{상당방열면적}(m^2) = \frac{q}{q_o}$$

② 표준방열량 : 표준상태에서 증기 및 온수 방열기의 단위면적당 표준방열량

열매	표준방열량 (kcal/m² · h)	EDR (m²)	표준상태에서의 온도(℃)	
			열매온도	실온
증기	650	Q/650	102	18.5
온수	450	Q/450	80	18.5

- 증기의 1 EDR = 650kcal/m^2 · h
- 온수의 1 EDR = 450kcal/m^2 · h

③ 필요방열면적

실내온도 및 열매온도가 표준상태와 다른 경우에는 방열량이 변화하므로 보정이 필요하다. 실제 온도차가 감소하는 경우 필요방열면적은 증가한다.

$$\text{필요방열면적} = C \times \frac{\text{난방부하}}{\text{표준발열량}} \times 1.1(\text{안전율})$$

여기서, $C = \left(\frac{\text{표준온도차}}{\text{실제온도차}}\right)^n$

n : $n = 1.3$(주철제, 강판제)

$n = 1.4$(대류형)

표준온도차 : 증기 = 102 − 18.5 = 83.5℃

온수 = 80 − 18.5 = 61.5℃

6) 방열기

증기의 잠열 및 온수의 현열을 방출함으로써 실내를 난방하는 설비로 직접 실내에 설치하여 증기, 온수를 통해 방산열로 실내온도를 높이며, 더워진 실내공기는 대류작용에 의해 순환하여 난방목적을 달성한다.

(1) 방열기의 종류

① 주형 방열기(Column Radiator) : 2주형, 3주형, 3세주형, 5세주형의 4종류가 있다.
② 벽걸이형 방열기(Wall Radiator) : 벽체에 걸어 사용하는 방열기로서 횡형과 종형이 있다.
③ 길드형 방열기(Gilled Radiator) : 1m 정도의 주철제로 된 파이프에 전열면적을 증가시키기 위하여 핀을 부착한 방열기이다.
④ 대류형 방열기 : 핀튜브형의 가열코일이 대류작용에 의해서 난방을 행하는 것으로 컨벡터(Convector)와 높이가 낮은 베이스 보드 히터(Base Board Heater)가 있다.
⑤ 관방열기 : 나관(裸管)의 상태로 되어 있으며 고압에 잘 견딘다.
⑥ 팬코일 유닛(FCU), 유닛히터(Unit Heater) : 공기여과기, 팬 및 가열코일을 내장하여 강제 대류식으로 열을 방출한다.

(2) 방열기의 설치

① 외기에 접한 창문 아래쪽에 설치한다.
② 벽에서 50～60mm, 바닥에서 100～150mm 정도 떨어지게 설치한다.

(3) 방열기 쪽수(절수(節數), Section 수)

$$\text{방열기 Section 수} = \frac{\text{난방부하}}{\text{EDR} \times \text{쪽당 면적} \times \text{방열기 방열량}}$$

① 증기난방

$$N_s = \frac{H}{650 \cdot a}$$

여기서, H : 난방부하(kcal/h), a : 방열기 Section당 방열면적(m^3)

② 온수난방

$$N_w = \frac{H_L}{450 \cdot a}$$

7) 난방설비용 부속기기류

(1) 증기트랩

① 증기트랩의 종류

증기배관 말단이나 방열기 환수구에 설치하여 증기관이나 방열기에서 발생한 응축수 및 공기를 배출하여 수격작용 및 배관의 부식을 방지하는 장치이다. 증기트랩은 작동원리에 의하여 세 가지 형식으로 분류된다.

구분	종류
기계식(Mechanical Steam Trap)	플로트 트랩(Float Trap) 버킷 트랩(Bucket Trap)
온도조절식(Thermostatic Steam Trap)	벨로스 트랩(Bellows Trap) 다이어프램 트랩(Diaphragm Trap) 서모왁스 트랩(Thermo Wax Trap) 바이메탈 트랩(Bimetallic Trap)
열역학식(Thermodynamic Steam Trap)	디스크 트랩(Disk Trap)

㉮ 기계식 트랩

증기와 응축수의 밀도차에 따른 부력차를 이용하여 작동되는 방식으로 응축수의 생성과 동시에 배출된다.

㉯ 온도조절식 트랩

증기와 응축수의 온도차를 이용하여 응축수를 배출하는 방식으로 응축수가 냉각되어 증기의 포화온도보다 낮은 온도에서 응축수의 현열 일부까지 이용할 수 있다.

㉰ 열역학식 트랩

온도조절식이나 기계식 트랩과는 별개의 작동원리를 갖고 있으며 증기와 응축수의 속도차, 즉 운동에너지의 차이를 이용하여 동작한다.

② 증기트랩 선정 시 유의사항

- 증기트랩의 선정 시 가장 중요한 것은 방열기기의 성능을 최대로 발휘할 수 있도록 하는 것으로 증기트랩의 작동원리를 이해하여 운전조건, 압력조건, 온도조건 등에 부합되는 형식을 선정한다.
- 증기사용 설비에서 응축수가 발생하는 형태는 설비의 종류와 운전조건 및 부하조건 등에 따라 달라진다. 이에 따라 응축수의 배출형태도 다르므로 배출형태에 따른 배출성능이 적합한 트랩을 선정하여야 한다.
- 유닛히터의 응축수를 배출할 때 열동식 트랩을 사용하면 응축수의 배출형태가 간헐적으로 되므로 유닛히터 내부의 증기공간에는 응축수가 정체된 순간과 증기가 유입되는 순간이 반복된다. 따라서 유닛히터의 발생열량은 일정하지 못하여 문제가 될 수 있으며, 코일은 증기 및 냉각된 응축수가 반복하여 접촉하게 되므로 열응력이 반복적으로 작용하여 코일이 파손되는 경우가 발생한다. 연속적인 배출형태를 갖는 플로트 트랩을 사용하면 원활한 운전을 할 수 있다.

(2) 리프트 트랩

① 낮은 곳에 있는 응축수를 높은 곳으로 올리거나, 환수관에 응축수를 체류시키지 않고 중력으로 저압보일러로 돌아가게 할 때의 리턴 트랩으로 사용한다.

② 트랩으로 들어오는 저압의 응축수에 의하여 버킷이나 플로트가 상승하여 최상부까지 도달하면 레버 기구를 작동시켜 상향의 버킷 트랩으로 트랩의 입구압력보다 높은 압력의 증기를 도입하고 이 고압증기의 압력을 이용하여 간헐적으로 응축수를 높은 곳으로 보낸다. 트랩의 전후에는 체크밸브를 설치하여 역류를 방지한다. 이 트랩은 진공식에서 고압까지 사용한다.

(3) 공기빼기밸브

① 방열기 및 배관 중의 공기를 제거할 목적으로 사용되며, 액체(냉수, 온수)용과 증기용이 있고, 자동공기빼기밸브와 수동공기빼기밸브가 있다.

② 자동공기빼기밸브의 증기용은 몸통 내 벨로스가 작동하여 공기를 방출시키는 것이며, 액체용은 플로트(float)를 사용한 것이다.

③ 수동공기빼기밸브는 니들밸브(Needle Valve)를 키(Key)에 의해 개폐시켜 공기를 방출하는 것으로 평균지름 1/4～1/8B 정도의 소형의 것이 제작되고 있다.

④ 방열기, 증기코일, 배관 내 공기가 고일 때 장애

- 증기나 응축수의 흐름을 방해한다.
- 장치 내에 있는 공기가 열전달을 저하시켜 예열이 저하된다.
- 공기의 분압만큼 증기의 실질압력이 낮아져 증기의 온도가 내려간다.
- 방열기나 증기코일의 내벽면에 공기막을 형성하여 전열을 저해한다.

⑤ 중력 환수식의 증기시스템에는 방열기나 배관 말단 등 공기가 정체하는 곳에 공기빼기밸브을 부착한다.

⑥ 공기빼기밸브는 피콕이라는 수동식 외에 바이메탈식이나 열동식, 플로트식의 자동식이 있으며 물용 공기밸브와는 작동원리가 다르므로 교환사용이 불가능하다.

⑦ 제품에 따라서는 진공역지밸브를 부착한 것이 있어 가동정지 시에 관 내가 진공이 되면 공기의 침입을 막아준다.

⑧ 방열기에 설치할 때는 공기는 증기보다 무거우므로 증기입구와 반대쪽 아래에 붙이는 것이 좋지만 응축수가 밸브에 충만할 염려가 있으므로 방열기 높이의 2/3 정도에 설치하는 것이 보통이다.

(4) 감압밸브(Pressure Reducing Valve)

① 고압증기는 빌딩에서 열교환기, 급탕탱크 또는 흡수식 냉동기의 열원 등으로 이용되고, 지역난방이나 공장 등에서도 종종 이용된다. 이때 증기사용 기기까지는 고압증기로 공급하고 기기 인근에서 필요압력으로 낮추어 사용하고자 할 때 감압밸브를 이용한다.

② 증기배관계에서 감압을 한다는 것은 단순히 압력을 낮춘다는 의미 이외에 다음과 같은 필요성이 있다.

- 증기사용 설비가 요구하는 압력조건, 온도조건으로 운전하는 것이 에너지를 절약하는 방법이다. 증기의 압력이 낮을수록 잠열이 많으므로 증기사용량이 절감된다.
- 증기의 질을 향상시킨다.
- 2차 측 저압증기에 비하여 비체적이 작으므로 배관경을 작게 할 수 있어 배관비용이 절감된다.
- 방열기기나 증기사용기기의 사용온도에 적합한 온도로 조절하는 수단으로 이용된다.

③ 감압밸브에 요구되는 특성

- 1차 측 압력변동에 대하여 2차 측 압력변동이 작을 것
- 감압밸브가 닫혔을 때 2차 측으로의 증기 누설이 적을 것
- 2차 측 증기 소비량의 변화에 대한 응답속도가 빠를 것
- 최소 조정가능 유량 이상에 있어서 안정되며 압력변동이 적을 것
- 헌팅(Hunting) 현상이 일어나지 않을 것

④ 감압밸브의 설치방법

- 감압밸브는 가능한 한 사용개소에 가까운 곳에 설치한다.
- 감압밸브 앞에는 반드시 스트레이너를 설치한다.
- 감압밸브에는 응축수를 제거한 증기가 들어오도록 한다.
- 감압밸브 전후의 배관경을 적정하게 선정한다.
- 바이패스는 수평 또는 위로 설치하고 감압밸브의 구경과 같은 구경으로 한다.

(5) 안전밸브(Safety Valve)

- 안전밸브는 디스크에 걸리는 정압에 따라 순간적으로 작동하는 기능을 가진 자동압력 도피장치를 말하며, 증기 · 공기 · 유(油) · 물 및 가스 등에 사용된다.
- 릴리프밸브(Relief Valve)는 각종 압력용기 및 회로에 설치하여 일정한 압력으로 제어한다. 즉, 규정압력을 초과하는 경우 자동적으로 유체를 방출하고 압력이 저하하면 자동적으로 방출을 정지시키는 것이다.

① 양정(Lift)에 따른 분류

㉮ 저양정 안전밸브(Ordinary Safety Valve)

양정(Lift)이 밸브시트 지름의 1/40 이상, 1/15 미만인 것을 말한다.

㉯ 고양정 안전밸브(High Lift Safety Valve)

양정이 밸브시트 지름이 1/15 이상, 1/7 미만인 것을 말한다.

㉰ 전양정 안전밸브(Full Lift Safety Valve)

양정이 밸브시트 지름이 1/15 이상으로, 밸브시트 지름의 1/7이 열렸을 때 발생하는 증기통로 면적보다 기타 부분의 증기통로 최소면적을 10% 이상 크게 해서는 안 된다.

㉱ 전량 안전밸브(Full Bore Safety Valve, Maxiflow Safety Valve)

밸브시트 지름이 노즐(Nozzle) 목부분 지름의 1.15배 이상인 것으로, 디스크가 열렸을 때 밸브시트부의 증기통로 면적을 최소로 한 경우에도 목부분 면적의 1.05배 이상으로 하며, 밸브

입구면적 등은 목부분 면적의 1.7배 이상인 것을 말한다.

② 형식별 분류

㉮ 단식 안전밸브

보통 형식을 가리키며 단식의 밸브몸통 내에 밸브시트와 디스크 한 쌍이 들어있는 것을 말한다.

㉯ 복식 안전밸브

이차식 안전밸브라고도 하며, 단일 밸브몸통 내에 2개의 밸브가 설치되고, 각각의 밸브가 증기의 입구 및 출구를 갖고 있는 것을 말한다. 설치장소의 제약을 받는 선박용 등에 사용된다.

③ 재료별 분류

- 안전밸브의 디스크와 시트의 재료는 부식 및 충격에 대한 내구성이 큰 것이라야 하며, 최고 사용압력이 2.94MPa(30kg/cm^2) 이상, 온도가 235℃를 넘는 증기에 사용하는 재료는 철 또는 그 이상의 재질로 한다.
- 주철제는 최고 사용압력 1.57MPa(16kg/cm^2), 온도 230℃ 이하, 흑심가단주철은 최고 사용압력 2.35MPa(24kg/cm^2), 온도 350℃ 이하에 사용한다.
- 청동주물(BC3)은 온도 235℃ 이하에 사용한다.

(6) 특수밸브

① 전동밸브(Motor Operated Valve)

전동기의 구동에 따라 밸브의 개폐 및 유량을 조절하며 동력전달 방식에 따라 레버(Lever)를 회전시키는 링키지식(Linkage Type), 밸브의 개폐레버로 캠(Cam)을 이용한 캠식(Cam Type), 웜치차(Worm Wheel)로 밸브의 개폐를 하는 나사식(Screw Type) 등이 있다. 또 유체의 종류, 압력 및 용량 등의 요소에 따라 2방향 밸브와 3방향 밸브가 있다.

㉮ 2방향 밸브(2－way Valve)

단좌밸브와 복좌밸브가 있으며 시트와 플러그(Plug)로 구성된다. 전자는 압력차가 큰 경우에는 부적당하지만 밀폐능력은 우수하다. 후자는 대유량 및 큰 압력차에 적당하나 유체의 완전밀폐에는 부적당하다.

㉯ 3방향 밸브(3－way Valve)

냉온수의 혼합제어에 적당한 것으로서 2가지의 유체를 한쪽 방향으로 적절하게 혼합시켜 흐르게 하며, 또한 온도가 서로 다른 2종의 유체를 혼합하여 일정한 온도로 유지하게 하는 온도제어용으로도 사용한다.

② 전자밸브(Solenoid Valve)

온도조절기 또는 압력조절기 등에 의해 신호전류를 받아 전자석의 흡인력을 이용하여 자동적으로 밸브를 개폐시키는 것으로, 증기 · 물 · 기름 · 공기 및 가스 등에 광범위하게 사용되고 있다.

㉮ 직동형

직동형은 일반적으로 구조가 간단하며, 동압차가 확실하고 작동압력도 저압력식 0kgf/cm^{2}에서 사용 가능하므로 소유량용으로 사용된다.

㉯ 파일럿형(Pilot Type)

직동형에 비해 구조가 복잡하며, 작동압력도 높아 일반적으로 0.049~0.098MPa(0.5~1.0 kg/cm²) 이상을 필요로 하지만, 사용유량은 대유량까지 가능하다.

㉰ 파일럿 킥형(Pilot Kick Type)

직동형과 파일럿형의 중간적인 형식으로 저압력식 0MPa(0kg/cm²)에 사용할 수 있다.

③ 온도조절밸브(Temperature Regulating Valve)

열교환기, 급탕용 저장조의 열원으로 증기 또는 고온수를 이들 기기의 가열장치(Coil)로 보낼 경우, 일정한 온도로 조절하기 위하여 사용하는 밸브이다. 이 밸브는 디스크 · 감온통 및 연결관으로 되어 있으며, 감온통 내부에 알코올(Alcohol)계의 액체가 들어있어 증기 또는 고온수의 흐름 양을 조절한다.

④ 플로트 밸브(Float Valve)

보일러의 급수탱크와 증기의 액면을 일정한 수위로 유지하기 위해 플로트를 수면에 띄워, 수위가 내려가면 플로트에 연결되어 있는 레버를 작동시켜서 밸브를 열어 급수를 한다. 또 일정한 수위가 되면 플로트도 부상하여 레버를 밀어내려 밸브가 닫히는 구조이며, 일종의 자력식 조정밸브이다.

(7) 증발탱크(Flash Tank)

① 고압증기의 응축수가 저압증기의 환수관에 접속되면 압력이 저하되어 고압 응축수의 일부가 재증발하여 저압환수관 내의 흐름을 방해할 뿐만 아니라 환수관 내의 압력이 상승하여 저압계통의 증기트랩 배출능력을 떨어뜨린다.

② 이와 같은 경우 고압증기의 응축수를 증발탱크에 넣어서 재증발을 발생시켜 사용하고 발생한 증기의 수급 균형을 맞추기 위하여 증발탱크에는 안전밸브를 설치한다. 또한 저압증기관에 고압증기를 접속하여 저압증기 쪽의 압력을 설계치로 유지하도록 하는 것이 좋다.

(8) 응축수 저장탱크(Condensed Water Tank)

① 건식 환수방식에서 중력에 의하여 기계실로 환수되는 응축수를 저장한 후 보일러 급수펌프를 이용하여 보일러로 재급수할 때 사용하거나 보일러실과 증기 사용개소가 멀리 떨어져 있어 환수를 보일러실에 반송할 경우에 일시 응축수를 저장하는 탱크를 응축수 저장탱크 또는 환수탱크라 한다.

② 이 탱크는 일반적으로 두께 6mm 전후의 강판과 보강용 형강을 이용하여 각형으로 제작하고, 환수관 · 보급수 펌프 연결관 · 배기관 · 익수관 · 보급수관 등의 접속구가 설치된다.

③ 부착되는 부속품으로는 수면계, 플로트(Float) 및 플로트 스위치(Float Switch), 약제투입구 등이 있다.

④ 탱크의 외부에는 열손실을 방지하기 위하여 유리섬유나 암면 등과 부식방지를 위하여 알루미늄 메탈라이징과 같은 방식처리를 한다.

⑤ 탱크의 용량은 응축수의 회수가 빠른 경우, 즉 배관망이 짧은 경우에는 전 응축수 발생량의 5~

10분간 용량으로 가능하지만 급수펌프의 운전간격을 길게 잡을 경우나 배관망이 길어 응축수의 회수가 느린 경우에는 1/2~1시간분으로 취하는 것이 좋다.

8) 증기난방설비 계획 시 설계순서, 배관방법 및 유의사항

(1) 증기난방의 설계순서

① 난방부하 계산
② 필요방출면적 산출
③ 각 실의 방열기 배치 Layout
④ 각 배관의 관경 결정
⑤ 응축수 펌프 등 부속기기 용량 결정

(2) 증기 배관법

① 증기주관에서 상향수직관을 분기할 때의 배관
㉮ 단관식의 경우
증기주관에서 T이음을 상향 또는 45° 상향으로 세워 증기주관 상층부에서 증기를 도입한다.
㉯ 복관식의 경우
- 급기 상향수직관 내에 발생한 응축수를 환수 주관으로 배제한다.
- 열동식 트랩을 통하여 환수관의 응축수 및 기타 공기를 배제한다.

② 증기주관에서 하향수직관을 분기할 때의 배관
T이음을 상향 또는 45° 상향으로 세워 스위블 이음으로 내리 세운다.
③ 급기하향수직관 하단의 트랩배관
급기하향수직관 최하단 관 내 응축수를 배제하기 위하여 환수관에 연결한다.
④ 증기주관을 도중에서 위로 꺾을 때의 트랩배관
관 내의 응축수를 배출하기 위해 물빼기 배관을 한다.
⑤ 환수관이 출입구나 보(Beam)와 교차할 때의 배관
배관을 루프형으로 하여 그 위쪽 관으로 공기를 유통시키고 아래쪽 관으로 응축수가 흐르게 한다.
⑥ 증기주관의 관말트랩배관
- 주관과 같은 관경으로 하향수직관을 세우고 그 하부에 찌꺼기 고음부를 만들어 트랩에 찌꺼기가 혼입되는 것을 방지하여 열동트랩에 의하여 응축수와 공기를 건식 환수관에 보낸다.
- 냉각 레그는 완전한 응축수를 트랩에 보내는 관계로 보온피복을 하지 않으며, 냉각면적을 넓히기 위해 그 길이도 1.5m 이상으로 한다.

⑦ 증기배관 도중의 서로 다른 관경의 관이음
아래쪽에 수평인 편심이경이음을 사용하여 응축수의 고임이 생기지 않게 한다.
⑧ 보일러 주변 배관
- 하트퍼드 접속법에 의한다.

• 보일러 내 안전수위를 확보한다.
• 빈불때기를 방지한다.
• 환수관 내의 찌꺼기가 보일러 내에 유입되는 것을 방지한다.
• 증기압과 환수관의 밸런스를 맞춘다.

⑨ 리프트 이음
• 진공환수식 난방장치에서 방열기보다 높은 곳에 환수관을 배관하지 않으면 안될 때 또는 환수 주관보다 높은 위치에 진공펌프를 설치할 때 리프트 이음을 사용하면 환수관의 응축수를 끌어 올릴 수 있다.
• 흡상 높이는 1.5m 이내이고, 2단, 3단 직결 연속으로 접속하여 흡상하는 경우도 있다.

⑩ 방열기 주변 배관
• 열팽창에 의한 배관의 신축이 방열기에 미치지 않도록 스위블 이음으로 하는 것이 좋다.
• 증기의 유입과 응축수의 유출이 잘 되게 배관구배를 정한다.
• 방열기의 방열작용이 유효하게 배관해야 하며 진공환수식을 제외하고는 공기빼기밸브를 부착해야 한다.
• 방열기는 적당한 구배를 주어 응축수 유출이 용이하게 이루어지게 하며, 적당한 크기의 트랩을 단다.

⑪ 증기관 도중의 밸브 종류 : 슬루스밸브를 사용한다.

⑫ 증발탱크
고압환수를 증발탱크로 끌어들여 저압하에서 재증발시켜 발생한 증기는 그대로 이용하고 탱크 내의 낮은 저압환수관만을 환수관에 송수하기 위한 장치이다.

⑬ 스팀헤더
• 보일러에서 발생한 증기를 각 계통으로 분배할 때는 스팀헤더에 보일러로부터 증기를 모은 다음에 각 계통별로 분배한다.
• 스팀헤더에는 압력계, 드레인 포켓, 트랩장치 등을 함께 부착시킨다.
• 스팀헤더의 접속관에 설치하는 밸브류는 조작하기 좋도록 1.5m 정도의 위치에 설치한다.

⑭ 배관 구배
• 증기관 : 순구배(선하향) 1/250 이상
역구배(선방향) 1/50 이상
• 환수관 : 순구배(선하향) 1/250 이상

(3) 유의사항

① 냉각 레그, 리프트 이음, 하트퍼드 접속배관에 있어서 규정에 따른다.
② 관의 구배를 적절히 선정하여 스팀 해머가 발생하지 않도록 한다.
③ 감압밸브, 트랩 선정 시 용도에 적합하고 규격 선정 시 과대 · 과소하지 않게 한다.
④ 주요 기기에는 Bypass 배관을 유도한다.

SECTION 05 온수난방

열매인 온수를 난방기기에 공급하여 실내를 난방하는 방식으로 현열을 이용한 난방 방식이다.

1) 온수난방의 특성

(1) 장점

① 방열기 온도가 낮아 실내 상하 온도차가 작아 쾌감도가 좋다.
② 중앙에서 온수온도 제어에 따른 방열량(온도) 조절이 용이하다.
③ 열용량이 커 실온의 변동이 적고 동결 우려가 적다.
④ 소음이 적고 보일러 취급이 용이하며 안전하다.
⑤ 증기난방에 비해 관 부식이 적다.

(2) 단점

① 열용량이 커 예열시간이 길다.
② 수두에 제한이 있어 건축물의 높이에 제한을 받는다.
③ 보유열량이 적어 방열면적 및 관지름이 크다.
④ 순환펌프 등의 설치로 설비비가 비싸다.
- 증기난방에 비해 열수송능력이 적다.
- 혹한 시에 동파의 우려가 있다.
- 방열면적과 배관경이 커지고 설비비가 많이 든다.

2) 온수난방의 분류

구분	방식	설명
순환 방식	자연순환식(중력식)	비중차를 이용하여 온수를 순환
	강제순환식(펌프식)	순환펌프를 이용하여 강제로 온수를 순환
온수 온도	고온수식	온수 온도가 100℃ 이상(보통 100~150℃ 정도, 밀폐식)
	보통온수식	온수 온도가 100℃ 미만(보통 80~95℃ 정도)
	저온수식	온수 온도가 100℃ 미만(보통 45~80℃ 정도)
배관 방식	단관식	온수공급관과 환수관이 동일하게 하나로 구성
	복관식	온수공급관과 환수관이 별개로 구성
	역환수식(리버스리턴)	각 방열기로 공급되는 공급배관과 환수배관의 길이(마찰저항)를 같게 하여 온수를 균등하게 공급
공급 방식	상향식	온수공급관을 최하층으로 배관하여 상향으로 공급
	하향식	온수공급관을 최상층으로 배관하여 하향으로 공급

(1) 온수 온도에 의한 분류

① 고온수 방식

- 온수 온도 : 120~180℃, 공급 환수 온도편차 : 20~60℃
- 방열면적이 작아도 되고 배관경이 줄어든다.
- 대단지 아파트의 1차 측 열원, 공장이나 기타 특별한 용도에 적용된다.
- 고온 고압의 고온수를 난방용으로 직접 사용하기에는 온열 환경이나 위험성 등의 면에서 좋지 않아 열교환이나 혼합 방식으로 저압 저온수로 변환하여 사용한다.(열교환 방식, 블리드인 방식)

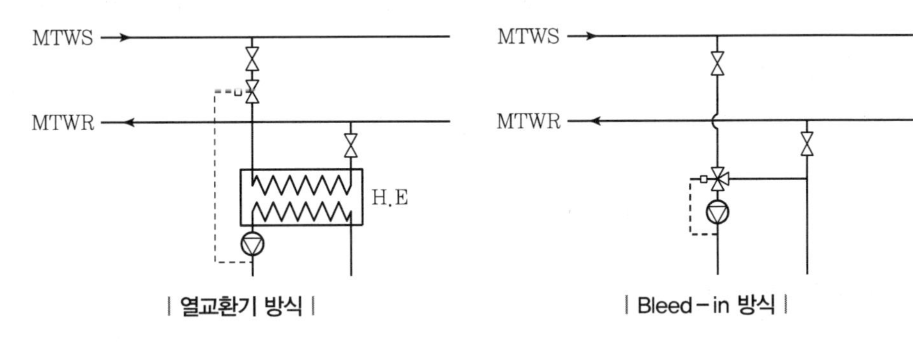

| 열교환기 방식 |　　　　| Bleed-in 방식 |

② 중온수 방식

- 온수 온도 : 80~120℃
- 지역난방 열원 등에서 많이 채택한다.

③ 저온수 방식

- 온수 온도 : 80℃ 이하
- 고온수나 증기난방에 비해 취급이 간단하고 안전하다.
- 쾌감도가 좋아 주택이나 일반 건물, 아파트 등에 널리 사용된다.

(2) 배관 방식에 의한 분류

구분	내용
단관식	• 공급과 환수를 1개의 관으로 같은 방향으로 순환 • 열원 근처와 원거리의 온수 온도차가 크고, 모든 난방기기가 직렬로 연결되어 있어 상호 간섭 현상이 발생 • 설비비가 싸며 큰 건물에는 부적당하여 단일 존으로 형성된 소규모 건물이나 주택 등에 일부 사용
복관식	• 공급관과 환수관이 별개의 배관으로 분리되어 순환 • 방열량을 밸브 조작으로 용이하게 조절할 수 있고, 타 난방기기에 대한 상호 간의 영향이 적음 • 일반적으로 강제 순환펌프와 조합해 복관식을 대부분 사용 • 역환수(Reverse-return) 방식 : 온수의 유량을 균일하게 분배하기 위하여 각 난방회로별 배관 길이를 균등하게 조정하는 방식

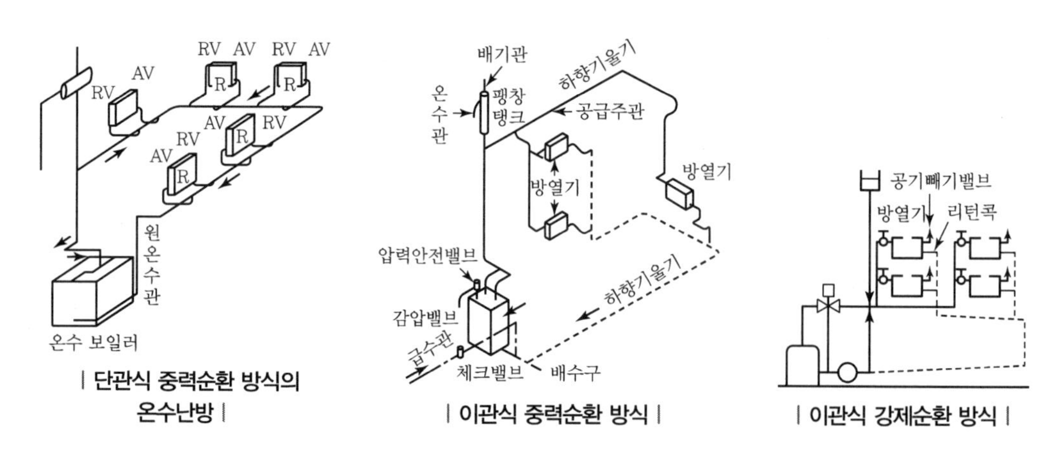

| 단관식 중력순환 방식의 온수난방 |　| 이관식 중력순환 방식 |　| 이관식 강제순환 방식 |

(3) 공급 방식에 의한 분류

① 상향식 : 가장 이상적인 방법으로, 공기 배출에 유의한다.

② 하향식 : 중력 순환식의 경우 유리하다.

③ 상하향 혼합식 : 대형건물의 난방 불균형을 해소한다.

(4) 순환 방식에 의한 분류

구분	내용
중력 순환식	• 온수 온도차에 의해 생기는 대류작용에 의한 자연순환 방식 • 난방기기 설치위치에 제약이 따름 • 관경이 커야 함 • 소규모 건물에 사용 • 순환수두 : $H = 1{,}000(r_2 - r_1)h$ 여기서, h : 보일러 수면에서 난방기기까지 높이
강제 순환식	• 순환펌프를 이용해 난방수를 강제순환하여 난방효과 좋음 • 온수 순환이 신속하고 확실하며 관경도 줄어듦 • 소규모 주택에서 대규모 건물까지 널리 사용 • 순환펌프 양정 : $H = R(1+K)L$ 여기서, R : 배관저항(mmAq/m), K : 국부저항의 비, L : 배관 총길이

3) 온수난방 설계법

① 각 실의 손실 열량(난방부하)을 계산한다.

② 난방 방식을 결정한다.(단관/복관, 중력순환/강제순환, 상향/하향/상하향 등)

③ 방열기 입 · 출구온도를 결정하고, 방열량과 온수 순환량을 계산한다.

- 난방기기에서의 온수 순환량(Q)을 계산한다.
- Δt를 크게 하면 순환 수량이 줄고 관경도 작아지나, 순간 가열 부하가 커져 열원 장비의 용량이 커지므로 시스템의 안정성을 위하여 온도차를 작게 하고 순환 수량을 크게 하는 경우가 많다.

④ 난방기기의 형식, 배관 연결 계획 등 세부 설계를 한다.

⑤ 자연순환수두(H_w)를 구한다.

$$H_w(\mathrm{Pa}) = (\rho_2 - \rho_1)gh$$

여기서, ρ_2, ρ_1 : 난방기기 출구, 입구의 밀도(kg/m³)

h : 보일러 수면에서 난방기기까지 높이(m)

⑥ 보일러에서 가장 먼 난방기기까지의 왕복 길이를 계산해 배관 저항을 구한다.

$$R(\mathrm{Pa/m}) = \frac{H_w}{l(1+k)}$$

여기서, l : 가장 먼 난방기기까지의 왕복 배관 길이(m)

k : 직관 저항과 국부 저항의 비(보통 0.5~1.5)

⑦ 온수 순환량(Q), 배관 저항(R)을 이용해 온수배관 저항표에서 관경을 결정한다.

⑧ 각각의 존별로 관경, 유량, 압력강하를 계산, 집계하여 전체적으로 계통별 관경 선정이 적합한지 검산 및 조정한다.

4) 팽창탱크(ET : Expansion Tank)

온수보일러에서 온수의 팽창에 따른 이상 압력의 상승을 흡수하여 장치나 배관의 파손을 방지하는 것으로 사용온도에 따라 개방식(85~95℃)과 밀폐식(100℃ 이상)이 있다.

(1) 팽창탱크 설치 목적

① 배관계의 온도변화에 따른 수축 팽창을 흡수하여 장치를 보호한다.(물 4℃→100℃ 체적 팽창 비율 : 4.3%)

② 장치 내 압력을 일정하게 유지하여 온수 온도를 확보한다.(배관계의 압력을 포화증기압 이상으로 유지하여 국부적인 비등이나 Flash 현상 방지 → 공기 흡입 방지)

③ 팽창에 따른 관수의 배출을 방지하여 열손실을 방지한다.

④ 장치의 휴지 중에도 일정한 압력을 유지함으로써 공기의 침입을 방지한다.

⑤ 장치 내의 공기배출구로 사용된다.(개방형의 경우)

⑥ 온수보일러의 도피관으로 사용된다.(개방형의 경우)

⑦ 보일러나 배관에 물을 보충한다.

⑧ 이상 압력 상승 시 초과 압력을 배출한다.

⑨ 대기압 이하 시 공기흡입을 방지한다.

(2) 팽창탱크의 종류

① 개방형 팽창탱크

- 용량은 장치 전 수량의 팽창량의 1.5~2배 정도로 한다.
- 장치 내 전 수량은 기기류의 보유수량와 배관 내 수량의 합계로서 구한다.
- 개략적으로 온수난방의 경우 방열량 1,000kcal/h 당 15L 정도로 계산하거나 상당방열 면적의 합계치(EDR m²)에 상당하는 값을 팽창탱크의 용량으로 산정한다.

- 장치의 최고소보다 1m 이상 높은 곳(주로 옥상 물탱크실)에 설치한다.
- 열원기기와 팽창탱크를 위해 단열한다.
- 탱크는 보온 및 방로를 위해 단열한다.
- 팽창탱크 및 안전관이 동결할 염려가 있을 때에는 탱크와 안전관을 순환용 배관과 연결하여 소량의 온수를 탱크에 순환시키고 통기관을 100A 이상으로 하여 통기의 동결을 방지한다.
- 구조가 간단하고, 설치가 용이하며, 설비비가 저렴하다.
- 배관 내 공기의 용존산소로 인해 배관 부식이 발생하기 쉽다.
- 배관계의 열손실(Overflow 시)이 발생하며 설치위치에 제약이 있다.

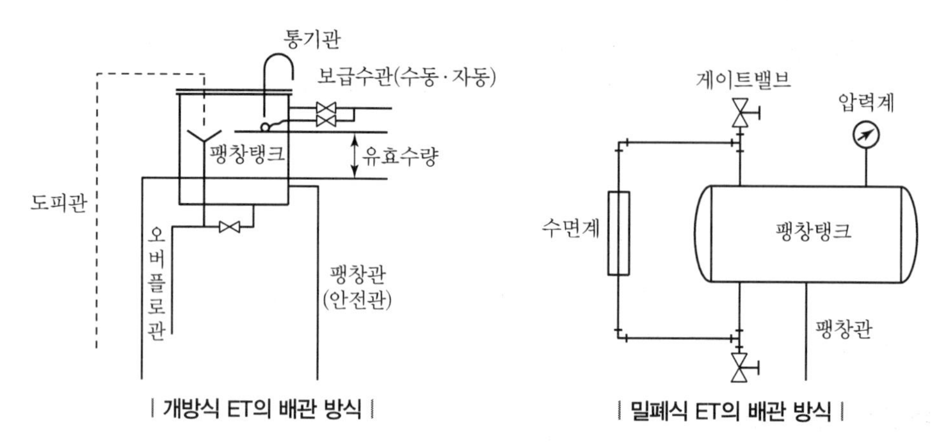

| 개방식 ET의 배관 방식 |

| 밀폐식 ET의 배관 방식 |

② 밀폐형 팽창탱크

- 물과 공기가 직접 접촉하는 방식과 격막에 의해 물과 공기가 분리되는 다이어프램식이 있다.
- 시스템 내에는 급수가 전혀 없고, 온수의 팽창량에 대한 흡수를 밀폐식 팽창탱크로 한다.
- 다이어프램식의 경우 시스템 내의 물은 대기와 전혀 접촉하지 않는다. 따라서 부식의 원인이 되는 공기가 들어가는 일이 전혀 없어서 부식의 진행이 없다.
- 팽창탱크는 보통 보일러실 가까이에 설치한다. 따라서 옥상 등에 설치하는 팽창탱크에 비해 동결의 염려가 없고 건물의 미관을 손상시키지 않으며 점검, 보수도 기계실에서 가능하다.
- 팽창탱크 내에 온수의 순환이 없으므로 열손실이 없다.
- 설비비가 고가이며 탱크 용량이 증대된다.

(3) 용량 계산

① 팽창량(ΔV) 계산

$$\Delta V = V\left(\frac{1}{\rho_2} - \frac{1}{\rho_1}\right)$$

여기서, V : 관 내의 전 수량(L)

ρ_1 : 가열 전의 비중량(kg/m³)

ρ_2 : 가열 후의 비중량(kg/m³)

② 개방형 팽창탱크의 용량

$$V_t = (2 \sim 3) \Delta V$$

③ 밀폐식 팽창탱크의 용량

$$V_t = \frac{\Delta V}{P_a \left(\frac{1}{P_o} - \frac{1}{P_m} \right)}$$

여기서, P_o : 장치 내의 정수두압(절대압력)

P_a : 팽창탱크의 가압압력(절대압력)

P_m : 팽창탱크의 최고사용압력(절대압력)

(4) 팽창탱크 설치위치

① 개방형 : 최고층의 방열기나 방열면보다 1m 이상 높게 설치한다.

② 밀폐형 : 설치위치에 제한이 없다.

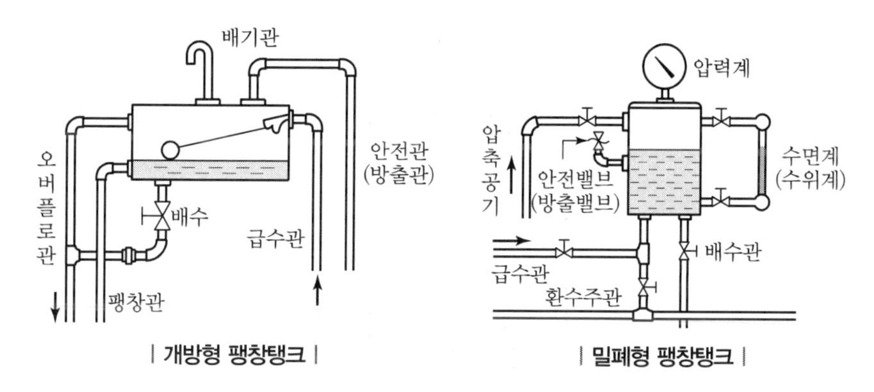

| 개방형 팽창탱크 | | 밀폐형 팽창탱크 |

(5) 팽창탱크와 순환펌프의 위치관계

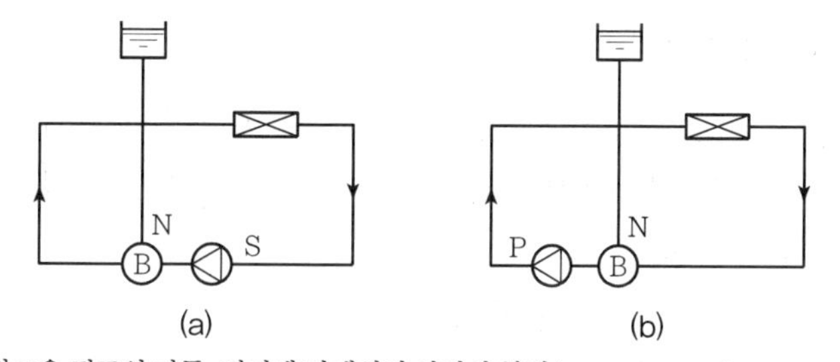

(a) (b)

* 점 N은 펌프의 가동, 정지에 관계없이 압력이 불변(No Pressure Change Point)

① (a)의 경우

- 배관계 내 N점에서 S점까지의 압력은 정수두압에서 N점에서 S점까지의 마찰손실수두를 만들 만큼 감소한다.
- 배관계 내의 공기 흡입 우려가 있다.

② (b)의 경우

- 배관계 내 P점에서 N점까지의 압력은 정수두압에서 P점에서 N점까지의 마찰손실수두를 만들 만큼 증가한다.
- 배관계 내의 내압 상승 우려가 있다.

(6) 팽창관

고가수조에서 급탕 보급수 및 팽창관에 연결된다.

$$\gamma_1 \cdot H = \gamma_2 (H + h)$$

$$h = H\left(\frac{\gamma_1}{\gamma_2} - 1\right)$$

여기서, h : 고가수조 수면에서 팽창관까지의 높이(m)

H : 급탕(팽창)관의 최저수위에서 고가수조 수면까지의 높이(m)

γ_1, γ_2 : 급수, 급탕 비중(kg/l)

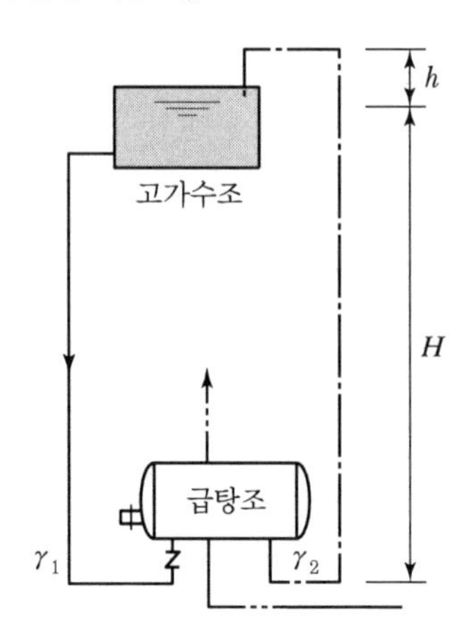

(7) 팽창탱크 설치 시 주의사항

① 오버플로(또는 안전밸브), 압력 유지장치, 보충수 장치를 설치한다.

② 보충수 장치는 감압밸브를 설치하여 배관계에 과압이 걸리지 않도록 하고, 이중 체크밸브 설치로 급수관 쪽으로의 역류를 방지한다.

③ 개방형 팽창탱크의 옥상 설치 시 동파, 오버플로 처리에 주의한다.

④ 밀폐형 팽창탱크의 봉입 가스가 누설되지 않도록 주의한다.

(8) 결론

① 공기 흡입이 없고 유지보수, 관리가 용이한 밀폐형이 권장된다.

② 최근에는 전자밸브에 의해 압력을 적정히 조절하고 유수 중 공기를 제거하는 기능을 더한 전자식 팽창탱크(팽창기수분리기)가 보급되고 있다.

5) 예열부하

① 온수난방에서 배관, 보일러, 방열기 등 각 장치 내에 들어 있는 물을 예열하기 위해 필요한 열량을 의미한다.

② 계산식

$$H' = (V + C \cdot W) \cdot (T_2 - T_1)$$

여기서, V : 장치 내 전 수량(l)
W : 보일러, 방열기, 배관 등을 형성하는 철의 양(kg)
C : 철의 비열(0.12kcal/m · h · ℃)

6) 고온수난방

- 통상 120℃~180℃의 고온수를 열매체로 사용하는 것으로 직접 이용이 곤란하고 위험성이 있어 특수건물, 공장, 지역난방 설비에서 많이 사용한다.
- 지역난방의 열매 중 고압 증기와 고온수는 서로의 장단점이 있으나, 배관의 구배, 응축수 회수의 어려움 때문에 고온수 방식이 많이 사용되고 있다.

(1) 지역난방의 특징

① 대기오염물질을 관리하기 용이하나, 건물별, 개별 열원 장치에서 배출되는 연소가스나 오염 물질은 관리하거나 통제하기가 쉽지 않다.

② 설비의 대형화로 효율이 향상되어 에너지가 절감된다.

③ 보일러 및 각종 연관 기기의 설치를 위한 공간이 없어도 되므로 각 건물별 설비 공간이 줄어든다.

④ 관리 인원이 줄므로 인적 자원이 절약되고, 화재 위험이 저감된다.

(2) 고온수난방의 특징

① 공급수와 환수 온도차를 크게 할 수 있다.(최소 55℃, 보통 65~83℃)

② 배관 및 열교환기, 방열기의 크기를 작게 할 수 있다.

③ 열용량이 커서 보일러 및 시스템의 운전이 안정적이다.

④ 배관의 구배, 길이 등의 제약이 적어 장거리 열수송에 적합하다.

(3) 고온수의 장단점

① 장점

- 증기에 비해 온수의 축열량이 크다.
- 용량 제어가 용이하다.
- 부하 변동에 쉽게 대응할 수 있다.
- 장치 내 공기혼입의 우려가 적어 내부 부식이 적다.
- 배관구배를 고려하지 않아도 된다.

- 트랩 장치 등이 없으므로 열손실이 적다.
- 정숙한 운전이 가능하다.

② 단점

- 관 내 정수두압이 높아 기기의 내압강도를 높여야 한다.
- 동력을 발생할 수 없다.
- 숙련된 관리자가 필요하다.
- 특수 설계된 고온수 보일러가 필요하다.

(4) 고온수난방과 증기난방의 비교

구분	고온수난방	증기난방
장점	• 배관구배에 제약이 없다. • 열보유 용량이 커서 시스템이 안정적이다. • 용량 제어 및 온도 제어가 용이하다. • 열손실이 적다. • 증기에 비해 부식 우려가 없다. • 증기난방 대비 연료를 20～40% 절약할 수 있다.(응축수 열손실 없음, 장비연소율 높음, 보급수량이 적음)	• 배관경을 작게 할 수 있다. • 희망압력보다 낮은 경우 승압이 가능하다. • 고층건물이나 장거리 수송에 유리하다. • 난방 이외의 용도로 증기사용이 용이하다.
단점	• 시스템의 내압 성능이 높아져야 한다.(포화압력 이상으로 항상 가압) • 순환 동력비가 크다. • 고층건물의 경우 시스템의 정수두가 높아져 불리하다.(고압 보일러 및 배관 필요) • 예열부하 및 예열시간이 크다. • 증기 사용설비에 대응이 어렵다.	• 응축수 회수가 어렵다. • 배관 구배가 필요하다. • 증기 재증발, Blow Down 등으로 열손실이 많다. • 시스템의 부식이 많다. • 외기 변화에 따른 실온 제어가 어렵다.

(5) 고온수난방의 가압 방식

고온수를 사용처에 보내기 위해서 가압이 필요하며 가압방식에는 정수두 가압식, 증기 가압식, 질소가스 가압식, 펌프 가압식 등이 있다.

① 정수두 가압 방식

- 고온수를 사용하는 기기보다 훨씬 높은 곳에 개방식 팽창탱크를 설치한다.
- 초고층빌딩에서 팽창탱크를 상층에 설치하고 지하층에 고온수 사용기기를 설치하는 경우에만 사용 가능하다.

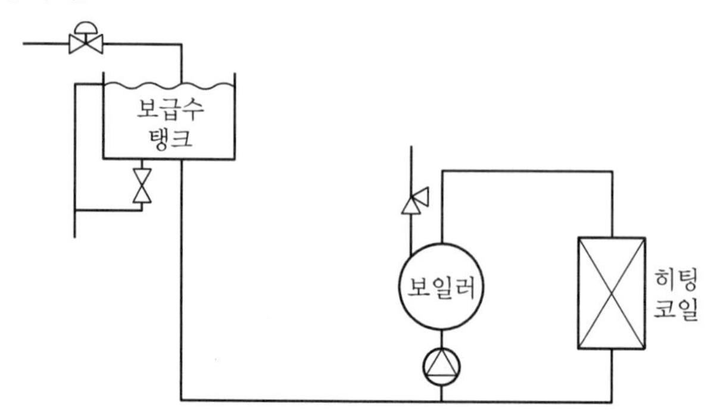

② 증기 가압 방식

- 보일러 자체나 밀폐형 팽창탱크에 증기실을 두어 증기를 이용하여 가압하며, 가압 압력이 탱크 내의 온수 온도에 의해 좌우된다.
- 간헐 난방의 경우 운전 정지 시 배관계로 공기가 흡입되어 부식의 원인이 된다.

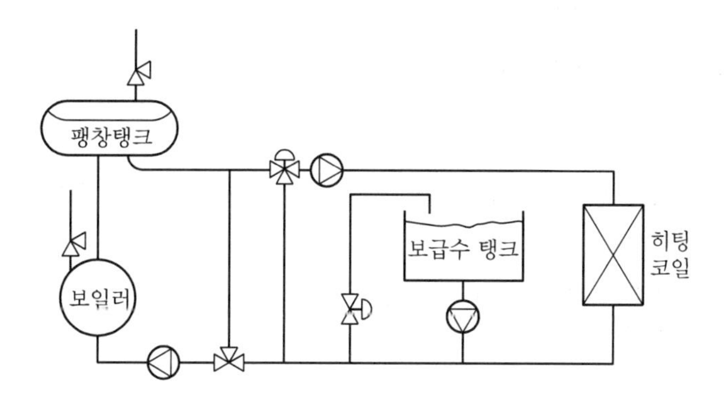

③ 질소가스 가압 방식

- 불활성 가스인 질소를 이용해 배관을 가압하며 공기 혼입이 적어 부식 장해가 적다.
- 질소가스의 압력에 의해 가압한다. 온수 온도에 관계없이 가압 압력이 일정하고 가압탱크로 보일러 내의 설치높이에 관계없이 소정의 고온수 공급이 가능하다.
- 부식이 일어나지 않으며, 종류에는 변압법과 정압법이 있다.

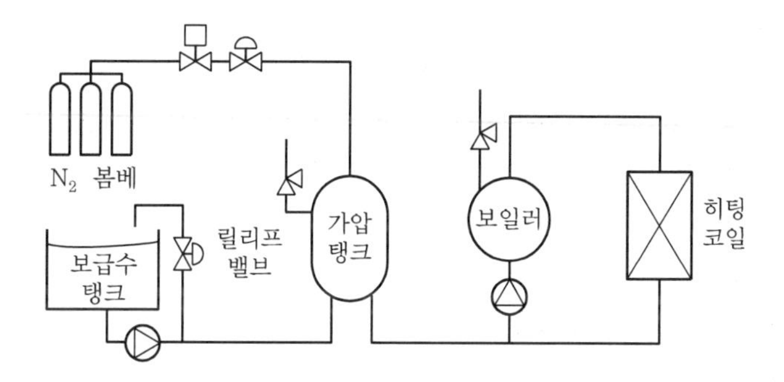

④ 펌프 가압 방식

- 팽창탱크에 가압 급수펌프를 설치해 장치 내 압력이 낮아지면 가압급수 펌프가 운전되어 압력을 일정하게 유지해 주고, 장치 내의 압력이 상승하면 압력조절밸브가 열려 개방탱크로 일부의 고온수를 방출하여 여분의 물은 개방식 팽창탱크로 되돌려 압력을 조정하며, 장치 내의 압력을 일정하게 유지하기 어렵다.
- 공기 침입에 의한 부식 문제와 저온의 보급수 보충에 따른 온도변화에 주의가 필요하고, 정전 시 가압이 불가능하다.

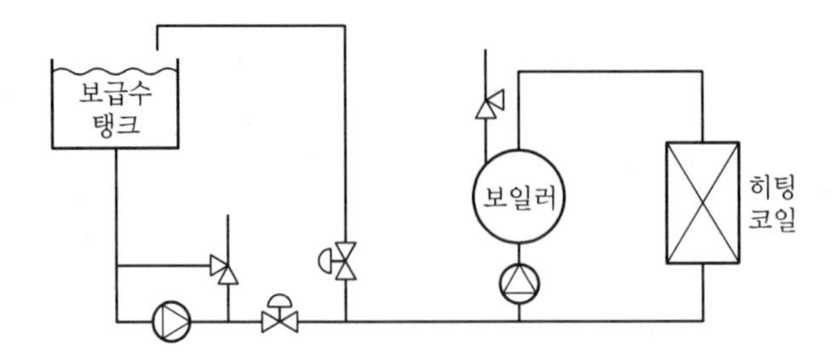

(6) 설계 시 요구조건

① 고온수의 유동상태에서 장치 내의 모든 부분을 포화압력 이상으로 유지하고 Flash 현상을 일으키지 않도록 할 것
② 팽창탱크로서 역할을 하고 보급수의 보충을 최소화할 것
③ 압력조정기능이 확실하여 신뢰성이 있을 것
④ 유지관리가 용이할 것
⑤ 부식의 원인이 되는 산소의 보급원이 되지 않을 것
⑥ 고온수난방의 가압은 관 내 부식의 원인이 되는 공기의 유입을 차단하면서 정전 시에도 영향을 받지 않는 가압방식일 것

(7) 지역난방의 장단점

① 경제적 이점
- 열원설비 집중화에 따라 고효율장비 선정 및 효율 향상이 가능하다.
- 동시부하율을 고려하여 설비용량을 축소할 수 있으므로 가동률이 향상된다.
- 각 건물의 설비공간이 축소된다.
- 보수관리 인원이 축소된다.
- 에너지 단가를 낮춘다.
- 대량구매 또는 열병합발전이 가능하다.

② 사회적 이점
- 고급연료 채택 및 연소폐기물의 집중처리로 대기오염이 줄어든다.
- 화재를 방지한다.
- 주거환경이 향상된다.

③ 단점
- 초기 시설투자비가 크다.
- 예열시간이 길어 연료소비량이 많고 배관에서의 열손실이 많다.
- 열원기기의 용량 제어가 어려우며 열매요금의 분배가 어렵다.
- 순환펌프의 용량이 커진다.
- 유황분이 많은 저질유를 사용하면 저온부식의 위험이 있다.
- 고도의 숙련된 기술자가 필요하다.

(8) 열원 방식

열원시설은 열을 생산하여 주택, 건물 등 열수용가에 공급하는 에너지 생산시설과 열공급시설로 구성된다.

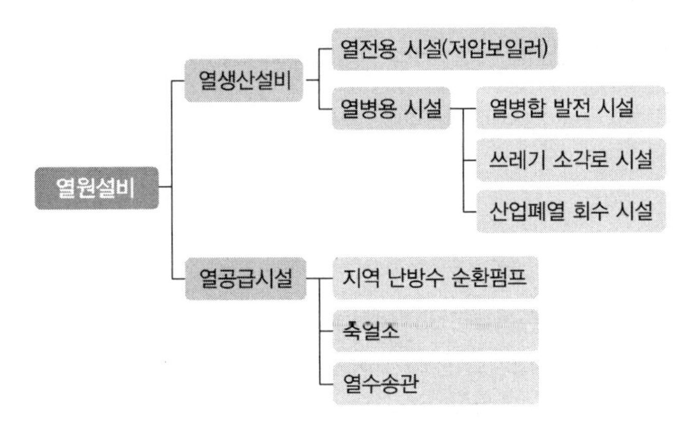

① 열전용 시설

지역난방에 필요한 열을 주로 저압보일러를 사용하여 생산, 공급하는 방식으로 연료로는 석탄, 천연가스, 석유 등이 쓰이며 국내에서는 B－C유나 LSWR(저유황 왁스유)를 대부분 사용하고 있다. 타 방식에 비해 초기 투자비가 가장 적게 드나, 단지 열만을 생산하므로 경제성이 떨어지며 설치 부지가 많이 필요하다.

② 열병용 시설

㉮ 열병합발전 시설

- 보일러에서 생산된 증기를 터빈 발전기에 통과시켜서 전력을 생산하고, 배출되는 저압증기를 다시 지역난방에 이용함으로써 에너지의 효율을 높이는 방식이다.
- 전력수요 또는 수용가 열 부하에 따라 축기를 적절히 배분, 조절할 수 있으며, 재래식 화력발전소에서의 복수기 손실열을 난방 또는 급탕열로 이용할 수 있고, 냉각수 대신 난방용 순환용수를 사용하므로 유효열의 이용효율을 극대화할 수 있다.

㉯ 쓰레기 소각로 시설

- 도시에서 발생하는 쓰레기를 소각 처리함으로써 발생되는 열을 이용하여 증기 또는 온수를 생산하여 이를 난방 또는 전력생산에 이용하는 방식이다.
- 쓰레기 소각로에서 발생되는 열은 그 지역 열 수요의 일부에 불과하고 저렴하여 기저부하에 이용된다.

㉰ 산업폐열 회수 시설

시멘트공장, 제철소, 제지공장, 석유화학공장이나 공업단지 내의 공장 증기의 일부 또는 폐열을 이용하는 방식으로 본질적으로 열병합발전과 큰 차이가 없다.

SECTION 06 복사난방

건축물의 바닥, 천장, 벽 등에 코일을 매립하여 증기나 온수를 순환시켜 가열면의 온도를 높여 복사열에 의해 난방하는 방식으로 패널난방(Panel Heating)이라고도 한다.

1) 복사난방의 특징

(1) 장점

① 복사열에 의한 난방으로 쾌감도가 좋다.
② 실내온도의 분포가 균일하여 쾌감도가 좋다.
③ 대류보다는 복사에 의한 열전달로 바닥 먼지의 상승이 적다.
④ 방열기가 필요없어 바닥의 이용도가 좋다.
⑤ 상하 온도차가 작아 천장이 높은 방에 적합하다.
⑥ 실내온도가 낮아도 난방효과가 있으며 손실열량이 적다.
⑦ 축열 효과가 있어 실내온도 변화가 안정적이다.

(2) 단점

① 예열시간이 길어 부하에 대응하기 어렵다.
② 방수층 및 단열층 시공 등 설비비가 비싸다.
③ 배관매립으로 시공, 점검이 어렵고 누설 발견이 어렵다.
④ 표면부(모르타르층)에서 균열이 발생한다.

2) 복사난방 설계 시 고려사항

① 가열면(콘크리트 바닥) 표면 허용 최고온도 : 31℃ 정도
② 매설 배관의 관경 : 15～20A의 동관 또는 XL관, PPC관, PB관 등
③ 배관 피치 : 200～300mm 정도
④ 매설 깊이 : 바닥 매설 배관 위 모르타르 두께는 관 위에서 표면까지 관경의 1.5～2배 이상
⑤ 배관 길이 : 배관회로 하나의 길이는 50m 이하
⑥ 온수의 온도차(온도강하) : 6～8℃(콘크리트 바닥 기준, 온수 온도 38～55℃)

3) 복사난방 방식의 종류

(1) 패널의 온도에 의한 분류

구분	내용
저온식	• 패널의 표면온도 : 30∼40℃ 정도 • 온수식, 전기식, 온풍식의 다양한 열매체에 적용
고온식	• 패널의 표면온도 : 100∼150℃ 정도 • 보통 고온수나 증기, 전기를 이용 • 패널은 보통 유닛 형태 • 공장, 체육관, 창고 등 넓은 공간의 난방에 이용
적외선식	• 패널의 표면온도 : 800∼1,000℃ 정도 • 연소가스나 전기열을 이용 • 패널의 크기를 줄일 수 있음 • 공장, 체육관 등 대규모 건물의 직접난방이나 산업 공정의 열처리, 기타 목적으로 이용

(2) 패널의 위치에 의한 분류

구분	내용
천장패널	• 패널의 표면온도 : 일반적인 실에서 50℃ 정도 • 복사면 인근의 장애물이 적고 표면온도를 높일 수 있어 패널면적을 작게 할 수 있음 • 공장 등 천장고가 높은 곳에서는 고온의 복사난방이나 적외선 난방으로 사용 • 시공이 어려움 • 천장고가 높을수록 부적당 • 필요시 덕트와 혼용하여 공기를 대류시킬 수 있음 • 열손실이 큰 실에 적합
바닥패널	• 시공이 용이하므로 널리 사용 • 바닥면을 가열면(Panel)으로 하여 바닥 표면온도는 30℃ 이하가 보통이며 27℃가 적정온도(너무 높게 할 수 없음) • 온수, 전기, 온풍 등 다양한 열매를 적용
벽패널	• 충분한 외단열이 필요(열손실 방지 목적) • 온수 사용 시 동파의 우려가 타 설비(천장, 바닥)에 비해 큼 • 창틀 등과 같이 열손실이 큰 부분에는 보조난방으로도 사용 • 바닥이나 천장패널의 보조로서 창문 부근에 설치 • 가구 설치나 벽체 설치물 등의 배치에도 주의하여 위치 선정

(3) 열매체에 의한 분류

구분	내용
온수식	• 일반적으로 많이 사용 • 저온 복사난방 시 80℃ 이하의 저온수를 사용 • 중온 및 고온 복사난방 시 150∼200℃의 고온수를 사용
증기식	• 일반적으로 저압증기를 이용 • 천장이 높은 공장 등에 사용 • 천장 방열면에는 고압증기 사용
전기식	특수한 전열선을 구조체에 매입 또는 적외선 램프를 이용
온풍식	• 온풍을 구조체 내의 덕트에 통과시켜 바닥 등을 가열 • 열효율이 저조

(4) 패널의 구조에 의한 분류

파이프 매설식	• 파이프를 콘크리트에 매립하거나 이중 천장 사이에 파이프를 부착하여 구조체를 가열 • 피치 : 15A 기준 150~250mm(코일피티가 관경 크기에 비례, 열손실량이 크면 줄어듦) • 매설깊이 : 관 직경의 1.5~2배가 적당 • 일반 거실 혹은 천장이 높은 회의장 및 강당 등에 적합
특수 패널식	• 덕트패널 : 콘크리트 덕트나 중공타일에 온풍을 통과시켜 가열 • 유닛패널 : 주철제, 강판 패널에 가열코일을 부착하고 고온수나 스팀을 통과시켜 가열 • 주철제 또는 동판제의 패널을 천장, 벽 등의 표면에 부착 • 150~200℃의 고온수 또는 증기를 통과시켜 패널면을 가열 • 가열면의 표면온도는 140~150℃로 유지 • 적외선 패널, 전기패널 등이 있음

4) 방열 패널의 배관 방식

구분	그리드 코일	밴드 코일(a Type)	밴드 코일(b Type)
코일 배치	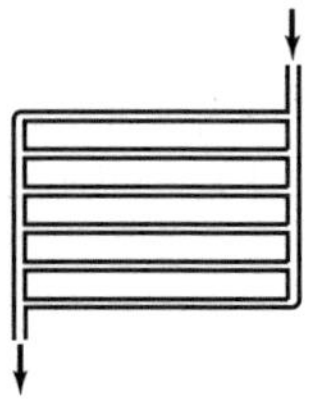	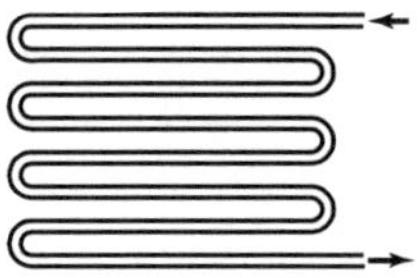	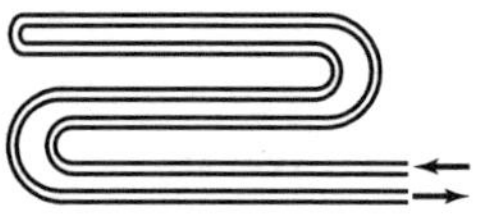
유량분포	보통	균일	균일
온도분포	보통	불균일	균일

(1) Grid 방식

① 스팀을 사용하는 경우에 적용한다.(사우나 등)

② 하자(누수)의 발생이 가장 크다.

③ 온수 사용 시는 역환수 방식을 채택한다.

④ 배관저항이 작아 좋지만 유량이 불균형하다.

(2) Band 방식(a Type)

① 바닥온돌 시스템에 가장 많이 사용한다.

② 코일 배치 방식에 의해 바닥온도의 불균형을 초래할 수 있다.

③ 유량분포는 균일하지만, 온도분포가 불균일하다.

(3) Band 방식(b Type)

유량분포와 온도분포가 균일하다.

5) 설계 및 시공 시 주의사항

① 배관 시 부속이나 용접 등의 이음을 금지한다.(온수, 스팀 사용 시 누수 위험)

② 유량 분배나 난방 불균형 방지를 위한 배관 방식

- 코일의 배치 방식, 코일 피치 간격을 적정하게 선정한다.
- 리버스 리턴 배관 방식을 채택한다.
- 각 존별로 정유량밸브나 온도조절밸브를 설치한다.

③ 파이프나 패널의 신축팽창을 고려한다.

④ 관 내 공기 정체가 없도록 하고 불가피한 경우에는 자동 공기빼기밸브를 설치한다.

⑤ 코일의 길이가 지나치게 길지 않도록 주의한다.(적정 길이는 50m이나 그 이상이 될 경우 배관 시스템 및 전열량에 대한 면밀한 검토와 대책 강구)

⑥ 패널 뒷면에서의 열손실 차단을 위한 단열조치를 철저히 한다.

6) 결론

① 복사열에 의한 난방으로 상하 온도차가 작고 실내 쾌감도가 좋아 주택 난방이나 극장, 강당, 홀 등의 난방에 활용한다.

② 주택의 경우 각 실별 온도제어시스템, 온돌층의 건식화 공법, 욕실 바닥난방 등 다양한 방식으로 신공법과 기술 개발이 진행되고 있다.

③ 생활 형태의 변화, 건축 마감재의 다양화, 친환경 · 웰빙 등 변화하는 난방 여건과 건설시장 환경에 맞춰 지속적 개발과 발전이 예상된다.

SECTION 07 온풍난방

열원장치에 의해 가열된 온풍을 직접 실내에 공급하여 난방하는 방식이다.

1) 장점

① 열용량이 작아 예열시간이 짧고 간헐 운전이 가능하다.

② 신선한 외기 도입으로 환기가 가능하다.

③ 송풍온도가 높아 덕트를 소형으로 할 수 있다.

④ 설치가 간단하며 설비비가 싸다.

2) 단점

① 공기를 강제적으로 보내므로 소음 발생이 크다.
② 실내 온도분포가 좋지 않아 쾌적성이 떨어진다.
③ 덕트나 연도의 과열에 따른 화재의 우려가 있다.

SECTION 08 적외선 난방장치

연소열의 70% 이상을 적외선으로 전환해서 복사열로 만들어 발산한다.

1) 용도

난방기의 경우 전열선이나 적외선 전구 등이 이용된다.

2) 특징

① 패널의 경우, 연소가스와 전열(電熱)을 사용하여 패널 표면온도를 800~1,000℃ 정도로 유지하고 그 고온 면에서 나오는 적외선을 직접 인체에 방사시켜 난방 효과를 얻는다.
② 특히 패널 표면온도가 200~400℃ 정도일 경우를 원적외선 난방이라 한다.
③ 공장, 창고, Pool, 체육관 등의 난방이나 건물 입구, 옥외의 국소난방 등에 이용된다.

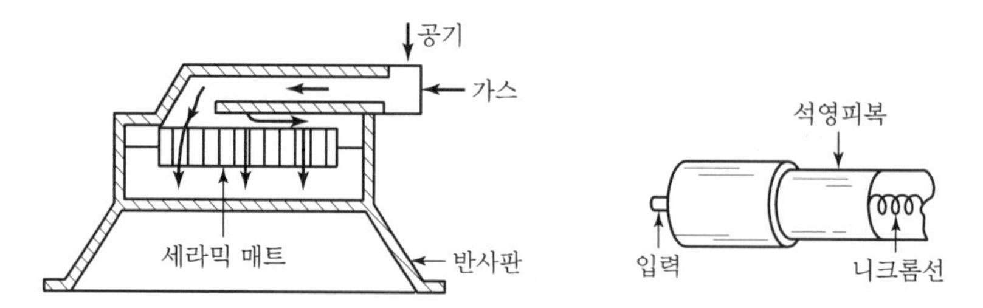

SECTION 09 열병합발전

열병합발전은 공급된 에너지로 발전과 열에너지를 동시에 공급하고 배열이나 배출되는 에너지를 효율적으로 사용하는 고효율, 집약적 에너지 생산 · 공급시설이다.

1) 열병합발전의 특징

(1) 에너지의 집약적 생산과 공급

① 자체 열에너지 및 전력 생산시설을 갖춰 시설 운영의 안정성이 증대된다.(정전 시, 피크 전력 시, 특히 공장 등)

② 지역난방이나 대규모 산업단지의 집단 에너지 공급시설에 활용되며, 경제성 있는 대규모 건물이나 공동주택에도 적용 가능하다.

(2) 에너지 비용 절감

① 발전 후 배열이나 폐열을 이용한 열에너지 공급이 가능하다.(냉난방, 급탕)

② 설비 규모의 대형화로 운전 효율 및 에너지 효율이 향상된다.(70~80% 이상)

③ 피크 전력 부하를 회피할 수 있고, 수전 설비비 및 전력 요금이 절감된다.

④ 저가 에너지 사용이 가능하다.(저급 연료, 쓰레기 소각열, 공장 등의 부생가스 등)

(3) 환경 오염 물질 방출 저감

① 공해 방지를 위한 각종 설비 설치로 오염 물질 배출을 억제한다.

② 에너지 효율 향상으로 이산화탄소 등 환경 오염 물질을 저감한다.

(4) 기타

정부 기관의 설비 투자비 지원 및 세제상 혜택 등

2) 열병합발전 도입 시 고려사항

(1) 열전비(E/H Ratio) 검토

① 열전비 = 계통의 열에너지 사용량 ÷ 전력 에너지 사용량

② 열전비가 1 근처일 때 에너지 효율 및 절감액이 극대화된다.

(2) 부하(열, 전기) 사용량 및 사용 패턴

① 대규모 설비 시설 및 운용에 적정한 부하량을 검토한다.

② 안정적 부하 소요 및 계절적, 시간적 편중 여부를 분석한다.

③ 부하율이나 장비 가동률이 낮은 경우에는 에너지 효율이 낮아진다.

(3) 에너지 효율 및 경제성 분석

① 입력 에너지에 대한 출력 비율이 높아야 한다.

② 에너지 절감 비용으로 초기 투자비 회수 기간이 짧아야 한다.

3) 열병합발전의 종류

(1) 증기 터빈 시스템

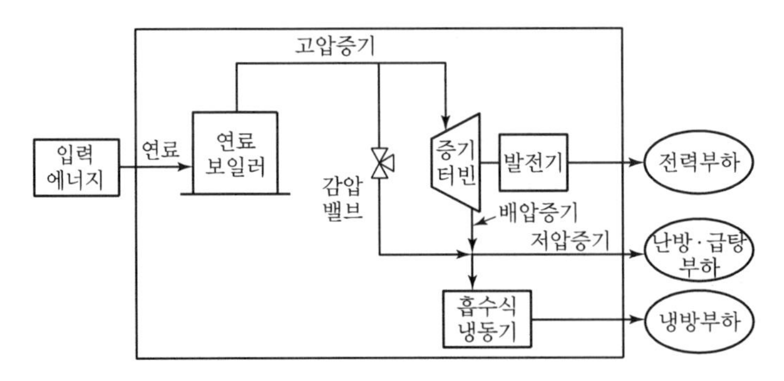

장점	• 소규모~대규모까지 설비용량에 비교적 제한이 적고 다양한 연료를 사용 가능하다. • 전력 및 냉온수의 공급이 안정적인 편이어서 현재까지 가장 보편적으로 사용되고 있다.
단점	• 초기 투자비와 소요공간이 크고 초기 가동에 다소 시간이 소요된다. • 계통이 다소 복잡하고 운용에 보다 전문적 인력이 필요하다.

(2) 가스 터빈 발전 시스템

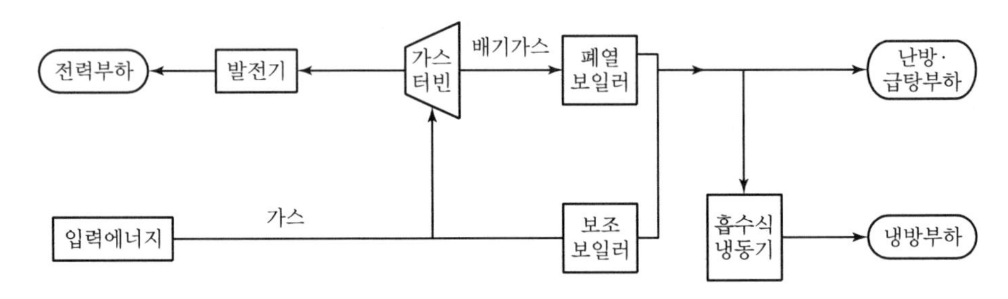

장점	• 시스템이 간단하고 발전 효율이나 에너지 효율이 좋다. • 초기 투자비가 비교적 적고 건설기간도 짧다.(모듈화) • 초기 기동이 신속하고 오염물질 배출이 적다.
단점	• 연료비가 많이 들고 제어장치가 복잡하다. • 고온의 단열재(고온의 배기가스) 및 배기가스 탈질설비가 필요하다.

(3) 가스/디젤 엔진 열병합발전

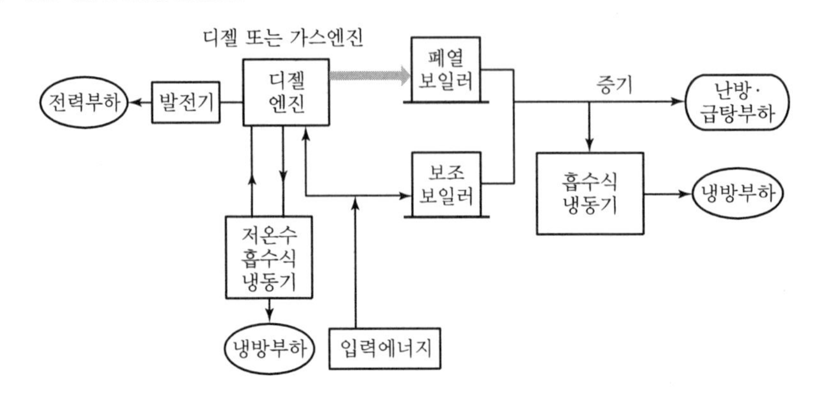

장점	• 중소규모의 열병합발전 방식으로 적합하다.(대규모 빌딩, 아파트 단지) • 적은 용량의 경우 패키지화되어 있고 발전효율이 높다. • 설치면적이 작고 시스템이 간단하며, 자동제어 및 운전이 용이하다. • 가스엔진의 경우 전력량과 회수 열량의 비가 적당하다.
단점	• 소음, 진동이 있다. • NOx, SOx 배출 우려가 있고, 냉각수 온도 제어에 주의해야 한다.(디젤 엔진)

(4) 연료 전지 시스템

장점	• 도시가스를 직접 전력으로 변환하여 발전효율이 좋다.(약 80%) • Process가 화학적이어서 소음, 진동이 없다. • 대기오염이 매우 적다. • 구조가 간단하다.
단점	연구개발단계에 있어 본격 실용화나 경제성 획보에는 다소 시간이 소요될 것으로 예상된다.
종류	인산염형, 응용탄산염형, 고온/고체 전해질형, 알칼리 수용액형, 메탄올형

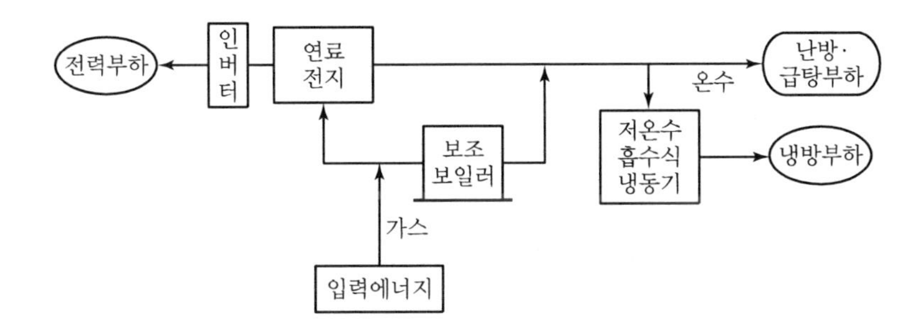

4) 결론

① 여러 가지 장점으로 인하여 대규모 공동주택이나 빌딩에서도 열병합발전시스템을 많이 채용하고 있다.

② 냉난방부하 패턴 및 경제성 등의 면밀한 검토와 대처 방안 강구가 필요하다.

③ 잦은 고장(보조 보일러 필요), 고장 시 한전 수전용량 및 단가 등의 해결 과제가 있다.

SECTION 10 지역난방

• 지역난방은 한 지역에 대규모 열원 공급시설을 설치하여 수요처까지 지역배관을 통하여 열원을 공급하는 집단 에너지 공급 방식이다.

• 에너지의 효율적 이용, 대기오염 감소, 인적 자원 절약 등의 장점이 있다.

1) 지역난방의 특성

(1) 장점

① 경제적 이점

- 대용량 설비화로 장비 가동률 및 운전 효율이 향상된다.
- 저가 에너지(저급 연료, 쓰레기 소각열, 화력발전소 폐열)를 이용할 수 있다.
- 사용 부하 동시 사용률을 고려하여 전체 장비 용량 축소가 가능하다.
- 지역 냉난방, 열병합발전과의 연계, 호환이 가능하다.
- 시설의 집중화로 운영 관리가 경제적으로 이루어질 수 있고 시설의 안정도도 향상된다.
- 수요처별, 건물별로 설치하던 기계실 등의 건축 공간이 줄고, 열원설비, 전력 수전설비 등의 시설 투자비가 감소한다.

② 사회적 이점

- 대기오염 저감 : 에너지 효율 향상, 배출 가스 처리시설의 체계적 관리와 규제 가능
- 주거환경 개선 : 대기오염 감소, 개별 열원 장비 설치에 따른 위험성 감소, 건물 공간의 활용성 향상 등

(2) 단점

① 저부하, 국부적 부하 발생 시 에너지 효율 및 경제성이 저하된다.

② 저렴한 에너지 비용으로 인하여 수요자 측에서 낭비적인 에너지 사용 가능성이 있다.

③ 난방부하나 동시 사용률이 집중될 경우 전체 설비 용량 축소에 한계가 있다.

④ 초기 시설비가 크고 기존 도심지의 신규 확장이 곤란하다.(지역 배관공사에 애로)

2) 지역난방의 분류

(1) 열매의 종류에 의한 분류

지역난방	증기	고압	3.5기압 이상
		저압	3.5기압 이하
	온수	저온수	~80℃
		중온수	80~120℃
		고온수	120℃~

(2) 열원 방식에 의한 분류

① 전용 열원 : 지역에 따라 가스나 중유 등

② 병용 열원 : 전용 열원+폐열(쓰레기 소각열, 발전소 폐열, 공장 부생가스 등)

(3) 유량 공급 방식에 의한 분류

정유량 방식	• 배관 내 유량을 항상 일정하게 공급 • 펌프 소요동력이 크고 부하 변동에 관계없이 연속 운전이 필요 • 수요처 측에서는 공급이 안정되어 설계, 제어가 용이 • 부하 변동을 온도로 제어하거나 바이패스시켜 제어
변유량 방식	• 부하 변동에 따라 배관 내 유량이 변화, 공급 온도는 일정 • 동력소비 절감(회전수 제어나 대수제어 실시) • 열원 측은 바이패스 회로를 두어 부하 특성에 맞춰 유량 제어가 필요 • 관 내 압력변화나 환수온도에 따른 제어 등 제어 계통이 복잡
혼용 방식	• 정유량 방식 : 겨울철, 난방부하가 클 경우(배관 부하 경감, 오버히팅 방지) • 변유량 방식 : 여름철, 중간기, 난방부하가 작을 경우(펌프 동력비 절감)

(4) 배관 방식에 의한 분류

① 지역 주관 배관 방식에 의한 분류

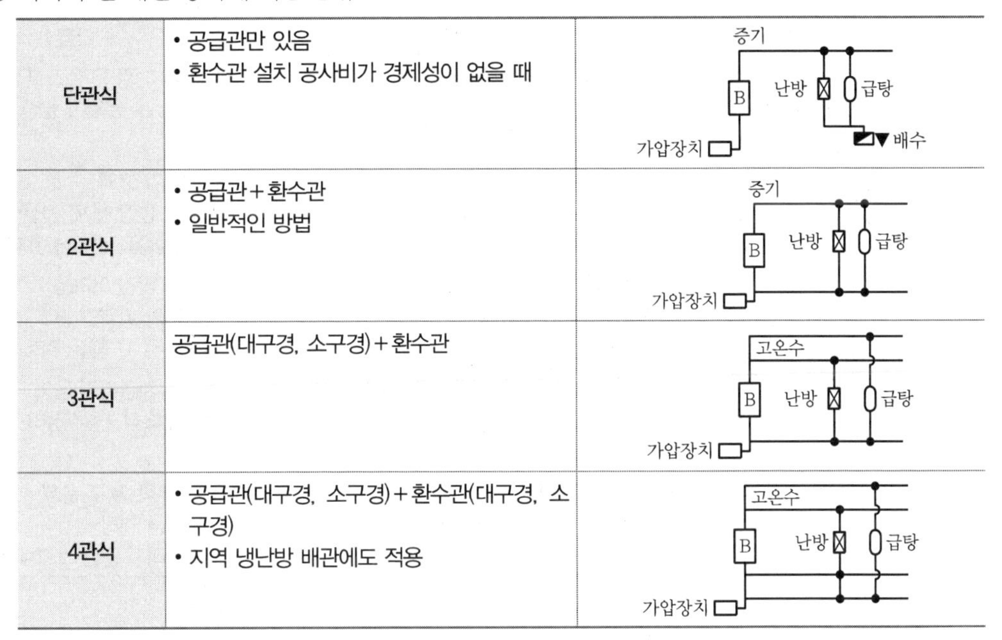

단관식	• 공급관만 있음 • 환수관 설치 공사비가 경제성이 없을 때	
2관식	• 공급관 + 환수관 • 일반적인 방법	
3관식	공급관(대구경, 소구경) + 환수관	
4관식	• 공급관(대구경, 소구경) + 환수관(대구경, 소구경) • 지역 냉난방 배관에도 적용	

② 배관망 형식에 의한 분류

㉮ 망눈형 배관

- 가장 이상적인 배관 형상
- 어느 배관망 고장 시 대처가 용이
- 공사비가 많이 소요

㉯ 환상형 배관

- 가장 널리 사용
- 배관망 고장 시 대처가 용이한 편

㉰ 빗형 배관
구역의 주관 고장 시 이후 지역 공급 불가

㉱ 방사형 배관
- 구역의 주관 고장 시 해당 지역 공급 불가
- 소규모에 적합

③ 지역난방 배관 방식 선정 시 고려사항
- 지역난방구역 내 부하 분포 및 배치
- 장래 도시 계획 및 증설 예상
- 기타 시설물 상황, 교통 상황, 열원 공급 상태
- 토질, 지하수위

(5) 배관 부설 방법에 의한 분류

구분		장점	단점
가공배관 방식		• 가교나 고가도 아래에 배관 설치 • 건설비가 저렴 • 시공 및 유지관리가 용이	• 도심지 미관 문제로 부적합 • 부식, 누수 문제가 발생
지중 매설	지하철(도) 공동구 방식	• 에너지의 항구적, 확실한 공급 • 내압 · 내식 · 방수성이 뛰어남 • 유지관리가 용이	• 건설비가 고액 • 시공이 번잡(설계, 건설비, 협조) • 타 시설물과 관리상 문제
배관 방식	전용 공동구 배관	• 콘크리트 트렌치 등을 전용 공동구 내에 설치 • 내수 · 방수성이 좋음 • 유지관리가 용이	• 시공이 약간 어려움 • 건설비가 고액인 편 • 집중호우 시 침수 우려
	컨덕터 방식	• 주철관, PC흄관, FRP 등 외부 보호관 내 시공 • 내수 · 방수성이 좋음 • 유지관리가 용이	• 배관 유지관리가 용이 • 내수 · 내식 · 침수성이 보통
	직매설 방식	• 배관작업이 간단 • 공기가 짧고, 건설비가 저렴	• 배관 부식, 누수 문제 • 보온성능 저하 • 유지관리가 곤란, 노면유지비 발생

3) 2차 측(부하 측) 접속 방식

(1) 직결 방식

① 원리
- 1차 측 열매를 부하 측에 그대로 공급 또는 2－way나 3－way 밸브를 설치해 1차 측 열매 유량을 제어해 부하 변동에 대응한다.
- 1차 측 압력이 적정하게 유지되어야 한다.

② 특징
- 공사비가 싸고 배관 구조가 간단하다.
- 기계실 면적이 적게 소요된다.

- 부하 기기 사용 조건에 따라 120℃ 정도로 제한된다.
- 입 · 출구 온도차를 크게 할 수 없으므로 배관 구경이 크다.
- 초고층 건물의 경우 보일러 내압 성능상의 문제로 부적절한 방식이다.

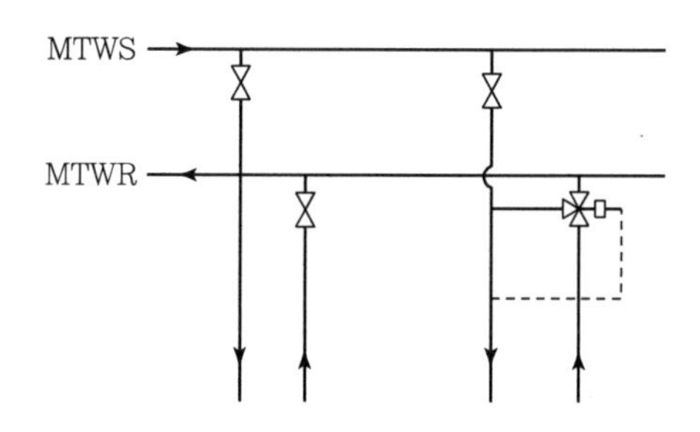

(2) 열교환기 방식

① 원리

열교환기를 통하여 1차 측 고온수로 2차 측에 온수 또는 증기를 발생시키는 방식으로 가장 많이 채택하고 있다.

② 특징

- 1차 측 입 · 출구 온도차를 크게 하여 배관 관경을 작게 할 수 있다.
- 1차 측과 2차 측이 압력이나 온도 면에서 분리되어 있어, 2차 측의 시스템 구성 및 운전 압력이 안정적이다.
- 고온수 방식이나 초고층 건물에 적합하다.
- 기계실 면적을 많이 차지하고 건설비가 비싼 단점이 있다.

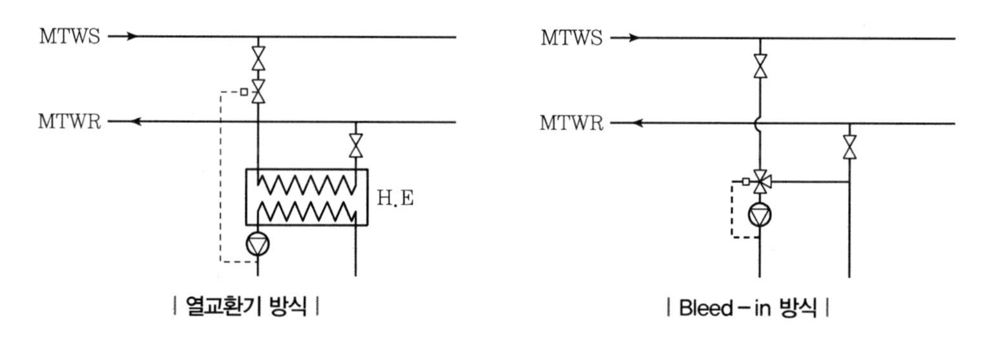

| 열교환기 방식 |　　| Bleed－in 방식 |

(3) 블리드인(Bleed－in) 방식

① 원리

- 1차 측 3－way 밸브 → 2차 측 순환펌프 → 2차 측 부하 직결 방식이다.
- 1차 측 허용 공급 수두 이상 높이의 부하 기기에 열매 전달이 가능하다.

② 특징

- 1차 측 압력에 관계없이 2차 측 압력 유지가 가능하다.(감압밸브, 정유량계 설치)
- 제어성이 좋고 2차 측 환수를 바이패스시켜 온도를 낮춰 가압한다.

- 기계실 면적을 적게 차지하고 열교환 방식에 비해 공사비가 저렴하다.
- 시스템 고장 시 1차 측 열매를 그대로 공급할 가능성이 있다.
- 1차 측 압력이 높을 경우 적용하기 어렵다.

4) 지역난방 열배관망 방식

- 지역난방 배관망은 열원시설에서 난방열을 각 사용자 측의 열교환기까지 공급할 수 있도록 하는 설비로서 공급 및 회수관으로 구성되어 있다.
- 배관망 구성 시 배관 관로상의 고지대/저지대, 사용자 측의 지형 및 열원의 위치 등을 고려하여야 하며, 배관망상의 모든 사용자 측에서 최소 요구차압을 만족시켜야 한다.

(1) 지역난방수 적정 유량분배를 위한 열배관 설계 방안

① 대규모 택지지구에 열을 공급하는 지역난방 방식은 열원으로부터 열사용처인 사용자 기계실까지 열을 공급하기 위해서 장거리 배관망을 이용한다.

② 이때 장거리 수송에 따른 압력 및 열손실이 증대되는 어려움이 있다.

③ 배관망 구성 시 각 공급지역의 특성 및 열원의 형태, 위치, 열사용자의 구성 형태를 고려하여 효율성, 경제성, 안전성을 극대화하는 것이 무엇보다 중요하다.

(2) 배관망 구성 방안

① 지역난방의 경우 지형 조건이나 각 지역의 환경이 서로 다른 경우가 많이 존재한다. 지반고의 차이가 크게 나면 배관의 부분적 압력 저하로 배관 내 증발현상이 일어나 수격현상 혹은 침식 등 심각한 문제가 발생할 수 있으며, 관경 선정이 적절치 않을 경우 사용자 측에서 최소 필요차압이 형성되지 않아 충분한 열공급을 못하게 되는 경우가 발생한다. 따라서 안정적인 열공급을 위해서 어느 경우에도 말단 사용자 측의 최소 필요차압 이상이 유지될 수 있도록 구성하여야 한다.

② 배관망의 형태는 분기 방식, Loop 방식, 격자 방식, 방사상 방식, 복합 방식 등이 있으며, 각 지역, 열원, 사용자의 특성을 종합적으로 고려하여야 한다.

▼ 지역난방 배관망 구성 방안

구분	개념도	적용
분기 방식	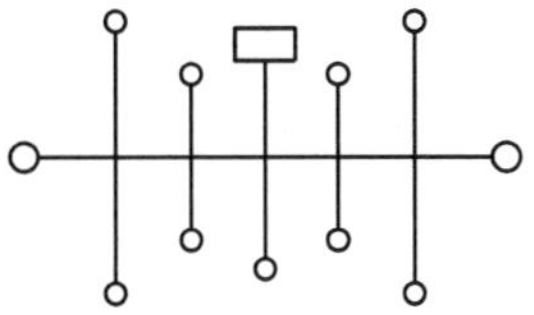	열수요처가 비교적 일직선으로 길게 산재해 있는 경우에 적합
Loop 방식	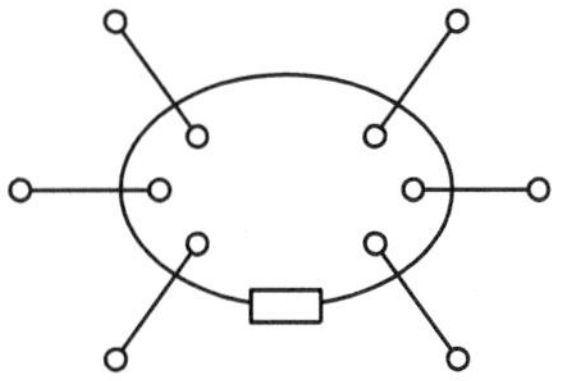	• 대단위 열수요처가 열생산 시설에 근접하여 밀접되어 있는 경우에 적합 • 열수송관망의 일부를 사용할 수 없는 경우에도 열공급이 가능
격자 방식	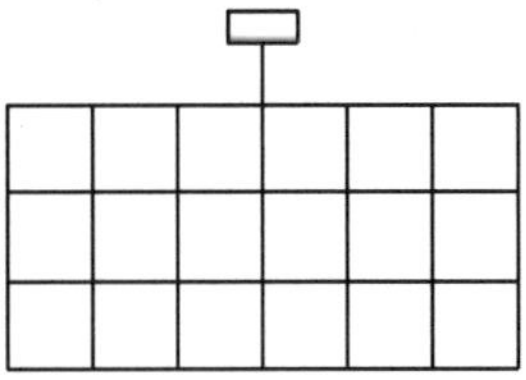	• 단독 주택과 같은 비교적 소단위의 열수요처가 열생산시설에 근접하여 밀집되어 있는 경우에 적합 • 배관망의 일부를 보수할 경우에도 열공급이 가능
방사상 방식	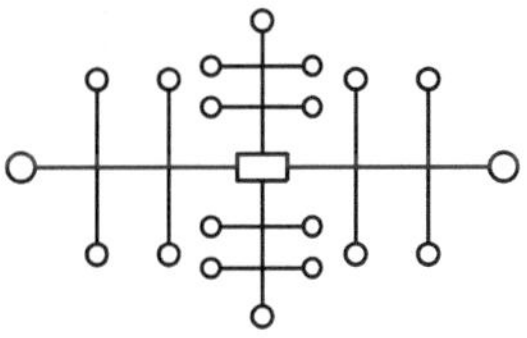	열생산시설이 열수요처의 중심에 위치한 경우 소규모 설비에 적합
복수열원 방식	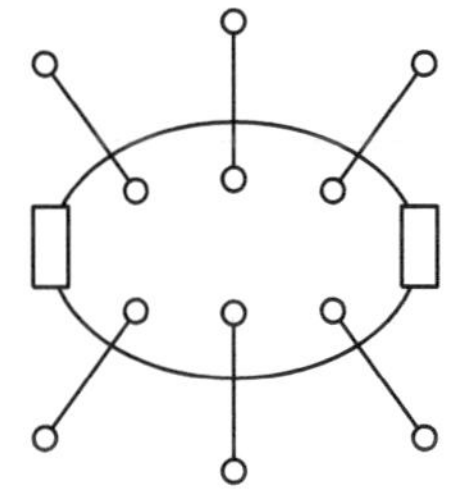 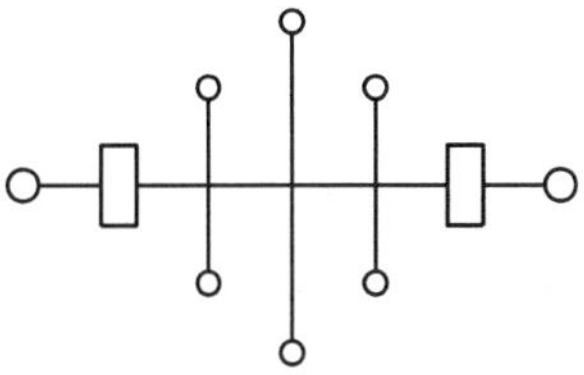	• 열수요 변화에 대처하기 쉬움 • 하나의 열생산시설이 운전되지 않더라도 나머지 설비의 운전으로 열공급이 가능

(3) 장거리 열수송 방안

설계압력범위 내에서 열수송 능력을 향상시킬 수 있는 방안으로 다음 세 가지 방안을 고려할 수 있다.

① 연계배관 관경 변경에 의한 방안

- 같은 배관망에서 연계열량을 증가시킬 경우 설계압력을 초과할 수 있다. 따라서 압력손실이 많이 발생되는 구간에 대한 배관망 관경을 변경하여 개선하는 방안을 생각할 수 있다.

- 보다 큰 관경을 설치하면 단위압력손실을 줄여 열원펌프의 허용 배관망 압력손실 범위 내에서 연계가 가능하다. 그러나 일반적으로 적정 관경보다 두 단계 혹은 세 단계 큰 관경을 선정해야 하므로 배관 투자비가 증가할 뿐만 아니라 대형관의 설치로 도심지를 지나는 곳에서는 공간 확보에 어려움이 많아 규모 면에서 제약이 있다.

② 공급압력 분산 방안
- 배관 내 압력을 낮추는 방법으로서 공급 압력을 분산하는 방안이 있다.
- 다음 그림과 같이 가압펌프의 설치위치에 따라서 압력 감소 유형이 달라진다. 즉, 가압펌프를 회수관에 설치하는 경우 공급관의 압력을 전체적으로 강하시킬 수 있는 반면, 공급관에 가압펌프를 설치하는 경우 가압펌프 설치 전까지의 배관압력만 낮아진다.

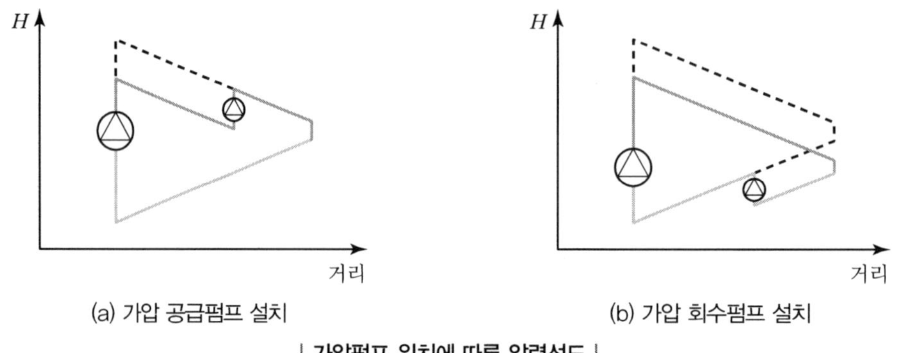

(a) 가압 공급펌프 설치 (b) 가압 회수펌프 설치

| 가압펌프 위치에 따른 압력선도 |

③ 역차압에 의한 방안
- 연계열량을 증가시킬 수 있는 방법으로서 회수압력보다 공급압력이 높게 형성되는 역(逆)차압을 이용하는 방안이 있다.
- 설계압력범위를 폭넓게 이용할 수 있어 부지 확보가 어려운 경우에 가압장을 설치하지 않거나 최소화할 수 있는 장점이 있다.

5) 결론

① 부하 상태, 시공성, 경제성 등을 복합적으로 고려하여 지역난방 방식을 선정한다.

② 근래에는 폐열이나 발전설비와 연계하여 냉난방을 겸용하거나 열병합발전설비로 발전하는 추세이다.

SECTION 11 수배관의 회로 방식

수배관의 회로 방식은 부하 상태, 사용 방법, 경제성 등을 종합적으로 판단하여 결정하되, 반송동력 절감, 각 계통별 유량 Balancing 등을 고려하여 결정한다.

1) 수회로 배관 방식

구분	방식	내용
밀폐 회로 방식	단식 정유량 방식	• 부하계는 3-way 밸브 • 가장 간단한 방법 • 부하계 및 각 존별 저항이 unbalance • 펌프 동력 소비가 큼 • 저층부에 과다한 압력이 작용 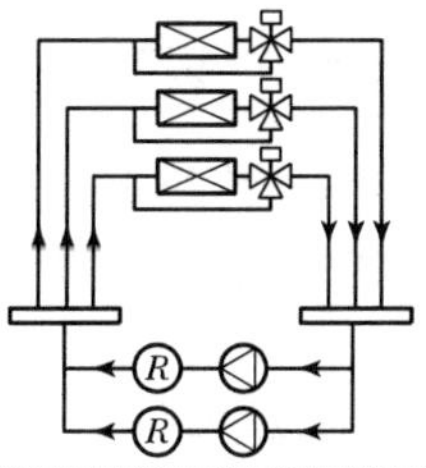
	단식 변유량 방식	• 부하계는 2-way 밸브 • 말단부하는 3-way 밸브(간헐 운전 시 배관 내 냉온수가 식어 열응답성이 저하됨을 고려) • 부하 및 각 존별 저항이 unbalance • 펌프 동력 소모가 큼 • 저층부에 과다한 압력이 작용 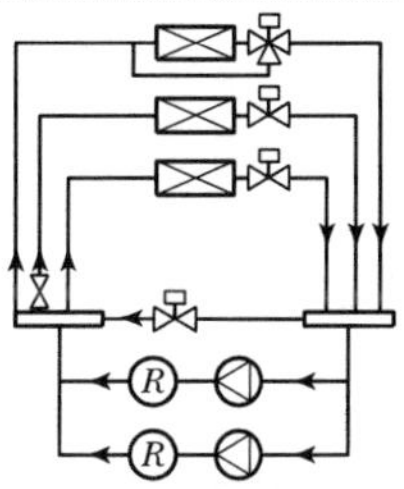
	복식 정유량 방식	• 부하계 제어는 3-way 밸브 • 각 계통의 유량을 안정되게 확보 • 펌프 동력소비가 작음 • 각 존별 적정 압력 유지가 가능 • 대규모 방식에 적합 • 통합헤더를 사용하면 부하계 사용 여부에 관계없이 열원계에 일정 유량이 확보 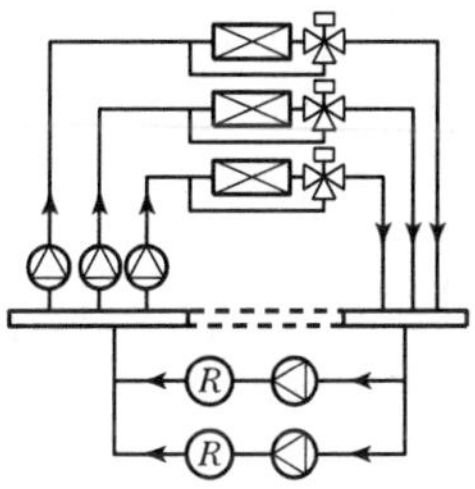
	복식 변유량 방식	• 부하계는 2-way 밸브 • 각 계통의 유량을 안정적으로 확보 • 펌프 동력소비가 작음 • 저층부에 과다한 압력이 걸리지 않음 • 대규모 방식에 적합 • 통합헤더를 사용하면 열원계에 일정한 유량 확보가 가능 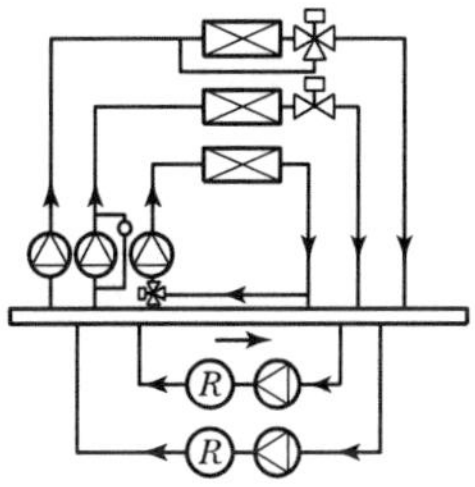
개방 회로 방식	단점	• 펌프의 동력이 커짐 • 수조의 개방 부분에서 순환수가 오염되기 쉽고 열손실이 발생 • 개방회로를 채용할 때는 축열 방식과 같이 그 유효성을 충분히 확인한 방식에 적용해야 함 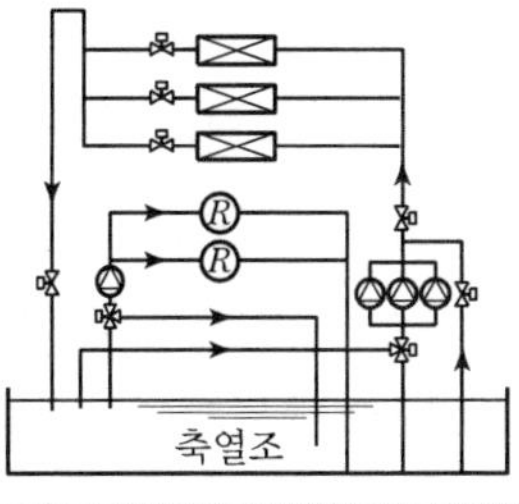
	장점	• 열원장비 용량 감소, 수전 동력 감소 • 열원계 및 부하계의 시간차에 대응하기에 용이 • 기기의 고효율 운전이 가능 • 폐열 회수 냉온수의 동시 사용이 가능

2) 배관 저항의 Balance 방식

① Reverse Return 방식
② 관경 또는 밸브에 의한 방법
③ 오리피스에 의한 방법(Balancing v/v)
④ 부스터 펌프에 의한 방법

3) 공조 배관 방법

(1) 역환수 방식(Reverse Return)

① 냉온수의 유량을 균일하게 분배하기 위하여 각 존별 마찰저항을 같게 한다.
② 각 존별, 기기별 배관 회로의 길이를 같게 하는 방식이다.

(2) 3배관 방식

① 일반 냉난방 : 냉수 공급관, 온수 공급관, 환수관(공통)
② 지역난방 : 대구경 공급관, 소구경 공급관, 환수관(공통)

(3) 4배관 방식

① 일반 냉난방 : 냉수 공급관, 온수 공급관, 냉수 환수관, 온수 환수관
② 지역난방 : 온수 공급관, 온수 환수관, 냉수 공급관, 냉수 환수관

SECTION 12 밀폐계의 압력 계획

1) 압력 계획이 필요한 이유

① 운전 중 배관 내에 대기압보다 낮은 압력이 발생하는 경우
- 접속부 등에서 공기가 흡입된다.
- 기포가 발생해 배관 중 공기 정체, 순환 불량이 발생한다.

② 배관 내 포화 수증기압보다 낮은 압력이 발생하는 경우
- 순환수의 비등이나 국부적 플래시 현상이 발생한다.
- 워터 해머나 캐비테이션의 원인이 된다.

③ 펌프 운전으로 배관 내 압력이 상승하면 열원기기나 배관의 내압상 문제가 발생할 수 있다.
④ 수온의 변화로 체적이 팽창하거나 수축하면 이상 압력이 발생할 수 있다.
⑤ 배관 내 압력변화를 완화하기 위해 팽창탱크를 이용한다.

2) 팽창탱크, 순환펌프의 위치와 배관 압력

(1) NPCP(No Pressure Change Point)

① 팽창탱크가 배관계에 연결된 지점이다.

② 펌프의 운전, 정지에 상관없이 압력은 정수두로 항상 일정하다.

③ NPCP로부터 유체의 흐름 방향으로 정수두－마찰손실압력이 발생한다.

(2) 펌프 토출 측에 팽창탱크가 접속된 경우

① 배관 내 압력이 포화수증기압이나 대기압보다 낮아질 수 있다.

② 공기 흡입이나 기포 발생에 의한 캐비테이션이 발생하지 않도록 팽창탱크의 높이를 들어 올려야 한다.

(3) 펌프 흡입 측에 팽창탱크가 접속된 경우

① 배관 내 압력이 펌프의 양정만큼 높아지게 된다.

② 배관이나 기기의 내압 허용도를 넘지 않는지 세심한 주의가 필요하다.

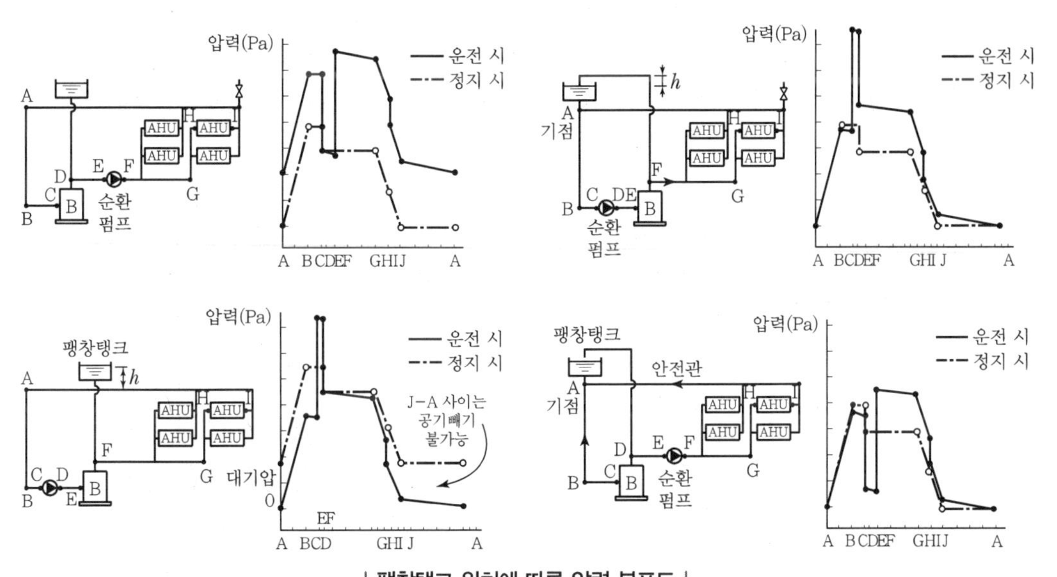

| 팽창탱크 위치에 따른 압력 분포도 |

SECTION 13 배관의 밸런싱

배관 계통의 각 구간의 저항을 조절하여 실제 유량이 설계 유량 비율대로 흐르도록 함으로써 최종적으로 요구하는 실온을 적정하게 유지토록 하기 위해 Balance 계획이 필요하다. 배관 저항의 밸런싱이 올바르게 되면 유량의 균등 분배로 온도 분포가 균일하고 에너지 소비가 최소화되며 유지관리도 용이해진다.

1) 목적

① 실내온도를 균일하게 유지한다.
② 설비 시스템을 안전 운전한다.
③ 유지관리를 용이하게 한다.
④ 에너지를 절약한다.
⑤ 민원을 방지한다.(소음, 과랭, 과열 등)

2) 종류

(1) 역환수(Reverse Return)

① 각 배관계통의 저항을 동일하게 하여 주기 위해, 각 부하기기를 연결하는 배관의 길이(공급+환수)를 거의 같게 하는 배관방식이다.
② 이 방식을 사용하면 각 배관경로에서의 압력손실은 균등하게 할 수 있으나, 부하기기 자체에서 생기는 저항의 불균일은 해소하지 못한다.
③ FCU나 방열기 등과 같이 동일 기종이 많이 설치된 곳에 적합하며, 수량의 미세한 조정은 시공 완료 후 운전 시에 밸브(Valve)나 오리피스(Orifice) 등으로 조절한다.
④ 환수관이 2중으로 되고 배관공간이나 설비비의 증대를 초래하여 배관의 일부(주배관 또는 입상관)만 역환수로 하는 경우도 있다.

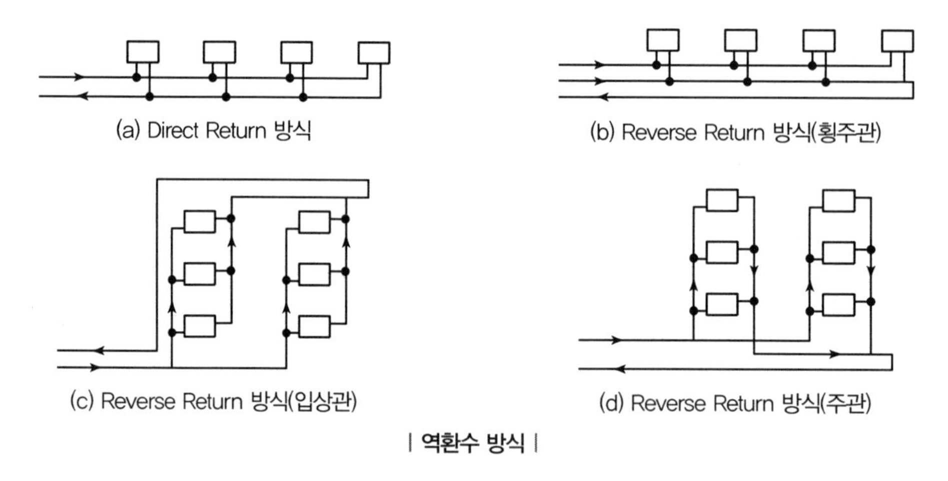

| 역환수 방식 |

(2) 밸브에 의한 방법

① 보통 사용하는 밸브에 의하여 저항을 조절하는 방법으로, 이론적으로는 배관이나 부하기기에서의 저항 불균형(Unbalance)을 해소할 수 있지만, 밸브 개도의 설정이 어렵고, 소음 발생의 문제가 있다.(밸브는 글로브 밸브(Globe Valve)를 사용, 게이트 밸브(Gate Valve)는 부적당)
② 정유량 밸브를 사용하면 설비비와 저항 증가의 문제가 있으나, 저항의 불균형이 있어도 용이하게 유량을 소정의 값으로 유지할 수 있다.

③ 정유량 밸브는 1차 측과 2차 측의 압력차가 일정 범위 내에만 있다면, 그 압력이 어떻게 변하든 스프링의 탄성을 이용하여 오리피스의 크기를 조절하여 항상 일정한 유량을 유지해준다. 그러나 소음이 발생할 우려가 있다.

(3) 관경에 의한 방법

비교적 간단한 방법이지만 유속의 증가에 따라 소음 · 침식이 수반되기 때문에 관경의 축소에 의한 유량 제어에는 한계가 있다.

(4) 오리피스 삽입 방법

① 조절저항 계산을 정확하게 하고, 오리피스의 구경을 적절하게 선정하면 효과적이다.
② 장시간 사용하면 관 내에 이물질이 쌓이거나 관 내면이 오염되어 오차가 생길 수 있다.

(5) 부스터 펌프(Booster Pump)에 의한 방법

① 부하기기가 분산되어 있어 1대의 펌프로 송수할 경우 각 부하기기에서 압력차가 많이 생기는 경우 또는 부분부하 운전 시 동력을 절약하기 위해 사용되는 방법이다.
② 계통별로 부스터 펌프를 설치한다.

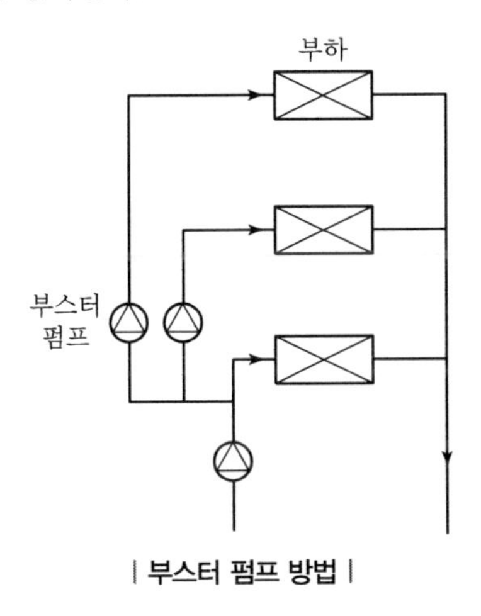

| 부스터 펌프 방법 |

3) Balance V/V

(1) 밸런싱 밸브의 종류

가변유량식 밸브	• 유체가 통과할 수 있는 단면적을 고정 • 정해진 유량($Q = K_V \sqrt{\Delta P}$)에서 ΔP를 조정(교축)하여 정상운전 상태의 유량이 통과할 수 있도록 함 • 대유량의 흐름에 따른 압력에도 잘 견딤 • 시스템 운전 상태의 변화로 유량이 변하더라도 각 구역별로 당초 조정된 비율대로 유량이 흐르게 되어 각 구간별 유량비가 일정
정유량식 밸브	• 스프링 장력에 의해 오리피스 컵이 움직이면서 개구 면적이 변하도록 해 일정한 유량을 유지 • 밸브 몸통과 카트리지로 구성 • 유량 변동에 의한 차압의 변화에 스프링 장력으로 대응해 상쇄

(2) 밸런싱 밸브 관련 용어

① 유량계수

- 밸브 전후의 압력차를 1psi(또는 1kg/cm²)로 하고, 상온의 맑은 물을 1시간 동안 흘려 보냈을 때의 유량을 의미한다.
- C_V : 통과 유량을 GPM으로 표기(미국, 영국에서 주로 사용)
- K_V : 통과 유량을 LPM으로 표기(한국, 유럽에서 주로 사용)

$$K_V = 0.07\,V\sqrt{\frac{G}{\Delta P}} \text{ (물의 경우)}$$

여기서, V : 최대 유량(LPM), G : 비중량(kg/L), ΔP : 차압(kg/cm²)

② 레인지빌리티

- 제어 가능한 최대 유량과 최소 유량의 비를 의미한다.
- 공조용 유량조절밸브는 30 : 1 정도이다.
- 공업용 유량조절밸브는 50 : 1 정도이다.

③ 압력강하

- 관지름 계산에 필요한 밸브 전후단의 압력차를 의미한다.
- 압력강하는 최대 통과 유량일 때의 값으로 표시한다.

4) 밸런싱 시스템 설계 순서

① 각 기기의 부하 및 유량 계산
② 각 구간별 유량 집계
③ 각 구간별 관경 계산 및 제어 기구 결정
④ 각 구간별 압력 손실 계산
⑤ 가장 불리한 구간 탐색
⑥ 시스템 펌프 선정
⑦ 밸런싱 기구의 결정

5) 설계 및 시공 시 주의사항

① 부하 특성, 배관 시스템, 유량 및 차압을 고려하여 밸런싱 방식을 결정한다.
② 밸브 크기 선정이 과다하지 않도록 한다.(K_V 값이 작은 편이 유량 제어의 정밀도가 높음)
③ 차압의 범위를 과대하게 잡지 않도록 한다.(0.3bar)
④ 밸런싱 기구 전후 직관은 관경의 5배 이상으로 한다.
⑤ 소음 발생에 유의하여 설계 · 시공한다.
⑥ 밸런싱 밸브는 추후 설정값 변경이나 이물질 청소를 고려해 유지보수가 용이한 위치에 설치한다.
⑦ TAB를 통하여 유량 밸런싱의 적정성을 반드시 확인한다.

SECTION 14 수처리 장치

수처리는 보일러의 운전관리 중 가장 중요한 항목의 하나로 관 외 처리와 관 내 처리로 나눌 수 있다.

1) 급수처리의 목적

① 스케일 생성 및 고착을 방지한다.
② 부식 발생을 방지한다.
③ 가성취화의 발생을 방지한다.
④ 포밍과 프라이밍을 방지한다.
⑤ 보일러 농축을 방지하여 순환을 촉진시킨다.

2) 관 외 처리

보일러 급수로 공급되는 원수 중에 함유된 부유물, 용존염류, 용존가스 등의 불순물을 침전, 여과, 이온교환, 탈기 등의 처리방법으로 제거하는 일을 급수처리, 관외처리, 외부처리, 1차 처리라고 한다.

(1) 용존가스의 처리

① 탈기법 : 용존산소 및 탄산가스를 처리하는 방법으로 물을 가열하여 포화압력에 대응하는 끓는 점까지 상승시켜 산소의 용해를 제거하거나 압력을 감속시켜 제거하는 진공탈기법 등 기계적 탈기법과 인산소다 등을 넣어 처리하는 화학적 탈기법이 있다.
② 기폭법 : 탄산가스나 철, 망간 등을 제거하는 방법으로 이산화탄소가 용존하고 있는 물에 이산화탄소 분압이 작은 공기를 뿜어 넣어서 강제적으로 접촉시켜 처리하는 방법이다.

(2) 현탁성 부유물(고형물)의 처리

① 침강법 : 물탱크에 물을 체류시켜 부유물을 자연 침강시키는 방법이다.
② 여과법 : 수중의 불순물을 여과하는 방법으로 완속여과 및 급속여과 방법이 있다.
③ 응집법 : 불순물의 입자가 작을 경우 불순물을 흡착, 결합, 침전시키는 방법으로 응집제로는 명반, 유산알루미늄 등이 사용된다.

(3) 용해 고형물 제거

① 이온교환법 : 합성수지나 천연산 제올라이트 등의 이온교환수지를 통해 경도성분 물을 통과시켜 칼슘, 마그네슘 성분을 나트륨과 교환하는 방법으로 가장 많이 사용되고 있다.
② 증류법 : 물을 가열하여 발생하는 증기를 냉각하여 응축수로 만들어 양질의 물을 얻을 수 있으나 비경제적이다.
③ 약품첨가법 : 급수에 화학약품을 첨가하여 경도성분을 침전시켜 처리하는 방법이다.

3) 관 내 처리

관 외 처리만으로 만족할 만한 급수처리를 할 수 없으므로 보일러 동 내부에 약품(청관제)을 투입하여 화학적인 작용이나 물리적인 방법, 아연판을 매다는 방법 등을 이용하여 처리하는 방법이다.

① pH, 알칼리도 조정 : 보일러 물의 pH 및 알칼리도를 조절하고 스케일 부착 시 부식을 방지(수산화나트륨, 인산나트륨, 암모니아 등)

② 관수 연화 : 보일러의 경도성분을 슬러지화하여 경질 스케일의 부착을 방지(수산화나트륨, 탄산나트륨, 인산나트륨 등)

③ 탈산소제 : 용존산소의 제거로 점식 등의 부식을 방지(타닌, 아황산나트륨, 히드라진 등)

④ 슬러지 조정제 : 분출을 용이하게 하고 스케일 생성 및 부착을 방지(타닌, 리그닌, 녹말 등)

⑤ 기포 방지제 : 증기포의 안정화를 파괴하는 거품 수명을 단축하여 포밍을 방지(고급 지방산 에스테르, 폴리아미드 등)

4) 분출(Blow)

급수 중의 불순물, 청관제 등의 화학약품 사용에 따른 보일러 물의 농축과 슬러지, 유지류, 부유물 등의 농도를 낮게 유지하고, 보일러의 순환을 촉진시키기 위하여 분출을 행한다.

(1) 분출의 목적

① 관수의 불순물 농도를 한계치 이하로 유지한다.

② 관수의 순환을 촉진하고 일정 수위를 유지한다.

③ 스케일 및 슬러지 생성을 방지한다.

④ 관수의 pH 조정 및 청소, 보존 등

(2) 분출장치의 구분

① 수면분출(연속분출) 장치

동 내부 안전 저수위보다 약간 높게 설치하여 유지분, 부유물 등을 배출하는 장치이다.

② 수저분출(간헐분출) 장치

보일러 동 저부에 가장 낮게 설치하여 하부에 침전된 슬러지를 배출하는 장치이다.

③ pH의 적정도

- 급수 : pH 7.5～8.5 정도
- 보일러수 : pH 10.5～11.5 정도

CHAPTER

17 배관 부속장치

SECTION 01 밸브

밸브(Valve, 弁)는 유체의 유량을 조절, 흐름을 단속, 방향을 전환, 압력 등을 조절하는 데 사용하는 것으로 재료, 입력범위, 접속방법 및 구조에 따라 여러 종류로 나눈다.

1) 정지밸브

(1) 게이트 밸브, 슬루스 밸브(Gate Valve, Sluice Valve, 사절변)

유체의 흐름을 차단(개폐)하는 대표적인 밸브로서 일반적으로 가장 많이 사용하며 개폐시간이 길다.

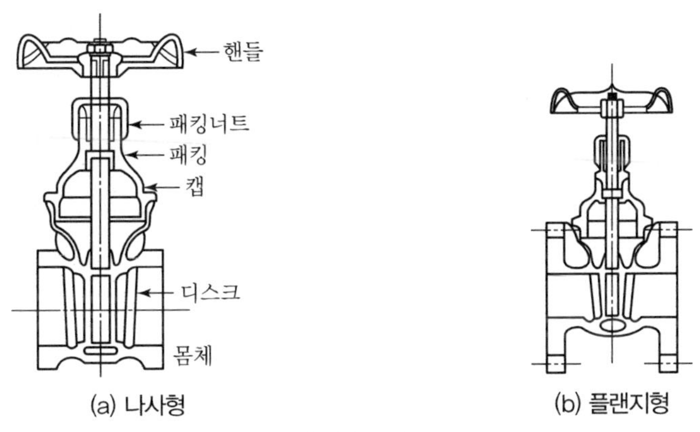

| 게이트 밸브 |

(2) 글로브 밸브(Glove Valve, Stop Valve, 옥형변)

디스크의 모양이 구형이며 유체가 밸브시트 아래에서 위로 평행하게 흐르므로 유체의 흐름방향이 바뀌어 유체의 마찰저항이 크게 된다. 글로브 밸브는 유량 조절이 용이하지만 마찰저항은 크다.

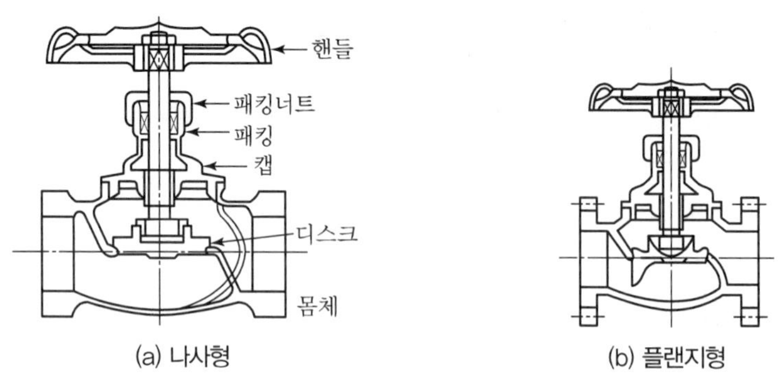

(a) 나사형 (b) 플랜지형

| 글로브 밸브 |

(3) 니들밸브(Needle Valve, 침변)

디스크의 형상이 원뿔모양으로 유체가 통과하는 단면적이 극히 적어 고압 소유량의 조절에 적합하다.

(4) 앵글밸브(Angle Valve)

글로브 밸브의 일종으로 유체의 입구와 출구의 각이 90°로 되어 있다. 유량의 조절 및 방향 전환을 해주며 주로 방열기의 입구 연결밸브나 보일러의 수증기 밸브로 사용한다.

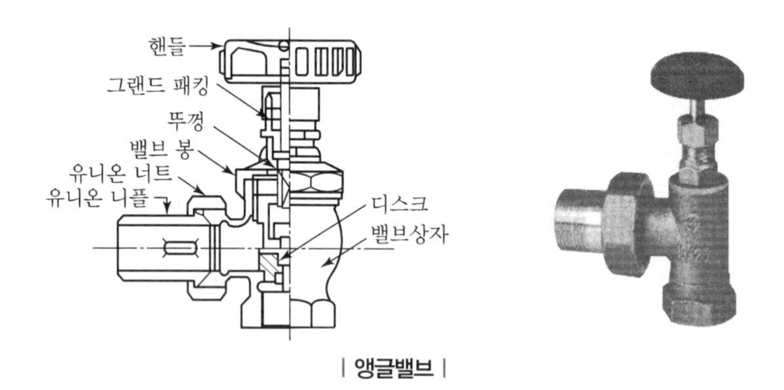

| 앵글밸브 |

(5) 체크밸브(Check Valve, 역지변)

유체를 한쪽으로만 흐르게 하여 역류를 방지하는 역류방지밸브로서 밸브의 구조에 따라 다음과 같이 구분할 수 있다.

① 스윙형(Swing Type) : 수직, 수평배관에 사용한다.

② 리프트형(Lift Type) : 수평배관에만 사용한다.

③ 풋형(Foot Type) : 펌프 흡입관 선단의 여과기와 역지변을 조합한다.

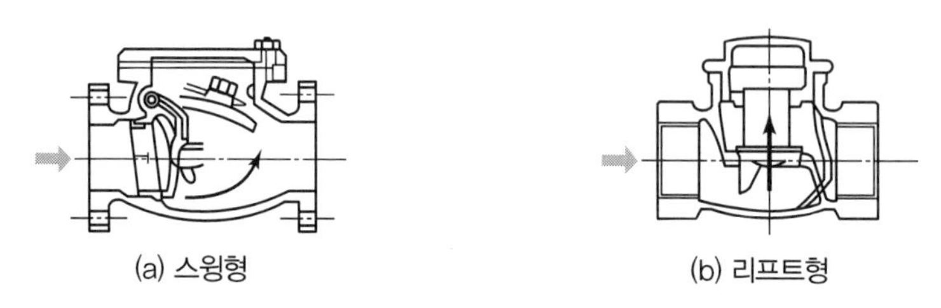
(a) 스윙형 (b) 리프트형

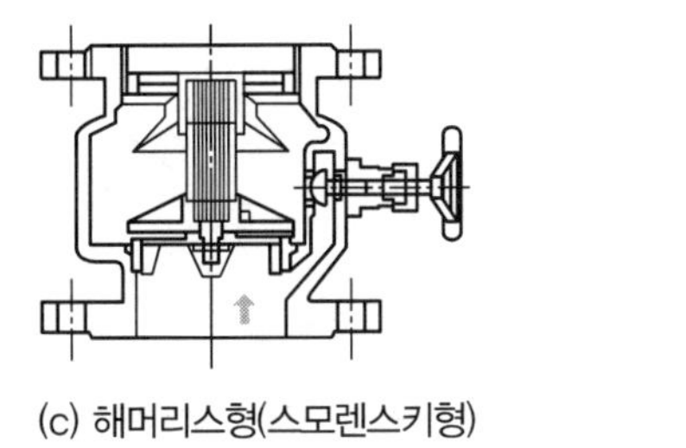

(c) 해머리스형(스모렌스키형)

밸브뚜껑 붙이형

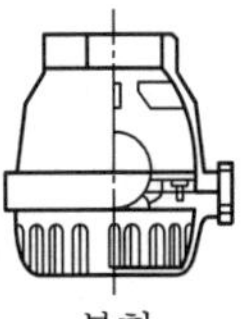

볼형

(d) 풋형

| 체크밸브 |

(6) 볼밸브(Ball Valve)

구의 형상을 가진 볼에 구멍이 뚫려 있어 구멍의 방향에 따라 개폐 조작이 되는 밸브이며 90° 회전으로 개폐 및 조작도 용이하여 게이트 밸브 대신 많이 사용된다.

(7) 버터플라이 밸브(Butterfly Valve, 나비밸브)

원통형 몸체 속의 밸브봉을 축으로 하여 원형 평판이 회전함으로써 밸브가 개폐된다. 밸브의 개도를 알 수 있고 조작이 간편하며 경량이고, 설치공간을 작게 차지하므로 설치가 용이하다. 작동방법에 따라 레버식, 기어식 등이 있다.

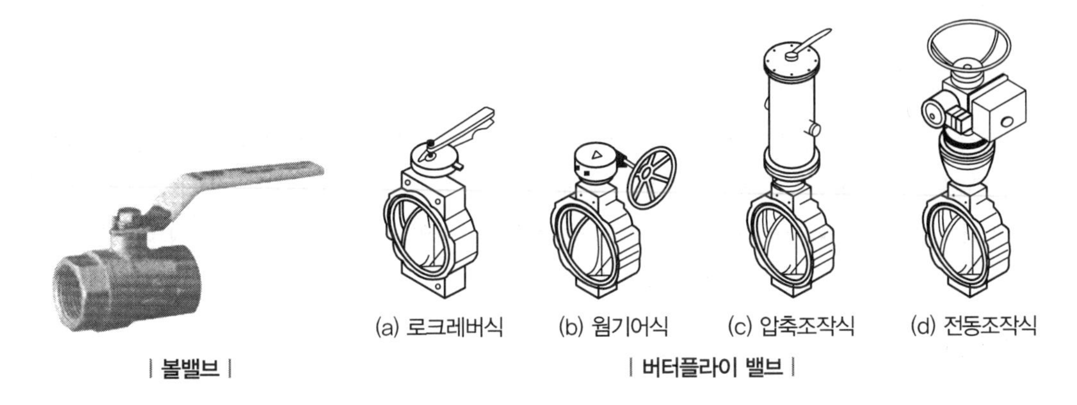

(a) 로크레버식 (b) 웜기어식 (c) 압축조작식 (d) 전동조작식

| 볼밸브 | | 버터플라이 밸브 |

(8) 콕(Cock)

로터리(Rotary) 밸브의 일종으로 원통 혹은 원뿔에 구멍을 뚫고 축을 회전시켜 개폐하며 플러그 밸브라고도 한다. 1/4(90°) 회전으로 급속한 개폐가 가능하나 기밀성이 좋지 않아 고압 대유량에는 적당하지 않다.

2) 조정밸브

조정밸브는 배관계통에서 장치의 냉온열원의 부하 경감 시 자동으로 밸브의 열림을 조절하는 밸브류를 말하는 것으로 다음과 같은 종류가 있다.

(1) 감압밸브(PRV : Pressure Reducing Valve)

고압의 압력을 저압으로 유지하여 주는 밸브로서 사용유체에 따라 물과 증기용으로 분류되며, 입구 압력에 관계없이 항상 출구의 압력을 일정하게 유지시켜 준다.

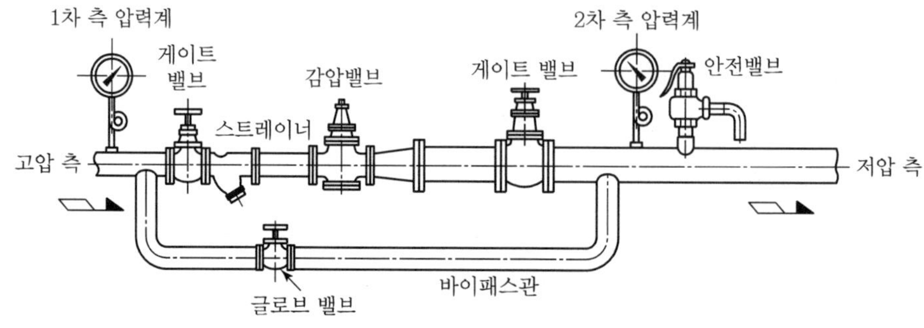

| 감압밸브 주위 배관 |

(2) 안전밸브(Safety Valve)

고압의 유체를 취급하는 고압용기나 보일러, 배관 등에 설치하여 압력이 규정 한도 이상으로 되면 자동적으로 밸브가 열려 장치나 배관의 파손을 방지하는 밸브로서 스프링식과 중추식, 지렛대식이 있으며 일반적으로 스프링식 안전밸브를 가장 많이 사용한다.

(3) 전자밸브(Solenoid Valve)

전자코일에 전류를 흘려서 전자력에 의해 플런저가 들어 올려지는 전자석의 원리를 이용하여 밸브를 개폐시킨다. 일반적으로 15A 이하는 솔레노이드의 추력으로 직접 밸브를 개폐하는 방식의 직동형 전자밸브가 사용되지만 유체의 차압이 큰 관로에는 차압을 이용하여 밸브를 개폐하는 파일럿식이 사용되며 단순히 밸브를 On－Off시킬 수 있다.

(4) 전동밸브

① 이방밸브(2－way Valve)
기기의 부하에 따른 유량을 제어하기 위한 밸브로서 밸브의 여닫음 조절이 가능하여 유량을 제어할 수 있다.

② 삼방밸브(3－way Valve)
3개의 배관에 접속하는 밸브로서 유입관에서 유출관의 방향이 2개 이상이 될 때 유량을 한 방향으로 차단하거나 분배하기 위하여 사용한다.

(5) 공기빼기밸브(AVV : Air Vent Valve)

배관이나 기기 중의 공기를 제거할 목적으로 사용되며, 유체의 순환을 양호하게 하기 위하여 기기나 배관의 최상단에 설치한다.

(6) 온도조절밸브(TCV : Temperature Control Valve)

열교환기나 급탕탱크, 가열기기 등의 내부온도를 감지하여 일정한 온도로 유지시키기 위하여 증기나 온수 공급량을 자동적으로 조절하여 주는 자동밸브이다.

(7) 정유량 조절밸브

팬코일 유닛이나 방열기 등에서 방열기에 온수를 공급하면 복잡한 배관계에서는 각 방열기의 위치에 따라 압력이 변하므로 공급되는 유량이 다르게 되어 방열량이 일정하지 않아 난방이 고르지 못하게 된다. 이때 각 배관계통이나 기기로 일정량의 유량이 공급되도록 하는 자동밸브이다.

(8) 차압조절밸브(Differential Pressure Control Valve)

공급배관과 환수배관 사이에 실치하여 공급관과 환수관의 압력차를 일정히게 유지시켜 주는 밸브이다. 과도한 차압 발생으로 인한 펌프의 과부하나 고장을 방지하기 위하여 차압에 따라 일정한 순환유량이 확보되도록 유지한다.

(9) 차압유량조절밸브(Differential Pressure & Flow Control Valve)

지역난방이나 대규모 주거단지의 난방 시스템에서 부하 변동에 따라 차압이 증가하면 관 내 소음발생의 원인이 되고 감소하면 유량이 감소하여 난방이 부족하게 되므로 공급관과 환수관의 차압을 감지하여 압력변화에 따른 유량변동을 일정하게 하는 자동밸브이다.

3) 냉매용 밸브

냉매 스톱밸브는 글로브 밸브와 같은 밸브 몸체와 밸브시트를 가지며 암모니아용과 프레온용이 있다.

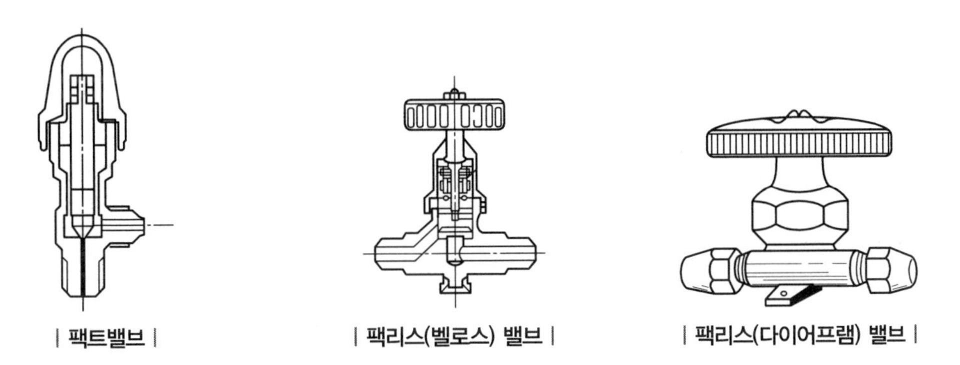

| 팩트밸브 |　　| 팩리스(벨로스) 밸브 |　　| 팩리스(다이어프램) 밸브 |

(1) 팩트밸브(Packed Valve)

밸브스템(봉)의 둘레에 석면, 흑연패킹 또는 합성고무 등을 채워 글랜드로 죔으로써 냉매가 누설되는 것을 방지한다. 안전을 위하여 밸브에 뚜껑이 씌워져 있고, 밸브를 조작할 때에는 이 뚜껑을 열고 조작한다.

(2) 팩리스 밸브(Packless Valve)

글랜드패킹을 사용하지 않고 벨로스나 다이어프램을 사용하여 외부와 완전히 격리하여 누설을 방지한다.

(3) 서비스 밸브(Service Valve)

4) 감압밸브의 구조와 특성

고층화된 건축물에 설치된 설비시스템에 수압이 과도하면 토수량 증가, 유수에 의한 소음, 진동으로 기구의 파손과 주거환경에 악영향을 주므로 적정압 유지를 위해 감압밸브가 필요하다.

(1) 과도한 압력과 빠른 유속에 따른 장애요인

① 배관의 심한 침식이나 부식
② 밸브시트 파손 등에 따른 유지관리상의 문제 발생
③ 수격현상 발생
④ 토수량 증가
⑤ 시스템이나 장비의 수명 감소
⑥ 고압조건에서 운전되는 특별한 장비 설치비 증가

(2) 감압밸브에 관한 용어

① Set Pressure(설정압력) : 감압밸브의 출구 측 압력
② Dead End Service : 유량 사용이 없을 때 완전 차단시키도록 요구되는 작동형식
③ Sensitive(감도) : 압력변화를 감지하는 감압밸브의 성능
④ Response(응답성) : 출구압력의 변동에 응답하는 감압밸브의 성능
⑤ Full－off(감소량) : 설정압력으로부터 요구유량에 이를 때까지 압력의 감소량
⑥ Accuracy(정확도) : 전유량상태에서 설정압력으로부터 출구압력이 감소량 정도
⑦ No－flow Pressure : 유량흐름이 없을 때 시스템 내에 유지되는 압력
⑧ Reduced－flow Pressure : 물이 흐르고 있을 때 감압밸브 출구 측에 유지되는 압력

(3) 감압밸브의 구조와 특성

구분	파일럿 다이어프램식	파일럿 피스톤식	직동식
메인밸브 구동방법	파일럿 컨트롤 압력에 의한 메인 다이어프램 구동력	파일럿 컨트롤 압력에 의한 피스톤 구동력	2차 압력에 의한 압력조정스프링의 수동력
감압범위(감압비)	크다.(거의 무제한)	작다.(일반적으로 10 : 1)	크다.(거의 무제한)
감압 정밀도	크다.	낮다.	낮다.
드룹 현상	거의 없다.	거의 없다.	있다.
용량(동일구경 시)	크다.	비교적 없다.	적다.
고장률	적다.	자주 정비해야 한다.	적다.
정밀도(Dead End)	뛰어나다.	떨어진다.	뛰어나다.
내부부품(일반제품)	스테인리스강	청동	스테인리스강

(4) 설치 시 주의사항

① 사용처에 가깝게, 화살표 방향으로 설치한다.
② 감압밸브 전에 스트레이너를 설치한다.
③ 기수분리기 또는 스팀트랩에 의해 응축수 제거가 가능하다.
④ 편심 리듀서를 설치한다.
⑤ 바이패스관을 설치한다.
⑥ 전후관경 선정 시 주의한다.

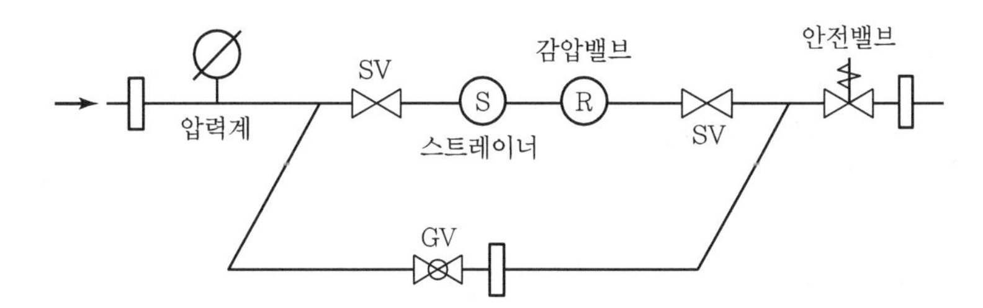

(5) 결론

고층건물에 있어서 압력조절 대책은 중요하며 감압밸브에 대한 신뢰성을 기하기 위하여 용도에 적합한 감압밸브의 선정이 중요하다.

SECTION 02 여과기(Strainer)

여과기(Strainer)는 배관에 설치하는 자동조절밸브, 증기트랩, 펌프 등의 앞에 설치하여 유체 속에 섞여 이는 이물질을 제거하여 밸브 및 기기의 파손을 방지하는 기구로서 모양에 따라 Y형, U형, V형 등이 있다. 몸통의 내부에는 금속제 여과망(Mesh)이 내장되어 있어 주기적으로 청소를 해주어야 한다.

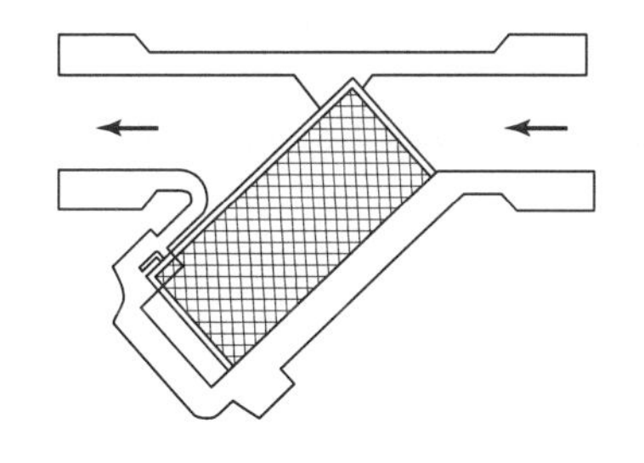

| Y형 여과기 |

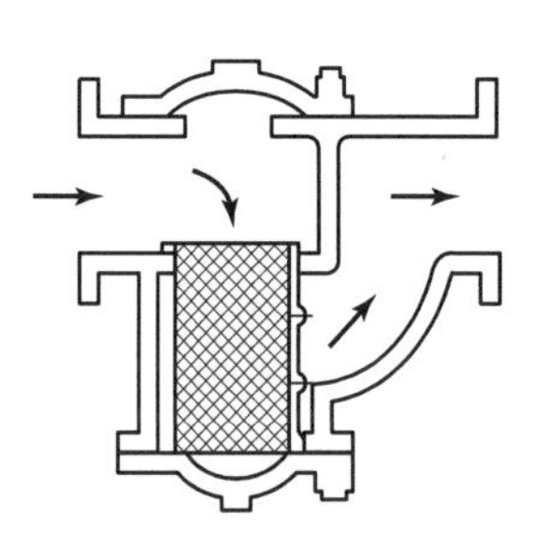

| U형 여과기 |

SECTION 03 바이패스 장치

바이패스 장치는 배관계통 중에서 증기트랩, 전동밸브, 온도조절밸브, 감압밸브, 유량계, 인젝터 등과 같이 비교적 정밀한 기계들의 고장과 일시적인 응급사항에 대비하여 비상용 배관을 구성하는 것을 말한다.

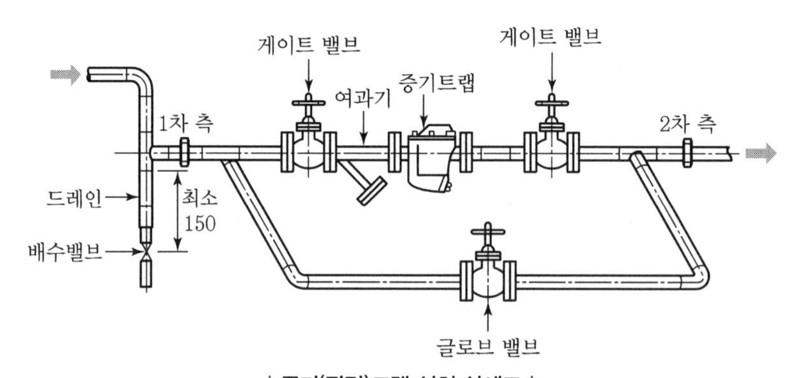

| 증기(관말)트랩 설치 상세도 |

SECTION 04 배관 지지기구

1) 행거(Hanger)

천장 배관 등의 하중을 위에서 당겨서 받치는 지지기구이다.

① 리지드 행거(Riged Hanger) : I 빔에 턴버클을 이용하여 지지한 것으로 상하방향에 변위가 없는 곳에 사용한다.

② 스프링 행거(Spring Hanger) : 턴버클 대신 스프링을 사용한 것이다.

③ 콘스탄트 행거(Constant Hanger) : 배관의 상하 이동에 관계없이 관 지지력이 일정한 것으로 중추식과 스프링식이 있다.

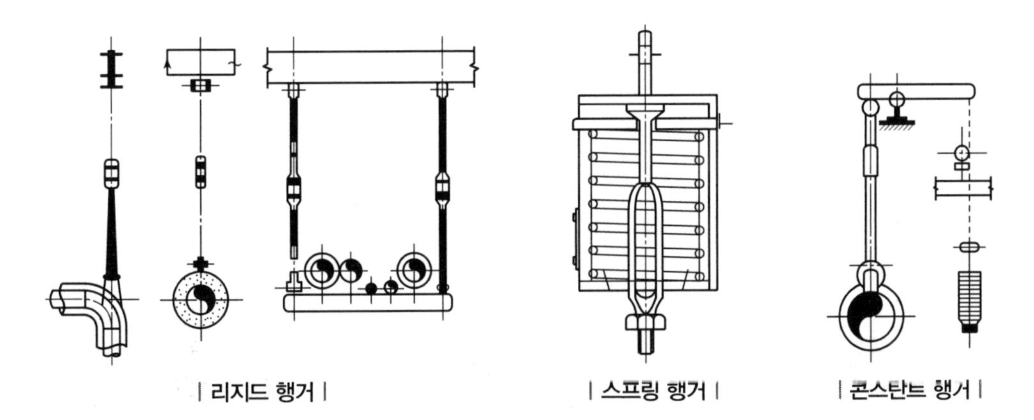

| 리지드 행거 |　　| 스프링 행거 |　　| 콘스탄트 행서 |

2) 서포트(Support)

바닥 배관 등의 하중을 밑에서 위로 떠받치는 지지기구이다.

① 파이프 슈(Pipe Shoe) : 관에 직접 접속하는 지지기구로 수평배관과 수직배관의 연결부에 사용된다.

② 리지드 서포트(Riged Support) : H 빔이나 I 빔으로 받침을 만들어 지지한다.

③ 스프링 서포트(Spring Support) : 스프링의 탄성에 의해 상하 이동을 허용한 것이다.

④ 롤러 서포트(Roller Support) : 관의 축 방향의 이동을 허용한 지지기구이다.

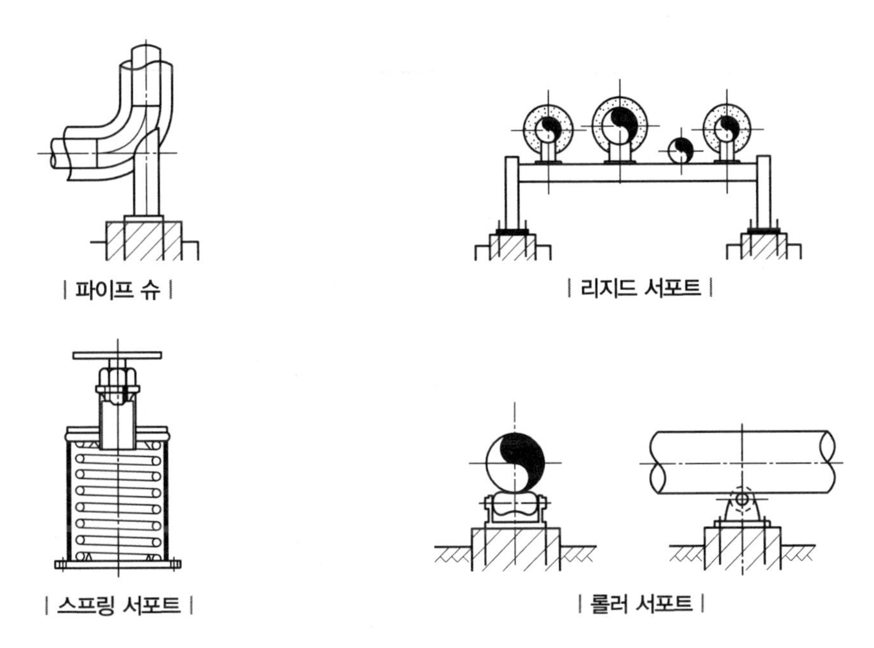

| 파이프 슈 |　　| 리지드 서포트 |

| 스프링 서포트 |　　| 롤러 서포트 |

3) 리스트레인트(Restraint)

열팽창에 의한 배관의 상하 · 좌우 이동을 구속 또는 제한하는 것이다.

① 앵커(Anchor) : 리지드 서포트의 일종으로 관의 이동 및 회전을 방지하기 위하여 지지점에 완전히 고정하는 장치이다.

② 스톱(Stop) : 배관의 일정한 방향과 회전만 구속하고 다른 방향은 자유롭게 이동하게 하는 장치이다.

③ 가이드(Guide) : 배관의 곡관부분이나 신축 조인트 부분에 설치하는 것으로 회전을 제한하거나 축방향의 이동을 허용하며 직각방향으로 구속하는 장치이다.

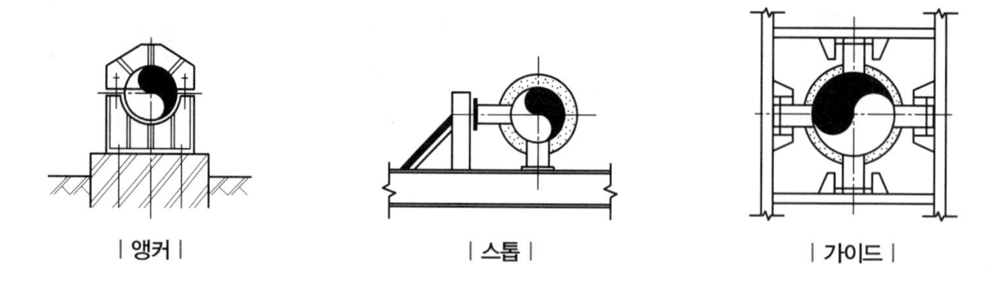

| 앵커 | | 스톱 | | 가이드 |

4) 브레이스(Brace)

펌프, 압축기 등에서 발생하는 기계의 진동, 서징, 수격작용 등에 의한 진동, 충격 등을 완화하는 완충기이다.

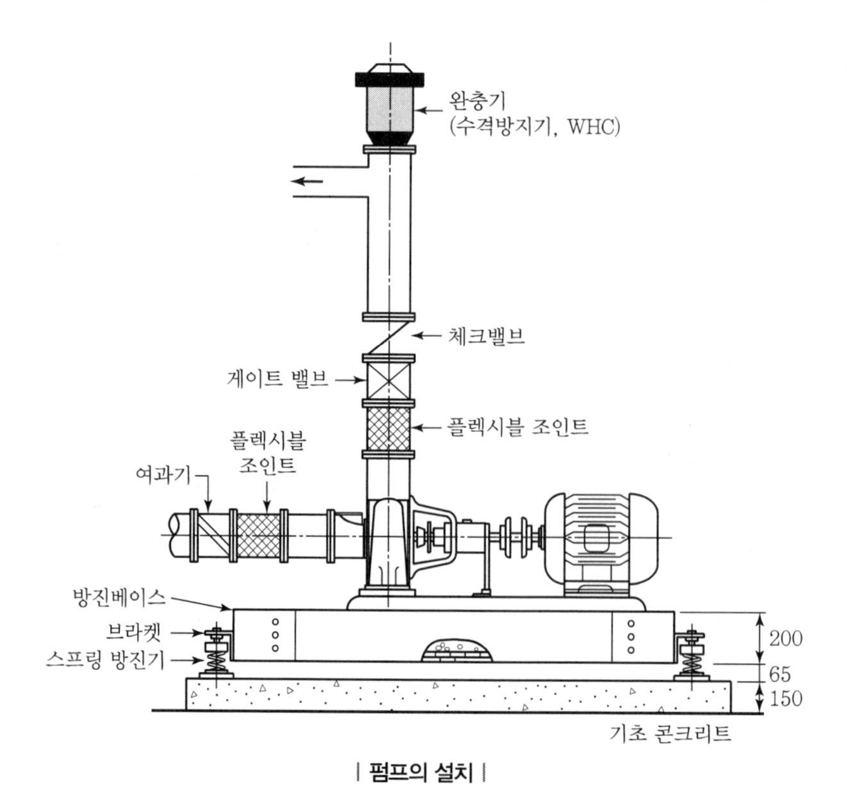

| 펌프의 설치 |

SECTION 05 신축이음

신축이음(Expention Joint)은 관 내 유체의 온도변화에 따른 배관계의 수축, 팽창을 흡수하기 위해 배관 도중에 설치되는 이음쇠로 배관의 양단을 고정하고 신축 흡수토록 하여 배관계의 누수 및 파손을 방지한다.

1) 신축이음의 종류별 특성

(1) Swivel 이음

① 2개 이상의 엘보를 사용하며 나사의 회전을 이용하여 신축을 흡수한다.
② 저압증기나 온수의 분기관에 사용한다.

(2) Sleeve 이음

① 저압증기나 온수 분기관에 사용되며 Sleeve의 미끄럼에 의하여 배관의 신축을 흡수한다.
② 일축 방향의 신축 흡수가 가능하다.(굴절 신축, 회전 신축 불가)

(3) Bellows 이음

① Sleeve를 스테인리스제의 Bellows로 싸고 Sleeve의 미끄럼에 따라 Bellows가 신축한다.
② 누수가 없으나 Bellows 강도에 한계가 있어 고압에는 부적당하다.
③ Bellows 부위에 응축수 및 응결수가 고여 부식 우려가 있다.
④ 단식과 복식이 있다.

(4) Loop 이음(신축곡관)

① 배관을 Ω와 같이 굽혀서 Loop형을 만들어 벤딩에 의해 신축을 흡수한다.
② 누수 및 고장이 없고 고압에 적당하다.
③ 스페이스를 많이 차지하는 단점이 있다.
④ 신축곡관의 길이

$$L = 73\sqrt{D \cdot \Delta l}$$

여기서, L : 신축곡관의 길이(m), D : 관의 외경(mm), Δl : 흡수할 배관의 신축(mm)

(5) 볼형 이음(볼조인트)

① 하우징 내 볼 형태의 이음부가 360° 변위를 가진다.
② 신축량 및 방향에 따라 2~3개를 조합해서 사용한다.
③ 가격은 매우 고가이나 기밀성이나 고압 적응성이 좋다.
④ 3차원적인 복합 신축에 효과적이다.

누수 우려 순서
스위블 이음>슬리브 이음>벨로스 이음>루프 이음

2) 신축길이 계산 및 설치간격

(1) 계산식

$$l' = \alpha \cdot \Delta t \cdot l$$

여기서, l' : 팽창길이, α : 선팽창계수, Δt : 온도차, l : 관길이

(2) 신축이음 설치간격

구분	동관	강관
수직	10m	20m
수평	20m	30m

3) 건물과 배관 팽창

배관이 수축, 팽창을 하듯이 건물도 외부의 온도에 영향을 받게 되면 수축, 팽창을 한다. 즉, 계절이 바뀜에 따라 수축과 팽창을 반복하게 된다. 일반건물의 경우 길이가 길면 건축 익스펜션 조인트를 설치하며, 이에 대비하여 설비 측면에서 배관 또는 덕트에 건물 신축에 대응할 수 있는 이음을 고려하여야 한다.

4) 신축이음 설치 시 유의사항

① Expansion은 고정앵커형으로 고정하고, 나머지 배관은 슬라이딩이 가능하게 고정한다.

② Bellows Type의 경우 제품 출하 시 시공이 용이하도록 고정날개가 부착되어 있다. 시공 후 고정날개를 제거하지 않고 시운전 및 운전 시 Expansion Joint가 파손된다.

③ 동 Expansion Joint의 용접 시 슬라이딩 부분까지 용접열이 전달되어 누수 위험이 있으므로 용접부 주위에 물수건 등으로 열전달을 차단한다.

④ 아파트의 경우 입상 Pit가 협소하여 Loop Type 시공이 어렵고 점검구의 Size가 작아(미관 고려) 보수 시 어려움이 따른다.

⑤ 앵커와 Expension Joint 사이는 자유롭게 슬라이딩 되도록 가이드슈를 설치한다.(배관 신축량으로 인해 배관 받침대가 가이드슈에서 벗어나 떨어지지 않도록 사전 신축 미끌림량 체크가 필요)

5) 결론

온도차가 있는 유체가 통과하는 배관은 물론이고 건물외벽 외기 온도차에 의한 팽창수축을 고려하여 Loop Type Expansion Joint를 설치해야 하며, 시공이 용이한 Bellows Type보다는 누수 및 부식의 우려가 없는 Loop Type을 사용하는 것이 바람직하다. 배관이나 건물의 신축량 및 변위 형태에 적합한 Expension Joint를 선정해야 하며, 설계에 따른 정확한 앵커 위치 선정과 함께 보온재 마감에도 주의해야 한다.

CHAPTER

18 부식

SECTION 01 부식

1) 부식

① 어떤 금속이 주위 환경과 반응하여 화합물로 변화(산화 반응)하면서 금속 자체가 소모되는 현상이다.
② 금속이 환경 속의 다른 물질과 불필요한 화학적 또는 전기화학적 반응을 일으켜 산화되는 현상이다.
③ 활성이 큰 금속일수록 주위 환경과 반응하기 쉬워 부식이 잘 일어나며, 주로 금속의 이온화에 따른 부식이 원인이다.

2) 부식의 원리

① 모든 금속은 자체적으로 전위를 가지고 있다. 전위는 금속에 처한 환경이나 재질 자체의 불균일성에 의해 차이가 생긴다.
- 환경 : 전해질의 이온 농도, 용존산소 농도, 온도 등
- 불균일성 : 금속의 조성, 결정의 방위, 잔류응력, 표면상태 등

② 전위차가 생기고 양극(양극과 음극)이 전기적으로 연결되어 있으면 전류가 흐르고, 전류가 흐르는 곳에 부식이 발생한다.
③ 금속의 이온화 경향
K > Na > Ca > Mg > Al > Zn > Fe > Ni > Sn > Pb > Cu > Ag > Pt > Au

3) 부식의 조건(습식부)

① 양극 또는 양극부(부식부)의 존재
② 음극 또는 음극부의 존재
③ 전해질(물, 토양 등 전류운반 매체)의 존재
④ 부식전류의 회로가 형성 : 전위차, 부식전지
※ 4가지 조건 중 하나만 제거하면 부식이 방지된다.

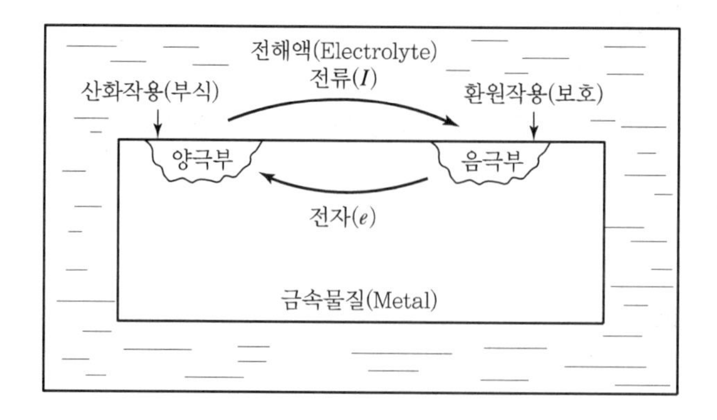

SECTION 02 부식의 종류

1) 습식과 건식

(1) 습식(Wet Corrosion)

① 금속표면이 접하는 환경 중에서 습기의 작용에 의해 발생하는 부식이다.

② 종류 : 대기 중의 부식, 수중(담수, 해수) 부식, 화학약품(산, 알칼리, 염)에 의한 부식, 지중에서의 부식 등

(2) 건식(Dry Corrosion)

① 습기가 없는 환경 중에서 200℃ 이상 가열된 상태에서 발생하는 부식이다.

② 종류 : 고온 부식, 노내 부식 등

2) 전면 부식과 국부 부식

(1) 전면 부식

① 동일한 환경 중에서 어떤 금속의 표면에 균일하게 부식이 발생하는 현상이다.

② 금속 재료의 두께를 사용 연수만큼 두껍게 계산하여 대처하므로 실용상 문제가 없다.(0.05mm/year 이하)

(2) 국부 부식

① 금속재료 자체의 조직, 잔류응력, 주위환경 중의 부식물질 농도, 온도와 유체의 성분, 유속 및 용존산소 등에 의하여 금속표면에 부식이 발생하는 현상이다.

② 이종금속 접촉 : 접촉한 금속재료의 각각의 전극 전위차에 의하여 전지를 형성하고, 그 양극이 되는 금속이 국부적으로 부식하는 일종의 전식현상이다. 귀금속이 캐소드(Cathode)가 되고 비금

속이 애노드(Anode)가 되어 비금속이 부식하며, 주로 동관과 타 금속관의 접합에서 잘 일어난다.

③ 전식 : 외부전원에 의한 전류가 금속을 통해 흐를 때 외부전원에서 누설된 전류로 전위차가 발생하여 전지를 형성하여 부식되는 현상이다.

④ 극간부식 : 금속과 금속 또는 금속과 비금속이 틈을 두고 접촉하여 여기에 전해질 수용액이 침투하여 전위차를 형성하고 국부적으로 전지가 형성되어 그 양극부가 급격히 부식되는 현상이다.

> **TIP** 배관계 Flange 부분
>
> ① 입계부식
> - 금속의 결정입자 경계에서 선택적으로 발생하는 부식이다.
> - 부식이 입자 사이를 따라 내부에 침입한다.(기계적 강도가 현저히 저하됨)
> - 알루미늄 합금, 18－8 스테인리스강 및 황동 등에서 일어나기 쉽다.
>
> ② 선택부식
> - 합금성분 중 일부 성분은 용해하고 부식이 힘든 성분은 남아서 강도가 약한 다공상이 재질을 형성하는 부식이다.
> - 황동의 탈아연부식(아연이 양극), 주철의 흑연화(철이 양극) 등이 있다.
>
> ③ 응력부식
> 외부응력(압축, 인장)을 받게 되면 그 재료가 원래 가지고 있던 잔류응력과 함께 결정구조의 변위가 생겨 전자가 이동함으로써 전극이 형성되어 발생하는 부식이다.

SECTION 03 부식의 원인

1) 내적 원인

① 금속 조직의 영향 : 금속을 형성하는 결정 상태면에 따라 달라진다.

② 가공의 영향 : 냉간 가공은 금속의 결정 구조를 변형시킨다.

③ 열처리의 영향 : 잔류응력을 제거하여 내식성을 향상시킨다.

2) 외적 원인

① pH의 영향 : pH 4 이하(산성)에서 피막이 용해되므로 부식이 촉진된다.

② 용해 성분의 영향 : 가수분해하여 산성이 되는 염기류에 의하여 부식이 일어난다.

③ 온도의 영향

- 일반적으로 온도가 상승하면 부식속도가 증가(물이 활성화되므로)하며, 약 80℃까지는 온도 상승에 따라 부식 속도가 증가한다.
- 배관계가 대기 개방인 경우, 온도가 비등점 부근이 되면 수중의 용존산소가 감소하기 때문에 부식량이 감소한다.

④ 유속의 영향

- 유속이 증가하면 금속면으로 산소 공급량이 증가하므로 부식도 증가한다.
- 유속이 어느 정도 이상의 값이 되면 수류에 의한 침식작용으로 보호하며, 피막이 파괴되면 부식이 더욱 증가한다.(관 내 유속을 일정 이하로 억제함)

⑤ 용존산소의 영향

철의 부식속도는 수중 용존산소량에 비례하여 증가하나 한계를 넘으면 부식속도는 감소한다. 이는 부식반응에 소모되고 남은 여분의 산소가 보호피막을 형성하기 때문이다.

3) 기타 원인

① 아연에 의한 철 부식 : 50~95℃의 온수 중에서 아연은 급격히 용해한다.

② 동 이온에 의한 부식 : 동 이온이 용출하여 이온화 현상에 의해 부식된다.

③ 이종금속 접촉 부식

④ 용존산소에 의한 부식

⑤ 탈아연 현상에 의한 부식 : 밸브의 STEM과 DISC의 접촉 부분에 부식이 발생한다.

⑥ 응력에 의한 부식 : 내부 응력에 의한 갈라짐 현상으로 부식된다.

⑦ 온도차에 의한 부식 : 국부적 온도차 조건에서 고온 측이 부식된다.

⑧ 유속에 의한 부식 : 유속이 빠를수록 부식이 증대한다.

⑨ 환경차에 의한 부식

- 동일한 금속이라도 환경에 따라 이온화 정도 차이에 따라 그 양자 간 전위차를 일으켜 갈바나 부식과 동일한 부식을 일으킨다.
- 매설관이 건물의 콘크리트를 관통하는 철근과 전기적으로 접촉 시 부식이 발생한다.
- 매설관이 점토와 모래 사이를 관통 시 점토 쪽이 부식된다.

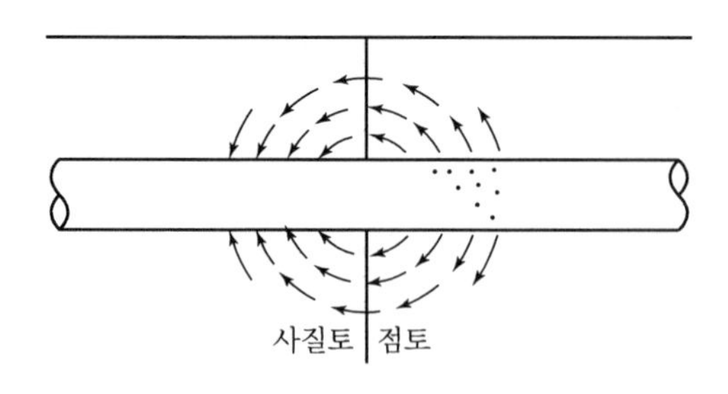

SECTION 04 부식 전지

- 부식 과정 : 어떤 물체에 전위차가 발생 → 전장을 형성 → 가전자 탈출 → 금속 격자에서 원자 이탈 → 환경 성분과 화학 반응 → 부식
- 대부분의 금속은 성분, 조직 등이 다른 금속면에 전위차가 생겨 전자가 움직이므로 전지가 형성되고 전해질을 통해 전류가 흐르게 되는데, 이러한 형태를 부식 전지라 한다. 부식 전지의 종류는 다음과 같다.

1) 이종금속 전극 전지

① 강관에 연결된 동제품 밸브, 강선체에 접속된 청동, 전도성에 불순물이나 이상이 있는 금속 표면 등에 형성된다.

② 동일한 금속이라도 결정입계 간에 형성되며 저전위 부분이 양극이 된다.

③ 접촉부식, 입계부식의 원인이 되며, 자연 전위차가 큰 다른 금속들이 직접 접촉하여 전지를 형성한다.

2) 농담 전지

① 동종 동질의 금속으로 된 전극이 농도가 다른 동종의 용액 중에 침지되었을 때도 전지를 형성한다.

② 염의 농도차에 의한 염 농담 전지, 통기차에 의한 산소 농담 전지 등이 있다.

③ 농도가 낮은 곳이 부식되는 것이 일반적이다.

3) 온도차 전지

① 두 개의 동종 동질의 금속 전극을 온도가 다른 동일 조성의 전해질 용액에 침지하였을 때 전위차가 생긴다.

② 보일러나 열교환기 등의 부식 원인이기도 하다.

③ 고온 쪽이 양극이 되어 부식이 발생한다.

4) 응력차 전지

① 고응력부와 저응력부 간에 생기며 고응력부가 빨리 부식된다.

② 고가공부와 저가공부, 냉간 가공된 부분과 풀림된 부분, 인장응력이나 반복응력이 작용하는 부분과 작용하지 않는 부분에 전위차가 발생한다.

SECTION 05 부식의 방지 대책

1) 일반적인 방지 대책

① 주요 구조부는 볼트 조임 등 기계접합 대신 용접처리하는 등 결함 요소를 제거한다.
② 잔류응력을 제거하고 유속을 1.5m/s 이하 수준으로 제어한다.
③ 국부 가열이나 부분적인 온도차가 생기지 않게 한다.
④ 이종금속 접촉을 피하며 이종금속 접합부에는 절연 유니언, 절연 플랜지 등으로 회로를 차단하며 양극 금속의 접촉면적을 음극 금속의 면적보다 100배 이상으로 크게 한다.
⑤ 유체의 종류나 특성, 사용 조건에 맞는 배관재를 선택하며 습기를 제거하고, 결로를 예방한다.
⑥ 탈기 및 탈산소로 용존산소를 제거한다.
⑦ 보일러 급수를 수처리하여 pH를 조절하고, 부식 억제제를 투입한다.
⑧ 운전 정지 중인 보일러에는 질소 가스를 충진하여 보관하고 피복 및 방청 도장 처리를 한다.

2) 피복에 의한 방식법

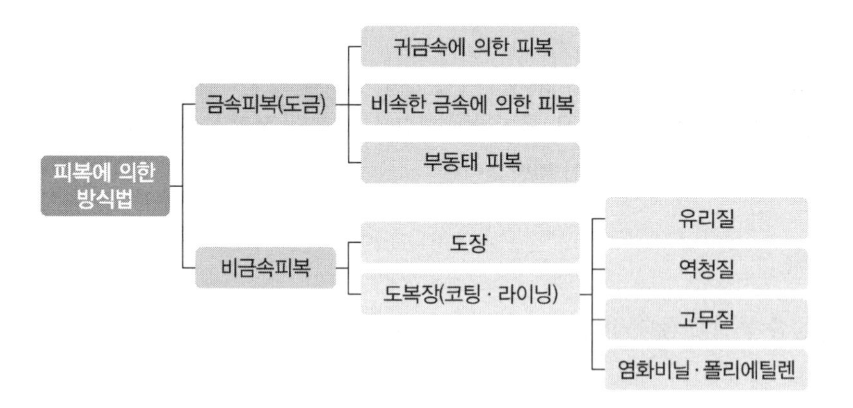

(1) 금속 피복

① 전기 도금 : 피복하고자 하는 금속의 금속염 수용액을 전기 분해에 의해 피처리품의 표면에 금속 피복하는 방법이다.
② 용융 도금 : 도금층을 형성하는 금속을 미리 용융 상태로 해 놓고, 그 속에 피처리품을 침지시킨 후 꺼내 응고시킨다.
③ 용사 : 샌드 블라스터에 의해 전처리한 금속 표면에 용융 상태의 금속 입자를 뿜어서 금속 피복을 형성한다.
④ 확산 침투법 : 철강 표면에서 다른 원소를 침입 확산시켜 표면을 고합금층으로 변화시켜 표면 피복층을 형성한다.
⑤ 주요 금속 재료 : 니켈, 크롬, 카드뮴, 아연, 주석, 동, 알루미늄 등

(2) 유기질 피복

① 피복 재료 : 고무, 폴리에틸렌, 에폭시 수지, 폴리우레탄, 자연건조형 불소수지 등

② 피복 방법

- Sheet 모양의 피복제를 접착제를 사용하여 부착하는 방법
- 도료 형태로 겹쳐 바르는 방법
- 입자 상태로 부착시킨 후 열로서 융착시키는 방법

(3) 무기질 피복

① 피복 재료 : 법랑이나 유리 라이닝

② 특성

- 모든 산이나 유기 용제에 잘 견딘다.
- 내마모성이 우수하고 변질이 적다.
- 열변화나 기계적 충격에 약하다.

3) 전기방식법

① 금속 표면의 전위차를 제거하여 부식을 억제하는 방법이다.

② 주로 수중의 강구조물이나 매설배관 및 탱크, 냉각수 계통에 사용한다.

구분	개요
유전양극법 (희생양극법)	• 비속한 금속(땅속에서는 Mg이 잘 사용됨)을 접속하여 방식하는 것으로 애노드(유전극 또는 희생양극)는 부식하는 한편 귀한 금속은 캐소드로 방식된다. • 비교적 간단하며 값이 싸다. • 전위차가 일정하고 비교적 작기 때문에 전위경사가 작은 장소에 적합하다. • 발생하는 전류가 작기 때문에 도복장의 저항이 큰 대상에 적합하다.
외부전원법	• 땅속에 매설한 애노드에 강제전압을 가하여 피방식 금속체를 캐소드로 하여 방식한다. 전원에는 일반의 교류를 정류(직류로 변환)하여 사용한다. • 전원장치를 비교적 깊게 매설하는 애노드가 필요하여 비용이 많이 든다. • 전압이 임으로 설정되며(단, 50V 이하), 대전류의 방출이 가능하므로 전위차가 큰 장소, 도복장의 저항이 낮은 구조물과 방식 대상면적이 큰 구조물에도 적용이 가능하다. • 전류 · 전압이 클 때 다른 금속 구조물에 대한 간섭을 고려할 필요가 있다.
선택배류법	• 땅속의 금속과 전철의 레일을 전선으로 접속한 것으로 전류기가 설치되어 있다. • 전식을 방지하는 데 사용한다. 레일의 전위는 시시각각으로 변화하므로 방식효과가 항상 얻어진다고는 할 수 없다. • 전류의 제어가 곤란하며, 간섭 및 과방식에 대한 배려가 필요하다. • 값이 싸다.
강제배류법	• 외부전원법과 선택배류법을 종합한 방식으로 외부전원법의 애노드를 레일에 치환한 방법이라 할 수 있다. 선택배류법에서는 레일의 전위가 높으면 방식전류가 흐르지 않으나 강재배류법에서는 별도로 전원을 가지고 있기 때문에 강제적으로 전류를 흐르게 할 수 있다. • 선택배류법에서 전식의 피해를 방지할 수 없을 때 채용한다. • 간섭 및 과방식에 대한 배려가 필요하다. • 비교적 고가(선택배류법보다 고가이나, 대용량의 외부전원법보다는 염가)이다.

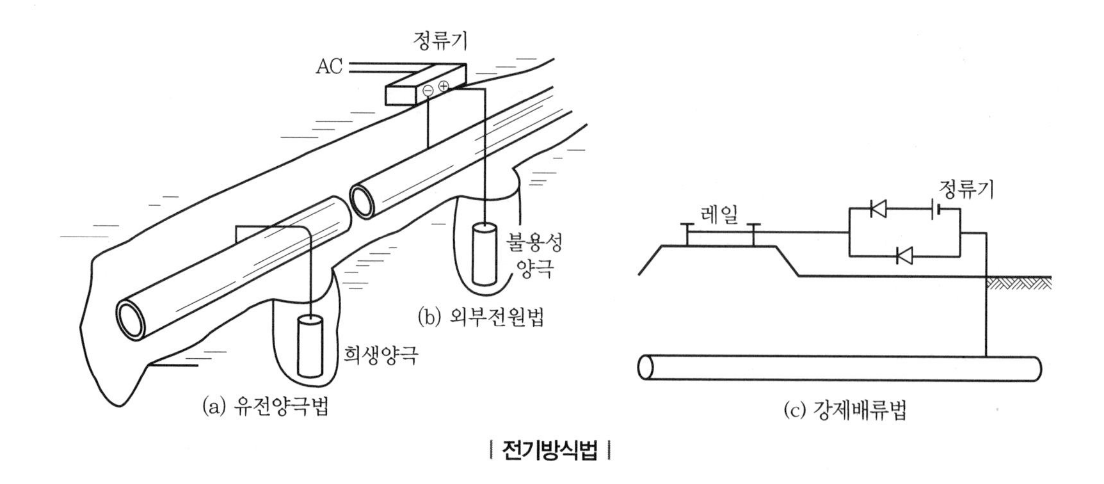

| 전기방식법 |

4) 결론

배관의 부식은 관의 재질, 흐르는 유체의 온도 및 화학적 성질에 따라 다르며, 금속의 이온화, 이종금속의 접촉, 전식, 온수 온도 및 용존산소에 의한 부식이 주로 일어나므로 부식을 유발하는 원인에 대한 분석과 대책이 필요하다.

CHAPTER

19 냉동 기초

SECTION 01 냉동의 정의

일정한 공간이나 물체로부터 열을 제거하여 인공적으로 주위 온도보다 낮게 유지하는 것이다. 넓은 의미에서 자연계에 존재하는 물체로부터 열을 제거하여 주위 온도보다 낮은 온도로 유지하는 조작을 말하며 좁은 의미에서는 물질을 응고점 이하까지 열을 제거하여 고체 상태로 만드는 것을 말한다.

1) 냉각(Cooling)

피냉각 물체로부터 열을 흡수하여 물체를 얼리지 않고 0℃ 이상의 온도로 그 물체가 필요로 하는 온도까지 낮추는 조작

2) 냉장(Cooling Storage)

동결되지 않는 범위 내에서 열을 제거하여 저온(3~5℃) 상태로 일정시간을 유지시키는 조작

3) 동결(Freezing)

−15℃ 이하 정도로 낮추어 물질을 얼리는 조작

4) 제빙

얼음의 생산을 목적으로 물을 얼리는 조작

5) 냉방

실내공기의 열을 제거하여 주위 온도보다 낮추어 주는 조작

SECTION 02 냉동의 방법

1) 자연적인 냉동방법

물질의 물리적인 자연현상을 이용하는 방법이다.

(1) 고체(얼음)의 융해잠열을 이용하는 방법

큰 얼음을 방에 두면 얼음이 녹으면서 주위의 열을 빼앗아 시원해진다. 대기압하에서 얼음은 0℃에서 융해하고, 이때 79.6kcal/kg의 열을 주위로부터 흡수하는 것을 이용하는 방법으로, 최저온도는 0℃이나 기한제(NaCl)를 이용하면 −20℃ 정도의 저온을 얻을 수 있다.

(2) 고체 CO_2(드라이아이스)의 승화잠열을 이용하는 방법

드라이아이스가 승화하면서 주위의 열을 빼앗아 시원해진다. 대기압하에서 드라이아이스는 −78.3℃에서 승화한다. 이때 137kcal/kg의 열을 주위에서 흡수하고 승화한 가스가 0℃까지 상승하는 동안에 15kcal/kg의 열을 주위로부터 더 흡수하게 된다.

(3) 액체의 증발잠열을 이용하는 방법

한여름에 끓어오르는 아스팔트에 물을 뿌리면 물이 증발하면서 주위의 열을 빼앗아 시원해진다.

(4) 기한제(起寒劑)를 이용하는 방법

맥주를 빨리 시원하게 하려면 얼음에 소금을 뿌린 후 맥주를 냉각시키면 된다. 한겨울에 눈이 내린 도로에 염화칼슘을 뿌리면 어는점이 −55℃ 정도로 낮아져 도로 결빙을 예방할 수 있다.

2) 기계적인 냉동방법

- 전력, 증기, 연료 등의 에너지를 이용하여 지속적인 냉동효과를 얻는 방법이다. 대기압에 가까운 압력에서 쉽게 증발하는 냉매를 증발시켜 증발잠열을 피냉각 물체로부터 흡수하여 냉각하며 이때 증발, 기화한 가스를 다시 액화하여 증발과 응축을 반복한다.
- 압축기의 종류에 따라 왕복식, 회전식, 원심식, 스크루식 등으로 분류한다.

(1) 증기압축식 냉동기

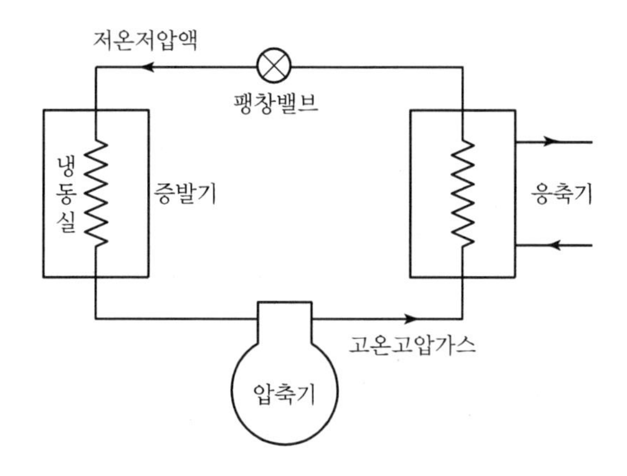

증기 압축식 냉동장치의 4대 요소(압축 → 응축 → 팽창 → 증발)

① 압축기 : 증발기에서 증발한 저온 저압의 냉매가스를 압축기로 흡입하여 압축하면 고온 고압의 과열증기 상태로 토출된다.

② 응축기 : 과열된 냉매가스를 응축기로 유입하여 물 또는 공기와 열교환을 시키면 냉매는 고온 고압의 액체 상태가 된다.

④ 팽창밸브 : 액화된 고온 고압의 냉매액을 팽창밸브로 교축 팽창시키면 저온 저압의 냉매액 상태가 된다.

⑤ 증발기 : 저온 저압의 액냉매는 증발기(냉각관)를 순환하면서 피냉각 물체로부터 열을 흡수하여 저온 저압의 냉매가스로 증발되어 압축기로 흡입된다.

(2) 흡수식 냉동기

기계적인 일을 사용하지 않고, 고온의 열(온수 및 수증기)을 이용하여 냉방하는 것으로 서로 잘 용해되는 두 가지 물질을 사용한다. 즉, 저온상태에서는 두 물질이 강하게 용해하나 고온에서는 두 물질이 분리되어 그중 한 물질이 냉매 작용을 하여 냉방을 하는 것이다. 이때 열을 운반하는 물질을 냉매라 하고, 이 가스를 용해하여 흡수하는 물질을 흡수제라 한다.

냉매	흡수제
NH_3(암모니아)	H_2O(물)
H_2O(물)	LiBr(취화리튬)

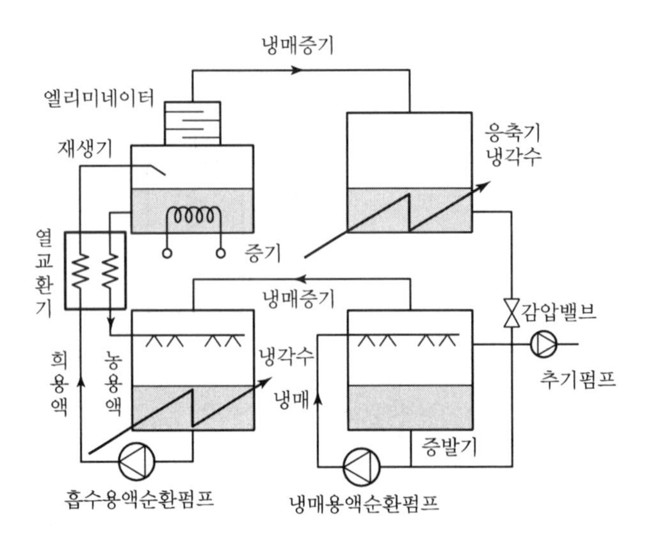

(3) 증기분사식 냉동기

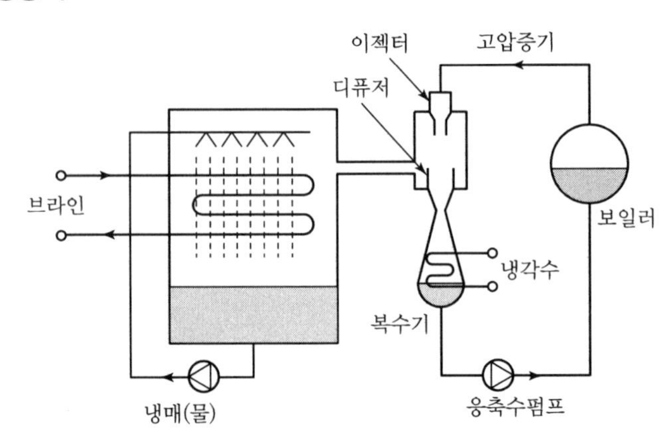

① 증기 이젝터(Ejector)로 증발기 내의 압력을 낮추어 물의 일부를 증발시키는 동시에 나머지 물은 냉각이 되는데 이 냉각된 물(냉수)을 냉동목적에 이용한다.

② Ejector 내의 노즐을 통하여 고압의 수증기를 고속으로 분출시킬 때 발생하는 흡입력을 이용하여 증발기 내의 공기를 빨아 내어 증발기 내를 저압으로 만든다.

③ 증발기 내의 냉매(물)가 증발하여 Brine(냉수)을 냉각하며, 증발한 냉매는 디퓨저, 복수기를 통해 일부는 증발기로 나머지는 보일러로 보내진다.

④ 회전하는 부분이 없고 기밀이 잘 유지되어 증발기 측에 고진공을 얻을 수 있다.

⑤ 압축식과 같이 기계부품이 없으며 제작비가 싸다.

(4) 전자냉동기(열전냉동기)

① 성질이 다른 두 금속을 접속시켜 직류 전류를 흐르게 하면 접합부에서 열의 방출과 흡수가 일어나는 현상, 즉 펠티에(Peltier) 효과를 이용하여 저온을 얻는 것으로 열전냉동법이라 한다.

※ Peltier 효과와 반대되는 현상을 제벡(Seebeck) 효과라고 한다. 제벡효과의 실례는 우주선이나 항공기 등에서 볼 수 있다.

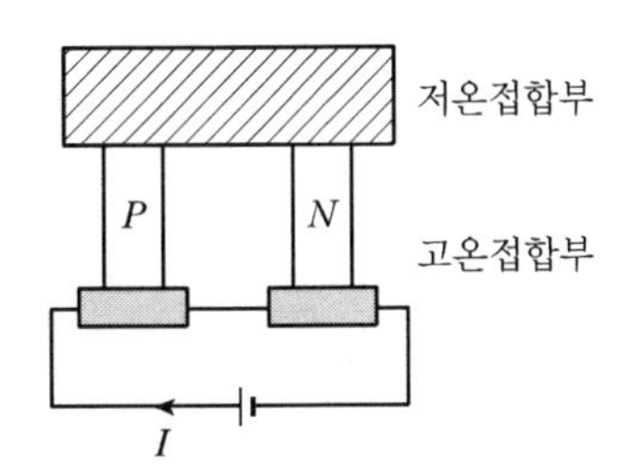

② 구성

- 2종류의 P형, N형 전자냉각소자를 π모양으로 접합한 것이 최소단위이며, 이러한 것이 여러 개 결합되어 전자냉동기를 이룬다.
- 그림과 같은 방향으로 전류를 흐르게 하면, Peltier 효과에 의해 P－N접합 전극에서는 흡열하고, 상대 극에서는 발열한다. 전자냉동기는 흡열을 이용한 것이다.
- 현재 주로 사용되는 재료에는 비스무트 텔루르, 안티몬 텔루르, 비스무트 셀렌 등이 있다.

③ 특징

- 운전부분이 없어 소음이 없고 냉매가 없으므로 배관이 불필요하다.
- 냉매누설에 의한 독성, 폭발, 대기오염, 오존층 파괴 등의 위험이 없다.
- 수리가 간단하고 수명이 반영구적이다.
- 소형부터 대형까지 제작이 가능하다.
- 전류의 흐름 제어로 용량조절이 용이하다.
- 가격과 효율 면에서 불리하다.

④ 용도

휴대용 냉장고와 전자식 룸쿨러(Room Cooler), 가정용 특수 냉장고, 물 냉각기, 광통신용 반도체 레이저의 냉각, 핵잠수함내의 냉난방장치, 의료 · 의학물성실험장치 등 특수분야, 컴퓨터나 우주선 등의 특수 전자 장비의 어떤 부분을 냉각시키는 데 사용된다.

열전반도체의 구비조건
- 흡열량이 클 것
- 열에 대해 전기저항이 낮을 것
- 열전도율이 작을 것

(5) 열펌프(Heat Pump)

① 열은 고온에서 저온으로 흐르지만 냉동기는 증발기(저온)에서 열을 흡수하여 증기가 된 냉매를 압축한 후 냉매증기를 응축기(고온)에서 물 또는 공기를 이용하여 열을 버리는 것으로 열을 저온에서 고온으로 이송시키므로 열펌프라고 한다.

② 열효율이 가장 높다.

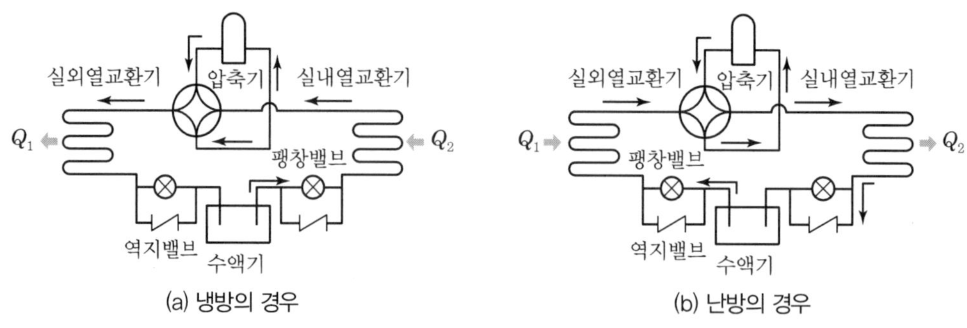

| 열펌프식 냉동사이클 |

(6) 흡착식 냉동기

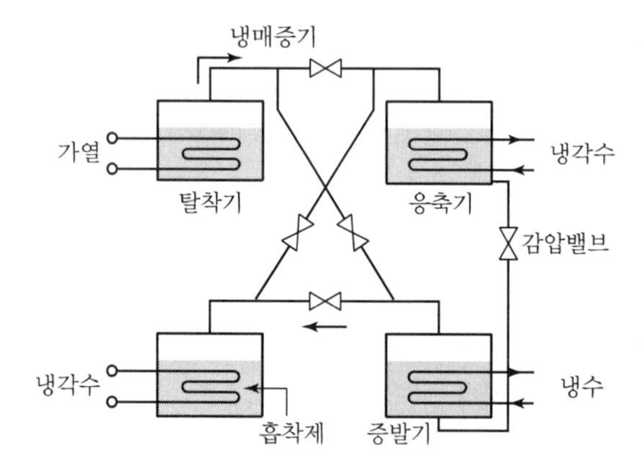

① 실리카겔, 각종 제올라이트 및 활성탄 등의 고체 다공성 흡착제를 내장한 흡착기(Absorber)와 증발기, 응축기, 팽창기구 등이 조합되며 흡착기를 가열, 냉각함에 따라 냉매가스의 토출, 흡입이 이루어진다.

② 흡착제가 냉매증기를 흡착함에 따라 성능 저하가 발생한다.

③ 순번교대운전이 가능하도록 흡착기 2대 이상 설치가 필요하다.

(7) 진공식 냉동(Vacuum Cooling)기

① 용기 내에 냉각물을 넣고 진공 펌프로 용기 내를 고진공으로 만들어 수분이 증발하면 피냉각 물질로부터 증발열을 흡수하면서 냉각 작용을 한다.

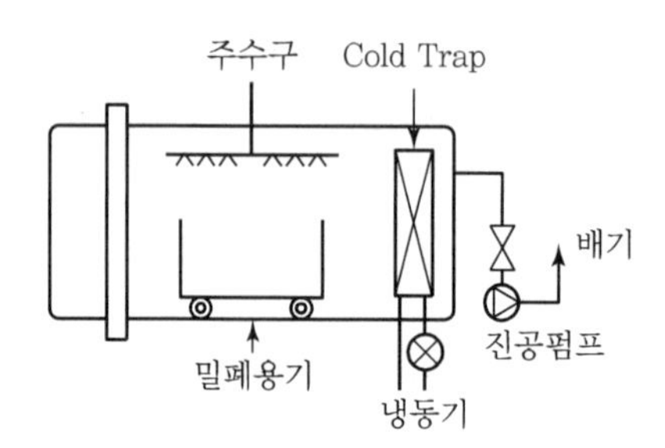

② 고진공을 얻기 위하여 대용량의 진공 펌프가 필요하여 비경제적이다.

③ 진공 동결건조장치로 이용한다.

SECTION 03 증기압축 냉동사이클

1) 구성 및 작동 원리

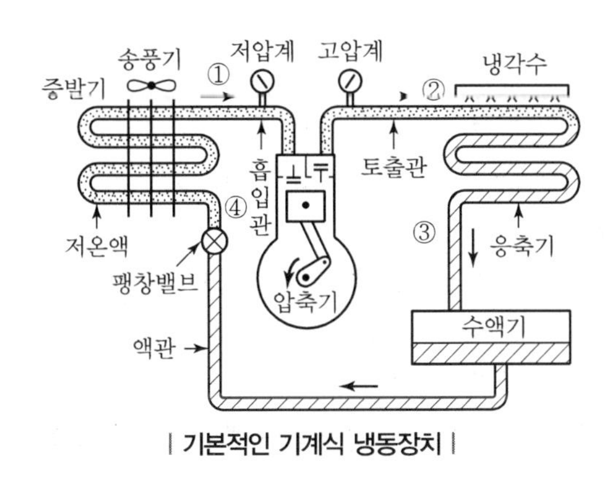

| 기본적인 기계식 냉동장치 |

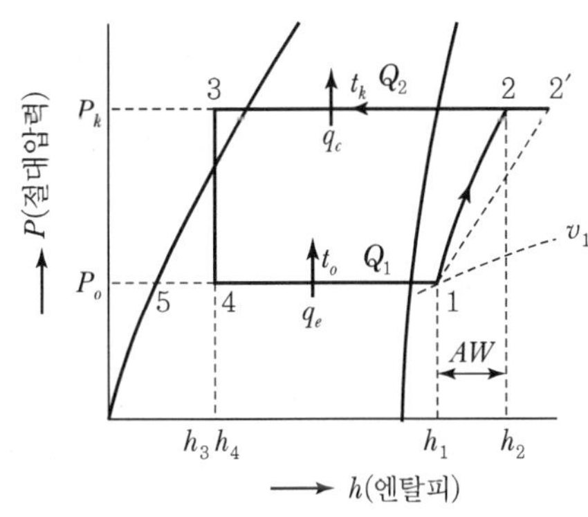

| 단단 냉동사이클의 $P-h$ 선도 |

(1) 증발과정(④ → ①)

① 증발잠열에 의해 주위 열을 흡수하여 액체에서 기체가 된다.

② 압력, 온도가 일정하다.(등온, 등압 과정)

③ 증발압력(P_e)을 낮게 하면 낮은 증발온도를 얻을 수 있다.(증발압력 ∝ 증발온도)

(2) 압축과정(① → ②)

① 증발된 가스를 단열 압축하여 고온 고압 가스가 된다.(등엔트로피 과정)

② 압축기에 흡입된 증기는 실린더 안에서 피스톤에 의해 응축압력(P_c)까지 압축된다.

③ 토출가스 중에 포함된 압축기 윤활유 대부분은 유분리기에서 분리된다.

(3) 응축과정(② → ③)

① 고온 고압가스에서 고압 액체가 된다.(등압 과정)

② 응축 열량(q_c)을 방출하여 엔탈피가 감소한다.

$q_c = q_e$(증발 열량) $+ A\,W$(압축일)

(4) 팽창밸브(③ → ④)

① 액화된 냉매를 증발기에 보내기 전에 증발이 쉽도록 압력을 내리는 작용과 함께 냉매 유량 조정 기능도 한다.
② 외부와의 열출입이 없다.(등엔탈피 과정)
③ 고압의 액냉매에서 저압의 습포화증기가 된다.

2) 압축기의 종류와 특징

(1) 왕복동 압축기

피스톤의 왕복운동으로 냉매가스를 압축한다.

① 횡형 압축기 : 종래에는 많이 사용되었으나, 최근에는 거의 사용되지 않는다.
② 입형 압축기 : 회전수가 횡형에 비해 다소 빠른 편이고, 이 형식의 압축기는 냉매로서 CFC계 냉매 등을 사용하기도 하나, 주로 암모니아를 사용하고 있다.
③ 고속다기통 압축기 : 종래의 입형 압축기로 회전수를 높이면 압축기의 강도나 진동에 한계가 있으므로, 고속다기통 압축기가 개발되었다. 대형에서부터 중형, 소형까지 널리 사용되고 있는 압축기의 대표적인 형식 중의 하나로서, 대량생산이 가능하다.
④ 밀폐형 압축기 : 축봉장치가 필요 없기 때문에 압축기의 기밀성이 높을 뿐만 아니라, 압축기 구동장치가 없으므로 소형이며 소음도 적다. 단, 내장하는 전동기는 냉매가스의 작용으로 인한 전기적인 변화가 일어나지 않아야 한다. CFC계 냉매는 전기적 절연성이 뛰어나므로 밀폐형 압축기에 적합한 냉매이다. 가정용 냉장고나 소용량의 가정용 공기조화기에 주로 사용된다.

(2) 스크루 압축기

최근의 냉동용 압축기는 고속다기통 압축기와 스크루식 압축기가 가장 많이 사용되고 있다. 스크루 압축기는 비교적 소형이지만, 큰 냉동 능력을 발휘하기 때문에 대형 냉동 공장에 적합하다.

(3) 회전식 압축기

편심형으로 된 회전축이 케이싱의 실린더 내면을 일정한 편심으로 회전하여 가스를 압축한다.

(4) 터보 압축기

임펠러를 고속으로 회전하면 임펠러 주위 속도의 2승에 비례하는 원심력이 생기는 데. 이 힘을 이용하여 냉매가스를 압축하는 것이다. 용량이 큰 것일수록 회전수는 적다.

3) 응축기의 종류와 특징

(1) 수랭식 응축기

냉각수의 현열을 이용해서 냉매가스를 냉각 · 액화하는 것으로 물을 강제로 유동시켜 냉각효과를 올리는 것과 물을 높은 장소에 올려서 냉각관 외면에 냉각수를 흘려 냉각하는 것이 있다.

① 입형 셀튜브식 응축기 : 비교적 대용량의 응축을 할 수가 있으며, 설치면적은 적으나 수량이 많다는 결점이 있고, 주로 육상의 대형 암모니아 냉동설비에 사용하고 있다.

② 횡형 셀튜브식 응축기 : 강판으로 만든 원통을 수평으로 놓고 그 속에 냉각관을 다수 넣어 원통의 좌우를 강판으로 용접한 것으로 냉각수 속도를 크게 하면 열통과율의 값은 증대하지만, 냉각수 펌프의 동력이 현저히 증대한다.

③ 2중관식 응축기 : 냉매의 과냉각도가 큰 것이 특징이며, 액화된 냉매는 유입하는 냉각수의 입구온도 가까이까지 냉각되므로 효율이 좋다.

④ 7통로식 응축기 : 1조만을 생각할 때, 그 구조는 횡형 셀튜브식 응축기와 같으며 냉동능력이 큰 장치에서는 여러 개를 수직으로 몇 단 조합하여 사용한다. 열통과율이 좋은 편이나, 암모니아 용으로는 현재 사용하지 않는다.

(2) 증발식 응축기

냉각수의 증발잠열을 이용해 냉각 · 액화하는 것으로, 육상 대형 냉동설비에서 현재 가장 많이 사용되고 있다. 공랭식에 비해 현저하게 열통과율이 높아서 전열면적이 작아도 되고, 응축온도도 낮게 할 수 있기 때문에 높은 효율의 운전을 할 수 있다. 겨울철에는 공랭식으로 사용할 수도 있으므로 연중 운전의 경우 특히 우수하다.

(3) 공랭식 응축기

대기의 현열을 이용해서 냉각, 액화시키는 것으로, 공기의 자연 대류로써 냉각하는 것과 전동팬에 의해 강제통풍하여 냉각하는 것이 있다. 수랭식에 비해 보수작업이 적고 구조가 간단하여 보수가 용이하기 때문에, 중 · 소형 CFC계 냉매 등의 냉동장치에 널리 사용되고 있다.

① 자연대류식 응축기 : 가정용 전기냉장고 등과 같이 압축기 용량이 100～200W 정도인 CFC계 냉매에 주로 사용한다.

② 강제통풍식 응축기

4) 증발기의 종류와 특징

(1) 건식 증발기

팽창밸브를 나온 냉매액과 가스가 코일 내를 동시에 흐르면서 냉매액이 증발하는 것으로 증발기 출구까지 액과 증기를 분리하지 않는다. 냉매증기는 냉각작용이 없으므로 냉매의 열통과율이 나쁘게 되지만, 소요냉매량이 적으면 윤활유가 증발기에 적게 남아 있기 때문에, CFC계 냉매와 같이 유가 냉매에 용해하는 경우에 사용한다.

① 셸튜브식 증발기 : 관 내에는 냉매가 흐르고, 관 외에는 피냉각물이 흐르도록 되어 있는 구조이다.

② 셸코일식 증발기 : 관 내에 냉매가 흐르도록 한 것으로, 모양에 따라 입형과 횡형으로 구분할 수 있다. 제작은 간단하나 유속이 늦고 열통과율이 나쁘며, 주로 소형장치에 이용한다.

③ 플레이트형 증발기 : 구조가 간단하기 때문에 소형 가정용 냉장고나 쇼케이스 등에 널리 사용한다.

④ 핀코일식 증발기 : 대부분 송풍기로서 공기를 강제적으로 유동시키는 것으로 유닛 쿨러라고 한다. 공기조화기, 냉장고 등의 공기냉각용으로 많이 사용한다.

⑤ 나관코일식 증발기 : 산업용 냉장고의 천장 코일, 벽코일, 동결실의 선반코일 등이 있다. 제상의 어려움은 있으나 구조가 간단하고 보수가 필요 없는 장점이 있다.

⑥ 탱크용 증발기 : 제빙에 사용하는 브라인 냉각용으로 널리 사용한다.

(2) 만액식 증발기

증발기 내에 냉매액이 항상 가득 차 있는 것으로서, 증발된 가스는 액 중에서 기포가 되어 상승하므로 분리된다. 따라서 피냉각 물체와 전열면이 거의 냉매액과 접촉하고 있기 때문에 전열작용이 건식보다 양호하지만 냉매가 많이 필요하다.

(3) 반만액식 증발기

건식과 만액식의 중간 정도의 장치이다. 전열효과는 건식보다 좋으나 만액식에는 미치지 못한다.

(4) 강제순환식 증발기

증발기에서 증발하는 액화냉매량의 4~6배의 냉매를 강제적으로 순환시키는 방법이다. 이 형식은 원심식 냉동기와 저온용 냉동장치에 많이 사용된다. 구조가 복잡하고 냉매펌프가 필요하기 때문에 제작비가 비싸나, 최근의 산업용 냉동장치에서는 거의 이 형식의 증발기를 사용한다.

5) 팽창밸브의 종류와 특징

(1) 수동식 팽창밸브

① 니들밸브(Needle Valve)로 되어 있다.

② 다른 팽창밸브의 Bypass용으로 사용된다.

③ 유량조절에 숙달을 요한다.

(2) 정압식 자동팽창밸브

① 증발압력을 일정하게 유지할 수 있다.

② 정지 중에는 닫힌다.

③ 부하 변동에 따른 유량제어가 불가능하므로 부하 변동이 적은 프레온 소형장치에 사용한다.

(3) 온도식 자동팽창밸브

① 부하의 변동, 냉각수의 상태 등에 의하여 항상 변화한다.
② 내부균압형 TEV와 외부균압형 TEV의 두 종류가 있다.

(4) Pilot TEV

대용량에서는 온도식 자동팽창밸브로 유량제어가 불가능하므로 Pilot TEV가 사용된다.

(5) 모세관

① 1HP 이하의 소형용이다.
② 가격이 싸다.
③ 부하 변동에 따른 유량조절이 불가능하다.
④ 고압 측에 수액기를 설치할 수 없다.
⑤ 수분이나 이물질에 의해 동결, 폐쇄의 우려가 있다.

(6) 저압 측 Float Valve

① 부하 변동에 대응하여 증발기의 액면을 유지한다.
② 만액식 증발기용이다.

(7) Pilot Float Valve

대용량의 만액식 증발기용으로 사용한다.

(8) 고압 측 Float Valve

① 고압 측 액면을 일정하게 유지한다.
② 부하 변동에 의한 유면제어가 불가능하다.
③ Turbo 냉동기에 사용한다.

(9) 전기식 액면제어

만액식 증발기의 액면제어에 사용한다.

6) 냉매의 구비조건

① 비점이 적당히 낮을 것
② 냉매의 증발잠열이 클 것
③ 응축 압력이 적당히 낮을 것
④ 증기의 비체적이 작을 것(토출량이 적어 장치가 소형화)
⑤ 압축기의 토출가스의 온도가 낮을 것

⑥ 임계온도가 충분히 높을 것(임계온도가 낮은 증기는 임계온도 이상에서 압력을 높여도 응축되지 않으므로 냉매 재사용 불가)
⑦ 부식성이 적을 것
⑧ 안전성이 높을 것(분해된 후에도 성질이 변하지 않을 것)
⑨ 전기 절연성이 좋을 것(밀폐형 압축기)
⑩ 누설 검지가 쉬울 것
⑪ 누설하였을 때 공해를 유발하지 않을 것

SECTION 04 몰리에르 선도 구성

세로축에 변화되는 냉매의 절대압력(P)과 가로축에 냉매의 엔탈피(h)의 변화를 표시하여 냉매의 상태 변화를 여러가지 선으로 나타내는 선도로서 냉동장치의 계산에서 매우 중요하게 이용된다.

1) 포화액선과 건조포화증기선

(1) 포화액선

과냉각액 구역과 습포화증기 구역을 구분하는 선으로 포화압력에 따른 포화온도의 점들을 이은 선

(2) 건조포화증기선

습포화증기 구역과 과열증기 구역을 구분하는 선으로 포화압력에 따른 습포화증기가 건조포화증기로 상태가 바뀌는 점들을 이은 선

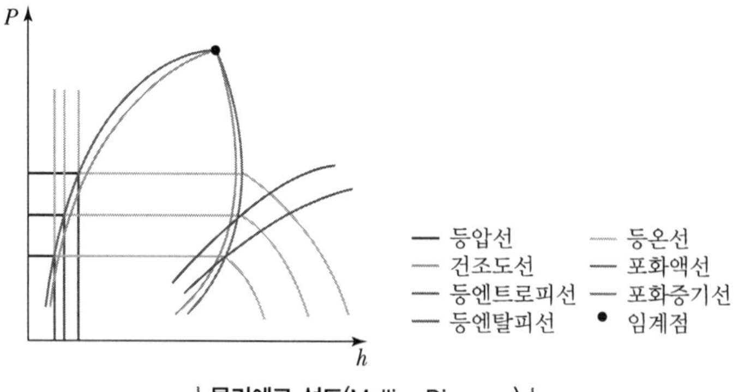

| 몰리에르 선도(Mollier Diagram) |

2) 등압선(P, kg/cm^2 · a)

① 가로축과 평행하다.(등엔탈피선과 직교)

② 압축비를 구할 수 있다.

$$압축비 = \frac{응축절대압력(고압)}{증발절대압력(저압)}$$

③ 냉매의 상태변화과정 중에서 응축과정과 증발과정 중의 절대 압력을 알 수 있다.

④ 한 선에서의 압력은 과냉각액, 습증기, 과열증기 구역에서 모두 동일하다.

3) 등엔탈피선(h, kcal/kg)

① 세로축과 평행하다.(등압선과 직교)

② 냉매상태에 따른 각각의 엔탈피를 알 수 있다.

③ 냉동효과(q_2), 응축부하(q_1), 소요동력(Aw) 등을 알 수 있다.

④ 성적계수, 플래시 가스양을 구할 수 있다.

⑤ 모든 냉매의 0℃ 포화액의 엔탈피는 100kcal/kg이다.

4) 등온선(t, ℃)

① 과냉각 구역에서는 등엔탈피선, 습증기 구역에서는 등압선과 일치하며 과열증기 구역에서는 우측 하단으로 급격한 하향 구배선으로 그려진다.

② 냉매의 상태변화에 따른 응축, 증발, 흡입가스, 토출가스 온도 등을 알 수 있다.

5) 등비체적선(v, m^3/kg)

① 과냉각액 구역에서는 존재하지 않는다.

② 습증기 구역에서 과열증기 구역으로 상향구배로 그려진다.

③ 압축기로 흡입되는 냉매가스 1kg당의 체적(비체적)을 알 수 있다.

6) 등건조도선(x)

① 습증기 구역에서만 존재한다.

② 단위중량의 습증기 중에 건조포화증기가 차지하고 있는 무게비를 나타낸 값이다.

$$건조도(x) = \frac{포화증기}{습증기} = \frac{플래시\ 가스의\ 열량}{증발잠열} \quad (0 \le x \le 1)$$

③ 과냉각 구역과 포화액선까지의 건조도는 0이고, 건조포화증기선에서의 건조도는 1이다.

④ 건조도가 0.14이면 습포화증기 중 증기가 14%이고, 액은 86%이다.

⑤ 플래시 가스양 및 냉동효과를 알 수 있다.

예 $X=1.0$은 건조포화증기, $X=0$은 포화액, $X=0.3$은 습증기 중 30%가 증기, 70%가 액체인 것을 나타낸다.

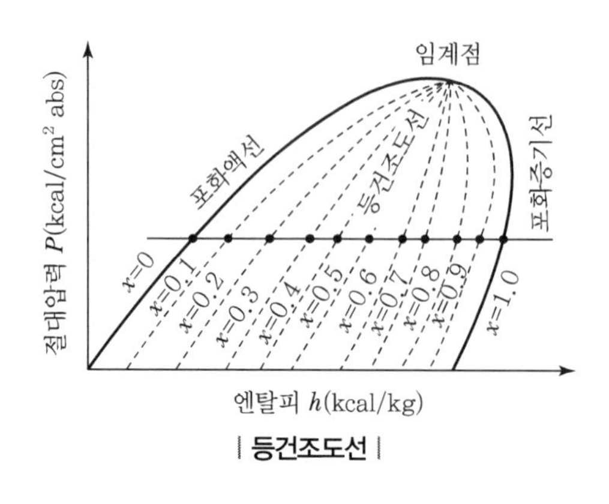

| 등건조도선 |

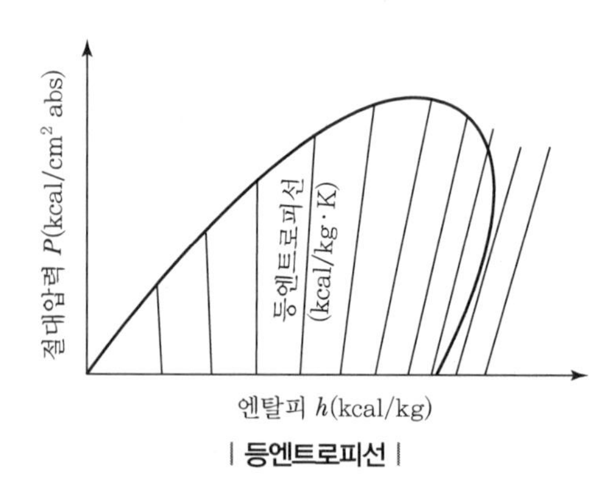

| 등엔트로피선 |

7) 등엔트로피선(S, kcal/kg · K)

① 습증기 구역과 과열증기 구역에서만 존재한다.

② 압축과정은 이론상 단열압축으로 하므로 등엔트로피선 중에 나타난다.

③ 모든 냉매의 0℃ 포화액의 엔트로피는 1kcal/kg · K이다.

SECTION 05 기준 냉동사이클

냉동장치의 능력이나 소요장치의 크기는 응축온도, 증발온도, 액의 과냉각도, 흡입증기의 과열도에 따라 변화한다. 기준이 되는 온도조건을 정하여 그 온도에 있어서의 성능을 비교하도록 한 것을 기준(표준) 냉동사이클이라 한다. 냉동기의 기종이나 대소에 관계없이 성능을 비교하기 위하여 제안된 일정한 온도조건에 의한 냉동사이클로 다음과 같이 기준한다.

- 응축온도 : 30℃
- 증발온도 : −15℃
- 팽창밸브 직전의 온도 : 25℃(과냉각도 5℃)
- 압축기 흡입가스 상태 : −15℃의 건조포화증기

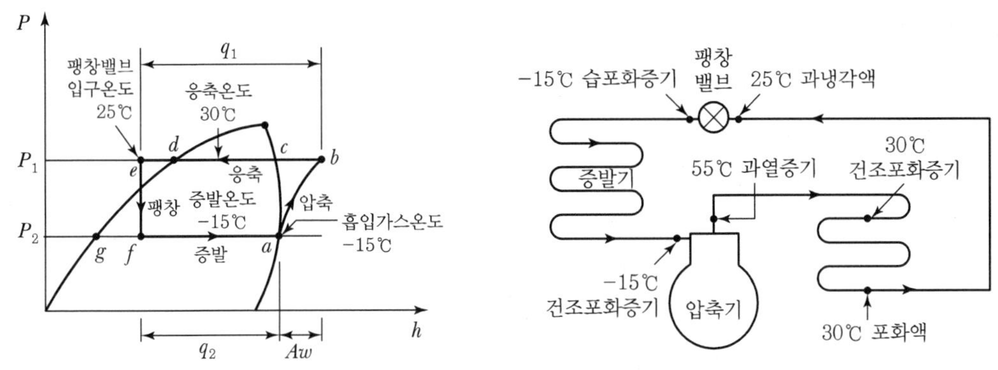

| 기준 냉동사이클 |

기준 냉동사이클은 비교적 온도가 높은 냉방장치에서 초저온의 냉동장치에 이르기까지 상당히 폭넓고 광범위한 온도범위의 냉동사이클을 획일적으로 비교하는 것으로 실제값은 아니다. 기준 냉동사이클에서 압축기가 발휘하는 냉동능력을 호칭 냉동능력이라 하며 법규(고압가스 안전법)에서 법정 냉동톤의 값을 결정하는 기준이 된다.

1) 냉동장치와 몰리에르 선도(과열 압축 과냉각과정)

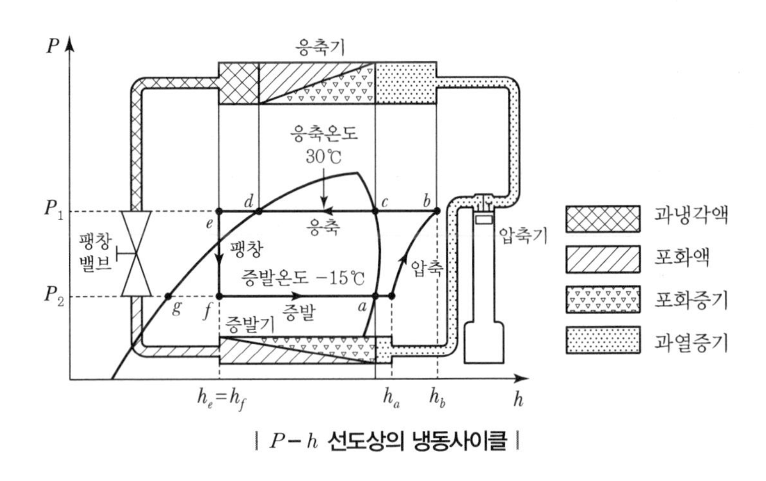

| $P-h$ 선도상의 냉동사이클 |

2) 기준 냉동사이클의 과정

(1) 압축과정(a → b)

① a점 : 증발기 출구 또는 압축기 흡입 지점으로 냉매는 저온(−15℃), 저압(P_2)의 건조포화증기 상태이다.

② a → b 과정 : 단열 압축과정으로 냉매는 건조포화증기에서 과열증기가 된다. 이 과정은 단열변화 과정이지만 압축기로부터 받는 일의 열당량만큼의 엔탈피가 증가한다.

③ b점 : 압축기 토출 또는 응축기 흡입 지점으로 고온 고압(P_1)의 과열증기 상태이다.

(2) 응축과정(b → e)

① b → c 과정 : 응축기에서의 과열 제거과정으로 과열증기가 액화되기 직전의 건조포화증기로 변화되는 동안 온도가 낮아진다.

② c점 : 고온(30℃), 고압의 포화액 상태이다.

③ c → d 과정 : 실제 응축과정으로 물 또는 공기를 이용하여 응축시키므로 잠열과정이다.(건조포화증기 → 습포화증기 → 포화액)

④ d점 : 고온(30℃), 고압의 포화액 상태이다.

⑤ d → e 과정 : 응축기에서의 과냉각과정으로 포화액의 온도보다 5℃ 정도 과냉각된다.

⑥ e점 : 응축기 출구 또는 팽창밸브 입구 지점으로 냉매는 25℃의 과냉각된 액체 상태이다.

(3) 팽창과정(e → f)

① e → f 과정 : 단열팽창과정으로 엔탈피의 변화는 없고(등엔탈피 과정), 교축작용으로 유체의 속도가 증대되면 압력이 강하된 포화압력에 대응하는 온도(−15℃)로 저하된다.

② f점 : 팽창밸브 출구 또는 증발기 흡입 지점으로 저온(−15℃), 저압(P_2)의 포화액과 증기(플래시 가스)가 공존하는 지점이다.

(4) 증발과정(f → a)

① f → a 과정 : 증발기로 흡입된 액냉매는 냉동 또는 냉각에 사용되고, 피냉각 물체로부터 열을 흡수하여 점차 증발하게 되는 잠열과정이므로 온도는 변하지 않고 증발기 출구 지점에서 건조포화증기로 변한다.

3) 기준 냉동사이클의 계산

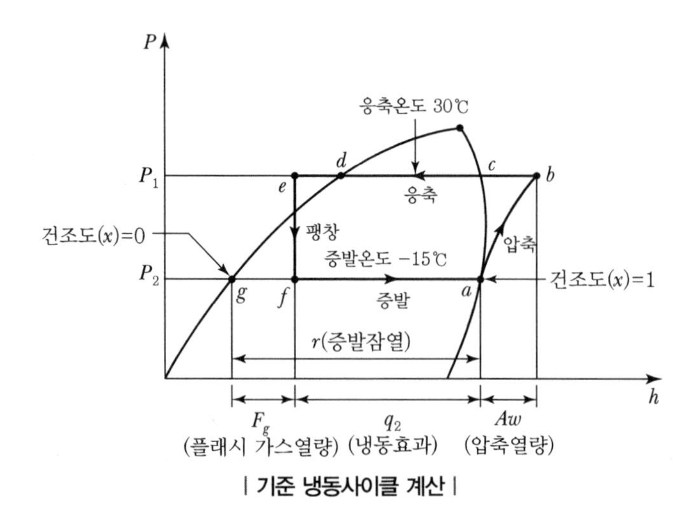

| 기준 냉동사이클 계산 |

(1) 냉동효과, 냉동력, 냉동량(q_2, kcal/kg)

냉매 1kg이 증발기를 통과하는 동안 피냉각 물체로부터 흡수하는 열량

$$q_2 = h_a - h_e(h_f) = (1-x)\gamma$$

여기서, h_a : 증발기 출구 엔탈피, $h_e(h_f)$: 증발기 입구 엔탈피
γ : 증발잠열, x : 건조도

(2) 압축일의 열당량, 압축열량(Aw, kcal/kg)

압축기에서 저압의 냉매가스 1kg을 고압으로 상승시키는 데 소요되는 압축일을 열량으로 환산한 값

$$Aw = h_b - h_a$$

여기서, Aw : 압축일량, h_b : 압축기 출구 엔탈피, h_a : 압축기 입구 엔탈피

(3) 응축기 방열량, 응축열량(q_1, kcal/kg)

증발기를 통과하는 동안 냉매 1kg이 흡수한 열량과 압축기에서 받은 열량을 공기나 냉각수에 의해 방출하는 열량

$$q_1 = q_2 + Aw = h_b - h_e$$

(4) 성적계수(COP, ε)

냉동능력과 압축일에 해당하는 소요동력과의 비

① $P-h$ 선도상의 성적계수

$$COP = \frac{q_2}{Aw} = \frac{h_a - h_e}{h_b - h_a}$$

② 이론 성적계수

$$\varepsilon_o = \frac{q_2}{Aw} = \frac{Q_2}{Q_1 - Q_2} = \frac{T_2}{T_1 - T_2}$$

③ 실제 성적계수

$$\varepsilon = \varepsilon_o \times \eta_c \times \eta_m$$

④ 히트펌프의 성적계수(COP_H)

$$\varepsilon_H = \frac{q_1}{Aw} = \frac{Q_1}{Q_1 - Q_2} = \frac{T_1}{T_1 - T_2}$$

(5) 냉매 순환량(G, kg/h)

냉동장치에서 1시간 동안 증발기에서 증발하는 냉매의 양

$$G = \frac{Q_2}{q_2} = \frac{V_a \times \eta_v}{v}$$

▼ 기준 냉동사이클에서의 1RT당 냉매의 순환량(kg/h)

냉매	Q_2(RT)	q_e(kcal/kg)	$G=\frac{Q_2}{q_e}$	G(kg/h)	v(m³/h)
NH_3	3,320	269	$\frac{3,320}{269}$	12.34	6.28
R-12	3,320	29.5	$\frac{3,320}{29.5}$	112.54	10.4
R-22	3,320	40.5	$\frac{3,320}{40.5}$	82	6.4

(6) 냉동능력(Q_2, kcal/h)

냉동장치에서 냉매가 증발기에서 흡수하는 열량

$$Q_2 = G \times q_2 = \frac{V_a \times \eta_v}{v} \times q_2$$

$$RT = \frac{Q_2}{3,320} = \frac{V_a \times q_2 \times \eta_v}{3,320 \times v}$$

SECTION 06 각 냉매의 기준 냉동사이클에서의 계산

1) NH_3 기준 냉동사이클

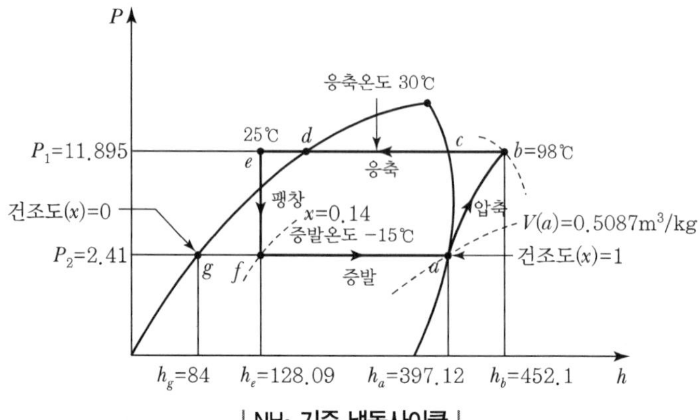

| NH_3 기준 냉동사이클 |

① 응축압력 : $P_1 = 11.895\text{kg/cm}^2 \cdot \text{a}$

② 증발압력 : $P_2 = 2.4100\text{kg/cm}^2 \cdot \text{a}$

③ 압축비 : $P_r = \dfrac{P_1}{P_2} = \dfrac{11.895}{2.4100} = 4.94$

④ 토출가스 온도 : 98℃

⑤ 압축기 흡입가스 비체적 : $v_a = 0.5087\text{m}^3/\text{kg}$

⑥ 냉동효과 : $q_2 = h_a - h_e = 397.12 - 128.09 = 269.03\text{kcal/kg}$

⑦ 압축열량 : $Aw = h_b - h_a = 452.1 - 397.12 = 54.98\text{kcal/kg}$

⑧ 응축열량 : $q_1 = h_b - h_e = 452.1 - 128.09 = 324.01\text{kcal/kg}$

⑨ 플래시 가스열량 : $F_g = h_e - h_g = 128.09 - 84 = 44.09\text{kcal/kg}$

⑩ 증발잠열 : $\gamma = h_a - h_g = 397.12 - 84 = 313.12\text{kcal/kg}$

⑪ 방열계수 : $C = \dfrac{q_1}{q_2} = \dfrac{324.01}{269.03} = 1.2$

⑫ 이론적 성적계수 : $\varepsilon_o = \dfrac{q_2}{Aw} = \dfrac{269.03}{54.98} = 4.89$

⑬ 건조도 : $x = \dfrac{F_g}{\gamma} = \dfrac{44.09}{313.12} = 0.14$

⑭ 1RT당 냉매순환량 : $G = \dfrac{Q_2}{q_2} = \dfrac{3,320}{269.03} = 12.34\text{kg/h}$

⑮ 1RT당 응축열량 : $Q_1 = G \times q_1 = 12.34 \times 324.01 = 39,983\text{kcal/h}$

- 1RT당 소요동력 : $\text{kW} = \dfrac{G \times Aw}{860} = \dfrac{12.34 \times 54.98}{860} = 0.79\text{kW}$
- 1RT당 소요마력 : $\text{HP} = \dfrac{G \times Aw}{632} = \dfrac{12.34 \times 54.98}{632} = 1.07\text{HP}$
- 1RT당 압축기 흡입가스양 : $V = G \times v = 12.34 \times 0.5087 = 6.28\text{m}^3/\text{h}$

2) R−22 기준 냉동사이클

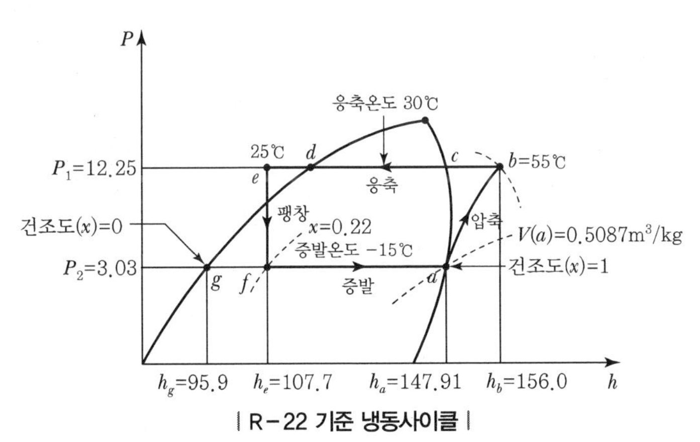

| R−22 기준 냉동사이클 |

① 응축압력 : $P_1 = 12.25\text{kg/cm}^2 \cdot \text{a}$

② 증발압력 : $P_2 = 3.030\text{kg/cm}^2 \cdot \text{a}$

③ 압축비 : $P_r = \dfrac{P_1}{P_2} = \dfrac{12.45}{3.030} = 4.04$

④ 토출가스 온도 : 55℃

⑤ 압축기 흡입가스 비체적 : $v_a = 0.0778\text{m}^3/\text{kg}$

⑥ 냉동효과 : $q_2 = h_a - h_e = 147.91 - 107.7 = 40.21\text{kcal/kg}$

⑦ 압축열량 : $Aw = h_b - h_a = 156 - 147.91 = 8.09\text{kcal/kg}$

⑧ 응축열량 : $q_1 = h_b - h_e = 156 - 107.7 = 48.3\text{kcal/kg}$

⑨ 플래시 가스열량 : $F_g = h_e - h_g = 107.7 - 95.9 = 11.8\text{kcal/kg}$

⑩ 증발잠열 : $\gamma = h_a - h_g = 147.91 - 95.9 = 52.01\text{kcal/kg}$

⑪ 방열계수 : $C = \dfrac{q_1}{q_2} = \dfrac{48.3}{40.21} = 1.2$

⑫ 이론적 성적계수 : $\varepsilon_o = \dfrac{q_2}{Aw} = \dfrac{40.21}{8.09} = 4.97$

⑬ 건조도 : $x = \dfrac{F_g}{\gamma} = \dfrac{11.8}{52.01} = 0.22$

⑭ 1RT당 냉매순환량 : $G = \dfrac{Q_2}{q_2} = \dfrac{3,320}{40.21} = 82.57\text{kg/h}$

⑮ 1RT당 응축열량 : $Q_1 = G \times q_1 = 82.57 \times 48.3 = 3,988.13\text{kcal/h}$

- 1RT당 소요동력 : $\text{kW} = \dfrac{G \times Aw}{860} = \dfrac{82.57 \times 8.09}{860} = 0.78\text{kW}$
- 1RT당 소요마력 : $\text{HP} = \dfrac{G \times Aw}{632} = \dfrac{82.57 \times 8.09}{632} = 1.06\text{HP}$
- 1RT당 압축기 흡입가스양 : $V = G \times v = 82.57 \times 0.0778 = 6.42\text{m}^3/\text{h}$

▼ **각국의 표준 냉동사이클**

국명	온도 표준차	국명	온도 표준차
미국	• 증발온도 = −15℃ • 응축온도 = 30℃ • 과냉각도 = 5℃ • 흡입 증기 과열도 = 5℃	영국	• 냉각수 입구온도 = 15℃ • 냉각수 출구온도 = 20℃ • 브라인 입구온도 = 15℃ • 브라인 출구온도 = 20℃
독일	• 증발온도 = −15℃ • 응축온도 = 30℃ • 과냉각도 = 5℃	일본	• 증발온도 = −15℃ • 응축온도 = 30℃ • 과냉각도 = 5℃

SECTION 07 냉동사이클의 변화에 따른 영향

1) 흡입가스의 상태변화에 따른 압축

(1) 건조압축(A → B → C → D)

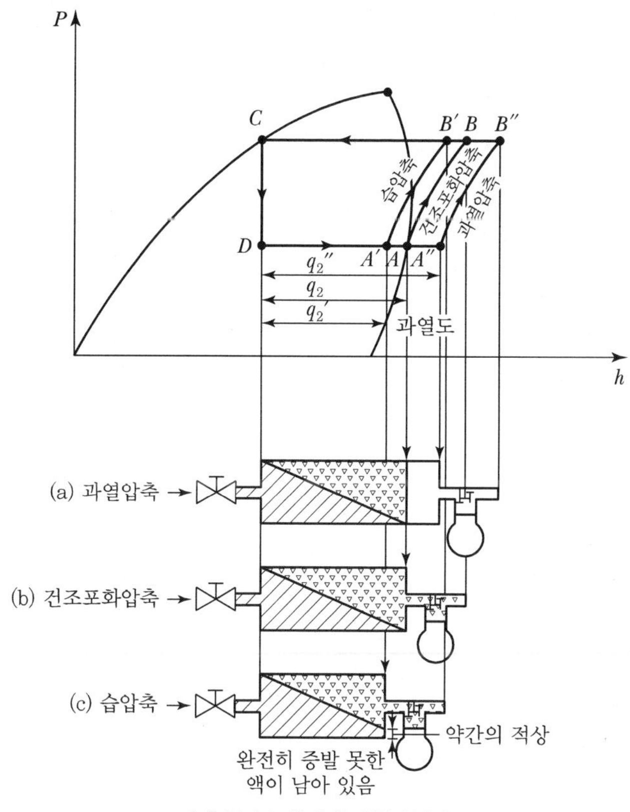

| 흡입가스 상태에 따른 압축 |

① 증발기 출구에서 냉매액의 증발이 완료되어 건조포화증기 상태로 압축기에 흡입되어 압축된다.

② 이론적인 압축의 형태로서 이론적인 계산 시 적용한다.

(2) 과열압축(A″ → B″ → C → D)

① 냉동부하 증가 및 냉매량 공급이 감소하여 증발기 출구에 이르기 전에 냉매액의 증발이 완료된 이후에도 계속 열을 흡수하여 압력의 변화 없이 온도만 상승한 과열증기의 상태로서 압축기에 흡입되어 압축된다.

② 냉동효과는 증가하나 토출가스 온도가 상승하고 압축기가 과열된다.

③ 비열비가 작은 프레온 냉동장치에는 열교환기를 사용하여 냉동능력을 향상시킨다.

(3) 습압축(A′ → B′ → C → D)

① 냉동부하 감소 및 냉매량의 공급이 증가하여 증발기 출구에서도 냉매액이 전부 증발하지 못하고, 액이 포함되어 압축기로 흡입되어 압축된다.

② 냉동효과는 감소하고, 액에 의해 흡입관에 적상이 생기고 심하면 액압축이 일어나 압축기가 파손될 수 있다.

③ 비열비가 큰 암모니아 냉동장치에 적용하며 냉매가스의 과열을 방지하여 토출가스 온도 상승을 방지할 수 있다.

2) 증발온도의 변화에 따른 냉동사이클 차이

구분	−10℃	−20℃	−30℃
냉동력(kcal/kg)	대	중	소
압축일의 열당량	소	중	대
응축기의 발열량	소	중	대
플래시 가스 발생량	소	중	대
토출가스의 온도	소	중	대
성적계수	대	중	소
흡입가스의 비체적(m^3/kg)	소	중	대
RT당 냉매 순환량(kg/h)	소	중	대
시간당 냉매 순환량(kg/h)	대	중	소
압축 소요전류(A/h)	대	중	소
냉동 능력당 소요전력(kW/RT)	소	중	대
증발잠열(kcal/kg)	소	중	대
응축기의 방열량(kcal/h)	대	중	소

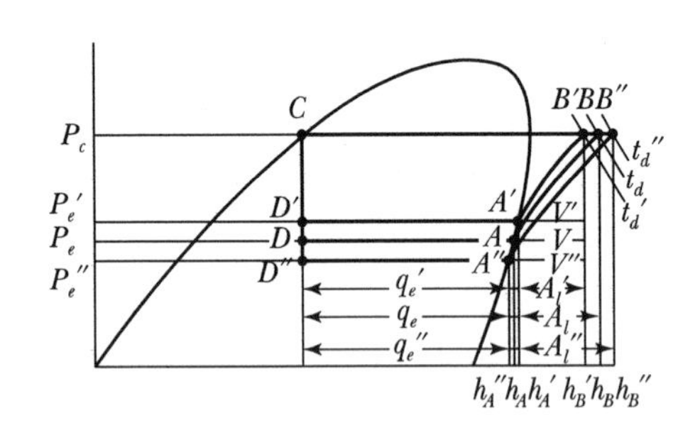

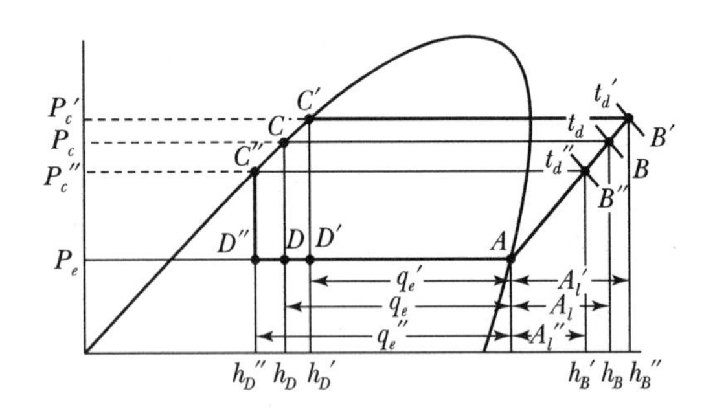

3) 응축온도의 변화에 따른 상태변화

구분	응축온도 상승		표준		응축온도 저하
압축비	$\dfrac{P_c'}{P_e'}$	>	$\dfrac{P_c}{P_e}$	>	$\dfrac{P_c''}{P_e''}$
냉동효과	$q_e' = h_A - h_D'$	<	$q_e = h_A - h_D$	<	$q_e'' = h_A - h_D''$
압축일	$A_l' = h_B' - h_A$	>	$A_l = h_B - h_A$	>	$A_l'' = h_B'' - h_A$
토출가스 온도	t_d'	>	t_d	>	t_d''
성적계수	$\dfrac{q_e'}{A_l'} = \dfrac{h_A - h_D'}{h_B' - h_A}$	<	$\dfrac{q_e}{A_l} = \dfrac{h_A - h_D}{h_B - h_A}$	>	$\dfrac{q_e''}{A_l''} = \dfrac{h_A - h_D''}{h_B'' - h_A}$

4) 과냉각도의 변화

과냉각(Subcooling)이란 냉동기의 응축기로 응축, 액화한 냉매를 다시 냉각해서 그 압력에 대한 포화온도보다 낮은 온도가 되도록 하는 것을 말한다.

(1) 과냉각도(Degree of Subcooling)

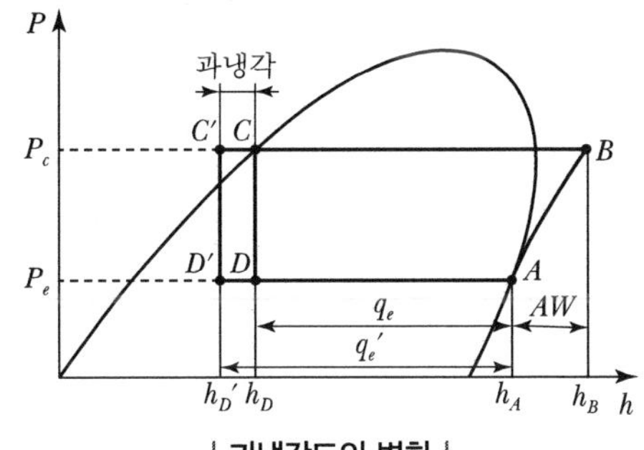

q_e : 과냉각이 없는 경우의 냉동효과(kcal/kg)
q_e' : 과냉각이 있는 경우의 냉동효과(kcal/kg)

| 과냉각도의 변화 |

① 냉동사이클의 응축기 내에서 응축된 냉매액이 응축압력에 상당하는 포화온도 이하로 냉각되었을 때 이 포화온도의 차이에 해당한다.

② 냉각수나 냉각공기의 온도저하 등에 의하여 응축기 출구의 액냉매가 C에서 C'로 과냉각이 되면 팽창밸브를 통과한 후에 가스양이 감소되어 냉동력이 커지고 성적계수도 상승된다.

③ 열교환기에의 사용

- 프레온과 같이 흡입가스가 과열되어도 토출가스 온도가 심하게 상승되지 않는 경우에는 열교환기가 필요하다.
- 암모니아와 같이 토출가스의 온도가 높은 경우 열교환을 시켜서는 안 된다.

(2) 과냉각의 목적

응축온도 및 증발온도가 일정할 때 과냉각도가 크면 클수록 팽창밸브 통과 시 Flash Gas 발생량이 감소하므로 냉동능력과 COP가 향상된다.

(3) 과냉각도가 냉동능력에 미치는 영향

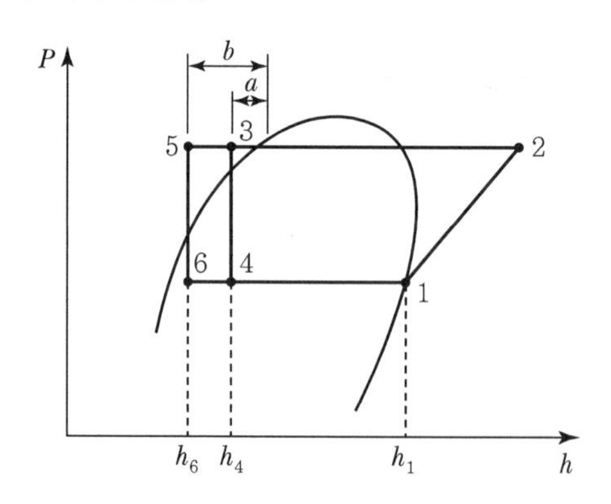

$P-h$ 선도상에서 과냉각도가 $a \rightarrow b$로 증가함에 따라 냉동능력도 $(h_1-h_4) \rightarrow (h_1-h_6)$로 현격히 증가한다.

SECTION 08 냉동능력 및 제빙능력

1) 냉동능력

증발기 내를 흐르는 냉매가 피냉각 물체로부터 단위시간에 흡수하는 열량(kcal/h)으로 냉동톤(RT : Refrigeration Ton)을 주로 사용한다.

(1) 1RT(한국 냉동톤)

0℃의 물 1ton을 24시간 동안에 0℃의 얼음으로 만드는 데 제거해야 할 열량

$Q = G \times r = 1{,}000 \times 79.68 = 79{,}680\text{kcal/day} = 3{,}320\text{kcal/h}$

1RT = 3,320kcal/h

(2) 1USRT(미국 냉동톤)

32°F의 물 2,000lb를 24시간 동안에 32°F의 얼음으로 만드는 데 제거해야 할 열량

1USRT = 3,024kcal/h

① 법정냉동능력
기준(표준) 냉동사이클 조건에서 해당 냉동기의 냉동능력을 말한다.
② 일반 RT
해당 냉동기가 현재의 운전조건(냉각조건에 따라 운전조건이 바뀜)으로 가동 시의 냉동능력을 말한다.
③ 각 냉동기의 크기(용량 or 능력)를 서로 비교하려면 같은 조건(표준 냉동사이클 : 응축온도 35℃, 증발온도 −15℃, 팽창밸브 직전온도 25℃)으로 가동하여 능력을 표기한다.

2) 제빙능력

① 25℃의 원수 1ton을 24시간 동안에 −9℃의 얼음으로 만드는 데 제거해야 할 열량(단, 제빙과정 중의 외부열손실은 제거열량의 20%로 함)을 냉동능력과 비교해서 나타낸 것으로 제빙장치의 얼음 생산능력을 말한다. 제빙공장에서 1일간 생산하는 제빙량을 톤으로 나타낸 것으로 제조과정 중 열손실을 20%로 가정한다.

② 냉동기의 선정

$$25℃\ 물 \xrightarrow{ⓐ} 0℃\ 물 \xrightarrow{ⓑ} 0℃\ 얼음 \xrightarrow{ⓒ} -9℃\ 얼음$$

ⓐ $Q_1 = G \times C \times \Delta t = 1{,}000 \times 1 \times (25-0) = 25{,}000\text{kcal/day}$

ⓑ $Q_2 = G \times r = 1{,}000 \times 79.68 = 79{,}680\text{kcal/day}$

ⓒ $Q_3 = G \times C \times \Delta t = 1{,}000 \times 0.5 \times (0-(-9)) = 4{,}500\text{kcal/day}$

제거 열량에 열손실(20%) 및 시간을 고려하면

$$Q_T = (25{,}000 + 79{,}680 + 4{,}500) \times \frac{1.2}{24} = 5{,}459\text{kcal/h}$$

제빙능력을 냉동톤으로 환산하면

3,320kcal/h = 1RT이므로 5,459kcal/h = 1.65RT

즉, 물 1ton을 제빙하려면 1.65RT의 제빙능력을 갖는 냉동기를 사용해야 한다.

1제빙톤 = 1.65RT

SECTION 09 압축비 증가 시 냉동장치에 미치는 영향

① 토출가스 온도 상승
② 윤활유 열화 및 탄화
③ 실린더 과열
④ 피스톤 마모
⑤ 체적효율 감소
⑥ 압축효율 감소
⑦ 기계효율 감소
⑧ 축수 하중 증대
⑨ 냉동능력 감소
⑩ 소요동력 증대
⑪ 성적계수 저하

SECTION 10 흡입압력이 너무 낮은 원인

1) 흡입가스 압력

흡입가스 압력은 증발압력과 거의 비슷하고, 증발기의 상태, 팽창밸브의 조절상태 등에 따라 변화한다. 흡입가스 압력의 강하는 압축비의 증대에 따른 체적효율의 저하에 의해 냉동능력을 감소시키고, 이러한 영향은 토출가스 압력의 상승 이상으로 크다. 흡입가스 압력은 증발압력이 기준이 되지만, 증발기는 냉동기 응용장치의 용도에 따라 구조, 피냉각물, 온도 등의 조건이 다르기 때문에 증발압력은 피냉각물의 냉각온도에 따라 결정된다. 냉매의 증발온도와 냉각온도의 차이는 증발기의 크기에 직접 관계가 있고, 온도차를 작게 할수록 증발압력을 높게 운전할 수 있지만, 증발기가 크게 되고 설비비의 증가를 초래한다. 따라서, 우선 설계조건에 따라 정해진 증발압력이 유지되도록 운전하는 것이 취급상 중요하다.

2) 흡입가스 압력이 저하되는 원인과 대책

① 흡입 측 여과기의 막힘 ⇒ 청소
② 냉매액 통과량의 제한 ⇒ 전자밸브를 정상으로 복귀, 여과기의 청소
③ 냉매 충전량의 부족 ⇒ 냉매 보충
④ 언로더 제어장치의 설정치가 너무 낮음 ⇒ 작동압력(온도)을 높임
⑤ 팽창밸브가 너무 닫힘 ⇒ 팽창밸브의 개도 조정
⑥ 냉동부하의 감소 ⇒ 부하 조정
⑦ 그 외에 증발압력 조정밸브의 조절불량과 응축온도가 너무 낮을 때에도 흡입압력을 낮게 하는 원인으로 생각할 수 있다.

SECTION 11 착상의 영향 및 제상방법

1) 착상이 냉동장치에 미치는 영향

① 냉각능력 저하에 따른 냉장실 내 온도 상승
② 증발온도 및 증발압력의 저하
③ 압축비의 증가, 성적계수의 저하, 체적효율의 감소, 냉동능력의 감소
④ 토출가스의 온도 상승, 윤활유의 열화
⑤ 냉동능력당 소요동력의 증대
⑥ 액압축 가능성의 증대

2) 제상방법

① 고온가스에 의한 제상방법 : 고압 측의 냉매가스를 열매체로 하는 것이 특징이다. 즉, 압축기로부터 나오는 고온 고압의 가스를 직접 증발기에 넣어서 증발기의 코일을 가열하는 방법이다.
② 물에 의한 제상방법 : 물을 증발기 위에 뿌려 제상하는 방법이다.
③ 전열에 의한 제상방법 : 유닛형 냉각기나 가정용 냉동장치에 주로 사용된다. 용량이 큰 냉각기에는 대용량의 가열기가 필요할 뿐만 아니라 가열기 제작상의 문제나 가열기가 고장났을 때의 수리 등의 문제가 있기 때문에 별로 사용되지 않고, 자동제상을 하는 소형장치에 많이 사용된다.
④ 부동액 분무에 의한 제상방법 : 냉각관에 끊임없이 부동액을 분무하여 서리가 생기지 않도록 하는 방식이다. 착상에 의한 냉각관의 전열저항이 없으므로 열통과율이 좋다.
⑤ 압축기의 운전 정지에 의한 제상방법 : 압축기를 정지한 후, 증발기의 송풍기를 가동시킨 상태에서 실내온도의 상승만으로 제상을 하는 방식이다. 냉장품이 없을 때와 같이 특별한 경우에는 냉장실의 문을 열어서 자연 환기에 의한 외기의 온도로 제상하면 에너지를 절약할 수 있다.

SECTION 12 압축기의 흡입압력과 토출압력

압축기의 흡입압력과 토출압력이 너무 높아지거나 낮아지는 데는 다음과 같은 원인이 있다.

1) 흡입압력이 너무 높은 원인

① 냉동부하가 증대되었다.
② 팽창밸브를 너무 열었다.
③ 흡입밸브, 밸브시트, 피스톤링 등이 파손되거나 언로더 기구가 고장이 났다.
④ 유분리기의 반유장치에 누설이 있다.
⑤ 언로더 제어장치의 설정치가 너무 높다.

2) 흡입압력이 너무 낮은 원인

① 냉동부하가 감소하였다.
② 흡입 스트레이너가 막혔다.
③ 냉매액 통과량이 제한되어 있다.
④ 냉매 충전량이 부족하다.
⑤ 언로더 제어장치의 설정치가 너무 낮다.
⑥ 팽창밸브를 너무 잠그었거나, 팽창밸브에 수분이 동결하였다.

3) 토출압력이 너무 높은 원인

① 공기가 냉매계통에 흡입된다.
② 냉각수 온도가 높거나, 유량이 부족하다.
③ 응축기 냉매관에 물때가 많이 끼었거나, 수로 뚜껑의 칸막이 판이 부식되었다.
④ 냉매의 과충전으로 응축기의 냉각관이 냉매액에 담기게 되어 유효전열면적이 감소한다.
⑤ 토출배관 중의 밸브가 약간 잠겨져 있다.

4) 토출압력이 너무 낮은 원인

① 냉각수량이 너무 많거나, 수온이 너무 낮다.
② 냉매액이 넘어오고 있다.
③ 냉매 충전량이 부족하다.
④ 토출밸브에서 누설이 있다.

SECTION 13 성능계수의 향상 방안

1) 성능계수

① 성능계수(COP) $= \dfrac{\text{냉동효과}}{\text{압축일}}$
② 성능계수를 향상시키기 위해서는 냉동효과를 크게 하거나 압축일이 적게 들게 하면 된다.

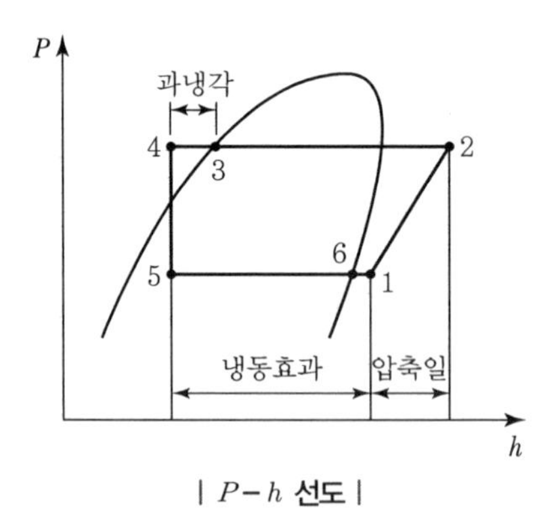

| $P-h$ 선도 |

2) 냉동효과를 크게 하는 방법

① 액－가스 열교환기를 설치하여 증발기 출구 냉매증기와 팽창밸브로 공급되는 냉매액을 상호 열교환시켜, 팽창밸브 공급 냉매액의 과냉각도를 높인다.

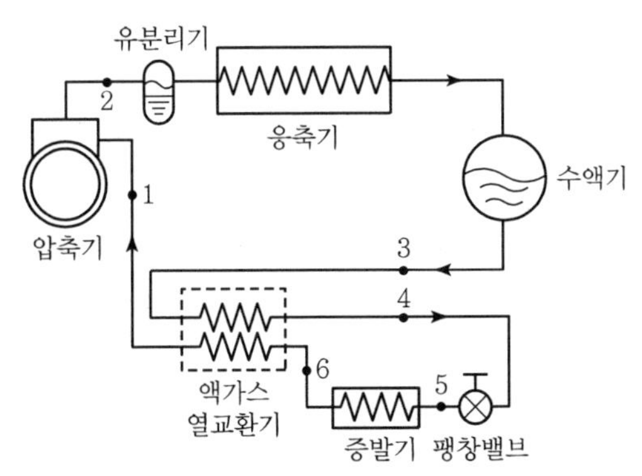

| 액－가스 열교환기가 설치된 냉동장치 |

② 배관에서의 플래시 가스 발생을 최소화하여, 냉각능력을 상실한 냉매증기가 증발기로 공급되는 것을 줄인다.

- 액관이나 밸브류의 크기를 냉매 순환량에 대하여 충분한 크기를 가지도록 한다.
- 액펌프를 이용하여 액관 중에 있어서 압력손실을 보충하는 만큼의 압력을 준다.
- 여과기나 필터의 점검 및 청소를 실시한다.
- 액관의 방열시공을 철저히 한다.

3) 압축기 일이 적게 들게 하는 방법

① 응축기 용량, 냉각수량 등을 충분이 크게 잡아 응축압력을 낮게 유지한다.

② 증발기, 흡입배관, 압축기의 흡 · 토출밸브 및 응축기에서의 압력손실을 작게 한다. 압축기의 흡 · 토출밸브 등에서의 압력손실은 압축비의 증대를 초래하여 다음과 같은 악영향을 초래한다.

- 비체적 증대로 냉매순환량 감소
- 체적효율 감소
- 압축기 토출가스 온도 상승
- 단위 냉동능력당 동력의 증가
- 성능계수 감소

SECTION 14 이상적인 냉동사이클의 선도

1) $P-h$ 선도

종축에 압력, 횡축에 엔탈피를 두고 그 안에 등엔탈피선, 등엔트로피선, 등온선, 등압선, 등건조도선 등의 여러 상태값을 표시한다.

2) $T-s$ 선도

① 종축에 온도(절대온도), 횡축에 엔트로피를 두고 그 안에 $P-h$ 선도와 같이 냉매의 여러 상태값을 표시한다.

② 상태변화 곡선과 S축으로 둘러싸인 부분의 면적은 계에 공급된 열량을 나타낸다.

3) 냉동사이클 표시 및 열량 계산법

(1) 선도 비교

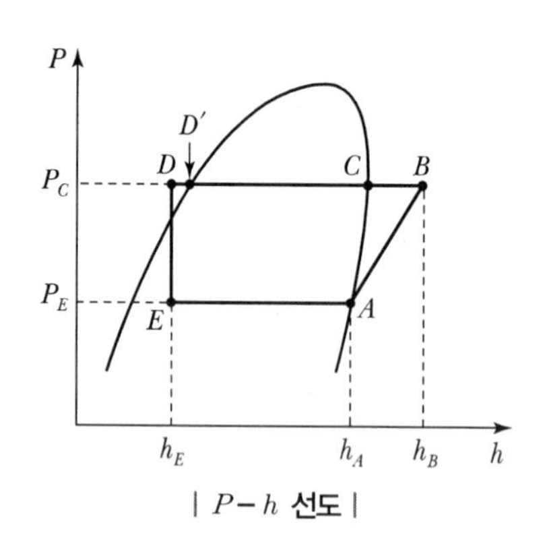

| $P-h$ 선도 |

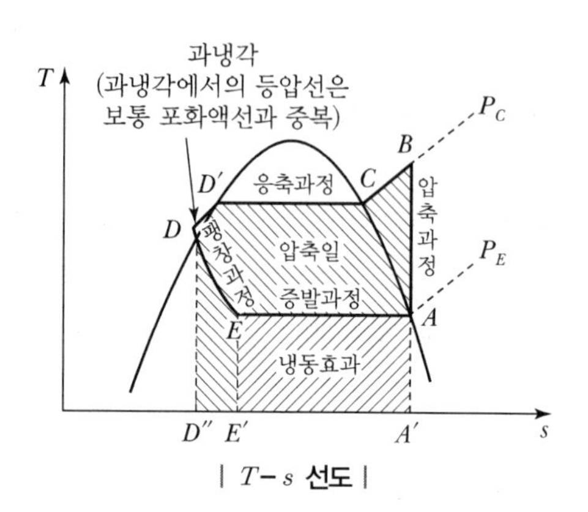

| $T-s$ 선도 |

(2) 응축열량(Q_C)

① $P-h$ 선도

$Q_C = h_B - h_D$

② $T-s$ 선도

면적 $B\,C\,D'\,D\,D''\,E'\,A'\,A\,B$

(3) 증발열량(Q_E)

① $P-h$ 선도

$Q_E = h_A - h_E$

② $T-s$ 선도

면적 $A\,E\,E'\,A'\,A$

(4) 압축일량($A\,W$)

① $P-h$ 선도

$A\,W = h_B - h_A$

② $T-s$ 선도

(면적 $B\,C\,D'\,D\,D''\,E'\,A'\,A\,B$)$-$(면적 $A\,E\,E'\,A'\,A$)

$=$(면적 $B\,C\,D'\,D\,D''\,E'\,E\,A\,B$)

(5) 성능계수

$$\text{COP} = \frac{\text{냉동능력}}{\text{압축일량}}$$

① $P-h$ 선도

$$\text{COP} = \frac{\text{냉동효과}}{AW} = \frac{h_A - h_E}{h_B - h_A}$$

② $T-s$ 선도

$$\text{COP} = \frac{\text{면적 } AEE'A'A}{\text{면적 } K}$$

$K = BCD'DD''E'EAB$

4) 역카르노 사이클과 증기압축 냉동기의 이론 사이클의 비교해석

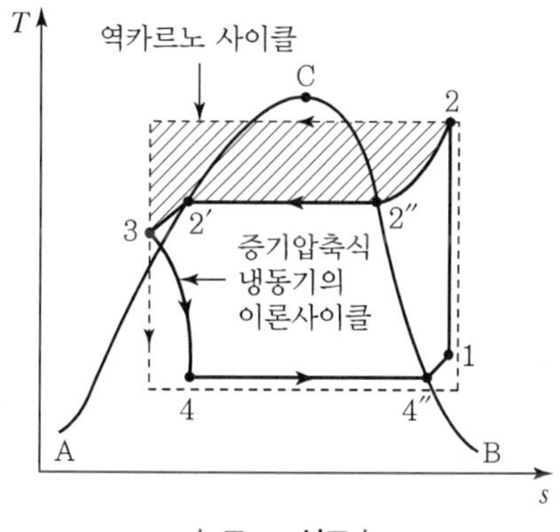

| $T-s$ 선도 |

① 1 → 2 : 압축기에서 단열 · 등엔트로피 압축과정

② 2 → 2″ → 2′ → 3 : 응축기에서 등압상태로 응축되는 과정

③ 3 → 4 : 팽창밸브에서 등엔탈피 과정(플래시 가스 발생 및 온도 · 압력 저하)

④ 4 → 4″ → 1 : 증발기에서 등압상태로 증발하는 과정

⑤ 빗금친 부분의 면적은 냉동기가 히트펌프로 작동할 때 이 면적만큼 가열 능력이 낮아짐을 뜻한다.

⑥ 1과 4″의 차는 압축기 입구에서의 과열도를 나타내며 T_2'와 T_3의 차는 팽창밸브 입구에서 과냉각도를 나타낸다.

SECTION 15 CO_2 냉동사이클

1860년대 후반부터 사용된 방식으로 초월 임계 사이클을 활용한다. COP가 3.5 이상으로 몬트리올 의정서와 교토의정서에 의해 지구온난화 물질에 대한 규제로 CFCs와 HCFCs 냉매를 사용하지 못하게 됨에 따라 열역학적 물성치가 우수하고 친환경적인 대체냉매의 개발로 인하여 자연냉매를 활용하게 되었다. 냉매로는 암모니아, 탄화수소계열, 물, 공기 등을 활용한다.

1) CO_2의 특징

① 인체에 무해하다.
② 독성이 없다.
③ 화학적으로 안정하다.
④ 열역학적 성질 및 전달물성이 우수하다.
⑤ 기존 냉동 재료를 그대로 활용 가능하다.

2) CO_2 냉매의 활용 배경

① 증기압축식 사이클 냉매로 사용한다.
② ODP & GWP가 거의 0에 가깝다.
③ 비등온도와 임계온도가 비교적 낮다.
④ 임계온도는 냉방기 설계 외기조건인 35℃보다 낮아 초월 임계 사이클이 되지만 단위용 적당 냉각능력이 다른 냉매보다 5배 이상 크다.

3) CO_2 Cycle의 특성

(1) 특성

① 기존 냉동사이클의 4대 요소인 압축기, 증발기, 가스 냉각기, 팽창밸브 외에 흡입관, 열교환기, 오일 분리기가 필수적이다.
- 흡입관 열교환기(Suction Line Heat Exchanger) : 고온성능 향상이 목적
- 오일 분리기(Receiver) : 냉동유 회수가 목적

② 가스 냉각기에서 가열된 고온의 2차 유체를 이용하여 난방 및 급탕에 활용한다.
③ 저압부는 약 3.5~5.0MPa이고 고압부는 12.0~15.0MPa에서 작동하는 고압시스템으로 구성한다.(고압시스템에 충분한 안전도가 요구되므로 일반적으로 저압부 22.0MPa, 고압부 32.0MPa을 견딜 수 있게 설계되어야 함)
④ 압축기의 압축비는 약 2.5~3.5 정도로 성능이 우수하다.(CFC-12 압축비의 5~7배 정도)
⑤ 평균 유효압력이 CFC-12보다 10배 정도 높다.(흡입 및 배기의 압력강하로 인한 효율 저하가 기

존 시스템보다 작음)

⑥ 초월 임계과정을 겪는 가스 냉각과정 중에 온도변화가 크므로 열교환기를 사용하면 시스템 성능 향상이 가능하다.

(2) 냉동사이클 및 $P-h$ 선도 해석

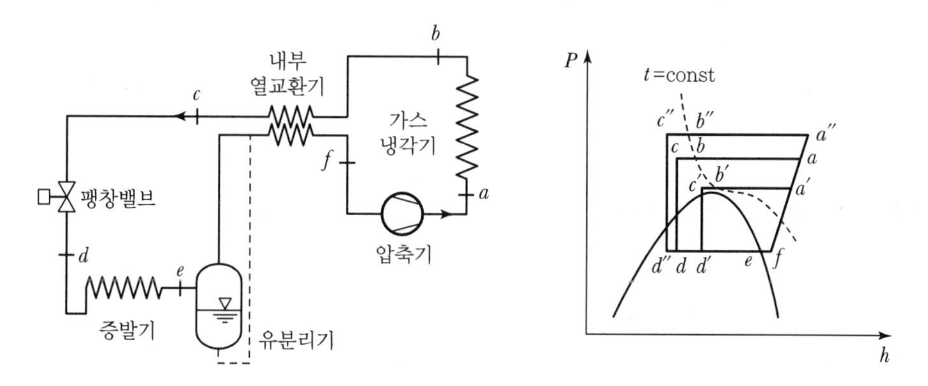

① 압축기에서 고압으로 압축된 이산화탄소는 초임계 영역하에서 가스 냉각기에 의해 냉각된다.

② 팽창과정을 통해 형성되는 저온 저압의 2상 냉매상태와 2차 유체와의 열전달을 통하여 냉동효과를 얻는다.

③ 증발기에서 냉각된 2차 유체를 냉방에 활용한다.

(3) 운전조건에 따른 성능 변화

① 가스 냉각과정의 압력은 초월 임계사이클의 성능을 결정하는 중요 인자이다. 이는 개별적인 최적의 압력이 존재하고 이에 의해 사이클의 성능이 크게 변화하기 때문이다.

② 낮은 외기온도(T_1)에서 낮은 가스냉각압력과 높은 가스압력인 경우의 초월 임계사이클

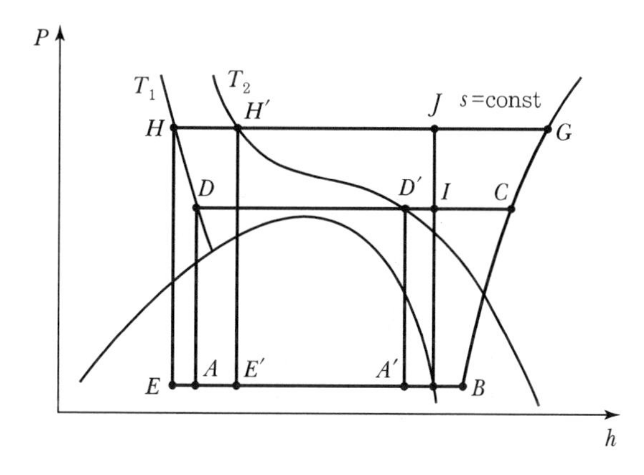

㉮ 낮은 외기온도(T_1)에서 낮은 가스냉각압력인 경우

- Cycle $A \rightarrow B \rightarrow C \rightarrow D$와 Cycle $E \rightarrow B \rightarrow G \rightarrow H$로 각각 나타낸다.
- 냉각능력이 $D-H$ 만큼 증가하지만 압축일도 $G-C$ 만큼 증가한다.
- 성능계수는 낮은 가스냉각압력을 가진 경우보다 낮게 형성된다.

㉯ 높은 외기조건(T_2)인 높은 가스냉각압력인 경우
- Cycle $A' \rightarrow B' \rightarrow C \rightarrow D'$와 Cycle $E' \rightarrow B \rightarrow G \rightarrow H'$로 각각 나타낸다.
- 냉각능력이 $D' - H'$만큼 증가하지만 압축일도 $G - C$만큼 증가한다.
- 성능계수는 낮은 가스냉각압력을 가진 경우보다 높게 형성된다.

③ Cycle의 성능계수는 주어진 외기온도에서 가스냉각압력에 크게 영향을 받는다.
④ 외기온도에 의해 Cycle의 성능계수가 최대가 되는 가스냉각압력이 존재한다.
⑤ CO_2를 이용한 경우 외기온도의 변화에 따라 최적인 가스냉각압력으로 조절해주는 것이 중요하다.(전자팽창밸브 이용)

(4) CO_2 냉동사이클의 용량 제어

① 압축기 회전수 제어
- 압축기의 회전수를 변경하여 질량 유량을 제어한다.
- 냉방용량과 밀접한 관계가 있다.
- CO_2는 체적효율이 압축기 회전속도에 영향을 받지 않고 일정한 값을 유지한다.
- 압축기의 효율 저하 없이 회전수 제어를 통하여 유량 조절이 가능하다.
- 압축기의 토출압력이 일정할 때 압축기의 회전수와 유량은 선형적 관계를 유지한다.
- 회전수의 변화에 따른 질량유량의 조절로 냉방용량과 성능을 제어한다.

② 팽창밸브에 의한 제어
- 전자팽창밸브(EEV)를 이용하여 가스 냉각기의 압력을 제어한다.
- 압력조절밸브에서 개도를 변화시키면 고압 측의 냉매 충전량이 순간적으로 변하여 고압 측 압력이 변화한다.
- 압력조절밸브의 개도를 줄이면 냉매의 흐름이 짧은 시간 내에 급격히 감소한다.

(5) Cycle 해석

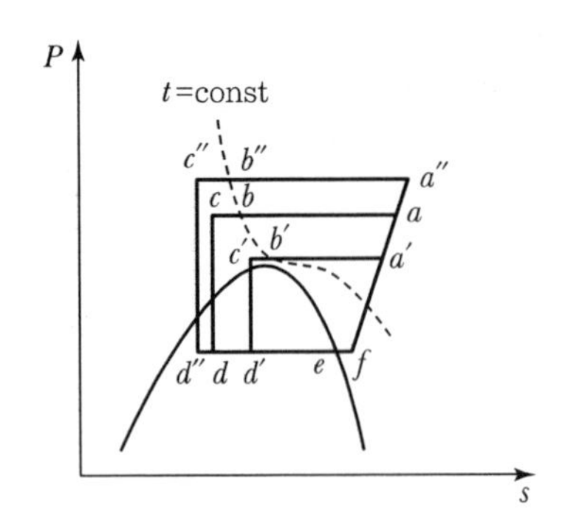

① 압축기 입구 유량 일정 시 가스 냉각기 측의 압력은 증가한다.
② Cycle $a \rightarrow b \rightarrow c \rightarrow d \rightarrow e \rightarrow f$에서 Cycle $a'' \rightarrow b'' \rightarrow c'' \rightarrow d'' \rightarrow e \rightarrow f$로 변한다. 즉, 가스 냉각기의 출구온도는 공기 측 입구온도보다 약간 높으며 거의 일정한 온도로 유지된다.
③ 압력조절밸브의 개도를 조금 더 열면, 가스 냉각기의 압력이 감소한다.

(6) 성능 향상 방안

① 가스 냉각기의 출구와 증발기의 출구 사이에 흡입관 열교환기를 사용하여 가스 냉각기의 출구온도를 낮춘다.

- 흡입관의 열교환기 적용에 따라 단위 냉매유량당 가용 엔탈피 차를 증가시켜 시스템 향상을 도모할 수 있다.(15~20% 성능 향상)
- 압축기의 입구온도가 동시에 증가하므로 압축기의 출구온도가 설계 범위에 있도록 조절한다.

② 2단 사이클을 사용한다.

- 15~23%의 성능 향상을 기대할 수 있다.
- 높은 압력차를 줄이고 가스 냉각기 출구와 압축기 출구온도를 감소시킨다.
- 압축기의 각 단별 압력차가 낮아져 내부 누설량이 감소한다.
- 압축기 내의 압력이 저하된다.
- 용기 설계에 유리하다.

③ 팽창기를 설치한다.

- 높은 압력차로 인하여 팽창과정 중의 비가역성이 나타나므로 이를 감소시킨다.
- 팽창기 설치 시 기존 등엔탈피 과정을 등엔트로피 팽창과정으로 변화 가능하다.
- 증발기에 공급되는 냉매의 건도 및 엔탈피를 낮추어 성능 향상이 가능하다.
- 팽창기에 회수되는 에너지를 기계적 에너지로 압축기에 직접 공급하거나 전기적 에너지로 변환시켜 사용할 수 있다.
- 경제성 및 크기 면에서 불리하다.

(7) 결론

① 지구환경 파괴를 염두에 둔 대체냉매를 이용한 냉동 Cycle로 냉동능력과 성능계수를 향상시켜 자동차용 공조에 활용하여, 냉방용량과 성능계수 향상을 외기온도 변화에 따른 최적의 가스냉각 압력을 조절하여 실현시킨다.

② CO_2 Cycle의 열방출과정인 가스 냉각기의 열역학적 장점과 높은 열교환 성능을 고려하면 기존 냉매 대비 우수한 난방 성능이 예측된다.

③ CO_2 Cycle의 경우 작동압력이 너무 높다는 단점이 있어 많은 노력이 필요하며, 기존 HFC 냉매를 이용한 증기압축식 Cycle보다 효율이 낮다는 점도 개선책의 하나이다.

④ 고압으로 작동 시 신뢰성 확보와 Cycle의 효율 증가가 요구된다.

CHAPTER 20 냉매

SECTION 01 냉매(Refrigerant)

냉동사이클을 순환하는 동작유체로서 저온의 열을 흡수하여 고온부로 운반, 이동시키는 동작물질을 냉매라 한다.

1) 냉매의 구비조건

(1) 물리적 조건

① 저온에서 대기압 이상의 압력에서 쉽게 증발하고 상온에서 비교적 저압에서 액화할 수 있을 것

- R－12 : －29.8℃ > NH_3 : －33.3℃ > R－22 : －40.8℃ > R－13 : －81.5℃
- 증발온도가 낮을 때 냉매의 포화압력이 부압이 되면 외기와 수분이 침투하여 여러 가지 악영향을 유발하고 응축압력이 높은 경우 압축기에 큰 강도가 요구되어 냉동기 제작이 어렵게 된다.

② 임계온도가 높고 상온에서 쉽게 액화할 것

③ 응고온도가 낮을 것

NH_3 : －77.7℃ > R－12 : －158.2℃ > R－22 : －160℃ > R－13 : －181℃

④ 증발잠열이 클 것(1RT당 냉매순환량이 적어진다.)

- NH_3 : 313.5kcal/kg > R－22 : 51.9kcal/kg > R－12 : 38.57 kcal/kg
- 증발잠열이 클수록 적은 냉매량으로 큰 냉동능력을 얻을 수 있어 배관 및 장치의 소형화가 가능하다.

⑤ 비열이 작을 것

- NH_3 : 1.156kcal/kg · ℃ > R－22 : 0.335kcal/kg · ℃ > R－12 : 0.243kcal/kg · ℃
- 액체 비열이 작을수록 팽창밸브 통과 시 플래시 가스 발생량이 감소한다.

⑥ 비열비가 작을 것

- NH_3 : 1.313(98℃) > R－22 : 1.184(55℃) > R－12 : 1.136(37.8℃)
- 비열비가 큰 냉매일수록 압축 후 토출가스 온도가 높다.
- 토출가스 온도가 지나치게 높을 경우 윤활유의 열화 및 탄화를 일으킨다.

⑦ 점도와 표면장력이 작고, 전열이 양호할 것

- 전열이 양호한 순서 : NH_3 > H_2O > Freon > Air

• 전열작용이 양호하지 않으면 응축기, 증발기의 전열면적을 크게 하거나 온도차를 크게 잡아야 한다.
• 점도가 크면 배관 내의 저항이 증가하고 흡입 · 토출밸브 통과저항이 증가하여 체적효율이 감소한다.

⑧ 누설 시 발견이 용이할 것

⑨ 절연내력이 크고, 전기절연물을 침식시키지 않을 것

R－12 : 2.4 > R－22 : 1.3 > NH_3 : 0.83 (N_2를 1로 기준)

⑩ 가스의 비체적이 작을 것

⑪ 패킹 재료에 영향이 없을 것

• 암모니아 : 천연고무 및 석면 사용
• 프레온 : 특수고무, 합성고무 사용

⑫ 윤활유와 혼합되어도 냉동작용에 영향을 주지 않을 것

냉매에 윤활유가 용해될 경우 유의 점도 저하, 냉매의 증발온도 상승, 증발작용 저해 등의 부작용을 일으키며, NH_3의 경우 수분으로 인해 유탁현상이 발생한다.

⑬ 가스 비중이 작을 것(터보 압축기는 제외)

▼ 냉매의 구비조건

높거나, 크거나, 많거나	낮거나, 적거나, 작거나
증발잠열, 임계온도, 열전도도, 전기저항(절연)	응축압력(상온), 액체 비열, 응고온도, 비체적, 점도, 인화성, 폭발성, 자극성, 가격

(2) 화학적 조건

① 화학적 결합이 안정하여 분해되지 않을 것

② 불활성이고, 금속을 부식시키지 않을 것

③ 인화성 및 폭발성이 없을 것

(3) 생물학적 조건

① 독성 및 자극성이 없을 것

② 인체에 무해하고, 누설 시 냉장품에 손상이 없을 것

③ 악취가 없을 것

(4) 경제적 조건

① 가격이 저렴할 것

② 동일 냉동능력에 대하여 소요동력이 작을 것

③ 자동운전이 용이할 것

④ 동일 냉동능력에 대하여 압축해야 할 가스의 체적이 작을 것

(5) 환경 친화성

① 오존파괴지수(ODP)가 낮을 것
② 지구온난화지수(GWP)가 낮을 것
③ TEWI(Total Equivalent Warming Impact)가 낮을 것

2) 냉매의 종류

(1) 1차 냉매(직접 냉매)

냉동장치를 직접 순환하면서 증발 · 응축의 상변화 과정을 통해 잠열 상태로 열을 운반하는 냉매
예 NH_3, 프레온(R−12, R−22, R−500 등), SO_2, CO_2

(2) 2차 냉매(간접 냉매, 브라인)

냉동장치 밖을 순환하면서 감열 상태로 열을 운반하는 냉매
예 유기질 브라인, 무기질 브라인

SECTION 02 냉매의 성질

1) 암모니아(NH_3, R−717)

① 가연성, 폭발성, 독성, 자극성의 악취가 있다.(독성 순서 : $SO_3 > NH_3 >$ Freon)
② 대기압에서 끓는점은 −33.3℃, 어는점은 −77.7℃이다.
③ 냉동효과와 증발잠열이 크다.
④ 비열비(C_p/C_v)가 1.313으로 커 토출가스 온도가 높아(98℃) 워터재킷(Water Jacket)을 설치하여 실린더를 수냉각해야 한다.
⑤ 동(銅) 및 동을 62% 이상 함유하는 동합금을 부식시킨다.
⑥ 패킹은 천연고무와 아스베스토스(석면)를 사용한다.
⑦ 전기절연물을 열화, 침식시키므로 밀폐형 압축기에 사용할 수 없다.
⑧ 오일보다 가볍다.(비중 순서 : Freon > H_2O > Oil > NH_3)
⑨ 윤활유는 서로 용해하지 않으나, 윤활유가 열화 및 탄화되므로 분리하여 배유시킨다.
⑩ 수분은 암모니아와 용해가 잘 되므로 수분이 동결되지는 않지만 수분 1% 침입 시 증발온도가 0.5℃ 씩 상승한다.
⑪ 유탁액(에멀전) 현상 : 암모니아에 다량의 수분이 용해되면 수산화암모늄($NH_4(OH)$)이 생성되어 윤활유를 미립자로 분리시키고, 우윳빛으로 변색시키는 현상으로 윤활유의 기능이 저하된다.

2) 프레온(Freon)

(1) 프레온의 성질

① 열에 대하여 안정하지만 800℃ 이상의 화염과 접촉하면 포스겐($COCl_2$) 가스가 발생한다.

② 불연성이고 독성이 없다.

③ 무색, 무취이므로 누설 시 발견이 어렵다.

④ 비열비가 크지 않아 토출가스 온도가 높지 않다.(R－12 : 37.8℃, R－22 : 55℃)

⑤ 대체로 끓는점과 어는점이 낮다.

- 끓는점 R－12 : －29.8℃, R－22 : －40.8℃, R－13 : －81.5℃
- 어는점 R－12 : －158.2℃, R－22 : －160℃, R－13 : －181℃

⑥ 전열이 불량하므로 Finned Tube를 사용하여 전열면적을 증대시킨다.

⑦ 전기절연내력이 양호하므로 밀폐형 냉동기의 냉매로 사용할 수 있어 설치면적이 작아 소형화가 가능하다.

⑧ 마그네슘 및 마그네슘을 2% 이상 함유한 Al합금을 부식시킨다.(염화메틸 : Al, Mg, Zn과 이들 합금을 부식시킴)

⑨ 윤활유와의 관계

- 윤활유와 용해도가 큰 냉매 : R－11, R－12, R－21, R－113, R－500
- 윤활유와 용해도가 작고, 저온에서 분리되는 냉매 : R－13, R－14
- 냉매와의 용해로 윤활유의 응고온도가 낮아져 저온부에서도 윤활이 양호하다.
- 윤활유의 점도가 낮아진다.
- 오일 포밍(Oil Foaming) 현상이 일어난다.

⑩ 수분과의 영향

- 수분과는 용해되지 않으므로 팽창밸브를 동결 폐쇄시킨다.(팽창밸브 직전에 드라이어를 설치하여 수분을 제거)
- 산(HCl, HF)을 생성하여 금속 또는 장치 부식이 촉진된다.
- 동(銅) 부착 현상이 일어날 수 있다.

(2) 프레온 냉동장치에서의 현상

① 오일 포밍(Oil Foaming) 현상

㉮ 정의

프레온계 냉동장치에서 압축기가 정지하고 있는 동안 크랭크 케이스 내의 압력이 높아지고 온도가 저하하면 오일은 그 압력과 온도에 상당하는 양의 냉매를 용해하고 있다가, 압축기 재기동 시 크랭크 케이스 내의 압력이 급격히 떨어지면서 오일과 냉매가 급격히 분리되어 유면이 약동하고 심한 거품이 일어나는 현상이다.

㉯ 현상

- 오일 해머링(Oil Hammering)이 우려된다.

- 응축기, 증발기로 오일이 넘어가 전열을 방해한다.
- 크랭크 케이스 내의 오일 부족으로 활동부의 마모 및 소손을 초래한다.

㉰ 방지 대책

- 크랭크 케이스 내에 오일 히터를 설치한다.
- 무정전 히터를 설치한다.(터보 냉동기)

② 오일 해머링(Oil Hammering) 현상

오일 포밍 등이 발생하게 되면 실린더 내로 다량의 오일이 올라가 오일을 압축하게 되는데 오일은 비압축성이므로 실린더 헤드부에서 충격음이 발생하게 되며, 이러한 현상이 심하면 압축기가 손상된다.

③ 동부착(Copper Plating) 현상

프레온 냉동장치에서 수분과 프레온이 작용하여 산이 생성되고, 나아가 침입한 공기 중의 산소와 반응된 다음 냉매 순환계통 중의 동을 침식시키고, 침식된 동이 냉동장치를 순환하다가 압축기 고온부(실린더, 피스톤)에 동(銅)이 부착되는 현상이다.

TIP 동 부착(Copper Plating) 현상이 일어날 수 있는 조건

- 수소분자가 많은 냉매일수록 예 R-40(CH_3Cl, 메틸클로라이드)
- 장치 중에 수분이 많을수록
- 오일 중에 왁스 성분이 많이 함유될수록
- 압축기의 피스톤, 실린더와 같은 고온부일수록

3) 프레온계 냉매의 구성

(1) 구성

① 탄화수소계 냉매

- 메탄계(CH_4) 냉매 : 4개의 H 대신 할로겐원소와 치환된 냉매
- 에탄계(C_2H_6) 냉매 : 6개의 H 대신 할로겐원소와 치환된 냉매

② 표기순서 : C → H → Cl → F

(2) 표기방법

① 메탄계 냉매

C H Cl F_2(R-22)

- C의 숫자가 1일 때는 메탄계로서 냉매번호는 십의 자리수 냉매이다.
- 일의 자리인 F의 수가 2개이므로 R-X2로 표시된다.
- 십의 자리인 H의 수가 1개이므로 H수+1=1+1로서 R-22로 표시된다.
- 메탄계일 때는 C 이외의 원소수가 4개가 되도록 Cl(오존층 파괴의 주범으로 신냉매는 염소를 완전히 제거한 것을 사용한다. 이때 효율이 3~5% 정도 떨어진다)로 맞추어 채운다.

② 에탄계 냉매

$C_2H\ Cl_2\ F_3$(R－123)

- C의 숫자가 2일 때는 에탄계로서 냉매번호는 백의 자리수 냉매이다.
- 일의 자리인 F의 수가 3개이므로 R－1X3으로 표시된다.
- 십의 자리인 H의 수가 1개이므로 H수＋1＝1＋1로서 R－123으로 표시된다.
- 에탄계일 때는 C_2 이외의 원소수가 6개가 되도록 Cl로 맞추어 채운다.

4) 프레온 냉매의 종류별 특성

(1) R－11

끓는점이 높고 저압의 냉매로서 가스의 비중이 커 공조용인 터보 냉동기의 냉매, 100RT 이상의 대용량 공기조화용으로 브라인으로 사용된다. 오일을 잘 용해하므로 R－113과 함께 냉동장치 세척용으로 많이 사용한다.

(2) R－12

프레온 냉매 중 가장 먼저 개발된 것으로 소형 가정용 냉장고에서 대형 냉동기까지 저온에서 고온까지 광범위하게 사용되고 있다. 주로 왕복동식에 적합하나 대용량의 터보 냉동기에도 사용한다.

(3) R－13

끓는점이 대단히 낮고 어는점도 매우 낮아 2원 냉동장치의 저온 측 냉매로 사용한다.

(4) R－22

R－12와 함께 소형에서 대형까지, 저온에서 고온, 단단에서 2단 압축까지 광범위하게 사용되는 냉매이다.

(5) R－113

저압냉매로서 R－11과 함께 주로 공조용 터보 냉동기에 많이 사용한다.

(6) R－114

회전식 압축기용 냉매로서 소형에서 많이 사용한다.

(7) R－134a

R－12의 대체냉매로서 끓는점은 26.5℃, 어는점은 －108℃이다. R－12에 비하여 냉동능력이 좋고 토출가스 온도는 약간 낮으며 거의 특성과 성질이 매우 비슷하고, R－12 냉동장치에 그대로 사용 시 약 8% 정도 냉동성능이 감소한다. 현재 가정용 냉장고나 자동차 에어컨에 사용하고 있다.

5) 혼합냉매

2종류 이상의 성분으로 이루어진 냉매를 혼합냉매라 하며, 공비 혼합냉매와 비공비 혼합냉매로 구분한다.

(1) 공비 혼합냉매

① 프레온 냉매 중 서로 다른 두 가지 냉매를 적당한 중량비로 혼합하면 마치 1가지 냉매처럼 액체상태나 기체상태에서 처음 냉매들과는 전혀 다른 하나의 새로운 특성을 나타내게 되는 냉매로서 R－500 단위로 시작된다.

② 증발(또는 응축)온도가 일정한 혼합냉매, 즉 일정한 비등점을 가지며 액의 조성이나 증기의 조성이 똑같은 냉매로 포화상태에서 기상냉매의 조성이나 증기의 조성비가 동일하다. 서로 다른 두 개의 순수물질을 혼합하였는데도 등압의 증발 또는 응축과정 중에 기체와 액체의 성분비가 변하지 않으며, 온도가 변하지 않는 혼합냉매이다.

③ 단일냉매와 같이 기상과 액상의 조성이 변하지 않으면서 상변화하는 냉매로(각 성분이 같은 비율로 증발) R－500, R－501, R－502(R－22 : 48.8%, R－115 : 51.2%) 등이 있으며, 증발온도가 증발기 입구와 출구 사이에서 항상 일정하다.

TIP 혼합냉매의 명명법

개발순서에 따라 R－5xx로 명명한다.

① R－500
- R－12의 능력을 개선할 때 사용한다.(약 20% 냉동력 증대)
- 열에 대한 안정성이 양호하다.
- 윤활유에 잘 혼합되며 절연내력이 크다.
- 질량비가 (R－152)+(R－12)=26.2%+73.8% → R－12 대응

② R－501
- R－22와 같이 오일이 압축기로 돌아오기 힘든 냉매는 R－12를 첨가하여 사용함으로써 오일을 압축기로 잘 회수할 수 있다.
- R－12에 R－22를 20% 정도 첨가하면 냉동능력은 약 30% 정도 증가한다.

③ R－502
- R－22의 능력을 개선할 때 사용한다.(약 13% 냉동력 증대)
- R－22보다 저온을 얻고자 할 때 사용된다.
- 질량비가 (R－115)+(R－22)=51.2%+48.8% → R－22 대응(저온용)

④ R－503
- R－13의 능력을 개선할 때 사용한다.
- R－13보다 낮은 온도를 얻는 데 유리하다.
- R－13과 같이 2원 냉동장치의 저온용 냉매로 이용된다.
- 질량비가 (R－23)+(R－13)=40.1%+59.9% → R－13 대응

냉매번호	혼합된 냉매	비등점
R－500	R－12 + R－152	－18.5℃
R－501	R－12 + R－22	－41℃
R－502	R－22 + R－115	－45.5℃
R－503	R－13 + R－23	－89.2℃

(2) 비공비 혼합냉매

① 2개 이상의 냉매가 혼합되어 각각 개별적인 성격을 띠며, 등압의 증발 및 응축과정을 겪을 때 조성비가 변하고 온도가 증가 또는 감소되는 온도구배(Temperature Gliding)를 나타내는 냉매이다.

② 초기 상태가 과랭 액체의 온도를 상승시키면 기포점에 이를 때까지 액상은 일정한 조성비를 나타낸다. 기포점에 이르면 처음으로 기포가 발생하기 시작한다.

③ 온도를 기포점 이상으로 증가시키면 증발성이 강한 성분, 즉 증발온도가 상대적으로 낮은 성분이 더 많이 증발하여 기상에 더 많이 존재하며, 액상에는 증발성이 약한 성분이 상대적으로 더 많이 남아 있게 된다.

④ 비점이 낮은 냉매가 먼저 증발하고, 비점이 높은 냉매가 나중에 증발하므로, 기상과 액상의 조성이 다르며, 증발온도가 증발기 입구에서는 낮고, 증발기 출구에서는 높다.

⑤ 2상 상태에서 냉매가 누설되는 경우 시스템에 남아 있는 혼합냉매의 조성비가 변하는 문제가 있다. 냉매가 2상 상태에서 누설되었을 때 증기압이 높은 성분(저비점의 냉매)이 먼저 누설되므로 새로운 조성비를 갖는 냉매가 시스템에 존재하게 된다.(고비점의 냉매 비율이 점점 많아짐) 따라서 냉매의 누설이 생겨 재충진을 하는 경우 시스템에 남아있는 냉매를 전량 회수한 후 새로이 냉매를 주입하여야 한다.

⑥ 현재 R－22, R－502 등의 대체냉매로 고려하고 있는 주요 비공비 혼합냉매에는 R－404A, R－407C, R－410A 등이 있다.

6) 냉매의 누설검사

(1) 암모니아(NH_3)

① 냄새(악취)

② 붉은 리트머스 시험지 → 파란색으로 변색

③ 페놀프탈레인지 → 붉은색으로 변색

④ 유황초(황산, 염산) → 하얀색 연기 발생

⑤ 네슬러 시약 → 소량 누설 : 노란색, 다량 누설 : 보라색

(2) 프레온(Freon)

① 비눗물 검사 → 기포 발생

② 헬아이드토치 사용 → 불꽃색의 변화(사용연료 : 프로판, 부탄, 알코올 등)

- 누설이 없을 시 → 파란색
- 소량 누설 시 → 초록색
- 다량 누설 시 → 보라색
- 누설이 극심할 때 → 불이 꺼짐

③ 할로겐 전자누설 탐지기 사용

7) 브라인(Brine)

- 냉동장치 밖을 순환하면서 상태변화 없이 감열로서 열을 운반하는 동작유체로 증발기에서 발생하는 1차 냉매의 냉동능력을 피냉각물질 또는 냉각물질에 전달해주는 열전달의 중계역할을 하는 부동액이다.
- 간접팽창식 냉동장치에 사용하는 것으로 제빙, 공기조화 등에 사용하며 냉동에서는 2차 냉매(간접 냉매)로 사용한다.
- 1차 냉매는 잠열에 의해 열을 운반하는 반면 브라인은 현열에 의한다. 브라인은 온도가 낮은 상태에서는 공기 중의 수분이 응축되어 흡수되므로 농도가 점점 희박해지고 밀도가 낮아진다.

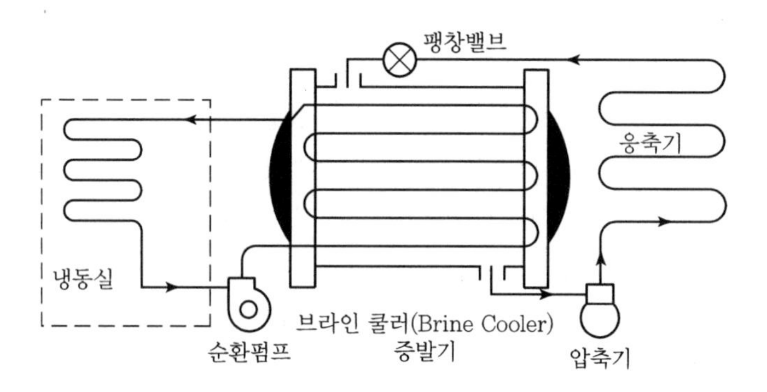

(1) 브라인의 구비조건

① 열용량(비열)이 크고, 전열이 양호할 것
② 공정점과 점도가 낮을 것
③ 부식성이 없을 것
④ 어는점이 낮을 것
⑤ 누설 시 냉장물품에 손상이 없을 것
⑥ 가격이 싸고, 구입이 용이할 것
⑦ pH 값이 적당할 것(7.5~8.2 정도)
⑧ 불연성이며 독성이 없을 것
⑨ 악취가 없을 것

공정점

서로 다른 두 가지 물질을 용해할 경우 그 농도가 증가함에 따라 동결온도가 낮아지게 되는데 어느 일정한 한계의 농도에서는 더 이상 동결온도가 낮아지지 않는다. 이렇게 더 이상 낮아지지 않는 온도를 공정점이라고 한다.

(2) 브라인의 종류

① 무기질 브라인

㉮ 염화나트륨(NaCl)

- 인체의 무해하며 주로 식품 냉동에 사용한다.

• 값은 싸나 무기질 브라인 중 부식력이 가장 크다.
• 공정점 : −21.2℃

㈏ 염화마그네슘($MgCl_2$)

• 부식성은 염화칼슘보다 높고, 현재는 거의 사용하지 않는다.
• 공정점 : −33.6℃

㈐ 염화칼슘($CaCl_2$)

• 일반적으로 제빙, 냉장 및 공업용으로 가장 많이 사용된다.
• 흡수성이 강하고, 누설 시 식품에 접촉되면 떫은 맛이 난다.
• 공정점 : −55℃, 사용온도 : −32～−35℃

② 유기질 브라인

고가이기 때문에 거의 사용하지 않는다.

㈎ 에틸알콜(C_2H_5OH)

• 어는점 : −114.5℃, 끓는점 : 78.5℃, 인화점 : 15.8℃
• 인화점이 낮으므로 취급에 주의를 요한다.
• 비중이 0.8로서 물보다 가볍다.
• 식품의 초저온 동결(−100℃ 정도)에 사용할 수 있다.
• 마취성이 있다.

㈏ 에틸렌글리콜($C_2H_6O_2$)

• 어는점 : −12.6℃, 끓는점 : 177.2℃, 인화점 : 116℃
• 물보다 무거우며(비중 1.1) 점성이 크고 단맛이 있는 무색의 액체이다.
• 비교적 고온에서 2차 냉매 또는 제상용 브라인으로 쓰인다.

㈐ 프로필렌글리콜

• 어는점 : −59.5℃, 끓는점 : 188.2℃, 인화점 : 107℃
• 물보다 약간 무거우며(비중 1.04) 점성이 크고 무색, 독성이 거의 없는 무독의 액체이다.
• 분무식 식품 냉동에 사용하거나, 약 50% 수용액으로 식품을 직접 침지한다.

(3) 브라인의 금속부식 방지 방법

① 공기와 접촉하지 않도록 하여 산소가 브라인 중에 녹아들지 않는 순환방법을 채택한다.
② pH는 7.5～8.2 정도의 약알칼리성이 좋다.
③ 방식아연(16번 아연도금철판)을 부착한 철판을 사용한다.
④ 방청약품 사용

• $CaCl_2$: 브라인 1L당 중크롬산소다 1.6g을 첨가, 중크롬산소다 100g당 가성소다 27g씩 첨가
• NaCl : 브라인 1L당 중크롬산소다 3.2g을 첨가, 중크롬산소다 100g당 가성소다 27g씩 첨가

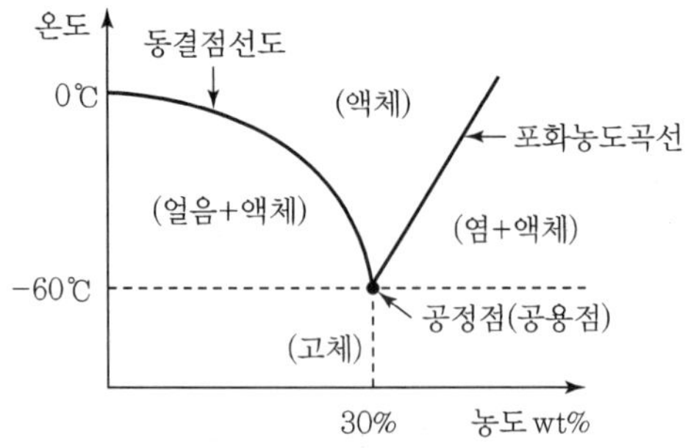

| 염화칼슘 브라인 특성선도 |

(4) 안전상의 주의사항

① 직접 식품에 닿아야 할 때는 식염수나 프로필렌글리콜 용액을 사용한다.

② 에틸렌글리콜은 맹독성이 있는데 특히 부동액은 단맛이 난다.

8) 기타 냉매

물, 암모니아, 질소, 이산화탄소, 프로판, 부탄 등은 인공화합물이 아니고 지구상에 자연적으로 존재하는 물질이므로 자연냉매라 하며, 지구 환경에 추가적으로 악영향을 미치지 않기 때문에 냉매로서 적극적으로 검토되고 있다. 오존층 문제가 제기되기 전까지 CFC 냉매에 비하여 자연냉매가 잘 활용되지 않은 이유는 그 나름대로의 문제점이 있었기 때문인데, CFC/HCFC의 사용이 규제를 받고 특히 지구온난화에 대한 규제가 더욱 심화되면 자연냉매에 대한 연구가 더욱더 활발히 진행될 것이다.

(1) 탄화수소

① 탄소와 수소만으로 구성된 냉매로서 R−50(메탄), R−170(에탄), R−290(프로판), R−600(부탄), R−600a(이소부탄), R−1270(프로필렌) 등이 있다.

② 독성이 없으며, 화학적으로 안정적이며, 광유에서 적절한 용해도를 나타낸다.

③ 오존층붕괴지수가 0.0이며 지구온난화지수도 매우 낮아, 이산화탄소의 지구온난화지수를 1로 하였을 때 R−12는 7,100, R−134a는 1,200이나, 프로판은 이보다 매우 낮은 3을 나타낸다.

④ 탄화수소는 냉매로서 우수한 열역학적 특성을 지니고 있으나 가연성이 문제점으로 지적되고 있다.

⑤ 대개 탄화수소는 액체의 비체적이 크기 때문에 동일한 냉동능력을 내는 경우에 다른 냉매에 비하여 냉매 주입량이 감소한다. 예를 들어, 가정용 냉장고의 경우 프로판을 적용하면 냉매 주입량은 R−12에 비하여 절반 정도로 감소된다. 탄화수소 순수냉매로 기존 냉매의 증기압 및 용량을 만족시킬 수 없는 경우에는 탄화수소와 탄화수소 혹은 탄화수소와 HFC 냉매 등을 혼합한 혼합냉매를 적용할 수 있다.

(2) 암모니아(NH_3) : R−717

① 우수한 열역학적 특성 및 높은 효율을 지닌 냉매로서 제빙, 냉동, 냉장 등 산업용의 증기압축식 및 흡수식 냉동기 작동유체로 널리 사용되어 왔다.

② 작동압력이 다소 높고 인체에 해로운 특성을 지니고 있으므로 관리 인력이 상주하는 산업용 대용량 시스템에 주로 사용되어 왔으며, 소형에는 특수 목적에만 이용되었다.

③ 암모니아를 소형 시스템에 적용하기 위해서는 수랭식이 아닌 공랭식 시스템을 개발해야 하는데, 최근 들어 CFC/HCFC 냉매의 규제로 인하여 암모니아에 대한 대체냉매 연구가 많이 수행되고 있다.

(3) 물(H_2O) : R－718

① 투명하며 무해, 무취, 무미한 냉매로 환경에 대한 피해가 전혀 없으며 손쉽게 구할 수 있다는 장점을 갖고 있다.

② 동결점이 매우 높고 비체적이 크므로 압축기가 소화하여야 할 체적유량 및 압축비가 너무 크기 때문에 증기압축식 냉동기에는 사용이 제한되어 왔다.

③ 흡수식 냉동장치의 냉매 또는 흡수제와 증기분사식 냉동장치의 냉매로 쓰인다.

④ 0℃ 이하의 저온에서는 사용이 불가능하다.

(4) 공기(Air) : R－729

① 물과 같이 투명하고 무해, 무취, 무미한 냉매로서 소요동력이 크고 성적계수가 낮다.

② 공기 압축식 냉동장치의 냉매로 쓰인다.

③ 항공기의 냉방과 같은 특수한 목적의 냉방용 냉동기와 냉방에 이용된다.

(5) 이산화탄소(CO_2) : R－744

① 암모니아와 더불어 선박용 냉동, 사무실이나 극장 등의 냉방을 위한 냉매로 가장 많이 사용되었으나 할로카본의 등장과 함께 이산화탄소의 사용은 점차 감소되었고, 최근에는 특수한 용도 이외에는 거의 사용되고 있지 않다.

② 안정성이 뛰어나며 무취, 무독하고 부식성이 없고, 연소 및 폭발성이 없는 물질로서 냉매 회수가 필요 없으며, 일반 윤활유와 양호한 상용성을 가지고 있다.

③ 포화압력이 높기 때문에 냉동기 설계 시 내압성 재료를 사용하여야 한다. 하지만 다른 냉매에 비하여 가스의 비체적이 매우 작기 때문에 체적유량이 적으며 냉동장치를 소형의 시스템으로 제작할 수 있는 장점이 있다.

④ 냉매의 임계온도(31℃)가 낮으므로 냉각수의 온도가 충분히 낮지 않으면 응축기에서 액화가 되지 않는다.

⑤ 현재는 유럽 및 미국 등을 중심으로 자동차용 공조기에 이산화탄소를 적용하는 연구가 한창 진행 중에 있다.

(6) 아황산가스(SO_2) : R－764

① 독성이 가장 강하다.(허용농도 5ppm)

② 암모니아와 접촉 시 흰 연기가 발생한다.

③ 끓는점은 −10℃이고, −15℃에서 증발압력이 150mmHg이므로 외기 침입의 우려가 있다.

(7) 탄화수소 냉매

① 에탄(C_2H_6) : R−170
② 프로판(C_3H_8) : R−290
③ 부탄(C_4H_{10}) : R−600

9) 냉매의 상해에 대한 구급방법

(1) NH_3

① 눈에 들어간 경우
물로 세척한 후 2%의 붕산액으로 세척하고, 유동파라핀을 2~3방울 점안한다.
② 피부에 묻은 경우
물로 세척 후 피크린산용액을 바른다.

(2) 프레온

① 눈에 들어간 경우
2%의 살균광물유로 세척하거나, 5%의 붕산액으로 세척한다.
② 피부에 묻은 경우
물로 세척 후 피크린산용액을 바른다.

SECTION 03 CFC 및 대체냉매의 명명법

자동차 에어컨, 가정용 냉장고 및 산업계 냉동기를 비롯하여 다양한 분야에서 냉매로 사용되는 CFC 및 CFC 대체물질은 종류가 너무 많고 고유명칭이 복잡하기 때문에 각각의 물질에 대해 문자와 숫자를 조합하여 일정한 규칙에 따라 고유번호를 부여하고 통상적으로 이 고유번호에 따라 간략하게 부른다. C, H, F, Cl 등으로 구성되어 있는 CFC 및 대체냉매의 명명방법은 다음과 같다.

1) 접두어의 의미

① R : 냉매(Refrigerant)를 의미한다.
② CFC : Chloro−Fluoro−Carbon
염화불화탄소를 나타낸다. 대표적인 화합물로는 CFC−11, CFC−12, CFC−113 등이 있다. 오존층 파괴의 주요인으로 알려져 있다.

③ HCFC : Hydro-Chloro-Fluoro-Carbon

수소가 함유된 CFC를 나타낸다. 대표적인 화합물로는 HCFC-22, HCFC-123, HCFC-141b 등이 있다. 오존층을 파괴하는 능력이 CFC 물질보다 낮아 CFC 대체물질 중 과도기 물질로 분류된다.

④ HFC : Hydro-Fluoro-Carbon

수소화불화탄소(불화탄화수소)를 나타낸다. 대표적인 화합물로는 HFC-134a, HFC-152a 등이 있다. 염소원소를 함유하지 않아 오존층을 파괴하지 않는다.

⑤ FC : Fluoro-Carbon

불소와 탄소로만 구성된 불화탄소를 나타낸다. 대표적인 화합물로는 FC-14, FC-116 등이 있다.

2) 숫자 부여방법

① 영문 접두어 뒤의 숫자는 분자식을 나타낸다. 세 자리 숫자의 첫째(100단위) 숫자가 탄소(C)수-1, 둘째(10단위) 숫자가 수소(H)수+1, 그리고 셋째 숫자가 불소(F)수를 나타낸다.

② 표시된 숫자에서 분자식을 쉽게 알아보려면 표시된 숫자에 90을 더하면 된다. 90을 더하여 얻어진 세 자리 숫자의 첫째(100단위) 숫자가 탄소(C) 수, 둘째(10단위) 숫자가 수소(H)수, 그리고 셋째(1단위) 숫자가 불소(F)수를 나타낸다. 염소(Cl)의 수는 포화화합물을 만드는 데 필요한 개수이다.

③ HFC-134a와 같이 숫자 뒤의 영문자는 이성체를 구분하기 위한 표시이다.

④ 여러 가지 화합물의 고유번호

- CFC계 : CFC-11(CCl_3F), CFC-113($CCl_2F-CClF_2$)
- HCFC계 : HCFC-22($CHClF_2$), HCFC-141b(CH_3-CCl_2F)
- HFC계 : HFC-134a(CH_2F-CF_3), HFC-152a(CH_3-CHF_2)
- FC계 : FC-14(CF_4), FC-116(CF_3-CF_3)

3) 명명법

(1) 할로겐화 탄화수소냉매

R-(C-1)(H+1)(F)

① 10자리대는 Methane(CH_4)계이다.

② 100자리대는 Ethane(C_2H_6)계이다.

③ 취소(Br)가 들어 있으면 우측에 "B"를 붙이고, 그 우측에 취소 원자수를 기입한다.

④ Ethan(C_2H_6)의 수소원자 대신 할로겐원소(F, Br, Cl, I, At 등)로 치환된 경우는 이성체(Isomer)가 존재하므로 안정도에 따라 우측에 소문자 a, b, c 등을 붙여 표기한다. 예 R-134a

⑤ 화학식 표기

$C_kH_lCl_mF_n \rightarrow 2k+2=l+m+n$ 예 R-22 : $CHClF_2$

(2) 공비 혼합냉매

R−500부터 개발된 순서대로 일련번호를 붙인다.

예 R−500, R−501, R−502

(3) 비공비 혼합냉매

① R−400 계열로 명명한다.

② 조성비에 따라 오른쪽에 대문자 A, B, C 등을 붙인다.

예 R−407C, R−410A

(4) 유기화합물

① R−600 계열로 개발된 순서대로 명명한다.

② 부탄계(R−60x), 산소화합물(R−61x), 유황화합물(R−62x), 질소화합물(R−63x)로 구분한다.

(5) 무기화합물

① R−700 계열로 명명한다.

② 뒤의 두 자리는 분자량을 의미한다.

예 NH_3 : R−717, 물 : R−718, 공기 : R−729, CO_2 : R−744

(6) 기타 명명법

① 불포화 탄화수소냉매

R1(C−1)(H+1)(F)

할로겐화 탄화수소 명명법에 1,000을 더해서 나타낸다.

예 R1270, R1120

② 환식 유기화합물 냉매

RC(C−1)(H+1)(F)

할로겐화 탄화수소 명명법에 C(cycle)를 붙인다.

예 RC317 유기물

③ 할론냉매

Halon(C)(F)(Cl)(Br)

예 R−12 : Halon1220, R−13B1 : Halon1301, R−11B2 : Halon2402

SECTION 04 CFC(Chloro Fluoro Carbon)

탄화수소(메탄 : CH_4, 에탄 : C_2H_6 등)의 수소원자 모두를 염소와 불소로 치환한 것으로 높은 안정성과 무독성을 갖고 있다.

1) 용도

① 각종 냉동기의 냉매
② 단열재 등의 성형발포재
③ Spray식 분무제
④ Halogen 소화약제

2) 특성

① CFC 화합물은 화학적으로 매우 안정하여 보통 수명이 100~300년이다.
② 인체에 무해하고 불연성이다.
③ 산화, 독성이 없으며 무색, 무취이다.
④ 열적으로 안정되고 열전도도가 낮아 단열재의 발포용으로 널리 사용된다.
⑤ 비열비가 작아 압축기 토출가스 온도가 그다지 높지 않다.
⑥ 윤활유를 잘 용해하나 물과는 서로 잘 용해하지 않는다.

3) 규제현황

① CFC로 인한 오존층 파괴로 인류 및 생태계에 심각한 영향을 초래하는 것을 방지하기 위한 목적이다.
② CFC 생산과 소비를 1995년까지 50%, 1997년까지 85% 감축하고 2000년 전폐하기로 하였다.
③ 예상보다 오존층 파괴가 증가하여 1992년 코펜하겐 회의에서 1996년까지 전폐로 개정하였다.

냉매 중 수소원자↑ → 가연성↑
냉매 중 염소원자↑ → 독성↑(염소는 철과 반응하여 자기 윤활성을 갖는 염화철을 생산)
냉매 중 불소원자↑ → 안정성↑(C－F 결합은 화학적으로 대단히 안정)

SECTION 05 대체냉매

오존(O_3)층을 파괴하는 CFC계의 냉매를 대체하는 물질로 HCFC와 HFC로 크게 구분한다.

1) 종류

(1) HCFC(Hydro Chloro Fluoro Carbon)

① CFC에 최소한 하나 이상의 수소원자를 치환하여 만든 것이다.
② 성층권의 오존 파괴능력은 완전히 할로겐화된 CFC－11보다 훨씬 낮아지며, 성층권에 도달하기 전에 분해하여 비에 흡수되어 지표로 하강한다.
③ 오존을 파괴하는 원인물질은 Br을 함유하지 않으나 소량의 염소를 함유하므로 규제가 예상된다.

(2) HFC(Hydro Fluoro Carbon)

① 화합물 자체에 염소나 브롬을 함유하고 있지 않으므로 오존층에 도달해도 큰 영향이 없다.
② 이상적인 대체물질을 개발하기 전까지는 사용할 수 있다.

(3) 개발 중인 대체냉매

① 기존 대체냉매

- HCFC－22
- HCFC－152a
- HCFC－142b
- R－500
- R－502

② 신규 대체냉매

- HFC－32
- HCFC－123
- HCFC－124
- HFC－134a
- HCFC－141b

2) 구비조건

(1) 환경 친화성

① 낮은 오존파괴지수(ODP)
② 낮은 지구온난화지수(GWP)
③ 낮은 TEWI(Total Equivalent Warming Impact)

(2) 안정성

① 독성, 자극성이 없을 것
② 불연성일 것
③ Leak 발생 시 쉽게 검지될 것
④ 사용 온도 이하에서 분해되지 않고 안정적일 것

⑤ 윤활작용에 영향이 없을 것

⑥ 윤활유를 분해하지 않고 상용성이 있을 것

⑦ 부식성이 없을 것

⑧ 수분을 함유하지 않을 것

(3) 열역학적 특성

① 증발잠열이 클 것

② 임계온도가 높고 응고점이 낮을 것

③ 저온에서 대기압 이상의 압력에서 기화할 것

④ 상온에서 비교적 낮은 압력에서 액화할 것

⑤ 낮은 증기 열용량을 가질 것

(4) 우수한 물리적 특성

① 전기 절연성이 우수할 것

② 열전도율이 높을 것

③ 점도가 낮을 것

(5) 상품화 용이성

① 가격이 저렴하고 구입이 용이할 것

② 대체냉매 적용으로 기존 장치의 변경이 크지 않을 것

③ 혼합냉매의 경우 가능한 단일냉매와 같은 특성을 가질 것

④ 성적계수가 높을 것

SECTION 06 CFC－12의 대체냉매로서 HFC－134a

대체냉매란 오존층을 파괴하는 CFC계의 냉매를 대체하는 물질을 말하며, 대체물질은 HCFC와 HFC로 구분할 수 있다. 이 중 HFC는 수소, 불소, 탄소를 함유하고 염소(Cl)원자를 포함하고 있지 않아 오존층 파괴에는 영향이 없다.

1) CFC－12와 HFC－134a의 비교

(1) 냉동능력

HFC－134a는 R－12보다 냉동능력이 낮아 같은 냉동능력을 갖기 위해서는 소비동력이 증대되어야 하고, 압축기의 토출압력이 증가하지만 증기압 곡선이 R－12와 유사하여 R－12(CFC－12) 대체냉매로 유망하다.

(2) 윤활유 사용문제

기존 사용 Oil과의 관계는 Mineral Oil과의 혼화성 저하로 나타나며, 기존 Oil은 다음과 같은 문제가 있다.

① 윤활유를 사용할 수 없다.
② PAG(poly－alkylene－glycol)계 Oil을 검토할 필요가 있다.
③ 2상 분리온도가 비교적 낮아 응축온도 범위에서 분리 가능성이 있다.
④ 저온 측에서 혼화성의 개선이 필요하다.(불소계 Oil의 검토)

(3) 시공재료의 문제

① HFC－134a는 자체의 수용해도가 CFC－12에 비해 크다.
② PAG계 Oil을 사용한 경우 기포가 발생한다.
③ Packing용 CFC에 비해 팽윤성, 투과성이 약간 큰 재질을 선정할 필요가 있다.
④ 고무 호스의 내면에 Nylon Coating이 필요하다.

(4) 건조제의 문제

① HCF－134a는 CFC－12보다 분자경이 작기 때문에 종래의 제올라이트로서는 흡착 및 분해가 많다.
② 새로운 건조제 개발 시 수용해도의 증가를 고려해야 한다.

(5) 구리 도금문제

① PAG계 Oil 사용 시 장치계 내의 수분량 증가로 구리 이온이 발생하여 휜부분 등에 동 도금이 발생하여 압축기 성능에 영향을 준다.
② 계 내의 금속 이온 발생 방지를 위한 수분 감소 대책과 윤활유와 개량 등이 필요하다.

(6) Service Can 문제

HFC－134a의 Service Can은 종래의 CFC－12의 것과 동일한 취급을 위해 가스 사용의 법적 정비가 필요하다.

2) 결론

대체냉매의 개발은 매우 시급한 과제로 대두되고 우리 앞에 다가서고 있다. 현재 사용되는 냉매를 대체하는 냉매로 추천된 것은 혼합냉매이거나 염소를 포함하여 ODP나 GWP에 영향을 주는 물질이므로 제3세대 대체 물질 개발에 연구와 투자가 필요하다.

SECTION 07 냉매가스의 단열지수

① 냉매가스를 완전가스라 가정하고 단열압축할 때, 그 전후의 절대온도 T와 체적 V, 압력 P 사이에는 다음과 같은 관계가 성립된다.

$P_1 V_1{}^k = P_2 V_2{}^k = C$에서

$$\left(\frac{V_1}{V_2}\right)^k = \frac{P_2}{P_1},\ \frac{V_1}{V_2} = \left(\frac{P_2}{P_1}\right)^{\frac{1}{k}} \ \cdots\cdots\cdots\cdots\cdots\cdots\ ⓐ$$

$$\frac{P_1 V_1}{T_1} = \frac{P_2 V_2}{T_2} = C\text{에서}$$

$$\frac{P_2}{P_1} \times \frac{V_2}{V_1} = \frac{T_2}{T_1},\ \frac{T_2}{T_1} = \left(\frac{P_2}{P_1}\right) \div \left(\frac{V_1}{V_2}\right) \ \cdots\ ⓑ$$

ⓑ에 ⓐ를 대입하면

$$\frac{T_2}{T_1} = \left(\frac{P_2}{P_1}\right) \div \left(\frac{P_2}{P_1}\right)^{\frac{1}{k}} = \left(\frac{P_2}{P_1}\right)^{\frac{k-1}{k}} \ \cdots\cdots\cdots\ ⓒ$$

- 이때 $k = \dfrac{C_p}{C_v}$ 를 비열비 또는 단열지수라 한다.
- ⓒ에서 k가 클수록 압축 후의 토출가스 온도가 상승하고, k 값이 작을수록 토출가스 온도가 낮아져 냉매의 특성이 향상된다.

② 실제 냉매증기를 압축할 때도 이론상 단열압축으로 간주하며 동일한 압축비라도 k에 의하여 압축의 온도에 상당한 차이가 생긴다.

③ 온도 상승이 큰 냉매에 대해서는 고온도에 의한 윤활유의 열화, 탄화를 막기 위하여 압축기의 실린더를 물로 냉각해야 한다.

④ 완전가스는 $C_p - C_v = AR$(A : 일의 열당량, R : 가스정수)이므로 $k = \dfrac{C_p}{C_v} = 1 + \dfrac{AR}{C_v}$ 이다.

⑤ 완전가스의 비열은 온도만의 함수이며 온도와 더불어 증대하므로 k는 온도와 더불어 감소한다.

⑥ 실제 가스에서 k는 온도뿐만 아니라 압력에 의하여서도 변한다.

⑦ k 값은 기체의 원자수에 관계하며 0℃, 저압에서 1원자 가스는 1.66, 공기 및 기타 2원자 가스는 1.40에 가까운 값을 갖는다.

CHAPTER

21 압축기

SECTION 01 압축기의 분류

압축기란 증발기에서 증발한 저온 저압의 냉매가스를 재사용하기 위해 흡입시켜 응축기에서 응축 액화를 쉽게 할 수 있도록 압력을 상승시켜 냉매를 순환시켜 주는 기기이다.

▼ 압축기의 분류

압축 방식에 따른 분류	용적식	• 압축실 내의 체적을 감소시켜 냉매의 압력을 증가시키는 방식 • 종류 : 왕복동식, 로터리식(회전피스톤식, 로터리베인식, 스크루식), 스크롤식, 트로코이드식
	터보식	• 회전체의 고속 회전에 의한 원주 상승방향 모멘텀의 연속적인 전달에 의해 냉매가스의 압력을 상승시켜 운동량을 압력 상승으로 변환시키는 압축방식 • 종류 : 원심식, 터보식
압축기구와 전동기의 연결방식에 따른 분류	개방형	압축기의 크랭크 축이 축봉장치에 의해 크랭크 실 밖으로 나와 전동기와 커플링이 직결 또는 풀리에 의한 벨트 구동으로 연결되는 구조
	밀폐형	압축기와 전동기가 동일한 케이싱 안에 있고 케이싱이 완전 용접으로 된 구조
	반밀폐형	내부는 밀폐형과 같으나 각종 케이싱이 볼트 조립식으로 되어 있어 분해조립이 가능한 구조

1) 압축 방식에 의한 분류

(1) 체적(용적)형 압축기

① 왕복동식 : 입형, 횡형, 고속다기통

② 회전식(로터리식) : 고정익형, 회전익형

③ 나사식(스크루식)

(2) 터보 압축기

원심식, 축류식, 혼류식

(3) 흡수식 냉동기

2) 밀폐구조에 의한 분류

(1) 개방형(Open Type)

압축기를 기동시켜 주는 전동기(Motor)와 압축기가 분리되어 있는 구조

① 직결 구동식 : 압축기의 크랭크 축을 전동기 커플링(Coupling)에 연결하여 구동시키는 방식이다.
② 벨트 구동식 : 압축기와 전동기를 벨트(Belt)로 연결하여 구동시키는 방식이다.

(2) 밀폐형(Hermetic Type)

압축기와 전동기를 하나의 하우징(Housing) 내에 내장시킨 구조

① 반밀폐형 : 볼트로 조립되어 있어 분해 조립이 용이하고, 고 · 저압 측에 서비스 밸브(Service Valve)가 부착되어 있다.
② 전밀폐형 : 하우징이 용접되어 있어 분해 조립이 불가능하며 주로 저압 측에 서비스 밸브가 부착되어 있다.
③ 완전밀폐형 : 하우징이 용접되어 있고, 서비스 밸브 대신에 서비스 니플(예비충전구)이 부착되어 있다.

▼ 개방형 압축기와 밀폐형 압축기의 비교

구분	개방형	밀폐형
장점	• 압축기 회전수의 조절이 쉽다. • 분해 조립이 가능하다. • 타 구동원에 의해 기동이 가능하다. • 냉매 및 오일의 충전이 가능하다.	• 과부하 운전이 가능하다. • 소음이 적다. • 냉매 및 오일 누설이 없다. • 소형이며 가벼워 제작비가 적게 든다.
단점	• 외형이 크므로 설치면적이 크다. • 소음이 커서 고장 발견이 어렵다. • 냉매 및 오일의 누설 우려가 있다. • 제작비가 많이 든다.	• 타 구동원에 의한 운전이 불가능하다. • 고장 시 수리가 어렵다. • 회전수의 조절이 불가능하다. • 냉매 및 오일의 교환이 어렵다.

SECTION 02 압축기의 종류별 특징

1) 왕복동식 압축기

실린더 내 피스톤의 왕복운동에 의해 냉매가스를 압축하는 방식

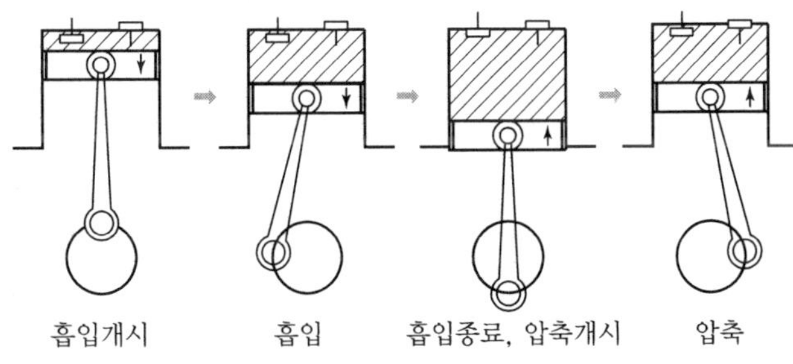

| 왕복동식 압축기의 압축순서 |

(1) 왕복동식 압축기의 종류

① 입형(수직형) 압축기(Vertical Type Compressor)

- 암모니아 및 프레온용으로 주로 단동형이다.
- 기통 수는 1~4기통이며 주로 2기통이 많이 사용된다.
- 상부 틈새(Top Clearance)를 0.8~1mm 정도로 작게 할 수 있어 체적효율이 양호하다.
- NH_3용은 토출가스 온도가 높아 워터재킷(Water Jacket)을 설치하나, 프레온용은 냉각핀(Fin)을 부착하여 방열효율을 증대시킨다.
- 안전두(Safety Head)를 설치하여 액 압축으로 인한 압축기의 파손을 방지한다.

> **TIP**
>
> 안전두(Safety Head)
>
> 실린더 헤드커버와 밸브판의 토출밸브시트 사이를 강한 스프링이 누르고 있는 것으로 압축기 내로 이물질이나 냉매액이 유입되어 압축 시 이상 압력 상승으로 인하여 압축기가 파손되는 것을 방지하며 정상토출압력보다 3kg/cm^2 정도 상승하면 작동한다.
>
> 워터재킷(Water Jacket)
>
> 암모니아 냉동장치는 비열비가 커 압축기 실린더 상부에 냉각수를 순환시켜 압축기 과열 방지, 실린더 마모 방지, 윤활작용 불량 방지 및 체적효율을 증가시킨다.

② 횡형(수평형) 압축기(Horizontal Type Compressor)

- 주로 NH_3용으로 복동식이며 현재 거의 사용되지 않는다.
- 상부 틈새(Top Clearance)는 3mm 정도로 안전두가 없는 대신 체적효율이 나쁘다.
- 냉매의 누설 방지를 위해 축상형 축봉장치를 사용한다.
- 중량 및 설치면적이 크며 진동이 심하다.

③ 고속 다기통 압축기(High Speed Multi－cylinder Compressor)

- 대개 4, 6, 8, 12, 16기통으로 밸런스를 유지하기 위해 기통 수는 짝수로 한다.
- 회전수는 NH_3용이 900~1,000rpm, Freon용이 1,750~3,500rpm 정도이다.
- 실린더 직경이 행정보다 크거나 같다.($D \geq L$)
- 유압을 이용한 언로더(Unloader) 기구가 있어 용량 제어가 가능하다.
- 고속이고 밸브의 저항과 상부 간극이 크므로 체적효율이 나쁘다.
- 링 플레이트 밸브(Plate Valve)와 기계적 축봉장치(Mechanical Shaft Seal)가 사용된다.
- 실린더 라이너가 있어 분해하여 교환할 수 있다.

▼ 고속 다기통 압축기의 장단점

장점	단점
• 능력에 비해 소형이다. • 동적 · 정적 균형이 양호하여 진동이 적다. • 용량 제어(무부하 기동)가 가능하다. • 부품의 호환성이 좋다. • 강제 급유식을 채택하며, 윤활이 용이하다.	• 체적효율이 낮고, 고진공이 어렵다. • 고속으로 윤활유 소비량이 많다. • 윤활유의 열화 및 탄화가 쉽다. • 마찰이 커 베어링의 마모가 심하다. • 음향으로 고장 발견이 어렵다.

(2) 왕복동식 압축기의 주요 구성부품

① 실린더(Cylinder) 및 본체(Body)

- 입형 중 · 저속 압축기는 실린더와 본체가 일체이며 특수 주물로 제작되며 고속 다기통은 강력 고급주물을 사용한다.
- 실린더 지름은 최대 300mm 정도이다.
- 장기운전으로 실린더와 피스톤의 간격이 커지면 보링을 하여 토출가스 온도 상승, 실린더 과열, 오일의 열화 및 탄화, 체적효율 및 냉동능력 감소를 방지한다.

클리어런스(Clearance, 틈새, 간극, 공극)
- 상부 틈새(Top Clearance) : 실린더 상부와 피스톤 상부와의 간극
- 측부 틈새(Side Clearance) : 실린더벽과 피스톤 측부와의 간극
- 클리어런스가 크면 체적효율 감소, 토출가스 온도 상승, 냉동능력 감소 등의 영향이 있다.

② 피스톤(Piston)

- 고속회전으로 인한 관성력을 최소화하고, 가볍게 하기 위해 중공(속이 비어 있는 상태)으로 제작한다.
- 3~4개의 피스톤링이 있으며, 그중 최하부는 1~2개의 오일링으로 한다.
- 피스톤링의 홈 간격은 0.03mm 정도이다.
- 플러그형, 싱글 트렁크형, 더블 트렁크형 등이 있다.

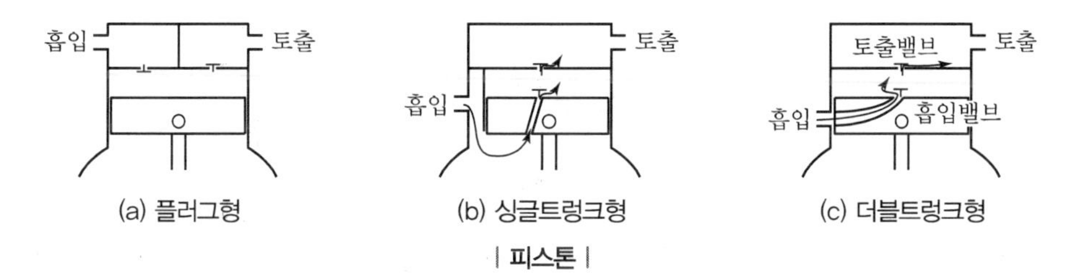

| 피스톤 |

TIP 피스톤 링(Piston Ring)
- 압축링 : 피스톤 상부의 2~3개의 링으로 냉매가스의 누설을 방지하고 마찰면적을 감소시켜 기계효율을 증대시킨다.
- 오일링 : 피스톤 하부의 1~2개의 링으로 오일이 응축기 등으로 넘어가는 것을 방지한다.

| 피스톤의 구조 |

피스톤 링의 마모 시 장치에 미치는 영향
- 크랭크 케이스 내 압력이 상승한다.
- 압축기에서 오일부족을 초래한다.
- 유막 형성으로 인한 응축기 및 증발기에서 전열 불량이 나타낸다.
- 체적효율 및 냉동능력이 감소한다.
- 냉동능력당 소요동력이 증가한다.
- 압축기가 과열된다.

③ 연결봉(Connecting Rod)

피스톤과 크랭크 축을 연결하여 축의 회전운동을 피스톤의 왕복운동으로 바꾸어주는 역할을 한다.

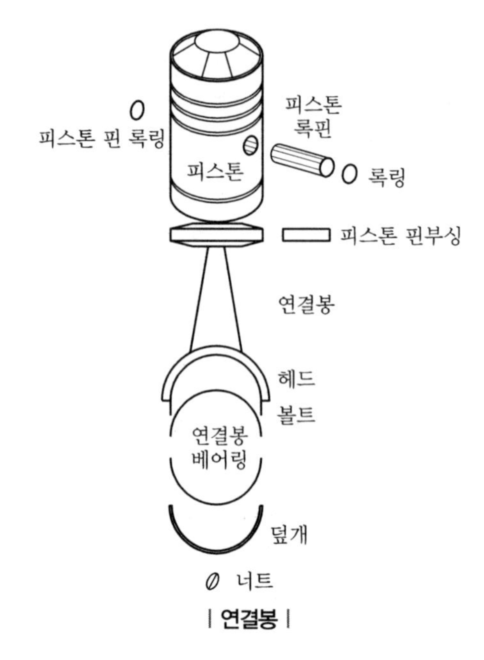

| **연결봉** |

- 일체형 : 다단 측이 일체형으로 되어 있으며, 연결되는 크랭크 축은 편심형으로 피스톤 행정이 짧은 소형에 사용한다.
- 분할형 : 다단 측이 2개로 분할되어 있어 볼트와 너트로 연결하며 크랭크 축은 주로 크랭크식으로 피스톤 행정이 큰 대형에 사용한다.

④ 크랭크 축(Crank Shaft)

- 전동기의 회전운동을 피스톤의 직선운동으로 바꾸어 주는 동력전달장치이다.
- 탄소강으로 제작되며 동적, 정적 균형을 유지하기 위해 균형추(Balance Weight, 관성추)를 부착한다.
- 종류에는 대형에 사용하는 크랭크형과, 피스톤 행정이 짧은 소형으로 편심형, 가정용 소형에 사용되는 스카치 요크형 등이 있다.

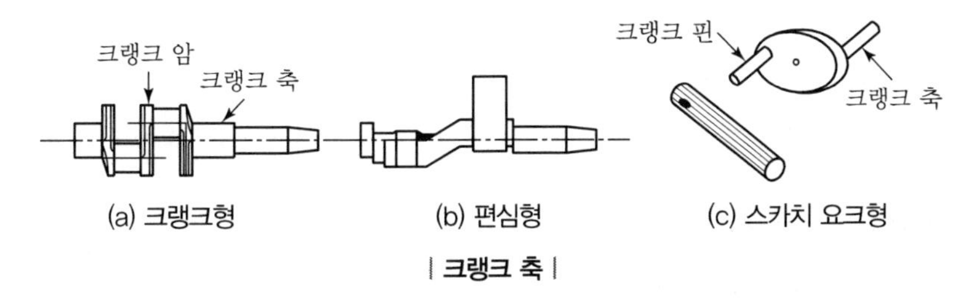

(a) 크랭크형 (b) 편심형 (c) 스카치 요크형

| 크랭크 축 |

⑤ 크랭크 케이스(Crank Case)

- 고급 주철로 되어 있으며 윤활유가 저장되고 있고, 유면계가 부착되어 있다.
- 크랭크 케이스 내 압력은 저압이다.(단, 회전식은 고압)

> **TIP** 유면계의 적정 유면
> - 정지 중 : 유면계의 2/3 정도
> - 운전 중 : 유면계의 1/2~1/3 정도

⑥ 축봉장치(Shaft Seal)

㉮ 크랭크 케이스에 축이 관통하는 부분에서 냉매나 오일이 누설되거나, 진공 운전 시 공기의 침입을 방지하기 위한 장치이다.

㉯ 종류

- 축상형 축봉장치 (Grand Packing) : 저속 압축기에 사용
- 기계적 축봉장치 : 고속 다기통에 사용

(3) 압축기의 흡입 및 토출밸브

① 밸브의 구비조건

- 밸브의 작동이 경쾌하고 확실할 것
- 냉매통과 시 저항이 작을 것
- 밸브가 닫혔을 때 누설이 없을 것
- 내구성이 크고 변형이 적을 것

② 밸브의 종류

㉮ 포펫 밸브(Poppet Valve)

무게가 무겁고 구조가 튼튼하여 파손이 적어 NH_3 입형 저속에 많이 사용한다.

㉯ 링 플레이트 밸브(Ring Plate Valve)

밸브시트에 있는 얇은 원판을 스프링으로 눌러 놓은 구조로 무게가 가벼워 고속 다기통 압축기에 많이 사용한다.

㉰ 리드 밸브(Read Valve)

- 무게가 가벼워 신속, 경쾌하게 작동하며 자체 탄성에 의해 개폐된다.
- 흡입 및 토출밸브가 실린더 상부의 밸브판에 같이 부착되어 있다.

• 1,000rpm 이상의 Freon 소형 냉동기에 주로 사용한다.

㉣ 와셔 밸브(Washer Valve)

얇은 원판 중심에 구멍을 뚫고 고정시킨 것으로 카 쿨러에 주로 사용한다.

(4) 서비스 밸브(Service Valve)

① 냉매 및 오일의 충전이나 회수 시 이용한다.

② 압축기 흡입 측과 토출 측에 부착되어 있다.

2) 회전식 압축기(Rotary Compressor)

왕복운동을 하지 않고, 로터가 실린더 내를 회전하면서 가스를 압축하는 형식으로 고정날개형과 회전날개형이 있다.

(1) 종류

① 고정익(날개)형 : 스프링에 의해 고정된 블레이드와 회전축에 의한 회전자와 실린더(피스톤)와의 접촉에 의해 냉매가스를 압축하는 형식

② 회전익(날개)형 : 회전로터와 함께 블레이드(베인)가 실린더 내면에 접촉하면서 회전하여 원심력에 의해 냉매가스를 압축하는 형식

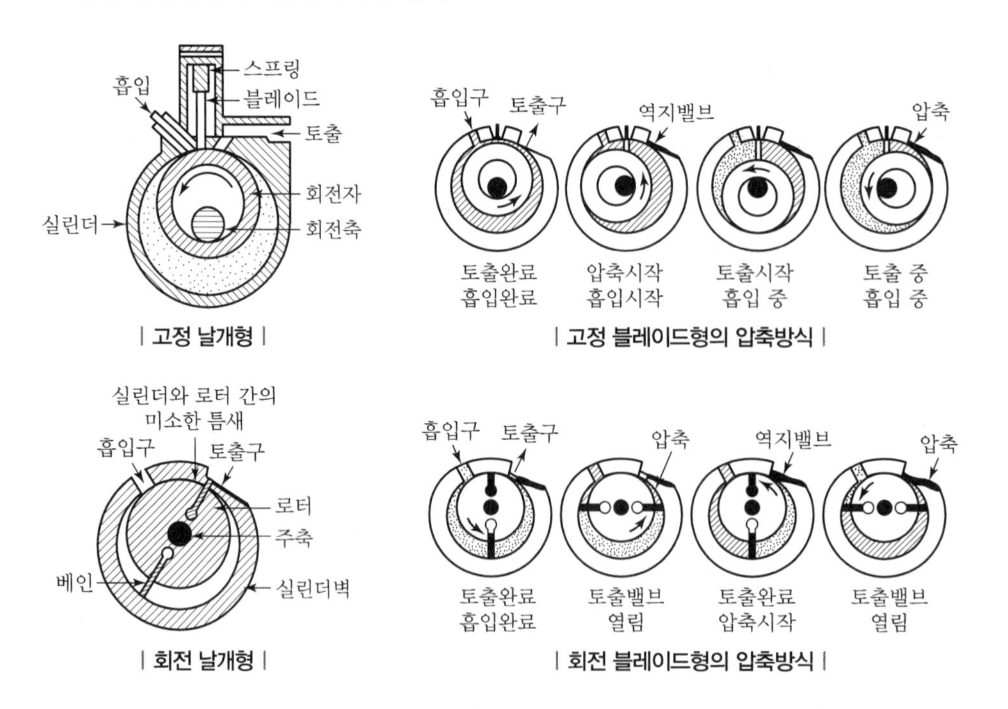

| 고정 날개형 |

| 고정 블레이드형의 압축방식 |

| 회전 날개형 |

| 회전 블레이드형의 압축방식 |

(2) 특징

① 왕복동식에 비해 부품수가 적고 구조가 간단하다.(소형이며 가벼움)

② 운동부분의 동작이 단순하여 고속회전에도 소음 및 진동이 적다.

③ 잔류가스의 재팽창에 의한 체적효율의 감소가 작다.
④ 흡입밸브가 없고 토출밸브는 체크밸브로 되어 있으며 크랭크 케이스 내 압력은 고압이다.
⑤ 압축이 연속적이므로 고진공을 얻을 수 있으며 진공펌프로 많이 사용한다.
⑥ 기동 시 무부하 기동이 가능하며 전력소비가 적다.

3) 나사식 압축기(Screw Compressor)

암나사와 숫나사로 된 두 개의 로터(헬리컬기어식)의 맞물림에 의해 냉매가스를 흡입 → 압축 → 토출시키는 방식으로 운전 및 정지 중 토출가스의 역류 방지를 위해 흡입 측과 토출 측에 체크밸브를 설치한다.

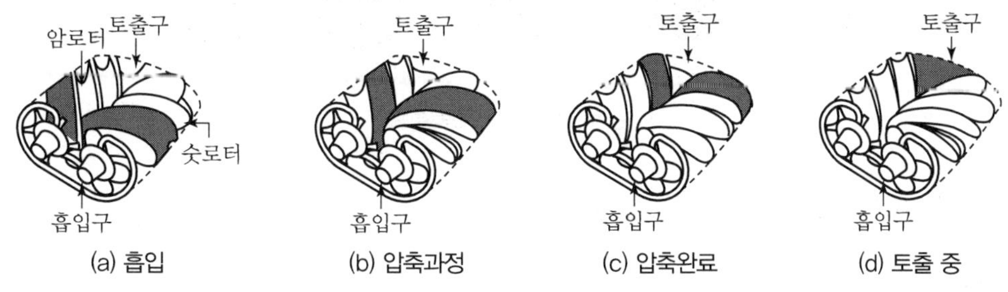

| 스크루 압축기의 압축과정 |

(1) 장점

① 부품수가 적어 고장률이 적고, 수명이 길다.
② 냉매와 오일이 함께 토출되어 냉매손실이 없으므로 체적효율이 증대된다.
③ 소형으로 대용량의 가스를 처리할 수 있다.
④ 맥동이 없고 연속적으로 토출된다.
⑤ 10～100%의 무단계 용량 제어가 가능하다.
⑥ 액해머 및 오일 해머링 현상이 적다.

(2) 단점

① 윤활유 소비량이 많아 별도의 오일펌프와 오일쿨러 및 유분리가 필요하다.
② 3,500rpm 정도의 고속이므로 소음이 크다.
③ 분해 조립 시 특별한 기술을 필요로 한다.
④ 경부하 시에도 동력소모가 크다.

4) 스크롤 압축기(Scroll Compressor)

스크롤 압축기는 선회 스크롤(날개)이 고정 스크롤(날개)에 대하여 공전(선회)운동하여 이 사이에서 형성되는 초승달 모양의 압축공간에서 용적이 감소되면서 냉매가스를 압축하는 형식으로 선회스크롤이 1회전하는 사이 흡입, 압축, 토출이 동시에 이루어지므로 소음 및 진동이 적고 부품수가 왕복동식보다 적다.

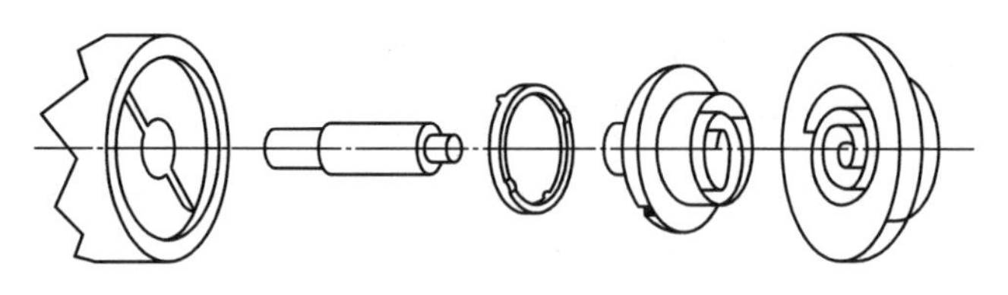

| 스크롤의 기본적인 구조 |

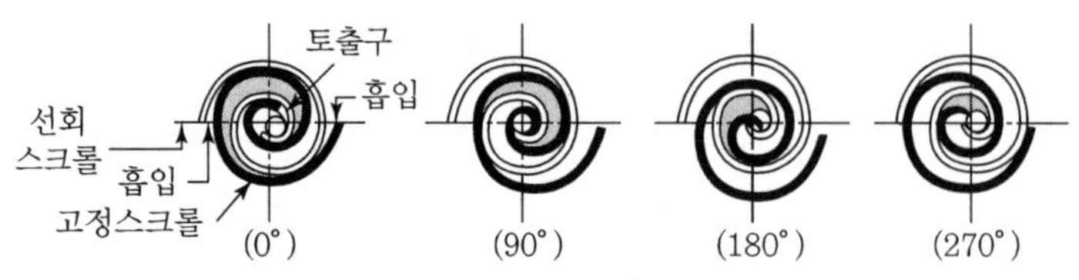

| 스크롤 압축기의 압축원리 |

5) 원심식 압축기(Centrifugal Compressor)

(1) 원리

일명 터보(Turbo) 압축기라 하며 고속회전하는 임펠러(Impeller)의 원심력을 이용하여 냉매가스의 속도에너지를 압력으로 바꾸어 압축하는 형식이다. 고속회전을 위해 증속장치가 요구되며 1단으로는 압축비를 크게 할 수 없어 다단 압축방식을 주로 채택한다.

(2) 터보 압축기의 특징

① 장점

- 저압냉매를 사용하므로 위험이 적고 취급이 용이하다.
- 마찰부가 적어 고장이 적고, 마모에 의한 손상이나 성능 저하가 없다.
- 회전운동이므로 동적 균형을 잡기가 쉽고 진동이 적다.
- 10~100%까지 광범위하게 무단계 용량 제어가 가능하다.
- 수명이 길고 보수가 용이하다.
- 대형화에 따라 냉동능력당 가격이 싸다.

② 단점

- 1단의 압축으로는 압축비를 크게 할 수 없다.
- 한계치 이하의 유량으로 운전 시 맥동(Surging) 현상이 발생한다.
- 소용량에는 제작상 한계가 있어 100RT 이하에서는 가격이 비싸진다.
- 주로 수냉각용으로 브라인식을 사용한다.

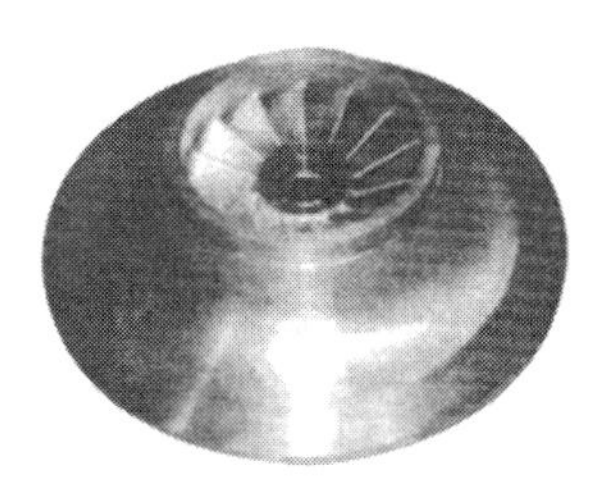

| 원심 압축기의 임펠러 |

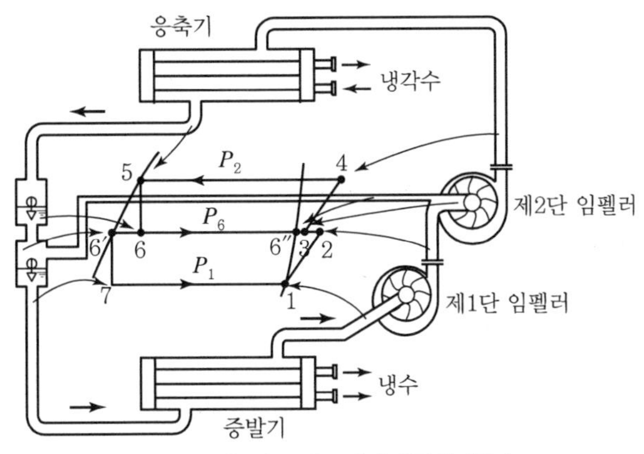

| 2단 압축 터보 냉동기의 냉동사이클 |

맥동(脈動, Surging) 현상

터보 냉동기 운전 중 고압부분 압력이 상승하고, 저압부분 압력이 저하하면 압력차가 증가하여 고압 측 냉매가 임펠러를 통해 저압 측으로 역류하여 전류계의 지침이 흔들리고, 고압부분 압력이 하강하고, 저압부분 압력이 상승하면서 심한 소음 및 진동과 함께 베어링이 마모되는 현상

추기회수 장치

- 불응축가스 퍼지
- 진공 작업
- 냉매 충전
- 불응축가스 중 냉매의 재생

디퓨저(Diffuser)

운동에너지를 압력에너지로 바꾸기 위해 단면적을 점차 넓게 한 통로(노즐과 반대)

(3) 원심식 냉동기의 냉동능력

$$RT = \frac{\text{전동기의 정격출력(kW)}}{1.2}$$

SECTION 03 용량 제어(Capacity Control)

부하 변동에 대응하기 위하여 압축기를 단속운전하는 것이 아니고, 운전을 계속하면서 냉동기의 능력을 변화시키는 것으로 압축기의 보호와 기계의 수명 연장이 가능하다.

1) 용량 제어의 목적

① 부하 변동에 따른 경제적인 운전을 도모한다.

② 무부하 및 경부하 기동으로 기동 시 소비전력이 적다.

③ 압축기를 보호하여 기계의 수명을 연장시킨다.
④ 일정한 냉장실온(증발온도)을 유지할 수 있다.

2) 압축기에 따른 용량 제어방법

(1) 왕복동 압축기

① On－Off 제어
- 압축기의 전원을 On－Off 제어한다.
- 경제적으로 불리하다.
- 기기 수명이 단축된다.

② Top Clearance 증대법
- 실린더 행정의 1/3 정도 되는 위치에 실린더 내용적의 1/3 정도 되는 클리어런스 포켓을 설치하여 부하 감소 시 이를 이용하여 용량을 제어한다.
- 체적효율의 변화로 냉매의 토출량을 제어한다.

③ 바이패스 방법
- 피스톤 행정의 약 1/2 정도 되는 위치에 크랭크 케이스로 통하는 바이패스 통로를 설치하여 부하 감소 시 이를 이용하여 용량을 제어한다.
- 토출된 고압가스의 일부를 흡입 측에 바이패스시켜 능력 제어를 한다.

④ 언로더 장치에 의해 일부 실린더를 놀리는 방법
- 언로더 장치에 의해 여러 개의 실린더를 몇 개의 계통으로 나누어(2기통 1블럭) 부하에 따라 놀리는 방법이다.
- 유압식과 고압식이 있다.
- 다기통 압축기에 적용한다.
- 흡입 Valve Plate를 열어 놓아 해당 실린더를 무부하로 만든다.
- 전자밸브의 전기가 흐르지 않을 때 전자밸브는 닫혀 있으며 기어펌프에 의한 유압은 모세관을 통하여 언로더 피스톤에 걸린다. 언로더 스핀들은 흡입밸브를 열어 무부하 상태로 한다.

⑤ 회전수 제어(0～100%)
- 압축기용 전동기나 압축기의 회전수를 변화시킴으로써 압축기 피스톤의 압출량을 제어하는 방법이다.
- 극수변환 모터 또는 인버터 등이 이용된다.
- 가정용에 많이 사용한다.
- 압축기 기동 시의 부하 조정에도 큰 도움이 된다.

⑥ 흡입밸브 조정에 의한 방법
⑦ 냉각수량 조절법(응축압력 조절법)
⑧ 타임드 밸브에 의한 방법

(2) 원심식(터보) 압축기

① 흡입 가이드 베인의 각도 조절법(30~100%)

- 임펠러로 들어가기 전의 흡입구에 여러 개의 부채꼴의 날개(Vane)를 방사상으로 배치하여 이 Vane의 각도를 조절, 유입되는 냉매가스의 양을 조절하여 압축기의 용량 제어를 실시한다.
- 임펠러에 유입되는 냉매의 유입각도를 변화시켜 제어한다.(Vane의 각도에 따라 무단계 비례 제어(30~100%) 가능)
- 현재 가장 널리 사용된다.

② 바이패스 제어(30~100%)

- 용량의 10% 이하로 안전운전이 필요시 적용된다.(서징 방지)
- 응축기 내 압축된 가스 일부를 증발기로 Bypass시켜 최소 압축량을 얻는 방법이다.
- 바이패스 가스를 그대로 압축기 내로 통하면 케이싱 온도가 상승하여 운전이 불가능하게 되므로 증발기의 냉매증기를 일단 통과시켜 고온 가스를 냉각하는 경우가 있다.

③ 회전수 제어(20~100%)

- 압축기의 회전수를 변화시켜 용량을 제어하는 방법이다.
- 축마력 손실이 적다.
- 설비비가 고가이다.
- 전동기 사용 시는 일반적으로 적용하지 않는다.
- 증기터빈 구동 압축기일 때 적용 가능한 최적 제어법이다.
- 구조가 간단하다.

④ 흡입댐퍼 제어

- 원심압축기의 흡입구에 댐퍼를 달아 흡입압력을 감소하여 용량을 조절하는 방법이다.
- 댐퍼를 교축하여 서징 전까지 풍량 감소가 가능하다.
- 제어가능 범위는 전 부하의 60% 정도이다.
- 예전에 많이 사용했으나, 동력소비 증가로 현재는 사용하지 않는다.

⑤ 디퓨저 제어

- 고압냉매에서는 흡입 베인 외에 디퓨저 부분의 가동으로 베인이 닫혀 풍량이 적어지면 디퓨저 통로를 좁혀서 유속을 일정하게 유지하여 와류의 발생을 방지한다.
- R-12 등 고압냉매를 이용하는 것에 사용한다.
- 흡입베인 제어와 병용할 수 있다.
- 소풍량으로 와류 발생 시 효율 저하, 소음 발생, 서징 등의 문제가 있다.
- 디퓨저는 토출가스를 감속하여 냉매의 속도에너지를 압력으로 바꾸어 준다.

⑥ 냉각수량 조절법(응축압력 조절법)

(3) 스크루 압축기

① 슬라이드 밸브에 의한 바이패스법(10~100%)

- 언로더 피스톤에 의해 슬라이드 밸브를 작동하여 저압측의 치형 공간을 열어 가스를 저압 측으로 통하게 하는 방법이다.
- 10~100%의 무단계 용량 제어가 가능하나 낮은 용량으로 장시간 운전 시 흡입량 감소로 압축비가 낮아져 압축효율이 낮아지므로 성적계수 저하를 초래한다.
- 압축 회전자와 평행 이동하는 슬라이드 밸브를 설치하여 압축기로의 흡입구 위치를 변경시킴으로써 무단계 용량 제어를 한다.

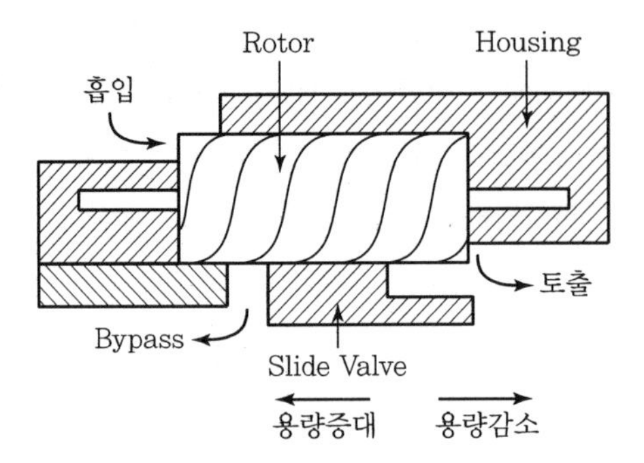

② 회전수 제어

- 스크루 회전수는 밸런스가 잡힌 회전체이므로 회전수 변화에 대해 진동 등 트러블이 없어 많이 이용된다.
- VVVF, 증감속 기어 장치에 의한 방법이다.
- 동력절감 효과가 크다.
- 고가이다.

③ 바이패스 제어

- 고압 측에서 저압 측으로 가스를 Bypass하는 방식이다.
- 동력 절감이 되지 않고 가스의 과열을 초래한다.

④ 흡입 측에서 교축시키는 방법

- 흡입증기의 비체적이 증대하여 흡입가스의 체적은 일정하다.
- 질량유량이 감소한다.
- 동력이 절감된다.
- 토출가스 온도가 상승한다.

(4) 흡수식 냉동기

① 구동열원 입구 제어

- 증기 또는 고온수 배관에 2방변 또는 3방변 취부를 한다.
- P 동작, PI 동작으로 제어한다.
- 밸브 조작은 전기식과 공기압식에 의한 방법이 있다.

② 가열증기 또는 온수유량 제어(10~100%)

- 단효용 흡수식 냉동기에 적용한다.
- 증기부와 증기드레인(응축부)의 전열면적 비율을 조정하여 제어한다.
- 부하 변동에 대한 응답성이 늦고 스팀 해머 발생 우려가 있다.

③ 버너 연소량 제어(10~100%)

- 직화식 냉온수기에 적용한다.
- 버너의 연소량을 제어하여 부하에 따른 용량 제어를 한다.

④ 바이패스 제어

- 폐열의 열원으로 하는 흡수식 냉동기에 적용한다.
- 증발기, 흡수기 사이에 바이패스 밸브를 설치하고 부하에 따라 밸브 개도를 조정한다.(용액 농도 제어)

⑤ 흡수액 순환량 제어(10~100%)

재생기에 흡수액 순환량을 감소시켜 용량 제어를 한다.(용액 농도 제어)

⑥ 버너 On-Off 제어

⑦ High-Low-Off 제어

⑧ 대수 제어

SECTION 04 윤활장치(Lubrication System)

1) 윤활의 목적

① 누설 우려 부분에 유막을 형성하여 냉매 누설 및 공기 침입을 방지한다.

② 마찰, 마모를 방지하여 기계효율을 증대한다.

③ 열을 냉각시켜 기계효율을 증대한다.

④ 방청작용에 의하여 부식을 방지한다.

⑤ 개스킷 및 패킹 재료를 보호한다.

⑥ 슬래그, 칩 등을 제거한다.

2) 윤활 방식

(1) 비말 급유식

크랭크 암(Crank Arm)에 부착된 균형추(Balance Weight)나 오일 스크레이퍼(디퍼)를 이용하여 크랭크 축 회전 시 오일을 쳐올려 윤활하는 방식으로 크랭크 케이스 내 유면이 항상 일정해야 하며 주로 소형에 많이 사용한다.

(2) 강제 급유식

기어펌프(Gear Pump)로 오일을 가압하여 강제적으로 급유하는 방식으로 주로 중 · 대형에 사용한다.

3) 유(Oil)순환 계통

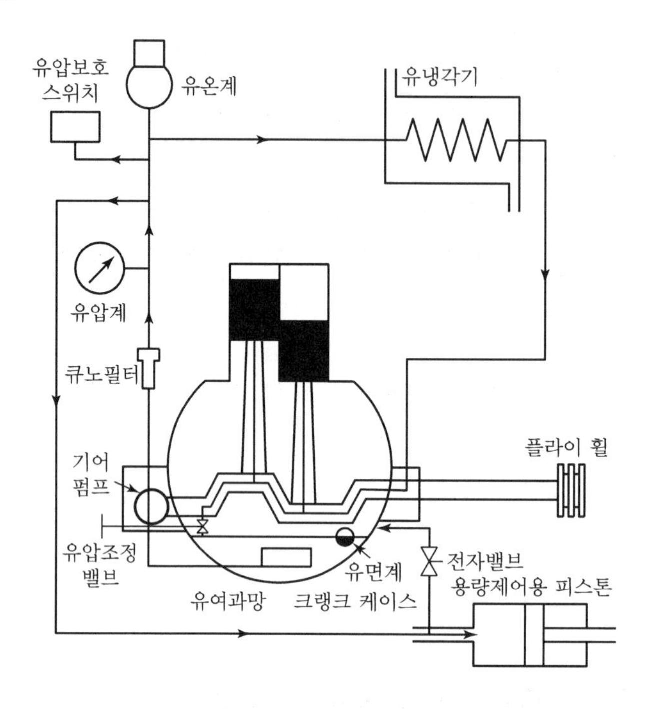

(1) 유순환 계통

크랭크 케이스 → 유여과망 → 오일펌프 → 큐노필터

→ ┌ 유압계
- 유온계
- 유압보호스위치(OPS)
- 언로더 피스톤 → 크랭크 케이스
- 전자밸브 → 크랭크 케이스
- 유냉각기 → 축봉부 → 크랭크축 → 커넥팅 로드 → 피스톤 후축수부 → 유압조정밸브 → 크랭크 케이스

(2) 강제 급유식에서 기어펌프를 많이 쓰는 이유

① 구조가 간단하고 고장이 적다.

② 저속으로도 일정한 압력을 얻을 수 있다.

③ 유체의 마찰저항이 적다.

④ 소형으로 고압을 얻을 수 있다.

4) 윤활유의 구비조건

① 응고점 및 유동점이 낮을 것
② 인화점이 높을 것
③ 점도가 적당할 것
④ 항유화(抗油化)성이 있을 것
⑤ 불순물이 적고, 절연내력이 클 것
⑥ 오일 포밍 시 소포성(기포를 없애는 성질)이 클 것
⑦ 왁스성분이 적고, 저온에서 왁스성분이 분리되지 않을 것
⑧ 방청능력 및 냉매와의 분리성이 좋을 것
⑨ 금속이나 패캥류를 부식시키지 않을 것
⑩ 유막의 강도가 커 마찰부에 유막이 쉽게 파괴되지 않을 것

유동점
어는점보다 약 2.5℃ 정도 높은 온도를 말하며 기름의 유동이 가능한 최저의 온도이다.

5) 사용 냉매에 따른 Oil의 선택

(1) 암모니아 냉동기유

① 입형 저속(증발온도 −10℃ 이상) : 300번유
② 고속 다기통(제빙 · 냉동용) : 150번유
③ 초저온 냉동기 : 90번유

(2) 프레온 냉동기유

① 저속 : 300번유(300±20초)
② 고속 : 150번유(150±10초)
③ 초저온용 : 90번유(90±10초), 스니소 4G

6) 유압과 유온

(1) 유압계의 압력

유압계 압력=순수유압+정상저압(크랭크 케이스 내 압력)

(2) 정상 유압

① 소형=정상저압+0.5kg/cm^2
② 입형 저속=정상저압+0.5∼1.5kg/cm^2

③ 고속 다기통 = 정상저압 + 1.5~3kg/cm²
④ 터보 = 정상저압 + 6kg/cm²
⑤ 스크루 = 토출압력(고압) + 2~3kg/cm²

(3) 크랭크 케이스 내 유온

① 암모니아 : 40℃ 이하(토출가스의 온도가 높아 윤활유의 열화 및 탄화의 우려가 있어 오일 쿨러를 사용한다.)
② 프레온 : 30℃ 이상(오일 포밍 방지를 위해 오일 히터를 사용한다.)
③ 터보 : 60~70℃ 정도

(4) 유압이 높아지는 원인

① 유압조정밸브 열림이 작을 때
② 유온이 너무 낮을 때(점도의 증가)
③ 오일의 공급이 과잉일 때
④ 유순환 회로가 막혔을 때

(5) 유압이 낮아지는 원인

① 오일이 부족할 때
② 유압조정밸브 열림이 클 때
③ 유온이 너무 높을 때(오일의 점도 저하)
④ 기름 여과망이 막혔을 때
⑤ 오일에 냉매가 섞였을 때(오일의 온도 저하)
⑥ 오일펌프가 고장 났을 때
⑦ 오일펌프 전동기가 역회전할 때
⑧ 오일안전밸브에서 누설이 있을 때

(6) 유온이 상승하는 원인

① 오일 냉각기(Oil Cooler)가 고장 났을 때
② 유압이 낮을 때
③ 압축기를 과열 운전할 때
④ 오일 냉각기 냉각수 흐름이 불량할 때

오일안전밸브(Oil Relief Valve)
유(기름)순환 계통 내에서 유압이 심하게 상승 시 크랭크 케이스 내로 오일을 회수하여, 유압 상승으로 인한 파손 및 오일 해머링 등을 방지하기 위해 큐노필터 후방에 나사로 끼워져 있는 것

SECTION 05 압축기의 운전

① 바이패스 기동법(Bypass Valve Type)

- 고압 측 바이패스에 의한 기동
- 저압 측 바이패스에 의한 기동
- 펌프 아웃 방법(역운전)

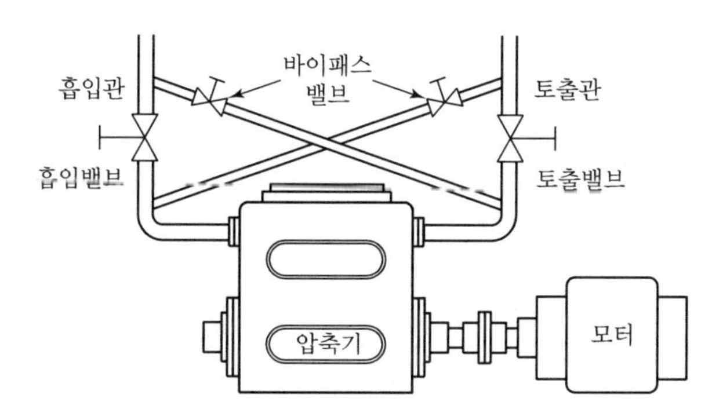

② 풀 바이패스 기동법(Full Bypass Type)

③ 싱글밸브 기동법(Single Valve Type)

④ 매니폴드밸브 기동법(Manifold Valve Type)

> **TIP** 펌프 아웃, 펌프 다운
>
> - 펌프 아웃(Pump Out) : 고압 측의 누설이나 이상 발생 시 고압 측 냉매를 저압 측(저압 측 수액기, 증발기)으로 이송시켜 고압 측을 수리하기 위해 실시한다.
> - 펌프 다운(Pump Down) : 저압 측의 냉매를 고압 측(응축기, 고압 수액기)으로 이송시켜 저압 측을 수리하기 위해 실시한다.

SECTION 06 압축기에서의 계산

1) 압축비(Pressure Ratio)

고압 측 절대압력과 저압 측 절대압력의 비

$$P_r = \frac{P_1}{P_2} = \frac{\text{고압 측 절대압}}{\text{저압 측 절대압}} = \frac{\text{응축기 절대압}}{\text{증발기 절대압}}$$

압축비가 클 때 장치에 미치는 영향

- 토출가스 온도 상승
- 실린더 과열
- 윤활유 열화 및 탄화
- 피스톤 마모 증대
- 체적효율, 압축효율, 기계효율 감소
- 축수 하중 증대
- 냉동능력 감소
- 1RT당 소요동력 증대

2) 압축기 피스톤 압출량

(1) 이론적 피스톤 압출량(V_a)

① 왕복동 압축기

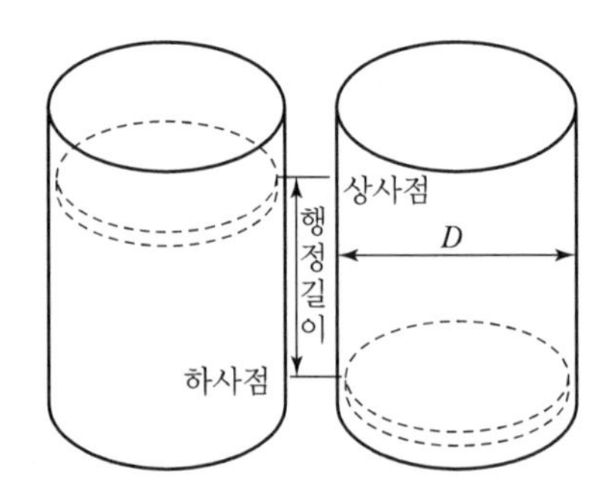

$$V_a(\mathrm{m^3/h}) = \frac{\pi \times D^2 \times l \times N \times R \times 60}{4}$$

여기서, $\frac{\pi \times D^2 \times l}{4}$: 실린더 체적(m³), D : 실린더 내경(m)

l : 피스톤 행정(m), N : 기통수, R : 분당 회전수(rpm)

② 회전식 압축기

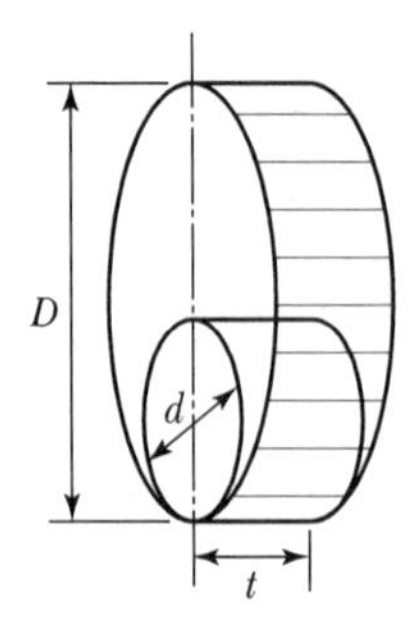

$$V_a(\mathrm{m^3/h}) = \frac{\pi \times (D^2 - d^2) \times t \times R \times 60}{4}$$

여기서, D : 실린더 내경(m), d : 피스톤 외경(m)

t : 피스톤 축방향 길이, 두께(m), R : 분당 회전수(rpm)

(2) 실제적 피스톤 압출량(V_g)

$$V_g(\mathrm{m^3/h}) = V_a \times \eta_v = G \times v = \left(\frac{Q_2}{q_2}\right) \times v$$

여기서, Q_2 : 냉동능력(kg/h), G : 냉매 순환량(kg/h)
v : 압축기 흡입가스의 비체적(m³/kg), η_v : 체적효율

3) 압축기에서의 효율

(1) 체적효율(η_v)

$$\eta_v = \frac{\text{실제적 피스톤 압출량}(V_g)}{\text{이론적 피스톤 압출량}(V_a)} < 1$$

TIP 체적효율이 감소하는 원인
- 압축비가 클 경우
- 클리어런스가 클 경우
- 흡입가스가 과열될 경우(비체적이 클 경우)
- 압축기가 작을 경우
- 압축기의 회전수가 빨라 밸브의 개폐가 확실치 못하고 저항이 커질 경우

(2) 압축효율(지시효율)

$$\eta_c = \frac{\text{이론상 가스압축에 필요한 동력(이론동력)}}{\text{실제 가스압축에 필요한 동력(지시동력)}}$$

(3) 기계효율

$$\eta_m = \frac{\text{실제 가스압축에 필요한 동력(지시동력)}}{\text{실제 가스압축에 필요한 동력(축동력)}}$$

4) 압축기 소요동력

(1) 이론 소요동력(N_i)

$$N = \frac{G \times Aw}{860} = \frac{Q_2 \times (h_b - h_a)}{q_2 \times 860} = \left[\frac{V_a \times (h_b - h_a)}{v \times 860}\right] \times \eta_v$$

(2) 실제 소요동력(축동력, N_{ia})

$$N_{ia} = \frac{\text{이론 소요동력}}{(\text{압축효율} \times \text{기계효율})} = \frac{N_i}{\eta_c \times \eta_m} = \frac{G(h_b - h_a)}{860 \times \eta_c \times \eta_m}$$

여기서, G : 냉매 순환량(kg/hr), Aw : 압축일의 열당량(kcal/kg)
Q_2 : 냉동능력(kcal/h), q_2 : 냉동효과(kcal/kg)

h_b : 압축기 토출가스의 엔탈피(kcal/kg)
h_a : 압축기 흡입가스의 엔탈피(kcal/kg)
V_a : 피스톤 압출량(m³/h), v : 흡입가스의 비체적(m³/kg)
η_v : 체적효율, η_c : 압축효율, η_m : 기계효율

SECTION 07 오일 포밍

① 압축기에 안정된 액체 상태로 있어야 할 오일에 거품이 생기는 현상으로 심하면 오일이 응축기 쪽으로 넘어간다. 특히 겨울철에 압축기의 온도가 증발기의 온도보다 낮은 상태에서 운전이 한참 동안 멎었을 때 시스템에 있는 냉매가 압축기의 크랭크 케이스에 액체상태로 머물다가, 갑자기 시스템의 운전이 시작되면 이 액체상태의 냉매가 기체상태로 변하면서 오일에 거품을 일으키는 것이다.
② 압축기를 너무 추운 바깥에 무방비로 놓아 두어서는 안 되고, 기계실을 만들어 어떤 경우에도 압축기의 주위온도가 증발기의 주위온도보다 높게 유지시켜 주어야 한다.
③ 압축기를 두르고 있는 크랭크 케이스 히터는 항상 작동하여 오일 체임버에 액체 냉매가 섞이지 못하도록 오일을 따뜻하게 해주어야 한다.
④ 저압식 압축기에서만 발생하며 일반적으로 프레온 냉매는 냉동기유와 잘 용해하므로 오일 포밍이 잘 발생한다.(암모니아는 냉동기유에 거의 녹지 않음) 프레온 냉매와 윤활유는 용해성이 크며, 그 용해도는 압력이 높을수록, 온도가 낮을수록 증가한다.
⑤ 오일 포밍 현상 발생 시
- Oil Hammering의 우려가 있다.
- 장치 중의 응축기, 증발기 등에 Oil이 유입되어 전열을 방해한다.
- 크랭크 케이스 내에 Oil 부족현상을 초래하여, 윤활 불량으로 활동부의 마모 및 소손 우려가 있다.

⑥ 영향
- 심한 경우 유적이 냉매증기와 함께 실린더에 흡입되어 Oil Hammering 현상이 나타나거나 실린더의 유막을 제거하여 윤활불량이 된다.
- 유적이 응축기나 증발기로유입되어 유막이 전열면을 덮어 전열성능을 저하시킨다.
- 윤활유 부족에 의한 유압의 저하로 윤활 불량을 초래한다.
- 윤활유의 점도 저하, 슬러지 생성, 산도 증가로 윤활성능이 열화된다.
- 윤활유와 냉매의 희석으로 증발압력이 저하한다.

⑦ 방지 대책
- 크랭크 케이스 내에 오일히터를 설치하여 운전 전에 크랭크 케이스를 가열함으로써 오일 중에 용해된 냉매를 증발시킨다.
- Oil Foaming이 적은 윤활유를 사용한다.

TIP

오일 해머링(Oil Hammering)

Oil Foaming 등의 이유로 Oil이 Cylinder 내로 다량 흡입되어 비압축성인 Oil을 압축함으로써 Cylinder Head부에서 충격음이 발생되고 이러한 현상이 심하면 장치 내로 다량의 Oil이 넘어가 Oil 부족으로 압축기가 소손된다.

크랭크 케이스 히터(Crank Case Heater)

처음 또는 장기간 운전을 정지할 때 주위온도가 낮은 조건에서 갑자기 운전 시에는 Oil Foaming에 의한 기계의 무리를 초래하며, 이를 방지하기 위하여 압축기 하부를 예열시킴으로써 Oil 중에 용해된 냉매를 자연스럽게 분리하여 기동 시 무리가 없도록 한다.

액백(Oil Back)

증발기에서 압축기로 회수되는 Oil이 Crank Case 내로 유입되지 못하고 압축기로 돌아오는 현상

SECTION 08 액 압축

① 압축기는 본래 냉매가스를 압축하는 목적으로 설계 제작되어 있으나, 실제 운전 중에는 액냉매나 윤활유가 실린더에 들어오는 것을 피하기 어렵다.

② 압축기에 액냉매나 윤활유가 존재하는 상태에서 기동하게 되면, 케이스 내의 압력이 급격히 낮아져 냉매와 윤활유 용액이 맹렬히 거품을 일으키면서 다량의 기포상 혼합물이 실린더로 유입되는 현상이다.

③ 압축기 흡입가스 중에 액이 남아 있으면 냉동사이클의 효율 저하와 액백으로 인한 액압축의 위험성이 있다. 액백이 일어나면 흡입관에서 실린더까지 착상이 발생한다.

④ 현상
- 밸브, 피스톤, 커넥트 로드 등에 이상 하중이 가해져서 파손의 원인이 된다.
- 크랭크 케이스 내의 윤활유 양이 부족해져 구동부의 고착 위험이 있다.

⑤ 원인
- 액백 현상 : 흡입가스와 혼합된 액냉매의 연속적인 유입현상(Flood Back, Liquid Back)
- 히트펌프에서의 냉방과 난방의 절환 시나 제상사이클의 개시 등과 같이 급격한 운전 조건의 변화가 있을 때
- 압축기의 급격한 운전 부하 변동이 있을 때
- 증발기에서 냉동부하가 급격히 감소될 때
- 겨울철 외기온도가 낮고 냉동장치의 정지 중 압축기의 흡입관 내에 냉매가스가 응축하여 액상으로 고였다가 압축기 기동 시 액으로 흡입될 때

⑥ 방지 대책
- 적정량의 냉매 봉입량을 준수한다.(불필요한 과다 봉입에 주의)

- 크랭크 케이스 히터를 설치한다.(압축기 정지 시 크랭크 케이스를 가열해 액냉매의 유입을 방지)
- 액분리기(Accumulator)를 설치한다.(압축기 입구에 액분리기를 설치하여 Liquid Back 흡수)
- 증발기의 냉동부하를 급격하게 변화시키지 않는다.
- 냉동부하에 비해 과대한 능력의 압축기를 사용하지 않는다.
- 펌프다운(Pump Down) 제어 : 대형 기종에서 전자밸브를 사용하여 압축기의 정지 직전에 증발기의 액냉매를 뽑아내는 운전 방식

SECTION 09 냉동기의 체적효율

1) 체적효율

$$\eta_V = \frac{\text{토출냉매 체적}}{\text{피스톤 압출량}}$$

① 체적효율이 높으면 냉동용량은 증가한다.
② 틈새체적은 팽창 시 동력이 회수되므로 압축효율에 직접적으로 영향을 주지 않으나 냉동능력이 감소하므로 상대적으로 단위 냉동능력당 마찰손실 등의 영향이 커져서 효율이 감소하게 된다.
③ 왕복동식에서는 틈새체적이 크지만 스크루식, 로터리식에서는 거의 영향을 주지 않을 정도의 크기이다.
④ 일반적으로 용적이 작고 고속이며 압축비가 클수록 저하된다.

2) 체적효율 저하 요인

① 틈새체적 중의 고압가스 재팽창(왕복동식에서 주요인)
- 틈새체적이 있으면 피스톤이 상사점에서 하사점으로 움직일 때 틈새체적 내에 남아있는 고압의 가스가 재팽창하기 때문에 새로운 저압가스의 흡입을 방해한다.
- 만약, 왕복동식 압축기에서 압력비가 15～16정도가 되면 재팽창행정이 흡입행정의 대부분을 차지하므로 피스톤이 움직이더라도 가스는 흡입되지 않는다.

② 압축 중 고압 측에서 저압 측으로의 누설(스크루 또는 로터리식에서 주요인)
③ 흡입 시 통로저항에 의한 실린더 내의 압력강하(왕복동식에서는 흡입밸브에서 0.1～0.3기압의 압력손실이 발생)
④ 흡입밸브의 폐쇄지연
⑤ 고온의 실린더로 인한 흡입가스의 팽창
⑥ 흡배기 밸브, 피스톤링 등에서의 누설

3) 체적효율 향상방법

① Top Clearance를 줄인다.

② 실린더의 방열을 촉진하고 흡입통로의 저항을 감소시킨다.

③ 흡입밸브의 동작을 확실하게 한다.

④ 실린더 및 Vane 틈새로의 냉매 누설을 방지한다.

CHAPTER

22 응축기

SECTION 01 응축방식에 따른 분류

응축기란 압축기에서 토출된 고온 · 고압의 냉매가스를 상온 이하의 물이나 공기를 이용하여 냉매가스 중의 열을 제거하여 응축, 액화시키는 장치로 과열 제거, 응축 · 액화 · 과냉각의 3대 작용으로 이루어지며 열 방출 방식에 따라 수랭식, 공랭식, 증발식으로 분류한다.

1) 공랭식 응축기

뜨거운 냉매가스가 순환되는 코일 표면에 공기를 송풍시켜 냉매의 열을 방출시키는 방식으로 응축기의 용량은 송풍되는 공기의 건구 온도에 의해 좌우된다.

(1) 자연 대류식

공기의 비중량차에 의한 순환, 즉 자연대류에 의해 응축시키는 방법으로 전열이 불량하여 핀을 공기 측에 부착하여 전열 성능을 향상시킨다.

(2) 강제 대류식

Fan이나 Blower(송풍기) 등을 이용하여 강제로 공기를 불어 응축시키는 방법이다.

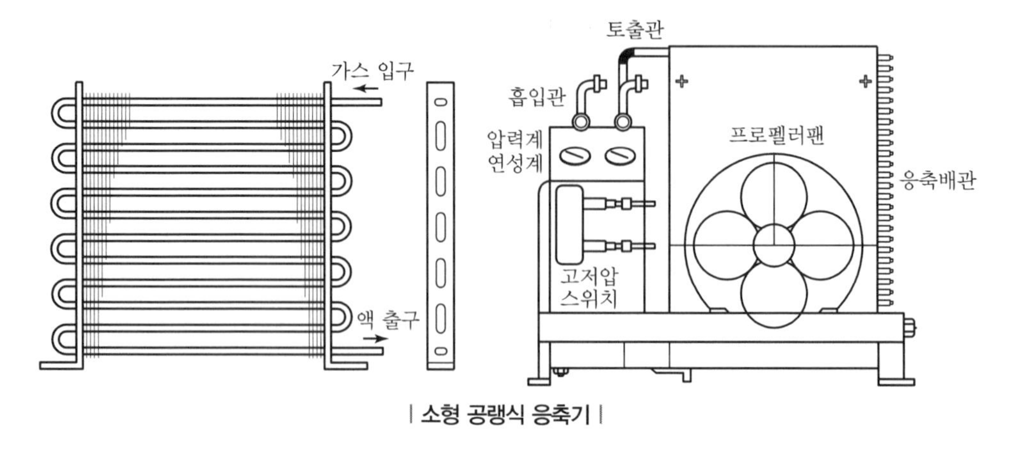

| 소형 공랭식 응축기 |

(3) 특징

① 프레온용으로 주로 소형(0.5~50RT)에서 사용한다.
② 관 내에 냉매가스를 보내 공기와 열교환시켜 냉매를 응축시킨다.

③ 냉각수가 필요 없으므로 냉각수 배관 및 배수시설이 필요 없다.

④ 응축온도가 수랭식에 비해 높고, 응축기 형상이 커진다.(냉매와 공기의 온도차는 15~20℃ 정도, 수랭식은 7~8℃ 정도)

⑤ 열통과율은 20~25kcal/m^2 · h · ℃, 풍속은 2~3m/s, 전열면적은 12~15m^2/RT 정도이다.

⑥ 보통 압축기와 송풍기, 응축기를 유닛화하여 실외에 별도 설치하며 같은 응축 용량일 경우 수랭식에 비해 약 20% 큰 압축기가 필요하다.

⑦ 압축기의 소요동력은 커지나, 냉각수 순환펌프가 필요 없고 수질관리나 코일 표면의 오염이 적어 전체적인 유지관리비는 저렴하다.

⑧ 응축 코일

- 동, 알루미늄, 스테인리스강 등의 재질로 제작하며, 구경은 보통 6~20mm이다.
- 공기와의 열전달을 좋게 하기 위하여 여러 형태의 핀을 부착한다.
- 입 · 출구의 5~10% 구간에서는 과열되거나 과랭되는 부분이 나타난다.

TIP 응축기 설치 시 주의사항

- 통풍이 좋고 먼지 발생이 적은 장소에 설치한다.
- 송풍기나 압축기의 소음, 진동으로 인한 피해가 없는 장소에 설치한다.
- 주위에 연도나 열배기 덕트, 냉각탑 등 열배출 설비가 없어야 하고, 토출 공기의 재순환이 되지 않도록 한다.
- 증발기로 전환되는 경우(히트펌프식) 동절기 응결수 처리방안이 필요하다.

2) 수랭식 응축기

냉각탑으로부터 공급된 냉각수로 응축기의 발열량을 처리하며 공랭식에 비해 낮은 응축온도를 얻을 수 있어 응축 용량이 크다. 장치 및 수배관이 많아 유지보수비가 가장 비싼 편이다.

(1) 입형 셸 앤드 튜브식 응축기(Vertical Shell & Tube Condenser)

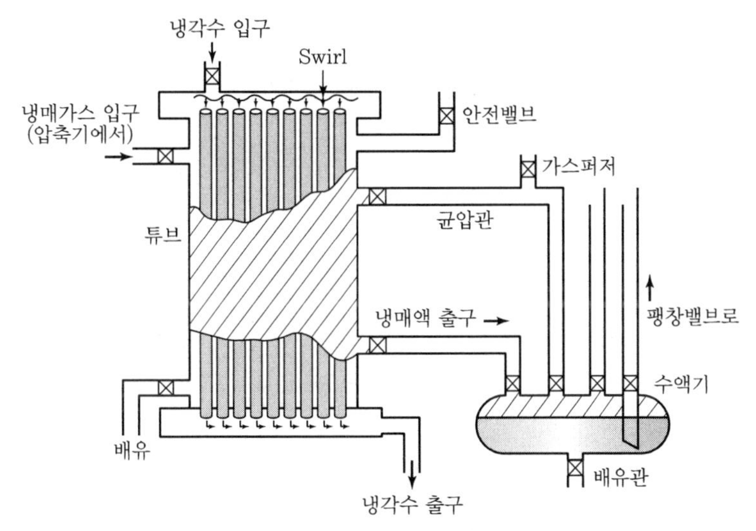

| 입형 셸 앤드 튜브식 응축기 |

① 특징

- 셸(Shell) 내에 여러 개의 냉각관을 수직으로 세워 상하 경판에 용접한 구조이다.
- Shell 내에는 냉매가, Tube 내에는 냉각수가 흐른다.
- 냉각수가 흐르는 수실 내에는 스월(Swirl)이 부착되어 냉각수가 관벽을 따라 흐른다.(유효 냉각면적 증대)
- 주로 대형의 암모니아 냉동장치에 사용한다.
- 열통과율은 750kcal/m² · h · ℃, 냉각수량은 20L/min · RT로 수량이 풍부하고 수질이 좋은 곳에 사용한다.

② 장점

- 대용량이므로 과부하에 잘 견딘다.
- 운전 중 냉각관 청소가 용이하다.
- 설치면적이 적게 들고, 옥외설치가 가능하다.

③ 단점

- 수랭식 응축기 중에서 냉각수 소비량이 가장 많다.
- 냉매와 냉각수가 평행으로 흐르므로 과냉각이 어렵다.
- 냉각관 부식이 쉽다.

(2) 횡형 셸 앤드 튜브식 응축기(Horizontal Shell & Tube Condenser)

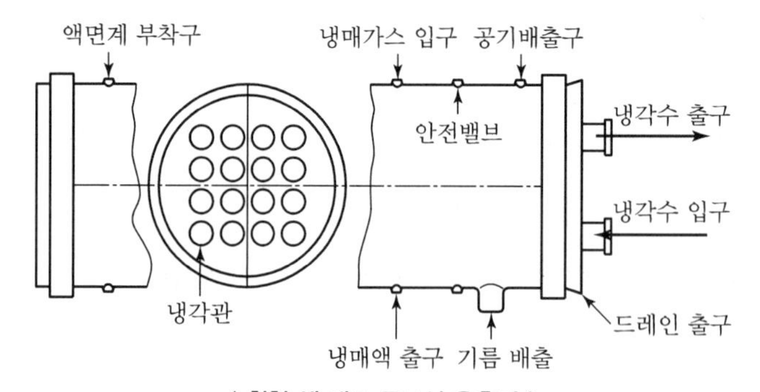

| 횡형 셸 앤드 튜브식 응축기 |

① 특징

- Shell 내에는 냉매가, Tube 내에는 냉각수가 역류되어 흐르도록 되어 있다.
- 입 · 출구에 각각의 수실이 있으며, 판으로 막혀 있다.
- 콘덴싱 유닛(Condensing Unit) 조립에 적합하다.
- 프레온 및 암모니아에 관계없이 소형, 대형에 사용이 가능하다.
- 열통과율은 900kcal/m² · h · ℃, 냉각수량은 12L/min · RT로 냉각탑(Cooling Tower)과 함께 사용할 수 있다.
- 수액기 역할을 할 수 있으므로, 수액기를 겸할 수 있다.

② 장점

- 전열이 양호하며 입형에 비해 냉각수가 적게 든다.
- 설치장소가 협소해도 된다.
- 능력에 비해 소형, 경량화가 가능하다.

③ 단점

- 과부하에 견디지 못한다.
- 냉각관 부식이 쉽다.
- 냉각관 청소가 어렵다.

(3) 2중관식 응축기(Double Tube Condenser)

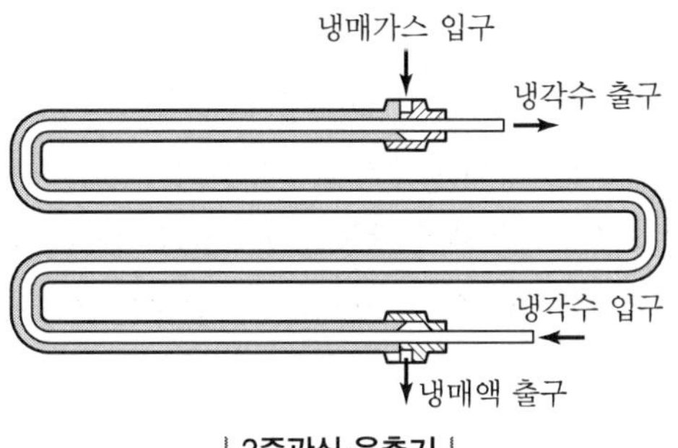

| 2중관식 응축기 |

① 특징

- 내관과 외관의 2중관으로 제작되어 중소형이나 패키지 에어컨에 주로 사용한다.
- 내측관에 냉각수, 외측관에 냉매가 있어 역류하므로 과냉각이 양호하다.
- 열통과율은 900kcal/m^2 · h · ℃, 냉각수량은 10～12L/min · RT로 냉각수가 적게 든다.

② 장점

- 관경이 작으므로 고압에 잘 견딘다.
- 냉각수량이 적게 든다.
- 과냉각이 우수하다.
- 구조가 간단하고, 설치면적이 적게 든다.

③ 단점

- 냉각관 청소가 어렵다.
- 냉각관의 부식 발견이 어렵다.
- 냉매의 누설 발견이 어렵다.
- 대형에는 관이 길어지므로 부적합하다.

(4) 7통로식 응축기(7 Pass Shell & Tube Condenser)

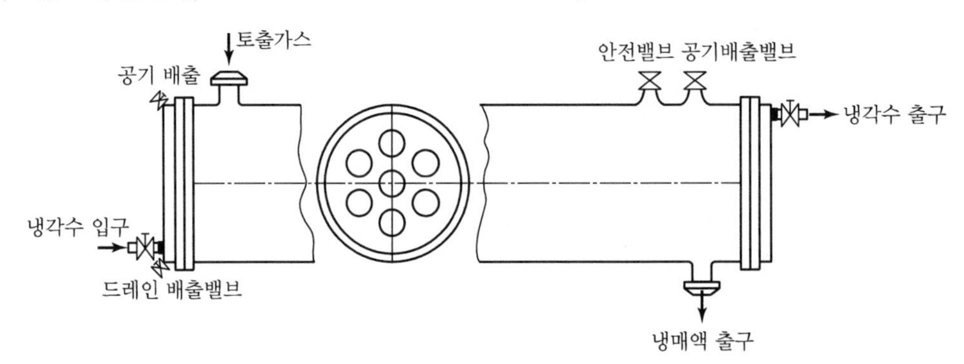

| 7통로식 응축기 |

① 특징

- 1개의 Shell 내에 7개의 Tube가 내장되어 있다.
- Shell 내에는 냉매가, Tube 내에는 냉각수가 흐른다.
- 암모니아 냉동장치에 주로 사용하며, 냉동능력에 따라 적당한 대수를 조립하여 사용할 수 있다.
- 열통과율은 1,000kcal/m^2 · h · ℃(1.3m/s), 냉각수량은 10~12L/min · RT 정도이다.

② 장점

- 전열이 가장 우수하다.
- 벽면 설치가 가능하여 설치면적이 적게 든다.
- 호환성이 있어 수리가 용이하다.
- 냉동능력에 따라 조립사용이 가능하다.

③ 단점

- 운전 중 냉각관 청소가 어렵다.
- 구조가 복잡하여 설비비가 비싸다.
- 압력강하 때문에 1대로 대용량의 것을 제작하기 어렵다.

(5) 셸 앤드 코일식(지수식) 응축기(Shell & Coil Condenser)

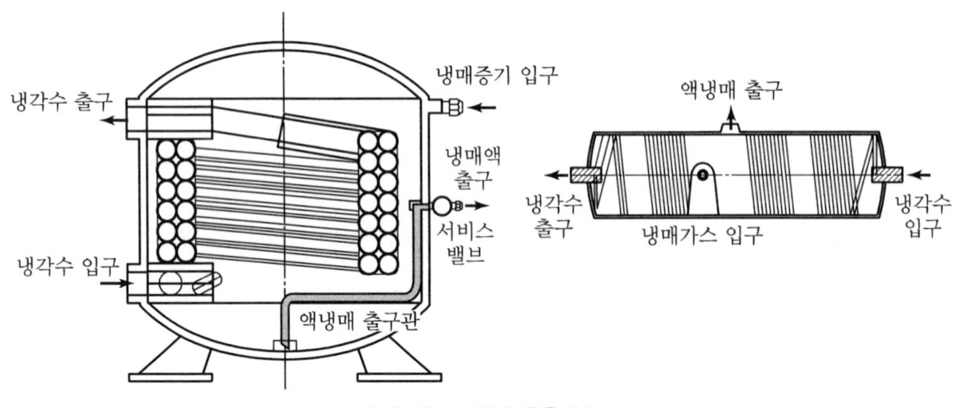

| 셸 앤드 코일식 응축기 |

① 특징

- 원통 내에 나선 모양의 코일이 감겨져 있는 구조이다.
- Shell 내에는 냉매가, Tube 내에는 냉각수가 흐른다.
- 소용량의 프레온 냉동장치에 사용한다.
- 열통과율은 500～900kcal/m² · h · ℃(1.3m/s), 냉각수량은 12L/min · RT 정도이다.

② 장점

- 소형이므로 경량화할 수 있다.
- 제작비가 적게 든다.
- 냉각수량이 적게 든다.

③ 단점

- 냉각관 청소가 어렵다.
- 냉각관의 교환이 어렵다.

(6) 대기식 응축기(Atmospheric Condenser)

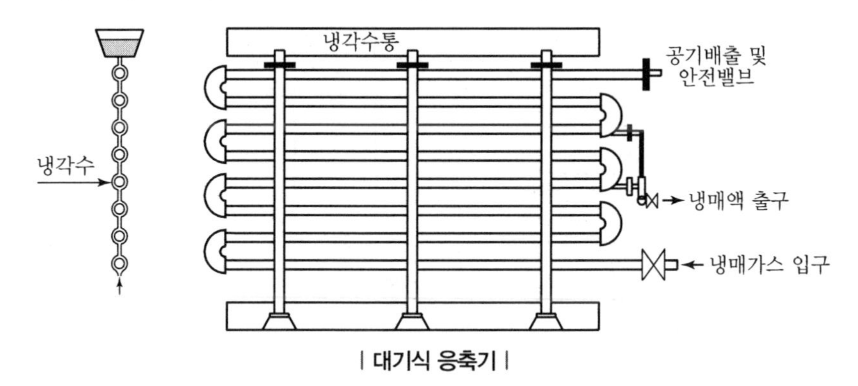

| 대기식 응축기 |

① 특징

- 물의 현열과 증발잠열에 의해 냉각된다.
- 하부에 가스 입구가 있고, 응축된 냉매액은 냉각관 중간에서 수액기로 보내진다.
- 상부 스프레이 노즐(Spray Nozzle)에 의해 냉각수가 고르게 산포된다.
- 겨울철에는 공랭식으로 사용이 가능하다.
- 암모니아용 중 · 대형의 냉동장치에 주로 사용한다.
- 열통과율은 600kcal/m² · h · ℃(1.3m/s), 냉각수량은 15L/min · RT 정도이다.

② 장점

- 대기 중에 노출되어 있어 냉각관의 청소가 용이하다.
- 수질이 나쁜 곳에서도 사용이 가능하다.
- 대용량 제작이 가능하다.

③ 단점

- 관이 길어지면 압력강하가 크다.

- 냉각관의 부식이 크다.
- 횡형에 비해 냉각수 소비가 많다.
- 설치장소가 넓어야 한다.

3) 증발식 응축기(Evaporative Condenser : Eva－Con)

- 냉매 코일 위로 물을 분사하면서 공기를 송풍하며, 물의 증발잠열을 이용하여 발열량을 방출한다.
- 가장 낮은 응축온도를 얻을 수 있으며 타 응축기 방식에 비해 코일 표면적을 작게 할 수 있고, 열전달 효율도 좋다.
- 냉매 코일에 물때가 낄 경우 열전달이 나빠져 관리상 주의가 필요하며, 적절한 수질 관리가 이루어져야 한다.

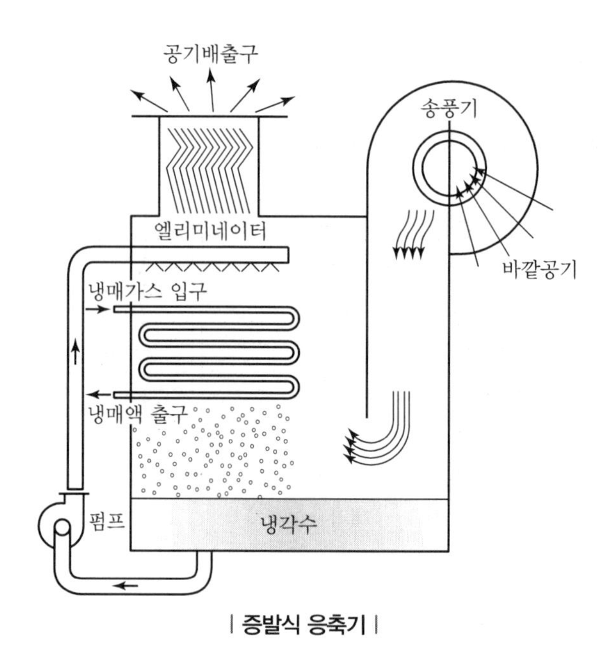

| 증발식 응축기 |

(1) 특징

① 물의 증발잠열을 이용하므로 냉각수 소비량이 적다.(물 회수율 95%)

② 외기의 습구온도 영향을 많이 받는다.(습도가 높으면 물의 증발이 어려워 응축능력이 감소)

③ 관이 가늘고 길기 때문에 냉매의 압력강하가 크다.

④ 겨울철에는 공랭식으로도 사용이 가능하다.

⑤ 주로 암모니아 냉동장치와 중형의 프레온 냉동장치에 사용한다.

⑥ 열통과율은 200～280kcal/m^2 · h · ℃(1.3m/s), 전열면적은 1.3～1.5m^2/RT, 순환수량은 8L/min · RT이고, 보충수량은 0.1～0.16L/min · RT 정도이다.

⑦ 펌프, 팬, 노즐 등의 부속설비가 많다.

(2) 장점

① 냉각수가 가장 적게 든다.
② 옥외설치가 가능하다.
③ 냉각탑을 별도로 설치하지 않아도 된다.

(3) 단점

① 일반 수랭식에 비해 전열이 불량하다.
② 옥탑이나 지상 설치로 배관이 길어져 압력강하가 크다.
③ 청소 및 보수가 어렵다.
④ 구조가 복잡하고, 설비비가 비싸다.

> **TIP** 엘리미네이터(Eliminator)
> 냉각관에서 산포되는 냉각수의 일부가 배기와 함께 대기 중으로 날아가는 것을 방지하여 냉각수 소비량을 최소화하기 위하여 냉각탑 배기부분에 설치하는 장치
> • 열통과율이 가장 좋은 응축기 : 7통로식 응축기
> • 냉각수가 가장 적게 드는 응축기 : 증발식 응축기
> • 대기의 습구온도에 영향을 받는 응축기 : 증발식, 대기식 응축기

SECTION 02 응축기에서의 계산

1) 응축부하(Q_1)

응축기에서 냉매가 물이나 공기를 통해서 시간당 방출하는 열량(kcal/h)

(1) 냉동장치에서의 계산

$$Q_1 = Q_2 + AW$$

여기서, Q_1 : 응축부하(kcal/h), Q_2 : 냉동능력(kcal/h), AW : 압축열량 (kcal/h)

(2) 방열계수에 의한 계산

$$Q_1 = Q_2 \times C$$

여기서, C : 방열계수

방열계수 : 응축기 방열량과 증발기 흡입열량의 비

$$C = \frac{Q_1}{Q_2} = 1.2 \sim 1.3$$(냉장 · 공조 : 1.2, 제빙 · 냉동 : 1.3)

(3) 냉매 순환량에 의한 계산

$$Q_1 = G \times q_1 = G(h_b - h_e)$$

여기서, G : 냉매순환량(kg/h)
q_1 : 냉매 1kg당 응축기 방열량(kcal/kg)
h_b : 응축기 입구 냉매가스의 엔탈피(kcal/kg)
h_e : 응축기 출구 냉매가스의 엔탈피(kcal/kg)

(4) 수랭식 응축기에서의 계산

$$Q_1 = w \times C \times \Delta t = w \times C \times (t_{w2} - t_{w1})$$

여기서, w : 냉각수량(kg/h)
C : 냉각수 비열(kcal/kg · ℃)
Δt : 냉각수 입 · 출구 온도차(℃)

(5) 공랭식 응축기에서의 계산

$$\begin{aligned} Q_1 &= G_A \times C \times \Delta t \\ &= Q_A \times \gamma \times C \times \Delta t \\ &= Q_A \times 1.2 \times 0.24 \times \Delta t \\ &= 0.29 \times Q_A \times \Delta t \end{aligned}$$

여기서, G_A : 냉각풍량(kg/h)
Q_A : 소요풍량(m^3/h)
γ : 공기의 비중량(1.2kg/m^3)
C : 공기의 비열(0.24kcal/kg · ℃)
Δt : 냉각공기의 입 · 출구 온도차(℃)

공랭식 응축기에서의 소요풍량(Q_A, m^3/h)

$$Q_A = \frac{Q_1}{0.29 \times \Delta t}$$

(6) 열통과율에 의한 계산

$$Q_1 = K \times F \times \Delta t_m$$

여기서, K : 열통과율(kcal/m^2 · h · ℃), F : 전열면적(m^2)
Δt_m : 냉매와 냉각수 온도차(=응축온도 − 냉각수 평균온도)(℃)

① 산술평균 온도차(Δt_m)

$$\begin{aligned} \Delta t_m &= \frac{(t_1 - t_{w1}) + (t_1 - t_{w2})}{2} \\ &= t_1 - \frac{t_{w1} + t_{w2}}{2} \end{aligned}$$

여기서, t_1 : 응축온도, tw_1 : 냉각수 입구온도, tw_2 : 냉각수 출구온도

② 대수평균 온도차(LMTD : Logarithmic Mean Temperature Difference)

$$\text{LMTD} = \frac{\Delta t_1 - \Delta t_2}{2.3\log\left(\frac{\Delta t_1}{\Delta t_2}\right)} = \frac{\Delta t_1 - \Delta t_2}{\ln\left(\frac{\Delta t_1}{\Delta t_2}\right)}$$

여기서, Δt_1 : 응축온도−냉각수 입구온도, Δt_2 : 응축온도−냉각수 출구온도

③ 냉각관의 길이(L)

$$F = \pi DL$$

$$L = \frac{F}{\pi D}$$

여기서, L : 냉각관의 길이(m), D : 냉각관의 지름(m), F : 전열면적(m^2)

2) 응축온도(t_1)

$$W \times C \times \Delta t = K \times F \times \left(t_1 - \frac{t_{w1} + t_{w2}}{2}\right) \text{에서}$$

$$t_1 = \frac{W \times C \times \Delta t}{K \times F} + \frac{t_{w1} + t_{w2}}{2}$$

CHAPTER

23 팽창밸브

SECTION 01 팽창밸브

① 응축기에서 응축된 고온 고압의 액체상태의 냉매를 작은 구멍으로 분사하여 급격히 팽창시켜 저온 저압의 냉매로 만들어 증발기로 보낸다.

② 고온 고압의 냉매액을 증발기에서 증발하기 쉽도록 교축작용에 의하여 단열팽창(교축)시켜 저온 저압으로 낮춰주는 작용을 하는 동시에 냉동부하(증발부하)의 변동에 대응하여 냉매량을 조절한다. 즉, 증발기에 있는 냉매의 기화상태에 즉시 대응해서 냉매량을 조절한다.

③ 팽창밸브의 감열통을 통해 증발기의 온도를 감지하여 증발기로 가는 냉매의 양을 조절하는 기능을 갖고 있어, 항상 일정한 온도를 유지할 수 있어 증발기가 동결되는 것을 막을 수 있다.

④ 감열통, 모세관 튜브, 다이어프램 등으로 구성되어 있다.

SECTION 02 팽창밸브의 종류

1) 수동 팽창밸브(MEV : Manual Expansion Valve)

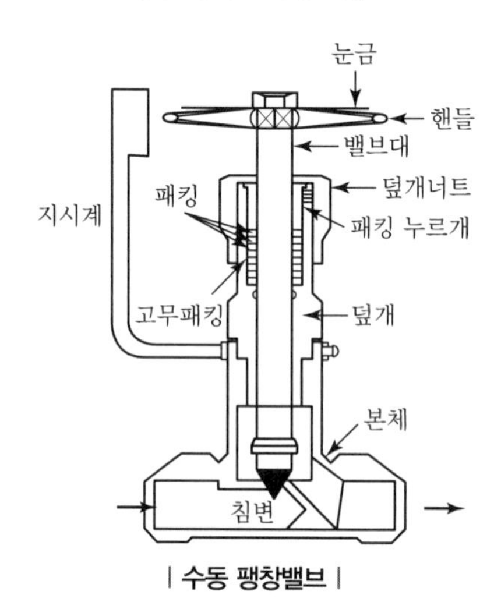

| 수동 팽창밸브 |

① 주로 암모니아 건식 증발기에 사용한다.

② 자동 팽창밸브의 고장 시를 대비하여 바이패스 팽창밸브로 사용한다. 일반적으로 스톱밸브와 동일한 형태이나 침변의 변화가 더욱 세밀하여 미량이라도 조절할 수 있으며 일반적으로 1/4회전 이상은 돌리지 않는다.

③ 플로트 스위치와 전자밸브를 결합시킨 정액면 유량제어장치의 팽창밸브로도 사용된다.

- 팽창밸브 용량 : 변좌(밸브시트)의 오리피스 지름

④ 조절방법

- 유량 조절은 프레온용의 경우 조절봉을 조절밸브를 향하여 시계 방향으로 돌리면 유량이 감소한다.
- 암모니아용은 핸들을 반시계 방향으로 돌리면 유량이 증가하고 시계 방향으로 돌리면 유량이 감소한다.

⑤ 팽창밸브 개도가 장치에 미치는 영향

㉮ 팽창밸브를 너무 열었을 때

- 저압 상승
- 증발온도(냉매의 포화온도) 상승
- 액백(Liquid Back) 현상 발생
- 심할 경우 액해머에 의한 압축기 파손 우려

㉯ 팽창밸브를 너무 조였을 때

- 저압 저하
- 증발온도 저하
- 흡입가스 과열
- 냉장실온(냉장실 내의 온도) 상승
- 토출온도 상승
- 유의 열화 및 탄화
- 냉동능력 감소
- 능력당 소요동력 증대

2) 모세관(Capillary Tube)

① 밸브가 아닌 0.8~2mm 정도의 가늘고 긴 모세관을 이용하여 모세관 전후의 압력차에 의해 팽창작용을 한다.

② 모세관 전후에 밸브가 없으므로 정지 시 고압과 저압이 균형을 이루어 기동 시 압축기의 부하가 적어진다.

③ 유량조절밸브가 없으므로 냉매 충전량이 정확해야 하며 냉매가스도 적당한 비체적을 가져야 한다.

④ 건조기와 스트레이너가 반드시 필요하다.

⑤ 내경 0.8~1.3mm의 모세관을 사용한다.

⑥ 모세관의 압력강하의 정도는 직경의 제곱에 반비례하고 길이에 반비례한다.($P \propto \frac{L}{D^2}$)

길이가 같을 때는 굵기가 가늘수록, 굵기가 같을 때는 길이가 길수록 압력강하가 크다.

⑦ Liquid Back이 우려되므로 수액기 사용이 필수적이다.

⑧ 모세관의 교축정도(밸브의 개도 상당)가 일정하므로 냉동장치의 고압과 저압의 압력차가 별로 변화하지 않는 경우에 원가절감을 위해 룸 에어컨에 많이 사용한다.

⑨ 일반적으로 자동차용 에어컨, 시스템 멀티에어컨에는 모세관 방식을 사용할 수 없다. 부하조건이 외기에 많이 좌우되고 밤낮의 운전상태 등으로 인하여 압력변동이 심하므로 모세관을 이용하여 부하추종(고 · 저압 유지)이 곤란하기 때문이다.

3) 정압식 팽창밸브(AEV : Automatic Expansion Valve)

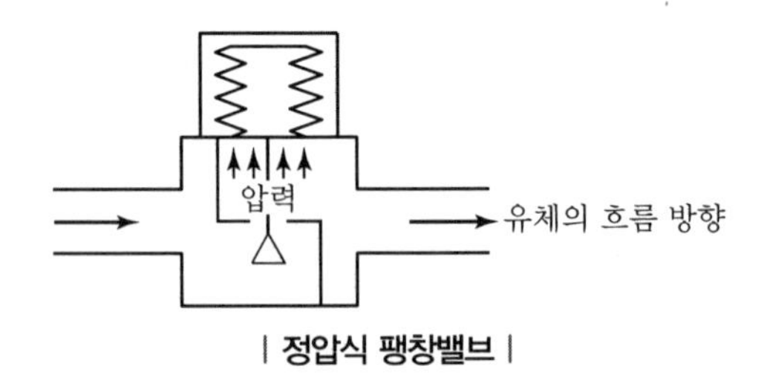

| 정압식 팽창밸브 |

① 증발기 내의 압력이 상승하면 닫히고, 증발압력이 저하하면 열려 팽창작용을 한다.

② 스프링 타성을 이용하여 증발기 내의 압력을 일정하게 유지시킨다.

③ 부하에 따른 냉매량 제어가 불가능하다.(부하 변동에 반대로 작동)

④ 냉동부하의 변동이 적을 때 또는 냉수, 브라인 등의 동결 방지용으로 사용된다.

> **TIP** 정압식 팽창밸브에서의 유량제어
>
> 냉동장치 운전 시초에는 밸브의 조정압력(스프링 압력)보다 증발기 내 압력이 높아 밸브가 닫혀 있다가 압축기가 시동되어 증발기 압력이 스프링 압력보다 낮아질 때 밸브가 열리게 된다. 증발압력이 일정 이하로 내려가면 밸브가 열려 냉매를 많이 공급하고, 증발압력이 일정 이상 상승하면 밸브가 닫혀 냉매 공급량을 줄인다. 따라서 부하에 따른 유량제어가 불가능하다.

4) 온도식 자동 팽창밸브(TEV : Thermal Expansion Valve)

증발기 출구에 감온통을 설치하여 감온통에서 감지한 냉매가스의 과열도가 증가하면 밸브가 열리고, 부하가 작아져서 과열도가 감소하면 밸브가 닫혀 팽창작용 및 냉매량을 제어한다. 소형 냉동공조장치의 냉매 유량제어에 가장 일반적으로 사용되는 방식으로, 냉매의 온도와 압력을 검출하여 이들로부터 과열도를 산정하고, 과열도가 일정하도록 냉매 유량을 제어한다.

(1) 특징

① 주로 프레온 건식 증발기에 사용한다.

② 냉동부하의 변동에 따라 냉매량이 조절된다.

③ 본체 구조에 따라 벨로스식과 다이어프램식이 있다.

④ 감온구 충전방식에 따라 가스충전식, 액충전식, 크로스충전식이 있다.

⑤ 팽창밸브 직전에 전자밸브를 설치하여 압축기 정지 시 증발로 액이 유입되는 것을 방지한다.

(2) 감온통의 설치

① 감온통은 증발기 출구의 흡입관 수평부분에 설치하며, 감온통과 관의 접촉부분은 전열이 좋게 완전하게 밀착시켜야 한다.

② 흡입관의 지름이 20mm 이하인 경우에는 흡입관 상부에 부착하고, 20mm를 넘는 경우에는 수평에서 45° 내려간 위치에 부착한다.(관의 하부에는 냉매액이 고여 정확한 온도가 감지되지 않는 경우가 있음)

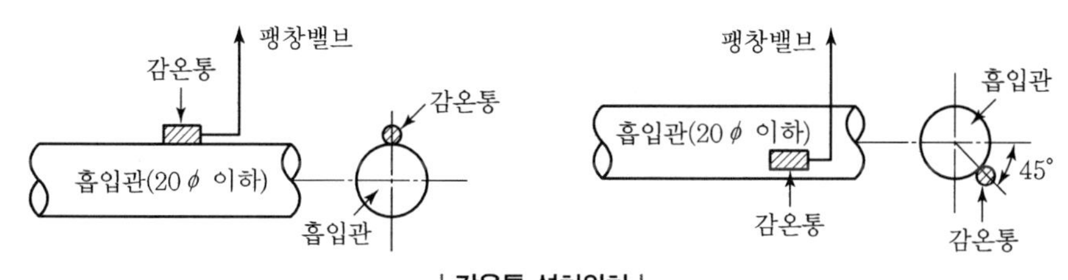

| 감온통 설치위치 |

③ 감온통의 감도를 좋게 하려면 흡입관과 단단히 밀착하여 고정시킨다.

④ 흡입관에 트랩이 있는 경우는 트랩에 고여 있는 액의 영향을 받지 않게 하기 위해 트랩에서 가능한 멀리 설치한다.

⑤ 감온통 방식

- 액체봉입 방식 : 감온통의 내용적이 큰 형태
- 기체봉입 방식 : 감온통의 내용적이 작은 형태
- 크로스 봉입 방식 : 저온 시의 과열도 상승(압축기 과열)을 방지하기 위하여 Cross Charge(시스템의 동작냉매와 특성이 다른 냉매를 봉입)를 쓰기도 한다.

(3) 내부균압관식 TEV

① 감온통 내에 봉입된 액체(냉매)가 증발기 출구 냉매와 열교환, 증발하여 다이어프램 상부에 감온통 내의 냉매 압력 P_1이 작용하게 되고, 다이어프램 아래쪽에는 냉매의 증발압력 P_2와 스프링 압력 P_3가 동시에 작용한다.

② $P_1 = P_2 + P_3$의 관계가 성립할 때, 이 밸브는 일정 개도를 유지하여 적정 유량을 공급하게 된다.

③ 부하가 증가하면 증발기 출구의 냉매가스 온도는 높아지게 되고, 감온통 내의 압력 P_1도 높아져 $P_1 > P_2 + P_3$의 관계가 되어 밸브의 열림은 커진다. 반대로 부하가 감소되면 밸브의 열림은 작

아진다.

④ 증발기 내에서의 압력손실을 무시한 방식으로 증발기의 길이가 작을 때 사용한다. 증발기가 크게 되면 증발기 내에서 압력손실이 많이 발생하여, 밸브의 작동지연이 발생하게 된다.

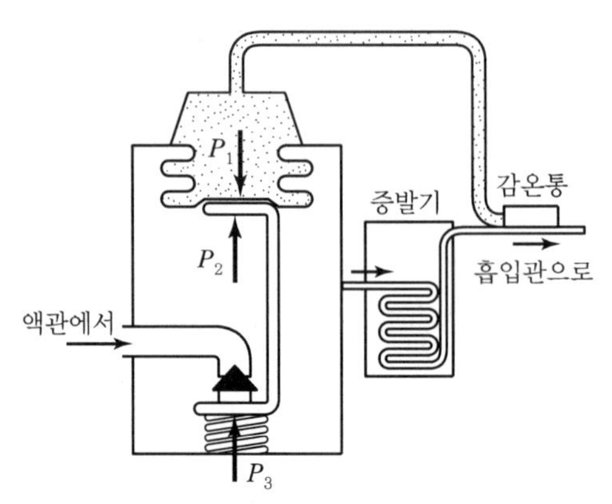

| 내부균압관식 TEV |

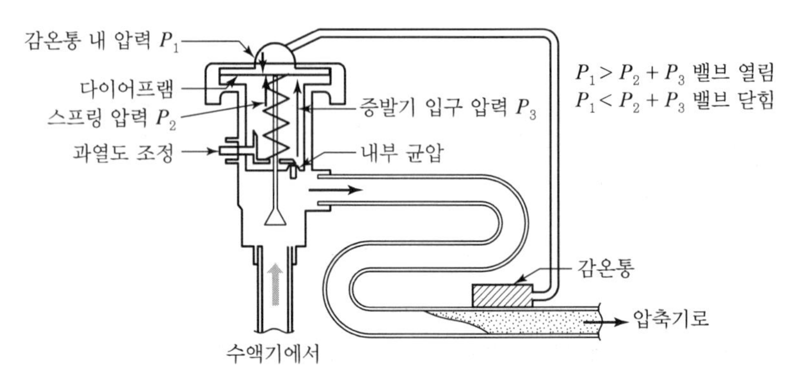

| 내부균압관식 TEV의 작용 메커니즘 |

(4) 외부균압관식 TEV

① 증발관 내의 압력강하가 크면(0.14kg/cm^2 이상) 증발기 출구온도가 입구온도보다 낮아져 과열도가 감소하여 팽창밸브가 작게 열리게 되어 냉매 순환량의 감소로 인한 냉동능력의 감소를 초래하게 되므로 이를 해소하기 위해 설치한다.

② 증발기 출구 감온통 부착 위치 너머 압축기 흡입관에 설치하며, 증발기 코일 내 압력강하가 0.14kg/cm^2 이상일 때 채택한다.

③ 주로 증발기의 압력손실이 1℃에 해당하는 압력 이상인 경우에 일반적으로 사용된다.

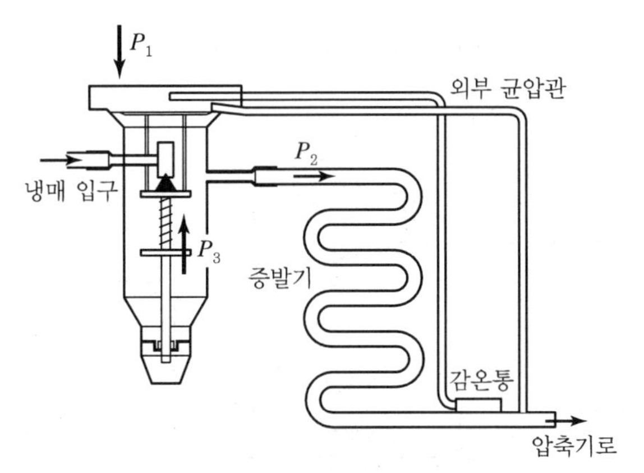

| 외부균압관식 TEV |

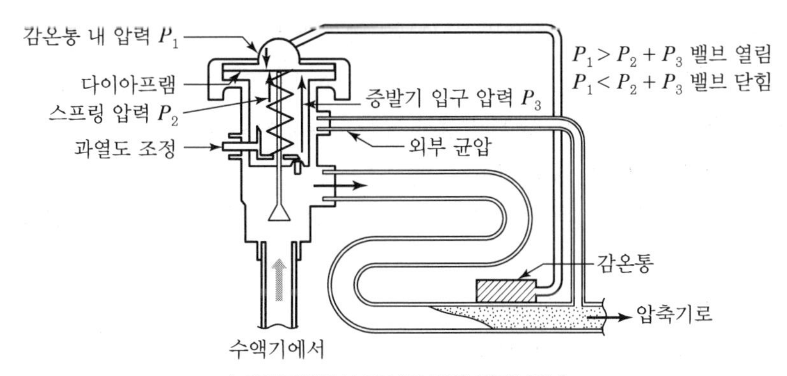

| 외부균압관식 TEV의 작용 메커니즘 |

5) 파일럿 온도식 자동 팽창밸브(Pilot Expansion Valve)

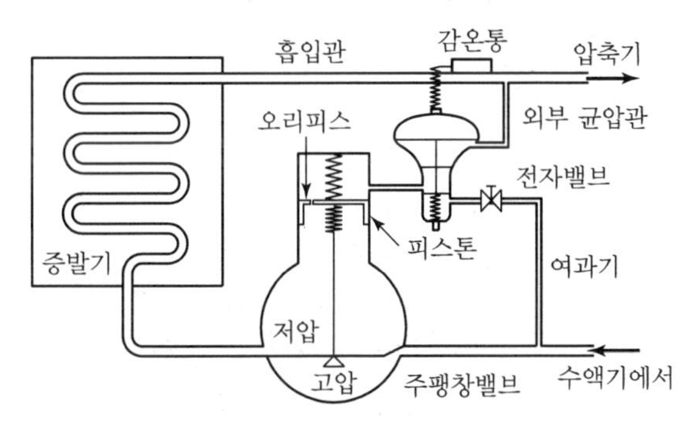

| 파일럿 온도식 자동팽창밸브 |

증발부하가 증가하면 감온통의 과열도가 증가하여 감온통 내의 가스가 팽창하므로 파일럿 밸브의 다이어프램에 압력이 가해지면 밸브가 열리고, 이때 작용하는 고압이 주 팽창밸브 피스톤을 눌러 주 팽창밸브의 입구도 열린다.

6) 저압 측 플로트 밸브(Low Side Float Valve)

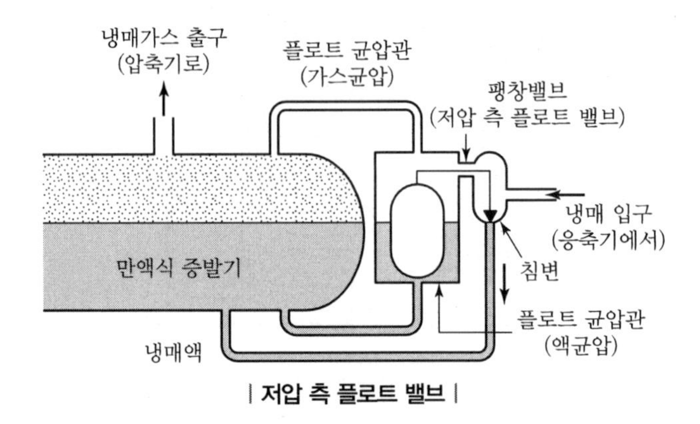

| 저압 측 플로트 밸브 |

① 증발기 액면을 일정하게 유지하는 만액식 증발기에 사용한다.

② 증발기 저압 측의 액면을 항상 일정하게 유지하여 부하 변동에 따른 신속한 유량 제어가 가능하다.

③ 밸브 전에 전자밸브를 설치하여 냉동기 정지 시 냉매를 차단한다.

④ 액면은 셸(Shell) 지름의 5/8 정도이다.

⑤ 증발기 내에 플로트를 직접 띄우는 직접식과 별도로 플로트실을 설치하여 부자를 띄우는 간접식이 있다.

⑥ 냉매 레벨은 셸의 경우 2/3가 적당하다.

⑦ 대형에서는 Pilot Float Valve가 쓰인다.

7) 고압 측 플로트 밸브(High Side Float Valve)

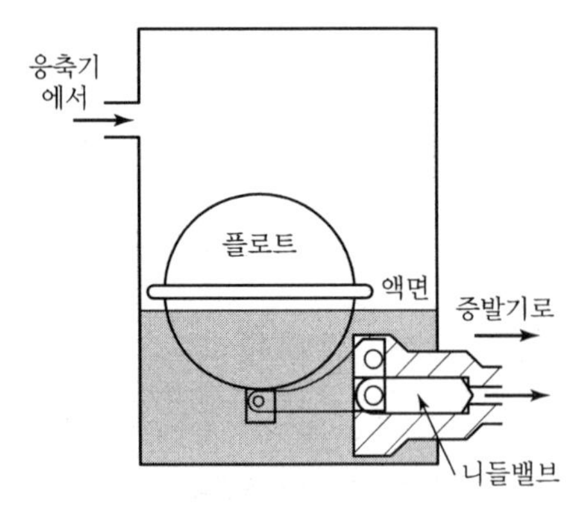

| 고압 측 플로트 밸브 |

① 응축부하에 따라 응축기나 수액기의 액면을 일정하게 유지한다.

② 고압 측 수액기의 액면이 높아져 플로트 밸브가 올라가면 증발기로 냉매가 공급되고 액면이 낮아져 플로트 밸브가 내려가면 냉매공급이 차단된다.

③ 고압 측 수액기의 액면에 따라 작동되므로 증발부하 변동에 따른 냉매량의 조절을 불가능하다.

④ 고압 측 플로트 밸브를 사용했을 때 액분리기는 증기의 25%의 용량을 가지게 하여 리퀴드백의 염려를 없애야 한다.
⑤ 응축기에서 유입되는 냉매가 플로트실에 들어가 고액면이 일정량보다 많아지면 플로트가 떠서 밸브를 개방하므로 증발기로 액이 공급된다.
⑥ 밸브는 항상 액냉매 중에 잠겨 있다.
⑦ 터보 냉동기에 주로 사용하며, 부하의 변동과 관계없이 작동하므로 만액식 증발기에 사용한다.

에어벤트(Air Vent)

플로우트실 상부에 불응축 가스가 고이면 플로우트실 압력이 높아져 플로우트가 뜨지 않아 냉매의 공급이 곤란해지므로 불응축 가스를 빠져나가게 하기 위하여 설치한다.

CHAPTER

24 증발기

SECTION 01 증발기

① 팽창밸브에서 교축팽창된 저온 저압의 냉매액이 피냉각 물체로부터 열을 흡수하여 냉매액이 증발함으로써 실제 냉동의 목적을 이루는 열교환기의 일종이다.

② 냉매가 증발하는 과정에서 공기나 물, 브라인 등 주변 유체의 온도를 낮추어 주는 열교환을 행하는 장치로 수액기로부터 공급되는 액체 상태의 냉매가 증발기에서 증발하면서 주변의 유체로부터 증발잠열을 흡수해 냉각효과를 발휘한다.

③ 응축기에서의 열전달은 금속관 내면의 냉매로부터 관 외의 물이나 공기로 열이 전달되는데, 증발기는 응축기와 반대로 관 외의 피냉각물(공기, 물 등)로부터 관 내의 냉매로 열이 전달된다.

④ 열전달량은 냉동능력(Q_E)과 동일하다.

$$Q_E = K \cdot A \cdot \Delta t_m$$

여기서, A : 전열관의 전열면적(m^2)

K : 총합 열전달계수($kcal/m^2 \cdot h \cdot ℃$)

Δt_m : 냉매와 피냉각물의 평균온도차(산술평균 또는 대수평균 온도차)(℃)

SECTION 02 증발기의 종류

1) 냉각 매체에 의한 분류

(1) 액체 냉각용 증발기

구분	설명
셸 튜브형 증발기	주로 만액식 증발기에 해당하며, 관 내부를 냉각될 유체가 흐르고 외부 표면이 냉매에 잠기거나 접촉하면서 냉매가 증발하는 방식
직접 팽창식 증발기	관 내부를 냉매가 통과하면서 증발이 진행되는 방식
보데로형 증발기	냉매 코일 상부에서 유체가 분배되어 아래로 흘러내리면서 열교환하는 방식으로, 암모니아 냉매의 증발 방식

(2) 공기 냉각용 증발기

고내용 냉풍기 (Unit Cooler)	냉각 코일에 공기를 통과시켜 냉각하는 방식
공정용 냉풍기	10m/s 전후의 고풍속으로 냉각 코일에 공기를 통과시키거나 코일 표면에 부동액을 분무하여 냉각효율을 높이는 방식

2) 팽창 방식에 의한 분류

(1) 직접 팽창식(Direct Expansion Evaporator)

냉장실의 냉각관(증발관) 내에 직접 냉매를 순환시켜 피냉각 물체로부터 열을 흡수하는 방식으로 냉매의 잠열을 이용한다.

① 장점

- 냉장실 내 온도를 동일하게 유지하였을 때 냉매의 증발온도가 높다.
- 시설이 간단하다.
- 냉매 순환량이 적다.

② 단점

- 냉매 누설에 의한 냉장품의 오염 우려가 있다.(NH_3를 사용하는 경우)
- 냉동기 운전 정지와 동시에 냉장실의 온도가 상승한다.
- 여러 냉장실을 동시에 운영할 때 팽창밸브 수가 많아진다.

(2) 간접 팽창식(Indirect Expansion Evaporator)

냉장실의 냉각관(증발관) 내에 간접 냉매인 브라인을 순환시켜 피냉각 물체로부터 열을 흡수하며 냉매의 현열을 이용하는 형식으로 브라인식 또는 간접 냉동 방식이라 한다.

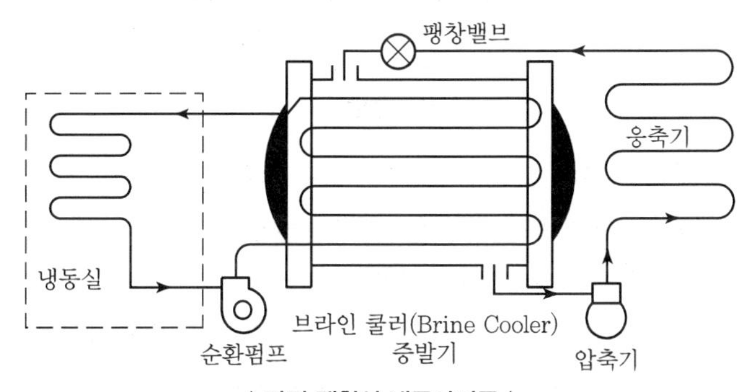

| 간접 팽창식 냉동사이클 |

① 장점

- 냉매 누설에 의한 냉장품의 오염 우려가 없다.
- 냉동기 정지에 따른 냉장실 온도의 상승이 느리다.
- 냉장실이 여러 대라도 팽창밸브는 하나이면 되므로 능률적인 운전이 가능하다.

② 단점

- 설비가 복잡하여 시설비가 비싸다.
- 순환 펌프 등을 사용하므로 소요동력이 증대하여 운전비가 많이 든다.

(3) 직접 팽창식 증발기와 간접 팽창식 증발기의 비교

조건	직접 팽창식	간접 팽창식
증발온도	고	저
RT당 냉매 순환량	소	대
RT당 냉매 충전량	대	소
RT당 냉동능력	소	대
RT당 소요동력	소	대
설비의 복잡성	간단	복잡

3) 증발기 출구의 냉매상태에 의한 분류

(1) 건식 증발기(Dry Expansion Type Evaporator)

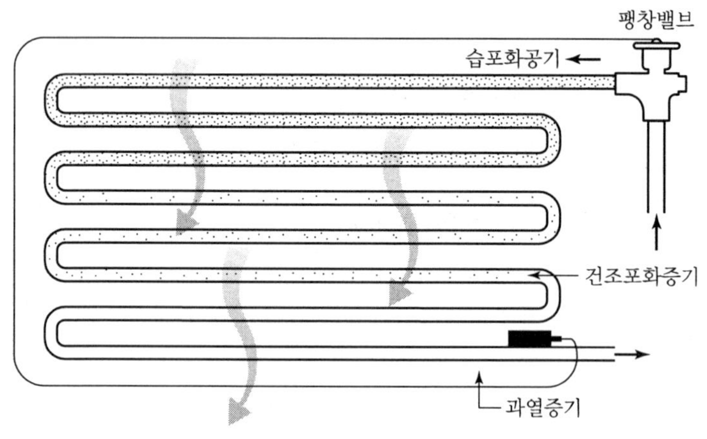

| 건식 증발기 |

① 증발기 내에 냉매액이 25%, 냉매가스가 75% 존재한다.

② 증발관 내에 냉매액보다 가스가 많으므로 전열이 불량하다.

③ 냉매액의 순환량이 적어 액분리가 필요 없다.

④ 냉매가 위에서 아래로 공급(Down Feed Type)되므로 유회수가 용이하여 유회수장치가 필요 없다.

⑤ NH_3 사용 시에는 유효 전열면적을 증대시키기 위해 냉매를 아래에서 위로 공급(Up Feed Type) 할 수 있다.

⑥ 주로 공기 냉각용으로 많이 사용한다.

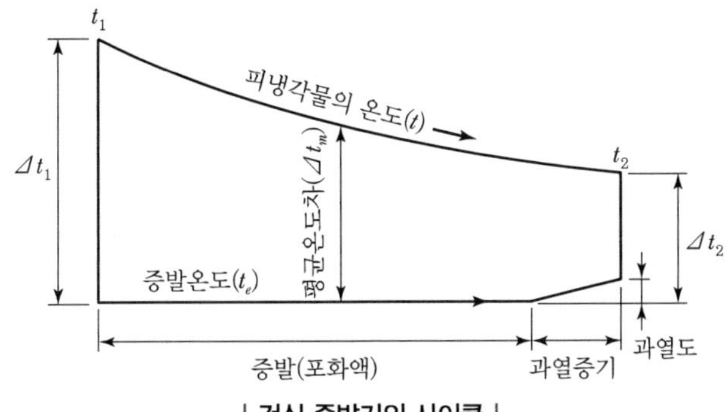

| 건식 증발기의 사이클 |

(2) 반만액식 증발기(Semi Flooded Type Evaporator)

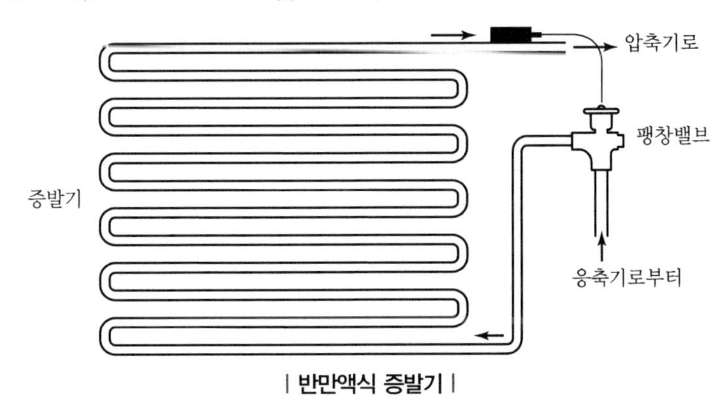

| 반만액식 증발기 |

① 증발기 내에 냉매액이 50%, 냉매가스가 50% 존재한다.

② 냉매액이 건식보다 많아 전열이 양호하다.

③ 프레온 냉매 사용 시 냉각관에 Oil이 체류할 수 있으므로 유회수에 유의해야 한다.

④ 증발기 내에 냉매가 어느 정도 고이게 한 것으로 건식과 만액식의 중간상태이다.

⑤ 냉각 코일에 냉매를 공급할 때 건식은 위에서 공급(Top Feed)하는데 비해 반만액식은 주로 아래에서 공급(Bottom Feed)한다.

⑥ 증발기에서 액이 유출되면 증발기와 압축기 사이에 액분리기를 설치한다.

⑦ 열전달 효과는 건식보다 좋고 만액식에는 못 미친다.

(3) 만액식 증발기(Flooded Type Evaporator)

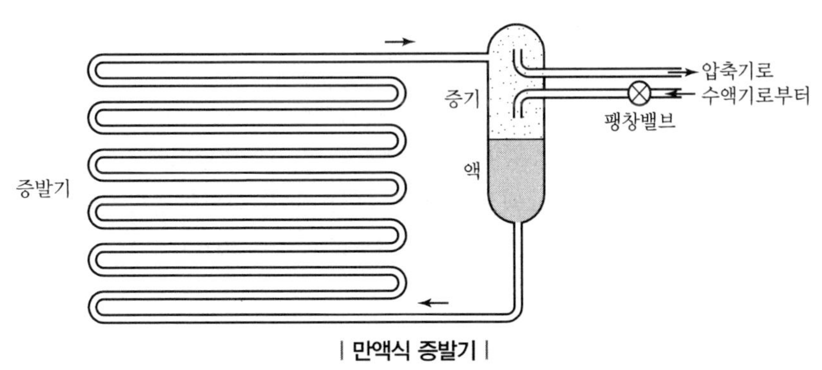

| 만액식 증발기 |

① 증발기 내에 냉매액이 75%, 냉매가스가 25% 존재한다.

② 암모니아 냉동장치에서는 액압축을 방지하기 위해 액분리기(Suction Trap, Accumulator)가 필요하다. 단, 프레온 냉동장치의 경우 충분한 능력의 열교환기 설치 시에는 액분리기를 설치하지 않아도 된다.

③ 냉매액량이 많으므로 전열면이 거의 냉매액과 접촉하고 있기 때문에 전열이 양호하다.

④ 액체 냉각용에 주로 사용한다.

⑤ 증발기 내에는 냉매액이 항상 가득 차 있고 증발된 가스는 액 중에서 기포가 되어 상승하여 분리된다.

⑥ 용기 상부에 증발된 포화기상냉매가 압축기로 흡입된다.

> **TIP** 만액식 증발기에서 전열작용
>
> ① 냉매 측의 전열을 좋게 하는 방법
> - 관이 냉매액과 접촉하거나 잠겨 있을 것
> - 관지름이 작고, 관 간격이 좁을 것
> - 관면이 거칠거나 핀을 부착할 것
> - 평균 온도차가 크고, 유속이 적당히 클 것
> - Oil이 체류하지 않을 것
>
> ② 유체(피냉각물) 측의 전열을 좋게 하는 방법
> - 관 표면이 항상 액으로 잠겨 있을 것
> - 관지름이 작고, 유속이 적당할 것
> - 점도가 작고, 난류일 것
> - 냉각관 표면에서 증발한 증기가 신속하게 제거될 것

(4) 액순환식 증발기(Liquid Pump Type Evaporator)

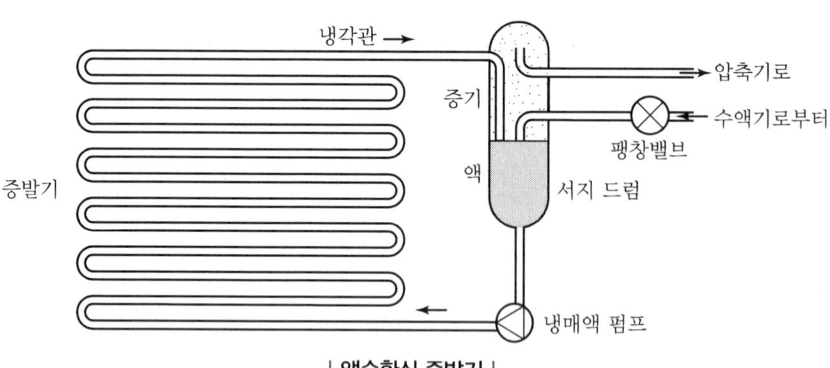

| 액순환식 증발기 |

① 증발기 출구에 냉매액이 80%, 냉매가스가 20% 존재한다.

② 액펌프를 이용하여 증발기에서 증발하는 냉매량의 4~6배의 냉매액을 강제순환시킨다.

③ 냉매액을 강제순환시키므로 Oil의 체류 우려가 없고, 다른 형식의 증발기보다 순환되는 냉매액이 많으므로 전열이 가장 우수하다.(타 증발기보다 약 20% 정도)

④ 증발기가 여러 대라도 팽창밸브는 하나면 된다.

⑤ 저압 측 수액기(액분리기)가 있어 압축기에서의 액압축이 방지된다.

⑥ 오일의 체류 우려가 없고, 제상의 자동화가 용이하다.

⑦ 냉매량이 많이 소요되며 액펌프, 저압수액기 등 설비가 복잡하다.

⑧ 증발기 출구는 기 · 액 혼합상태이며 액체는 저수압수액기(Low Receiver)에 쌓여 재순환하고 증기만 압축기로 흡입된다.

⑨ 증발기 내의 압력손실이 문제되지 않아 증발기의 배관길이가 긴 대형장치에 사용된다.

⑩ 주로 NH_3용 대형 냉동장치나 급속동결장치 등에서 사용된다.

TIP

액펌프 설치 시 주의사항

- 액펌프가 저압수액기보다 약 1.2m 정도 낮게 설치할 것(공동현상 방지를 위하여)
- 액펌프 흡입관의 마찰저항을 줄이기 위하여 흡입관 지름은 충분할 것
- 흡입관의 저항을 고려하여 여과기를 가능하면 설치하지 않을 것
- 흡입배관에 녹이나 먼지가 흡입되는 것을 막아 펌프의 파손을 방지할 것

공동(Cavitation)현상

펌프의 흡입관에서 마찰저항이 커지면 이에 대응하는 포화온도 저하로 공동이 발생하여 펌프가 정류 Pumping을 하지 못하고 소음과 진동을 수반하는 현상

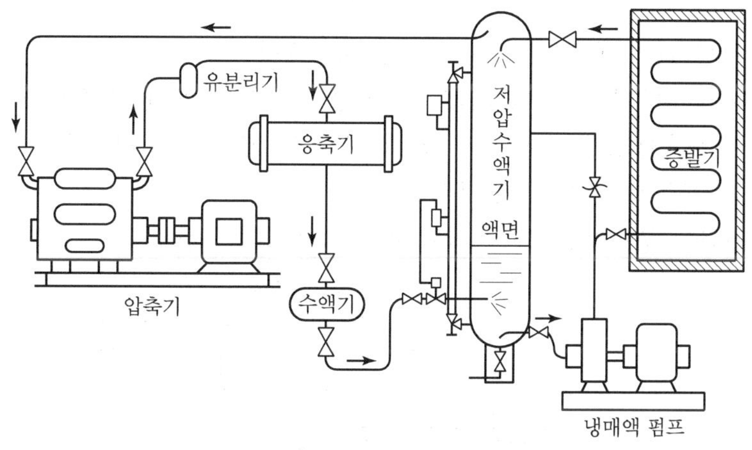

| 액순환식(액펌프식) 증발기 계통도 |

4) 냉각에 의한 분류

(1) 공기 냉각용 증발기

① 관코일식(나관형) 증발기(Hair Pin Coil Evaporator)

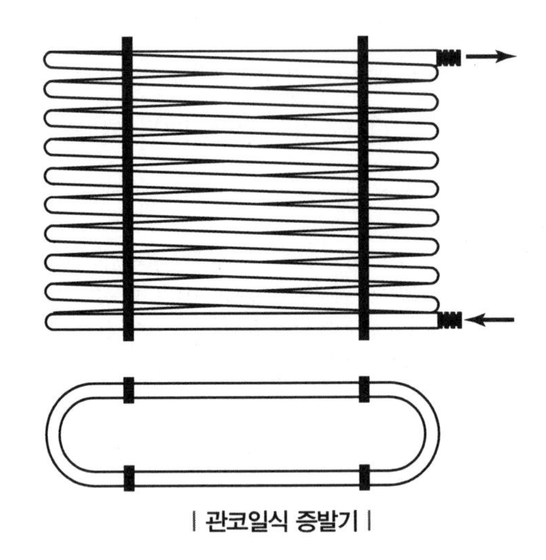

| 관코일식 증발기 |

- 증발기의 기본형으로 동관 및 강관으로 제작한다.
- 핀(Fin)이 부착되어 있지 않으므로 전열이 불량하여 관이 길어져 압력강하가 크다.
- 관 내측에 냉매, 외측에 공기가 흐르고, 팽창밸브로는 모세관이나 TEV가 많이 사용된다.
- 냉장고 및 쇼케이스에 많이 이용된다.

② 멀티피드 멀티석션 증발기(Multifeed Multisuction Evaporator)

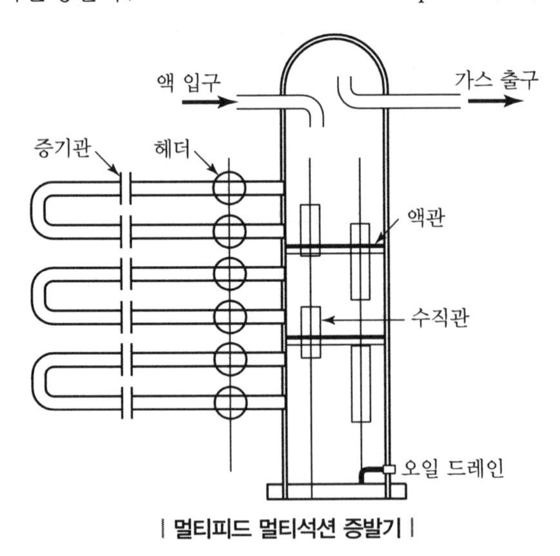

| 멀티피드 멀티석션 증발기 |

- 캐스케이드식과 비슷한 구조이다.
- 주로 암모니아 냉매를 사용하는 공기 동결용 선반에 사용된다.

③ 캐스케이드 증발기(Cascade Evaporator)

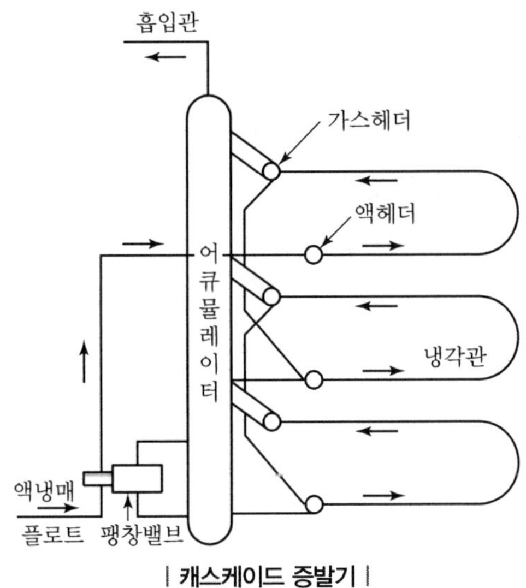

| 캐스케이드 증발기 |

- 냉매액을 냉각관 내에 순차적으로 순환시켜 도중에 증발된 냉매가스를 분리하면서 냉각한다.
- 충분한 용량의 액분리기가 있어 압축기에서의 액압축은 방지할 수 있으나 암모니아 냉동장치에서는 과열 우려가 있다.
- 코일 내측에 냉매, 외측에 공기가 흐르며, 플로트식 팽창밸브를 많이 사용한다.
- 공기 동결용 선반 및 벽코일로 제작 사용한다.

④ 판형 증발기(Plate Type Evaporator)

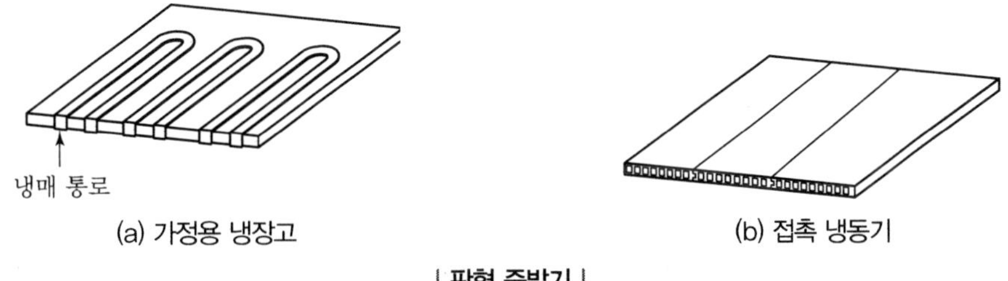

(a) 가정용 냉장고 (b) 접촉 냉동기

| 판형 증발기 |

- 알루미늄이나 스테인리스 판 2장을 압접하여 그 사이에 통로를 만들어 냉매가 통과하도록 한 구조이다.
- 관 내측에 냉매, 외측에 공기가 흐르며, 모세관이나 TEV를 많이 사용한다.
- 가정용 냉장고, 쇼케이스, 접촉 냉동기(Contact Freezer)에 주로 사용한다.

⑤ 핀 코일식 증발기(Pinned Tube Type Evaporator)

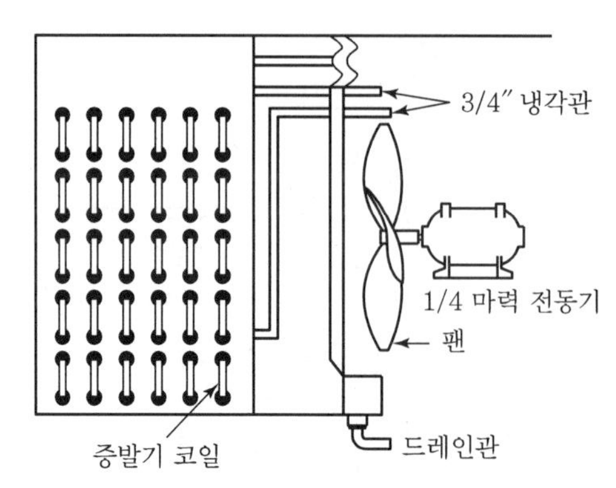

| 직접 팽창 클레이트 핀 코일식 증발기 |

- 나관(裸管)에 알루미늄 핀을 부착한 코일에 송풍기를 조합한 구조이다.
- 송풍기를 이용한 강제 대류식으로 부하 변동에 신속히 대응할 수 있다.
- TEV를 가장 많이 사용하고, 소형 냉동창고, 쇼케이스, 에어컨 등에 사용한다.

유닛 쿨러(Unit Cooler)
핀 코일 증발기에 팬을 설치하여 강제대류시키는 증발기

(2) 액체 냉각용 증발기

① 암모니아 만액식 셸 앤드 튜브식 증발기(NH_3 Flooded Shell & Tube Type Evaporator)

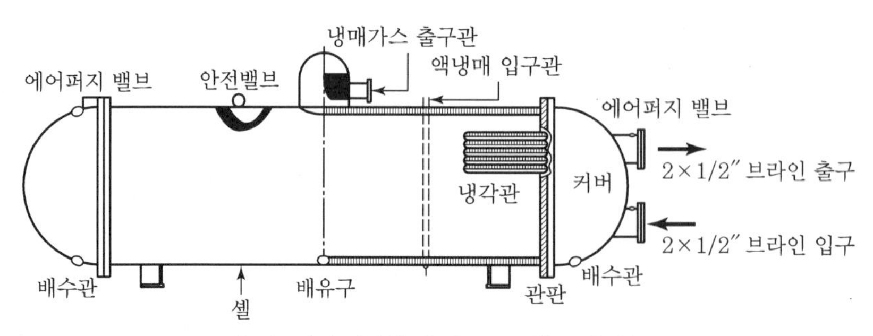

| 암모니아 만액식 셸 앤드 튜브식 증발기 |

- Shell 내에는 냉매, Tube 내에는 브라인이 흐른다.
- 플로트 밸브를 사용하여 증발기 내의 액면을 일정하게 유지한다.
- 압축기에서 액압축의 우려가 있으므로 액분리기를 설치한다.
- 브라인 동결로 인한 튜브의 동파에 주의한다.
- 주로 공업용 브라인 냉각장치를 사용한다.

② 프레온 만액식 셸 앤드 튜브식 증발기(Freon Flooded Shell & Tube Type Evaporator)

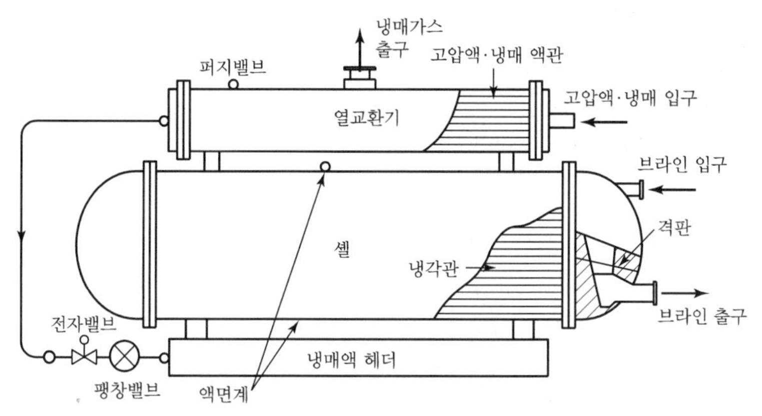

| 프레온 만액식 셸 앤드 튜브식 증발기 |

- Shell 내에는 냉매, Tube 내에는 브라인이 흐른다.
- 증발기 내의 유회수가 곤란하여 특별한 유회수장치가 필요하다.
- Shell 상부에 열교환기를 설치하여 액압축을 방지하고 과냉각을 증대시켜 냉동능력을 높인다.
- Shell 하부에 액헤더를 설치하여 냉매액의 분포를 고르게 한다.
- 냉매 측의 열전달이 불량하므로 Low Fin Tube를 사용한다.
- 브라인 또는 냉수 등의 동결로 인한 튜브의 동파에 주의한다.
- 공기조화장치, 화학공업, 식품공업 등의 브라인 냉각에 사용한다.

③ 건식 셸 앤드 튜브식 증발기(Dry Shell & Tube Type Evaporator)

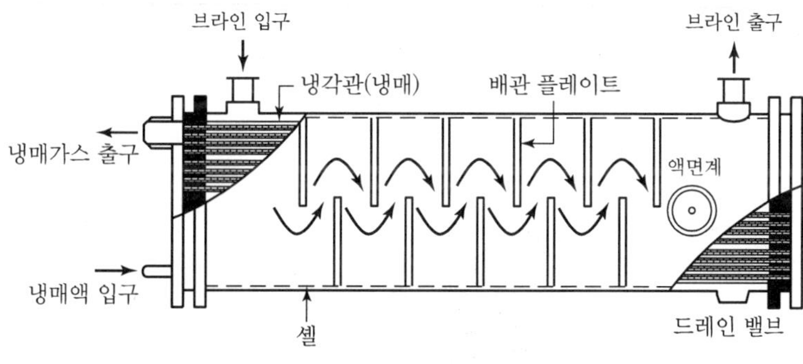

| 건식 셸 앤드 튜브식 증발기 |

- Shell 내에는 브라인, Tube 내에는 냉매가 흐른다.
- 건식이므로 냉매량이 적어 열통과율이 나쁘므로 전열을 양호하게 하기 위해 Inner Fin Tube를 사용한다.
- 건식이므로 냉각관의 동파 위험이 없고, 별도의 수액기를 필요로 하지 않는다.
- Shell 내에 Oil이 체류하지 않아 유회수장치를 필요로 하지 않는다.
- 온도식 자동 팽창밸브(TEV)를 많이 사용한다.
- 프레온용 공기조화장치의 Chilling Unit에 많이 사용한다.

브라인의 동파 방지 대책

- 증발압력조정밸브(EPR)를 설치한다.
- 동결 방지용 TC를 설치한다.
- 단수(斷水) 릴레이를 설치한다.
- 브라인에 부동액을 첨가한다.
- 냉수순환펌프와 압축기를 Interlock시킨다.

④ 보데로형 증발기(Baudelot Type Evaporator)

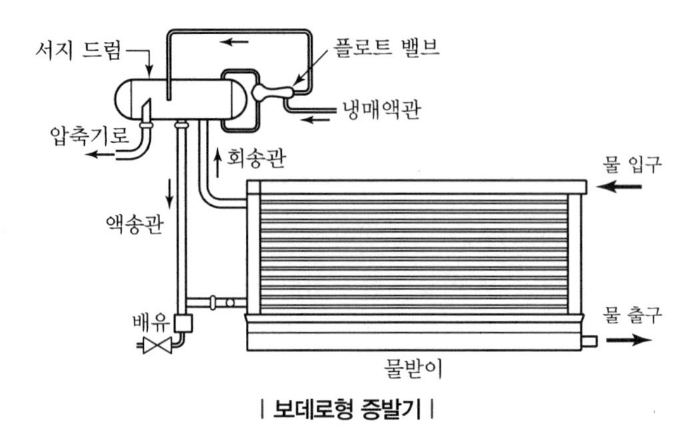

| 보데로형 증발기 |

- Tube 내에는 냉매, Tube 외에는 피냉각물(브라인)이 흐른다.
- 구조는 대기식 응축기와 비슷하다.
- 냉각관이 스테인리스로 제작되어 위생적이고 청소가 용이하다.
- 암모니아는 만액식, 프레온은 반만액식을 사용하며 저압 측 플로트를 사용한다.
- 식품공업에서 물 및 우유 등을 냉각하는 데 사용한다.

⑤ 셸 앤드 코일식 증발기(Shell & Coil Type Evaporator)

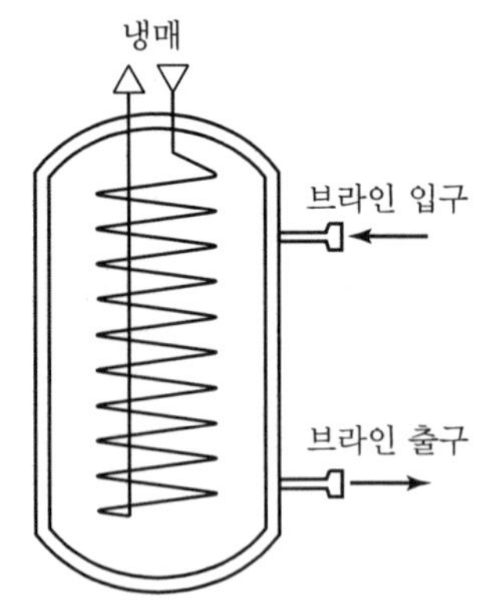

| 셸 앤드 코일식 증발기 |

- 코일 내에는 냉매, 셸 내에는 브라인이 흐른다.
- 열통과율이 나쁘며 주로 프레온 소형 냉동장치에 사용한다.

- 건식 증발기에 사용되면 TEV를 주로 사용한다.
- 음료수 냉각용으로 주로 사용한다.

⑥ 탱크형 증발기(Herring Bone Type Evaporator)

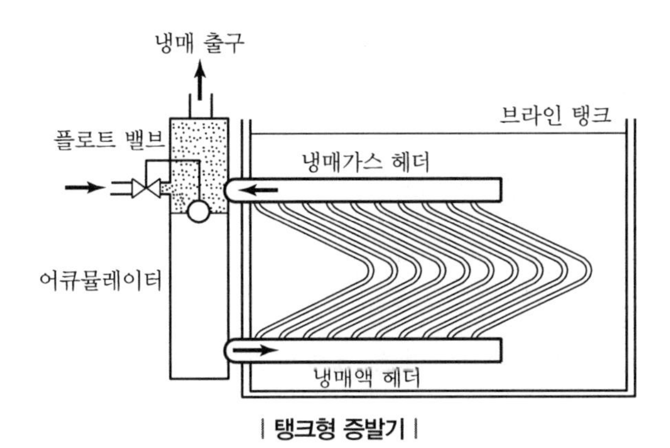

| 탱크형 증발기 |

- 암모니아 만액식 증발기는 주로 제빙장치의 브라인 냉각용 증발기로 사용한다.
- 상부에 가스헤더가 있고, 하부에 액헤더가 있다.
- 탱크 내에는 교반기(Agitator)에 의해 브라인이 0.75m/s 정도의 속도로 순환한다.
- 주로 플로트 팽창밸브를 사용하며 다수의 냉각관을 붙여 만액식으로 사용하기 때문에 전열이 양호하다.

SECTION 03 증발기에서의 계산

1) 냉동능력(Q_2)

증발기에서 냉매가 피냉각 물체로부터 1시간당 흡수하는 열량(kcal/h)

(1) 냉동장치에서의 계산

$$Q_2 = Q_1 - AW$$

여기서, Q_2 : 냉동능력(kcal/h), Q_1 : 응축부하(kcal/h), AW : 압축일의 열당량(kcal/h)

(2) 방열계수에 의한 계산

$$Q_2 = \frac{Q_1}{C},\ C = \frac{Q_1}{Q_2}$$

여기서, C : 방열계수(냉장 · 공조 : 1.2, 제빙 · 냉동 : 1.3)

(3) 브라인 제거열량에 의한 계산

$$Q_2 = G_b \times C \times \Delta t = G_b \times C \times (t_{b1} - t_{b2})$$

여기서, G_b : 브라인의 유량(kcal/h), C : 브라인의 비열(kcal/kg · ℃)
Δt : 브라인의 입 · 출구 온도차 (℃)

(4) 열통과율에 의한 계산

$$Q_2 = K \times F \times \Delta t_m = K \times F \times \left(\frac{t_{b1} + t_{b2}}{2} - t_2 \right)$$

여기서, K : 열통과율(kcal/m² · h · ℃), F : 전열면적(m²)
Δt_m : 평균온도차(℃), t_2 : 증발온도(℃)

평균온도차 : 피냉각 유체(브라인)의 평균온도와 증발온도 차이

$$\Delta t_m = \frac{\text{브라인 입구온도} + \text{브라인 출구온도}}{2} - \text{증발온도} = \frac{t_{b1} + t_{b2}}{2} - t_2$$

(5) 냉매 순환량에 의한 계산

$$Q_2 = G \times q_2 = G \times (h_a - h_e) = \frac{V_a}{v} \times \eta_v \times (h_a - h_e)$$

여기서, G : 냉매순환량(kg/h), q_2 : 냉동효과(kcal/kg)
h_a : 증발기 출구 엔탈피(kcal/kg), h_e : 증발기 입구 엔탈피(kcal/kg)

2) 냉동톤(RT)

(1) 냉동톤

$$\text{RT} = \frac{G \times q_2}{3,320} = \frac{V_a \times (h_a - h_e)}{3,320 \times v} \times \eta_v$$

여기서, v : 압축기 흡입가스의 비체적(m³/kg)
V_a : 압축기 피스톤 압출량(m³/h), η_v : 체적효율

(2) 「고압가스 안전관리법」에 규정된 호칭 냉동능력

$$\text{RT} = \frac{V}{C} = \frac{V_a \times (h_a - h_e)}{3,320 \times v} \times \eta_v$$

냉매가스 정수 $C = \dfrac{3,320 \times v}{q_2 \times \eta_v}$

SECTION 04 제상장치(Defrost System)

공기 냉각용 증발기에서 대기 중의 수증기가 응축 동결되어 서리상태로 냉각관 표면에 부착하는 현상을 적상(Frost)이라 하며, 이를 제거하는 작업을 제상(Defrost)이라 한다.

1) 적상의 영향

① 전열불량으로 냉장실 내 온도 상승 및 액압축을 초래한다.
② 증발압력 저하로 압축비가 상승한다.
③ 증발온도가 저하한다.
④ 실린더 과열로 토출가스 온도가 상승한다.
⑤ 윤활유의 열화 및 탄화가 우려된다.
⑥ 체적효율 저하 및 압축기 소요동력 증대가 나타난다.
⑦ 성적계수 및 냉동능력이 감소한다.

2) 제상방법

① 압축기 정지 제상(Off Cycle Defrost) : 1일 6~8시간 정도 냉동기를 정지시켜 제상
② 온공기 제상(Warm Air Defrost) : 압축기 정지 후 팬을 가동시켜 실내공기로 6~8시간 제상
③ 전열 제상(Electric Defrost) : 증발기에 히터를 설치하여 제상
④ 살수 제상(Water Spray Defrost) : 10~25℃의 온수를 살수시켜 제상
⑤ 브라인 분무 제상(Brine Spray Defrost) : 냉각관 표면에 부동액 또는 브라인을 살포하여 제상
⑥ 온브라인 제상(Hot Brine Defrost) : 순환 중인 차가운 브라인을 주기적으로 따뜻한 브라인으로 바꿔 순환시켜 제상
⑦ 고압가스 제상(Hot Gas Defrost) : 압축기에서 토출된 고온 고압의 냉매가스를 증발기로 유입시켜 고압가스의 응축잠열에 의해 제상

- 소형 냉동장치에서의 제상 : 제상 타이머를 이용
- 증발기가 1대인 경우의 제상
- 증발기가 1대인 경우 재증발 코일을 이용한 제상
- 증발기가 2대인 경우의 제상
- 증발기가 2대인 경우 제상용 수액기를 이용한 제상
- Heat Pump를 이용한 제상

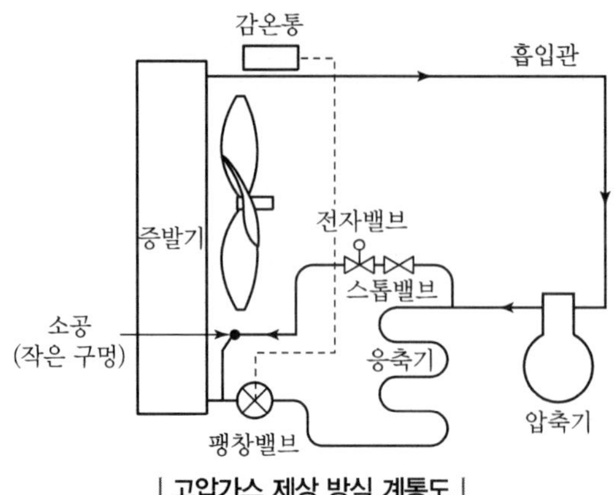

| 고압가스 제상 방식 계통도 |

SECTION 05 제상방법별 특징

증발기 코일에 상(霜)이 부착되면 전열이 불량해지므로 이상을 제거하는 것을 제상(Defrost)이라 한다. 공기를 냉각하는 증발기에서는 대기 중의 수분이 응축 동결되어 냉각관 표면에 상이 부착되어 전열이 불량해지고 냉장실 내 온도 상승 및 습압축을 초래하는 등 냉동장치에 악영향을 미치게 되므로 이 현상을 방지하기 위하여 제상을 한다.

1) 고압가스 제상(Hot Gas Defrost)

(1) 특징

① 압축기에서 토출된 고온의 냉매가스를 증발기에 보내서 그 응축잠열을 이용하여 제상하는 방법이다.

② 융해한 상(Frost)이 물받이나 배수관 중에서 재동결하지 않도록 가열하여야 하며 이를 위하여 토출가스나 전열히터를 이용하는 일이 있으나 벽코일식이나 상치식에서는 온수 살포 제상을 병행하여 대량의 물과 같이 흘러내리게 하는 방법이 일반적으로 쓰인다.

③ 비교적 용이하게 설비되고 운전이 경제적이며 제상에 소요되는 시간도 짧으므로 많이 채용되나 자동화는 약간 복잡하다.

④ 건식 증발기와 같이 증발기 내에 냉매 공급량이 적은 것은 증발기에서 응축된 액을 증발기와 같이 가동되고 있는 타 증발기로 보내는 방식이 쓰인다.

⑤ 압축기에서 토출된 고온의 냉매증기를 증발기에 유입시켜 응축열에 의해 제상한다.

⑥ 제상시간이 짧고 용이하게 설비할 수 있으며 일반적으로 가장 많이 사용한다.

(2) 장점

① 제상장치를 Compact하게 냉각장치 내에 조립하여 넣을 수 있다.

② 냉동 Cycle의 응축열을 이용하기 때문에 전기히터를 설비할 필요가 없다.

③ 물 배관 설비가 불필요하다.

(3) 단점

서리의 두께가 너무 두께우면 제상이 곤란하다.

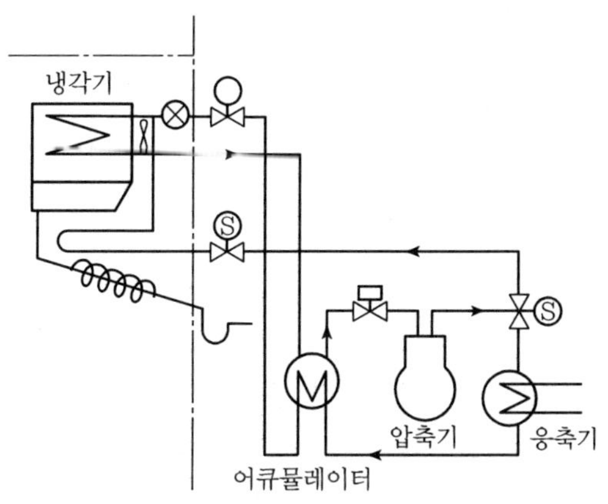

| 고압가스 제상 방식 계통도 |

(4) 방식

① 소형 냉동장치의 제상

㉮ Bypass 방식

- Orifice를 이용하는 방식
- SPR을 이용하는 방식

㉯ 액분리기 방식

㉰ 서모 뱅크 방식

② 대형 냉동장치의 제상

㉮ 열교환기 방식

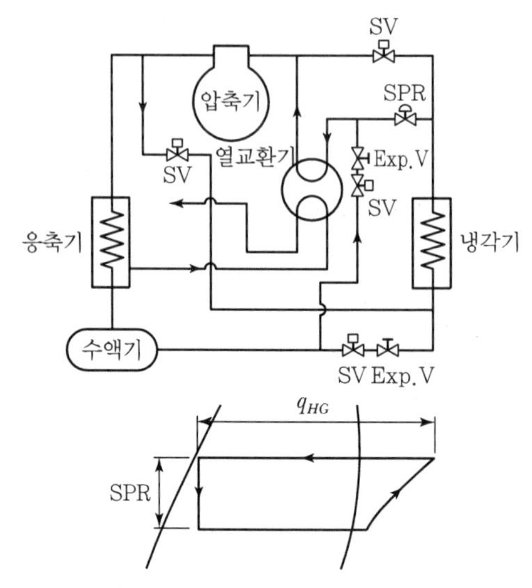

| 열교환기 방식의 냉매흐름도와 냉동사이클 |

- 응축잠열을 유용하게 이용하므로 제상시간을 단축할 수 있으며, 소비전력도 절감할 수 있다.
- 제상 시 고온가스를 냉각기로 보내어 현열과 잠열을 이용하여 제상하고 냉매는 액화되어 열교환기로 보내져 재증발되어 압축기로 흡입된다.
- 열교환기와 흡입압력 조절밸브 사이에 고압액을 보내어 냉매 순환량을 확보하므로 안정된 제상을 할 수 있다.

㉯ 다중 증발기 방식

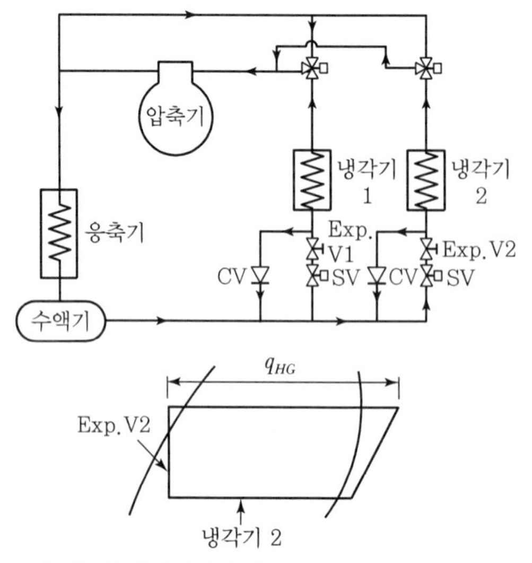

| 다중 증발기 방식의 냉매흐름도와 냉동사이클 |

• 압축기에서 토출된 고압가스를 이용하여 제상하고 제상 시 응축된 액냉매는 다른 증발기로 회수하는 방식이다.
• 증발기가 여러 대 사용된다.

③ Heat Pump의 제상

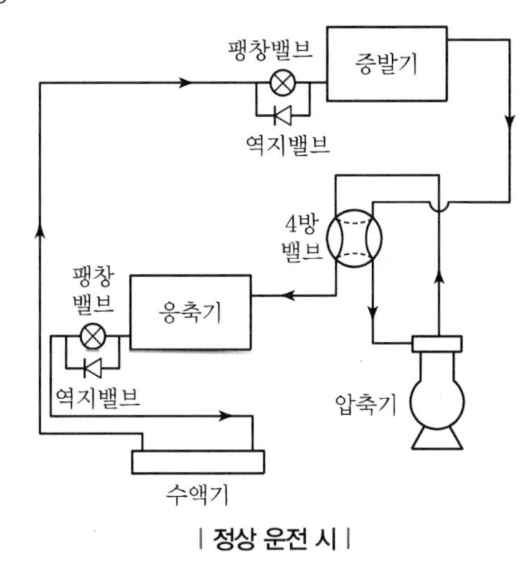

| 정상 운전 시 |

• 제상 시에 냉각운전과 과열운전을 전환(공기 측 송풍기는 정지)하여 증발기로 작용하던 열교환기를 응축기로 전환시키고 제상한다.
• 제상은 가능한 한 단시간에 하도록 한다.

2) 온브라인 제상(Hot Brine Defrost)

(1) 특징

① 브라인 코일 냉각의 경우에 냉각관 표면에 계속 부동액(브라인)을 분무하여 적상을 예방하는 방법이다.

② 에틸렌글리콜, 프로필렌글리콜 수용액 등의 부동액을 항상 냉각 코일 표면에 살포하면서 공기를 냉각한다.

③ 서리는 부동액에 흡수되므로 냉각기 전열면에는 착상되지 않는다.

④ 공기 중의 수분을 흡수해서 농도가 저하된 부동액은 재생기에서 가열 재생하여 고농도화하여 다시 사용한다.

⑤ 부동액의 대기 중 수분에 의한 희석을 방지하기 위하여 수분 증발용 재생기가 필요하며, 조작이 간단하고 효과적이나 온 브라인 탱크를 필요로 하고 에너지 손실, 부동액 소모 등 유지비가 많이 든다.

(2) 장점

① 고 내 온도가 제상 때문에 상승하는 일이 없다.
② 냉각기의 열통과율은 무착상 및 젖은면 효과 때문에 증가한다.
③ 전열면적은 작게 해도 좋다.

(3) 단점

① 재생기 등에 내식성 재료의 사용으로 설비비가 고가이다.
② 고 내 보관물의 위생을 고려하여 부동액 선정에 주의해야 한다.
③ 저온에서 습도가 높아지므로 부동액 사용은 곤란하다.

(4) 방식

① 부동액을 냉각기 코일 표면에 항상 살포하는 방식
② 재생 시에만 살포하는 방식

3) 온수 살포 제상(Water Spray Defrost, 살수 제상)

(1) 특징

① 증발기 냉매를 차단하고 송풍기를 정지하여 10～25℃의 물을 증발기에 살포하는 방법으로, 냉동실은 －18℃ 이상에서 효과적이다.
② 냉각기 내의 냉매를 회수하고 송풍기를 정지한 다음, 가능하면 냉각기의 공기 출입구를 차단하여 냉각기 코일 표면에 10～20℃의 물을 살포하여 제상한다.
③ 급배수관은 물이 잔류하여 동결하는 일이 없도록 하향구배하고 따뜻하고 습한 공기가 침입하지 않도록 트랩을 사용한다.
④ Finned Coil형 증발기의 경우 고압가스 제상과 병용한다.

(2) 장점

① 가장 간단하고 일반적인 방법이다.
② 살수량을 많이 하면 단시간에 제상할 수 있다.

(3) 단점

① 물배관 설비비가 필요하다.
② 급수배관의 동결 및 만들어진 얼음에 팬의 날개가 닿아서 팬이 고정(Lock)되는 것을 방지할 필요가 있다.
③ 제상 후 코일에 부착되어 있는 물이 송풍 개시 시에 비산되어 고 내로 들어가서 어는 일이 있다.

(4) 방식

① 사용하는 물을 탱크 안에 넣고 일정한 온도로 상승시켜 재순환시키는 것이 일반적인 방법이다.

② 지하수가 풍부하면 직접 제상용수로 가능하다.

4) 전열 제상(Electric Defrost)

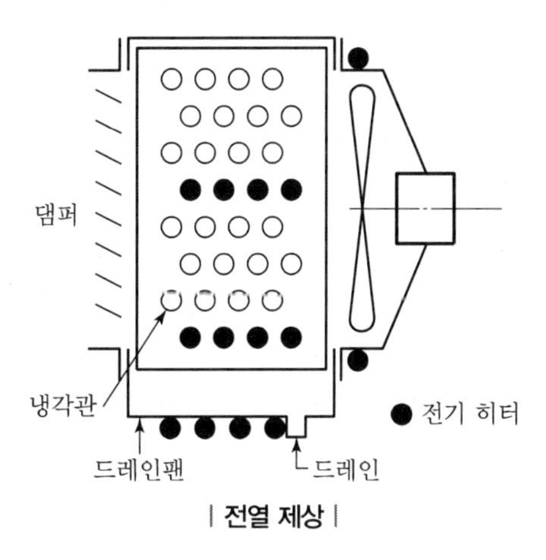

| 전열 제상 |

(1) 특징

① 증발기의 냉각관 사이에 전열관을 넣고 가열하여 제상하는 방법이다.

② 공기냉각기의 내부 또는 적절한 위치에 전기 히터를 설치하고, 제상 시 송풍을 정지하고 통전해서 가열한다.

③ 전기 히터의 용량은 냉각기의 전열면적 $10m^2$당 1kW 정도가 보통이다.

④ 서리가 녹은 물이 고 내의 저온으로 인해 댐퍼, 배수관 등에서 동결할 염려가 있으므로 이들 부분에도 전기 히터를 설치한다.

⑤ 자동제어가 용이하고 자동제상을 하는 소형 유닛이나 가정용 냉장고 등에 사용된다.

(2) 장점

① 전기 히터로 제상하므로 조작 및 제어가 간단하다.

② 전기 히터를 적절히 배치하면 가열 불균형을 적게 할 수 있다.

③ 소형 냉각기에 조립하기 쉽다.

(3) 단점

① 항시 히터를 점검하고 누전차단기, 온도계, 온도 퓨즈 등을 설치하는 등 화재예방에 만전을 기해야 한다.

② 전기 히터는 발열체를 산화 마그네시아 등의 절연체로 둘러싸는데, 완전 밀폐는 불가능하다.

③ 서서히 절연 저하되므로 교환하기 쉬운 설계 및 설치가 필요하다.

④ 염의 보급, 농축기 설치, 부식의 문제점이 있다.

(4) 방식

① 냉각 코일에 냉각관 대신에 전기 히터를 적당한 수만큼 산재하여 설치한다.
② 냉각기의 공기 출입구에 댐퍼를 설치하고, 제상 시에 닫아서 온도의 상승을 방지한다.
③ 제상장치에는 전기 히터를 냉동 코일의 공기 흡입 측에 설치하고 댐퍼에 의해서 제상 시 온풍을 고 내와 절연된 통풍회로로 외기 배출하는 방식도 있다.

5) 브라인 분무 제상(Brine Spray Defrost, 부동액 제상)

(1) 특징

① 브라인 또는 부동액을 냉각기 표면에 분무하며, 연속 분무를 계속하면 실내에 브라인의 비말이 날릴 수 있다.
② 냉각관에 항상 부동액을 살포해서 서리가 생기지 않도록 한다.
③ 공기 중에 포함된 수분과 서리가 부동액에 흡수되어 착상을 방지한다.

(2) 장점

① 제상 시에도 운전이 가능하여 고 내 온도가 제상 때문에 상승하지 않는다.
② 냉각관은 무착상과 젖은 전열면으로 전열성능이 우수하여 전열면적을 작게 해도 좋다.

(3) 단점

① 부동액에 의한 부식에 주의해야 하며 재생기는 내식성 재료를 사용해야 한다.
② 부동액 사용 등 유지비가 많이 든다.
③ 고 내 보관물의 위생을 고려하여 부동액을 선정해야 한다.

(4) 방식

부동액을 항상 살포하는 방식과 제상 시에만 살포하는 방식이 있다.

6) 압축기 정지 제상(Off Cycle Defrost)

① 압축기를 정지하고 증발기의 팬을 가동시킨 상태에서 고 내 온도 상승만으로 제상하는 방식이다.
② 통상 증발기 2대를 사용하여 하나가 사용 중일 때는 다른 하나로 제상한다.

7) 서모뱅크 제상(Thermobank Defrost)

증발기의 냉각운전 중 압축기의 토출가스를 응축기에 보내는 도중에 서모뱅크 내의 코일을 통과시켜 서모탱크에 채워진 물을 가열해 두었다가 제상운전 중에 이 물의 열을 증발기에서 액을 증발하는 데 이용하는 방법이다.

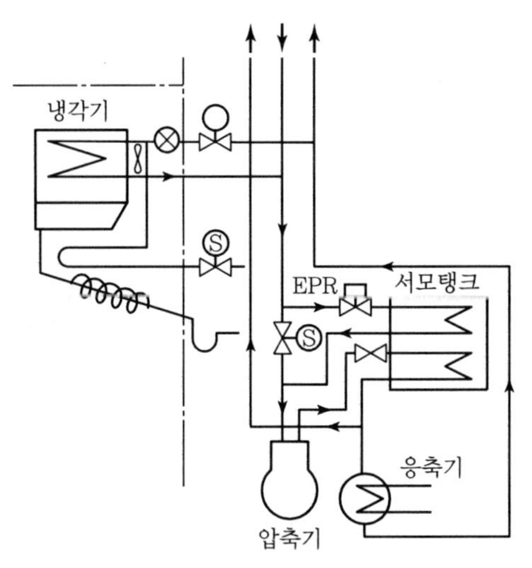

| 서모뱅크 제상 방식 계통도 |

CHAPTER

25 부속기기

SECTION 01 고압 수액기

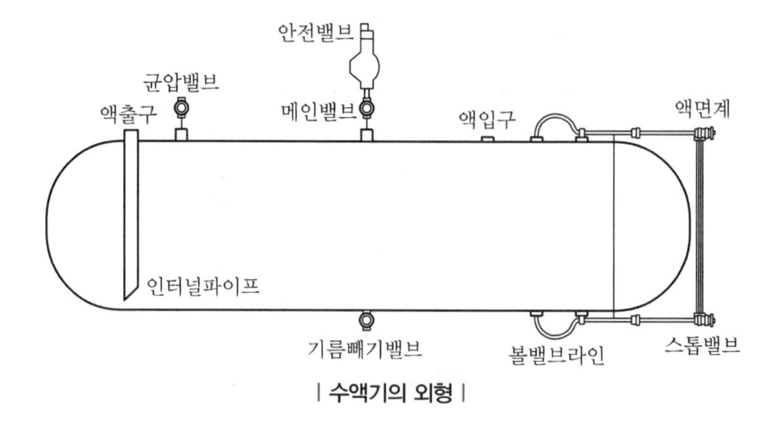

| 수액기의 외형 |

1) 역할

① 고압 수액기(High Pressure Liquid Receiver)는 응축기에서 응축된 액을 일시 저장하는 고압 용기로 일정한 양을 팽창밸브를 통해 증발기로 공급하며 일반적으로 횡형 수액기가 많이 이용되고 있다.

② 응축기와 팽창밸브 사이에 설치하여 응축기에서 액화된 고온 고압의 냉매액을 저장하는 용기로 만액시켜서는 안 되며 내용적의 3/4(75%) 이하로 충전해야 한다.

③ 냉동장치를 운전하지 않을 때 또는 저압 측 수리 시 냉매를 회수(펌프 다운)하여 저장하는 용기를 말한다.

2) 수액기에 연결되는 기기

① 안전밸브(암모니아용 수액기)

② 가용전(프레온용 수액기)

③ 균압관

④ 입 · 출구 밸브

⑤ 액면계

⑥ 오일드레인 밸브

3) 액면계 파손 원인

① 수액기 내부 압력의 급상승
② 부주의로 인한 외부로부터의 충격
③ 냉매의 과충전
④ 볼트 조임 시 힘의 불균형(대각선 순서로 조여야 한다.)

4) 안전운전을 위한 주의사항

① 수액기는 냉매액의 팽창을 고려하여 용기 크기가 충분해야 한다.(냉매 순환량의 1/2을 충전할 수 있는 크기)
② 수액기가 2대 이상이고, 직경이 다른 경우는 각 수액기들의 상단을 일치시켜야 한다(증발부하 감소 시 수액기의 냉매량이 증가하면 작은 쪽 수액기의 만액 또는 액봉(液封)현상을 피할 수 있다).
③ 액면계는 금속제 덮개로 보호한다(파손 시 냉매의 분출 방지를 위해 수동 볼밸브 또는 자동 볼밸브를 설치한다).
④ 안전밸브의 원변은 항상 열어두어야 한다.
⑤ 균압관의 크기는 충분한 것으로 한다.
⑥ 수액기의 위치는 응축기보다 낮은 곳에 설치한다.
⑦ 용접부분 간의 거리는 판두께의 10배 이상이어야 한다.
⑧ 용접이음부에는 배관이나 기기를 접속하지 않아야 한다.
⑨ 직사광선이나 화기를 피하여 설치하여야 한다.
⑩ 충격이 가해지지 않도록 주의하여야 한다.
⑪ 수액기의 액을 75% 이상 만액시키면 안 된다.

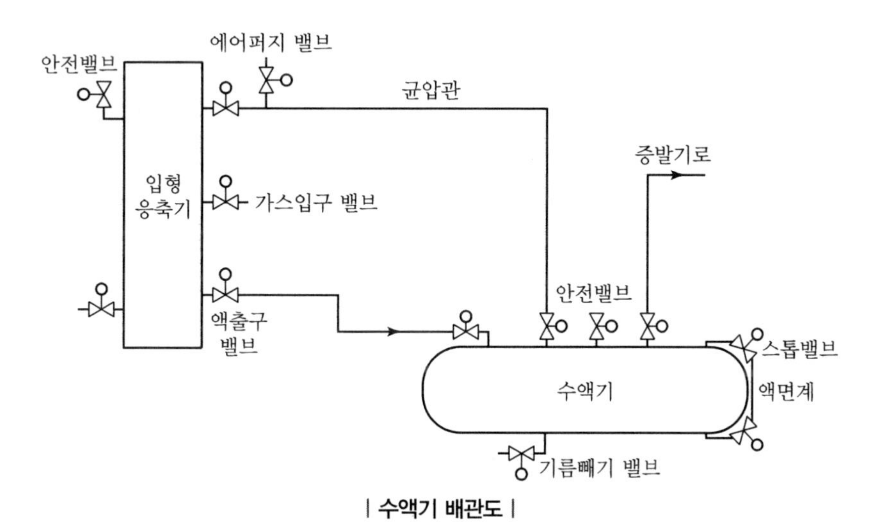

| 수액기 배관도 |

TIP 균압관

- 응축기와 수액기의 상부를 연결하는 관으로 압력을 균일하게 하여 수액기로의 냉매 유입을 원활하게 한다.
- 균압관 상부에는 불응축 가스를 방출시키는 에어퍼지밸브를 설치한다.
- 응축기 내부압력과 수액기 내부압력은 이론상 같으나 실제로는 응축기의 냉각수온이 낮고 수액기가 설치된 실온이 높으면 수액기의 압력이 응축압력보다 높아져 응축된 냉매가 수액기로 자유롭게 낙하하지 못하므로 이를 방지하기 위함이다.

균압관의 설치위치

- 응축기 상부와 수액기 상부 사이
- 응축기와 응축기 사이
- 수액기와 수액기 사이
- 압축기와 압축기 사이

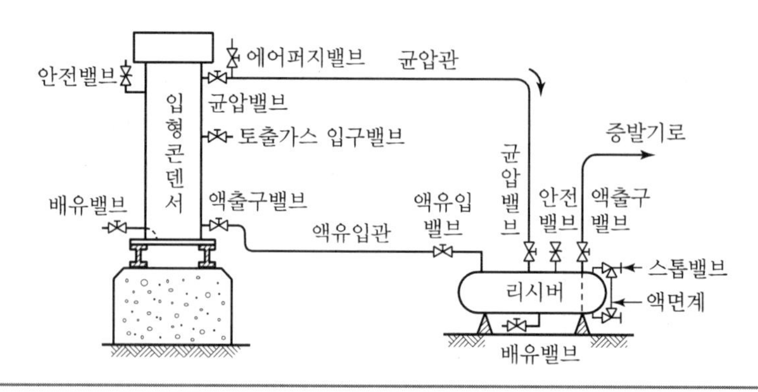

5) 특징

① 수액기의 보편적인 크기는 NH_3 냉동장치에 있어서는 충전 냉매량의 1/2을 회수할 수 있는 크기로 하고 프레온 냉동장치에 있어서는 충전량 전부를 회수할 수 있는 크기로 제작한다.

② 수액기는 만액시켜서는 안 되며 직경이 3/4(75%) 정도가 이상적이다.

③ 응축기 하부에 설치하고 수액기 상부와 응축기 상부 사이에는 적당한 굵기의 균압관을 설치한다.

④ 직경이 서로 다른 두 대의 수액기를 병렬로 설치할 경우 수액기 상단을 일치시킨다.

⑤ 액면계 파손을 방지하기 위하여 금속제 보호 커버를 씌우고 파손 시 냉매의 분출을 막기 위하여 수동 및 자동 볼밸브(Ball Valve)를 설치한다.

⑥ 불의의 사고 시 위험을 방지하기 위하여 수액기 상부에 안전밸브를 설치한다.

SECTION 02 불응축 가스퍼저

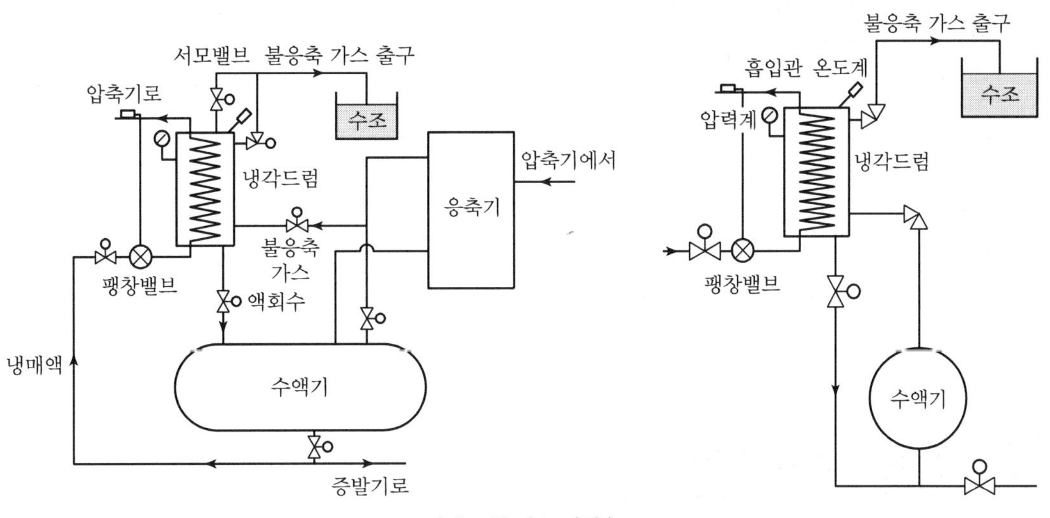

| 요크식 가스 퍼저 |

1) 역할

불응축 가스는 응축기에서 액화되지 않는 가스로 불응축 가스의 분압만큼 응축압력이 상승하고, 유효 전열면적의 감소로 응축능력 감소, 압축기 과열, 소요동력 증대, 냉동능력 감소 등의 영향이 있으므로 불응축 가스퍼저(Non Condensing Gas Purger)를 이용하여 제거시킨다.

불응축 가스
냉동장치 중에 응축되지 않는 가스로 장치 외부에서 침입하는 공기나 윤활유 탄화에 따른 Oil 가스 등을 말한다.

2) 불응축 가스의 발생 원인

① 내부적 원인
- 오일의 탄화, 열화 시 생성된 증기
- 냉매의 화학적 변화에 의해 생성된 증기
- 밀폐형의 경우 전동기 코일의 소손 등에 의해 생성된 증기

② 외부적 원인
- 장치의 신설, 수리 시 진공 건조작업 불충분에 의한 잔류공기
- 냉매, 오일 충전 시 부주의로 인하여 침입한 공기
- 순도가 낮은 냉매 및 오일 충전 시 이들에 섞인 공기
- 저압을 대기압 이하로 운전 시 축봉부 등으로 유입된 공기

3) 불응축 가스의 체류 장소

① 응축기 상부 및 수액기 상부의 균압관
② 증발식 응축기의 액헤더와 수액기 상부
③ 고압부 중 차가운 곳

4) 종류

① 수동식 가스퍼저
② 요크식(수동, 자동) 가스퍼저
③ 암스트롱식(자동) 가스퍼저

SECTION 03 유분리기

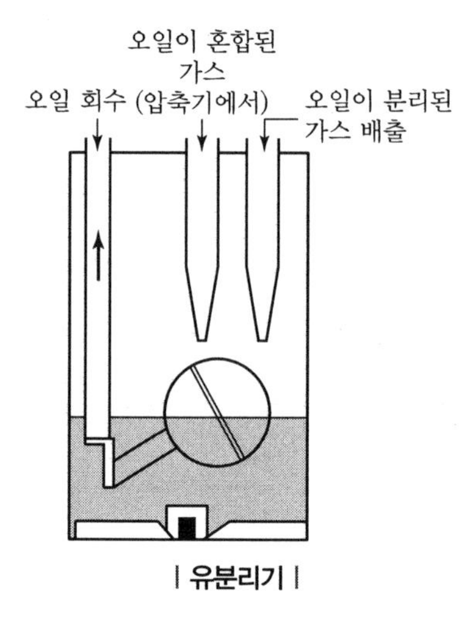

| 유분리기 |

1) 역할

압축기에서 토출되는 냉매가스 중에는 오일이 미립자 상태로 함께 토출되는 경우가 있는데 오일이 응축기나 증발기로 넘어가면 전열 작용을 방해하고, 압축기에는 윤활유가 부족하게 되어 윤활작용이 불량해지므로 유분리기(Oil Separator)를 이용하여 냉매가스 중의 오일을 분리시켜 재사용한다.

2) 설치하는 경우

① 만액식 증발기를 사용하는 경우
② 다량의 오일이 토출가스에 혼입되는 것으로 생각되는 경우

③ 토출가스 배관이 길어지는 경우(9m 이상)
④ 증발온도가 낮은 저온장치인 경우

3) 설치위치

① 암모니아 냉동기 : 압축기와 응축기 사이의 응축기 가까운 곳(압축기에서 3/4 정도 지점 : 토출가스 온도(98℃)가 높으므로)
② 프레온 냉동기 : 압축기와 응축기 사이의 압축기 가까운 곳(압축기에서 1/4 정도 지점)

4) 오일의 처리

① 암모니아 냉동기 : 분리한 오일을 밖으로 배출시킨다.(높은 온도로 인한 열화 및 탄화로 재사용 불가)
② 프레온 냉동기 : 크랭크 케이스 내로 돌려보낸다.

5) 종류

① 원심분리형
② 가스충돌형
③ 유속감소형

SECTION 04 유회수장치

1) 암모니아

유분리기로 분리한 오일과 응축기, 수액기, 증발기 등의 드레인 밸브를 통해 나온 오일은 열화 또는 탄화될 가능성이 많으므로 일단 유류기에 받은 후 배출시킨다.

2) 프레온

① 자동반유장치에 의한 방법
② 가열원에 의한 방법(대형)
③ 열교환기를 이용하는 방법

SECTION 05 열교환기

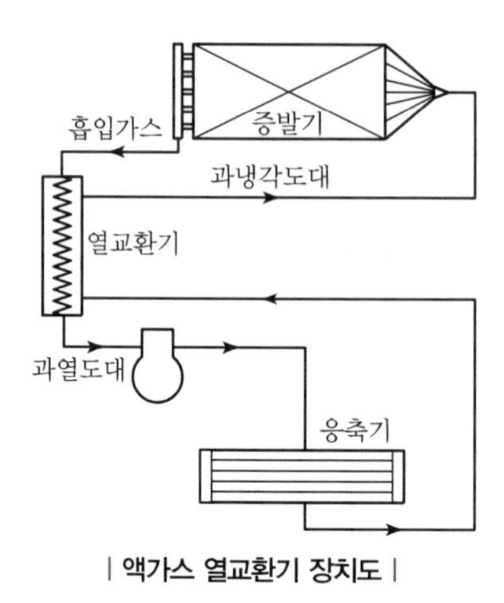

| 액가스 열교환기 장치도 |

1) 역할

① 열교환기(Heat Exchanger)는 응축기 출구의 냉매액을 과냉각시켜 팽창 시 플래시 가스양을 감소시켜 냉동효과를 증대시킨다.
② 압축기 흡입가스를 과열시켜 압축기에서의 액압축을 방지한다.
③ 냉동효과 및 성적계수 향상으로 냉동능력이 증대된다.
④ 프레온 만액식 증발기에서 유회수를 용이하게 하기 위해 설치한다.

2) 종류

① 관접촉식(용접식)
② 셸 앤드 튜브식
③ 이중관식

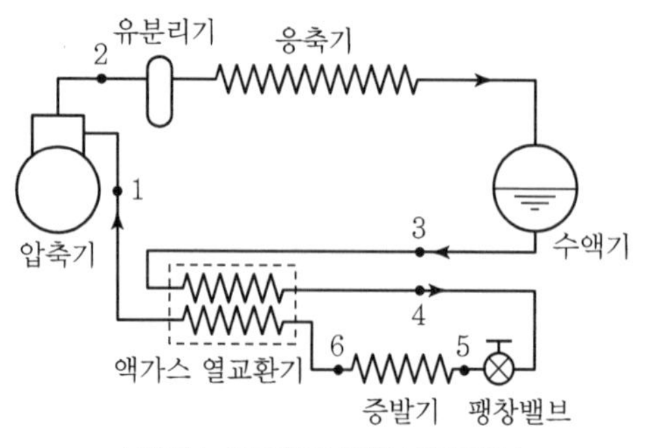

| 액가스 열교환기 부착 냉동장치 |

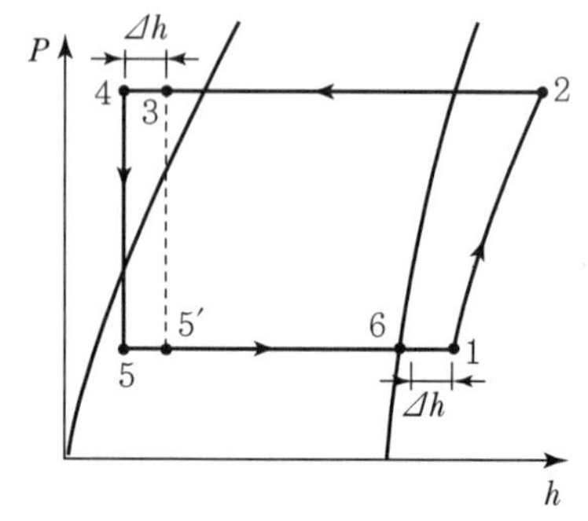

| 액가스 열교환기 부착 냉동사이클 |

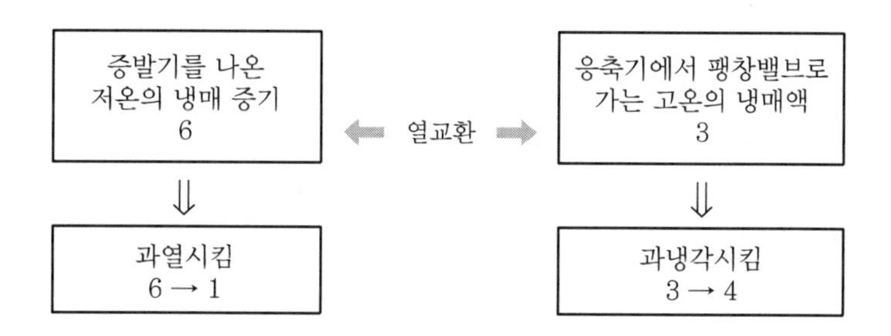

- R－134a와 같은 냉매는 비열비(C_p/C_v)가 작기 때문에 압축기의 흡입증기가 과열되어 있는 편이 성능계수가 크게 될 뿐만 아니라 압축기의 토출가스도 염려될 만큼 높게 되지는 않는다.
- 냉매를 공기냉각기용 증발기에서 과열시키는 것보다 별도의 액가스 열교환기를 설치하는 것이 열교환 면적을 절감할 수 있다.
- R－22를 사용하는 냉동장치에서 압축기의 액압축(Liquid Back) 현상을 예방할 수 있다.

④ 증발온도가 다른 2대 이상의 증발기에 압축기가 1대인 냉동장치

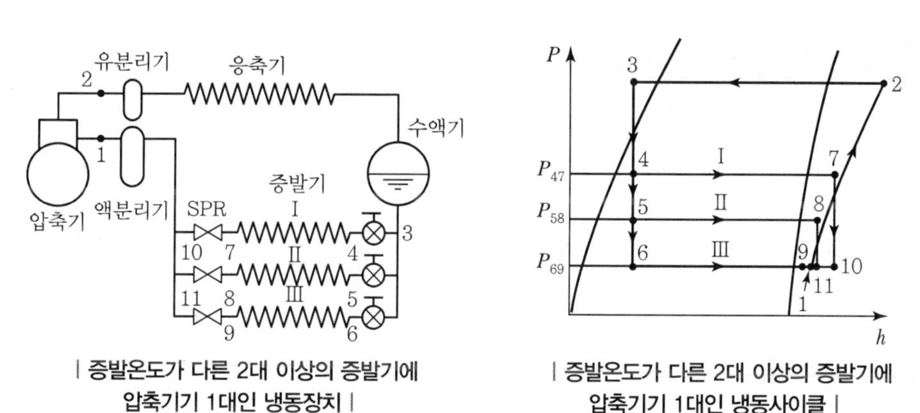

| 증발온도가 다른 2대 이상의 증발기에 압축기기 1대인 냉동장치 |

| 증발온도가 다른 2대 이상의 증발기에 압축기기 1대인 냉동사이클 |

SECTION 06 액분리기

1) 역할

액분리기(Liquid Separator)는 암모니아 만액식 증발기 또는 부하 변동이 심한 냉동장치에서 압축기로 유입되는 가스 중 액을 분리시켜 액유입에 의한 액압축(Liquid Back)을 방지하여 압축기를 보호하며 어큐뮬레이터, 석션 트랩, 서지 드럼이라고도 한다.

2) 설치위치와 용량

① 위치 : 증발기 출구와 압축기 사이 흡입관(증발기보다 높은 위치)

② 용량 : 증발기 내용적의 20～25% 정도의 용량일 것

3) 설치하는 경우

① 암모니아 냉동장치
② 부하 변동이 심한 경우
③ 만액식 브라인 쿨러

4) 분리된 냉매의 처리

① 증발기로 재순환시킨다.
② 열교환기에 의해 증발시켜 압축기로 돌려 보낸다.
③ 액회수 장치를 이용하여 고압 측 수액기로 보낸다.

SECTION 07 액회수장치

1) 역할

액회수장치(Liquid Return System)는 액분리기에서 분리된 냉매액을 액류기(액받이)로 받은 후 고압 수액기로 회수하는 장치이다.

2) 회수방법

① 수동 액회수 방법
② 자동 액회수 방법

SECTION 08 투시경

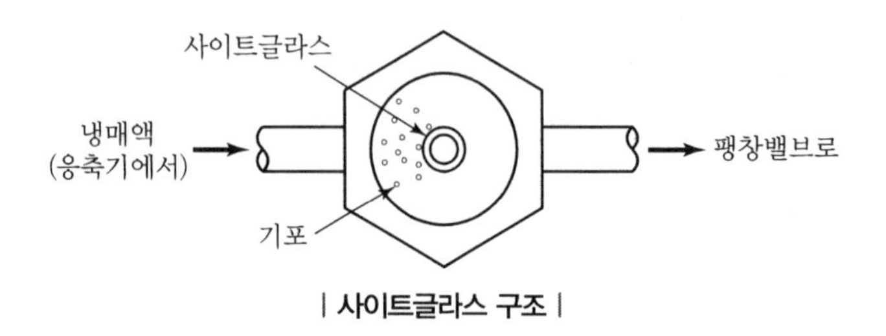

| 사이트글라스 구조 |

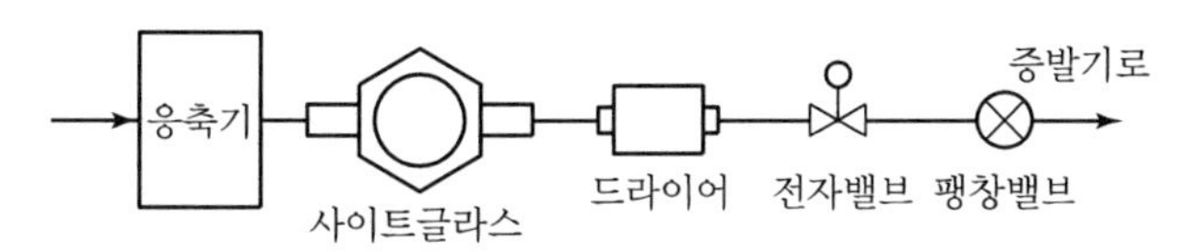

| 고압 액관에서 부속기기 |

1) 역할

투시경(Sight Glass)은 냉매 중 수분의 혼입 여부(색깔로 구분)와 냉매 충전량의 적정 여부(기포로 구분)를 확인하기 위해 설치한다.

2) 설치위치

고압의 액관(응축기와 팽창밸브 사이)

3) 수분 침입확인(Dry Eye)

① 건조 시 : 녹색
② 요주의 : 황록색
③ 다량 혼입 : 황색

4) 충전 냉매의 적정량 확인

① 기포가 없을 때
② 투시경 내에 기포가 있으나 움직이지 않을 때
③ 투시경 입구 측에는 기포가 있으나, 출구 측에는 없을 때
④ 기포가 연속적으로 보이지 않고 가끔 보일 때

SECTION 09 건조기

1) 역할

건조기(Dryer, Drier)는 프레온 냉동장치에서 수분을 제거하여 팽창밸브 통과 시 수분이 팽창밸브 출구에서 동결 폐쇄되는 것을 방지한다.

2) 설치위치

프레온 냉동장치에서 팽창밸브 직전의 고압액관에 설치한다.

3) 건조제(제습제)

① 실리카겔
② 활성 알루미나겔
③ 소바비드
④ 몰레큘러시브
⑤ 보크사이트

4) 제습제의 구비조건

① 수분이나 냉매, 오일에 녹지 않을 것
② 냉매나 오일과 반응하지 않을 것
③ 큰 흡착력을 장시간 유지할 수 있을 것
④ 건조도와 건조효율이 클 것
⑤ 충분한 강도를 가지고 분해되지 않을 것
⑥ 안전하고 취급이 편리할 것
⑦ 가격이 저렴하고 구입이 용이할 것

SECTION 10 여과기

1) 역할

여과기(Filter, Strainer)는 냉매장치 중에 혼입된 이물질을 제거하여 제어밸브 및 기기의 파손을 방지한다.

2) 설치위치

① 압축기 흡입 측
② 팽창밸브 직전
③ 고압 액관 측
④ 펌프 흡입 측
⑤ 오일펌프 출구(큐노필터)
⑥ 드라이어 내부
⑦ 압축기의 크랭크 케이스 내 저유통

3) 종류

① Y형
② U형
③ L형

4) 규격

① 액관의 경우 : 80~100mesh 정도
② 가스관의 경우 : 40mesh 정도
※ mesh : 1inch당 눈금 수

CHAPTER

26 안전장치

SECTION 01 안전밸브

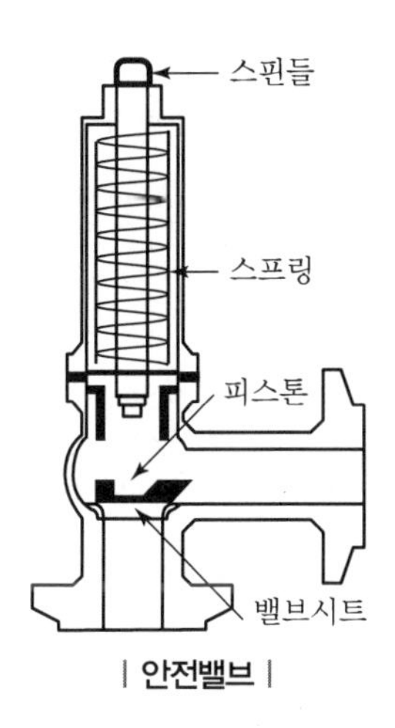

| 안전밸브 |

1) 역할

안전밸브(Safety Valve)는 압축기나 압력용기 내 냉매가스 압력이 이상 상승되었을 때 작동하여 이상압력으로 인한 장치의 파손을 방지하는 기기로서 압축기는 정지하지 않는다.

2) 작동압력

① 정상고압 + 5kg/cm^2 이상

※ NH_3 R−22 : 16~18kg/cm^2

R−22 : 15kg/cm^2(2,101lb/in^2)

② 장치의 내압시험 압력(TP)의 8/10배 이하

3) 설치위치

① 압축기 토출밸브와 토출지변(스톱밸브) 사이에 고압차단 스위치(HPS)와 같은 위치에 설치한다.

② 압축기가 여러 대일 때는 각 압축기의 토출지변 직전에 설치한다. HPS는 토출가스 공동헤더에 설치한다.

4) 종류

① 스프링식(Spring Safety Valve) : 스프링에 의해 이상고압 시 작동되어 가스를 외부로 분출하며, 주로 사용하는 방식이다.
② 중추식(Weight Safety Valve) : 추의 일정 무게를 이용하여 가스 압력이 높아질 경우 가스를 외부로 방출한다.
③ 지렛대식(Lever Type Safety Valve)

5) 안전밸브 분출구경

안전밸브의 최소 구경은 토출가스 및 용기 중의 가스가 충분히 분출될 수 있는 구경으로 선정되어야 한다.

SECTION 02 파열판

1) 역할

파열판(Rupture Disk)은 이상 압력 상승 시 작동하여 가스압력을 외기로 방출하여 위험으로부터 방지하는 역할을 한다. 안전밸브 대용으로 주로 터보 냉동기의 저압 측에 사용되고 있다.

2) 특징

① 압력용기 등에 설치하여 내부압력의 이상 상승 시 박판이 파열되어 가스를 분출한다.
② 1회용으로 한번 파열되면 새로운 것으로 교체해야 한다.
③ 스프링식 안전밸브보다 가스 분출량이 많다.
④ 구조가 간단하고 취급이 용이하다.
⑤ 밸브 시트의 누설염려가 없다.
⑥ 부식성 유체 및 괴상물질을 함유한 유체에 적합하다.

3) 종류

지지 방식에 따라 플랜지형, 유니온형, 나사형이 있다.

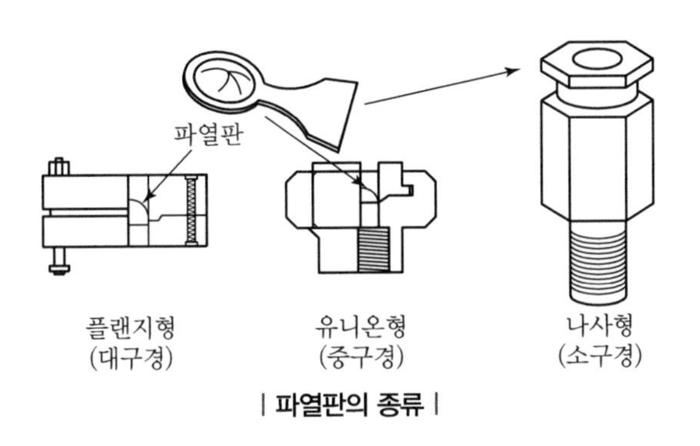

| 파열판의 종류 |

SECTION 03 가용전

1) 역할

① 가용전(Fusible Plug)은 압력용기 내의 이상 압력 상승에 의해 온도가 설정치 이상으로 높아졌을 때 금속이 용융(녹아)되어 고압가스를 외기로 방출함으로써 위험으로부터 방지하는 역할을 한다.
② 보일러나 냉동기에 부착한 안전장치의 일종으로 납, 주석 등의 성분으로 만든 저융합금이다.
③ 보일러의 수면이 낮아져 전열면이 과열할 때나 응축기나 수액기의 온도가 비정상적으로 상승할 때 Fusible Plug를 융해해서 물, 증기 또는 냉매를 유출시켜 용기의 파괴를 막는다.

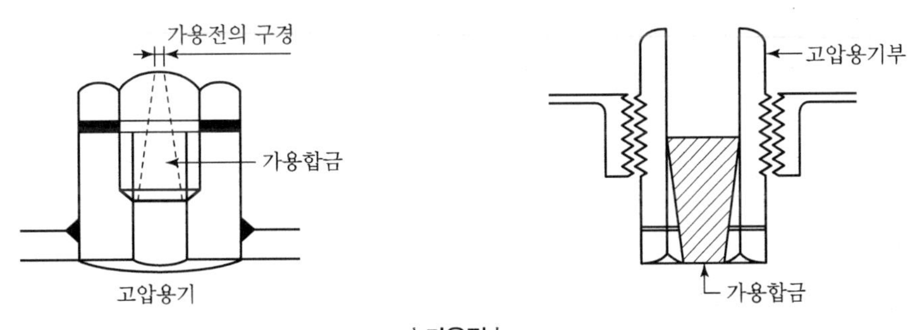

| 가용전 |

2) 설치위치

① 압축기 토출가스의 영향을 받지 않는 곳에 설치한다.
② 주로 20RT 미만의 프레온용 응축기나 수액기의 상부에 안전밸브 대신 설치한다.
③ 응축기나 수액기 등 냉매의 액체와 증기가 공존하는 부분에서 액체에 접촉하도록 설치한다.

3) 특징

① 화재 등으로 인한 온도 상승 시 가용합금이 용융되어 가스를 분출한다.
② 합금의 성분은 납, 주석, 안티몬, 카드뮴, 비스무스 등이다.
③ 용융온도는 68~75℃이다.
④ 가용전의 구경은 최소 안전밸브구경의 1/2 이상으로 한다.
⑤ 암모니아 냉동장치에서는 가용합금이 침식되므로 사용하지 않는다.
⑥ 독성, 가연성 냉매는 사용이 금지된다.

SECTION 04 스위치

1) 고압차단 스위치(HPS : High Pressure Control Switch)

① 고압이 일정 이상의 압력으로 상승되면 전기접점이 차단되어 압축기 구동용 전동기를 정지시켜 이상고압으로 인한 장치의 파손을 방지한다.
② 압축기의 안전장치로 작동압력은 정상고압+4kg/cm² 정도이다.
③ 설치위치
- 1대의 압축기 제어 : 토출밸브와 토출지변 사이(압축기와 토출지변 사이)
- 여러 대의 압축기 제어 : 토출가스에 공동헤더를 설치하여 제어한다.

④ 수동복귀형 HPS는 작동 후에 반드시 리셋 단추를 눌러야 한다.

2) 저압차단 스위치(LPS : Low Pressure Control Switch)

(1) 용도에 따른 구분

① 압축기 보호용 : 저압이 일정 이하가 되면 작동하여 압축기를 정지시킨다.
② 언로더형 : 저압이 일정 이하가 되면 전기접점이 작동하여 언로더용 전자밸브가 작동하여 유압이 언로더 피스톤에 걸려 용량 제어를 한다.

(2) 설치위치

압축기 흡입관에 설치한다.

3) 고 · 저압차단 스위치(DPS : Dual Pressure Switch)

HPS와 LPS를 한 개로 조합한 것으로 고압이 일정 이상이 되거나, 저압이 일정 이하가 되면 압축기 구동용 전동기를 정지시킨다.

4) 유압보호 스위치(OPS : Oil Pressure Protection Switch)

① 압축기 기동 시나 운전 중 일정시간(60～90초 정도, Time Lag)에 유압이 형성되지 않거나 유압이 일정 이하로 될 경우 압축기를 정지시켜 윤활불량으로 인한 압축기의 파손을 방지한다.
② 흡입압력과 유압의 압력차에 의해 작동된다.
③ 종류 : 바이메탈식, 가스통식

SECTION 05 센서

1) 저압센서(Low Pressure Sensor)

① DDC 제어에 있어서 주로 저압을 검지하여 MICOM으로 신호를 전달하여 자동제어(PID 제어)를 하기 위한 센서이다.
② 냉방 시 압축기의 용량 제어용으로 많이 사용한다.

2) 고압센서(High Pressure Sensor)

① DDC 제어에 있어서 주로 고압을 검지하여 MICOM으로 신호를 전달하여 자동제어(PID 제어)를 하기 위한 센서이다.
② 난방 시 압축기의 용량 제어용으로 많이 사용한다.

SECTION 06 전자밸브

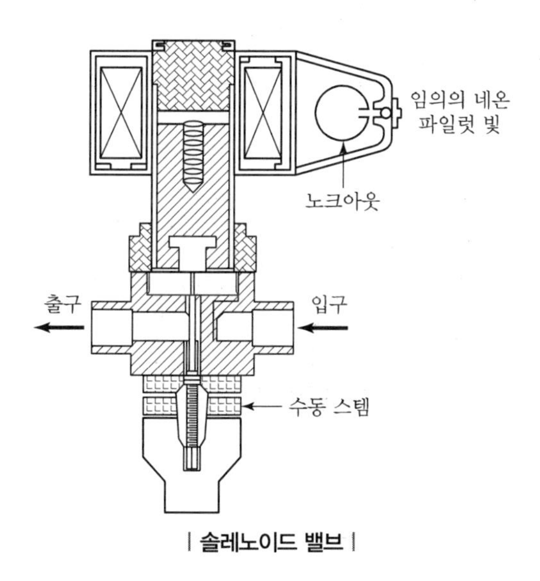

| 솔레노이드 밸브 |

1) 역할

① 전자석의 원리(전류에 의한 자기 작용)를 이용하여 밸브를 On–Off시킨다.

② 전자밸브(SV : Solenoid Valve)는 용량 및 액면 제어, 온도 제어, 액압축 방지, 제상, 냉매 및 브라인 등의 흐름 제어 역할을 한다.

③ 전자코일에 전기가 통하면 플런저가 상승하여 열리고, 전기가 통하지 않으면 닫힌다.

④ 소용량에는 직동식 전자밸브를 사용하고, 대용량에는 파일럿 전자밸브를 사용한다.

2) 전자밸브 설치 시 주의사항

① 전자밸브의 화살표 방향과 유체의 흐름 방향을 일치시킨다.

② 전자밸브의 전자코일을 상부로 하고, 수직으로 설치한다.

③ 전자밸브의 폐쇄를 방지하기 위해 입구 측에 여과기를 설치한다.

④ 전자밸브에 하중이 걸리지 않도록 한다.

⑤ 전압과 용량에 맞게 설치한다.

⑥ 고장, 수리 등에 대비하여 바이패스관을 설치할 수도 있다.

SECTION 07 증발압력 조정밸브

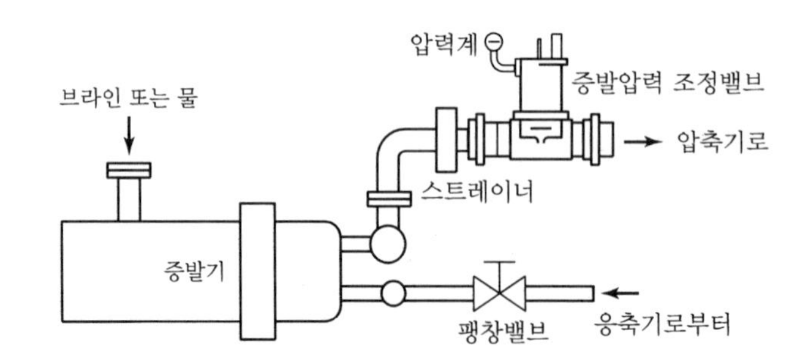

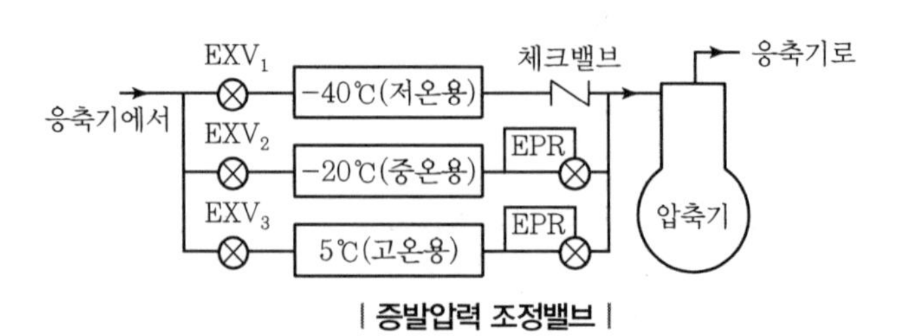

| 증발압력 조정밸브 |

1) 역할

증발압력 조정밸브(EPR : Evaporate Pressure Regulating Valve)는 운전 중 증발압력이 일정 이하가 되어 나타나는 냉수, 브라인 등의 동결이나 압축비 상승으로 인한 영향을 방지한다.

2) 작동압력

① 밸브의 개폐에 필요한 최소 압력차는 0.2kg/cm²며 압력조정범위는 0.2~5kg/cm²로서 EPR의 입구측 압력에 의해 작동한다.
② 증발압력이 일정치 이하로 저하되면 밸브가 닫히고 일정치 이상이 되면 밸브가 열리는 구조이다.

3) 설치위치

① 증발기가 1대일 때 : 증발기 출구에 설치한다.
② 증발기가 여러 대일 때 : 증발온도가 높은 곳에 설치하고, 가장 낮은 곳에는 체크밸브를 설치한다.

4) 설치하는 경우

① 1대의 압축기로 증발온도가 서로 다른 여러 대의 증발기를 사용하는 경우
② 냉수 및 브라인의 동결 우려가 있는 경우
③ 고압가스 제상 시 응축기의 압력 제어로 응축기 냉각수 동결을 방지하고자 하는 경우
④ 냉장실 내의 온도가 일정 이하로 내려가면 안 되는 경우
⑤ 피냉각 물체의 과도한 제습을 방지하고자 하는 경우

5) 종류

소용량 냉동기에는 직동식, 대용량에는 파일럿식 EPR을 사용한다.

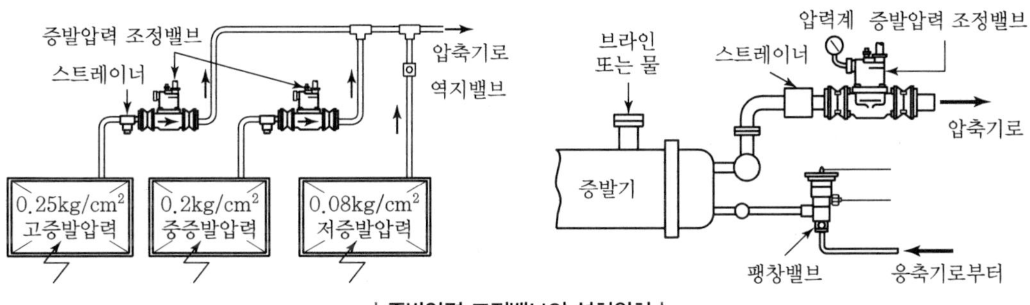

| 증발압력 조정밸브의 설치위치 |

SECTION 08 흡입압력 조정밸브

1) 역할

흡입압력 조정밸브(SPR : Suction Pressure Regulating Valve)는 흡입압력이 일정 압력 이상으로 되었을 때 과부하로 인한 전동기의 소손을 방지하기 위해 설치한다.

2) 작동압력

SPR의 출구 측 압력에 의해 작동하며, 흡입압력이 일정치 이상으로 상승하면 밸브가 닫히고 일정치 이하로 저하되면 밸브가 열리는 구조이다.

3) 설치위치

압축기 흡입관에 설치한다.

4) 설치하는 경우

① 흡입압력 변동이 심한 경우(압축기 안정을 위해)
② 압축기가 높은 흡입압력으로 기동되는 경우(과부하 방지)
③ 높은 흡입압력으로 장시간 운전되는 경우(과부하 방지)
④ 저전압에서 높은 흡입압력으로 기동되는 경우(과부하 방지)
⑤ 고압가스 제상으로 인하여 흡입압력이 높아지는 경우(과부하 방지)
⑥ 흡입압력이 과도하게 높아 액압축이 일어날 경우(액압축 방지)

5) 종류

① 직동식 SPR : 소용량의 경우 사용
② 내부 파일럿식 SPR : 소용량의 경우 사용
③ 외부 파일럿식 SPR : 대용량의 경우 사용

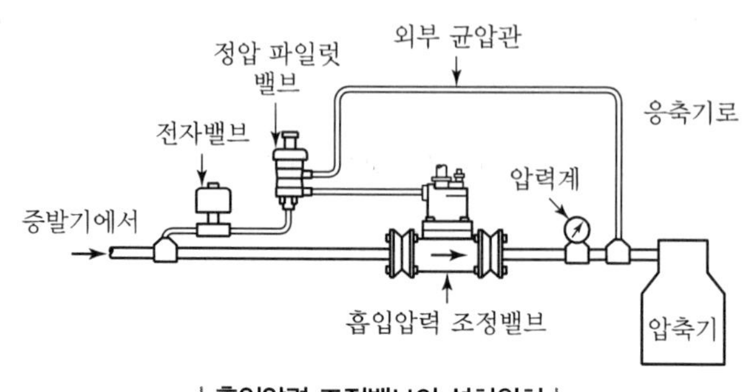

| 흡입압력 조정밸브의 설치위치 |

SECTION 09 절수밸브

1) 역할

① 절수밸브(Water Regulating Valve)는 수랭식 응축기의 부하 변동에 따른 응축기 냉각수량을 제어하여 냉각수를 절약한다.
② 냉각수량 제어로 응축압력을 일정하게 유지한다.
③ 냉동기가 운전 정지 중에는 냉각수를 차단하여 경제적인 운전을 도모한다.

2) 종류

① 압력 작동식 절수밸브 : 응축압력을 감지하여 압력이 상승하면 밸브가 열려 냉각수가 흐르고, 압력이 저하하면 밸브가 닫혀 냉각수 공급이 중지된다.
② 온도식 절수밸브 : 감온통이 설치되어 응축온도를 감지하여 온도 상승 시 밸브가 열려 냉각수를 흐르게 하는 구조로 되어 있다.

SECTION 10 단수 릴레이

1) 역할

① 브라인 냉각기 및 수냉각기(Chiller)에서 브라인이나 냉수량의 감소 및 단수에 의한 배관의 동파를 방지하기 위해 압축기를 정지시킨다.
② 수랭식 응축기에서 냉각수량의 감소 및 단수에 의한 이상 고압 상승을 방지하기 위해 압축기를 정지시킨다.

2) 설치위치

브라인 및 냉수 입구 측 배관에 설치한다.

3) 종류

① 단압식 릴레이
② 차압식 릴레이
③ 수류식 단수 릴레이(Flow Switch)

SECTION 11 온습도 조절기

1) 온도 조절기(TC : Temperature Controller, Thermostat)

(1) 역할

측온부의 온도변화를 감지하여 전기적으로 압축기를 On－Off시킨다.

(2) 종류

바이메탈식, 가스압력식, 전기저항식

2) 습도 조절기(Humidistat)

인간의 머리카락을 주로 이용하여 습도가 증가하면 모발이 늘어나서 전지적 접점이 붙어 이에 의해 전자밸브 등을 작동시켜 감습장치가 작동하게 한다.(공기조화용)

SECTION 12 냉동기유(윤활유)

1) 사용 목적

① 압축기의 베어링, 실린더－피스톤 사이의 마찰과 마모를 줄이는 윤활 작용
② 마찰열을 흡수하는 냉각 작용
③ 밀봉 작용(샤프트실과 피스톤링 등), 원활한 압축기 운전

2) 규격

① 1종(개방형), 2종(밀폐형 및 반밀폐형)
② 각각의 ISO 점도를 8등급으로 분류

3) 요구되는 성능

① 응고점이 낮고 납 성분이 적을 것
② 열안정성이 좋고 인화점이 높을 것
③ 점도가 적당하고 유막이 강할 것
④ 냉매와 분리되기 쉽고 화학적 반응을 일으키지 않을 것
⑤ 항유화성(抗乳化性)이 있을 것

⑥ 산에 대한 안전성이 좋을 것
⑦ 수분 및 산, 먼지 등의 불순물이 없을 것
⑧ 밀폐형 압축기에 사용하는 것은 전기 절연성이 좋을 것

4) 냉동시스템에서의 냉동기유 관리 이유

① 배관 길이가 길거나 오일 토출이 많은 압축기를 사용하는 경우 냉동기유가 크랭크 케이스로 돌아오기 전에 크랭크 케이스의 오일이 없어져 버리는 상황이 될 수 있다. 따라서 압축기 토출 측에 유분리기를 설치해 회수한다.
② 저온으로 운전되는 냉동장치의 증발기에 오일이 유입되면, 점도가 높아지고 유막이 형성되어 전열작용이 저하되어 냉동능력이 감소한다.
③ 암모니아 냉동장치에서 고온 상태의 오일을 압축기로 순환시키면 윤활 불량 및 응축기, 증발기의 전열 작용 저해가 나타난다.

CHAPTER

27 안전관리

SECTION 01 압축기의 안전관리

1) 압축기 과열 원인(토출가스 온도 상승 원인)과 영향

(1) 원인

① 고압이 상승하였을 때
② 흡입가스 과열 시(냉매 부족, 팽창밸브 열림 부족으로 속도 증가에 따른 압력강하가 커져(저압이 낮아져) 온도 역시 기준보다 내려간다.)
③ 윤활 불량 및 워터재킷 기능 불량(암모니아)
④ 토출 · 흡입밸브, 내장형 안전밸브, 피스톤링, 유분리기, 자동반유밸브, 제상용 전자밸브 등의 누설

(2) 영향

① 체적효율 감소로 인한 냉동능력 저하
② 윤활유 열화 · 탄화로 압축기 소손
③ 냉동능력당 소요동력 증대
④ 패킹 및 개스킷의 노화 촉진

2) 토출밸브 누설 시 장치에 미치는 영향

① 실린더 과열 및 토출가스 온도 상승
② 윤활유의 열화 및 탄화
③ 체적효율 저하
④ 냉매 순환량 감소로 인한 냉동능력 저하
⑤ 축수하중 증대

3) 피스톤링의 과대 마모 시 장치에 미치는 영향

① 체적효율 감소
② 냉매 순환량 감소로 인한 냉동능력 저하

③ 크랭크 케이스 내의 압력상승
④ 냉동능력당 소요동력 증대
⑤ 윤활유의 장치 내 배출로 윤활유 부족
⑥ 압축기 실린더의 과열로 윤활유 열화 및 탄화

4) 액압축(Liquid Back)

증발기의 냉매액이 전부 증발하지 못하고, 액체상태로 압축기로 흡입되는 현상을 말한다.

(1) 원인

① 팽창밸브 열림이 클 때(속도 저하에 따른 압력강하의 폭이 적어진다. 즉, 저압이 높아진다.)
② 증발기 냉각관에 유막 및 성에가 두껍게 낄었을 때(전열이 불량하여 증발이 제대로 되지 않는다.)
③ 급격한 부하 변동(부하 감소)
④ 냉매 과충전
⑤ 흡입관에 트랩 등과 같은 액이 고이는 장소가 있을 때
⑥ 액분리기 기능 불량
⑦ 기동 시 흡입밸브를 갑자기 열었을 때

(2) 영향

① 흡입관에 성에가 심하게 덮인다.
② 토출가스 온도가 저하되며 심하면 토출관이 차가워진다.
③ 실린더가 냉각되어 이슬이 맺히거나 성에가 낀다.
④ 심할 경우 크랭크 케이스에 성에가 끼고, 수격작용이 일어나 타격음이 난다.
⑤ 축수하중 및 소요동력이 증대된다.
⑥ 압력계 및 전류계의 지침이 떨리고 압축기가 파손될 수 있다.

(3) 대책

① 흡입관에 성에가 낄 정도로 경미할 경우에는 팽창밸브 열림을 조절한다.
② 실린더에 성에가 낄 경우에는 흡입스톱밸브를 닫고 팽창밸브를 닫은 후, 정상상태가 될 때까지 운전을 한 다음 흡입스톱밸브를 서서히 열고, 팽창밸브를 재조정한다.
③ 수격작용이 일어날 경우, 압축기를 정지시키고 워터재킷의 냉각수를 배출하고 크랭크 케이스를 가열(액냉매를 증발시킨다.)시켜 열교환을 한 후 재운전하며, 정도가 심하면 압축기 파손 부품을 교환한다.
④ 냉매 충전량을 적정하게 하고 기동조작에 신중을 기한다.

5) 압축기 운전 중 이상 소음 발생 원인과 대책

① 기초 고정볼트의 풀림 : 볼트를 조임
② 압축기 커플링의 중심이 맞지 않거나 볼트가 느슨해짐
③ 액 흡입이 발생 : 팽창밸브의 개도율 축소 및 작동 상태 확인, 액분리기 설치
④ 피스톤핀, 베어링 등의 마모
⑤ 토출 측 밸브의 불량 : 밸브 축 풀림 확인, 개폐율 조정

6) 압축기 유온이 지나치게 높은 원인과 대책

① 압축기의 냉각수 부족 : 냉각수 순환 및 보충
② 실린더 재킷부가 스케일로 막힘 : 청소를 실시
③ 냉매 토출온도가 지나치게 높음 : 팽창밸브 조절(과열도를 낮춤)
④ 토출가스의 역류와 재압축 : 토출밸브 및 관련 계통 점검 후 보수

SECTION 02 응축기의 안전관리

1) 응축압력(고압) 상승

(1) 원인

① 응축기 밑에 냉매액이나 오일이 고여 유효 전열면적이 감소할 때(균압관 불량)
② 응축기 냉각수량 부족 및 수온이 상승할 때(공랭식은 송풍량 부족 및 바깥공기 온도 상승)
③ 응축기 냉각관에 유막 및 물때가 끼었을 때
④ 불응축 가스가 장치 내에 존재할 때
⑤ 냉매의 과충전이나 응축부하가 클 때

(2) 영향

① 압축비 증대로 소요동력 증대
② 압축기 토출가스온도 상승
③ 실린더 과열로 오일의 열화 및 탄화
④ 윤활 불량으로 피스톤링 및 부품 마모
⑤ 체적효율 감소로 인한 냉동능력 감소
⑥ 축수부 하중 증대

(3) 대책

① 냉각관 청소 및 오일 배출
② 장치 내 불응축 가스를 가스퍼저를 통해 배출
③ 냉매 충전량, 적정 유무, 응축부하 점검
④ 설계수량에 맞는 적정량의 냉각수를 흐르게 하고, 냉각수 배관계통의 막힘 등을 점검
⑤ 균압관 관지름의 적정 여부 검토

2) 불응축 가스

응축기에서 액화되지 않는 가스를 말한다.

(1) 원인

① 냉동장치의 신설 보수 후 진공작업 불충분으로 잔류하는 공기
② 냉매 및 윤활유 충전 시 부주의로 침입하는 공기
③ 순도가 낮은 냉매 및 오일 충전 시 이들에 섞인 공기
④ 저압 측의 진공운전으로 침입하는 공기
⑤ 오일 탄화 시 발생하는 오일의 증기
⑥ 냉매의 화학분해 시 발생하는 산 증기(염산, 불화수소산 등)
⑦ 밀폐형의 경우 전동기 코일의 소손 등에 의해 생성된 증기

(2) 영향

① 침입한 불응축 가스의 분압만큼 압력 상승
② 압축비 증대로 소요동력 증대
③ 실린더 과열 및 윤활유 열화 및 탄화
④ 윤활 불량으로 활동부 마모
⑤ 체적효율 감소로 냉동능력 감소
⑥ 축수하중 증대 및 성적계수 감소

(3) 확인방법

① 압축기 운전을 정지하고 응축기 입출구 정지밸브를 닫는다.
② 냉각수의 입출구 온도차가 없어질 때까지 냉각수를 흘려 냉매를 최대한 응축 액화시킨다.
③ 냉각수 온도에 상당하는 냉매의 포화압력과 응축기 압력을 비교하여 응축압력이 높으면 불응축 가스가 섞인 것이다.

3) 응축온도나 압력이 높은 원인과 대책

① 공기의 혼입 : 에어퍼지 실시, 흡입 측 누설 점검
② 냉각관의 오염 : 표면의 이물질 및 오염 청소, 세관 작업
③ 냉각수량의 부족 : 배관 계통 점검, 펌프 양정 점검, 냉각수 보충
④ 냉각면적 부족 : 냉매 과충전량 조정, 냉각코일이나 냉각탑의 설계 계산 재검토

SECTION 03 팽창밸브의 안전관리

1) 팽창밸브를 크게 열었을 때

① 지나치게 냉매량이 많아져 액압축의 우려가 커진다.
② 냉매의 분출속도 저하로 증발압력(저압)이 높아진다.
③ 증발온도가 상승한다.

2) 팽창밸브를 작게 열었을 때

① 냉매의 분출속도 증가로 증발압력(저압)이 낮아지고, 증발온도 역시 낮아진다.
② 압축비가 증가한다.
③ 냉매 순환량이 감소하여 압축기로 과열증기가 흡입된다.
④ 압축기가 과열된다.
⑤ 체적효율이 감소한다.
⑥ 냉동능력이 감소한다.
⑦ 윤활유가 열화 및 탄화된다.

3) 장치 내 수분이 존재할 때

(1) 장치 내 수분 침투 원인

① 진공작업 불충분으로 잔류하는 수분
② 냉매, 오일 충전 작업 시 부주의
③ 수리, 정비, 설치 시 부주의
④ 저압 측의 진공 운전 시 바깥 공기 침입(개방형)
⑤ 수분이 섞여 있는 냉매나 오일 충전 시

(2) 영향

① 팽창밸브 동결 폐쇄(프레온)
② 증발온도 상승(암모니아)
③ 유탁액 현상(암모니아)
④ 동부착 현상(프레온 : 염산, 불화수소산 등을 생성)
⑤ 윤활유 열화 촉진

4) 플래시 가스(Flash Gas)

(1) 원인

① 액관이 심하게 솟아있거나 길 때
② 스트레이너, 드라이어 등이 막혔을 때
③ 액관 지름이 심하게 가늘 때
④ 전자밸브, 스톱밸브, 드라이어, 스트레이너 등의 지름이 가늘 때(팽창밸브 전에 팽창밸브 역할을 하기 때문)
⑤ 수액기나 액관이 직사광선에 노출되었을 때
⑥ 액관을 보온 없이 고온 장소에 통과시켰을 때
⑦ 응축온도가 심하게 낮아졌을 때

(2) 영향

① 냉매 순환량 감소로 냉동능력 감소
② 증발압력이 낮아져 압축비 상승 및 냉동능력 감소
③ 흡입가스 과열로 토출가스 온도 상승
④ 실린더 과열로 윤활유 열화 및 탄화
⑤ 냉장실 온도 상승

(3) 대책

① 열교환기를 설치하여 냉매액을 과냉각시킨다.
② 냉매 배관의 길이 및 지름에 주의한다.
③ 주위온도가 높은 경우 단열처리를 철저히 한다.
④ 대용량일 경우 액펌프를 설치한다.

SECTION 04 증발기의 안전관리

1) 증발압력(저압) 저하

(1) 원인

① 팽창밸브가 적게 열렸을 때
② 냉매 충전량이 부족할 때
③ 증발 부하가 감소하였을 때
④ 증발기 냉각관에 유막 및 성에가 덮였을 때
⑤ 액관에 플래시 가스가 발생하였을 때
⑥ 팽창밸브 및 액관 부속품이 막혔을 때(제습기, 여과기 등)

(2) 영향

① 증발온도 저하
② 압축비 증대로 압축기 소요동력 증가
③ 실린더 과열로 토출가스 온도 상승
④ 오일의 열화 및 탄화
⑤ 흡입가스 비체적 상승으로 체적효율 및 냉동능력 감소
⑥ 냉매 순환량 감소로 흡입가스 과열

(3) 대책

① 팽창밸브 열림 조절
② 증발기 성에 발생 시 성에를 제거(제상)하고 오일을 배출
③ 냉매 충전량과 부하상태 점검
④ 액관 부속품의 관지름 및 배관 계통의 막힘 여부 점검
⑤ 액관 단열 및 과냉각 등으로 Flash Gas 발생을 방지

2) 증발기의 냉각 불충분 원인과 대책

① 냉매 부족 : 냉매를 보충
② 윤활유가 증발기에 유입 : 압축기로 윤활유가 쉽게 되돌아 오도록 운전(약간 습운전, 만액기식의 경우 증발기의 액면을 높임)
③ 냉각 표면적의 부족 : 설계 계산을 재검토
④ 공기냉각기의 결상이 심함 : 증발온도가 지나치게 낮음(상향 조정)
⑤ 헤더 형상의 불량으로 냉매 분포 불량 : 헤더 형상과 배관 수정
⑥ 피냉각물(물, 공기, 브라인 등)의 유량 과다 : 관련 계통 점검, 조정

SECTION 05 냉동기의 시험방법

1) 내압시험

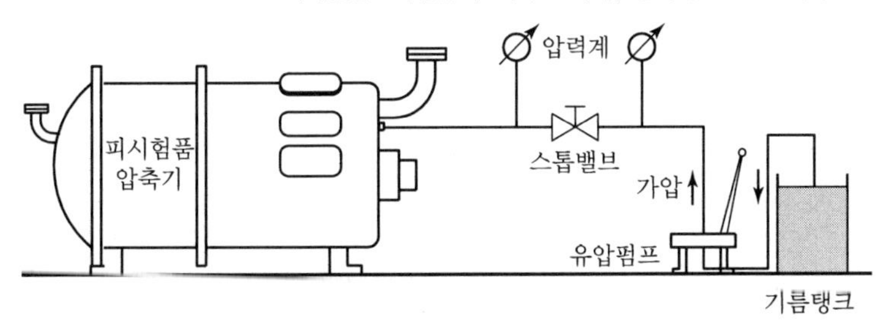

① 압축기, 냉매펌프, 윤활유펌프, 압력용기(수액기), 부스터 등의 배관을 제외한 장치에 실시하는 압력시험으로 내압강도를 확인하기 위해 실시한다.

② 시험압력은 최소 누설시험 압력의 15/8배 이상으로 실시한다.(기밀시험 압력의 1.5배)

③ 시험요령은 피시험품종에 오일이나 물을 채워서 공기를 완전히 배제한 후 압력을 서서히 가하면서 피시험품의 각부에 이상이 없는 것을 확인한다. 액압은 그 최고 압력을 1분 이상 유지한 후 압력을 시험압력의 8/10까지 저하시켜 용접이음 및 이음매의 전장에 걸쳐 둥근해머로 타격한다.

④ 피시험품의 누설, 변형, 파괴 등이 없을 때에만 합격으로 간주한다.

⑤ 제작회사에서 행한다.

2) 기밀시험

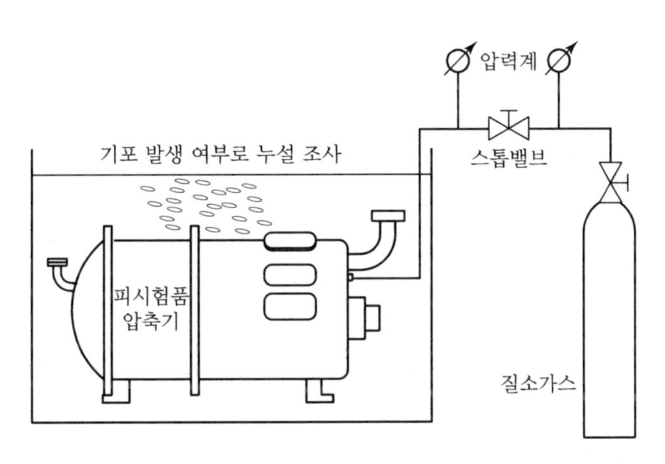

① 내압시험에 합격한 압축기, 부스터, 냉매펌프, 압력용기, 밸브 등 배관을 제외한 구성부품이 모두 조립된 상태에서 내압강도의 확인에 이어 그 기밀성능을 확인하기 위하여 실시한다.

② 누설의 확인이 용이하도록 가스압으로 시험한다.

③ 시험에 사용하는 압축가스는 공기 또는 불연성 가스질소, 이산화탄소를 사용하고, 산소 또는 독성가스를 사용해서는 안 된다(암모니아는 이산화탄소를 피하고, 프레온은 공기를 피한다). 공기 압축기를 사용하여 압축공기를 공급하는 경우에는 1회에 3kg/cm² 이상이 넘지 않도록 서서히 압력을 올리도록 하며 온도는 140℃ 이하가 되도록 한다.

④ 시험압력은 최소 누설 시 압력의 5/4배 이상으로 한다.

⑤ 피시험품 내의 가스를 시험압력으로 유지한 후 물속에 넣거나 외부에 발포액 등을 도포하여 기포 발생 유무에 따라 누설을 확인하여 누설이 없는 것을 합격으로 한다.

⑥ 제작회사에서 행한다.

▼ **내압 및 기밀시험 시 설정압력**

냉매	내압시험		기밀시험	
	고압(kg/cm²)	저압(kg/cm²)	고압(kg/cm²)	저압(kg/cm²)
암모니아	30	15	20	10
R-22	30	15	20	10
R-12	24.75	15	16.5	10

3) 누설시험

① 내압시험 또는 강도시험 및 기밀시험에 합격한 압축기, 부스터, 냉매펌프, 윤활유펌프, 압력용기 등 전체 냉동설비의 냉매배관 공사완료 후 방열공사 및 냉매충전을 하기 전 냉동장치 전 계통에 걸쳐 누설되는 곳을 점검하여 완전 기밀로 하는 것이 목적인 시험이다.

② 시험에 사용하는 가스는 건조공기, 질소 등의 불연성 가스를 사용하고, 기밀시험과 같은 방식으로 행한다.

③ 냉매가스 계통의 압력을 시험압력으로 유지한 후 장치의 외부에 발포액 등을 도포하여 기포의 발생 유무로 누설을 확인하고, 누설이 없는 것을 합격으로 한다. 프레온을 충전하여 시험하는 경우에는 가스누설 검지기로 검사할 수 있다.

4) 진공시험

① 누설시험이 끝난 후 충전 전에 배기밸브나 배유밸브를 열어 장치 내의 가스를 배출함과 동시에 이물질이나 수분을 제거하고 장치 누설 여부를 시험한다.

② 진공펌프나 장치 내의 압축기를 사용한다.

③ 76cmHgV까지 가능한 한 진공으로 만든 후 24시간 방치한다.

④ 0.5cmHg 이하의 압력 상승이면 합격으로 간주한다.(온도변화를 고려)

⑤ 소형 냉동기의 경우 진공시험으로 내압 · 기밀 · 누설시험을 대체한다.

5) 냉각시험(냉각운전, 시운전)

무부하 상태에서 일정시간 내에 설계온도까지 냉각되는지의 여부를 측정하는 시험으로 설계온도까지 냉각되면 합격이다.

6) 방열시험

냉각시험에서 요하는 소정의 온도까지 냉각되었을 때 운전을 정지하고 온도 상승의 정도를 확인하는 시험이다.

7) 해방시험

일정시간 운전 후 압축기 습동부에 대한 마찰상태, 기계의 수명연한 등을 측정하는 시험이다.

8) 냉매충전

SECTION 06 냉매의 충전 및 회수 방법

1) 냉매 충전방법

① 압축기 흡입 측 서비스 밸브로 충전하는 방법
② 압축기 토출 측 서비스 밸브로 충전하는 방법
③ 액관으로 충전하는 방법
④ 수액기로 충전하는 방법

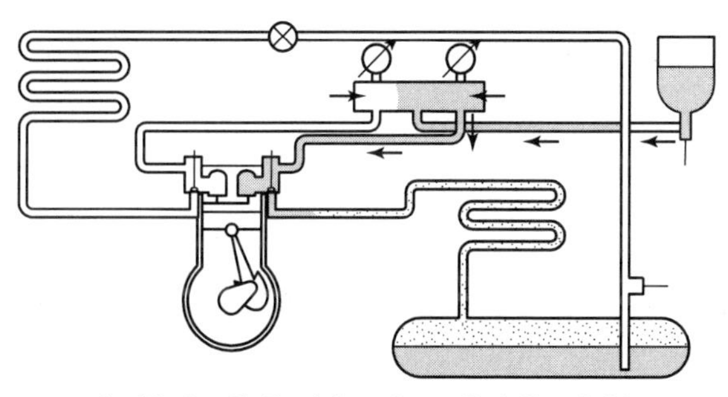

| 압축기 토출 측 서비스 밸브로 충전하는 방법 |

2) 냉매 회수방법

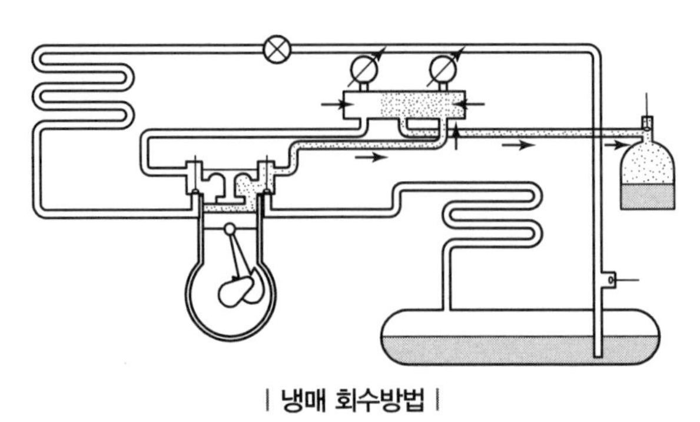

| 냉매 회수방법 |

① 빈 용기의 충전가능량(kg) $= \dfrac{\text{용기의 내용적}}{C}$

② 충전용기 수 $= G \times \dfrac{C}{V}$

여기서, C : 냉매의 중량(kg), G : 냉매의 충전상수, V : 용기의 내용적(L)

▼ 냉매충전상수

냉매	상수	냉매	상수
R-12	0.86	R-22	0.98
R-13	1	암모니아	1.86
R-502	0.93	프로판	2.35

SECTION 07 냉동장치 운전

냉동장치를 운전하는 경우에는 장치의 구조, 배관 계통, 전기결선 취급방법을 잘 알아둔 다음 운전에 임해야 한다. 그리고 운전 조건을 잘 확인해 두는 것도 중요하므로 관계도면이나 취급설명서 등이 항상 비치되어 있어야 한다.

1) 운전 준비

① 압축기의 유면을 점검한다. 모터는 필요에 따라 그 베어링의 유면을 점검한다.
② 냉매량을 확인한다.
③ 응축기, 유냉각기의 냉각수 출구밸브를 연다.
④ 압축기의 흡입 측 스톱밸브 및 토출 측 스톱밸브를 완전히 연다. 단, 저압 측에 액냉매가 고여 있을 경우 흡입 측 스톱밸브를 닫아 둔다.
⑤ 압축기를 여러 번 손으로 돌려서 자유롭게 움직이는지를 확인한다.

⑥ 운전 중에 열어두어야 할 밸브는 전부 열어 놓는다.
⑦ 액관 중에 있는 전자밸브의 작동을 확인한다.
⑧ 벨트 장력의 상태를 점검한다. 직결인 경우 커플링을 점검한다.
⑨ 전기 결선, 조작회로를 점검하여 절연 사항을 측정해 둔다.
⑩ 냉각수 펌프를 운전하여 응축기 및 실린더 재킷의 물흐름을 확인한다.
⑪ 각 전동기에 대하여 수초 간격으로 2~3회 전동기를 기동, 정지시켜 기동상태(전류, 압력), 회전방향을 확인한다.

2) 운전 개시

① 냉각수 펌프를 기동하여 응축기 및 압축기의 실린더 재킷에 물을 흘린다.
② 냉각탑(증발식 응축기)을 운전한다.
③ 응축기 등 수배관 내의 공기를 배출시킨다.
④ 증발기의 송풍기 또는 냉수(브라인) 순환펌프를 운전한다.
⑤ 압축기를 기동하여 흡입 측 스톱밸브를 서서히 연다. 이때 압축기에서 노크(Knock) 소리가 나면 즉시 밸브를 닫는다.
⑥ 수동 팽창밸브의 경우에는 팽창밸브를 서서히 규정 열림 지름까지 연다. 자동인 경우 밸브 앞에 있는 수동밸브를 완전히 열어준다.
⑦ 압축기의 유압을 확인하여 조정한다. 유압은 흡입압력+순수 적정유압으로 하고 제조회사의 취급 설명서를 참조하여 조정한다.
⑧ 운전상태가 안정되었으면 전동기의 전압, 운전전류를 확인한다.
⑨ 압축기의 크랭크 케이스 유면을 자주 확인한다.
⑩ 응축기 또는 수액기 액면을 확인한다.
⑪ 응축기 또는 수액기에서 팽창밸브에 이르기까지의 액배관에 손을 대보아 현저한 온도변화(온도저하)가 있는 곳이 없나 확인한다.
⑫ 투시경이 있을 때는 기포가 발생하지 않는지 확인한다.
⑬ 팽창밸브 상태에 주의하여, 소정의 흡입압력, 적당한 과열도가 되도록 조정한다.
⑭ 토출가스 압력을 점검하여, 필요에 따라 냉각수량, 냉각수 조절밸브를 조정한다.
⑮ 증발기에서 냉각상황, 성에상황, 냉매의 액면 등을 점검한다.

- 고 · 저압 압력스위치, 유압보호 압력스위치, 냉각수 압력스위치 등의 작동을 확인하여 필요에 따라 조정한다.
- 유분리기의 기능을 점검한다.

3) 운전 정지

① 팽창밸브 직전의 밸브(수액기 출구밸브)를 닫는다. 저압이 정상적인 운전압력보다 1~1.5kg/cm^2 정도 내려갔을 때 압축기의 흡입 측 스톱밸브를 닫고 전동기를 정지시킨다. 이때, 프레온 냉매의 경

우 0.1kg/cm², 암모니아의 경우 0kg/cm² 이하가 되어서는 안 된다.

② 압축기가 완전 정지한 후 토출 측 스톱밸브를 닫는다.

③ 유분리기의 반유밸브를 닫는다. 이는 정지 중 분리기 내에 응축된 냉매가 압축기로 돌아오는 것을 방지하기 위한 조작이다.

④ 응축기, 실린더 재킷의 냉각수를 정지시킨다. 겨울철에 동파의 위험성이 있을 때는 기내의 물을 배출시킨다.

4) 기동과 정지 시 주의할 점

(1) 기동 시 주의사항

① 토출밸브는 반드시 열려 있을 것

② 흡입밸브를 조작할 때에는 신중을 기할 것

③ 팽창밸브 저정에 신중을 기할 것

④ 안전밸브의 원변이 열려 있는지 확인할 것

⑤ 이상음에 신경 쓸 것

(2) 운전 중 주의사항

① 액을 흡입하지 않도록(액압축) 한다.(암모니아는 프레온보다 조금 낮은 온도에서 압축)

② 흡입가스가 과열되지 않도록 한다.(프레온은 5℃ 과열압축)

③ 압력계, 전류계 지시에 주의한다.

④ 토출가스 온도가 심하게 높지 않도록 한다.(암모니아는 120℃ 이하)

⑤ 유분리기, 응축기, 증발기로부터 배유를 확인한다.

⑥ 응축기의 수량 및 냉각관의 청결상태를 확인한다.

⑦ 불응축 가스를 배출한다.

⑧ 윤활상태 및 유면을 점검한다.

⑨ 누설 유무 및 진동 여부를 확인한다.

(3) 장시간 정지 시 조치사항

① 수액기 출구밸브를 닫는다.(저압 측 냉매를 전부 수액기로 회수)

② 팽창밸브를 닫는다.

③ 저압이 0.1kg/cm² 정도일 때 흡입지변을 닫는다.

④ 압축기를 정지시킨다.(전원 스위치 차단)

⑤ 압축기 회전이 완전히 정지하면 토출지변을 닫는다.

⑥ 브라인 펌프 등을 정지하고 유분리기 자동반유밸브를 닫는다.

⑦ 냉각수 공급을 차단한다.

⑧ 겨울철 동파의 위험이 있을 때는 배관 내의 물을 배출시킨다.

(4) 정전 시 조치사항

① 주전원 스위치를 차단시킨다.
② 수액기 출구밸브를 닫는다.
③ 흡입 측 스톱밸브를 닫는다.
④ 압축기가 완전 정지하면 토출 측 스톱밸브를 닫는다.
⑤ 냉각수 공급을 차단한다.

5) 냉동기의 운전 전 준비사항

① 압축기의 유면을 점검한다.
② 응축기의 액면계 등으로 냉매량을 확인한다.
③ 응축기, 유냉각기의 냉각수 출입구 밸브를 연다.
④ 압축기의 흡입 측, 토출 측 정지밸브를 완전히 연다. 단, 흡입 측에 액냉매가 고여 있을 경우 흡입 측 스톱밸브를 닫아둔다.
⑤ 압축기를 손으로 3~4번 돌려준다.(자유롭게 돌아가는지 확인)
⑥ 운전 중에 열어두어야 할 밸브를 모두 연다.
⑦ 액관 중에 있는 전자밸브의 작동을 확인한다.
⑧ 벨트나 커플링의 상황을 점검한다.(직선과 장력)
⑨ 전기 결선, 조작회로를 점검하고 절연저항을 측정해 둔다.
⑩ 냉각수 펌프를 운전하여 응축기 및 실린더 워터재킷의 물흐름을 확인한다.
⑪ 각 전동기에 대하여 수초 간격으로 2~3회 전동기를 기동, 정지시켜 기동상태(전류와 전압)와 회전 방향을 확인한다.

6) 이중 입상관

냉매 유속이 느려지면 흡입관에서의 오일 회수가 어려워지며, 특히 언로더(부하경감장치)가 설치되어 있는 경우 언로더 작동 시 냉매 유속이 감소하여 오일 회수가 어려워지므로 그림과 같이 배관한다.

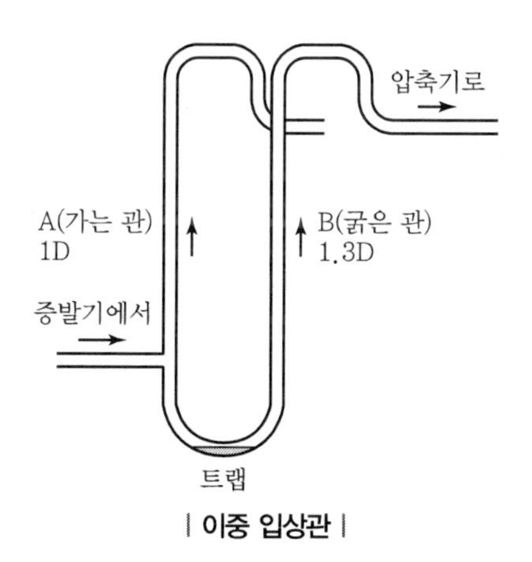

| 이중 입상관 |

SECTION 08 냉동장치의 정기적인 점검

1) 주 1회 점검사항

① 압축기의 유면 점검
② 유압 점검
③ 압축기를 정지한 후 축봉부에서의 오일 누설 여부 확인
④ 장치 전체의 이상 유무 확인
⑤ 운전기록을 조사하여 이상변화 유무 확인

2) 월 1회 점검사항

① 전동기의 윤활유 점검
② 벨트 장력 점검
③ 풀리 및 플렉시블 커플링의 이완상태 점검
④ 토출압력 점검 및 흡입압력 점검
⑤ 냉매 누설 감지
⑥ 안전장치 작동 확인
⑦ 냉각수 오염상태 확인

3) 연 1회 점검사항

① 응축기의 냉각관 청소
② 전동기의 베어링 점검
③ 벨트의 마모 여부 확인 및 교환
④ 압축기 분해 점검(5,000~8,000시간마다 오버홀 실시)
⑤ 드라이어 및 건조제 점검 및 교환
⑥ 냉매계통 필터 청소
⑦ 안전밸브 점검(압축기 최종단에 설치된 것을 6개월에 1회 이상 점검 실시)
⑧ 제어기기의 절연저항 및 작동상태 확인

SECTION 09 냉매 배관

1) 개요

냉동기의 압축기, 응축기, 팽창밸브, 증발기 등을 연결하여 냉동사이클을 구성하며, 냉매를 운반하는 배관은 다음과 같이 네 부분으로 나눌 수 있다.

① 흡입가스 배관(저압) : 증발기 → 압축기

② 토출가스 배관(고압) : 압축기 → 응축기

③ 액 배관(고압) : 응축기 → 팽창밸브

④ 액 배관(저압) : 팽창벨브 → 증발기

2) 냉동에 사용되는 배관의 구비조건

① 냉매나 윤활유의 화학적 및 물리적 작용에 의하여 열화되지 않을 것

② 냉매의 종류에 따라 재료를 선택하여 사용할 것

- 암모니아 : 동 및 동합금 사용 금지
- 프레온 : 2% 이상의 마그네슘을 함유한 알루미늄합금 사용 금지
- 염화메틸(R-40) : 알루미늄 및 알루미늄 합금 사용 금지

③ 냉매의 압력이 10kg/cm²를 넘는 배관에는 주철관을 사용하지 말 것

④ -50℃ 이하의 저온에 노출되는 배관에는 2~4%의 니켈을 함유한 강관, 18-8 스테인리스 또는 이음매 없는 동관을 사용할 것

⑤ 증발기에서 압축기 또는 압축기에서 응축기 사이에는 충분한 내압강도를 갖는 플렉시블 튜브(가요관)를 사용할 것

⑥ 배관용 탄소강관(흑관)은 저압 측에 사용될 수 있지만 고압 측에 사용할 수 없는 냉매도 있으므로 주의할 것

⑦ 관의 외면이 물에 접촉되는 부분의 배관에는 순도 99.8% 미만의 알루미늄을 사용하지 말 것(단, 내식처리를 실시한 경우에는 제외)

3) 배관 시공 시 기본적인 주의사항

① 장치의 기기 및 배관은 완전한 기밀을 유지하고 충분한 내압강도를 가질 것

② 사용하는 배관재료는 각각의 용도, 냉매의 종류, 온도에 의하여 선택할 것

③ 기기 상호 간에 연결하는 배관은 최단거리로 할 것

④ 굴곡부는 가능한 적게 하고, 곡률반경은 크게 할 것

⑤ 온도변화에 의한 배관의 신축을 고려할 것

⑥ 배관의 곡관부는 가능한 없게 하고, 경사는 크게 하며 관의 지름은 충분한 크기로 직선으로 설치할 것

⑦ 수평배관에는 냉매가 흐르는 방향으로 1/200~1/500의 하향경사로 설치할 것
⑧ 유회수가 용이하도록 하고 관 중에 불필요하게 오일이 체류하지 않도록 할 것
⑨ 통로를 횡단하는 배관은 바닥에서 2m 이상 높게 매달거나, 견고한 보호커버를 설치하여 바닥 밑에 매설할 것
⑩ 냉매배관 내 냉매가스의 유속 및 압력손실 값은 다음 표를 기준으로 할 것

▼ 각종 냉매의 유속 및 압력강하 기준

냉매	흡입관			토출관			액관
	유속 (m/s)	포화온도강하 (℃)	압력강하 (kg/cm²)	유속 (m/s)	포화온도강하 (℃)	압력강하 (kg/cm²)	유속 (m/s)
R-12	6~20	1	0.3(5℃)	10~17.5	0.5~1	0.15~0.3	0.5~1
R-22	6~20	1	0.2(5℃)	10~17.5	0.5~1	0.2~0.5	0.5~1
암모니아	10~25	0.5	0.05(5℃) 0.03(-30℃)	15~30	0.5	0.2	0.5~1
염화메틸	6~20	1	0.1(5℃)	10~20	0.5~1	0.2	0.5~1

4) 냉매별 배관 시공 시 유의사항

(1) 프레온 냉매

① 흡입관

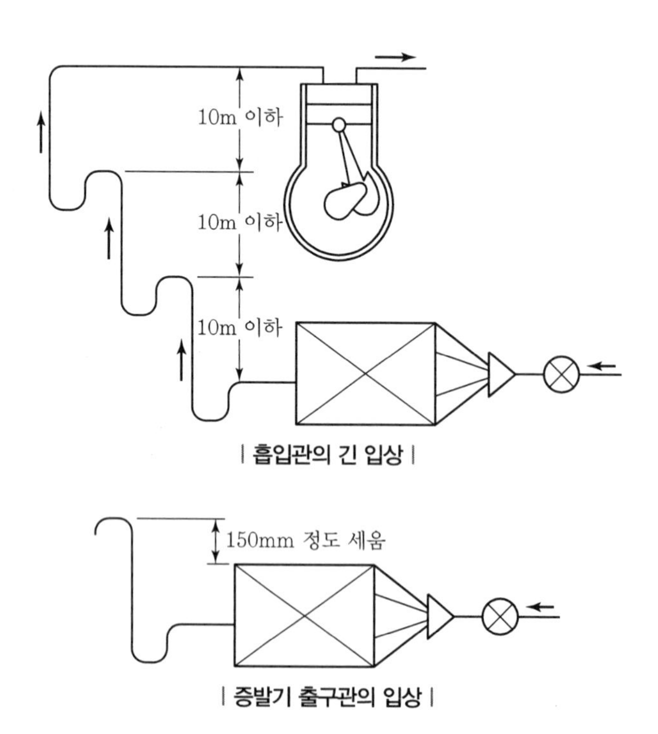

| 흡입관의 긴 입상 |

| 증발기 출구관의 입상 |

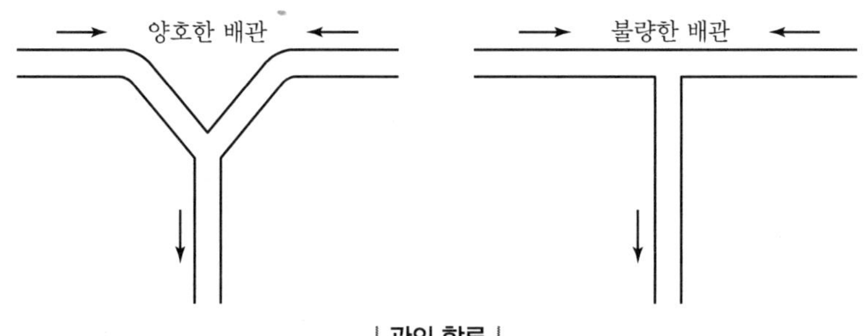

| 관의 합류 |

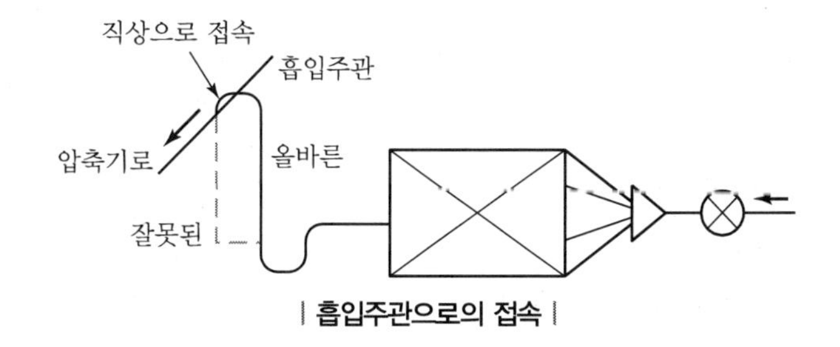

| 흡입주관으로의 접속 |

- 냉매가스 중의 윤활유가 회수될 수 있는 속도여야 하며 압축기를 향하여 1/200의 하향 경사를 둘 것
- 과도한 압력손실이나 소음이 발생하지 않도록 20m/s 이하의 속도로 제한할 것
- 관지름은 가스의 유속과 압력손실에 의해 결정
- 압축기가 증발기의 상부에 위치하고, 세움관이 길 경우에는 약 10m마다 중간트랩을 설치하여 윤활유가 증발기로 역류하지 않도록 할 것
- 압축기가 증발기 하부에 위치할 경우에는 정지 중에 증발기 내의 액냉매가 압축기로 유입되지 않도록 증발기 출구에 역트랩을 설치한 후 증발기 상부보다 높게(150mm 정도) 세워서 배관할 것
- 흡입관에는 불필요한 트랩이나 곡부를 설치하지 말 것(재기동 시 액압축 방지)
- 두 갈래의 흐름이 합류하는 곳은 T이음이 아닌, Y이음을 할 것
- 각 증발기에서 흡입주관으로 들어가는 관은 반드시 주관의 위로 접속할 것

② 토출관

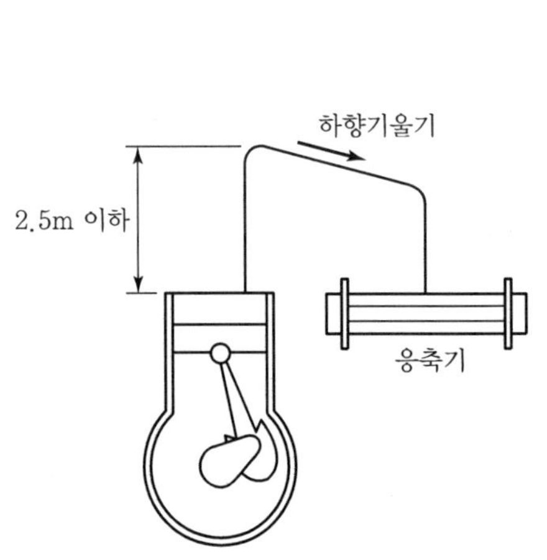

| 압축기와 응축기가 같은 위치일 때 |

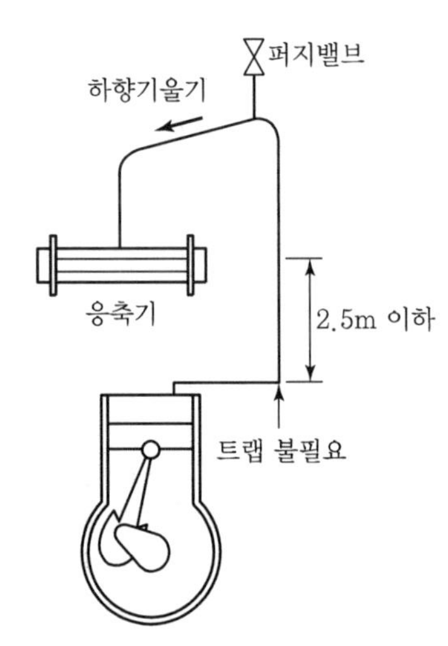

| 응축기가 압축기보다 높을 때 |

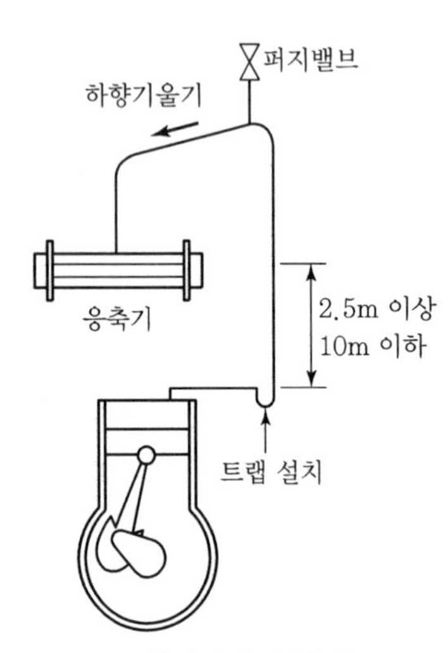

| 토출관의 수직상승관 |

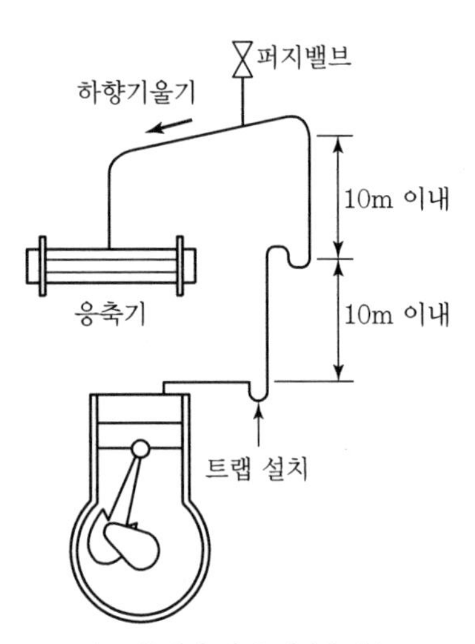

| 토출관의 긴 수직상승관 |

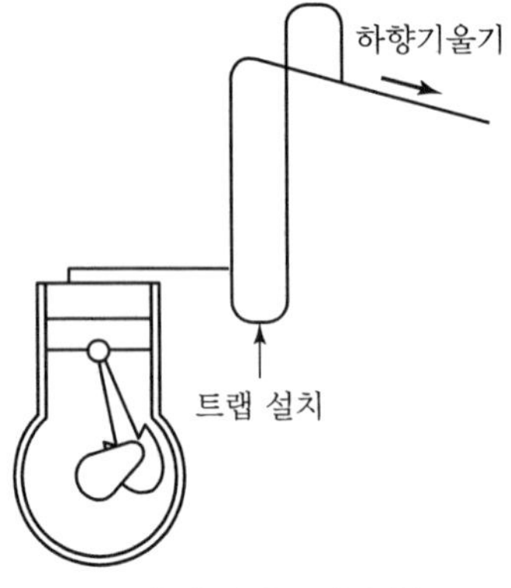

| 토출관의 이중 입상관 |

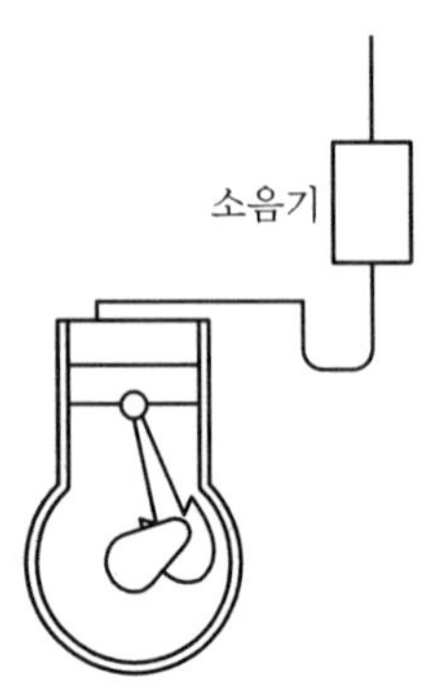

| 소음기 설치위치 |

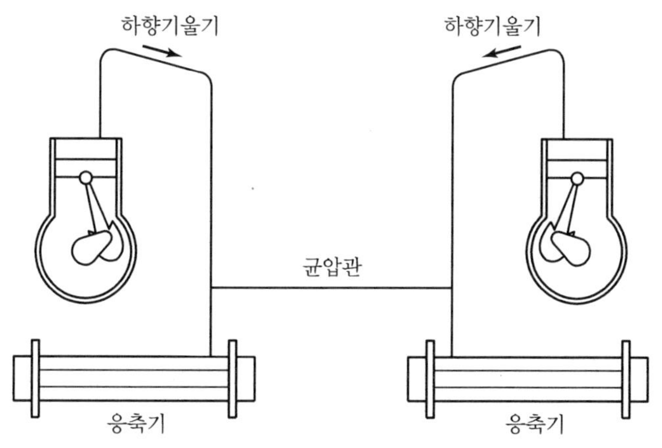

| 압축기가 응축기 상부에 있는 경우 |

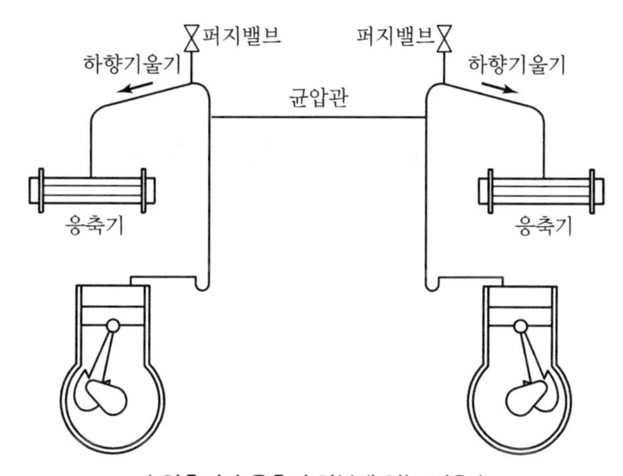

| 압축기가 응축기 하부에 있는 경우 |

- 압축기와 응축기가 같은 위치에 있는 경우 일단 수직상승관을 설비한 다음 하향경사를 둘 것 (압축기 정지 중 응축된 냉매가 압축기로 역류하는 것을 방지)
- 세움관의 길이가 길어질 경우 10m마다 중간트랩을 설치하여 배관 중의 오일이 압축기로 역류되는 것을 방지할 것
- 압축기에 광범위한 용량조절장치가 있을 경우, 수직상승관의 유속을 확보하기 위해 2중세움관을 사용할 것
- 소음기(머플러)는 수직상승관에 부착하되, 될 수 있는 한 압축기 근처에 부착할 것
- 2대 이상의 압축기가 각각 독립된 응축기를 갖고 있을 때에는 토출관 중 응축기 가까운 곳에 토출관과 같은 치수 또는 그 이상의 굵기를 갖는 균압관을 설치할 것
- 토출가스관은 보통 1℃ 정도의 압력강하로 관지름을 설정할 것

(2) 암모니아 냉매

① 흡입관

- 액압축 방지를 위해 불필요한 곡부 및 트랩을 설치하지 않는다.

- 액압축 방지를 위해 흡입관에 충분한 용량의 액분리기를 설치하고 냉매 제어에 안정화를 기하기 위해 자동액회수장치를 설치한다.

② 토출관

- 응축기를 향하여 하향기울기로 하며 냉매가 역류되지 않도록 한다.
- 토출관의 합류는 Y형으로 접속한다.

▼ 암모니아 배관의 기울기

구분	흡입관	토출관	액관	
			응축기에서 수액기까지	수액기에서 팽창밸브까지
기울기	$\frac{1}{100}$ (증발기에서 아래로)	$\frac{1}{100}$ (압축기에서 아래로)	$\frac{1}{50}$ (응축기에서 아래로)	$\frac{1}{100}$

SECTION 10 유압이 냉동장치에 미치는 영향

1) 냉동장치의 유압이 저하할 경우

① 장치 각부에 윤활 부족을 초래한다.
② 마모, 파손이 심해지고 실린더가 과열된다.
③ 여러 가지 악영향을 초래한다.
④ 운전 불능 상태가 된다.

2) 냉동장치의 유압이 이상 상승할 경우

① 윤활 각부에 공급되는 오일양이 증가한다.
② 오일 해머링이 우려된다.
③ 장치 내로 토출되는 오일양이 증가한다.
④ 열교환 부분에서 전열이 방해된다.
⑤ 윤활 부족을 초래한다.

SECTION 11 압축기 크랭크 케이스 내의 유온

1) NH_3

NH_3는 토출가스 온도가 높으므로 실린더가 가열되고, 윤활유가 열화 및 탄화할 우려가 있으므로 Oil Cooler를 설치하여 유온을 40℃ 이하로 억제한다.

2) Freon

Freon은 유온이 낮을 경우 오일 포밍의 우려가 있으므로 저온용이나 터보 냉동기에서는 CCH를 설치하여 30℃ 이상을 유지한다.

SECTION 12 터보 냉동기의 서징

1) 정의

터보 냉동기의 운전 중 고압이 저하하고 저압이 상승하면서 전류계의 지침이 흔들리고 심한 소음과 함께 베어링 등이 급격히 마모할 때가 있다. 이것은 고 · 저압차가 증가하여 냉매가 임펠러를 통해 역류하여 생기는 현상으로 이를 서징(Surging)이라 한다.

2) 원인

① 흡입 가이드 베인을 너무 조였을 때
② 응축압력이 상승했을 때
③ 냉각 수온이 너무 높을 때
④ 어떤 한계치 이하의 가스 유량으로 운전할 때

SECTION 13 액봉현상

1) 정의

액관의 도중에 설치된 폐쇄된 밸브 사이의 냉매액이 밀봉된 상태로 운전 정지 시 온도 상승에 의한 체적 팽창으로 열응력이 발생하여 액관이 파열되는 현상을 말한다.

2) 액봉이 주로 발생하는 장소

① 액관의 폐쇄형 밸브와 밸브 사이
② 액순환식 증발기의 액펌프 체크밸브와 개폐밸브 사이

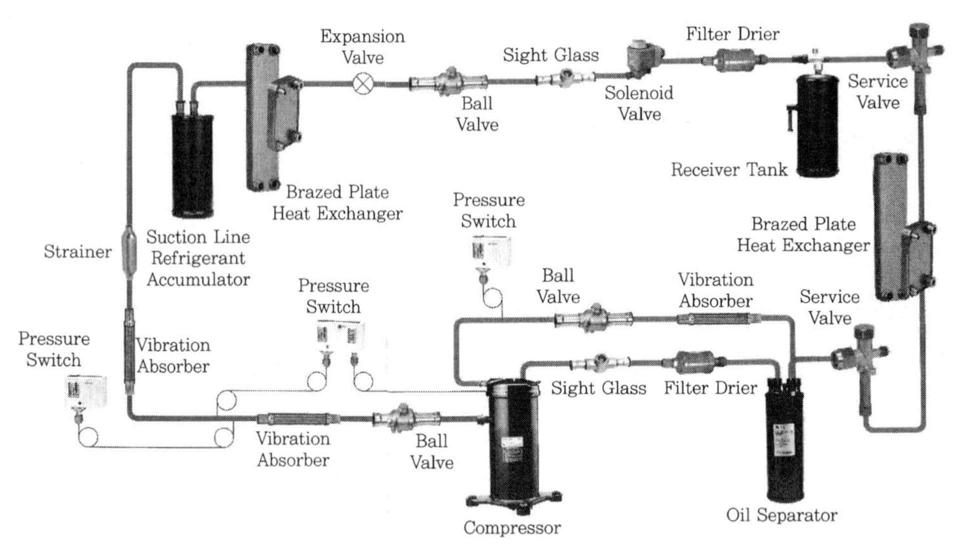

| 냉동사이클의 개략도 |

3) 액봉의 방지 대책

① 액관 중에 폐쇄형 밸브를 직렬로 설치하지 않는다.
② 냉동기 정지 시에 수액기 출구밸브를 닫은 후 액관 내의 냉매액을 어느 정도 증발기로 회수시킨 후 팽창밸브를 닫는다.

SECTION 14 냉동장치에의 수분 침입

1) 암모니아 냉동장치

암모니아 냉매는 수분이 용해되더라도 동결점이 낮아 수분의 동결과 같은 별다른 문제가 발생하지 않는다.

2) 프레온 냉동장치

(1) 수분 침투 시 발생하는 이상 현상

① 저압부가 0℃ 이하이면 팽창밸브, 보세관, 플로트 스위치, 균입관 등과 같이 좁은 냉매배관 내에서 수분 빙결에 의해 냉매 순환이 불량해진다.
② 만액식 증발기 내에서는 수분 빙결로 인해 전열작용이 저하한다.
③ 회로를 구성하는 배관이나 장치의 부식을 유발한다.
④ 슬러지를 만들어 압축기 밸브나 샤프트실 등의 손상을 유발한다.
⑤ 윤활유의 윤활성을 저하시켜 압축기의 고착이나 윤활유의 열화를 유발한다.

(2) 대책

① 건조기를 설치한다.
② 건조기의 종류
- 건조제의 형상에 따른 구분 : 고체 건조제 수납형, 입상 건조제 수납형
- 건조제 설치 방식에 따른 구분 : 고정식(건조제 교체 불필요), 교환식

CHAPTER

28 2단 압축과 다효 압축

SECTION 01 2단 압축

1) 채용목적

한 대의 압축기를 이용하여 −30℃ 이하의 저온을 얻으려면 증발압력 저하로 압축비가 크게 상승하므로 압축기를 2단으로 나누어 저단압축기는 저압을 중간압력까지 상승시키고, 이 가스를 중간냉각기로 냉각한 후 고단압축기로 고압까지 상승시켜주는 방식을 2단 압축(Two Stage Compression)이라 한다. 2단 압축을 채용하여 체적효율 감소, 압축기 과열 및 소요동력의 증가를 방지할 수 있다.

2단 압축을 하는 이유
- 체적효율 저하 방지
- 압축기 과열 방지
- 소비동력 증가 방지
- 성적계수 향상
- 팽창밸브 통과 후에 냉매 건조도 감소
- 토출온도 상승 방지
- 윤활유 열화 방지

2) 2단 압축의 채용

① 압축비가 6 이상인 경우

② 암모니아 : −35℃ 이하의 증발온도를 얻고자 할 때

③ 프레온 : −50℃ 이하의 증발온도를 얻고자 할 때

3) 2단 압축 방식

2단 압축 방식에는 2단 압축 1단 팽창 방식과 2단 압축 2단 팽창 방식이 있다. 2단 압축에 사용되는 압축기는 종래에는 2대의 압축기에 의한 2단 압축을 하였으나, 근래에 와서는 1대의 압축기로 2단 압축을 하는 소위 컴파운드 압축기(Compound Compressor)가 많이 사용된다.

4) 중간압력 산정

$$P_m = \sqrt{P_H \cdot P_L}$$

여기서, P_m : 중간 절대압력(kg/cm² · a)
P_H : 고압(atm), 응축 절대압력(kg/cm² · a)
P_L : 저압(atm), 증발 절대압력(kg/cm² · a)

일반적으로 고단 측과 저단 측의 압축비는 같게 한다.

5) 냉동사이클과 선도

(1) 2단 압축 1단 팽창

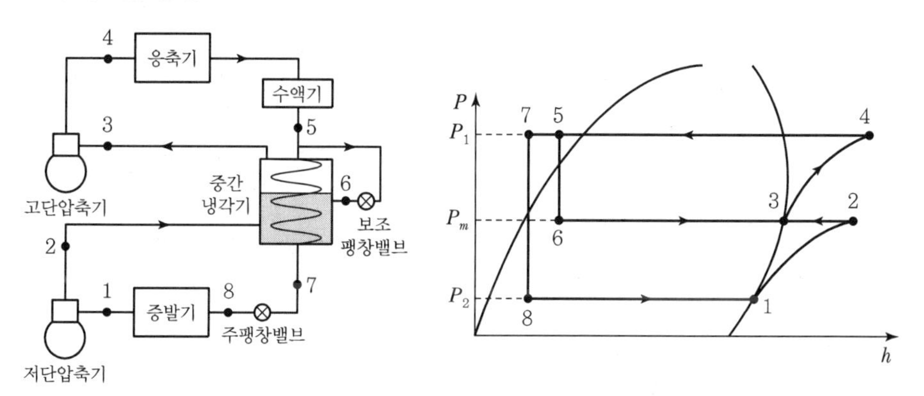

| 2단 압축 1단 팽창 냉동사이클 및 $P-h$ 선도 |

(2) 2단 압축 2단 팽창

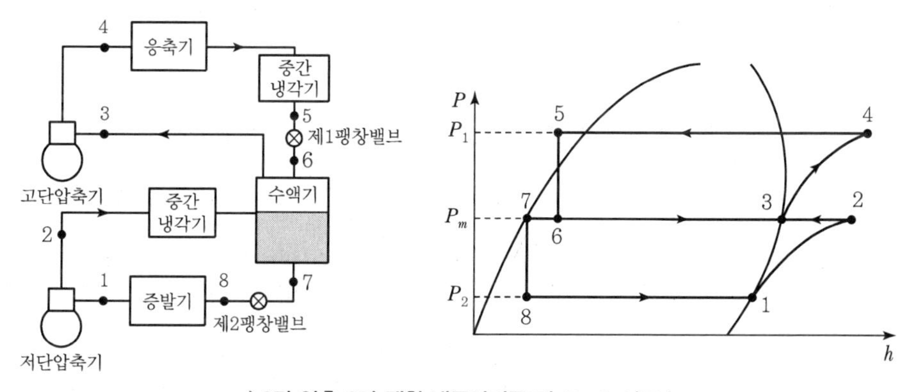

| 2단 압축 2단 팽창 냉동사이클 및 $P-h$ 선도 |

▼ **2단 압축 방식 비교**

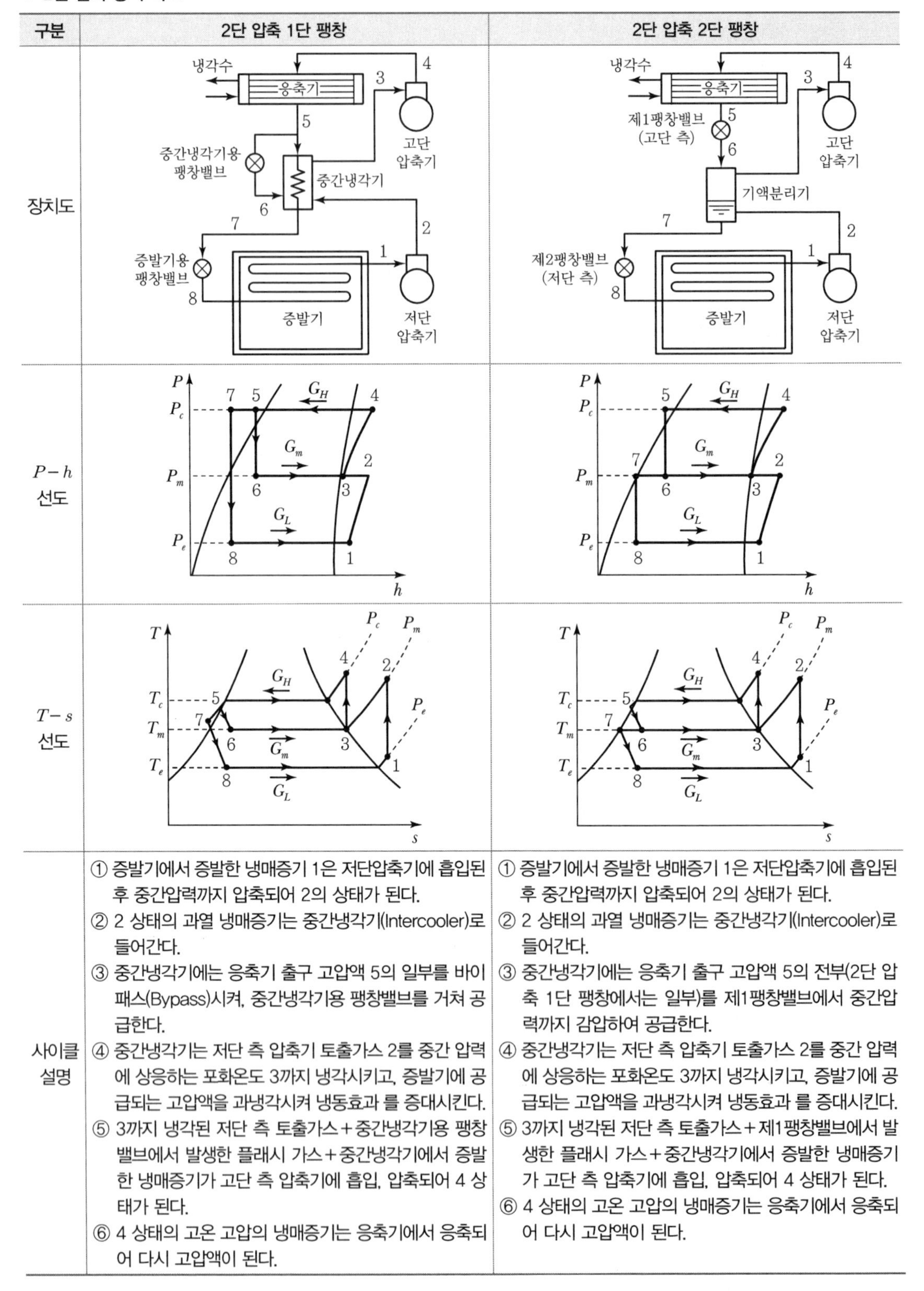

구분	2단 압축 1단 팽창	2단 압축 2단 팽창
장치도		
$P-h$ 선도		
$T-s$ 선도		
사이클 설명	① 증발기에서 증발한 냉매증기 1은 저단압축기에 흡입된 후 중간압력까지 압축되어 2의 상태가 된다. ② 2 상태의 과열 냉매증기는 중간냉각기(Intercooler)로 들어간다. ③ 중간냉각기에는 응축기 출구 고압액 5의 일부를 바이패스(Bypass)시켜, 중간냉각기용 팽창밸브를 거쳐 공급한다. ④ 중간냉각기는 저단 측 압축기 토출가스 2를 중간 압력에 상응하는 포화온도 3까지 냉각시키고, 증발기에 공급되는 고압액을 과냉각시켜 냉동효과 를 증대시킨다. ⑤ 3까지 냉각된 저단 측 토출가스+중간냉각기용 팽창밸브에서 발생한 플래시 가스+중간냉각기에서 증발한 냉매증기가 고단 측 압축기에 흡입, 압축되어 4 상태가 된다. ⑥ 4 상태의 고온 고압의 냉매증기는 응축기에서 응축되어 다시 고압액이 된다.	① 증발기에서 증발한 냉매증기 1은 저단압축기에 흡입된 후 중간압력까지 압축되어 2의 상태가 된다. ② 2 상태의 과열 냉매증기는 중간냉각기(Intercooler)로 들어간다. ③ 중간냉각기에는 응축기 출구 고압액 5의 전부(2단 압축 1단 팽창에서는 일부)를 제1팽창밸브에서 중간압력까지 감압하여 공급한다. ④ 중간냉각기는 저단 측 압축기 토출가스 2를 중간 압력에 상응하는 포화온도 3까지 냉각시키고, 증발기에 공급되는 고압액을 과냉각시켜 냉동효과 를 증대시킨다. ⑤ 3까지 냉각된 저단 측 토출가스+제1팽창밸브에서 발생한 플래시 가스+중간냉각기에서 증발한 냉매증기가 고단 측 압축기에 흡입, 압축되어 4 상태가 된다. ⑥ 4 상태의 고온 고압의 냉매증기는 응축기에서 응축되어 다시 고압액이 된다.

6) 중간냉각기(Intercooler)

(1) 중간냉각기의 역할

① 저단 측 압축기 토출가스의 과열을 제거하여 고단 측 압축기에서의 과열을 방지한다.

② 증발기로 공급되는 냉매액을 과냉각시켜 냉동효과 및 성적계수를 증대시킨다.

③ 고단 측 압축기 흡입가스 중 액을 분리시켜 액압축(액백)을 방지한다.

(2) 중간냉각기의 종류

① 플래시식

② 액냉각식

③ 직접팽창식

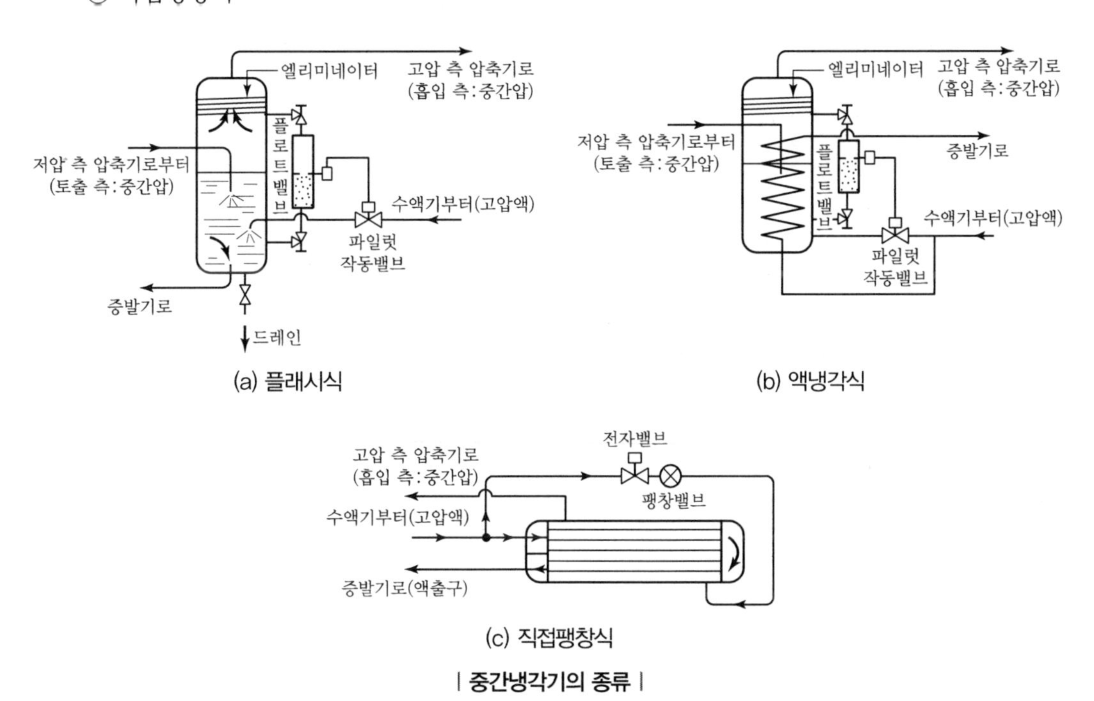

(a) 플래시식

(b) 액냉각식

(c) 직접팽창식

| 중간냉각기의 종류 |

7) 2단 압축 냉동장치의 계산

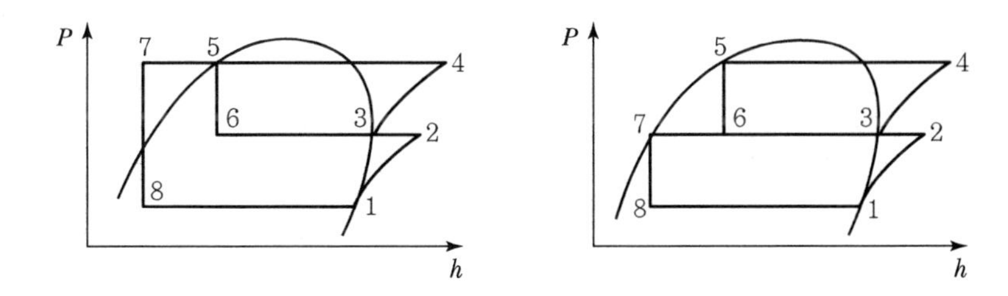

(1) 저단 냉매 순환량(G_L)

$$G_L(\text{kg/h}) = \frac{Q_e}{h_1 - h_8}$$

여기서, Q_e : 냉동능력(kcal/h)

(2) 중간단 냉매 순환량(G_m)

$$G_m(h_3 - h_6) = G_L(h_2 - h_3) + G_L(h_5 - h_7)$$

$$\therefore\ G_m(\text{kg/h}) = G_L\frac{(h_2 - h_3) + (h_5 - h_7)}{(h_3 - h_6)}$$

(3) 고단 냉매 순환량(G_H)

$$G_H = G_m + G_L$$

$$\therefore\ G_H(\text{kg/h}) = G_L \cdot \frac{h_2 - h_7}{h_3 - h_6}$$

(4) 저단 압축일량(AW_L)

$$AW_L(\text{kcal/h}) = G_L(h_2 - h_1)$$

(5) 고단 압축일량(AW_H)

$$AW_H(\text{kcal/h}) = G_H(h_4 - h_3)$$

(6) 성적계수(COP)

$$COP = \frac{Q_e}{AW_L + AW_H}$$

$$= \frac{(h_1 - h_8)}{(h_2 - h_1) + (h_4 - h_3)\dfrac{(h_2 - h_7)}{(h_3 - h_6)}}$$

> **TIP** 부스터(Booster) 압축기
>
> 증발압력에서 중간압력까지 압력을 상승시키기 위한 압축기로 저단 측 압축기를 말하며, 고단 측 압축기보다 용량이 커야 한다. 극저온을 필요로 할 때에는 냉동장치의 저압 측이 현저하게 낮아져 1대의 압축기로 저압가스를 응축압력까지 압축하기가 힘이 드는데, 이때 보조압축기를 사용하여 그 압력을 저압압력과 응축압력의 중간압력까지 압축하는 방식이다. 다시 말하면, 1단 압축 사이클로 작용하고 있는 냉동기의 증발온도, 즉 증발압력을 내리기 위하여 저단압축기를 추가하고, 증발기에서 나온 냉매를 일단 저단압축기에 흡입해서 이것을 고단압축기의 흡입압력까지 압축하는 것이다. 따라서 2단 압축 1단 팽창 사이클과 같이 동력 절약을 주목적으로 해서 중간압력 P_3를 $P_3 = \sqrt{P_1 \cdot P_2}$ 로 결정하는 것이 아니고, 고압 측 압축기의 흡입압력을 중간압력으로 채용하여 이것보다 낮은 증발압력 P_2를 얻기 위하여 보조압축기인 부스터(Booster)를 사용할 때의 냉동사이클이다. 따라서 이 사이클은 2단 압축 사이클 방식이므로 각종 냉동량 계산은 2단 압축 팽창 사이클과 같다.

SECTION 02 2원 냉동

1) 채용목적

매우 낮은 저온을 만들고자 할 때 냉동기를 저온용과 고온용으로 만들고 저온 냉동기의 응축기 냉각을 고온 냉동기의 증발기로 하도록 한 것이 2원 냉동사이클(Binary Refrigeration Cycle)이다. 단일냉매로는 2단 또는 다단 압축을 하여도 냉매의 특성(극도의 진공운전, 압축비 과대) 때문에 초저온을 얻을 수 없으므로 비등점이 각각 다른 2개의 냉동사이클을 병렬로 형성하여 고온 측 증발기로 저온 측 응축기를 냉각시켜 −70℃ 이하의 초저온을 얻기 위해 채용한다. 저온 냉동기는 탄산가스나 아세틸렌 등과 같이 임계압이 낮은 냉매를 사용할 수 있어서 편리하다.

2원 냉동을 하는 이유

- 2단 압축으로도 무리한 부분을 해소
- 냉매의 증발압력이 낮아지고 비체적의 증가 및 고온 측의 임계압력 상승 등의 무리한 장치를 해소
- 냉동기 정지 시 저온 측이 주위 온도에 의해 고압으로 되는 것을 방지

2) 사용 냉매

−70℃ 이하의 초저온이 필요한 경우, R−12, R−22 등과 같은 일반 냉매를 사용하게 되면 이들 냉매는 비점이 그리 낮지 않으므로(R−12 : −29℃, R−22 : −42℃) 증발온도(압력)가 매우 낮아져 압축기 입구 냉매증기의 비체적(mm³/kg)이 매우 커진다. 따라서 냉매 순환량(kg/h)이 감소하여 냉동능력이 매우 떨어진다. 2원 냉동에서는 비점이 낮은, 즉 증발압력이 낮아도 비체적이 적당히 작은 냉매를 사용한다. 주로 R−13(비점 −81℃)이 사용되며 석유화학 플랜트에서는 에틸렌(비점 −104℃)을 사용하는 경우도 있다. 2원 냉동기의 저온 측 냉매로 일반적으로 사용되는 R−13의 경우, 임계온도가 약 28.8℃이기 때문에 일반 냉각수로는 냉매증기를 응축시킬 수 없으므로 2원 냉동장치를 채택하여 고온 측 냉동장치 증발기의 냉각력으로 R−13 냉매증기를 응축시킨다.

① 고온 측 냉매 : R−12, R−22 등 끓는점이 높은 냉매

② 저온 측 냉매 : R−13, R−14, 에틸렌(−104℃), 메탄(−164℃), 에탄(−89℃) 등 끓는점이 낮은 냉매

3) 냉동사이클과 선도

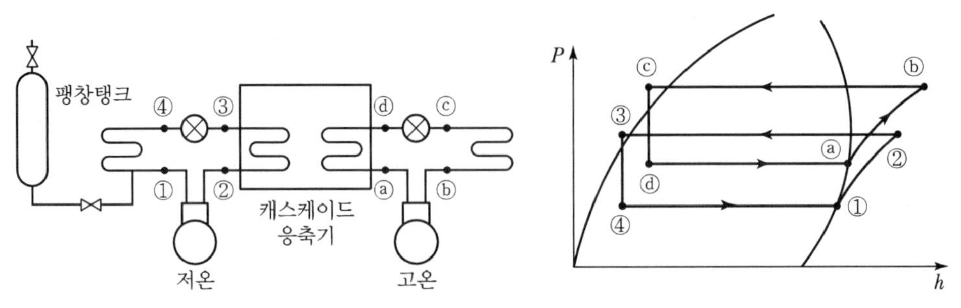

| 2원 냉동사이클 및 $P-h$ 선도 |

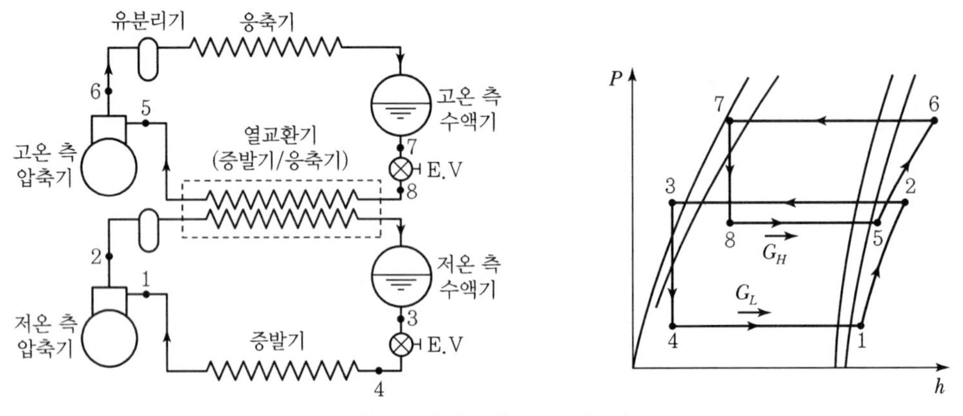

| 2원 냉동사이클 및 $P-h$ 선도 |

① 2원 냉동사이클은 2개의 냉동사이클, 즉 저온 냉동사이클과 고온 냉동사이클로 구성되며, 저온 냉동사이클 1→2→3→4의 응축기(과정 2→3)는 고온 냉동사이클 5→6→7→8의 증발기(과정 8→5)에 의해 냉각된다.

② 2원 냉동장치에서의 냉동능력을 R이라 할때, 저온 측 냉동장치의 냉매 순환량 G_L은 다음과 같다.

$$G_L = \frac{R}{h_1 - h_4}$$

③ 고온 측 냉동장치의 증발기에서 얻은 열량$(h_5 - h_8)$과 저온 측 냉동장치의 응축기 방열량$(h_2 - h_3)$은 같아야 하므로 고온 측 냉동장치의 냉매 순환량 G_H는

$$G_H = G_L \frac{(h_2 - h_3)}{(h_5 - h_8)} = \frac{R(h_2 - h_3)}{(h_5 - h_8)(h_1 - h_4)}$$

④ 저온 측, 고온 측 냉동장치의 소요동력을 각각 AW_L, AW_H라고 하면

$$AW_L = \frac{R(h_2 - h_1)}{(h_1 - h_4)}$$

$$A\,W_H = \frac{R(h_2-h_3)(h_6-h_5)}{(h_5-h_8)(h_1-h_4)}$$

따라서 장치 전체의 소요동력 $A\,W = A\,W_L + A\,W_H$이므로

$$A\,W = \frac{R}{(h_1-h_4)}\left((h_2-h_1) + \frac{(h_2-h_3)(h_6-h_5)}{(h_5-h_8)}\right)$$

⑤ 이 장치의 성능계수(COP)는 다음과 같다.

$$COP = \frac{R}{A\,W} = \frac{(h_1-h_4)(h_5-h_8)}{(h_2-h_1)(h_5-h_8)+(h_2-h_3)(h_6-h_5)}$$

4) 캐스케이드 콘덴서(Cascade Condenser)

저온 측 응축기와 고온 측 증발기를 조합하여 저온 측 응축기의 열을 효과적으로 제거하여 응축 액화를 촉진해주는 일종의 열교환기이다.

팽창탱크(Expansion Tank)

2원 냉동장치 중 저온(저압) 측 증발기 출구에 설치하여 장치 운전 중 저온 측 냉동기를 정지하였을 경우 초저온 냉매의 증발로 체적이 팽창되어 압력이 일정 이상 상승하게 되면 저온 측 냉동장치가 파손되기 때문에 이를 예방하기 위하여 설치한다.

SECTION 03 다효 압축

① 다효 압축(Multi－effect Cycle)은 증발온도가 다른 2대의 증발기에서 나온 압력이 서로 다른 가스를 2개의 흡입구가 있는 압축기로 동시에 흡입시켜 압축하는 방식으로 하나는 피스톤의 상부에 흡입밸브가 있어 저압증기만을 흡입하고, 다른 하나는 피스톤의 행정 최하단 가까이에서 실린더벽에 뚫린 제2흡입구가 자연히 열려 고압증기를 흡입한다.

② 압축기는 2대의 흡입구를 가지고 있으며 흡입하는 가스의 압력은 서로 다르지만 압축기 구조적으로 흡입 위치를 달리하여 고저압 가스를 혼합함으로써 동시에 압축한다.

③ 제1팽창밸브로부터 유출된 냉매는 분리기로 들어가서 냉매 증기와 냉매 액으로 분리된다. 여기서 분리된 냉매액은 제2팽창밸브로부터 증발기 내로 들어가서 흡열 작용을 한다.

④ 한편 분리된 냉매 증기는 압축 실린더의 흡입단에 설치된 가는 구멍으로부터 실린더 내로 진입하여서 저압의 증발기로부터 흡입된 증기와 같이 압축된다.

⑤ Voorhees Cycle이라고도 하며, 냉매로는 CO_2, NH_3 등이 사용된다.

⑥ 압축기가 1대라는 점 외에는 2단 압축 2단 증발 냉동사이클과 구성이 거의 동일하다.

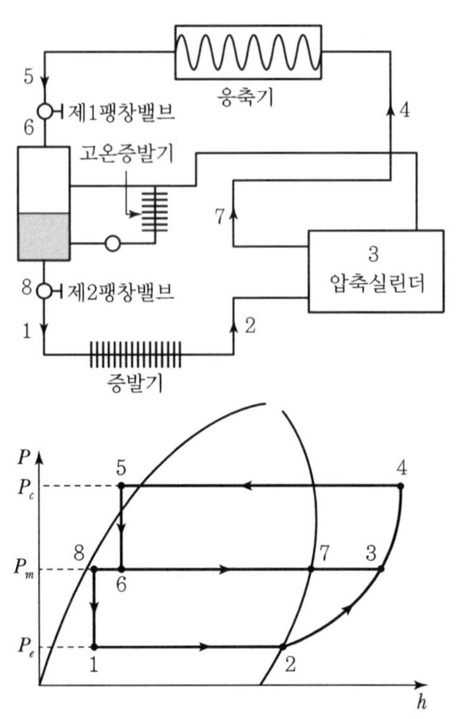

| 다효 압축 냉동사이클 및 $P-h$ 선도 |

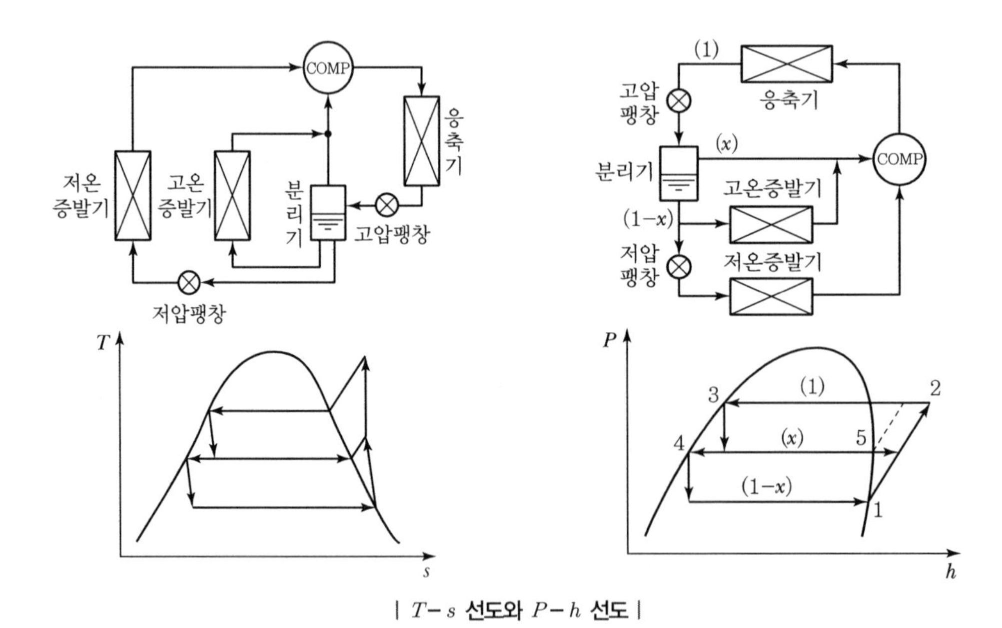

| $T-s$ 선도와 $P-h$ 선도 |

SECTION 04 이코노마이저식 냉동사이클

① 2단 압축 이상의 원심 냉동기에서는 각 단마다 이코노마이저(Economizer)를 설치하여 성능계수를 향상시킨다.

② 1단에서 압축된 냉매 증기와 이코노마이저에서 중간압까지 팽창할 때 발생되는 증기를 함께 혼합해 2단 압축을 실시한다.

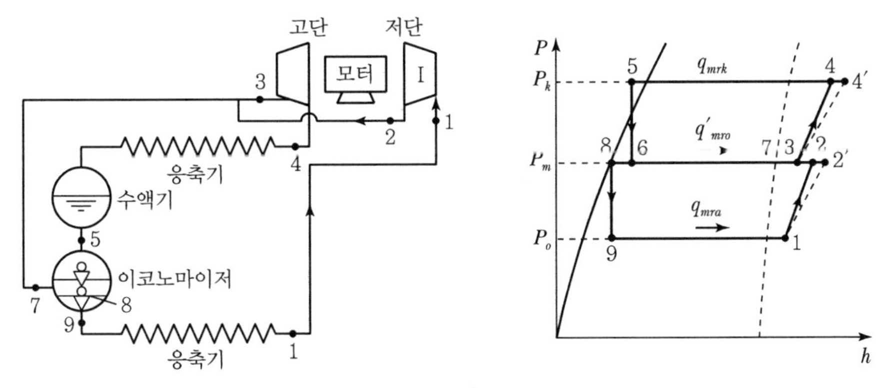

| 이코노마이저식 2단 압축 원심 냉동사이클 |

CHAPTER

29 신 · 재생에너지

SECTION 01 신 · 재생에너지의 정의

1) 신에너지

기존의 화석연료를 변환시켜 이용하거나 수소 · 산소 등의 화학 반응을 통하여 전기 또는 열을 이용하는 에너지로서 다음에 해당하는 것을 말한다.

① 수소에너지

② 연료전지

③ 석탄을 액화 · 가스화한 에너지 및 중질잔사유를 가스화한 에너지로서 대통령령으로 정하는 기준 및 범위에 해당하는 에너지

④ 그 밖에 석유 · 석탄 · 원자력 또는 천연가스가 아닌 에너지로서 대통령령으로 정하는 에너지

2) 재생에너지

햇빛 · 물 · 지열 · 강수 · 생물유기체 등을 포함하는 재생 가능한 에너지를 변환시켜 이용하는 에너지로서 다음에 해당하는 것을 말한다.

① 태양에너지

② 풍력

③ 수력

④ 해양에너지

⑤ 지열에너지

⑥ 생물자원을 변환시켜 이용하는 바이오에너지로서 대통령령으로 정하는 기준 및 범위에 해당하는 에너지

⑦ 폐기물에너지(비재생폐기물로부터 생산된 것은 제외)로서 대통령령으로 정하는 기준 및 범위에 해당하는 에너지

⑧ 그 밖에 석유 · 석탄 · 원자력 또는 천연가스가 아닌 에너지로서 대통령령으로 정하는 에너지

3) 에너지원별 정의

① 태양광 : 태양광발전시스템(태양전지, 모듈, 축전지 및 전력변환장치로 구성)을 이용하여 태양광을 직접 전기에너지로 변환시키는 기술

② 태양열 : 태양열이용시스템(집열부, 축열부 및 이용부로 구성)을 이용하여 태양광선의 파동성질과 광열학적 성질을 이용한 분야로 태양열 흡수 · 저장 · 열변환을 통하여 건물의 냉난방 및 급탕 등에 활용하는 기술
③ 풍력 : 풍력발전시스템(운동량변환장치, 동력전달장치, 동력변환장치 및 제어장치로 구성)을 이용하여 바람의 힘을 회전력으로 전환시켜 발생하는 유도전기를 전력 계통이나 수요자에게 공급하는 기술
④ 연료전지 : 수소, 메탄 및 메탄올 등의 연료를 산화시켜서 생기는 화학에너지를 직접 전기에너지로 변환시키는 기술
⑤ 수소에너지 : 수소를 기체상태에서 연소 시 발생하는 폭발력을 이용하여 기계적 운동에너지로 변환하여 활용하거나 수소를 다시 분해하여 에너지원으로 활용하는 기술
⑥ 비이오에너지 : 태양광을 이용하여 광합성되는 유기물(주로 식물체) 및 동 유기물을 소비하여 생성되는 모든 생물 유기체(바이오매스)의 에너지
⑦ 폐기물에너지 : 사업장 또는 가정에서 발생되는 가연성 폐기물 중 에너지 함량이 높은 폐기물을 열분해에 의한 오일화 기술, 성형고체연료의 제조기술, 가스화에 의한 가연성 가스 제조기술 및 소각에 의한 열회수기술 등의 가공 · 처리 방법을 통해 연료를 생산하는 기술
⑧ 석탄 가스화, 액화 : 석탄, 중질잔사유 등의 저급원료를 고온 고압하에서 불완전연소 및 가스화 반응시켜 일산화탄소와 수소가 주성분인 가스를 제조하여 정제한 후 가스터빈 및 증기터빈을 구동하여 전기를 생산하는 신발전기술
⑨ 지열 : 지표면으로부터 지하로 수 m에서 수 km 깊이에 존재하는 뜨거운 물(온천)과 돌(마그마)을 포함하여 땅이 가지고 있는 에너지를 이용하는 기술
⑩ 소수력 : 개천, 강이나 호수 등의 물의 흐름으로 얻은 운동에너지를 전기에너지로 변환하여 전기를 발생시키는 시설용량 10,000kW 이하의 소규모 수력발전
⑪ 해양에너지 : 해수면의 상승하강운동을 이용한 조력발전과 해안으로 입사하는 파랑에너지를 회전력으로 변환하는 파력발전, 해저층과 해수표면층의 온도차를 이용하여 열에너지를 기계적 에너지로 변환 발전하는 온도차 발전

SECTION 02 신 · 재생에너지의 중요성

① 최근 유가 급등, 기후 변화 협약의 규제 대응과 맞물려 신 · 재생에너지에 대한 중요성과 필요성이 증대하고 있다.
② 화석 에너지 고갈 문제와 환경 문제의 핵심 해결 대안이다.
③ 신 · 재생에너지 산업은 IT, BT, NT와 함께 미래 산업, 차세대 산업으로 꼽힌다.

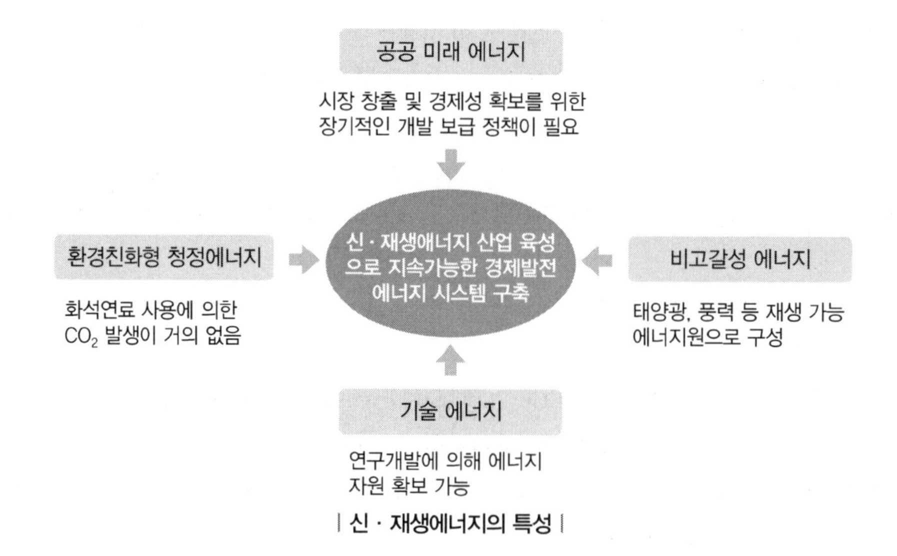

| 신 · 재생에너지의 특성 |

SECTION 03 신 · 재생에너지의 종류

1) 태양열시스템(Solar Thermal System)

① 집열부(Collector Element), 축열부(Thermal Storage Element) 및 이용부(Use Element)가 모두 갖추어진 시스템을 의미한다.

② 각 구성부 간의 열전달 방법이 모두 기계적 강제순환 방식에 의할 때, 이를 설비형 태양열시스템(Active Solar System)이라 하고, 모두 비기계적 자연순환 방식에 의할 때, 이를 자연형 태양열시스템(Passive Solar System)이라 한다. 주로 비기계적 자연순환 방식에 의하나 약간의 기계적 강제순환 장치(펌프, 송풍기 등)를 첨가한 것을 혼합형 태양열시스템(Hybrid Solar System)이라 한다.

③ 태양열시스템을 설치하여 건물의 냉난방, 온수 급탕 및 조명에 필요한 에너지의 일부 또는 대부분을 충당할 수 있게 설계된 에너지절약형 건물을 태양열건물이라 한다. 여기서, 설비형 태양열시스템을 설치하면 설비형 태양열건물, 자연형 태양열시스템을 설치하면 자연형 태양열건물이라 정의한다.

2) 태양광발전시스템(Photovoltaic Power System)

태양으로부터 빛에너지를 받아 태양전지를 통해 바로 전기를 생성하는 발전 기술이다.

(1) 구성

태양전지 모듈	햇빛을 받아 직류 전류를 생성
전력제어장치	최대 출력값 유지를 위한 DC 변환과 보정 장치
축전지	발생된 전기를 저장
인버터	직류 → 교류 전류로 전환

① 태양전지(Solar Cell, Photovoltaic Cell)를 이용하여 태양광선을 직접 직류전기로 변환시킬 수 있는 이 시스템은 태양전지, 축전지, 인버터(Inverter)와 제어장치로 구성된다.
② 보통 한 개의 용량이 1Watt 이상인 태양전지 수십 개로 구성된 태양전지 모듈(Module)을 시스템에 설치한다.
③ 현재 시판되고 있는 결정질 태양전지 모듈의 효율은 약 13% 정도이다.
④ 태양열시스템과 같은 복잡한 과정을 거치지 않아도 되는 특성이 있으며, 시스템 내에 움직이는 부분이 없어 내구성이 양호하다.
⑤ 태양전지의 초기 가격은 Watt당 몇백 달러였으나 지금은 거의 Watt당 10센트 아래로 떨어져 경제성이 있으며 전 세계가 주목하는 신 · 재생에너지 기술 중의 하나이다.
⑥ 선진국에서는 소규모(kilowatt급)에서 대규모(megawatt급) 시스템이 설치되어 가동 중이며, 우리나라에서도 아차도, 마라도, 위도 등 외딴섬에 소규모 시스템이 설치되어 그곳 주민들의 생활전원으로 사용되고 있다.

(2) 태양전지

태양에너지를 전기에너지로 변환할 목적으로 제작된 광전지이다.

① 원리

- 금속과 반도체의 접촉면, 또는 반도체의 PN 접합에 빛을 조사하면 광기전력이 일어나는 것을 이용한다.
- PN 접합 : 전기적으로 성질이 다른 N형 반도체와 P형 반도체를 접합시킨 구조로, 햇빛을 받으면 (−) 전자는 N형, (+) 전자는 P형 반도체 쪽으로 모이게 되어 전위가 발생하여 양극을 연결하면 전류가 흐르게 된다.

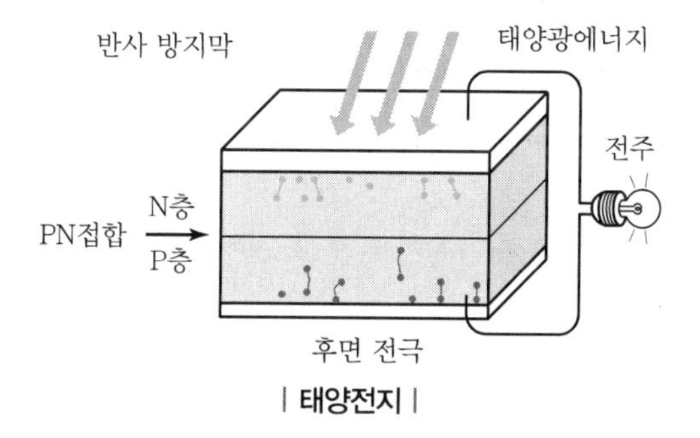

| 태양전지 |

② 종류

㉮ 결정질 실리콘 태양전지

- 전체 태양전지 시장의 95% 이상을 차지한다.
- 실리콘 덩어리를 얇은 기판으로 절단하여 제작한다.
- 종류 : 단결정, 다결정 실리콘 전지(실리콘 덩어리 제작 방법에 따라 구분)

㉯ 박막 태양전지

- 얇은 플라스틱이나 유리 기판에 막을 입히는 방식으로 제조한다.
- 종류 : 비정질 실리콘 태양전지, CIS 태양전지, CdTe 태양전지, 연료 감응 태양전지

③ 태양전지의 건물별 설치 방법

㉮ 수직 벽체 이용 방법

- 건물의 부지를 최대한 사용 가능하다.
- 방수 문제에 대하여 안전하다.
- 건물의 외측 재료에 무관하게 설치 가능하다.
- 태양광 채광 효율이나 발전 효율은 다소 떨어진다.

㉯ 지붕 위 설치 방법

- 태양전지판을 경사지게 설치하기 때문에 최대 효율을 낼 수 있다.
- 새로운 건물이나 기존 건물에도 사용 가능하다.
- 지붕면 접합부의 방수 문제를 고려해야 한다.

㉰ 태양전지판을 건축물에 사용할 때의 이점

- 건축 마감자재를 절감할 수 있다.
- 태양광 설비 지지 구조 및 부재가 감소된다.
- 차양 효과에 의해서 건물의 일사부하가 감소된다.
- 설치 장소의 제약 해소 및 대외 이미지 제고가 가능하다.

(3) 태양광발전의 장단점

① 장점

- 에너지원이 청정하고 무제한이다.
- 필요한 장소에서 필요한 양만큼 발전이 가능하다.
- 유수 보수가 용이하고 무인화가 가능하다.
- 20년 이상 장수명이다.
- 건설 기간이 짧아 수요 증가에 신속히 대응할 수 있다.
- 기계적인 진동이나 소음이 없다.

② 단점

- 전력 생산이 지역별 일사량에 의존한다.
- 에너지 밀도가 낮아 큰 설치 면적이 필요하다.
- 설치 장소가 한정적이고 시스템 비용이 고가이다.
- 초기 투자비와 발전 단가가 높다.
- 일사량 변동에 따른 출력이 불안정하다.

(4) 태양광발전시스템의 종류

독립형 시스템			계통 연계형 시스템	
축전지 미포함	축전지 포함	하이브리드 시스템	발전 사업용	주택 · 건물용
	• AC 독립형 • DC 독립형 • 소형 응용	• 풍력발전 연계형 • 디젤발전 연계형 • 열병합발전 연계형		

① 독립형 발전시스템

한전 전력 계통선이 공급되지 않는 지역 등에 전력을 공급하기 위한 시스템이다.

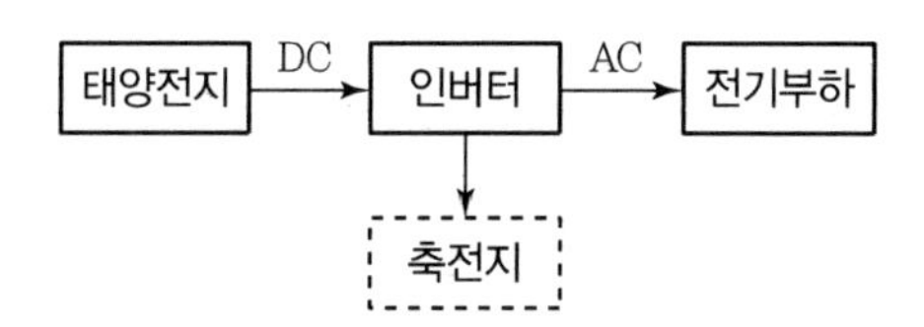

② 계통 연계형 발전시스템

- 한전 전력 계통선이 연결되며, 평상시는 태양전지에 의한 발전을 한다.
- 전력 부족 시나 잉여 시 한전 계통으로 주고 받는 시스템이다.
- 아파트나 주택, 일반 건물의 외벽 등 자가 발전설비 또는 태양광발전시스템에서 채택한다.

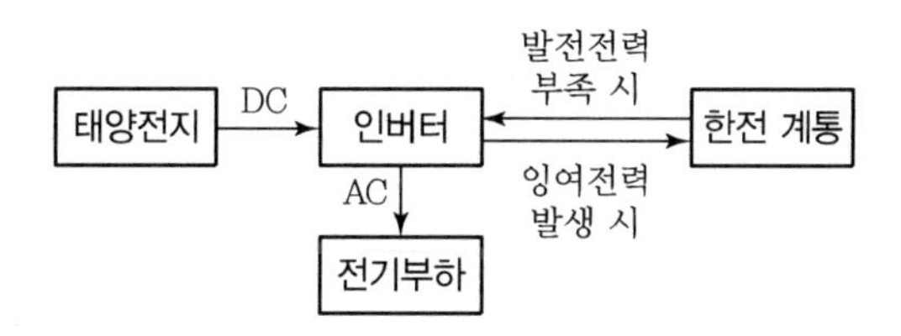

> **TIP** 인공위성 발전시스템(Satellite Power System)
> - 대기권 밖에 인공위성을 띄워 그곳에서 태양열발전시스템이나 태양광발전시스템을 이용하여 생산된 전기를 마이크로웨이브(Microwave)로 지구 표면에 송전하는 시스템으로서 첨단기술의 연구, 개발이 선행되어야 한다.
> - 미국 등 선진국에서는 이 개념을 실용화할 수 있도록 심도 높은 연구를 진행하고 있다.
> - 우리나라는 아직 이 분야의 연구활동을 하고 있지 못한 것으로 추정된다. 그러나 장래에는 이 기술도 중요한 신 · 재생에너지 기술 중의 하나가 될 가능성이 있기 때문에 언젠가는 우리도 이 분야를 연구해야 할 것이다.

3) 풍력시스템(Wind Energy System)

(1) 개요

바람의 힘을 회전력으로 전환시켜 기계적 에너지로 발전기를 구동하여 전력을 생산하는 시스템으로 자연 상태의 무공해 대체 에너지원으로 하는 기술 중 현재 가장 경제성이 높은 에너지원이다.

(2) 구성

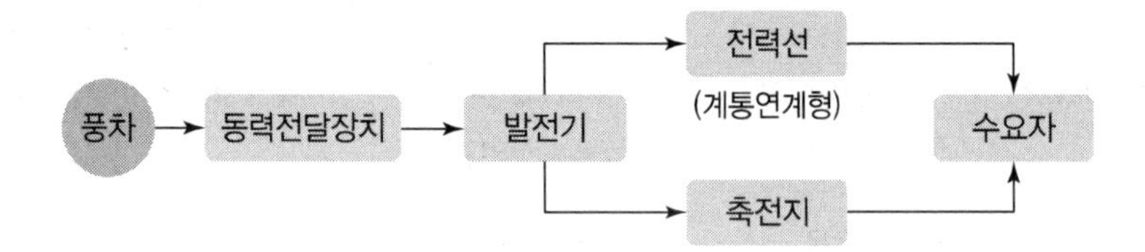

(3) 분류

① 구조상 분류(회전축에 따라)

㉮ 수평축 풍력시스템

- 근래 대부분의 풍력 발전 시스템에서 채택하고 있다.
- 프로펠러형 날개

㉯ 수직축 풍력시스템

- 풍향과 관계없어 사막, 평원 등에 많이 설치한다.
- 다리우스형, 사보니우스형

② 운전 방식에 의한 분류(동력 전달 장치의 구조에 따라)

㉮ 정속 운전(Geared형)

- 사용 주파수에 맞추기 위해 회전자의 회전 속도를 증가시키는 Gear box를 장착한다.
- Gear box의 유지보수 및 소음 발생 문제가 있다.
- 제작 단가가 상대적으로 낮고, 설치 운전 경험이 풍부해야 한다.

㉯ 가변속 운전(Gearless형)

- 다극형 동기 발전기를 사용하여 회전자와 발전기를 직결 운전한다.
- 한전 주파수를 맞추기 위한 전력 변환 장치(인버터)를 설치해야 한다.
- 발전 효율이 좋으나 장비비가 고가이다.

(4) 출력 제어 방식

① 날개각 제어(Pitch Control)

- 날개의 경사각 조절로 출력을 능동적으로 제어한다.
- 경사각 조절장치의 유지보수 및 기계적 손상, 빠른 풍속 변화 시 순간적 Peak 발생 문제가 있다.

② 실속 제어(Stall Control)

- 한계 풍속 이상이 되었을 때 양력이 회전 날개에 작용하지 못하도록 한 날개의 공기역학적 형상에 의한 제어를 한다.
- 고효율 발전 생산이 가능하고 기계적 손상 우려가 적다.
- 과출력 가능성이 있고 제동 효율이 좋지 못하다.
- 복잡한 공기 역학적 설계가 필요하다.

(5) 설계 과정

① 대상 지역의 선정

㉮ 자연적 조건

- 풍속 자원 조건
- 진입 도로, 지형 조건 등 주변 지리적 여건

㉯ 사회적 조건

- 주변의 토지 이용 상태, 주거지 인접 여부
- 한전 전력 계통 연계점까지의 거리

② 풍력 자원의 분석

- 발전 단지 위치 선정 후 사업 타당성 검토를 위한 세밀한 분석이 필수적이다.
- 대상지역 내 풍황 계측 타워를 설치해 최소 6개월~1년 이상 실측한다.
- 기상대 등의 10년 이상 장기간 계측 자료를 분석, 보정한다.
- 계측된 자료를 지형, 지표면 상태, 장애물 등을 고려해 적절한 통계 자료로 변화시킨다.

③ 풍력발전설비 설계

- 주변 지형, 접근로, 지질 조건, 기후 조건, 주변 거주지역이나 주요 시설과의 장애 요인을 고려해 풍력 발전기 설치위치를 선정한다.
- 풍력 발전기의 사양과 설치 대수를 결정한다.
- 가장 좋은 효율을 얻을 수 있는 발전기 배치 시뮬레이션을 실시한다.
- 친환경적 이미지 제고를 위해 주변 경관과의 조화, 소음에 의한 민원 등도 설계 시 주요하게 고려한다.

(6) 결론

① 풍력발전 관련 기술 개발과 함께 친환경 대체 에너지 설비로서의 이미지로 인해 풍력발전이 확대 및 보급 추세에 있다.

② 지역 관광 자원으로도 각광 받고 있다.

4) 소수력발전시스템(Small Hydroelectric Power System)

(1) 개요

하천, 강이나 호수 등의 물의 흐름으로 얻은 운동에너지를 전기에너지로 변환하여 전기를 발생시키는 시설 용량 10,000kW 이하의 소규모 수력 발전이다.

(2) 구성

(3) 종류

구분		내용
설비용량	Micro Hydropower	~100kW 미만
	Mini Hydropower	100~1,000kW
	Small Hydropower	1,000~10,000kW
낙차	저낙차	2~20m
	중낙차	20~150m
	고낙차	150m~
발전방식	수로식	하천 경사가 급한 중 · 상류 지역
	댐식	하천 경사가 완만하고 유량이 큰 지점
	터널식	하천의 형태가 오메가(Ω)인 지점

(4) 장단점

① 장점

- 국내 부존 자원을 활용할 수 있다.
- 전력 생산 외에 농업용수 공급과 홍수 조절에 기여한다.
- 건설 후에는 운영비가 저렴하다.

② 단점

- 대수력이나 양수 발전과 같이 첨두 부하에 대한 기여도가 적다.
- 초기 건설비 소요가 크고 발전량이 강수량에 따라 변동이 많다.

(5) 결론

① 소수력 발전소의 경제성을 향상시키기 위해서는 우리나라의 소수력 자원 특성에 적합한 소수력 발전 방식의 기술 개발이 필요하다.

② 특히 고낙차의 입지 여건이 줄어들고 저낙차에서도 고효율의 발전이 가능한 저낙차 발전설비의 개발이 절실하다.

5) 해양에너지

(1) 개요

조력, 조류력, 파력, 해수 온도차 외에도 해상 풍력, 해상 태양광, 해수 염도차, 해양 바이오 등 다양한 에너지원으로부터 해양에너지를 얻을 수 있다.

(2) 구성

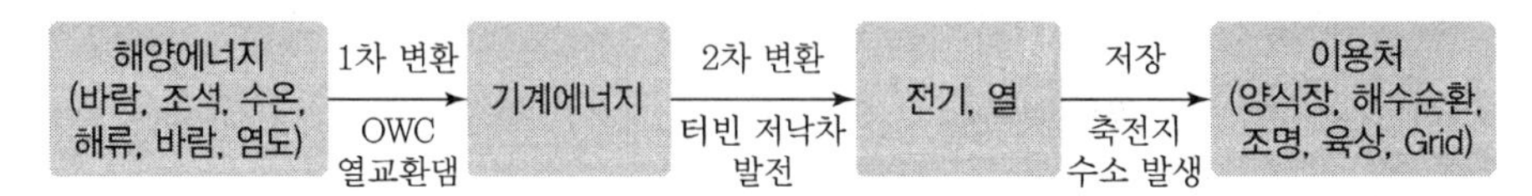

(3) 조력발전

① 바닷물이 가장 높이 올라왔을 때 물을 가두었다가, 물이 빠지는 힘을 이용해 수차발전기를 돌리는 원리이다.

② 수문을 닫아 두었다가 밀물 때 문을 열면 물이 쏟아져 들어오면서 터빈을 돌려 발전하고, 썰물 때는 터빈의 날개가 반대 방향으로 돌면서 다시 발전하게 된다.

③ 수력발전은 낙차가 수십 m인데 비해 조력발전은 낙차가 보통 10m 이하이다. 따라서 효율이 좋은 수차발전기를 개발하는 것이 관건이라고 할 수 있다. 그러나 간만의 차가 크지 않으면 이용할 수 없고 연평균 조차가 7m 이상 필요하므로 한정된 지역에서만 이용할 수 있다.

④ 국내의 경우 서해안은 조차가 크고 잘 발달된 해안으로 조력 에너지 부존량이 큰 것으로 평가된다.

(4) 조류빌진

① 자연적인 조류의 흐름을 이용해서 설치된 수차 발전기를 가동시켜 발전한다.

② 조력댐 없이 발전이 가능하나 적합한 지점을 선정하는 데 애로가 있다.

③ 조류의 자연적인 흐름에 의해 발전량이 변동한다.

④ 풍력 발전에 비해 터빈의 크기가 작다.

(5) 파력발전

① 해상에서 바람에 의해 나타나는 파랑의 운동에너지와 위치에너지를 전기에너지로 변환하는 방식이다.

② 파력은 풍력과 같이 어느 정도 예측은 가능하나 장기 예측은 불가능하다.

③ 국내의 경우 상용화되지 못하고 기술개발 및 연구단계에 있다.

(6) 온도차 발전

해양 표층수의 온수(예 25~30℃)와 심해 500~1,000m 정도의 냉수(예 5~7℃)의 온도차를 이용하여 열에너지를 기계적 에너지로 변환시켜 발전한다.

(7) 결론

① 조력발전의 경우 시화호에 254MW급 발전소를 운영 중이며, 조류발전의 경우 전남 해남 울돌목에 1MW급 발전기를 시험 운전 중이다.

② 부존 자원이 풍부한 만큼 적극적인 기술개발과 투자로 실용화를 앞당길 필요가 있다.

TIP 해양열에너지 전환시스템(OTEC : Ocean Thermal Energy Conversion System)

- 태양열로 더워진 바다 표면의 온도는 깊은 곳에 비하여 높은데, 그 온도차를 이용한 열동력시스템인 Rankin Cycle을 이용하여 발전된 전력을 육지로 이동, 공급할 수 있다.
- 아직 상용화는 되어 있지 않으나 미국 하와이에서 소규모 실험용 시스템을 개발, 운용한 적이 있다.
- 경제성 문제가 아직 해결되지 못하였고 지리적 조건이 적도 부근이 가장 적합한 것으로 보아 우리나라에서는 현재 실용성이 별로 없는 것으로 판단된다.

6) 지열(Geothermal Energy)

(1) 개요

지표열과 지중열로 구분한다.

① 지표열
- 태양열은 지표열의 근원으로, 태양열의 51%는 지표면과 해수면에서 흡수, 30%는 반사, 19%는 대기와 구름에 흡수된다.
- 지하의 온도변화가 대기 온도변화보다 훨씬 적다.
- 지표부의 온도변화는 30cm 깊이마다 8일씩 지연된다.

② 지중열
- 지구 중심에서 방사선 동위원소의 붕괴로 열이 끊임없이 생성된다.
- 마그마가 지표의 약한 쪽으로 열을 방출하며, 화산 및 노천 온천의 형태로 나타난다.
- 지중열은 태양열과 관계가 적다.(재생 가능성은 낮으나 지속적으로 공급됨)

(2) 지열의 이용

① 온수 이용 : 고온의 물을 이용한 온천, 고온수
② 지열발전 : 지중의 증기를 이용, Hot Rock을 이용한 증기 발생
③ 지열 히트펌프를 이용한 냉난방 : 가장 광범위하게 사용
④ 에너지 저장 : 하 · 동절기의 에너지를 지중에 저장

(3) 지열 히트펌프 냉난방시스템

연중 온도가 일정한 지표수, 지하수를 냉방 시에는 히트싱크로, 난방 시에는 히트소스로 하여 건물의 냉난방을 동시에 가능하도록 하는 복합형 시스템이다.

① 개방식

㉮ 파이프를 지하에 매설하지 않는다.

㉯ 지하수 이용 개방식 히트펌프 방식
- 대수층의 지하수를 이용한다.
- 파이프를 매설하지 않으므로 공사가 간단한다.

㉰ 지표수 이용 개방식 히트펌프 방식
- 다양한 열원(하천수, 호수, 저수지 및 해수)을 사용한다.
- 입지 조건 및 지표수의 수질이 양호한 경우에 사용한다.

② 밀폐식

㉮ 폴리에틸렌 파이프를 지하에 매설한다.

㉯ 부동액을 파이프 내에서 순환시킨다.

㉰ 용량이 증가하면 헤더를 이용하여 병렬로 연결한다.

㉣ 종류
- 지표수 이용 밀폐식
- 수직형 밀폐식
- 수평형 밀폐식

(4) 지열시스템의 장점

① 경제성
- 때와 장소에 무관하게 무한정으로 제공 가능하다.
- 냉동기, 냉각탑, 보일러 등 대형 열원장비가 필요 없다.
- 1차 연료나 동력의 소모가 적어 운전 비용이 절감된다.

② 친환경성 : 오염 물질 발생이 적다.

③ 공간 활용성
- 사용하지 않는 지중 공간을 새롭게 활용할 수 있다.
- 기존 시설 공간이나 냉각탑, 실외기 등의 노출 장비가 적다.

④ 효율성 : 수명이 반영구적이고 실제 가동률이 높다.(24시간 운전 가능)

⑤ 다양한 기능(동시 냉난방, 축열) 및 정부의 지원

(5) 지열시스템의 향후 과제

① 핵심 부품의 국산화

② 과도한 초기 투자비 및 굴착 기술의 극복

③ 업체 난립 및 과당 경쟁에 의한 저가 수주로 부실 공사 확산

④ 주택용 지열시스템 보급 확대를 위한 제도 개선과 지원

⑤ 지열 관련 장비 규격 표준화 및 시공, 성능시험 표준안 마련

⑥ 지열 활용에 따른 환경영향평가 분석 데이터 축적 및 연구

(6) 결론

① 신 · 재생에너지로서 현실적으로 보급, 확대되고 있는 지열시스템의 정착을 위해 높은 신뢰성과 기술적, 제도적 뒷받침이 필요하다.

② 업체들의 과당 경쟁 및 부실시공에 대한 조속한 대안과 정책적 시정 조치가 필요하다.

7) 연료전지

(1) 개요

① 수소에너지로부터 전기에너지를 발생시키는 환경친화적 신에너지이다.

② 수소와 산소가 가지고 있는 화학에너지를 전기화학반응에 의하여 직접 전기에너지로 변환시키는 고효율의 무공해 발전장치로서 공기극(Cathode)에는 산소가, 연료극(Anode)에는 수소가 공급되어 물의 전기분해 역반응으로 전기화학반응이 진행되어 전기, 열, 물이 발생한다.

(2) 원리

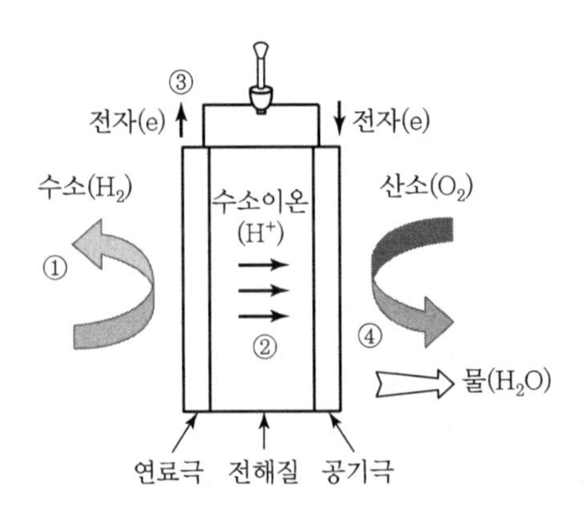

① 연료극에서 수소가 수소이온과 전자로 분해된다.

↓

② 수소이온은 전해질을 거쳐 공기극으로 이동한다.

↓

③ 전자는 외부 회로를 거쳐 전류를 발생한다.

↓

④ 공기극에서 수소이온과 전자, 그리고 산소가 결합하여 물이 된다.

(3) 특징

① 고효율 : Carnot Cycle의 제한을 받지 않는다.(발전 효율이 40~60%, 열병합발전기의 경우 80% 이상 가능)

② 무공해 : NOx과 SOx을 배출하지 않는다.

③ 무소음 : Moving Parts가 없으므로 발전 소음이 없어 도심지 근처에 설치가 가능하다.(송배전 손실이 적음)

④ 모듈화 : 건설과 증설이 용이하고 다양한 용량이 가능하다.

⑤ 다연료 : 수소, 석탄가스, 천연가스, 매립지가스, 메탄올, 휘발유 등 다양한 에너지원의 사용이 가능하다.

⑥ 다량의 냉각수가 필요 없으며 부하 변동에 따라 신속히 반응한다.

⑦ 응용 분야가 휴대용, 가정용, 수송용, 발전용으로 다양하다.

⑧ 열병합(고온연료전지)의 경우 폐열 활용이 가능하다.

(4) 기대효과

① 고분자 전해질 연료전지 및 이를 이용한 무공해 연료전지 자동차 개발을 통해 원천기술을 확보하고 관련 기술을 산업체에 이전함으로써 산업경쟁력 강화에 기여한다.

② 선진국에서 무공해 자동차의 사용이 곧 의무화될 것이 예상됨에 따라 기술 자립을 통해 자동차 수출 증대에 이바지한다.

④ 고효율, 무공해 연료전지 자동차의 개발로 환경오염 방지 및 수송용 에너지 절약에 기여한다.

⑤ 고분자 전해질 연료전지는 자동차용 동력원 외에 발전용(분산용 발전, 가정용 전원)이나 이동용(정보통신 장비용), 군수용(잠수함 동력원) 등으로 활용 가능하다.

(5) 종류

구분	PAFC	MCFC	SOFC	PEMFC	DMFC	AFC
전해질	인산	탄산리튬/ 탄산칼륨	지르코니아	수소이온교환막	수소이온교환막	수산화칼륨
이온 전도체	수소이온	탄산이온	산소이온	수소이온	수소이온	수소이온
작동온도(℃)	200	650	1,000	<100	<100	<100
연료	수소	수소 일산화탄소	수소 일산화탄소	수소	메탄올	수소
연료원료	도시가스 LPG	도시가스 LPG, 석탄	도시가스 LPG	메탄올, 메탄 휘발유, 수소	메탄올	수소
효율(%)	40	45	45	45	30	40
출력범위(kW)	100~5,000	1,000~10,000	1,000~10,000	1~1,000	1~100	1~100
주요 용도	분산발전형	대규모 발전	대규모 발전	수송용 동력원	휴대용 전원	우주선용 전원
개발단계	실증-실용화	시험-실증	시험-실증	시험-실증	시험-실증	우주선에 적용

8) 수소에너지

(1) 개요

① 수소는 물 또는 유기 물질로부터 제조할 수 있으며, 공기 중 산소와 반응하여 열과 전기를 생산하고 다시 물로 재순환된다.

② 환경 오염과 자원 고갈 우려가 없어 미래 에너지로서 각광받고 있으며, 자원이 빈약한 국가에 적합한 에너지원이다.

③ 수소는 물의 전기 분해로 가장 쉽게 제조할 수 있으나 입력 에너지(전기)에 비해 수소에너지의 경제성이 너무 낮아 대체 전원 또는 촉매를 이용한 제조기술 연구를 추진 중이다.

(2) 수소에너지시스템

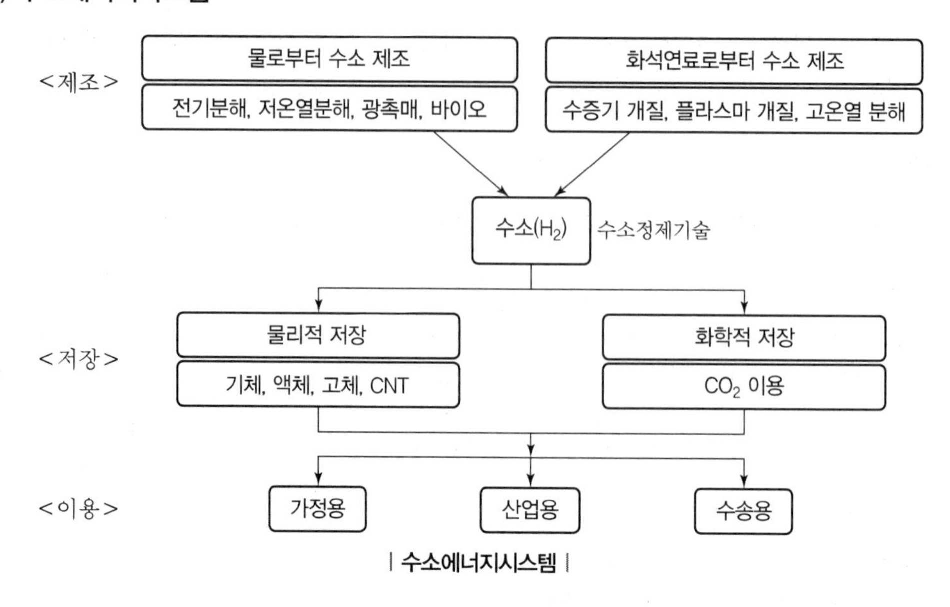

| 수소에너지시스템 |

(3) 장단점

① 장점

- 무한정한 자원(물, 유기물질 등)으로부터 수소 생산이 가능하다.
- 환경 오염물질 배출이 없다.
- 거의 모든 분야에서 다양하게 활용 가능하다.(연료, 발전, 기초 산업 소재 등)
- 가연 한계가 넓고 희박 연소가 가능해 화석 에너지를 대체할 수 있는 가장 좋은 연료 에너지원이다.

② 단점

- 대량 제조 기술과 저장, 운반 기술 등 상용화에 필요한 기술 개발 과제가 산적해 있다.
- 끓는점(−253℃)이 매우 낮아 상온에서 저장, 운반이 쉽지 않다.
- 원유에서 추출되는 납사 등 탄소 성분이 담당해 오던 원료부문(섬유, 고무 등)을 대체하는 데 한계가 있다.

(4) 결론

① 무공해, 고효율 에너지로서 현재 석유 중심의 경제 체제가 향후 수소 중심의 경제 체제로 전환될 것으로 예상된다.

② 상용화를 위한 기술 개발과 투자가 관건이다.

9) 바이오에너지

(1) 개요

① 태양광을 이용하여 광합성하는 유기물(주로 식물체) 및 동 유기물을 소비하여 생성되는 모든 생물 유기체(바이오매스)의 에너지를 바이오에너지라 한다.

② 바이오에너지는 액체, 고체, 기체 연료와 전기, 열, 증기, 생화학 물질을 포함한다.

(2) 바이오에너지 변환시스템

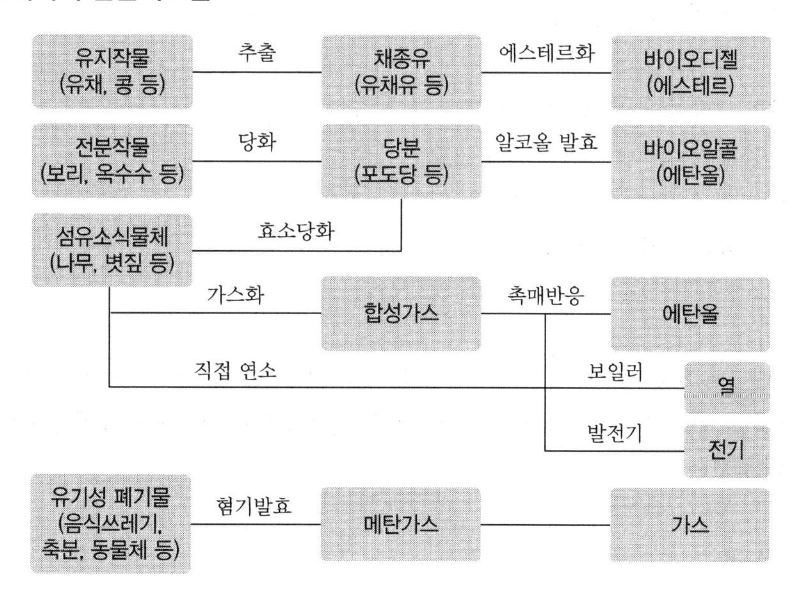

(3) 바이오에너지의 분류

① 전통적 바이오에너지 시스템

- 바이오에너지를 직접 태워서 얻는 에너지로 조리나 난방을 한다.
- 온실가스 배출에는 중립적인 것으로 대체로 평가된다.

② 현대적 바이오에너지 시스템

㉮ 바이오에너지를 전기에너지로 바꾸어 활용하는 방식이다.(목재를 이용한 화력 발전 등)

㉯ 액체 바이오 연료 생산

- 현재 바이오 연료의 90%가 에탄올로 생산된다.(사탕수수, 옥수수 등)
- 바이오 연료 생산으로 CO_2 감소 효과도 일정 부분 있다.
- 바이오 연료 생산에 투입되는 생산 비용, 처리 기술, 생산 규모가 바이오에너지의 경제성을 좌우할 것으로 전망된다.
- 브라질, 유럽 등 일부 국가에서 바이오 연료를 상용화하여 사용 중이다.

㉰ 바이오에너지와 식량 안보

- 바이오에너지 생산 증대에 따른 농산물 가격 상승, 식량 자원화 문제에 대한 연관성이 제기되고 있다.
- 유가 추세, 바이오에너지 자원 생산 비용, 기술 발전에 따라 유동적이다.

(4) 장단점

① 장점

- 풍부한 자원과 큰 파급 효과

- 환경 친화적 생산시스템
- 환경 오염 저감(온실가스 등)
- 생성 에너지가 다양(연료, 전력, 가스 등)

② 단점

- 자원의 산재(수송 불편, 비용 상승)
- 단위 공정의 대규모 설비 투자가 필요
- 과도 이용 시 환경 파괴 가능성
- 기술 개발과 생산 비용의 문제

(5) 결론

바이오에너지의 기술 개발은 자원과 이용 기술이 다양한 만큼 실정에 맞는 바이오에너지원을 개발하여 이용하는 것이 중요하고, 바이오에너지 보급 확대를 통해 온실가스 저감에 기여하기 위한 노력이 요구된다.

10) 폐기물에너지

(1) 개요

사업장 또는 가정에서 발생되는 가연성 폐기물 중 에너지 함량이 높은 폐기물을 여러 방법으로 가공, 처리하여 고체 연료, 액체 연료, 가스 연료, 폐열 등을 생산하고, 이를 산업 생산활동에 필요한 에너지로 이용될 수 있도록 한 재생에너지이다.

(2) 종류

구분	내용
발생 장소에 따라	• 생활 폐기물(가정) • 사업장 폐기물(지정 폐기물)
폐기물 상태에 따라	• 액체 폐기물 • 고체 폐기물 • 기체 폐기물
재생 형태에 따라	• 성형 고체 연료(RDF) • 폐유 정제유 • 플라스틱 열분해 연료유 • 폐기물 소각열

(3) 폐기물에너지 활용 기술

① 열분해에 의한 오일화 기술
② 성형 고체 연료 제조기술
③ 가스화에 의한 가연성 가스 제조기술
④ 소각에 의한 열회수기술

(4) 폐기물에너지의 활용 목적

① 폐기물 감량화 : 쓰레기 소각 → 가연분, 수분, 회분으로 분해
② 냄새 제거 : 700℃ 이상의 고온에서 소각 → 취기 성분 열분해 → 무취화
③ 유해물질 무해화 : 유해물질, 감염성 물질(병원균 등) → 고온 열분해 → 무해화
④ 2차 공해 저감 : 배기가스 처리, 폐수 처리, 재의 무해화 처리 → 환경오염 방지
⑤ 폐열 회수 : 소각열 → 발전, 지역 냉난방 열원으로 활용

(5) 특징

① 비교적 단기간에 상용화 가능
- 기술 개발을 통한 상용화 기반 조성이 완료되어 상용화 운전 중에 있다.
- 타 신 · 재생에너지에 비하여 경제성이 매우 높고 조기 보급이 가능하다.

② 폐기물의 청정 처리 및 자원으로의 재활용 효과
- 폐기물 자원을 에너지 자원으로 적극 활용할 수 있다.
- 인류의 생존권을 위협하는 폐기물 환경 문제를 해소한다.
- 지방자치단체 및 산업체의 폐기물 처리 문제를 해소한다.

(6) 결론

환경 기초시설이므로 지방자치단체, 환경부 등 관련 부처와의 협력을 통해 에너지 회수에 필요한 시설을 설치하는 데 필요한 투자비의 일부를 보조금 또는 융자금 등으로 지원함으로써 활성화를 도모해야 할 것이다.

11) 석탄 가스화, 액화

(1) 석탄 액화

① 높은 온도와 압력의 반응탑에 석탄을 넣어 수소를 첨가하여 액체화하는 한편, 회분이나 황 및 질소와 같은 공해 물질의 근원이 되는 요소를 제거하는 석탄처리 기술이다.

② 종류

㉮ 직접 액화법
- 미세한 석탄 가루를 석탄계 중질유와 촉매로 혼합시켜 슬러리 상태로 만든다.
- 400～500℃, 100～300기압에서 석탄을 분해한다.

㉯ 솔보러스 액화법
- 석유계 중질유를 보통 압력에서 380～420℃로 가열한다.
- 석탄을 액체 상태의 물질로 바꾸어 분리한다.

③ 전망
- 고체 연료인 석탄을 휘발유 및 디젤과 같은 액체 연료로 전환시키는 기술로 13조 톤으로 추정되는 막대한 석탄 자원을 활용할 수 있는 유용한 기술로 평가된다.

- 석탄 액화에 막대한 에너지가 필요하고, 설비가 복잡하고 비싸서 경제성은 떨어진다.
- 석유 고갈에 대비한 대체 에너지원으로서 기술 개발과 투자가 지속적으로 이루어져야 할 것이다.

(2) 석탄 가스화

① 석탄, 중질잔사유 등의 저급 원료를 고온 고압의 가스화기에서 한정된 산소로 불완전 연소 및 가스화시켜 일산화탄소와 수소가 주성분인 혼합가스를 생성한다.

② 석탄 가스의 조성

- 일산화탄소 : 30%
- 수소 : 30%
- 수증기 : 20%
- 탄산가스 : 10%

③ 석탄 가스의 열량 : 천연가스의 1/3 수준

④ 일산화탄소를 함유하고 있어 가정용으로는 사용하기 곤란하고 정제 공정을 거친 뒤 가스터빈 복합발전설비 등의 공업용 연료로 주로 사용한다.

⑤ 가스터빈 복합발전시스템(IGCC)

정제된 가스를 사용하여 1차로 가스터빈을 돌려 발전하고, 배기가스열을 이용하여 보일러로 증기를 발생시켜 증기터빈을 돌려 발전하는 방식이다.

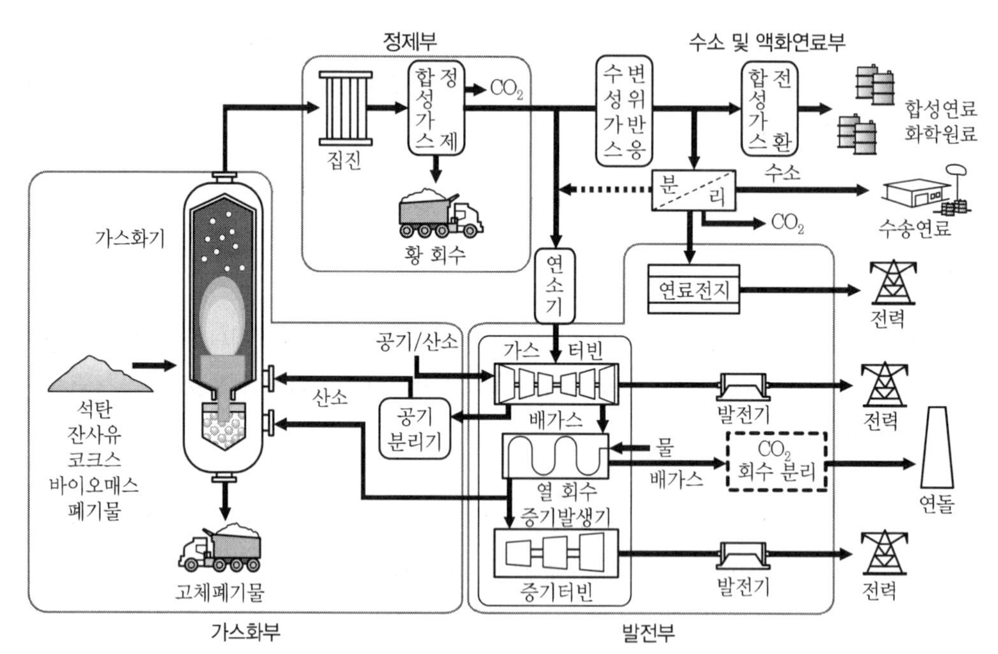

| 가스터빈 복합발전시스템 구성도 |

⑥ 장단점

㉮ 장점

- 수소의 생산 및 활용이 가능하다.
- 이산화탄소 배출 규제 시 천연가스나 석탄 화력발전보다 전력 생산비가 저렴하다.
- 석탄의 매장량이 풍부하다.
- 석탄 가스화와 복합발전으로 고효율 발전이 가능하다.

㉯ 단점

- 설비 구성과 제어가 복잡하여 시스템 비용이 고가이다.
- 소요 면적이 넓고 대형 장치 산업, 기술 개발이 필요하다.

(3) 결론

① 환경 규제, 석유가 고공 행진, 이산화탄소 배출 규제 등의 현실에서 안정적 전력공급과 석탄 매장량 등의 장점으로 기술 개발과 실용화의 전망이 밝다.

② 석탄 가스화, 액화 과정에서 발생되는 수소의 활용도 이점으로 꼽을 수 있다.

SECTION 04 태양열 이용 급탕설비

태양열을 이용한 급탕장치는 태양열의 여러 가지 이용분야 중에서도 가장 실용적인 분야로서, 초기 투자비는 많으나 에너지 절약 효과가 커서 장기적으로는 경제적이다. 특히 급탕부하는 연중에 걸쳐지므로 난방이나 냉방을 대상으로 하는 것보다 집열기 등의 태양열 이용설비의 사용기간이나 이용률이 높으며, 적어도 수온의 상승분에 상당하는 연료비는 확실하게 절약할 수 있다.

1) 태영열 온수기의 구성

- 태양열 이용 시스템은 태양에너지를 흡수하여 열매체에 열을 전달하는 집열부, 가열된 열매체를 저장하는 축열부, 저장된 열매체를 취출하여 이용하는 이용부, 이들 사이에서의 열매체의 이동을 제어하는 조절부 등으로 구성된다.
- 이용부에는 난방 또는 급탕을 위한 팬코일, 히팅패널, 보조열원 등이 사용된다.
- 자연형 시스템에서는 조절부가 없으며, 설비형 시스템에서는 펌프, 온도센서, 온도차 제어기 등과 같은 조절장치가 사용된다.

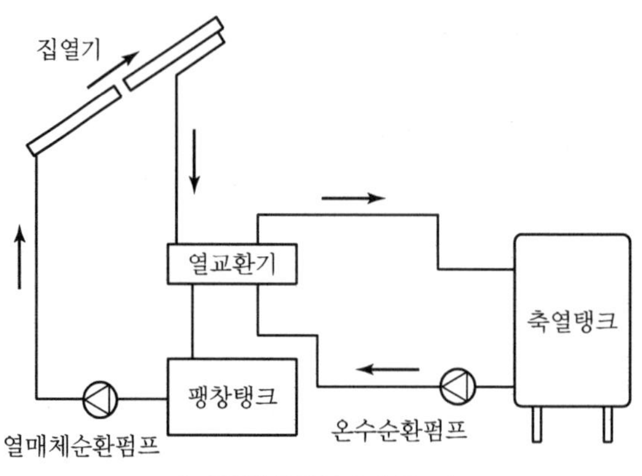

| 태양열 급탕설비의 구조 |

(1) 집열장치(Solar Energy Collector, 집열기)

- 집열기는 태양열에너지를 열매체에 전달하는 1차 열교환기로서, 평판형, 포물경형, 집광형 등 여러 종류가 있다.
- 평판형 태양열 집열기는 태양열 난방 및 급탕용으로 많이 사용되며, 투명덮개, 흡열판, 열매체 도관, 단열재 및 집열기 틀 등으로 구성되어 있다.
- 집열기에 입사된 태양열에너지는 흑색으로 도장된 흡열판에 흡수되고, 흡수된 열에너지는 집열기와 축열탱크 사이를 순환하는 열전달 매체에 전달된다. 열전달 매체에 옮겨진 열에너지는 가용 집열량으로 저장되거나 열부하에 직접 공급된다.

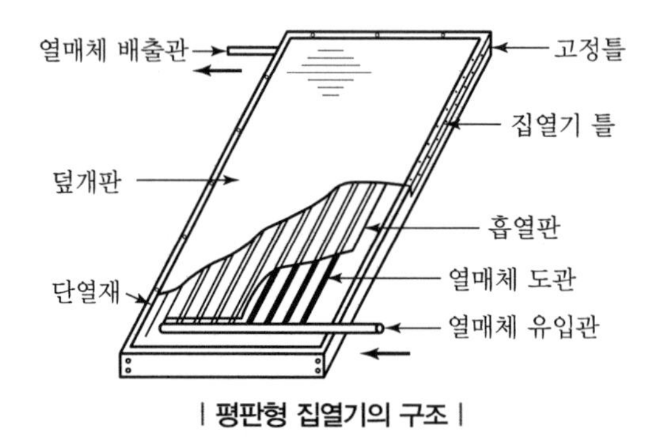

| 평판형 집열기의 구조 |

① 투명덮개

- 태양 일사가 투과될 수 있으면서도 집열기 상부의 단열효과를 얻기 위한 것으로서 일반적으로 유리가 사용된다.
- 플라스틱도 투명덮개로 사용되나 표면이 긁히기 쉽고, 시간이 지나면 노랗게 변색되어 투과성이 떨어지고 강도도 약해진다. 플라스틱과 비교하여 유리는 흡열판으로부터 나오는 장파복사를 흡수하거나 반사하므로 장파 열손실면에서 보다 우수하다.

② 흡열판

- 투명덮개를 통과한 태양 일사를 흡수하여 열에너지로 변환시켜 열매체에 전달하는 기능을 한다.
- 흡열판 아래에는 열매체 도관이 밀착되어 있으며, 흡열판의 표면은 태양에너지를 최대한 흡수

할 수 있도록 무광 흑색도장 또는 선택흡수피막 처리를 한다.

③ 단열재

- 집열기의 아랫면과 가장자리면에서의 열손실을 줄이기 위하여 설치하며, 집열기 틀은 집열기 자체의 내구성과 내후성을 보장하기 위한 것이다.
- 평판형 집열기는 직달복사(Beam Radiation)와 확산복사(Diffuse Radiation) 모두를 흡수할 수 있다. 직달복사란 그림자를 만드는 일사성분을 말하며, 확산복사란 태양 일사가 지면에 도달되기 전에 구름이나 대기 중의 먼지에 의해 반사되고 확산된 일사로서 그림자를 만들지 않는 일사성분이다.
- 평판형 태양열 집열기는 태양열시스템의 용도 및 지역의 위치와 주로 이용할 기간에 따라 방향을 결정하여 건물이나 구조물에 고정 설치된다.
- 집열효율은 방위각, 표면오염, 설치 경사각, 단열성 등에 좌우되며 순간적으로는 60%이나 평균 40% 정도이다.
- 집열기의 경사각은 집열면적이 작은 경우(2～4m²/호) 경사각이 30°일 때 연간 최대 수열량이 얻어지며, 집열면적을 크게 하여 의존율을 높이려 할 때에는 동절기 급탕부하가 하절기보다 거의 3배가 되는 점을 고려하여 40～60°로 설치하는 편이 유리하다.

(2) 축열탱크(Heat Storage Tank)

① 축열조는 흡수된 태양에너지를 저장하였다가 야간이나 흐린 날 등과 같이 태양에너지가 부족하거나 급탕부하가 증가하는 시간대에 적절하게 사용할 수 있도록 하는 열저장 장치로서 일반 급탕설비의 저탕조와 같다.

② 자연순환식은 직접집열 방식이므로 코일이 없는 대기 개방식으로 한다. 그러나 강제순환식의 경우는 온수저장탱크를 지상에 설치하는 경우가 많으므로, 직접집열 방식이냐 간접집열 방식이냐에 따라 가열코일이 없거나 있게 된다.

③ 간접집열 방식에서는 1차 측 매체를 축열탱크에 축열하고 2차 측(급탕 측)은 순간가열코일로 하는 경우가 있다.

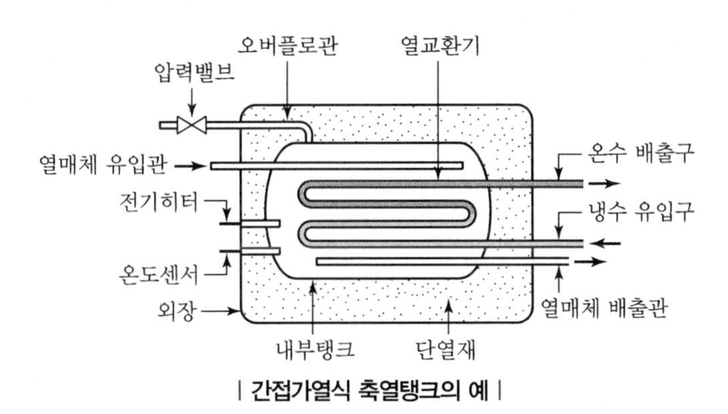

| 간접가열식 축열탱크의 예 |

(3) 열원 보조장치(Auxiliary Heat)

① 태양에너지는 열원으로서는 반영구적이지만 공급이 간헐적이다. 장기간 흐리거나 외부기온의 강하 시 부족열량을 공급하는 장치로서 보조열원의 사용이 불가피하다.

② 태양열 급탕시스템과 보조열원의 접속방법은 접속하는 위치에 따라 병렬접속형, 직렬접속형 및 열원일체형으로 나눌 수 있다.

- 병렬접속형은 태양열 설비와는 완전히 분리된 별도의 보조열원을 병렬로 사용하는 방법이다.
- 직렬접속형은 축열조의 출구에 직접 순간온수기, 보일러 등의 보조열원을 접속하는 방식이다.
- 열원일체형은 보조열원과 축열조를 일체화시킨 것으로서 축열조에 전기 히터, 석유 버너, 가스버너 등을 설치하여 축열조 내의 열매체를 고온으로 유지시키는 방식이다.

(4) 제어장치(Control Box)

① 설비형 급탕시스템의 제어에는 집열펌프의 자동 작동, 열매체 누출 감지, 동결 방지 등이 있으며, 그중 집열펌프의 자동 작동이 가장 중요하다.

② 평판형 집열기를 이용하는 설비형 급탕시스템의 대부분은 펌프의 자동 작동에 온도차 제어방식을 사용한다. 이 방식은 집열기의 온도를 고온 측 센서로 감지함과 동시에, 축열조 내 온도를 저온 측 온도센서로 감지하여 그 온도차를 펌프 작동의 기준으로 삼는 것이다.

③ 펌프의 작동개시 온도차는 3～8℃, 정지 온도차는 0～3℃로, 각 시스템의 특성에 따라 온도차의 값이 정해진다.

2) 태양열 이용 시스템

- 태양열을 이용하는 급탕시스템은 집열기의 상부에 저탕조를 설치한 자연순환식과 집열기와 저탕조 사이를 순환시키면서 물을 가열해 저탕하는 강제순환식이 있으며, 전자는 주로 주택용에, 후자는 비교적 대규모 태양열 급탕설비에 사용된다.
- 집열이 기후에 좌우되기 때문에 급탕부하에 동일한 보조 열원을 필요로 하는 등 설비비가 고가가 되어, 화석연료 가격이 비교적 염가로 안정되어 있는 현재 상태에서 경제적인 장점을 요구하는 것은 어렵지만, 화석연료의 절약이나 CO_2 발생량의 억제를 위해서는 유효한 설비이다.

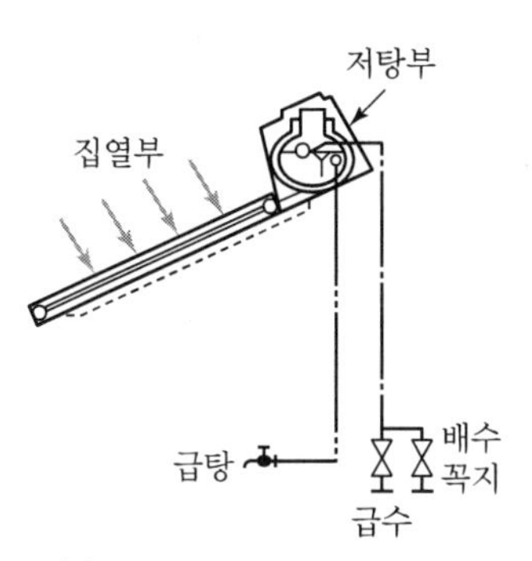

(a) 자연순환식 태양열 온수기

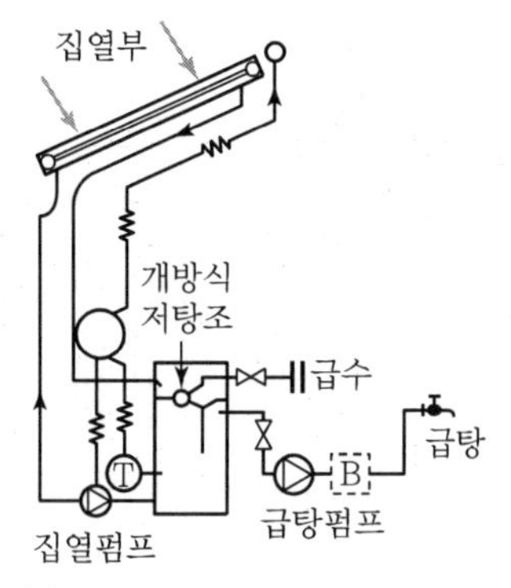

(b) 강제순환식 태양열 급탕시스템
(직접가열 방식)

(c) 강제순환식 태양열 급탕시스템
(열매체에 의한 간접가열 방식)

| 태양열 급탕시스템의 종류 |

(1) 자연순환식

① 주택에서는 일몰 후에도 보온 효과가 있는 저탕부를 갖는 간이 자연순환식 태양열 온수기가 일반적으로 사용되고 있다.

② 집열부 면적 3～4m², 저탕수의 양 250～300L 정도의 것이 많고, 욕조나 부엌 싱크대 등에 직접 급탕하는 경우가 많다.

③ 계획 시에는 급탕 기구에 대한 수압이 확보되어야 하며, 동결 방지를 위해서 급수 · 급탕배관 내의 잔류수가 완전하게 배수될 수 있어야 한다.

④ 태양열 온수기는 남향의 지붕에 15～35°의 각도 범위로 지붕 구배에 맞추어 설치되는 예가 많다.

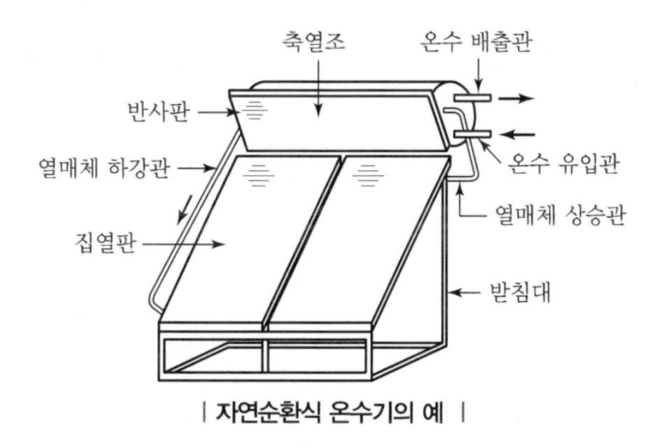

| 자연순환식 온수기의 예 |

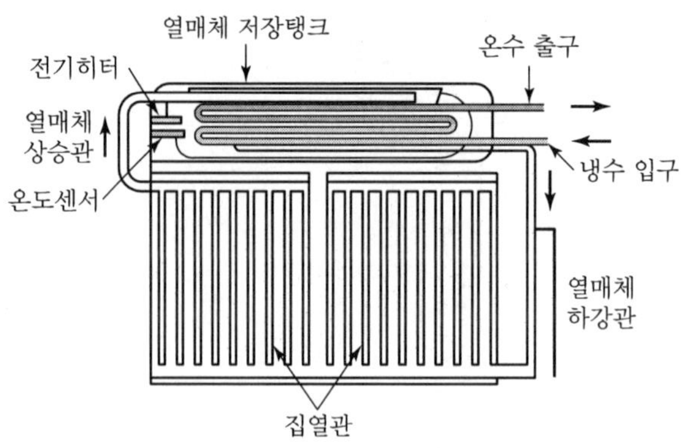

| 자연순환식 온수기의 원리도 |

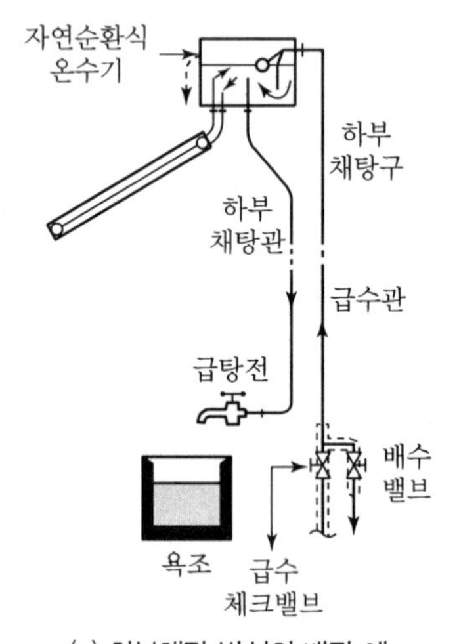

(a) 하부채탕 방식의 배관 예

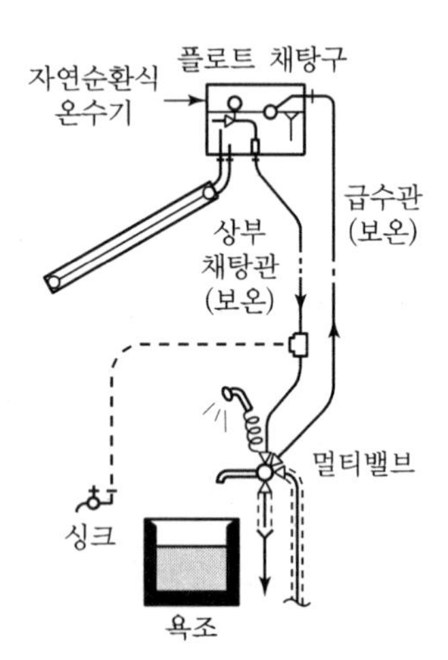

(b) 상부채탕 방식의 배관 예

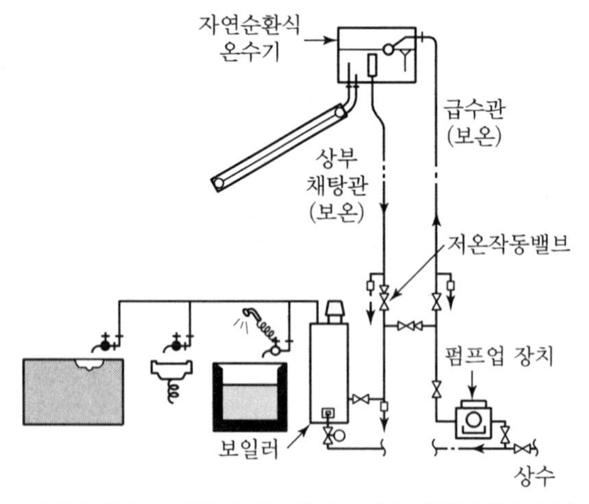

(c) 온수기와 보조열원장치(보일러)의 접속 예(상부채탕 방식)

| 자연순환식 온수기의 배관 방식 |

(2) 강제순환식

① 집열기에 물을 직접 순환시키는 직접집열 방식과 부동액을 혼입한 물을 순환시키는 간접집열 방식이 있다.

② 직접집열 방식은 집열효율이 좋고, 설비비는 간접집열 방식에 비해 염가이지만, 동결 방지에 충분히 유의할 필요가 있다.

③ 간접집열 방식은 동결의 우려가 없고 수도 직결로 사용할 수 있지만 집열효율은 떨어진다.

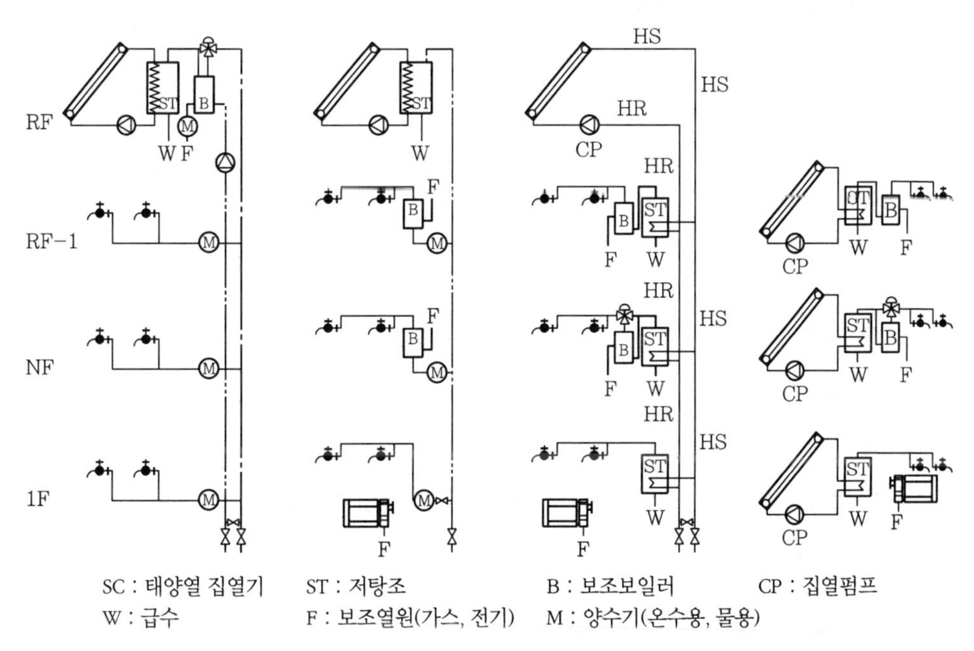

| 공동주택용 태양열 급탕시스템 |

CHAPTER

30 단열, 방습, 결로

SECTION 01 단열과 방습

외부로부터의 열침입이나 내부의 열손실을 방지하기 위하여 단열 물질로 그 주위를 둘러싸는 방법을 단열(방열, 보냉이라고도 함)이라 하며 냉동 분야에서는 단열재로 압축폴리스틸렌폼, 경질 우레탄폼, 그라스울 등이 많이 사용되고 있다. 냉동부하의 30~35%를 차지하는 벽체의 열부하를 줄이기 위하여 경제적이면서도 효율적인 단열층을 형성하는 것이 중요하다.

1) 단열재의 일반적인 성질

① 열전도율이 작을 것
② 투습저항이 크고, 흡습성이 작을 것(흡습 후 냉동 시 결빙에 의한 조직 파괴)
③ 팽창계수가 작을 것(냉동 냉각 시 단열재 수축에 의한 균열 발생을 고려)
④ 불연성 또는 난연성일 것
⑤ 밀도가 작을 것
⑥ 내구성, 내약품성, 시공성, 작업성이 좋을 것
⑦ 저렴하고 쉽게 구입할 수 있을 것

2) 단열 방식의 종류

(1) 내측 단열 방식

① 종래에 가장 많이 사용되어 온 단열 방식이다.
② 건물의 내측 바닥, 벽, 천장 등에 단열재를 설치하는 방법이다.
③ 여러 종류의 냉장실이 필요한 냉장창고에 적합하다.
④ 외기에 접한 구조체의 벽면이나 모서리 등에서의 열 침입 발생 가능성이 있다.

(2) 외측 단열 방식

① 건물 구조체의 외부에 단열층을 형성한 뒤 마감재로 마감한다.
② 작업이 용이하고 대형 창고에 적합해 근래 많이 적용한다.
③ 구조체의 온도변화가 작고, 단열 효과 및 에너지 절약 효과가 좋다.
④ 외기 온도나 일사의 영향이 작아 내부 온도차나 부하 변동이 크지 않다.

3) 방습

(1) 방습 시공의 필요성

① 냉장고 내부와 외기의 온도차가 커서 실내외 수증기 분압차가 크다.
② 방습이 부실하여 단열층에 습기가 침투하면 단열 성능이 저하되고, 결로 발생 및 결빙에 의한 단열층 파괴 우려가 있다.

(2) 방습재의 종류

필름형	• 냉장고 등과 같은 대형 장치나 평활한 면에 시공하기 용이하다. • 금속, 비금속에 모두 사용 가능하다. • 접합부나 모서리 등의 부착 성능에 주의한다.(도장형을 함께 사용) • 종류 : 플라스틱 필름, 아스팔트 침투지, 금속코팅 유리섬유(석면), 플라스틱 코팅 방습지
도장형	• 배관, 밸브와 같이 복잡한 형상에 유리하다. • 도장 두께 및 도장면의 표면 상태에 주의한다. • 종류 : 매스틱제, 코팅제, 페인트제

4) 단열공사 시공법

(1) 순서 : 방습공사 → 단열공사 → 마감공사

(2) 종류

① 판상 공법 : 판상의 단열재를 접착제로 부착한다.
② 우레탄 공법 : 현장에서 직접 우레탄을 살포하여 발포시킨다.
③ 혼합 공법 : 판상 공법과 우레탄 공법을 병행하는 방식이다.

5) 단열벽의 성능평가 방법

(1) 단열벽의 주요 성능평가 인자

① 단열 성능
② 방화 성능
③ 방습 성능
④ 내구 성능
⑤ 경제성
⑥ 시공성

(2) 단열 성능평가 방법

① 총합 열관류율에 의한 방법 : 열관류율 수치 계산에 의한 성능평가
② 고 내의 온도 상승을 측정하는 방법 : 냉동장치 정지 후 일정 시간 동안의 온도 변화치를 측정하여 단열 성능을 평가
③ 열전대, 열류계를 사용한 측정 방법 : 계측 센서를 통한 부위별 단열 성능 실측 및 평가

SECTION 02 결로

- 수증기를 포함한 공기가 특정 온도보다 낮은 물체와 만나 공기온도가 낮아지면 과포화상태가 되어 액체로 응축하여 물방울로 되는데 이러한 현상을 결로라 하고, 이때의 온도를 노점온도라 한다. 습공기가 노점온도보다 낮은 온도의 물체에 닿으면 결로가 발생한다.
- 일반적으로 겨울철에는 실내 벽, 유리 표면에 결로가 발생하고 여름철에는 유리의 외표면이나 냉동창고의 외표면에 발생한다. 실내에서의 결로는 결로량만큼 가습부하를 증가시키면 실내장식의 손상, 열손실의 증대를 초래한다.
- 습공기가 차가운 물체의 표면에 닿으면 공기 중에 함유된 수분이 응축되어 그 표면에 이슬이 맺히는 현상이며 수증기를 포함한 공기의 온도가 서서히 떨어지면서 수증기를 더 이상 포함할 수 없을 때 수분이 물방울로 석출되는 현상이다.
- 공기와 접한 물체의 온도가 그 공기의 노점온도 이하가 되었을 때 일어나며 그 물체의 표면온도가 0℃ 이하가 되면 결빙된다.

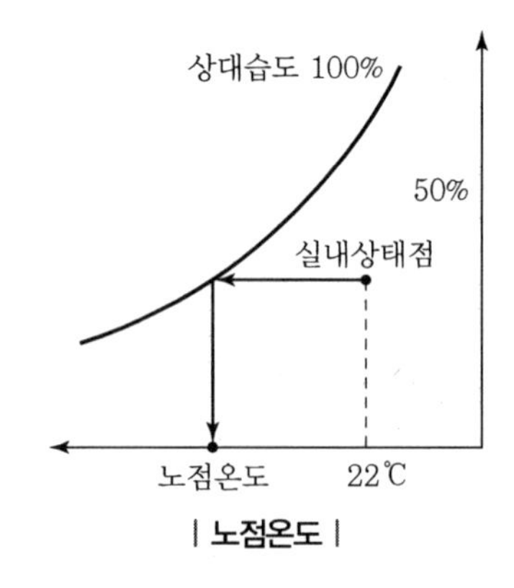

| 노점온도 |

1) 결로의 종류

(1) 발생위치

① 표면결로 : 건물의 표면온도가 접촉하고 있는 공기의 노점온도보다 낮을 때 발생

② 내부결로 : 벽체 내의 수증기압 구배의 노점온도가 온도구배의 건구보다 높게 될 때 발생

(2) 발생시기

① 겨울철 결로 : 외기의 온도가 실내기온보다 낮아짐에 따라 공기가 노점온도 이하로 냉각되어 실내 측에 발생

② 여름철 결로 : 외기의 고온다습에 대한 실내 측 저온에 의하여 실외 측에 발생

2) 표면결로와 내부결로

(1) 표면결로

① 건물의 표면온도가 접촉하고 있는 공기의 노점온도보다 낮을 때 발생하며 실내의 습한 공기가 포화온도 이하의 벽이나 천장과 만났을 때 표면에 결로가 생기는 현상이다.

② 공기의 절대습도 및 실내 수증기분압이 높은 경우에 발생한다.

> **TIP** 표면결로 발생장소
>
> - 외벽의 구석 각진 부분의 내표면 : 외벽의 구석이나 각진 부분은 단열성능이 떨어져(단열재 연결부위) 내표면보다 외표면이 크므로 열손실이 많다.
>
> 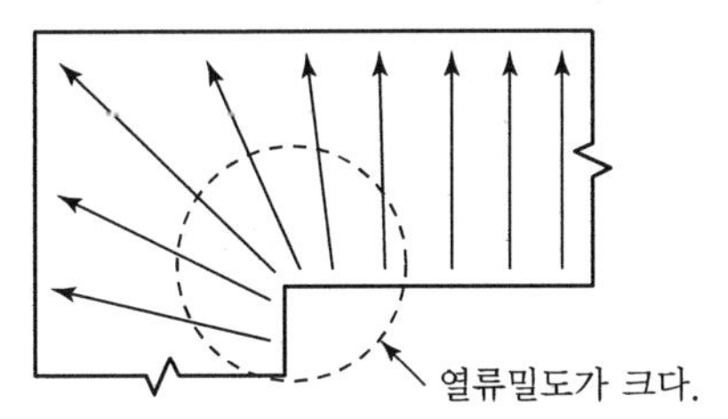
>
>
> **| 구석진 부분의 내표면 |**
>
> - 열교 부분
> - 외벽 관통 파이프, 인방부분 : 구조체의 일부 중 극단적으로 열전도율이 큰 것이 있으면 열 흐름이 집중되어 열손실이 많다.
> - 창 주위
> - 창유리 : 가장 단열성이 취약하므로, 복창이나 2중 유리를 사용한다.
> - 알루미늄 새시 : 열전도율이 크다.
> - 공기유동이 적은 가구 뒷면 : 공기유동이 적으면 표면대류 및 열전달률이 작아 표면(내표면)온도가 저하된다.
> - 최하층의 슬래브
> - 최상층 옥상 슬래브

(2) 내부결로

① 외부 온도가 실내온도보다 낮으면 벽체 내에 온도구배가 생겨 벽체 내의 수증기분압 구배의 노점온도가 구배의 건구온도보다 높게 되어 내부결로가 발생한다.

② 실내외의 수증기압 차이에 의해 벽체나 지붕을 관통하는 수증기가 저온 부분에서 막히면 결로하는 현상이다.

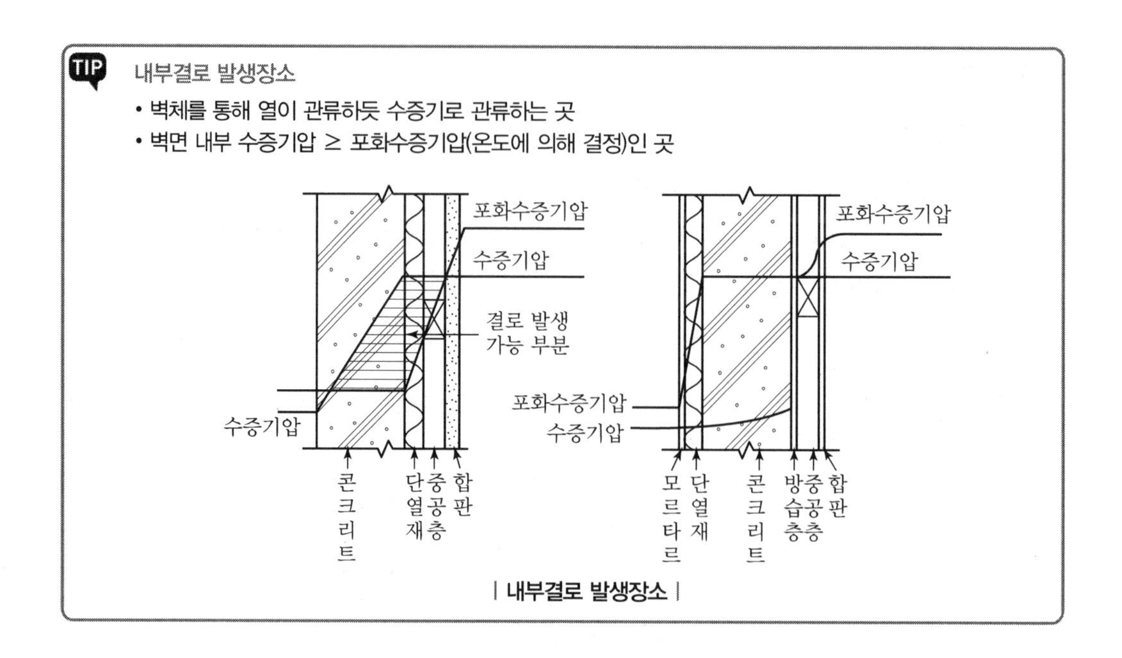

| 내부결로 발생장소 |

3) 결로 발생 원인

① 실내외 온도차가 클 때

② 실내 상대습도가 높을 때

③ 열관류율(K)이 클 때

④ 표면에서 기류가 정체될 때

⑤ 환기가 부족할 때(침기에 의한 열손실 방지를 위해 창호 등이 기밀 시공되고 있어 자연 환기량이 감소하여 실내 수증기를 외부로 배출시키는 정도도 크게 감소함)

⑥ 시공 직후 미건조

⑦ 실내 수증기의 과다 발생(실내 재실자의 호흡 및 증발, 세탁, 실내 취사, 욕실 등에서 수증기 발생)

⑧ 생활 습관

- 실내에서의 세탁물 건조
- 목욕 횟수 증가
- 안전 등의 이유로 인한 창문 개방 횟수 감소
- 창을 닫게 되는 야간에 세탁, 취사 등의 행위

4) 결로로 인한 피해

① 벽체 및 구조체에 얼룩, 변색, 곰팡이 발생에 의한 장식의 손상

② 불쾌한 냄새

③ 부식의 심화

④ 구조체의 결빙, 해빙 반복에 의한 강도 저하 및 파손

⑤ 건축물 및 구조체의 변형
⑥ 단열성능 저하

5) 결로 발생 방지 대책

(1) 공통 대책

① 실내외 온도차가 작을 것
② 열관류율(K)이 작을 것
③ 표면 열전달률이 클 것
④ 열저항이 클 것
⑤ 표면에 기류를 형성할 것
⑥ 실내 상대습도가 낮을 것

$$T_d < T_s = T_{in} - \frac{K}{\alpha_i} \cdot (T_{in} - T_{out}) = T_{in} - \frac{r_i}{R} \cdot (T_{in} - T_{out})$$

여기서, T_{in} : 실내온도(℃), T_{out} : 실외온도(℃)
K : 열관류율(kcal/m² · h · ℃), α_i : 실내표면 열전달률(kcal/m² · h · ℃)
R : 열저항(m² · h · ℃/kcal), r_i : 실내표면 열전달저항(m² · h · ℃/kcal)

(2) 표면결로 방지 대책

① 실내 수증기 발생을 억제하여 실내 절대습도 상승 방지
② 환기를 자주 하여 절대습도 저하
③ 단열을 강화하여 실내 표면온도 저하를 방지
④ 공기와 접촉하는 표면온도를 항시 노점온도 이상으로 유지
⑤ 열관류율(K)을 낮출 것
⑥ 열저항(R)을 높일 것
⑦ 이중유리 시공
⑧ 틈새의 기밀 유지

(3) 내부결로 방지 대책

① 벽체 내부 수증기 침입 방지
② 수증기 분압이 높은 실내 측에 방습층 설치
③ 외부 단열로 벽체 내부온도를 일정 온도 이상으로 확보
④ 수증기 발생 억제
⑤ 환기를 자주 시킬 것

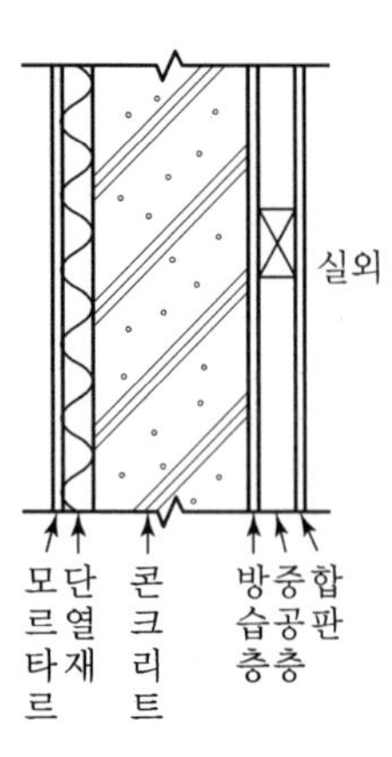

| 실내 측에 방습층 설치 |

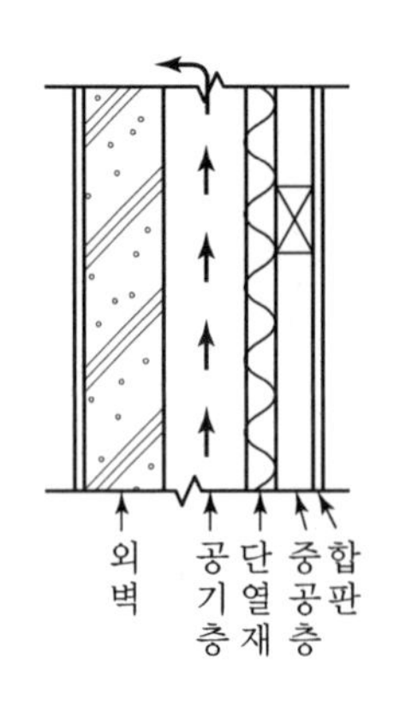

| 공기층 및 단열층을 실외 측에 설치 |

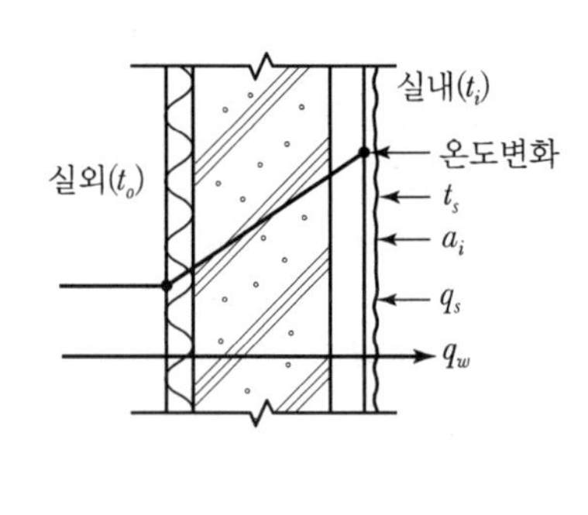

| 벽체의 온도분포 |

6) 결로 방지 조건

① 결로는 벽체의 표면온도(t_s)가 노점온도(t')보다 낮은 경우에 발생한다.

② 결로 방지를 위해 $t_s > t'$가 되도록 표면온도를 유지할 수 있게 단열 두께를 결정한다.

③ 계산식

외벽의 단위면적당 침입열량(q_w)

$$q_w = q_s = K(t_r - t_o) = \alpha_i(t_r - t_s)$$

$$K(t_r - t_o) = \alpha_i(t_r - t_s)$$

$$\therefore\ t_s > t_r - K\frac{(t_r - t_o)}{\alpha_i}$$

결로가 일어나지 않기 위해서는 $t_s > t'$이어야 한다.

7) 결로 발생 여부 판단

(1) 벽체의 표면온도 계산

외부 벽체를 통해 통과하는 열량을 q_w라고 하고 실내로 통과하는 열량을 q_S라 하면

$$q_w = q_s = K(t_r - t_o) = \alpha_i(t_r - t_s)$$

$$K(t_r - t_o) = \alpha_i(t_r - t_s)$$

$$\therefore\ t_s = t_r - K\frac{(t_r - t_o)}{\alpha_i}$$

여기서, $\frac{1}{K} = \frac{1}{\alpha_o} + \frac{l_1}{\lambda_1} + \cdots + \frac{1}{\alpha_i}$

(2) 단열재 두께 계산

$$q_w = q_s = K(t_r - t_o) = \alpha_i(t_r - t_s)$$

$$K(t_r - t_o) = \alpha_i(t_r - t_s)$$

$$\therefore \; K = \frac{\alpha_i(t_r - t_s)}{t_r - t_o}$$

$\frac{1}{K} = \frac{1}{\alpha_o} + \frac{l_1}{\lambda_1} + \cdots + \frac{1}{\alpha_i}$ 이므로 l_n 값을 구하면 된다.

SECTION 03 표면결로 판단

표면결로는 벽표면온도가 실내공기의 노점온도보다 낮을 때 주로 발생한다.

1) 실내공기의 노점온도(t_{dp})

통풍식 습구온도계를 사용하여 습도를 측정하고 습공기 선도를 이용하여 산출한다.

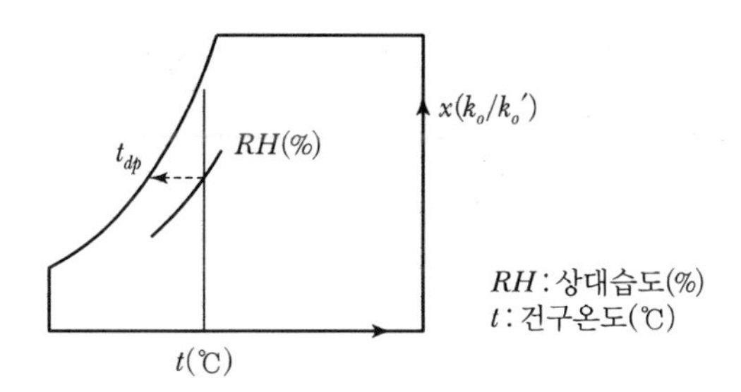

2) 벽표면온도(t_s)

벽 구성 재료의 특성(두께, 열전도율) 및 실내외 온도 등을 조사하여 다음 식에 의해 구한다.

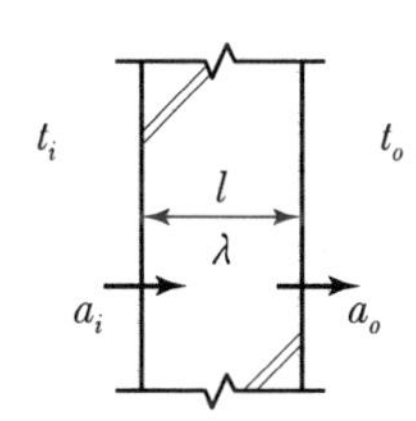

$$k = \frac{1}{\frac{1}{a_i} + \Sigma \frac{l}{\lambda} + \frac{1}{a_o}}$$

여기서, k : 벽체의 열관류율(kcal/m² · h · ℃)
a_i : 벽 내표면의 열전달률(kcal/m² · h · ℃)
a_o : 벽 외표면의 열전달률(kcal/m² · h · ℃)
λ : 벽 구성재료의 열전도율(kcal/m · h · ℃)
l : 벽 구성재료의 두께(m)

$$t_s = t_i - \frac{k}{a_i}(t_i - t_o)$$

여기서, t_i : 실내온도(℃), t_o : 외기온도(℃)

3) 표면결로의 판정

$t_s < t_{dp}$이면 표면결로가 발생한다.

SECTION 04 내부결로 판단

내부결로는 벽체 내부 어느 점에서 수증기분압이 그 온도에 해당하는 포화수증기분압보다 높을 때 주로 발생한다. 즉, 수증기분압 차이에 의한 투습에 의하여 벽면 내부의 수증기분압이 그 곳의 온도에 해당하는 포화수증기분압보다 높은 경우에 발생한다.

1) 벽체 내부의 온도(t_W)

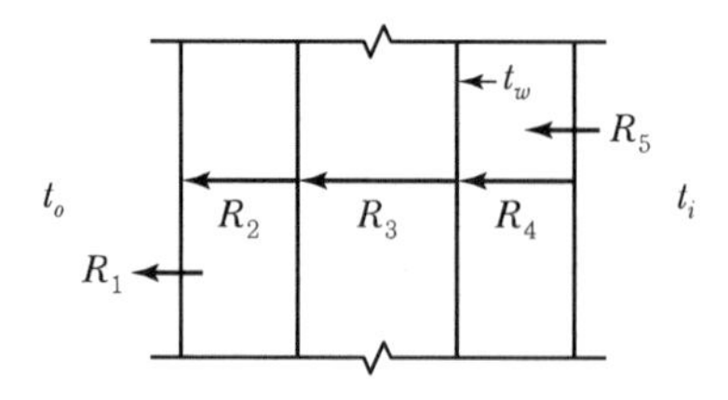

$$t_W = t_i - \frac{\Sigma R_x}{\Sigma R}(t_i - t_o)$$

$$\Sigma R = R_1 + R_2 + R_3 + R_4 + R_5$$

$$\Sigma R_x = R_4 + R_5$$

여기서, R_1, R_5 : 열전달저항$\left(\frac{1}{\alpha} : \text{m}^2 \cdot \text{h} \cdot ℃/\text{kcal},\ \text{m}^2 \cdot \text{K/W}\right)$
R_2, R_3, R_4 : 오염계수$\left(f = \frac{l}{\lambda} : \text{m}^2 \cdot \text{h} \cdot ℃/\text{kcal},\ \text{m}^2 \cdot \text{K/W}\right)$

2) 내부결로의 판정

벽면의 온도(t_W)를 구한 후 그 온도에 해당하는 수증기분압 및 포화수증기분압을 비교하여 결로 여부를 판단한다.

3) 방습층의 설치

① 방습층은 벽체 내부로의 투습을 방지하기 위해 설치하며 수증기분압이 높은 쪽인 실내 측 표면 근처에 설치하여야 한다.

② 수증기가 벽체에 유입하는 방향에 투습저항이 큰 재료(방습재)를 설치하고 수증기가 빠져 나가는 곳에는 투습저항이 작은 재료를 설치하여야 벽체의 내부결로를 방지할 수 있다.

③ 열저항이 큰 재료(단열재)는 가급적 실외 측 근처에 설치하여야만 내부결로가 방지된다.

㉮ 방습층을 실내 측 표면에 설치할 경우

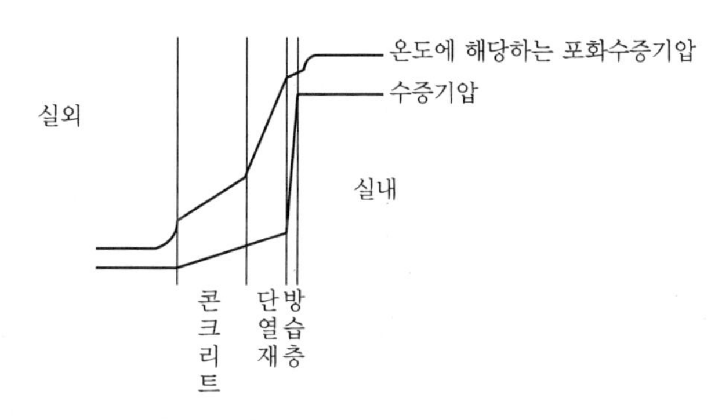

벽체 내부 전역에 걸쳐 "수증기압 < 포화수증기압"이므로 내부결로가 발생하지 않는다.

㉯ 방습층을 실외 측 표면에 설치할 경우

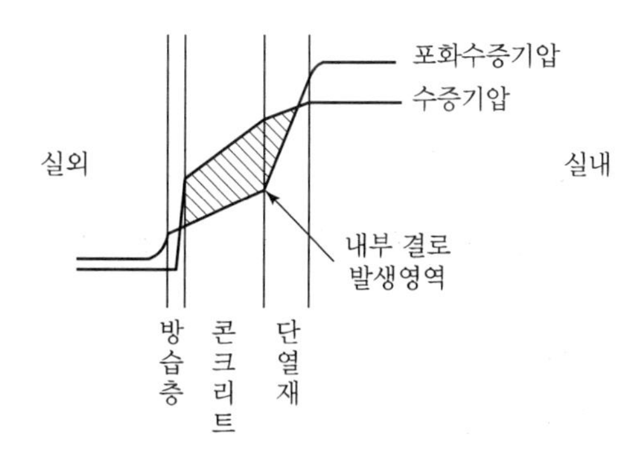

벽체 내부의 빗금 친 영역에서는 "수증기압 > 포화수증기압"이므로 내부결로가 발생한다.

SECTION 05 내단열, 외단열, 중간단열

건축물에 설치된 단열재는 열에너지 손실률, 실내온도, 구조체의 내부 온도에 지대한 영향을 주는 요소이다. 그러므로 단열재의 위치는 실온에 막대한 영향을 주며, 이는 곧 에너지 절약 및 유지관리에 직결된다.

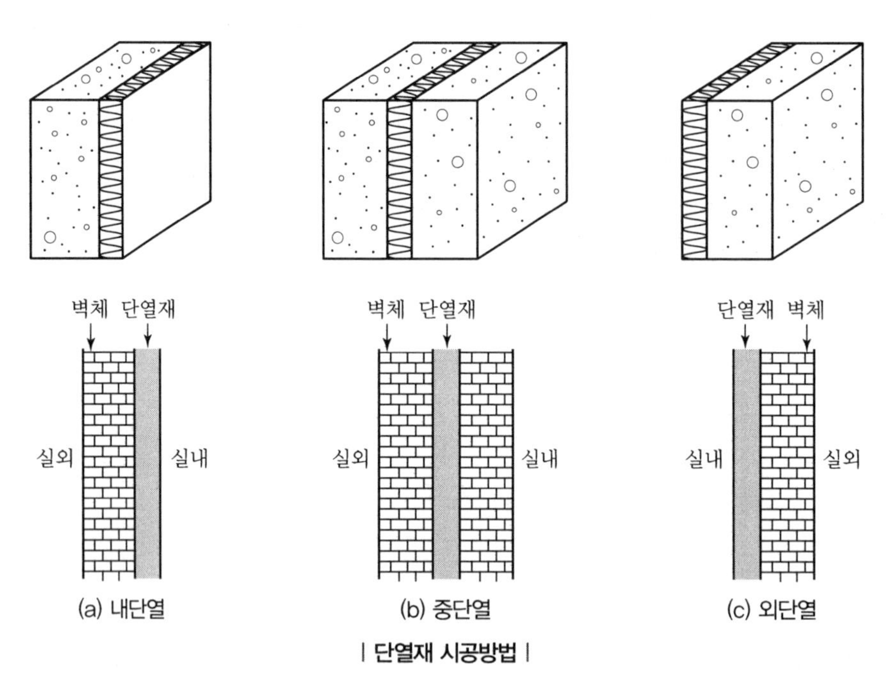

| 단열재 시공방법 |

1) 외단열

① 실온의 변동

- 실온의 변동이 작다.
- 난방 정지 시 온도강하가 적다.
- 실내 측 구조체의 열용량이 작용해 실온의 변동 방지 및 하절기 온도 상승 방지 역할을 한다.

② 열교

- 온열교로 인하여 피해 발생이 없다.
- 열교부분의 단열처리가 용이하다.

③ 표면결로

간헐난방 시 사용되고 있는 방에서는 난방 정지 시의 벽표면온도가 높고 최저온도가 높기 때문에 결로되기 어렵다.

④ 내부결로

외장재의 종류에 따라 단열재와 외장재의 경계면이 결로하기 때문에 방습층을 설치하거나 환기를 시켜야 한다.

⑤ 난방부하
  - 일반 건축구조상의 열교와 난방 정지 시의 콘크리트 축열을 생각하면 작아지는 경우가 많지만 그 차는 대단하지 않다.
  - 구조체 축열에 시간이 걸리므로 단시간 난방이 필요한 건물에는 불리하다.

⑥ 불연속 부위가 없게 시공 가능하다.

⑦ 연속 난방에 유리하다.

⑧ 단열재를 항상 건조한 상태로 유지 가능하다.

⑨ 결로 방지 기능을 한다.

⑩ 공사비가 고가이다.

⑪ 시공이 어렵다.

⑫ 단열재의 강도가 필요하다.

⑬ 외국(구미 선진국)에서 많이 채택한다.

2) 내단열

① 실온의 변동
  - 실온의 변동은 외단열보다 크다.
  - 난방 정지 시 온도강하가 크다.
  - 실내 측 구조체의 축열에 의해 하절기 온도 상승이 우려된다.

② 열교
  - 냉열교로 인한 국부결로 발생이 우려된다.
  - 열교부분의 단열처리가 시공상 혹은 미관상 곤란하다.

③ 표면결로

난방 정지 시의 실온이 낮고 벽표면온도가 더욱 낮아지기 때문에 결로 발생 우려가 있다.

④ 내부결로

단열재의 실내 측에 완전방습층을 설치하지 않는 한 내부결로를 방지할 수 없다.

⑤ 난방부하
  - 집회장 등 방의 사용시간이 작은 건물에 유리하다.
  - 강당 및 집회소 등 단시간 난방이 필요한 건물에 유리하다.

⑥ 시공상 불연속 부위가 많이 존재한다.

⑦ 간헐 난방에 유리하다.

⑧ 구조체를 차가운 상태로 유지한다.(내부 결로의 위험성 내포)

⑨ 공사비가 저렴하고, 시공이 용이하다.

3) 중간단열

① 불연속 부위가 내단열 대비 적다.
② 단열재의 강도 문제상 단열재의 외부에 구조벽을 한번 더 시공한다.(구조벽 중간에 단열제 시공)
③ 한국에서 가장 많이 사용하는 방식이다.

▼ 외단열과 내단열의 비교

구분	외단열	내단열
실온변동	• 실온변동은 작다. 특히 난방정지시 온도강하가 적다. • 실내 측 구조체의 열용량이 작용해 실온의 변동을 방지하며 여름의 온도 상승도 방지한다.	• 실온변동은 외단열보다 크다. • 난방 정지 시의 온도강하가 크다.
열교	• 온열교로 되기 때문에 피해가 발생하지 않는다. • 열교부분의 단열 보호 처리가 용이하다.	• 냉열교로 되기 때문에 국부결로 등이 발생한다. • 열교부분의 단열 보호 처리가 시공상이나 미관상 곤란할 때가 많다.
표면결로	간헐난방이 사용되고 있는 방에서는 난방 정지 시의 벽 표면온도가 높고 최저온도가 높아 결로되기 어렵다.	난방 정지 시의 실온이 낮고 벽표면온도가 더욱 낮아지기 때문에 결로가 발생하기 쉽다.
내부결로	외장재의 종류에 따라 단열재와 외장재의 경계면이 결로하기 때문에 방습층을 설치하거나 환기를 시켜야 한다.	단열재의 실내 측에 완전방습층을 설치하지 않는 한 내부결로를 방지할 수 없다.
난방부하	일반 건축구조상의 열교와 난방 정지 시의 콘크리트 축열을 생각하면 작아지는 경우가 많지만 그 차는 적다.	• 집회장 등 방의 사용시간이 짧은 건물에 유리하다. • 강당과 집회소 등 단시간 난방에 적합하다.
냉방부하	• 기본적으로 단열재의 위치에 의한 차는 거의 없다. • 냉방일 경우는 야간에 외기를 도입해서 축랭하면 유리하다.	• 기본적으로 단열재 위치에 의한 차는 거의 없다. • 야간에 차가운 공기를 도입하지 않을 경우에는 축열부하가 외단열보다 작아질 경우가 있다.

SECTION 06 열교

1) 개요

① 외벽이나 바닥, 지붕 등의 건물부위에 단열이 연속되지 않는 부분이 있을 때 또는 건물 외벽의 모서리 부분, 구조체의 일부분에 열전도율이 큰 부분이 있을 때 열이 집중적으로 흐르게 되는 현상을 열교(Thermal Bridge)라 한다.
② 열교는 높은 열전도율로 인하여 구조체의 전체 단열값을 낮추게 하는 구조체의 일부분을 의미한다. 이러한 구조체의 열적 취약부위로 인한 열손실이라는 측면에서 냉교(Cold Bridge)라고도 한다.
③ 열교부분으로 손실되는 열류가 증가되면, 표면온도가 낮아지므로 이러한 표면에서의 결로의 위험이 커지게 된다.

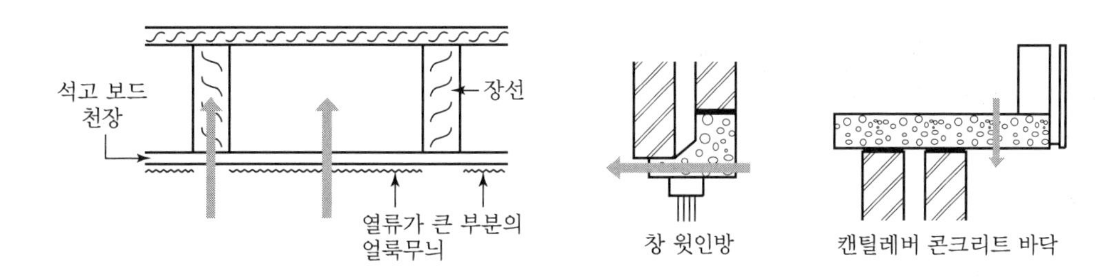

2) 원인

① 단열부재의 지지부재, 중공벽의 연결 철물이 통과하는 구조체, 벽체와 지붕, 바닥과의 접합부위, 창틀 등에서 발생한다.

② 접합부위의 단열재가 불연속됨으로써 발생한다.

3) 방지책

① 접합부의 단열 설계 및 단열재가 불연속됨이 없도록 한다.

② 외단열에 의한 취약부위를 정화시키는 설계 및 시공이 필요하다.

얼룩무늬 현상(Pattern Staining)

- 먼지나 티끌이 무늬를 이루어 천장 속에 감춰진 구조체의 형상이 나타나는 것이다.
- 단열의 값이 낮은 부분은 그 주변보다 열이 더 잘 전달되므로 대류로 인하여 공기 중의 먼지가 이 부분에 더 많이 부착된다.

SECTION 07 보온재(단열재)

단열이란 열절연이라고도 하며 기기, 관, 덕트 등에 있어서 고온의 유체에서 저온의 유체로 열이 이동되는 것을 차단하여 열손실을 줄이는 것으로 사용온도에 따라 보냉재(100℃ 이하), 보온재(100~800℃), 단열재(800~1,200℃), 내화단열재(1,300℃ 이상), 내화재(1,580℃ 이상) 등의 재료가 있다.

1) 보온 및 단열의 목적

① 에너지 절약(보온, 보냉 등 열손실 및 취득에 따른 손실 방지)

② 결로 방지(정수 및 배수관, 냉방 시 응축수 등)

③ 착상 방지

④ 안정적 및 효율적 운전

⑤ 화상 방지

⑥ 겨울철 동파 방지(급수, 소화수 배관 등)

⑦ 유체 소음 방지(배수관 등)

2) 보온재의 구비조건

① 열전도율이 작을 것

② 안전사용온도 범위에 적합할 것

③ 부피, 비중이 작을 것

④ 불연성이고 내흡습성이 클 것

⑤ 다공질이며 기공이 균일할 것

⑥ 물리 · 화학적 강도가 크고 시공이 용이할 것

3) 보온재의 분류

(1) 유기질 보온재

주로 높은 온도에서 견디기 어려워 보냉 재료로 사용한다.

① 펠트

양모펠트와 우모펠트가 있으며 아스팔트로 방습한 것을 −60℃ 정도까지 유지할 수 있어 보냉용에 사용하며 곡면 부분의 시공이 가능하다.

② 코르크

액체, 기체의 침투를 방지하는 작용이 있어 보냉, 보온효과가 좋다. 냉수, 냉매배관, 냉각기, 펌프 등의 보냉용으로 사용된다.

③ 텍스류

톱밥, 목재, 펄프를 원료로 해서 압축판 모양으로 제작한 것으로 실내 벽, 천장 등의 보온 및 방음용으로 사용한다.

④ 기포성 수지

합성수지 또는 고무질 재료를 사용하여 다공질 제품으로 만든 것으로 열전도율이 극히 낮고 가벼우며 흡수성은 좋지 않으나 굽힘성은 풍부하다. 불에 잘 타지 않으며 보온성, 보냉성이 좋다.

(2) 무기질 보온재

① 석면

아스베스트질 섬유로 되어 있으며 400℃ 이하의 파이프, 탱크, 노벽 등의 보온재로 적합하다. 400℃ 이상에서는 탈수 · 분해되고, 800℃에서는 강도와 보온성을 잃게 된다. 석면은 사용 중 잘 갈라지지 않으므로 진동을 발생하는 장치의 보온재로 많이 사용된다.

② 암면(Rock Wool)

안산암, 현무암에 석회석을 섞어 용융하여 섬유모양으로 만든 것으로 비교적 값이 싸지만 섬유가 거칠고 꺾어지기 쉽고, 보냉용으로 사용할 때에는 방습을 위해 아스팔트 가공을 한다. 고온에 우수하고 단열성, 불연성, 흡음성, 발수성, 내구성, 내후성, 시공성이 우수하다.

③ 규조토

광물질의 잔해 퇴적물로서 규조토에 석면을 섞어 물반죽하여 시공하며 다른 보온재에 비해 단열 효과가 낮으므로 다소 두껍게 시공한다. 500℃ 이하의 파이프, 탱크, 노벽 등에 사용하며 진동이 있는 곳에는 사용을 피한다.

④ 탄산마그네슘($MgCO_3$)

염기성 탄산마그네슘 85%와 석면 15%를 배합하여 물에 개어서 사용할 수 있고, 205℃ 이하의 파이프, 탱크의 보냉용으로 사용된다.

⑤ 규산칼슘

규조토와 석회석을 주원료로 한 것으로 열전도율은 0.04kcal/m · h · ℃로서 보온재 중 가장 낮은 것 중의 하나이며 사용온도 범위는 600℃까지이다. 흡습성이 크고 저온용으로 부적당하며 열전도율이 낮고 파이프 커버 및 보드로 생산한다.

⑥ 유리섬유(Glass Wool)

용융상태인 유리에 압축공기 또는 증기를 분사시켜 짧은 섬유모양으로 만든 것으로 흡수성이 높아 습기에 주의하여야 하며 단열성, 내열성, 내구성이 좋고 가격도 저렴하여 많이 사용한다. 시공성이 우수하고 대단이 가볍고 열전도율이 작으며, 사용온도는 300℃ 이하이다. 건물 내 사용이 용이하며 강도가 작아 취급 시 유의해야 한다.

⑦ 폼그라스(발포초자)

유리분말에 발포제를 가하여 가열 용융한 뒤 발포와 동시에 경화시켜 만들며 기계적 강도와 흡습성이 크며 판이나 통으로 사용하고 사용온도는 300℃ 정도이다.

⑧ 펄라이트

진주암, 흑요석(화산암의 일종) 등을 고온가열(1,000℃)하여 팽창시킨 것으로 가볍고 흡습성이 크며 내화도가 높고, 열전도율은 작으며 사용온도는 650℃이다.

⑨ 실리카파이버

SiO_2를 주성분으로 압축성형한 것으로 안전사용온도는 1,100℃로 고온용이다.

⑩ 세라믹파이버

ZrO_2를 주성분으로 압축성형한 것으로 안전사용온도는 1,300℃로 고온용이다.

(3) 금속질 보온재

금속 특유의 열 반사 특성을 이용한 것으로 대표적으로 알루미늄박이 사용된다.

4) 보온재 선정 시 고려사항

① 안전사용온도 범위

② 열전도율

③ 물리적, 화학적 강도
④ 내용연수
⑤ 단위중량당 가격
⑥ 구입의 용이성
⑦ 공사현장에서의 적응성
⑧ 불연성
⑨ 화재 시 독성가스를 발생치 않을 것
⑩ 환경 친화적일 것

5) 내화, 단열, 보온재의 구분

① 내화재 : KS 공업규격에서 내화도가 SK26(1,580℃) 이상의 것
② 단열재 : 850~900℃ 이상 1,200℃ 정도까지 견디는 것
③ 보온재
- 무기질 : 300~850℃까지 견디는 것
- 유기질 : 200℃까지 견디는 것

CHAPTER

31 자동제어

SECTION 01 자동제어의 정의

자동제어란 설정된 목적에 적합하도록 대상물에 필요한 조작을 자동적으로 행하는 것이다. 공조시스템의 경우 자동제어를 통해 유지보수비와 에너지소비를 최소화하여 경제적 운전을 수행할 수 있으며, 부하변동 등 외란이 존재하여도 실내공간을 요구되는 조건으로 유지시켜 쾌적한 환경을 제공할 수 있다.

SECTION 02 자동제어 동작의 구분

1) 시퀀스 제어(Sequence Control)

미리 정해진 순서에 따라 제어동작이 차례로 수행되며 출력의 여부와 상관없고 구조가 간단하여 경제적이다. 시퀀스 제어는 다음 단계에서 행하여야 하는 제어동작이 미리 정해져 있어 전 단계에서 제어동작이 완료된 후 다음 동작으로 옮겨가는 경우나 제어 결과에 따라 다음으로 가야 할 동작을 선정하여 다음 단계로 옮겨가는 경우 등이 있으며, 보일러 연소안전장치, 냉동기 자동운전, 시계회로와 연동한 송풍기, 펌프의 자동 발정, 엘리베이터의 운전제어 등에 사용된다.

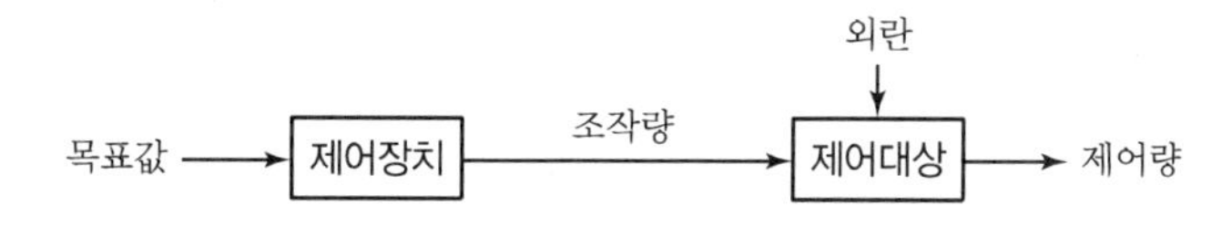

2) 피드백 제어(Feedback Control)

제어 결과를 목표값과 비교하여 그 편차를 제거하기 위한 방향으로 제어동작이 수행되는 제어이다.

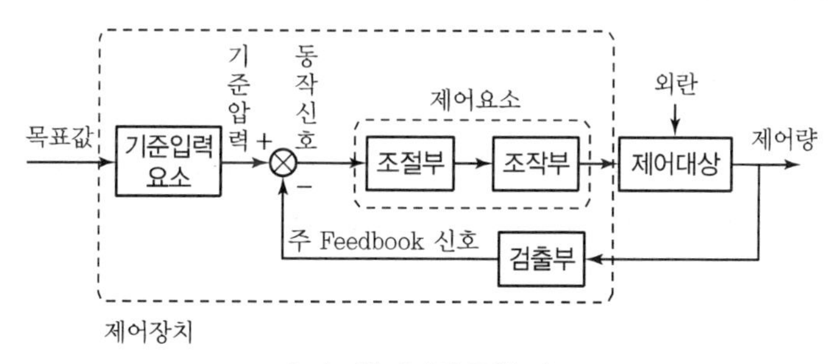

| 피드백 제어의 구성도 |

① 제어대상 : 전압, 전류, 회전수, 기계적 변위 등 제어하고자 하는 대상이며, 프로세스에서는 온도, 압력, 유량, 액면 등이 제어대상이다.

② 제어장치 : 제어를 하기 위해 제어대상에 부가되는 장치로서 제어시스템 중 제어대상 이외의 부분이다.

③ 조절부 : 기준입력(Input)과 검출부 출력(Output)을 합하여 제어계가 소요의 작용을 하는 데 필요한 신호를 만들어 내 조작부에 보내는 부분으로 동작신호를 만드는 부분이다.

④ 조작부 : 조절부로부터 신호를 조작량으로 변화하여 제어대상에 작용하게 하는 부분이다.

⑤ 검출부 : 제어량을 검출하여 주피드백 신호를 만드는 부분으로 피드백 요소라고도 한다. 즉, 압력, 온도, 유량 등의 제어량을 측정하여 신호로 나타내는 부분이다.

⑥ 제어량 : 제어대상의 제어되어야 하는 출력량이다.

⑦ 목표치 : 제어량이 그 값을 갖도록 목표로서 외부에서 주어지는 값으로, 정치제어의 경우는 설정치(set point)라고도 한다.

⑧ 조작량 : 제어를 하기 위해 제어장치로부터 제어대상에 가해지는 양, 즉 제어대상에 들어가는 입력이다. 예를 들어 중유의 공급량을 변화시켜서 보일러 온도를 300℃로 일정하게 유지시킬 경우 300℃는 목표치, 중유공급량은 조작량, 온도는 제어량, 보일러는 제어대상이 된다.

⑨ 기준입력 : 제어계를 동작시키는 기준으로서 직접 폐루프에 가해지는 입력이며 목표에 대해 일정한 값을 갖는다.

⑩ 주피드백 신호 : 제어량을 목표치와 비교하기 위하여 피드백되는 신호이다.

⑪ 동작신호 : 기준입력과 주피드백 신호의 차로서, 제어동작을 일으키는 신호로 편차라고도 한다.(목표치와 제어량의 차)

⑫ 외란 : 제어계의 상태를 교란하는 외적 작용으로, 원인으로는 유출량, 탱크 주위온도, 가스공급압, 공급온도, 목표치 변경 등이 있다. 피드백 제어는 언제나 목표값과 결과를 비교하여 정정동작을 하도록 하고 있는 것으로 외란이 생기더라도 그에 의한 영향을 가능한 줄일 수 있으므로 연속제어에 비하여 고급 제어방식이라 할 수 있다.

SECTION 03 제어 동작의 분류

1) 2위치 동작(On－Off 동작)

조작량이 정해진 두 값 중 하나를 취하는 것으로 편차의 극성에 따라 출력을 On 또는 Off한다.
실온이 목표치보다 낮아지면 전폐가 되도록 조작신호를 발한다.

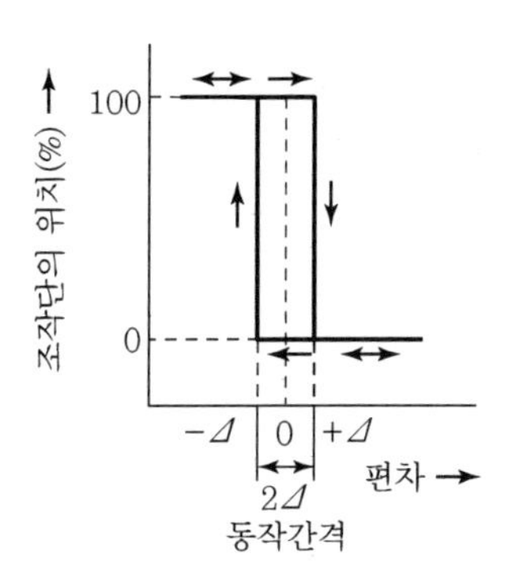

2) 다위치 동작

편차에 따라서 중간개도를 스탭형으로 만든 것으로 2위치 동작에서는 조작부가 전개와 전폐의 두 가지 뿐으로 중간개도가 되어 있지 않는 점을 이용한 것이다. 예를 들어, 실온이 낮아졌을 때 1단 히터가 들어가고 이것으로도 가열 능력이 모자라면 2단 히터를 넣어 가열하는 제어동작이다.

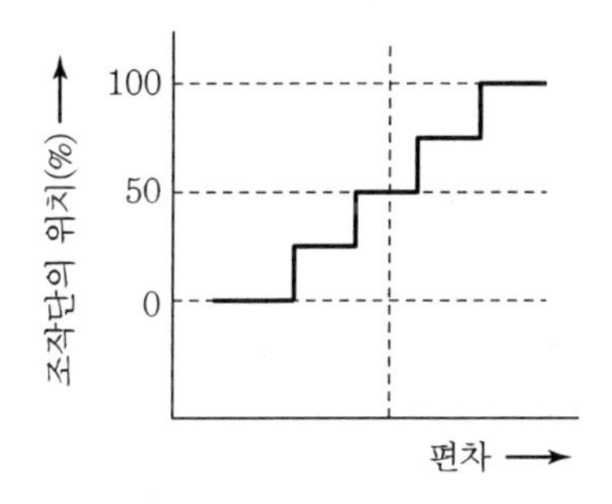

3) 단속도 동작

편차의 (+), (−)에 따라서 밸브나 댐퍼의 조작을 개, 폐로 조작의 방향을 교체하는 것으로 조작은 일정한 속도로 행해진다.

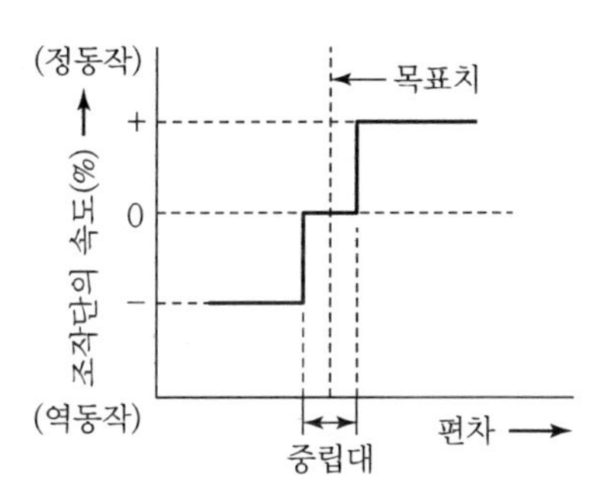

4) 비례(P)동작

P 동작이라고도 하며, 편차의 크기에 비례하여 조작신호를 나타내는 것으로 비례동작에는 위치비례동작과 시간비례동작의 두 가지 방식이 있다. 위치비례동작은 조작기의 위치가 제어량 편차의 크기에 비

례한 위치로 되는 동작이며 시간비례동작은 조작기가 일정한 주기로 On-Off를 반복하는 2위치 동작으로 주기 내의 On시간 비율이 편차에 비례하는 동작이다.

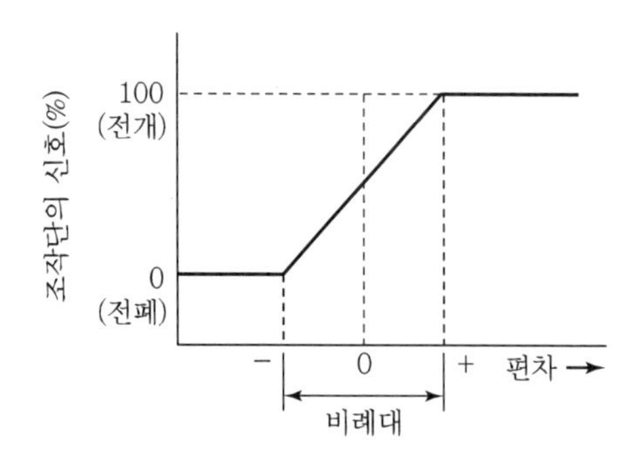

5) 적분(P)동작

비례속도동작이라고도 하며 비례동작과 함께 쓰일 때 리셋동작이라고도 한다. 제어량에 편차가 생겼을 때 편차의 크기에 따라 조작단 이동 속도가 비례하는 것이며, 제어량의 편차가 없어질 때까지 동작을 계속하므로 오프셋이 생기지 않는다.

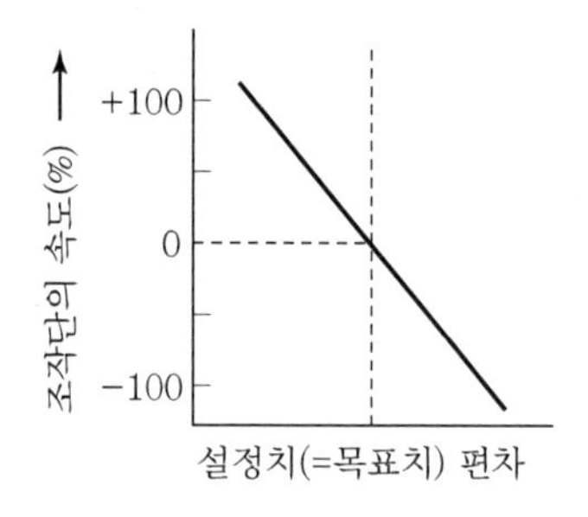

6) 비례적분(PI)동작

비례제어동작은 부하의 변동에 의해 정상편차가 발생하기 때문에 높은 정밀도를 요구하는 제어는 할 수 없다. 그래서 편차가 발생했을 때에 편차의 크기에 따라 조작량 변화속도가 비례하는 동작을 비례동작에 더한 것이 비례적분동작이다. 적분동작은 입력의 시간 적분 값에 비례하는 크기의 출력을 낸다. 편차가 없어질 때까지 출력은 증가 또는 감소를 계속하므로 비례제어에서 생기는 정상편차(오프셋)를 제거할 수 있는데 이것 때문에 리셋(Reset)동작이라고도 불린다. 비례동작의 신호 출력과 적분동작에 의한 신호출력이 동일하게 되는 시간을 적분시간, 또는 리셋시간(Reset Time)이라고도 하는데, 적분동작의 크기는 적분시간으로 나타내고 적분시간이 짧을수록 적분동작은 강해진다.

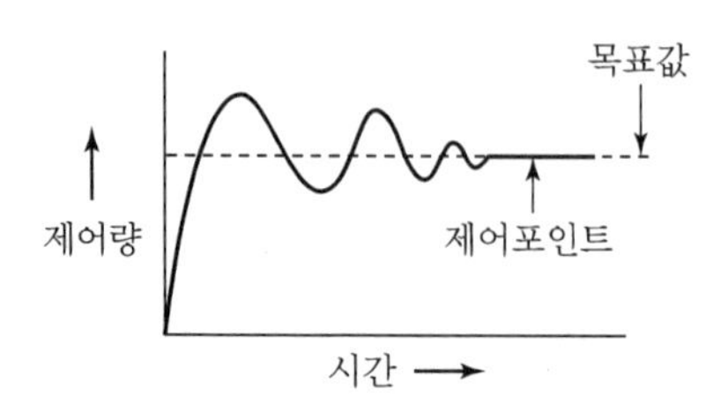

7) 미분(D)동작

미분동작은 단독으로 쓰이는 일이 없이 비례동작 또는 비례적분동작과 같이 쓰인다. 외란에 의한 편차가 생기기 시작한 초기에 큰 정정동작을 일으켜 비례 또는 비례적분동작만의 경우보다 초기에서 큰 조작단을 움직이며 외란의 값이 일정히 지속될 때에는 미분동작이 소멸하여 나중에는 비례 또는 비례적분동작에 의한 조작단 위치를 취하게 된다. 이와 같이 편차의 증가속도에 비례하여 제어신호를 만드는 것이며 장치의 Time Lag를 상쇄시키는 효과가 있다.

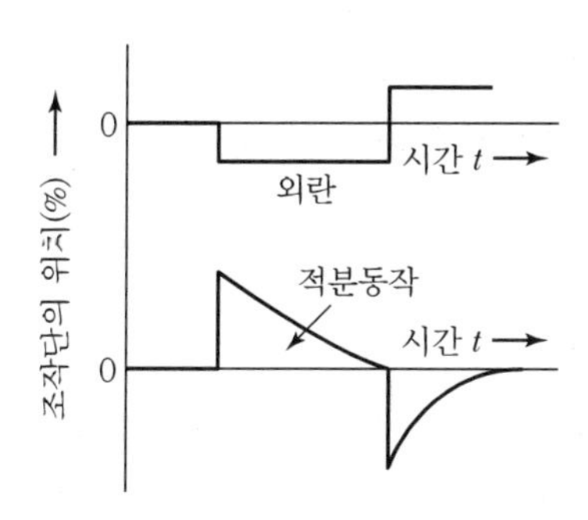

8) 비례적분미분동작

미분동작에 비례적분동작을 조합한 것으로 미분동작은 편차 증가속도에 비례한 조절 동작이며 편차가 급격히 변화하는 경우에 신속한 응답이 행해진다. 이 동작은 각각의 이점을 살린 것으로 가장 우수한 제어동작이다.

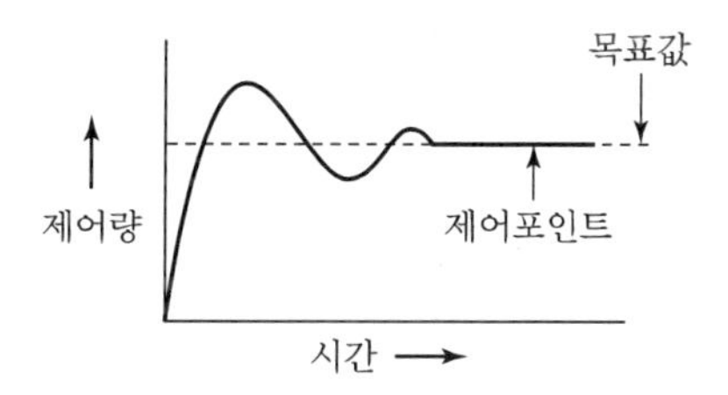

SECTION 04 제어 방식의 종류

1) 디지털 방식과 아날로그 방식

- 전기식, 전자식 및 공기식은 검출부에서 검출한 아날로그 신호(온도, 습도, 압력 등)를 조절부에서도 신호 형태의 변환 없이 아날로그 신호를 직접 사용하기 때문에 아날로그 방식이라 한다.
- DDC/PLC 방식은 검출부의 아날로그 신호를 조절부에서 디지털 신호 형태로 변환하여 연산 처리하기 때문에 디지털방식이라 한다.

- DDC란 Direct Digital Controler의 약자로서 직접회로 방식이라고도 한다.
- 제어목적을 달성하기 위하여 복잡한 기능들을 Micro Processor와 Software Program 등을 사용하여 디지털신호에 의해 제어하는 것이다.
- DDC는 컴퓨터를 사용함으로써 통신기능을 갖고 있어 중앙관제장치와도 직접 연결이 되고 각종 복잡한 Program을 할 수 있다.
- 구동부, 조작부(밸브), 제어부, 조절부(DDC), 컨트롤부(Computer) 등으로 구성된다.
- 제어의 폭이 넓고 광범위하며, 고도의 정밀제어가 요구되는 곳에서 이용되는 자동제어 형식이다.
- 아날로그 방식이 개별적인 반면 DDC 방식은 분산형이다.
- 온도, 습도, 풍량, 가습, 압력, 레벨 등의 제어에 이용된다.

(1) DDC 방식의 특징

① 회로 구성이 간단하고 정비 보수가 용이하다.
② 중앙제어가 가능하지만 현장에서 제어기능도 함께 가지고 있다.
③ 중앙 감시실에서 컴퓨터가 다운이 되어도 현장의 DDC 패널에는 소형의 CPU 프로세스가 있어 자동으로 설정 값이나 제어값을 인식 기록하여 자동으로 제어가 가능한 방식이다.
④ 현재 건물 자동제어의 모든 분야에 접목되고 있다.

(2) DDC 조절기의 에너지 절약 관리제어

① 절전 운전제어(Duty Cycling)
② 최적기동 정지제어(Optimum Start/Stop)
③ 외기취입 제어(Enthalpy Control)
④ 최소 부하 제어(Load Reset)
⑤ 제로에너지 밴드(Zero Energy Band Control)
⑥ 야간 사이클(Night Cycling)
⑦ 야간 퍼지(Night Purge)

(3) 디지털 방식과 아날로그 방식의 비교

구분	아날로그 방식	디지털 방식
제어기능	용도, 목적별로 전용기기 선정	Software로 각종 기능 실현
제어형태 (방식)	연속제어 : 검출기로부터 신호가 연속됨	Sample치 제어 : －불연속 계측과 불연속 조작(속도로 극복) －Data 수집과 연속조작 분리
설정변경	• 현장에서 변경 가능 • 원격변경 어려움	• Terminal을 사용하여 변경 가능 • 원격변경 가능
제어의 추가변경	Hardware 추가 필요	Software로 변경
관리기능	• 현장 지시 가능 • 별도의 System 필요	• 현장 지시 불가 • 제어계와 관리계가 동시에 가능

구분	아날로그 방식	디지털 방식
감시	상시 감시	선택 감시
검출기	계측과 제어용 별개	계측과 제어용 공용
보수	계기 전공자 가능	제작회사 전문가 필요(어렵다.)
고장 시 상태	고장 Loop만 작동 불가	동일조절기에 연결된 제어계 작동 불가
조작성	제어반에서 각 루프의 계기를 순시하면서 감시 및 조작	모니터를 중심으로 편리하게 감시
신뢰성	제어의 정밀도에 한계가 있으며 신뢰성이 낮음	제어의 정밀도가 높으며 소프트웨어에 의해 효율적으로 제어 가능

2) 전기식 제어 방식

- 제어량의 변화는 각종 검출부에 의해 기계적인 토크로서 나타나게 된다. 이 토크는 조절부의 연산부, 즉 스프링 레버기구에 의해 목표치와 비교되어 각종 스위치, 포텐쇼미터를 거쳐 전기적 신호로 변화되는 과정을 거치게 되는 특징이 있다.
- 검출부와 조절부가 일체형으로 되어 있다.

(1) 장점

① 취급이 용이하며 정밀한 제어를 요하지 않는 곳에 적합하다.
② 보수관리가 용이하다.
③ 2위치 동작(On－Off 제어) 등 간단한 조작이 용이하다.

(2) 단점

① 제어정도가 ±2℃ 정도 이하는 어렵다.
② 감지부와 조절부가 단일체로 구성되어 있어 설정점 조정이 불편하다.
③ 밸런싱 릴레이에 의해 조작기의 밸런스를 유지하므로 조작기를 수직으로 설치하지 않으면 조작이 곤란하다.
④ 모든 조작회로가 접점으로 이루어져 있어 접점 마모에 의한 기기수명이 짧아 매년 1회씩 정기적인 보수가 필요하다.
⑤ 하나의 제어기에서 1개의 조작기만 제어할 수 있으며 신호처리에 융통성이 없다.

3) 전자식 제어 방식

- 검출부와 제어기가 별도로 구성되며 제어기는 검출기로부터 원거리에 설치될 수 있다. 검출기는 온도, 습도, 압력 등의 제어량을 전기저항치 또는 정전용량의 변화로 검출하여 제어기의 브릿지회로에 입력한다.
- 브릿지회로는 전기저항치 또는 정전용량의 변화를 전압으로 변환하고 변환된 전압신호는 증폭되어 조작기에 전달되며 이 신호에 의해 조작기가 구동되는 과정을 거친다.

(1) 장점

① 제어정도가 ± 1℃ 정도로 정밀하다.
② 보수점검이 거의 필요 없다.
③ 하나의 제어기에서 여러 개의 조작기를 제어할 수 있으며 신호 처리에 융통성이 많다.
④ 조작기 설치를 자유롭게(수직, 수평 등) 할 수 있다.
⑤ 제어기 이상 시 조작기에서 수동조작이 간단하다.
⑥ 감지부에서 감지편차를 제어기에서 보상 가능하다.
⑦ 외기보상 등 복잡한 제어에 용이하다.

(2) 단점

입력 전압, 주파수 등에 영향을 받을 수 있다.

4) 공기식 제어 방식

- 전자식 제어 방식처럼 검출기, 제어기, 조작기로 구성되나 제어 입출력 매체로 공기압을 사용한다.
- 공기식 조절장치는 약 1～1.5kg/cm^{2}의 압축공기를 이용하여 작동한다.
- 공기식은 조절범위가 넓고 간단하며 취급이 쉬운 특성이 있다.
- 중소규모용으로는 전기식이나 전자식에 비해 비용이 많이 들지만 공기를 쉽게 얻을 수 있을 때 사용할 수 있다.

(1) 장점

① 에너지원이 공기로서 방폭이 용이하다.
② 구조가 간단하다.
③ 조작기가 비교적 큰 힘을 낼 수 있다.

(2) 단점

① 노즐에 노폐물이 생길 경우 조절이 불가능해지므로 매년 1～2회씩 정기적인 보수가 필요하다.
② 공기압축기 이상 발생 시 모든 제품이 마비될 우려가 있다.
③ 공사 시 많은 부속기기가 필요하며 시공관리에 정밀을 요한다.
④ 공기 공급관에 이상 발생 시 누설부 확인 및 보수가 어렵다.

SECTION 05 빌딩 자동제어시스템

- 대규모 사무실 빌딩이나 Hotel, 병원, 학교 등에 적용하는 시스템을 BAS(Building Automation System)라 부르며 BAS의 가장 보편화된 것은 중앙연산장치를 갖추고 각 현장으로부터 Data를 감시, 조절 및 기록하는 기능을 보유한 시스템을 말한다.
- EMS(Energy Management System)은 에너지관리에 영향을 주는 모든 수단을 가능케 하는 시스템(수동제어)을 전부 지칭한 말이며 건물에서뿐만 아니라 산업체 등에서도 공용되는 용어이다.
- 건물 대상일 경우 빌딩관리시스템(Building Management System) 또는 빌딩자동화시스템(Building Automation System)이라고도 하는데 일반적으로 BAS(빌딩자동화)보다 넓은 의미의 BMS를 구분하기도 한다.

1) 도입 효과

① 인건비 절약
② 쾌적온도 유지로 최적환경 확보
③ 설비기기의 운전 자동화로 에너지 절약의 극대화
④ 설비기기의 운전 자동화로 운전시간이 단축되어 수명 연장
⑤ 비용 절감
⑥ 국가적 에너지 절약시책에 참여
⑦ 전력설비 및 전등설비 자동화 운영으로 전력에너지 절감

2) 주요 기능

- 감시 : 경보감시, Digital 상태 감시, 계측치 상 · 하한 감시
- 표시 : 동력의 작동상태, 경보발생, 원격설정치, 적산치 및 단위표시, 조작
- 기록 : 경보 발생 시 기록, 상태변화 시 기록, 각종 조작 기록, 자기 진단 기록
- 조작 및 제어 : 자동 기동, 정지, 원격 설정 조작, 각종 프로그램 제어
- 에너지 절약 관리 제어

(1) 공조 · 위생설비

① 절전운전제어(Duty Cycle)
실내온도를 계속 감시하여 미리 정해진 쾌적온도 범위에서 실내온도를 유지시키면서, 공조가 불필요한 때에는 공조를 중단함으로써 에너지 절약의 효과를 얻는 것이다. 또한 정지되는 시간을 공조기에 대하여 서로 틀리게 함으로써 부하 균등화를 통하여 전력제어의 효과도 얻을 수 있다.
② 최적기동정지제어(Optimum Start/Stop)
실내온도, 외기온도와 설비조건에 따른 변수 등에 의하여 자동적으로 사전공조시간을 결정, 공

조기를 가동시켜 주면 불필요한 공조 예열시간을 줄일 수 있다.

③ 외기취입제어(Enthalpy Control)

Enthalpy Control은 주로 냉방기간에 사용하는 것으로서 실내공기의 Enthalpy와 외기의 Enthalpy를 비교하여 외기의 Enthalpy가 낮을 때 실내에 필요한 양의 외기를 이용해 냉방을 함으로써 냉방부하를 줄이는 것이 Enthalpy Control의 목적이다.

④ 최소부하제어(Load Reset)

실내온도를 쾌적한 상태로 유지하기 위한 제어에서 과다한 열원부하 설정점을 변경시켜도 그 상태가 유지되는지 여부를 판단하여 가능 하다고 판단될 때에는 설정점을 변경시켜 줌으로써 냉난방 부하를 줄이는 제어이다.

⑤ 열원기기 대수제어(Optimization)

BAS를 구성하고 있는 Computer의 계산 기능을 이용하면 냉동기 대수제어, Boiler 대수제어, 상한·하한 제어 등이 가능하다.

⑥ CO_2 농도제어

(2) 전기설비

① 전력제어(Power Demand Control)

사용전력의 추이를 관찰하여 제한된 순간 전력의 초과가 예상되면 가장 불필요한 부하부터 정지시킴으로써 최대 전력을 제한하는 것으로 그에 따라 사용 전력량의 절약 효과도 있다.

② 역률제어(Power Factor Control)

역률을 계속 관찰하여 항상 일정 이상의 역률을 유지하도록 자동적으로 Condenser를 연결 또는 차단하여 줌으로써, 전기의 사용효율을 높여 주도록 하는 것이다.

③ 조명제어(Lighting Control)

주간에 조명이 불필요한 곳의 등(Light)을 건물의 방향이나 구조를 고려하여 소등하거나, 조도에 따라 켜는 전등의 숫자를 제한하고 건물의 사용 시간대 이외의 시간, 즉 출근 전이나 퇴근 후, 휴식 시간에는 소등한다.

SECTION 06 에너지 절약 방법의 종류

1) 운전제어에 의한 에너지 절약

(1) CO_2 농도제어

실내공기는 적정온도 뿐만 아니라 신선한 상태를 유지해야 하기 때문에 어느정도의 외기를 항상 받아 들이지 않으면 안 된다. 이때 외기 취입량을 수시로 변경시키기 곤란하기 때문에 일정의 외기량을 계속 받아들이도록 조절하여 냉난방을 하게 된다. 만약 실내 CO_2 농도가 일정조건 이하일 때 외기취입을 최소화하면 그만큼 부하가 줄어들 것이다.

(2) 대수제어

펌프, 냉동기, 보일러, 기타 열원용 기기는 상용최대 출력일 때 최대효율이 발휘된다. 공기조화에 사용되는 장치는 다른 공업용 프로세스 이상으로 부분부하에 의해 운전되는 때가 많다. 부분부하에서의 운전효율이 나쁘다는 것은 에너지를 낭비하고 있다는 말과 같다. 펌프나 냉동기 등 열원용 기기인 경우 범용기기이기 때문에 필요한 용량을 분할하는 것은 초기 투자비나 보수체계의 충실이라는 점으로 보아도 분할의 장점이 크다.

(3) 냉각수의 수질제어

냉각탑의 냉각수는 항상 대기와 접촉하며, 물의 증발잠열에 의해 열을 방출하고 있다. 따라서 냉각수 증발로 인한 농축작용 및 대기 중의 오염물 흡수로 인해 냉각수 중의 불순물은 농도가 증가되고 수질은 악화된다. 냉각수계가 보유하고 있는 물의 양이 비교적 적고 단시간에 농축이 진행되며 스케일 부착, 부식 발생, 슬라임(미생물)의 발생 등으로 인해 냉동기, 압축기 등의 운전효율 저하, 냉동기의 고압커트, 콘덴서의 펑크, 배관, 냉각탑 폐쇄 등 사고를 야기시키는 원인이 된다. 따라서 이러한 장애를 방지하기 위해 냉각수가 과농축되기 전에 적절한 시기에 블로를 실시하여 물을 교환할 필요가 있다.

(4) 반송시스템의 에너지 절약

가변 풍량방식의 경우 부하에 따라 풍량이 변하기 때문에 부하에 따라 팬 동력도 증감된다. 송풍량을 가장 적게 제어하기 위해서는 온도차를 일정하게 하고 풍량에 온도제어를 한다. 다만 필요한 풍량은 온도만으로 결정되지 않고 여과에 필요한 환기량, 실내 온도분포에 필요한 토출량 등을 확보해야 한다.

2) 컴퓨터 소프트웨어에 의한 에너지 절약

(1) 최적기동 정지제어

공조기의 가동은 최대한 늦추고 정지는 최대한 빨리 함으로써 공조기의 가동시간을 줄이는 것이 이 프로그램의 목적이다. 하 · 동절기에 있어서 건물을 사용하는 시간대에 맞추어서 쾌적한 환경을 유지하기 위하여 건물의 사용 개시 전부터 공조를 시작하여야 하나 사전 공조시간을 알기 곤란하기 때문에 외기온도나 운전원의 경험에 따라 가동하는 것이 보통이다. 이를 실내온도, 외기온도, 건물이나 설비에 따른 계수 등을 고려하여 자동적으로 사전 공조시간을 결정하여 공조기를 가동시켜 준다면 건물의 사용 개시 시간에 맞추어 적당한 온도를 유지시켜 줄 수 있고 불필요한 공조 예열시간을 줄일 수 있다.

(2) 절전운전제어

절전운전이란 전기를 절약하기 위한 방법으로 공조기를 적당한 시간 간격으로 정지시키는 것이다. 절전운전에는 수동절전운전, 고정 절전운전 및 온도보상 절전운전이 있다. 절전운전을 하는 데 고려하여야 할 것으로는 에너지 절감뿐만 아니라 환경조건을 악화시키지 말아야 하는 것 등이 있다.

(3) 외기취입제어

① 예열 · 예랭제어(Warm Up Control)
중앙감시장치를 이용하여 예열, 예랭시간에는 외기 댐퍼가 완전히 닫히도록 하고 그 시간이 지나면 정상적으로 댐퍼를 제어하도록 프로그램을 작성한다.

② 냉방 시기에 외기와 환기 엔탈피를 비교하여 외기 엔탈피가 낮을 경우 적극적으로 외기를 받아들여 냉방에 이용한다.

③ 야간외기취입제어(Night Purge)
한여름이라 하더라도 일출 전의 외기온도는 그 전날 태양열을 미처 발산하지 못한 실내온도보다 낮은 것이 보통이므로 일출 전에 외기를 취입, 순환시켜서 실내온도를 낮추어 냉방부하를 줄이는 것이다.

(4) 역률제어

BMS에서는 역률을 계속 감시하여 역률이 낮을 때에는 콘덴서를 투입시켜 주고 필요 이상으로 높을 때에는 차단시켜 항상 적정한 수준의 역률을 유지시키도록 제어한다. 일반적으로 역률이 95% 정도가 되도록 한다. 역률의 변동이 많은 건물에서는 유효한 에너지 절감 수단이 된다.

양 경 엽

◎ 주요경력

- 서울과학기술대학교 졸업
- 인천종합에너지㈜ 근무(현)
- ㈜삼천리 근무
- ㈜우대기술단 근무
- 유한대학교 건축설비공학과 겸임교수
- 인하공업전문대학교 기계과 겸임교수

◎ 자격사항

- 공조냉동기계기술사
- 공조냉동기계기사
- 에너지관리기사
- 가스기사

공조냉동기계기술사

발행일 | 2020. 10. 30 초판발행
2022. 6. 30 개정 1판1쇄
2024. 4. 30 개정 2판1쇄

저 자 | 양 경 엽
발행인 | 정 용 수
발행처 | 예문사

주 소 | 경기도 파주시 직지길 460(출판도시) 도서출판 예문사
T E L | 031) 955-0550
F A X | 031) 955-0660
등록번호 | 11-76호

정가 : 60,000원

ISBN 978-89-274-5423-6 13550